"十四五"时期国家重点出版物出版专项规划项目

现代数学基础丛书 205

多变量基本超几何级数理论

张之正 著

科学出版社

北 京

内 容 简 介

多变量基本超几何级数, 由于它的产生具有深刻的根系统的代数表示论背景, 亦称伴随根系统基本超几何级数. 本书是作者结合自己的长期研究, 系统介绍多变量基本超几何级数研究领域的主要理论、方法及其应用的著作. 全书共十二章, 内容包括单变量基本超几何级数的基本理论及经典结果、多变量基本超几何级数的引入与分类、求和与变换公式、$U(n+1)$ 级数的基本定理及其应用、算子算子恒等式及其应用、多变量 Bailey 变换及其应用、多维矩阵反演、行列式计算方法及其应用、$U(n+1)$ AAB Bailey 格及其应用、多变量 WP-Bailey 对链及其应用、椭圆超几何级数初步、多重级数的收敛性等. 本书尽可能多地容纳多变量基本超几何级数的众多繁杂的公式, 尽量对读者起到查阅已有结果的手册作用.

本书可作为基本超几何级数理论(亦即 q-级数理论)进一步研究的入门读物, 适合基本超几何级数理论及其相关领域的研究者以及高等院校的硕士研究生、博士研究生学习和参考, 还可供高等院校数学专业本科生选修特色创新课使用.

图书在版编目（CIP）数据

多变量基本超几何级数理论 / 张之正著. -- 北京 : 科学出版社, 2024. 9. -- ISBN 978-7-03-079448-2

I. O122.7

中国国家版本馆 CIP 数据核字第 2024XX8264 号

责任编辑: 王丽平 李 萍 / 责任校对: 彭珍珍
责任印制: 张 伟 / 封面设计: 陈 敬

科 学 出 版 社 出版

北京东黄城根北街 16 号
邮政编码: 100717
http://www.sciencep.com

北京华宇信诺印刷有限公司印刷
科学出版社发行 各地新华书店经销

*

2024 年 9 月第 一 版 开本: 720×1000 1/16
2025 年 1 月第二次印刷 印张: 28
字数: 562 000

定价: 188.00 元
(如有印装质量问题, 我社负责调换)

"现代数学基础丛书"序

在信息时代，数学是社会发展的一块基石.

由于互联网，现在人们获得数学知识和信息的途径之多和便捷性是以前难以想象的. 另一方面人们通过搜索在互联网获得的数学知识和信息很难做到系统深入，也很难保证在互联网上阅读到的数学知识和信息的质量.

在这样的背景下，高品质的数学书就变得益发重要.

科学出版社组织出版的"现代数学基础丛书"旨在对重要的数学分支和研究方向或专题作系统的介绍，注重基础性和时代性. 丛书的目标读者主要是数学专业的高年级本科生、研究生以及数学教师和科研人员，丛书的部分卷次对其他与数学联系紧密的学科的研究生和学者也是有参考价值的.

本丛书自 1981 年面世以来，已出版 200 卷，介绍的主题广泛，内容精当，在业内享有很高的声誉，深受尊重，对我国的数学人才培养和数学研究发挥了非常重要的作用.

这套丛书已有四十余年的历史，一直得到数学界各方面的大力支持，科学出版社也十分重视，高专业标准编辑丛书的每一卷. 今天，我国的数学水平不论是广度还是深度都已经远远高于四十年前，同时，世界数学的发展也更为迅速，我们对跟上时代步伐的高品质数学书的需求从而更为迫切. 我们诚挚地希望，在大家的支持下，这套丛书能与时俱进，越办越好，为我国数学教育和数学研究的继续发展做出不负期望的重要贡献.

席南华

2024 年 1 月

前　言

　　多变量基本超几何级数, 亦称伴随根系统的基本超几何级数, 源于伴随根系统的超几何级数的自然扩展. 1976 年, 伴随根系统的经典 $(q = 1)$ 情形第一次出现在 Holman, Biedenharn 以及 Louck 的工作中, 它们被用来发现群 $SU(n)$ 的自由多重性的 $6j$-符号的使用公式. 九年后, 伴随根系统的基本 (q) 级数情形, 被 Milne 引入在 1985 年的系列论文中, 而非常均衡的 $U(n+1)$, 或者说 A_n 级数在 1987 年首次被引进, Milne 建立了关于单位群 $U(n + 1)$ 上的多变量基本超几何级数, 他利用 q 差分方程和对称函数理论得到了经典的非常均衡的 $_6\phi_5$ 求和定理的可终止型与非终止型的 $U(n + 1)$ 拓广, 引入这样的级数强烈的动机是其在数学物理和单位群上的重要应用, Gustafson 随之跟进研究了其他根系统的非常均衡级数, 各种类型的多变量级数直接联系着相应的 Macdonald 恒等式. 因此, 研究多变量基本超几何级数, 具有十分重要的意义. 从各种各样的群结构里产生的许多不同类型的多变量基本超几何级数, 形成了众多复杂的各类拓广. 这些基本超几何级数不断地出现在组合及其相关领域, 例如数论、统计学、物理、李代数表示论等.

　　作者从事多变量基本超几何级数的研究始于 2002 年在南京大学做博士后期间, 多变量基本超几何级数理论创立初期, 符号书写繁琐 (可以从本书第 2 章体会一二), 加上众多复杂、冗长的结果, 常常使人望而却步, 但随着持之不懈、不怕麻烦的坚持, 才走进了多变量 q 的世界. 近二十年来, 在洛阳师范学院的组合数学讨论班上, 大家不断地学习和钻研, 形成了较为系统的学习材料和研究成果, 由于国内外没有出版此方面的书籍, 国内研究此领域的研究人员也偏少, 寄予促进国内多变量基本超几何级数及其相关领域的发展, 特出版本书.

　　受 Gould 所著 *Combinatorial Identities* 启发, 本书尽可能多地容纳多变量基本超几何级数的众多繁杂的公式, 除了叙述思想方法外, 也试图对读者起到查阅已有结果的手册作用, 为了节省篇幅, 部分内容仅列出结果及简要证明或提示, 个别甚至证明并未列出, 读者可以查阅列出的原始文献.

　　作为国内外第一本多变量基本超几何级数方面的著作, 为了比较全面系统地介绍多变量基本超几何级数理论、问题和方法, 个别小节来自专家的研究论文, 但由于多变量基本超几何级数结果过分复杂冗长, 个别原论文叙述又过分简短, 难于理解, 本书经过梳理, 将更加清晰, 容易理解. 另外, 由于一个单变量基本超几何级数公式可能对应多个多变量的拓广形式, 因此, 为了便于应用, 我们将多个形式推广的公式按在书中出现的顺序分类, 称为第一个拓广、第二个拓广等.

本书可作为基本超几何级数理论 (亦即 q-级数理论) 的进一步研究入门读物, 可供基本超几何级数理论及其相关领域的研究者以及高等院校的硕士研究生、博士研究生学习和参考, 还可供高等院校数学专业本科生选修特色创新课使用. 建议读者在学习了基本超几何级数理论之后, 阅读本书, 这样会对本书所陈述结果理解更加深刻.

作者对洛阳师范学院数学科学学院教师胡秋霞、杨继真、朱军明等的辛勤付出和认真校对表示诚挚的感谢.

本书的出版得到了国家自然科学基金 (No.12271234) 的资助.

希望本书的出版对我国学者开展此领域的研究起到启迪的作用, 由于作者水平有限, 难免出现错误或不当之处, 敬请批评指正.

张之正

2024 年 3 月

目 录

第 1 章　基本超几何级数及其经典结果

Gauss 超几何级数 $F(a, b; c; z)$ 和它的单变量推广在经典分析、代数组合、加法数论、物理、超越数论、李代数、量子群、统计力学等领域有直接的应用 [1]. 超几何函数是项比 a_{n+1}/a_n 为 n 的有理函数的幂级数 $\sum\limits_{n=0}^{\infty} a_n$. 基本超几何级数, 也称 q-级数, 是项比 c_{n+1}/c_n 为 q^n 的有理函数 (这里 q 是一个固定的参数, 通常满足 $0 \leqslant q < 1$) 的幂级数 $\sum\limits_{n=0}^{\infty} c_n$ 或者 $\sum\limits_{n=-\infty}^{\infty} c_n$. q-级数源于组合数学中的计数问题, 可以追溯到 Euler. Euler 发现正整数分拆的生成函数是一类非常特殊的级数, 并且得到若干重要结果. 之后, 产生了大量经典的结果: Gauss 的超几何函数、Cauchy 恒等式、Jacobi 的 theta 函数和椭圆函数、Heine 的 q-Gauss 求和定理与 $_2\phi_1$ 变换、Rogers 的可终止 $_6\phi_5$ 求和定理以及 Rogers-Ramanujan 恒等式、Ramanujan $_1\psi_1$ 求和定理、Bailey 的经典 Bailey 变换和弱 Bailey 引理、Bailey 变换的 Andrews 矩阵公式以及迭代 Bailey 引理、Askey 和 Wilson 的基本正交多项式等. 对于上面工作的详细了解, 见 [2-8] 等.

本章主要叙述单变量基本超几何级数的基本定义和一些经典的重要结果.

1.1　基本定义与基本符号

q-移位阶乘定义为

$$(a)_\infty = (a; q)_\infty = \prod_{j \geqslant 0} (1 - aq^j), \tag{1.1.1}$$

这里 $0 < q < 1$, 以及对正整数 k, 定义

$$(a)_k = (a; q)_k = \prod_{j=0}^{k-1} (1 - aq^j) = \frac{(a; q)_\infty}{(aq^k; q)_\infty}. \tag{1.1.2}$$

设 n, k 均为非负整数, 且 $n \geqslant k$, 则

$$(a; q)_{n+k} = (a; q)_n (aq^n; q)_k, \tag{1.1.3}$$

$$(a; q)_{n-k} = \frac{(a; q)_n}{(a^{-1}q^{1-n}; q)_k} \left(-\frac{q}{a}\right)^k q^{\binom{k}{2} - nk} \quad (n \geqslant k), \tag{1.1.4}$$

$$(aq^n; q)_k = \frac{(a;q)_k(aq^k;q)_n}{(a;q)_n}, \tag{1.1.5}$$

$$(aq^k; q)_{n-k} = \frac{(a;q)_n}{(a;q)_k}, \tag{1.1.6}$$

$$\left(\frac{q^{1-n}}{a}; q\right)_n = (a;q)_n \left(-\frac{1}{a}\right)^n q^{-\binom{n}{2}}, \tag{1.1.7}$$

$$(aq^{2k}; q)_{n-k} = \frac{(a;q)_n(aq^n;q)_k}{(a;q)_{2k}}, \tag{1.1.8}$$

$$(q^{-n}; q)_k = \frac{(q;q)_n}{(q;q)_{n-k}}(-1)^k q^{\binom{k}{2}-nk} = (q^{n-k+1};q)_k(-1)^k q^{\binom{k}{2}-nk}, \tag{1.1.9}$$

$$(aq^{-n}; q)_k = (-1)^k a^k q^{-nk+\binom{k}{2}}(q^{n-k+1}/a;q)_k = \frac{(a;q)_k \left(\frac{q}{a};q\right)_n}{(q^{1-k}/a;q)_n} q^{-nk}, \tag{1.1.10}$$

$$(q/a; q)_n = \frac{(aq^{-n};q)_\infty}{(a;q)_\infty} a^{-n} q^{\binom{n+1}{2}}, \tag{1.1.11}$$

$$(a; q)_{2n} = (a;q^2)_n(aq;q^2)_n, \tag{1.1.12}$$

$$(a^2; q^2)_n = (a;q)_n(-a;q)_n, \tag{1.1.13}$$

$$(a; q^{-1})_n = (-1)^n a^n q^{-\binom{n}{2}}(1/a;q)_n, \tag{1.1.14}$$

$$(aq^{-n}; q)_\infty = (-1)^n a^n q^{-\binom{n+1}{2}}(q/a;q)_n(a;q)_\infty, \tag{1.1.15}$$

$$(a; q)_n = (-1)^n a^n q^{\binom{n}{2}}\left(q^{1-n}/a;q\right)_n, \tag{1.1.16}$$

$$(aq^{-n}; q)_n = (-1)^n a^n q^{-\binom{n+1}{2}}(q/a;q)_n, \tag{1.1.17}$$

$$(aq^{-n}; q)_{n-k} = \frac{(q/a;q)_n}{(q/a;q)_k}(-a/q)^{n-k} q^{\binom{k}{2}-\binom{n}{2}}. \tag{1.1.18}$$

定义 1.1.1　设 n 为非负整数, 则负指标 q-移位阶乘定义为

$$(a; q)_{-n} = \frac{1}{(1-aq^{-1})(1-aq^{-2})\cdots(1-aq^{-n})} = \frac{1}{(aq^{-n};q)_n} = \frac{\left(-\frac{q}{a}\right)^n q^{\binom{n}{2}}}{\left(\frac{q}{a};q\right)_n}. \tag{1.1.19}$$

设 n 为任何整数, 则

$$(qA;q)_n(q/A;q)_{-n} = (-1)^n A^n q^{\binom{n}{2}} \frac{1-Aq^n}{1-A}. \tag{1.1.20}$$

为方便记, 引入下述记号:

$$(a_1;q)_n(a_2;q)_n\cdots(a_m;q)_n = (a_1,a_2,\cdots,a_m;q)_n,$$

$$(a_1;q)_\infty(a_2;q)_\infty\cdots(a_m;q)_\infty = (a_1,a_2,\cdots,a_m;q)_\infty.$$

定义 1.1.2 设 n, k 均为非负整数, 且 $n \geqslant k$, 则 q-二项式系数定义为

$$\begin{bmatrix} n \\ k \end{bmatrix} = \frac{(q;q)_n}{(q;q)_k(q;q)_{n-k}}.$$

定义 1.1.3 设 $\{a_i\}_{i=0}^r$ 和 $\{b_j\}_{j=1}^s$ 为两个复序列, 且 $b_j \neq q^{-k}$ 对所有的 $j = 1, 2, \cdots, s$ 成立, 则变量为 z 的基本超几何级数定义为

$$_{r+1}\phi_s \begin{bmatrix} a_0, & a_1, & a_2, & \cdots, & a_r \\ & b_1, & b_2, & \cdots, & b_s \end{bmatrix} ; q, z \Bigg]$$

$$= \sum_{n=0}^\infty \frac{(a_0,a_1,a_2,\cdots,a_r;q)_n}{(q,b_1,b_2,\cdots,b_s;q)_n} \left[(-1)^n q^{\binom{n}{2}} \right]^{s-r} z^n,$$

其中 $a_1, a_2, \cdots, a_r$ 称为分子参数, $b_1, b_2, \cdots, b_s$ 称为分母参数, q 称为基.

注 1.1.1 (1) 若在分子参数中, 有某个 $a_i = q^{-k}$ (k 为一个非负整数), 则此级数为有限项, 实际上就是关于 z 的一个多项式.

(2) 条件中分母参数 $b_j \neq q^{-k}$ 是因为分母不能为零.

(3) 当级数为非有限项时, 考虑到级数收敛性, 常假定 $|q| < 1$.

定义 1.1.4 在基本超几何级数

$$_{r+1}\phi_r \begin{bmatrix} a_0, & a_1, & a_2, & \cdots, & a_r \\ & b_1, & b_2, & \cdots, & b_r \end{bmatrix} ; q, z \Bigg]$$

中, 如果参数满足

$$qa_1 = a_2b_1 = a_3b_2 = \cdots = a_{r+1}b_r,$$

则称为均衡 (well-poised) 基本超几何级数; 如果进一步还满足 $a_2 = qa_1^{\frac{1}{2}}$, $a_3 = -qa_1^{\frac{1}{2}}$, 称为非常均衡 (very-well-poised) 基本超几何级数. 如果满足

$$qa_1 \neq a_2b_1 = a_3b_2 = \cdots = a_{r+1}b_r,$$

则称为第一类接近均衡的 (nearly-poised) 基本超几何级数; 如果满足

$$qa_1 = a_2b_1 = a_3b_2 = \cdots = a_rb_{r-1} \neq a_{r+1}b_r,$$

则称为第二类接近均衡的基本超几何级数.

定义 1.1.5　基为 q, 具有 r 个分子参数、s 个分母参数的双边基本超几何级数定义为

$$_r\psi_s \left[\begin{array}{cccc} a_1, & a_2, & \cdots, a_r \\ b_1, & b_2, & \cdots, b_s \end{array} ; q, z \right] = \sum_{n=-\infty}^{\infty} \frac{(a_1, a_2, \cdots, a_r; q)_n}{(b_1, b_2, \cdots, b_s; q)_n} (-1)^{(s-r)n} q^{(s-r)\binom{n}{2}} z^n.$$

(1.1.21)

注 1.1.2　定义中假定 q, z 以及各参数都满足级数是有意义的. 例如: 所有分母因子均不为零; 若 $s < r$, 则 $q \neq 0$; 若 z 的负次幂出现, 则 $z \neq 0$. 另外, 双边基本超几何级数是一个级数 $\sum\limits_{n=-\infty}^{\infty} \nu_n$, 满足 $\nu_0 = 1$ 和 ν_{n+1}/ν_n 是一个 q^n 的有理函数. 在本书中, 一般情形下总假定 $|q| < 1$.

利用负 q-移位阶乘的定义, 可以得到

$$_r\psi_s \left[\begin{array}{cccc} a_1, & a_2, & \cdots, a_r \\ b_1, & b_2, & \cdots, b_s \end{array} ; q, z \right] = \sum_{n=0}^{\infty} \frac{(a_1, a_2, \cdots, a_r; q)_n}{(b_1, b_2, \cdots, b_s; q)_n} (-1)^{(s-r)n} q^{(s-r)\binom{n}{2}} z^n$$

$$+ \sum_{n=1}^{\infty} \frac{(q/b_1, q/b_2, \cdots, q/b_s; q)_n}{(q/a_1, q/a_2, \cdots, q/a_r; q)_n} \left(\frac{b_1 \cdots b_s}{a_1 \cdots a_r z} \right)^n.$$

(1.1.22)

Ismail 论证法 [9,10] 是论证恒等式的重要方法, 它建立在下述命题上:

命题 1.1.1 [11]　设 U 为连通开集, f 与 g 在 U 上解析, 若 f 与 g 在 U 的一个内点的邻域内有无穷个点的值相等, 则对所有的 $z \in U$ 有 $f(z) = g(z)$.

1.2　Bailey 变换与 Bailey 引理

Bailey 变换与 Bailey 引理是研究基本超几何级数理论的重要工具. Bailey 变换由英国组合学家 Bailey 引入 [12-14], 形成迭代 Bailey 链的 Bailey 引理由国际著名组合与数论专家 Andrews 所建立 [15,16], 这使得 q-级数恒等式的研究形成了系统理论, 产生了大量的 q-级数恒等式 [17-19]. 后来, Andrews 扩展此概念为 WP-Bailey 链, 使得在 q-级数理论中的应用更加重要和广泛 [20-22].

定理 1.2.1 (Bailey 变换) 假设下述求和满足收敛条件, 若

$$\beta_n = \sum_{r=0}^{n} \alpha_r U_{n-r} V_{n+r}, \quad \gamma_n = \sum_{r=n}^{\infty} \delta_r U_{r-n} V_{r+n},$$

则有

$$\sum_{n=0}^{\infty} \alpha_n \gamma_n = \sum_{n=0}^{\infty} \beta_n \delta_n. \tag{1.2.1}$$

定理 1.2.2 (Bailey 引理) 对 $n \geqslant 0$,

$$\beta_n = \sum_{r=0}^{n} \frac{\alpha_r}{(q;q)_{n-r}(aq;q)_{n+r}}, \tag{1.2.2}$$

则

$$\beta_n' = \sum_{r=0}^{n} \frac{\alpha_r'}{(q;q)_{n-r}(aq;q)_{n+r}}, \tag{1.2.3}$$

这里

$$\alpha_r' = \frac{(\rho_1, \rho_2; q)_r (aq/\rho_1\rho_2)^r}{(aq/\rho_1; q)_r (aq/\rho_2; q)_r} \alpha_r, \tag{1.2.4}$$

$$\beta_n' = \sum_{j=0}^{\infty} \frac{(\rho_1, \rho_2; q)_j (aq/\rho_1\rho_2; q)_{n-j}}{(q;q)_{n-j}(aq/\rho_1, aq/\rho_2; q)_n} \left(\frac{aq}{\rho_1\rho_2}\right)^j \beta_j, \tag{1.2.5}$$

即

$$\sum_{j=0}^{\infty} \frac{(\rho_1, \rho_2; q)_j (aq/\rho_1\rho_2; q)_{n-j}}{(q;q)_{n-j}(aq/\rho_1, aq/\rho_2; q)_n} \left(\frac{aq}{\rho_1\rho_2}\right)^j \beta_j$$

$$= \sum_{r=0}^{n} \frac{(\rho_1, \rho_2; q)_r (aq/\rho_1\rho_2)^r}{(q;q)_{n-r}(aq;q)_{n+r}(aq/\rho_1; q)_r (aq/\rho_2; q)_r} \alpha_r. \tag{1.2.6}$$

定义 1.2.1 对于两个序列 α_n, β_n, 若

$$\beta_n = \sum_{r=0}^{n} \frac{\alpha_r}{(q;q)_{n-r}(aq;q)_{n+r}}, \tag{1.2.7}$$

则称 (α_n, β_n) 为一个关于 a 的 Bailey 对. 若

$$\gamma_n = \sum_{r=n}^{\infty} \frac{\delta_r}{(q;q)_{r-n}(aq;q)_{r+n}}, \tag{1.2.8}$$

则称 (δ_n, γ_n) 为一个关于 a 的共轭 Bailey 对.

Bailey 引理是指给定一个 Bailey 对, 则可产生一个新的 Bailey 对 (α_n', β_n'), 之后可以继续产生下一个新的 Bailey 对, 这样就形成一个 Bailey 对的无限序列:

$$(\alpha_n, \beta_n) \to (\alpha_n', \beta_n') \to (\alpha_n'', \beta_n'') \to \cdots,$$

称为 Bailey 链, 也称 Bailey 格.

定义 1.2.2　若一对序列 $(\alpha_n(k), \beta_n(k))$ 满足

$$\alpha_0(k) = 1, \tag{1.2.9}$$

$$\beta_n(k) = \sum_{j=0}^{n} \frac{(k/a;q)_{n-j}(k;q)_{n+j}}{(q;q)_{n-j}(aq;q)_{n+j}} \alpha_j(k), \tag{1.2.10}$$

则称序列 $(\alpha_n(k), \beta_n(k))$ 为关于 a 的一个 WP-Bailey 对.

注 1.2.1　显然, 当 $k = 0$ 时, WP-Bailey 对退化为普通的 Bailey 对.

从定义 1.2.2 可以看出, 一个 WP-Bailey 对被 $\alpha_n(k)$ 或 $\beta_n(k)$ 唯一确定. 其反演结果为

定理 1.2.3 (Warnaar [23])

$$\alpha_n(k) = \frac{1 - aq^{2n}}{1 - a} \sum_{r=0}^{n} \frac{1 - kq^{2r}}{1 - k} \frac{(a/k)_{n-r}(a)_{n+r}}{(q)_{n-r}(kq)_{n+r}} \left(\frac{k}{a}\right)^{n-r} \beta_r(k). \tag{1.2.11}$$

Andrews 也给出了下列 WP-Bailey 对的链状结构:

定理 1.2.4　设 $c = k\rho_1\rho_2/aq$. 若 $(\alpha_n(k), \beta_n(k))$ 是一对 WP-Bailey 对, 令

$$\alpha_n'(k) = \frac{(\rho_1, \rho_2; q)_n}{(aq/\rho_1, aq/\rho_2; q)_n} \left(\frac{k}{c}\right)^n \alpha_n(c), \tag{1.2.12}$$

$$\beta_n'(k) = \frac{(k\rho_1/a, k\rho_2/a; q)_n}{(aq/\rho_1, aq/\rho_2; q)_n}$$

$$\times \sum_{j=0}^{n} \frac{(1 - cq^{2j})(\rho_1, \rho_2; q)_j (k/c;q)_{n-j}(k;q)_{n+j}}{(1 - c)(k\rho_1/a, k\rho_2/a; q)_n(q;q)_{n-j}(qc;q)_{n+j}} \left(\frac{k}{c}\right)^j \beta_j(c), \tag{1.2.13}$$

则 $(\alpha_n'(k), \beta_n'(k))$ 也是一对 WP-Bailey 对.

1.3 若干基本超几何级数的经典结果

为方便读者, 本节列出单变量基本超几何级数的若干重要的经典结果, 供本书读者在学习多变量基本超几何级数时参考. 这些经典结果见 [6-8].

定理 1.3.1 (Cauchy 恒等式)

$$\sum_{n=0}^{\infty} \frac{(a;q)_n}{(q;q)_n} z^n = \frac{(az;q)_\infty}{(z;q)_\infty}, \quad |z| < 1, \quad |q| < 1. \tag{1.3.1}$$

推论 1.3.1

$$\sum_{n=0}^{\infty} \frac{z^n}{(q;q)_n} = \frac{1}{(z;q)_\infty}, \quad |z| < 1, \quad |q| < 1. \tag{1.3.2}$$

$$\sum_{n=0}^{\infty} \frac{(-1)^n q^{\binom{n}{2}}}{(q;q)_n} z^n = (z;q)_\infty, \quad |q| < 1. \tag{1.3.3}$$

推论 1.3.2 设 N 为非负整数, 则

$$\sum_{k=0}^{N} \begin{bmatrix} N \\ k \end{bmatrix} (-1)^k q^{\binom{k}{2}} z^k = (z;q)_N. \tag{1.3.4}$$

推论 1.3.3 设 $|z| < 1$, 则

$$\sum_{k=0}^{\infty} \begin{bmatrix} N+k-1 \\ k \end{bmatrix} z^k = \frac{1}{(z;q)_N}. \tag{1.3.5}$$

定理 1.3.2 (Heine 第一变换公式) 设 $|z| < 1$ 与 $|b| < 1$, 则

$$_2\phi_1 \begin{bmatrix} a, & b \\ & c \end{bmatrix} ; q, z \end{bmatrix} = \frac{(b, az; q)_\infty}{(c, z; q)_\infty} {}_2\phi_1 \begin{bmatrix} \dfrac{c}{b}, & z \\ & az \end{bmatrix} ; q, b \end{bmatrix}. \tag{1.3.6}$$

定理 1.3.3 (Heine 第二变换公式) 设 $|z| < 1$, $\left| \dfrac{abz}{c} \right| < 1$, 则

$$_2\phi_1 \begin{bmatrix} a, & b \\ & c \end{bmatrix} ; q, z \end{bmatrix} = \frac{\left(\dfrac{abz}{c}; q \right)_\infty}{(z; q)_\infty} {}_2\phi_1 \begin{bmatrix} \dfrac{c}{a}, & \dfrac{c}{b} \\ & c \end{bmatrix} ; q, \dfrac{abz}{c} \end{bmatrix}. \tag{1.3.7}$$

定理 1.3.4 (q-Gauss 求和公式)　设 $\left|\dfrac{c}{ab}\right| < 1$, 则

$$_2\phi_1\left[\begin{matrix} a, & b \\ & c \end{matrix}; q, \frac{c}{ab}\right] = \frac{(c/a, c/b; q)_\infty}{(c, c/ab; q)_\infty}. \tag{1.3.8}$$

推论 1.3.4 (q-Chu-Vandermonde 第一求和公式)

$$_2\phi_1\left[\begin{matrix} q^{-n}, & b \\ & c \end{matrix}; q, \frac{cq^n}{b}\right] = \frac{(c/b; q)_n}{(c; q)_n}. \tag{1.3.9}$$

推论 1.3.5 (q-Chu-Vandermonde 第二求和公式)

$$_2\phi_1\left[\begin{matrix} q^{-n}, & b \\ & c \end{matrix}; q, q\right] = \frac{(c/b; q)_n}{(c; q)_n} b^n. \tag{1.3.10}$$

定理 1.3.5 ($_1\phi_1$ 求和公式)　设 $|c/a| < 1$, 则

$$_1\phi_1\left[\begin{matrix} a \\ c \end{matrix}; q, \frac{c}{a}\right] = \frac{(c/a; q)_\infty}{(c; q)_\infty}. \tag{1.3.11}$$

定理 1.3.6 (q-Saalschütz 求和公式)

$$_3\phi_2\left[\begin{matrix} a, & b, & q^{-n} \\ & c, & abc^{-1}q^{1-n} \end{matrix}; q, q\right] = \frac{\left(\dfrac{c}{a}, \dfrac{c}{b}; q\right)_n}{\left(c, \dfrac{c}{ab}; q\right)_n}. \tag{1.3.12}$$

定理 1.3.7 (非终止型 q-Saalschütz 变换公式)　令 $ef = abcq$, 则

$$_3\phi_2\left[\begin{matrix} a, & b, & c \\ & e, & f \end{matrix}; q, q\right]$$

$$= \frac{(q/e, f/a, f/b, f/c; q)_\infty}{(aq/e, bq/e, cq/e, f; q)_\infty}$$

$$- \frac{(q/e, a, b, c, qf/e; q)_\infty}{(e/q, aq/e, bq/e, cq/e, f; q)_\infty}{}_3\phi_2\left[\begin{matrix} aq/e, & bq/e, & cq/e \\ & q^2/e, & qf/e \end{matrix}; q, q\right]. \tag{1.3.13}$$

定理 1.3.8 [24], [25, (2.18)], [26, 定理 2.1] (Kalnins-Miller 变换公式)

$$_3\phi_2\left[\begin{matrix} q^{-N}, & abcdq^{N-1}, & az \\ & ab, & ad \end{matrix}; q, q\right]$$

$$= \left(\frac{a}{c}\right)^N \frac{(bc, cd; q)_N}{(ab, ad; q)_N} \, {}_3\phi_2 \left[\begin{array}{ccc} q^{-N}, & abcdq^{N-1}, & cz \\ & bc, & bd \end{array} ; q, q \right]. \tag{1.3.14}$$

定理 1.3.9 [26, 定理 2.3]

$$ {}_3\phi_2 \left[\begin{array}{ccc} q^{-n}, & bx, & dx \\ & cx, & bdxy \end{array} ; q, cyq^n \right] = \frac{(cy; q)_n}{(cx; q)_n} \, {}_3\phi_2 \left[\begin{array}{ccc} q^{-n}, & by, & dy \\ & cy, & bdxy \end{array} ; q, cxq^n \right]. \tag{1.3.15}$$

定理 1.3.10 [26, 定理 2.4]

$$ {}_3\phi_2 \left[\begin{array}{ccc} q^{-n}, & bx, & dx \\ & cx, & bdxy \end{array} ; q, q \right] = \left(\frac{x}{y}\right)^n \frac{(cy; q)_n}{(cx; q)_n} \, {}_3\phi_2 \left[\begin{array}{ccc} q^{-n}, & by, & dy \\ & cy, & bdxy \end{array} ; q, q \right]. \tag{1.3.16}$$

定理 1.3.11 [26, 定理 2.2]

$$ {}_3\phi_2 \left[\begin{array}{ccc} q^{-n}, & bx, & cdxyq^{n-1} \\ & cx, & dx \end{array} ; q, q/by \right] $$

$$ = \left(\frac{x}{y}\right)^n \frac{(cy, dy; q)_n}{(cx, dx; q)_n} \, {}_3\phi_2 \left[\begin{array}{ccc} q^{-n}, & by, & cdxyq^{n-1} \\ & cy, & dy \end{array} ; q, q/bx \right]. \tag{1.3.17}$$

定理 1.3.12 (Sears ${}_4\phi_3$ 第一变换公式)

$$ {}_4\phi_3 \left[\begin{array}{cccc} q^{-n}, & a, & b, & c \\ & d, & e, & abcq^{1-n/de} \end{array} ; q, q \right] $$

$$ = \frac{(e/a, de/bc; q)_n}{(e, de/abc; q)_n} \, {}_4\phi_3 \left[\begin{array}{cccc} q^{-n}, & a, & d/b, & d/c \\ & d, & aq^{1-n}/e, & de/bc \end{array} ; q, q \right]. \tag{1.3.18}$$

定理 1.3.13 (Sears ${}_4\phi_3$ 第二变换公式)

$$ {}_4\phi_3 \left[\begin{array}{cccc} q^{-n}, & bx, & dx, & cexyq^{n-1} \\ & cx, & ex, & bdxy \end{array} ; q, q \right] $$

$$ = \left(\frac{x}{y}\right)^n \frac{(cy, ey; q)_n}{(cx, ex; q)_n} \, {}_4\phi_3 \left[\begin{array}{cccc} q^{-n}, & by, & dy, & cexyq^{n-1} \\ & cy, & ey, & bdxy \end{array} ; q, q \right]. \tag{1.3.19}$$

定理 1.3.14 ($_4\phi_3$ 正交关系)

$$_4\phi_3\left[\begin{array}{cccc} a, & qa^{\frac{1}{2}}, & -qa^{\frac{1}{2}}, & q^{-n} \\ & a^{\frac{1}{2}}, & -a^{\frac{1}{2}}, & aq^{n+1} \end{array} ; q, q^n\right] = \delta_{n,0} = \begin{cases} 1, & n = 0, \\ 0, & n \neq 0. \end{cases} \qquad (1.3.20)$$

定理 1.3.15 (终止型非常均衡 q-Dougall $_6\phi_5$ 求和公式)

$$_6\phi_5\left[\begin{array}{cccccc} a, & qa^{\frac{1}{2}}, & -qa^{\frac{1}{2}}, & b, & c, & q^{-n} \\ & a^{\frac{1}{2}}, & -a^{\frac{1}{2}}, & aq/b, & aq/c, & aq^{n+1} \end{array} ; q, \frac{aq^{n+1}}{bc}\right]$$

$$= \frac{(aq, aq/bc; q)_n}{(aq/b, aq/c; q)_n}. \qquad (1.3.21)$$

定理 1.3.16 (终止型非常均衡 q-Waston $_8\phi_7$ 变换公式)

$$_8\phi_7\left[\begin{array}{cccccccc} a, & qa^{\frac{1}{2}}, & -qa^{\frac{1}{2}}, & b, & c, & d, & e, & q^{-n} \\ & a^{\frac{1}{2}}, & -a^{\frac{1}{2}}, & aq/b, & aq/c, & aq/d, & aq/e, & aq^{n+1} \end{array} ; q, \frac{a^2 q^{2+n}}{bcde}\right]$$

$$= \frac{(aq, aq/de; q)_n}{(aq/d, aq/e; q)_n} {}_4\phi_3\left[\begin{array}{cccc} q^{-n}, & d, & e, & aq/bc \\ & aq/b, & aq/c, & deq^{-n}/a \end{array} ; q, q\right]. \qquad (1.3.22)$$

定理 1.3.17 (非终止型非常均衡 q-Whipple $_8\phi_7$ 变换公式)

$$_8\phi_7\left[\begin{array}{cccccccc} a, & qa^{\frac{1}{2}}, & -qa^{\frac{1}{2}}, & b, & c, & d, & e, & f \\ & a^{\frac{1}{2}}, & -a^{\frac{1}{2}}, & aq/b, & aq/c, & aq/d, & aq/e, & aq/f \end{array} ; q, \frac{a^2 q^2}{bcdef}\right]$$

$$= \frac{(aq, aq/de, aq/df; q)_\infty}{(aq/d, aq/e, aq/f, aq/def; q)_\infty} {}_4\phi_3\left[\begin{array}{cccc} aq/bc, & d, & e, & f \\ & aq/b, & aq/c, & def/a \end{array} ; q, q\right]$$

$$+ \frac{(aq, aq/bc, d, e, f, a^2 q^2/bdef, a^2 q^2/cdef; q)_\infty}{(aq/b, aq/c, aq/d, aq/e, aq/f, a^2 q^2/bcdef, def/aq; q)_\infty}$$

$$\times {}_4\phi_3\left[\begin{array}{cccc} aq/de, & aq/df, & aq/ef, & a^2 q^2/bcdef \\ a^2 q^2/bdef, & a^2 q^2/cdef, & aq^2/def \end{array} ; q, q\right]. \qquad (1.3.23)$$

定理 1.3.18 (终止型非常均衡 Jackson $_8\phi_7$ 求和公式)　设 $a^2 q^{n+1} = bcde$, 则

$$_8\phi_7\left[\begin{array}{cccccccc} a, & qa^{\frac{1}{2}}, & -qa^{\frac{1}{2}}, & b, & c, & d, & e, & q^{-n} \\ & a^{\frac{1}{2}}, & -a^{\frac{1}{2}}, & aq/b, & aq/c, & aq/d, & aq/e, & aq^{n+1} \end{array} ; q, q\right]$$

$$= \frac{(aq, aq/bc, aq/bd, aq/cd; q)_n}{(aq/b, aq/c, aq/d, aq/bcd; q)_n}. \qquad (1.3.24)$$

推论 1.3.6 (非终止型非常均衡 q-Dougall $_6\phi_5$ 求和公式)　令 $|aq/bcd| < 1$, 则

$$
_6\phi_5\left[\begin{array}{cccccc} a, & qa^{\frac{1}{2}}, & -qa^{\frac{1}{2}}, & b, & c, & d \\ & a^{\frac{1}{2}}, & -a^{\frac{1}{2}}, & aq/b, & aq/c, & aq/d \end{array}; q, \frac{aq}{bcd}\right]
$$

$$
= \frac{(aq, aq/bc, aq/bd, aq/cd; q)_\infty}{(aq/b, aq/c, aq/d, aq/bcd; q)_\infty}. \tag{1.3.25}
$$

定理 1.3.19 (终止型非常均衡 Bailey $_{10}\phi_9$ 变换公式)　设 $\lambda = qa^2/bcd$, 则

$$
_{10}\phi_9\left[\begin{array}{cccccccccc} a, & qa^{\frac{1}{2}}, & -qa^{\frac{1}{2}}, & b, & c, & d, & e, & f, & \dfrac{\lambda aq^{n+1}}{ef}, & q^{-n} \\ & a^{\frac{1}{2}}, & -a^{\frac{1}{2}}, & \dfrac{aq}{b}, & \dfrac{aq}{c}, & \dfrac{aq}{d}, & \dfrac{aq}{e}, & \dfrac{aq}{f}, & \dfrac{efq^{-n}}{\lambda}, & aq^{n+1} \end{array}; q, q\right]
$$

$$
= \frac{(aq, aq/ef, \lambda q/e, \lambda q/f; q)_n}{(aq/e, aq/f, \lambda q/ef, \lambda q; q)_n}
$$

$$
\times\, _{10}\phi_9\left[\begin{array}{cccccccccc} \lambda, & q\lambda^{\frac{1}{2}}, & -q\lambda^{\frac{1}{2}}, & \dfrac{b\lambda}{a}, & \dfrac{c\lambda}{a}, & \dfrac{d\lambda}{a}, & e, & f, & \dfrac{\lambda aq^{n+1}}{ef}, & q^{-n} \\ & \lambda^{\frac{1}{2}}, & -\lambda^{\frac{1}{2}}, & \dfrac{aq}{b}, & \dfrac{aq}{c}, & \dfrac{aq}{d}, & \dfrac{\lambda q}{e}, & \dfrac{\lambda q}{f}, & \dfrac{efq^{-n}}{a}, & \lambda q^{n+1} \end{array}; q, q\right].
$$

$$
\tag{1.3.26}
$$

定理 1.3.20 (非终止型非常均衡 Bailey $_{10}\phi_9$ 四项变换公式)　设 $\lambda = qa^2/cde$ 和 $a^2q^2 = bcdefgh$, 则

$$
_{10}\phi_9\left[\begin{array}{cccccccc} a, & qa^{\frac{1}{2}}, & -qa^{\frac{1}{2}}, & b, & c, & d, & e, & f, & g, & h \\ & a^{\frac{1}{2}}, & -a^{\frac{1}{2}}, & \dfrac{aq}{b}, & \dfrac{aq}{c}, & \dfrac{aq}{d}, & \dfrac{aq}{e}, & \dfrac{aq}{f}, & \dfrac{aq}{g}, & \dfrac{aq}{h} \end{array}; q, q\right]
$$

$$
+ \frac{(aq,\, b/a,\, c,\, d,\, e,\, f,\, g,\, h)_\infty}{(b^2q/a,\, a/b,\, aq/c,\, aq/d,\, aq/e,\, aq/f,\, aq/g,\, aq/h)_\infty}
$$

$$
\times \frac{(bq/c,\, bq/d,\, bq/e,\, bq/f,\, bq\gamma,\, bq/h)_\infty}{(bc/a,\, bd/a,\, be/a,\, bf/a,\, bg/a,\, bh/a)_\infty}
$$

$$
\times\, _{10}\phi_9\left[\begin{array}{cccccccc} b^2/a, & qba^{-\frac{1}{2}}, & -qba^{-\frac{1}{2}}, & b, & bc/a, & bd/a, & be/a, & bf/a, & bg/a, & bh/a \\ & ba^{-\frac{1}{2}}, & -ba^{-\frac{1}{2}}, & bq/a, & bq/c, & bq/d, & bq/e, & bq/f, & bq/g, & bq/h \end{array}; q, q\right]
$$

$$
= \frac{(aq,\, b/a,\, \lambda q/f,\, \lambda q/g,\, \lambda q/h,\, bf/\lambda,\, bg/\lambda,\, bh/\lambda)_\infty}{(\lambda q,\, b/\lambda,\, aq/f,\, aq/g,\, aq/h,\, bf/a,\, bg/a,\, bh/a)_\infty}
$$

$$\times \ _{10}\phi_9\left[\begin{array}{ccccccccc} \lambda, & q\lambda^{\frac{1}{2}}, & -q\lambda^{\frac{1}{2}}, & b, & \lambda c/a, & \lambda d/a, & \lambda e/a, & f, & g, & h \\ & \lambda^{\frac{1}{2}}, & -\lambda^{\frac{1}{2}}, & \lambda q/b, & aq/c, & aq/d, & aq/e, & \lambda q/f, & \lambda q/g, & \lambda q/h \end{array};q,q\right]$$

$$+ \ \frac{(aq,\ b/a,\ f,\ g,\ h,\ bq/f,\ bq/g,\ bq/h)_\infty}{(b^2q/\lambda,\ \lambda/b,\ aq/c,\ aq/d,\ aq/e,\ aq/f, aq/g,\ aq/h)_\infty}$$

$$\times \ \frac{(\lambda c/a,\ \lambda d/a,\ \lambda e/a,\ abq/\lambda c,\ abq/\lambda d,\ abq/\lambda e)_\infty}{(bc/a,\ bd/a,\ be/a,\ bf/a,\ bg/a,\ bh/a)_\infty}$$

$$\times \ _{10}\phi_9\left[\begin{array}{ccccccccc} \dfrac{b^2}{\lambda}, & qb\lambda^{-\frac{1}{2}}, & -qb\lambda^{-\frac{1}{2}}, & b, & \dfrac{bc}{a}, & \dfrac{bd}{a}, & \dfrac{be}{a}, & \dfrac{bf}{\lambda}, & \dfrac{bg}{\lambda}, & \dfrac{bh}{\lambda} \\ & b\lambda^{-\frac{1}{2}}, & -b\lambda^{-\frac{1}{2}}, & \dfrac{bq}{\lambda}, & \dfrac{abq}{c\lambda}, & \dfrac{abq}{d\lambda}, & \dfrac{abq}{e\lambda}, & \dfrac{bq}{f}, & \dfrac{bq}{g}, & \dfrac{bq}{h} \end{array};q,q\right].$$

$$(1.3.27)$$

定理 1.3.21 (Ramanujan $_1\psi_1$ 求和公式)　设 $|b/a| < |z| < 1$, 则

$$_1\psi_1\left[\begin{array}{c} a \\ b \end{array};q,z\right] = \frac{(q,b/a,az,q/az;q)_\infty}{(b,q/a,z,b/az;q)_\infty}.$$

$$(1.3.28)$$

定理 1.3.22 (Jacobi 三重积恒等式)　设 $0 < |q| < 1$ 和 $x \neq 0$, 则

$$\sum_{k=-\infty}^{\infty}(-1)^k q^{\binom{k}{2}}x^k = (x,q/x,q;q)_\infty.$$

$$(1.3.29)$$

定理 1.3.23 ($_6\psi_6$ 级数变换公式)　设 $\lambda' = aq\lambda/b'ce$, $\lambda = qa^2/bcd$, 则

$$_6\psi_6\left[\begin{array}{cccccc} qa^{\frac{1}{2}}, & -qa^{\frac{1}{2}}, & c, & d, & e, & f \\ a^{\frac{1}{2}}, & -a^{\frac{1}{2}}, & aq/c, & aq/d, & aq/e, & aq/f \end{array};q,\frac{qa^2}{cdef}\right]$$

$$= \frac{(aq,q/a,aq/ef,aq/cd,\lambda q/e,\lambda q/f,aq/\lambda c,aq/\lambda d;q)_\infty}{(aq/e,aq/f,q/c,q/d,\lambda q,q/\lambda,\lambda q/ef,b;q)_\infty}$$

$$\times \ \frac{(\lambda q,q/\lambda,aq/df,aq/ec,q\lambda'a/\lambda d,\lambda'q/f,aq/\lambda'c,\lambda q/\lambda'e;q)_\infty}{(aq/d,\lambda q/f,qa/\lambda c,q/e,\lambda'q,q/\lambda',a\lambda'q/\lambda df,b';q)_\infty}$$

$$\times \ _6\psi_6\left[\begin{array}{cccccc} q\lambda'^{\frac{1}{2}}, & -q\lambda'^{\frac{1}{2}}, & \lambda'c/a, & \lambda'e/\lambda, & \lambda d/a, & f \\ \lambda'^{\frac{1}{2}}, & -\lambda'^{\frac{1}{2}}, & aq/c, & \lambda q/e, & \lambda'aq/\lambda d, & \lambda'q/f \end{array};q,\frac{qa^2}{cdef}\right].$$

$$(1.3.30)$$

定理 1.3.24 (Bailey $_6\psi_6$ 求和公式)　设 $\left|\dfrac{qa^2}{bcde}\right| < 1$, 则

$$_6\psi_6\left[\begin{array}{cccccc} qa^{\frac{1}{2}}, & -qa^{\frac{1}{2}}, & b, & c, & d, & e \\ a^{\frac{1}{2}}, & -a^{\frac{1}{2}}, & aq/b, & aq/c, & aq/d, & aq/e \end{array};q,\frac{qa^2}{bcde}\right]$$

$$= \frac{(aq, aq/bc, aq/bd, aq/be, aq/cd, aq/ce, aq/de, q, q/a; q)_\infty}{(aq/b, aq/c, aq/d, aq/e, q/b, q/c, q/d, q/e, qa^2/bcde; q)_\infty}. \tag{1.3.31}$$

定理 1.3.25 (平衡的非常均衡的 $_8\psi_8$ 求和公式) 设 k 和 M 均为非负整数，则

$$_8\psi_8 \left[\begin{array}{cccccccc} qa^{\frac{1}{2}}, & -qa^{\frac{1}{2}}, & b, & c, & dq^k, & aq^{-k}/c, & aq^{1+M}/b, & aq^{-M}/d \\ a^{\frac{1}{2}}, & -a^{\frac{1}{2}}, & aq/b, & aq/c, & aq^{1-k}/d, & cq^{1+k}, & bq^{-M}, & dq^{1+M} \end{array} ; q, q \right]$$

$$= \frac{(aq/bc, cq/b, dq, dq/a)_M}{(cdq/a, dq/c, q/b, aq/b)_M} \frac{(cd/a, bd/a, cq, cq/a, dq^{1+M}/b, q^{-M})_k}{(q, cq/b, d/a, d, bcq^{-M}/a, cdq^{1+M}/a)_k}$$

$$\times \frac{(q, q, aq, q/a, cdq/a, aq/cd, cq/d, dq/c)_\infty}{(cq, q/c, dq, q/d, cq/a, aq/c, dq/a, aq/d)_\infty}. \tag{1.3.32}$$

定理 1.3.26 (非常均衡的 $_8\psi_8$ 变换公式)

$$_8\psi_8 \left[\begin{array}{cccccccc} qa^{\frac{1}{2}}, & -qa^{\frac{1}{2}}, & b, & c, & d, & e, & f, & g \\ a^{\frac{1}{2}}, & -a^{\frac{1}{2}}, & aq/b, & aq/c, & aq/d, & aq/e, & aq/f, & aq/g \end{array} ; q, \frac{a^3q^2}{bcdefg} \right]$$

$$= \frac{(q, aq, q/a, d, d/a, bq/c, bq/e, bq/f, bq/g, aq/bc, aq/be, aq/bf, aq/bg)_\infty}{(q/b, q/c, q/e, q/f, q/g, aq/b, aq/c, aq/e, aq/f, aq/g, d/b, bd/a, b^2q/a)_\infty}$$

$$\times {}_8\phi_7 \left[\begin{array}{cccccccc} b^2/a, & qb/\sqrt{a}, & -qb/\sqrt{a}, & bc/a, & bd/a, & be/a, & bf/a, & bg/a \\ b/\sqrt{a}, & -b/\sqrt{a}, & bq/c, & bq/d, & bq/e, & bq/f, & bq/g \end{array} ; q, \frac{a^3q^2}{bcdefg} \right]$$

$$+ \frac{(q, aq, q/a, b, b/a, dq/c, dq/e, dq/f, dq/g, aq/cd, aq/de, aq/df, aq/dg)_\infty}{(q/c, q/d, q/e, q/f, q/g, aq/c, aq/d, aq/e, aq/f, aq/g, b/d, bd/a, d^2q/a)_\infty}$$

$$\times {}_8\phi_7 \left[\begin{array}{cccccccc} d^2/a, & qd/\sqrt{a}, & -qd/\sqrt{a}, & bd/a, & cd/a, & de/a, & df/a, & dg/a \\ d/\sqrt{a}, & -d/\sqrt{a}, & dq/b, & dq/c, & dq/e, & dq/f, & dq/g \end{array} ; q, \frac{a^3q^2}{bcdefg} \right], \tag{1.3.33}$$

这里 $|a^3q^2/bcdefg| < 1$.

定理 1.3.27[27] (Bailey $_2\psi_2$ 第一变换公式) 设 $\max\{|z|, |cd/abz|, |d/a|, |c/b|\} < 1$, 则

$$_2\psi_2 \left[\begin{array}{cc} a, & b \\ c, & d \end{array} ; q, z \right] = \frac{(az, d/a, c/b, dq/abz; q)_\infty}{(z, d, q/b, cd/abz; q)_\infty} {}_2\psi_2 \left[\begin{array}{cc} a, & abz/d \\ az, & c \end{array} ; q, \frac{d}{a} \right]. \tag{1.3.34}$$

定理 1.3.28 [27] (Bailey $_2\psi_2$ 第二变换公式) 设 $\max\{|z|, |cd/abz|\} < 1$, 则

$$_2\psi_2 \left[\begin{array}{cc} a, & b \\ c, & d \end{array} ; q, z \right] = \frac{(az, bz, cq/abz, dq/abz; q)_\infty}{(q/a, q/b, c, d; q)_\infty} {}_2\psi_2 \left[\begin{array}{cc} abz/c, & abz/d \\ az, & bz \end{array} ; q, \frac{cd}{abz} \right].$$

$$(1.3.35)$$

定理 1.3.29 [27] (Bailey $_2\psi_2$ 求和公式)　设 $\max\{|q/a|, |c|\} < 1$, 则

$$_2\psi_2 \left[\begin{array}{cc} a, & b \\ c, & bq \end{array} ; q, \frac{q}{a} \right] = \frac{(q, q, bq/a, c/b; q)_\infty}{(q/a, bq, q/b, c; q)_\infty}.$$

$$(1.3.36)$$

对于其他大量的单变量基本超几何级数的变换公式, 请参看文献 [6] 或 [7]. 对于 q 级数结果的分拆解释可参看文献 [28], 另外, 有关组合学的知识和结果可参看文献 [29].

1.4　基　本　运　算

为方便计, 本节列出在多变量基本超几何级数运算推导过程中所涉及的部分运算, 这里不给出证明, 但对于复杂的公式将表明出处.

设 n 为大于等于 1 的整数, N 为非负整数, 且使用记号:

$$\boldsymbol{y} = (y_1, \cdots, y_n),$$

$$\boldsymbol{N} = (N_1, \cdots, N_n),$$

$$|\boldsymbol{y}| := y_1 + \cdots + y_n,$$

$$|\boldsymbol{N}| := N_1 + \cdots + N_n,$$

$$\boldsymbol{y} \leqslant \boldsymbol{N} : y_1 \leqslant N_1, y_2 \leqslant N_2, \cdots, y_n \leqslant N_n,$$

$$\delta_{i,j} = \left\{ \begin{array}{ll} 0, & i \neq j, \\ 1, & i = j, \end{array} \right.$$

这里 $\delta_{i,j}$ 为 Kronecker 符号. 以及 $e_2(\boldsymbol{y}) = e_2(y_1, \cdots, y_n)$ 表示关于 $y_1, \cdots, y_n$ 的二阶基本对称函数, 并且

$$\boldsymbol{j} \leqslant \boldsymbol{k} : \quad j_1 \leqslant k_1, j_2 \leqslant k_2, \cdots, j_n \leqslant k_n.$$

则有下列运算公式成立:

(1) [30, 引理 3.12]

$$\prod_{r,s=1}^{n} \left(q\frac{x_r}{x_s} \right)_{y_r - y_s} = \prod_{1 \leqslant r < s \leqslant n} \left(q\frac{x_r}{x_s} \right)_{y_r - y_s} \left(q\frac{x_s}{x_r} \right)_{y_s - y_r}$$

$$= (-1)^{(n-1)|\boldsymbol{y}|} q^{-e_2(y_1,\cdots,y_n)+(n-1)\left[\binom{y_1}{2}+\cdots+\binom{y_n}{2}\right]} \prod_{1\leqslant r<s\leqslant n} \frac{x_r q^{y_r} - x_s q^{y_s}}{x_r - x_s} \prod_{k=1}^{n} x_k^{ny_k-|\boldsymbol{y}|}$$

(1.4.1)

$$= (-1)^{(n-1)|\boldsymbol{y}|} q^{-\binom{|\boldsymbol{y}|}{2}+n\left[\binom{y_1}{2}+\cdots+\binom{y_n}{2}\right]} \prod_{1\leqslant r<s\leqslant n} \frac{x_r q^{y_r} - x_s q^{y_s}}{x_r - x_s} \prod_{k=1}^{n} x_k^{ny_k-|\boldsymbol{y}|}, \quad (1.4.2)$$

$$\prod_{r,s=1}^{n} \left(q\frac{x_r}{x_s}\right)_{y_s-y_r}$$

$$= (-1)^{(n-1)|\boldsymbol{y}|} q^{-\binom{|\boldsymbol{y}|+1}{2}+n\sum_{i=1}^{n}\binom{y_i+1}{2}} \prod_{k=1}^{n} x_k^{|\boldsymbol{y}|-ny_k} \prod_{1\leqslant r<s\leqslant n} \frac{x_r q^{-y_r} - x_s q^{-y_s}}{x_r - x_s}. \quad (1.4.3)$$

(2) [30, (3.21a)]

$$\prod_{1\leqslant r<s\leqslant n} (-1)^{y_r-y_s} = (-1)^{(n-1)|\boldsymbol{y}|}, \tag{1.4.4}$$

$$\prod_{r,s=1}^{n} (-1)^{y_r-y_s} = 1, \tag{1.4.5}$$

$$\prod_{r,s=1}^{n} (-1)^{y_r} = (-1)^{n|\boldsymbol{y}|}. \tag{1.4.6}$$

(3) [30, (3.21b)]

$$\prod_{1\leqslant r<s\leqslant n} \left(\frac{x_r}{x_s}\right)^{y_r-y_s} = \prod_{k=1}^{n} x_k^{ny_k-|\boldsymbol{y}|}, \tag{1.4.7}$$

$$\prod_{1\leqslant r<s\leqslant n} q^{-(y_r+y_s)} = q^{-(n-1)|\boldsymbol{y}|}. \tag{1.4.8}$$

(4) [30, (3.21c)]

$$\prod_{1\leqslant r<s\leqslant n} q^{\binom{y_r-y_s}{2}} = q^{-e_2(y_1,\cdots,y_n)} q^{y_2+2y_3+\cdots+(n-1)y_n} q^{(n-1)\left[\binom{y_1}{2}+\cdots+\binom{y_n}{2}\right]}. \tag{1.4.9}$$

(5)

$$\frac{\left(\frac{x_s}{x_r}q^{-N}q^{y_s-y_r}\right)_{y_s}}{\left(q\frac{x_r}{x_s}q^{y_r-y_s}\right)_{N}} = \frac{\left(q\frac{x_r}{x_s}\right)_{y_r-y_s}\left(\frac{x_s}{x_r}q^{-N}\right)_{y_r}}{\left(q\frac{x_r}{x_s}\right)_{N}}(-1)^{y_r-y_s}\frac{\left(\frac{x_s}{x_r}\right)^{y_r-y_s}}{q^{N(y_r-y_s)}q^{\binom{1+y_r-y_s}{2}}}.$$

(1.4.10)

(6)

$$\prod_{r,s=1}^{n} \frac{1}{\left(q\dfrac{x_r}{x_s}q^{j_r-j_s}q^{y_r-y_s}\right)_{i_r-j_r-y_r}}$$

$$= \prod_{r,s=1}^{n} \frac{\left(\dfrac{x_r}{x_s}q^{j_r-i_s}\right)_{y_r}}{\left(q\dfrac{x_r}{x_s}q^{j_r-j_s}\right)_{i_r-j_r}} \prod_{1\leqslant r<s\leqslant n} \frac{x_r q^{y_r+j_r}-x_s q^{y_s+j_s}}{x_r q^{j_r}-x_s q^{j_s}} \times q^{(|\boldsymbol{i}|-|\boldsymbol{j}|)|\boldsymbol{y}|}(-1)^{|\boldsymbol{y}|}q^{-\binom{|\boldsymbol{y}|}{2}}. \tag{1.4.11}$$

(7)

$$\prod_{r,s=1}^{n} \left(\frac{x_r}{x_s}\right)^{y_r+y_s} = 1, \tag{1.4.12}$$

$$\prod_{r,s=1}^{n} \left(\frac{x_r}{x_s}\right)^{y_s} = \prod_{k=1}^{n} x_k^{|\boldsymbol{y}|-ny_k}, \tag{1.4.13}$$

$$\prod_{r,s=1}^{n} \left(\frac{x_r}{x_s}\right)^{y_r} = \prod_{k=1}^{n} x_k^{ny_k-|\boldsymbol{y}|}. \tag{1.4.14}$$

(8)

$$\prod_{r,s=1}^{n} q^{\binom{y_r}{2}-\binom{y_s}{2}} = 1. \tag{1.4.15}$$

(9)

$$q^{|\boldsymbol{N}||\boldsymbol{y}|} \prod_{r,s=1}^{n} \frac{\left(\dfrac{x_r}{x_s}q^{-N_s}\right)_{y_r}}{\left(q\dfrac{x_r}{x_s}\right)_{N_r}}$$

$$= (-1)^{|\boldsymbol{y}|}q^{\binom{|\boldsymbol{y}|}{2}} \prod_{r,s=1}^{n} \frac{1}{\left(q\dfrac{x_r}{x_s}q^{y_r-y_s}\right)_{N_r-y_r}} \prod_{1\leqslant r<s\leqslant n} \frac{x_r-x_s}{x_r q^{y_r}-x_s q^{y_s}}. \tag{1.4.16}$$

(10)

$$\prod_{1\leqslant r<s\leqslant n} \frac{1-\dfrac{x_r}{x_s}q^{y_r-y_s}}{1-\dfrac{x_r}{x_s}} = q^{-(y_2+2y_3+\cdots+(n-1)y_n)} \prod_{1\leqslant r<s\leqslant n} \frac{x_r q^{y_r}-x_s q^{y_s}}{x_r-x_s}. \tag{1.4.17}$$

(11)

$$\prod_{1\leqslant r<s\leqslant n} \frac{1-\dfrac{x_s}{x_r}q^{y_s-y_r}}{1-\dfrac{x_s}{x_r}} = q^{-((n-1)y_1+(n-2)y_2+\cdots+2y_{n-2}+y_{n-1})} \prod_{1\leqslant r<s\leqslant n} \frac{x_r q^{y_r}-x_s q^{y_s}}{x_r-x_s}. \tag{1.4.18}$$

(12)

$$\prod_{r,s=1}^{n} \frac{1}{\left(q\dfrac{x_r}{x_s}q^{y_r-y_s}\right)_{N_r-y_r}}$$
$$= (-1)^{|\boldsymbol{y}|}q^{-\binom{|\boldsymbol{y}|}{2}}q^{|\boldsymbol{N}||\boldsymbol{y}|} \prod_{1\leqslant r<s\leqslant n} \frac{x_r q^{y_r}-x_s q^{y_s}}{x_r-x_s} \prod_{r,s=1}^{n} \frac{(q^{-N_s}x_r/x_s)_{y_r}}{(qx_r/x_s)_{N_r}}. \tag{1.4.19}$$

(13)

$$\prod_{1\leqslant r<s\leqslant n} \frac{x_r q^{y_r}-x_s q^{y_s}}{x_r-x_s} \prod_{r,s=1}^{n} \frac{(q^{-N_s}x_r/x_s)_{y_r}}{(qx_r/x_s)_{N_r}}$$
$$= (-1)^{|\boldsymbol{y}|}q^{\binom{|\boldsymbol{y}|}{2}-|\boldsymbol{N}||\boldsymbol{y}|} \prod_{r,s=1}^{n} \frac{1}{\left(q\dfrac{x_r}{x_s}q^{y_r-y_s}\right)_{N_r-y_r}}. \tag{1.4.20}$$

$$\prod_{1\leqslant r<s\leqslant n} \frac{x_r q^{y_r}-x_s q^{y_s}}{x_r-x_s} \prod_{r,s=1}^{n} \frac{(q^{-N_s}x_r/x_s)_{y_r}}{(qx_r/x_s)_{y_r}}$$
$$= (-1)^{|\boldsymbol{y}|}q^{-\binom{|\boldsymbol{y}|}{2}}q^{-|\boldsymbol{y}|} \prod_{r,s=1}^{n} \frac{1}{\left(q\dfrac{x_r}{x_s}q^{y_r-y_s}\right)_{N_r-y_r}}. \tag{1.4.21}$$

(14)

$$\prod_{1\leqslant i<j\leqslant n} \frac{x_i q^{k_i}-x_j q^{k_j}}{x_i q^{m_i}-x_j q^{m_j}} \prod_{i,j=1}^{n} \frac{(q^{m_i-k_j}x_i/x_j;q)_{k_i-m_i}}{(q^{1+m_i-m_j}x_i/x_j;q)_{k_i-m_i}} = (-1)^{|\boldsymbol{k}|-|\boldsymbol{m}|}q^{-\binom{|\boldsymbol{k}|-|\boldsymbol{m}|+1}{2}}, \tag{1.4.22}$$

$$\prod_{1\leqslant i<j\leqslant r} \frac{1-\dfrac{x_i}{x_j}q^{k_i-k_j}}{1-\dfrac{x_i}{x_j}q^{l_i-l_j}} \prod_{i,j=1}^{r} \frac{\left(\dfrac{x_i}{x_j}q^{l_i-k_j}\right)_{k_i-l_i}}{\left(\dfrac{x_i}{x_j}q^{1+l_i-l_j}\right)_{k_i-l_i}} = (-1)^{|\boldsymbol{k}|-|\boldsymbol{l}|}q^{-\binom{|\boldsymbol{k}|-|\boldsymbol{l}|}{2}-\sum\limits_{i=1}^{r}i(k_i-l_i)},$$

$$\tag{1.4.23}$$

$$\prod_{1\leqslant i<j\leqslant r} \frac{x_iq^{n_i-k_i}-x_jq^{n_j-k_j}}{x_i-x_j} \prod_{i,j=1}^{r} \frac{\left(\dfrac{x_i}{x_j}q^{k_j-n_j}\right)_{n_i-k_i}}{\left(q\dfrac{x_i}{x_j}\right)_{n_i-k_i}}$$

$$= (-1)^{|\boldsymbol{n}|-|\boldsymbol{k}|}q^{-\binom{|\boldsymbol{n}|}{2}-\binom{|\boldsymbol{k}|}{2}-|\boldsymbol{k}|+|\boldsymbol{n}||\boldsymbol{k}|}. \tag{1.4.24}$$

(15)

$$\prod_{1\leqslant r<s\leqslant n} \frac{x_rq^{N_r}-x_sq^{N_s}}{x_r-x_s} \prod_{r,s=1}^{n} \frac{(q^{-N_s}x_r/x_s)_{N_r}}{(qx_r/x_s)_{N_r}} = (-1)^{|\boldsymbol{N}|}q^{-\binom{|\boldsymbol{N}|}{2}-|\boldsymbol{N}|}. \tag{1.4.25}$$

(16)

$$\binom{|\boldsymbol{N}|-|\boldsymbol{y}|}{2} = \binom{|\boldsymbol{N}|}{2} + \binom{|\boldsymbol{y}|}{2} + |\boldsymbol{y}| - |\boldsymbol{N}||\boldsymbol{y}|. \tag{1.4.26}$$

(17)

$$(n-1)\left[\binom{y_1}{2}+\cdots+\binom{y_n}{2}\right] - e_2(y_1,\cdots,y_n)$$

$$= -\frac{n-1}{2}|\boldsymbol{y}| + \frac{1}{2}\sum_{1\leqslant r<s\leqslant n}(y_r-y_s)^2. \tag{1.4.27}$$

(18)

$$-\binom{|\boldsymbol{k}|}{2} + r\sum_{i=1}^{r}\binom{k_i}{2} = -\frac{r-1}{2}|\boldsymbol{k}| + \frac{1}{2}\sum_{1\leqslant i<j\leqslant r}(k_i-k_j)^2. \tag{1.4.28}$$

(19)

$$\prod_{1\leqslant r<s\leqslant n}(x_rq^{k_r}-x_sq^{k_s}) = \sum_{\sigma\in S_n}\operatorname{sgn}(\sigma)\prod_{i=1}^{n}x_i^{n-\sigma(i)}q^{(n-\sigma(i))y_i}, \tag{1.4.29}$$

这里 S_n 表示阶为 n 的对称群.

(20)

$$\prod_{r,s=1}^{n}\left(\frac{x_r}{x_s}b_s\right)^{-1}_{-y_r} = \prod_{r,s=1}^{n}\frac{\left(\frac{x_r}{x_s}b_s\right)^{y_r}\left(q\frac{x_s}{x_r b_s}\right)_{y_r}}{(-1)^{y_r}q^{\binom{y_r}{2}+y_r}}$$

$$= \frac{(b_1\cdots b_n)^{|\boldsymbol{y}|}}{(-1)^{n|\boldsymbol{y}|}q^{n|\boldsymbol{y}|+n\left[\binom{y_1}{2}+\cdots+\binom{y_n}{2}\right]}}\prod_{r=1}^{n}x_r^{ny_r-|\boldsymbol{y}|}\prod_{r,s=1}^{n}(qx_s/x_r b_s)_{y_r}.$$

(1.4.30)

(21)

$$\prod_{r,s=1}^{n}q^{\binom{y_r-y_s}{2}} = q^{2n\left[\binom{y_1}{2}+\cdots+\binom{y_n}{2}\right]+n|\boldsymbol{y}|-|\boldsymbol{y}|^2}, \tag{1.4.31}$$

$$\prod_{1\leqslant r<s\leqslant n}q^{k_s-k_r} = q^{k_2+2k_3+\cdots+(n-1)k_n-((n-1)k_1+(n-2)k_2+\cdots+k_{n-1})}, \tag{1.4.32}$$

$$\prod_{r,s=1}^{n}(-1)^{k_r}q^{k_r+\binom{k_r}{2}} = (-1)^{n|\boldsymbol{k}|}q^{n|\boldsymbol{k}|+n\left(\binom{k_1}{2}+\cdots+\binom{k_n}{2}\right)}, \tag{1.4.33}$$

$$\prod_{r,s=1}^{n}q^{k_r+\binom{k_r}{2}} = q^{n|\boldsymbol{k}|+n\left(\binom{k_1}{2}+\cdots+\binom{k_n}{2}\right)}, \tag{1.4.34}$$

$$\prod_{r,s=1}^{n}q^{(y_r-y_s)y_r} = q^{n(y_1^2+\cdots+y_n^2)-|\boldsymbol{y}|^2}, \tag{1.4.35}$$

$$\prod_{r,s=1}^{n}q^{(i_r-j_s)y_s} = q^{|\boldsymbol{i}||\boldsymbol{y}|-n(j_1y_1+\cdots+j_ny_n)}. \tag{1.4.36}$$

(22)

$$\prod_{j=1}^{n}\prod_{i=1}^{n+1}a_{i,j} = a_{n+1,n}a_{n,n}\prod_{j=1}^{n-1}\prod_{i=1}^{n-1}a_{i,j}\prod_{i=1}^{n-1}a_{i,n}\prod_{j=1}^{n-1}a_{n,j}\prod_{j=1}^{n-1}a_{n+1,j}. \tag{1.4.37}$$

(23)

$$\left(q\frac{x_r}{x_s}q^{y_r-m_s}\right)_{m_s} = (-1)^{m_s}\left(\frac{x_r}{x_s}\right)^{m_s}q^{y_rm_s-\binom{m_s}{2}}(q^{-y_r}x_s/x_r)_{m_s}. \tag{1.4.38}$$

(24)

$$\prod_{1\leqslant i<j\leqslant r} \frac{x_i q^{n_i-k_i} - x_j q^{n_j-k_j}}{x_i - x_j} \prod_{i,j=1}^{r} \frac{(q^{k_j-n_j} x_i/x_j)_{n_i-k_i}}{(qx_i/x_j)_{n_i-k_i}}$$

$$= \prod_{1\leqslant i<j\leqslant r} \frac{x_i q^{n_i} - x_j q^{n_j}}{x_i q^{k_i} - x_j q^{k_j}} \prod_{i,j=1}^{r} \frac{(q^{k_i-n_j} x_i/x_j)_{n_i-k_i}}{(q^{1+k_i-k_j} x_i/x_j)_{n_i-k_i}}. \tag{1.4.39}$$

(25)

$$\prod_{i=1}^{n} \frac{(q^{-N_i})_{N_i}}{(q)_{N_i}} = (-1)^{|\boldsymbol{N}|} q^{-|\boldsymbol{N}|-\left[\binom{N_1}{2}+\cdots+\binom{N_n}{2}\right]}. \tag{1.4.40}$$

(26)

$$\prod_{1\leqslant r<s\leqslant n} q^{k_r-l_r} = q^{(n-1)k_1+(n-2)k_2+\cdots+1\cdot k_{n-1}-[(n-1)l_1+(n-2)l_2+\cdots+1\cdot l_{n-1}]}, \tag{1.4.41}$$

$$\prod_{1\leqslant r<s\leqslant n} q^{k_s-l_s} = q^{k_2+2k_3+\cdots+(n-1)\cdot k_n-[l_2+2l_3+\cdots+(n-1)\cdot l_n]}. \tag{1.4.42}$$

(27)

$$\prod_{1\leqslant r<s\leqslant n} \frac{1 - \dfrac{x_r}{x_s} q^{(N_r-N_s)+(y_r-y_s)}}{1 - \dfrac{x_r}{x_s}} \prod_{r,s=1}^{n} \frac{\left(\dfrac{x_r}{x_s} q^{-N_s}\right)_{N_r-y_r}}{\left(q\dfrac{x_r}{x_s}\right)_{N_r-y_r}}$$

$$= \prod_{1\leqslant r<s\leqslant n} \frac{1 - \dfrac{x_s}{x_r} q^{(N_s-N_r)+(y_s-y_r)}}{1 - \dfrac{x_s}{x_r} q^{N_s-N_r}} \prod_{r,s=1}^{n} \frac{\left(\dfrac{x_s}{x_r} q^{-N_r}\right)_{y_r}}{\left(q\dfrac{x_s}{x_r} q^{N_s-N_r}\right)_{y_r}}$$

$$\times (-1)^{|\boldsymbol{N}|} q^{-(N_1+2N_2+\cdots+nN_n)} q^{|\boldsymbol{N}||\boldsymbol{y}|-|\boldsymbol{y}|} q^{2(y_1+2y_2+\cdots+ny_n)}. \tag{1.4.43}$$

(28)

$$\prod_{1\leqslant r<s\leqslant n} (cx_r x_s)_{(N_r+N_s)-(y_r+y_s)} \prod_{r,s=1}^{n} \frac{1}{(cx_r x_s)_{N_r-y_r}}$$

$$= \prod_{1\leqslant r<s\leqslant n} (cx_r x_s)_{N_r+N_s} \prod_{r,s=1}^{n} \frac{1}{(cx_r x_s)_{N_r}}$$

$$\times \prod_{1 \leqslant r < s \leqslant n} \frac{1}{(q^{1-N_r-N_s}/cx_rx_s)_{y_r+y_s}} \prod_{r,s=1}^{n} \left(q^{1-N_r}/cx_rx_s\right)_{y_r}$$

$$\times \prod_{i=1}^{n} \left[(cx_i^2)^{y_i} q^{2N_iy_i}\right] q^{-(|\boldsymbol{N}||\boldsymbol{y}|+|\boldsymbol{y}|)} (-1)^{|\boldsymbol{y}|} q^{e(\boldsymbol{N})} q^{-\left[\binom{y_1}{2}+\cdots+\binom{y_n}{2}\right]}. \tag{1.4.44}$$

(29)

$$\prod_{r,s=1}^{n} \frac{(qx_r/x_s)_{N_r}}{(qx_r/x_s)_{y_r}(q^{1+y_r-y_s}x_r/x_s)_{N_r-y_r}}$$

$$= (-1)^{|\boldsymbol{y}|} q^{-\binom{|\boldsymbol{y}|}{2}} q^{|\boldsymbol{N}||\boldsymbol{y}|} \prod_{1 \leqslant r < s \leqslant n} \frac{x_r q^{y_r} - x_s q^{y_s}}{x_r - x_s} \prod_{r,s=1}^{n} \frac{(q^{-N_s}x_r/x_s)_{y_r}}{(qx_r/x_s)_{y_r}}. \tag{1.4.45}$$

(30)

$$\prod_{r,s=1}^{n} a_{r,s} = \prod_{1 \leqslant r < s \leqslant n} a_{r,s} a_{s,r} \prod_{i=1}^{n} a_{i,i}. \tag{1.4.46}$$

(31)

$$\sum_{k_1,\cdots,k_n=0}^{N_1,\cdots,N_n} S_{k_1,\cdots,k_n} = \sum_{k_1,\cdots,k_n=0}^{N_1,\cdots,N_n} S_{N_1-k_1,\cdots,N_n-k_n}. \tag{1.4.47}$$

(32)

$$e_2(y_1 - m_1, y_2 - m_2, \cdots, y_n - m_n)$$

$$= e_2(y_1, y_2, \cdots, y_n) + e_2(m_1, m_2, \cdots, m_n) - |\boldsymbol{y}||\boldsymbol{m}|$$

$$+ (m_1y_1 + m_2y_2 + \cdots + m_ny_n), \tag{1.4.48}$$

$$\binom{|\boldsymbol{y}|}{2} = \binom{y_1}{2} + \binom{y_2}{2} + \cdots + \binom{y_n}{2} + e_2(y_1, y_2, \cdots, y_n), \tag{1.4.49}$$

$$e_2(y_1 + m, y_2 + m, \cdots, y_n + m) = e_2(y_1, y_2, \cdots, y_n) + (n-1)m|\boldsymbol{y}| + \binom{n}{2}m^2, \tag{1.4.50}$$

$$(y_1 + y_2 + \cdots + y_n)^2 = y_1^2 + y_2^2 + \cdots + y_n^2 + 2e_2(y_1, y_2, \cdots, y_n). \tag{1.4.51}$$

(33)

$$\prod_{r,s=1}^{n} \frac{(q^{-y_s}x_r/x_s)_{m_r}}{(qx_r/x_s)_{y_r}} = (-1)^{|\boldsymbol{m}|} q^{\binom{|\boldsymbol{y}|}{2}-|\boldsymbol{y}||\boldsymbol{m}|} \prod_{r,s=1}^{n} \frac{1}{(q^{1+m_r-m_s}x_r/x_s)_{y_r-m_r}}$$

$$\times \prod_{1 \leqslant r < s \leqslant n} \frac{x_r - x_s}{x_r q^{m_r} - x_s q^{m_s}}. \tag{1.4.52}$$

(34)

$$\prod_{1 \leqslant r < s \leqslant n} \frac{x_r^{-1} q^{-y_r} - x_s^{-1} q^{-y_s}}{x_r^{-1} - x_s^{-1}} = q^{-(n-1)|\boldsymbol{y}|} \prod_{1 \leqslant r < s \leqslant n} \frac{x_r q^{y_r} - x_s q^{y_s}}{x_r - x_s}. \tag{1.4.53}$$

(35)

$$\prod_{r,s=1}^{n} \left(q^{-1} \frac{x_s}{x_r}; q^{-1} \right)_{y_r} = (-1)^{n|\boldsymbol{y}|} q^{-n|\boldsymbol{y}| - n\left[\binom{y_1}{2} + \binom{y_2}{2} + \cdots + \binom{y_n}{2} \right]}$$

$$\times \prod_{r,s=1}^{n} \left(q \frac{x_r}{x_s}; q \right)_{y_r} \prod_{i=1}^{n} x_i^{|\boldsymbol{y}| - n y_i}. \tag{1.4.54}$$

(36)

$$\prod_{\substack{1 \leqslant r < s \leqslant n \\ r,s \neq j}} q^{-y_s} = q^{-[y_2 + 2y_3 + \cdots + (j-2)y_{j-1} + (j-1)y_{j+1} + j y_{j+2} + (j+1)y_{j+3} + \cdots + (n-2)y_n]}.$$

$$\tag{1.4.55}$$

(37)

$$\prod_{i,j=1}^{r} \frac{(q x_i / x_j)_{n_i}}{(q x_i / x_j)_{k_i} (q^{1+k_i-k_j} x_i / x_j)_{n_i - k_i}} \Bigg|_{\substack{q \to q^{-1}, \\ x_i \to x_i^{-1}}}$$

$$= q^{-|\boldsymbol{k}|(|\boldsymbol{n}| - |\boldsymbol{k}|)} \prod_{i,j=1}^{r} \frac{(q x_i / x_j)_{n_i}}{(q x_i / x_j)_{k_i} (q^{1+k_i-k_j} x_i / x_j)_{n_i - k_i}}. \tag{1.4.56}$$

第 2 章 多变量基本超几何级数的定义与引入

基本超几何级数理论由许多著名的求和与变换公式组成[6]. 这些基本超几何级数不断地出现在组合及其相关领域, 例如数论、统计学、物理、李代数表示论等[3]. 多变量超几何级数最初由 Holman 等[31,32] 所研究. 在 [33] 中, Milne 引入了关于单位群 $U(n+1)$ 上的多变量基本超几何级数, 利用 q 差分方程和对称函数理论[34] 得到了经典的非常均衡的 $_6\phi_5$ 求和定理的可终止型与非终止型的 $U(n+1)$ 拓广, 开创了多变量基本超几何级数的研究. 随后, 伴随于根系 A_n (或等价地, 对单位群的 $U(n+1)$), C_n, D_n 的多变量基本超几何级数被许多专家所研究. Gustafson[35,36] 扩展此单位群非常均衡的概念到其他单位群. 由于此类级数在数学物理和单位群上的重要应用[31,32,37,38] 以及各种类型的多变量级数直接联系着相应的 Macdonald 恒等式[35,36,39,40], 因此, 从各种各样的群结构里产生的许多不同类型的多变量基本超几何级数, 形成了众多复杂的各类拓广.

2.1 $SU(n)$ 基本超几何级数

1985 年, Milne[41] 引入下列 $SU(n)$ 基本超几何级数:

定义 2.1.1[41, 定义 1.22], [42, 定义 2.1] ($SU(n)$ 基本超几何级数) 设 m 是非负整数, 以及 $|q| < 1$, $(b_{li})_{y_l} \neq 0$, $A_{il} \neq 1$, $n \geqslant 2$ 和

$$j \geqslant n, \tag{2.1.1}$$

$$A_{ir}/A_{is} = A_{sr}, \quad \text{若 } s < r, \tag{2.1.2}$$

$$a_{ir}/a_{sr} = A_{is}, \quad \text{若 } i < s, \tag{2.1.3}$$

$$b_{ir}/b_{sr} = A_{is}, \quad \text{若 } i < s, \tag{2.1.4}$$

$$b_{ii} = q, \quad \text{若 } 1 \leqslant i \leqslant n. \tag{2.1.5}$$

则定义均衡的 $SU(n)$ 基本超几何级数为

$$[W]_m^{(n)} \left(\begin{array}{c|c|c|c} (A_{rs}) & (a_{rs}) & (b_{rs}) & (z_i) \\ 1 \leqslant r < s \leqslant n & \begin{array}{c} 1 \leqslant r \leqslant n \\ 1 \leqslant s \leqslant k \end{array} & \begin{array}{c} 1 \leqslant r \leqslant n \\ 1 \leqslant s \leqslant j \end{array} & 1 \leqslant i \leqslant n \end{array} \right)$$

$$\equiv (1-q)^{(j-k-1)m}(q)_m \sum_{\substack{y_1+\cdots+y_n=m \\ y_i\geqslant 0}} \left(\prod_{1\leqslant r<s\leqslant n} \frac{1-A_{rs}q^{y_r-y_s}}{1-A_{rs}} \right) \left(\prod_{r=1}^{k}\prod_{s=1}^{n}(a_{sr})_{y_s} \right)$$

$$\times \left(\prod_{r=1}^{j}\prod_{s=1}^{n}(b_{sr})_{y_s} \right)^{-1} \left(\prod_{r=1}^{n} z_r^{y_r} \right), \tag{2.1.6}$$

简记为 $[W]_m^{(n)}((A)|(a)|(b)|(z))$, 称 a_{rs} $(1\leqslant r\leqslant n, 1\leqslant s\leqslant k)$ 为分子参数, b_{rs} $(1\leqslant r\leqslant n, 1\leqslant s\leqslant j)$ 为分母参数.

由此定义, 则有, 当 $1\leqslant r,s\leqslant n$ 时,

$$b_{rs} = qA_{rs},\quad 若 r<s$$
$$= q/A_{sr},\quad 若 s<r$$
$$= q,\qquad 若 r=s.$$

并且易知, $[W]_m^{(n)}((A)|(a)|(b)|(z))$ 可以被作为参数 q 的一个函数, 且 $\{a_{ir}|1\leqslant i\leqslant n,\ 1\leqslant r\leqslant k\}$ 以及 $\{b_{ir}|1\leqslant i\leqslant n,\ n<r\leqslant j\}$.

引理 2.1.1 (Milne 基本恒等式)　设 $x_1,\cdots,x_n$ 和 $y_1,\cdots,y_n$ 为变元且 y_i 互异, 则有

$$\prod_{i=1}^{n}\frac{1-tx_iy_i}{1-tx_i} = y_1\cdots y_n + \sum_{r=1}^{n}\frac{1-y_r}{1-tx_r}\prod_{\substack{i=1 \\ i\neq r}}^{n}\frac{1-\frac{x_i}{x_r}y_i}{1-\frac{x_i}{x_r}}. \tag{2.1.7}$$

特别地, 令 $t=0$, 则有

$$1-y_1\cdots y_n = \sum_{r=1}^{n}(1-y_r)\prod_{\substack{i=1 \\ i\neq r}}^{n}\frac{1-\frac{x_i}{x_r}y_i}{1-\frac{x_i}{x_r}} \tag{2.1.8}$$

$$= \sum_{r=1}^{n}\frac{\prod_{i=1}^{n}\left(1-\frac{x_i}{x_r}y_i\right)}{\prod_{\substack{i=1 \\ i\neq r}}^{n}\left(1-\frac{x_i}{x_r}\right)}. \tag{2.1.9}$$

证明　利用有理函数的部分因式分解思想证明. 设

$$\prod_{i=1}^{n}\frac{1-tx_iy_i}{1-tx_i} = R + \sum_{r=1}^{n}\frac{A_r}{1-tx_r}. \tag{2.1.10}$$

若 R 为 t 的次数大于 1 的多项式, 显然式子两边同乘 $\prod_{i=1}^{n}(1-tx_i)$, 则左边得到 t 的次数为 n 的多项式, 右边得到 t 的次数大于 n 的多项式, 因而矛盾, 故 R 为常数. 若在 (2.1.10) 中, 取 $t \to \infty$, 则得

$$R = y_1 y_2 \cdots y_n.$$

若在 (2.1.10) 中, 两边同乘 $\prod_{i=1}^{n}(1-tx_i)$, 且取 $t \to \dfrac{1}{x_r}$, $r = 1, 2, \cdots, n$, 则得

$$\prod_{i=1}^{n}\left(1-\frac{x_i}{x_r}y_i\right) = A_r \prod_{\substack{i=1 \\ i\neq r}}^{n}\left(1-\frac{x_i}{x_r}\right) \quad (r = 1, 2, \cdots, n).$$

故

$$A_r = \frac{\displaystyle\prod_{i=1}^{n}\left(1-\frac{x_i}{x_r}y_i\right)}{\displaystyle\prod_{\substack{i=1 \\ i\neq r}}^{n}\left(1-\frac{x_i}{x_r}\right)} \quad (r = 1, 2, \cdots, n).$$

将此代入 (2.1.10), 可得 (2.1.7). 令 $t = 0$, 则得 (2.1.8), 进而得到 (2.1.9). □

定理 2.1.1 [41, 定理 1.31] $[W]_m^{(n)}((A)|(a)|(b)|(z))$ 满足下列递归关系:

$$[W]_m^{(n)}\left(\begin{array}{c}(A_{rs}) \\ 1\leqslant r < s \leqslant n\end{array}\middle|\begin{array}{c}(a_{rs}) \\ 1\leqslant r \leqslant n \\ 1\leqslant s \leqslant k\end{array}\middle|\begin{array}{c}(b_{rs}) \\ 1\leqslant r \leqslant n \\ 1\leqslant s \leqslant j\end{array}\middle|\begin{array}{c}(z_i) \\ 1\leqslant i \leqslant n\end{array}\right)$$

$$= \sum_{p=1}^{n}(1-q)^{j-k-1}z_p q^{1-p}\left(\prod_{i=1}^{p-1}\frac{-A_{ip}}{1-A_{ip}}\right)\left(\prod_{i=p+1}^{n}\frac{1}{1-A_{pi}}\right)$$

$$\times \left(\prod_{i=1}^{k}(1-a_{pi})\right)\left(\prod_{i=n+1}^{j}\frac{1}{1-b_{pi}}\right)$$

$$\times [W]_{m-1}^{(n)}\left(\begin{array}{c}(A_{rs}q^{\delta_{r,p}-\delta_{s,p}}) \\ 1\leqslant r < s \leqslant n\end{array}\middle|\begin{array}{c}(a_{rs}q^{\delta_{r,p}}) \\ 1\leqslant r \leqslant n \\ 1\leqslant s \leqslant k\end{array}\middle|\begin{array}{c}(b_{rs}q^{\delta_{r,p}-\delta_{s,p}}) \\ 1\leqslant r \leqslant n\end{array}\begin{array}{c}(b_{rs}q^{\delta_{r,p}}) \\ 1\leqslant r \leqslant n \\ n+1\leqslant s \leqslant j\end{array}\middle|\begin{array}{c}(z_i) \\ 1\leqslant i \leqslant n\end{array}\right),$$

$$(2.1.11)$$

这里 (2.1.11) 式中的 $[W]_{m-1}^{(n)}$ 中的 A_{rs} 变为 $A_{rs}q^{\delta_{r,p}-\delta_{s,p}}$ 和 $a_{pv} \to qa_{pv}$, $b_{pu} \to qb_{pu}$, 其中 $\delta_{r,s}$ 为 Kronecker 符号.

证明　在定理 2.1.1 里的 $[W]_{m-1}^{(n)}$ 的表达式中, 首先由定义可得

$$\prod_{1\leqslant r<s\leqslant n}\frac{1-A_{rs}q^{\delta_{r,p}-\delta_{s,p}}q^{y_r-y_s}}{1-A_{rs}q^{\delta_{r,p}-\delta_{s,p}}}$$

$$=\left(\prod_{\substack{1\leqslant r<s\leqslant n\\r,s\neq p}}\frac{1-A_{rs}q^{y_r-y_s}}{1-A_{rs}}\right)\left(\prod_{r=1}^{p-1}\frac{1-A_{rp}q^{y_r-(y_p+1)}}{1-A_{rp}q^{-1}}\right)\left(\prod_{r=p+1}^{n}\frac{1-A_{pr}q^{y_p+1-y_r}}{1-A_{pr}q}\right)$$

和

$$\prod_{r=1}^{k}\prod_{s=1}^{n}(a_{sr})_{y_s}=\left(\prod_{r=1}^{k}\prod_{\substack{s=1\\s\neq p}}^{n}(a_{sr})_{y_s}\right)\left(\prod_{r=1}^{k}(qa_{pr})_{y_p}\right),$$

这里 $a_{pr}\to qa_{pr}$, 以及

$$\prod_{r=1}^{j}\prod_{s=1}^{n}(b_{sr})_{y_s}=\left(\prod_{r=1}^{n}\prod_{s=1}^{n}(b_{sr})_{y_s}\right)\left(\prod_{r=n+1}^{j}\prod_{s=1}^{n}(b_{sr})_{y_s}\right). \tag{2.1.12}$$

对上式 (2.1.12) 右端第一项 $\prod\limits_{r=1}^{n}\prod\limits_{s=1}^{n}(b_{sr})_{y_s}$, 进行如下分类:

$$r=s=p;$$

$$r=s\neq p;$$

$$r\neq s,\ r,s\neq p;$$

$$s=p,\ r\neq p;$$

$$r=p,\ s\neq p.$$

对第二项 $\prod\limits_{r=n+1}^{j}\prod\limits_{s=1}^{n}(b_{sr})_{y_s}$, 分类为

$$s\neq p;$$

$$s=p.$$

故

$$\prod_{r=1}^{j}\prod_{s=1}^{n}(b_{sr})_{y_s}=\left(\prod_{r=1}^{n}\prod_{s=1}^{n}(b_{sr})_{y_s}\right)\left(\prod_{r=n+1}^{j}\prod_{s=1}^{n}(b_{sr})_{y_s}\right)$$

$$= (q)_{y_p} \left(\prod_{\substack{r=1 \\ r\neq p}}^{n} (q)_{y_r} \right) \left(\prod_{\substack{1\leqslant r<s\leqslant n \\ r,s\neq p}}^{n} (b_{rs})_{y_r}(b_{sr})_{y_s} \times \left(\prod_{r=1}^{p-1} (b_{rp})_{y_r}(b_{pr})_{y_p} \right) \right.$$

$$\times \left(\prod_{s=p+1}^{n} (b_{ps})_{y_p}(b_{sp})_{y_s} \right) \left(\prod_{r=n+1}^{j} \prod_{\substack{s=1 \\ s\neq p}}^{n} (b_{sr})_{y_s} \right) \left(\prod_{r=n+1}^{j} (b_{pr})_{y_p} \right)$$

$$= (q)_{y_p} \left(\prod_{\substack{r=1 \\ r\neq p}}^{n} (q)_{y_r} \right) \left(\prod_{\substack{1\leqslant r<s\leqslant n \\ r,s\neq p}}^{n} (qA_{rs})_{y_r}(q/A_{rs})_{y_s} \right) \left(\prod_{r=1}^{p-1} (A_{rp})_{y_r}(q^2/A_{rp})_{y_p} \right)$$

$$\times \left(\prod_{s=p+1}^{n} (q^2 A_{ps})_{y_p}(1/A_{ps})_{y_s} \right) \left(\prod_{r=n+1}^{j} \prod_{\substack{s=1 \\ s\neq p}}^{n} (b_{sr})_{y_s} \right) \left(\prod_{r=n+1}^{j} (qb_{pr})_{y_p} \right),$$

其中当 $r < p$ 时，

$$b_{rp} \to qA_{rp} \to qA_{rp}q^{\delta_{r,p}-\delta_{p,p}} = A_{rp},$$

$$b_{pr} \to q/A_{rp} \to q/(A_{rp}q^{\delta_{r,p}-\delta_{p,p}}) = q^2/A_{rp};$$

当 $s > p$ 时，

$$b_{ps} \to qA_{ps} \to qA_{ps}q^{\delta_{p,p}-\delta_{s,p}} = q^2 A_{ps},$$

$$b_{sp} \to q/A_{ps} \to q/(q/A_{ps}q^{\delta_{p,p}-\delta_{s,p}}) = A_{ps}.$$

将上述式子代入 $[W]_{m-1}^{(n)}$，则有

定理 2.1.1 的右端

$$= (1-q)^{(j-k-1)m}(q)_{m-1} \sum_{p=1}^{n} \sum_{\substack{y_1+\cdots+y_n=m-1 \\ y_i\geqslant 0}} \left(\prod_{\substack{1\leqslant r<s\leqslant n \\ r,s\neq p}} \frac{1-A_{rs}q^{y_r-y_s}}{1-A_{rs}} \right)$$

$$\times \left(\prod_{r=1}^{p-1} \frac{1-A_{rp}q^{y_r-(y_p+1)}}{1-A_{rp}} \right)$$

$$\times \left(\prod_{r=p+1}^{n} \frac{1-A_{pr}q^{y_p+1-y_r}}{1-A_{pr}} \right) \left(\prod_{r=1}^{k} \prod_{\substack{s=1 \\ s\neq p}}^{n} (a_{sr})_{y_s} \right) \left(\prod_{r=1}^{k} (a_{pr})_{y_p+1} \right)$$

$$\times \left[(q)_{y_p+1} \left(\prod_{\substack{r=1 \\ r \neq p}}^{n} (q)_{y_r} \right) \left(\prod_{\substack{1 \leqslant r < s \leqslant n \\ r,s \neq p}}^{n} (qA_{rs})_{y_r} (q/A_{rs})_{y_s} \right) \left(\prod_{r=1}^{p-1} (qA_{rp})_{y_r} (q/A_{rp})_{y_p+1} \right) \right.$$

$$\left. \times \left(\prod_{s=p+1}^{n} (qA_{ps})_{y_p+1} (q/A_{ps})_{y_s} \right) \left(\prod_{r=n+1}^{j} \prod_{\substack{s=1 \\ s \neq p}}^{n} (b_{sr})_{y_s} \right) \left(\prod_{r=n+1}^{j} (b_{pr})_{y_p+1} \right) \right]^{-1}$$

$$\times (1 - q^{y_p+1}) \left(\prod_{r=1}^{p-1} \frac{1 - q^{y_r} A_{rp}}{1 - A_{rp}} \right) \left(\prod_{s=p+1}^{n} \frac{1 - q^{y_s}/A_{ps}}{1 - 1/A_{ps}} \right) \left(\prod_{\substack{i=1 \\ r \neq p}}^{n} z_i^{y_i} \right) z_p^{y_p+1}.$$

令 n 元组 $(y_1, \cdots, y_p, \cdots, y_n) \to (w_1, \cdots, w_p - 1, \cdots, y_n)$, 这里 $w_p \geqslant 1$, 则有

定理 2.1.1 的右端

$$= (1-q)^{(j-k-1)m} (q)_{m-1} \sum_{p=1}^{n} \sum_{\substack{w_1+\cdots+w_n=m \\ w_1,\cdots,w_{p-1},w_{p+1},\cdots,w_n \geqslant 0 \\ w_p \geqslant 1}} \left(\prod_{1 \leqslant r < s \leqslant n} \frac{1 - A_{rs} q^{w_r-w_s}}{1 - A_{rs}} \right)$$

$$\times \left(\prod_{r=1}^{k} \prod_{s=1}^{n} (a_{sr})_{w_s} \right) \left(\prod_{r=1}^{j} \prod_{s=1}^{n} (b_{sr})_{w_s} \right)^{-1} \left(\prod_{i=1}^{n} z_i^{w_i} \right)$$

$$\times (1 - q^{w_p}) \left(\prod_{r=1}^{p-1} \frac{1 - q^{w_r} A_{rp}}{1 - A_{rp}} \right) \left(\prod_{s=p+1}^{n} \frac{1 - q^{w_s}/A_{ps}}{1 - 1/A_{ps}} \right).$$

由于 $(1 - q^{w_p}) = 0$ 当且仅当 $w_p = 0$, 因此

定理 2.1.1 的右端

$$= (1-q)^{(j-k-1)m} (q)_{m-1} \sum_{w_1+\cdots+w_n=m} \left(\prod_{1 \leqslant r < s \leqslant n} \frac{1 - A_{rs} q^{w_r-w_s}}{1 - A_{rs}} \right)$$

$$\times \left(\prod_{r=1}^{k} \prod_{s=1}^{n} (a_{sr})_{w_s} \right) \left(\prod_{r=1}^{j} \prod_{s=1}^{n} (b_{sr})_{w_s} \right)^{-1} \left(\prod_{i=1}^{n} z_i^{w_i} \right)$$

$$\times \sum_{p=1}^{n} (1 - q^{w_p}) \left(\prod_{r=1}^{p-1} \frac{1 - q^{w_r} A_{rp}}{1 - A_{rp}} \right) \left(\prod_{s=p+1}^{n} \frac{1 - q^{w_s}/A_{ps}}{1 - 1/A_{ps}} \right).$$

现在仅需证明:

$$1 - q^{w_1+\cdots+w_n} = \sum_{p=1}^{n}(1-q^{w_p})\left(\prod_{r=1}^{p-1}\frac{1-q^{w_r}A_{rp}}{1-A_{rp}}\right)\left(\prod_{s=p+1}^{n}\frac{1-q^{w_s}/A_{ps}}{1-1/A_{ps}}\right).$$

它等价于引理 2.1.1, 定理得证. □

应用定理 2.1.1 中的递归关系及对 m 进行归纳, 可得下述结果 (详情请看文献 [43]):

定理 2.1.2 [43, 定理 1.21] (Milne, 终止型 $_6\phi_5$ 求和公式的 $SU(n)$ 拓广) 设 $[W]_m^{(n)}((A)|(a)|(b)|(z))$ 定义如上, 对 $1 \leqslant i \leqslant n$, 令

$$z_i \equiv q^{(i-1)(y_1+\cdots+y_n)}\left(\frac{b_{i,n+1}}{b_{n,n+1}}\right)\left(\prod_{s=1}^{n-1}a_{ss}\right)^{-1}, \tag{2.1.13}$$

则有

$$[W]_m^{(n)}\left(\begin{array}{c|c|c|c}(A_{rs}) & (a_{rs}) & (b_{rs}) & (z_i) \\ 1\leqslant r<s\leqslant n & \begin{array}{c}1\leqslant r\leqslant n\\1\leqslant s\leqslant n-1\end{array} & \begin{array}{c}1\leqslant r\leqslant n\\1\leqslant s\leqslant n+1\end{array} & 1\leqslant i\leqslant n\end{array}\right)$$

$$= (1-q)^m\left(\prod_{i=1}^{n-1}(b_{i,n+1}/a_{ii})_m\right)\left(\prod_{i=1}^{n}(b_{i,n+1})_m\right)^{-1}. \tag{2.1.14}$$

2.2 $U(n)$ 基本超几何级数

定义 2.2.1 [41, 定义 1.53] (Milne, $U(n)$ 基本超几何级数) 设 m 是非负整数, 以及 $|q| < 1$, $(b_{li})_{y_l} \neq 0$, $A_{il} \neq 1$, $n \geqslant 2$ 和

$$j \geqslant n, \tag{2.2.1}$$

$$A_{ir}/A_{is} = A_{sr}, \ \text{若} s < r, \tag{2.2.2}$$

$$a_{ir}/a_{sr} = A_{is}, \ \text{若} i < s, \tag{2.2.3}$$

$$b_{ir}/b_{sr} = A_{is}, \ \text{若} i < s, \tag{2.2.4}$$

$$b_{ii} = q, \ \text{若} 1 \leqslant i \leqslant n. \tag{2.2.5}$$

则定义 $U(n)$ 基本超几何级数为

$$[F]^{(n)} \left(\begin{array}{c|c|c|c} (A_{rs}) & (a_{rs}) & (b_{rs}) & \\ 1 \leqslant r < s \leqslant n & \begin{array}{c} 1 \leqslant r \leqslant n \\ 1 \leqslant s \leqslant k \end{array} & \begin{array}{c} 1 \leqslant r \leqslant n \\ 1 \leqslant s \leqslant j \end{array} & \begin{array}{c} (z_i) \\ 1 \leqslant i \leqslant n \end{array} \end{array} \right) \tag{2.2.6}$$

$$\equiv \sum_{m=0}^{\infty} \frac{(1-q)^m}{(q)_m} \times [W]_m^{(n)} \left(\begin{array}{c|c|c|c} (A_{rs}) & (a_{rs}) & (b_{rs}) & \\ 1 \leqslant r < s \leqslant n & \begin{array}{c} 1 \leqslant r \leqslant n \\ 1 \leqslant s \leqslant k \end{array} & \begin{array}{c} 1 \leqslant r \leqslant n \\ 1 \leqslant s \leqslant j \end{array} & \begin{array}{c} (z_i) \\ 1 \leqslant i \leqslant n \end{array} \end{array} \right)$$

$$\equiv \sum_{y_1,\cdots,y_n \geqslant 0} (1-q)^{(j-k)(y_1+\cdots+y_n)} \left(\prod_{1 \leqslant r < s \leqslant n} \frac{1 - A_{rs} q^{y_r - y_s}}{1 - A_{rs}} \right) \left(\prod_{r=1}^{k} \prod_{s=1}^{n} (a_{sr})_{y_s} \right)$$

$$\times \left(\prod_{r=1}^{j} \prod_{s=1}^{n} (b_{sr})_{y_s} \right)^{-1} \left(\prod_{r=1}^{n} z_r^{y_r} \right), \tag{2.2.7}$$

简记为 $[F]^{(n)}((A)|(a)|(b)|(z))$. 故此定义可重写为

$$[F]^{(n)}((A)|(a)|(b)|(z)) = \sum_{m=0}^{\infty} \frac{(1-q)^m}{(q)_m} [W]_m^{(n)}((A)|(a)|(b)|(z)).$$

注 2.2.1　定义中条件

$$j \geqslant n,$$

$$A_{ir}/A_{is} = A_{sr}, \quad 若 s < r,$$

$$a_{ir}/a_{sr} = A_{is}, \quad 若 i < s,$$

$$b_{ir}/b_{sr} = A_{is}, \quad 若 i < s,$$

$$b_{ii} = q, \quad 若 1 \leqslant i \leqslant n$$

减少了 (2.2.6) 中自由参数的个数, 正好假设

$$A_{rs} = (z_r/z_s), \quad 对 \ 1 \leqslant r < s \leqslant n,$$

然后注意到条件中的关系将数阵 A_{rs} 和 b_{rs} 转化为

$$b_{rs} = q(z_r/z_s), \qquad 若 \ 1 \leqslant r, s \leqslant n, \tag{2.2.8}$$

$$b_{r,n+s} = (b_{n,n+s})(z_r/z_n), \qquad 若 \ 1 \leqslant r \leqslant n, \ 1 \leqslant s \leqslant j - n, \tag{2.2.9}$$

$$a_{rs} = (a_{ss})(z_r/z_s), \qquad 若 \ 1 \leqslant r, s \leqslant n, \tag{2.2.10}$$

$$a_{r,n+s} = (a_{n,n+s})(z_r/z_n), \qquad 若 \ 1 \leqslant r \leqslant n, \ 1 \leqslant s \leqslant k - n. \tag{2.2.11}$$

因此, 我们有自由参数 $\{z_1, \cdots, z_n\}$, $\{b_{n,n+s}|1 \leqslant s \leqslant j-n\}$, $\{a_{ss}|1 \leqslant s \leqslant n\}$, 以及 $\{a_{n,n+s}|1 \leqslant s \leqslant k-n\}$, 前提是定义中 (2.2.6) 的每一项始终是可定义的.

注 2.2.2　在上述定义 2.2.1 中, 当 $n = 1$ 时, 取 $z_1(1-q)^{k-j}$ 为 z_1, 则此定义变为经典的单变量基本超几何级数:

$$
{}_k\phi_{j-1}\left[\begin{array}{ccc} a_{11}, & \cdots, & a_{1k} \\ b_{12}, & \cdots, & b_{1j} \end{array}; z_1\right] = \sum_{y_1=0}^{\infty} \frac{(a_{11})_{y_1} \cdots (a_{1k})_{y_1}}{(b_{12})_{y_1} \cdots (b_{1j})_{y_1}} \frac{z_1^{y_1}}{(q)_{y_1}}.
$$

定理 2.2.1　令数阵 A, (a), (b) 满足定义中 $n \to n+1$ 条件, 假定 $k > 0$, $j \geqslant n+1$ 以及 $n \geqslant 1$, 以及除非 $[F]^{(n)}$ 为有限, 否则要求收敛条件为: $0 < |q| < 1$ 和对 $1 \leqslant i \leqslant n$, $|z_i| < |q|^{i-1}|(1-q)|^{k-j}$, 则 $[F]^{(n)}$ 满足下列递归关系:

$$
[F]^{(n)}\left(\begin{array}{c|c|c|c} (A_{rs}) & (a_{rs}) & (b_{rs}) & \\ 1 \leqslant r < s \leqslant n & \begin{array}{c} 1 \leqslant r \leqslant n \\ 1 \leqslant s \leqslant k \end{array} & \begin{array}{c} 1 \leqslant r \leqslant n \\ 1 \leqslant s \leqslant j \end{array} & \begin{array}{c} (z_i) \\ 1 \leqslant i \leqslant n \end{array} \end{array}\right)
$$

$$
= [F]^{(n)}\left(\begin{array}{c|cc} (A_{rs}) & (a_{rs}) & (a_{ik}/q) \\ 1 \leqslant r < s \leqslant n & 1 \leqslant r \leqslant n & 1 \leqslant i \leqslant n \\ & 1 \leqslant s \leqslant k-1 & \end{array}\right.
$$

$$
\left.\begin{array}{ccc|c} (b_{rs}) & (b_{i,n+1}/q) & (b_{rs}) & \\ 1 \leqslant r, s \leqslant n & 1 \leqslant i \leqslant n & \begin{array}{c} 1 \leqslant r \leqslant n \\ n+2 \leqslant s \leqslant j \end{array} & \begin{array}{c} (z_i) \\ 1 \leqslant i \leqslant n \end{array} \end{array}\right)
$$

$$
+ \sum_{p=1}^{n} (-1)^p (1-q)^{j-p} z_p q^{1-p} A_{p,n+1}(1 - a_{n+1,k}/q) \prod_{i=1}^{p-1} \frac{A_{ip}}{1 - A_{ip}}
$$

$$
\times \prod_{i=p+1}^{n+1} \frac{1}{1 - A_{pi}} \prod_{i=1}^{k-1}(1 - a_{pi}) \prod_{i=n+1}^{j} \frac{1}{1 - b_{pi}}
$$

$$
\times [F]^{(n)}\left(\begin{array}{c|cc} (A_{rs}q^{\delta_{r,p}-\delta_{s,p}}) & (a_{rs}q^{\delta_{r,p}}) & (a_{ik}q^{-1+\delta_{i,p}}) \\ 1 \leqslant r < s \leqslant n & 1 \leqslant r \leqslant n & 1 \leqslant i \leqslant n \\ & 1 \leqslant s \leqslant k-1 & \end{array}\right.
$$

$$
\left.\begin{array}{ccc|c} (b_{rs}q^{\delta_{r,p}-\delta_{s,p}}) & (b_{rs}q^{\delta_{r,p}}) & & \\ 1 \leqslant r, s \leqslant n & \begin{array}{c} 1 \leqslant r \leqslant n \\ n+1 \leqslant s \leqslant j \end{array} & & \begin{array}{c} (z_i) \\ 1 \leqslant i \leqslant n \end{array} \end{array}\right). \tag{2.2.12}
$$

证明　证明方法和思路类似定理 2.1.1 的证明, 详情请见文献 [44].　　　□

2.3　$U(n)$ 非常均衡基本超几何级数

定义 2.3.1 [33, 定义 1.10](Milne, $U(n)$ 非常均衡基本超几何级数)　设 $|q| < 1$, $(b_{li})_{y_l} \neq 0$, $A_{il} \neq 1$, $n \geqslant 2$ 和

$$j \geqslant n, \tag{2.3.1}$$

$$A_{ir}/A_{is} = A_{sr}, \quad \text{若} s < r, \tag{2.3.2}$$

$$a_{ir}/a_{sr} = A_{is}, \quad \text{若} i < s, \tag{2.3.3}$$

$$b_{ir}/b_{sr} = A_{is}, \quad \text{若} i < s, \tag{2.3.4}$$

$$b_{ii} = q, \quad \text{若} 1 \leqslant i \leqslant n. \tag{2.3.5}$$

$U(n)$ 非常均衡基本超几何级数定义为

$$
[H]^{(n)} \left(\begin{array}{c|c|c|c}
(A_{rs}) & (a_{rs}; k) & (b_{rs}; n-1), (b_{in}/c), (b_{rs}; j) & z_1 \\
(A_{in}/c) & (ca_{ni}; k) & (cb_{ni}), (b_{nn}), (cb_{ni}; j) & \vdots \\
& & & z_n
\end{array} \right)
$$

$$
\equiv \sum_{y_1, \cdots, y_{n-1} \geqslant 0} \left(\prod_{i=1}^{n-1} \frac{(1 - A_{in} q^{y_i + (y_1 + \cdots + y_{n-1})})(A_{in})_{y_1 + \cdots + y_{n-1}}}{(1 - A_{in})(q)_{y_i}(qA_{in}/c)_{y_i}} \right) (c)_{y_1 + \cdots + y_{n-1}}
$$

$$
\times \left(\prod_{1 \leqslant r < s \leqslant n-1} \frac{1 - A_{rs} q^{y_r - y_s}}{1 - A_{rs}} \right) \left(\prod_{1 \leqslant r < s \leqslant n-1} (qA_{rs})_{y_r} (q/A_{rs})_{y_s} \right)^{-1}
$$

$$
\times \left[\frac{\left(\prod_{r=1}^{k} \prod_{s=1}^{n-1} (a_{sr})_{y_s} \right) \left(\prod_{r=n+1}^{j} (q/b_{nr})_{y_1 + \cdots + y_{n-1}} \right)}{\left(\prod_{r=1}^{k} (q/a_{nr})_{y_1 + \cdots + y_{n-1}} \right) \left(\prod_{r=n+1}^{j} \prod_{s=1}^{n-1} (b_{sr})_{y_s} \right)} \right]
$$

$$
\times (-1)^{(j+k)(y_1 + \cdots + y_{n-1})} q^{n(y_1 + \cdots + y_{n-1}) - (j-k)\binom{1 + y_1 + \cdots + y_{n-1}}{2}}
$$

$$
\times \left(\frac{b_{n,n+1} b_{n,n+1} \cdots b_{nj}}{ca_{n1} a_{n2} \cdots a_{nk} A_{1n} A_{2n} \cdots A_{n-1,n}} \right)^{y_1 + \cdots + y_{n-1}} \left(\prod_{i=1}^{n-1} (z_i/z_n)^{y_i} \right). \tag{2.3.6}
$$

简记为 $[H]^{(n)}[(A)|(a), c|(b)|(z)]$.

引理 2.3.1　设 m 为非负整数, 以及 $c = q^{-m}$, 则我们有下列恒等式:

$$[H]^{(n)} \begin{pmatrix} (A_{rs}) & \Big| & (a_{rs};k) & \Big| & (b_{rs};n-1),(q^m b_{in}),(b_{rs};j) & \Big| & z_1 \\ (q^m A_{in}) & \Big| & (q^{-m}a_{ni};k) & \Big| & (q^{-m}b_{ni}),(b_{nn}),(q^{-m}b_{ni};j) & \Big| & \vdots \\ & & & & & & z_n \end{pmatrix}$$

$$= \left(\prod_{i=1}^{k}(q^{-m}a_{ni})_m\right)^{-1} \left(\prod_{i=n+1}^{j}(q^{-m}b_{ni})_m\right) \left(\prod_{i=1}^{n-1}(qA_{in})_m\right)$$

$$\times ((-1)^{n-1}z_n)^{-m}(1-q)^{(k+1-j)m}(A_{1n}A_{2n}\cdots A_{n-1,n})^{-m}q^{-(n-1)\binom{m}{2}}$$

$$\times [W]_m^{(n)} \begin{pmatrix} (A_{rs}) & \Big| & (a_{rs};k) & \Big| & (b_{rs};n-1),(q^m b_{in}),(b_{rs};j) & \Big| & z_1 \\ (q^m A_{in}) & \Big| & (q^{-m}a_{ni};k) & \Big| & (q^{-m}b_{ni}),(b_{nn}),(q^{-m}b_{ni};j) & \Big| & \vdots \\ & & & & & & z_n \end{pmatrix}.$$

$$(2.3.7)$$

证明　首先计算在定理右端中的 $[W]_m^{(n)}$ 的下列项:

$$\left(\prod_{1\leqslant r<s\leqslant n} \frac{1-A_{rs}q^{y_r-y_s}}{1-A_{rs}}\right)$$

$$= \left(\prod_{1\leqslant r<s\leqslant n-1} \frac{1-A_{rs}q^{y_r-y_s}}{1-A_{rs}}\right) \left(\prod_{r=1}^{n-1} \frac{1-q^m A_{rn}q^{y_r-y_n}}{1-q^m A_{rn}}\right)$$

$$= \left(\prod_{1\leqslant r<s\leqslant n-1} \frac{1-A_{rs}q^{y_r-y_s}}{1-A_{rs}}\right) \left(\prod_{r=1}^{n-1} \frac{1-A_{rn}q^{y_r+y_1+\cdots+y_{n-1}}}{1-q^m A_{rn}}\right),$$

$$\left(\prod_{r=1}^{k}\prod_{s=1}^{n}(a_{sr})_{y_s}\right) = \left(\prod_{r=1}^{k}\prod_{s=1}^{n-1}(a_{sr})_{y_s}\right) \left(\prod_{r=1}^{k}(q^{-m}a_{nr})_{y_n}\right)$$

$$= \left(\prod_{r=1}^{k}\prod_{s=1}^{n-1}(a_{sr})_{y_s}\right) \left(\prod_{r=1}^{k}(q^{-m}a_{nr})_{m-(y_1+\cdots+y_{n-1})}\right),$$

$$\left(\prod_{r=1}^{j}\prod_{s=1}^{n}(b_{sr})_{y_s}\right) = \left(\prod_{r=1}^{j}\prod_{s=1}^{n-1}(b_{sr})_{y_s}\right) \left(\prod_{r=1}^{j}(b_{nr})_{y_n}\right)$$

$$= \left(\prod_{\substack{r=1\\r\neq n}}^{j}\prod_{s=1}^{n-1}(b_{sr})_{y_s}\right) \left(\prod_{s=1}^{n-1}(q^m b_{sn})_{y_s}\right) \left(\prod_{\substack{r=1\\r\neq n}}^{j}(q^{-m}b_{nr})_{y_n}\right) (b_{nn})_{y_n}$$

$$= \left(\prod_{\substack{r=1 \\ r \neq n}}^{j} \prod_{s=1}^{n-1} (b_{sr})_{y_s} \right) \left(\prod_{s=1}^{n-1} (q^m b_{sn})_{y_s} \right)$$

$$\times \left(\prod_{\substack{r=1 \\ r \neq n}}^{j} (q^{-m} b_{nr})_{m-(y_1+\cdots+y_{n-1})} \right) (b_{nn})_{m-(y_1+\cdots+y_{n-1})},$$

因此, 有

$$[W]_m^{(n)} \left(\begin{array}{c|c|c|c} (A_{rs}) & (a_{rs}; k) & (b_{rs}; n-1), (q^m b_{in}), (b_{rs}; j) & z_1 \\ (q^m A_{in}) & (q^{-m} a_{ni}; k) & (q^{-m} b_{ni}), (b_{nn}), (q^{-m} b_{ni}; j) & \vdots \\ & & & z_n \end{array} \right)$$

$$= (1-q)^{(j-k_1)m} (q)_m z_n^m \sum_{y_1+\cdots+y_n=m} \left(\prod_{1 \leqslant r < s \leqslant n-1} \frac{1 - A_{rs} q^{y_r - y_s}}{1 - A_{rs}} \right)$$

$$\times \left(\prod_{r=1}^{n-1} \frac{1 - A_{rn} q^{y_r + y_1 + \cdots + y_{n-1}}}{1 - q^m A_{rn}} \right)$$

$$\times \left(\prod_{r=1}^{k} \prod_{s=1}^{n-1} (a_{sr})_{y_s} \right) \left(\prod_{r=1}^{k} (q^{-m} a_{nr})_{m-(y_1+\cdots+y_{n-1})} \right)$$

$$\times \left\{ \left(\prod_{\substack{r=1 \\ r \neq n}}^{j} \prod_{s=1}^{n-1} (b_{sr})_{y_s} \right) \left(\prod_{s=1}^{n-1} (q^m b_{sn})_{y_s} \right) \right.$$

$$\left. \times \left(\prod_{\substack{r=1 \\ r \neq n}}^{j} (q^{-m} b_{nr})_{m-(y_1+\cdots+y_{n-1})} \right) (b_{nn})_{m-(y_1+\cdots+y_{n-1})} \right\}^{-1}$$

$$\times \left(\prod_{i=1}^{n-1} (z_i/z_n)^{y_i} \right)$$

$$= (1-q)^{(j-k_1)m} (q)_m z_n^m \sum_{y_1+\cdots+y_{n-1} \leqslant m} \left(\prod_{1 \leqslant r < s \leqslant n-1} \frac{1 - A_{rs} q^{y_r - y_s}}{1 - A_{rs}} \right)$$

$$\times \left(\prod_{r=1}^{n-1} \frac{1 - A_{rn} q^{y_r + y_1 + \cdots + y_{n-1}}}{1 - q^m A_{rn}} \right)$$

$$\times \left(\prod_{r=1}^{k} \prod_{s=1}^{n-1} (a_{sr})_{y_s} \right) \left(\prod_{r=1}^{k} (q^{-m} a_{nr})_{m-(y_1+\cdots+y_{n-1})} \right)$$

$$\times \left\{ \left(\prod_{\substack{r=1 \\ r \neq n}}^{j} \prod_{s=1}^{n-1} (b_{sr})_{y_s} \right) \left(\prod_{s=1}^{n-1} (q^m b_{sn})_{y_s} \right) \right.$$

$$\left. \times \left(\prod_{\substack{r=1 \\ r \neq n}}^{j} (q^{-m} b_{nr})_{m-(y_1+\cdots+y_{n-1})} \right) (b_{nn})_{m-(y_1+\cdots+y_{n-1})} \right\}^{-1}$$

$$\times \left(\prod_{i=1}^{n-1} (z_i/z_n)^{y_i} \right).$$

经过运算, 易得

$$(q^{-m} A)_{m-(y_1+\cdots+y_{n-1})}$$

$$= (-1)^{y_1+\cdots+y_{n-1}} (A)^{-(y_1+\cdots+y_{n-1})} q^{\binom{1+(y_1+\cdots+y_{n-1})}{2}} \frac{(q^{-m} A)_m}{(q/A)_{y_1+\cdots+y_{n-1}}},$$

并且由于

$$\begin{aligned} b_{ni} &= q/A_{in}, \quad 若 1 \leqslant i < n, \\ b_{in} &= q\Lambda_{in}, \quad\ \ 若 1 \leqslant i < n, \\ b_{nn} &= q, \end{aligned}$$

则, 对 $1 \leqslant i < n$, 有

$$(q^{-m} b_{ni})_{m-(y_1+\cdots+y_{n-1})}^{-1}$$

$$= (-1)^{-(y_1+\cdots+y_{n-1})} (q/A_{in})^{y_1+\cdots+y_{n-1}} q^{-\binom{1+(y_1+\cdots+y_{n-1})}{2}} \frac{(A_{in})_{y_1+\cdots+y_{n-1}}}{(q^{1-m}/A_{in})_m},$$

以及

$$(b_{nn})_{m-(y_1+\cdots+y_{n-1})}^{-1}$$

$$= (-1)^{-(y_1+\cdots+y_{n-1})} q^{y_1+\cdots+y_{n-1}} q^{-\binom{1+(y_1+\cdots+y_{n-1})}{2}} q^{m(y_1+\cdots+y_{n-1})} \frac{(q^{-m})_{y_1+\cdots+y_{n-1}}}{(q)_m},$$

$$[(1 - q^m A_{in})(q^{1-m}/A_{in})_m]^{-1} = (-1)^{-m} (A_{in})^m q^{\binom{m}{2}} [(1 - A_{in})(qA_{in})_m]^{-1}.$$

利用 b_{rs} 与 A_{rs} 的关系, 易得

$$\left(\prod_{r=1}^{n-1}\prod_{s=1}^{n-1}(b_{sr})_{y_s}\right)^{-1} = \left(\prod_{1\leqslant r<s\leqslant n-1}(qA_{rs})_{y_r}(q/A_{rs})_{y_s}\right)^{-1}\left(\prod_{i=1}^{n-1}(q)_{y_i}\right)^{-1}$$

和

$$\left(\prod_{i=1}^{n-1}(q^m b_{in})_{y_i}\right)^{-1} = \left(\prod_{i=1}^{n-1}(q^{m+1}A_{in})_{y_i}\right)^{-1}.$$

联合上述结果, 可证定理. □

联合引理 2.3.1 和定理 2.1.2 可得下述结果 (详情请看文献 [33]):

定理 2.3.1 [33, 定理 1.31] (终止型 $_6\phi_5$ 求和定理的第一个 $U(n)$ 拓广)

$$\prod_{i=1}^{n-1}\frac{(qA_{in})_m(b_{i,n+1}/a_{ii})_m}{(qA_{in}/a_{ii})_m(b_{i,n+1})_m}$$

$$= \sum_{y_1,\cdots,y_{n-1}\geqslant 0}\prod_{i=1}^{n-1}\frac{(A_{in})_{y_1+\cdots+y_{n-1}}}{(q)_{y_i}}\prod_{i=1}^{n-1}\frac{1-A_{in}q^{y_i+y_1+\cdots+y_{n-1}}}{1-A_{in}}$$

$$\times \prod_{1\leqslant r<s\leqslant n-1}\frac{1-A_{rs}q^{y_r-y_s}}{1-A_{rs}}\prod_{1\leqslant r<s\leqslant n-1}\frac{(a_{rs})_{y_r}(a_{sr})_{y_s}}{(qA_{rs})_{y_r}(q/A_{rs})_{y_s}}$$

$$\times \prod_{i=1}^{n-1}\frac{(a_{ii})_{y_i}(a_{ii})^{-(y_1+\cdots+y_{n-1})}(b_{i,n+1})^{y_i}}{(q^{1+m}A_{in})_{y_i}(qA_{in}/a_{ii})_{y_1+\cdots+y_{n-1}}(b_{i,n+1})_{y_i}}$$

$$\times (q^{-m})_{y_1+\cdots+y_{n-1}}(qA_{1n}/b_{1,n+1})_{y_1+\cdots+y_{n-1}}$$

$$\times q^{m(y_1+\cdots+y_{n-1})+y_2+\cdots+(n-2)y_{n-1}-e_2(y_1,\cdots,y_{n-1})},$$

这里 $e_2(y_1,\cdots,y_{n-1})$ 为 $\{y_1,\cdots,y_{n-1}\}$ 的二阶基本对称函数, 参数 $(A_{rs}),(a_{rs})$, (b_{rs}) 满足下列条件: $|q|<1$, $(b_{li})_{y_l}\neq 0$, $A_{il}\neq 1$, $n\geqslant 2$ 和

$$j\geqslant n, \tag{2.3.8}$$

$$A_{ir}/A_{is}=A_{sr},\ 若 s<r, \tag{2.3.9}$$

$$a_{ir}/a_{sr}=A_{is},\ 若 i<s, \tag{2.3.10}$$

$$b_{ir}/b_{sr}=A_{is},\ 若 i<s, \tag{2.3.11}$$

$$b_{ii}=q,\ 若 1\leqslant i\leqslant n. \tag{2.3.12}$$

定理 2.3.2 [33, 定理 1.36]　设 $[W]_m^{(n)}((A)|(a)|(b)|(z))$ 定义为前, 则有

$$[W]_m^{(n)}\left(\begin{array}{c}(A_{rs})\\ 1\leqslant r<s\leqslant n\end{array}\left|\begin{array}{c}(a_{rs})\\ 1\leqslant r\leqslant n\\ 1\leqslant s\leqslant n\end{array}\right|\begin{array}{c}(a_{rs})\\ 1\leqslant r\leqslant n\\ 1\leqslant s\leqslant n\end{array}\left|\begin{array}{c}(q^i)\\ 0\leqslant i\leqslant n-1\end{array}\right.\right)$$

$$=\frac{(a_{11}a_{22}\cdots a_{nn})_m}{(1-q)^m}. \tag{2.3.13}$$

证明　对 m 进行归纳. 当 $m=0$ 时, 显然成立. 现假定 $m-1$ 时, 定理成立, 即

$$[W]_{m-1}^{(n)}\left(\begin{array}{c}(A_{rs})\\ 1\leqslant r<s\leqslant n\end{array}\left|\begin{array}{c}(a_{rs})\\ 1\leqslant r\leqslant n\\ 1\leqslant s\leqslant n\end{array}\right|\begin{array}{c}(a_{rs})\\ 1\leqslant r\leqslant n\\ 1\leqslant s\leqslant n\end{array}\left|\begin{array}{c}(q^i)\\ 0\leqslant i\leqslant n-1\end{array}\right.\right)$$

$$=\frac{(a_{11}a_{22}\cdots a_{nn})_{m-1}}{(1-q)^{m-1}}.$$

故由定理 2.1.1 和归纳假设, 可得

$$[W]_m^{(n)}\left(\begin{array}{c}(A_{rs})\\ 1\leqslant r<s\leqslant n\end{array}\left|\begin{array}{c}(a_{rs})\\ 1\leqslant r\leqslant n\\ 1\leqslant s\leqslant n\end{array}\right|\begin{array}{c}(a_{rs})\\ 1\leqslant r\leqslant n\\ 1\leqslant s\leqslant n\end{array}\left|\begin{array}{c}(q^i)\\ 0\leqslant i\leqslant n-1\end{array}\right.\right)$$

$$=\sum_{p=1}^n(1-q)^{-1}q^{p-1}q^{1-p}\left(\prod_{i=1}^{p-1}\frac{-A_{ip}}{1-A_{ip}}\right)\left(\prod_{i=p+1}^n\frac{1}{1-A_{pi}}\right)\left(\prod_{i=1}^n(1-a_{pi})\right)$$

$$\times[W]_{m-1}^{(n)}\left(\begin{array}{c}(A_{rs}q^{\delta_{r,p}-\delta_{s,p}})\\ 1\leqslant r<s\leqslant n\end{array}\left|\begin{array}{c}(a_{rs}q^{\delta_{r,p}})\\ 1\leqslant r\leqslant n\\ 1\leqslant s\leqslant n\end{array}\right|\begin{array}{c}(a_{rs}q^{\delta_{r,p}-\delta_{s,p}})\\ 1\leqslant r,s\leqslant n\end{array}\left|\begin{array}{c}(q^i)\\ 0\leqslant i\leqslant n-1\end{array}\right.\right).$$

应用关系:

$$a_{p,i}=a_{ii}/A_{ip},\quad 若1\leqslant i<p\leqslant n$$

$$=a_{ii}A_{pi},\quad 若1\leqslant p<i\leqslant n,$$

以及

$$A_{rs}=b_{rn}/b_{sn},\quad 若1\leqslant r<s\leqslant n,$$

我们得到

$$\sum_{p=1}^{n} \left(\prod_{i=1}^{n} (1 - a_{pi}) \right) \left(\prod_{i=1}^{p-1} \frac{-A_{ip}}{1 - A_{ip}} \right) \left(\prod_{i=p+1}^{n} \frac{1}{1 - A_{pi}} \right)$$

$$= \sum_{p=1}^{n} (1 - a_{pp}) \left(\prod_{i=1}^{p-1} (1 - a_{pi}) \right) \left(\prod_{i=p+1}^{n} (1 - a_{pi}) \right)$$

$$\times \left(\prod_{i=1}^{p-1} \frac{-A_{ip}}{1 - A_{ip}} \right) \left(\prod_{i=p+1}^{n} \frac{1}{1 - A_{pi}} \right)$$

$$= \sum_{p=1}^{n} (1 - a_{pp}) \left(\prod_{i=1}^{p-1} \left(1 - \frac{a_{ii}}{A_{ip}} \right) \right) \left(\prod_{i=p+1}^{n} (1 - a_{ii} A_{pi}) \right)$$

$$\times \left(\prod_{i=1}^{p-1} \frac{-A_{ip}}{1 - A_{ip}} \right) \left(\prod_{i=p+1}^{n} \frac{1}{1 - A_{pi}} \right)$$

$$= \sum_{p=1}^{n} (1 - a_{pp}) \left(\prod_{i=1}^{p-1} (a_{ii} - A_{ip}) \right) \left(\prod_{i=p+1}^{n} (1 - a_{ii} A_{pi}) \right)$$

$$\times \left(\prod_{i=1}^{p-1} \frac{1}{1 - A_{ip}} \right) \left(\prod_{i=p+1}^{n} \frac{1}{1 - A_{pi}} \right)$$

$$= \sum_{p=1}^{n} (1 - a_{pp}) \left(\prod_{i=1}^{p-1} \left(a_{ii} - \frac{b_{in}}{b_{pn}} \right) \right) \left(\prod_{i=p+1}^{n} \left(1 - a_{ii} \frac{b_{pn}}{b_{in}} \right) \right)$$

$$\times \left(\prod_{i=1}^{p-1} \frac{1}{1 - \frac{b_{in}}{b_{pn}}} \right) \left(\prod_{i=p+1}^{n} \frac{1}{1 - \frac{b_{pn}}{b_{in}}} \right)$$

$$= \sum_{p=1}^{n} (1 - a_{pp}) \prod_{\substack{i=1 \\ i \neq p}}^{n} \frac{\frac{1}{b_{pn}} - a_{ii} \frac{1}{b_{in}}}{\frac{1}{b_{pn}} - \frac{1}{b_{in}}}$$

$$= 1 - a_{11} a_{22} \cdots a_{nn}.$$

因此,

$$[W]_{m-1}^{(n)} \left(\begin{array}{c|c|c|c} (A_{rs}) & (a_{rs}) & (a_{rs}) & (q^i) \\ 1 \leqslant r < s \leqslant n & 1 \leqslant r \leqslant n & 1 \leqslant r \leqslant n & 0 \leqslant i \leqslant n-1 \\ & 1 \leqslant s \leqslant n & 1 \leqslant s \leqslant n & \end{array} \right)$$

$$= \frac{(qa_{11}a_{22}\cdots a_{nn})_{m-1}}{(1-q)^m}(1-a_{11}a_{22}\cdots a_{nn})$$

$$= \frac{(a_{11}a_{22}\cdots a_{nn})_m}{(1-q)^m},$$

即 m 时, 定理也成立. 因此根据归纳, 定理成立. □

联合引理 2.3.1 和定理 2.3.2 可得下述结果 (详情请见文献 [33]):

定理 2.3.3 [33, 定理 1.38](终止型 $_6\phi_5$ 求和定理的第二个 $U(n)$ 拓广)　设 m 为一个非负整数和 $c = q^m$, 则有

$$\frac{(q/a_{11}\cdots a_{nn})_m}{(q/a_{nn})_m}\prod_{i=1}^{n-1}\frac{(q(z_i/z_n))_m}{(q(z_i/z_n)/a_{ii})_m}$$

$$= \sum_{y_1,\cdots,y_{n-1}\geqslant 0}\prod_{i=1}^{n-1}\frac{(z_i/z_n)_{y_1+\cdots+y_{n-1}}}{(q)_{y_i}}\prod_{i=1}^{n-1}\frac{1-(z_i/z_n)\cdot q^{y_i+y_1+\cdots+y_{n-1}}}{1-(z_i/z_n)}$$

$$\times\prod_{1\leqslant r<s\leqslant n-1}\frac{1-(z_r/z_s)\cdot q^{y_r-y_s}}{1-(z_r/z_s)}\prod_{1\leqslant r<s\leqslant n-1}\frac{(a_{ss}(z_r/z_s))_{y_r}(a_{rr}(z_s/z_r))_{y_s}}{(q(z_r/z_s))_{y_r}(q(z_s/z_r))_{y_s}}$$

$$\times\prod_{i=1}^{n-1}\frac{(a_{ii})_{y_i}(a_{ii})^{-(y_1+\cdots+y_{n-1})}(a_{nn}(z_i/z_n))_{y_i}}{(q^{1+m}(z_i/z_n))_{y_i}(q(z_i/z_n)/a_{ii})_{y_1+\cdots+y_{n-1}}(q/a_{nn})_{y_1+\cdots+y_{n-1}}}$$

$$\times(q^{-m})_{y_1+\cdots+y_{n-1}}q^{m(y_1+\cdots+y_{n-1})+y_1+2y_2+\cdots+(n-1)y_{n-1}},$$

这里 $z_1,\cdots,z_n$ 为变元, 满足

$$A_{rs} = (z_r/z_s),\qquad 若 1\leqslant r<s\leqslant n,$$

以及参数 $(A_{rs}),(a_{rs}),(b_{rs})$ 满足下列条件: $|q|<1$, $(b_{li})_{y_l}\neq 0$, $A_{il}\neq 1$, $n\geqslant 2$ 和

$$j\geqslant n, \tag{2.3.14}$$

$$A_{ir}/A_{is} = A_{sr},\ 若 s<r, \tag{2.3.15}$$

$$a_{ir}/a_{sr} = A_{is},\ 若 i<s, \tag{2.3.16}$$

$$b_{ir}/b_{sr} = A_{is},\ 若 i<s, \tag{2.3.17}$$

$$b_{ii} = q,\ 若 1\leqslant i\leqslant n. \tag{2.3.18}$$

定理 2.3.4 [33, 定理 1.44](非终止型 $_6\phi_5$ 求和定理的 $U(n)$ 拓广)　设

$$0<|q|<1$$

和

$$|q/a_{11}a_{22}\cdots a_{nn}c| < 1,$$

则有

$$\frac{(q/a_{11}\cdots a_{nn})_\infty (q/a_{nn}c)_\infty}{(q/a_{nn})_\infty (q/a_{11}\cdots a_{nn}c)_\infty} \prod_{i=1}^{n-1} \frac{((qz_i)/(z_n))_\infty ((qz_i)/(cz_n a_{ii}))_\infty}{((qz_i)/(z_n a_{ii}))_\infty ((qz_i)/(cz_n))_\infty}$$

$$= \sum_{y_1,\cdots,y_{n-1}\geqslant 0} \prod_{i=1}^{n-1} \frac{(z_i/z_n)_{y_1+\cdots+y_{n-1}}}{(q)_{y_i}} \prod_{i=1}^{n-1} \frac{1-(z_i/z_n)\cdot q^{y_i+y_1+\cdots+y_{n-1}}}{1-(z_i/z_n)}$$

$$\times \prod_{1\leqslant r<s\leqslant n-1} \frac{1-(z_r/z_s)\cdot q^{y_r-y_s}}{1-(z_r/z_s)} \prod_{1\leqslant r<s\leqslant n-1} \frac{(a_{ss}(z_r/z_s))_{y_r}(a_{rr}(z_s/z_r))_{y_s}}{(q(z_r/z_s))_{y_r}(q(z_s/z_r))_{y_s}}$$

$$\times \prod_{i=1}^{n-1} \frac{(a_{ii})_{y_i}(a_{nn}z_i/z_n)_{y_i}}{((qz_i)/(cz_n))_{y_i}((qz_i)/(z_n a_{ii}))_{y_1+\cdots+y_{n-1}}(q/a_{nn})_{y_1+\cdots+y_{n-1}}}$$

$$\times (c)_{y_1+\cdots+y_{n-1}}(a_{11}a_{22}\cdots a_{nn}c)_{-(y_1+\cdots+y_{n-1})} q^{y_1+2y_2+\cdots+(n-1)y_{n-1}},$$

这里 $z_1,\cdots,z_n$ 为变元, 满足

$$A_{rs} = (z_r/z_s), \qquad 若 1 \leqslant r < s \leqslant n,$$

以及参数 $(A_{rs}),(a_{rs}),(b_{rs})$ 满足下列条件: $|q| < 1,\ (b_{li})_{y_l} \neq 0,\ A_{il} \neq 1,\ n \geqslant 2$ 和

$$j \geqslant n, \tag{2.3.19}$$

$$A_{ir}/A_{is} = A_{sr}, \quad 若 s < r, \tag{2.3.20}$$

$$a_{ir}/a_{sr} = A_{is}, \quad 若 i < s, \tag{2.3.21}$$

$$b_{ir}/b_{sr} = A_{is}, \quad 若 i < s, \tag{2.3.22}$$

$$b_{ii} = q, \quad 若 1 \leqslant i \leqslant n. \tag{2.3.23}$$

我们有

$$(z_r/z_s) \neq q^p, \quad 若 1 \leqslant r < s \leqslant n-1, \tag{2.3.24}$$

$$(z_i z_n) \neq 1, \quad 若 1 \leqslant i \leqslant n-1, \tag{2.3.25}$$

$$(qz_i)/(cz_n) \neq q^{-p}, \quad 若 p \geqslant 0 和 1 \leqslant i \leqslant n-1, \tag{2.3.26}$$

$$(qz_i)/(z_n a_{ii}) \neq q^{-p}, \quad 若 p \geqslant 0 和 1 \leqslant i \leqslant n-1, \tag{2.3.27}$$

$$(a_{11} \cdots a_{nn}c) \neq q^p, \quad 若 p \geqslant 1, \tag{2.3.28}$$

$$(a_{11} \cdots a_{nn}c) \neq 0, \tag{2.3.29}$$

$$a_{nn} \neq q^p, \quad 若 p \geqslant 1, \tag{2.3.30}$$

这里 $p \in \mathbb{Z}$.

定理 2.3.5 (Cauchy 恒等式的 $U(n)$ 拓广) 我们有

$$[F]^{(n)}\left(\begin{array}{c} (A_{rs}) \\ 1 \leqslant r < s \leqslant n \end{array} \left| \begin{array}{c} (a_{rs}) \\ 1 \leqslant r \leqslant n \\ 1 \leqslant s \leqslant n \end{array} \right| \begin{array}{c} (b_{rs}) \\ 1 \leqslant r \leqslant n \\ 1 \leqslant s \leqslant n \end{array} \right| \begin{array}{c} (q^i t) \\ 0 \leqslant i \leqslant n-1 \end{array} \right)$$

$$\equiv \sum_{y_1, y_2, \cdots, y_n \geqslant 0} \left(\prod_{1 \leqslant r < s \leqslant n} \frac{1 - A_{rs}q^{y_r - y_s}}{1 - A_{rs}} \right)$$

$$\times \left(\prod_{1 \leqslant r, s \leqslant n} \frac{(a_{rs})_{y_r}}{(b_{rs})_{y_r}} \right) q^{y_2 + 2y_3 + \cdots + (n-1)y_n} t^{y_1 + \cdots + y_n}$$

$$= \frac{(a_{11}a_{22} \cdots a_{nn}t)_\infty}{(t)_\infty}.$$

证明 根据定义 2.2.1 和定理 2.3.2, 且应用 Cauchy 恒等式 (1.3.1)可得. □

2.4 Jacobi 三重积恒等式的 $U(n)$ 拓广

定理 2.4.1 [45] (Jacobi 三重积恒等式的有限形式 $U(n)$ 拓广) 若 $0 < |x| < |q|^{-(1+nN)}$, $|q| < 1$ 和 $z_1, z_2, \cdots, z_n$ 为变元, 且满足 $z_i/z_r \neq q^p$, 若 $1 \leqslant i < r \leqslant n$, 以及 p 是任何整数, N 为非负整数, 则我们有

$$\sum_{y_1 = -N}^{N} \cdots \sum_{y_n = -N}^{N} \left(\prod_{1 \leqslant i < r \leqslant n} (1 - (z_i/z_r)q^{y_i - y_r}) \right) \left(\prod_{i=1}^{n} z_i^{ny_i - (y_1 + \cdots + y_n)} \right)$$

$$\times (-1)^{(n-1)(y_1 + \cdots + y_n)} q^{n(\binom{y_1}{2} + \cdots + \binom{y_n}{2}) + y_1 + 2y_2 + \cdots + ny_n} x^{y_1 + \cdots + y_n}$$

$$\times ((q)_{N+y_r})^{-1} \left(\prod_{1 \leqslant i < r \leqslant n} (z_i/z_r)_{1+N+y_r} (qz_r/z_i)_{N+y_r} \right)^{-1} \left(\prod_{1 \leqslant i, r \leqslant n} \frac{(qz_i/z_r)_{2N}}{(qz_i/z_r)_{N-y_r}} \right)$$

$$= \prod_{i=1}^{nN} (1 + xq^i)(1 + x^{-1}q^{i-1})$$

$$= (-xq^i)_{nN}(-x^{-1})_{nN}.$$

证明　在定理 2.3.5 中，取 $a_{ri} = q^{-2N} z_r/z_i$ $(1 \leqslant i, r \leqslant n)$ 以及 $t = -xq^{1+nN}$，则有当 $i < r$ 时，$A_{ir} = a_{is}/a_{rs} = z_i/z_r$，以及

$$
b_{ri} = \begin{cases}
qA_{ri} = qz_r/z_i, & r < i, \\
q/A_{ir} = qzr/z_i, & i < r, \\
q, & r = s,
\end{cases}
$$

以及求和中含有 $(q^{-2N})_{y_r}$ $(r = 1, 2, \cdots, n)$，从而 $0 \leqslant y_r \leqslant 2N$ $(r = 1, 2, \cdots, n)$，因此

$$
\sum_{y_1=-N}^{N} \cdots \sum_{y_n=-N}^{N} \left(\prod_{1 \leqslant i < r \leqslant n} \frac{1 - (z_i/z_r)q^{y_i - y_r}}{1 - (z_i/z_r)} \right) \left(\prod_{1 \leqslant i, r \leqslant n} \frac{(q^{-2N} z_r/z_i)_{y_r+N}}{(qz_r/z_i)_{y_r+N}} \right)
\tag{2.4.1}
$$

$$
\times q^{y_1 + 2y_2 + \cdots + ny_n} q^{nN(y_1 + \cdots + y_n) + N\binom{n}{2} + nN + 1} (-1)^{y_1 + \cdots + y_n} (-1)^{nN} x^{y_1 + \cdots + y_n} x^{nN}
\tag{2.4.2}
$$

$$
= \frac{(-xq^{1-nN})_{\infty}}{(-xq^{1+nN})_{\infty}} = (-xq^{1-nN})_{2nN}.
\tag{2.4.3}
$$

又由于

$$
\prod_{1 \leqslant i < r \leqslant n} (1 - (z_i/z_r))^{-1} \left(\prod_{1 \leqslant i, r \leqslant n} (qz_r/z_i)_{y_r+N} \right)^{-1}
$$

$$
= \left(\prod_{i=1}^{n} (q)_{y_i+N} \right)^{-1} \left(\prod_{1 \leqslant i < r \leqslant n} (z_i/z_r)_{1+y_r+N} (qz_r/z_i)_{y_r+N} \right)^{-1},
$$

$$
(q^{-2N} z_r/z_i)_{y_r+N} = \frac{(qz_i/z_r)_{2N}}{(qz_i/z_r)_{N-y_r}} (-1)^{y_r+N} (z_r/z_i)_{y_r+N} q^{-N(3N+1)/2} q^{-Ny_r} q^{\binom{y_r}{2}},
$$

$$
\prod_{1 \leqslant i, r \leqslant n} (-1)^{y_r+N} (z_r/z_i)^{y_r+N} q^{-Ny_r+\binom{y_r}{2}-N(3N+1)/2}
$$

$$
= \left(\prod_{i=1}^{n} z_i^{ny_i - (y_1 + \cdots + y_n)} \right) (-1)^{n(y_1 + \cdots + y_n)} (-1)^{n^2 N}
$$

$$
\times q^{n(\binom{y_1}{2} + \cdots + \binom{y_n}{2}) - nN(y_1 + \cdots + y_n) - n^2 N(3N+1)/2}
$$

和

$$(-xq^{1-nN})_{2nN} = (-xq)_{nN}(-x^{-1})_{nN}x^{nN}q^{-nN(nN-1)/2},$$

将上述式子代入 (2.4.1) 中, 并注意到

$$(-1)^{n^2N}(-1)^{nN} = (-1)^{n(n+1)N} = 1,$$

$$N\binom{n}{2} + nN(nN+1) - n^2N(3N+1)/2 = -nN(nN-1)/2,$$

消除两边均有的 x^{nN}, 则可得定理. □

定理 2.4.2 (Jacobi 三重积恒等式的 $U(n)$ 拓广)　若 $x \neq 0$, $|q| < 1$ 和 $z_1, z_2, \cdots,$ z_n 为变元, 且满足

$$z_i/z_r \neq q^p, \quad 若 1 \leqslant i < r \leqslant n, \ p 是任何整数.$$

则我们有

$$\sum_{y_1=-\infty}^{+\infty} \cdots \sum_{y_n=-\infty}^{+\infty} \left(\prod_{1\leqslant i<r\leqslant n} (1-(z_i/z_r)q^{y_i-y_r}) \right) \left(\prod_{i=1}^{n} z_i^{ny_i-(y_1+\cdots+y_n)} \right)$$

$$\times (-1)^{(n-1)(y_1+\cdots+y_n)} q^{n(\binom{y_1}{2}+\cdots+\binom{y_n}{2})+y_1+2y_2+\cdots+ny_n} x^{y_1+\cdots+y_n}$$

$$= (-xq)_\infty (-x^{-1})_\infty (q)_\infty^n \prod_{1\leqslant i<r\leqslant n} (z_i/z_r)_\infty (qz_r/z_i)_\infty.$$

2.5　多变量基本超几何级数的分类

多变量基本超几何级数是指下列多重和:

$$\sum_{\substack{y_i \geqslant 0 \\ i=1,2,\cdots,n}} S(\boldsymbol{y})$$

这里 $\boldsymbol{y} = (y_1, \cdots, y_n)$, 当 $n = 1$ 时, 它导致经典的基本超几何级数. 若多变量基本超几何级数当 $n = 1$ 时为均衡的, 我们称此级数为均衡的. 接近均衡的和非常均衡的级数也类似定义.

C_n 基本超几何级数是指和 $S(\boldsymbol{y})$ 含有下述因式:

$$\prod_{1\leqslant r<s\leqslant n} \frac{x_rq^{y_r}-x_sq^{y_s}}{x_r-x_s} \prod_{1\leqslant r<s\leqslant n} \frac{1-x_rx_sq^{y_r+y_s}}{1-x_rx_s} \prod_{i=1}^{n} \frac{1-x_i^2q^{2y_i}}{1-x_i^2}; \tag{2.5.1}$$

D_n 基本超几何级数是指和 $S(\boldsymbol{y})$ 含有下述因式:

$$\prod_{1\leqslant r<s\leqslant n} \frac{x_r q^{y_r} - x_s q^{y_s}}{x_r - x_s} \prod_{1\leqslant r<s\leqslant n} \frac{1 - x_r x_s q^{y_r+y_s}}{1 - x_r x_s}; \tag{2.5.2}$$

A_n 或 $U(n+1)$ 基本超几何级数是指和 $S(\boldsymbol{y})$ 含有下述因式:

$$\prod_{1\leqslant r<s\leqslant n} \frac{x_r q^{y_r} - x_s q^{y_s}}{x_r - x_s}. \tag{2.5.3}$$

在隶属于上面提到的级数 A_n, C_n 或 D_n 里的下标 n 表示多重和的维数. 选择字母 A, C 和 D 多半是因为 (2.5.3), (2.5.1) 和 (2.5.2) 形式上分别联系着根系统 A_{n-1}, C_n 和 D_n 的正根指数的集合.

为看出这一点, 设 $\{e_1, e_2, \cdots, e_n\}$ 为 n 维欧氏空间的标准基, 类型 A_{n-1} 的根系统的正根的集合为

$$\mathbb{R}^+ = \{e_r - e_s | 1 \leqslant r < s \leqslant n\}.$$

考虑指数 $x_i = e^{e_i}$, 类型 A_{n-1} 的正根指数与 (2.5.3) 的关系是明显的. 本质上, 这个观察导致人们认识到 $U(n+1)$ 级数与 A_n Macdonald 恒等式有关[39]. 这也促使发现了 $U(n+1)$ 或 A_n 非常均衡的多变量基本超几何级数[33].

注意到 Macdonald 恒等式展开成一个无限积[46], 其因子与仿射根系统 $S(R)$ 有关, 且在这些恒等式的和中有一个因子与有限根系统 R 有关, 正是这个因子, 我们在上面分别定义了 A_n, C_n 和 D_n 级数. 对于怎样明显地分类 Macdonald 恒等式的明确说明, 请参见文献 [47]. 特别注意其与 (2.5.3), (2.5.1) 和 (2.5.2) 的联系[47, (2.8)].

作为另一个例子, 类型 C_n 的正根为

$$R^+ = \{e_r \pm e_s | 1 \leqslant r < s \leqslant n\} \cup \{2e_i | 1 \leqslant i \leqslant n\}.$$

明显地, 在 (2.5.1) 的每个乘积都与类型 C_n 的每个正根相关. 这推动了连接其他根系统的多重级数的 Gustafson 的定义[35]. 最后, 注意到没有区分 B_n 基本超几何级数和 D_n 基本超几何级数, 这是因为我们仅考虑 x_i 成对到一起的情形.

关于多变量超几何级数与基本超几何级数可以参看综述文章 [48].

为方便计, 本书约定, 在不混淆的情况下, 在所有命题中, 字母 $x_1, \cdots, x_n$; a, b, c, $\cdots$, z; A, B, $\cdots$; $a_1, \cdots, a_n, \cdots$, 等均为变元, 且 $n \geqslant 1$, 以及假设所涉及式子分母均不为零等, 这些条件均不再在命题陈述中出现.

第 3 章 多变量基本超几何级数求和与变换公式

20 世纪 80 年代, Milne 首先引入单位群上非常均衡的多变量基本超几何级数, 开创了此领域的研究. Gustafson 拓广单位群上的非常均衡的概念到了其他经典群上. 之后, 国际著名组合、数论、理论物理等专家相继做出了许多杰出的结果.

Milne 基本恒等式是伴随根系统基本超几何级数 (多变量基本超几何级数) 的基本而又重要的定理. 换句话说, 多变量基本超几何级数建立在 Milne 基本恒等式上. 本章从 Milne 基本恒等式开始, 展示它在多变量基本超几何级数理论中的起始作用.

3.1 Milne 基本恒等式与 $U(n+1)$ 级数基本恒等式

为使读者越过复杂难懂的第 2 章, 将引理 2.1.1 重写为

命题 3.1.1 (Milne 基本恒等式)

$$\prod_{i=1}^{n} \frac{1-wx_iy_i}{1-wx_i} = y_1\cdots y_n + \sum_{t=1}^{n} \frac{1-y_t}{1-wx_t} \prod_{\substack{i=1\\i\neq t}}^{n} \frac{1-x_iy_i/x_t}{1-x_i/x_t}. \tag{3.1.1}$$

特别地, 取 $w=0$, 则有

$$1 - y_1\cdots y_n = \sum_{t=1}^{n}(1-y_t)\prod_{\substack{i=1\\i\neq t}}^{n} \frac{1-x_iy_i/x_t}{1-x_i/x_t} = \sum_{t=1}^{n} \frac{\prod_{i=1}^{n} 1-x_iy_i/x_t}{\prod_{\substack{i=1\\i\neq t}}^{n} 1-x_i/x_t}. \tag{3.1.2}$$

再取 $y_i = 0$, $i = 1, 2, \cdots, n$, 则

$$\sum_{t=1}^{n}\prod_{\substack{i=1\\i\neq t}}^{n} \frac{1}{1-x_i/x_t} = 1. \tag{3.1.3}$$

定理 3.1.1 (Euler 型 $U(n+1)$ 基本恒等式)

$$\frac{1}{(q)_m} = \sum_{\substack{k_1,\cdots,k_n\geqslant 0,\\|\boldsymbol{k}|=m}} \prod_{r,s=1}^{n} \frac{(qx_r/x_s)_{k_r-k_s}}{(qx_r/x_s)_{k_r}}, \tag{3.1.4}$$

这里 $|\boldsymbol{k}| = k_1 + \cdots + k_n$.

证明   在 Milne 基本恒等式 (3.1.2) 中取 $y_i = q^{k_i}$, $i = 1, 2, \cdots, n$, 则得

$$1 - q^{k_1 + \cdots + k_n} = \sum_{t=1}^{n}(1 - q^{k_t}) \prod_{\substack{i=1 \\ i \neq t}}^{n} \frac{1 - x_i q^{k_i}/x_t}{1 - x_i/x_t}.$$

上式两边同乘 $\displaystyle\prod_{r,s=1}^{n} \frac{(qx_r/x_s)_{k_r - k_s}}{(qx_r/x_s)_{k_r}}$, 且取和 $\displaystyle\sum_{\substack{k_1, \cdots, k_n \geqslant 0 \\ |\boldsymbol{k}| = m}}$, 则有

$$\sum_{\substack{k_1, \cdots, k_n \geqslant 0 \\ |\boldsymbol{k}| = m}} (1 - q^{k_1 + \cdots + k_n}) \prod_{r,s=1}^{n} \frac{(qx_r/x_s)_{k_r - k_s}}{(qx_r/x_s)_{k_r}}$$

$$= \sum_{\substack{k_1, \cdots, k_n \geqslant 0 \\ |\boldsymbol{k}| = m}} \prod_{r,s=1}^{n} \frac{(qx_r/x_s)_{k_r - k_s}}{(qx_r/x_s)_{k_r}} \sum_{t=1}^{n}(1 - q^{k_t}) \prod_{\substack{i=1 \\ i \neq t}}^{n} \frac{1 - x_i q^{k_i}/x_t}{1 - x_i/x_t}. \tag{3.1.5}$$

令 (3.1.4) 左边为 $G_m(x_1, \cdots, x_n)$, 即

$$G_m(x_1, \cdots, x_n) = \sum_{\substack{k_1, \cdots, k_n \geqslant 0, \\ |\boldsymbol{k}| = m}} \prod_{r,s=1}^{n} \frac{(qx_r/x_s)_{k_r - k_s}}{(qx_r/x_s)_{k_r}}, \tag{3.1.6}$$

则 (3.1.5) 可写为

$$(1 - q^m) G_m(x_1, \cdots, x_n)$$

$$= \sum_{t=1}^{n} \sum_{\substack{k_1, \cdots, k_n \geqslant 0 \\ |\boldsymbol{k}| = m}} (1 - q^{k_t}) \times \prod_{\substack{i=1 \\ i \neq t}}^{n} \frac{1 - x_i q^{k_i}/x_t}{1 - x_i/x_t} \prod_{r,s=1}^{n} \frac{(qx_r/x_s)_{k_r - k_s}}{(qx_r/x_s)_{k_r}}$$

$$= \sum_{t=1}^{n} \sum_{\substack{k_1, \cdots, k_n \geqslant 0 \\ |\boldsymbol{k}| = m}} (1 - q^{k_t}) \prod_{\substack{i=1 \\ i \neq t}}^{n} \frac{1 - x_i q^{k_i}/x_t}{1 - x_i/x_t} \prod_{\substack{r,s=1 \\ r,s \neq t}}^{n} \frac{(qx_r/x_s)_{k_r - k_s}}{(qx_r/x_s)_{k_r}}$$

$$\times \prod_{\substack{r=1 \\ r \neq t}}^{n} \frac{(qx_r/x_t)_{k_r - k_t}}{(qx_r/x_t)_{k_r}} \prod_{\substack{s=1 \\ s \neq t}}^{n} \frac{(qx_t/x_s)_{k_t - k_s}}{(qx_t/x_s)_{k_t}} \frac{1}{(q)_{k_t}}$$

$$= \sum_{t=1}^{n} \sum_{\substack{k_1, \cdots, k_n \geqslant 0 \\ |\boldsymbol{k}| = m \\ k_t = 0}} + \sum_{t=1}^{n} \sum_{\substack{k_1, \cdots, k_n \geqslant 0 \\ |\boldsymbol{k}| = m \\ k_t \geqslant 1}}$$

$$= 0 + \sum_{t=1}^{n} \sum_{\substack{k_1,\cdots,k_n \geqslant 0 \\ |\boldsymbol{k}|=m \\ k_t \geqslant 1}} (1-q^{k_t}) \prod_{\substack{i=1 \\ i \neq t}}^{n} \frac{1-x_i q^{k_i}/x_t}{1-x_i/x_t} \prod_{\substack{r,s=1 \\ r,s \neq t}}^{n} \frac{(qx_r/x_s)_{k_r-k_s}}{(qx_r/x_s)_{k_r}}$$

$$\times \prod_{\substack{r=1 \\ r \neq t}}^{n} \frac{(qx_r/x_t)_{k_r-k_t}}{(qx_r/x_t)_{k_r}} \prod_{\substack{s=1 \\ s \neq t}}^{n} \frac{(qx_t/x_s)_{k_t-k_s}}{(qx_t/x_s)_{k_t}} \frac{1}{(q)_{k_t}}$$

$$= \sum_{t=1}^{n} \sum_{\substack{k_1,\cdots,k_n \geqslant 0 \\ |\boldsymbol{k}|=m \\ k_t \geqslant 1}} \prod_{\substack{i=1 \\ i \neq t}}^{n} \frac{1-x_i q^{k_i}/x_t}{1-x_i/x_t} \prod_{\substack{r,s=1 \\ r,s \neq t}}^{n} \frac{(qx_r/x_s)_{k_r-k_s}}{(qx_r/x_s)_{k_r}}$$

$$\times \prod_{\substack{r=1 \\ r \neq t}}^{n} \frac{(qx_r/x_t)_{k_r-k_t}}{(qx_r/x_t)_{k_r}} \prod_{\substack{s=1 \\ s \neq t}}^{n} \frac{(qx_t/x_s)_{k_t-k_s}}{(qx_t/x_s)_{k_t}} \frac{1}{(q)_{k_t-1}}. \tag{3.1.7}$$

在上式中, 由于

$$\prod_{\substack{r=1 \\ r \neq t}}^{n} \frac{(qx_r/x_t)_{k_r-k_t}}{(qx_r/x_t)_{k_r}} = \prod_{\substack{r=1 \\ r \neq t}}^{n} \frac{(1-x_r/x_t)(qx_r/x_t)_{k_r-k_t}}{(1-x_r/x_t)(qx_r/x_t)_{k_r}} = \prod_{\substack{r=1 \\ r \neq t}}^{n} \frac{(x_r/x_t)_{k_r-k_t+1}}{(x_r/x_t)_{k_r+1}},$$

$$\prod_{\substack{s=1 \\ s \neq t}}^{n} \frac{(qx_t/x_s)_{k_t-k_s}}{(qx_t/x_s)_{k_t}} = \prod_{\substack{s=1 \\ s \neq t}}^{n} \frac{(q^2 x_t/x_s)_{k_t-k_s-1}}{(q^2 x_t/x_s)_{k_t-1}},$$

因此, 则有

$$(1-q^m) G_m(x_1,\cdots,x_n)$$

$$= \sum_{t=1}^{n} \sum_{\substack{k_1,\cdots,k_n \geqslant 0 \\ |\boldsymbol{k}|=m \\ k_t \geqslant 1}} \prod_{\substack{i=1 \\ i \neq t}}^{n} \frac{1-x_i q^{k_i}/x_t}{1-x_i/x_t} \prod_{\substack{r,s=1 \\ r,s \neq t}}^{n} \frac{(qx_r/x_s)_{k_r-k_s}}{(qx_r/x_s)_{k_r}}$$

$$\times \prod_{\substack{r=1 \\ r \neq t}}^{n} \frac{(qx_r/x_t)_{k_r-k_t}}{(qx_r/x_t)_{k_r}} \prod_{\substack{s=1 \\ s \neq t}}^{n} \frac{(qx_t/x_s)_{k_t-k_s}}{(qx_t/x_s)_{k_t}} \frac{1}{(q)_{k_t-1}}$$

$$= \sum_{t=1}^{n} \sum_{\substack{k_1,\cdots,k_n \geqslant 0 \\ |\boldsymbol{k}|=m \\ k_t \geqslant 1}} \prod_{\substack{i=1 \\ i \neq t}}^{n} \frac{1-x_i q^{k_i}/x_t}{1-x_i/x_t} \prod_{\substack{r,s=1 \\ r,s \neq t}}^{n} \frac{(qx_r/x_s)_{k_r-k_s}}{(qx_r/x_s)_{k_r}}$$

$$\times \prod_{\substack{r=1 \\ r \neq t}}^{n} \frac{(x_r/x_t)_{k_r-k_t+1}}{(x_r/x_t)_{k_r+1}} \prod_{\substack{s=1 \\ s \neq t}}^{n} \frac{(q^2 x_t/x_s)_{k_t-k_s-1}}{(q^2 x_t/x_s)_{k_t-1}} \frac{1}{(q)_{k_t-1}}$$

$$= \sum_{t=1}^{n} \sum_{\substack{k_1,\cdots,k_n\geqslant 0 \\ |\boldsymbol{k}|=m-1 \\ k_t\geqslant 0}} \prod_{\substack{i=1 \\ i\neq t}}^{n} \frac{1-x_iq^{k_i}/x_t}{1-x_i/x_t} \prod_{\substack{r,s=1 \\ r,s\neq t}}^{n} \frac{(qx_r/x_s)_{k_r-k_s}}{(qx_r/x_s)_{k_r}}$$

$$\times \prod_{\substack{r=1 \\ r\neq t}}^{n} \frac{(x_r/x_t)_{k_r-k_t}}{(x_r/x_t)_{k_r}(1-x_rq^{k_r}/x_t)} \prod_{\substack{s=1 \\ s\neq t}}^{n} \frac{(q^2x_t/x_s)_{k_t-k_s}}{(q^2x_t/x_s)_{k_t}} \frac{1}{(q)_{k_t}}$$

$$= \sum_{t=1}^{n} \prod_{\substack{i=1 \\ i\neq t}}^{n} \frac{1}{1-x_i/x_t} \sum_{\substack{k_1,\cdots,k_n\geqslant 0 \\ |\boldsymbol{k}|=m-1 \\ k_t\geqslant 0}} \prod_{\substack{r,s=1 \\ r,s\neq t}}^{n} \frac{(qx_r/x_s)_{k_r-k_s}}{(qx_r/x_s)_{k_r}} \prod_{\substack{r=1 \\ r\neq t}}^{n} \frac{(x_r/x_t)_{k_r-k_t}}{(x_r/x_t)_{k_r}}$$

$$\times \prod_{\substack{s=1 \\ s\neq t}}^{n} \frac{(q^2x_t/x_s)_{k_t-k_s}}{(q^2x_t/x_s)_{k_t}} \frac{1}{(q)_{k_t}}$$

$$= \sum_{t=1}^{n} \prod_{\substack{i=1 \\ i\neq t}}^{n} \frac{1}{1-x_i/x_t} G_{m-1}(x_1,\cdots,x_iq^{\delta_{it}},\cdots,x_n),$$

即

$$(1-q^m)G_m(x_1,\cdots,x_n) = \sum_{t=1}^{n} \prod_{\substack{i=1 \\ i\neq t}}^{n} \frac{1}{1-x_i/x_t} G_{m-1}(x_1,\cdots,x_iq^{\delta_{it}},\cdots,x_n).$$

易证 $1/(q)_m$ 也满足上述关系. 由于 (3.1.4) 的两边满足相同的递归关系且初值相等, 故定理成立. $\qquad\square$

定理 3.1.2 ($U(n+1)$ Euler 恒等式)

$$\frac{1}{(z)_\infty} = \sum_{k_1,\cdots,k_n\geqslant 0} \prod_{r,s=1}^{n} \frac{(qx_r/x_s)_{k_r-k_s}}{(qx_r/x_s)_{k_r}} z^{k_1+k_2+\cdots+k_n}. \tag{3.1.8}$$

证明　在定理 3.1.1 中, 两边同乘 z^m, 然后求和 $\sum\limits_{m=0}^{\infty}$, 利用 Cauchy 恒等式可得定理. $\qquad\square$

类似地, 可以证明

定理 3.1.3 (Milne 基本定理)

$$\frac{(a_1\cdots a_n)_m}{(q)_m} = \sum_{\substack{k_1,\cdots,k_n\geqslant 0 \\ |\boldsymbol{k}|=m}} \prod_{1\leqslant r<s\leqslant n} \frac{x_rq^{k_r}-x_sq^{k_s}}{x_r-x_s} \prod_{r,s=1}^{n} \frac{(a_sx_r/x_s)_{k_r}}{(qx_r/x_s)_{k_r}}. \tag{3.1.9}$$

证明　只需证明定理的两边满足下列递归:

$$(1 - q^m)F_m(a_1, \cdots, a_n; x_1, \cdots, x_n)$$

$$= -a_1 \cdots a_n \sum_{t=1}^{n} \frac{\prod\limits_{1 \leqslant i \leqslant n} (1 - x_i/x_t a_i)}{\prod\limits_{\substack{1 \leqslant i \leqslant n \\ i \neq t}} (1 - x_i/x_t)}$$

$$\times F_m(a_1, \cdots, a_i q^{\delta_{it}}, \cdots, a_n; x_1, \cdots, x_i q^{\delta_{it}}, \cdots, x_n). \tag{3.1.10}$$

下面开始证明: 在 (3.1.2) 中, 取 $y_i \to q^{k_i}$, 则

$$1 - q^{|\boldsymbol{k}|} = \sum_{t=1}^{n} (1 - q^{k_t}) \prod_{\substack{i=1 \\ i \neq t}}^{n} \frac{1 - \dfrac{x_i}{x_t} q^{k_i}}{1 - \dfrac{x_i}{x_t}}. \tag{3.1.11}$$

若令

$$F_m(a_1, \cdots, a_n, x_1, \cdots, x_n) = \sum_{\substack{k_1, \cdots, k_n \geqslant 0 \\ |\boldsymbol{k}|=m}} \prod_{1 \leqslant r < s \leqslant n} \frac{x_r q^{k_r} - x_s q^{k_s}}{x_r - x_s} \prod_{r,s=1}^{n} \frac{(a_s x_r/x_s)_{k_r}}{(q x_r/x_s)_{k_r}},$$

$$\tag{3.1.12}$$

对 (3.1.11) 两边同乘以 $\displaystyle\prod_{0 \leqslant r < s \leqslant n} \frac{x_r q^{k_r} - x_s q^{k_s}}{x_r - x_s} \prod_{r,s=1}^{n} \frac{(a_s x_r/x_s)_{k_r}}{(q x_r/x_s)_{k_r}}$, 再同时求和 $\displaystyle\sum_{\substack{k_1, \cdots, k_n \geqslant 0 \\ |\boldsymbol{k}|=m}}$, 可得

$$(1 - q^m)F_m(a_1, \cdots, a_n, x_1, \cdots, x_n) \tag{3.1.13}$$

$$= \sum_{t=1}^{n} \sum_{\substack{k_1, \cdots, k_n \geqslant 0 \\ |\boldsymbol{k}|=m}} (1 - q^{k_t}) \prod_{\substack{i=1 \\ i \neq t}}^{n} \frac{1 - \dfrac{x_i}{x_t} q^{k_i}}{1 - \dfrac{x_i}{x_t}} \prod_{1 \leqslant r < s \leqslant n} \frac{x_r q^{k_r} - x_s q^{k_s}}{x_r - x_s} \prod_{r,s=1}^{n} \frac{\left(a_s \dfrac{x_r}{x_s}\right)_{k_r}}{\left(q \dfrac{x_r}{x_s}\right)_{k_r}}$$

$$\tag{3.1.14}$$

$$= \sum_{t=1}^{n} \sum_{\substack{k_1, \cdots, k_n \geqslant 0 \\ |\boldsymbol{k}|=m}} (1 - q^{k_t}) \prod_{\substack{i=1 \\ i \neq t}}^{n} \frac{1 - \dfrac{x_i}{x_t} q^{k_i}}{1 - \dfrac{x_i}{x_t}} \prod_{\substack{1 \leqslant r < s \leqslant n \\ r,s \neq t}} \frac{x_r q^{k_r} - x_s q^{k_s}}{x_r - x_s} \prod_{r=1}^{t-1} \frac{x_r q^{k_r} - x_t q^{k_t}}{x_r - x_t}$$

$$\times \prod_{s=t+1}^{n} \frac{x_t q^{k_t} - x_s q^{k_s}}{x_t - x_s} \prod_{\substack{r,s=1 \\ r,s\neq t}}^{n} \frac{\left(a_s \dfrac{x_r}{x_s}\right)_{k_r}}{\left(q \dfrac{x_r}{x_s}\right)_{k_r}} \prod_{\substack{r=1 \\ r\neq t}}^{n} \frac{\left(a_t \dfrac{x_r}{x_t}\right)_{k_r}}{\left(q \dfrac{x_r}{x_t}\right)_{k_r}} \prod_{\substack{s=1 \\ s\neq t}}^{n} \left[\frac{\left(a_s \dfrac{x_t}{x_s}\right)_{k_t}}{\left(q \dfrac{x_t}{x_s}\right)_{k_t}}\right] \frac{(a_t)_{k_t}}{(q)_{k_t}}$$

$$(3.1.15)$$

$$= \sum_{t=1}^{n} \sum_{\substack{k_1,\cdots,k_n \geqslant 0 \\ |\boldsymbol{k}|=m}} (1-q^{k_t}) \prod_{\substack{i=1 \\ i\neq t}}^{n} \frac{1 - \dfrac{x_i}{x_t} q^{k_i}}{1 - \dfrac{x_i}{x_t}} \prod_{\substack{1\leqslant r<s\leqslant n \\ r,s\neq t}} \frac{x_r q^{k_r} - x_s q^{k_s}}{x_r - x_s} \prod_{\substack{r=1 \\ r\neq t}}^{n} \frac{x_r q^{k_r} - x_t q^{k_t}}{x_r - x_t}$$

$$\times \prod_{\substack{r,s=1 \\ r,s\neq t}}^{n} \frac{\left(a_s \dfrac{x_r}{x_s}\right)_{k_r}}{\left(q \dfrac{x_r}{x_s}\right)_{k_r}} \prod_{\substack{r=1 \\ r\neq t}}^{n} \frac{\left(a_t \dfrac{x_r}{x_t}\right)_{k_r}}{\left(q \dfrac{x_r}{x_t}\right)_{k_r}} \prod_{\substack{s=1 \\ s\neq t}}^{n} \left[\frac{\left(a_s \dfrac{x_t}{x_s}\right)_{k_t}}{\left(q \dfrac{x_t}{x_s}\right)_{k_t}}\right] \frac{(a_t)_{k_t}}{(q)_{k_t}}.$$

$$(3.1.16)$$

由 $\displaystyle\sum_{t=1}^{n} \sum_{\substack{k_1,\cdots,k_n \geqslant 0 \\ |\boldsymbol{k}|=m}} = \sum_{t=1}^{n} \sum_{\substack{k_1,\cdots,k_n \geqslant 0 \\ |\boldsymbol{k}|=m \\ k_t=0}} + \sum_{t=1}^{n} \sum_{\substack{k_1,\cdots,k_n \geqslant 0 \\ |\boldsymbol{k}|=m \\ k_t\geqslant 1}}$ 可得

上式

$$= 0 + \sum_{t=1}^{n} \sum_{\substack{k_1,\cdots,k_n \geqslant 0 \\ |\boldsymbol{k}|=m \\ k_t\geqslant 1}} \left\{ (1-q^{k_t}) \prod_{\substack{i=1 \\ i\neq t}}^{n} \frac{1 - \dfrac{x_i}{x_t} q^{k_i}}{1 - \dfrac{x_i}{x_t}} \prod_{\substack{1\leqslant r<s\leqslant n \\ r,s\neq t}} \frac{x_r q^{k_r} - x_s q^{k_s}}{x_r - x_s} \right.$$

$$\times \prod_{\substack{r=1 \\ r\neq t}}^{n} \frac{x_r q^{k_r} - x_t q^{k_t}}{x_r - x_t} \prod_{\substack{r,s=1 \\ r,s\neq t}}^{n} \left[\frac{\left(a_s \dfrac{x_r}{x_s}\right)_{k_r}}{\left(q \dfrac{x_r}{x_s}\right)_{k_r}}\right]$$

$$\times \prod_{\substack{r=1 \\ r\neq t}}^{n} \left[\frac{\left(a_t \dfrac{x_r}{x_t}\right)_{k_r}}{\left(q \dfrac{x_r}{x_t}\right)_{k_r}}\right] \prod_{\substack{s=1 \\ s\neq t}}^{n} \left[\frac{\left(a_s \dfrac{x_t}{x_s}\right)_{k_t}}{\left(q \dfrac{x_t}{x_s}\right)_{k_t}}\right] \frac{(a_t)_{k_t}}{(q)_{k_t}} \right\}$$

$$(3.1.17)$$

$$= \sum_{t=1}^{n} \sum_{\substack{k_1,\cdots,k_n \geqslant 0 \\ |\boldsymbol{k}|=m-1}} \left\{ (1-q^{k_t+1}) \prod_{\substack{i=1 \\ i\neq t}}^{n} \frac{1 - \dfrac{x_i}{x_t} q^{k_i}}{1 - \dfrac{x_i}{x_t}} \right.$$

$$\times \prod_{\substack{1\leqslant r<s\leqslant n \\ r,s\neq t}} \frac{x_r q^{k_r}-x_s q^{k_s}}{x_r-x_s} \prod_{\substack{r=1 \\ r\neq t}}^{n} \frac{x_r q^{k_r}-x_t q^{k_t+1}}{x_r-x_t}$$

$$\times \prod_{\substack{r,s=1 \\ r,s\neq t}}^{n} \left[\frac{\left(a_s\dfrac{x_r}{x_s}\right)_{k_r}}{\left(q\dfrac{x_r}{x_s}\right)_{k_r}}\right] \prod_{\substack{r=1 \\ r\neq t}}^{n}\left[\frac{\left(a_t\dfrac{x_r}{x_t}\right)_{k_r}}{\left(q\dfrac{x_r}{x_t}\right)_{k_r}}\right] \prod_{\substack{s=1 \\ s\neq t}}^{n}\left[\frac{\left(a_s\dfrac{x_t}{x_s}\right)_{k_t+1}}{\left(q\dfrac{x_t}{x_s}\right)_{k_t+1}}\right]\frac{(a_t)_{k_t+1}}{(q)_{k_t+1}}\Bigg\}$$

$$(3.1.18)$$

$$=\sum_{t=1}^{n}\sum_{\substack{k_1,\cdots,k_n\geqslant0 \\ |\boldsymbol{k}|=m-1}}\Bigg\{\prod_{\substack{1\leqslant r<s\leqslant n \\ r,s\neq t}} \frac{x_r q^{k_r}-x_s q^{k_s}}{x_r-x_s} \prod_{\substack{r=1 \\ r\neq t}}^{n}\frac{x_r q^{k_r}-x_t q^{k_t+1}}{x_r-x_t}\prod_{\substack{r,s=1 \\ r,s\neq t}}^{n}\left[\frac{\left(a_s\dfrac{x_r}{x_s}\right)_{k_r}}{\left(q\dfrac{x_r}{x_s}\right)_{k_r}}\right]$$

$$\times\prod_{\substack{r=1 \\ r\neq t}}^{n}\left[\frac{\left(a_t\dfrac{x_r}{x_t}\right)_{k_r}}{\left(\dfrac{x_r}{x_t}\right)_{k_r}}\right]\prod_{\substack{s=1 \\ s\neq t}}^{n}\left[\frac{\left(a_s q\dfrac{x_t}{x_s}\right)_{k_t}\left(1-a_s\dfrac{x_t}{x_s}\right)}{\left(q^2\dfrac{x_t}{x_s}\right)_{k_t}\left(1-q\dfrac{x_t}{x_s}\right)}\right]\frac{(a_t q)_{k_t}(1-a_t)}{(q)_{k_t}}\Bigg\}$$

$$(3.1.19)$$

$$=\sum_{t=1}^{n}\sum_{\substack{k_1,\cdots,k_n\geqslant0 \\ |\boldsymbol{k}|=m-1}}\Bigg\{\prod_{\substack{1\leqslant r<s\leqslant n \\ r,s\neq t}} \frac{x_r q^{k_r}-x_s q^{k_s}}{x_r-x_s} \prod_{\substack{r=1 \\ r\neq l}}^{n}\frac{x_r q^{k_r}-x_t q^{k_t+1}}{x_r-x_t q}$$

$$\times\prod_{\substack{r=1 \\ r\neq t}}^{n}\frac{x_r-x_t q}{x_r-x_t}\prod_{\substack{r,s=1 \\ r,s\neq t}}^{n}\left[\frac{\left(a_s\dfrac{x_r}{x_s}\right)_{k_r}}{\left(q\dfrac{x_r}{x_s}\right)_{k_r}}\right]$$

$$\times\prod_{\substack{r=1 \\ r\neq t}}^{n}\left[\frac{\left(a_t\dfrac{x_r}{x_t}\right)_{k_r}}{\left(\dfrac{x_r}{x_t}\right)_{k_r}}\right]\prod_{\substack{s=1 \\ s\neq t}}^{n}\left[\frac{\left(a_s q\dfrac{x_t}{x_s}\right)_{k_t}}{\left(q^2\dfrac{x_t}{x_s}\right)_{k_t}}\right]\prod_{\substack{s=1 \\ s\neq t}}^{n}\left[\frac{1-a_s q\dfrac{x_t}{x_s}}{1-q\dfrac{x_t}{x_s}}\right]\frac{(a_t q)_{k_t}(1-a_t)}{(q)_{k_t}}\Bigg\}$$

$$(3.1.20)$$

$$=\sum_{t=1}^{n}\sum_{\substack{k_1,\cdots,k_n\geqslant0 \\ |\boldsymbol{k}|=m-1}}\Bigg\{\prod_{\substack{1\leqslant r<s\leqslant n \\ r,s\neq t}} \frac{x_r q^{k_r}-x_s q^{k_s}}{x_r-x_s} \prod_{\substack{r=1 \\ r\neq t}}^{n}\frac{x_r q^{k_r}-x_t q^{k_t+1}}{x_r-x_t q}\prod_{\substack{r,s=1 \\ r,s\neq t}}^{n}\left[\frac{\left(a_s\dfrac{x_r}{x_s}\right)_{k_r}}{\left(q\dfrac{x_r}{x_s}\right)_{k_r}}\right]$$

$$\times \prod_{\substack{r=1\\r\neq t}}^{n}\left[\frac{\left(a_t\dfrac{x_r}{x_t}\right)_{k_r}}{\left(\dfrac{x_r}{x_t}\right)_{k_r}}\right]\prod_{\substack{s=1\\s\neq t}}^{n}\left[\frac{\left(a_sq\dfrac{x_t}{x_s}\right)_{k_t}}{\left(q^2\dfrac{x_t}{x_s}\right)_{k_t}}\right]\prod_{\substack{s=1\\s\neq t}}^{n}\left[\frac{1-a_sq\dfrac{x_t}{x_s}}{1-\dfrac{x_t}{x_s}}\right]\frac{(a_tq)_{k_t}(1-a_t)}{(q)_{k_t}}\Bigg\}.$$

$$(3.1.21)$$

令 $a_iq^{\delta_{i,t}}=\begin{cases}aq,&i=t,\\a,&i\neq t,\end{cases}$　$x_iq^{\delta_{i,t}}=\begin{cases}xq,&i=t,\\x,&i\neq t,\end{cases}$　由 (3.1.12), 易得

$$\sum_{t=1}^{n}F_{m-1}(a_1,\cdots,a_iq^{\delta_{i,t}},\cdots,a_n,x_1,\cdots,x_iq^{\delta_{i,t}},\cdots,x_n)\qquad(3.1.22)$$

$$=\sum_{t=1}^{n}\sum_{\substack{k_1,\cdots,k_n\geqslant 0\\|\boldsymbol{k}|=m-1}}\Bigg\{\prod_{\substack{1\leqslant r<s\leqslant n\\r,s\neq t}}\frac{x_rq^{k_r}-x_sq^{k_s}}{x_r-x_s}\prod_{\substack{r=1\\r\neq t}}^{n}\frac{x_rq^{k_r}-x_tq^{k_t+1}}{x_r-x_tq}\prod_{\substack{r,s=1\\r,s\neq t}}^{n}\left[\frac{\left(a_s\dfrac{x_r}{x_s}\right)_{k_r}}{\left(q\dfrac{x_r}{x_s}\right)_{k_r}}\right]$$

$$\times\prod_{\substack{r=1\\r\neq t}}^{n}\left[\frac{\left(a_t\dfrac{x_r}{x_t}\right)_{k_r}}{\left(\dfrac{x_r}{x_t}\right)_{k_r}}\right]\prod_{\substack{s=1\\s\neq t}}^{n}\left[\frac{\left(a_sq\dfrac{x_t}{x_s}\right)_{k_t}}{\left(q^2\dfrac{x_t}{x_s}\right)_{k_t}}\right]\frac{(a_tq)_{k_t}}{(q)_{k_t}}\Bigg\}.$$

$$(3.1.23)$$

将 (3.1.22) 代入 (3.1.21), 化简, 可得

$$(1-q^m)F_m(a_1,\cdots,a_n,x_1,\cdots,x_n)$$

$$=\sum_{t=1}^{n}\Bigg\{(1-a_t)\prod_{\substack{r=1\\r\neq t}}^{n}\frac{1-a_r\dfrac{x_t}{x_r}}{1-\dfrac{x_t}{x_r}}\Bigg\}$$

$$\times F_{m-1}(a_1,\cdots,a_iq^{\delta_{i,t}},\cdots,a_n,x_1,\cdots,x_iq^{\delta_{i,t}},\cdots,x_n)$$

$$=\sum_{t=1}^{n}\frac{\prod\limits_{r=1}^{n}\left[\left(1-a_r^{-1}\dfrac{x_r}{x_t}\right)\left(-a_r\dfrac{x_t}{x_r}\right)\right]}{\prod\limits_{\substack{r=1\\r\neq t}}^{n}\left[\left(1-\dfrac{x_r}{x_t}\right)\dfrac{x_t}{x_r}\right]}$$

$$\times F_{m-1}(a_1,\cdots,a_iq^{\delta_{i,t}},\cdots,a_n,x_1,\cdots,x_iq^{\delta_{i,t}},\cdots,x_n)$$

$$=(-a_1\cdots a_n)\sum_{t=1}^{n}\frac{\prod\limits_{r=1}^{n}\left(1-a_r^{-1}\dfrac{x_r}{x_t}\right)}{\prod\limits_{\substack{r=1\\r\neq t}}^{n}\left(1-\dfrac{x_r}{x_t}\right)}$$

$$\times F_{m-1}(a_1,\cdots,a_iq^{\delta_{i,t}},\cdots,a_n,x_1,\cdots,x_iq^{\delta_{i,t}},\cdots,x_n).\qquad(3.1.24)$$

显然, 由 (3.1.12), 易得 $F_0(a_1, \cdots, a_n, x_1, \cdots, x_n) = \dfrac{(a_1 \cdots a_n)_0}{(q)_0} = 1$. 若再

能证明 $F_m(a_1, \cdots, a_n, x_1, \cdots, x_n)$ 取 $\dfrac{(a_1 \cdots a_n)_m}{(q)_m}$ 时, 也满足 (3.1.24), 则说明

$F_m(a_1, \cdots, a_n, x_1, \cdots, x_n)$ 与 $\dfrac{(a_1 \cdots a_n)_m}{(q)_m}$ 满足同一递归且初值相等, 从而得到

$F_m(a_1, \cdots, a_n, x_1, \cdots, x_n) = \dfrac{(a_1 \cdots a_n)_m}{(q)_m}$, 故定理成立.

现将 (3.1.24) 中的 $F_m(a_1, \cdots, a_n, x_1, \cdots, x_n)$ 用 $\dfrac{(a_1 \cdots a_n)_m}{(q)_m}$ 代替, 代入
(3.1.24), 则有

$$(1 - q^m)\frac{(a_1 \cdots a_n)_m}{(q)_m} = (-a_1 \cdots a_n) \sum_{t=1}^{n} \left\{ \frac{\prod\limits_{r=1}^{n} \left(1 - a_r^{-1}\dfrac{x_r}{x_t}\right)}{\prod\limits_{\substack{r=1 \\ r \neq t}}^{n} \left(1 - \dfrac{x_r}{x_t}\right)} \right\} \frac{(a_1 \cdots a_n q)_{m-1}}{(q)_{m-1}}. \tag{3.1.25}$$

化简 (3.1.25), 则得

$$1 - a_1 \cdots a_n = (-a_1 \cdots a_n) \sum_{t=1}^{n} \left\{ \frac{\prod\limits_{r=1}^{n} \left(1 - a_r^{-1}\dfrac{x_r}{x_t}\right)}{\prod\limits_{\substack{r=1 \\ r \neq t}}^{n} \left(1 - \dfrac{x_r}{x_t}\right)} \right\}, \tag{3.1.26}$$

在 (3.1.2) 中, 取 $y_i \to a_i^{-1}$, 即为 (3.1.26). 故 $F_m(a_1, \cdots, a_n, x_1, \cdots, x_n) = \dfrac{(a_1 \cdots a_n)_m}{(q)_m}$ 成立, 即 (3.1.9) 成立, 结论得证. $\qquad\square$

注 3.1.1 当 $n = 2$ 时, 定理 3.1.3 退化为 Rogers 的终止型非常均衡 q-Dougall ${}_6\phi_5$ 求和公式 (1.3.21).

定理 3.1.4 ($U(n+1)$ Cauchy 恒等式)

$$\frac{(a_1 \cdots a_n z)_\infty}{(z)_\infty} = \sum_{k_1, \cdots, k_n \geqslant 0} z^{k_1 + \cdots + k_n} \prod_{1 \leqslant r < s \leqslant n} \frac{x_r q^{k_r} - x_s q^{k_s}}{x_r - x_s} \prod_{r,s=1}^{n} \frac{(a_s x_r / x_s)_{k_r}}{(q x_r / x_s)_{k_r}}.$$

证明 在定理 3.1.3 中, 两边同乘 z^m, 然后求和 $\sum\limits_{m=0}^{\infty}$, 利用 Cauchy 恒等式可

得定理. $\qquad\square$

3.2　可终止型 $U(n+1)$ $_6\phi_5$ 求和公式

定理 3.2.1 [30, 定理 2.1](可终止型非常均衡 $_6\phi_5$ 求和公式的第一个 $U(n+1)$ 拓广)　设 N 是一个任意非负整数, 则

$$
\sum_{\substack{y_1,\cdots,y_n\geqslant 0 \\ |\boldsymbol{y}|\leqslant N}} \prod_{1\leqslant i<j\leqslant n} \frac{x_i q^{y_i}-x_j q^{y_j}}{x_i-x_j} \prod_{i=1}^{n} \frac{1-ax_i q^{y_i+|\boldsymbol{y}|}}{1-ax_i} \prod_{i,j=1}^{n} \frac{(c_j x_i/x_j)_{y_i}}{(qx_i/x_j)_{y_i}}
$$

$$
\times \prod_{i=1}^{n}\left[\frac{(bx_i)_{y_i}}{(ax_i q^{1+N})_{y_i}}\frac{(ax_i)_{|\boldsymbol{y}|}}{\left(\dfrac{ax_i q}{c_i}\right)_{|\boldsymbol{y}|}}\right]\frac{(q^{-N})_{|\boldsymbol{y}|}}{\left(\dfrac{aq}{b}\right)_{|\boldsymbol{y}|}}\left(\frac{aq^{1+N}}{bc_1\cdots c_n}\right)^{|\boldsymbol{y}|}
$$

$$
= \frac{(aq/c_1\cdots c_n b)_N}{(aq/b)_N}\prod_{i=1}^{n}\frac{(ax_i q)_N}{(ax_i q/c_i)_N}.
$$

证明　重写定理 3.1.3 为

$$
\sum_{\substack{y_1,\cdots,y_n\geqslant 0 \\ |\boldsymbol{y}|=N}} \prod_{1\leqslant i<j\leqslant n} \frac{x_i q^{y_i}-x_j q^{y_j}}{x_i-x_j} \prod_{i,j=1}^{n} \frac{(a_j x_i/x_j)_{y_i}}{(qx_i/x_j)_{y_i}} = \frac{(a_1\cdots a_n)_N}{(q)_N},
$$

在上式中取 $n\to n+1$, 可得

$$
\sum_{\substack{y_1,\cdots,y_{n+1}\geqslant 0 \\ y_1+\cdots+y_{n+1}=N}} \prod_{1\leqslant i<j\leqslant n+1} \frac{x_i q^{y_i}-x_j q^{y_j}}{x_i-x_j} \prod_{i,j=1}^{n+1} \frac{(a_j x_i/x_j)_{y_i}}{(qx_i/x_j)_{y_i}} = \frac{(a_1\cdots a_{n+1})_N}{(q)_N}.
$$

展开可得

$$
\sum_{\substack{y_1,\cdots,y_{n+1}\geqslant 0 \\ y_1+\cdots+y_{n+1}=N}} \prod_{1\leqslant i<j\leqslant n} \frac{x_i q^{k_i}-x_j q^{y_j}}{x_i-x_j} \prod_{i=1}^{n} \frac{x_i q^{y_i}-x_{n+1}q^{y_{n+1}}}{x_i-x_{n+1}} \prod_{i,j=1}^{n} \frac{\left(a_j\dfrac{x_i}{x_j}\right)_{y_i}}{\left(q\dfrac{x_i}{x_j}\right)_{y_i}}
$$

$$
\times \prod_{i=1}^{n} \frac{\left(a_{n+1}\dfrac{x_i}{x_{n+1}}\right)_{y_i}}{\left(q\dfrac{x_i}{x_{n+1}}\right)_{y_i}} \prod_{j=1}^{n}\left[\frac{\left(a_j\dfrac{x_{n+1}}{x_j}\right)_{y_{n+1}}}{\left(q\dfrac{x_{n+1}}{x_j}\right)_{y_{n+1}}}\right]\frac{(a_{n+1})_{y_{n+1}}}{(q)_{y_{n+1}}}
$$

$$= \frac{(a_1 \cdots a_{n+1})_N}{(q)_N}.$$

易见 $k_{n+1} = N - |\boldsymbol{y}|$, 又因为 $y_{n+1} \geqslant 0$, 故 $N - |\boldsymbol{y}| \geqslant 0$, 即 $|\boldsymbol{y}| \leqslant N$. 故上式可化简为

$$\sum_{\substack{y_1,\cdots,y_n \geqslant 0 \\ |\boldsymbol{y}| \leqslant N}} \prod_{1 \leqslant i < j \leqslant n} \frac{x_i q^{y_i} - x_j q^{y_j}}{x_i - x_j} \prod_{i=1}^{n} \frac{x_i q^{y_i} - x_{n+1} q^{y_{n+1}}}{x_i - x_{n+1}} \prod_{i,j=1}^{n} \frac{\left(a_j \dfrac{x_i}{x_j}\right)_{y_i}}{\left(q \dfrac{x_i}{x_j}\right)_{y_i}}$$

$$\times \prod_{i=1}^{n} \frac{\left(a_{n+1} \dfrac{x_i}{x_{n+1}}\right)_{y_i}}{\left(q \dfrac{x_i}{x_{n+1}}\right)_{y_i}} \prod_{j=1}^{n} \left[\frac{\left(a_j \dfrac{x_{n+1}}{x_j}\right)_{y_{n+1}}}{\left(q \dfrac{x_{n+1}}{x_j}\right)_{y_{n+1}}}\right] \frac{(a_{n+1})_{y_{n+1}}}{(q)_{y_{n+1}}}$$

$$= \frac{(a_1 \cdots a_{n+1})_N}{(q)_N}.$$

取 $a_i \to c_i$, $a_{n+1} \to \dfrac{q^{-N}b}{a}$, $x_{n+1} \to \dfrac{q^{-N}}{a}$, 可得

$$\sum_{\substack{y_1,\cdots,y_n \geqslant 0 \\ |\boldsymbol{y}| \leqslant N}} \prod_{1 \leqslant i < j \leqslant n} \frac{x_i q^{y_i} - x_j q^{y_j}}{x_i - x_j} \prod_{i=1}^{n} \frac{x_i q^{y_i} - \dfrac{q^{-|\boldsymbol{y}|}}{a}}{x_i - \dfrac{q^{-n}}{a}} \prod_{i,j=1}^{n} \frac{\left(c_j \dfrac{x_i}{x_j}\right)_{y_i}}{\left(q \dfrac{x_i}{x_j}\right)_{y_i}}$$

$$\times \prod_{i=1}^{n} \frac{(bx_i)_{y_i}}{(ax_i q^{1+N})_{y_i}} \prod_{j=1}^{n} \left[\frac{\left(\dfrac{c_j q^{-N}}{ax_j}\right)_{N-|\boldsymbol{y}|}}{\left(\dfrac{q^{1-N}}{ax_j}\right)_{N-|\boldsymbol{y}|}}\right] \frac{\left(\dfrac{q^{-N}b}{a}\right)_{N-|\boldsymbol{y}|}}{(q)_{N-|\boldsymbol{y}|}}$$

$$= \frac{\left(\dfrac{c_1 \cdots c_n b q^{-N}}{a}\right)_N}{(q)_N}.$$

运用 $(a)_{n-y} = \dfrac{(a)_n}{(q^{1-n}/a)_y}(-q/a)^y q^{\binom{n}{2}-ny}$ 继续展开可得

$$\sum_{\substack{y_1,\cdots,y_n \geqslant 0 \\ |\boldsymbol{y}| \leqslant N}} \prod_{1 \leqslant i < j \leqslant n} \frac{x_i q^{y_i} - x_j q^{y_j}}{x_i - x_j} \prod_{i=1}^{n} \frac{1 - ax_i q^{y_i+|\boldsymbol{y}|}}{1 - ax_i q^N} \frac{q^N}{q^{|\boldsymbol{y}|}} \prod_{i,j=1}^{n} \frac{\left(c_j \dfrac{x_i}{x_j}\right)_{y_i}}{\left(q \dfrac{x_i}{x_j}\right)_{y_i}}$$

$$\times \prod_{i=1}^{n} \frac{(bx_i)_{y_i}}{(ax_i q^{1+N})_{y_i}} \prod_{j=1}^{n} \left[\frac{\left(\dfrac{c_j q^{-N}}{ax_j}\right)_N}{\left(\dfrac{ax_j q}{c_j}\right)_{|\boldsymbol{y}|}} \frac{(ax_j)_{|\boldsymbol{y}|}}{\left(\dfrac{q^{1-N}}{ax_j}\right)_N} \left(\frac{q}{c_j}\right)^{|\boldsymbol{y}|} \right]$$

$$\times \frac{\left(\dfrac{q^{-N}}{a}b\right)_N}{\left(\dfrac{aq}{b}\right)_{|\boldsymbol{y}|}} \frac{(q^{-N})_{|\boldsymbol{y}|}}{(q)_N} \left(\frac{aq^{1+N}}{b}\right)^{|\boldsymbol{y}|}$$

$$= \frac{\left(-\dfrac{c_1 \cdots c_n b q^{-N}}{a}\right)^N q^{\binom{N}{2}} \left(\dfrac{aq}{c_1 \cdots c_n b}\right)_N}{(q)_N}.$$

由于

$$\prod_{i=1}^{n} \left[\frac{1 - ax_i q^{y_i + |\boldsymbol{y}|}}{1 - ax_i q^N} \frac{q^N}{q^{|\boldsymbol{y}|}} \right] = \prod_{i=1}^{n} \left[\frac{1 - ax_i q^{y_i + |\boldsymbol{y}|}}{1 - ax_i} \right] q^{n(N-|\boldsymbol{y}|)} \prod_{i=1}^{n} \frac{1 - ax_i}{1 - ax_i q^N},$$

则有

$$\sum_{\substack{y_1, \cdots, y_n \geqslant 0 \\ |\boldsymbol{y}| \leqslant N}} \prod_{1 \leqslant i < j \leqslant n} \frac{x_i q^{y_i} - x_j q^{y_j}}{x_i - x_j} \prod_{i=1}^{n} \left[\frac{1 - ax_i q^{y_i + |\boldsymbol{y}|}}{1 - ax_i} \right] q^{n(N-|\boldsymbol{y}|)} \prod_{i=1}^{n} \frac{1 - ax_i}{1 - ax_i q^N}$$

$$\times \prod_{i,j=1}^{n} \frac{\left(c_j \dfrac{x_i}{x_j}\right)_{y_i}}{\left(q \dfrac{x_i}{x_j}\right)_{y_i}} \prod_{i=1}^{n} \left[\frac{(bx_i)_{y_i}}{(ax_i q^{1+N})_{y_i}} \frac{(ax_i)_{|\boldsymbol{y}|}}{\left(\dfrac{ax_i q}{c_i}\right)_{|\boldsymbol{y}|}} \right]$$

$$\times \prod_{i=1}^{n} \left(\frac{q}{c_i}\right)^{|\boldsymbol{y}|} \prod_{i=1}^{n} \frac{\left(\dfrac{aq x_i}{c_i}\right)_N}{(ax_i)_N} \prod_{i=1}^{n} (c_i q^{-1})^N$$

$$\times \frac{(q^{-N})_{|\boldsymbol{y}|}}{\left(\dfrac{aq}{b}\right)_{|\boldsymbol{y}|}} \frac{\left(-\dfrac{q^{-N}b}{a}\right)^N q^{\binom{N}{2}} \left(\dfrac{aq}{b}\right)_N}{(q)_N} \left(\frac{aq^{1+N}}{b}\right)^{|\boldsymbol{y}|}$$

$$= \frac{\left(-\dfrac{c_1 \cdots c_n b q^{-N}}{a}\right)^N q^{\binom{N}{2}} \left(\dfrac{aq}{c_1 \cdots c_n b}\right)_N}{(q)_N}.$$

又因为

$$\prod_{i=1}^{n} \frac{1-ax_i}{1-ax_iq^N} \prod_{i=1}^{n} \frac{1}{(ax_i)_N} = \prod_{i=1}^{n} \frac{1}{(aqx_i)_N},$$

$$\prod_{i=1}^{n} \left(\frac{q}{c_i}\right)^{|\boldsymbol{y}|} = \left(\frac{q^n}{c_1\cdots c_n}\right)^{|\boldsymbol{y}|},$$

$$\prod_{i=1}^{n} (c_iq^{-1})^N = (c_1\cdots c_n)^N q^{-nN},$$

代入并化简, 即可得到 $U(n+1)$ $_6\phi_5$ 求和公式:

$$\sum_{\substack{y_1,\cdots,y_n\geqslant 0 \\ |\boldsymbol{y}|\leqslant N}} \frac{(q^{-N})_{|\boldsymbol{y}|}}{\left(\dfrac{aq}{b}\right)_{|\boldsymbol{y}|}} \left(\frac{aq^{1+N}}{bc_1\cdots c_n}\right)^{|\boldsymbol{y}|} \prod_{1\leqslant i<j\leqslant n} \frac{x_iq^{y_i}-x_jq^{y_j}}{x_i-x_j} \prod_{i=1}^{n} \frac{1-ax_iq^{y_i+|\boldsymbol{y}|}}{1-ax_i}$$

$$\times \prod_{i,j=1}^{n} \frac{\left(c_j\dfrac{x_i}{x_j}\right)_{y_i}}{\left(q\dfrac{x_i}{x_j}\right)_{y_i}} \prod_{i=1}^{n} \left[\frac{(bx_i)_{y_i}}{(ax_iq^{1+N})_{y_i}} \frac{(ax_i)_{|\boldsymbol{y}|}}{\left(\dfrac{ax_iq}{c_i}\right)_{|\boldsymbol{y}|}}\right]$$

$$= \frac{\left(\dfrac{aq}{c_1\cdots c_nb}\right)_N}{\left(\dfrac{aq}{b}\right)_N} \prod_{i=1}^{n} \frac{(ax_iq)_N}{\left(\dfrac{ax_iq}{c_i}\right)_N}.$$

$\square$

推论 3.2.1 设 N 是一个任意非负整数, 则

$$\sum_{\substack{y_1,\cdots,y_n\geqslant 0 \\ 0\leqslant |\boldsymbol{y}|\leqslant N}} \prod_{1\leqslant i<j\leqslant n} \frac{x_iq^{y_i}-x_jq^{y_j}}{x_i-x_j} \prod_{i=1}^{n} \frac{1-ax_iq^{y_i+|\boldsymbol{y}|}}{1-ax_i}$$

$$\times \prod_{i,j=1}^{n} \frac{\left(c_j\dfrac{x_i}{x_j}\right)_{y_i}}{\left(q\dfrac{x_i}{x_j}\right)_{y_i}} \prod_{i=1}^{n} \left[\frac{(ax_i)_{|\boldsymbol{y}|}}{\left(\dfrac{ax_iq}{c_i}\right)_{|\boldsymbol{y}|}}\right] \left(\frac{1}{c_1\cdots c_n}\right)^{|\boldsymbol{y}|}$$

$$= \frac{(1/q^Nc_1\cdots c_n)_N}{(q^{-N})_N} \prod_{i=1}^{n} \frac{(ax_iq)_N}{\left(\dfrac{ax_iq}{c_i}\right)_N}.$$

证明 在定理 3.2.1 中, 取 $b=aq^{1+N}$, 可得结果.

$\square$

定理 3.2.2 [30, 定理 2.4], [49, 定理 2.1] (可终止型非常均衡 $_6\phi_5$ 求和公式的第二个 $U(n+1)$ 拓广) 令 $N_i(i=1,\cdots,n)$ 为非负整数, 则

$$
\sum_{\substack{0\leqslant y_k\leqslant N_k\\k=1,\cdots,n}}\prod_{1\leqslant r<s\leqslant n}\frac{x_rq^{y_r}-x_sq^{y_s}}{x_r-x_s}\prod_{i=1}^n\frac{1-ax_iq^{y_i+|\boldsymbol{y}|}}{1-ax_i}\prod_{i=1}^n\frac{(ax_i)_{|\boldsymbol{y}|}(bx_i)_{y_i}}{(ax_iq^{N_i+1})_{|\boldsymbol{y}|}(x_iaq/c)_{y_i}}
$$

$$
\times\prod_{r,s=1}^n\frac{(q^{-N_s}x_r/x_s)_{y_r}}{(qx_r/x_s)_{y_r}}\frac{(c)_{|\boldsymbol{y}|}}{(aq/b)_{|\boldsymbol{y}|}}\left(\frac{aq^{1+|\boldsymbol{N}|}}{bc}\right)^{|\boldsymbol{y}|}
$$

$$
=\frac{(aq/bc)_{|\boldsymbol{N}|}}{(aq/b)_{|\boldsymbol{N}|}}\prod_{i=1}^n\frac{(aqx_i)_{N_i}}{(aqx_i/c)_{N_i}}. \tag{3.2.1}
$$

证明 在定理 3.2.1 中, 取 $c_i=q^{-N_i}$, $i=1,\cdots,n$, 则有

$$
\sum_{\substack{k_1,\cdots,k_n\geqslant 0\\|\boldsymbol{k}|\leqslant N}}\prod_{1\leqslant i<j\leqslant n}\frac{x_iq^{k_i}-x_jq^{k_j}}{x_i-x_j}\prod_{i=1}^n\frac{1-ax_iq^{k_i+|\boldsymbol{k}|}}{1-ax_i}\prod_{i,j=1}^n\frac{\left(q^{-N_j}\dfrac{x_i}{x_j}\right)_{k_i}}{\left(q\dfrac{x_i}{x_j}\right)_{k_i}}
$$

$$
\times\prod_{i=1}^n\left[\frac{(bx_i)_{k_i}}{(ax_iq^{1+N})_{k_i}}\frac{(ax_i)_{|\boldsymbol{k}|}}{(ax_iq^{1+N_i})_{|\boldsymbol{k}|}}\right]\frac{(q^{-N})_{|\boldsymbol{k}|}}{\left(\dfrac{aq}{b}\right)_{|\boldsymbol{k}|}}\left(\frac{aq^{1+N+N_1+\cdots+N_n}}{b}\right)^{|\boldsymbol{k}|}
$$

$$
=\frac{(aq^{1+N_1+\cdots+N_n}/b)_N}{(aq/b)_N}\prod_{i=1}^n\frac{(ax_iq)_N}{(ax_iq^{1+N_i})_N}
$$

$$
=\frac{(aq^{1+N}/b)_{N_1+\cdots+N_n}}{(aq/b)_{N_1+\cdots+N_n}}\prod_{i=1}^n\frac{(ax_iq)_{N_i}}{(ax_iq^{1+N})_{N_i}}.
$$

由上式知, (3.2.1) 式对 $c=q^{-N}$ 时成立, 这里 N 为任何非负整数. 因此, (3.2.1)式是一个关于 c^{-1} 的多项式恒等式, 它的次数是 $\{N_1,\cdots,N_n\}$ 的有限函数, 故定理在一般情形下成立. $\qquad\square$

定理 3.2.3 [30, 定理 2.7] (终止型非常均衡 $_6\phi_5$ 求和公式的第三个 $U(n+1)$ 拓广) 设 N 是一个任意非负整数, 则

$$
\sum_{\substack{y_1,\cdots,y_n\geqslant 0\\0\leqslant|\boldsymbol{y}|\leqslant N}}\prod_{1\leqslant r<s\leqslant n}\frac{x_rq^{y_r}-x_sq^{y_s}}{x_r-x_s}\prod_{i=1}^n\frac{1-ax_iq^{y_i+|\boldsymbol{y}|}}{1-ax_i}
$$

$$
\times\prod_{i=1}^n\frac{(ax_i)_{|\boldsymbol{y}|}}{(ax_iq^{1+N})_{y_i}(ax_iq/b)_{y_i}(ax_iq/c_i)_{|\boldsymbol{y}|}}
$$

$$\times \prod_{r,s=1}^{n} \frac{(c_s x_r/x_s)_{y_r}}{(q x_r/x_s)_{y_r}} (q^{-N})_{|\boldsymbol{y}|} (b)_{|\boldsymbol{y}|} \left(\frac{aq^{1+N}}{bc_1\cdots c_n} \right)^{|\boldsymbol{y}|} q^{-e_2(y_1,\cdots,y_n)} \prod_{i=1}^{n} x_i^{y_i}$$

$$= \prod_{i=1}^{n} \frac{(aqx_i)_N (aqx_i/bc_i)_N}{(aqx_i/b)_N (aqx_i/c_i)_N}, \tag{3.2.2}$$

这里 $e_2(y_1,\cdots,y_n)$ 为关于 $\{y_1,\cdots,y_n\}$ 的二阶基本对称函数.

证明 在定理 2.3.1 中, 令 $n \to n+1$, 利用关系

$$A_{rs} = (z_r/z_s), \qquad \text{若} 1 \leqslant r < s \leqslant n+1, \tag{3.2.3}$$

$$b_{rs} = q(z_r/z_s), \qquad \text{若} 1 \leqslant r, s \leqslant n+1, \tag{3.2.4}$$

$$b_{r,n+2} = b_{n+1,n+2}(z_r/z_{n+1}), \qquad \text{若} 1 \leqslant r \leqslant n+1, \tag{3.2.5}$$

$$a_{rs} = a_{ss}(z_r/z_s), \qquad \text{若} 1 \leqslant r, s \leqslant n+1, \tag{3.2.6}$$

则得

$$\prod_{i=1}^{n} \frac{\left(q\dfrac{z_i}{z_{n+1}}\right)_m \left(b_{n+1,n+2}\dfrac{z_i}{z_{n+1}a_{i,i}}\right)_m}{\left(q\dfrac{z_i}{z_{n+1}a_{i,i}}\right)_m \left(b_{n+1,n+2}\dfrac{z_i}{z_{n+1}}\right)_m}$$

$$= \sum_{y_1,\cdots,y_n \geqslant 0} \prod_{i=1}^{n} \frac{\left(\dfrac{z_i}{z_{n+1}}\right)_{|\boldsymbol{y}|}}{(q)_{y_i}} \prod_{i=1}^{n} \frac{1 - \dfrac{z_i}{z_{n+1}} q^{y_i+|\boldsymbol{y}|}}{1 - \dfrac{z_i}{z_{n+1}}} \prod_{1 \leqslant r < s \leqslant n} \frac{1 - \dfrac{z_r}{z_s} q^{y_r-y_s}}{1 - \dfrac{z_r}{z_s}}$$

$$\times \prod_{1 \leqslant r < s \leqslant n} \frac{\left(a_{s,s}\dfrac{z_r}{z_s}\right)_{y_r} \left(a_{r,r}\dfrac{z_s}{z_r}\right)_{y_s}}{\left(q\dfrac{z_r}{z_s}\right)_{y_r} \left(q\dfrac{z_s}{z_r}\right)_{y_s}}$$

$$\times \prod_{i=1}^{n} \frac{(a_{i,i})_{y_i} (a_{i,i})^{-|\boldsymbol{y}|} \left(b_{n+1,n+2}\dfrac{z_i}{z_{n+1}}\right)^{y_i}}{\left(q^{1+m}\dfrac{z_i}{z_{n+1}}\right)_{y_i} \left(q\dfrac{z_i}{z_{n+1}a_{i,i}}\right)_{|\boldsymbol{y}|} \left(b_{n+1,n+2}\dfrac{z_i}{z_{n+1}}\right)_{y_i}}$$

$$\times (q^{-m})_{|\boldsymbol{y}|} (q/b_{n+1,n+2})_{|\boldsymbol{y}|} q^{m|\boldsymbol{y}|+y_2+\cdots+(n-1)y_n-e_2(y_1,\cdots,y_n)}. \tag{3.2.7}$$

令 $b_{n+1,n+2} = q/b$, $z_{n+1} = z_n/a$, 则

$$\prod_{i=1}^{n} \frac{\left(aq\dfrac{z_i}{z_n}\right)_m \left(aq\dfrac{z_i}{bz_n a_{i,i}}\right)_m}{\left(aq\dfrac{z_i}{z_n a_{i,i}}\right)_m \left(aq\dfrac{z_i}{bz_n}\right)_m}$$

$$= \sum_{y_1,\cdots,y_n \geqslant 0} \prod_{i=1}^{n} \frac{\left(a\dfrac{z_i}{z_n}\right)_{|\boldsymbol{y}|}}{(q)_{y_i}} \prod_{i=1}^{n} \frac{1 - a\dfrac{z_i}{z_n}q^{y_i+|\boldsymbol{y}|}}{1 - a\dfrac{z_i}{z_n}} \prod_{1\leqslant r<s\leqslant n} \frac{1 - \dfrac{z_r}{z_s}q^{y_r-y_s}}{1 - \dfrac{z_r}{z_s}}$$

$$\times \prod_{1\leqslant r<s\leqslant n} \frac{\left(a_{s,s}\dfrac{z_r}{z_s}\right)_{y_r} \left(a_{r,r}\dfrac{z_s}{z_r}\right)_{y_s}}{\left(q\dfrac{z_r}{z_s}\right)_{y_r} \left(q\dfrac{z_s}{z_r}\right)_{y_s}} \prod_{i=1}^{n} \frac{(a_{i,i})_{y_i}(a_{i,i})^{-|\boldsymbol{y}|}\left(\dfrac{aqz_i}{bz_n}\right)^{y_i}}{\left(aq^{1+m}\dfrac{z_i}{z_n}\right)_{y_i} \left(aq\dfrac{z_i}{z_n a_{i,i}}\right)_{|\boldsymbol{y}|} \left(aq\dfrac{z_i}{bz_n}\right)_{y_i}}$$

$$\times \left(q^{-m}\right)_{|\boldsymbol{y}|} (b)_{|\boldsymbol{y}|} q^{m|\boldsymbol{y}|+y_2+\cdots+(n-1)y_n-e_2(y_1,\cdots,y_n)}. \tag{3.2.8}$$

再取 $a_{i,i}=c_i$, $z_i \to x_i z_n$, $m \to N$, 利用 (1.4.17) 和 (1.4), 可得结果. □

定理 3.2.4[30, 定理 2.11] (可终止型非常均衡 $_6\phi_5$ 求和公式的第四个 $U(n+1)$ 拓广) 令 $N_i(i=1,\cdots,n)$ 为非负整数, 则

$$\sum_{\substack{0\leqslant y_i\leqslant N_i \\ i=1,\cdots,n}} \prod_{1\leqslant r<s\leqslant n} \frac{x_r q^{y_r} - x_s q^{y_s}}{x_r - x_s} \prod_{i=1}^{n} \frac{1 - ax_i q^{y_i+|\boldsymbol{y}|}}{1 - ax_i}$$

$$\times \prod_{i=1}^{n} \frac{(ax_i)_{|\boldsymbol{y}|}}{(ax_i q^{N_i+1})_{|\boldsymbol{y}|}(ax_i q/b)_{y_i}(ax_i q/c)_{y_i}}$$

$$\times \prod_{r,s=1}^{n} \frac{(q^{-N_s}x_r/x_s)_{y_r}}{(qx_r/x_s)_{y_r}} \cdot (b)_{|\boldsymbol{y}|}(c)_{|\boldsymbol{y}|} \left(\frac{aq^{|\boldsymbol{N}|+1}}{bc}\right)^{|\boldsymbol{y}|} q^{-e_2(y_1,\cdots,y_n)} \prod_{i=1}^{n} x_i^{y_i}$$

$$= \prod_{i=1}^{n} \frac{(aqx_i)_{N_i}(aqx_i/bc)_{N_i}}{(aqx_i/b)_{N_i}(aqx_i/c)_{N_i}}. \tag{3.2.9}$$

证明　在定理 3.2.3 中, 取 $c_i = q^{-N_i}$, $i = 1, \cdots, n$, 则有

$$\sum_{\substack{0\leqslant y_i\leqslant N_i \\ i=1,\cdots,n}} \prod_{1\leqslant r<s\leqslant n} \frac{x_r q^{y_r} - x_s q^{y_s}}{x_r - x_s} \prod_{i=1}^{n} \frac{1 - ax_i q^{y_i+|\boldsymbol{y}|}}{1 - ax_i}$$

$$\times \prod_{i=1}^{n} \frac{(ax_i)_{|\boldsymbol{y}|}}{(ax_i q^{1+N})_{y_i}(ax_i q/b)_{y_i}(ax_i q^{1+N_i})_{|\boldsymbol{y}|}}$$

$$\times \prod_{r,s=1}^{n} \frac{(q^{-N_s}x_r/x_s)_{y_r}}{(qx_r/x_s)_{y_r}} \cdot (q^{-N})_{|\boldsymbol{y}|}(b)_{|\boldsymbol{y}|} \left(\frac{aq^{1+N+N_1+\cdots+N_n}}{b}\right)^{|\boldsymbol{y}|} q^{-e_2(y_1,\cdots,y_n)} \prod_{i=1}^{n} x_i^{y_i}$$

$$= \prod_{i=1}^{n} \frac{(aqx_i)_N(aq^{1+N_i}x_i/b)_N}{(aqx_i/b)_N(aq^{1+N_i}x_i)_N}$$

$$= \prod_{i=1}^{n} \frac{(aqx_i)_{N_i}(aq^{1+N}x_i/b)_{N_i}}{(aqx_i/b)_{N_i}(aq^{1+N}x_i)_{N_i}}. \tag{3.2.10}$$

由上式知, (3.2.9) 式对 $c = q^{-N}$ 成立, 这里 N 为任何非负整数, 因此, (3.2.9) 式是一个关于 c^{-1} 的多项式恒等式, 它的次数是 $\{N_1, \cdots, N_n\}$ 的有限函数, 故定理在一般情形下成立. $\qquad\square$

对于可终止型 $U(n+1)$ $_6\phi_5$ 求和还有下面两个结果:

定理 3.2.5 [30, 定理 2.14] (可终止型非常均衡 $_6\phi_5$ 求和公式的第五个 $U(n+1)$ 拓广) 令 $N_i(i = 1, \cdots, n)$ 为非负整数, 则

$$\frac{1}{(aq/b)_{|\boldsymbol{N}|}(aq/c)_{|\boldsymbol{N}|}} \prod_{i=1}^{n} (aqx_i)_{N_i}(aq^{1+|\boldsymbol{N}|-N_i}/bcx_i)_{N_i}$$

$$= \sum_{\substack{0 \leqslant y_i \leqslant N_i \\ i=1,\cdots,n}} \prod_{1 \leqslant r < s \leqslant n} \frac{x_r q^{y_r} - x_s q^{y_s}}{x_r - x_s} \prod_{i=1}^{n} \frac{1 - ax_i q^{y_i+|\boldsymbol{y}|}}{1 - ax_i} \prod_{i=1}^{n} \frac{(ax_i)_{|\boldsymbol{y}|}(bx_i)_{y_i}(cx_i)_{y_i}}{(ax_i q^{N_i+1})_{|\boldsymbol{y}|}}$$

$$\times \prod_{r,s=1}^{n} \frac{(q^{-N_s}x_r/x_s)_{y_r}}{(qx_r/x_s)_{y_r}} \frac{1}{(aq/b)_{|\boldsymbol{y}|}(aq/c)_{|\boldsymbol{y}|}} \left(\frac{aq^{|\boldsymbol{N}|+1}}{bc}\right)^{|\boldsymbol{y}|} q^{e_2(y_1,\cdots,y_n)} \prod_{i=1}^{n} x_i^{-y_i}. \tag{3.2.11}$$

定理 3.2.6 [50, 定理 3.6] (Bhatnagar, 可终止型非常均衡 $_6\phi_5$ 的第六个 $U(n+1)$ 拓广) 令 $N_i(i = 1, \cdots, n)$ 为非负整数, 则

$$\sum_{\substack{0 \leqslant k_i \leqslant N_i \\ i=1,\cdots,n}} \prod_{1 \leqslant i < j < n} \frac{x_i q^{k_i} - x_j q^{k_j}}{x_i - x_j} \prod_{i,j=1}^{n} \frac{(q^{-N_j}x_i/x_j)_{k_i}}{(qx_i/x_j)_{k_i}} \prod_{i=1}^{n} \frac{(c/x_i)_{|\boldsymbol{k}|} x_i^{k_i}}{(ax_i q/c)_{k_i}(c/x_i)_{|\boldsymbol{k}|-k_i}}$$

$$\times \frac{(1 - aq^{2|\boldsymbol{k}|})}{(1 - a)} \frac{(a,b)_{|\boldsymbol{k}|}}{(aq^{1+|\boldsymbol{N}|}, aq/b)_{|\boldsymbol{k}|}} \left(\frac{aq^{1+|\boldsymbol{N}|}}{bc}\right)^{|\boldsymbol{k}|} q^{-e_2(\boldsymbol{k})}$$

$$= \frac{(aq)_{|\boldsymbol{N}|}}{(aq/b)_{|\boldsymbol{N}|}} \prod_{i=1}^{n} \frac{(ax_i q/bc)_{N_i}}{(ax_i q/c)_{N_i}}. \tag{3.2.12}$$

3.3 可终止型 $U(n+1)$ $_3\phi_2$ 求和公式

在单变量基本超几何级数中, $_3\phi_2$ 与 $_6\phi_5$ 求和公式在 Carlitz 反演 [51] 下成为互反关系, 见文献 [7]. 本节利用此思想, 考虑多变量基本超几何级数情形.

定理 3.3.1 [30, 定理 3.3](Milne $U(n+1)$ 正交关系) 设

$$
F(\boldsymbol{i}, \boldsymbol{j}; A_n) = \prod_{r,s=1}^{n} \frac{1}{(q^{1+j_r-j_s}x_r/x_s)_{i_r-j_r}} \prod_{k=1}^{n} \frac{1}{(aqx_k)_{i_k+|\boldsymbol{j}|}}
$$

$$
= (-1)^{|\boldsymbol{j}|} q^{-\binom{|\boldsymbol{j}|}{2}+|\boldsymbol{i}||\boldsymbol{j}|} \prod_{1\leqslant r<s\leqslant n} \frac{x_r q^{j_r} - x_s q^{j_s}}{x_r - x_s}
$$

$$
\times \prod_{r,s=1}^{n} \frac{(q^{-i_s}x_r/x_s)_{j_r}}{(qx_r/x_s)_{i_r}} \prod_{k=1}^{n} \frac{1}{(aqx_k)_{i_k+|\boldsymbol{j}|}}, \tag{3.3.1}
$$

$$
G(\boldsymbol{i}, \boldsymbol{j}; A_n) = \prod_{k=1}^{n} (1 - ax_k q^{i_k+|\boldsymbol{i}|}) \prod_{k=1}^{n} (aqx_k)_{j_k+|\boldsymbol{i}|-1} \prod_{r,s=1}^{n} \frac{1}{(q^{1+j_r-j_s}x_r/x_s)_{i_r-j_r}}
$$

$$
\times (-1)^{|\boldsymbol{i}|-|\boldsymbol{j}|} q^{\binom{|\boldsymbol{i}|-|\boldsymbol{j}|}{2}}, \tag{3.3.2}
$$

则

$$
\sum_{\substack{j_k\leqslant y_k\leqslant i_k \\ k=1,2,\cdots,n}} F(\boldsymbol{i}, \boldsymbol{y}; A_n) G(\boldsymbol{y}, \boldsymbol{j}; A_n) = \prod_{k=1}^{n} \delta(i_k, j_k), \tag{3.3.3}
$$

这里 $\delta(r,s) = 1$, 若 $r = s$; 其他为零.

证明 由于

$$
\sum_{\substack{j_k\leqslant y_k\leqslant i_k \\ k=1,2,\cdots,n}} F(\boldsymbol{i}, \boldsymbol{y}; A_n) G(\boldsymbol{y}, \boldsymbol{j}; A_n)
$$

$$
= \sum_{\substack{j_k\leqslant y_k\leqslant i_k \\ k=1,2,\cdots,n}} \prod_{r,s=1}^{n} \frac{1}{(q^{1+y_r-y_s}x_r/x_s)_{i_r-y_r}} \prod_{k=1}^{n} \frac{1}{(aqx_k)_{i_k+|\boldsymbol{y}|}}
$$

$$
\times \prod_{k=1}^{n} (1 - ax_k q^{y_k+|\boldsymbol{y}|}) \prod_{k=1}^{n} (aqx_k)_{j_k+|\boldsymbol{y}|-1}
$$

$$
\times \prod_{r,s=1}^{n} \frac{1}{(q^{1+j_r-j_s}x_r/x_s)_{y_r-j_r}} (-1)^{|\boldsymbol{y}|-|\boldsymbol{j}|} q^{\binom{|\boldsymbol{y}|-|\boldsymbol{j}|}{2}}
$$

$$= \sum_{\substack{0 \leqslant y_k \leqslant i_k - j_k \\ k=1,2,\cdots,n}} \prod_{r,s=1}^{n} \frac{1}{(q^{1+y_r-y_s+j_r-j_s} x_r/x_s)_{i_r-j_r-y_r}} \prod_{k=1}^{n} \frac{1}{(aqx_k)_{i_k+|\boldsymbol{y}|+|\boldsymbol{j}|}}$$

$$\times \prod_{k=1}^{n} (1 - ax_k q^{y_k+j_k+|\boldsymbol{y}|+|\boldsymbol{j}|})$$

$$\times \prod_{k=1}^{n} (aqx_k)_{j_k+|\boldsymbol{y}|+|\boldsymbol{j}|-1} \prod_{r,s=1}^{n} \frac{1}{(q^{1+j_r-j_s} x_r/x_s)_{y_r}} (-1)^{|\boldsymbol{y}|} q^{\binom{|\boldsymbol{y}|}{2}},$$

利用式 (1.4.11):

$$\prod_{r,s=1}^{n} \frac{1}{\left(q \dfrac{x_r}{x_s} q^{j_r-j_s} q^{y_r-y_s} \right)_{i_r-j_r-y_r}}$$

$$= \prod_{r,s=1}^{n} \frac{\left(\dfrac{x_r}{x_s} q^{j_r-i_s} \right)_{y_r}}{\left(q \dfrac{x_r}{x_s} q^{j_r-j_s} \right)_{i_r-j_r}} \prod_{1 \leqslant r < s \leqslant n} \frac{x_r q^{y_r+j_r} - x_s q^{y_s+j_s}}{x_r q^{j_r} - x_s q^{j_s}}$$

$$\times q^{(|\boldsymbol{i}|-|\boldsymbol{j}|)|\boldsymbol{y}|} (-1)^{|\boldsymbol{y}|} q^{-\binom{|\boldsymbol{y}|}{2}}$$

和 (1.1.3), 有

$$\prod_{k=1}^{n} \frac{1}{(aqx_k)_{i_k+|\boldsymbol{y}|+|\boldsymbol{j}|}} = \prod_{k=1}^{n} \frac{1}{(aqx_k)_{i_k+|\boldsymbol{j}|} (ax_k q^{1+i_k+|\boldsymbol{j}|})_{|\boldsymbol{y}|}},$$

$$\prod_{k=1}^{n} (aqx_k)_{j_k+|\boldsymbol{y}|+|\boldsymbol{j}|-1} = \prod_{k=1}^{n} \frac{(aqx_k)_{j_k+|\boldsymbol{j}|} (ax_k q^{j_k+|\boldsymbol{j}|})_{|\boldsymbol{y}|}}{1 - ax_k q^{j_k+|\boldsymbol{j}|}},$$

因此

$$\sum_{\substack{j_k \leqslant y_k \leqslant i_k \\ k=1,2,\cdots,n}} F(\boldsymbol{i}, \boldsymbol{y}; A_n) G(\boldsymbol{y}, \boldsymbol{j}; A_n)$$

$$= \sum_{\substack{0 \leqslant y_k \leqslant i_k - j_k \\ k=1,2,\cdots,n}} \prod_{r,s=1}^{n} \frac{\left(\dfrac{x_r}{x_s} q^{j_r-i_s} \right)_{y_r}}{\left(q \dfrac{x_r}{x_s} q^{j_r-j_s} \right)_{i_r-j_r}}$$

$$\times \prod_{1\leqslant r<s\leqslant n} \frac{x_r q^{y_r+j_r} - x_s q^{y_s+j_s}}{x_r q^{j_r} - x_s q^{j_s}} q^{(|\boldsymbol{i}|-|\boldsymbol{j}|)|\boldsymbol{y}|}(-1)^{|\boldsymbol{y}|}q^{-\binom{|\boldsymbol{y}|}{2}}$$

$$\times \prod_{k=1}^{n} \frac{1}{(aqx_k)_{i_k+|\boldsymbol{j}|}(ax_k q^{1+i_k+|\boldsymbol{j}|})_{|\boldsymbol{y}|}} \prod_{k=1}^{n}(1-ax_k q^{y_k+j_k+|\boldsymbol{y}|+|\boldsymbol{j}|})$$

$$\times \prod_{k=1}^{n} \frac{(aqx_k)_{j_k+|\boldsymbol{j}|}(ax_k q^{j_k+|\boldsymbol{j}|})_{|\boldsymbol{y}|}}{1-ax_k q^{j_k+|\boldsymbol{j}|}} \prod_{r,s=1}^{n} \frac{1}{(q^{1+j_r-j_s}x_r/x_s)_{y_r}}(-1)^{|\boldsymbol{y}|}q^{\binom{|\boldsymbol{y}|}{2}}$$

$$= \prod_{r,s=1}^{n} \frac{1}{\left(q\dfrac{x_r}{x_s}q^{j_r-j_s}\right)_{i_r-j_r}} \prod_{k=1}^{n} \frac{(aqx_k)_{j_k+|\boldsymbol{j}|}}{(aqx_k)_{i_k+|\boldsymbol{j}|}}$$

$$\times \sum_{\substack{0\leqslant y_k\leqslant i_k-j_k \\ k=1,2,\cdots,n}} \prod_{1\leqslant r<s\leqslant n} \frac{x_r q^{y_r+j_r} - x_s q^{y_s+j_s}}{x_r q^{j_r} - x_s q^{j_s}} \prod_{k=1}^{n} \frac{(1-ax_k q^{y_k+j_k+|\boldsymbol{y}|+|\boldsymbol{j}|})}{(1-ax_k q^{j_k+|\boldsymbol{j}|})}$$

$$\times \prod_{r,s=1}^{n} \frac{\left(\dfrac{x_r}{x_s}q^{j_r-i_s}\right)_{y_r}}{(q^{1+j_r-j_s}x_r/x_s)_{y_r}} \prod_{k=1}^{n} \frac{(ax_k q^{j_k+|\boldsymbol{j}|})_{|\boldsymbol{y}|}}{(ax_k q^{1+i_k+|\boldsymbol{j}|})_{|\boldsymbol{y}|}}q^{(|\boldsymbol{i}|-|\boldsymbol{j}|)|\boldsymbol{y}|}.$$

在定理 3.2.2 中, 取 $b = aq/c$, 然后设 $N_k \to i_k - j_k$, $k = 1,2,\cdots,n$, $x_r \to x_r q^{j_r}$ 和 $a \to aq^{j_k+|\boldsymbol{j}|}$, 则得到

$$\sum_{\substack{j_k\leqslant y_k\leqslant i_k \\ k=1,2,\cdots,n}} F(\boldsymbol{i},\boldsymbol{y};A_n)G(\boldsymbol{y},\boldsymbol{j};A_n)$$

$$= \frac{(1)_{|\boldsymbol{i}|-|\boldsymbol{j}|}}{(c)_{|\boldsymbol{i}|-|\boldsymbol{j}|}} \prod_{k=1}^{n} \frac{(ax_k q^{1+j_k+|\boldsymbol{j}|})_{i_k-j_k}}{(ax_k q^{1+j_k+|\boldsymbol{j}|}/c)_{i_k-j_k}} \prod_{r,s=1}^{n} \frac{1}{\left(q\dfrac{x_r}{x_s}q^{j_r-j_s}\right)_{i_r-j_r}} \prod_{k=1}^{n} \frac{(aqx_k)_{j_k+|\boldsymbol{j}|}}{(aqx_k)_{i_k+|\boldsymbol{j}|}}.$$

由于对 $k = 1,2,\cdots,n$, 有 $i_k - j_k \geqslant 0$, 显然, 对任何 k, 若 $i_k - j_k > 0$, 则

$$\sum_{\substack{j_k\leqslant y_k\leqslant i_k \\ k=1,2,\cdots,n}} F(\boldsymbol{i},\boldsymbol{y};A_n)G(\boldsymbol{y},\boldsymbol{j};A_n) = 0.$$

若对所有 k, $i_k - j_k = 0$, 则

$$\sum_{\substack{j_k\leqslant y_k\leqslant i_k \\ k=1,2,\cdots,n}} F(\boldsymbol{i},\boldsymbol{y};A_n)G(\boldsymbol{y},\boldsymbol{j};A_n) = 1.$$

故结论得证.　　　　　　　　　　　　　　　　　　　　　　　□

注 3.3.1 上述引理的 $U(n+1)$ 正交关系由 Milne[30] 所发现. Milne 的此矩阵反演是从它的非常均衡的 $U(n+1)$ $_6\phi_5$ 求和定理直接求导得出的. 另一个来自文献 [52] 的不同方法, 可以被发现在文献 [50] 里.

由定理 3.3.1, 可得

定理 3.3.2 [30]($U(n+1)$ Milne 反演公式)　设 A_N, B_N 为两个 n 重序列, 下述反演关系成立:

$$B_N = \sum_{0 \leqslant y \leqslant N} F(N, y; A_n) A_y, \tag{3.3.4}$$

$$A_N = \sum_{0 \leqslant y \leqslant N} G(N, y; A_n) B_y, \tag{3.3.5}$$

这里 $F(N, y; A_n)$ 与 $G(N, y; A_n)$ 分别定义在 (3.3.1) 和 (3.3.2), 即

$$F(N, y; A_n) = \prod_{r,s=1}^{n} \frac{1}{(q^{1+y_r-y_s} x_r/x_s)_{N_r-y_r}} \prod_{k=1}^{n} \frac{1}{(aqx_k)_{N_k+|y|}}, \tag{3.3.6}$$

$$G(N, y; A_n) = \prod_{k=1}^{n} (1 - ax_k q^{N_k+|N|}) \prod_{k=1}^{n} (aqx_k)_{y_k+|N|-1} \prod_{r,s=1}^{n} \frac{1}{(q^{1+y_r-y_s} x_r/x_s)_{N_r-y_r}}$$

$$\times (-1)^{|N|-|y|} q^{\binom{|N|-|y|}{2}}. \tag{3.3.7}$$

利用上述反演公式, 可以得到下列可终止型 $U(n+1)$ $_3\phi_2$ 求和公式的第一个 $U(n+1)$ 拓广:

定理 3.3.3 [30, 定理 4.1], [49, 定理 4.1] (可终止型 $_3\phi_2$ 求和公式的第一个 $U(n+1)$ 拓广)　令 $N_i (i = 1, \cdots, n)$ 为非负整数, 则

$$\frac{(c/a)_{|N|}}{(c/ab)_{|N|}} \prod_{i=1}^{n} \frac{(cx_i/b)_{N_i}}{(cx_i)_{N_i}}$$

$$= \sum_{\substack{0 \leqslant y_i \leqslant N_i \\ i=1,\cdots,n}} \frac{(b)_{|y|}}{(abq^{1-|N|}/c)_{|y|}} q^{|y|} \prod_{1 \leqslant r < s \leqslant n} \frac{x_r q^{y_r} - x_s q^{y_s}}{x_r - x_s}$$

$$\times \prod_{r,s=1}^{n} \frac{(q^{-N_s} x_r/x_s)_{y_r}}{(qx_r/x_s)_{y_r}} \prod_{i=1}^{n} \frac{(ax_i)_{y_i}}{(cx_i)_{y_i}}. \tag{3.3.8}$$

证明　在定理 3.2.2 的两边同乘

$$\prod_{r,s=1}^{n} \frac{1}{(qx_r/x_s)_{N_r}} \prod_{k=1}^{n} \frac{1}{(aqx_k)_{N_k}}, \tag{3.3.9}$$

即

$$\prod_{r,s=1}^{n} \frac{1}{(qx_r/x_s)_{N_r}} \prod_{k=1}^{n} \frac{1}{(aqx_k)_{N_k}} \sum_{\substack{0 \leqslant y_i \leqslant N_i \\ i=1,\cdots,n}} \prod_{1 \leqslant r < s \leqslant n} \frac{x_r q^{y_r} - x_s q^{y_s}}{x_r - x_s} \prod_{i=1}^{n} \frac{1 - ax_i q^{y_i + |\boldsymbol{y}|}}{1 - ax_i}$$

$$\times \prod_{i=1}^{n} \frac{(ax_i)_{|\boldsymbol{y}|}(x_i b)_{y_i}}{(ax_i q^{N_i+1})_{|\boldsymbol{y}|}(x_i aq/c)_{y_i}} \prod_{r,s=1}^{n} \frac{(q^{-N_s} x_r/x_s)_{y_r}}{(qx_r/x_s)_{y_r}} \cdot \frac{(c)_{|\boldsymbol{y}|}}{(aq/b)_{|\boldsymbol{y}|}} \left(\frac{aq^{1+|\boldsymbol{N}|}}{bc} \right)^{|\boldsymbol{y}|}$$

$$= \frac{(aq/bc)_{|\boldsymbol{N}|}}{(aq/b)_{|\boldsymbol{N}|}} \prod_{i=1}^{n} \frac{(aqx_i)_{N_i}}{(aqx_i/c)_{N_i}} \prod_{r,s=1}^{n} \frac{1}{(qx_r/x_s)_{N_r}} \prod_{k=1}^{n} \frac{1}{(aqx_k)_{N_k}}.$$

故

$$\sum_{\substack{0 \leqslant y_i \leqslant N_i \\ i=1,\cdots,n}} \prod_{1 \leqslant r < s \leqslant n} \frac{x_r q^{y_r} - x_s q^{y_s}}{x_r - x_s} \prod_{i=1}^{n} \frac{1 - ax_i q^{y_i + |\boldsymbol{y}|}}{1 - ax_i} \prod_{i=1}^{n} \frac{(ax_i)_{|\boldsymbol{y}|}(x_i b)_{y_i}}{(ax_i q^{N_i+1})_{|\boldsymbol{y}|+N_i}(x_i aq/c)_{y_i}}$$

$$\times \prod_{r,s=1}^{n} \frac{(q^{-N_s} x_r/x_s)_{y_r}}{(qx_r/x_s)_{N_r}} \prod_{r,s=1}^{n} \frac{1}{(qx_r/x_s)_{y_r}} \cdot \frac{(c)_{|\boldsymbol{y}|}}{(aq/b)_{|\boldsymbol{y}|}} \left(\frac{aq^{1+|\boldsymbol{N}|}}{bc} \right)^{|\boldsymbol{y}|}$$

$$= \frac{(aq/bc)_{|\boldsymbol{N}|}}{(aq/b)_{|\boldsymbol{N}|}} \prod_{i=1}^{n} \frac{1}{(aqx_i/c)_{N_i}} \prod_{r,s=1}^{n} \frac{1}{(qx_r/x_s)_{N_r}}.$$

因此, 由 (3.3.4) 知

$$B_{\boldsymbol{N}} = \frac{(aq/bc)_{|\boldsymbol{N}|}}{(aq/b)_{|\boldsymbol{N}|}} \prod_{i=1}^{n} \frac{1}{(aqx_i/c)_{N_i}} \prod_{r,s=1}^{n} \frac{1}{(qx_r/x_s)_{N_r}} \tag{3.3.10}$$

和

$$A_{\boldsymbol{y}} = \frac{(c)_{|\boldsymbol{y}|}}{(aq/b)_{|\boldsymbol{y}|}} (-1)^{|\boldsymbol{y}|} q^{\binom{|\boldsymbol{y}|}{2}} \left(\frac{aq}{bc} \right)^{|\boldsymbol{y}|} \prod_{i=1}^{n} \frac{1 - ax_i q^{y_i + |\boldsymbol{y}|}}{1 - ax_i}$$

$$\times \prod_{i=1}^{n} \frac{(ax_i)_{|\boldsymbol{y}|}(x_i b)_{y_i}}{(x_i aq/c)_{y_i}} \prod_{r,s=1}^{n} \frac{1}{(qx_r/x_s)_{y_r}}, \tag{3.3.11}$$

代入其反演公式 (3.3.5) (定理 3.3.2), 得到

$$\prod_{i=1}^{n} \frac{1 - ax_i q^{N_i + |\boldsymbol{N}|}}{1 - ax_i} \prod_{i=1}^{n} \frac{(ax_i)_{|\boldsymbol{N}|}(x_i b)_{N_i}}{(x_i aq/c)_{N_i}}$$

$$\times \prod_{r,s=1}^{n} \frac{1}{(qx_r/x_s)_{N_r}} \frac{(c)_{|\boldsymbol{N}|}}{(aq/b)_{|\boldsymbol{N}|}} (-1)^{|\boldsymbol{N}|} q^{\binom{|\boldsymbol{N}|}{2}} \left(\frac{aq}{bc}\right)^{|\boldsymbol{N}|}$$

$$= \sum_{\substack{0 \leqslant y_i \leqslant N_i \\ i=1,\cdots,n}} \prod_{k=1}^{n} (1 - ax_k q^{N_k+|\boldsymbol{N}|}) \prod_{k=1}^{n} (aqx_k)_{y_k+|\boldsymbol{N}|-1} \prod_{r,s=1}^{n} \frac{1}{(q^{1+y_r-y_s}x_r/x_s)_{N_r-y_r}}$$

$$\times (-1)^{|\boldsymbol{N}|-|\boldsymbol{y}|} q^{\binom{|\boldsymbol{N}|-|\boldsymbol{y}|}{2}} \frac{(aq/bc)_{|\boldsymbol{y}|}}{(aq/b)_{|\boldsymbol{y}|}} \prod_{i=1}^{n} \frac{1}{(aqx_i/c)_{y_i}} \prod_{r,s=1}^{n} \frac{1}{(qx_r/x_s)_{y_r}}. \qquad (3.3.12)$$

利用式 (1.4.19):

$$\prod_{r,s=1}^{n} \frac{1}{(q^{1+y_r-y_s}x_r/x_s)_{N_r-y_r}}$$

$$= \frac{x_r q^{y_r} - x_s q^{y_s}}{x_r - x_s} \prod_{r,s=1}^{n} \frac{(q^{-N_s}x_r/x_s)_{y_r}}{(qx_r/x_s)_{N_r}} (-1)^{|\boldsymbol{y}|} q^{-\binom{|\boldsymbol{y}|}{2}+|\boldsymbol{N}||\boldsymbol{y}|}$$

和式 (1.4.26)

$$q^{\binom{|\boldsymbol{N}|-|\boldsymbol{y}|}{2}} = q^{\binom{|\boldsymbol{N}|}{2}+\binom{|\boldsymbol{y}|}{2}+|\boldsymbol{y}|-|\boldsymbol{N}||\boldsymbol{y}|},$$

以及由 (1.1.3) 得到的

$$\prod_{k=1}^{n} (aqx_k)_{y_k+|\boldsymbol{N}|-1} = \prod_{k=1}^{n} \frac{(ax_k)_{|\boldsymbol{N}|}(ax_k q^{|\boldsymbol{N}|})_{y_k}}{1 - ax_k},$$

(3.3.12) 可以化简为

$$\left(\frac{aq}{bc}\right)^{|\boldsymbol{N}|} \frac{(c)_{|\boldsymbol{N}|}}{(aq/b)_{|\boldsymbol{N}|}} \prod_{i=1}^{n} \frac{(bx_i)_{N_i}}{(aqx_i/c)_{N_i}}$$

$$= \sum_{y_1,\cdots,y_n \geqslant 0} \frac{x_r q^{y_r} - x_s q^{y_s}}{x_r - x_s} \prod_{r,s=1}^{n} \frac{(q^{-N_s}x_r/x_s)_{y_r}}{(qx_r/x_s)_{y_r}} \prod_{k=1}^{n} \frac{(ax_k q^{|\boldsymbol{N}|})_{y_k}}{(aqx_k/c)_{y_k}} \times \frac{(aq/bc)_{|\boldsymbol{y}|}}{(aq/b)_{|\boldsymbol{y}|}} q^{|\boldsymbol{y}|}. \qquad (3.3.13)$$

应用 (1.1.16):

$$(a)_n = (-a)^n q^{\binom{n}{2}} (q^{1-n}/a)_n$$

处理 (3.3.13) 的左边, 可得

$$\left(\frac{aq}{bc}\right)^{|\boldsymbol{N}|} \frac{(c)_{|\boldsymbol{N}|}}{(aq/b)_{|\boldsymbol{N}|}} = \frac{(q^{1-|\boldsymbol{N}|}/c)_{|\boldsymbol{N}|}}{(q^{1-|\boldsymbol{N}|}b/aq)_{|\boldsymbol{N}|}}. \qquad (3.3.14)$$

故

$$\frac{(q^{1-|\boldsymbol{N}|}/c)_{|\boldsymbol{N}|}}{(q^{1-|\boldsymbol{N}|}b/aq)_{|\boldsymbol{N}|}} \prod_{i=1}^{n} \frac{(bx_i)_{N_i}}{(aqx_i/c)_{N_i}}$$

$$= \sum_{\substack{0 \leqslant y_i \leqslant N_i \\ i=1,\cdots,n}} \frac{x_r q^{y_r} - x_s q^{y_s}}{x_r - x_s} \prod_{r,s=1}^{n} \frac{(q^{-N_s} x_r/x_s)_{y_r}}{(qx_r/x_s)_{y_r}} \prod_{k=1}^{n} \frac{(ax_k q^{|\boldsymbol{N}|})_{y_k}}{(aqx_k/c)_{y_k}} \times \frac{(aq/bc)_{|\boldsymbol{y}|}}{(aq/b)_{|\boldsymbol{y}|}} q^{|\boldsymbol{y}|}.$$

$$(3.3.15)$$

在上式作替换

$$a \to aq^{-|\boldsymbol{N}|},$$
$$c \to \frac{aq}{c} q^{-|\boldsymbol{N}|},$$
$$b \to \frac{c}{b},$$

可得结果. □

定理 3.3.4 [30, 定理 4.15] (可终止型 $_3\phi_2$ 求和公式的第二个 $U(n+1)$ 拓广) 设 N 为一个非负整数, 则

$$\frac{(c/b)_N}{(c/a_1 \cdots a_n b)_N} \prod_{i=1}^{n} \frac{(cx_i/a_i)_N}{(cx_i)_N}$$

$$= \sum_{\substack{y_1,\cdots,y_n \geqslant 0 \\ 0 \leqslant |\boldsymbol{y}| \leqslant N}} \frac{(q^{-N})_{|\boldsymbol{y}|}}{(a_1 \cdots a_n b q^{1-N}/c)_{|\boldsymbol{y}|}} q^{|\boldsymbol{y}|} \prod_{1 \leqslant r < s \leqslant n} \frac{x_r q^{y_r} - x_s q^{y_s}}{x_r - x_s}$$

$$\times \prod_{r,s=1}^{n} \frac{(a_s x_r/x_s)_{y_r}}{(qx_r/x_s)_{y_r}} \prod_{i=1}^{n} \frac{(bx_i)_{y_i}}{(cx_i)_{y_i}}. \qquad (3.3.16)$$

证明 在定理 3.3.3 中, 取 $b = q^{-N}$ 和 $a = b$, 然后应用 $(A)_m = \frac{(A)_\infty}{(aq^m)_\infty}$, 重写式子的左边为

$$\frac{(c/b)_N}{(cq^{|\boldsymbol{N}|}/b)_N} \prod_{i=1}^{n} \frac{(cq^{N_i} x_i)_N}{(cx_i)_N}, \qquad (3.3.17)$$

故知 (3.3.16) 式对 $a_i = q^{-N_i}$ 成立, 这里 N_i $(i = 1, 2, \cdots, n)$ 为任何非负整数. 因此 (3.3.16) 为关于每个 $1/a_i$ 的多项式恒等式, 它是次数为 N 的有限函数, 依次考虑每个 $1/a_i$ 和给定的 $N_{i+1}, \cdots, N_n$, 则得定理对于一般情况成立. □

注3.3.2 此定理的证明与定理 3.2.2 的证明说明定理 3.3.3 与定理 3.3.4 等价. 采用定理 3.3.3 的证明方法, 可以得到定理 3.2.4 的下述反演结果.

定理 3.3.5 [30, 定理 4.18](可终止型 $_3\phi_2$ 求和公式的第三个 $U(n+1)$ 拓广) 令 $N_i(i=1,\cdots,n)$ 为非负整数, 则

$$(c/a)_{|\boldsymbol{N}|}(c/b)_{|\boldsymbol{N}|} \prod_{i=1}^{n} \frac{1}{(cx_i)_{N_i}(cq^{|\boldsymbol{N}|-N_i}/abx_i)_{N_i}}$$

$$= \sum_{\substack{0\leqslant y_i\leqslant N_i \\ i=1,\cdots,n}} q^{|\boldsymbol{y}|} \prod_{1\leqslant r<s\leqslant n} \frac{x_r q^{y_r}-x_s q^{y_s}}{x_r-x_s} \prod_{r,s=1}^{n} \frac{(q^{-N_s}x_r/x_s)_{y_r}}{(qx_r/x_s)_{y_r}}$$

$$\times \prod_{i=1}^{n} \frac{(ax_i)_{y_i}}{(cx_i)_{y_i}} \prod_{i=1}^{n} \frac{(bx_i)_{y_i}}{(abx_iq^{1-|\boldsymbol{N}|}/c)_{y_i}}. \tag{3.3.18}$$

证明 重写定理 3.2.4 为

$$\sum_{\substack{0\leqslant y_i\leqslant N_i \\ i=1,\cdots,n}} (-1)^{|\boldsymbol{y}|} q^{|\boldsymbol{N}||\boldsymbol{y}|-\binom{|\boldsymbol{y}|}{2}} \prod_{1\leqslant r<s\leqslant n} \frac{x_r q^{y_r}-x_s q^{y_s}}{x_r-x_s}$$

$$\times \prod_{r,s=1}^{n} \frac{(q^{-N_s}x_r/x_s)_{y_r}}{(qx_r/x_s)_{N_r}} \prod_{i=1}^{n} \frac{1}{(aqx_i)_{N_i+|\boldsymbol{y}|}}$$

$$\times (-1)^{|\boldsymbol{y}|} q^{\binom{|\boldsymbol{y}|}{2}-|\boldsymbol{N}||\boldsymbol{y}|} \prod_{r,s=1}^{n} \frac{(qx_r/x_s)_{N_r}}{(qx_r/x_s)_{y_r}} \prod_{i=1}^{n} \frac{1-ax_iq^{y_i+|\boldsymbol{y}|}}{1-ax_i} \prod_{i=1}^{n} \frac{(ax_i)_{|\boldsymbol{y}|}(aqx_i)_{N_i+|\boldsymbol{y}|}}{(ax_iq^{1+N_i})_{|\boldsymbol{y}|}}$$

$$\times (b)_{|\boldsymbol{y}|}(c)_{|\boldsymbol{y}|} \prod_{i=1}^{n} \frac{1}{(aqx_i/b)_{y_i}(aqx_i/c)_{y_i}} \left(\frac{aq^{1+|\boldsymbol{N}|}}{bc}\right)^{|\boldsymbol{y}|} q^{e_2(y_1,\cdots,y_n)} \prod_{i=1}^{n} x_i^{y_i}$$

$$= \prod_{i=1}^{n} \frac{(aqx_i)_{N_i}(aqx_i/bc)_{N_i}}{(aqx_i/b)_{N_i}(aqx_i/c)_{N_i}}. \tag{3.3.19}$$

联系(3.3.4), 可以得到

$$A_{\boldsymbol{y}} = (-1)^{|\boldsymbol{y}|} q^{\binom{|\boldsymbol{y}|}{2}} \prod_{r,s=1}^{n} \frac{1}{(qx_r/x_s)_{y_r}} \prod_{i=1}^{n} \frac{1-ax_iq^{y_i+|\boldsymbol{y}|}}{1-ax_i} \prod_{i=1}^{n} (ax_i)_{|\boldsymbol{y}|}$$

$$\times (b)_{|\boldsymbol{y}|}(c)_{|\boldsymbol{y}|} \prod_{i=1}^{n} \frac{1}{(aqx_i/b)_{y_i}(aqx_i/c)_{y_i}} \left(\frac{aq}{bc}\right)^{|\boldsymbol{y}|} q^{e_2(y_1,\cdots,y_n)} \prod_{i=1}^{n} x_i^{y_i},$$

$$B_{\boldsymbol{N}} = \prod_{r,s=1}^{n} \frac{1}{(qx_r/x_s)_{N_r}} \prod_{i=1}^{n} \frac{(aqx_i/bc)_{N_i}}{(aqx_i/b)_{N_i}(aqx_i/c)_{N_i}}.$$

将 $A_{\boldsymbol{y}}$, $B_{\boldsymbol{N}}$ 代入反演关系(3.3.5), 则得到

$$(-1)^{|\boldsymbol{N}|}q^{\binom{|\boldsymbol{N}|}{2}}\prod_{r,s=1}^{n}\frac{1}{(qx_r/x_s)_{N_r}}\prod_{i=1}^{n}\frac{1-ax_iq^{N_i+|\boldsymbol{N}|}}{1-ax_i}\prod_{i=1}^{n}(ax_i)_{|\boldsymbol{N}|}$$

$$\times (b)_{|\boldsymbol{N}|}(c)_{|\boldsymbol{N}|}\prod_{i=1}^{n}\frac{1}{(aqx_i/b)_{N_i}(aqx_i/c)_{N_i}}\left(\frac{aq}{bc}\right)^{|\boldsymbol{N}|}q^{-e_2(N_1,\cdots,N_n)}\prod_{i=1}^{n}x_i^{N_i}$$

$$=\sum_{\substack{0\leqslant y_i\leqslant N_i\\i=1,\cdots,n}}\prod_{k=1}^{n}(1-ax_kq^{N_k+|\boldsymbol{N}|})\prod_{k=1}^{n}(aqx_k)_{y_k+|\boldsymbol{N}|-1}$$

$$\times\prod_{r,s=1}^{n}\frac{1}{(q^{1+y_r-y_s}x_r/x_s)_{N_r-y_r}}(-1)^{|\boldsymbol{N}|-|\boldsymbol{y}|}q^{\binom{|\boldsymbol{N}|-|\boldsymbol{y}|}{2}}$$

$$\times\prod_{r,s=1}^{n}\frac{1}{(qx_r/x_s)_{y_r}}\prod_{i=1}^{n}\frac{(aqx_i/bc)_{y_i}}{(aqx_i/b)_{y_i}(aqx_i/c)_{y_i}}. \tag{3.3.20}$$

利用式 (1.4.19), (1.4.26)和 (1.1.3), 化简, 再应用

$$(b)_{|\boldsymbol{N}|}\prod_{i=1}^{n}\frac{1}{(aqx_i/c)_{N_i}}=\left(\frac{bc}{aq}\right)^{|\boldsymbol{N}|}q^{e_2(N_1,\cdots,N_n)}(q^{1-|\boldsymbol{N}|}/b)_{|\boldsymbol{N}|}$$

$$\times\prod_{i=1}^{n}\frac{1}{(cq^{-N_i}/ax_i)_{N_i}}\prod_{i=1}^{n}x_i^{-N_i},$$

消除多余项, 最后作替换

$$a\to aq^{-|\boldsymbol{N}|},$$

$$b\to\frac{aq}{c}q^{-|\boldsymbol{N}|},$$

$$c\to\frac{c}{b},$$

可得结果. □

对定理 3.2.5 进行反演, 可得

定理 3.3.6 [30, 定理 4.22] (可终止型 $_3\phi_2$ 求和公式的第四个 $U(n+1)$ 拓广)
令 $N_i(i=1,\cdots,n)$ 为非负整数, 则

$$\frac{1}{(c)_{|\boldsymbol{N}|}(c/ab)_{|\boldsymbol{N}|}}\prod_{i=1}^{n}(cx_i/b)_{N_i}(cq^{|\boldsymbol{N}|-N_i}/ax_i)_{N_i}$$

$$= \sum_{\substack{0 \leqslant y_i \leqslant N_i \\ i=1,\cdots,n}} \frac{(c)_{|\boldsymbol{y}|}}{(abq^{1-|\boldsymbol{N}|}/c)_{|\boldsymbol{y}|}} q^{|\boldsymbol{y}|} \prod_{1 \leqslant r < s \leqslant n} \frac{x_r q^{y_r} - x_s q^{y_s}}{x_r - x_s}$$

$$\times \prod_{r,s=1}^{n} \frac{(q^{-N_s} x_r/x_s)_{y_r}}{(qx_r/x_s)_{y_r}} \prod_{i=1}^{n} (ax_i)_{y_i} (bq^{|\boldsymbol{y}|-y_i}/x_i)_{y_i}. \tag{3.3.21}$$

证明 重写定理 3.2.5 为

$$\sum_{\substack{0 \leqslant y_i \leqslant N_i \\ i=1,\cdots,n}} (-1)^{|\boldsymbol{y}|} q^{|\boldsymbol{N}||\boldsymbol{y}| - \binom{|\boldsymbol{y}|}{2}} \prod_{1 \leqslant r < s \leqslant n} \frac{x_r q^{y_r} - x_s q^{y_s}}{x_r - x_s}$$

$$\times \prod_{r,s=1}^{n} \frac{(q^{-N_s} x_r/x_s)_{y_r}}{(qx_r/x_s)_{N_r}} \prod_{i=1}^{n} \frac{1}{(aqx_i)_{N_i+|\boldsymbol{y}|}}$$

$$\times (-1)^{|\boldsymbol{y}|} q^{\binom{|\boldsymbol{y}|}{2} - |\boldsymbol{N}||\boldsymbol{y}|} \prod_{r,s=1}^{n} \frac{(qx_r/x_s)_{N_r}}{(qx_r/x_s)_{y_r}} \prod_{i=1}^{n} \frac{1 - ax_i q^{y_i+|\boldsymbol{y}|}}{1 - ax_i}$$

$$\times \prod_{i=1}^{n} \frac{(ax_i)_{|\boldsymbol{y}|} (bx_i)_{y_i} (cx_i)_{y_i} (aqx_i)_{N_i+|\boldsymbol{y}|}}{(ax_i q^{1+N_i})_{|\boldsymbol{y}|}}$$

$$\times \frac{1}{(aq/b)_{|\boldsymbol{y}|} (aq/c)_{|\boldsymbol{y}|}} \left(\frac{aq^{1+|\boldsymbol{N}|}}{bc} \right)^{|\boldsymbol{y}|} q^{e_2(y_1,\cdots,y_n)} \prod_{i=1}^{n} x_i^{-y_i}$$

$$= \frac{1}{(aq/b)_{|\boldsymbol{N}|} (aq/c)_{|\boldsymbol{N}|}} \prod_{i=1}^{n} (aqx_i)_{N_i} (aq^{1+|\boldsymbol{N}|-N_i}/bcx_i)_{N_i}. \tag{3.3.22}$$

联系 (3.3.4), 可以得到

$$A_{\boldsymbol{y}} = (-1)^{|\boldsymbol{y}|} q^{\binom{|\boldsymbol{y}|}{2}} \prod_{r,s=1}^{n} \frac{1}{(qx_r/x_s)_{y_r}} \prod_{i=1}^{n} \frac{1 - ax_i q^{y_i+|\boldsymbol{y}|}}{1 - ax_i} \prod_{i=1}^{n} (ax_i)_{|\boldsymbol{y}|} (bx_i)_{y_i} (cx_i)_{y_i}$$

$$\times \frac{1}{(aq/b)_{|\boldsymbol{y}|} (aq/c)_{|\boldsymbol{y}|}} \left(\frac{aq}{bc} \right)^{|\boldsymbol{y}|} q^{e_2(y_1,\cdots,y_n)} \prod_{i=1}^{n} x_i^{-y_i},$$

$$B_{\boldsymbol{N}} = \frac{1}{(aq/b)_{|\boldsymbol{N}|} (aq/c)_{|\boldsymbol{N}|}} \prod_{i=1}^{n} (aqx_i)_{N_i} (aq^{1+|\boldsymbol{N}|-N_i}/bcx_i)_{N_i}.$$

将 $A_{\boldsymbol{y}}$, $B_{\boldsymbol{N}}$ 代入反演关系(3.3.5), 在所得结果里, 利用式 (1.4.19), (1.4.26) 和 (1.1.3), 化简, 再应用

$$\frac{1}{(aq/c)_{|\boldsymbol{N}|}} \prod_{i=1}^{n} (bx_i)_{N_i} = \left(\frac{bc}{aq} \right)^{|\boldsymbol{N}|} q^{-e_2(N_i,\cdots,N_n)}$$

$$\times \prod_{i=1}^{n} x_i^{N_i} \frac{1}{(cq^{-|\boldsymbol{N}|}/a)_{|\boldsymbol{N}|}} \prod_{i=1}^{n} (q^{1-N_i}/bx_i)_{N_i},$$

消除多余项, 作替换

$$a \to aq^{-|\boldsymbol{N}|},$$
$$b \to \frac{aq}{c}q^{-|\boldsymbol{N}|},$$
$$c \to \frac{c}{b},$$

可得结果. □

类似地, 可得下述另一个正交关系:

定理 3.3.7 [30, 定理 3.38]　设

$$P(\boldsymbol{i}, \boldsymbol{j}; A_n) = q^{-|\boldsymbol{i}||\boldsymbol{j}|} \prod_{r,s=1}^{n} \frac{1}{(q^{1+j_r-j_s} x_r/x_s)_{i_r-j_r}} \prod_{k=1}^{n} (ax_k q^{j_k+|\boldsymbol{j}|})_{|\boldsymbol{i}|-|\boldsymbol{j}|}, \qquad (3.3.23)$$

$$Q(\boldsymbol{i}, \boldsymbol{j}; A_n) = \prod_{r,s=1}^{n} \frac{1}{(q^{1+j_r-j_s} x_r/x_s)_{i_r-j_r}} \prod_{k=1}^{n} \frac{(aqx_k)_{i_k+|\boldsymbol{i}|-1}}{(aqx_k)_{i_k+|\boldsymbol{j}|}} \prod_{k=1}^{n} (1 - ax_k q^{j_k+|\boldsymbol{j}|})$$

$$\times (-1)^{|\boldsymbol{i}|-|\boldsymbol{j}|} q^{|\boldsymbol{i}||\boldsymbol{j}|} q^{\binom{1+|\boldsymbol{i}|-|\boldsymbol{j}|}{2}}, \qquad (3.3.24)$$

则

$$\sum_{\substack{j_k \leqslant y_k \leqslant i_k \\ k=1,2,\cdots,n}} P(\boldsymbol{i}, \boldsymbol{y}; A_n) Q(\boldsymbol{y}, \boldsymbol{j}; A_n) = \prod_{k=1}^{n} \delta(i_k, j_k), \qquad (3.3.25)$$

这里 $\delta(r, s) = 1$, 若 $r = s$; 其他为零.

3.4　逆向求和法与倒置基 q 法

逆向求和法是对终止型基本超几何级数恒等式的求和项 $\sum\limits_{n=0}^{N}$ 里的所有 q 移位阶乘 $(A; q)_n$ 首先应用

$$(A; q)_{N-n} = q^{-Nn}(-A)^{-n} q^{\binom{n+1}{2}} \frac{(A; q)_N}{(q^{1-N}/A)_n} \qquad (3.4.1)$$

变换, 经过若干化简之后, 重新标号参数, 得到新的恒等式.

显然, 这种方法可以应用到对应的 $U(n+1)$ 终止型求和公式上. 也就是在终止型求和公式的求和项求和 $0 \leqslant y_i \leqslant N_i$ $(i=1,2,\cdots,n)$ 里, 首先用 $N_i - y_i$ 代替 y_i $(i=1,2,\cdots,n)$, 对每一项执行 (3.4.1), 逐项化简, 最后重新标号参数, 得到新的恒等式. 注意在执行过程中将用到 (1.4.25) 以及

$$\prod_{1 \leqslant r < s \leqslant n} \frac{x_r q^{N_r - y_r} - x_s q^{N_s - y_s}}{x_r - x_s} = \prod_{1 \leqslant r < s \leqslant n} \frac{x_r q^{N_r - y_r} - x_s q^{N_s - y_s}}{x_r q^{N_r} - x_s q^{N_s}}$$
$$\times \prod_{1 \leqslant r < s \leqslant n} \frac{x_r q^{N_r} - x_s q^{N_s}}{x_r - x_s}.$$

例 3.4.1 对定理 3.3.6 执行逆向求和法, 则得到终止型 $_3\phi_2$ 求和公式的第四个 $U(n+1)$ 拓广的第二个版本 [30, 定理 4.25]:

$$\prod_{i=1}^{n} \frac{(cq^{N_n - N_i}/bx_i)_{N_i}(cq^{|\boldsymbol{N}| - N_i}/ax_i)_{N_i}}{(cq^{|\boldsymbol{N}| - N_i}/abx_i)_{N_i}}$$

$$= \sum_{\substack{0 \leqslant y_i \leqslant N_i \\ i=1,\cdots,n}} (aq^{N_n - |\boldsymbol{N}|})_{|\boldsymbol{y}|}(b)_{|\boldsymbol{y}|} q^{|\boldsymbol{y}|} \prod_{1 \leqslant r < s \leqslant n} \frac{x_r q^{y_r} - x_s q^{y_s}}{x_r - x_s} \prod_{r,s=1}^{n} \frac{(q^{-N_s} x_r/x_s)_{y_r}}{(qx_r/x_s)_{y_r}}$$

$$\times \prod_{i=1}^{n} \frac{(cq^{N_n - N_i + |\boldsymbol{y}| - y_i}/x_i)_{N_i}}{(cq^{N_n - N_i + |\boldsymbol{y}| - y_i}/x_i)_{y_i}} \prod_{i=1}^{n} \frac{1}{(abx_i q^{1 - |\boldsymbol{N}|}/c)_{y_i}}. \tag{3.4.2}$$

对终止型基本超几何级数恒等式两边的所有 q 移位阶乘 $(A;q)_n$ 首先应用

$$(A;q)_n = (A^{-1};q^{-1})_n (-A)^n q^{\binom{n}{2}} \tag{3.4.3}$$

逐项处理, 然后在导出的恒等式里, 用所有参数 (包括 q) 的倒数代替该参数, 得到新的恒等式. 称此种建立新恒等式的方法为倒置基 q 法. 例如, 经典的两个 q-Chu-Vandermonde 求和公式可以通过此种方法相互得到. 而经典 q-Saalschütz 求和公式通过这种方法处理之后, 得到的是其自身.

显然, 这种方法可以应用到对应的 $U(n+1)$ 终止型求和公式上. 也就是, 在 $U(n+1)$ 多变量基本超几何级数两边对所有 q 移位阶乘 $(A;q)_n$ 首先应用 (3.4.3) 逐项处理, 然后在导出的恒等式里, 用所有参数 (包括 q 与 $x_1, \cdots, x_n$) 的倒数代替该参数, 得到新的恒等式. 注意还需要在终止型求和公式的求和一边里, 利用

$$\prod_{1 \leqslant r < s \leqslant n} \frac{x_r q^{-y_r} - x_s q^{-y_s}}{x_r - x_s} = q^{-(n-1)|\boldsymbol{y}|} \prod_{1 \leqslant r < s \leqslant n} \frac{\dfrac{q^{y_r}}{x_r} - \dfrac{q^{y_s}}{x_s}}{\dfrac{1}{x_r} - \dfrac{1}{x_s}} \tag{3.4.4}$$

化简.

定理 3.4.1　对定理 3.3.3、定理 3.3.4、定理 3.3.5、定理 3.3.6 以及 (3.4.2) 执行倒置基 q 法, 产生的恒等式结果保持不变.

3.5　可终止型 q-Whiple $_8\phi_7$ 变换公式的 $U(n+1)$ 拓广

定理 3.5.1 [45, 定理 2.1](q-Whiple $_8\phi_7$ 变换的第一个 $U(n+1)$ 拓广)　设 N_i $(i=1,\cdots,n)$ 为非负整数, 则

$$
\sum_{\substack{0\leqslant y_i\leqslant N_i \\ i=1,\cdots,n}} \frac{(b)_{|\boldsymbol{y}|}(c)_{|\boldsymbol{y}|}(d)_{|\boldsymbol{y}|}}{(aq/e)_{|\boldsymbol{y}|}} \left(\frac{a^2q^{2+|\boldsymbol{N}|}}{bcde}\right)^{|\boldsymbol{y}|} q^{-e_2(y_1,\cdots,y_n)}
$$

$$
\times \prod_{1\leqslant r<s\leqslant n} \frac{x_rq^{y_r}-x_sq^{y_s}}{x_r-x_s} \prod_{i=1}^{n} \frac{1-ax_iq^{y_i+|\boldsymbol{y}|}}{1-ax_i}
$$

$$
\times \prod_{r,s=1}^{n} \frac{(q^{-N_s}x_r/x_s)_{y_r}}{(qx_r/x_s)_{y_r}} \prod_{i=1}^{n} \frac{(ax_i)_{|\boldsymbol{y}|}}{(ax_iq^{1+N_i})_{|\boldsymbol{y}|}}
$$

$$
\times \prod_{i=1}^{n} \frac{(ex_i)_{y_i}}{(ax_iq/b)_{y_i}(ax_iq/c)_{y_i}(ax_iq/d)_{y_i}} \prod_{i=1}^{n} x_i^{y_i}
$$

$$
= \prod_{i=1}^{n} \frac{(aqx_i)_{N_i}(ax_iq/bc)_{N_i}}{(aqx_i/b)_{N_i}(aqx_i/c)_{N_i}} \sum_{\substack{0\leqslant y_i\leqslant N_i \\ i=1,\cdots,n}} q^{|\boldsymbol{y}|} \prod_{1\leqslant r<s\leqslant n} \frac{x_rq^{y_r}-x_sq^{y_s}}{x_r-x_s} \prod_{r,s=1}^{n} \frac{(q^{-N_s}x_r/x_s)_{y_r}}{(qx_r/x_s)_{y_r}}
$$

$$
\times \prod_{i=1}^{n} \frac{(bc/ax_i)_{|\boldsymbol{y}|-y_i}}{(bcq^{-N_i}/ax_i)_{|\boldsymbol{y}|}} \frac{(b)_{|\boldsymbol{y}|}(c)_{|\boldsymbol{y}|}(aq/de)_{|\boldsymbol{y}|}}{(aq/e)_{|\boldsymbol{y}|}} \prod_{i=1}^{n} \frac{1}{(ax_iq/d)_{y_i}}. \tag{3.5.1}
$$

证明　重写 (3.3.8)($N_i\to y_i$, $a\to aq^{|\boldsymbol{y}|}$, $c\to aq/d$, $b\to aq/de$) 为

$$
\frac{(d)_{|\boldsymbol{y}|}}{(aq/e)_{|\boldsymbol{y}|}} \prod_{i=1}^{n} \frac{(ex_i)_{y_i}}{(ax_iq/d)_{y_i}} \left(\frac{aq}{de}\right)^{|\boldsymbol{y}|}
$$

$$
= \sum_{\substack{0\leqslant m_i\leqslant y_i \\ i=1,2,\cdots,n}} \frac{(aq/de)_{|\boldsymbol{m}|}}{(aq/e)_{|\boldsymbol{m}|}} q^{|\boldsymbol{m}|} \prod_{1\leqslant r<s\leqslant n} \frac{x_rq^{m_r}-x_sq^{m_s}}{x_r-x_s}
$$

$$
\times \prod_{r,s=1}^{n} \frac{(q^{-y_s}x_r/x_s)_{m_r}}{(qx_r/x_s)_{m_r}} \prod_{i=1}^{n} \frac{(ax_iq^{|\boldsymbol{y}|})_{m_i}}{(ax_iq/d)_{m_i}}. \tag{3.5.2}
$$

应用上式代替 (3.5.1) 式中左边求和中的乘积, 使得 (3.5.1) 式中左边形成双重和, 即

$$L = \sum_{\substack{0 \leqslant y_i \leqslant N_i \\ i=1,\cdots,n}} \frac{(b)_{|\boldsymbol{y}|}(c)_{|\boldsymbol{y}|}(d)_{|\boldsymbol{y}|}}{(aq/e)_{|\boldsymbol{y}|}} \left(\frac{a^2 q^{2+|\boldsymbol{N}|}}{bcde}\right)^{|\boldsymbol{y}|} q^{-e_2(y_1,\cdots,y_n)}$$

$$\times \prod_{1 \leqslant r < s \leqslant n} \frac{x_r q^{y_r} - x_s q^{y_s}}{x_r - x_s} \prod_{i=1}^{n} \frac{1 - ax_i q^{y_i+|\boldsymbol{y}|}}{1 - ax_i}$$

$$\times \prod_{r,s=1}^{n} \frac{(q^{-N_s}x_r/x_s)_{y_r}}{(qx_r/x_s)_{y_r}} \prod_{i=1}^{n} \frac{(ax_i)_{|\boldsymbol{y}|}}{(ax_i q^{1+N_i})_{|\boldsymbol{y}|}}$$

$$\times \prod_{i=1}^{n} \frac{(ex_i)_{y_i}}{(ax_i q/b)_{y_i}(ax_i q/c)_{y_i}(ax_i q/d)_{y_i}} \prod_{i=1}^{n} x_i^{y_i}$$

$$= \sum_{\substack{0 \leqslant y_i \leqslant N_i \\ i=1,\cdots,n}} (b)_{|\boldsymbol{y}|}(c)_{|\boldsymbol{y}|} \left(\frac{aq^{1+|\boldsymbol{N}|}}{bc}\right)^{|\boldsymbol{y}|} q^{-e_2(y_1,\cdots,y_n)}$$

$$\times \prod_{1 \leqslant r < s \leqslant n} \frac{x_r q^{y_r} - x_s q^{y_s}}{x_r - x_s} \prod_{i=1}^{n} \frac{1 - ax_i q^{y_i+|\boldsymbol{y}|}}{1 - ax_i}$$

$$\times \prod_{r,s=1}^{n} \frac{(q^{-N_s}x_r/x_s)_{y_r}}{(qx_r/x_s)_{y_r}} \prod_{i=1}^{n} \frac{(ax_i)_{|\boldsymbol{y}|}}{(ax_i q^{1+N_i})_{|\boldsymbol{y}|}} \prod_{i=1}^{n} \frac{1}{(ax_i q/b)_{y_i}(ax_i q/c)_{y_i}} \prod_{i=1}^{n} x_i^{y_i}$$

$$\times \sum_{\substack{0 \leqslant m_i \leqslant y_i \\ i=1,2,\cdots,n}} \frac{(aq/de)_{|\boldsymbol{m}|}}{(aq/e)_{|\boldsymbol{m}|}} q^{|\boldsymbol{m}|} \prod_{1 \leqslant r < s \leqslant n} \frac{x_r q^{m_r} - x_s q^{m_s}}{x_r - x_s}$$

$$\times \prod_{r,s=1}^{n} \frac{(q^{-y_s}x_r/x_s)_{m_r}}{(qx_r/x_s)_{m_r}} \prod_{i=1}^{n} \frac{(ax_i q^{|\boldsymbol{y}|})_{m_i}}{(ax_i q/d)_{m_i}}$$

$$= \sum_{\substack{0 \leqslant m_i \leqslant N_i \\ i=1,2,\cdots,n}} \frac{(aq/de)_{|\boldsymbol{m}|}}{(aq/e)_{|\boldsymbol{m}|}} q^{|\boldsymbol{m}|} \prod_{1 \leqslant r < s \leqslant n} \frac{x_r q^{m_r} - x_s q^{m_s}}{x_r - x_s}$$

$$\times \prod_{r,s=1}^{n} \frac{1}{(qx_r/x_s)_{m_r}} \prod_{i=1}^{n} \frac{1}{(ax_i q/d)_{m_i}}$$

$$\times \sum_{\substack{m_i \leqslant y_i \leqslant N_i \\ i=1,2,\cdots,n}} \prod_{r,s=1}^{n} \frac{(q^{-y_s}x_r/x_s)_{m_r}}{(qx_r/x_s)_{y_r}} \prod_{r,s=1}^{n} (q^{-N_s}x_r/x_s)_{y_r} \prod_{i=1}^{n} (ax_i)_{|\boldsymbol{y}|}(ax_i q^{|\boldsymbol{y}|})_{m_i}$$

$$\times \prod_{1 \leqslant r < s \leqslant n} \frac{x_r q^{y_r} - x_s q^{y_s}}{x_r - x_s} \prod_{i=1}^{n} \frac{1 - ax_i q^{y_i+|\boldsymbol{y}|}}{1 - ax_i}$$

$$\times \prod_{i=1}^{n} \frac{1}{(ax_iq^{1+N_i})_{|\boldsymbol{y}|}} \prod_{i=1}^{n} \frac{1}{(ax_iq/b)_{y_i}(ax_iq/c)_{y_i}}$$

$$\times (b)_{|\boldsymbol{y}|}(c)_{|\boldsymbol{y}|}q^{|\boldsymbol{N}||\boldsymbol{y}|}\left(\frac{aq}{bc}\right)^{|\boldsymbol{y}|}q^{-e_2(y_1,\cdots,y_n)}\prod_{i=1}^{n}x_i^{y_i}. \tag{3.5.3}$$

对 (3.5.3) 的内部和, 应用 (1.4.52), (1.1.3), (1.4.48) 和 (1.4.50), 则有

$$L = \sum_{\substack{0\leqslant m_i\leqslant N_i\\i=1,2,\cdots,n}} \frac{(aq/de)_{|\boldsymbol{m}|}}{(aq/e)_{|\boldsymbol{m}|}}q^{|\boldsymbol{m}|} \prod_{1\leqslant r<s\leqslant n}\frac{x_rq^{m_r}-x_sq^{m_s}}{x_r-x_s}$$

$$\times \prod_{r,s=1}^{n}\frac{1}{(qx_r/x_s)_{m_r}}\prod_{i=1}^{n}\frac{1}{(ax_iq/d)_{m_i}}$$

$$\times \sum_{\substack{m_i\leqslant y_i\leqslant N_i\\i=1,2,\cdots,n}}\prod_{1\leqslant r<s\leqslant n}\frac{x_rq^{y_r}-x_sq^{y_s}}{x_rq^{m_r}-x_sq^{m_s}}\prod_{i=1}^{n}\frac{1-ax_iq^{y_i+|\boldsymbol{y}|}}{1-ax_i}\prod_{i=1}^{n}(ax_i)_{|\boldsymbol{y}|+m_i}$$

$$\times \prod_{r,s=1}^{n}\frac{(q^{-N_s}x_r/x_s)_{y_r}}{(q^{1+m_r-m_s}x_r/x_s)_{y_r-m_r}}$$

$$\times \prod_{i=1}^{n}\frac{1}{(ax_iq^{1+N_r})_{|\boldsymbol{y}|}}\prod_{i=1}^{n}\frac{1}{(ax_iq/b)_{y_i}(ax_iq/c)_{y_i}}\prod_{i=1}^{n}x_i^{y_i}$$

$$\times (b)_{|\boldsymbol{y}|}(c)_{|\boldsymbol{y}|}q^{(|\boldsymbol{N}|-|\boldsymbol{m}|)|\boldsymbol{y}|-|\boldsymbol{y}||\boldsymbol{m}|}\left(\frac{aq}{bc}\right)^{|\boldsymbol{y}|}q^{-e_2(y_1,\cdots,y_n)}q^{m_1y_1+m_2y_2+\cdots+m_ny_n}$$

$$\times q^{2e_2(m_1,m_2,\cdots,m_n)}q^{\binom{m_1}{2}+\binom{m_2}{2}\cdots+\binom{m_n}{2}}(-1)^{|\boldsymbol{m}|}. \tag{3.5.4}$$

改变 (3.5.4) 内部求和的范围为 $0\leqslant y_i\leqslant N_i-m_i$, 应用

$$\frac{(ax_i)_{|\boldsymbol{y}|+|\boldsymbol{m}|+m_i}}{1-ax_i}=\frac{(ax_iq)_{|\boldsymbol{m}|+m_i}(ax_iq^{|\boldsymbol{m}|+m_i})_{|\boldsymbol{y}|}}{1-ax_iq^{|\boldsymbol{m}|+m_i}},$$

$$\frac{(ax_iq)_{|\boldsymbol{m}|+m_i}}{(ax_iq^{1+N_i})_{|\boldsymbol{m}|}}=\frac{(ax_iq)_{N_i}}{(ax_iq^{|\boldsymbol{m}|+m_i+1})_{N_i-m_i}}$$

和 (1.4.51), 化简, 则有

$$L = \prod_{i=1}^{n}(ax_i)_{N_i}\sum_{\substack{0\leqslant m_i\leqslant N_i\\i=1,2,\cdots,n}}\frac{(aq/de)_{|\boldsymbol{m}|}}{(aq/e)_{|\boldsymbol{m}|}}q^{|\boldsymbol{m}|}\prod_{1\leqslant r<s\leqslant n}\frac{x_rq^{m_r}-x_sq^{m_s}}{x_r-x_s}$$

$$\times \prod_{r,s=1}^{n} \frac{1}{(qx_r/x_s)_{m_r}} \prod_{i=1}^{n} \frac{1}{(ax_iq/d)_{m_i}}$$

$$\times (b)_{|\boldsymbol{m}|}(c)_{|\boldsymbol{m}|} \prod_{r,s=1}^{n} (q^{-N_s}x_r/x_s)_{m_r}$$

$$\times \prod_{i=1}^{n} \frac{1}{(ax_iq/b)_{m_i}(ax_iq/c)_{m_i}} \prod_{i=1}^{n} \frac{1}{(ax_iq^{|\boldsymbol{m}|+m_i+1})_{N_r-m_r}}$$

$$\times \sum_{\substack{0 \leqslant y_i \leqslant N_i-m_i \\ i=1,2,\cdots,n}} \prod_{1 \leqslant r<s \leqslant n} \frac{x_rq^{y_r+m_r}-x_sq^{y_s+m_s}}{x_rq^{m_r}-x_sq^{m_s}}$$

$$\times \prod_{i=1}^{n} \frac{1-ax_iq^{m_i+|\boldsymbol{m}|}q^{y_i+|\boldsymbol{y}|}}{1-ax_iq^{m_i+|\boldsymbol{m}|}} \prod_{r,s=1}^{n} \frac{(q^{-N_s}q^{m_r}x_r/x_s)_{y_r}}{(q^{1+m_r-m_s}x_r/x_s)_{y_r}}$$

$$\times \prod_{i=1}^{n} \frac{1}{(ax_iq^{1+N_i}q^{|\boldsymbol{m}|})_{|\boldsymbol{y}|}} \prod_{i=1}^{n} (ax_iq^{m_i+|\boldsymbol{m}|})_{|\boldsymbol{y}|}$$

$$\times \prod_{i=1}^{n} \frac{1}{(ax_iq^{1+m_i}/b)_{y_i}(ax_iq^{1+m_i}/c)_{y_i}} \prod_{i=1}^{n} (x_iq^{m_i})^{y_i}$$

$$\times (bq^{|\boldsymbol{m}|})_{|\boldsymbol{y}|}(cq^{|\boldsymbol{m}|})_{|\boldsymbol{y}|}q^{(|\boldsymbol{N}|-|\boldsymbol{m}|)|\boldsymbol{y}|} \left(\frac{aq^{1-(m_1+m_2+\cdots+m_n)}}{bc}\right)^{|\boldsymbol{y}|}$$

$$\times q^{-e_2(y_1,y_2,\cdots,y_n)}q^{(|\boldsymbol{N}|-|\boldsymbol{m}|)|\boldsymbol{m}|}$$

$$\times \left(\frac{aq}{bc}\right)^{|\boldsymbol{m}|}q^{\binom{m_1}{2}+\binom{m_2}{2}\cdots+\binom{m_n}{2}} \prod_{i=1}^{n} x_i^{m_i}(-1)^{|\boldsymbol{m}|}. \tag{3.5.5}$$

应用定理 3.2.4 ($N_i \to N_i-m_i$ ($i=1,2,\cdots,n$), $x_i \to x_iq^{m_i}$, $a \to aq^{|\boldsymbol{m}|}$, $b \to bq^{|\boldsymbol{m}|}$, $c \to cq^{|\boldsymbol{m}|}$), 则得

$$L = \prod_{i=1}^{n} (ax_i)_{N_i} \sum_{\substack{0 \leqslant m_i \leqslant N_i \\ i=1,2,\cdots,n}} \frac{(aq/de)_{|\boldsymbol{m}|}}{(aq/e)_{|\boldsymbol{m}|}}q^{|\boldsymbol{m}|} \prod_{1 \leqslant r<s \leqslant n} \frac{x_rq^{m_r}-x_sq^{m_s}}{x_r-x_s}$$

$$\times \prod_{r,s=1}^{n} \frac{1}{(qx_r/x_s)_{m_r}} \prod_{i=1}^{n} \frac{1}{(ax_iq/d)_{m_i}}$$

$$\times (b)_{|\boldsymbol{m}|}(c)_{|\boldsymbol{m}|} \prod_{r,s=1}^{n} (q^{-N_s}x_r/x_s)_{m_r} \prod_{i=1}^{n} \frac{1}{(ax_iq/b)_{m_i}(ax_iq/c)_{m_i}}$$

$$\times \prod_{i=1}^{n} \frac{1}{(ax_i q^{|\boldsymbol{m}|+m_i+1})_{N_r-m_r}}$$

$$\times \prod_{i=1}^{n} \frac{(ax_i q^{1+m_i+|\boldsymbol{m}|})_{N_i-m_i}(ax_i q^{1+m_i-|\boldsymbol{m}|}/bc)_{N_i-m_i}}{(ax_i q^{1+m_i}/b)_{N_i-m_i}(ax_i q^{1+m_i}/c)_{N_i-m_i}}. \tag{3.5.6}$$

利用关系

$$(ax_i q^{1+m_i}/b)_{N_i-m_i} = \frac{(ax_i q/b)_{N_i}}{(ax_i q/b)_{m_i}},$$

$$(ax_i q^{1+m_i}/c)_{N_i-m_i} = \frac{(ax_i q/c)_{N_i}}{(ax_i q/c)_{m_i}}$$

和

$$(ax_i q^{1+m_i-|\boldsymbol{m}|}/bc)_{N_i-m_i} = (-1)^{-|\boldsymbol{m}|}\left(\frac{aq}{bc}\right)^{-|\boldsymbol{m}|} q^{(|\boldsymbol{m}|-|\boldsymbol{N}|)|\boldsymbol{m}|} q^{-\binom{m_1}{2}+\cdots+\binom{m_n}{2}}$$

$$\times \prod_{i=1}^{n} (ax_i q/bc)_{N_i} \prod_{i=1}^{n} \frac{(bc/ax_i)_{|\boldsymbol{m}|-m_i}}{(q^{-N_i}bc/ax_i)_{|\boldsymbol{m}|}} x_i^{-m_i},$$

整理可得 (3.5.1) 的右边, 结论得证.　　　　　　　　　　　　　　　　　　　　□

推论 3.5.1 [45, 定理 3.1] (终止型平衡的 $_3\phi_2$ 求和公式的第一个 $U(n+1)$ 拓广)

$$\prod_{i=1}^{n} \frac{(cx_i/a)_{N_i}(cx_i/b)_{N_i}}{(cx_i)_{N_i}(cx_i/ab)_{N_i}} = \sum_{\substack{0 \leqslant y_i \leqslant N_i \\ i=1,2,\cdots,n}} (a)_{|\boldsymbol{y}|}(b)_{|\boldsymbol{y}|}q^{|\boldsymbol{y}|}$$

$$\times \prod_{1 \leqslant r < s \leqslant n} \frac{x_r q^{y_r} - x_s q^{y_s}}{x_r - x_s} \prod_{r,s=1}^{n} \frac{(q^{-N_s}x_r/x_s)_{y_r}}{(qx_r/x_s)_{y_r}}$$

$$\times \prod_{i=1}^{n} \frac{(abq/cx_i)_{|\boldsymbol{y}|-y_i}}{(abq^{1-N_i}/cx_i)_{|\boldsymbol{y}|}} \prod_{i=1}^{n} \frac{1}{(cx_i)_{y_i}}. \tag{3.5.7}$$

证明　在 (3.5.1) 中, 取 $d=1$.　　　　　　　　　　　　　　　　　　　　　□

推论 3.5.2 [45, 定理 3.2] (终止型平衡的 $_3\phi_2$ 求和公式的第二个 $U(n+1)$ 拓广)

$$\prod_{i=1}^{n} \frac{(cx_i/a_i)_N(cx_i/b)_N}{(cx_i)_N(cx_i/a_ib)_N} = \sum_{\substack{0 \leqslant y_i \leqslant N_i \\ i=1,2,\cdots,n}} (q^{-N})_{|\boldsymbol{y}|}(b)_{|\boldsymbol{y}|}q^{|\boldsymbol{y}|}$$

$$\times \prod_{1 \leqslant r < s \leqslant n} \frac{x_r q^{y_r} - x_s q^{y_s}}{x_r - x_s} \prod_{r,s=1}^{n} \frac{(a_s x_r/x_s)_{y_r}}{(qx_r/x_s)_{y_r}}$$

$$\times \prod_{i=1}^{n} \frac{(bq^{1-N}/cx_i)_{|\boldsymbol{y}|-y_i}}{(a_ibq^{1-N_i}/cx_i)_{|\boldsymbol{y}|}} \prod_{i=1}^{n} \frac{1}{(cx_i)_{y_i}}. \tag{3.5.8}$$

证明　首先, 在 (3.5.8) 里, 令 $a_i \to q^{-N_i}$ $(1 \leqslant i \leqslant n)$, 应用

$$\frac{(cx_iq^{N_i})_N(cx_i/b)_N}{(cx_i)_N(cx_iq^{N_i}/b)_N} = \frac{(cx_iq^N)_{N_i}(cx_i/b)_{N_i}}{(cx_i)_{N_i}(cx_iq^N/b)_{N_i}},$$

这些置换将 (3.5.8) 转化为 (3.5.7) 的 $a \to q^{-N}$ 的一个特殊情形. 对固定的 N, (3.5.8) 为关于变量 $(1/a_1, \cdots, 1/a_n)$ 的一个多项式恒等式, 它是次数为 N 的有限函数. 考虑到 a_1 与 $N_2, \cdots, N_n$ 任意且固定, 由于 (3.5.8) 对 $a_1 = q^{-N_1}$ 成立, 通过多项式论证方法, (3.5.8) 对 a_1 的任何值成立. 对 $a_2, \cdots, a_n$ 应用同样的论证, 由归纳可得结果. □

定理 3.5.2[53, A.3] (q-Whiple 变换 $_8\phi_7$ 的第二个 $U(n+1)$ 拓广)　设 N_i $(i = 1, \cdots, n)$ 为非负整数, 则

$$\sum_{\substack{0 \leqslant y_i \leqslant N_i \\ i=1,\cdots,n}} \frac{(b)_{|\boldsymbol{y}|}(e)_{|\boldsymbol{y}|}}{(aq/c)_{|\boldsymbol{y}|}(aq/d)_{|\boldsymbol{y}|}} \left(\frac{a^2q^{1+|\boldsymbol{N}|}}{bcde}\right)^{|\boldsymbol{y}|} q^{|\boldsymbol{y}|}$$

$$\times \prod_{1 \leqslant r < s \leqslant n} \frac{x_rq^{y_r} - x_sq^{y_s}}{x_r - x_s} \prod_{i=1}^{n} \frac{1 - ax_iq^{y_i+|\boldsymbol{y}|}}{1 - ax_i}$$

$$\times \prod_{r,s=1}^{n} \frac{(q^{-N_s}x_r/x_s)_{y_r}}{(qx_r/x_s)_{y_r}} \prod_{i=1}^{n} \frac{(ax_i)_{|\boldsymbol{y}|}}{(ax_iq^{1+N_i})_{|\boldsymbol{y}|}} \prod_{i=1}^{n} \frac{(cx_i)_{y_i}(dx_i)_{y_i}}{(ax_iq/b)_{y_i}(ax_iq/e)_{y_i}}$$

$$= \frac{(aq/de)_{|\boldsymbol{N}|}}{(aq/d)_{|\boldsymbol{N}|}} \prod_{i=1}^{n} \frac{(aqx_i)_{N_i}}{(aqx_i/e)_{N_i}} \sum_{\substack{0 \leqslant y_i \leqslant N_i \\ i=1,\cdots,n}} \frac{(aq/bc)_{|\boldsymbol{y}|}(e)_{|\boldsymbol{y}|}}{(aq/c)_{|\boldsymbol{y}|}(deq^{-|\boldsymbol{N}|}/a)_{|\boldsymbol{y}|}} q^{|\boldsymbol{y}|}$$

$$\times \prod_{1 \leqslant r < s \leqslant n} \frac{x_rq^{y_r} - x_sq^{y_s}}{x_r - x_s}$$

$$\times \prod_{r,s=1}^{n} \frac{(q^{-N_s}x_r/x_s)_{y_r}}{(qx_r/x_s)_{y_r}} \prod_{i=1}^{n} \frac{(dx_i)_{y_i}}{(ax_iq/b)_{y_i}}. \tag{3.5.9}$$

证明　在 (3.5.9) 的左边里, 选择乘积

$$\frac{(e)_{|\boldsymbol{y}|}}{(aq/d)_{|\boldsymbol{y}|}} \left(\frac{aq}{de}\right)^{|\boldsymbol{y}|} \prod_{i=1}^{n} \frac{(dx_i)_{y_i}}{(aqx_i/e)_{y_i}},$$

应用定理 3.3.3 $(d \rightarrow e, e \rightarrow d)$ 将左边的 $U(n+1)$ 非常均衡的 $_8\phi_7$ 变为一个双重和, 交换和序, 在其内部的求和里应用 $U(n+1)$ 终止型非常均衡的 $_6\phi_5$ (定理 3.2.2) 求出内部和, 化简此单边和, 得到结果. □

定理 3.5.3 [53, A.4], [55, 定理 A.3] (q-Jackson $_8\phi_7$ 求和公式的第一个 $U(n+1)$ 拓广) 对 $i = 1, 2, \cdots, n$, 令 N_i 为非负整数, 则

$$
\sum_{\substack{0 \leqslant k_i \leqslant N_i \\ i=1,2,\cdots,n}} \frac{(b;q)_{|\boldsymbol{k}|}(c;q)_{|\boldsymbol{k}|}}{(aq/d)_{|\boldsymbol{k}|}(bcdq^{-|\boldsymbol{N}|}/a;q)_{|\boldsymbol{k}|}} q^{|\boldsymbol{k}|} \prod_{i=1}^{n} \frac{1-ax_i q^{k_i+|\boldsymbol{k}|}}{1-ax_i} \prod_{1 \leqslant i < j \leqslant n} \frac{x_i q^{k_i} - x_j q^{k_j}}{x_i - x_j}
$$

$$
\times \prod_{i,j=1}^{n} \frac{(q^{-N_j} x_i/x_j; q)_{k_i}}{(qx_i/x_j; q)_{k_i}} \prod_{i=1}^{n} \frac{(ax_i; q)_{|\boldsymbol{k}|}}{(ax_i q^{1+N_i}; q)_{|\boldsymbol{k}|}} \prod_{i=1}^{n} \frac{(dx_i; q)_{k_i}(a^2 x_i q^{1+|\boldsymbol{N}|}/bcd; q)_{k_i}}{(ax_i q/b; q)_{k_i}(ax_i q/c; q)_{k_i}}
$$

$$
= \frac{(aq/bd; q)_{|\boldsymbol{N}|}(aq/cd; q)_{|\boldsymbol{N}|}}{(aq/d; q)_{|\boldsymbol{N}|}(aq/bcd; q)_{|\boldsymbol{N}|}} \prod_{i=1}^{n} \frac{(ax_i q; q)_{N_i}(ax_i q/bc; q)_{N_i}}{(ax_i q/b; q)_{N_i}(ax_i q/c; q)_{N_i}}. \tag{3.5.10}
$$

证明 在 (3.5.9) 中, 令 $aq/bc = de/aq^{|\boldsymbol{N}|}$, 则有 $aq/c = bdeq^{-|\boldsymbol{N}|}/a$, 应用定理 3.3.3$(a \rightarrow d, c \rightarrow aq/b, b \rightarrow e)$ 求出 (3.5.9) 右边的和, 再交换 c 和 e, 化简可得结果. □

3.6　$U(n+1)$ Bailey 对与 $U(n+1)$ Bailey 引理

设 $F(\boldsymbol{N}, \boldsymbol{y}; A_n)$ 与 $G(\boldsymbol{N}, \boldsymbol{y}; A_n)$ 分别定义在 (3.3.1) 和 (3.3.2), 即

$$
F(\boldsymbol{N}, \boldsymbol{y}; A_n) = \prod_{r,s=1}^{n} \frac{1}{(q^{1+y_r-y_s} x_r/x_s)_{N_r-y_r}} \prod_{k=1}^{n} \frac{1}{(aqx_k)_{N_k+|\boldsymbol{y}|}}, \tag{3.6.1}
$$

$$
G(\boldsymbol{N}, \boldsymbol{y}; A_n) = \prod_{k=1}^{n} (1 - ax_k q^{N_k+|\boldsymbol{N}|}) \prod_{k=1}^{n} (aqx_k)_{y_k+|\boldsymbol{N}|-1} \prod_{r,s=1}^{n} \frac{1}{(q^{1+y_r-y_s} x_r/x_s)_{N_r-y_r}}
$$

$$
\times (-1)^{|\boldsymbol{N}|-|\boldsymbol{y}|} q^{\binom{|\boldsymbol{N}|-|\boldsymbol{y}|}{2}}, \tag{3.6.2}
$$

则

定义 3.6.1 [49, 定义 3.1] $U(n+1)$ Bailey 对 $(A_{\boldsymbol{N}}, B_{\boldsymbol{N}})$ 定义为满足下述关系:

$$
B_{\boldsymbol{N}} = \sum_{\substack{0 \leqslant y_k \leqslant N_k \\ k=1,2,\cdots,n}} F(\boldsymbol{N}, \boldsymbol{y}; A_n) A_{\boldsymbol{y}}. \tag{3.6.3}
$$

定理 3.6.1 [49, (5.4a), (5.4b)] ($U(n{+}1)$ Bailey 引理) 若 (A, B) 形成一个 $U(n{+}1)$ Bailey 对, 则 (A', B') 也形成一个 $U(n+1)$ Bailey 对, 这里

$$A'_{\boldsymbol{N}} = \frac{(\rho)_{|\boldsymbol{N}|}}{(aq/\sigma)_{|\boldsymbol{N}|}} \left(\frac{aq}{\rho\sigma}\right)^{|\boldsymbol{N}|} A_{\boldsymbol{N}} \prod_{k=1}^{n} \frac{1}{(aqx_k/\rho)_{N_k}} \prod_{k=1}^{n} (\sigma x_k)_{N_k}, \tag{3.6.4}$$

$$B'_{\boldsymbol{N}} = \sum_{\substack{0 \leqslant y_k \leqslant N_k \\ k=1,2,\cdots,n}} \frac{(aq/\rho\sigma)_{|\boldsymbol{N}|-|\boldsymbol{y}|}(\rho)_{|\boldsymbol{y}|}}{(aq/\sigma)_{|\boldsymbol{N}|}} (aq/\rho\sigma)^{|\boldsymbol{y}|} B_{\boldsymbol{y}}$$

$$\times \prod_{k=1}^{n} \frac{(\sigma x_k)_{y_k}}{(aqx_k/\rho)_{N_k}} \prod_{r,s=1}^{n} \frac{1}{(q^{1+y_r-y_s}x_r/x_s)_{N_r-y_r}}. \tag{3.6.5}$$

证明 由于

$$\sum_{\substack{0 \leqslant y_k \leqslant N_k \\ k=1,2,\cdots,n}} F(\boldsymbol{N}, \boldsymbol{y}; A_n) A'_{\boldsymbol{y}}$$

$$= \sum_{\substack{0 \leqslant y_k \leqslant N_k \\ k=1,2,\cdots,n}} \prod_{r,s=1}^{n} \frac{1}{(q^{1+y_r-y_s}x_r/x_s)_{N_r-y_r}} \prod_{k=1}^{n} \frac{1}{(aqx_k)_{N_k+|\boldsymbol{y}|}} \prod_{k=1}^{n} \frac{1}{(aqx_k/\rho)_{y_k}}$$

$$\times \prod_{k=1}^{n} (\sigma x_k)_{y_k} \frac{(\rho)_{|\boldsymbol{y}|}}{(aq/\sigma)_{|\boldsymbol{y}|}} \left(\frac{aq}{\rho\sigma}\right)^{|\boldsymbol{y}|} A_{\boldsymbol{y}}$$

$$= \sum_{\substack{0 \leqslant y_k \leqslant N_k \\ k=1,2,\cdots,n}} \prod_{r,s=1}^{n} \frac{1}{(q^{1+y_r-y_s}x_r/x_s)_{N_r-y_r}} \prod_{k=1}^{n} \frac{1}{(aqx_k)_{N_k+|\boldsymbol{y}|}}$$

$$\times \prod_{k=1}^{n} \frac{1}{(aqx_k/\rho)_{y_k}} \prod_{k=1}^{n} (\sigma x_k)_{y_k} \frac{(\rho)_{|\boldsymbol{y}|}}{(aq/\sigma)_{|\boldsymbol{y}|}} \left(\frac{aq}{\rho\sigma}\right)^{|\boldsymbol{y}|}$$

$$\times \sum_{\substack{0 \leqslant i_k \leqslant y_k \\ k=1,2,\cdots,n}} \prod_{k=1}^{n} (1-ax_kq^{y_k+|\boldsymbol{y}|}) \prod_{k=1}^{n} (aqx_k)_{i_k+|\boldsymbol{y}|-1} \prod_{r,s=1}^{n} \frac{1}{(q^{1+i_r-i_s}x_r/x_s)_{y_r-i_r}} B_{\boldsymbol{i}}$$

$$= \sum_{\substack{0 \leqslant i_k \leqslant N_k \\ k=1,2,\cdots,n}} B_{\boldsymbol{i}} \sum_{\substack{i_k \leqslant y_k \leqslant N_k \\ k=1,2,\cdots,n}} \prod_{r,s=1}^{n} \frac{1}{(q^{1+y_r-y_s}x_r/x_s)_{N_r-y_r}} \prod_{k=1}^{n} \frac{1}{(aqx_k)_{N_k+|\boldsymbol{y}|}}$$

$$\times \prod_{k=1}^{n} \frac{1}{(aqx_k/\rho)_{y_k}} \prod_{k=1}^{n} (\sigma x_k)_{y_k} \frac{(\rho)_{|\boldsymbol{y}|}}{(aq/\sigma)_{|\boldsymbol{y}|}} \left(\frac{aq}{\rho\sigma}\right)^{|\boldsymbol{y}|}$$

$$\times \prod_{k=1}^{n}(1-ax_kq^{y_k+|\boldsymbol{y}|}) \prod_{k=1}^{n}(aqx_k)_{i_k+|\boldsymbol{y}|-1} \prod_{r,s=1}^{n}\frac{1}{(q^{1+i_r-i_s}x_r/x_s)_{y_r-i_r}}$$

$$=\sum_{\substack{0\leqslant i_k\leqslant N_k\\k=1,2,\cdots,n}}B_{\boldsymbol{i}}\sum_{\substack{0\leqslant y_k\leqslant N_k-i_k\\k=1,2,\cdots,n}}\prod_{r,s=1}^{n}\frac{1}{(q^{1+y_r-y_s+i_r-i_s}x_r/x_s)_{N_r-y_r-i_r}}$$

$$\times \prod_{k=1}^{n}\frac{1}{(aqx_k)_{N_k+|\boldsymbol{y}|+|\boldsymbol{i}|}}\prod_{k=1}^{n}\frac{1}{(aqx_k/\rho)_{y_k+i_k}}$$

$$\times \prod_{k=1}^{n}(\sigma x_k)_{y_k+i_k}\cdot\frac{(\rho)_{|\boldsymbol{y}|+|\boldsymbol{i}|}}{(aq/\sigma)_{|\boldsymbol{y}|+|\boldsymbol{i}|}}\left(\frac{aq}{\rho\sigma}\right)^{|\boldsymbol{y}|+|\boldsymbol{i}|}$$

$$\times \prod_{k=1}^{n}(1-ax_kq^{y_k+i_k+|\boldsymbol{y}|+|\boldsymbol{i}|})\prod_{k=1}^{n}(aqx_k)_{i_k+|\boldsymbol{y}|+|\boldsymbol{i}|-1}$$

$$\times \prod_{r,s=1}^{n}\frac{1}{(q^{1+i_r-i_s}x_r/x_s)_{y_r}}\cdot(-1)^{|\boldsymbol{y}|}q^{\binom{|\boldsymbol{y}|}{2}},$$

应用 (1.4.11):

$$\prod_{r,s=1}^{n}\frac{1}{\left(q\dfrac{x_r}{x_s}q^{j_r-j_s}q^{y_r-y_s}\right)_{i_r-j_r-y_r}}$$

$$=\prod_{r,s=1}^{n}\frac{\left(\dfrac{x_r}{x_s}q^{j_r-i_s}\right)_{y_r}}{\left(q\dfrac{x_r}{x_s}q^{j_r-j_s}\right)_{i_r-j_r}}\prod_{1\leqslant r<s\leqslant n}\frac{x_rq^{y_r+j_r}-x_sq^{y_s+j_s}}{x_rq^{j_r}-x_sq^{j_s}}$$

$$\times q^{(|\boldsymbol{i}|-|\boldsymbol{j}|)|\boldsymbol{y}|}(-1)^{|\boldsymbol{y}|}q^{-\binom{|\boldsymbol{y}|}{2}}$$

和 $(a;q)_{n+k}=(a;q)_k(aq^k;q)_n$, 以及乘以 $\prod_{k=1}^{n}(1-ax_kq^{|\boldsymbol{i}|+i_k})$, 然后再除以 $\prod_{k=1}^{n}(1-ax_kq^{|\boldsymbol{i}|+i_k})$, 则有

$$\sum_{\substack{0\leqslant y_k\leqslant N_k\\k=1,2,\cdots,n}}F(\boldsymbol{N},\boldsymbol{y};A_n)A'_{\boldsymbol{y}}$$

$$=\sum_{\substack{0\leqslant i_k\leqslant N_k\\k=1,2,\cdots,n}}B_{\boldsymbol{i}}\prod_{k=1}^{n}(1-ax_kq^{|\boldsymbol{i}|+i_k})\prod_{r,s=1}^{n}\frac{1}{(q^{1+i_r-i_s}x_r/x_s)_{N_r-i_r}}$$

$$\times \prod_{k=1}^{n}\frac{1}{(aqx_k)_{N_k+|\boldsymbol{i}|}}\prod_{k=1}^{n}\frac{1}{(aqx_k/\rho)_{i_k}}$$

$$\times \prod_{k=1}^{n}(\sigma x_k)_{i_k}\frac{(\rho)_{|\boldsymbol{i}|}}{(aq/\sigma)_{|\boldsymbol{i}|}}\left(\frac{aq}{\rho\sigma}\right)^{|\boldsymbol{i}|}\prod_{k=1}^{n}(aqx_k)_{i_k+|\boldsymbol{i}|-1}$$

$$\times\sum_{\substack{0\leqslant y_k\leqslant N_k-i_k\\k=1,2,\cdots,n}}\prod_{r,s=1}^{n}(q^{-N_r-i_r}x_r/x_s)_{y_r}$$

$$\times\prod_{1\leqslant r<s\leqslant n}\frac{x_rq^{y_r+i_r}-x_sq^{y_s-i_s}}{x_rq^{i_r}-x_sq^{i_s}}\prod_{k=1}^{n}\frac{1}{(aq^{1+N_k+|\boldsymbol{i}|}x_k)_{|\boldsymbol{y}|}}$$

$$\times\prod_{k=1}^{n}\frac{1}{(aq^{1+i_k}x_k/\rho)_{y_k}}\prod_{k=1}^{n}(\sigma x_kq^{i_k})_{y_k}$$

$$\times\prod_{k=1}^{n}\frac{(1-ax_kq^{y_k+i_k+|\boldsymbol{y}|+|\boldsymbol{i}|})}{(1-ax_kq^{|\boldsymbol{i}|+i_k})}\prod_{k=1}^{n}(aq^{i_k+|\boldsymbol{i}|}x_k)_{|\boldsymbol{y}|}\prod_{r,s=1}^{n}\frac{1}{(q^{1+i_r-i_s}x_r/x_s)_{y_r}}$$

$$\times q^{(|\boldsymbol{N}|-|\boldsymbol{i}|)|\boldsymbol{Ny}|}\frac{(\rho q^{|\boldsymbol{i}|})_{|\boldsymbol{y}|}}{(aq^{1+|\boldsymbol{i}|}/\sigma)_{|\boldsymbol{y}|}}\left(\frac{aq}{\rho\sigma}\right)^{|\boldsymbol{y}|}.$$

在定理 3.2.2 中, 取

$$x_k\rightarrow x_kq^{i_k},\quad k=1,\cdots,n,$$

$$N_s\rightarrow N_s-i_s,\quad s=1,\cdots,n,$$

$$a\rightarrow aq^{|\boldsymbol{i}|},$$

$$b\rightarrow\sigma,$$

$$c\rightarrow\rho q^{|\boldsymbol{i}|},$$

故得

$$\sum_{\substack{0\leqslant y_k\leqslant N_k\\k=1,2,\cdots,n}}F(\boldsymbol{N},\boldsymbol{y};A_n)A'_{\boldsymbol{y}}$$

$$=\sum_{\substack{0\leqslant i_k\leqslant N_k\\k=1,2,\cdots,n}}B_{\boldsymbol{i}}\prod_{k=1}^{n}(1-ax_kq^{|\boldsymbol{i}|+i_k})\prod_{r,s=1}^{n}\frac{1}{(q^{1+i_r-i_s}x_r/x_s)_{N_r-i_r}}$$

$$\times\prod_{k=1}^{n}\frac{1}{(aqx_k)_{N_k+|\boldsymbol{i}|}}\prod_{k=1}^{n}\frac{1}{(aqx_k/\rho)_{i_k}}$$

$$\times\prod_{k=1}^{n}(\sigma x_k)_{i_k}\frac{(\rho)_{|\boldsymbol{i}|}}{(aq/\sigma)_{|\boldsymbol{i}|}}\left(\frac{aq}{\rho\sigma}\right)^{|\boldsymbol{i}|}$$

$$\times \prod_{k=1}^{n} (aqx_k)_{i_k+|i|-1} \frac{(aq/\rho\sigma)_{|N|-|i|}}{(aq^{1+|i|}/\sigma)_{|N|-|i|}} \prod_{k=1}^{n} \frac{(ax_k q^{|i|+i_k+1})_{N_k-i_k}}{(ax_k q^{1+i_k}/\rho)_{N_k-i_k}}$$

$$= \sum_{\substack{0 \leqslant i_k \leqslant N_k \\ k=1,2,\cdots,n}} B_i \prod_{r,s=1}^{n} \frac{1}{(q^{1+i_r-i_s} x_r/x_s)_{N_r-i_r}}$$

$$\times \prod_{k=1}^{n} \frac{(\sigma x_k)_{i_k}}{(aqx_k/\rho)_{N_k}} \frac{(aq/\rho\sigma)_{|N|-|i|}(\rho)_{|i|}}{(aq/\sigma)_{|N|}} \left(\frac{aq}{\rho\sigma}\right)^{|i|}$$

$$= B'_N. \qquad\qquad\qquad \square$$

$U(n+1)$ Bailey 引理告诉我们, 正像单变量 Bailey 引理一样, $U(n+1)$ Bailey 引理是指给定一个 $U(n+1)$ Bailey 对, 则可产生一个新的 $U(n+1)$ Bailey 对 (α'_N, β'_N), 之后可以继续产生下一个新的 $U(n+1)$ Bailey 对, 这样就形成一个 $U(n+1)$ Bailey 对的无限序列:

$$(\alpha_N, \beta_N) \rightarrow (\alpha'_N, \beta'_N) \rightarrow (\alpha''_N, \beta''_N) \rightarrow \cdots,$$

称为 $U(n+1)$ Bailey 链, 也称 $U(n+1)$ Bailey 格.

例 3.6.1　取 $B_N = \delta_{N,0} = \prod_{k=1}^{n} \delta(N_k, 0)$, 代入 (3.3.5) 可得

$$A_N = (-1)^{|N|} q^{\binom{|N|}{2}} \prod_{k=1}^{n} \frac{1-ax_k q^{N_k+|N|}}{1-ax_k} \prod_{k=1}^{n} (ax_k)_{|N|} \prod_{r,s=1}^{n} \frac{1}{\left(q\dfrac{x_r}{x_s}\right)_{N_r}}. \qquad (3.6.6)$$

将此 $U(n+1)$ 单位 Bailey 对 (A_N, B_N) 代入 (3.6.3), 且利用 (1.4.19) 化简, 消去无用项 $\prod_{r,s=1}^{n} \left(q\dfrac{x_r}{x_s}\right)_{N_r}$ 和 $\prod_{k=1}^{n} (aqx_k)_{N_k}$, 可得 $U(n+1)$ $_4\phi_3$ 正交关系:

$$\sum_{\substack{0 \leqslant y_k \leqslant N_k \\ k=1,2,\cdots,n}} q^{|N||y|} \prod_{1 \leqslant r < s \leqslant n} \frac{x_r q^{y_r} - x_s q^{y_s}}{x_r - x_s} \prod_{k=1}^{n} \frac{1-ax_k q^{y_k+|y|}}{1-ax_k}$$

$$\times \prod_{r,s=1}^{n} \frac{(q^{-N_s} x_r/x_s)_{y_r}}{(qx_r/x_s)_{y_r}} \prod_{k=1}^{n} \frac{(ax_k)_{|y|}}{(ax_k q^{1+N_k})_{|y|}}$$

$$= \prod_{k=1}^{n} \delta(N_k, 0). \qquad\qquad\qquad (3.6.7)$$

将 $U(n+1)$ 单位 Bailey 对 (A_N, B_N) 代入 $U(n+1)$ Bailey 引理 (定理 3.6.1) 中, 可得新的 $U(n+1)$ Bailey 对 (A'_N, B'_N):

$$A'_N = \frac{(\rho)_{|N|}}{(aq/\sigma)_{|N|}} \left(\frac{aq}{\rho\sigma}\right)^{|N|} (-1)^{|N|} q^{\binom{|N|}{2}} \prod_{k=1}^{n} \frac{1-ax_k q^{N_k+|N|}}{1-ax_k}$$

$$\times \prod_{r,s=1}^{n} \frac{1}{(qx_r/x_s)_{N_r}} \prod_{k=1}^{n} \frac{(ax_k)_{|\boldsymbol{N}|}(\sigma x_k)_{N_k}}{(aqx_k/\rho)_{N_k}}, \tag{3.6.8}$$

$$B'_{\boldsymbol{N}} = \frac{(aq/\rho\sigma)_{|\boldsymbol{N}|}}{(aq/\sigma)_{|\boldsymbol{N}|}} \prod_{k=1}^{n} \frac{1}{(aqx_k/\rho)_{N_k}} \prod_{r,s=1}^{n} \frac{1}{(qx_r/x_s)_{N_r}}. \tag{3.6.9}$$

将此 $U(n+1)$ Bailey 对 $(A'_{\boldsymbol{N}}, B'_{\boldsymbol{N}})$ 代入(3.6.3), 且利用 (1.4.19) 化简, 则得终止型 $_6\phi_5$ 求和的第二个 $U(n+1)$ 拓广 (定理 3.2.2):

$$\frac{(aq/\rho\sigma)_{|\boldsymbol{N}|}}{(aq/\sigma)_{|\boldsymbol{N}|}} \prod_{k=1}^{n} \frac{(aqx_k)_{N_k}}{(aqx_k/\rho)_{N_k}}$$

$$= \sum_{\substack{0 \leqslant y_k \leqslant N_k \\ k=1,2,\cdots,n}} \frac{(\rho)_{|\boldsymbol{y}|}}{(aq/\sigma)_{|\boldsymbol{y}|}} \left(\frac{aq^{1+|\boldsymbol{N}|}}{\rho\sigma}\right)^{|\boldsymbol{y}|} \prod_{1 \leqslant r<s \leqslant n} \frac{x_r q^{y_r} - x_s q^{y_s}}{x_r - x_s} \prod_{k=1}^{n} \frac{1 - ax_k q^{y_k+|\boldsymbol{y}|}}{1 - ax_k}$$

$$\times \prod_{r,s=1}^{n} \frac{(q^{-N_s} x_r/x_s)_{y_r}}{(qx_r/x_s)_{y_r}} \prod_{k=1}^{n} \frac{(ax_k)_{|\boldsymbol{y}|}(\sigma x_k)_{y_k}}{(ax_k q^{1+N_k})_{|\boldsymbol{y}|}(aqx_k/\rho)_{y_k}}. \tag{3.6.10}$$

将 $U(n+1)$ Bailey 对 $(A'_{\boldsymbol{N}}, B'_{\boldsymbol{N}})$ 代入 $U(n+1)$ Bailey 引理 (定理 3.6.1) 中, 利用 (1.1.4) 化简 $(aq/\rho_2\sigma_2)_{|\boldsymbol{N}|-|\boldsymbol{y}|}$, 以及关系 (1.4.19), 可得 $U(n+1)$ Bailey 对 $(A''_{\boldsymbol{N}}, B''_{\boldsymbol{N}})$:

$$A''_{\boldsymbol{N}} = \frac{(\rho_1)_{|\boldsymbol{N}|}(\rho_2)_{|\boldsymbol{N}|}}{(aq/\sigma_1)_{|\boldsymbol{N}|}(aq/\sigma_2)_{|\boldsymbol{N}|}} \left(\frac{a^2 q^2}{\rho_1\sigma_1\rho_2\sigma_2}\right)^{|\boldsymbol{N}|} (-1)^{|\boldsymbol{N}|} q^{\binom{|\boldsymbol{N}|}{2}} \prod_{k=1}^{n} \frac{1 - ax_k q^{N_k+|\boldsymbol{N}|}}{1 - ax_k}$$

$$\times \prod_{r,s=1}^{n} \frac{1}{(qx_r/x_s)_{N_r}} \prod_{k=1}^{n} \frac{(ax_k)_{|\boldsymbol{N}|}(\sigma_1 x_k)_{N_k}(\sigma_2 x_k)_{N_k}}{(aqx_k/\rho_1)_{N_k}(aqx_k/\rho_2)_{N_k}}, \tag{3.6.11}$$

$$B''_{\boldsymbol{N}} = \frac{(aq/\rho_2\sigma_2)_{|\boldsymbol{N}|}}{(aq/\sigma_2)_{|\boldsymbol{N}|}} \prod_{k=1}^{n} \frac{1}{(aqx_k/\rho_2)_{N_k}} \prod_{r,s=1}^{n} \frac{1}{(qx_r/x_s)_{N_r}}$$

$$\times \sum_{\substack{0 \leqslant y_k \leqslant N_k \\ k=1,2,\cdots,n}} q^{|\boldsymbol{y}|} \frac{(aq/\rho_1\sigma_1)_{|\boldsymbol{y}|}(\rho_2)_{|\boldsymbol{y}|}}{(aq/\sigma_1)_{|\boldsymbol{y}|}(\rho_2\sigma_2 q^{-|\boldsymbol{N}|}/a)_{|\boldsymbol{y}|}}$$

$$\times \prod_{1 \leqslant r<s \leqslant n} \frac{x_r q^{y_r} - x_s q^{y_s}}{x_r - x_s} \prod_{r,s=1}^{n} \frac{(q^{-N_s} x_r/x_s)_{y_r}}{(qx_r/x_s)_{y_r}} \prod_{k=1}^{n} \frac{(\sigma_2 x_k)_{y_k}}{(aqx_k/\rho_2)_{y_k}}. \tag{3.6.12}$$

将此 $U(n+1)$ Bailey 对 $(A''_{\boldsymbol{N}}, B''_{\boldsymbol{N}})$ 代入 (3.6.3), 且利用 (1.4.19) 化简, 则得 q-Whipple 变换 $_8\phi_7$ 的第二个 $U(n+1)$ 拓广 (定理 3.5.2):

$$\frac{(aq/\rho_2\sigma_2)_{|\boldsymbol{N}|}}{(aq/\sigma_2)_{|\boldsymbol{N}|}} \prod_{k=1}^{n} \frac{(aqx_k)_{N_k}}{(aqx_k/\rho_2)_{N_k}} \sum_{\substack{0 \leqslant y_k \leqslant N_k \\ k=1,2,\cdots,n}} q^{|\boldsymbol{y}|} \frac{(aq/\rho_1\sigma_1)_{|\boldsymbol{y}|}(\rho_2)_{|\boldsymbol{y}|}}{(aq/\sigma_1)_{|\boldsymbol{y}|}(\rho_2\sigma_2 q^{-|\boldsymbol{N}|}/a)_{|\boldsymbol{y}|}}$$

$$\times \prod_{1 \leqslant r < s \leqslant n} \frac{x_r q^{y_r} - x_s q^{y_s}}{x_r - x_s}$$

$$\times \prod_{r,s=1}^{n} \frac{(q^{-N_s} x_r/x_s)_{y_r}}{(qx_r/x_s)_{y_r}} \prod_{k=1}^{n} \frac{(\sigma_2 x_k)_{y_k}}{(aqx_k/\rho_2)_{y_k}}$$

$$= \sum_{\substack{0 \leqslant y_k \leqslant N_k \\ k=1,2,\cdots,n}} \frac{(\rho_1)_{|\boldsymbol{y}|}(\rho_2)_{|\boldsymbol{y}|}}{(aq/\sigma_1)_{|\boldsymbol{y}|}(aq/\sigma_2)_{|\boldsymbol{y}|}} \left(\frac{a^2 q^{2+|\boldsymbol{N}|}}{\rho_1\sigma_1\rho_2\sigma_2}\right)^{|\boldsymbol{y}|}$$

$$\times \prod_{1 \leqslant r < s \leqslant n} \frac{x_r q^{y_r} - x_s q^{y_s}}{x_r - x_s} \prod_{r,s=1}^{n} \frac{(q^{-N_s} x_r/x_s)_{y_r}}{(qx_r/x_s)_{y_r}}$$

$$\times \prod_{k=1}^{n} \frac{1 - ax_k q^{y_k+|\boldsymbol{y}|}}{1 - ax_k} \prod_{k=1}^{n} \frac{(ax_k)_{|\boldsymbol{y}|}(\sigma_1 x_k)_{y_k}(\sigma_2 x_k)_{y_k}}{(aq^{1+N_k} x_k)_{|\boldsymbol{y}|}(aqx_k/\rho_1)_{y_k}(aqx_k/\rho_2)_{y_k}}. \tag{3.6.13}$$

3.7　$U(n+1)$ q-Gauss 求和公式

定理 3.7.1 [30, 定理 5.1](q-Gauss 求和公式的第一个 $U(n+1)$ 拓广)　令 $0 < |q| < 1$ 和 $|c| < |a_1 \cdots a_n b|$, 则

$$\frac{(c/b)_\infty}{(c/a_1 \cdots a_n b)_\infty} \prod_{i=1}^{n} \frac{(cx_i/a_i)_\infty}{(cx_i)_\infty}$$

$$= \sum_{y_1,\cdots,y_n \geqslant 0} \left(\frac{c}{a_1 \cdots a_n b}\right)^{|\boldsymbol{y}|} \prod_{1 \leqslant r < s \leqslant n} \frac{x_r q^{y_r} - x_s q^{y_s}}{x_r - x_s} \prod_{r,s=1}^{n} \frac{(a_s x_r/x_s)_{y_r}}{(qx_r/x_s)_{y_r}} \prod_{i=1}^{n} \frac{(bx_i)_{y_i}}{(cx_i)_{y_i}}. \tag{3.7.1}$$

证明　在定理 3.3.4 中, 令 $N \to \infty$.　　　　　　　　　　　　　　　　□

推论 3.7.1 [30, 推论 5.4]　设 $0 < |q| < 1$ 和 $|b| < |q^n a|$, 则

$$\frac{a^n q^{\binom{n}{2}} x_1 \cdots x_n}{(aq/b)_n} \prod_{i=1}^{n} \left(1 - \frac{q}{bx_i}\right)$$

$$= \sum_{y_1,\cdots,y_n \geqslant 0} \prod_{1 \leqslant r < s \leqslant n} \frac{x_1 q^{y_r} - x_s q^{y_s}}{x_r - x_s} \prod_{i=1}^{n} \frac{(ax_i)_{y_i}}{(bx_i)_{y_i}} \left(\frac{b}{aq^n}\right)^{|\boldsymbol{y}|}. \tag{3.7.2}$$

证明   在定理 3.7.1 中取 $a_s = q$ $(s = 1, \cdots, n)$ 以及 $b \to a$ 和 $c \to b$.   □

定理 3.7.2 [30, 定理 5.6] (q-Gauss 求和公式的第二个 $U(n+1)$ 拓广)   令 $0 <$ $|q| < 1$ 和 $\left|\dfrac{c}{ab}\right| < |q|^{\frac{n-1}{2}} |x_k|^{-n} |x_1 \cdots x_n|$, 对 $k = 1, \cdots, n$, 则

$$\frac{(c/a)_\infty}{(c/ab)_\infty} \prod_{i=1}^{n} \frac{(cx_i/b)_\infty}{(cx_i)_\infty}$$

$$= \sum_{y_1, \cdots, y_n \geqslant 0} (b)_{|\boldsymbol{y}|} \left(\frac{c}{ab}\right)^{|\boldsymbol{y}|} \prod_{1 \leqslant r < s \leqslant n} \frac{x_r q^{y_r} - x_s q^{y_s}}{x_r - x_s} \prod_{r,s=1}^{n} \frac{1}{(qx_r/x_s)_{y_r}} \prod_{i=1}^{n} \frac{(ax_i)_{y_i}}{(cx_i)_{y_i}}$$

$$\times (-1)^{(n-1)|\boldsymbol{y}|} q^{(n-1)\left[\binom{y_1}{2} + \cdots + \binom{y_n}{2}\right]} q^{-e_2(y_1, \cdots, y_n)} \prod_{i=1}^{n} x_i^{ny_i - |\boldsymbol{y}|}. \tag{3.7.3}$$

证明   在定理 3.3.3 中, 令 $N_1 \to \infty, \cdots, N_n \to \infty$.   □

定理 3.7.3 [54, 定理 3.2] (q-Gauss 求和公式的第三个 $U(n+1)$ 拓广)   设 $0 <$ $|q| < 1$ 和对 $m = 1, 2, \cdots, n$, $|a/bc| < |x_1 \cdots x_n||x_m|^{-n} |q|^{(n-1)/2}$, 则

$$\frac{(a/c, a/b)_\infty}{(a/bc, a)_\infty} = \sum_{k_1, \cdots, k_n \geqslant 0} \prod_{1 \leqslant r < s \leqslant n} \frac{x_r q^{k_r} - x_s q^{k_s}}{x_r - x_s} \prod_{r,s=1}^{n} \left(q \frac{x_r}{x_s}\right)_{k_r}^{-1} \prod_{i=1}^{n} x_i^{nk_i - |\boldsymbol{k}|}$$

$$\times q^{(n-1)\left[\binom{k_1}{2} + \cdots + \binom{k_n}{2}\right] - e_2(k_1, \cdots, k_n)} (-1)^{(n-1)|\boldsymbol{k}|} \frac{(b, c)_{|\boldsymbol{k}|}}{(a)_{|\boldsymbol{k}|}} \left(\frac{a}{bc}\right)^{|\boldsymbol{k}|}, \tag{3.7.4}$$

这里 $e_2(k_1, \cdots, k_n)$ 是关于 $\{k_1, \cdots, k_n\}$ 的二阶基本对称函数.

证明   见 [54].   □

3.8 两类 q-Chu-Vandermonde 求和公式的 $U(n+1)$ 拓广

定理 3.8.1 [30, 定理 5.10] (q-Chu-Vandermonde 第二求和公式的第一个 $U(n+1)$ 拓广)

$$b^{|\boldsymbol{N}|} \prod_{i=1}^{n} \frac{(cx_i/b)_{N_i}}{(cx_i)_{N_i}}$$

$$= \sum_{\substack{0 \leqslant y_i \leqslant N_i \\ i=1,2,\cdots,n}} (b)_{|\boldsymbol{y}|} q^{|\boldsymbol{y}|} \prod_{1 \leqslant r < s \leqslant n} \frac{x_r q^{y_r} - x_s q^{y_s}}{x_r - x_s} \prod_{r,s=1}^{n} \frac{(q^{-N_s} x_r/x_s)_{y_r}}{(qx_r/x_s)_{y_r}} \prod_{i=1}^{n} \frac{1}{(cx_i)_{y_i}}. \tag{3.8.1}$$

证明　在定理 3.3.3 中令 $a \to 0$.　　　　　　　　　　　　　　　　　□

定理 3.8.2 [30, 定理 5.12] (q-Chu-Vandermonde 第一求和公式的第一个 $U(n+1)$ 拓广)

$$\prod_{i=1}^{n} \frac{(cx_i/b)_{N_i}}{(cx_i)_{N_i}} = \sum_{\substack{0 \leqslant y_i \leqslant N_i \\ i=1,2,\cdots,n}} (b)_{|\boldsymbol{y}|} q^{-e_2(y_1,\cdots,y_n)} \left(\frac{cq^{|\boldsymbol{N}|}}{b}\right)^{|\boldsymbol{y}|} \prod_{1 \leqslant r < s \leqslant n} \frac{x_r q^{y_r} - x_s q^{y_s}}{x_r - x_s}$$

$$\times \prod_{r,s=1}^{n} \frac{(q^{-N_s} x_r/x_s)_{y_r}}{(qx_r/x_s)_{y_r}} \prod_{i=1}^{n} \frac{1}{(cx_i)_{y_i}} \prod_{i=1}^{n} x_i^{y_i}. \tag{3.8.2}$$

证明　在定理 3.3.3 中令 $a \to \infty$.　　　　　　　　　　　　　　　□

注 3.8.1　在定理 3.5.1 中, 取 $a \to q^{-N}$, 化简, 再令 $N \to \infty$, 可得定理 3.8.2.

推论 3.8.1 [45, 定理 3.4] (q-二项式定理的终止型 $U(n+1)$ 拓广)

$$\prod_{i=1}^{n} (x_i t q^{-|\boldsymbol{N}|})_{N_i} = \sum_{\substack{0 \leqslant y_i \leqslant N_i \\ i=1,2,\cdots,n}} \prod_{1 \leqslant r < s \leqslant n} \frac{x_r q^{y_r} - x_s q^{y_s}}{x_r - x_s} \prod_{r,s=1}^{n} \frac{(q^{-N_s} x_r/x_s)_{y_r}}{(qx_r/x_s)_{y_r}}$$

$$\times q^{-e_2(y_1,y_2,\cdots,y_n)} t^{|\boldsymbol{y}|} \prod_{i=1}^{n} x_i^{y_i}. \tag{3.8.3}$$

证明　在定理 3.8.2 中, 令 $b \to cq^{|\boldsymbol{N}|}/t$, 再令 $c \to 0$.　　　　　□

定理 3.8.3 [30, 定理 5.14] (q-Chu-Vandermonde 第二求和公式的第二个 $U(n+1)$ 拓广)

$$(c/b)_{|\boldsymbol{N}|} \prod_{i=1}^{n} \frac{1}{(cx_i)_{N_i}} b^{|\boldsymbol{N}|} q^{-e_2(N_1,\cdots,N_n)} \prod_{i=1}^{n} x_i^{N_i}$$

$$= \sum_{\substack{0 \leqslant y_i \leqslant N_i \\ i=1,2,\cdots,n}} q^{|\boldsymbol{y}|} \prod_{1 \leqslant r < s \leqslant n} \frac{x_r q^{y_r} - x_s q^{y_s}}{x_r - x_s} \prod_{r,s=1}^{n} \frac{(q^{-N_s} x_r/x_s)_{y_r}}{(qx_r/x_s)_{y_r}} \prod_{i=1}^{n} \frac{(bx_i)_{y_i}}{(cx_i)_{y_i}}. \tag{3.8.4}$$

证明　在定理 3.3.3 中令 $b \to 0$, 且重新标号 $a \to b$.　　　　　　□

定理 3.8.4 [30, 定理 5.16] (q-Chu-Vandermonde 第一求和公式的第二个 $U(n+1)$ 拓广)

$$(c/b)_{|\boldsymbol{N}|} \prod_{i=1}^{n} \frac{1}{(cx_i)_{N_i}} = \sum_{\substack{0 \leqslant y_i \leqslant N_i \\ i=1,2,\cdots,n}} \left(\frac{cq^{|\boldsymbol{N}|}}{b}\right)^{|\boldsymbol{y}|} \prod_{1 \leqslant r < s \leqslant n} \frac{x_r q^{y_r} - x_s q^{y_s}}{x_r - x_s}$$

$$\times \prod_{r,s=1}^{n} \frac{(q^{-N_s} x_r/x_s)_{y_r}}{(qx_r/x_s)_{y_r}} \prod_{i=1}^{n} \frac{(bx_i)_{y_i}}{(cx_i)_{y_i}}. \tag{3.8.5}$$

证明 在定理 3.3.3 中令 $b \to \infty$, 且重新标号 $a \to b$. □

定理 3.8.5[30, 定理 5.18] (q-Chu-Vandermonde 第二求和公式的第三个 $U(n+1)$ 拓广)

$$(c/b)_N \prod_{i=1}^{n} \frac{1}{(cx_i)_N} (-1)^{(n-1)N} b^N c^{(n-1)N} q^{(n-1)\binom{N}{2}} \prod_{i=1}^{n} x_i^N$$

$$= \sum_{\substack{y_1,\cdots,y_n \geqslant 0 \\ 0 \leqslant |\boldsymbol{y}| \leqslant N}} (q^{-N})_{|\boldsymbol{y}|} q^{|\boldsymbol{y}|} \prod_{1 \leqslant r < s \leqslant n} \frac{x_r q^{y_r} - x_s q^{y_s}}{x_r - x_s} \prod_{r,s=1}^{n} \frac{1}{(qx_r/x_s)_{y_r}} \prod_{i=1}^{n} \frac{(bx_i)_{y_i}}{(cx_i)_{y_i}}.$$

$$(3.8.6)$$

证明 在定理 3.3.4 中令 $a_i \to 0$, $i = 1, \cdots, n$. □

定理 3.8.6[30, 定理 5.20] (q-Chu-Vandermonde 第一求和公式的第三个 $U(n+1)$ 拓广)

$$(c/b)_{|N|} \prod_{i=1}^{n} \frac{1}{(cx_i)_{|N|}} = \sum_{\substack{y_1,\cdots,y_n \geqslant 0 \\ 0 \leqslant |\boldsymbol{y}| \leqslant |N|}} (q^{-|N|})_{|\boldsymbol{y}|} \left(\frac{cq^{|N|}}{b}\right)^{|\boldsymbol{y}|} \prod_{1 \leqslant r < s \leqslant n} \frac{x_r q^{y_r} - x_s q^{y_s}}{x_r - x_s}$$

$$\times \prod_{r,s=1}^{n} \frac{1}{(qx_r/x_s)_{y_r}} \prod_{i=1}^{n} \frac{(bx_i)_{y_i}}{(cx_i)_{y_i}}$$

$$\times (-1)^{(n-1)|\boldsymbol{y}|} q^{(n-1)[\binom{y_1}{2}+\cdots+\binom{y_n}{2}]} q^{-e_2(y_1,\cdots,y_n)} \prod_{i=1}^{n} x_i^{ny_y - |\boldsymbol{y}|}.$$

$$(3.8.7)$$

证明 在定理 3.3.4 中令 $a_i \to \infty$, $i = 1, \cdots, n$. □

定理 3.8.7[30, 定理 5.22] (q-Chu-Vandermonde 第二求和公式的第四个 $U(n+1)$ 拓广)

$$(b_1 \cdots b_n)^N \prod_{i=1}^{n} \frac{(cx_i/b_i)_N}{(cx_i)_N}$$

$$= \sum_{\substack{y_1,\cdots,y_n \geqslant 0 \\ 0 \leqslant |\boldsymbol{y}| \leqslant N}} (q^{-N})_{|\boldsymbol{y}|} q^{|\boldsymbol{y}|} \prod_{1 \leqslant r < s \leqslant n} \frac{x_r q^{y_r} - x_s q^{y_s}}{x_r - x_s} \prod_{r,s=1}^{n} \frac{(b_s x_r/x_s)_{y_r}}{(qx_r/x_s)_{y_r}} \prod_{i=1}^{n} \frac{1}{(cx_i)_{y_i}}.$$

$$(3.8.8)$$

证明 在定理 3.3.4 中令 $b \to 0$, 重新标号 $a_i \to b_i$, $i = 1, \cdots, n$. □

定理 3.8.8 [30, 定理 5.24] (q-Chu-Vandermonde 第一求和公式的第四个 $U(n+1)$ 拓广)

$$\prod_{i=1}^{n} \frac{(cx_i/b_i)_N}{(cx_i)_N} = \sum_{\substack{y_1,\cdots,y_n \geqslant 0 \\ 0 \leqslant |\boldsymbol{y}| \leqslant N}} q^{-e_2(y_1,\cdots,y_n)} (q^{-N})_{|\boldsymbol{y}|} \left(\frac{cq^N}{b_1 \cdots b_n} \right)^{|\boldsymbol{y}|}$$

$$\times \prod_{1 \leqslant r < s \leqslant n} \frac{x_r q^{y_r} - x_s q^{y_s}}{x_r - x_s} \prod_{r,s=1}^{n} \frac{(b_s x_r/x_s)_{y_r}}{(qx_r/x_s)_{y_r}} \prod_{i=1}^{n} \frac{1}{(cx_i)_{y_i}} \prod_{i=1}^{n} x_i^{y_i}.$$

$$\tag{3.8.9}$$

证明　在定理 3.3.4 中令 $b \to \infty$, 重新标号 $a_i \to b_i$, $i = 1, \cdots, n$.　□

定理 3.8.9 [30, 定理 5.26] (q-Chu-Vandermonde 第二求和公式的第五个 $U(n+1)$ 拓广)

$$\frac{1}{(c)_{|\boldsymbol{N}|}} b^{|\boldsymbol{N}|} q^{e_2(N_1,\cdots,N_n)} \prod_{i=1}^{n} (cx_i/b)_{N_i} \prod_{i=1}^{n} \left(\frac{1}{x_i} \right)^{N_i}$$

$$= \sum_{\substack{0 \leqslant y_i \leqslant N_i \\ i=1,2,\cdots,n}} \frac{1}{(c)_{|\boldsymbol{y}|}} q^{|\boldsymbol{y}|} \prod_{1 \leqslant r < s \leqslant n} \frac{x_r q^{y_r} - x_s q^{y_s}}{x_r - x_s} \prod_{r,s=1}^{n} \frac{(q^{-N_s} x_r/x_s)_{y_r}}{(qx_r/x_s)_{y_r}} \prod_{i=1}^{n} (bq^{|\boldsymbol{y}|-y_i}/x_i)_{y_i}.$$

$$\tag{3.8.10}$$

证明　在定理 3.3.6 中令 $a \to 0$.　□

定理 3.8.10 [30, 定理 5.28] (q-Chu-Vandermonde 第一求和公式的第五个 $U(n+1)$ 拓广)

$$\frac{1}{(c)_{|\boldsymbol{N}|}} \prod_{i=1}^{n} (cx_i/b)_{N_i} = \sum_{\substack{0 \leqslant y_i \leqslant N_i \\ i=1,2,\cdots,n}} \frac{1}{(c)_{|\boldsymbol{y}|}} \left(\frac{cq^{|\boldsymbol{N}|}}{b} \right)^{|\boldsymbol{y}|} q^{-e_2(y_1,\cdots,y_n)} \prod_{1 \leqslant r < s \leqslant n} \frac{x_r q^{y_r} - x_s q^{y_s}}{x_r - x_s}$$

$$\times \prod_{r,s=1}^{n} \frac{(q^{-N_s} x_r/x_s)_{y_r}}{(qx_r/x_s)_{y_r}} \prod_{i=1}^{n} (bq^{|\boldsymbol{y}|-y_i}/x_i)_{y_i} \prod_{i=1}^{n} x_i^{y_i}. \tag{3.8.11}$$

证明　在定理 3.3.6 中令 $a \to \infty$.　□

定理 3.8.11 [30, 定理 5.30] (q-Chu-Vandermonde 第二求和公式的第六个 $U(n+1)$ 拓广)

$$\frac{1}{(c)_{|\boldsymbol{N}|}} b^{|\boldsymbol{N}|} q^{-e_2(N_1,\cdots,N_n)} \prod_{i=1}^{n} (cq^{|\boldsymbol{N}|-N_i}/bx_i)_{N_i} \prod_{i=1}^{n} x_i^{N_i}$$

$$= \sum_{\substack{0 \leqslant y_i \leqslant N_i \\ i=1,2,\cdots,n}} \frac{1}{(c)_{|\boldsymbol{y}|}} q^{|\boldsymbol{y}|} \prod_{1 \leqslant r < s \leqslant n} \frac{x_r q^{y_r} - x_s q^{y_s}}{x_r - x_s} \prod_{r,s=1}^{n} \frac{(q^{-N_s} x_r/x_s)_{y_r}}{(q x_r/x_s)_{y_r}} \prod_{i=1}^{n} (bx_i)_{y_i}.$$

(3.8.12)

证明 在定理 3.3.6 中令 $b \to 0$, 重新标号 $a \to b$. $\square$

定理 3.8.12[30, 定理 5.32] (q-Chu-Vandermonde 第一求和公式的第六个 $U(n+1)$ 拓广)

$$\frac{1}{(c)_{|\boldsymbol{N}|}} \prod_{i=1}^{n} (cq^{|\boldsymbol{N}|-N_i}/bx_i)_{N_i} = \sum_{\substack{0 \leqslant y_i \leqslant N_i \\ i=1,2,\cdots,n}} \frac{1}{(c)_{|\boldsymbol{y}|}} \left(\frac{cq^{|\boldsymbol{N}|}}{b}\right)^{|\boldsymbol{y}|} q^{e_2(y_1,\cdots,y_n)}$$

$$\times \prod_{1 \leqslant r < s \leqslant n} \frac{x_r q^{y_r} - x_s q^{y_s}}{x_r - x_s} \prod_{r,s=1}^{n} \frac{(q^{-N_s} x_r/x_s)_{y_r}}{(q x_r/x_s)_{y_r}}$$

$$\times \prod_{i=1}^{n} (bx_i)_{y_i} \prod_{i=1}^{n} \left(\frac{1}{x_i}\right)^{y_i}.$$

(3.8.13)

证明 在定理 3.3.6 中令 $b \to \infty$, 重新标号 $a \to b$. $\square$

定理 3.8.13[30, 定理 5.34] (q-Chu-Vandermonde 第二求和公式的第七个 $U(n+1)$ 拓广)

$$b^{|\boldsymbol{N}|} \prod_{i=1}^{n} (cq^{N_n-N_i}/bx_i)_{N_i} = \sum_{\substack{0 \leqslant y_i \leqslant N_i \\ i=1,2,\cdots,n}} (b)_{|\boldsymbol{y}|} q^{|\boldsymbol{y}|} \prod_{1 \leqslant r < s \leqslant n} \frac{x_r q^{y_r} - x_s q^{y_s}}{x_r - x_s}$$

$$\times \prod_{r,s=1}^{n} \frac{(q^{-N_s} x_r/x_s)_{y_r}}{(q x_r/x_s)_{y_r}}$$

$$\times \prod_{i=1}^{n} \frac{(cq^{N_n-N_i+|\boldsymbol{y}|-y_i}/x_i)_{N_i}}{(cq^{N_n-N_i+|\boldsymbol{y}|-y_i}/x_i)_{y_i}}.$$

(3.8.14)

证明 在 (3.4.2) 中令 $a \to 0$. $\square$

定理 3.8.14[30, 定理 5.36] (q-Chu-Vandermonde 第一求和公式的第七个 $U(n+1)$ 拓广)

$$\prod_{i=1}^{n} (cq^{N_n-N_i}/bx_i)_{N_i} = \sum_{\substack{0 \leqslant y_i \leqslant N_i \\ i=1,2,\cdots,n}} (b)_{|\boldsymbol{y}|} \left(\frac{cq^{N_n}}{b}\right)^{|\boldsymbol{y}|} q^{e_2(y_1,\cdots,y_n)}$$

$$\times \prod_{1 \leqslant r < s \leqslant n} \frac{x_r q^{y_r} - x_s q^{y_s}}{x_r - x_s} \prod_{r,s=1}^{n} \frac{(q^{-N_s} x_r/x_s)_{y_r}}{(q x_r/x_s)_{y_r}}$$

$$\times \prod_{i=1}^{n} \frac{(cq^{N_n - N_i + |\boldsymbol{y}| - y_i}/x_i)_{N_i}}{(cq^{N_n - N_i + |\boldsymbol{y}| - y_i}/x_i)_{y_i}} \prod_{i=1}^{n} \left(\frac{1}{x_i}\right)^{y_i}. \tag{3.8.15}$$

证明　在 (3.4.2) 中令 $a \to \infty$.　　　　　　　　　　　　　□

定理 3.8.15 (q-Chu-Vandermonde 第一求和公式的第八个 $U(n+1)$ 拓广)　设 $0 < |q| < 1$ 和 $|z| < |x_1 \cdots x_n||x_m|^{-n}|q|^{(n-1)/2}$, 对 $m = 1, 2, \cdots, n$, 则

$$\frac{(c/b)_N}{(c)_N} = \sum_{\substack{k_1, \cdots, k_n \geqslant 0 \\ 0 \leqslant |\boldsymbol{k}| \leqslant N}} \prod_{1 \leqslant r < s \leqslant n} \frac{x_r q^{k_r} - x_s q^{k_s}}{x_r - x_s} \prod_{r,s=1}^{n} \left(q\frac{x_r}{x_s}\right)_{k_r}^{-1} \prod_{i=1}^{n} x_i^{nk_i - |\boldsymbol{k}|}$$

$$\times q^{(n-1)\left[\binom{k_1}{2} + \cdots + \binom{k_n}{2}\right] - e_2(k_1, \cdots, k_n)} (-1)^{(n-1)|\boldsymbol{k}|} \frac{(q^{-N}, b)_{|\boldsymbol{k}|}}{(c)_{|\boldsymbol{k}|}} \left(\frac{c}{b}q^N\right)^{|\boldsymbol{k}|}, \tag{3.8.16}$$

这里 $e_2(k_1, \cdots, k_n)$ 是关于 $\{k_1, \cdots, k_n\}$ 的二阶基本对称函数.

证明　在 (3.7.4) 里, 取 $c \to q^{-N}$ 和 $a \to c$.　　　　　　　　　　□

定理 3.8.16 (q-Chu-Vandermonde 第二求和公式的第八个 $U(n+1)$ 拓广)　设 N 为非负整数, 以及 $0 < |q| < 1$, 则

$$\frac{(c/b)_N}{(c)_N} b^N = \sum_{\substack{k_1, \cdots, k_n \geqslant 0 \\ 0 \leqslant |\boldsymbol{k}| \leqslant N}} \prod_{1 \leqslant r < s \leqslant n} \frac{x_r q^{k_r} - x_s q^{k_s}}{x_r - x_s} \prod_{r,s=1}^{n} \left(q\frac{x_r}{x_s}\right)_{k_r}^{-1} \times q^{|\boldsymbol{k}|} \frac{(q^{-N}, b)_{|\boldsymbol{k}|}}{(c)_{|\boldsymbol{k}|}}. \tag{3.8.17}$$

证明　通过反演或改变求和次序由等式 (3.8.16) 可得.　　　　　　□

3.9　$U(n+1)$ q-二项式定理

(1) [30, 定理 5.38] (非终止型 q-二项式定理的第一个 $U(n+1)$ 拓广)

$$\frac{(a_1 \cdots a_n z)_\infty}{(z)_\infty} = \sum_{y_1, \cdots, y_n \geqslant 0} z^{|\boldsymbol{y}|} \prod_{1 \leqslant r < s \leqslant n} \frac{x_r q^{y_r} - x_s q^{y_s}}{x_r - x_s} \prod_{r,s=1}^{n} \frac{(a_s x_r/x_s)_{y_r}}{(qx_r/x_s)_{y_r}}. \tag{3.9.1}$$

(2) [30, 定理 5.40] (非终止型 q-二项式定理的第二个 $U(n+1)$ 拓广)

$$\frac{1}{(z)_\infty} \prod_{i=1}^{n} (azx_i)_\infty = \sum_{y_1, \cdots, y_n \geqslant 0} z^{|\boldsymbol{y}|} \prod_{1 \leqslant r < s \leqslant n} \frac{x_r q^{y_r} - x_s q^{y_s}}{x_r - x_s} \prod_{r,s=1}^{n} \frac{1}{(qx_r/x_s)_{y_r}} \prod_{i=1}^{n} (ax_i)_{y_i}$$

$$\times (-1)^{(n-1)|\boldsymbol{y}|} q^{(n-1)\left[\binom{y_1}{2} + \cdots + \binom{y_n}{2}\right]} q^{-e_2(y_1, \cdots, y_n)} \prod_{i=1}^{n} x_i^{ny_i - |\boldsymbol{y}|}. \tag{3.9.2}$$

(3) [30, 定理 5.42] (非终止型 q-二项式定理的第三个 $U(n+1)$ 拓广)

$$\frac{(bz)_\infty}{(z)_\infty} = \sum_{y_1,\cdots,y_n \geqslant 0} (b)_{|\boldsymbol{y}|} z^{|\boldsymbol{y}|} (-1)^{(n-1)|\boldsymbol{y}|} q^{(n-1)\left[\binom{y_1}{2}+\cdots+\binom{y_n}{2}\right]} q^{-e_2(y_1,\cdots,y_n)}$$

$$\times \prod_{1 \leqslant r < s \leqslant n} \frac{x_r q^{y_r} - x_s q^{y_s}}{x_r - x_s} \prod_{r,s=1}^n \frac{1}{(qx_r/x_s)_{y_r}} \prod_{i=1}^n x_i^{ny_i - |\boldsymbol{y}|}. \qquad (3.9.3)$$

(4) [30, 定理 5.44] (终止型 q-二项式定理的第一个 $U(n+1)$ 拓广)

$$(zq^{-|\boldsymbol{N}|})_{|\boldsymbol{N}|} = \sum_{\substack{0 \leqslant y_i \leqslant N_i \\ i=1,2,\cdots,n}} z^{|\boldsymbol{y}|} \prod_{1 \leqslant r < s \leqslant n} \frac{x_r q^{y_r} - x_s q^{y_s}}{x_r - x_s} \prod_{r,s=1}^n \frac{(q^{-N_s} x_r/x_s)_{y_r}}{(qx_r/x_s)_{y_r}}. \qquad (3.9.4)$$

(5) [30, 定理 5.46] (终止型 q-二项式定理的第二个 $U(n+1)$ 拓广)

$$\prod_{i=1}^n (zx_i q^{-|\boldsymbol{N}|})_{N_i} = \sum_{\substack{0 \leqslant y_i \leqslant N_i \\ i=1,2,\cdots,n}} q^{-e_2(\boldsymbol{y})} z^{|\boldsymbol{y}|} \prod_{1 \leqslant r < s \leqslant n} \frac{x_r q^{y_r} - x_s q^{y_s}}{x_r - x_s}$$

$$\times \prod_{r,s=1}^n \frac{(q^{-N_s} x_r/x_s)_{y_r}}{(qx_r/x_s)_{y_r}} \prod_{i=1}^n x_i^{y_i}. \qquad (3.9.5)$$

(6) [30, 定理 5.48] (终止型 q-二项式定理的第三个 $U(n+1)$ 拓广)

$$\prod_{i=1}^n (zq^{-N_i}/x_i)_{N_i} = \sum_{\substack{0 \leqslant y_i \leqslant N_i \\ i=1,\cdots,n}} q^{e_2(\boldsymbol{y})} z^{|\boldsymbol{y}|} \prod_{1 \leqslant r < s \leqslant n} \frac{x_r q^{y_r} - x_s q^{y_s}}{x_r - x_s}$$

$$\times \prod_{r,s=1}^n \frac{(q^{-N_s} x_r/x_s)_{y_r}}{(qx_r/x_s)_{y_r}} \prod_{i=1}^n x_i^{-y_i}. \qquad (3.9.6)$$

(7) [30, 定理 5.50] (终止型 q-二项式定理的第四个 $U(n+1)$ 拓广)

$$(zq^{-N})_N = \sum_{y_1,\cdots,y_n \geqslant 0} (-1)^{(n-1)|\boldsymbol{y}|} q^{(n-1)\left[\binom{y_1}{2}+\cdots+\binom{y_n}{2}\right]} (q^{-N})_{|\boldsymbol{y}|} q^{-e_2(y_1,\cdots,y_n)} z^{|\boldsymbol{y}|}$$

$$\times \prod_{1 \leqslant r < s \leqslant n} \frac{x_r q^{y_r} - x_s q^{y_s}}{x_r - x_s} \prod_{r,s=1}^n \frac{1}{(qx_r/x_s)_{y_r}} \prod_{i=1}^n x_i^{ny_i - |\boldsymbol{y}|}. \qquad (3.9.7)$$

(8) [30, 定理 5.52] (终止型 q-二项式定理的第四个 $U(n+1)$ 拓广的第二个版本)

$$(zq^{-N})_N = \sum_{\substack{y_1,\cdots,y_n \geqslant 0 \\ 0 \leqslant |\boldsymbol{y}| \leqslant N}} (q^{-N})_{|\boldsymbol{y}|} z^{|\boldsymbol{y}|} \prod_{1 \leqslant r < s \leqslant n} \frac{x_r q^{y_r} - x_s q^{y_s}}{x_r - x_s} \prod_{r,s=1}^n \frac{1}{(qx_r/x_s)_{y_r}}. \qquad (3.9.8)$$

(9) [30, 定理 5.54] (非终止型 q-二项式定理的第四个 $U(n+1)$ 拓广)

$$\prod_{i=1}^{n} \frac{(x_i/a_i)_{\infty}}{(x_i)_{\infty}} = \sum_{y_1,\cdots,y_n \geqslant 0} \prod_{1 \leqslant r < s \leqslant n} \frac{x_r q^{y_r} - x_s q^{y_s}}{x_r - x_s} \prod_{r,s=1}^{n} \frac{(a_s x_r/x_s)_{y_r}}{(q x_r/x_s)_{y_r}} \prod_{i=1}^{n} (x_i)_{y_i}^{-1}$$

$$\times (a_1 \cdots a_n)^{-|\boldsymbol{y}|} (-1)^{|\boldsymbol{y}|} q^{\binom{y_1}{2}+\cdots+\binom{y_n}{2}} \prod_{i=1}^{n} x_i^{y_i}. \tag{3.9.9}$$

(10) [30, 定理 5.56] (非终止型 q-二项式定理的第五个 $U(n+1)$ 拓广)

$$\prod_{i=1}^{n} \frac{1}{(x_i)_{\infty}} = \sum_{y_1,\cdots,y_n \geqslant 0} \prod_{1 \leqslant r < s \leqslant n} \frac{x_r q^{y_r} - x_s q^{y_s}}{x_r - x_s} \prod_{r,s=1}^{n} \frac{1}{(q x_r/x_s)_{y_r}} \prod_{i=1}^{n} (x_i)_{y_i}^{-1}$$

$$\times (-1)^{(n+1)|\boldsymbol{y}|} q^{(n+1)\left[\binom{y_1}{2}+\cdots+\binom{y_n}{2}\right]} \prod_{i=1}^{n} x_i^{(n+1)y_i-|\boldsymbol{y}|}. \tag{3.9.10}$$

(11) [30, 定理 5.58] (非终止型 q-二项式定理的第六个 $U(n+1)$ 拓广)

$$\prod_{i=1}^{n} \frac{(x_i/b)_{\infty}}{(x_i)_{\infty}} = \sum_{y_1,\cdots,y_n \geqslant 0} \prod_{1 \leqslant r < s \leqslant n} \frac{x_r q^{y_r} - x_s q^{y_s}}{x_r - x_s} \prod_{r,s=1}^{n} \frac{1}{(q x_r/x_s)_{y_r}} \prod_{i=1}^{n} (x_i)_{y_i}^{-1}$$

$$\times (b)_{|\boldsymbol{y}|} (1/b)_{|\boldsymbol{y}|} (-1)^{n|\boldsymbol{y}|} q^{n\left[\binom{y_1}{2}+\cdots+\binom{y_n}{2}\right]} q^{-e_2(y_1,\cdots,y_n)} \prod_{i=1}^{n} x_i^{(n+1)y_i-|\boldsymbol{y}|}. \tag{3.9.11}$$

(12) [30, 定理 5.60]

$$\sum_{y_1,\cdots,y_n \geqslant 0} b^{-n|\boldsymbol{y}|} (-1)^{|\boldsymbol{y}|} q^{\left[\binom{y_1}{2}+\cdots+\binom{y_n}{2}\right]} \prod_{1 \leqslant r < s \leqslant n} \frac{x_r q^{y_r} - x_s q^{y_s}}{x_r - x_s}$$

$$\times \prod_{r,s=1}^{n} \frac{(b x_r/x_s)_{y_r}}{(q x_r/x_s)_{y_r}} \prod_{i=1}^{n} (x_i)_{y_i}^{-1} \prod_{i=1}^{n} x_i^{y_i}$$

$$= \sum_{y_1,\cdots,y_n \geqslant 0} \prod_{1 \leqslant r < s \leqslant n} \frac{x_r q^{y_r} - x_s q^{y_s}}{x_r - x_s} \prod_{r,s=1}^{n} \frac{1}{(q x_r/x_s)_{y_r}} \prod_{i=1}^{n} (x_i)_{y_i}^{-1}$$

$$\times (b)_{|\boldsymbol{y}|} (1/b)^{|\boldsymbol{y}|} (-1)^{n|\boldsymbol{y}|} q^{n\left[\binom{y_1}{2}+\cdots+\binom{y_n}{2}\right]} q^{-e_2(y_1,\cdots,y_n)} \prod_{i=1}^{n} x_i^{(n+1)y_i-|\boldsymbol{y}|}. \tag{3.9.12}$$

(13) [30, 定理 5.62] (非终止型 q-二项式定理的第七个 $U(n+1)$ 拓广)

$$\prod_{i=1}^{n} \frac{1}{(x_i)_\infty} = \sum_{y_1,\cdots,y_n \geqslant 0} q^{e_2(y_1,\cdots,y_n)} \prod_{1 \leqslant r < s \leqslant n} \frac{x_r q^{y_r} - x_s q^{y_s}}{x_r - x_s} \prod_{r,s=1}^{n} \frac{1}{(qx_r/x_s)_{y_r}} \prod_{i=1}^{n} x_i^{y_i}.$$

$$(3.9.13)$$

(14) [55] (终止型 q-二项式定理的第五个 $U(n+1)$ 拓广)

$$\prod_{i=1}^{n}(z/x_i)_N = \sum_{\substack{k_1,\cdots,k_n \geqslant 0 \\ |\boldsymbol{k}| \leqslant N}} \prod_{1 \leqslant i < j \leqslant n} \frac{x_i q^{k_i} - x_j q^{k_j}}{x_i - x_j} \prod_{i,j=1}^{n} \frac{1}{(qx_i/x_j)_{k_i}}$$

$$\times (q^{-N})_{|\boldsymbol{k}|} q^{N|\boldsymbol{k}| + \sum\limits_{1 \leqslant i < j \leqslant n} k_i k_j} z^{|\boldsymbol{k}|} \prod_{i=1}^{n} x_i^{-k_i} (z/x_i)_{|\boldsymbol{k}|-k_i}. \qquad (3.9.14)$$

(15) [56, 定理 B.6] ($U(n+1)$ ${}_0\phi_0$-求和)

$$(a)_\infty = \sum_{k_1,\cdots,k_r=0}^{\infty} (-1)^{r|\boldsymbol{k}|} a^{|\boldsymbol{k}|} q^{\sum\limits_{i=1}^{r}\binom{k_i}{2}} \prod_{1 \leqslant i < j \leqslant r} \frac{x_i q^{k_i} - x_j q^{k_j}}{x_i - x_j}$$

$$\times \prod_{i,j=1}^{r} \frac{1}{(qx_i/x_j)_{k_i}} \prod_{i=1}^{r} x_i^{rk_i - |\boldsymbol{k}|}. \qquad (3.9.15)$$

(16) [57, (2.1)][49, 定理 4.7]

$$\prod_{r=1}^{n} \frac{(a_r z/x_r)_\infty}{(z/x_r)_\infty} = \sum_{\substack{k_r \geqslant 0 \\ r=1,2,\cdots,n}} z^{|\boldsymbol{k}|} q^{e_2(k_1,\cdots,k_n)} \prod_{1 \leqslant r < s \leqslant n} \frac{x_r q^{k_r} - x_s q^{k_s}}{x_r - x_s}$$

$$\times \prod_{r,s=1}^{n} \frac{(a_s x_r/x_s)_{k_r}}{(qx_r/x_s)_{k_r}} \prod_{r=1}^{n} x_r^{-k_r}. \qquad (3.9.16)$$

(17) [57, (2.3)]

$$\prod_{r=1}^{n} \frac{(azq^{r-1})_\infty}{(zq^{r-1})_\infty} = \sum_{\substack{k_r \geqslant 0 \\ r=1,2,\cdots,n}} z^{|\boldsymbol{k}|} \prod_{1 \leqslant r < s \leqslant n} \frac{x_r q^{k_r} - x_s q^{k_s}}{x_r - x_s} \prod_{r=1}^{n} \frac{(a)_{k_r}}{(q)_{k_r}}. \qquad (3.9.17)$$

(18) [57, (2.5)]

$$\frac{(a_1 \cdots a_n z)_\infty}{(z)_\infty} = \sum_{\substack{k_r \geqslant 0 \\ r=1,2,\cdots,n}} z^{|\boldsymbol{k}|} \prod_{1 \leqslant r < s \leqslant n} \frac{x_r q^{k_r} - x_s q^{k_s}}{x_r - x_s}$$

$$\times \prod_{r,s=1}^{n} \frac{(a_s x_r/x_s)_{k_r}}{(qx_r/x_s)_{k_r}} \prod_{r=1}^{n} \frac{(cx_r/a_1 \cdots a_n)_{k_r}(cx_r)_{|\boldsymbol{k}|}}{(cx_r)_{k_r}(cx_r/a_r)_{|\boldsymbol{k}|}}. \qquad (3.9.18)$$

3.10　包含 $U(n+1)$　q-二项式系数的若干求和定理

$U(n+1)$　q-二项式系数定义为

$$\prod_{i,j=1}^{n} \frac{(qx_i/x_j;q)_{N_i}}{(qx_i/x_j;q)_{k_i}(q^{1+k_i-k_j}x_i/x_j;q)_{N_i-k_i}}.$$

应用 (1.4.23), (3.9.4), (3.9.5) 和 (3.9.6) 可以分别重写为下面的 (3.10.1),
(3.10.2) 和 (3.10.3):

定理 3.10.1 [30, 定理 5.44, 5.46, 5.48] (包含 U_{n+1} q-二项式系数的终止型 $U(n+1)$
q-二项式定理)

$$(z;q)_{|\boldsymbol{N}|} = \sum_{k_1,\cdots,k_n=0}^{N_1,\cdots,N_n} \prod_{i,j=1}^{n} \frac{(qx_i/x_j;q)_{N_i}}{(qx_i/x_j;q)_{k_i}(q^{1+k_i-k_j}x_i/x_j;q)_{N_i-k_i}}(-1)^{|\boldsymbol{k}|}q^{\binom{|\boldsymbol{k}|}{2}}z^{|\boldsymbol{k}|},$$

$$(3.10.1)$$

$$\prod_{i=1}^{n}(zx_i;q)_{N_i}$$

$$= \sum_{k_1,\cdots,k_n=0}^{N_1,\cdots,N_n} \prod_{i,j=1}^{n} \frac{(qx_i/x_j;q)_{N_i}}{(qx_i/x_j;q)_{k_i}(q^{1+k_i-k_j}x_i/x_j;q)_{N_i-k_i}}(-1)^{|\boldsymbol{k}|}q^{\sum\limits_{i=1}^{n}\binom{k_i}{2}}z^{|\boldsymbol{k}|}\prod_{i=1}^{n}x_i^{k_i},$$

$$(3.10.2)$$

$$\prod_{i=1}^{n}(zq^{|\boldsymbol{N}|-N_i}/x_i;q)_{N_i} = \sum_{k_1,\cdots,k_n=0}^{N_1,\cdots,N_n} \prod_{i,j=1}^{n} \frac{(qx_i/x_j;q)_{N_i}}{(qx_i/x_j;q)_{k_i}(q^{1+k_i-k_j}x_i/x_j;q)_{N_i-k_i}}$$

$$\times (-1)^{|\boldsymbol{k}|}q^{\binom{|\boldsymbol{k}|}{2}+\sum\limits_{1\leqslant i<j\leqslant n}k_ik_j}z^{|\boldsymbol{k}|}\prod_{i=1}^{n}x_i^{-k_i}. \qquad (3.10.3)$$

应用 (1.4.23), (3.8.11) 与 (3.8.13) 可以分别被重写为下面两式:

定理 3.10.2 [56, 定理 B.18, (B.19), (B.20)] ($U(n+1)$ q-Chu-Vandermonde 求和公式)

$$\frac{1}{(c)_{|\boldsymbol{N}|}}\prod_{i=1}^{n}(cx_i/a)_{N_i} = \sum_{\substack{0\leqslant y_k\leqslant N_k \\ k=1,2,\cdots,n}} \prod_{i,j=1}^{n} \frac{(qx_i/x_j;q)_{N_i}}{(qx_i/x_j;q)_{y_i}(q^{1+y_i-y_j}x_i/x_j;q)_{N_i-y_i}}$$

$$\times \prod_{i=1}^{n}(aq^{|\boldsymbol{y}|-y_i}/x_i)_{y_i}\frac{1}{(c)_{|\boldsymbol{y}|}}(-1)^{|\boldsymbol{y}|}q^{\sum\limits_{i=1}^{n}\binom{y_i}{2}}\left(\frac{c}{a}\right)^{|\boldsymbol{y}|}\prod_{i=1}^{n}x_i^{y_i},$$

$$(3.10.4)$$

$$\frac{1}{(c)_{|\boldsymbol{N}|}} \prod_{i=1}^{n} (cq^{|\boldsymbol{n}|-N_i}/ax_i)_{N_i} = \sum_{\substack{0 \leqslant y_k \leqslant N_k \\ k=1,2,\cdots,n}} \prod_{i,j=1}^{n} \frac{(qx_i/x_j;q)_{N_i}}{(qx_i/x_j;q)_{y_i}(q^{1+y_i-y_j}x_i/x_j;q)_{N_i-y_i}}$$

$$\times \prod_{i=1}^{n} (ax_i)_{y_i} \frac{1}{(c)_{|\boldsymbol{y}|}} (-1)^{|\boldsymbol{y}|} q^{e_2(\boldsymbol{y})+\binom{|\boldsymbol{y}|}{2}} \left(\frac{c}{a}\right)^{|\boldsymbol{y}|} \prod_{i=1}^{n} x_i^{-y_i},$$

$$(3.10.5)$$

这里 $e_2(\boldsymbol{y})$ 表示 $\{y_1,\cdots,y_r\}$ 的二阶基本对称函数,

定理 3.10.3 [30, 定理 5.52, 5.50]   下述两式在 $q \to q^{-1}$ 下等价:

$$(z;q)_N = \sum_{\substack{0 \leqslant k_i \leqslant N_i \\ i=1,2,\cdots,n \\ |\boldsymbol{k}| \leqslant N}} \prod_{1 \leqslant i < j \leqslant n} \frac{x_i q^{k_i} - x_j q^{k_j}}{x_i - x_j} \prod_{i,j=1}^{n} \frac{1}{(qx_i/x_j;q)_{k_i}} (q^{-N};q)_{|\boldsymbol{k}|} q^{N|\boldsymbol{k}|} z^{|\boldsymbol{k}|},$$

$$(3.10.6)$$

$$\prod_{i=1}^{n} (zx_i;q)_{N_i}$$

$$= \sum_{k_1,\cdots,k_n=0}^{N_1,\cdots,N_n} \prod_{i,j=1}^{n} \frac{(qx_i/x_j;q)_{N_i}}{(qx_i/x_j;q)_{k_i}(q^{1+k_i-k_j}x_i/x_j;q)_{N_i-k_i}} (-1)^{|\boldsymbol{k}|} q^{\sum_{i=1}^{n} \binom{k_i}{2}} z^{|\boldsymbol{k}|} \prod_{i=1}^{n} x_i^{k_i},$$

$$(3.10.7)$$

$$(z;q)_N = \sum_{\substack{0 \leqslant k_i \leqslant N_i \\ i=1,2,\cdots,n \\ |\boldsymbol{k}| \leqslant N}} \prod_{1 \leqslant i < j \leqslant n} \frac{x_i q^{k_i} - x_j q^{k_j}}{x_i - x_j} \prod_{i,j=1}^{n} \frac{1}{(qx_i/x_j;q)_{k_i}}$$

$$\times (q^{-N};q)_{|\boldsymbol{k}|} (-1)^{(n-1)|\boldsymbol{k}|} q^{N|\boldsymbol{k}|-\binom{|\boldsymbol{k}|}{2}+n\sum_{i=1}^{n} \binom{k_i}{2}} z^{|\boldsymbol{k}|} \prod_{i=1}^{n} x_i^{nk_i-|\boldsymbol{k}|}. \quad (3.10.8)$$

定理 3.10.4 [55]

$$\prod_{i=1}^{n} (z/x_i;q)_N = \sum_{\substack{k_1,k_2,\cdots,k_n \geqslant 0 \\ |\boldsymbol{k}| \leqslant N}} \prod_{1 \leqslant i < j \leqslant n} \frac{x_i q^{k_i} - x_j q^{k_j}}{x_i - x_j} \prod_{i,j=1}^{n} \frac{1}{(qx_i/x_j;q)_{k_i}}$$

$$\times (q^{-N};q)_{|\boldsymbol{k}|} q^{N|\boldsymbol{k}|+\sum_{1 \leqslant i < j \leqslant n} k_i k_j} z^{|\boldsymbol{k}|} \prod_{i=1}^{n} x_i^{-k_i} (z/x_i;q)_{|\boldsymbol{k}|-k_i}. \quad (3.10.9)$$

3.11　$U(n+1)$ Heine 变换

定义一类 $U(n+1)$ Heine $_2\phi_1$ 级数为

$$
_2\phi_1^{(n)}\left[\begin{array}{cc} A, & B \\ C & \end{array}\middle|\; x_1,\cdots,x_n;q,Z\right]
$$

$$
=\sum_{k_1,\cdots,k_n\geqslant 0}\prod_{1\leqslant i<j\leqslant n}\frac{x_i^{-1}q^{-k_i}-x_j^{-1}q^{-k_j}}{x_i^{-1}-x_j^{-1}}\prod_{i=1}^{n}Z^{k_i}\frac{(A)_{k_i}(Bx_i)_{k_i}}{(q)_{k_i}(Cx_i)_{k_i}}
$$

$$
=\sum_{k_1,\cdots,k_n\geqslant 0}q^{-(n-1)|\boldsymbol{k}|}Z^{|\boldsymbol{k}|}\prod_{1\leqslant i<j\leqslant n}\frac{x_iq^{k_i}-x_jq^{k_j}}{x_i-x_j}\prod_{i=1}^{n}\frac{(A)_{k_i}(Bx_i)_{k_i}}{(q)_{k_i}(Cx_i)_{k_i}}. \tag{3.11.1}
$$

定理 3.11.1 [58, 定理 2]　令 $|Z|<|q|^{n-1}$ 和 $|q|<1$, 则

$$
_2\phi_1^{(n)}\left[\begin{array}{cc} A, & B \\ C & \end{array}\middle|\; x_1,\cdots,x_n;q,Z\right]
$$

$$
=\prod_{i=1}^{n}\frac{(Aq^{i-n})_\infty(BZx_i)_\infty}{(Zq^{i-n})_\infty(Cx_i)_\infty}{}_2\phi_1^{(n)}\left[\begin{array}{cc} Z, & C/A \\ BZ & \end{array}\middle|\; x_1,\cdots,x_n;q,A\right] \tag{3.11.2}
$$

$$
=\prod_{i=1}^{n}\frac{(Cq^{i-n}/B)_\infty(BZx_i)_\infty}{(Zq^{i-n})_\infty(Cx_i)_\infty}{}_2\phi_1^{(n)}\left[\begin{array}{cc} ABZ/C, & B \\ BZ & \end{array}\middle|\; x_1,\cdots,x_n;q,C/B\right]
$$
$$\tag{3.11.3}$$

$$
=\prod_{i=1}^{n}\frac{(ABZq^{i-n}/C)_\infty}{(Zq^{i-n})_\infty}{}_2\phi_1^{(n)}\left[\begin{array}{cc} C/B, & C/A \\ C & \end{array}\middle|\; x_1,\cdots,x_n;q,ABZ/C\right]. \tag{3.11.4}
$$

证明　见 [58].　　　　　　　　　　　　　　　　　　　　　　　　　　　□

在 (3.11.3) 中, 取 $Z\to C/AB$, 可得

推论 3.11.1　($U(n+1)$ Gauss 求和公式)

$$
_2\phi_1^{(n)}\left[\begin{array}{cc} A, & B \\ C & \end{array}\middle|\; x_1,\cdots,x_n;q,C/AB\right]=\prod_{i=1}^{n}\frac{(Cq^{i-n}/B)_\infty(Cx_i/A)_\infty}{(Cq^{i-n}/AB)_\infty(Cx_i)_\infty}. \tag{3.11.5}
$$

注 3.11.1　此恒等式通过非相交格路问题首次被发现 [148, (4.3.12)], (3.11.3) 被用来重写某些非相交格路问题的生成函数.

在 (3.11.5) 中, 取 $A\to q^{-N}$, 可得

推论 3.11.2 ($U(n+1)$ q-Chu-Vandermonde 求和公式) 令 N 为非负整数，则

$$
{}_2\phi_1^{(n)}\left[\begin{array}{cc} q^{-N}, & B \\ & C \end{array}\bigg| x_1, \cdots, x_n; q, q\right] = q^{N\binom{n}{2}} \prod_{i=1}^{n} \frac{(Cq^{i-n}/B)_N (Bx_i)^N}{(Cx_i)_N}. \quad (3.11.6)
$$

设 $|B/A| < |Z| < |q|^{n-1} < 1$，定义一类 $U(n+1)$ ${}_1\psi_1$ 级数为

$$
{}_1\psi_1^{(n)}\left[\begin{array}{c} A \\ B \end{array}\bigg| x_1, \cdots, x_n; q, Z\right] = \sum_{k_1, \cdots, k_n = -\infty}^{\infty} q^{-(n-1)|\boldsymbol{k}|} Z^{|\boldsymbol{k}|}
$$

$$
\times \prod_{1 \leqslant i < j \leqslant n} \frac{x_i q^{k_i} - x_j q^{k_j}}{x_i - x_j} \prod_{i=1}^{n} \frac{(A)_{k_i}}{(B)_{k_i}}, \quad (3.11.7)
$$

则可得到

定理 3.11.2 [58, 定理 5]

$$
{}_1\psi_1^{(n)}\left[\begin{array}{c} A \\ B \end{array}\bigg| x_1, \cdots, x_n; q, Z\right] = \prod_{i=1}^{n} \frac{(q)_\infty (B/A)_\infty (q^{1+n-i}/AZ)_\infty (AZq^{i-n})_\infty}{(B)_\infty (q/A)_\infty (q^{n-i}B/AZ)_\infty (Zq^{i-n})_\infty}.
$$

$$
(3.11.8)
$$

3.12 C_n 多变量基本超几何级数公式

正像 2.5 节指出的那样，多变量超几何级数的分类与 Macdonald 恒等式相关．然而，Milne 和 Lilly [49] 的工作表明，C_n 级数的理论可以按与 Milne 发展 A_n 理论 [30] 大致相同的方法去研究 C_n 级数的理论．因此，本节 C_n 基本超几何级数的证明方法和思想与 $U(n+1)$ 基本超几何级数相同，故本节中仅仅列出相应结果，不再叙述其证明过程，详细内容可参看所指出的文献．

定理 3.12.1 [35, 定理 5.1], [59, 命题 2.8] (Gustafson, C_r 非常均衡 ${}_6\psi_6$ 求和公式)

$$
\sum_{\substack{-\infty < y_k < +\infty \\ k=1, \cdots, n}} \prod_{1 \leqslant i < j \leqslant n} \frac{1 - ax_i x_j q^{y_i + y_j}}{1 - ax_i x_j} \prod_{1 \leqslant r < s \leqslant n} \frac{x_r q^{y_r} - x_s q^{y_s}}{x_r - x_s} \prod_{i=1}^{n} \frac{(bx_i, dx_i)_{y_i}}{(aqx_i/b, aqx_i/d)_{y_i}}
$$

$$
\times \prod_{i,j=1}^{n} \frac{(c_j x_i/x_j)_{y_r} (e_j x_i x_j)_{y_i}}{(aqx_i x_j/c_j)_{y_i} (aqx_i/e_j x_j)_{y_i}} \left(\frac{a^{n+1}q}{bCdE}\right)^{|\boldsymbol{y}|}
$$

$$
= \frac{(aq/bd)_\infty}{(a^{n+1}q/bCdE)_\infty} \prod_{i,j=1}^{n} \frac{(aqx_i/c_i e_j x_j, qx_i/x_j)_\infty}{(aqx_i/e_j x_j, q/e_j x_i x_j, ax_i x_j q/c_i, qx_i/c_i x_j)_\infty}
$$

$$\times \prod_{i=1}^{n} \frac{(aqx_i/bc_i, aq/be_ix_i, aqx_i/c_id, aq/de_ix_i)_\infty}{(aqx_i/b, q/bx_i, aqx_i/d, q/dx_i)_\infty}$$

$$\times \prod_{1 \leqslant i < j \leqslant n} (aqx_ix_j/c_ic_j, aq/e_ie_jx_ix_j)_\infty \prod_{1 \leqslant i < j \leqslant n} (aqx_ix_j, q/ax_ix_j)_\infty, \tag{3.12.1}$$

这里 $C = c_1 \cdots c_n$ 和 $E = e_1 \cdots e_n$.

定理 3.12.2 [49, 定理 2.2] (可终止型 $_6\phi_5$ 求和公式的 C_n 拓广)

$$\sum_{\substack{0 \leqslant y_k \leqslant N_k \\ k=1,\cdots,n}} q^{|\mathbf{N}||\mathbf{y}|} \left(\frac{b}{a}\right)^{|\mathbf{y}|} \prod_{i=1}^{n} \frac{1 - x_i^2 q^{2y_i}}{1 - x_i^2} \prod_{1 \leqslant r < s \leqslant n} \left[\frac{x_r q^{y_r} - x_s q^{y_s}}{x_r - x_s} \cdot \frac{1 - x_r x_s q^{y_r + y_s}}{1 - x_r x_s}\right]$$

$$\times \prod_{r,s=1}^{n} \frac{(q^{-N_s} x_r/x_s)_{y_r} (x_r x_s)_{y_r}}{(qx_r/x_s)_{y_r} (qx_r x_s q^{N_s})_{y_r}} \prod_{i=1}^{n} \frac{(ax_i)_{y_i}(qx_i/b)_{y_i}}{(bx_i)_{y_i}(qx_i/a)_{y_i}}$$

$$= \prod_{i=1}^{n} \frac{(qx_i^2)_{N_i}}{(bx_i)_{N_i}(qx_i/a)_{N_i}} \prod_{1 \leqslant r < s \leqslant n} \frac{(qx_r x_s)_{N_r}}{(qx_r x_s q^{N_s})_{N_r}} \left(\frac{b}{a}\right)_{|\mathbf{N}|}. \tag{3.12.2}$$

证明　由 Gustafson 的 C_n $_6\psi_6$ 求和公式, 进行特殊化可得, 详细证明见 [49] 的第 2 节.　　　　　　　　　　　　　　　　　　　　　　　　　　□

定理 3.12.3 [49, 定义 3.2], [60] (C_n Bailey 对)　设

$$F(\boldsymbol{i}, \boldsymbol{j}; C_n) = \prod_{r,s=1}^{n} \frac{1}{(q^{1+j_r-j_s} x_r/x_s)_{i_r-j_r} (qx_r x_s q^{j_r+j_s})_{i_r-j_r}}, \tag{3.12.3}$$

$$G(\boldsymbol{i}, \boldsymbol{j}; C_n) = \prod_{r,s=1}^{n} \frac{1}{(q^{1+j_r-j_s} x_r/x_s)_{i_r-j_r} (x_r x_s q^{j_r+i_s})_{i_r-j_r}} \prod_{k=1}^{n} \frac{1 - x_r x_s q^{j_r+j_s}}{1 - x_r x_s q^{i_r+i_s}}$$

$$\times (-1)^{|\boldsymbol{i}|-|\boldsymbol{j}|} q^{\binom{|\boldsymbol{i}|-|\boldsymbol{j}|}{2}}, \tag{3.12.4}$$

则

$$\sum_{\substack{j_k \leqslant y_k \leqslant i_k \\ k=1,2,\cdots,n}} F(\boldsymbol{i}, \boldsymbol{y}; C_n) G(\boldsymbol{y}, \boldsymbol{j}; C_n) = \prod_{k=1}^{n} \delta(i_k, j_k), \tag{3.12.5}$$

这里 $\delta(r, s) = 1$, 若 $r = s$; 其他为零.

定义 3.12.1 [49, 定义 3.1]　C_n Bailey 对 $(A_{\boldsymbol{N}}, B_{\boldsymbol{N}})$ 定义为满足下述关系:

$$B_{\boldsymbol{N}} = \sum_{\substack{0 \leqslant y_k \leqslant N_k \\ k=1,2,\cdots,n}} F(\boldsymbol{N}, \boldsymbol{y}; C_n) A_{\boldsymbol{y}}.$$

定理 3.12.4 [49, 定义 3.1] (C_n Bailey 对反演)   若 $(A_{\boldsymbol{N}}, B_{\boldsymbol{N}})$ 为一个 C_n Bailey 对, 则

$$A_{\boldsymbol{N}} = \sum_{\substack{0 \leqslant y_k \leqslant N_k \\ k=1,2,\cdots,n}} G(\boldsymbol{N}, \boldsymbol{y}; C_n) B_{\boldsymbol{y}}.$$

定理 3.12.5 [49, (5.5a), (5.5b)] (C_n Bailey 引理)   若 (A, B) 形成一个 C_n Bailey 对, 则 (A', B') 也形成一个 C_n Bailey 对, 这里

$$A'_{\boldsymbol{N}} = \left(\frac{\beta}{\alpha}\right)^{|\boldsymbol{N}|} A_{\boldsymbol{N}} \prod_{k=1}^{n} \frac{(\alpha x_k)_{N_k}(q x_k/\beta)_{N_k}}{(\beta x_k)_{N_k}(q x_k/\alpha)_{N_k}}, \tag{3.12.6}$$

$$B'_{\boldsymbol{N}} = \sum_{\substack{0 \leqslant y_k \leqslant N_k \\ k=1,\cdots,n}} \left(\frac{\beta}{\alpha}\right)_{|\boldsymbol{N}|-|\boldsymbol{y}|} \left(\frac{\beta}{\alpha}\right)^{|\boldsymbol{y}|} B_{\boldsymbol{y}} \prod_{k=1}^{n} \frac{(\alpha x_k)_{y_k}(q x_k/\beta)_{y_k}}{(\beta x_k)_{N_k}(q x_k/\alpha)_{N_k}}$$

$$\times \prod_{r,s=1}^{n} \frac{1}{(q^{1+y_r-y_s} x_r/x_s)_{N_r-y_r}} \tag{3.12.7}$$

$$\times \prod_{1 \leqslant r < s \leqslant n} \frac{1}{(q x_r x_s q^{y_r+y_s})_{N_s-y_s}(q x_r x_s q^{N_s-y_s})_{N_r-y_r}}.$$

定理 3.12.6 [49, 定理 4.2] (Milne-Lilly, 可终止型 $_3\phi_2$ 求和公式的第一个 C_n 拓广)

$$\left(\frac{b}{a}\right)^{|\boldsymbol{N}|} \prod_{k=1}^{n} \frac{(a x_k)_{N_k}(q x_k/b)_{N_k}}{(b x_k)_{N_k}(q x_k/a)_{N_k}}$$

$$= \sum_{\substack{0 \leqslant y_k \leqslant N_k \\ k=1,\cdots,n}} q^{|\boldsymbol{y}|} \left(\frac{b}{a}\right)^{|\boldsymbol{y}|} \prod_{1 \leqslant r < s \leqslant n} \left[\frac{x_r q^{y_r} - x_s q^{y_s}}{x_r - x_s} \cdot \frac{1 - x_r x_s q^{y_r+y_s}}{1 - x_r x_s} \right]$$

$$\times \prod_{r,s=1}^{n} \frac{(q^{-N_s} x_r/x_s)_{y_r}(x_r x_s q^{N_s})_{y_r}}{(q x_r/x_s)_{y_r}(q x_r x_s)_{y_r}} \prod_{1 \leqslant r < s \leqslant n} \frac{(q x_r x_s)_{y_r}}{(q x_r x_s q^{y_s})_{y_r}} \prod_{k=1}^{n} \frac{(q x_k^2)_{y_k}}{(b x_k)_{y_k}(q x_k/a)_{y_k}}. \tag{3.12.8}$$

证明   对定理 3.12.2 进行 C_n Bailey 对反演可得. □

注 3.12.1   Milne 和 Lilly 称此求和公式为 C_n 级数, 是因为它是由 C_n $_6\phi_5$ 通过应用 A_n Bailey 反演 (定理 3.3.2) 而得. 但按照分类的约定, 此公式应该被称为 D_n 求和公式.

定理 3.12.7 [49, 定理 4.3] (可终止型 $_3\phi_2$ 求和公式的第二个 C_n 拓广)

$$\prod_{k=1}^{n} \frac{(q a_k/x_k b)_{|\boldsymbol{N}|}(q x_k/a_k b)_{|\boldsymbol{N}|}}{(q/x_k b)_{|\boldsymbol{N}|}(q x_k/b)_{|\boldsymbol{N}|}}$$

$$= \sum_{\substack{y_k \geqslant 0 \\ k=1,\cdots,n \\ 0 \leqslant |\boldsymbol{y}| \leqslant |\boldsymbol{N}|}} (q^{-|\boldsymbol{N}|})_{|\boldsymbol{y}|} q^{|\boldsymbol{y}|} \prod_{1 \leqslant r < s \leqslant n} \left[\frac{x_r q^{y_r} - x_s q^{y_s}}{x_r - x_s} \cdot \frac{1 - x_r x_s q^{y_r + y_s}}{1 - x_r x_s} \right]$$

$$\times \prod_{r,s=1}^{n} \frac{(a_s x_r/x_s)_{y_r} (x_r x_s/a_s)_{y_r}}{(q x_r/x_s)_{y_r} (q x_r x_s)_{y_r}} \prod_{1 \leqslant r < s \leqslant n} \frac{(q x_r x_s)_{y_r}}{(q x_r x_s q^{y_s})_{y_r}}$$

$$\times \prod_{k=1}^{n} \frac{(q x_k^2)_{y_k}}{(b x_k q^{-|\boldsymbol{N}|})_{y_k} (q x_k/b)_{y_k}}. \tag{3.12.9}$$

证明　对定理 3.12.6 进行多项式论证可得.　　　　　　　　　□

定理 3.12.8 [49, 定理 4.4] (q-Gauss 求和公式的 C_n 拓广)

$$\prod_{k=1}^{n} \frac{(q a_k/x_k b)_\infty (q x_k/a_k b)_\infty}{(q/x_k b)_\infty (q x_k/b)_\infty}$$

$$= \sum_{y_1,\cdots,y_n \geqslant 0} b^{-|\boldsymbol{y}|} q^{e_2(y_1,\cdots,y_n)} q^{|\boldsymbol{y}|} \prod_{1 \leqslant r < s \leqslant n} \left[\frac{x_r q^{y_r} - x_s q^{y_s}}{x_r - x_s} \cdot \frac{1 - x_r x_s q^{y_r + y_s}}{1 - x_r x_s} \right]$$

$$\times \prod_{r,s=1}^{n} \frac{(a_s x_r/x_s)_{y_r} (x_r x_s/a_s)_{y_r}}{(q x_r/x_s)_{y_r} (q x_r x_s)_{y_r}} \prod_{1 \leqslant r < s \leqslant n} \frac{(q x_r x_s)_{y_r}}{(q x_r x_s q^{y_s})_{y_r}} \prod_{k=1}^{n} \frac{(q x_k^2)_{y_k}}{(q x_k/b)_{y_k}} \prod_{k=1}^{n} x_k^{-y_k}. \tag{3.12.10}$$

定理 3.12.9 [49, 定理 4.5] (q-Chu-Vandermonde 求和公式的第一个 C_n 拓广)

$$\prod_{k=1}^{n} \frac{(q^{1-N_k}/x_k b)_{N_k}}{(q x_k/b)_{N_k}}$$

$$= \sum_{\substack{0 \leqslant y_k \leqslant N_k \\ k=1,\cdots,n}} b^{-|\boldsymbol{y}|} q^{e_2(y_1,\cdots,y_n)} q^{|\boldsymbol{y}|} \prod_{1 \leqslant r < s \leqslant n} \left[\frac{x_r q^{y_r} - x_s q^{y_s}}{x_r - x_s} \cdot \frac{1 - x_r x_s q^{y_r + y_s}}{1 - x_r x_s} \right]$$

$$\times \prod_{r,s=1}^{n} \frac{(q^{-N_s} x_r/x_s)_{y_r} (x_r x_s q^{N_s})_{y_r}}{(q x_r/x_s)_{y_r} (q x_r x_s)_{y_r}} \prod_{1 \leqslant r < s \leqslant n} \frac{(q x_r x_s)_{y_r}}{(q x_r x_s q^{y_s})_{y_r}} \prod_{k=1}^{n} \frac{(q x_k^2)_{y_k}}{(q x_k/b)_{y_k}} \prod_{k=1}^{n} x_k^{-y_k}. \tag{3.12.11}$$

定理 3.12.10 [49, 定理 4.6] (q-Chu-Vandermonde 求和公式的第二个 C_n 拓广)

$$\prod_{k=1}^{n} \frac{(q x_k/b)_{N_k}}{(q^{1-N_k}/x_k b)_{N_k}}$$

$$= \sum_{\substack{0 \leqslant y_k \leqslant N_k \\ k=1,\cdots,n}} q^{|\boldsymbol{y}|} \prod_{1 \leqslant r < s \leqslant n} \left[\frac{x_r q^{y_r} - x_s q^{y_s}}{x_r - x_s} \cdot \frac{1 - x_r x_s q^{y_r+y_s}}{1 - x_r x_s} \right] \prod_{1 \leqslant r < s \leqslant n} \frac{(qx_r x_s)_{y_r}}{(qx_r x_s q^{y_s})_{y_r}}$$

$$\times \prod_{r,s=1}^{n} \frac{(q^{-N_s} x_r/x_s)_{y_r} (x_r x_s q^{N_s})_{y_r}}{(qx_r/x_s)_{y_r} (qx_r x_s)_{y_r}} \prod_{k=1}^{n} \frac{(qx_k^2)_{y_k}}{(bx_k)_{y_k}}. \tag{3.12.12}$$

定理 3.12.11 [49, 定理 4.7] (q-二项式定理的非终止型 C_n 细化)

$$\prod_{k=1}^{n} \frac{(zx_k a_k)_\infty}{(zx_k)_\infty}$$

$$= \sum_{y_1,\cdots,y_n \geqslant 0} q^{e_2(y_1,\cdots,y_n)} z^{|\boldsymbol{y}|} \prod_{1 \leqslant r < s \leqslant n} \left[\frac{x_r q^{y_r} - x_s q^{y_s}}{x_r - x_s} \right] \prod_{r,s=1}^{n} \frac{(a_s x_r/x_s)_{y_r}}{(qx_r/x_s)_{y_r}} \prod_{k=1}^{n} x_k^{-y_k}. \tag{3.12.13}$$

定理 3.12.12 [49, 定理 6.6] (C_n q-Whipple 变换)

$$\sum_{\substack{0 \leqslant y_k \leqslant N_k \\ k=1,\cdots,n}} \left(\frac{b\beta}{a\alpha} \right)^{|\boldsymbol{y}|} q^{|\boldsymbol{N}||\boldsymbol{y}|} \prod_{k=1}^{n} \frac{1 - x_k^2 q^{2y_k}}{1 - x_k^2}$$

$$\times \prod_{1 \leqslant r < s \leqslant n} \left[\frac{x_r q^{y_r} - x_s q^{y_s}}{x_r - x_s} \cdot \frac{1 - x_r x_s q^{y_r+y_s}}{1 - x_r x_s} \right]$$

$$\times \prod_{k=1}^{n} \frac{(ax_k)_{y_k} (qx_k/b)_{y_k} (\alpha x_k)_{y_k} (qx_k/\beta)_{y_k}}{(bx_k)_{y_k} (qx_k/a)_{y_k} (\beta x_k)_{y_k} (qx_k/\alpha)_{y_k}} \prod_{r,s=1}^{n} \frac{(q^{-N_s} x_r/x_s)_{y_r} (x_r x_s)_{y_r}}{(qx_r/x_s)_{y_r} (qx_r x_s q^{N_s})_{y_r}}$$

$$= \left(\frac{b}{a} \right)_{|\boldsymbol{N}|} \prod_{k=1}^{n} \frac{(qx_k^2)_{N_k}}{(bx_k)_{N_k} (qx_k/a)_{N_k}} \prod_{1 \leqslant r < s \leqslant n} \frac{(qx_r x_s)_{N_r}}{(qx_r x_s q^{N_s})_{N_r}}$$

$$\times \sum_{\substack{0 \leqslant y_k \leqslant N_k \\ k=1,\cdots,n}} \frac{1}{(aq^{1-|\boldsymbol{N}|}/b)_{|\boldsymbol{y}|}} q^{|\boldsymbol{y}|} \left(\frac{\beta}{\alpha} \right)^{|\boldsymbol{y}|} \prod_{1 \leqslant r < s \leqslant n} \frac{x_r q^{y_r} - x_s q^{y_s}}{x_r - x_s}$$

$$\times \prod_{r,s=1}^{n} \frac{(q^{-N_s} x_r/x_s)_{y_r}}{(qx_r/x_s)_{y_r}} \prod_{k=1}^{n} \frac{(ax_k)_{y_k} (qx_k/b)_{y_k}}{(\beta x_k)_{y_k} (qx_k/\alpha)_{y_k}}. \tag{3.12.14}$$

定理 3.12.13 [49, 定理 6.8] (C_n Sears $_4\phi_3$ 变换)

$$\sum_{\substack{0 \leqslant y_k \leqslant N_k \\ k=1,\cdots,n}} \frac{\left(\dfrac{b}{a} \right)_{|\boldsymbol{y}|}}{(\alpha q^{1-|\boldsymbol{N}|}/\beta)_{|\boldsymbol{y}|}} q^{|\boldsymbol{y}|} \prod_{1 \leqslant r < s \leqslant n} \frac{x_r q^{y_r} - x_s q^{y_s}}{x_r - x_s}$$

$$\times \prod_{r,s=1}^{n} \frac{(q^{-N_s}x_r/x_s)_{y_r}}{(qx_r/x_s)_{y_r}} \prod_{k=1}^{n} \frac{(\alpha x_k)_{y_k}(qx_k/\beta)_{y_k}}{(bx_k)_{y_k}(qx_k/a)_{y_k}}$$

$$= \frac{(b/a)_{|\boldsymbol{N}|}}{(\beta/\alpha)_{|\boldsymbol{N}|}} \prod_{k=1}^{n} \frac{(\beta x_k)_{N_k}(qx_k/\alpha)_{N_k}}{(bx_k)_{N_k}(qx_k/a)_{N_k}} \sum_{\substack{0 \leqslant y_k \leqslant N_k \\ k=1,\cdots,n}} q^{|\boldsymbol{y}|} \frac{\left(\dfrac{\beta}{\alpha}\right)_{|\boldsymbol{y}|}}{(aq^{1-|\boldsymbol{N}|}/b)_{|\boldsymbol{y}|}}$$

$$\times \prod_{1 \leqslant r < s \leqslant n} \frac{x_r q^{y_r} - x_s q^{y_s}}{x_r - x_s} \prod_{r,s=1}^{n} \frac{(q^{-N_s}x_r/x_s)_{y_r}}{(qx_r/x_s)_{y_r}} \prod_{k=1}^{n} \frac{(ax_k)_{y_k}(qx_k/b)_{y_k}}{(\beta x_k)_{y_k}(qx_k/\alpha)_{y_k}}$$

$$= (b/a)^{|\boldsymbol{N}|} \prod_{k=1}^{n} \frac{(ax_k)_{N_k}(qx_k/b)_{N_k}}{(bx_k)_{N_k}(qx_k/a)_{N_k}}$$

$$\times \sum_{\substack{0 \leqslant y_k \leqslant N_k \\ k=1,\cdots,n}} \frac{(b/a)_{|\boldsymbol{y}|}}{(\alpha q^{1-|\boldsymbol{N}|}/\beta)_{|\boldsymbol{y}|}} q^{n|\boldsymbol{y}|} \prod_{1 \leqslant r < s \leqslant n} \frac{x_r q^{N_r+y_r} - x_s q^{N_s+y_s}}{x_r q^{N_r} - x_s q^{N_s}} \prod_{k=1}^{n} q^{(k-n)y_k}$$

$$\times \prod_{r,s=1}^{n} \frac{(q^{-N_r}x_s/x_r)_{y_r}}{(q^{1+N_s-N_r}x_s/x_r)_{y_r}} \prod_{k=1}^{n} \frac{(q^{1-N_k}/\beta x_k)_{y_k}(\alpha q^{-N_k}/x_k)_{y_k}}{(q^{1-N_k}/ax_k)_{y_k}(bq^{-N_k}/x_k)_{y_k}}. \tag{3.12.15}$$

定理 3.12.14 [59, 定理 4.5] (C_n 非常均衡 $_8\psi_8$ 求和公式)

$$\sum_{\substack{-\infty < y_k < +\infty \\ k=1,\cdots,n}} q^{|\boldsymbol{y}|} \prod_{1 \leqslant i < j \leqslant n} \frac{1 - ax_ix_jq^{y_i+y_j}}{1 - ax_ix_j} \prod_{1 \leqslant r < s \leqslant n} \frac{x_r q^{y_r} - x_s q^{y_s}}{x_r - x_s}$$

$$\times \prod_{i,j=1}^{n} \frac{(c_jx_i/x_j)_{y_r}(ax_ix_jq^{-k_j}/c_j)_{y_i}}{(aqx_ix_j/c_i)_{y_i}(q^{k_j+1}c_jx_i/x_j)_{y_i}}$$

$$\times \prod_{i=1}^{n} \frac{(bx_i, dx_iq^{|\boldsymbol{k}|}, ax_iq^{1+M}/b, ax_iq^{-M}/d)_{y_i}}{(ax_iq/b, ax_iq^{1-|\boldsymbol{k}|}/d, bx_iq^{-M}, dx_iq^{1+M})_{y_i}}$$

$$= \prod_{1 \leqslant i < j \leqslant n} (ax_ix_jq, q/ax_ix_j)_{\infty}$$

$$\times \prod_{i,j=1}^{n} \frac{(qc_jx_i/c_ix_j, qx_i/x_j)_{\infty}}{(qc_jx_i/x_j, qx_i/c_ix_j, ax_ix_jq/c_i, c_jq/ax_ix_j)_{\infty}}$$

$$\times \prod_{1 \leqslant i < j \leqslant n} (aqx_ix_j/c_ic_j, c_ic_jq/ax_ix_j)_{\infty}$$

$$\times \prod_{i=1}^{n} \frac{(aqx_i/c_id, c_idq/ax_i, dx_iq/c_i, c_iq/dx_i)_{\infty}}{(aqx_i/d, dq/ax_i, dx_iq, q/dx_i)_{\infty}}$$

$$\times \prod_{i=1}^{n} \frac{(aqx_i/bc_i, c_iq/bx_i, dx_iq, dq/ax_i)_M (c_id/ax_i)_{|\boldsymbol{k}|}}{(c_idq/ax_i, dx_iq/c_i, q/bx_i, aqx_i/b)_M (dx_i, d/ax_i)_{|\boldsymbol{k}|}}$$

$$\times \prod_{1 \leqslant i < j \leqslant n} \frac{1}{(c_ic_j/ax_ix_j)_{k_i+k_j}}$$

$$\times \prod_{i,j=1}^{n} \frac{(qc_jx_i/x_j, c_jq/ax_ix_j)_{k_j}}{(qc_jx_i/c_ix_j)_{k_j}}$$

$$\times (bd/a, dq^{1+M}/b, q^{-M})_{|\boldsymbol{k}|} \prod_{i=1}^{n} \frac{(dx_i/c_i)_{|\boldsymbol{k}|-k_i}}{(c_iq/bx_i, bc_iq^{-M}/ax_i, c_idq^{1+M}/ax_i)_{k_i}},$$
(3.12.16)

这里 $C = c_1 \cdots c_n$.

定理 3.12.15 [59, 命题 2.4] (终止型非常均衡的 $_8\phi_7$ 求和公式的第一个 C_n 拓广)

$$\sum_{\substack{0 \leqslant k_i \leqslant N_i \\ i=1,2,\cdots,n}} q^{|\boldsymbol{y}|} \prod_{1 \leqslant r < s \leqslant n} \frac{x_rq^{y_r} - x_sq^{y_s}}{x_r - x_s} \prod_{1 \leqslant r < s \leqslant n} \frac{1 - ax_rx_sq^{y_r+|\boldsymbol{y}|}}{1 - ax_rx_s}$$

$$\times \prod_{r,s=1}^{n} \frac{(q^{-N_s}x_r/x_s)_{y_r} (ax_rx_s)_{y_r}}{(qx_r/x_s)_{y_r} (ax_rx_sq^{1+N_s})_{y_r}}$$

$$\times \prod_{i=1}^{n} \frac{(bx_i)_{y_i} (cx_i)_{y_i} (dx_i)_{y_i} (a^2x_iq^{1+|\boldsymbol{N}|})_{y_i}}{(aqx_i/b)_{y_i} (ax_iq/c)_{y_i} (ax_iq/d)_{y_i} (bcdx_iq^{-|\boldsymbol{N}|}/a)_{y_i}}$$

$$= (aq/bc, aq/bd, aq/cd)_{|\boldsymbol{N}|} \prod_{1 \leqslant r < s \leqslant n} \frac{1}{(ax_rx_sq)_{N_r+N_s}} \prod_{r,s=1}^{n} (ax_rx_sq)_{N_r}$$

$$\times \prod_{i=1}^{n} \frac{1}{(ax_iq/b, ax_iq/c, ax_iq/d, aq^{1+|\boldsymbol{N}|-N_i}/bcdx_i)_{N_i}}.$$
(3.12.17)

定理 3.12.16 [49, 定理 6.7] (C_n q-Dougall 求和公式)

$$\sum_{\substack{0 \leqslant k_i \leqslant N_i \\ i=1,2,\cdots,n}} q^{|\boldsymbol{y}|} \prod_{k=1}^{n} \frac{1 - x_k^2q^{2y_k}}{1 - x_k^2} \prod_{1 \leqslant r < s \leqslant n} \left[\frac{x_rq^{y_r} - x_sq^{y_s}}{x_r - x_s} \cdot \frac{1 - x_rx_sq^{y_r+y_s}}{1 - x_rx_s} \right]$$

$$\times \prod_{k=1}^{n} \frac{(ax_k)_{y_k} (qx_k/b)_{y_k} (\alpha x_k)_{y_k} (qx_k/\beta)_{y_k}}{(bx_k)_{y_k} (qx_k/a)_{y_k} (\beta x_k)_{y_k} (qx_k/\alpha)_{y_k}} \prod_{r,s=1}^{n} \frac{(q^{-N_s}x_r/x_s)_{y_r} (x_rx_s)_{y_r}}{(qx_r/x_s)_{y_r} (x_rx_sq^{N_s})_{y_r}}$$

$$= \left(\frac{b}{a}\right)_{|\boldsymbol{N}|} \left(\frac{\beta}{a}\right)_{|\boldsymbol{N}|} \left(\frac{b\beta}{q}\right)_{|\boldsymbol{N}|}$$

$$\times \prod_{k=1}^{n} \frac{(qx_k^2)_{N_k}}{(bx_k)_{N_k}(qx_k/a)_{N_k}} \prod_{1 \leqslant r < s \leqslant n} \frac{(qx_r x_s)_{N_r}}{(qx_r x_s q^{N_s})_{N_r}}$$

$$\times \prod_{k=1}^{n} \frac{1}{(\beta x_k)_{N_k}(b\beta q^{|\boldsymbol{N}|-N_k}/aqx_k)_{N_k}}, \tag{3.12.18}$$

这里 $b\beta = a\alpha q^{1-|\boldsymbol{N}|}$

定理 3.12.17 [55, 定理 A.6] (终止型非常均衡的 $_8\phi_7$ 求和公式的第二个 C_n 拓广)　对 $i = 1, 2, \cdots, n$, 令 N_i 非负整数, 则

$$\sum_{\substack{0 \leqslant k_i \leqslant N_i \\ i=1,2,\cdots,n}} \prod_{i=1}^{n} \frac{1 - ax_i^2 q^{2k_i}}{1 - ax_i^2} \prod_{1 \leqslant i < j \leqslant n} \frac{1 - q^{k_i - k_j} x_i/x_j}{1 - x_i/x_j} \frac{1 - ax_i x_j q^{k_i + k_j}}{1 - ax_i x_j}$$

$$\times \prod_{i=1}^{n} \frac{(bx_i; q)_{k_i}(cx_i; q)_{k_i}(dx_i; q)_{k_i}(a^2 x_i q^{1+|\boldsymbol{N}|}/bcd; q)_{k_i}}{(ax_i q/b; q)_{k_i}(ax_i q/c; q)_{k_i}(ax_i q/d; q)_{k_i}(bcd x_i q^{-|\boldsymbol{N}|}/a; q)_{k_i}}$$

$$\times \prod_{i,j=1}^{n} \frac{(q^{-N_j} x_i/x_j; q)_{k_i}(ax_i x_j; q)_{k_i}}{(qx_i/x_j; q)_{k_i}(ax_i x_j q^{1+N_j}; q)_{k_i}} q^{\sum_{i=1}^{n} ik_i}$$

$$= (aq/bc; q)_{|\boldsymbol{N}|}(aq/bd; q)_{|\boldsymbol{N}|}(aq/cd; q)_{|\boldsymbol{N}|} \prod_{1 \leqslant i < j \leqslant n} (ax_i x_j q; q)_{N_i + N_j}^{-1} \prod_{i,j=1}^{n} (ax_i x_j q; q)_{N_i}$$

$$\times \prod_{i=1}^{n} \frac{1}{(ax_i q/b; q)_{N_i}(ax_i q/c; q)_{N_i}(ax_i q/d; q)_{N_i}(aq^{1+|\boldsymbol{N}|-N_i}/bcd x_i; q)_{N_i}}. \tag{3.12.19}$$

3.13　D_n 多变量基本超几何级数公式

定理 3.13.1 [61, 定理 1] (D_n q-Pfaff-Saalschütz 求和公式)　设 $N_1, \cdots, N_n$ 为非负整数, 则

$$\prod_{1 \leqslant r < s \leqslant n} (cx_r x_s)_{N_r + N_s} \prod_{r,s=1}^{n} \frac{1}{(cx_r x_s)_{N_r}} \prod_{i=1}^{n} \left[\left(\frac{cx_i}{a} \right)_{N_i} \left(\frac{cx_i}{b} \right)_{N_i} \right] \left(\frac{c}{ab} \right)_{|\boldsymbol{N}|}^{-1}$$

$$= \sum_{\substack{0 \leqslant y_i \leqslant N_i \\ i=1,2,\cdots,n}} \left(\frac{ab}{c} q^{1-|\boldsymbol{N}|} \right)_{|\boldsymbol{y}|}^{-1} q^{|\boldsymbol{y}|} \prod_{1 \leqslant r < s \leqslant n} \frac{x_r q^{y_r} - x_s q^{y_s}}{x_r - x_s} \prod_{r,s=1}^{n} \frac{\left(\frac{x_r}{x_s} q^{-N_s} \right)_{y_r}}{\left(q \frac{x_r}{x_s} \right)_{y_r}}$$

$$\times \prod_{1\leqslant r<s\leqslant n}(cx_rx_s)_{y_r+y_s}\prod_{r,s=1}^n\frac{1}{(cx_rx_s)_{y_r}}\prod_{i=1}^n(ax_i)_{y_i}(bx_i)_{y_i}. \tag{3.13.1}$$

证明　在 (3.13.1) 的求和里, 作反转 $k\to n-k$, 应用 (1.1.4), 则有

$$\prod_{1\leqslant r<s\leqslant n}\frac{1-\dfrac{x_r}{x_s}q^{N_r-N_s+y_s-y_r}}{1-\dfrac{x_r}{x_s}}\prod_{r,s=1}^n\frac{(q^{-N_s}x_r/x_s)_{N_r-y_r}}{(qx_r/x_s)_{N_r-y_r}}$$

$$=\prod_{1\leqslant r<s\leqslant n}\frac{1-\dfrac{x_s}{x_r}q^{N_s-N_r+y_r-y_s}}{1-\dfrac{x_s}{x_r}}\prod_{r,s=1}^n\frac{(q^{-N_r}x_s/x_r)_{y_r}}{(q^{1+N_s-N_r}x_s/x_r)_{y_r}}$$

$$\times(-1)^{|\boldsymbol{N}|}q^{-\binom{|\boldsymbol{N}|}{2}}q^{-(N_1+2N_2+\cdots+nN_n)}q^{|\boldsymbol{N}||\boldsymbol{y}|-|\boldsymbol{y}|}q^{2(y_1+2y_2+\cdots+ny_n)}$$

和

$$\prod_{1\leqslant r<s\leqslant n}(cx_rx_s)_{(N_r+N_s)-(y_r+y_s)}\prod_{r,s=1}^n\frac{1}{(cx_rx_s)_{N_r-y_r}}$$

$$=\prod_{1\leqslant r<s\leqslant n}(cx_rx_s)_{N_r+N_s}\prod_{r,s=1}^n\frac{1}{(cx_rx_s)_{N_r}}$$

$$\times\prod_{1\leqslant r<s\leqslant n}\frac{1}{(q^{1-N_r-N_s}/cX_rx_s)_{y_r+y_s}}\prod_{r,s=1}^n(q^{1-N_r}/cx_rx_s)_{y_r}$$

$$\times\prod_{i=1}^n\left[(cx_i^2)^{y_i}q^{2N_iy_i}\right]q^{-(|\boldsymbol{N}||\boldsymbol{y}|+\boldsymbol{y})}(-1)^{\boldsymbol{y}}q^{e(\boldsymbol{y})}q^{-\left[\binom{y_1}{2}+\cdots\binom{y_n}{2}\right]}.$$

因此, 在 (3.13.1) 的和等于

$$\prod_{1\leqslant r<s\leqslant n}(cx_rx_s)_{N_r+N_s}\prod_{r,s}^n\frac{1}{(cx_rx_s)_{N_r}}\prod_{i=1}^n[(ax_i)_{N_i}(bx_i)_{N_i}]\frac{(-1)^{|\boldsymbol{N}|}q^{-\binom{|\boldsymbol{N}|}{2}}}{(q^{1-|\boldsymbol{N}|}ab/c)_{|\boldsymbol{N}|}}$$

$$\times\sum_{\substack{0\leqslant y_i\leqslant N_i\\ i=1,2,\cdots,n}}\prod_{1\leqslant r<s\leqslant n}\frac{x_rq^{N_r+y_r}-x_sq^{N_s+y_s}}{x_rq^{N_r}-x_sq^{N_s}}\prod_{r,s=1}^n\frac{\left(\dfrac{x_s}{x_r}q^{-N_r}\right)_{y_r}}{\left(q\dfrac{x_s}{x_r}q^{N_s-N_r}\right)_{y_r}}$$

$$\times\prod_{1\leqslant r<s\leqslant n}\frac{1}{(q^{1-N_r-N_s}/cx_rx_s)_{y_r+y_s}}\prod_{r,s=1}^n(q^{1-N_r}/cx_rx_s)_{y_r}$$

$$\times \prod_{i=1}^{n} \left[\frac{1}{(q^{1-N_i}/ax_i)_{y_i}(q^{1-N_i}/bx_i)_{y_i}} \right] \left(\frac{c}{ab} \right)_{|\boldsymbol{y}|} q^{|\boldsymbol{y}|}. \tag{3.13.2}$$

重写 Milne 和 Lilly 的 $_3\phi_2$ 求和公式的 D_n 拓广公式 (定理 3.12.6) 为

$$b^{|\boldsymbol{N}|} \prod_{i=1}^{n} \frac{(cx_i/b)_{N_i}(aqx_i/c)_{N_i}}{(cx_i)_{N_i}(abqx_i/c)_{N_i}}$$

$$= \sum_{\substack{0 \leqslant y_i \leqslant N_i \\ i=1,\cdots,n}} \prod_{1 \leqslant r < s \leqslant n} \frac{x_r q^{y_r} - x_s q^{y_s}}{x_r - x_s} \prod_{r,s=1}^{n} \frac{(q^{-N_s} x_r/x_s)_{y_r}}{(qx_r/x_s)_{y_r}} \prod_{1 \leqslant r < s \leqslant n} \frac{1}{(ax_r x_s)_{y_r+y_s}}$$

$$\times \prod_{r,s=1}^{n} (ax_r x_s q^{N_s})_{y_r} \prod_{i=1}^{n} \frac{1}{(cx_i)_{y_i}(abqx_i/c)_{y_i}} \cdot (b)_{|\boldsymbol{y}|} q^{|\boldsymbol{y}|} \tag{3.13.3}$$

在上式中, 取 $x_i \to x_i^{-1} q^{-N_i}$, $a \to q/c$, $b \to c/ab$, $c \to q/a$, 可以计算得到 (3.13.3) 的和, 最后, 应用

$$\frac{(Aq^{-N})_N}{(Bq^{-N})_N} = \frac{(q/A)_N}{(q/B)_N} \left(\frac{A}{B} \right)^N$$

翻转, 可以得到此结果.　　　　　　　　　　　　　　　　　　　　　　　　　□

注 3.13.1　此定理等价于 Milne 和 Lilly [49] 中的定理 4.2, 它被重新叙述在上面的 (3.13.3)中. Milne 和 Lilly 在 [49] 里称之为 C_n 求和定理, 是因为它是由 C_n $_6\phi_5$ 通过应用 $U(n+1)$ Milne 反馈公式 (定理 3.3.2) 而得, 但按照定义分类, 应该称为 D_n 求和定理.

利用 $U(n+1)$ Bailey 对定义 (定义 3.6.1) 和其反演关系 (3.3.2), 对定理 3.13.1, 进行 A_n Bailey 对反演, 可得下述结果.

定理 3.13.2 [61, 定理 2](D_n $_6\phi_5$ 求和定理)　设 $N_1, \cdots, N_n$ 为非负整数, 则

$$\left(\frac{aq}{b} \right)_{|\boldsymbol{N}|}^{-1} \prod_{1 \leqslant r < s \leqslant n} \left(\frac{aq}{c} x_r x_s \right)_{N_r+N_s} \prod_{r,s=1}^{n} \frac{1}{\left(\frac{aq}{c} x_r x_s \right)_{N_r}} \prod_{i=1}^{n} (aqx_i)_{N_i} \left(\frac{aqx_i}{bc} \right)_{N_i}$$

$$= \sum_{\substack{0 \leqslant y_i \leqslant N_i \\ i=1,2,\cdots,n}} \left(\frac{aq}{b} \right)_{|\boldsymbol{y}|}^{-1} \left(\frac{aq^{1+|\boldsymbol{N}|}}{bc} \right)^{|\boldsymbol{y}|} \prod_{1 \leqslant r < s \leqslant n} \frac{x_r q^{y_r} - x_s q^{y_s}}{1 - \frac{x_r}{x_s}} \prod_{r,s=1}^{n} \frac{\left(\frac{x_r}{x_s} q^{-N_s} \right)_{y_r}}{\left(q \frac{x_r}{x_s} \right)_{y_r}}$$

$$\times \prod_{i=1}^{n} \frac{(ax_i)_{|\boldsymbol{y}|}}{(ax_i q^{1+N_i})_{|\boldsymbol{y}|}} \prod_{i=1}^{n} \frac{1 - ax_i q^{y_i+|\boldsymbol{y}|}}{1 - ax_i} \prod_{1 \leqslant r < s \leqslant n} \left(\frac{aq}{c} x_r x_s \right)_{y_r+y_s}$$

$$\times \prod_{r,s=1}^{n} \frac{1}{\left(\dfrac{aq}{c}x_r x_s\right)_{y_r}} \prod_{i=1}^{n} (bx_i)_{y_i} \left(\frac{c}{x_i} q^{|\boldsymbol{y}|-y_i}\right)_{y_i} \prod_{i=1}^{n} x_i^{y_i} q^{-e_2(\boldsymbol{y})}. \tag{3.13.4}$$

证明　利用 (1.4.20), 将定理 3.13.1 重写为下述形式:

$$\sum_{\substack{0\leqslant y_i\leqslant N_i \\ i=1,\cdots,n}} \prod_{r,s=1}^{n} \frac{1}{(q^{1+y_r-y_s}x_r/x_s)_{N_r-y_r}} \prod_{i=1}^{n} \frac{1}{(ax_iq)_{N_i+|\boldsymbol{y}|}}$$

$$\times \frac{1}{(abq/c)_{|\boldsymbol{y}|}} \prod_{r,s=1}^{n} \frac{1}{(qx_r/x_s)_{y_r}} \prod_{i=1}^{n} (bx_i)_{y_i} \prod_{1\leqslant r<s\leqslant n} (cx_rx_s)_{y_r+y_s} \prod_{r,s=1}^{n} \frac{1}{(cx_rx_s)_{y_r}}$$

$$= (-1)^{|\boldsymbol{N}|}q^{\binom{|\boldsymbol{N}|}{2}} \frac{1}{(cq^{-|\boldsymbol{N}|}/ab)_{|\boldsymbol{N}|}} \prod_{r,s=1}^{n} \frac{1}{(qx_r/x_s)_{N_r}} \prod_{i=1}^{n} (ax_i)_{|\boldsymbol{N}|}$$

$$\times \prod_{i=1}^{n} \frac{1-ax_iq^{N_i+|\boldsymbol{N}|}}{1-ax_i} \prod_{1\leqslant r<s\leqslant n} (cx_ix_s)_{N_r+N_s}$$

$$\times \prod_{r,s=1}^{n} \frac{1}{(cx_rx_s)_{N_r}} \prod_{i=1}^{n} (cx_iq^{-|\boldsymbol{N}|}/a)_{N_i}(cx_i/b)_{N_r}. \tag{3.13.5}$$

显然上式符合定理 3.3.2 中的第一式 (3.3.4):

$$B_{\boldsymbol{N}} = \sum_{0\leqslant \boldsymbol{y}\leqslant \boldsymbol{N}} F(\boldsymbol{N},\boldsymbol{y};\Lambda_n)A_{\boldsymbol{y}},$$

这里

$$F(\boldsymbol{N},\boldsymbol{y};\Lambda_n) = \prod_{r,s=1}^{n} \frac{1}{(q^{1+y_r-y_s}x_r/x_s)_{N_r-y_r}} \prod_{k=1}^{n} \frac{1}{(aqx_k)_{N_k+|\boldsymbol{y}|}},$$

$$A_{\boldsymbol{y}} = \frac{1}{(abq/c)_{|\boldsymbol{y}|}} \prod_{r,s=1}^{n} \frac{1}{(qx_r/x_s)_{y_r}}$$

$$\times \prod_{i=1}^{n} (bx_i)_{y_i} \prod_{1\leqslant r<s\leqslant n} (cx_rx_s)_{y_r+y_s} \prod_{r,s=1}^{n} \frac{1}{(cx_rx_s)_{y_r}},$$

$$B_{\boldsymbol{N}} = (-1)^{|\boldsymbol{N}|}q^{\binom{|\boldsymbol{N}|}{2}} \frac{1}{(cq^{-|\boldsymbol{N}|}/ab)_{|\boldsymbol{N}|}} \prod_{r,s=1}^{n} \frac{1}{(qx_r/x_s)_{N_r}}$$

$$\times \prod_{i=1}^{n} (ax_i)_{|\boldsymbol{N}|} \prod_{i=1}^{n} \frac{1-ax_iq^{N_i+|\boldsymbol{N}|}}{1-ax_i}$$

$$\times \prod_{1 \leqslant r < s \leqslant n} (cx_i x_s)_{N_r+N_s} \prod_{r,s=1}^{n} \frac{1}{(cx_r x_s)_{N_r}} \prod_{i=1}^{n} (cx_i q^{-|\boldsymbol{N}|}/a)_{N_i} (cx_i/b)_{N_r}.$$

应用反演公式 (定理 3.3.2) 的第二式 (3.3.5):

$$A_{\boldsymbol{N}} = \sum_{0 \leqslant \boldsymbol{y} \leqslant \boldsymbol{N}} G(\boldsymbol{N}, \boldsymbol{y}; A_n) B_{\boldsymbol{y}},$$

则有

$$\frac{1}{(abq/c)_{|\boldsymbol{N}|}} \prod_{r,s=1}^{n} \frac{1}{(qx_r/x_s)_{N_r}} \prod_{i=1}^{n} (bx_i)_{N_i} \prod_{1 \leqslant r < s \leqslant n} (cx_r x_s)_{N_r+N_s} \prod_{r,s=1}^{n} \frac{1}{(cx_r x_s)_{N_r}}$$

$$= \sum_{\substack{0 \leqslant y_i \leqslant N_i \\ i=1,\cdots,n}} \prod_{k=1}^{n} (1 - ax_k q^{N_k+|\boldsymbol{N}|}) \prod_{k=1}^{n} (aqx_k)_{y_k+|\boldsymbol{N}|-1} \prod_{r,s=1}^{n} \frac{1}{(q^{1+y_r-y_s} x_r/x_s)_{N_r-y_r}}$$

$$\times (-1)^{|\boldsymbol{N}|-|\boldsymbol{y}|} q^{\binom{|\boldsymbol{N}|-|\boldsymbol{y}|}{2}}$$

$$\times (-1)^{|\boldsymbol{y}|} q^{\binom{|\boldsymbol{y}|}{2}} \frac{1}{(cq^{-|\boldsymbol{y}|}/ab)_{|\boldsymbol{y}|}} \prod_{r,s=1}^{n} \frac{1}{(qx_r/x_s)_{y_r}} \prod_{i=1}^{n} (ax_i)_{|\boldsymbol{y}|} \prod_{i=1}^{n} \frac{1 - ax_i q^{y_i+|\boldsymbol{y}|}}{1 - ax_i}$$

$$\times \prod_{1 \leqslant r < s \leqslant n} (cx_i x_s)_{y_r+y_s} \prod_{r,s=1}^{n} \frac{1}{(cx_r x_s)_{y_r}} \prod_{i=1}^{n} (cx_i q^{-|\boldsymbol{y}|}/a)_{y_i} (cx_i/b)_{y_r}.$$

化简, 令 $b \to aq/bc$, $c \to aq/c$, 可得结果. $\qquad\square$

定理 3.13.3 [61, 定理 3] (D_n q-Gauss 求和公式) 设 $0 < |q| < 1$, $|c/ab| < |x_1 \cdots x_n||x_m|^{-n}|q|^{(n-1)/2}$, 对 $m = 1, 2, \cdots, n$, 则

$$\left(\frac{c}{ab}\right)_{\infty}^{-1} \prod_{1 \leqslant r < s \leqslant n} \frac{1}{(cx_r x_s)_{\infty}} \prod_{i=1}^{n} \left(\frac{cx_i}{a}\right)_{\infty} \left(\frac{cx_i}{b}\right)_{\infty}$$

$$= \sum_{\substack{y_i \geqslant 0 \\ i=1,\cdots,n}} \left(\frac{c}{ab}\right)^{|\boldsymbol{y}|} \prod_{1 \leqslant r < s \leqslant n} \frac{x_r q^{y_r} - x_s q^{y_s}}{x_r - x_s} \prod_{r,s=1}^{n} \left(q\frac{x_r}{x_s}\right)_{y_r}^{-1} \prod_{1 \leqslant r < s \leqslant n} (cx_r x_s)_{y_r+y_s}$$

$$\times \prod_{r,s=1}^{n} \frac{1}{(cx_r x_s)_{y_r}} \prod_{i=1}^{n} (ax_i)_{y_i} (bx_i)_{y_i} \prod_{i=1}^{n} x_i^{ny_i-|\boldsymbol{y}|} (-1)^{(n-1)|\boldsymbol{y}|} q^{(n-1)\sum_{i=1}^{n} \binom{y_i}{2}} q^{-e_2(\boldsymbol{y})}.$$

证明 应用 $(Aq^{-N})_N = (q/A)_N (-A/q)^N q^{-\binom{N}{2}}$, 翻转在 (3.12.6) 中的一些乘积, 然后设 $N_i \to \infty$, $i = 1, \cdots, n$. $\qquad\square$

注 3.13.2 在此定理中, 设 $c = abz$, 使 $b \to 0$, 得到 Milne 的 A_n 的非终止型二项式定理 [30, 定理 5.40].

定理 3.13.4 [61, 定理 4] (D_n q-Chu-Vandermonde 求和公式) 设 $N_1, \cdots, N_n$ 为非负整数, 则

$$
\prod_{1 \leqslant r < s \leqslant n} (cx_r x_s)_{N_r + N_s} \prod_{r,s=1}^{n} \frac{1}{(cx_r x_s)_{N_r}} \prod_{i=1}^{n} \left(\frac{cx_i}{b} \right)_{N_i}
$$

$$
= \sum_{\substack{0 \leqslant y_i \leqslant N_i \\ i=1,2,\cdots,n}} \left(\frac{cq^{|\boldsymbol{N}|}}{b} \right)^{|\boldsymbol{y}|} \prod_{1 \leqslant r < s \leqslant n} \frac{x_r q^{y_r} - x_s q^{y_s}}{x_r - x_s}
$$

$$
\times \prod_{r,s=1}^{n} \frac{\left(\dfrac{x_r}{x_s} q^{-N_s} \right)_{y_r}}{\left(q \dfrac{x_r}{x_s} \right)_{y_r}} \prod_{1 \leqslant r < s \leqslant n} (cx_r x_s)_{y_r + y_s}
$$

$$
\times \prod_{r,s=1}^{n} \frac{1}{(cx_r x_s)_{y_r}} \prod_{i=1}^{n} (bx_i)_{y_i} \prod_{i=1}^{n} x_i^{y_i} q^{-e_2(\boldsymbol{y})}.
$$

证明 在 (3.12.6) 中, 取极限 $a \to \infty$. $\square$

定理 3.13.5 [61, 定理 5] (D_n q-Chu-Vandermonde 求和公式) 设 $N_1, \cdots, N_n$ 为非负整数, 则

$$
q^{-e_2(\boldsymbol{N})} b^{|\boldsymbol{N}|} \prod_{1 \leqslant r < s \leqslant n} (cx_r x_s)_{N_r + N_s} \prod_{r,s=1}^{n} \frac{1}{(cx_r x_s)_{N_r}} \prod_{i=1}^{n} \left(\frac{cx_i}{b} \right)_{N_i} \prod_{i=1}^{n} x_i^{N_i}
$$

$$
= \sum_{\substack{0 \leqslant y_i \leqslant N_i \\ i=1,2,\cdots,n}} q^{|\boldsymbol{y}|} \prod_{1 \leqslant r < s \leqslant n} \frac{x_r q^{y_r} - x_s q^{y_s}}{x_r - x_s} \prod_{r,s=1}^{n} \frac{\left(\dfrac{x_r}{x_s} q^{-N_s} \right)_{y_r}}{\left(q \dfrac{x_r}{x_s} \right)_{y_r}}
$$

$$
\times \prod_{1 \leqslant r < s \leqslant n} (cx_r x_s)_{y_r + y_s} \prod_{r,s=1}^{n} \frac{1}{(cx_r x_s)_{y_r}} \prod_{i=1}^{n} (bx_i)_{y_i}. \tag{3.13.6}
$$

证明 在 (3.12.6) 中, 取极限 $a \to 0$. $\square$

推论 3.13.1 设 $N_1, \cdots, N_n$ 为非负整数, 则

$$
q^{-e_2(\boldsymbol{N})} a^{|\boldsymbol{N}|} \prod_{i=1}^{n} x_i^{N_i}
$$

$$= \sum_{\substack{0 \leqslant y_i \leqslant N_i \\ i=1,2,\cdots,n}} (-1)^{|\boldsymbol{y}|} q^{\binom{|\boldsymbol{y}|+1}{2}-|\boldsymbol{N}||\boldsymbol{y}|} \prod_{r,s=1}^{n} \frac{(qx_r/x_s)_{N_r}}{(qx_r/x_s)_{y_r}(q^{1+y_r-y_s}x_r/x_s)_{N_r-y_r}} \prod_{i=1}^{n}(ax_i)_{y_i}.$$

$$(3.13.7)$$

证明　在 (3.13.6) 中, 取极限 $c \to 0$ 以及 $b \to a$.　　　　　　　　　　　□

3.14　$U(n+1)$ 双基基本超几何级数

引理 3.14.1　设

$$F[c_1,\cdots,c_n; x_1,\cdots,x_n; y_1,\cdots,y_n] = \prod_{1\leqslant r<s\leqslant n} \frac{x_r q^{y_r} - x_s q^{y_s}}{x_r - x_s} \prod_{r,s=1}^{n} \frac{(c_s x_r/x_s; q)_{y_r}}{(qx_r/x_s; q)_{y_r}},$$

$$(3.14.1)$$

对任何固定的 j, 则有

$$\prod_{1\leqslant i\leqslant n} \left(1 - q^{y_i}\frac{x_i}{x_j}\right) F[c_1,\cdots,c_n; x_1,\cdots,x_n; y_1,\cdots,y_n]$$

$$= (-c_1\cdots c_n) \prod_{1\leqslant i\leqslant n} \left(1 - \frac{x_i}{x_j}\frac{1}{c_i}\right)$$

$$\times F[\cdots, c_i q^{\delta_{ij}}, \cdots; \cdots, x_i q^{\delta_{ij}}, \cdots; \cdots, y_i - \delta_{ij}, \cdots]. \quad (3.14.2)$$

证明　当 $y_j = 0$ 时, (3.14.2) 的两边均为零. 考虑

$$\prod_{1\leqslant i\leqslant n} \left(1 - q^{y_i}\frac{x_i}{x_j}\right) \prod_{r,s=1}^{n} \frac{1}{(qx_r/x_s; q)_{y_r}}$$

$$= \prod_{\substack{1\leqslant r,s\leqslant n \\ r\neq j, s\neq j}} \frac{1}{(qx_r/x_s; q)_{y_r}} \prod_{\substack{1\leqslant r\leqslant n \\ r\neq j}} \frac{1}{(x_r/x_j; q)_{y_r}} \frac{1}{(q; q)_{y_j-1}} \prod_{\substack{1\leqslant s\leqslant n \\ s\neq j}} \frac{1}{(q^2 x_j/x_s; q)_{y_j-1}}$$

$$\times \prod_{\substack{1\leqslant s\leqslant n \\ s\neq j}} \frac{1}{(1 - qx_j/x_s)} \prod_{\substack{1\leqslant r\leqslant n \\ r\neq j}} (1 - x_r/x_j). \quad (3.14.3)$$

　　　　　　　　　　　　　　　　　　　　　　　　　　　　　　　　□

定理 3.14.1 [62, 定理 3.1]　设 N 为非负整数, 则

$$\left(\frac{1}{c_1\cdots c_n}\right)^N \frac{(c_1\cdots c_n q; q)_N}{(q; q)_N} \prod_{i=1}^{n}\prod_{j=1}^{N} \frac{1 - x_i a_j}{1 - x_i a_j/c_i} \quad (3.14.4a)$$

$$= \sum_{\substack{y_1,\cdots,y_n \geqslant 0 \\ 0 \leqslant |\boldsymbol{y}| \leqslant N}} \prod_{1 \leqslant r < s \leqslant n} \frac{x_r q^{y_r} - x_s q^{y_s}}{x_r - x_s} \prod_{r,s=1}^{n} \frac{(c_s x_r/x_s; q)_{y_r}}{(q x_r/x_s; q)_{y_r}} \prod_{i=1}^{n} \frac{\displaystyle\prod_{j=0}^{|\boldsymbol{y}|-1} (1 - x_i a_j)}{\displaystyle\prod_{j=1}^{|\boldsymbol{y}|} (1 - x_i a_j/c_i)}$$

$$\times \prod_{i=1}^{n} \frac{1 - x_i q^{y_i} a_{|\boldsymbol{y}|}}{1 - x_i a_0} \left(\frac{1}{c_1 \cdots c_n} \right)^{|\boldsymbol{y}|}. \tag{3.14.4b}$$

证明   首先考虑对角线和

$$\sum_{\substack{y_1,\cdots,y_n \geqslant 0 \\ |\boldsymbol{y}|=M}} \prod_{1 \leqslant r < s \leqslant n} \frac{x_r q^{y_r} - x_s q^{y_s}}{x_r - x_s} \prod_{r,s=1}^{n} \frac{(c_s x_r/x_s; q)_{y_r}}{(q x_r/x_s; q)_{y_r}} \tag{3.14.5a}$$

$$\times \prod_{i=1}^{n} \frac{1 - x_i q^{y_i} a_M}{1 - x_i a_M}. \tag{3.14.5b}$$

由于

$$\prod_{i=1}^{n} \frac{1 - x_i q^{y_i} a_M}{1 - x_i a_M} = q^{|\boldsymbol{y}|} + \sum_{j=1}^{n} \frac{\displaystyle\prod_{1 \leqslant i \leqslant n} \left(1 - q^{y_i} \frac{x_i}{x_j} \right)}{\displaystyle\prod_{\substack{1 \leqslant i \leqslant n \\ i \neq j}} \left(1 - \frac{x_i}{x_j} \right)} \frac{1}{1 - x_j a_M}, \tag{3.14.6}$$

故 (3.14.5) 能被重写为

$$\sum_{\substack{y_1,\cdots,y_n \geqslant 0 \\ |\boldsymbol{y}|=M}} F[c_1,\cdots,c_n; x_1,\cdots,x_n; y_1,\cdots,y_n] q^{|\boldsymbol{y}|} \tag{3.14.7a}$$

$$+ \sum_{\substack{y_1,\cdots,y_n \geqslant 0 \\ |\boldsymbol{y}|=M}} F[c_1,\cdots,c_n; x_1,\cdots,x_n; y_1,\cdots,y_n] \sum_{j=1}^{n} \frac{\displaystyle\prod_{1 \leqslant i \leqslant n} \left(1 - q^{y_i} \frac{x_i}{x_j} \right)}{\displaystyle\prod_{\substack{1 \leqslant i \leqslant n \\ i \neq j}} \left(1 - \frac{x_i}{x_j} \right)} \frac{1}{1 - x_j a_M}.$$

$$\tag{3.14.7b}$$

利用 Milne 基本定理 (定理 3.1.3), 得到 (3.14.7a) 为

$$\sum_{\substack{y_1,\cdots,y_n \geqslant 0 \\ |\boldsymbol{y}|=M}} F[c_1,\cdots,c_n; x_1,\cdots,x_n; y_1,\cdots,y_n] q^{|\boldsymbol{y}|} = q^M \frac{(c_1 \cdots c_n; q)_M}{(q; q)_M}. \tag{3.14.8}$$

下面考虑 (3.14.7b). 由引理 3.14.1, 交换 (3.14.7b) 中求和, 则 (3.14.7b) 能重写为

$$\sum_{j=1}^{n}(-c_1\cdots c_n)\frac{\displaystyle\prod_{1\leqslant i\leqslant n}\left(1-\frac{x_i}{x_j}\frac{1}{c_i}\right)}{\displaystyle\prod_{\substack{1\leqslant i\leqslant n\\ i\neq j}}\left(1-\frac{x_i}{x_j}\right)}\frac{1}{1-x_j a_M} \tag{3.14.9a}$$

$$\times \sum_{\substack{y_1,\cdots,y_n\geqslant 0\\ |\boldsymbol{y}|=M}} F[\cdots,c_i q^{\delta_{ij}},\cdots;\cdots,x_i q^{\delta_{ij}},\cdots;\cdots,y_i-\delta_{ij},\cdots]. \tag{3.14.9b}$$

利用 Milne 基本定理 (定理 3.1.3) 的 $a_j \to c_j q$, $x_j \to x_j q$, $m \to M-1$ 的情形, 求每个 j 的内部对角线和, 则 (3.14.9) 为

$$\sum_{j=1}^{n}(-c_1\cdots c_n)\frac{\displaystyle\prod_{1\leqslant i\leqslant n}\left(1-\frac{x_i}{x_j}\frac{1}{c_i}\right)}{\displaystyle\prod_{\substack{1\leqslant i\leqslant n\\ i\neq j}}\left(1-\frac{x_i}{x_j}\right)}\frac{1}{1-x_j a_M}\frac{(qc_1\cdots c_n;q)_{M-1}}{(q;q)_{M-1}}. \tag{3.14.10}$$

又由 Milne 基本恒等式 (3.1.1) 可得

$$\sum_{j=1}^{n}\frac{\displaystyle\prod_{1\leqslant i\leqslant n}\left(1-\frac{x_i}{x_j}\frac{1}{c_i}\right)}{\displaystyle\prod_{\substack{1\leqslant i\leqslant n\\ i\neq j}}\left(1-\frac{x_i}{x_j}\right)}\frac{1}{1-x_j a_M}=\prod_{i=1}^{n}\frac{1-x_i a_M/c_i}{1-x_i a_M}-\frac{1}{c_1\cdots c_n}. \tag{3.14.11}$$

在 (3.14.10) 上应用 (3.14.11), 则得到 (3.14.7b) 的一个展开

$$(-c_1\cdots c_n)\frac{(qc_1\cdots c_n;q)_{M-1}}{(q;q)_{M-1}}\left\{\prod_{i=1}^{n}\left[\frac{1-x_i a_M/c_i}{1-x_i a_M}\right]-\frac{1}{c_1\cdots c_n}\right\}. \tag{3.14.12}$$

故 (3.14.5) 中的对角线和等于

$$\frac{(qc_1\cdots c_n;q)_M}{(q;q)_M}-(c_1\cdots c_n)\frac{(qc_1\cdots c_n;q)_{M-1}}{(q;q)_{M-1}}\prod_{i=1}^{n}\frac{1-x_i a_M/c_i}{1-x_i a_M}, \tag{3.14.13}$$

这里应用了简化

$$1+q^M\frac{1-c_1\cdots c_n}{1-q^M}=\frac{1-c_1\cdots c_n q^M}{1-q^M}.$$

注意此式仅对 $M > 0$ 有效, 当 $M = 0$ 时, (3.14.5) 与 (3.14.13) 同时为 1. 在 (3.14.5) 与 (3.14.13) 两式中均乘以

$$\left(\frac{1}{c_1 \cdots c_n}\right)^M \prod_{i=1}^n \prod_{j=1}^M \frac{1 - x_i a_j}{1 - x_i a_j / c_i}$$

并对 M 从 0 到 N 求和, 得到的在 (3.14.4b) 里的 n-重和可以被写作

$$\sum_{M=0}^N \left\{ \left(\frac{1}{c_1 \cdots c_n}\right)^M \frac{(c_1 \cdots c_n q; q)_M}{(q; q)_M} \prod_{i=1}^n \prod_{j=1}^M \frac{1 - x_i a_j}{1 - x_i a_j / c_i} \right.$$

$$\left. - \left(\frac{1}{c_1 \cdots c_n}\right)^{M-1} \frac{(c_1 \cdots c_n q; q)_{M-1}}{(q; q)_{M-1}} \prod_{i=1}^n \prod_{j=1}^{M-1} \frac{1 - x_i a_j}{1 - x_i a_j / c_i} \right\}. \tag{3.14.14}$$

因此, 定理通过前后项相消而得到. $\qquad\square$

定理 3.14.2 [62, 推论 3.3] (Gosper 双基求和的 $U(n+1)$ 拓广)   设 N 为非负整数, 则

$$\left(\frac{1}{c_1 \cdots c_n}\right)^N \frac{(c_1 \cdots c_n q; q)_N}{(q; q)_N} \prod_{i=1}^n \frac{(ax_i p; p)_N}{(ax_i p / c_i; p)_N}$$

$$= \sum_{\substack{y_1, \cdots, y_n \geq 0 \\ 0 \leq |\boldsymbol{y}| \leq N}} \prod_{1 \leq r < s \leq n} \frac{x_r q^{y_r} - x_s q^{y_s}}{x_r - x_s} \prod_{r,s=1}^n \frac{(c_s x_r / x_s; q)_{y_r}}{(q x_r / x_s; q)_{y_r}} \prod_{i=1}^n \frac{(ax_i; p)_{|\boldsymbol{y}|}}{(ax_i p / c_i; p)_{|\boldsymbol{y}|}}$$

$$\times \prod_{i=1}^n \frac{1 - ax_i q^{y_i} p^{|\boldsymbol{y}|}}{1 - ax_i} \left(\frac{1}{c_1 \cdots c_n}\right)^{|\boldsymbol{y}|}. \tag{3.14.15}$$

证明   在定理 3.14.1 中, 取 $a_j \to ap^j$, 可得结果. $\qquad\square$

若 $n = 1$, 则得到下面 Gosper 双基求和公式:

$$\sum_{y=0}^N \frac{(1 - ap^y q^y)(a; p)_y (c; q)_y}{(1 - a)(ap/c; p)_y (q; q)_y} \frac{1}{c^y} = \frac{(ap; p)_N (cq; q)_N}{(ap/c; p)_N (q; q)_N} \frac{1}{c^N}.$$

进一步, 可以推广定理 3.14.1 为下述结果.

定理 3.14.3 [62, 定理 3.20]   设 N 为非负整数, 则

$$\frac{(c_1 \cdots c_n q; q)_N}{(q; q)_N} \prod_{i=1}^n \frac{(dqx_i / c_i; q)_N}{(dqx_i; q)_N} \prod_{j=1}^N \frac{1 - a_j / d}{1 - a_j c_1 \cdots c_n / d} \prod_{i=1}^n \prod_{j=1}^N \frac{1 - x_i a_j}{1 - x_i a_j / c_i}$$

$$= \sum_{\substack{y_1,\cdots,y_n \geqslant 0 \\ 0 \leqslant |\boldsymbol{y}| \leqslant N}} \prod_{1 \leqslant r < s \leqslant n} \frac{x_r q^{y_r} - x_s q^{y_r}}{x_r - x_s} \prod_{r,s=1}^{n} \frac{(c_s x_r/x_s; q)_{y_r}}{(q x_r/x_s; q)_{y_r}}$$

$$\times \prod_{i=1}^{n} \frac{\prod_{j=0}^{|\boldsymbol{y}|-1}(1 - x_i a_j)}{\prod_{j=1}^{|\boldsymbol{y}|}(1 - x_i a_j/c_i)} \prod_{i=1}^{n} \frac{1 - x_i q^{y_i} a_{|\boldsymbol{y}|}}{1 - x_i a_0}$$

$$\times \frac{1 - q^{-|\boldsymbol{y}|} a_{|\boldsymbol{y}|}/d}{1 - a_0/d} q^{|\boldsymbol{y}|} \frac{\prod_{j=0}^{|\boldsymbol{y}|-1}(1 - a_j/d)}{\prod_{j=1}^{|\boldsymbol{y}|}(1 - a_j c_1 \cdots c_n/d)} \prod_{i=1}^{n} \frac{(x_i d/c_1 \cdots c_n; q)_{y_r}}{(x_i d q; q)_{y_r}}. \quad (3.14.16)$$

在定理 3.14.3 中, 取 $a_j \to ap^j$, $d \to a/b$, 可得下面双基基本超几何级数结果.

定理 3.14.4 [62, 推论 3.22] (Gasper 和的 $U(n+1)$ 拓广) 设 N 为非负整数, 则

$$\frac{(c_1 \cdots c_n q; q)_N (bp; p)_N}{(bc_1 \cdots c_n p; p)_N (q; q)_N} \prod_{i=1}^{n} \frac{(x_i ap; p)_N (aqx_i/bc_i; q)_N}{(x_i ap/c_i; p)_N (aqx_i/b; q)_N}$$

$$= \sum_{\substack{y_1,\cdots,y_n \geqslant 0 \\ 0 \leqslant |\boldsymbol{y}| \leqslant N}} \prod_{1 \leqslant r < s \leqslant n} \frac{x_r q^{y_r} - x_s q^{y_r}}{x_r - x_s} \prod_{r,s=1}^{n} \frac{(c_s x_r/x_s; q)_{y_r}}{(q x_r/x_s; q)_{y_r}}$$

$$\times \prod_{i=1}^{n} \frac{(ax_i; p)_{|\boldsymbol{y}|}}{(x_i ap/c_i; p)_{|\boldsymbol{y}|}} \prod_{i=1}^{n} \frac{1 - x_i a q^{y_i} p^{|\boldsymbol{y}|}}{1 - x_i a}$$

$$\times \frac{(b; p)_{|\boldsymbol{y}|}}{(bc_1 \cdots c_n p; p)_{|\boldsymbol{y}|}} \frac{1 - bp^{|\boldsymbol{y}|} q^{-|\boldsymbol{y}|}}{1 - b} q^{|\boldsymbol{y}|} \prod_{i=1}^{n} \frac{(ax_i/bc_1 \cdots c_n; q)_{y_r}}{(x_i aq/b; q)_{y_r}}. \quad (3.14.17)$$

3.15 Heine 方法与 $U(n+1) \leftrightarrow U(m+1)$ 变换公式

Heine 方法就是 Heine 在推导 Heine 变换时所使用的方法 [6,29], 即

$$\sum_{k=0}^{\infty} \frac{(a)_k (b)_k}{(q)_k (c)_k} z^k = \frac{(b)_\infty}{(c)_\infty} \sum_{k=0}^{\infty} \frac{(a)_k}{(q)_k} z^k \frac{(cq^k)_\infty}{(bq^k)_\infty}$$

$$= \frac{(b)_\infty}{(c)_\infty} \sum_{k=0}^{\infty} \frac{(a)_k}{(q)_k} z^k \sum_{j=0}^{\infty} \frac{(c/b)_j}{(q)_j} (bq^k)^j$$

$$= \frac{(b)_\infty}{(c)_\infty} \sum_{j=0}^{\infty} \frac{(c/b)_j}{(q)_j} b^j \sum_{k=0}^{\infty} \frac{(a)_k}{(q)_k} (zq^j)^k$$

$$= \frac{(b)_\infty}{(c)_\infty} \sum_{j=0}^\infty \frac{(c/b)_j}{(q)_j} b^j \frac{(azq^j)_\infty}{(zq^j)_\infty}$$

$$= \frac{(b)_\infty (az)_\infty}{(c)_\infty (z)_\infty} \sum_{j=0}^\infty \frac{(c/b)_j (z)_j}{(q)_j (az)_j} b^j.$$

故得到 Heine 第一变换公式

$$\sum_{k=0}^\infty \frac{(a)_k (b)_k}{(q)_k (c)_k} z^k = \frac{(b)_\infty (az)_\infty}{(c)_\infty (z)_\infty} \sum_{j=0}^\infty \frac{(c/b)_j (z)_j}{(q)_j (az)_j} b^j.$$

Bhatnagar 利用此思想, 得到下述结果:

定理 3.15.1 [57, 定理 2.1] (双基 Heine $U(n+1) \leftrightarrow U(m+1)$ 变换第一公式)
令 $0 < |q^h| < 1$, $0 < |q^t| < 1$, $0 < |q^{ht}| < 1$. 进一步, 对 $r = 1, 2, \cdots, n$,
$|z/x_r| < 1$ 及对 $r = 1, 2, \cdots, m$, $|w/y_r| < 1$, 则有

$$\sum_{\substack{k_r \geqslant 0 \\ r=1,2,\cdots,n}} \prod_{1 \leqslant r < s \leqslant n} \frac{x_r q^{hk_r} - x_s q^{hk_s}}{x_r - x_s} \prod_{r,s=1}^n \frac{(a_s x_r/x_s; q^h)_{k_r}}{(q^h x_r/x_s; q^h)_{k_r}} \prod_{r=1}^m \frac{(w/y_r; q^t)_{h|\boldsymbol{k}|}}{(b_r w/y_r; q^t)_{h|\boldsymbol{k}|}}$$

$$\times z^{|\boldsymbol{k}|} q^{he_2(k_1,\cdots,k_n)} \prod_{r=1}^n x_r^{-k_r}$$

$$= \prod_{r=1}^m \frac{(w/y_r; q^t)_\infty}{(b_r w/y_r; q^t)_\infty} \prod_{r=1}^n \frac{(a_r z/x_r; q^h)_\infty}{(z/x_r; q^h)_\infty}$$

$$\times \sum_{\substack{j_r \geqslant 0 \\ r=1,2,\cdots,m}} \prod_{1 \leqslant r < s \leqslant m} \frac{y_r q^{tj_r} - y_s q^{tj_s}}{y_r - y_s} \prod_{r,s=1}^m \frac{(b_s y_r/y_s; q^t)_{j_r}}{(q^t y_r/y_s; q^t)_{j_r}} \prod_{r=1}^n \frac{(z/x_r; q^h)_{t|\boldsymbol{j}|}}{(a_r z/x_r; q^h)_{t|\boldsymbol{j}|}}$$

$$\times w^{|\boldsymbol{j}|} q^{te_2(j_1,\cdots,j_m)} \prod_{r=1}^m y_r^{-j_r}. \tag{3.15.1}$$

证明   由于

$$\prod_{r=1}^m \frac{(w/y_r; q^t)_{h|\boldsymbol{k}|}}{(b_r w/y_r; q^t)_{h|\boldsymbol{k}|}} = \prod_{r=1}^m \frac{(w/y_r; q^t)_\infty}{(b_r w/y_r; q^t)_\infty} \prod_{r=1}^m \frac{(b_r w q^{th|\boldsymbol{k}|}/y_r; q^t)_\infty}{(w q^{th|\boldsymbol{k}|}/y_r; q^t)_\infty},$$

在 (3.9.16) 中, 取 $n = m, x_r \to, q \to q^t, z \to w q^{th|\boldsymbol{k}|}$ 以及 $a_s \to b_s$, 展开 (3.15.1) 左
边中的第二个因式, 则 (3.15.1) 的左边为

$$\prod_{r=1}^m \frac{(w/y_r; q^t)_\infty}{(b_r w/y_r; q^t)_\infty} \sum_{\substack{k_r \geqslant 0 \\ r=1,2,\cdots,n}} \sum_{\substack{j_r \geqslant 0 \\ r=1,2,\cdots,m}} (\cdots) q^{(th|\boldsymbol{k}|)|\boldsymbol{j}|},$$

交换求和顺序, 则得到

$$\prod_{r=1}^{m} \frac{(w/y_r; q^t)_\infty}{(b_r w/y_r; q^t)_\infty} \sum_{\substack{j_r \geqslant 0 \\ r=1,2,\cdots,m}} \sum_{\substack{k_r \geqslant 0 \\ r=1,2,\cdots,n}} (\cdots) q^{(th|\boldsymbol{j}|)|\boldsymbol{k}|}.$$

再利用 (3.9.16) 的情形: $q \to q^h$, $z \to zq^{th|\boldsymbol{j}|}$, 经过基本运算得到 (3.15.1) 右边, 定理得证.　　　　□

定理 3.15.2[57, 定理 2.3] (双基 Heine $U(n+1) \leftrightarrow U(m+1)$ 变换第二公式) 在增加的一般收敛条件里, 令 $|w| < 1$ 和对 $r = 1,2,\cdots,n$, $|z/x_r| < 1$, 则有

$$\sum_{\substack{k_r \geqslant 0 \\ r=1,2,\cdots,n}} \prod_{1 \leqslant r < s \leqslant n} \frac{x_r q^{hk_r} - x_s q^{hk_s}}{x_r - x_s} \prod_{r,s=1}^{n} \frac{(a_s x_r/x_s; q^h)_{k_r}}{(q^h x_r/x_s; q^h)_{k_r}} \prod_{r=1}^{m} \frac{(wq^{t(r-1)}; q^t)_{h|\boldsymbol{k}|}}{(b_r wq^{t(r-1)}; q^t)_{h|\boldsymbol{k}|}}$$

$$\times z^{|\boldsymbol{k}|} q^{he_2(k_1,\cdots,k_n)} \prod_{r=1}^{n} x_r^{-k_r}$$

$$= \prod_{r=1}^{m} \frac{(wq^{t(r-1)}; q^t)_\infty}{(b_r wq^{t(r-1)}; q^t)_\infty} \prod_{r=1}^{n} \frac{(a_r z/x_r; q^h)_\infty}{(z/x_r; q^h)_\infty}$$

$$\times \sum_{\substack{j_r \geqslant 0 \\ r=1,2,\cdots,m}} w^{|\boldsymbol{j}|} \prod_{1 \leqslant r < s \leqslant m} \frac{y_r q^{tj_r} - y_s q^{tj_s}}{y_r - y_s} \prod_{r=1}^{m} \frac{(b; q^t)_{j_r}}{(q^t; q^t)_{j_r}} \prod_{r=1}^{n} \frac{(z/x_r; q^h)_{t|\boldsymbol{j}|}}{(a_r z/x_r; q^h)_{t|\boldsymbol{j}|}}.$$

$$(3.15.2)$$

证明　类似于定理 3.15.1 的证明, 不同的是仅在左边展开时应用 (3.9.18) 将左边展开成一个双重和.　　　　□

定理 3.15.3[57, 定理 2.4] (双基 Heine $U(n+1) \leftrightarrow U(m+1)$ 变换第三公式) 在增加的一般收敛条件里, 设 $|w| < 1$ 和 $|z| < 1$, 则有

$$\sum_{\substack{k_r \geqslant 0 \\ r=1,2,\cdots,n}} \prod_{1 \leqslant r < s \leqslant n} \frac{x_r q^{hk_r} - x_s q^{hk_s}}{x_r - x_s}$$

$$\times \prod_{r,s=1}^{n} \frac{(a_s x_r/x_s; q^h)_{k_r}}{(q^h x_r/x_s; q^h)_{k_r}} \prod_{r=1}^{n} \frac{(cx_r/a_1 \cdots a_n; q^h)_{k_r}(cx_r; q^h)_{|\boldsymbol{k}|}}{(cx_r; q^h)_{k_r}(cx_r/a_r; q^h)_{|\boldsymbol{k}|}}$$

$$\times z^{|\boldsymbol{k}|} \frac{(w; q^t)_{h|\boldsymbol{k}|}}{(b_1 \cdots b_m w; q^t)_{h|\boldsymbol{k}|}}$$

$$= \frac{(w; q^t)_\infty}{(b_1 \cdots b_m w; q^t)_\infty} \frac{(a_1 \cdots a_n z; q^h)_\infty}{(z; q^h)_\infty}$$

$$\times \sum_{\substack{j_r \geqslant 0 \\ r=1,2,\cdots,m}} \prod_{1 \leqslant r < s \leqslant m} \frac{y_r q^{t j_r} - y_s q^{t j_s}}{y_r - y_s}$$

$$\times \prod_{r,s=1}^{m} \frac{(b_s y_r/y_s; q^t)_{j_r}}{(q^t y_r/y_s; q^t)_{j_r}} \prod_{r=1}^{m} \frac{(d y_r/b_1 \cdots b_m; q^t)_{j_r} (d y_r; q^t)_{|\boldsymbol{j}|}}{(d y_r; q^t)_{j_r} (d y_r/b_r; q^t)_{|\boldsymbol{j}|}}$$

$$\times \frac{(z; q^h)_{t|\boldsymbol{j}|}}{(a_1 \cdots a_n z; q^h)_{t|\boldsymbol{j}|}} w^{|\boldsymbol{j}|}. \tag{3.15.3}$$

证明 完全类似于定理 3.15.1 的证明, 在证明过程中两次应用 (3.9.18). □

定理 3.15.4 [57, 定理 2.5] (双基 Heine $U(n+1) \leftrightarrow U(m+1)$ 变换第四公式) 在增加的一般收敛条件里, 设对 $r = 1, 2, \cdots, m$, $|w/y_r| < 1$ 和 $|z| < 1$, 则有

$$\sum_{\substack{k_r \geqslant 0 \\ r=1,2,\cdots,n}} z^{|\boldsymbol{k}|} \prod_{1 \leqslant r < s \leqslant n} \frac{x_r q^{h k_r} - x_s q^{h k_s}}{x_r - x_s} \prod_{r,s=1}^{n} \frac{(a_s x_r/x_s; q^h)_{k_r}}{(q^h x_r/x_s; q^h)_{k_r}} \prod_{r=1}^{m} \frac{(w/y_r; q^t)_{h|\boldsymbol{k}|}}{(b_r w/y_r; q^t)_{h|\boldsymbol{k}|}}$$

$$= \prod_{r=1}^{m} \frac{(w/y_r; q^t)_\infty}{(b_r w/y_r; q^t)_\infty} \frac{(a_1 \cdots a_n z; q^h)_\infty}{(z; q^h)_\infty}$$

$$\times \sum_{\substack{j_r \geqslant 0 \\ r=1,2,\cdots,m}} \prod_{1 \leqslant r < s \leqslant m} \frac{y_r q^{t j_r} - y_s q^{t j_s}}{y_r - y_s} \prod_{r,s=1}^{m} \frac{(b_s y_r/y_s; q^t)_{j_r}}{(q^t y_r/y_s; q^t)_{j_r}}$$

$$\times \frac{(z; q^h)_{t|\boldsymbol{j}|}}{(a_1 \cdots a_n z; q^h)_{t|\boldsymbol{j}|}} q^{t e_2(j_1,\cdots,j_m)} w^{|\boldsymbol{j}|} \prod_{r=1}^{m} y_r^{-j_r}. \tag{3.15.4}$$

证明 完全类似于定理 3.15.1 的证明, 在证明过程中应用恒等式 (3.9.18)(情形 $c = 0$) 和恒等式 (3.9.16). □

关于此方面的进一步讨论见 [57].

3.16 Lauricella 型多变量基本超几何级数的 Andrews 变换公式

Lauricella 型多变量基本超几何级数 ϕ_D^l 定义为

$$\phi_D^l \left[\begin{matrix} a; b_1, b_2, \cdots, b_l \\ c \end{matrix} ; q; x_1, x_2, \cdots, x_l \right]$$

$$= \sum_{k_1, k_2, \cdots, k_l \geqslant 0} \frac{(a)_{|\boldsymbol{k}|} (b_1)_{k_1} (b_2)_{k_2} \cdots (b_l)_{k_l}}{(c)_{|\boldsymbol{k}|} (q)_{k_1} (q)_{k_2} \cdots (q)_{k_l}} x_1^{k_1} x_2^{k_2} \cdots x_l^{k_l}. \tag{3.16.1}$$

定理 3.16.1[63,64](Andrews)

$$\phi_D^l\left[\begin{matrix} a;b_1,b_2,\cdots,b_l \\ c \end{matrix}\ ;q;x_1,x_2,\cdots,x_l\right]$$

$$=\frac{(a)_\infty}{(c)_\infty}\prod_{i=1}^l\frac{(b_ix_i)_\infty}{(x_i)_\infty}{}_{l+1}\phi_l\left[\begin{matrix} c/a, & x_1, & x_2, & \cdots, & x_l \\ & b_1x_1, & b_2x_2, & \cdots, & b_lx_l \end{matrix}\ ;q,a\right].\qquad(3.16.2)$$

证明　由于

$$\phi_D^l\left[\begin{matrix} a;b_1,b_2,\cdots,b_l \\ c \end{matrix}\ ;q;x_1,x_2,\cdots,x_l\right]$$

$$=\sum_{k_1,k_2,\cdots,k_l\geqslant0}\frac{(a)_{(a)_{k_1+k_2+\cdots+k_l}}(b_1)_{k_1}(b_2)_{k_2}\cdots(b_l)_{k_l}}{(c)_{k_1+k_2+\cdots+k_l}(q)_{k_1}(q)_{k_2}\cdots(q)_{k_l}}x_1^{k_1}x_2^{k_2}\cdots x_l^{k_l}$$

$$=\sum_{k_1,k_2,\cdots,k_{l-1}\geqslant0}\frac{(b_1)_{k_1}(b_2)_{k_2}\cdots(b_{l-1})_{k_{l-1}}}{(q)_{k_1}(q)_{k_2}\cdots(q)_{k_{l-1}}}x_1^{k_1}x_2^{k_2}\cdots x_{l-1}^{k_{l-1}}$$

$$\times\sum_{k\geqslant0}\frac{(a)_{k_1+k_2+\cdots+k_{l-1}+k}(b_l)_k}{(c)_{k_1+k_2+\cdots+k_{l-1}+k}(q)_k}x_l^k$$

$$=\sum_{k_1,k_2,\cdots,k_{l-1}\geqslant0}\frac{(b_1)_{k_1}(b_2)_{k_2}\cdots(b_{l-1})_{k_{l-1}}}{(q)_{k_1}(q)_{k_2}\cdots(q)_{k_{l-1}}}x_1^{k_1}x_2^{k_2}\cdots x_{l-1}^{k_{l-1}}\frac{(a)_{k_1+k_2+\cdots+k_{l-1}}}{(c)_{k_1+k_2+\cdots+k_{l-1}}}$$

$$\times\sum_{k\geqslant0}\frac{(aq^{k_1+k_2+\cdots+k_{l-1}})_k(b_l)_k}{(cq^{k_1+k_2+\cdots+k_{l-1}})_k(q)_k}x_l^k$$

$$=\sum_{k_1,k_2,\cdots,k_{l-1}\geqslant0}\frac{(b_1)_{k_1}(b_2)_{k_2}\cdots(b_{l-1})_{k_{l-1}}}{(q)_{k_1}(q)_{k_2}\cdots(q)_{k_{l-1}}}x_1^{k_1}x_2^{k_2}\cdots x_{l-1}^{k_{l-1}}\frac{(a)_{k_1+k_2+\cdots+k_{l-1}}}{(c)_{k_1+k_2+\cdots+k_{l-1}}}$$

$$\times\frac{(aq^{k_1+k_2+\cdots+k_{l-1}})_\infty(b_lx_l)_\infty}{(cq^{k_1+k_2+\cdots+k_{l-1}})_\infty(x_l)_\infty}\sum_{k\geqslant0}\frac{(c/a)_k(x_l)_k}{(q)_k(b_lx_l)_k}(aq^{k_1+k_2+\cdots+k_{l-1}})^k$$

$$=\frac{(a)_\infty(b_lx_l)_\infty}{(c)_\infty(x_l)_\infty}\sum_{k\geqslant0}\frac{(c/a)_k(x_l)_k}{(q)_k(b_lx_l)_k}a^k$$

$$\times\sum_{k_1,k_2,\cdots,k_{l-1}\geqslant0}\frac{(b_1)_{k_1}(b_2)_{k_2}\cdots(b_{l-1})_{k_{l-1}}}{(q)_{k_1}(q)_{k_2}\cdots(q)_{k_{l-1}}}(x_1q^k)^{k_1}(x_2q^k)^{k_2}\cdots(x_{l-1}q^k)^{k_{l-1}}$$

$$=\frac{(a)_\infty(b_lx_l)_\infty}{(c)_\infty(x_l)_\infty}\sum_{k\geqslant0}\frac{(c/a)_k(x_l)_k}{(q)_k(b_lx_l)_k}a^k\frac{(b_1x_1q^k)_\infty}{(x_1q^k)_\infty}\frac{(b_2x_2q^k)_\infty}{(x_2q^k)_\infty}\cdots\frac{(b_{l-1}x_{l-1}q^k)_\infty}{(x_{l-1}q^k)_\infty}$$

$$= \frac{(a)_\infty (b_1 x_1)_\infty (b_2 x_2)_\infty \cdots (b_l x_l)_\infty}{(c)_\infty (x_1)_\infty (x_2)_\infty \cdots (x_l)_\infty} \sum_{k \geqslant 0} \frac{(c/a)_k (x_1)_k (x_2)_k \cdots (x_l)_k}{(q)_k (b_1 x_1)_k (b_2 x_2)_k \cdots (b_l x_l)_k} a^k$$

$$= \frac{(a)_\infty}{(c)_\infty} \prod_{i=1}^{l} \frac{(b_i x_i)_\infty}{(x_i)_\infty} {}_{l+1}\phi_l \left[\begin{array}{ccccc} c/a, & x_1, & x_2, & \cdots, & x_l \\ & b_1 x_1, & b_2 x_2, & \cdots, & b_l x_l \end{array} ; q, a \right], \qquad (3.16.3)$$

故命题得证. □

　　注 3.16.1　当 $l = 1$ 时, 上式变为 Heine 变换公式.

第 4 章 $U(n+1)$ 级数的基本定理及其应用

求导 A_n (或称 $U(n+1)$) 基本超几何级数恒等式有多种, 本章首先介绍多变量基本超几何级数恒等式的 Ismail 的多项式论证法 (亦称 Ismail 论证法) 与系数比较法. 其次, 介绍利用 Milne 基本恒等式建立的 $U(n+1)$ 级数的基本定理及其如何去求导多变量基本超几何级数恒等式.

4.1 Ismail 论证法

Ismail 论证法, 亦称多项式论证法, 是基于命题 1.1.1 的思想所建立的, 由 Ismail 引入 [9,10]. 本节通过建立 Ramanujan $_1\psi_1$ 求和定理的第一个 $U(n+1)$ 拓广来展现 Ismail 论证法的应用.

重写 (3.9.3) 如下:

$$
\sum_{k_1,\cdots,k_n=0}^{\infty} \prod_{1\leqslant i<j\leqslant n} \frac{x_i q^{k_i} - x_j q^{k_j}}{x_i - x_j} \prod_{i,j=1}^{n} \left(\frac{x_i}{x_j}q\right)_{k_i}^{-1} \prod_{i=1}^{n} x_i^{nk_i - |\boldsymbol{k}|}
$$
$$
\times (a)_{|\boldsymbol{k}|} (-1)^{(n-1)|\boldsymbol{k}|} q^{-\binom{|\boldsymbol{k}|}{2} + n\sum_{i=1}^{n}\binom{k_i}{2}} z^{|\boldsymbol{k}|}
$$
$$
= \frac{(az)_\infty}{(z)_\infty}, \tag{4.1.1}
$$

这里对所有 $j = 1, \cdots, n$, 要求 $|z| < \left| q^{\frac{n-1}{2}} x_j^{-n} \prod_{i=1}^{n} x_i \right|$.

定理 4.1.1 (Ramanujan $_1\psi_1$ 求和定理的第一个 $U(n+1)$ 拓广) 对所有 $j = 1, \cdots, n$, 令 $|b_1 \cdots b_n q^{1-n}/a| < |z| < \left| q^{\frac{n-1}{2}} x_j^{-n} \prod_{i=1}^{n} x_i \right|$, 则有

$$
\sum_{k_1,\cdots,k_n=-\infty}^{\infty} (a)_{|\boldsymbol{k}|} (-1)^{(n-1)|\boldsymbol{k}|} q^{-\binom{|\boldsymbol{k}|}{2} + n\sum_{i=1}^{n}\binom{k_i}{2}} z^{|\boldsymbol{k}|}
$$
$$
\times \prod_{1\leqslant i<j\leqslant n} \frac{x_i q^{k_i} - x_j q^{k_j}}{x_i - x_j} \prod_{i,j=1}^{n} \left(\frac{x_i}{x_j}b_j\right)_{k_i}^{-1} \prod_{i=1}^{n} x_i^{nk_i - |\boldsymbol{k}|}
$$

$$= \frac{(az, q/az, b_1 \cdots b_n q^{1-n}/a)_\infty}{(z, b_1 \cdots b_n q^{1-n}/az, q/a)_\infty} \prod_{i,j=1}^n \frac{\left(\dfrac{x_i}{x_j}q\right)_\infty}{\left(\dfrac{x_i}{x_j}b_j\right)_\infty}. \tag{4.1.2}$$

分析 对要证的 (4.1.2), 相继对参数 $b_1, \cdots, b_n$ 应用 Ismail 论证法, 即在 (4.1.2) 里的多重级数恒等式对每一个参数 $b_1, \cdots, b_n$ 在原点邻域内解析. 由 (4.1.1) 知, 恒等式 (4.1.2) 对 $b_1 = q^{1+m_1}, b_2 = q^{1+m_2}, \cdots, b_n = q^{1+m_n}$ 成立 (见下面细节). 此结果对所有 $m_1, \cdots, m_n \geqslant 0$ 成立. 由于 $\lim_{m_1 \to \infty} q^{1+m_1} = 0$ 是 b_1 的解析域中的一个内点, 通过解析延拓, 则得到一个关于 b_1 的恒等式. 对 $b_2, \cdots, b_n$ 循环这个论证, 则可得到对一般的 $b_1, \cdots, b_n$, 恒等式 (4.1.2) 成立.

现在给出证明细节: 对 $i = 1, \cdots, n$, 令 $b_i = q^{1+m_i}$, (4.1.2) 的左边变为

$$\sum_{\substack{-m_i \leqslant k_i \leqslant \infty \\ i=1,\cdots,n}} (a)_{|\boldsymbol{k}|} (-1)^{(n-1)|\boldsymbol{k}|} q^{-\binom{|\boldsymbol{k}|}{2}+n\sum\limits_{i=1}^n \binom{k_i}{2}} z^{|\boldsymbol{k}|}$$

$$\times \prod_{1 \leqslant i < j \leqslant n} \frac{x_i q^{k_i} - x_j q^{k_j}}{x_i - x_j} \prod_{i,j=1}^n \left(\frac{x_i}{x_j} q^{1+m_j}\right)_{k_i}^{-1} \prod_{i=1}^n x_i^{nk_i - |\boldsymbol{k}|}.$$

将上式求和指标变为 $k_i \mapsto k_i - m_i$ $(i = 1, \cdots, n)$, 则

$$q^{-\binom{|\boldsymbol{m}|+1}{2}+n\sum\limits_{i=1}^n \binom{m_i+1}{2}} (-1)^{(n-1)|\boldsymbol{m}|} (a)_{-|\boldsymbol{m}|} z^{-|\boldsymbol{m}|} \prod_{i=1}^n x_i^{|\boldsymbol{m}|-nm_i} \prod_{i,j=1}^n \left(\frac{x_i}{x_j} q^{1+m_j}\right)_{-m_i}^{-1}$$

$$\times \sum_{k_1,\cdots,k_n=0}^\infty \prod_{1 \leqslant i < j \leqslant n} \frac{x_i q^{-m_i+k_i} - x_j q^{-m_j+k_j}}{x_i - x_j} \prod_{i,j=1}^n \left(\frac{x_i}{x_j} q^{1+m_j-m_i}\right)_{k_i}^{-1}$$

$$\times (aq^{-|\boldsymbol{m}|})_{|\boldsymbol{k}|} (-1)^{(n-1)|\boldsymbol{k}|} q^{-\binom{|\boldsymbol{k}|}{2}+n\sum\limits_{i=1}^n \binom{k_i}{2}} z^{|\boldsymbol{k}|} \prod_{i=1}^n (x_i q^{-m_i})^{nk_i - |\boldsymbol{k}|}$$

$$= q^{n\sum\limits_{i=1}^n \binom{m_i+1}{2}} (-1)^{n|\boldsymbol{m}|} (az)^{-|\boldsymbol{m}|} (q/a)_{|\boldsymbol{m}|}^{-1} \prod_{i=1}^n x_i^{|\boldsymbol{m}|-nm_i}$$

$$\times \prod_{i,j=1}^n \frac{\left(\dfrac{x_i}{x_j}q\right)_{m_j}}{\left(\dfrac{x_i}{x_j}q\right)_{m_j-m_i}} \prod_{1 \leqslant i < j \leqslant n} \frac{x_i q^{-m_i} - x_j q^{-m_j}}{x_i - x_j}$$

$$\times \sum_{k_1,\cdots,k_n=0}^\infty \prod_{1 \leqslant i < j \leqslant n} \frac{x_i q^{-m_i+k_i} - x_j q^{-m_j+k_j}}{x_i q^{-m_i} - x_j q^{-m_j}} \prod_{i,j=1}^n \left(\frac{x_i}{x_j} q^{1+m_j-m_i}\right)_{k_i}^{-1}$$

$$\times (aq^{-|\boldsymbol{m}|})_{|\boldsymbol{k}|}(-1)^{(n-1)|\boldsymbol{k}|}q^{-\binom{|\boldsymbol{k}|}{2}+n\sum_{i=1}^{n}\binom{k_i}{2}}z^{|\boldsymbol{k}|}\prod_{i=1}^{n}(x_iq^{-m_i})^{nk_i-|\boldsymbol{k}|}. \tag{4.1.3}$$

应用关系 (1.4.3):

$$\prod_{i,j=1}^{n}\left(\frac{x_i}{x_j}q\right)_{m_j-m_i}=(-1)^{(n-1)|\boldsymbol{m}|}q^{-\binom{|\boldsymbol{m}|+1}{2}+n\sum_{i=1}^{n}\binom{m_i+1}{2}}$$

$$\times \prod_{i=1}^{n}x_i^{|\boldsymbol{m}|-nm_i}\prod_{1\leqslant i<j\leqslant n}\frac{x_iq^{-m_i}-x_jq^{-m_j}}{x_i-x_j},$$

以及应用 (4.1.1) 中的求和公式 ($a\mapsto aq^{-|\boldsymbol{m}|}$ 以及对 $i=1,\cdots,n$, $x_i\mapsto x_iq^{-m_i}$), 化简, 最后的表示式 (4.1.3) 为

$$q^{\binom{|\boldsymbol{m}|+1}{2}}(-az)^{-|\boldsymbol{m}|}\frac{(azq^{-|\boldsymbol{m}|})_{\infty}}{(q/a)_{|\boldsymbol{m}|}(z)_{\infty}}\prod_{i,j=1}^{n}\left(\frac{x_i}{x_j}q\right)_{m_j}. \tag{4.1.4}$$

进一步, 此式易变换为

$$\frac{(q^{1+|\boldsymbol{m}|}/a,az,q/az)_{\infty}}{(q/a,z,q^{1+|\boldsymbol{m}|}/az)_{\infty}}\prod_{i,j=1}^{n}\frac{\left(\dfrac{x_i}{x_j}q\right)_{\infty}}{\left(\dfrac{x_i}{x_j}q^{1+m_j}\right)_{\infty}}.$$

它正是 $U(n+1)$ Ramanujan $_1\psi_1$ 求和定理 (4.1.2) 的右边 $b_i=q^{1+m_i}$ ($i=1,\cdots,n$) 的情形.

注 4.1.1　若在 (4.1.2) 中, 令 $z\mapsto -z/a$ 和 $b_i=0,i=1,\cdots,n$, 以及设 $a\to\infty$, 则得到一个 Jacobi 三重积恒等式的 $U(n+1)$ 拓广:

$$\sum_{k_1,\cdots,k_n=-\infty}^{\infty}(-1)^{n|\boldsymbol{k}|}q^{n\sum_{i=1}^{n}\binom{k_i}{2}}z^{|\boldsymbol{k}|}\prod_{1\leqslant i<j\leqslant n}\frac{x_iq^{k_i}-x_jq^{k_j}}{x_i-x_j}\prod_{i=1}^{n}x_i^{nk_i-|\boldsymbol{k}|}$$

$$=(z,q/z)_{\infty}\prod_{i,j=1}^{n}\left(\frac{x_i}{x_j}q\right)_{\infty}. \tag{4.1.5}$$

它等价于 [65, 定理 3.7].

4.2　系数比较法

在本节, 给出两个例子展示系数比较法的作用.

例 4.2.1 设 $|b_1\cdots b_n q^{1-n}/a| < |z| < 1$, 由著名的 Ramanujan $_1\psi_1$ 双边求和公式有

$$_1\psi_1\left[\begin{array}{c} a \\ b_1\cdots b_n q^{1-n} \end{array}; q, z\right] = \frac{(q,\ b_1\cdots b_n q^{1-n}/a,\ az,\ q/az)_\infty}{(b_1\cdots b_n q^{1-n},\ q/a,\ z,\ b_1\cdots b_n q^{1-n}/az)_\infty},$$

从 (4.1.2), 利用上式直接可以得出

$$\sum_{k_1,\cdots,k_n=-\infty}^{\infty} (a)_{|\boldsymbol{k}|}(-1)^{(n-1)|\boldsymbol{k}|} q^{-\binom{|\boldsymbol{k}|}{2}+n\sum\limits_{i=1}^{n}\binom{k_i}{2}} z^{|\boldsymbol{k}|}$$

$$\times \prod_{1\leqslant i<j\leqslant n}\frac{x_i q^{k_i}-x_j q^{k_j}}{x_i-x_j}\prod_{i,j=1}^{n}\left(\frac{x_i}{x_j}b_j\right)_{k_i}^{-1}\prod_{i=1}^{n}x_i^{nk_i-|\boldsymbol{k}|}$$

$$= \frac{(b_1\cdots b_n q^{1-n})_\infty}{(q)_\infty}\prod_{i,j=1}^{n}\frac{\left(\dfrac{x_i}{x_j}q\right)_\infty}{\left(\dfrac{x_i}{x_j}b_j\right)_\infty}\sum_{k=-\infty}^{\infty}\frac{(a)_k}{(b_1\cdots b_n q^{1-n})_k}z^k, \tag{4.2.1}$$

这里 $|z| < 1$ 和 $\left|b_1\cdots b_n q^{1-n}/a\right| < |z| < \left|q^{\frac{n-1}{2}}x_j^{-n}\prod\limits_{i=1}^{n}x_i\right|$ 对 $j = 1,\cdots,n$. 在上式 (4.2.1) 里, 比较上式 $(a)_m z^m$ 的系数 (m 为整数), 得到

$$\sum_{\substack{-\infty\leqslant k_1,\cdots,k_n\leqslant\infty \\ |\boldsymbol{k}|=m}} (-1)^{(n-1)|\boldsymbol{k}|} q^{-\binom{|\boldsymbol{k}|}{2}+n\sum\limits_{i=1}^{n}\binom{k_i}{2}}$$

$$\times \prod_{1\leqslant i<j\leqslant n}\frac{x_i q^{k_i}-x_j q^{k_j}}{x_i-x_j}\prod_{i,j=1}^{n}\left(\frac{x_i}{x_j}b_j\right)_{k_i}^{-1}\prod_{i=1}^{n}x_i^{nk_i-|\boldsymbol{k}|}$$

$$= \frac{(b_1\cdots b_n q^{1-n})_\infty}{(q)_\infty}\prod_{i,j=1}^{n}\frac{\left(\dfrac{x_i}{x_j}q\right)_\infty}{\left(\dfrac{x_i}{x_j}b_j\right)_\infty}\cdot\frac{1}{(b_1\cdots b_n q^{1-n})_m}. \tag{4.2.2}$$

例 4.2.2 Gustafson [66, 定理 1.17] 给出下述求和公式 (称为 Ramanujan $_1\psi_1$ 求和定理的第二个 $U(n+1)$ 拓广): 令 $|b_1\cdots b_n q^{1-n}/a_1\cdots a_n| < |z| < 1$, 则有

$$\sum_{k_1,\cdots,k_n=-\infty}^{\infty}\prod_{1\leqslant i<j\leqslant n}\frac{x_i q^{k_i}-x_j q^{k_j}}{x_i-x_j}\prod_{i,j=1}^{n}\frac{\left(\dfrac{x_i}{x_j}a_j\right)_{k_i}}{\left(\dfrac{x_i}{x_j}b_j\right)_{k_i}}z^{|\boldsymbol{k}|}$$

$$= \frac{(a_1 \cdots a_n z, q/a_1 \cdots a_n z)_\infty}{(z, b_1 \cdots b_n q^{1-n}/a_1 \cdots a_n z)_\infty} \prod_{i,j=1}^{n} \frac{\left(\dfrac{x_i}{x_j}q, \dfrac{x_i b_j}{x_j a_i}\right)_\infty}{\left(\dfrac{x_i}{x_j}b_j, \dfrac{x_i q}{x_j a_i}\right)_\infty}. \tag{4.2.3}$$

由 Ramanujan 的 $_1\psi_1$ 求和公式有

$$_1\psi_1 \left[\begin{matrix} a_1 \cdots a_n \\ b_1 \cdots b_n q^{1-n} \end{matrix} ; q, z \right]$$

$$= \frac{(q, \ b_1 \cdots b_n q^{1-n}/a_1 \cdots a_n, \ a_1 \cdots a_n z, \ q/a_1 \cdots a_n z)_\infty}{(b_1 \cdots b_n q^{1-n}, \ q/a_1 \cdots a_n, \ z, \ b_1 \cdots b_n q^{1-n}/a_1 \cdots a_n z)_\infty},$$

从 (4.2.3), 可以直接得到

$$\sum_{k_1, \cdots, k_n = -\infty}^{\infty} z^{|\boldsymbol{k}|} \prod_{1 \leqslant i < j \leqslant n} \frac{x_i q^{k_i} - x_j q^{k_j}}{x_i - x_j} \prod_{i,j=1}^{n} \frac{\left(\dfrac{x_i}{x_j}a_j\right)_{k_i}}{\left(\dfrac{x_i}{x_j}b_j\right)_{k_i}}$$

$$= \frac{(b_1 \cdots b_n q^{1-n}, q/a_1 \cdots a_n)_\infty}{(q, b_1 \cdots b_n q^{1-n}/a_1 \cdots a_n)_\infty} \prod_{i,j=1}^{n} \frac{\left(\dfrac{x_i}{x_j}q, \dfrac{x_i b_j}{x_j a_i}\right)_\infty}{\left(\dfrac{x_i}{x_j}b_j, \dfrac{x_i q}{x_j a_i}\right)_\infty} \sum_{k=\infty}^{\infty} \frac{(a_1 \cdots a_n)_k}{(b_1 \cdots b_n q^{1-n})_k} z^k, \tag{4.2.4}$$

这里要求 $|b_1 \cdots b_n q^{1-n}/a_1 \cdots a_n| < |z| < 1$. 令 m 是一个整数, 在 (4.2.4) 里, 恒等两边 z^m 的系数, 得到

$$\sum_{\substack{-\infty < k_1, \cdots, k_n < \infty \\ |\boldsymbol{k}| = m}} \prod_{1 \leqslant i < j \leqslant n} \frac{x_i q^{k_i} - x_j q^{k_j}}{x_i - x_j} \prod_{i,j=1}^{n} \frac{\left(\dfrac{x_i}{x_j}a_j\right)_{k_i}}{\left(\dfrac{x_i}{x_j}b_j\right)_{k_i}}$$

$$= \frac{(b_1 \cdots b_n q^{1-n}, q/a_1 \cdots a_n)_\infty}{(q, b_1 \cdots b_n q^{1-n}/a_1 \cdots a_n)_\infty} \prod_{i,j=1}^{n} \frac{\left(\dfrac{x_i}{x_j}q, \dfrac{x_i b_j}{x_j a_i}\right)_\infty}{\left(\dfrac{x_i}{x_j}b_j, \dfrac{x_i q}{x_j a_i}q\right)_\infty} \cdot \frac{(a_1 \cdots a_n)_m}{(b_1 \cdots b_n q^{1-n})_m}, \tag{4.2.5}$$

这里要求 $|b_1 \cdots b_n q^{1-n}/a_1 \cdots a_n| < 1$. 再取 $m = 0$, 则得 Gustafson 建立的结

果 [66, 定理 1.15]:

$$\sum_{\substack{-\infty \leqslant k_1,\cdots,k_n \leqslant \infty \\ |\boldsymbol{k}|=0}} \prod_{1 \leqslant i < j \leqslant n} \frac{x_i q^{k_i} - x_j q^{k_j}}{x_i - x_j} \prod_{i,j=1}^{n} \frac{\left(\dfrac{x_i}{x_j} a_j\right)_{k_i}}{\left(\dfrac{x_i}{x_j} b_j\right)_{k_i}}$$

$$= \frac{(b_1 \cdots b_n q^{1-n}, q/a_1 \cdots a_n)_\infty}{(q, b_1 \cdots b_n q^{1-n}/a_1 \cdots a_n)_\infty} \prod_{i,j=1}^{n} \frac{\left(\dfrac{x_i}{x_j} q, \dfrac{x_i b_j}{x_j a_i}\right)_\infty}{\left(\dfrac{x_i}{x_j} b_j, \dfrac{x_i q}{x_j a_i} q\right)_\infty}. \tag{4.2.6}$$

在上式, 取 $b_i = a_i q, i = 1, \cdots, n$. 由于收敛条件

$$|b_1 \cdots b_n q^{1-n}/a_1 \cdots a_n| < 1$$

变成了 $|q| < 1$, 化简, (4.2.5) 变为

$$\sum_{\substack{-\infty \leqslant k_1,\cdots,k_n \leqslant \infty \\ |\boldsymbol{k}|=m}} \prod_{1 \leqslant i < j \leqslant n} \frac{x_i q^{k_i} - x_j q^{k_j}}{x_i - x_j} \prod_{i,j=1}^{n} \frac{1 - \dfrac{x_i}{x_j} a_j}{1 - \dfrac{x_i}{x_j} a_j q^{k_i}}$$

$$= \frac{(a_1 \cdots a_n, q/a_1 \cdots a_n)_\infty}{(1 - a_1 \cdots a_n q^m)(q, q)_\infty} \prod_{i,j=1}^{n} \frac{\left(\dfrac{x_i}{x_j} q, \dfrac{x_i a_j}{x_j a_i} q\right)_\infty}{\left(\dfrac{x_i}{x_j} a_j q, \dfrac{x_i q}{x_j a_i}\right)_\infty}. \tag{4.2.7}$$

此式拓广了 [65] 中的 (3.17)($a_i = a$, 对 $i = 1, \cdots, n$).

例 4.2.3 令

$$0 < |q| < 1,$$

$$\left| \frac{b^n q^{1-n}}{a_1 \cdots a_n} \right| < |z| < 1,$$

在 (4.2.3) 中, 令 $b_j = b \ (j = 1, 2, \cdots, n)$, 可得下述公式 [65] [105, 定理 3.4]:

$$\sum_{y_1,\cdots,y_n=-\infty}^{\infty} t^{|\boldsymbol{y}|} \prod_{1 \leqslant r < s \leqslant n} \frac{x_r q^{y_r} - x_s q^{y_s}}{x_r - x_s} \prod_{r,s=1}^{n} \frac{(a_s x_r/x_s)_{y_r}}{(b x_r/x_s)_{y_r}}$$

$$= \frac{(a_1 \cdots a_n t)_\infty (q/a_1 \cdots a_n t)_\infty}{(t)_\infty (q^{1-n} b^n/a_1 \cdots a_n t)_\infty} \prod_{r,s=1}^{n} \frac{(b x_r/a_r x_s)_\infty (q x_s/x_r)_\infty}{(q x_r/a_r x_s)_\infty (b x_s/x_r)_\infty}. \tag{4.2.8}$$

上式的右端能被重写为

$$\sum_{M=-\infty}^{\infty} \frac{(a_1\cdots a_n)_M}{(q^{1-n}b^n)_M} t^M \frac{(q/a_1\cdots a_n)_\infty (q^{1-n}b^n)_\infty}{(q^{1-n}b^n/a_1\cdots a_n)_\infty (q)_\infty} \prod_{r,s=1}^{n} \frac{(bx_r/a_rx_s)_\infty (qx_s/x_r)_\infty}{(qx_r/a_rx_s)_\infty (bx_s/x_r)_\infty},$$

比较 t^M 的系数, 可得

$$\sum_{\substack{y_1+\cdots+y_n=M \\ y_1,\cdots,y_n\in\mathbb{Z}}} \prod_{1\leqslant r<s\leqslant n} \frac{x_rq^{y_r}-x_sq^{y_s}}{x_r-x_s} \prod_{r,s=1}^{n} \frac{(a_sx_r/x_s)_{y_r}}{(bx_r/x_s)_{y_r}}$$

$$= \frac{(a_1\cdots a_n)_M}{(q^{1-n}b^n)_M} \frac{(q/a_1\cdots a_n)_\infty (q^{1-n}b^n)_\infty}{(q^{1-n}b^n/a_1\cdots a_n)_\infty (q)_\infty} \prod_{r,s=1}^{n} \frac{(bx_r/a_rx_s)_\infty (qx_s/x_r)_\infty}{(qx_r/a_rx_s)_\infty (bx_s/x_r)_\infty}, \quad (4.2.9)$$

这里 $M\in\mathbb{Z}$. 在 (4.2.9) 中, 令 $M\to 0$, 则得 Macdonald 恒等式的 $U(n+1)$ $_1\psi_i$ 拓广:

$$\sum_{\substack{y_1+\cdots+y_n=0 \\ y_1,\cdots,y_n\in\mathbb{Z}}} \prod_{1\leqslant r<s\leqslant n} \frac{x_rq^{y_r}-x_sq^{y_s}}{x_r-x_s} \prod_{r,s=1}^{n} \frac{(a_sx_r/x_s)_{y_r}}{(bx_r/x_s)_{y_r}}$$

$$= \frac{(q/a_1\cdots a_n)_\infty (q^{1-n}b^n)_\infty}{(q^{1-n}b^n/a_1\cdots a_n)_\infty (q)_\infty} \prod_{r,s=1}^{n} \frac{(bx_r/a_rx_s)_\infty (qx_s/x_r)_\infty}{(qx_r/a_rx_s)_\infty (bx_s/x_r)_\infty}. \quad (4.2.10)$$

在 (4.2.8) 里, 作替换

$$b\to 0, \quad a_i\to -1/c \ (1\leqslant i\leqslant n), \quad t\to (-1)^{n-1}qzc^n,$$

化简, 然后令 $c\to 0$, 则得到 [105, 定理 3.18]

$$\sum_{y_1,\cdots,y_n=-\infty}^{\infty} z^{|\boldsymbol{y}|} \prod_{1\leqslant r<s\leqslant n} \frac{x_rq^{y_r}-x_sq^{y_s}}{x_r-x_s} \prod_{i=1}^{n} x_i^{ny_i-|\boldsymbol{y}|} (-1)^{(n-1)|\boldsymbol{y}|} q^{n\left[\binom{y_1}{2}+\cdots+\binom{y_n}{2}\right]+|\boldsymbol{y}|}$$

$$= (-zq)_\infty \left(-\frac{1}{x}\right)_\infty (q)_\infty \left[(q)_\infty^{n-1} \prod_{1\leqslant r<s\leqslant n} (x_r/x_s)_\infty (qx_s/x_r)_\infty\right]. \quad (4.2.11)$$

注 4.2.1　在 (3.9.1) 中, 作替换

$$a_i\to q^{-2N} \ (1\leqslant i\leqslant n), \quad t\to -zq^{1+nN},$$

然后令 $N\to\infty$, 也可得到 (4.2.11).

4.3 Milne $U(n+1)$ 级数基本定理及其应用

引理 4.3.1 [39, 定理 1.49] (Milne $U(n+1)$ 级数基本定理) 设 N 是非负整数, 且 $f(m)$ 为非负整数 m 的任意函数, 则有

$$\sum_{m=0}^{N} \frac{(a_1 \cdots a_n; q)_m}{(q; q)_m} f(m)$$

$$= \sum_{\substack{k_1, \cdots, k_n \geqslant 0 \\ 0 \leqslant k_1 + \cdots + k_n \leqslant N}} f(|\boldsymbol{k}|) \prod_{1 \leqslant r < s \leqslant n} \frac{x_r q^{k_r} - x_s q^{k_s}}{x_r - x_s} \prod_{r,s=1}^{n} \frac{(a_s x_r / x_s)_{k_r}}{(q x_r / x_s)_{k_r}}. \tag{4.3.1}$$

证明 在定理 3.1.3 中, 两边同乘 $f(m)$, 然后求和 $\sum\limits_{m=0}^{N}$, 可得定理. □

注 4.3.1 此 Milne $U(n+1)$ 级数基本定理可以与单变量基本超几何级数恒等式一起, 去求导 $A_n(U(n+1))$ 级数恒等式.

例 4.3.1 [30, 定理 7.6] 令 $0 < |q| < 1$ 和 $\left| \dfrac{c}{a_1 \cdots a_n b} \right| < 1$, 在引理 4.3.1 中, 取

$$f(m) = \frac{(b)_m}{(c)_m} \left(\frac{c}{a_1 \cdots a_n b} \right)^m,$$

令 $N \to \infty$, 则得到 q-Gauss 求和公式的第四个 $U(n+1)$ 拓广:

$$\frac{(c/b)_\infty (c/a_1 \cdots a_n)_\infty}{(c)_\infty (c/a_1 \cdots a_n b)_\infty}$$

$$= \sum_{y_1, \cdots, y_n \geqslant 0} \frac{(b)_{|\boldsymbol{y}|}}{(c)_{|\boldsymbol{y}|}} \left(\frac{c}{a_1 \cdots a_n b} \right)^{|\boldsymbol{y}|} \prod_{1 \leqslant r < s \leqslant n} \frac{x_r q^{y_r} - x_s q^{y_s}}{x_r - x_s} \prod_{r,s=1}^{n} \frac{(a_s x_r / x_s)_{y_r}}{(q x_r / x_s)_{y_r}}. \tag{4.3.2}$$

在 (4.3.2) 中, 令 $a_1 \to \infty, \cdots, a_r \to \infty$, 重新标号 $b \to a$. 可得下面 $_1\phi_1$ 求和公式的 $U(n+1)$ 拓广 [56, 定理 B.14, (B.15)]:

$$\frac{(c/a)_\infty}{(c)_\infty} = \sum_{k_1, \cdots, k_n = 0}^{\infty} (-1)^{n|\boldsymbol{k}|} \frac{(a)_{|\boldsymbol{k}|}}{(c)_{|\boldsymbol{k}|}} q^{n \sum\limits_{i=1}^{n} \binom{k_i}{2}} \left(\frac{c}{a} \right)^{|\boldsymbol{k}|}$$

$$\times \prod_{0 \leqslant i < j \leqslant n} \frac{x_r q^{k_r} - x_s q^{k_s}}{x_r - x_s} \prod_{i,j=1}^{n} \frac{1}{(q x_i / x_j)_{k_i}} \prod_{i=1}^{n} x_i^{n k_i - |\boldsymbol{k}|}. \tag{4.3.3}$$

若再在 (4.3.2) 中, 令 $a_i \to q^{-N_i}$, $i = 1, \cdots, n$, 则得到 q-Chu-Vandermonde 求和公式的第十个 $U(n+1)$ 拓广 [56, 定理 B.18, (B.21)].

$$\frac{(c/b)_{|\boldsymbol{N}|}}{(c)_{|\boldsymbol{N}|}} = \sum_{\substack{0 \leqslant k_i \leqslant N_i \\ i=1,\cdots,n}} \frac{(b)_{|\boldsymbol{k}|}}{(c)_{|\boldsymbol{k}|}} (-1)^{|\boldsymbol{k}|} q^{\binom{|\boldsymbol{k}|}{2}} \left(\frac{c}{b}\right)^{|\boldsymbol{k}|}$$

$$\times \prod_{i,j=1}^{n} \frac{(qx_i/x_j; q)_{N_i}}{(qx_i/x_j; q)_{k_i} (q^{1+k_i-k_j} x_i/x_j; q)_{N_i-k_i}}. \tag{4.3.4}$$

利用 (1.4.56), 上式可重写为

$$\frac{(c/b)_{|\boldsymbol{N}|}}{(c)_{|\boldsymbol{N}|}} = \sum_{\substack{0 \leqslant k_i \leqslant N_i \\ i=1,\cdots,n}} \frac{(b)_{|\boldsymbol{k}|}}{(c)_{|\boldsymbol{k}|}} \left(\frac{c}{b} q^{|\boldsymbol{N}|}\right)^{|\boldsymbol{k}|} \prod_{0 \leqslant i < j \leqslant n} \frac{x_r q^{k_r} - x_s q^{k_s}}{x_r - x_s} \prod_{i,j=1}^{n} \frac{(q^{-N_s} x_i/x_j; q)_{k_i}}{(qx_i/x_j; q)_{k_i}}. \tag{4.3.5}$$

例 4.3.2　在引理 4.3.1 中, 令 $a_1 = \cdots = a_n = 0$, 以及 $N \to \infty$, 取

$$f(m) = \frac{(a)_m (b)_m}{(c)_m} \left(\frac{c}{ab}\right)^m,$$

且 $|c| < |ab|$, 利用 q-Gauss 求和公式 (1.3.8), 可得 q-Gauss 求和公式的第五个 $U(n+1)$ 拓广 [30, 定理 7.9]:

$$\frac{(c/a)_\infty (c/b)_\infty}{(c)_\infty (c/ab)_\infty}$$

$$= \sum_{y_1,\cdots,y_n \geqslant 0} \frac{(a)_{|\boldsymbol{y}|} (b)_{|\boldsymbol{y}|}}{(c)_{|\boldsymbol{y}|}} \left(\frac{c}{ab}\right)^{|\boldsymbol{y}|} \prod_{1 \leqslant r < s \leqslant n} \frac{x_r q^{y_r} - x_s q^{y_s}}{x_r - x_s} \prod_{r,s=1}^{n} \frac{1}{(qx_r/x_s)_{y_r}}. \tag{4.3.6}$$

由 (4.3.6), 令 $b \to \infty$, 可得下面另一个 $A_n(U(n+1))_1\phi_1$ 求和公式 [56, 定理 B.14, (B.16)]:

$$\frac{(c/a)_\infty}{(c)_\infty} = \sum_{k_1,\cdots,k_n=0}^{\infty} (-1)^{|\boldsymbol{k}|} \frac{(a)_{|\boldsymbol{k}|}}{(c)_{|\boldsymbol{k}|}} q^{\binom{|\boldsymbol{k}|}{2}} \left(\frac{c}{a}\right)^{|\boldsymbol{k}|}$$

$$\times \prod_{0 \leqslant i < j \leqslant n} \frac{x_r q^{k_r} - x_s q^{k_s}}{x_r - x_s} \prod_{i,j=1}^{n} \frac{1}{(qx_i/x_j)_{k_i}}. \tag{4.3.7}$$

若在 (4.3.6), 取 $a \to q^{-N}$, 则得 q-Chu-Vandermonde 第一求和公式的第九个 $U(n+1)$ 拓广:

$$\frac{(c/b)_N}{(c)_N} = \sum_{\substack{k_1,k_2,\cdots,k_n \geqslant 0 \\ 0 \leqslant |\boldsymbol{k}| \leqslant N}} \prod_{1 \leqslant r < s \leqslant n} \frac{x_r q^{k_r} - x_s q^{k_s}}{x_r - x_s}$$

$$\times \prod_{r,s=1}^{n} \left[\left(q\frac{x_r}{x_s}; q \right)_{k_r}^{-1} \right] \frac{(q^{-N}, b)_{|\boldsymbol{k}|}}{(c)_{|\boldsymbol{k}|}} \frac{c^{|\boldsymbol{k}|} q^{N|\boldsymbol{k}|}}{b^{|\boldsymbol{k}|}}. \tag{4.3.8}$$

在上式取 $x_i \to 1/x_i$ $(i = 1, 2, \cdots, n)$ 和 $q \to 1/q$, 应用

$$(c; q^{-1})_k = (-1)^k c^k q^{-\frac{1}{2}k(k-1)} \left(\frac{1}{c}; q \right)_k,$$

以及 (1.4.53) 和 (1.4.53), 则得到

$$\left(\frac{1}{b} \right)^N \frac{(b/c)_N}{(1/c; q)_N} = \sum_{\substack{k_1, k_2, \cdots, k_n \geqslant 0 \\ 0 \leqslant |\boldsymbol{k}| \leqslant N}} \prod_{1 \leqslant r < s \leqslant n} \frac{x_r q^{k_r} - x_s q^{k_s}}{x_r - x_s} \prod_{r,s=1}^{n} \left(q\frac{x_r}{x_s} \right)_{k_r}^{-1} \prod_{i=1}^{n} x_i^{nk_i - |\boldsymbol{k}|}$$

$$\times (-1)^{(n+1)|\boldsymbol{k}|} q^{n\left[\binom{k_1}{2} + \cdots + \binom{k_n}{2} \right] - \binom{|\boldsymbol{k}|}{2} + |\boldsymbol{k}|} \frac{(q^{-N}, 1/b)_{|\boldsymbol{k}|}}{(1/c)_{|\boldsymbol{k}|}}.$$

在上式中取 $b \to \dfrac{1}{b}$ 和 $c \to \dfrac{1}{c}$, 则得 q-Chu-Vandermonde 第二求和公式的第九个 $U(n+1)$ 拓广:

$$\frac{(c/b)_N}{(c)_N} b^N = \sum_{\substack{k_1, k_2, \cdots, k_n \geqslant 0 \\ 0 \leqslant |\boldsymbol{k}| \leqslant N}} \prod_{1 \leqslant r < s \leqslant n} \frac{x_r q^{k_r} - x_s q^{k_s}}{x_r - x_s} \prod_{r,s=1}^{n} \left(q\frac{x_r}{x_s}; q \right)_{k_r}^{-1} \prod_{i=1}^{n} x_i^{nk_i - |\boldsymbol{k}|}$$

$$\times (-1)^{(n+1)|\boldsymbol{k}|} q^{n\left[\binom{k_1}{2} + \binom{k_2}{2} + \cdots + \binom{k_n}{2} \right] - \binom{|\boldsymbol{k}|}{2} + |\boldsymbol{k}|} \frac{(q^{-N}, b)_{|\boldsymbol{k}|}}{(c)_{|\boldsymbol{k}|}}. \tag{4.3.9}$$

4.4 Milne-Schlosser $U(n+1)$ 级数基本定理及其应用

如果在 (4.2.2) 两边同乘

$$\frac{(q)_\infty}{(b_1 \cdots b_n q^{1-n})_\infty} \prod_{i,j=1}^{n} \frac{\left(\dfrac{x_i}{x_j} b_j \right)_\infty}{\left(\dfrac{x_i}{x_j} q \right)_\infty} \cdot f(m),$$

并对所有整数 m 求和 $\displaystyle\sum_{m=-\infty}^{\infty}$, 我们得到

引理 4.4.1 [67] (Milne 和 Schlosser, $U(n+1)$ 级数基本定理) 设 $f(m)$ 为整数 m 的任意函数, 有

$$\sum_{m=-\infty}^{\infty} \frac{f(m)}{(b_1 \cdots b_n q^{1-n})_m}$$

$$= \frac{(q)_\infty}{(b_1 \cdots b_n q^{1-n})_\infty} \prod_{i,j=1}^n \frac{\left(\dfrac{x_i}{x_j} b_j\right)_\infty}{\left(\dfrac{x_i}{x_j} q\right)_\infty} \sum_{k_1,\cdots,k_n=-\infty}^{\infty} (-1)^{(n-1)|\boldsymbol{k}|} q^{-\binom{|\boldsymbol{k}|}{2}+n\sum_{i=1}^n \binom{k_i}{2}} \cdot f(|\boldsymbol{k}|)$$

$$\times \prod_{1\leqslant i<j\leqslant n} \frac{x_i q^{k_i} - x_j q^{k_j}}{x_i - x_j} \prod_{i,j=1}^n \left(\frac{x_i}{x_j} b_j\right)_{k_i}^{-1} \prod_{i=1}^n x_i^{nk_i - |\boldsymbol{k}|},$$

$$= \frac{(q)_\infty}{(b_1 \cdots b_n q^{1-n})_\infty} \prod_{i,j=1}^n \frac{\left(\dfrac{x_i}{x_j} b_j\right)_\infty}{\left(\dfrac{x_i}{x_j} q\right)_\infty} \sum_{k_1,\cdots,k_n=-\infty}^{\infty} R_{\boldsymbol{k}}(\boldsymbol{b}|\boldsymbol{x}) f(|\boldsymbol{k}|), \tag{4.4.1}$$

这里要求级数收敛以及

$$R_{\boldsymbol{k}}(\boldsymbol{b}|\boldsymbol{x}) = (-1)^{(n-1)|\boldsymbol{k}|} q^{-\binom{|\boldsymbol{k}|}{2}+n\sum_{i=1}^n \binom{k_i}{2}}$$

$$\times \prod_{1\leqslant i<j\leqslant n} \frac{x_i q^{k_i} - x_j q^{k_j}}{x_i - x_j} \prod_{i,j=1}^n \left(\frac{x_i}{x_j} b_j\right)_{k_i}^{-1} \prod_{i=1}^n x_i^{nk_i - |\boldsymbol{k}|}.$$

注 4.4.1　Milne-Schlosser $U(n+1)$ 级数基本定理可以与单变量双边级数恒等式一起, 去求导多重双边 $U(n+1)$ 级数恒等式.

在 (4.4.1) 里, 取 $b_i = q$ ($i = 1, \cdots, n$), 考虑到分母出现 q_{-m}, 由定义 1.1.1 可知, 引理 4.4.1 变为下面形式:

推论 4.4.1　令 $f(m)$ 为非负整数 m 的任意函数, 有

$$\sum_{m=0}^{\infty} \frac{f(m)}{(q)_m} = \sum_{k_1,\cdots,k_n=0}^{\infty} \prod_{1\leqslant i<j\leqslant n} \frac{x_i q^{k_i} - x_j q^{k_j}}{x_i - x_j} \prod_{i,j=1}^n \left(\frac{x_i}{x_j} q\right)_{k_i}^{-1} \prod_{i=1}^n x_i^{nk_i - |\boldsymbol{k}|}$$

$$\times (-1)^{(n-1)|\boldsymbol{k}|} q^{-\binom{|\boldsymbol{k}|}{2}+n\sum_{i=1}^n \binom{k_i}{2}} \cdot f(|\boldsymbol{k}|), \tag{4.4.2}$$

这里要求级数收敛.

注 4.4.2　特殊化引理 4.3.1, 引理 4.4.1 也能被得到. 即, 在引理 4.3.1 中, 设

$$f(m) \mapsto (-1)^m q^{\binom{m}{2}} (a_1 a_2 \cdots a_n)^{-m} f(m),$$

然后令 $N \to \infty$ 和 $a_i \to \infty$ ($i = 1, 2, \cdots, n$), 可以得到引理 4.4.1.

例 4.4.1 (Bailey $_2\psi_2$ 第一变换公式的第一个 $U(n+1)$ 拓广)　设

$$\max(|z|, |c_1 \cdots c_n d q^{1-n}/abz|, |d/a|, |c_1 \cdots c_n d q^{1-n}/b|) < 1,$$

由 Bailey $_2\psi_2$ 第一变换公式 (1.3.34) 知

$$
_2\psi_2\left[\begin{array}{cc} a, & b \\ c_1\cdots c_nq^{1-n}, & d \end{array};q,z\right]
$$

$$
=\frac{(az,d/a,c_1\cdots c_nq^{1-n}/b,dq/abz)_\infty}{(z,d,q/b,c_1\cdots c_ndq^{1-n}/abz)_\infty}{_2\psi_2}\left[\begin{array}{cc} a, & abz/d \\ az, & c_1\cdots c_nq^{1-n} \end{array};q,\frac{d}{a}\right]. \quad (4.4.3)
$$

现将应用引理 4.4.1 到 $_2\psi_2$ 变换 (4.4.3) 的左右两边. 首先, 令 $b_i\mapsto c_i$ $(i=1,\cdots,n)$, 以及在引理 4.4.1 中取

$$
f(m)=\frac{(a,b)_m}{(d)_m}z^m,
$$

则 (4.4.3) 的左边的 $_2\psi_2$ 为

$$
_2\psi_2\left[\begin{array}{cc} a, & b \\ c_1\cdots c_nq^{1-n}, & d \end{array};q,z\right]=\sum_{m=-\infty}^{\infty}\frac{f(m)}{(c_1\cdots c_nq^{1-n})_m}
$$

$$
=\frac{(q)_\infty}{(c_1\cdots c_nq^{1-n})_\infty}\prod_{i,j=1}^{n}\frac{\left(\dfrac{x_i}{x_j}c_j\right)_\infty}{\left(\dfrac{x_i}{x_j}q\right)_\infty}\sum_{k_1,\cdots,k_n=-\infty}^{\infty}R_{\boldsymbol{k}}(\boldsymbol{c}|\boldsymbol{x})\frac{(a)_{|\boldsymbol{k}|}(b)_{|b|}}{(d)_{|\boldsymbol{k}|}}z^{|\boldsymbol{k}|}. \quad (4.4.4)
$$

其次, 令 $b_i\mapsto c_i$, $x_i\mapsto y_i$ $(i=1,\cdots,n)$, 以及在引理 4.4.1 中取

$$
f'(m)=\frac{(a,abz/d)_m}{(az)_m}\left(\frac{d}{a}\right)^m,
$$

(4.4.3) 的右边 $_2\psi_2$ 为

$$
_2\psi_2\left[\begin{array}{cc} a, & abz/d \\ az, & c_1\cdots c_nq^{1-n} \end{array};q,\frac{d}{a}\right]=\sum_{m=-\infty}^{\infty}\frac{f'(m)}{(c_1\cdots c_nq^{1-n})_m}
$$

$$
=\frac{(q)_\infty}{(c_1\cdots c_nq^{1-n})_\infty}\prod_{i,j=1}^{n}\frac{\left(\dfrac{y_i}{y_j}c_j\right)_\infty}{\left(\dfrac{y_i}{y_j}q\right)_\infty}\sum_{k_1,\cdots,k_n=-\infty}^{\infty}R_{\boldsymbol{k}}(\boldsymbol{c}|\boldsymbol{y})\frac{(a)_{|\boldsymbol{k}|}(abz/d)_{|b|}}{(az)_{|\boldsymbol{k}|}}\left(\frac{d}{a}\right)^{|\boldsymbol{k}|}.
$$

$$
(4.4.5)
$$

将 (4.4.4) 和 (4.4.5) 中的 $_2\psi_2$ 代入 (4.4.3) 中, 在导出的等式两边同除

$$\frac{(q)_\infty}{(c_1\cdots c_n q^{1-n})_\infty} \prod_{i,j=1}^{n} \frac{\left(\dfrac{x_i}{x_j}c_j\right)_\infty}{\left(\dfrac{x_i}{x_j}q\right)_\infty},$$

简化, 得到下述 $U(n+1)$ $_2\psi_2$ 变换:

$$\sum_{k_1,\cdots,k_n=-\infty}^{\infty} \prod_{1\leqslant i<j\leqslant n} \frac{x_i q^{k_i} - x_j q^{k_j}}{x_i - x_j} \prod_{i,j=1}^{n} \left(\frac{x_i}{x_j}c_j\right)_{k_i}^{-1} \prod_{i=1}^{n} x_i^{nk_i-|\boldsymbol{k}|}$$

$$\times \frac{(a,b)_{|\boldsymbol{k}|}}{(d)_{|\boldsymbol{k}|}}(-1)^{(n-1)|\boldsymbol{k}|} q^{-\binom{|\boldsymbol{k}|}{2}+n\sum\limits_{i=1}^{n}\binom{k_i}{2}} z^{|\boldsymbol{k}|}$$

$$= \frac{(az, d/a, c_1\cdots c_n q^{1-n}/b, dq/abz)_\infty}{(z, d, q/b, c_1\cdots c_n dq^{1-n}/abz)_\infty} \prod_{i,j=1}^{n} \frac{\left(\dfrac{x_i}{x_j}q, \dfrac{y_i}{y_j}c_j\right)_\infty}{\left(\dfrac{y_i}{y_j}q, \dfrac{x_i}{x_j}c_j\right)_\infty}$$

$$\times \sum_{k_1,\cdots,k_n=-\infty}^{\infty} \prod_{1\leqslant i<j\leqslant n} \frac{y_i q^{k_i} - y_j q^{k_j}}{y_i - y_j} \prod_{i,j=1}^{n} \left(\frac{y_i}{y_j}c_j\right)_{k_i}^{-1} \prod_{i=1}^{n} y_i^{nk_i-|\boldsymbol{k}|}$$

$$\times \frac{(a, abz/d)_{|\boldsymbol{k}|}}{(az)_{|\boldsymbol{k}|}}(-1)^{(n-1)|\boldsymbol{k}|} q^{-\binom{|\boldsymbol{k}|}{2}+n\sum\limits_{i=1}^{n}\binom{k_i}{2}} \left(\frac{d}{a}\right)^{|\boldsymbol{k}|}, \tag{4.4.6}$$

这里 $|c_1\cdots c_n dq^{1-n}/ab| < |z| < \left|q^{\frac{n-1}{2}}x_j^{-n}\prod\limits_{i=1}^{n} x_i\right|$ 和 $|c_1\cdots c_n dq^{1-n}/ab| < |d/a| < \left|q^{\frac{n-1}{2}}y_j^{-n}\prod\limits_{i=1}^{n} y_i\right|$ 对 $j=1,\cdots,n$.

例 4.4.2 (Bailey $_2\psi_2$ 第一变换公式的第二个 $U(n+1)$ 拓广)　令

$$\max(|Z|, |Cd/AbZ|, |dq^{n-1}/A|, |Cq^{1-n}/b|) < 1,$$

由 Bailey $_2\psi_2$ 第一变换公式 (1.3.34) 知

$$_2\psi_2 \left[\begin{matrix} Aq^{1-n}, & b \\ Cq^{1-n}, & d \end{matrix}; q, Z\right]$$

$$= \frac{(AZq^{1-n}, dq^{n-1}/A, Cq^{1-n}/b, dq^n/AbZ)_\infty}{(Z, d, q/b, Cd/AbZ)_\infty}$$

$$\times {}_2\psi_2 \left[\begin{matrix} Aq^{1-n}, & AbZq^{1-n}/d \\ AZq^{1-n}, & Cq^{1-n} \end{matrix}; q, \frac{dq^{1-n}}{A}\right], \tag{4.4.7}$$

这里 $A \equiv a_1 \cdots a_n, C \equiv c_1 \cdots c_n$ 和 $Z \equiv z_1 \cdots z_n$. 类似于例 4.4.1 的推导, 应用引理 4.4.1 到 (4.4.7) 的左右两边的 $_2\psi_2$. 首先令 $b_i \mapsto c_i$ $(i = 1, 2, \cdots, n)$, 以及在引理 4.4.1 中取

$$f(m) = \frac{(Aq^{1-n}, b)_m}{(d)_m} Z^m,$$

则 (4.4.7) 左边的 $_2\psi_2$ 为

$$_2\psi_2 \left[\begin{matrix} Aq^{1-n}, b \\ Cq^{1-n}, d \end{matrix} ; q, Z \right] = \sum_{m=-\infty}^{\infty} \frac{f(m)}{(c_1 \cdots c_n q^{1-n})_m}$$

$$= \frac{(q)_\infty}{(c_1 \cdots c_n q^{1-n})_\infty} \prod_{i,j=1}^{n} \frac{\left(\dfrac{x_i}{x_j} c_j \right)_\infty}{\left(\dfrac{x_i}{x_j} q \right)_\infty} \sum_{k_1, \cdots, k_n = -\infty}^{\infty} R_{\boldsymbol{k}}(\boldsymbol{c}|\boldsymbol{x}) \frac{(Aq^{1-n})_{|\boldsymbol{k}|}(b)_{|\boldsymbol{k}|}}{(d)_{|\boldsymbol{k}|}} Z^{|\boldsymbol{k}|}.$$

$$(4.4.8)$$

令 $b_i \mapsto a_i z_i, x_i \to y_i$ $(i = 1, 2, \cdots, n)$, 以及在引理 4.4.1 中取

$$f'(m) = \frac{(Aq^{1-n}, AbZq^{1-n}/d)_m}{(Cq^{1-n})_m} \left(\frac{dq^{n-1}}{A} \right)^m,$$

则 (4.4.7) 右边的 $_2\psi_2$ 为

$$_2\psi_2 \left[\begin{matrix} Aq^{1-n}, AbZq^{1-n}/d \\ AZq^{1-n}, Cq^{1-n} \end{matrix} ; q, \frac{dq^{1-n}}{A} \right] = \sum_{m=-\infty}^{\infty} \frac{f'(m)}{(AZq^{1-n})_m}$$

$$= \frac{(q)_\infty}{(AZq^{1-n})_\infty} \prod_{i,j=1}^{n} \frac{\left(\dfrac{y_i}{y_j} a_j z_j \right)_\infty}{\left(\dfrac{y_i}{y_j} q \right)_\infty}$$

$$\times \sum_{k_1, \cdots, k_n = -\infty}^{\infty} R_{\boldsymbol{k}}(\boldsymbol{az}|\boldsymbol{y}) \frac{(Aq^{1-n})_{|\boldsymbol{k}|}(AbZq^{1-n}/d)_{|\boldsymbol{k}|}}{(Cq^{1-n})_{|\boldsymbol{k}|}} \left(\frac{dq^{n-1}}{A} \right)^{|\boldsymbol{k}|}, \quad (4.4.9)$$

这里 $\boldsymbol{az} = (a_1 z_1, a_2 z_2, \cdots, a_n z_n)$. 将 (4.4.8) 和 (4.4.9) 中的 $_2\psi_2$ 代入 (4.4.7) 中, 在导出的等式两边同除

$$\frac{(q)_\infty}{(c_1 \cdots c_n q^{1-n})_\infty} \prod_{i,j=1}^{n} \frac{\left(\dfrac{x_i}{x_j} c_j \right)_\infty}{\left(\dfrac{x_i}{x_j} q \right)_\infty},$$

简化, 得到下述 $A_n\ {}_2\psi_2$ 变换:

$$\sum_{k_1,\cdots,k_n=-\infty}^{\infty} \prod_{1\leqslant i<j\leqslant n} \frac{x_iq^{k_i}-x_jq^{k_j}}{x_i-x_j} \prod_{i,j=1}^{n}\left(\frac{x_i}{x_j}c_j\right)_{k_i}^{-1} \prod_{i=1}^{n} x_i^{nk_i-|\boldsymbol{k}|}$$

$$\times \frac{(Aq^{1-n},b)_{|\boldsymbol{k}|}}{(d)_{|\boldsymbol{k}|}}(-1)^{(n-1)|\boldsymbol{k}|} q^{-\binom{|\boldsymbol{k}|}{2}+n\sum_{i=1}^{n}\binom{k_i}{2}} Z^{|\boldsymbol{k}|}$$

$$= \frac{(Cq^{1-n},dq^{n-1}/A,Cq^{1-n}/b,dq^n/AbZ)_\infty}{(Z,d,q/b,Cd/AbZ)_\infty} \prod_{i,j=1}^{n} \frac{\left(\dfrac{x_i}{x_j}q,\dfrac{y_i}{y_j}a_jz_j\right)_\infty}{\left(\dfrac{y_i}{y_j}q,\dfrac{x_i}{x_j}c_j\right)_\infty}$$

$$\times \sum_{k_1,\cdots,k_n=-\infty}^{\infty} \prod_{1\leqslant i<j\leqslant n} \frac{y_iq^{k_i}-y_jq^{k_j}}{y_i-y_j} \prod_{i,j=1}^{n}\left(\frac{y_i}{y_j}a_jz_j\right)_{k_i}^{-1} \prod_{i=1}^{n} y_i^{nk_i-|\boldsymbol{k}|}$$

$$\times \frac{(Aq^{1-n},AbZq^{1-n}/d)_{|\boldsymbol{k}|}}{(Cq^{1-n})_{|\boldsymbol{k}|}}(-1)^{(n-1)|\boldsymbol{k}|} q^{-\binom{|\boldsymbol{k}|}{2}+n\sum_{i=1}^{n}\binom{k_i}{2}} \left(\frac{dq^{n-1}}{A}\right)^{|\boldsymbol{k}|}, \quad (4.4.10)$$

这里 $|Cd/Ab| < |Z| < \left|q^{\frac{n-1}{2}}x_j^{-n}\prod_{i=1}^{n}x_i\right|$, $|Cd/Ab| < |dq^{n-1}/A| < \left|q^{\frac{n-1}{2}}y_j^{-n}\prod_{i=1}^{n}y_i\right|$ 对 $j=1,\cdots,n$.

例4.4.3(Bailey ${}_2\psi_2$ 第二变换公式的第一个 $U(n+1)$ 拓广)　令 $\max(|Z|,|Cd/AbZ|)<1$, 由 Bailey ${}_2\psi_2$ 第二变换公式 (1.3.35) 知

$${}_2\psi_2\left[\begin{array}{cc} Aq^{1-n}, & b \\ Cq^{1-n}, & d \end{array}; q, Z\right] = \frac{(AZq^{1-n},bZ,Cq/AbZ,Dq^n/AbZ)_\infty}{(q^n/A,q/b,Cq^{1-n},d)_\infty}$$

$$\times\ {}_2\psi_2\left[\begin{array}{cc} AbZ/C, & AbZq^{1-n}/d \\ AZq^{1-n}, & bZ \end{array}; q, \frac{Cd}{AbZ}\right], \quad (4.4.11)$$

完全类似例 4.4.2 的推导, 应用引理 4.4.1 到 (4.4.11) 中左右两边的 ${}_2\psi_2$, 左右两边的 ${}_2\psi_2$ 分别取 $b_i \mapsto c_i\ (i=1,2,\cdots,n)$, $f(m)=\dfrac{(Aq^{1-n},b)_m}{(d)_m}Z^m$ 与 $b_i \to a_iz_i$, $x_i \to y_i\ (i=1,2,\cdots,n)$, $f'(m)=\dfrac{(AbZ/C,AbZq^{1-n}/d)_m}{(bZ)_m}\left(\dfrac{Cd}{AbZ}\right)^m$, 作相应的整理, 则得到 Bailey ${}_2\psi_2$ 第二变换公式的第一个 $U(n+1)$ 拓广:

$$\sum_{k_1,\cdots,k_n=-\infty}^{\infty} \prod_{1\leqslant i<j\leqslant n} \frac{x_iq^{k_i}-x_jq^{k_j}}{x_i-x_j} \prod_{i,j=1}^{n}\left(\frac{x_i}{x_j}c_j\right)_{k_i}^{-1} \prod_{i=1}^{n} x_i^{nk_i-|\boldsymbol{k}|}$$

$$\times \frac{(Aq^{1-n}, b)_{|\boldsymbol{k}|}}{(d)_{|\boldsymbol{k}|}}(-1)^{(n-1)|\boldsymbol{k}|}q^{-\binom{|\boldsymbol{k}|}{2}+n\sum\limits_{i=1}^{n}\binom{k_i}{2}}Z^{|\boldsymbol{k}|}$$

$$= \frac{(bZ, Cq/AbZ, dq^n/AbZ)_\infty}{(q^n/A, q/b, d)_\infty}\prod_{i,j=1}^{n}\frac{\left(\dfrac{x_i}{x_j}q, \dfrac{y_i}{y_j}a_i z_j\right)_\infty}{\left(\dfrac{y_i}{y_j}q, \dfrac{x_i}{x_j}c_j\right)_\infty}$$

$$\times \sum_{k_1,\cdots,k_n=-\infty}^{\infty}\prod_{1\leqslant i<j\leqslant n}\frac{y_iq^{k_i}-y_jq^{k_j}}{y_i-y_j}\prod_{i,j=1}^{n}\left(\frac{y_i}{y_j}a_j z_j\right)_{k_i}^{-1}\prod_{i=1}^{n}y_i^{nk_i-|\boldsymbol{k}|}$$

$$\times \frac{(AbZ/C, AbZq^{1-n}/d)_{|\boldsymbol{k}|}}{(bZ)_{|\boldsymbol{k}|}}(-1)^{(n-1)|\boldsymbol{k}|}q^{-\binom{|\boldsymbol{k}|}{2}+n\sum\limits_{i=1}^{n}\binom{k_i}{2}}\left(\frac{Cd}{AbZ}\right)^{|\boldsymbol{k}|}, \quad (4.4.12)$$

这里 $|Cd/Ab|<|Z|<\left|q^{\frac{n-1}{2}}x_j^{-n}\prod\limits_{i=1}^{n}x_i\right|$ 和 $|Cd/Ab|<|Cd/AbZ|<\left|q^{\frac{n-1}{2}}y_j^{-n}\prod\limits_{i=1}^{n}y_i\right|$, 对 $j=1,\cdots,n$.

例 4.4.4 (Bailey $_2\psi_2$ 求和公式的第一个 $U(n+1)$ 拓广) 令 $(|q/a|, |c_1, \cdots, c_nq^{1-n}|) < 1$, 由 Bailey $_2\psi_2$ 求和公式 (1.3.36) 知

$$_2\psi_2\left[\begin{matrix} a, b \\ c_1\cdots c_nq^{1-n}, bq \end{matrix}; q, \frac{q}{a}\right] = \frac{(q, q, bq/a, c_1\cdots c_nq^{1-n}/b)_\infty}{(q/a, bq, q/b, c_1\cdots c_nq^{1-n})_\infty}, \quad (4.4.13)$$

应用引理 4.4.1 到 (4.4.13) 的左边的 $_2\psi_2$. 令 $b_i \mapsto c_i$ $(i=1,2,\cdots,n)$, 以及在引理 4.4.1 中取

$$f(m) = \frac{(a, b)_m}{(bq)_m}\left(\frac{q}{a}\right)^m,$$

则有

$$_2\psi_2\left[\begin{matrix} a, & b \\ c_1\cdots c_nq^{1-n}, & bq \end{matrix}; q, \frac{q}{a}\right] = \sum_{m=-\infty}^{\infty}\frac{f(m)}{(c_1\cdots c_nq^{1-n})_m}$$

$$= \frac{(q)_\infty}{(c_1\cdots c_nq^{1-n})_\infty}\prod_{i,j=1}^{n}\frac{\left(\dfrac{x_i}{x_j}c_j\right)_\infty}{\left(\dfrac{x_i}{x_j}q\right)_\infty}\sum_{k_1,\cdots,k_n=-\infty}^{\infty}R_{\boldsymbol{k}}(\boldsymbol{c}|\boldsymbol{x})\frac{(a)_{|\boldsymbol{k}|}(b)_{|\boldsymbol{k}|}}{(bq)_{|\boldsymbol{k}|}}\left(\frac{q}{a}\right)^{|\boldsymbol{k}|}.$$

$$(4.4.14)$$

最后, 在导出的等式两边同除

$$\frac{(q)_\infty}{(c_1\cdots c_nq^{1-n})_\infty}\prod_{i,j=1}^{n}\frac{\left(\dfrac{x_i}{x_j}c_j\right)_\infty}{\left(\dfrac{x_i}{x_j}q\right)_\infty},$$

简化, 得到 Bailey $_2\psi_2$ 求和公式的 $U(n+1)$ 下列拓广:

$$\sum_{k_1,\cdots,k_n=-\infty}^{\infty}\prod_{1\leqslant i<j\leqslant n}\frac{x_iq^{k_i}-x_jq^{k_j}}{x_i-x_j}\prod_{i,j=1}^{n}\left(\frac{x_i}{x_j}c_j\right)_{k_i}^{-1}\prod_{i=1}^{n}x_i^{nk_i-|\boldsymbol{k}|}$$

$$\times\frac{(a,b)_{|\boldsymbol{k}|}}{(bq)_{|\boldsymbol{k}|}}(-1)^{(n-1)|\boldsymbol{k}|}q^{-\binom{|\boldsymbol{k}|}{2}+n\sum\limits_{i=1}^{n}\binom{k_i}{2}}\left(\frac{q}{a}\right)^{|\boldsymbol{k}|}$$

$$=\frac{(q,bq/a,c_1\cdots c_nq^{1-n}/b)_\infty}{(q/a,bq,q/b)_\infty}\prod_{i,j=1}^{n}\frac{\left(\dfrac{x_i}{x_j}q\right)_\infty}{\left(\dfrac{x_i}{x_j}c_j\right)_\infty}, \tag{4.4.15}$$

这里 $|c_1\cdots c_nq^{2-n}/a|<|q/a|<\left|q^{\frac{n-1}{2}}x_j^{-n}\prod\limits_{i=1}^{n}x_i\right|$ 对 $j=1,\cdots,n$.

注 4.4.3　在 (4.4.6) 中, 令 $z=q/a$ 和 $d=bq$, 在此情形下, (4.4.6) 的右边的双边级数变为

$$\sum_{\substack{-\infty\leqslant k_1,\cdots,k_n\leqslant\infty\\|\boldsymbol{k}|=0}}(-1)^{(n-1)|\boldsymbol{k}|}q^{-\binom{|\boldsymbol{k}|}{2}+n\sum\limits_{i=1}^{n}\binom{k_i}{2}}$$

$$\times\prod_{1\leqslant i\leqslant j}\frac{y_iq^{k_i}-y_jq^{k_j}}{y_i-y_j}\prod_{i,j=1}^{n}\left(\frac{y_i}{y_j}c_j\right)_{k_i}^{-1}\prod_{i=1}^{n}y_i^{nk_i-|\boldsymbol{k}|}$$

$$=\frac{(c_1\cdots c_nq^{1-n})_\infty}{(q)_\infty}\prod_{i,j=1}^{n}\frac{\left(\dfrac{y_i}{y_j}q\right)_\infty}{\left(\dfrac{y_i}{y_j}c_j\right)_\infty},$$

注意在最后的运算里, 应用了 (4.2.2) 的 $m=0$ 情形. 故给出了 (4.4.15) 的一个不同证明.

例 4.4.5 (Bailey $_2\psi_2$ 求和公式的第二个 $U(n+1)$ 拓广)　令 $(|q/a|,|c|)<1$,

由 Bailey $_2\psi_2$ 求和公式 (1.3.36) 知

$$_2\psi_2 \begin{bmatrix} a, b_1 \cdots b_n \\ c, b_1 \cdots bq \end{bmatrix} ; q, \frac{q}{a} \end{bmatrix} = \frac{(q, q, b_1 \cdots b_n q/a, c/b_1 \cdots b_n)_\infty}{(q/a, b_1 \cdots b_n q, q/b_1 \cdots b_n, c)_\infty},$$ (4.4.16)

完全类似例 4.4.4 的证明, 令 $b_i \mapsto b_i q$ $(i = 1, \cdots, n)$, 取

$$f(m) = \frac{(a, b_1 \cdots b_n)_m}{(c)_m} \left(\frac{q}{a} \right)^m,$$

经过整理简化, 得到 Bailey $_2\psi_2$ 求和公式的第二个 $U(n+1)$ 拓广:

$$\sum_{k_1, \cdots, k_n = -\infty}^{\infty} \prod_{1 \leqslant i < j \leqslant n} \frac{x_i q^{k_i} - x_j q^{k_j}}{x_i - x_j} \prod_{i,j=1}^{n} \left(\frac{x_i}{x_j} b_j q \right)_{k_i}^{-1} \prod_{i=1}^{n} x_i^{nk_i - |\boldsymbol{k}|}$$

$$\times \frac{(a, b_1, \cdots, b_n)_{|\boldsymbol{k}|}}{(c)_{|\boldsymbol{k}|}} (-1)^{(n-1)|\boldsymbol{k}|} q^{-\binom{|\boldsymbol{k}|}{2} + n \sum_{i=1}^{n} \binom{k_i}{2}} \left(\frac{q}{a} \right)^{|\boldsymbol{k}|}$$

$$= \frac{(q, b_1 \cdots b_n q/a, c/b_1 \cdots b_n)_\infty}{(q/a, q/b_1 \cdots b_n, c)_\infty} \prod_{i,j=1}^{n} \frac{\left(\frac{x_i}{x_j} q \right)_\infty}{\left(\frac{x_i}{x_j} b_j q \right)_\infty},$$ (4.4.17)

这里 $|cq/a| < |q/a| < \left| q^{\frac{n-1}{2}} x_j^{-n} \prod_{i=1}^{n} x_i \right|$ 对 $j = 1, \cdots, n$.

4.5 Milne-Schlosser $U(n+1)$ 级数广义基本定理及其应用

如果我们在 (4.2.5) 的两边同乘

$$\frac{(q, b_1 \cdots b_n q^{1-n}/a_1 \cdots a_n)_\infty}{(b_1 \cdots b_n q^{1-n}, q/a_1 \cdots a_n)_\infty} \prod_{i,j=1}^{n} \frac{\left(\frac{x_i}{x_j} b_j, \frac{x_i q}{x_j a_i} \right)_\infty}{\left(\frac{x_i}{x_j} q, \frac{x_i b_j}{x_j a_i} \right)_\infty} \cdot g(m),$$

对一个合适的 $g(m)$, 并对所有整数 m 求和 $\sum_{m=-\infty}^{\infty}$, 则有

引理 4.5.1 [67] (Milne 和 Schlosser $U(n+1)$ 级数广义基本定理) 设 $g(m)$ 为整数 m 的任意函数, 则有

$$\sum_{m=-\infty}^{\infty} \frac{(a_1 \cdots a_n)_m}{(b_1 \cdots b_n q^{1-n})_m} g(m)$$

$$= \frac{(q, b_1 \cdots b_n q^{1-n}/a_1 \cdots a_n)_\infty}{(b_1 \cdots b_n q^{1-n}, q/a_1 \cdots a_n)_\infty} \prod_{i,j=1}^n \frac{\left(\dfrac{x_i}{x_j} b_j, \dfrac{x_i q}{x_j a_i}\right)_\infty}{\left(\dfrac{x_i}{x_j} q, \dfrac{x_i b_j}{x_j a_i}\right)_\infty}$$

$$\times \sum_{k_1,\cdots,k_n=-\infty}^{\infty} g(|\boldsymbol{k}|) \prod_{1 \leqslant i < j \leqslant n} \frac{x_i q^{k_i} - x_j q^{k_j}}{x_i - x_j} \prod_{i,j=1}^n \frac{\left(\dfrac{x_i}{x_j} a_j\right)_{k_i}}{\left(\dfrac{x_i}{x_j} b_j\right)_{k_i}}, \tag{4.5.1}$$

这里要求级数收敛.

注 4.5.1　除引理 4.4.1 外, 也可以应用引理 4.5.1 与单变量双边级数恒等式一起去得到多重双边 $U(n+1)$ (A_n) 级数恒等式. 引理 4.5.1 通过增加参数 $b_1, b_2, \cdots, b_n$ 推广引理 4.3.1 的 $N \to \infty$ 情形, 因为引理 4.5.1 的特殊情形 $b_i = q$ $(i = 1, 2, \cdots, n)$ 可以归结为引理 4.3.1 (Milne A_n 级数基本定理) 的 $N \to \infty$ 情形.

例 4.5.1 (Bailey $_2\psi_2$ 第一变换公式的第三个 $U(n+1)$ 拓广)　令

$$\max\left(|z|, |Cdq^{1-n}/Abz|, |d/A|, |Cq^{1-n}/b|\right) < 1,$$

由 Bailey $_2\psi_2$ 第一变换公式 (1.3.34) 知

$$_2\psi_2 \left[\begin{array}{cc} A, & b \\ Cq^{1-n}, & d \end{array} ; q, z \right]$$

$$= \frac{(Az, d/A, Cq^{1-n}/b, dq/Abz)_\infty}{(z, d, q/b, Cdq^{1-n}/Abz)_\infty} {}_2\psi_2 \left[\begin{array}{cc} A, & Abz/d \\ Az, & Cq^{1-n} \end{array} ; q, \frac{d}{A} \right], \tag{4.5.2}$$

这里 $A \equiv a_1 \cdots a_n$, $C \equiv c_1 \cdots c_n$. 现在应用引理 4.5.1 到变换 (4.5.2) 左右两边的 $_2\psi_2$. 首先, 令 $b_i \mapsto c_i, i = 1, \cdots, n$ 和在引理 4.5.1 中取

$$g(m) = \frac{(b)_m}{(d)_m} z^m,$$

则 (4.5.2) 左边的 $_2\psi_2$ 为

$$_2\psi_2 \left[\begin{array}{cc} A, & b \\ Cq^{1-n}, & d \end{array} ; q, z \right] = \sum_{m=-\infty}^{\infty} \frac{(a_1 \cdots a_n)_m}{(c_1 \cdots c_n q^{1-n})_m} g(m)$$

$$= \frac{(q, Cq^{1-n}/A)_\infty}{(Cq^{1-n}, q/A)_\infty} \prod_{i,j=1}^n \frac{\left(\dfrac{x_i}{x_j} c_j, \dfrac{x_i q}{x_j a_i}\right)_\infty}{\left(\dfrac{x_i}{x_j} q, \dfrac{x_i c_j}{x_j a_i}\right)_\infty}$$

$$\times \sum_{k_1,\cdots,k_n=-\infty}^{\infty} \frac{(b)_{|\boldsymbol{k}|}}{(d)_{|\boldsymbol{k}|}} z^{|\boldsymbol{k}|} \prod_{1\leqslant i<j\leqslant n} \frac{x_iq^{k_i}-x_jq^{k_j}}{x_i-x_j} \prod_{i,j=1}^{n} \frac{\left(\dfrac{x_i}{x_j}a_j\right)_{k_i}}{\left(\dfrac{x_i}{x_j}b_j\right)_{k_i}}. \tag{4.5.3}$$

再令 $b_i \mapsto c_i$ $(i=1,2,\cdots,n)$ 和在引理 4.5.1 中取

$$g'(m) = \frac{(Abz/d)_m}{(Az)_m}\left(\frac{d}{A}\right)^m,$$

则 (4.5.2) 右边的 $_2\psi_2$ 为

$$_2\psi_2\left[\begin{matrix} A, & Abz/d \\ Az, & Cq^{1-n} \end{matrix}; q, \frac{d}{A}\right] = \sum_{m=-\infty}^{\infty} \frac{(a_1\cdots a_n)_m}{(c_1\cdots c_nq^{1-n})_m}g'(m)$$

$$= \frac{(q,Cq^{1-n}/A)_\infty}{(Cq^{1-n},q/A)_\infty} \prod_{i,j=1}^{n} \frac{\left(\dfrac{y_i}{y_j}c_j, \dfrac{y_iq}{y_ja_i}\right)_\infty}{\left(\dfrac{y_i}{y_j}q, \dfrac{y_ic_j}{y_ja_i}\right)_\infty}$$

$$\times \sum_{k_1,\cdots,k_n=-\infty}^{\infty} \frac{(Abz/d)_{|\boldsymbol{k}|}}{(Az)_{|\boldsymbol{k}|}}\left(\frac{d}{A}\right)^{|\boldsymbol{k}|} \prod_{1\leqslant i<j\leqslant n} \frac{y_iq^{k_i}-y_jq^{k_j}}{y_i-y_j} \prod_{i,j=1}^{n} \frac{\left(\dfrac{y_i}{y_j}a_j\right)_{k_i}}{\left(\dfrac{y_i}{y_j}b_j\right)_{k_i}}.$$

$$\tag{4.5.4}$$

将 (4.5.3) 和 (4.5.4) 代入 (4.5.2), 整理, 在导出的等式两边同除

$$\frac{(q,Cq^{1-n}/A)_\infty}{(Cq^{1-n},q/A)_\infty} \prod_{i,j=1}^{n} \frac{\left(\dfrac{x_i}{x_j}c_j, \dfrac{x_iq}{x_ja_j}\right)_\infty}{\left(\dfrac{x_i}{x_j}q, \dfrac{x_ic_j}{x_ja_i}\right)_\infty},$$

简化, 得到下述 Bailey $_2\psi_2$ 第一变换公式的第三个 $U(n+1)$ 拓广:

$$\sum_{k_1,\cdots,k_n=-\infty}^{\infty} \frac{(b)_{|\boldsymbol{k}|}}{(d)_{|\boldsymbol{k}|}} z^{|\boldsymbol{k}|} \prod_{1\leqslant i<j\leqslant n} \frac{x_iq^{k_i}-x_jq^{k_j}}{x_i-x_j} \prod_{i,j=1}^{n} \frac{\left(\dfrac{x_i}{x_j}a_j\right)_{k_i}}{\left(\dfrac{x_i}{x_j}c_j\right)_{k_i}}$$

$$= \frac{(Az,d/A,Cq^{1-n}/b,dq/Abz)_\infty}{(z,d,q/b,Cdq^{1-n}/AbZ)_\infty} \prod_{i,j=1}^{n} \frac{\left(\dfrac{y_i}{y_j}c_j, \dfrac{y_iq}{y_ja_i}, \dfrac{x_i}{x_j}q, \dfrac{x_ic_j}{x_ja_i}\right)_\infty}{\left(\dfrac{x_i}{x_j}c_j, \dfrac{x_iq}{x_ja_i}, \dfrac{y_i}{y_j}q, \dfrac{y_ic_j}{y_ja_i}\right)_\infty}$$

$$\times \sum_{k_1,\cdots,k_n=-\infty}^{\infty} \frac{(Abz/d)_{|\boldsymbol{k}|}}{(Az)_{|\boldsymbol{k}|}} \left(\frac{d}{A}\right)^{|\boldsymbol{k}|} \prod_{1\leqslant i<j\leqslant n} \frac{y_iq^{k_i}-y_jq^{k_j}}{y_i-y_j} \prod_{i,j=1}^{n} \frac{\left(\dfrac{y_i}{y_j}a_j\right)_{k_i}}{\left(\dfrac{y_i}{y_j}c_j\right)_{k_i}},$$

$$(4.5.5)$$

这里 $|Cdq^{1-n}/Ab| < |z| < 1$ 和 $|Cdq^{n-1}/Ab| < |d/A| < 1$.

例 4.5.2 (Bailey $_2\psi_2$ 第一变换公式的第四个 $U(n+1)$ 拓广)　令 $\max(|Z|,|cD/ABZ|,|D/A|,|c/B|) < 1$, 由 Bailey $_2\psi_2$ 第一变换公式 (1.3.34) 知

$$_2\psi_2 \left[\begin{array}{cc} Aq^{1-n}, & B \\ C, & Dq^{1-n} \end{array} ; q, Z \right]$$

$$= \frac{(AZq^{1-n}, D/A, c/B, Dq/ABZ)_{\infty}}{(Z, Dq^{1-n}, q/B, cD/ABZ)_{\infty}} {}_2\psi_2 \left[\begin{array}{cc} Aq^{1-n}, ABZ/D \\ AZq^{1-n}, c \end{array} ; q, \frac{D}{A} \right], \quad (4.5.6)$$

这里 $A \equiv a_1\cdots a_n$, $B \equiv b_1\cdots b_n$, $D \equiv d_1\cdots d_n$ 和 $Z \equiv z_1\cdots z_n$. 现在应用引理 4.5.1 到 (4.5.6) 左右两边的 $_2\psi_2$. 左右两边的 $_2\psi_2$ 分别取 $a_i \mapsto b_i, b_i \mapsto d_i$ $(i=1,2,\cdots,n)$, $g(m) = \dfrac{(Aq^{1-n})_m}{(c)_m}Z^m$ 和取 $a_i \mapsto a_ib_iz_i/d_i$, $b_i \mapsto a_iz_i, x_i \mapsto y_i$ $(i=1,\cdots,n)$, $g(m) = \dfrac{(Aq^{1-n})_m}{(c)_m}\left(\dfrac{D}{A}\right)^m$, 完全类似前面例子的过程, 得到 Bailey $_2\psi_2$ 第一变换公式的第四个 $U(n+1)$ 拓广:

$$\sum_{k_1,\cdots,k_n=-\infty}^{\infty} \frac{(Aq^{1-n})_{|\boldsymbol{k}|}}{(c)_{|\boldsymbol{k}|}} Z^{|\boldsymbol{k}|} \prod_{1\leqslant i<j\leqslant n} \frac{x_iq^{k_i}-x_jq^{k_j}}{x_i-x_j} \prod_{i,j=1}^{n} \frac{\left(\dfrac{x_i}{x_j}b_j\right)_{k_i}}{\left(\dfrac{x_i}{x_j}d_j\right)_{k_i}}$$

$$= \frac{(D/A, c/B)_{\infty}}{(Z, cD/ABZ)_{\infty}} \prod_{i,j=1}^{n} \frac{\left(\dfrac{y_i}{y_j}a_jz_j, \dfrac{y_id_iq}{y_ja_ib_iz_i}, \dfrac{x_i}{x_j}q, \dfrac{x_id_j}{x_jb_i}\right)_{\infty}}{\left(\dfrac{x_i}{x_j}d_j, \dfrac{x_iq}{x_jb_i}, \dfrac{y_i}{y_j}q, \dfrac{y_id_ia_jz_j}{y_ja_ib_iz_i}\right)_{\infty}}$$

$$\times \sum_{k_1,\cdots,k_n=-\infty}^{\infty} \frac{(Aq^{1-n})_{|\boldsymbol{k}|}}{(c)_{|\boldsymbol{k}|}} \left(\frac{D}{A}\right)^{|\boldsymbol{k}|} \prod_{1\leqslant i<j\leqslant n} \frac{y_iq^{k_i}-y_jq^{k_j}}{y_i-y_j} \prod_{i,j=1}^{n} \frac{\left(\dfrac{y_ia_jb_jz_j}{y_jd_j}\right)_{k_i}}{\left(\dfrac{y_i}{y_j}a_jz_j\right)_{k_i}},$$

$$(4.5.7)$$

这里 $|cD/AB| < |Z| < 1$ 和 $|cD/AB| < |D/A| < 1$.

注 4.5.2 令 $\max(|Z|, |cD/ABZ|) < 1$, 由 Bailey ${}_2\psi_2$ 第二变换公式 (1.3.35) 知

$$
{}_2\psi_2 \left[\begin{matrix} Aq^{1-n}, & B \\ C, & Dq^{1-n} \end{matrix} ; q, Z \right] = \frac{(AZq^{1-n}, BZ, cq^n/ABZ, Dq/ABZ)_\infty}{(q^n/A, q/B, c, Dq^{1-n})_\infty}
$$

$$
\times {}_2\psi_2 \left[\begin{matrix} ABZq^{1-n}/c, ABZ/D \\ AZq^{1-n}, BZ \end{matrix} ; q, \frac{cD}{ABZ} \right],
$$

(4.5.8)

这里 $A \equiv a_1 \cdots a_n$, $B \equiv b_1 \cdots b_n$, $D \equiv d_1 \cdots d_n$, $Z \equiv z_1 \cdots z_n$. 完全类似前面的例子求导的过程, 可以得到

$$
\sum_{k_1, \cdots, k_n = -\infty}^{\infty} \prod_{1 \leqslant i < j \leqslant n} \frac{x_i q^{k_i} - x_j q^{k_j}}{x_i - x_j} \prod_{i,j=1}^{n} \frac{\left(\dfrac{x_i}{x_j} b_j \right)_{k_i}}{\left(\dfrac{x_i}{x_j} d_j \right)_{k_i}} \frac{(Aq^{1-n})_{|\boldsymbol{k}|}}{(c)_{|\boldsymbol{k}|}} Z^{|\boldsymbol{k}|}
$$

$$
= \frac{(BZ, cq^n/ABZ)_\infty}{(q^n/A, c)_\infty} \prod_{i,j=1}^{n} \frac{\left(\dfrac{y_i}{y_j} a_j z_j, \dfrac{y_i d_i q}{y_j a_i b_i z_i}, \dfrac{x_i}{x_j} q, \dfrac{x_i d_j}{x_j b_i} \right)_\infty}{\left(\dfrac{x_i}{x_j} d_j, \dfrac{x_i q}{x_j b_i} \dfrac{y_i}{y_j} q, \dfrac{y_i d_i a_j z_j}{y_j a_i b_i z_i} \right)_\infty}
$$

$$
\times \sum_{k_1, \cdots, k_n = -\infty}^{\infty} \prod_{1 \leqslant i < j \leqslant n} \frac{y_i q^{k_i} - y_j q^{k_j}}{y_i - y_j}
$$

$$
\times \prod_{i,j=1}^{n} \frac{\left(\dfrac{y_i a_j b_j z_j}{y_j d_j} \right)_{k_i}}{\left(\dfrac{y_i}{y_j} a_j z_j \right)_{k_i}} \frac{(ABZq^{1-n}/c)_{|\boldsymbol{k}|}}{(BZ)_{|\boldsymbol{k}|}} \left(\frac{cD}{ABZ} \right)^{|\boldsymbol{k}|},
$$

(4.5.9)

这里 $|cD/AB| < |Z| < 1$.

例 4.5.3 (Bailey ${}_2\psi_2$ 求和公式的第三个 $U(n+1)$ 拓广) 令 $\max(|q/a_1 \cdots a_n|, |c_1 \cdots c_n q^{1-n}|) < 1$, 由 Bailey ${}_2\psi_2$ 求和公式 (1.3.36) 知

$$
{}_2\psi_2 \left[\begin{matrix} a_1 \cdots a_n, & b \\ c_1 \cdots c_n q^{1-n}, & bq \end{matrix} ; q, \frac{q}{a_1, \cdots a_n} \right] = \frac{(q, q, bq/a_1 \cdots a_n, c_1 \cdots c_n q^{1-n}/b)_\infty}{(q/a_1 \cdots a_n, bq, q/b, c_1 \cdots c_n q^{1-n})_\infty}.
$$

(4.5.10)

在 (4.5.12) 中的 $_2\psi_2$, 令 $b_i \mapsto c_i$ $(i = 1, 2, \cdots, n)$, 以及引理 4.5.1 中取

$$g(m) = \frac{(b)_m}{(bq)_m}\left(\frac{q}{a_1 \cdots a_n}\right)^m,$$

可以得到 Bailey $_2\psi_2$ 求和公式的 $U(n+1)$ 下列拓广:

$$\sum_{k_1,\cdots,k_n=-\infty}^{\infty} \frac{(b)_{|\boldsymbol{k}|}}{(bq)_{|\boldsymbol{k}|}}\left(\frac{q}{a_1,\cdots,a_n}\right)^{|\boldsymbol{k}|} \prod_{1\leqslant i<j\leqslant n} \frac{x_i q^{k_i} - x_j q^{k_j}}{x_i - x_j} \prod_{i,j=1}^{n} \frac{\left(\dfrac{x_i}{x_j}a_j\right)_{k_i}}{\left(\dfrac{x_j}{x_j}c_j\right)_{k_i}}$$

$$= \frac{(q, bq/a_1 \cdots a_n, c_1 \cdots c_n q^{1-n}/b)_\infty}{(bq, q/b, c_1 \cdots c_n q^{1-n}/a_1 \cdots a_n)_\infty} \prod_{i,j=1}^{n} \frac{\left(\dfrac{x_i}{x_j}q, \dfrac{x_i c_j}{x_j a_i}\right)_\infty}{\left(\dfrac{x_i}{x_j}c_j, \dfrac{x_i q}{x_j a_i}\right)_\infty}, \tag{4.5.11}$$

这里 $\max(|c_1 \cdots c_n q^{1-n}|, |q/a_1 \cdots a_n|) < 1$.

注 4.5.3　在 (4.5.5) 里, 令 $z = q/a_1 \cdots a_n$ 和 $d = bq$, 在此情形下, 在运算中应用式 (4.2.6), (4.5.5) 的右端的多重双边级数变为

$$\sum_{\substack{-\infty < k_1,\cdots,k_n < \infty \\ |\boldsymbol{k}|=0}} \prod_{1\leqslant i<j\leqslant n} \frac{y_i q^{k_i} - y_j q^{k_j}}{y_i - y_j} \prod_{i,j=1}^{n} \frac{\left(\dfrac{y_i}{y_j}q\right)_{k_i}}{\left(\dfrac{y_i}{y_j}c_j\right)_{k_i}}$$

$$= \frac{(c_1 \cdots c_n q^{1-n}, q/a_1 \cdots a_n)_\infty}{(q, c_1 \cdots c_n q^{1-n}/a_1 \cdots a_n)_\infty} \prod_{i,j=1}^{n} \frac{\left(\dfrac{y_i}{y_j}q, \dfrac{y_i c_j}{y_j a_i}\right)_\infty}{\left(\dfrac{y_i}{y_j}c_j, \dfrac{y_i q}{y_j a_i}\right)_\infty},$$

即得 (4.5.11) 的另一个证明.

例 4.5.4　由

$$_2\psi_2\left[\begin{matrix} a, & b \\ c_1 \cdots c_n q^{1-n}, & bq \end{matrix}; q, \frac{q}{a}\right] = \frac{(q, q, bq/a, c_1 \cdots c_n q^{1-n}/b)_\infty}{(q/a, bq, q/b, c_1 \cdots c_n q^{1-n})_\infty}, \tag{4.5.12}$$

得到 Bailey $_2\psi_2$ 求和公式的第四个 $U(n+1)$ 拓广:

$$\sum_{k_1,\cdots,k_n=-\infty}^{\infty} \frac{(a)_{|\boldsymbol{k}|}}{(c)_{|\boldsymbol{k}|}}\left(\frac{q}{a}\right)^{|\boldsymbol{k}|} \prod_{1\leqslant i<j\leqslant n} \frac{x_i q^{k_i} - x_j q^{k_j}}{x_i - x_j} \prod_{i,j=1}^{n} \frac{\left(\dfrac{x_i}{x_j}b_j\right)_{k_i}}{\left(\dfrac{x_j}{x_j}b_j q\right)_{k_i}}$$

$$= \frac{(b_1 \cdots b_n q/a, c/b_1 \cdots b_n)_\infty}{(q/a, c)_\infty} \prod_{i,j=1}^n \frac{\left(\dfrac{x_i}{x_j}q, \dfrac{x_i b_j}{x_j b_i q}\right)_\infty}{\left(\dfrac{x_i}{x_j}b_j q, \dfrac{x_i q}{x_j b_i}\right)_\infty}, \tag{4.5.13}$$

这里 $\max(|c|, |q/a|) < 1$.

令 $B \equiv b_1, \cdots, b_n$ 和 $C = c_1, \cdots, c_n$, 有

$$_2\psi_2 \left[\begin{matrix} a, & B \\ Cq^{1-n}, & Bq \end{matrix} ; q, \frac{q}{a} \right] = \frac{(q, q, Bq/a, Cq^{1-n}/B)_\infty}{(q/a, Bq, q/B, Cq^{1-n})_\infty}, \tag{4.5.14}$$

这里 $(\max|q/a|, |Cq^{1-n}|) < 1$. 由此式子得到 Bailey $_2\psi_2$ 求和公式的第五个 $U(n+1)$ 拓广:

$$\sum_{k_1,\cdots,k_n=-\infty}^\infty \frac{(a)_{|\boldsymbol{k}|}}{(b_1 \cdots b_n q)_{|\boldsymbol{k}|}} \left(\frac{q}{a}\right)^{|\boldsymbol{k}|} \prod_{1 \leqslant i < j \leqslant n} \frac{x_i q^{k_i} - x_j q^{k_j}}{x_i - x_j} \prod_{i,j=1}^n \frac{\left(\dfrac{x_i}{x_j}b_j\right)_{k_i}}{\left(\dfrac{x_j}{x_j}c_j\right)_{k_i}}$$

$$= \frac{(q, b_1 \cdots b_n q/a)_\infty}{(q/a, b_1, \cdots, b_n q)_\infty} \prod_{i,j=1}^n \frac{\left(\dfrac{x_i}{x_j}q, \dfrac{x_i c_j}{x_j b_i}\right)_\infty}{\left(\dfrac{x_i}{x_j}c_j, \dfrac{x_i q}{x_j b_i}\right)_\infty}, \tag{4.5.15}$$

这里 $\max(|c_1 \cdots c_n q^{1-n}|, |q/a|) < 1$.

记 $A \equiv a_1 \cdots a_n$, $B \equiv b_1, \cdots, b_n$, 有

$$_2\psi_2 \left[\begin{matrix} A, B \\ c, Bq \end{matrix} ; q, \frac{q}{A} \right] = \frac{(q, q, Bq/A, c/B)_\infty}{(q/A, Bq, q/B, c)_\infty}, \tag{4.5.16}$$

这里 $\max(|q/A|, |c|) < 1$. 由此式子, 可得 Bailey $_2\psi_2$ 求和公式的第六个 $U(n+1)$ 拓广:

$$\sum_{k_1,\cdots,k_n=-\infty}^\infty \frac{(b_1 \cdots b_n)_{|\boldsymbol{k}|}}{(c)_{|\boldsymbol{k}|}} \left(\frac{q}{a_1, \cdots, a_n}\right)^{|\boldsymbol{k}|} \prod_{1 \leqslant i < j \leqslant n} \frac{x_i q^{k_i} - x_j q^{k_j}}{x_i - x_j} \prod_{i,j=1}^n \frac{\left(\dfrac{x_i}{x_j}a_j\right)_{k_i}}{\left(\dfrac{x_i}{x_j}b_j q\right)_{k_i}}$$

$$= \frac{(q, c/b_1 \cdots b_n)_\infty}{(q/b_1, \cdots, b_n, c)_\infty} \prod_{i,j=1}^n \frac{\left(\dfrac{x_i}{x_j}q, \dfrac{x_i b_j q}{x_j a_i}\right)_\infty}{\left(\dfrac{x_i}{x_j}b_j q, \dfrac{x_i q}{x_j a_i}\right)_\infty}, \tag{4.5.17}$$

这里 $\max(|c|, |q/a_1, \cdots, a_n|) < 1$.

第 5 章　指数算子恒等式对多变量基本超几何级数的应用

指数算子在单变量基本超几何级数理论中求导 q-级数恒等式方面是一个比较有效的工具 [68-72]. 本章主要介绍此工具在多变量基本超几何级数方面的应用.

5.1　指数算子恒等式

q-差分算子和 q-移位算子 η 分别定义为

$$D_q\{f(a)\} = \frac{1}{a}(f(a) - f(aq))$$

和

$$\eta\{f(a)\} = f(aq).$$

这两个算子被 Rogers 引进 [73-75], Rogers 用它们去证明 Rogers-Ramanujan 恒等式. 1997 年, 下述算子被构造:

$$\theta = \eta^{-1} D_q. \tag{5.1.1}$$

进一步, 引入下面两个指数算子 [76,77]:

$$T(bD_q) = \sum_{n=0}^{\infty} \frac{(bD_q)^n}{(q)_n}$$

和

$$E(b\theta) = \sum_{n=0}^{\infty} \frac{(b\theta)^n q^{\binom{n}{2}}}{(q)_n}.$$

应该指出的是类似的算子也被 Sears [78-80] 引进, 许多单变量基本超几何级数的求和与变换公式被建立.

对于算子 $T(bD_q)$ 和 $E(b\theta)$, 有下述指数算子恒等式:

$$T(bD_q)\left\{\frac{1}{(at)_\infty}\right\} = \frac{1}{(at, bt)_\infty}, \tag{5.1.2}$$

$$T(bD_q)\left\{\frac{1}{(as,at)_\infty}\right\}=\frac{(abst)_\infty}{(as,at,bs,bt)_\infty},\tag{5.1.3}$$

$$E(b\theta)\{(at)_\infty\}=(at,bt)_\infty,\tag{5.1.4}$$

$$E(b\theta)\{(as,at)_\infty\}=\frac{(as,at,bs,bt)_\infty}{(abst/q)_\infty},\tag{5.1.5}$$

$$E(d\theta)\{a^n(as,at)_\infty\}=a^n\frac{(as,at,ds,dt)_\infty}{(adst/q)_\infty}\ {}_3\phi_2\left[\begin{array}{ccc}q^{-n},&q/as,&q/at\\&0,&q^2/adst\end{array};q,q\right],\tag{5.1.6}$$

$$E(d\theta)\{a^n(as)_\infty\}=a^n(as,ds)_\infty\ {}_2\phi_1\left[\begin{array}{cc}q^{-n},&q/as\\&0\end{array};q,ds\right],\tag{5.1.7}$$

$$T(dD_q)\left\{\frac{a^n}{(at)_\infty}\right\}=\frac{a^n}{(at,dt)_\infty}\sum_{k=0}^n\begin{bmatrix}n\\k\end{bmatrix}(at)_k\left(\frac{d}{a}\right)^k,\tag{5.1.8}$$

$$E(d\theta)\{a^n(as)_\infty\}=a^n(as,ds)_\infty\sum_{k=0}^n\begin{bmatrix}n\\k\end{bmatrix}(-1)^kq^{\binom{k}{2}-nk}(q/as)_k(ds)^k,\tag{5.1.9}$$

$$T(dD_q)\left\{\frac{(av)_\infty}{(as,at,aw)_\infty}\right\}=\frac{(av,adsw)_\infty}{(at,as,aw,ds,dw)_\infty}\ {}_3\phi_2\left[\begin{array}{ccc}v/t,&as,&aw\\&av,&adsw\end{array};q,dt\right],\tag{5.1.10}$$

$$T(dD_q)\left\{\frac{1}{(at,as,aw)_\infty}\right\}=\frac{(adsw)_\infty}{(at,as,aw,ds,dw)_\infty}\ {}_2\phi_1\left[\begin{array}{cc}as,aw\\adsw\end{array};q,dt\right].\tag{5.1.11}$$

在 [81] 中, 齐次 q-差分算子被引入:

$$D_{xy}f(x,y)=\frac{f(x,q^{-1}y)-f(qx,y)}{x-q^{-1}y}.\tag{5.1.12}$$

进一步, q-指数差分算子定义为

$$\mathbb{E}(D_{xy})=\sum_{k=0}^\infty\frac{D_{xy}^k}{(q;q)_k}.\tag{5.1.13}$$

得到下述算子恒等式:

$$\mathbb{E}(D_{xy})\left\{\frac{(yt;q)_\infty}{(xt;q)_\infty}\right\}=\frac{(yt;q)_\infty}{(t,xt;q)_\infty}.\tag{5.1.14}$$

例 5.1.1 应用 (1.1.2), 重写 (3.9.3) 为

$$\frac{1}{(z,b)_\infty} = \sum_{y_1,\cdots,y_n \geqslant 0} \prod_{1 \leqslant r < s \leqslant n} \frac{x_r q^{y_r} - x_s q^{y_s}}{x_r - x_s} \prod_{r,s=1}^n \left(q\frac{x_r}{x_s}\right)_{y_r}^{-1} \prod_{i=1}^n x_i^{ny_i - |\boldsymbol{y}|}$$

$$\times \frac{1}{(bz, bq^{|\boldsymbol{y}|})_\infty} (-1)^{(n-1)|\boldsymbol{y}|} q^{(n-1)\left[\binom{y_1}{2}+\cdots+\binom{y_n}{2}\right]-e_2(y_1,\cdots,y_n)} z^{|\boldsymbol{y}|}.$$

上式的两边对变量 b, 应用 $T(cD_q)$ 和 (5.1.3) 得到

$$\frac{1}{(z)_\infty (b,c)_\infty}$$

$$= \sum_{y_1,\cdots,y_n \geqslant 0} \prod_{1 \leqslant r < s \leqslant n} \frac{x_r q^{y_r} - x_s q^{y_s}}{x_r - x_s} \prod_{r,s=1}^n \left(q\frac{x_r}{x_s};q\right)_{y_r}^{-1} \prod_{i=1}^n x_i^{ny_i - |\boldsymbol{y}|}$$

$$\times \frac{(bczq^{|\boldsymbol{y}|})_\infty}{(bz, bq^{|\boldsymbol{y}|}, cz, cq^{|\boldsymbol{y}|})_\infty} (-1)^{(n-1)|\boldsymbol{y}|} q^{(n-1)\left[\binom{y_1}{2}+\cdots+\binom{y_n}{2}\right]-e_2(y_1,\cdots,y_n)} z^{|\boldsymbol{y}|}. \quad (5.1.15)$$

整理上述恒等式, 得到下面 q-Gauss 求和公式的第三个 $U(n+1)$ 拓广的等价形式:

$$\frac{(bz,cz)_\infty}{(z,bcz)_\infty} = \sum_{y_1,\cdots,y_n \geqslant 0} \prod_{1 \leqslant r < s \leqslant n} \frac{x_r q^{y_r} - x_s q^{y_s}}{x_r - x_s} \prod_{r,s=1}^n \left(q\frac{x_r}{x_s};q\right)_{y_r}^{-1} \prod_{i=1}^n x_i^{ny_i - |\boldsymbol{y}|}$$

$$\times \frac{(b,c)_{|\boldsymbol{y}|}}{(bcz)_{|\boldsymbol{y}|}} (-1)^{(n-1)|\boldsymbol{y}|} q^{(n-1)\left[\binom{y_1}{2}+\cdots+\binom{y_n}{2}\right]-e_2(y_1,\cdots,y_n)} z^{|\boldsymbol{y}|}, \quad (5.1.16)$$

这里 $e_2(y_1,\cdots,y_n)$ 是关于 $\{y_1,\cdots,y_n\}$ 的二阶基本对称函数, 且 $0 < |q| < 1$ 以及对 $m = 1,2,\cdots,n$, $|z| < |x_1\cdots x_n||x_m|^{-n}|q|^{(n-1)/2}$.

例 5.1.2 (Euler 变换的 q-模拟的 $U(n+1) \leftrightarrow U(m+1)$ 变换的第一个拓广)　在 (3.9.3) 里, 令 $(b,z) \to (ab,z)$, 则有

$$\frac{(abz)_\infty}{(z)_\infty} = \sum_{k_1,\cdots,k_n \geqslant 0} \prod_{1 \leqslant r < s \leqslant n} \frac{x_r q^{k_r} - x_s q^{k_s}}{x_r - x_s} \prod_{r,s=1}^n \left(q\frac{x_r}{x_s}\right)_{k_r}^{-1} \prod_{i=1}^n x_i^{nk_i - |\boldsymbol{k}|}$$

$$\times (-1)^{(n-1)|\boldsymbol{k}|} (ab)_{|\boldsymbol{k}|} q^{(n-1)\left[\binom{k_1}{2}+\cdots+\binom{k_n}{2}\right]-e_2(k_1,\cdots,k_n)} z^{|\boldsymbol{k}|}.$$

再在 (3.9.3) 里, 令 $n \to m$, $(b,z) \to (az,b)$, $x_i \to y_i$ $(i=1,2,\cdots m)$, 则有

$$\frac{(abz)_\infty}{(b)_\infty} = \sum_{k_1,\cdots,k_m \geqslant 0} \prod_{1 \leqslant r < s \leqslant m} \frac{y_r q^{k_r} - y_s q^{k_s}}{y_r - y_s} \prod_{r,s=1}^m \left(q\frac{y_r}{y_s}\right)_{k_r}^{-1} \prod_{i=1}^m y_i^{mk_i - |\boldsymbol{k}|}$$

$$\times (az;q)_{|\boldsymbol{k}|} (-1)^{(m-1)|\boldsymbol{k}|} q^{(m-1)\left[\binom{k_1}{2}+\cdots+\binom{k_m}{2}\right]-e_2(k_1,\cdots,k_m)} b^{|\boldsymbol{k}|}.$$

因此, 有

$$
\begin{aligned}
&\sum_{k_1,\cdots,k_n\geqslant 0}\prod_{1\leqslant r<s\leqslant n}\frac{x_r q^{k_r}-x_s q^{k_s}}{x_r-x_s}\prod_{r,s=1}^{n}\left(q\frac{x_r}{x_s}\right)_{k_r}^{-1}\prod_{i=1}^{n}x_i^{nk_i-|\boldsymbol{k}|}\\
&\qquad\times(ab)_{|\boldsymbol{k}|}(-1)^{(n-1)|\boldsymbol{k}|}q^{(n-1)\left[\binom{k_1}{2}+\cdots+\binom{k_n}{2}\right]-e_2(k_1,\cdots,k_n)}z^{|\boldsymbol{k}|}\\
&=\frac{(b)_\infty}{(z)_\infty}\sum_{k_1,\cdots,k_m\geqslant 0}\prod_{1\leqslant r<s\leqslant m}\frac{y_r q^{k_r}-y_s q^{k_s}}{y_r-y_s}\prod_{r,s=1}^{m}\left(q\frac{y_r}{y_s}\right)_{k_r}^{-1}\prod_{i=1}^{m}y_i^{mk_i-|\boldsymbol{k}|}\\
&\qquad\times(az)_{|\boldsymbol{k}|}(-1)^{(m-1)|\boldsymbol{k}|}q^{(m-1)\left[\binom{k_1}{2}+\cdots+\binom{k_m}{2}\right]-e_2(k_1,\cdots,k_m)}b^{|\boldsymbol{k}|}.
\end{aligned}
$$

重写此式为

$$
\begin{aligned}
&\sum_{k_1,\cdots,k_n\geqslant 0}\prod_{1\leqslant r<s\leqslant n}\frac{x_r q^{k_r}-x_s q^{k_s}}{x_r-x_s}\prod_{r,s=1}^{n}\left(q\frac{x_r}{x_s}\right)_{k_r}^{-1}\prod_{i=1}^{n}x_i^{nk_i-|\boldsymbol{k}|}\\
&\qquad\times\frac{1}{(abq^{|\boldsymbol{k}|},az)_\infty}(-1)^{(n-1)|\boldsymbol{k}|}q^{(n-1)\left[\binom{k_1}{2}+\cdots+\binom{k_n}{2}\right]-e_2(k_1,\cdots,k_n)}z^{|\boldsymbol{k}|}\\
&=\frac{(b)_\infty}{(z)_\infty}\sum_{k_1,\cdots,k_m\geqslant 0}\prod_{1\leqslant r<s\leqslant m}\frac{y_r q^{k_r}-y_s q^{k_s}}{y_r-y_s}\prod_{r,s=1}^{m}\left(q\frac{y_r}{y_s}\right)_{k_r}^{-1}\prod_{i=1}^{m}\left[y_i^{mk_i-|\boldsymbol{k}|}\right]\\
&\qquad\times\frac{1}{(azq^{|\boldsymbol{k}|},ab)_\infty}(-1)^{(m-1)|\boldsymbol{k}|}q^{(m-1)\left[\binom{k_1}{2}+\cdots+\binom{k_m}{2}\right]-e_2(k_1,\cdots,k_m)}b^{|\boldsymbol{k}|}. \qquad (5.1.17)
\end{aligned}
$$

注意到

$$
T(cD_q)\left\{\frac{1}{(abq^{|\boldsymbol{k}|},az)_\infty}\right\}=\frac{(abczq^{|\boldsymbol{k}|})_\infty}{(abq^{|\boldsymbol{k}|},az,bcq^{|\boldsymbol{k}|},cz)_\infty}
$$

和

$$
T(cD_q)\left\{\frac{1}{(azq^{|\boldsymbol{k}|},ab)_\infty}\right\}=\frac{(abczq^{|\boldsymbol{k}|})_\infty}{(azq^{|\boldsymbol{k}|},ab,czq^{|\boldsymbol{k}|},bc)_\infty},
$$

在 (5.1.17) 的两边对变量 a, 应用 $T(cD_q)$, 则得到 Euler 变换的 q-模拟的 $U(n+1)\leftrightarrow U(m+1)$ 拓广:

$$
\begin{aligned}
&\sum_{k_1,\cdots,k_n\geqslant 0}\prod_{1\leqslant r<s\leqslant n}\frac{x_r q^{k_r}-x_s q^{k_s}}{x_r-x_s}\prod_{r,s=1}^{n}\left(q\frac{x_r}{x_s};q\right)_{k_r}^{-1}\prod_{i=1}^{n}x_i^{nk_i-(|\boldsymbol{k}|)}\\
&\qquad\times\frac{(ab,bc)_{|\boldsymbol{k}|}}{(abcz)_{|\boldsymbol{k}|}}(-1)^{(n-1)(|\boldsymbol{k}|)}q^{(n-1)\left[\binom{k_1}{2}+\cdots+\binom{k_n}{2}\right]-e_2(k_1,\cdots,k_n)}z^{|\boldsymbol{k}|}
\end{aligned}
$$

$$
= \frac{(b)_\infty}{(z)_\infty} \sum_{k_1,\cdots,k_m \geqslant 0} \prod_{1 \leqslant r < s \leqslant m} \frac{y_r q^{k_r} - y_s q^{k_s}}{y_r - y_s} \prod_{r,s=1}^{m} \left(q \frac{y_r}{y_s}; q \right)_{k_r}^{-1} \prod_{i=1}^{m} y_i^{m k_i - (|\boldsymbol{k}|)}
$$

$$
\times \frac{(az, cz)_{|\boldsymbol{k}|}}{(abcz)_{|\boldsymbol{k}|}} (-1)^{(m-1)|\boldsymbol{k}|} q^{(m-1)\left[\binom{k_1}{2} + \cdots + \binom{k_m}{2}\right] - e_2(k_1,\cdots,k_m)} b^{|\boldsymbol{k}|}, \qquad (5.1.18)
$$

这里 $e_2(y_1,\cdots,y_n)$ 是关于 $\{y_1,\cdots,y_n\}$ 的二阶基本对称函数以及 $0 < |q| < 1$，$|z| < |x_1 \cdots x_n||x_i|^{-n}|q|^{(n-1)/2}$ $(i = 1, 2, \cdots, n)$ 和 $|b| < |y_1 \cdots y_m||x_j|^{-m}|q|^{(m-1)/2}$，对 $j = 1, 2, \cdots, m$.

例5.1.3　重写终止型 $U(n+1)$ q-二项式定理的第一个 $U(n+1)$ 拓广 (3.9.4) 为

$$
(zq^{-|\boldsymbol{N}|})_\infty = \sum_{\substack{0 \leqslant k_i \leqslant N_i, \\ i=1,2,\cdots,n}} \prod_{1 \leqslant r < s \leqslant n} \frac{x_r q^{k_r} - x_s q^{k_s}}{x_r - x_s} \prod_{r,s=1}^{n} \left[\frac{\left(\dfrac{x_r}{x_s} q^{-N_s} \right)_{k_r}}{\left(q \dfrac{x_r}{x_s} \right)_{k_r}} \right] z^{|\boldsymbol{k}|}(z)_\infty.
$$

$$(5.1.19)$$

在上式两边同乘 $(bz, q)_\infty$，则

$$
(zq^{-|\boldsymbol{N}|}, bz)_\infty = \sum_{\substack{0 \leqslant k_i \leqslant N_i, \\ i=1,2,\cdots,n}} \prod_{1 \leqslant r < s \leqslant n} \frac{x_r q^{k_r} - x_s q^{k_s}}{x_r - x_s} \prod_{r,s=1}^{n} \left[\frac{\left(\dfrac{x_r}{x_s} q^{-N_s} \right)_{k_r}}{\left(q \dfrac{x_r}{x_s} \right)_{k_r}} \right] z^{|\boldsymbol{k}|}(z, bz)_\infty.
$$

$$(5.1.20)$$

在 (5.1.20) 两边对变量 z 应用 $E(y\theta)$，通过应用 (5.1.5)，得到下述结果：

$$
\frac{(zq^{-|\boldsymbol{N}|}, yq^{-|\boldsymbol{N}|})_{|\boldsymbol{N}|}}{(byzq^{-|\boldsymbol{N}|}/q)_{|\boldsymbol{N}|}} = \sum_{\substack{0 \leqslant k_i \leqslant N_i, \\ i=1,2,\cdots,n}} \prod_{1 \leqslant r < s \leqslant n} \frac{x_r q^{k_r} - x_s q^{k_s}}{x_r - x_s} \prod_{r,s=1}^{n} \frac{\left(\dfrac{x_r}{x_s} q^{-N_s} \right)_{k_r}}{\left(q \dfrac{x_r}{x_s} \right)_{k_r}}
$$

$$
\times {}_3\phi_2 \left(\begin{matrix} q^{-|\boldsymbol{k}|}, & q/z, & q/bz \\ 0, & q^2/byz \end{matrix}; q, q \right) z^{|\boldsymbol{k}|}, \qquad (5.1.21)
$$

这里 $0 < |q| < 1$，$|z| < 1$ 和 $|\boldsymbol{y}| < 1$.

5.2　Kalnins-Miller 变换公式的 $U(n+1) \leftrightarrow U(m+1)$ 拓广

本节中的 Kalnins-Miller 变换公式的 $U(n+1) \leftrightarrow U(m+1)$ 拓广的结果，当 $n = m$, $y_i \to x_i$ 时，则变为 [82] 中的结论.

定理 5.2.1 (Kalnins-Miller 变换公式的第一个 $U(n+1) \leftrightarrow U(m+1)$ 拓广) 设 N 为非负整数, 则

$$
\sum_{\substack{k_1,k_2,\cdots,k_n \geqslant 0 \\ 0 \leqslant |\boldsymbol{k}| \leqslant N}} \prod_{1 \leqslant r < s \leqslant n} \frac{x_r q^{k_r} - x_s q^{k_s}}{x_r - x_s} \prod_{r,s=1}^{n} \left(q \frac{x_r}{x_s} \right)_{k_r}^{-1} \times \frac{(q^{-N}, bx, dx)_{|\boldsymbol{k}|}}{(cx, bdxy)_{|\boldsymbol{k}|}} \left(cyq^N \right)^{|\boldsymbol{k}|}
$$

$$
= \frac{(cy)_N}{(cx)_N} \sum_{\substack{k_1,k_2,\cdots,k_m \geqslant 0 \\ 0 \leqslant |\boldsymbol{k}| \leqslant N}} \frac{(q^{-N}, by, dy)_{|\boldsymbol{k}|}}{(cy, bdxy)_{|\boldsymbol{k}|}} \left(cxq^N \right)^{|\boldsymbol{k}|}
$$

$$
\times \prod_{1 \leqslant r < s \leqslant m} \frac{y_r q^{k_r} - y_s q^{k_s}}{y_r - y_s} \prod_{r,s=1}^{m} \left(q \frac{y_r}{y_s} \right)_{k_r}^{-1}. \tag{5.2.1}
$$

证明 在 (4.3.8) 里代替 $b \to bx$, $c \to cx$, 则

$$
\frac{(c/b)_N}{(cx)_N} = \sum_{\substack{k_1,k_2,\cdots,k_n \geqslant 0 \\ 0 \leqslant |\boldsymbol{k}| \leqslant N}} \prod_{1 \leqslant r < s \leqslant n} \frac{x_r q^{k_r} - x_s q^{k_s}}{x_r - x_s} \prod_{r,s=1}^{n} \left(q \frac{x_r}{x_s} \right)_{k_r}^{-1}
$$

$$
\times \frac{(q^{-N}, bx)_{|\boldsymbol{k}|}}{(cx)_{|\boldsymbol{k}|}} \left(\frac{c}{b} q^N \right)^{|\boldsymbol{k}|}.
$$

以及再在 (4.3.8) 里代替 $n \to m$, $x_i \to y_i$, $b \to by$, $c \to cy$, 则

$$
\frac{(c/b)_N}{(cy)_N} = \sum_{\substack{k_1,k_2,\cdots,k_m \geqslant 0 \\ 0 \leqslant |\boldsymbol{k}| \leqslant N}} \prod_{1 \leqslant r < s \leqslant m} \frac{y_r q^{k_r} - y_s q^{k_s}}{y_r - y_s} \prod_{r,s=1}^{m} \left(q \frac{y_r}{y_s} \right)_{k_r}^{-1}
$$

$$
\times \frac{(q^{-N}, by)_{|\boldsymbol{k}|}}{(cy)_{|\boldsymbol{k}|}} \left(\frac{c}{b} q^N \right)^{|\boldsymbol{k}|}.
$$

比较上述两个等式, 得到

$$
\sum_{\substack{k_1,k_2,\cdots,k_n \geqslant 0 \\ 0 \leqslant |\boldsymbol{k}| \leqslant N}} \prod_{1 \leqslant r < s \leqslant n} \frac{x_r q^{k_r} - x_s q^{k_s}}{x_r - x_s} \prod_{r,s=1}^{n} \left(q \frac{x_r}{x_s} \right)_{k_r}^{-1} \times \frac{(q^{-N}, bx)_{|\boldsymbol{k}|}}{(cx)_{|\boldsymbol{k}|}} \left(\frac{c}{b} q^N \right)^{|\boldsymbol{k}|}
$$

$$
= \frac{(cy)_N}{(cx)_N} \sum_{\substack{k_1,k_2,\cdots,k_m \geqslant 0 \\ 0 \leqslant |\boldsymbol{k}| \leqslant N}} \prod_{1 \leqslant r < s \leqslant m} \frac{y_r q^{k_r} - y_s q^{k_s}}{y_r - y_s} \prod_{r,s=1}^{m} \left(q \frac{y_r}{y_s} \right)_{k_r}^{-1}
$$

$$
\times \frac{(q^{-N}, by)_{|\boldsymbol{k}|}}{(cy)_{|\boldsymbol{k}|}} \left(\frac{c}{b} q^N \right)^{|\boldsymbol{k}|}.
$$

取 $b \to \dfrac{1}{b}$ 和应用 (1.1.2), 有

$$
\sum_{\substack{k_1,k_2,\cdots,k_n \geqslant 0 \\ 0 \leqslant |\boldsymbol{k}| \leqslant N}} \prod_{1 \leqslant r < s \leqslant n} \frac{x_r q^{k_r} - x_s q^{k_s}}{x_r - x_s} \prod_{r,s=1}^{n} \left(q \frac{x_r}{x_s}; q \right)_{k_r}^{-1}
$$

$$
\times \frac{(q^{-N})_{|\boldsymbol{k}|}}{(cx)_{|\boldsymbol{k}|}} \left(-cxq^{N-1} \right)^{|\boldsymbol{k}|} q^{\binom{|\boldsymbol{k}|+1}{2}} (q^{-|\boldsymbol{k}|+1}b/x, \ qb/y)_{\infty}
$$

$$
= \frac{(cy)_N}{(cx)_N} \sum_{\substack{k_1,k_2,\cdots,k_m \geqslant 0 \\ 0 \leqslant |\boldsymbol{k}| \leqslant N}} \prod_{1 \leqslant r < s \leqslant m} \frac{y_r q^{k_r} - y_s q^{k_s}}{y_r - y_s} \prod_{r,s=1}^{m} \left(q \frac{y_r}{y_s} \right)_{k_r}^{-1}
$$

$$
\times \frac{(q^{-N})_{|\boldsymbol{k}|}}{(cy)_{|\boldsymbol{k}|}} \left(-cyq^{N-1} \right)^{|\boldsymbol{k}|} q^{\binom{|\boldsymbol{k}|+1}{2}} (q^{-|\boldsymbol{k}|+1}b/y, \ qb/x)_{\infty}.
$$

对变量 b 作算子 $E(d\theta)$, 则

$$
\sum_{\substack{k_1,k_2,\cdots,k_n \geqslant 0 \\ 0 \leqslant |\boldsymbol{k}| \leqslant N}} \prod_{1 \leqslant r < s \leqslant n} \frac{x_r q^{k_r} - x_s q^{k_s}}{x_r - x_s} \prod_{r,s=1}^{n} \left(q \frac{x_r}{x_s} \right)_{k_r}^{-1} \frac{(q^{-N})_{|\boldsymbol{k}|}}{(cx)_{|\boldsymbol{k}|}} \left(-cxq^{N-1} \right)^{|\boldsymbol{k}|} q^{\binom{|\boldsymbol{k}|+1}{2}}
$$

$$
\times \frac{(q^{-|\boldsymbol{k}|+1}b/x, \ qb/y, \ q^{-|\boldsymbol{k}|+1}d/x, \ qd/y)_{\infty}}{(q^{-|\boldsymbol{k}|+1}bd/xy)_{\infty}}
$$

$$
= \frac{(cy)_N}{(cx)_N} \sum_{\substack{k_1,k_2,\cdots,k_m \geqslant 0 \\ 0 \leqslant |\boldsymbol{k}| \leqslant N}} \prod_{1 \leqslant r < s \leqslant m} \frac{y_r q^{k_r} - y_s q^{k_s}}{y_r - y_s}
$$

$$
\times \prod_{r,s=1}^{m} \left(q \frac{y_r}{y_s} \right)_{k_r}^{-1} \frac{(q^{-N})_{|\boldsymbol{k}|}}{(cy)_{|\boldsymbol{k}|}} \left(-cyq^{N-1} \right)^{|\boldsymbol{k}|} q^{\binom{|\boldsymbol{k}|+1}{2}}
$$

$$
\times \frac{(q^{-|\boldsymbol{k}|+1}b/y, \ qb/x, \ q^{-|\boldsymbol{k}|+1}d/y, \ qd/x)_{\infty}}{(q^{-|\boldsymbol{k}|+1}bd/xy)_{\infty}}.
$$

化简, 代替 $b \to 1/b$ 和 $d \to 1/d$ 之后, 得到定理. □

对等式 (5.2.1), 改变求和次序, 则

定理 5.2.2 (Kalnins-Miller 变换公式的第二个 $U(n+1) \leftrightarrow U(m+1)$ 拓广) 设 N 为非负整数, 则

$$
\sum_{\substack{k_1,k_2,\cdots,k_n \geqslant 0 \\ 0 \leqslant |\boldsymbol{k}| \leqslant N}} \prod_{1 \leqslant r < s \leqslant n} \frac{x_r q^{k_r} - x_s q^{k_s}}{x_r - x_s} \prod_{r,s=1}^{n} \left(q \frac{x_r}{x_s} \right)_{k_r}^{-1} \prod_{i=1}^{n} \left[x_i^{nk_i - |\boldsymbol{k}|} \right]
$$

$$\times (-1)^{(n-1)|\boldsymbol{k}|} q^{|\boldsymbol{k}|+(n-1)\left[\binom{k_1}{2}+\cdots+\binom{k_n}{2}\right]-e_2(k_1,\cdots,k_n)} \times \frac{(q^{-N}, bx, dx)_{|\boldsymbol{k}|}}{(cx, bdxy)_{|\boldsymbol{k}|}}$$

$$= \left(\frac{x}{y}\right)^N \frac{(cy)_N}{(cx)_N} \sum_{\substack{k_1,k_2,\cdots,k_m \geqslant 0 \\ 0 \leqslant |\boldsymbol{k}| \leqslant N}} \prod_{1 \leqslant r < s \leqslant m} \frac{y_r q^{k_r} - y_s q^{k_s}}{y_r - y_s} \prod_{r,s=1}^{m} \left(q\frac{y_r}{y_s}\right)^{-1}_{k_r} \prod_{i=1}^{m} y_i^{mk_i - |\boldsymbol{k}|}$$

$$\times q^{|\boldsymbol{k}|+(m-1)\left[\binom{k_1}{2}+\cdots+\binom{k_m}{2}\right]-e_2(k_1,\cdots,k_m)} (-1)^{(m-1)|\boldsymbol{k}|} \frac{(q^{-N}, by, dy)_{|\boldsymbol{k}|}}{(cy, bdxy)_{|\boldsymbol{k}|}}, \tag{5.2.2}$$

这里 $e_2(k_1,\cdots,k_n)$ 是关于 $\{k_1,\cdots,k_n\}$ 的二阶基本对称函数.

证明 在 (5.2.1) 中, 取 $q \to 1/q$ 和 $x_i \to 1/x_i$, 对 $i = 1,2,\cdots,n$, 应用 $(c;q^{-1})_k = (-c)^k q^{-\binom{k}{2}}(1/c;q)_k)$, 则

$$\sum_{\substack{k_1,k_2,\cdots,k_n \geqslant 0 \\ 0 \leqslant |\boldsymbol{k}| \leqslant N}} \prod_{1 \leqslant r < s \leqslant n} \frac{x_r q^{k_r} - x_s q^{k_s}}{x_r - x_s} \prod_{r,s=1}^{n} \left(q\frac{x_r}{x_s}\right)^{-1}_{k_r} \prod_{1 \leqslant r < s \leqslant n} q^{k_s - k_r}$$

$$\times \prod_{r,s=1}^{n} (-1)^{k_r} q^{k_r + \binom{k_r}{2}} \prod_{r,s=1}^{n} \left(\frac{x_r}{x_s}\right)^{k_r} q^{-\binom{k_1+\cdots+k_n}{2}} (-1)^{|\boldsymbol{k}|} \frac{(q^{-N}, 1/bx, 1/dx)_{|\boldsymbol{k}|}}{(1/cx, 1/bdxy)_{|\boldsymbol{k}|}}$$

$$= \left(\frac{y}{x}\right)^N \frac{(1/cy)_N}{(1/cx)_N} \sum_{\substack{k_1,k_2,\cdots,k_m \geqslant 0 \\ 0 \leqslant |\boldsymbol{k}| \leqslant N}} \prod_{1 \leqslant r < s \leqslant m} \frac{y_r q^{k_r} - y_s q^{k_s}}{y_r - y_s} \prod_{r,s=1}^{m} \left(q\frac{y_r}{y_s}\right)^{-1}_{k_r}$$

$$\times \prod_{1 \leqslant r < s \leqslant m} q^{k_s - k_r} \prod_{r,s=1}^{m} (-1)^{k_r} q^{k_r + \binom{k_r}{2}} \prod_{r,s=1}^{m} \left(\frac{y_r}{y_s}\right)^{k_r} (-1)^{k_1+\cdots+k_m}$$

$$\times q^{-\binom{|\boldsymbol{k}|}{2}} \frac{(q^{-N}, 1/by, 1/dy)_{|\boldsymbol{k}|}}{(1/cy, 1/bdxy)_{|\boldsymbol{k}|}}. \tag{5.2.3}$$

应用关系 (1.4.32), (1.4.33) 和 (1.4.14), 则

$$\sum_{\substack{k_1,k_2,\cdots,k_n \geqslant 0 \\ 0 \leqslant |\boldsymbol{k}| \leqslant N}} \prod_{1 \leqslant r < s \leqslant n} \frac{x_r q^{k_r} - x_s q^{k_s}}{x_r - x_s} \prod_{r,s=1}^{n} \left(q\frac{x_r}{x_s}\right)^{-1}_{k_r} \prod_{i=1}^{n} x_i^{nk_i - |\boldsymbol{k}|}$$

$$\times (-1)^{(n-1)|\boldsymbol{k}|} q^{|\boldsymbol{k}|+n\left[\binom{k_1}{2}+\cdots+\binom{k_n}{2}\right]-\binom{|\boldsymbol{k}|}{2}} \frac{(q^{-N}, 1/bx, 1/dx)_{|\boldsymbol{k}|}}{(1/cx, 1/bdxy)_{|\boldsymbol{k}|}}$$

$$= \left(\frac{y}{x}\right)^N \frac{(1/cy)_N}{(1/cx)_N} \sum_{\substack{k_1,k_2,\cdots,k_m \geqslant 0 \\ 0 \leqslant |\boldsymbol{k}| \leqslant N}} \prod_{1 \leqslant r < s \leqslant m} \frac{y_r q^{k_r} - y_s q^{k_s}}{y_r - y_s} \prod_{r,s=1}^{m} \left(q\frac{y_r}{y_s}\right)^{-1}_{k_r} \prod_{i=1}^{m} y_i^{mk_i - |\boldsymbol{k}|}$$

$$\times q^{|\boldsymbol{k}|+m\left[\binom{k_1}{2}+\cdots+\binom{k_m}{2}\right]-\binom{|\boldsymbol{k}|}{2}}(-1)^{(m-1)|\boldsymbol{k}|}\frac{(q^{-N},1/by,1/dy)_{|\boldsymbol{k}|}}{(1/cy,1/bdxy)_{|\boldsymbol{k}|}}.$$

作代换 $b \to 1/b,\ c \to 1/c,\ d \to 1/d,\ x \to 1/x$ 和 $y \to 1/y$ 之后, 得到定理. □

从 (4.3.9), 类似定理 5.2.1 的证明, 则得

定理 5.2.3 (Kalnins-Miller 变换公式的第三个 $U(n+1) \leftrightarrow U(m+1)$ 拓广)

$$\sum_{\substack{k_1,k_2,\cdots,k_n \geqslant 0 \\ 0 \leqslant |\boldsymbol{k}| \leqslant N}} \prod_{1 \leqslant r < s \leqslant n} \frac{x_r q^{k_r} - x_s q^{k_s}}{x_r - x_s} \prod_{r,s=1}^{n} \left(q\frac{x_r}{x_s}\right)_{k_r}^{-1} \prod_{i=1}^{n} x_i^{nk_i - |\boldsymbol{k}|}$$

$$\times (-1)^{(n+1)|\boldsymbol{k}|} q^{n\left[\binom{k_1}{2}+\cdots+\binom{k_n}{2}\right]-\binom{|\boldsymbol{k}|}{2}+|\boldsymbol{k}|} \times \frac{(q^{-N},az,abcdq^{N-1})_{|\boldsymbol{k}|}}{(ab,ad)_{|\boldsymbol{k}|}}$$

$$= \left(\frac{a}{c}\right)^N \frac{(bc,cd)_N}{(ab,ad)_N} \sum_{\substack{k_1,k_2,\cdots,k_m \geqslant 0 \\ 0 \leqslant |\boldsymbol{k}| \leqslant N}} \prod_{1 \leqslant r < s \leqslant m} \frac{y_r q^{k_r} - y_s q^{k_s}}{y_r - y_s} \prod_{r,s=1}^{m} \left(q\frac{y_r}{y_s}\right)_{k_r}^{-1} \prod_{i=1}^{m} y_i^{mk_i - |\boldsymbol{k}|}$$

$$\times (-1)^{(m+1)|\boldsymbol{k}|} q^{m\left[\binom{k_1}{2}+\cdots+\binom{k_m}{2}\right]-\binom{|\boldsymbol{k}|}{2}+|\boldsymbol{k}|}\frac{(q^{-N},cz,abcdq^{N-1})_{|\boldsymbol{k}|}}{(bc,cd)_{|\boldsymbol{k}|}}. \tag{5.2.4}$$

通过反演或改变求和次序 (类似定理 5.2.2 的证明), 从等式 (5.2.4) 可得

定理 5.2.4 (Kalnins-Miller 变换公式的第四个 $U(n+1) \leftrightarrow U(m+1)$ 拓广) 设 N 为非负整数, 则

$$\sum_{\substack{k_1,k_2,\cdots,k_n \geqslant 0 \\ 0 \leqslant |\boldsymbol{k}| \leqslant N}} \frac{(q^{-N},az,abcdq^{N-1})_{|\boldsymbol{k}|}}{(ab,ad)_{|\boldsymbol{k}|}} \left(\frac{q}{cz}\right)^{|\boldsymbol{k}|} \prod_{1 \leqslant r < s \leqslant n} \frac{x_r q^{k_r} - x_s q^{k_s}}{x_r - x_s}$$

$$\times \prod_{r,s=1}^{n} \left(q\frac{x_r}{x_s}\right)_{k_r}^{-1}$$

$$= \left(\frac{a}{c}\right)^N \frac{(bc,cd)_N}{(ab,ad)_N} \sum_{\substack{k_1,k_2,\cdots,k_m \geqslant 0 \\ 0 \leqslant |\boldsymbol{k}| \leqslant N}} \prod_{1 \leqslant r < s \leqslant m} \frac{y_r q^{k_r} - y_s q^{k_s}}{y_r - y_s} \prod_{r,s=1}^{m} \left(q\frac{y_r}{y_s}\right)_{k_r}^{-1}$$

$$\times \frac{(q^{-N},cz,abcdq^{N-1})_{|\boldsymbol{k}|}}{(bc,cd)_{|\boldsymbol{k}|}} \left(\frac{q}{az}\right)^{|\boldsymbol{k}|}. \tag{5.2.5}$$

从 (4.3.5), 类似定理 5.2.1 的证明, 则得

定理 5.2.5 (Kalnins-Miller 变换公式的第五个 $U(n+1) \leftrightarrow U(m+1)$ 拓

广) 对 $i = 1, 2, \cdots, n$, 设 N_i 为非负整数以及 $0 < |q| < 1$, 则

$$\sum_{\substack{0 \leqslant k_i \leqslant N_i \\ i=1,2,\cdots,n}} \frac{(bx, dx)_{|\boldsymbol{k}|}}{(cx, bdxy)_{|\boldsymbol{k}|}} \left(cyq^{|\boldsymbol{N}|}\right)^{|\boldsymbol{k}|} \prod_{1 \leqslant r < s \leqslant n} \frac{x_r q^{k_r} - x_s q^{k_s}}{x_r - x_s} \prod_{r,s=1}^{n} \frac{\left(\dfrac{x_r}{x_s} q^{-N_s}\right)_{k_r}}{\left(q \dfrac{x_r}{x_s}\right)_{k_r}}$$

$$= \frac{(cy)_{|\boldsymbol{N}|}}{(cx)_{|\boldsymbol{N}|}} \sum_{\substack{0 \leqslant k_i \leqslant N_i \\ i=1,2,\cdots,m}} \frac{(by, dy)_{|\boldsymbol{k}|}}{(cy, bdxy)_{|\boldsymbol{k}|}} \left(cxq^{|\boldsymbol{N}|}\right)^{|\boldsymbol{k}|}$$

$$\times \prod_{1 \leqslant r < s \leqslant m} \frac{y_r q^{k_r} - y_s q^{k_s}}{y_r - y_s} \prod_{r,s=1}^{m} \frac{\left(\dfrac{y_r}{y_s} q^{-N_s}\right)_{k_r}}{\left(q \dfrac{y_r}{y_s}\right)_{k_r}}. \tag{5.2.6}$$

从 (3.8.16), 类似定理 5.2.1 的证明, 则得

定理 5.2.6 (Kalnins-Miller 变换的第六个 $U(n+1) \leftrightarrow U(m+1)$ 拓广) 设 N 为非负整数以及 $0 < |q| < 1$, 则

$$\sum_{\substack{k_1, k_2, \cdots, k_n \geqslant 0 \\ 0 \leqslant |\boldsymbol{k}| \leqslant N}} \prod_{1 \leqslant r < s \leqslant n} \frac{x_r q^{k_r} - x_s q^{k_s}}{x_r - x_s} \prod_{r,s=1}^{n} \left(q \frac{x_r}{x_s}\right)_{yk_r}^{-1} \prod_{i=1}^{n} x_i^{nk_i - |\boldsymbol{k}|}$$

$$\times q^{(n-1)\left[\binom{k_1}{2} + \cdots + \binom{k_n}{2}\right] - e_2(k_1, \cdots, k_n)} (-1)^{(n-1)|\boldsymbol{k}|} \frac{(q^{-N}, bx, dx)_{|\boldsymbol{k}|}}{(cx, bdxy)_{|\boldsymbol{k}|}} \left(cyq^N\right)^{|\boldsymbol{k}|}$$

$$= \frac{(cy)_N}{(cx)_N} \sum_{\substack{k_1, k_2, \cdots, k_m \geqslant 0 \\ 0 \leqslant |\boldsymbol{k}| \leqslant N}} \prod_{1 \leqslant r < s \leqslant m} \frac{y_r q^{k_r} - y_s q^{k_s}}{y_r - y_s} \prod_{r,s=1}^{m} \left(q \frac{y_r}{y_s}\right)_{k_r}^{-1} \prod_{i=1}^{m} y_i^{mk_i - |\boldsymbol{k}|}$$

$$\times q^{(m-1)\left[\binom{k_1}{2} + \cdots + \binom{k_m}{2}\right] - e_2(k_1, \cdots, k_m)} (-1)^{(m-1)|\boldsymbol{k}|} \frac{(q^{-N}, by, dy)_{|\boldsymbol{k}|}}{(cy, bdxy)_{|\boldsymbol{k}|}} \left(cxq^N\right)^{|\boldsymbol{k}|}, \tag{5.2.7}$$

这里 $e_2(k_1, \cdots, k_n)$ 是关于 $\{k_1, \cdots, k_n\}$ 的二阶基本对称函数.

通过反演或改变求和次序, 从等式 (5.2.7) 可得

定理 5.2.7 (Kalnins-Miller 变换的第七个 $U(n+1) \leftrightarrow U(m+1)$ 拓广) 设 N 为非负整数, 以及 $0 < |q| < 1$, 则

$$\sum_{\substack{k_1, k_2, \cdots, k_n \geqslant 0 \\ 0 \leqslant |\boldsymbol{k}| \leqslant N}} \prod_{1 \leqslant r < s \leqslant n} \frac{x_r q^{k_r} - x_s q^{k_s}}{x_r - x_s} \prod_{r,s=1}^{n} \left(q \frac{x_r}{x_s}\right)_{k_r}^{-1} \times q^{|\boldsymbol{k}|} \frac{(q^{-N}, bx, dx)_{|\boldsymbol{k}|}}{(cx, bdxy)_{|\boldsymbol{k}|}}$$

$$= \left(\frac{x}{y}\right)^N \frac{(cy)_N}{(cx)_N} \sum_{\substack{k_1,k_2,\cdots,k_m \geqslant 0 \\ 0 \leqslant |\boldsymbol{k}| \leqslant N}} \prod_{1 \leqslant r < s \leqslant m} \frac{y_r q^{k_r} - y_s q^{k_s}}{y_r - y_s}$$

$$\times \prod_{r,s=1}^m \left(q\frac{y_r}{y_s}\right)_{k_r}^{-1} \frac{(q^{-N}, by, dy)_{|\boldsymbol{k}|}}{(cy, bdxy)_{|\boldsymbol{k}|}} q^{|\boldsymbol{k}|}. \tag{5.2.8}$$

从 (3.8.17), 类似定理 5.2.1 的证明, 则得

定理 5.2.8 (Kalnins-Miller 变换的第八个 $U(n+1) \leftrightarrow U(m+1)$ 拓广)　设 N 为非负整数, 以及 $0 < |q| < 1$, 则

$$\sum_{\substack{k_1,k_2,\cdots,k_n \geqslant 0 \\ 0 \leqslant |\boldsymbol{k}| \leqslant N}} \prod_{1 \leqslant r < s \leqslant n} \frac{x_r q^{k_r} - x_s q^{k_s}}{x_r - x_s} \prod_{r,s=1}^n \left(q\frac{x_r}{x_s}\right)_{k_r}^{-1} \times q^{|\boldsymbol{k}|} \frac{(q^{-N}, bx, cdxyq^{N-1})_{|\boldsymbol{k}|}}{(cx, dx)_{|\boldsymbol{k}|}}$$

$$= \left(\frac{x}{y}\right)^N \frac{(cy, dy)_N}{(cx, dx)_N} \sum_{\substack{k_1,k_2,\cdots,k_m \geqslant 0 \\ 0 \leqslant |\boldsymbol{k}| \leqslant N}} \prod_{1 \leqslant r < s \leqslant m} \frac{y_r q^{k_r} - y_s q^{k_s}}{y_r - y_s}$$

$$\times \prod_{r,s=1}^m \left(q\frac{y_r}{y_s}\right)_{k_r}^{-1} \times q^{|\boldsymbol{k}|} \frac{(q^{-N}, by, cdxyq^{N-1})_{|\boldsymbol{k}|}}{(cy, dy)_{|\boldsymbol{k}|}}. \tag{5.2.9}$$

通过反演或改变求和次序, 由等式 (5.2.9) 可得

定理 5.2.9 (Kalnins-Miller 变换的第九个 $U(n+1) \leftrightarrow U(m+1)$ 拓广)　设 N 为非负整数, 以及 $0 < |q| < 1$, 则

$$\sum_{\substack{k_1,k_2,\cdots,k_n \geqslant 0 \\ 0 \leqslant |\boldsymbol{k}| \leqslant N}} \prod_{1 \leqslant r < s \leqslant n} \frac{x_r q^{k_r} - x_s q^{k_s}}{x_r - x_s} \prod_{r,s=1}^n \left(q\frac{x_r}{x_s}\right)_{k_r}^{-1} \prod_{i=1}^n x_i^{nk_i - |\boldsymbol{k}|}$$

$$\times q^{(n-1)\left[\binom{k_1}{2}+\cdots+\binom{k_n}{2}\right] - e_2(k_1,\cdots,k_n)} (-1)^{(n-1)|\boldsymbol{k}|} \frac{(q^{-N}, bx, cdxyq^{N-1})_{|\boldsymbol{k}|}}{(cx, dx)_{|\boldsymbol{k}|}} \left(\frac{q}{by}\right)^{|\boldsymbol{k}|}$$

$$= \left(\frac{x}{y}\right)^N \frac{(cy, dy)_N}{(cx, dx)_N} \sum_{\substack{k_1,k_2,\cdots,k_m \geqslant 0 \\ 0 \leqslant |\boldsymbol{k}| \leqslant N}} \prod_{1 \leqslant r < s \leqslant m} \frac{y_r q^{k_r} - y_s q^{k_s}}{y_r - y_s} \prod_{r,s=1}^m \left(q\frac{y_r}{y_s}\right)_{k_r}^{-1} \prod_{i=1}^m x_i^{mk_i - |\boldsymbol{k}|}$$

$$\times q^{(m-1)\left[\binom{k_1}{2}+\cdots+\binom{k_m}{2}\right] - e_2(k_1,\cdots,k_m)} (-1)^{(m-1)(|\boldsymbol{k}|)} \frac{(q^{-N}, by, cdxyq^{N-1})_{|\boldsymbol{k}|}}{(cy, dy)_{|\boldsymbol{k}|}} \left(\frac{q}{bx}\right)^{|\boldsymbol{k}|}, \tag{5.2.10}$$

这里 $e_2(k_1,\cdots,k_n)$ 是关于 $\{k_1,\cdots,k_n\}$ 的二阶基本对称函数.

类似定理 5.2.1 的证明, 可以得到下述相应结果, 具体证明过程见 [82].

从 (3.8.1), 则得

定理 5.2.10 (Kalnins-Miller 变换公式的第一个 $U(n+1)$ 拓广)   对 $i = 1, 2, \cdots, n$, 设 N_i 为非负整数以及 $0 < |q| < 1$, 则

$$
\sum_{\substack{0 \leqslant k_i \leqslant N_i \\ i=1,2,\cdots,n}} \frac{(bx, dx)_{|\boldsymbol{k}|}}{(bdxy)_{|\boldsymbol{k}|}} q^{|\boldsymbol{k}|} \prod_{1 \leqslant r < s \leqslant n} \frac{x_r q^{k_r} - x_s q^{k_s}}{x_r - x_s} \prod_{r,s=1}^{n} \frac{\left(\dfrac{x_r}{x_s} q^{-N_s}\right)_{k_r}}{\left(q \dfrac{x_r}{x_s}\right)_{k_r}} \prod_{i=1}^{n} \frac{1}{(cxx_i)_{k_i}}
$$

$$
= \left(\frac{x}{y}\right)^{|\boldsymbol{N}|} \prod_{i=1}^{n} \frac{(cyx_i)_{N_i}}{(cxx_i)_{N_i}} \sum_{\substack{0 \leqslant k_i \leqslant N_i \\ i=1,2,\cdots,n}} \frac{(by, dy)_{|\boldsymbol{k}|}}{(bdxy)_{|\boldsymbol{k}|}} q^{|\boldsymbol{k}|}
$$

$$
\times \prod_{1 \leqslant r < s \leqslant n} \frac{x_r q^{k_r} - x_s q^{k_s}}{x_r - x_s} \prod_{r,s=1}^{n} \frac{\left(\dfrac{x_r}{x_s} q^{-N_s}\right)_{k_r}}{\left(q \dfrac{x_r}{x_s}\right)_{k_r}} \prod_{i=1}^{n} \frac{1}{(cyx_i)_{k_i}}. \tag{5.2.11}
$$

从 (3.8.2), 则得

定理 5.2.11 (Kalnins-Miller 变换公式的第二个 $U(n+1)$ 拓广)   对 $i = 1, 2, \cdots, n$, 设 N_i 为非负整数以及 $0 < |q| < 1$, 则

$$
\sum_{\substack{0 \leqslant k_i \leqslant N_i \\ i=1,2,\cdots,n}} \frac{(bx, dx)_{|\boldsymbol{k}|}}{(bdxy)_{|\boldsymbol{k}|}} q^{-e_2(k_1,\cdots,k_n)} \left(cyq^{|\boldsymbol{N}|}\right)^{|\boldsymbol{k}|} \prod_{1 \leqslant r < s \leqslant n} \frac{x_r q^{k_r} - x_s q^{k_s}}{x_r - x_s}
$$

$$
\times \prod_{r,s=1}^{n} \frac{\left(\dfrac{x_r}{x_s} q^{-N_s}\right)_{k_r}}{\left(q \dfrac{x_r}{x_s}\right)_{k_r}} \prod_{i=1}^{n} \frac{x_i^{k_i}}{(cxx_i)_{k_i}}
$$

$$
= \prod_{i=1}^{n} \frac{(cyx_i)_{N_i}}{(cxx_i)_{N_i}} \sum_{\substack{0 \leqslant k_i \leqslant N_i \\ i=1,2,\cdots,n}} \frac{(by, dy)_{|\boldsymbol{k}|}}{(bdxy)_{|\boldsymbol{k}|}} q^{-e_2(k_1,\cdots,k_n)} \left(cxq^{|\boldsymbol{N}|}\right)^{|\boldsymbol{k}|}
$$

$$
\times \prod_{1 \leqslant r < s \leqslant n} \frac{x_r q^{k_r} - x_s q^{k_s}}{x_r - x_s} \prod_{r,s=1}^{n} \frac{\left(\dfrac{x_r}{x_s} q^{-N_s}\right)_{k_r}}{\left(q \dfrac{x_r}{x_s}\right)_{k_r}} \prod_{i=1}^{n} \frac{x_i^{k_i}}{(cyx_i)_{k_i}}. \tag{5.2.12}
$$

从 (3.8.10), 则得

定理 5.2.12 (Kalnins-Miller 变换公式的第三个 $U(n+1)$ 拓广)　对 $i = 1, 2, \cdots, n$, 设 N_i 为非负整数以及 $0 < |q| < 1$, 则

$$
\sum_{\substack{0 \leqslant k_i \leqslant N_i \\ i=1,2,\cdots,n}} \frac{(cdxyq^{|\boldsymbol{N}|-1})_{|\boldsymbol{k}|}}{(cx, dx)_{|\boldsymbol{k}|}} q^{|\boldsymbol{k}|} \prod_{1 \leqslant r < s \leqslant n} \frac{x_r q^{k_r} - x_s q^{k_s}}{x_r - x_s}
$$

$$
\times \prod_{r,s=1}^{n} \frac{\left(\dfrac{x_r}{x_s} q^{-N_s}\right)_{k_r}}{\left(q\dfrac{x_r}{x_s}\right)_{k_r}} \prod_{i=1}^{n} (bxq^{|\boldsymbol{k}|-k_i}/x_i)_{k_i}
$$

$$
= \left(\frac{x}{y}\right)^{\boldsymbol{N}} \frac{(cy, dy)_{\boldsymbol{N}}}{(cx, dx)_{\boldsymbol{N}}} \sum_{\substack{0 \leqslant k_i \leqslant N_i \\ i=1,2,\cdots,n}} \frac{(cdxyq^{|\boldsymbol{N}|-1})_{|\boldsymbol{k}|}}{(cy, dy)_{|\boldsymbol{k}|}} q^{|\boldsymbol{k}|} \prod_{1 \leqslant r < s \leqslant n} \frac{x_r q^{k_r} - x_s q^{k_s}}{x_r - x_s}
$$

$$
\times \prod_{r,s=1}^{n} \frac{\left(\dfrac{x_r}{x_s} q^{-N_s}\right)_{k_r}}{\left(q\dfrac{x_r}{x_s}\right)_{k_r}} \prod_{i=1}^{n} (byq^{|\boldsymbol{k}|-k_i}/x_i)_{k_i}. \tag{5.2.13}
$$

从 (3.8.11), 则得

定理 5.2.13 (Kalnins-Miller 变换公式的第四个 $U(n+1)$ 拓广)　对 $i = 1, 2, \cdots, n$, 设 N_i 为非负整数以及 $0 < |q| < 1$, 则

$$
\sum_{\substack{0 \leqslant k_i \leqslant N_i \\ i=1,2,\cdots,n}} \frac{(cdxyq^{|\boldsymbol{N}|-1})_{|\boldsymbol{k}|}}{(cx, dx)_{|\boldsymbol{k}|}} \left(\frac{q}{by}\right)^{|\boldsymbol{k}|} q^{e_2(k_1,\cdots,y_n)} \prod_{1 \leqslant r < s \leqslant n} \frac{x_r q^{k_r} - x_s q^{k_s}}{x_r - x_s}
$$

$$
\times \prod_{r,s=1}^{n} \frac{\left(\dfrac{x_r}{x_s} q^{-N_s}\right)_{k_r}}{\left(q\dfrac{x_r}{x_s}\right)_{k_r}} \prod_{i=1}^{n} (bxq^{|\boldsymbol{k}|-k_i}/x_i)_{k_i} \prod_{i=1}^{n} x_i^{k_i}
$$

$$
= \left(\frac{x}{y}\right)^{\boldsymbol{N}} \frac{(cy, dy)_{\boldsymbol{N}}}{(cx, dx)_{\boldsymbol{N}}} \sum_{\substack{0 \leqslant k_i \leqslant N_i \\ i=1,2,\cdots,n}} \frac{(cdxyq^{|\boldsymbol{N}|-1})_{|\boldsymbol{k}|}}{(cy, dy)_{|\boldsymbol{k}|}} \left(\frac{q}{bx}\right)^{|\boldsymbol{k}|} q^{e_2(k_1,\cdots,y_n)}
$$

$$
\times \prod_{1 \leqslant r < s \leqslant n} \frac{x_r q^{k_r} - x_s q^{k_s}}{x_r - x_s} \prod_{r,s=1}^{n} \frac{\left(\dfrac{x_r}{x_s} q^{-N_s}\right)_{k_r}}{\left(q\dfrac{x_r}{x_s}\right)_{k_r}} \prod_{i=1}^{n} (byq^{|\boldsymbol{k}|-k_i}/x_i)_{k_i} \prod_{i=1}^{n} x_i^{k_i}. \tag{5.2.14}
$$

从 (3.8.12), 则得

定理 5.2.14 (Kalnins-Miller 变换公式的五个 $U(n+1)$ 拓广) 对 $i = 1, 2, \cdots, n$, 设 N_i 为非负整数以及 $0 < |q| < 1$, 则

$$
\sum_{\substack{0 \leqslant k_i \leqslant N_i \\ i=1,2,\cdots,n}} \frac{(cdxyq^{|\boldsymbol{N}|-1})_{|\boldsymbol{k}|}}{(cx, dx)_{|\boldsymbol{k}|}} q^{|\boldsymbol{k}|} \prod_{1 \leqslant r < s \leqslant n} \frac{x_r q^{k_r} - x_s q^{k_s}}{x_r - x_s}
$$

$$
\times \prod_{r,s=1}^{n} \frac{\left(\dfrac{x_r}{x_s} q^{-N_s}\right)_{k_r}}{\left(q \dfrac{x_r}{x_s}\right)_{k_r}} \prod_{i=1}^{n} (bxx_i)_{k_i}
$$

$$
= \left(\frac{x}{y}\right)^{\boldsymbol{N}} \frac{(cy, dy)_{\boldsymbol{N}}}{(cx, dx)_{\boldsymbol{N}}} \sum_{\substack{0 \leqslant k_i \leqslant N_i \\ i=1,2,\cdots,n}} \frac{(cdxyq^{|\boldsymbol{N}|-1})_{|\boldsymbol{k}|}}{(cy, dy)_{|\boldsymbol{k}|}} q^{|\boldsymbol{k}|}
$$

$$
\times \prod_{1 \leqslant r < s \leqslant n} \frac{x_r q^{k_r} - x_s q^{k_s}}{x_r - x_s} \prod_{r,s=1}^{n} \frac{\left(\dfrac{x_r}{x_s} q^{-N_s}\right)_{k_r}}{\left(q \dfrac{x_r}{x_s}\right)_{k_r}} \prod_{i=1}^{n} (byx_i)_{k_i}. \tag{5.2.15}
$$

从 (3.8.13), 则得

定理 5.2.15 (Kalnins-Miller 变换公式的第六个 $U(n+1)$ 拓广) 对 $i = 1, 2, \cdots, n$, 设 N_i 为非负整数以及 $0 < |q| < 1$, 则

$$
\sum_{\substack{0 \leqslant k_i \leqslant N_i \\ i=1,2,\cdots,n}} \frac{(cdxyq^{|\boldsymbol{N}|-1})_{|\boldsymbol{k}|}}{(cx, dx)_{|\boldsymbol{k}|}} \left(\frac{q}{by}\right)^{|\boldsymbol{k}|} q^{e_2(k_1,\cdots,k_n)} \prod_{1 \leqslant r < s \leqslant n} \frac{x_r q^{k_r} - x_s q^{k_s}}{x_r - x_s}
$$

$$
\times \prod_{r,s=1}^{n} \frac{\left(\dfrac{x_r}{x_s} q^{-N_s}\right)_{k_r}}{\left(q \dfrac{x_r}{x_s}\right)_{k_r}} \prod_{i=1}^{n} \frac{(bxx_i)_{k_i}}{x_i^{k_i}}
$$

$$
= \left(\frac{x}{y}\right)^{\boldsymbol{N}} \frac{(cy, dy)_{\boldsymbol{N}}}{(cx, dx)_{\boldsymbol{N}}} \sum_{\substack{0 \leqslant k_i \leqslant N_i \\ i=1,2,\cdots,n}} \frac{(cdxyq^{|\boldsymbol{N}|-1})_{|\boldsymbol{k}|}}{(cy, dy)_{|\boldsymbol{k}|}} \left(\frac{q}{bx}\right)^{|\boldsymbol{k}|} q^{e_2(k_1,\cdots,k_n)}
$$

$$
\times \prod_{1 \leqslant r < s \leqslant n} \frac{x_r q^{k_r} - x_s q^{k_s}}{x_r - x_s} \prod_{r,s=1}^{n} \frac{\left(\dfrac{x_r}{x_s} q^{-N_s}\right)_{k_r}}{\left(q \dfrac{x_r}{x_s}\right)_{k_r}} \prod_{i=1}^{n} \frac{(byx_i)_{k_i}}{x_i^{k_i}}. \tag{5.2.16}
$$

从 (3.8.14), 则得

定理 **5.2.16** (Kalnins-Miller 变换公式的第七个 $U(n+1)$ 拓广)　对 $i = 1, 2, \cdots, n$, 设 N_i 为非负整数以及 $0 < |q| < 1$, 则

$$\sum_{\substack{0 \leqslant k_i \leqslant N_i \\ i=1,2,\cdots,n}} \frac{(bx, dx)_{|\boldsymbol{k}|}}{(bdxy)_{|\boldsymbol{k}|}} q^{|\boldsymbol{k}|} \prod_{1 \leqslant r < s \leqslant n} \frac{x_r q^{k_r} - x_s q^{k_s}}{x_r - x_s}$$

$$\times \prod_{r,s=1}^{n} \frac{\left(\dfrac{x_r}{x_s} q^{-N_s}\right)_{k_r}}{\left(q \dfrac{x_r}{x_s}\right)_{k_r}} \prod_{i=1}^{n} \frac{(cxq^{N_n - N_i + |\boldsymbol{k}| - k_i}/x_i)_{N_i}}{(cxq^{N_n - N_i + |\boldsymbol{k}| - k_i}/x_i)_{k_i}}$$

$$= \left(\frac{x}{y}\right)^{\boldsymbol{N}} \sum_{\substack{0 \leqslant k_i \leqslant N_i \\ i=1,2,\cdots,n}} \frac{(by, dy)_{|\boldsymbol{k}|}}{(bdxy)_{|\boldsymbol{k}|}} q^{|\boldsymbol{k}|} \prod_{1 \leqslant r < s \leqslant n} \frac{x_r q^{k_r} - x_s q^{k_s}}{x_r - x_s}$$

$$\times \prod_{r,s=1}^{n} \frac{\left(\dfrac{x_r}{x_s} q^{-N_s}\right)_{k_r}}{\left(q \dfrac{x_r}{x_s}\right)_{k_r}} \prod_{i=1}^{n} \frac{(cyq^{N_n - N_i + |\boldsymbol{k}| - k_i}/x_i)_{N_i}}{(cyq^{N_n - N_i + |\boldsymbol{k}| - k_i}/x_i)_{k_i}}. \tag{5.2.17}$$

从 (3.8.15), 则得

定理 **5.2.17** (Kalnins-Miller 变换公式的第八个 $U(n+1)$ 拓广)　对 $i = 1, 2, \cdots, n$, 设 N_i 为非负整数以及 $0 < |q| < 1$, 则

$$\sum_{\substack{0 \leqslant k_i \leqslant N_i \\ i=1,2,\cdots,n}} \frac{(bx, dx)_{|\boldsymbol{k}|}}{(bdxy)_{|\boldsymbol{k}|}} (cyq^{N_n})^{|\boldsymbol{k}|} q^{e_2(k_1,\cdots,k_n)} \prod_{1 \leqslant r < s \leqslant n} \frac{x_r q^{k_r} - x_s q^{k_s}}{x_r - x_s}$$

$$\times \prod_{r,s=1}^{n} \frac{\left(\dfrac{x_r}{x_s} q^{-N_s}\right)_{k_r}}{\left(q \dfrac{x_r}{x_s}\right)_{k_r}} \prod_{i=1}^{n} \frac{(cxq^{N_n - N_i + |\boldsymbol{k}| - k_i}/x_i)_{N_i}}{(cxq^{N_n - N_i + |\boldsymbol{k}| - k_i}/x_i)_{k_i}} \prod_{i=1}^{n} \frac{1}{x_i^{k_i}}$$

$$= \sum_{\substack{0 \leqslant k_i \leqslant N_i \\ i=1,2,\cdots,n}} \frac{(by, dy)_{|\boldsymbol{k}|}}{(bdxy)_{|\boldsymbol{k}|}} (cyq^{N_n})^{|\boldsymbol{k}|} q^{e_2(k_1,\cdots,k_n)} \prod_{1 \leqslant r < s \leqslant n} \frac{x_r q^{k_r} - x_s q^{k_s}}{x_r - x_s}$$

$$\times \prod_{r,s=1}^{n} \frac{\left(\dfrac{x_r}{x_s} q^{-N_s}\right)_{k_r}}{\left(q \dfrac{x_r}{x_s}\right)_{k_r}} \prod_{i=1}^{n} \frac{(cyq^{N_n - N_i + |\boldsymbol{k}| - k_i}/x_i)_{N_i}}{(cxq^{N_n - N_i + |\boldsymbol{k}| - k_i}/x_i)_{k_i}} \prod_{i=1}^{n} \frac{1}{x_i^{k_i}}. \tag{5.2.18}$$

5.3 Sears $_4\phi_3$ 变换公式的 $U(n+1) \leftrightarrow U(m+1)$ 拓广

下面我们给出经典的 Sears $_4\phi_3$ 变换公式 (1.3.19) 的几个 $U(n+1)$ 拓广.

定理 5.3.1 (Sears $_4\phi_3$ 变换公式的第一个 $U(n+1) \leftrightarrow U(m+1)$ 拓广) 设 N 为非负整数, 则

$$
\sum_{\substack{k_1,k_2,\cdots,k_n\geqslant 0 \\ 0\leqslant|\boldsymbol{k}|\leqslant N}} q^{|\boldsymbol{k}|} \frac{(q^{-N},bx,dx,cexyq^{N-1})_{|\boldsymbol{k}|}}{(cx,ex,bdxy)_{|\boldsymbol{k}|}} \prod_{1\leqslant r<s\leqslant n} \frac{x_r q^{k_r} - x_s q^{k_s}}{x_r - x_s} \prod_{r,s=1}^{n} \left(q\frac{x_r}{x_s}\right)_{k_r}^{-1}
$$

$$
= \left(\frac{x}{y}\right)^N \frac{(cy,ey)_N}{(cx,ex)_N} \sum_{\substack{k_1,k_2,\cdots,k_m\geqslant 0 \\ 0\leqslant|\boldsymbol{k}|\leqslant N}} q^{|\boldsymbol{k}|} \frac{(q^{-N},by,dy,cexyq^{N-1})_{|\boldsymbol{k}|}}{(cy,,ey,bdxy)_{|\boldsymbol{k}|}}
$$

$$
\times \prod_{1\leqslant r<s\leqslant m} \frac{y_r q^{k_r} - y_s q^{k_s}}{y_r - y_s} \prod_{r,s=1}^{m} \left(q\frac{y_r}{y_s}\right)_{k_r}^{-1}. \tag{5.3.1}
$$

证明 在 (5.2.1) 中, 取 $c \to 1/c$, 整理, 则得

$$
\sum_{\substack{k_1,k_2,\cdots,k_n\geqslant 0 \\ 0\leqslant|\boldsymbol{k}|\leqslant N}} \prod_{1\leqslant r<s\leqslant n} \frac{x_r q^{k_r} - x_s q^{k_s}}{x_r - x_s} \prod_{r,s=1}^{n} \left(q\frac{x_r}{x_s}\right)_{k_r}^{-1}
$$

$$
\times \frac{(q^{-N},bx,dx)_{|\boldsymbol{k}|}}{(bdxy)_{|\boldsymbol{k}|}} q^{-\binom{|\boldsymbol{k}|}{2}} \left(-\frac{k}{x}q^{N+1}\right)^{|\boldsymbol{k}|} \frac{1}{(q^{1-|\boldsymbol{k}|}c/y, q^{1-N}c/x)_{\infty}}
$$

$$
= \left(\frac{y}{x}\right)^N \sum_{\substack{k_1,k_2,\cdots,k_m\geqslant 0 \\ 0\leqslant|\boldsymbol{k}|\leqslant N}} \prod_{1\leqslant r<s\leqslant m} \frac{y_r q^{k_r} - y_s q^{k_s}}{y_r - y_s} \prod_{r,s=1}^{m} \left(q\frac{y_r}{y_s}\right)_{k_r}^{-1}
$$

$$
\times \frac{(q^{-N},by,dy)_{|\boldsymbol{k}|}}{(bdxy)_{|\boldsymbol{k}|}} q^{-\binom{|\boldsymbol{k}|}{2}} \left(-\frac{x}{y}q^{N+1}\right)^{|\boldsymbol{k}|} \frac{1}{(q^{1-|\boldsymbol{k}|}c/x, q^{1-N}c/y)_{\infty}}.
$$

对变量 c 进行算子运算 $T(eD_q)$, 则得

$$
\sum_{\substack{k_1,k_2,\cdots,k_n\geqslant 0 \\ 0\leqslant|\boldsymbol{k}|\leqslant N}} \prod_{1\leqslant r<s\leqslant n} \frac{x_r q^{k_r} - x_s q^{k_s}}{x_r - x_s} \prod_{r,s=1}^{n} \left(q\frac{x_r}{x_s}\right)_{k_r}^{-1}
$$

$$
\times \frac{(q^{-N},bx,dx)_{|\boldsymbol{k}|}}{(bdxy)_{|\boldsymbol{k}|}} q^{-\binom{|\boldsymbol{k}|}{2}} \left(-\frac{y}{x}q^{N+1}\right)^{|\boldsymbol{k}|}
$$

$$
\times \frac{(q^{2-|\boldsymbol{k}|-N}ce/xy)_{\infty}}{(q^{1-|\boldsymbol{k}|}c/y, q^{1-N}c/x, q^{1-|\boldsymbol{k}|}e/y, q^{1-N}e/x)_{\infty}}
$$

$$= \left(\frac{y}{x}\right)^N \sum_{\substack{k_1,k_2,\cdots,k_m \geqslant 0 \\ 0 \leqslant |\boldsymbol{k}| \leqslant N}} \prod_{1 \leqslant r < s \leqslant m} \frac{y_r q^{k_r} - y_s q^{k_s}}{y_r - y_s} \prod_{r,s=1}^m \left(q\frac{y_r}{y_s}\right)_{k_r}^{-1}$$

$$\times \frac{(q^{-N}, by, dy)_{|\boldsymbol{k}|}}{(bdxy)_{|\boldsymbol{k}|}} q^{-\binom{|\boldsymbol{k}|}{2}} \left(-\frac{x}{y} q^{N+1}\right)^{|\boldsymbol{k}|}$$

$$\times \frac{(q^{2-|\boldsymbol{k}|-N} ce/xy; q)_\infty}{(q^{1-|\boldsymbol{k}|} c/x, q^{1-N} c/y, q^{1-|\boldsymbol{k}|} e/x, q^{1-N} e/y; q)_\infty}.$$

应用 (1.1.2), 化简, 作替换 $c \to 1/c$ 和 $e \to 1/e$ 之后, 定理得证. □

定理 5.3.2 (Sears $_4\phi_3$ 变换公式的第二个 $U(n+1) \leftrightarrow U(m+1)$ 拓广)　设 N 为非负整数, 则

$$\sum_{k_1,\cdots,k_n \geqslant 0} \prod_{1 \leqslant r < s \leqslant n} \frac{x_r q^{k_r} - x_s q^{k_s}}{x_r - x_s} \prod_{r,s=1}^n \left(q\frac{x_r}{x_s}\right)_{k_r}^{-1} \prod_{i=1}^n x_i^{nk_i - |\boldsymbol{k}|}$$

$$\times (-1)^{(n-1)|\boldsymbol{k}|} q^{|\boldsymbol{k}| + (n-1)\left[\binom{k_1}{2} + \cdots + \binom{k_n}{2}\right] - e_2(k_1,\cdots,k_n)} \frac{(q^{-N}, bx, dx, cexyq^{N-1})_{|\boldsymbol{k}|}}{(cx, ex, bdxy)_{|\boldsymbol{k}|}}$$

$$= \left(\frac{x}{y}\right)^N \frac{(cy, ey)_N}{(cx, ex)_N} \sum_{k_1,\cdots,k_m \geqslant 0} \prod_{1 \leqslant r < s \leqslant m} \frac{y_r q^{k_r} - y_s q^{k_s}}{y_r - y_s} \prod_{r,s=1}^m \left(q\frac{y_r}{y_s}\right)_{k_r}^{-1} \prod_{i=1}^m x_i^{mk_i - |\boldsymbol{k}|}$$

$$\times q^{|\boldsymbol{k}| + (m-1)\left[\binom{k_1}{2} + \cdots + \binom{k_m}{2}\right] - e_2(k_1,\cdots,k_m)} (-1)^{(m-1)|\boldsymbol{k}|} \frac{(q^{-N}, by, dy, cexyq^{N-1})_{|\boldsymbol{k}|}}{(cy, ey, bdxy)_{|\boldsymbol{k}|}},$$

$$(5.3.2)$$

这里 $e_2(k_1,\cdots,k_n)$ 是关于 $\{k_1,\cdots,k_n\}$ 的二阶基本对称函数.

证明　类似于定理 5.3.1 的证明. 对等式 (5.2.2) 两边的变量 c 进行算子运算 $E(e\theta)$. 或者对等式 (5.2.4) 两边的变量 b 进行算子运算 $T(eD_q)$.　□

定理 5.3.3 (Sears $_4\phi_3$ 变换公式的第三个 $U(n+1) \leftrightarrow U(m+1)$ 拓广)　设 N 为非负整数, 以及 $0 < |q| < 1$, 则

$$\sum_{k_1,\cdots,k_n \geqslant 0} q^{|\boldsymbol{k}|} \frac{(bx, dx, cexyq^{|\boldsymbol{N}|-1})_{|\boldsymbol{k}|}}{(cx, ex, bdxy)_{|\boldsymbol{k}|}} \prod_{1 \leqslant r < s \leqslant n} \frac{x_r q^{k_r} - x_s q^{k_s}}{x_r - x_s} \prod_{r,s=1}^n \frac{\left(\frac{x_r}{x_s} q^{-N_s}\right)_{k_r}}{\left(q\frac{x_r}{x_s}\right)_{k_r}}$$

$$= \left(\frac{x}{y}\right)^{|\boldsymbol{N}|} \frac{(cy, ey)_{|\boldsymbol{N}|}}{(cx, ex)_{|\boldsymbol{N}|}} \sum_{k_1,\cdots,k_m \geqslant 0} \prod_{1 \leqslant r < s \leqslant m} \frac{y_r q^{k_r} - y_s q^{k_s}}{y_r - y_s} \prod_{r,s=1}^m \frac{\left(\frac{y_r}{y_s} q^{-N_s}\right)_{k_r}}{\left(q\frac{y_r}{y_s}\right)_{k_r}}$$

$$\times q^{|\boldsymbol{k}|} \frac{(by, dy, cexyq^{|\boldsymbol{N}|-1})_{|\boldsymbol{k}|}}{(cy, ey, bdxy)_{|\boldsymbol{k}|}}. \tag{5.3.3}$$

证明 类似于定理 5.3.1 的证明. 对等式 (5.2.6) 两边的变量 c 进行算子运算 $E(e\theta)$. □

5.4 涉及 Rogers-Szegö 多项式的多变量基本超几何级数

Rogers-Szegö 多项式在正交多项式理论, 特别是在 Askey-Wilson 积分的研究方面起着十分重要的作用 [83-92].

Rogers-Szegö 多项式定义为

$$h_n(x|q) = \sum_{k=0}^{n} \begin{bmatrix} n \\ k \end{bmatrix} x^k. \tag{5.4.1}$$

q-移位阶乘的齐次形式, 也被称为 Cauchy 多项式, 定义为

$$P_n(x, y) = (x - y)(x - qy) \cdots (x - q^{n-1}y).$$

双变量 Rogers-Szego 多项式 $h_n(x, y|q)$ 定义为 [81, 第 667 页]

$$H_n(x, y|q) = \sum_{k=0}^{n} \begin{bmatrix} n \\ k \end{bmatrix} P_k(x, y),$$

被引进. 经典的 Rogers-Szego 多项式 $h_n(x|q)$ 是 $H_n(x, y|q)$ 当 $y \to 0$ 时的特殊情形. 由 (5.1.8), 有

$$T(dD_q) \left\{ \frac{a^n}{(at)_\infty} \right\} = \frac{a^n}{(at, dt)_\infty} H_n \left(\frac{d}{a}, dt \middle| q \right). \tag{5.4.2}$$

以及对齐次 q-指数差分算子 $\mathbb{E}(D_{xy})$, 有 [81]

$$\mathbb{E}(D_{xy}) \{P_n(x, y)\} = H_n(x, y|q). \tag{5.4.3}$$

对经典的 Rogers-Szego 多项式 $h_n(x|q)$, 有 Mehler 公式:

$$\sum_{n=0}^{\infty} h_n(x|q) h_n(s|q) \frac{z^n}{(q; q)_n} = \frac{(sxz^2; q)_\infty}{(z, zx, szx, sz; q)_\infty} \tag{5.4.4}$$

和 Rogers 公式:

$$\sum_{n=0}^{\infty} \sum_{m=0}^{\infty} h_{n+m}(x|q) \frac{t^n}{(q; q)_n} \frac{s^m}{(q; q)_m}$$

$$= (xst;q)_\infty \sum_{n=0}^\infty \sum_{m=0}^\infty h_n(x|q)h_m(x|q)\frac{t^n}{(q;q)_n}\frac{s^m}{(q;q)_m}. \tag{5.4.5}$$

这两个公式 (5.4.4) 和 (5.4.5) 被拓广研究 [25,54,73,86,93-96]. 特别地, 在 [25] 中, 给出了双变量 Rogers-Szego 多项式 $h_n(x,y|q)$ 的 Mehler 和 Rogers 公式.

我们也定义共轭双变量 Rogers-Szego 多项式为

$$\Omega_n(x,y|q) = \sum_{k=0}^n \begin{bmatrix} n \\ k \end{bmatrix} q^{\binom{k}{2}-nk}P_k(x,y).$$

由 (5.1.9), 有

$$E(d\theta)\left\{a^n(as)_\infty\right\} = a^n(as,ds)_\infty \Omega_n\left(-ds, -q\frac{d}{a}\bigg|q\right). \tag{5.4.6}$$

由 q-二项式反演 [97]: 设 a_n 和 b_n 是两个实序列, 则

$$\begin{cases} a_n = \sum_{k=0}^n \begin{bmatrix} n \\ k \end{bmatrix} b_k, \\ b_n = \sum_{k=0}^n (-1)^k q^{\binom{k}{2}}\begin{bmatrix} n \\ k \end{bmatrix} a_k, \end{cases} \tag{5.4.7}$$

我们有

$$P_n(x,y) = \sum_{k=0}^n \begin{bmatrix} n \\ k \end{bmatrix} (-1)^k q^{\binom{k}{2}}H_k(x,y|q).$$

Rogers-Szego 作为超几何级数的 Fine 变换的系数出现 [89, 第 27 页]. 一些结果被给出 [26,87,88,90,98,99].

定理 5.4.1 [54, 定理 6.1]

$$\sum_{k_1,\cdots,k_n\geqslant 0}\prod_{1\leqslant r<s\leqslant n}\frac{x_rq^{k_r}-x_sq^{k_s}}{x_r-x_s}\prod_{r,s=1}^n\left(q\frac{x_r}{x_s}\right)_{k_r}^{-1}\prod_{i=1}^n x_i^{nk_i-|\boldsymbol{k}|}$$

$$\times q^{(n-1)\left[\binom{k_1}{2}+\cdots+\binom{k_n}{2}\right]-e_2(k_1,\cdots,k_n)}(-1)^{(n-1)|\boldsymbol{k}|}h_{|\boldsymbol{k}|}(y|q)\cdot z^{|\boldsymbol{k}|}$$

$$= \frac{1}{(z,yz;q)_\infty}. \tag{5.4.8}$$

证明 在 (3.9.3) 中, 取 $b=0$, 有

$$\sum_{k_1,\cdots,k_n\geqslant 0}\prod_{1\leqslant r<s\leqslant n}\frac{x_rq^{k_r}-x_sq^{k_s}}{x_r-x_s}\prod_{r,s=1}^n\left(q\frac{x_r}{x_s}\right)_{k_r}^{-1}\prod_{i=1}^n x_i^{nk_i-|\boldsymbol{k}|}$$

$$\times (-1)^{(n-1)|\boldsymbol{k}|} q^{(n-1)\left[\binom{k_1}{2}+\cdots+\binom{k_n}{2}\right]-e_2(k_1,\cdots,k_n)} \cdot z^{|\boldsymbol{k}|}$$

$$= \frac{1}{(z;q)_\infty}, \tag{5.4.9}$$

这里 $e_2(k_1,\cdots,k_n)$ 是关于 $\{k_1,\cdots,k_n\}$ 的二阶基本对称函数. 注意到[76]

$$T(yD_q)\{x^n\} = h_n\left(\frac{y}{x}\Big| q\right) x^n, \tag{5.4.10}$$

对等式 (5.4.9) 两边的变量 z 进行算子运算 $T(yD_q)$, 化简和代替 y 为 yz 之后, 则得证结果. □

注 5.4.1　当 $n=1$ 时, (5.4.8) 变为 [76, (8.2)]

$$\sum_{n=0}^\infty h_n(y|q)\frac{z^n}{(q)_n} = \frac{1}{(z,yz)_\infty}. \tag{5.4.11}$$

定理 5.4.2 [54, 定理 6.3]

$$\sum_{k_1,\cdots,k_n \geqslant 0} \prod_{1 \leqslant r < s \leqslant n} \frac{x_r q^{k_r} - x_s q^{k_s}}{x_r - x_s} \prod_{r,s=1}^n \left(q\frac{x_r}{x_s}\right)_{k_r}^{-1} \prod_{i=1}^n x_i^{nk_i-|\boldsymbol{k}|}$$

$$\times (-1)^{(n-1)|\boldsymbol{k}|} q^{(n-1)\left[\binom{k_1}{2}+\cdots+\binom{k_n}{2}\right]-e_2(k_1,\cdots,k_n)} \times h_{|\boldsymbol{k}|}(y|q) \cdot h_{|\boldsymbol{k}|}(x|q) \cdot z^{|\boldsymbol{k}|}$$

$$= \frac{(xyz^2)_\infty}{(z,yz,xz,yxz)_\infty}. \tag{5.4.12}$$

证明　对等式 (5.4.8) 两边变量 z 进行算子运算 $T(x|D_q)$, 应用 (5.1.3) 和 (5.4.10), 代换 x 为 xz 之后, 得到结果. □

注 5.4.2　当 $n=1$ 时, (5.4.12) 变为 Mehler 公式 (5.4.4) [76, (8.4)].

定理 5.4.3 [96, 定理 3.2]　设 $0 < |q| < 1$ 以及对 $m=1,2,\cdots,n$, 令 $\max\{|z|, |cz|\} < |x_1\cdots x_n| \cdot |x_m|^{-n} |q|^{(n-1)/2}$, 则

$$\sum_{k_1,\cdots,k_n \geqslant 0} \prod_{1 \leqslant r < s \leqslant n} \frac{x_r q^{k_r} - x_s q^{k_s}}{x_r - x_s} \prod_{r,s=1}^n \left(q\frac{x_r}{x_s}\right)_{k_r}^{-1} \prod_{i=1}^n x_i^{nk_i-|\boldsymbol{k}|}$$

$$\times q^{(n-1)\left[\binom{k_1}{2}+\cdots+\binom{k_n}{2}\right]-e_2(k_1,\cdots,k_n)} (-1)^{(n-1)|\boldsymbol{k}|} (b)_{|\boldsymbol{k}|} H_{|\boldsymbol{k}|}(c,bcz|q) z^{|\boldsymbol{k}|}$$

$$= \frac{(bz,bcz)_\infty}{(z,cz)_\infty} \tag{5.4.13}$$

和

$$
\sum_{k_1,\cdots,k_n\geqslant 0}\ \prod_{1\leqslant r<s\leqslant n}\frac{x_r q^{k_r}-x_s q^{k_s}}{x_r-x_s}\prod_{r,s=1}^{n}\left(q\frac{x_r}{x_s}\right)_{k_r}^{-1}\prod_{i=1}^{n}x_i^{nk_i-|\boldsymbol{k}|}
$$

$$
\times\, q^{(n-1)\left[\binom{k_1}{2}+\cdots+\binom{k_n}{2}\right]-e_2(k_1,\cdots,k_n)}\times(-1)^{(n-1)|\boldsymbol{k}|}(b)_{|\boldsymbol{k}|}\Omega_{|\boldsymbol{k}|}\left(-cz,-qc|\,q\right)z^{|\boldsymbol{k}|}
$$

$$
=\frac{(bz,bcz)_\infty}{(z,cz)_\infty},\tag{5.4.14}
$$

这里 $e_2(k_1,\cdots,k_n)$ 是关于 $\{k_1,\cdots,k_n\}$ 的二阶基本对称函数.

　　证明　由 (3.9.3), 有

$$
\sum_{k_1,\cdots,k_n\geqslant 0}\ \prod_{1\leqslant r<s\leqslant n}\frac{x_r q^{k_r}-x_s q^{k_s}}{x_r-x_s}\prod_{r,s=1}^{n}\left(q\frac{x_r}{x_s}\right)_{k_r}^{-1}\prod_{i=1}^{n}x_i^{nk_i-|\boldsymbol{k}|}
$$

$$
\times\, q^{(n-1)\left[\binom{k_1}{2}+\cdots+\binom{k_n}{2}\right]-e_2(k_1,\cdots,k_n)}(-1)^{(n-1)|\boldsymbol{k}|}(b)_{|\boldsymbol{k}|}\frac{z^{|\boldsymbol{k}|}}{(bz)_\infty}
$$

$$
=\frac{1}{(z)_\infty}
$$

和

$$
\sum_{k_1,\cdots,k_n\geqslant 0}\ \prod_{1\leqslant r<s\leqslant n}\frac{x_r q^{k_r}-x_s q^{k_s}}{x_r-x_s}\prod_{r,s=1}^{n}\left(q\frac{x_r}{x_s}\right)_{k_r}^{-1}\prod_{i=1}^{n}x_i^{nk_i-|\boldsymbol{k}|}
$$

$$
\times\, q^{(n-1)\left[\binom{k_1}{2}+\cdots+\binom{k_n}{2}\right]-e_2(k_1,\cdots,k_n)}(-1)^{(n-1)|\boldsymbol{k}|}(b)_{|\boldsymbol{k}|}(z)_\infty z^{|\boldsymbol{k}|}
$$

$$
=(bz)_\infty.
$$

对上面两个等式关于变量 z 分别施行算子 $T(cD_q)$ 和 $E(c\theta)$ 运算, 再分别应用 (5.1.2), (5.4.2) 和 (5.1.5), (5.4.6), 得到结果.　　　　　　　□

　　注 5.4.3　当 $n=1$ 时, 此定理变为

$$
\sum_{k=0}^{\infty}(b)_k H_k\left(c,bcz|\,q\right)\frac{z^k}{(q)_k}=\frac{(bz,bcz)_\infty}{(z,cz)_\infty},\tag{5.4.15}
$$

$$
\sum_{k=0}^{\infty}(b)_k \Omega_k\left(-cz,-qc|\,q\right)\frac{z^k}{(q)_k}=\frac{(bz,bcz)_\infty}{(z,cz)_\infty},\tag{5.4.16}
$$

这里 $|z|<1,\ |cz|<1$.

定理 5.4.4 [96, 定理 3.4] 设 $0 < |q| < 1$ 以及对 $m = 1, 2, \cdots, n$, 令 $\max\{|z|,$ $|xz|\} < |x_1 \cdots x_n| \cdot |x_m|^{-n} |q|^{(n-1)/2}$, 则

$$\sum_{k_1, \cdots, k_n \geqslant 0} \prod_{1 \leqslant r < s \leqslant n} \frac{x_r q^{k_r} - x_s q^{k_s}}{x_r - x_s} \prod_{r,s=1}^{n} \left(q \frac{x_r}{x_s} \right)_{k_r}^{-1} \prod_{i=1}^{n} x_i^{nk_i - |\boldsymbol{k}|}$$

$$\times q^{(n-1)\left[\binom{k_1}{2} + \cdots + \binom{k_n}{2}\right] - e_2(k_1, \cdots, k_n)} (-1)^{(n-1)|\boldsymbol{k}|} H_{|\boldsymbol{k}|}(x, y|q) z^{|\boldsymbol{k}|}$$

$$= \frac{(yz)_\infty}{(z, xz)_\infty}, \tag{5.4.17}$$

这里 $e_2(k_1, \cdots, k_n)$ 是关于 $\{k_1, \cdots, k_n\}$ 的二阶基本对称函数.

证明 在 (3.9.3) 里, 令 $z \to xz$ 和 $b \to y/x$, 则

$$\sum_{k_1, \cdots, k_n \geqslant 0} \prod_{1 \leqslant r < s \leqslant n} \frac{x_r q^{k_r} - x_s q^{k_s}}{x_r - x_s} \prod_{r,s=1}^{n} \left(q \frac{x_r}{x_s} \right)_{k_r}^{-1} \prod_{i=1}^{n} x_i^{nk_i - |\boldsymbol{k}|}$$

$$\times q^{(n-1)\left[\binom{k_1}{2} + \cdots + \binom{k_n}{2}\right] - e_2(k_1, \cdots, k_n)} (-1)^{(n-1)|\boldsymbol{k}|} P_{|\boldsymbol{k}|}(x, y) z^{|\boldsymbol{k}|}$$

$$= \frac{(yz)_\infty}{(xz)_\infty}. \tag{5.4.18}$$

在上面等式两边对变量 z, 施行算子运算 $\mathbb{E}(D_{xy})$, 应用算子恒等式 (5.1.14) 和 (5.4.3), 可得结果. $\square$

注 5.4.4 当 $n = 1$ 时, (5.4.17) 变为 [81, 定理 4.2]

$$\sum_{n=0}^{\infty} H_n(x, y|q) \frac{z^n}{(q; q)_n} = \frac{(yz; q)_\infty}{(z, xz; q)_\infty}, \tag{5.4.19}$$

要求 $|z|, |xz| < 1$.

定理 5.4.5 [96, 定理 3.6] ($h_n(x, y|q)$ 的多重 Mehler 公式) 令 $0 < |q| < 1$. 以及对 $m = 1, 2, \cdots, n$, 设

$$|sz| < \{1, |x_1 \cdots x_n| \cdot |x_m|^{-n} |q|^{(n-1)/2}\}$$

和

$$\max\{|z|, |xz|, |szx|\} < |x_1 \cdots x_n| \cdot |x_m|^{-n} |q|^{(n-1)/2},$$

则

$$\sum_{k_1, \cdots, k_n \geqslant 0} \prod_{1 \leqslant r < s \leqslant n} \frac{x_r q^{k_r} - x_s q^{k_s}}{x_r - x_s} \prod_{r,s=1}^{n} \left(q \frac{x_r}{x_s} \right)_{k_r}^{-1} \prod_{i=1}^{n} x_i^{nk_i - |\boldsymbol{k}|}$$

$$\times q^{(n-1)\left[\binom{k_1}{2}+\cdots+\binom{k_n}{2}\right]-e_2(k_1,\cdots,k_n)}(-1)^{(n-1)|\boldsymbol{k}|}\times H_{|\boldsymbol{k}|}(x,y|q)H_{|\boldsymbol{k}|}(s,t|q)z^{|\boldsymbol{k}|}$$

$$=\frac{(zy,zxt)_\infty}{(z,zx,szx)_\infty}\,{}_3\phi_2\left[\begin{array}{ccc} y, & zx, & t/s \\ & zy, & zxt \end{array};q,sz\right],\tag{5.4.20}$$

这里 $e_2(k_1,\cdots,k_n)$ 是关于 $\{k_1,\cdots,k_n\}$ 的二阶基本对称函数.

证明　在 (5.4.17) 两边乘以 $1/(uz;q)_\infty$, 则

$$\sum_{k_1,\cdots,k_n\geqslant 0}\prod_{1\leqslant r<s\leqslant n}\frac{x_rq^{k_r}-x_sq^{k_s}}{x_r-x_s}\prod_{r,s=1}^n\left(q\frac{x_r}{x_s}\right)^{-1}_{k_r}\prod_{i=1}^n x_i^{nk_i-|\boldsymbol{k}|}$$

$$\times q^{(n-1)\left[\binom{k_1}{2}+\cdots+\binom{k_n}{2}\right]-e_2(k_1,\cdots,k_n)}\times(-1)^{(n-1)|\boldsymbol{k}|}H_{|\boldsymbol{k}|}(x,y|q)\frac{z^{|\boldsymbol{k}|}}{(uz)_\infty}$$

$$=\frac{(yz)_\infty}{(z,xz,uz)_\infty}.\tag{5.4.21}$$

对上式两边变量 z 进行算子运算 $T(vD_q)$, 则

$$\sum_{k_1,\cdots,k_n\geqslant 0}\prod_{1\leqslant r<s\leqslant n}\frac{x_rq^{k_r}-x_sq^{k_s}}{x_r-x_s}\prod_{r,s=1}^n\left(q\frac{x_r}{x_s}\right)^{-1}_{k_r}\prod_{i=1}^n\left[x_i^{nk_i-|\boldsymbol{k}|}\right]$$

$$\times q^{(n-1)\left[\binom{k_1}{2}+\cdots+\binom{k_n}{2}\right]-e_2(k_1,\cdots,k_n)}$$

$$\times(-1)^{(n-1)|\boldsymbol{k}|}H_{|\boldsymbol{k}|}(x,y|q)\frac{z^{|\boldsymbol{k}|}}{(uz,uv)_\infty}H_{|\boldsymbol{k}|}\left(\frac{v}{z},vuy\Big|q\right)$$

$$=T(vD_q)\left\{\frac{(yz)_\infty}{(z,xz,uz)_\infty}\right\}$$

$$=\frac{(zy,zvxu)_\infty}{(z,xz,uz,vx,uv)_\infty}\,{}_3\phi_2\left[\begin{array}{ccc} y, & zx, & zu \\ & yz, & vzxu \end{array};q,v\right]$$

化简代替 $v\to sz$ 和 $u\to\dfrac{t}{tz}$ 之后, 定理得证. □

注 5.4.5　当 $n=1$ 时, (5.4.20) 变为 $H_n(x,y|q)$ 的 Mehler 公式:

$$\sum_{n=0}^\infty H_n(x,y|q)H_n(s,t|q)\frac{z^n}{(q)_n}=\frac{(zy,zxt)_\infty}{(z,zx,szx)_\infty}\,{}_3\phi_2\left[\begin{array}{ccc} y, & zx, & t/s \\ & zy, & zxt \end{array};q,sz\right],\tag{5.4.22}$$

这里 $\max\{|z|,\,|zx|,\,|sz|,\,|szx|\}<1$.

定理 5.4.6 [96, 定理 3.8]　设 $0 < |q| < 1$ 以及对 $m = 1, 2, \cdots, n$, $\max\{|z|, |xz|, |sz|, |sxz|\} < |x_1 \cdots x_n| \cdot |x_m|^{-n} |q|^{(n-1)/2}$, 则

$$\sum_{k_1,\cdots,k_n \geqslant 0} \prod_{1 \leqslant r < s \leqslant n} \frac{x_r q^{k_r} - x_s q^{k_s}}{x_r - x_s} \prod_{r,s=1}^{n} \left(q\frac{x_r}{x_s}\right)_{k_r}^{-1} \prod_{i=1}^{n} x_i^{nk_i - |\boldsymbol{k}|}$$

$$\times q^{(n-1)\left[\binom{k_1}{2}+\cdots+\binom{k_n}{2}\right]-e_2(k_1,\cdots,k_n)} (-1)^{(n-1)|\boldsymbol{k}|} H_{|\boldsymbol{k}|}(x,y|q) H_{|\boldsymbol{k}|}(s,syz|q) z^{|\boldsymbol{k}|}$$

$$= \frac{(yz, syz, sxz^2)_\infty}{(z, zx, szx, sz)_\infty}, \tag{5.4.23}$$

这里 $e_2(k_1, \cdots, k_n)$ 是关于 $\{k_1, \cdots, k_n\}$ 的二阶基本对称函数.

证明　在定理 5.4.5 里, 取 $t \to syz$ 和应用 q-Gauss 求和公式.　□

注 5.4.6　当 $n = 1$ 时, 定理 5.4.6 变为

$$\sum_{n=0}^{\infty} H_n(x,y|q) H_n(s, syz|q) \frac{z^n}{(q;q)_n} = \frac{(yz, syz, sxz^2; q)_\infty}{(z, zx, szx, sz; q)_\infty}, \tag{5.4.24}$$

这里 $\max\{|z|, |zx|, |sz|, |szx|\} < 1$.

利用 (3.9.1), 则可得到

定理 5.4.7 [96, 定理 3.13]　设 $0 < |q| < 1$ 和 $\max\{|z|, |yz|\} < 1$, 则

$$\sum_{k_1,\cdots,k_n \geqslant 0} \prod_{1 \leqslant r < s \leqslant n} \frac{x_r q^{k_r} - x_s q^{k_s}}{x_r - x_s} \prod_{r,s=1}^{n} \frac{\left(\dfrac{x_r}{x_s} a_s\right)_{k_r}}{\left(q\dfrac{x_r}{x_s}\right)_{k_r}} H_{|\boldsymbol{k}|}(-yz, -qy|q) z^{|\boldsymbol{k}|}$$

$$= \frac{(a_1 \cdots a_n z, a_1 \cdots a_n yz)_\infty}{(z, yz)_\infty} \tag{5.4.25}$$

和

$$\sum_{k_1,\cdots,k_n \geqslant 0} \prod_{1 \leqslant r < s \leqslant n} \frac{x_r q^{k_r} - x_s q^{k_s}}{x_r - x_s} \prod_{r,s=1}^{n} \frac{\left(\dfrac{x_r}{x_s} a_s\right)_{k_r}}{\left(q\dfrac{x_r}{x_s}\right)_{k_r}} \Omega_{|\boldsymbol{k}|}(y, yz|q) z^{|\boldsymbol{k}|}$$

$$= \frac{(a_1 \cdots a_n z, a_1 \cdots a_n yz)_\infty}{(z, yz)_\infty}. \tag{5.4.26}$$

利用 (3.9.4), 可以得到

定理 5.4.8 [96, 定理 4.2]　设 $N_i(i = 1, 2, \cdots, n)$ 为非负整数以及 $n \geqslant 1$, 则

$$\sum_{\substack{0 \leqslant k_i \leqslant N_i, \\ i=1,2,\cdots,n}} \prod_{1 \leqslant r < s \leqslant n} \frac{x_r q^{k_r} - x_s q^{k_s}}{x_r - x_s} \prod_{r,s=1}^{n} \frac{\left(\dfrac{x_r}{x_s} q^{-N_i}\right)_{k_r}}{\left(q\dfrac{x_r}{x_s}\right)_{k_r}} \Omega_{|\boldsymbol{k}|} \left(-yz, -qy \,|\, q\right) z^{|\boldsymbol{k}|}$$

$$= \left(zq^{-|\boldsymbol{N}|}, yzq^{-|\boldsymbol{N}|}\right)_{|\boldsymbol{N}|}$$

和

$$\sum_{\substack{0 \leqslant k_i \leqslant N_i, \\ i=1,2,\cdots,n}} \prod_{1 \leqslant r < s \leqslant n} \frac{x_r q^{k_r} - x_s q^{k_s}}{x_r - x_s} \prod_{r,s=1}^{n} \frac{\left(\dfrac{x_r}{x_s} q^{-N_i}\right)_{k_r}}{\left(q\dfrac{x_r}{x_s}\right)_{k_r}} H_{|\boldsymbol{k}|} \left(y, yzq^{-|\boldsymbol{N}|} \,|\, q\right) z^{|\boldsymbol{k}|}$$

$$= \left(zq^{-|\boldsymbol{N}|}, yzq^{-|\boldsymbol{N}|}\right)_{|\boldsymbol{N}|}.$$

利用 (3.9.7), 可以得到

定理 5.4.9 [96, 定理 4.4]　设 N 为非负整数, 则

$$\sum_{\substack{k_1,\cdots,k_n \geqslant 0, \\ 0 \leqslant k_1 + \cdots + k_n \leqslant N}} \prod_{1 \leqslant r < s \leqslant n} \frac{x_r q^{k_r} - x_s q^{k_s}}{x_r - x_s} \prod_{r,s=1}^{n} \left(q\frac{x_r}{x_s}\right)_{k_r}^{-1}$$

$$\times (q^{-N})_{|\boldsymbol{k}|} (-1)^{(n-1)|\boldsymbol{k}|} \prod_{i=1}^{n} (x_i)^{nk_i - |\boldsymbol{k}|}$$

$$\times q^{(n-1)\left[\binom{k_1}{2} + \cdots + \binom{k_n}{2}\right] - e_2(k_1,\cdots,k_n)} \Omega_{|\boldsymbol{k}|}(-yz, -qy|q) z^{|\boldsymbol{k}|}$$

$$= \left(zq^{-N}, yzq^{-N}\right)_N \tag{5.4.27}$$

和

$$\sum_{\substack{k_1,\cdots,k_n \geqslant 0, \\ 0 \leqslant k_1 + \cdots + k_n \leqslant N}} \prod_{1 \leqslant r < s \leqslant n} \frac{x_r q^{k_r} - x_s q^{k_s}}{x_r - x_s} \prod_{r,s=1}^{n} \left(q\frac{x_r}{x_s}\right)_{k_r}^{-1} \prod_{i=1}^{n} (x_i)^{nk_i - |\boldsymbol{k}|}$$

$$\times (q^{-N})_{|\boldsymbol{k}|} (-1)^{(n-1)|\boldsymbol{k}|} q^{(n-1)\left[\binom{k_1}{2} + \cdots + \binom{k_n}{2}\right] - e_2(k_1,\cdots,k_n)} H_{|\boldsymbol{k}|} \left(y, yzq^{-N} \,|\, q\right) z^{|\boldsymbol{k}|}$$

$$= \left(zq^{-N}, yzq^{-N}\right)_N, \tag{5.4.28}$$

这里 $e_2(k_1, \cdots, k_n)$ 是关于 $\{k_1, \cdots, k_n\}$ 的二阶对称基本函数.

利用 (3.9.8), 可以得到

定理 5.4.10 [96, 定理 4.6] 设 N 为非负整数, 则

$$\sum_{\substack{k_1,\cdots,k_n\geqslant 0,\\ 0\leqslant |\boldsymbol{k}|\leqslant N}} (q^{-N})_{|\boldsymbol{k}|}\Omega_{|\boldsymbol{k}|}(-yz,-qy|q)z^{|\boldsymbol{k}|} \prod_{1\leqslant r<s\leqslant n}\frac{x_rq^{k_r}-x_sq^{k_s}}{x_r-x_s}\prod_{r,s=1}^{n}\left(q\frac{x_r}{x_s}\right)_{k_r}^{-1}$$

$$= \left(zq^{-N},yzq^{-N}\right)_N \tag{5.4.29}$$

和

$$\sum_{\substack{k_1,\cdots,k_n\geqslant 0,\\ 0\leqslant |\boldsymbol{k}|\leqslant N}} \left(q^{-N}\right)_{|\boldsymbol{k}|} H_{|\boldsymbol{k}|}\left(y,yzq^{-N}\,|\,q\right) z^{|\boldsymbol{k}|} \prod_{1\leqslant r<s\leqslant n}\frac{x_rq^{k_r}-x_sq^{k_s}}{x_r-x_s}\prod_{r,s=1}^{n}\left(q\frac{x_r}{x_s}\right)_{k_r}^{-1}$$

$$= \left(zq^{-N},yzq^{-N}\right)_N. \tag{5.4.30}$$

注 5.4.7 当 $n=1$ 时, 此公式变为

$$\sum_{k=0}^{N}(q^{-N})_k\Omega_k(-yz,-qy|q)\frac{z^k}{(q)_k} = \left(zq^{-N},yzq^{-N}\right)_N \tag{5.4.31}$$

和

$$\sum_{k=0}^{N}(q^{-N})_k H_k\left(y,yzq^{-N}\,|\,q\right)\frac{z^k}{(q)_k} = \left(zq^{-N}yzq^{-N}\right)_N. \tag{5.4.32}$$

应用 $\dfrac{(q^{-N})_k}{(q)_k} = \begin{bmatrix} N\\ k\end{bmatrix}(-1)^kq^{\binom{k}{2}-Nk}$ 到 (5.4.32) 以及取 $z\to zq^N$, 则

$$\sum_{k=0}^{N}\begin{bmatrix} N\\ k\end{bmatrix}(-1)^kq^{\binom{k}{2}}H_k(y,yz|q)z^k = (z,yz)_N. \tag{5.4.33}$$

设 $N\to\infty$. 则

$$\sum_{k=0}^{\infty}(-1)^kq^{\binom{k}{2}}H_k(y,yz|q)\frac{z^k}{(q)_k} = (z,yz)_\infty. \tag{5.4.34}$$

5.5 包含 $h_n(x,y|q)$ 的多重 Rogers 公式

定理 5.5.1 [96, 定理 5.1] ($h_n(x,y|q)$ 的多重 Rogers 公式) 设 $0<|q|<1$ 和对 $i=1,2,\cdots,n$, $\max\{|z|,|zw|\}<|x_1\cdots x_n|\cdot|x_i|^{-n}|q|^{(n-1)/2}$, 以及对 $i=$

$1, 2, \cdots, m,\ \max\{|s|,\ |sw| <\} |u_1 \cdots u_m| \cdot |u_i|^{-m} |q|^{(m-1)/2}$, 则

$$
\sum_{k_1, \cdots, k_n \geqslant 0} \sum_{v_1, \cdots, v_m \geqslant 0} \prod_{1 \leqslant r < s \leqslant n} \frac{x_r q^{k_r} - x_s y^{k_s}}{x_r - x_s} \prod_{1 \leqslant r < s \leqslant m} \frac{u_r q^{v_r} - u_s q^{v_s}}{u_r - u_s}
$$

$$
\times \prod_{r,s=1}^{n} \left(q \frac{x_r}{x_s} \right)_{k_r}^{-1} \prod_{r,s=1}^{m} \left(q \frac{u_r}{u_s} \right)_{v_r}^{-1} \prod_{i=1}^{n} x_i^{n k_i - (k_1 + \cdots + k_n)} \prod_{i=1}^{m} u_i^{m v_i - (v_1 + \cdots + v_m)}
$$

$$
\times q^{(n-1)\left[\binom{k_1}{2} + \cdots + \binom{k_n}{2} \right] - e_2(k_1, \cdots, k_n)} (-1)^{(n-1)(k_1 + \cdots + k_n)}
$$

$$
\times q^{(m-1)\left[\binom{v_1}{2} + \cdots + \binom{v_m}{2} \right] - e_2(v_1, \cdots, v_m)} (-1)^{(m-1)(v_1 + \cdots + v_m)}
$$

$$
\times H_{y_1 + \cdots + y_n + v_1 + \cdots + v_m}(w, t | q) z^{y_1 + \cdots + y_n} s^{v_1 + \cdots + v_m}
$$

$$
= \frac{(zt)_\infty}{(z, sw, wz)_\infty}\ {}_2\phi_1 \left[\begin{array}{cc} t, & wz \\ & tz \end{array} ; q, s \right],
\tag{5.5.1}
$$

这里 $e_2(k_1, \cdots, k_n)$ 是关于 $\{k_1, \cdots, k_n\}$ 的二阶基本对称函数.

证明　在 (3.9.3) 里, 令 $b \to 0$, 分别代替 z 为 xz 和 xs, 则

$$
\sum_{k_1, \cdots, k_n \geqslant 0} \prod_{1 \leqslant r < s \leqslant n} \frac{x_r q^{k_r} - x_s q^{k_s}}{x_r - x_s} \prod_{r,s=1}^{n} \left(q \frac{x_r}{x_s} \right)_{k_r}^{-1} \prod_{i=1}^{n} x_i^{n k_i - (k_1 + \cdots + k_n)}
$$

$$
\times q^{(n-1)\left[\binom{k_1}{2} + \cdots + \binom{k_n}{2} \right] - e_2(k_1, \cdots, k_n)} (-1)^{(n-1)(k_1 + \cdots + k_n)} x^{k_1 + \cdots + k_n} z^{k_1 + \cdots + k_n}
$$

$$
= \frac{1}{(xz)_\infty}
\tag{5.5.2}
$$

和

$$
\sum_{v_1, \cdots, v_m \geqslant 0} \prod_{1 \leqslant r < s \leqslant m} \frac{u_r q^{v_r} - u_s q^{v_s}}{u_r - u_s} \prod_{r,s=1}^{m} \left(q \frac{u_r}{u_s} \right)_{v_r}^{-1} \prod_{i=1}^{m} u_i^{m v_i - (v_1 + \cdots + v_m)}
$$

$$
\times q^{(m-1)\left[\binom{v_1}{2} + \cdots + \binom{v_m}{2} \right] - e_2(v_1, \cdots, v_m)} (-1)^{(m-1)(v_1 + \cdots + v_m)} x^{v_1 + \cdots + v_m} s^{v_1 + \cdots + v_m}
$$

$$
= \frac{1}{(xs; q)_\infty}.
\tag{5.5.3}
$$

直接得到

$$
\sum_{k_1, \cdots, k_n \geqslant 0} \sum_{v_1, \cdots, v_m \geqslant 0} \prod_{1 \leqslant r < s \leqslant n} \frac{x_r q^{k_r} - x_s q^{k_s}}{x_r - x_s} \prod_{1 \leqslant r < s \leqslant m} \frac{u_r q^{v_r} - u_s q^{v_s}}{u_r - u_s}
$$

$$\times \prod_{r,s=1}^{n} \left(q\frac{x_r}{x_s} \right)_{k_r}^{-1} \prod_{r,s=1}^{m} \left(q\frac{u_r}{u_s} \right)_{v_r}^{-1} \prod_{i=1}^{n} x_i^{nk_i-(k_1+\cdots+k_n)} \prod_{i=1}^{m} u_i^{mv_i-(v_1+\cdots+v_m)}$$

$$\times q^{(n-1)\left[\binom{k_1}{2}+\cdots+\binom{k_n}{2}\right]-e_2(k_1,\cdots,k_n)}(-1)^{(n-1)(k_1+\cdots+k_n)}$$

$$\times q^{(m-1)\left[\binom{v_1}{2}+\cdots+\binom{v_m}{2}\right]-e_2(v_1,\cdots,v_m)}(-1)^{(m-1)(v_1+\cdots+v_m)}$$

$$\times z^{y_1+\cdots+y_n}s^{v_1+\cdots+v_m}\frac{x^{k_1+\cdots+k_n+v_1+\cdots+v_m}}{(xt)_\infty}$$

$$= \frac{1}{(xt,xz,xs)_\infty}. \tag{5.5.4}$$

对上式两边变量 x 作算子运算 $T(wD_q)$, 则

$$\sum_{k_1,\cdots,k_n\geqslant 0}\sum_{v_1,\cdots,v_m\geqslant 0}\prod_{1\leqslant r<s\leqslant n}\frac{x_r q^{k_r}-x_s q^{k_s}}{x_r-x_s}\prod_{1\leqslant r<s\leqslant m}\frac{u_r q^{v_r}-u_s q^{v_s}}{u_r-u_s}$$

$$\times \prod_{r,s=1}^{n} \left(q\frac{x_r}{x_s} \right)_{k_r}^{-1} \prod_{r,s=1}^{m} \left(q\frac{u_r}{u_s} \right)_{v_r}^{-1} \prod_{i=1}^{n} x_i^{nk_i-(k_1+\cdots+k_n)} \prod_{i=1}^{m} u_i^{mv_i-(v_1+\cdots+v_m)}$$

$$\times q^{(n-1)\left[\binom{k_1}{2}+\cdots+\binom{k_n}{2}\right]-e_2(k_1,\cdots,k_n)}(-1)^{(n-1)(k_1+\cdots+k_n)}$$

$$\times q^{(m-1)\left[\binom{v_1}{2}+\cdots+\binom{v_m}{2}\right]-e_2(v_1,\cdots,v_m)}(-1)^{(m-1)(v_1+\cdots+v_m)}$$

$$\times z^{k_1+\cdots+k_n}s^{v_1+\cdots+v_m}\frac{x^{k_1+\cdots+k_n+v_1+\cdots+v_m}}{(xt,wt)_\infty}H_{k_1+\cdots+k_n+v_1+\cdots+v_m}\left(\frac{w}{x},wt\Big|q\right)$$

$$= \frac{(xwts)_\infty}{(xz,xt,xs,wt,ws)_\infty}\,{}_2\phi_1\left[\begin{array}{cc} xt, & xs \\ & xwts \end{array};q,wz\right].$$

在上个式子中, 取 $z\to z/x$, $s\to s/x$ 和 $w\to wx$, $t\to t/wx$, 得到

$$\sum_{k_1,\cdots,k_n\geqslant 0}\sum_{v_1,\cdots,v_m\geqslant 0}\prod_{1\leqslant r<s\leqslant n}\frac{x_r q^{k_r}-x_s q^{k_s}}{x_r-x_s}\prod_{1\leqslant r<s\leqslant m}\frac{u_r q^{v_r}-u_s q^{v_s}}{u_r-u_s}$$

$$\times \prod_{r,s=1}^{n} \left(q\frac{x_r}{x_s} \right)_{k_r}^{-1} \prod_{r,s=1}^{m} \left(q\frac{u_r}{u_s} \right)_{v_r}^{-1} \prod_{i=1}^{n} x_i^{nk_i-(k_1+\cdots+k_n)} \prod_{i=1}^{m} u_i^{mv_i-(v_1+\cdots+v_m)}$$

$$\times q^{(n-1)\left[\binom{k_1}{2}+\cdots+\binom{k_n}{2}\right]-e_2(k_1,\cdots,k_n)}(-1)^{(n-1)(k_1+\cdots+k_n)}$$

$$\times q^{(m-1)\left[\binom{v_1}{2}+\cdots+\binom{v_m}{2}\right]-e_2(v_1,\cdots,v_m)}(-1)^{(m-1)(v_1+\cdots+v_m)}$$

$$\times H_{k_1+\cdots+k_n+v_1+\cdots+v_m}\left(w,t|q\right)z^{k_1+\cdots+k_n}s^{v_1+\cdots+v_m}$$

$$= \frac{(st)_\infty}{(z, s, ws)_\infty} \, {}_2\phi_1 \left[\begin{array}{cc} t/w, & s \\ & st \end{array} ; q, wz \right].$$

应用 Heine 变换:

$$_2\phi_1 \left[\begin{array}{cc} t/w, & s \\ & st \end{array} ; q, wz \right] = \frac{(s, tz)_\infty}{(st, wz)_\infty} \, {}_2\phi_1 \left[\begin{array}{cc} t, & wz \\ & tz \end{array} ; q, s \right],$$

得证. □

注 5.5.1　当 $n = 1$ 时, 此公式变为[25, 定理 3.1]

$$\sum_{n=0}^{\infty} \sum_{m=0}^{\infty} H_{n+m}(x, y|q) \frac{t^n}{(q;q)_n} \frac{s^m}{(q;q)_m} = \frac{(ys;q)_\infty}{(s, xs, xt;q)_\infty} \, {}_2\phi_1 \left[\begin{array}{cc} y, & xs \\ & ys \end{array} ; q, t \right],$$
(5.5.5)

要求 $\max\{|t|, |s|, |tx|, |sx|\} < 1$.

注 5.5.2　定理 5.5.1 是在 (5.5.5) 里 $n = m = 1$ 的情形和 [96, 第 768, 769 页] 里推论 4.4 的简单直接结果. 首先, 应用此推论 4.4 到左边的最内层求和, 交换现在的单个内部求和和多重外和. 将此推论 4.4 再次应用于新的内部多重和, 以获得一个双 (2-维) 重和. 再次交换求和, 最后应用 (5.5.5), 得到右侧.

定理 5.5.2[96, 定理 4.3]　设 s, z, c, w 和 $x_1, \cdots, x_n, u_1, \cdots, u_m, \lambda_1, \cdots, \lambda_l,$ $\eta_1, \cdots, \eta_p$ 为变元, 以及令 $n, m, l, p \geqslant 1$. 假定下式分母不为零, 以及 $0 < |q| < 1$ 和对 $i = 1, 2, \cdots, n$ 和 $j = 1, 2, \cdots, l$,

$$\max\{|z|, \ |zw|\} < \left\{ |x_1 \cdots x_n| \cdot |x_i|^{-n} |q|^{(n-1)/2}, |\lambda_1 \cdots \lambda_l| \cdot |\lambda_j|^{-l} |q|^{(l-1)/2} \right\},$$

以及对 $i = 1, 2, \cdots, m$ 和 $j = 1, 2, \cdots, p$,

$$\max\{|s|, \ |sw|\} < \left\{ |u_1 \cdots u_n| \cdot |u_i|^{-m} |q|^{(m-1)/2}, |\eta_1 \cdots \eta_p| \cdot |\eta_j|^{-p} |q|^{(p-1)/2} \right\},$$

则

$$\sum_{k_1, \cdots, k_n \geqslant 0} \sum_{v_1, \cdots, v_m \geqslant 0} \prod_{1 \leqslant r < s \leqslant n} \frac{x_r q^{k_r} - x_s q^{k_s}}{x_r - x_s} \prod_{1 \leqslant r < s \leqslant m} \frac{u_r q^{v_r} - u_s q^{v_s}}{u_r - u_s}$$

$$\times \prod_{r,s=1}^{n} \left(q \frac{x_r}{x_s} \right)_{k_r}^{-1} \prod_{r,s=1}^{m} \left(q \frac{u_r}{u_s} \right)_{v_r}^{-1} \prod_{i=1}^{n} x_i^{nk_i - (k_1 + \cdots + k_n)} \prod_{i=1}^{m} u_i^{mv_i - (v_1 + \cdots + v_m)}$$

$$\times q^{(n-1)\left[\binom{k_1}{2} + \cdots + \binom{k_n}{2}\right] - e_2(k_1, \cdots, k_n)} (-1)^{(n-1)(k_1 + \cdots + k_n)}$$

$$\times q^{(m-1)\left[\binom{v_1}{2}+\cdots+\binom{v_m}{2}\right]-e_2(v_1,\cdots,v_m)}(-1)^{(m-1)(v_1+\cdots+v_m)}$$

$$\times h_{y_1+\cdots+y_n+v_1+\cdots+v_m}(w|q)z^{k_1+\cdots+k_n}s^{v_1+\cdots+v_m}$$

$$= \frac{(wzs)_\infty}{(cz,cs)_\infty} \sum_{k_1,\cdots,k_l\geqslant 0} \sum_{v_1,\cdots,v_p\geqslant 0} \prod_{1\leqslant r<s\leqslant l} \frac{\lambda_r q^{k_r}-\lambda_s q^{k_s}}{\lambda_r-\lambda_s} \prod_{1\leqslant r<s\leqslant p} \frac{\eta_r q^{v_r}-\eta_s q^{v_s}}{\eta_r-\eta_s}$$

$$\times \prod_{r,s=1}^{l}\left(q\frac{\lambda_r}{\lambda_s}\right)_{k_r}^{-1} \prod_{r,s=1}^{p}\left(q\frac{\eta_r}{\eta_s}\right)_{v_r}^{-1} \prod_{i=1}^{l}\lambda_i^{lk_i-(k_1+\cdots+k_l)} \prod_{i=1}^{p}\eta_i^{pv_i-(v_1+\cdots+v_p)}$$

$$\times q^{(l-1)\left[\binom{k_1}{2}+\cdots+\binom{k_l}{2}\right]-e_2(k_1,\cdots,k_l)}(-1)^{(l-1)(k_1+\cdots+k_l)}$$

$$\times q^{(p-1)\left[\binom{v_1}{2}+\cdots+\binom{v_m}{2}\right]-e_2(v_1,\cdots,v_p)}(-1)^{(p-1)(v_1+\cdots+v_p)}$$

$$\times H_{k_1+\cdots+k_l}(w,c|q)H_{v_1+\cdots+v_p}(w,c|q)z^{k_1+\cdots+k_l}s^{v_1+\cdots+v_p}, \tag{5.5.6}$$

这里 $e_2(k_1,\cdots,k_n)$ 是关于 $\{k_1,\cdots,k_n\}$ 的二阶基本对称函数.

证明 在定理 5.5.1 里, 取 $t\to 0$. (5.5.1) 的右边为

$$\frac{(wzs)_\infty}{(z,wz,s,ws)_\infty}.$$

应用定理 5.4.4, 得证. $\square$

注 5.5.3 当 $n=m=l=p=1$ 时, 此定理变为

$$\frac{1}{(xstk)_\infty}\sum_{n=0}^{\infty}\sum_{m=0}^{\infty}h_{n+m}(x|q)\frac{t^n}{(q)_n}\frac{s^m}{(q)_m}$$

$$= \frac{1}{(ct,csk)_\infty}\sum_{n=0}^{\infty}\sum_{m=0}^{\infty}H_n(x,c|q)H_m(x,c|q)\frac{t^n}{(q)_n}\frac{s^m}{(q)_m}, \tag{5.5.7}$$

要求 $\max\{|t|,|s|,|tx|,|sx|\}<1$. 当 $c\to 0$ 时, (5.5.7) 变为经典的 Rogers 公式 (5.4.5).

5.6 Rogers-Szegö 多项式 $U(n+1)$ 拓广

定义 5.6.1 $U(n+1)$ Rogers-Szegö 多项式 $h_{n_1,\cdots,n_r}(z,\boldsymbol{x}|q)$ 定义为

$$h_{n_1,\cdots,n_r}(z,\boldsymbol{x}|q) = \sum_{\substack{0\leqslant k_i\leqslant n_i \\ i=1,\cdots,r}} z^{|\boldsymbol{k}|}\prod_{i,j=1}^{r}\frac{(qx_i/x_j)_{n_i}}{(qx_i/x_j)_{k_i}(q^{1+k_i-k_j}x_i/x_j)_{n_i-k_i}}. \tag{5.6.1}$$

定理 5.6.1

$$\sum_{\substack{n_i \geqslant 0 \\ i=1,\cdots,r}} \prod_{1 \leqslant i < j \leqslant r} h_{n_1,\cdots,n_r}(z,\boldsymbol{x}|q) t^{|\boldsymbol{n}|} \frac{x_i q^{n_i} - x_j q^{n_j}}{x_i - x_j} \prod_{i,j=1}^{r} \frac{1}{(qx_i/x_j)_{n_i}} = \frac{1}{(t,tz)_\infty}.$$

$$(5.6.2)$$

证明

$$\sum_{\substack{n_i \geqslant 0 \\ i=1,\cdots,r}} t^{|\boldsymbol{n}|} h_{n_1,\cdots,n_r}(z,\boldsymbol{x}|q) \prod_{1 \leqslant i < j \leqslant r} \frac{x_i q^{n_i} - x_j q^{n_j}}{x_i - x_j} \prod_{i,j=1}^{r} \frac{1}{(qx_i/x_j)_{n_i}}$$

$$= \sum_{\substack{n_i \geqslant 0 \\ i=1,\cdots,r}} t^{|\boldsymbol{n}|} \sum_{\substack{0 \leqslant k_i \leqslant n_i \\ i=1,\cdots,r}} \prod_{i,j=1}^{r} \frac{(qx_i/x_j)_{n_i}}{(qx_i/x_j)_{k_i}(q^{1+k_i-k_j}x_i/x_j)_{n_i-k_i}} z^{|\boldsymbol{k}|}$$

$$\times \prod_{1 \leqslant i < j \leqslant r} \frac{x_i q^{n_i} - x_j q^{n_j}}{x_i - x_j} \prod_{i,j=1}^{r} \frac{1}{(qx_i/x_j)_{n_i}}$$

$$= \sum_{\substack{k_i \geqslant 0 \\ i=1,\cdots,r}} z^{|\boldsymbol{k}|} \prod_{i,j=1}^{r} \frac{1}{(qx_i/x_j)_{k_i}} \sum_{\substack{n_i \geqslant k_i \\ i=1,\cdots,r}} t^{|\boldsymbol{n}|}$$

$$\times \prod_{i,j=1}^{r} \frac{1}{(q^{1+k_i-k_j}x_i/x_j)_{n_i-k_i}} \prod_{1 \leqslant i < j \leqslant r} \frac{x_i q^{n_i} - x_j q^{n_j}}{x_i - x_j}$$

$$= \sum_{\substack{k_i \geqslant 0 \\ i=1,\cdots,r}} z^{|\boldsymbol{k}|} \prod_{i,j=1}^{r} \frac{1}{(qx_i/x_j)_{k_i}} \sum_{\substack{n_i \geqslant 0 \\ i=1,\cdots,r}} t^{|\boldsymbol{n}+\boldsymbol{k}|}$$

$$\times \prod_{i,j=1}^{r} \frac{1}{(q^{1+k_i-k_j}x_i/x_j)_{n_i}} \prod_{1 \leqslant i < j \leqslant r} \frac{x_i q^{n_i+k_i} - x_j q^{n_j+k_j}}{x_i - x_j}$$

$$= \sum_{\substack{k_i \geqslant 0 \\ i=1,\cdots,r}} (zt)^{|\boldsymbol{k}|} \prod_{1 \leqslant i < j \leqslant r} \frac{x_i q^{k_i} - x_j q^{k_j}}{x_i - x_j} \prod_{i,j=1}^{r} \frac{1}{(qx_i/x_j)_{k_i}}$$

$$\times \sum_{\substack{n_i \geqslant 0 \\ i=1,\cdots,r}} t^{|\boldsymbol{n}|} \prod_{1 \leqslant i < j \leqslant r} \frac{x_i q^{n_i+k_i} - x_j q^{n_j+k_j}}{x_i q^{k_i} - x_j q^{k_j}} \prod_{i,j=1}^{r} \frac{1}{(q^{1+k_i-k_j}x_i/x_j)_{n_i}}$$

$$= \sum_{\substack{k_i \geqslant 0 \\ i=1,\cdots,r}} (zt)^{|\boldsymbol{k}|} \prod_{1 \leqslant i < j \leqslant r} \frac{x_i q^{k_i} - x_j q^{k_j}}{x_i - x_j} \prod_{i,j=1}^{r} \frac{1}{(qx_i/x_j)_{k_i}} \frac{1}{(t)_\infty}$$

$$= \frac{1}{(t, zt)_\infty}.$$

$\square$

定理 5.6.2

$$\sum_{\substack{n_i \geqslant 0 \\ i=1,\cdots,r}} \frac{(c)_{|\boldsymbol{n}|}}{(a_1 \cdots a_r c)_{|\boldsymbol{n}|}} t^{|\boldsymbol{n}|} h_{n_1,\cdots,n_r}(z, \boldsymbol{x}|q) \prod_{1 \leqslant i < j \leqslant r} \frac{x_i q^{n_i} - x_j q^{n_j}}{x_i - x_j} \prod_{i,j=1}^r \frac{1}{(qx_i/x_j)_{n_i}}$$

$$\tag{5.6.3}$$

$$= \frac{(c)_\infty}{(a_1 \cdots a_r c, t, tc)_\infty} \sum_{\substack{k_i \geqslant 0 \\ i=1,\cdots,s}} c^{|\boldsymbol{k}|}(t, tc)_{|\boldsymbol{k}|} \prod_{1 \leqslant i < j \leqslant s} \frac{y_i q^{k_i} - y_j q^{k_j}}{y_i - y_j} \prod_{i,j=1}^s \frac{(a_j y_i/y_j)_{k_i}}{(qy_i/y_j)_{k_i}}.$$

$$\tag{5.6.4}$$

证明

$$\sum_{\substack{n_i \geqslant 0 \\ i=1,\cdots,r}} \frac{(c)_{|\boldsymbol{n}|}}{(a_1 \cdots a_r c)_{|\boldsymbol{n}|}} t^{|\boldsymbol{n}|} h_{n_1,\cdots,n_r}(z, \boldsymbol{x}|q) \prod_{1 \leqslant i < j \leqslant r} \frac{x_i q^{n_i} - x_j q^{n_j}}{x_i - x_j} \prod_{i,j=1}^r \frac{1}{(qx_i/x_j)_{n_i}}$$

$$= \frac{(c)_\infty}{(a_1 \cdots a_r c)_\infty} \sum_{\substack{n_i \geqslant 0 \\ i=1,\cdots,r}} \frac{(a_1 \cdots a_r c q^{|\boldsymbol{n}|})_\infty}{(cq^{|\boldsymbol{n}|})_\infty} t^{|\boldsymbol{n}|} h_{n_1,\cdots,n_r}(z, \boldsymbol{x}|q)$$

$$\times \prod_{1 \leqslant i < j \leqslant r} \frac{x_i q^{n_i} - x_j q^{n_j}}{x_i - x_j} \prod_{i,j=1}^r \frac{1}{(qx_i/x_j)_{n_i}}$$

$$= \frac{(c)_\infty}{(a_1 \cdots a_r c)_\infty} \sum_{\substack{n_i \geqslant 0 \\ i=1,\cdots,r}} t^{|\boldsymbol{n}|} h_{n_1,\cdots,n_r}(z, \boldsymbol{x}|q) \prod_{1 \leqslant i < j \leqslant r} \frac{x_i q^{n_i} - x_j q^{n_j}}{x_i - x_j} \prod_{i,j=1}^r \frac{1}{(qx_i/x_j)_{n_i}}$$

$$\times \sum_{\substack{k_i \geqslant 0 \\ i=1,\cdots,s}} (cq^{|\boldsymbol{n}|})^{|\boldsymbol{k}|} \prod_{1 \leqslant i < j \leqslant s} \frac{y_i q^{k_i} - y_j q^{k_j}}{y_i - y_j} \prod_{i,j=1}^s \frac{(a_j y_i/y_j)_{k_i}}{(qy_i/y_j)_{k_i}}$$

$$= \frac{(c)_\infty}{(a_1 \cdots a_r c)_\infty} \sum_{\substack{k_i \geqslant 0 \\ i=1,\cdots,s}} c^{|\boldsymbol{k}|} \prod_{1 \leqslant i < j \leqslant s} \frac{y_i q^{k_i} - y_j q^{k_j}}{y_i - y_j} \prod_{i,j=1}^s \frac{(a_j y_i/y_j)_{k_i}}{(qy_i/y_j)_{k_i}}$$

$$\times \sum_{\substack{n_i \geqslant 0 \\ i=1,\cdots,r}} (tq^{|\boldsymbol{k}|})^{|\boldsymbol{n}|} h_{n_1,\cdots,n_r}(z, \boldsymbol{x}|q) \prod_{1 \leqslant i < j \leqslant r} \frac{x_i q^{n_i} - x_j q^{n_j}}{x_i - x_j} \prod_{i,j=1}^r \frac{1}{(qx_i/x_j)_{n_i}}$$

$$= \frac{(c)_\infty}{(a_1 \cdots a_r c)_\infty} \sum_{\substack{k_i \geqslant 0 \\ i=1,\cdots,s}} c^{|\boldsymbol{k}|} \prod_{1 \leqslant i < j \leqslant s} \frac{y_i q^{k_i} - y_j q^{k_j}}{y_i - y_j} \prod_{i,j=1}^{s} \frac{(a_j y_i / y_j)_{k_i}}{(q y_i / y_j)_{k_i}} \times \frac{1}{(t q^{|\boldsymbol{k}|}, t c q^{|\boldsymbol{k}|})_\infty}$$

$$= \frac{(c)_\infty}{(a_1 \cdots a_r c, t, tc)_\infty} \sum_{\substack{k_i \geqslant 0 \\ i=1,\cdots,s}} c^{|\boldsymbol{k}|} (t, tc)_{|\boldsymbol{k}|} \prod_{1 \leqslant i < j \leqslant s} \frac{y_i q^{k_i} - y_j q^{k_j}}{y_i - y_j} \prod_{i,j=1}^{s} \frac{(a_j y_i / y_j)_{k_i}}{(q y_i / y_j)_{k_i}}. \qquad \square$$

注 5.6.1　同样地, $U(n+1)$ Stieltjes-Wigert 多项式 $g_{n_1,\cdots,n_r}(z|\boldsymbol{x},q)$ 定义为

$$g_{n_1,\cdots,n_r}(z,\boldsymbol{x}|q) = \sum_{\substack{0 \leqslant k_i \leqslant n_i \\ i=1,\cdots,r}} q^{-|\boldsymbol{k}|(|\boldsymbol{n}|-|\boldsymbol{k}|)} z^{|\boldsymbol{k}|} \prod_{i,j=1}^{r} \frac{(q x_i / x_j)_{n_i}}{(q x_i / x_j)_{k_i} (q^{1+k_i-k_j} x_i / x_j)_{n_i-k_i}}.$$

$$(5.6.5)$$

第 6 章　多变量 Bailey 变换及其应用

设 α_y, δ_y, μ_y 和 ν_y 为任何函数, 在收敛的条件下, 若

$$\beta_m = \sum_{y=0}^{n} \alpha_y \mu_{n-y} \nu_{n+y}, \quad \gamma_m = \sum_{y=m}^{\infty} \delta_y \mu_{y-m} \nu_{y+m},$$

则有

$$\sum_{m=0}^{\infty} \alpha_m \gamma_m = \sum_{m=0}^{\infty} \beta_m \delta_m.$$

上述结果称为 Bailey 变换, 由 Bailey 首先引进. 通过 α_y, δ_y, μ_y 和 ν_y 的选择, 许多著名的单变量基本超几何级数求和公式被得到. 本章主要引进多变量 Bailey 变换以及其在多变量基本超几何级数理论上的应用.

6.1　多变量 Bailey 变换

设 $\boldsymbol{m} = (m_1, \cdots, m_n)$, $\boldsymbol{y} = (y_1, \cdots, y_n)$, $\boldsymbol{N} = (N_1, \cdots, N_n)$, 以及 $\boldsymbol{m} + \boldsymbol{y} = (m_1 + y_1, \cdots, m_n + y_n)$ 为长度为 n、分量为非负整数的向量. 另外, 令 $|\boldsymbol{m}| = m_1 + \cdots + m_n$, $|\boldsymbol{y}| = y_1 + \cdots + y_n$, 以及 $|\boldsymbol{N}| = N_1 + \cdots + N_n$, 则求和的坐标交换为

引理 6.1.1　在合适的收敛条件下, 则

$$\sum_{\substack{m_1, \cdots, m_n \geqslant 0}} \sum_{\substack{y_i \geqslant m_i \\ i=1, \cdots, n}} f(\boldsymbol{m}, \boldsymbol{y}) = \sum_{\substack{y_1, \cdots, y_n \geqslant 0}} \sum_{\substack{0 \leqslant m_i \leqslant y_i \\ i=1, \cdots, n}} f(\boldsymbol{m}, \boldsymbol{y}). \tag{6.1.1}$$

通过交换 m_i 和 y_i, 重写上式的左边, 内部和变 m_i 为 $m_i + y_i$, 同时变求和范围为 $0 \leqslant m_1, \cdots, m_n < \infty$, 直接得到下述引理:

引理 6.1.2　在合适的收敛条件下, 则

$$\sum_{\substack{y_1, \cdots, y_n \geqslant 0}} \sum_{\substack{m_1, \cdots, m_n \geqslant 0}} f(\boldsymbol{y}, \boldsymbol{m} + \boldsymbol{y}) = \sum_{\substack{y_1, \cdots, y_n \geqslant 0}} \sum_{\substack{0 \leqslant m_i \leqslant y_i \\ i=1, \cdots, n}} f(\boldsymbol{m}, \boldsymbol{y}). \tag{6.1.2}$$

现在取

$$f(\boldsymbol{m}, \boldsymbol{y}) = \alpha(\boldsymbol{m}) \delta(\boldsymbol{y}) \mu(\boldsymbol{m}, \boldsymbol{y}) \nu(\boldsymbol{m}, \boldsymbol{y}), \tag{6.1.3}$$

则引理 6.1.2 的 (6.1.2) 情形为

定理 6.1.1 [53] (Milne-Newcomb 多变量 Bailey 变换)　在合适的收敛条件下,有

$$\sum_{y_1,\cdots,y_n\geqslant 0}\sum_{m_1,\cdots,m_n\geqslant 0}\alpha(\boldsymbol{y})\delta(\boldsymbol{m}+\boldsymbol{y})\mu(\boldsymbol{y},\boldsymbol{m}+\boldsymbol{y})\nu(\boldsymbol{y},\boldsymbol{m}+\boldsymbol{y})$$

$$=\sum_{y_1,\cdots,y_n\geqslant 0}\sum_{0\leqslant m_1\leqslant y_1,\cdots,0\leqslant m_n\leqslant y_n}\alpha(\boldsymbol{m})\delta(\boldsymbol{y})\mu(\boldsymbol{m},\boldsymbol{y})\nu(\boldsymbol{m},\boldsymbol{y}). \tag{6.1.4}$$

另一方面, 则引理 6.1.1 的 (6.1.1) 情形为

定理 6.1.2 [53] (多变量 Bailey 变换)　设 $\alpha(\boldsymbol{y})$, $\delta(\boldsymbol{y})$, 和 $\mu(\boldsymbol{m},\boldsymbol{y})$, $\nu(\boldsymbol{m},\boldsymbol{y})$ 分别为向量 $\boldsymbol{m}$ 和 $\boldsymbol{y}$ 的任何函数, 在合适的收敛条件下, 若

$$\beta(\boldsymbol{m})=\sum_{\substack{0\leqslant y_i\leqslant m_i\\ i=1,\cdots,n}}\alpha(\boldsymbol{y})\mu(\boldsymbol{y},\boldsymbol{m})\nu(\boldsymbol{y},\boldsymbol{m}) \tag{6.1.5}$$

和

$$\gamma(\boldsymbol{m})=\sum_{\substack{y_i\geqslant m_i\\ i=1,\cdots,n}}\delta(\boldsymbol{y})\mu(\boldsymbol{m},\boldsymbol{y})\nu(\boldsymbol{m},\boldsymbol{y}), \tag{6.1.6}$$

则有

$$\sum_{m_1,\cdots,m_n\geqslant 0}\alpha(\boldsymbol{m})\gamma(\boldsymbol{m})=\sum_{m_1,\cdots,m_n\geqslant 0}\beta(\boldsymbol{m})\delta(\boldsymbol{m}). \tag{6.1.7}$$

注 6.1.1　通过对上述定理 6.1.1 中的 $\alpha(\boldsymbol{y})$, $\delta(\boldsymbol{y})$, $\mu(\boldsymbol{y},\boldsymbol{m}+\boldsymbol{y})$, $\nu(\boldsymbol{y},\boldsymbol{m}+\boldsymbol{y})$ 或定理 6.1.2 中的 $\alpha(\boldsymbol{m})$, $\gamma(\boldsymbol{m})$, $\beta(\boldsymbol{m})$, $\delta(\boldsymbol{m})$ 进行特殊化, 利用已知的求和公式对内部和求和, 可得到新的结果.

6.2　$U(n+1)$ $_{10}\phi_9$ 变换公式

Bailey 的经典 $_{10}\phi_9$ 变换公式是单变量基本超几何级数理论与应用中最有力的结果之一. 特殊极限情形产生终止型非常均衡的 $_8\phi_7$ 级数可作为平衡的 $_4\phi_3$ 级数的倍数的 Watson 变换公式 [100] 和 Sears $_4\phi_3$ 变换公式 [79]. Watson 的 $_8\phi_7$ (或 q-Whipple) 变换公式依次导致 Jackson 的终止型平衡 $_3\phi_2$ 求和 [101]、Rogers 的非常均衡 $_6\phi_5$ 求和 [75] 以及 Jackson 的终止型非常均衡 $_8\phi_7$ (或 q-Dougall) 求和 [102]. 在更深的层次上, 经典 $_{10}\phi_9$ 变换的另一种极限情况给出了 Bailey 的以两个平衡的 $_4\phi_3$ 级数表示非常均衡的 $_8\phi_7$ 级数的 Watson $_8\phi_7$ 变换的非终止型扩

展 [103, 8.5(3) 节]. 这个变换与非终止型 $_6\phi_5$ 求和联合则产生 Sears 的终止型平衡 $_3\phi_2$ 求和的非终止型拓广 [78]. 从经典 $_{10}\phi_9$ 变换求导这两个非终止型变换被概述在 [6, 第 42, 43 页] 中. 这两个非终止型变换的若干其他重要应用被讨论在 [6, 第 45, 46, 142—147, 167—168, 173—175 页] 中. 这些包括推导 $_8\phi_7$ 级数的 Bailey 三项变换公式 [13], 获得 Jackson $_8\phi_7$ 求和的 Bailey 非终止扩展, 计算 Askey-Wilson q-积分, 找到 $_{10}\phi_9$ 级数和 $_8\phi_7$ 级数的积分表示, 建立大 q-Jacobi 多项式的正交关系, 导出 Askey-Wilson 多项式的加权函数并给出它们正交关系的直接证明 [99]. 本节将利用多维 Bailey 变换, 给出若干 $U(n+1)$ $_{10}\phi_9$ 变换公式.

重新改写 (3.6.14) 为下述形式:

引理 6.2.1 [53, 定理 A.3], [49, 定理 6.1]

$$
\sum_{\substack{0 \leqslant y_k \leqslant N_k \\ k=1,2,\cdots,n}} \frac{(b)_{|\boldsymbol{y}|}(e)_{|\boldsymbol{y}|}}{(aq/c)_{|\boldsymbol{y}|}(aq/d)_{|\boldsymbol{y}|}} \left(\frac{a^2 q^{|\boldsymbol{N}|+1}}{bcde} \right)^{|\boldsymbol{y}|} q^{|\boldsymbol{y}|}
$$

$$
\times \prod_{1 \leqslant r < s \leqslant n} \frac{x_r q^{y_r} - x_s q^{y_s}}{x_r - x_s} \prod_{i=1}^{n} \frac{1 - ax_i q^{y_i + |\boldsymbol{y}|}}{1 - ax_i}
$$

$$
\times \prod_{r,s=1}^{n} \frac{(q^{-N_s} x_r/x_s)_{y_r}}{(qx_r/x_s)_{y_r}} \prod_{i=1}^{n} \frac{(ax_i)_{|\boldsymbol{y}|}}{(ax_i q^{1+N_i})_{|\boldsymbol{y}|}} \prod_{i=1}^{n} \frac{(cx_i)_{y_i}(dx_i)_{y_i}}{(aqx_i/b)_{y_i}(aqx_i/e)_{y_i}}
$$

$$
- \frac{(aq/de)_{|\boldsymbol{N}|}}{(aq/d)_{|\boldsymbol{N}|}} \prod_{i=1}^{n} \frac{(aqx_i)_{N_i}}{(aqx_i/e)_{N_i}} \sum_{\substack{0 \leqslant y_k \leqslant N_k \\ k=1,2,\cdots,n}} \frac{(aq/bc)_{|\boldsymbol{y}|}(e)_{|\boldsymbol{y}|}}{(aq/c)_{|\boldsymbol{y}|}(deq^{-|\boldsymbol{N}|}/a)_{|\boldsymbol{y}|}} q^{|\boldsymbol{y}|}
$$

$$
\times \prod_{1 \leqslant r < s \leqslant n} \frac{x_r q^{y_r} - x_s q^{y_s}}{x_r - x_s} \prod_{r,s=1}^{n} \frac{(q^{-N_s} x_r/x_s)_{y_r}}{(qx_r/x_s)_{y_r}} \prod_{i=1}^{n} \frac{(dx_i)_{y_i}}{(aqx_i/b)_{y_i}}. \tag{6.2.1}
$$

注 6.2.1 在此结论中, 令 $aq/bc = 1$, 然后设 $d \to b$, $e \to c$, 得到定理 3.2.2 (可终止型非常均衡 $_6\phi_5$ 求和公式的第二个 $U(n+1)$ 拓广). 在结论中令 $b = 1$, 然后取 $a \to c/q$, $d \to a$, $e \to b$, 得到定理 3.3.3 (可终止型 $_3\phi_2$ 求和公式的第一个 $U(n+1)$ 拓广).

引理 6.2.2 [49, 定理 6.2], [53, 定理 A.4] (q-Jackson $_8\phi_7$ 求和公式的第二个 $U(n+1)$ 拓广)

$$
\sum_{\substack{0 \leqslant y_k \leqslant N_k \\ k=1,2,\cdots,n}} \frac{(b)_{|\boldsymbol{y}|}(c)_{|\boldsymbol{y}|}}{(aq/d)_{|\boldsymbol{y}|}(aq/e)_{|\boldsymbol{y}|}} q^{|\boldsymbol{y}|} \prod_{1 \leqslant r < s \leqslant n} \frac{x_r q^{y_r} - x_s q^{y_s}}{x_r - x_s} \prod_{i=1}^{n} \frac{1 - ax_i q^{y_i + |\boldsymbol{y}|}}{1 - ax_i}
$$

$$\times \prod_{r,s=1}^{n} \frac{(q^{-N_s}x_r/x_s)_{y_r}}{(qx_r/x_s)_{y_r}} \prod_{i=1}^{n} \frac{(ax_i)_{|\boldsymbol{y}|}}{(ax_iq^{1+N_i})_{|\boldsymbol{y}|}} \prod_{i=1}^{n} \frac{(dx_i)_{y_i}(ex_i)_{y_i}}{(aqx_i/b)_{y_i}(aqx_i/c)_{y_i}}$$

$$= \frac{(aq/bd)_{|\boldsymbol{N}|}(aq/cd)_{|\boldsymbol{N}|}}{(aq/d)_{|\boldsymbol{N}|}(aq/bcd)_{|\boldsymbol{N}|}} \prod_{i=1}^{n} \frac{(aqx_i)_{N_i}(aqx_i/bc)_{N_i}}{(aqx_i/b)_{N_i}(aqx_i/c)_{N_i}}, \tag{6.2.2}$$

这里 $a^2q = bcdeq^{-|\boldsymbol{N}|}$.

证明　在引理 6.2.1 中, 令 $aq/bc = deq^{-|\boldsymbol{N}|}/a$, 然后利用 $U(n+1) \, _3\phi_2$ 第一求和公式 (定理 3.3.3, $a \to d$, $c \to aq/b$, $b \to e$), 可得证此定理.　　　　□

定理 6.2.1 [53, 定理 3.1] ($U(n+1) \, _{10}\phi_9$ 第一变换公式)

$$\sum_{\substack{0\leqslant y_k\leqslant N_k \\ k=1,\cdots,n}} \prod_{1\leqslant r<s\leqslant n} \frac{x_rq^{y_r}-x_sq^{y_s}}{x_r-x_s} \prod_{i=1}^{n} \frac{1-ax_iq^{y_i+|\boldsymbol{y}|}}{1-ax_i} \prod_{r,s=1}^{n} \frac{(q^{-N_s}x_r/x_s)_{y_r}}{(qx_r/x_s)_{y_r}}$$

$$\times \prod_{i=1}^{n} \frac{(dx_i)_{y_i}(ex_i)_{y_i}(\lambda ax_iq^{1+|\boldsymbol{N}|}/ef)_{y_i}}{(aqx_i/b)_{y_i}(aqx_i/c)_{y_i}(aqx_i/f)_{y_i}} \prod_{i=1}^{n} \frac{(ax_i)_{|\boldsymbol{y}|}}{(ax_iq^{1+N_i})_{|\boldsymbol{y}|}}$$

$$\times \frac{(b)_{|\boldsymbol{y}|}(c)_{|\boldsymbol{y}|}(f)_{|\boldsymbol{y}|}}{(aq/d)_{|\boldsymbol{y}|}(aq/e)_{|\boldsymbol{y}|}(efq^{-|\boldsymbol{N}|}/\lambda)_{|\boldsymbol{y}|}} q^{|\boldsymbol{y}|}$$

$$= \frac{(aq/ef)_{|\boldsymbol{N}|}(\lambda q/e)_{|\boldsymbol{N}|}}{(\lambda q/ef)_{|\boldsymbol{N}|}(aq/e)_{|\boldsymbol{N}|}} \prod_{i=1}^{n} \frac{(aqx_i)_{N_i}(\lambda qx_i/f)_{N_i}}{(\lambda qx_i)_{N_i}(aqx_i/f)_{N_i}}$$

$$\times \sum_{\substack{0\leqslant y_k\leqslant N_k \\ k=1,\cdots,n}} \prod_{1\leqslant r<s\leqslant n} \frac{x_rq^{y_r}-x_sq^{y_s}}{x_r-x_s} \prod_{i=1}^{n} \frac{1-\lambda x_iq^{y_i+|\boldsymbol{y}|}}{1-\lambda x_i} \prod_{r,s=1}^{n} \frac{(q^{-N_s}x_r/x_s)_{y_r}}{(qx_r/x_s)_{y_r}}$$

$$\times \prod_{i=1}^{n} \frac{(\lambda dx_i/a)_{y_i}(ex_i)_{y_i}(\lambda ax_iq^{1+|\boldsymbol{N}|}/ef)_{y_i}}{(aqx_i/b)_{y_i}(aqx_i/c)_{y_i}(\lambda qx_i/f)_{y_i}} \prod_{i=1}^{n} \frac{(\lambda x_i)_{|\boldsymbol{y}|}}{(\lambda x_iq^{1+N_i})_{|\boldsymbol{y}|}}$$

$$\times \frac{(\lambda b/a)_{|\boldsymbol{y}|}(\lambda c/a)_{|\boldsymbol{y}|}(f)_{|\boldsymbol{y}|}}{(aq/d)_{|\boldsymbol{y}|}(\lambda q/e)_{|\boldsymbol{y}|}(efq^{-|\boldsymbol{N}|}/a)_{|\boldsymbol{y}|}} q^{|\boldsymbol{y}|}, \tag{6.2.3}$$

这里 $\lambda = qa^2/bcd$.

证明　在 (6.1.4) 中特殊化 α, δ, μ 和 ν, 令 $\lambda = qa^2/bcd$, 取

$$\alpha(\boldsymbol{m}) = \frac{(b)_{|\boldsymbol{m}|}(c)_{|\boldsymbol{m}|}}{(aq/d)_{|\boldsymbol{m}|}} \left(\frac{\lambda}{aq}\right)^{|\boldsymbol{m}|}$$

$$\times \prod_{i=1}^{n} \frac{(1-ax_iq^{m_i+|\boldsymbol{m}|})(ax_i)_{|\boldsymbol{m}|}(dx_i)_{m_i}}{(1-ax_i)(aqx_i/b)_{m_i}(aqx_i/c)_{m_i}} \prod_{r,s=1}^{n} \frac{1}{(qx_r/x_s)_{m_r}}, \tag{6.2.4}$$

$$\delta(\boldsymbol{y}) = \frac{(f)_{|\boldsymbol{y}|}}{(\lambda q/e)_{|\boldsymbol{y}|}(efq^{-|\boldsymbol{N}|}/a)_{|\boldsymbol{y}|}} \prod_{i=1}^{n} \frac{1 - \lambda x_i q^{y_i + |\boldsymbol{y}|}}{1 - \lambda x_i} \prod_{1 \leqslant r < s \leqslant n} \frac{x_r q^{y_r} - x_s q^{y_s}}{x_r - x_s}$$

$$\times \prod_{i=1}^{n} \frac{(ex_i)_{y_i}(a\lambda x_i q^{1+|\boldsymbol{N}|}/ef)_{y_i}}{(\lambda x_i q^{1+N_i})_{|\boldsymbol{y}|}(\lambda x_i q/f)_{y_i}} \prod_{r,s=1}^{n} (q^{-N_s} x_r/x_s)_{y_r}, \tag{6.2.5}$$

$$\mu(\boldsymbol{m}, \boldsymbol{y}) = \left(\frac{\lambda}{a}\right)_{|\boldsymbol{y}| - |\boldsymbol{m}|} \prod_{r,s=1}^{n} \frac{1}{(q^{1+m_r-m_s} x_r/x_s)_{y_r-m_r}} \tag{6.2.6}$$

$$= \prod_{1 \leqslant r < s \leqslant n} \frac{x_r q^{m_r} - x_s q^{m_s}}{x_r - x_s} \prod_{r,s=1}^{n} \frac{(q^{-y_s} x_r/x_s)_{m_r}}{(qx_r/x_s)_{y_r}} \cdot \frac{(\lambda/a)_{|\boldsymbol{y}|}}{(aq^{1-|\boldsymbol{y}|}/\lambda)_{|\boldsymbol{m}|}} \left(\frac{aq}{\lambda}\right)^{|\boldsymbol{m}|},$$
$$\tag{6.2.7}$$

$$\nu(\boldsymbol{m}, \boldsymbol{y}) = q^{|\boldsymbol{y}| + |\boldsymbol{m}|} \prod_{i=1}^{n} \frac{(x_i \lambda)_{m_i + |\boldsymbol{y}|}}{(aqx_i)_{y_i + |\boldsymbol{m}|}}. \tag{6.2.8}$$

这里需要说明的是, 根据 (1.1.4) 和 (1.4.19), $\mu(\boldsymbol{m}, \boldsymbol{y})$ 有两个不同表示, 我们在推导 (6.1.4) 的左边时应用第一个表示 (6.2.6); 在推导 (6.1.4) 的右边时应用第二个表示 (6.2.7). (6.1.4) 对应的右边为

$$R = \sum_{\substack{y_i \geqslant 0 \\ i=1,2,\cdots,n}} \sum_{\substack{0 \leqslant m_i \leqslant y_i \\ i=1,2,\cdots,n}} \alpha(\boldsymbol{m}) \delta(\boldsymbol{y}) \mu(\boldsymbol{m}, \boldsymbol{y}) \nu(\boldsymbol{m}, \boldsymbol{y})$$

$$= \sum_{\substack{y_i \geqslant 0 \\ i=1,2,\cdots,n}} \sum_{\substack{0 \leqslant m_i \leqslant y_i \geqslant 0 \\ i=1,2,\cdots,n}} \frac{(b)_{|\boldsymbol{m}|}(c)_{|\boldsymbol{m}|}}{(aq/d)_{|\boldsymbol{m}|}} \left(\frac{\lambda}{aq}\right)^{|\boldsymbol{m}|}$$

$$\times \prod_{i=1}^{n} \frac{(1 - ax_i q^{m_i + |\boldsymbol{m}|})(ax_i)_{|\boldsymbol{m}|}(dx_i)_{m_i}}{(1 - ax_i)(aqx_i/b)_{m_i}(aqx_i/c)_{m_i}} \prod_{r,s=1}^{n} \frac{1}{(qx_r/x_s)_{m_r}}$$

$$\times \frac{(f)_{|\boldsymbol{y}|}}{(\lambda q/e)_{|\boldsymbol{y}|}(efq^{-|\boldsymbol{N}|}/a)_{|\boldsymbol{y}|}} \prod_{i=1}^{n} \frac{1 - \lambda x_i q^{y_i + |\boldsymbol{y}|}}{1 - \lambda x_i} \prod_{1 \leqslant r < s \leqslant n} \frac{x_r q^{y_r} - x_s q^{y_s}}{x_r - x_s}$$

$$\times \prod_{i=1}^{n} \frac{(ex_i)_{y_i}(a\lambda x_i q^{1+|\boldsymbol{N}|}/ef)_{y_i}}{(\lambda x_i q^{1+N_i})_{|\boldsymbol{y}|}(\lambda x_i q/f)_{y_i}} \prod_{r,s=1}^{n} (q^{-N_s} x_r/x_s)_{y_r}$$

$$\times \prod_{1 \leqslant r < s \leqslant n} \frac{x_r q^{m_r} - x_s q^{m_s}}{x_r - x_s} \prod_{r,s=1}^{n} \frac{(q^{-y_s} x_r/x_s)_{m_r}}{(qx_r/x_s)_{y_r}} \cdot \frac{(\lambda/a)_{|\boldsymbol{y}|}}{(aq^{1-|\boldsymbol{y}|}/\lambda)_{|\boldsymbol{m}|}} \left(\frac{aq}{\lambda}\right)^{|\boldsymbol{m}|}$$

$$\times q^{|\boldsymbol{y}| + |\boldsymbol{m}|} \prod_{i=1}^{n} \frac{(x_i \lambda)_{m_i + |\boldsymbol{y}|}}{(aqx_i)_{y_i + |\boldsymbol{m}|}}.$$

应用 (1.1.3), 则有

$$R = \sum_{\substack{0 \leqslant y_i \leqslant N_i \\ i=1,\cdots,n}} \prod_{i=1}^n \frac{1 - \lambda x_i q^{y_i + |\boldsymbol{y}|}}{1 - \lambda x_i} \prod_{i=1}^n \frac{(ex_i)_{y_i}(a\lambda x_i q^{1+|\boldsymbol{N}|}/ef)_{y_i}}{(\lambda x_i q/f)_{y_i}(aqx_i)_{y_i}}$$

$$\times \frac{(f)_{|\boldsymbol{y}|}(\lambda/a)_{|\boldsymbol{y}|}}{(q\lambda/e)_{|\boldsymbol{y}|}(efq^{-|\boldsymbol{N}|}/a)_{|\boldsymbol{y}|}} \prod_{i=1}^n \frac{(\lambda x_i)_{|\boldsymbol{y}|}}{(\lambda x_i q^{1+N_i})_{|\boldsymbol{y}|}}$$

$$\times \prod_{r,s=1}^n \frac{(q^{-N_s} x_r/x_s)_{y_r}}{(qx_r/x_s)_{y_r}} \prod_{1\leqslant r<s\leqslant n} \frac{x_r q^{y_r} - x_s q^{y_s}}{x_r - x_s} \cdot q^{|\boldsymbol{y}|}$$

$$\times \sum_{\substack{0 \leqslant m_i \leqslant y_i \\ i=1,\cdots,n}} \prod_{i=1}^n \frac{1 - ax_i q^{m_i+|\boldsymbol{m}|}}{1 - ax_i} \prod_{r,s=1}^n \frac{(q^{-y_s} x_r/x_s)_{m_r}}{(qx_r/x_s)_{m_r}}$$

$$\times \prod_{i=1}^n \frac{(ax_i)_{|\boldsymbol{m}|}}{(ax_i q^{1+y_i})_{|\boldsymbol{m}|}} \prod_{i=1}^n \frac{(dx_i)_{m_i}(\lambda x_i q^{|\boldsymbol{y}|})_{m_i}}{(aqx_i/b)_{m_i}(aqx_i/c)_{m_i}}$$

$$\times \frac{(b)_{|\boldsymbol{m}|}(c)_{|\boldsymbol{m}|}}{(aq/d)_{|\boldsymbol{m}|}(aq^{1-|\boldsymbol{y}|}/\lambda)_{|\boldsymbol{m}|}} \prod_{1\leqslant r<s\leqslant n} \frac{x_r q^{m_r} - x_s q^{m_s}}{x_r - x_s} \cdot q^{|\boldsymbol{m}|}.$$

在上式的内部和应用引理 6.2.2 ($N_i \to y_i$, $e \to \lambda q^{|\boldsymbol{y}|}$), 则有

$$R = \sum_{\substack{0 \leqslant y_i \leqslant N_i \\ i=1,\cdots,n}} \prod_{i=1}^n \frac{1 - \lambda x_i q^{y_i + |\boldsymbol{y}|}}{1 - \lambda x_i} \prod_{i=1}^n \frac{(ex_i)_{y_i}(a\lambda x_i q^{1+|\boldsymbol{N}|}/ef)_{y_i}}{(\lambda x_i q/f)_{y_i}(aqx_i)_{y_i}}$$

$$\times \frac{(f)_{|\boldsymbol{y}|}(\lambda/a)_{|\boldsymbol{y}|}}{(q\lambda/e)_{|\boldsymbol{y}|}(efq^{-|\boldsymbol{N}|}/a)_{|\boldsymbol{y}|}} \prod_{i=1}^n \frac{(\lambda x_i)_{|\boldsymbol{y}|}}{(\lambda x_i q^{1+N_i})_{|\boldsymbol{y}|}}$$

$$\times \prod_{r,s=1}^n \frac{(q^{-N_s} x_r/x_s)_{y_r}}{(qx_r/x_s)_{y_r}} \prod_{1\leqslant r<s\leqslant n} \frac{x_r q^{y_r} - x_s q^{y_s}}{x_r - x_s} \cdot q^{|\boldsymbol{y}|}$$

$$\times \frac{(aq/bd)_{|\boldsymbol{y}|}(aq/cd)_{|\boldsymbol{y}|}}{(aq/d)_{|\boldsymbol{y}|}(aq/bcd)_{|\boldsymbol{y}|}} \prod_{i=1}^n \frac{(aqx_i)_{y_i}(aqx_i/bc)_{y_i}}{(aqx_i/b)_{y_i}(aqx_i/c)_{y_i}}. \tag{6.2.9}$$

又由于 $\lambda = qa^2/bcd$, 有

$$\frac{aq}{bc} = \frac{\lambda d}{a}, \quad \frac{aq}{bd} = \frac{\lambda c}{a}, \quad \frac{aq}{cd} = \frac{\lambda b}{a}, \quad \frac{aq}{bcd} = \frac{\lambda}{a},$$

则

$$(\lambda/a)_{|\boldsymbol{y}|} = (aq/bcd)_{|\boldsymbol{y}|},$$

$$(aqx_i/bc)_{y_i} = (\lambda dx_i/a)_{y_i},$$

$$(aq/bd)_{|\boldsymbol{y}|} = (\lambda c/a)_{|\boldsymbol{y}|},$$

$$(aq/cd)_{|\boldsymbol{y}|} = (\lambda b/a)_{|\boldsymbol{y}|}.$$

代上述关系到 (6.2.9) 中, 化简, 则

$$R = \sum_{\substack{0 \leqslant y_k \leqslant N_k \\ k-1,\cdots,n}} \prod_{1 \leqslant r < s \leqslant n} \frac{x_r q^{y_r} - x_s q^{y_s}}{x_r - x_s} \prod_{i=1}^n \frac{1 - \lambda x_i q^{y_i + |\boldsymbol{y}|}}{1 - \lambda x_i} \prod_{r,s=1}^n \frac{(q^{-N_s} x_r/x_s)_{y_r}}{(qx_r/x_s)_{y_r}}$$

$$\times \prod_{i=1}^n \frac{(\lambda dx_i/a)_{y_i}(ex_i)_{y_i}(\lambda ax_i q^{1+|\boldsymbol{N}|}/ef)_{y_i}}{(aqx_i/b)_{y_i}(aqx_i/c)_{y_i}(\lambda qx_i/f)_{y_i}} \prod_{i=1}^n \frac{(\lambda x_i)_{|\boldsymbol{y}|}}{(\lambda x_i q^{1+N_i})_{|\boldsymbol{y}|}}$$

$$\times \frac{(\lambda b/a)_{|\boldsymbol{y}|}(\lambda c/a)_{|\boldsymbol{y}|}(f)_{|\boldsymbol{y}|}}{(aq/d)_{|\boldsymbol{y}|}(\lambda q/e)_{|\boldsymbol{y}|}(efq^{-|\boldsymbol{N}|}/a)_{|\boldsymbol{y}|}} q^{|\boldsymbol{y}|}.$$

(6.1.4) 对应的左边为

$$L = \sum_{\substack{y_i \geqslant 0 \\ i=1,2,\cdots,n}} \sum_{\substack{m_i \geqslant 0 \\ i=1,2,\cdots,n}} \alpha(\boldsymbol{y})\delta(\boldsymbol{m}+\boldsymbol{y})\mu(\boldsymbol{y},\boldsymbol{m}+\boldsymbol{y})\nu(\boldsymbol{y},\boldsymbol{m}+\boldsymbol{y})$$

$$= \sum_{\substack{y_i \geqslant 0 \\ i=1,2,\cdots,n}} \sum_{\substack{m_i \geqslant 0 \\ i=1,2,\cdots,n}} \frac{(b)_{|\boldsymbol{y}|}(c)_{|\boldsymbol{y}|}}{(aq/d)_{|\boldsymbol{y}|}} \left(\frac{\lambda}{aq}\right)^{|\boldsymbol{y}|}$$

$$\times \prod_{i=1}^n \frac{(1 - ax_i q^{y_i + |\boldsymbol{y}|})(ax_i)_{|\boldsymbol{y}|}(dx_i)_{y_i}}{(1 - ax_i)(aqx_i/b)_{y_i}(aqx_i/c)_{y_i}} \prod_{r,s=1}^n \frac{1}{(qx_r/x_s)_{y_r}}$$

$$\times \frac{(f)_{|\boldsymbol{y}|+|\boldsymbol{m}|}}{(\lambda q/e)_{|\boldsymbol{y}|+|\boldsymbol{m}|}(efq^{-|\boldsymbol{N}|}/a)_{|\boldsymbol{y}|+|\boldsymbol{m}|}} \prod_{i=1}^n \frac{1 - \lambda x_i q^{y_i + |\boldsymbol{y}| + m_i + |\boldsymbol{m}|}}{1 - \lambda x_i}$$

$$\times \prod_{1 \leqslant r < s \leqslant n} \frac{x_r q^{y_r + m_r} - x_s q^{y_s + m_s}}{x_r - x_s}$$

$$\times \prod_{i=1}^n \frac{(ex_i)_{y_i+m_i}(a\lambda x_i q^{1+|\boldsymbol{N}|}/ef)_{y_i+m_i}}{(\lambda x_i q^{1+N_i})_{|\boldsymbol{y}|+|\boldsymbol{m}|}(\lambda x_i q/f)_{y_i+m_i}} \prod_{r,s=1}^n (q^{-N_s} x_r/x_s)_{y_r+m_r}$$

$$\times \left(\frac{\lambda}{a}\right)_{|\boldsymbol{m}|} \prod_{r,s=1}^n \frac{1}{(q^{1+y_r-y_s} x_r/x_s)_{m_r}} \cdot q^{2|\boldsymbol{y}|+|\boldsymbol{m}|} \prod_{i=1}^n \frac{(x_i\lambda)_{y_i+|\boldsymbol{y}|+|\boldsymbol{m}|}}{(aqx_i)_{y_i+m_i+|\boldsymbol{y}|}}.$$

整理, 则有

$$
L = \sum_{\substack{0 \leqslant y_i \leqslant N_i \\ i=1,2,\cdots,n}} \prod_{i=1}^{n} \frac{1 - ax_i q^{y_i+|\boldsymbol{y}|}}{1 - ax_i}
$$

$$
\times \prod_{i=1}^{n} \frac{(dx_i)_{y_i}(ex_i)_{y_i}(a\lambda x_i q^{1+|\boldsymbol{N}|}/ef)_{y_i}}{(aqx_i/b)_{y_i}(aqx_i/c)_{y_i}} \frac{(b)_{|\boldsymbol{y}|}(c)_{|\boldsymbol{y}|}(f)_{|\boldsymbol{y}|}}{(aq/d)_{|\boldsymbol{y}|}(\lambda q/e)_{|\boldsymbol{y}|}(efq^{-|\boldsymbol{N}|}/a)_{|\boldsymbol{y}|}}
$$

$$
\times \prod_{i=1}^{n} \frac{(ax_i)_{|\boldsymbol{y}|}(\lambda x_i)_{y_i+|\boldsymbol{y}|}}{(\lambda x_i q^{1+N_i})_{|\boldsymbol{y}|}(aqx_i)_{y_i+|\boldsymbol{y}|}} \prod_{i=1}^{n} \frac{1 - \lambda x_i q^{y_i+|\boldsymbol{y}|}}{1 - \lambda x_i}
$$

$$
\times \prod_{r,s=1}^{n} \frac{(q^{-N_s}x_r/x_s)_{y_r}}{(qx_r/x_s)_{y_r}} \prod_{1 \leqslant r < s \leqslant n} \frac{x_r q^{y_r} - x_s q^{y_s}}{x_r - x_s}
$$

$$
\times \left(\frac{\lambda}{a}\right)_{|\boldsymbol{y}|} q^{|\boldsymbol{y}|} \sum_{0 \leqslant m_i \leqslant N_i - y_i} \prod_{i=1}^{n} \frac{1 - \lambda x_i q^{y_i+m_i+|\boldsymbol{y}|+|\boldsymbol{m}|}}{1 - \lambda x_i q^{y_i+|\boldsymbol{y}|}}
$$

$$
\times \prod_{r,s=1}^{n} \frac{(q^{y_r-N_s}x_r/x_s)_{m_r}}{(q^{1+y_r-y_s}x_r/x_s)_{m_r}} \prod_{i=1}^{n} \frac{(\lambda x_i q^{y_i+|\boldsymbol{y}|})_{|\boldsymbol{m}|}}{(\lambda x_i q^{1+N_i+|\boldsymbol{y}|})_{|\boldsymbol{m}|}}
$$

$$
\times \prod_{i=1}^{n} \frac{(ex_i q^{y_i})_{m_i}(a\lambda x_i q^{1+|\boldsymbol{N}|+y_i}/ef)_{m_i}}{(\lambda x_i q^{1+y_i}/f)_{m_i}(ax_i q^{1+y_i+|\boldsymbol{y}|})_{m_i}} \prod_{1 \leqslant r < s \leqslant n} \frac{x_r q^{y_r+m_r} - x_s q^{y_s+m_s}}{x_r q^{y_r} - x_s q^{y_s}}
$$

$$
\times \frac{(fq^{|\boldsymbol{y}|})_{|\boldsymbol{m}|}(\lambda/a)_{|\boldsymbol{m}|}}{(\lambda q^{1+|\boldsymbol{y}|}/e)_{|\boldsymbol{m}|}(efq^{|\boldsymbol{y}|-|\boldsymbol{N}|}/a)_{|\boldsymbol{m}|}} q^{|\boldsymbol{m}|}.
$$

应用引理 6.2.2 的下述情形:

$$
N_s \to N_s - y_s, \quad 若 \ s = 1, \cdots, n,
$$

$$
x_r \to x_r q^{y_r}, \quad 若 \ r = 1, \cdots, n,
$$

$$
a \to \lambda q^{y_r+|\boldsymbol{y}|},
$$

$$
b \to \lambda/a,
$$

$$
c \to fq^{|\boldsymbol{y}|},
$$

$$
d \to eq^{y_r},
$$

$$
e \to \lambda aq^{1+y_r+|\boldsymbol{N}|}/ef.
$$

则上式的内部和为

$$\frac{(aq^{1+|\boldsymbol{y}|}/e)_{|\boldsymbol{N}|-|\boldsymbol{y}|}(\lambda q/ef)_{|\boldsymbol{N}|-|\boldsymbol{y}|}}{(\lambda q^{1+|\boldsymbol{y}|}/e)_{|\boldsymbol{N}|-|\boldsymbol{y}|}(aq/ef)_{|\boldsymbol{N}|-|\boldsymbol{y}|}} \prod_{k=1}^{n} \frac{(\lambda x_k q^{1+2y_k+|\boldsymbol{y}|})_{N_k-y_k}(ax_k q^{1+2y_k}/f)_{N_k-y_k}}{(ax_k q^{1+2y_k+|\boldsymbol{y}|})_{N_k-y_k}(\lambda x_k q^{1+2y_k}/f)_{N_k-y_k}}.$$

应用下述关系:

$$\prod_{i=1}^{n} \frac{(\lambda x_i)_{y_i+|\boldsymbol{y}|}(1-\lambda x_i q^{y_i+|\boldsymbol{y}|})(\lambda x_i q^{1+y_i+|\boldsymbol{y}|})_{N_i-y_i}}{1-\lambda x_i} = \prod_{i=1}^{n}(\lambda x_i q)_{N_i} \prod_{i=1}^{n}(\lambda x_i q^{1+N_i})_{|\boldsymbol{y}|},$$

$$\prod_{i=1}^{n}(ax_i q)_{y_i+|\boldsymbol{y}|}(ax_i q^{1+y_i+|\boldsymbol{y}|})_{N_i-y_i} = \prod_{i=1}^{n}(ax_i q)_{N_i} \prod_{i=1}^{n}(ax_i q^{1+N_i})_{|\boldsymbol{y}|},$$

$$\prod_{i=1}^{n} \frac{(aqx_i/f)_{y_i}(ax_i q^{1+y_i}/f)_{N_i-y_i}}{(\lambda qx_i/f)_{y_i}(\lambda x_i q^{1+y_i}/f)_{N_i-y_i}} = \prod_{i=1}^{n} \frac{(aqx_i/f)_{N_i}}{(\lambda qx_i/f)_{N_i}},$$

$$\frac{(aq/e)_{|\boldsymbol{y}|}(aq^{1+|\boldsymbol{y}|})_{|\boldsymbol{N}|-|\boldsymbol{y}|}}{(\lambda q/e)_{|\boldsymbol{y}|}(\lambda q^{1+|\boldsymbol{y}|}/e)_{|\boldsymbol{N}|-|\boldsymbol{y}|}} = \frac{(aq/e)_{|\boldsymbol{N}|}}{(\lambda q/e)_{|\boldsymbol{N}|}},$$

$$\frac{(\lambda q/ef)_{|\boldsymbol{N}|-|\boldsymbol{y}|}}{(aq/ef)_{|\boldsymbol{N}|-|\boldsymbol{y}|}} = \frac{(\lambda q/ef)_{|\boldsymbol{N}|}(efq^{-|\boldsymbol{N}|}/a)_{|\boldsymbol{y}|}}{(aq/ef)_{|\boldsymbol{N}|}(efq^{-|\boldsymbol{N}|}/\lambda)_{|\boldsymbol{y}|}}\left(\frac{a}{\lambda}\right)^{|\boldsymbol{y}|},$$

可得

$$L = \frac{(\lambda q/ef)_{|\boldsymbol{N}|}(aq/e)_{|\boldsymbol{N}|}}{(aq/ef)_{|\boldsymbol{N}|}(\lambda q/e)_{|\boldsymbol{N}|}} \prod_{i=1}^{n} \frac{(\lambda qx_i)_{N_i}(aqx_i/f)_{N_i}}{(aqx_i)_{N_i}(\lambda qx_i/f)_{N_i}}$$

$$\times \sum_{\substack{0\leqslant y_k\leqslant N_k \\ k=1,\cdots,n}} \prod_{1\leqslant r<s\leqslant n} \frac{x_r q^{y_r}-x_s q^{y_s}}{x_r-x_s} \prod_{i=1}^{n} \frac{1-ax_i q^{y_i+|\boldsymbol{y}|}}{1-ax_i} \prod_{r,s=1}^{n} \frac{(q^{-N_s}x_r/x_s)_{y_r}}{(qx_r/x_s)_{y_r}}$$

$$\times \prod_{i=1}^{n} \frac{(dx_i)_{y_i}(ex_i)_{y_i}(\lambda ax_i q^{1+|\boldsymbol{N}|}/ef)_{y_i}}{(aqx_i/b)_{y_i}(aqx_i/c)_{y_i}(aqx_i/f)_{y_i}} \prod_{i=1}^{n} \frac{(ax_i)_{|\boldsymbol{y}|}}{(ax_i q^{1+N_i})_{|\boldsymbol{y}|}}$$

$$\times \frac{(b)_{|\boldsymbol{y}|}(c)_{|\boldsymbol{y}|}(f)_{|\boldsymbol{y}|}}{(aq/d)_{|\boldsymbol{y}|}(aq/e)_{|\boldsymbol{y}|}(efq^{-|\boldsymbol{N}|}/\lambda)_{|\boldsymbol{y}|}} q^{|\boldsymbol{y}|}.$$

由以上可得, 命题得证. □

定理 6.2.2 [53, 定理 3.2] $(U(n+1)$ $_{10}\phi_9$ 第二变换公式)

$$\sum_{\substack{0\leqslant y_k\leqslant N_k \\ k=1,2,\cdots,n}} \prod_{1\leqslant r<s\leqslant n} \frac{x_r q^{y_r}-x_s q^{y_s}}{x_r-x_s} \prod_{i=1}^{n} \frac{1-ax_i q^{y_i+|\boldsymbol{y}|}}{1-ax_i} \prod_{r,s=1}^{n} \frac{(q^{-N_s}x_r/x_s)_{y_r}}{(qx_r/x_s)_{y_r}}$$

$$\times \prod_{i=1}^{n} \frac{(dx_i)_{y_i}(ex_i)_{y_i}(fx_i)_{y_i}}{(aqx_i/b)_{y_i}(aqx_i/c)_{y_i}(efx_iq^{-|\mathbf{N}|}/\lambda)_{y_i}}$$

$$\times \prod_{i=1}^{n} \frac{(ax_i)_{|\mathbf{y}|}}{(ax_iq^{1+N_i})_{|\mathbf{y}|}} \cdot \frac{(b)_{|\mathbf{y}|}(c)_{|\mathbf{y}|}(\lambda aq^{1+|\mathbf{N}|}/ef)_{|\mathbf{y}|}}{(aq/d)_{|\mathbf{y}|}(aq/e)_{|\mathbf{y}|}(aq/f)_{|\mathbf{y}|}}q^{|\mathbf{y}|}$$

$$= \frac{(\lambda q/e)_{|\mathbf{N}|}(\lambda q/f)_{|\mathbf{N}|}}{(aq/e)_{|\mathbf{N}|}(aq/f)_{|\mathbf{N}|}} \prod_{i=1}^{n} \frac{(aqx_i)_{N_i}(aq^{1+|\mathbf{N}|-N_i}/efx_i)_{N_i}}{(\lambda qx_i)_{N_i}(\lambda q^{1+|\mathbf{N}|-N_i}/efx_i)_{N_i}}$$

$$\times \sum_{\substack{0 \leqslant y_k \leqslant N_k \\ k=1,2,\cdots,n}} \prod_{1 \leqslant r < s \leqslant n} \frac{x_rq^{y_r} - x_sq^{y_s}}{x_r - x_s} \prod_{i=1}^{n} \frac{1 - \lambda x_iq^{y_i+|\mathbf{y}|}}{1 - \lambda x_i} \prod_{r,s=1}^{n} \frac{(q^{-N_s}x_r/x_s)_{y_r}}{(qx_r/x_s)_{y_r}}$$

$$\times \prod_{i=1}^{n} \frac{(\lambda dx_i/a)_{y_i}(ex_i)_{y_i}(fx_i)_{y_i}}{(aqx_i/b)_{y_i}(aqx_i/c)_{y_i}(efx_iq^{-|\mathbf{N}|}/a)_{y_i}}$$

$$\times \prod_{i=1}^{n} \frac{(\lambda x_i)_{|\mathbf{y}|}}{(\lambda x_iq^{1+N_i})_{|\mathbf{y}|}} \cdot \frac{(\lambda b/a)_{|\mathbf{y}|}(\lambda c/a)_{|\mathbf{y}|}(\lambda q^{2+|\mathbf{N}|}/ef)_{|\mathbf{y}|}}{(aq/d)_{|\mathbf{y}|}(\lambda q/e)_{|\mathbf{y}|}(\lambda q/f)_{|\mathbf{y}|}}q^{|\mathbf{y}|}, \quad (6.2.10)$$

这里 $\lambda = qa^2/bcd$.

证明   在定理 6.2.1 中, 令 $f \to \dfrac{\lambda a}{ef}q^{1+|\mathbf{N}|}$. $\square$

注 6.2.2   此定理也可通过选择适当的 α, δ, μ 和 ν, 类似于定理 6.2.1 的证明来给出其证明. 定理 6.2.2 等价于定理 6.2.1. 然而, 这里将它们独立地陈述, 是由于定理 6.2.2 的特殊极限情形不同于定理 6.2.1 的特殊极限情形.

定理 6.2.3 [53, 定理 3.3] ($U(n+1)$ $_{10}\phi_9$ 第三变换公式)   令 N 为非负整数, 则

$$\sum_{\substack{y_1,y_2,\cdots,y_n \geqslant 0 \\ 0 \leqslant |\mathbf{y}| \leqslant N}} \prod_{1 \leqslant r < s \leqslant n} \frac{x_rq^{y_r} - x_sq^{y_s}}{x_r - x_s} \prod_{i=1}^{n} \frac{1 - ax_iq^{y_i+|\mathbf{y}|}}{1 - ax_i} \prod_{r,s=1}^{n} \frac{(e_sx_r/x_s)_{y_r}}{(qx_r/x_s)_{y_r}}$$

$$\times \prod_{i=1}^{n} \frac{(dx_i)_{y_i}(fx_i)_{y_i}(\lambda ax_iq^{1+N}/e_1\cdots e_n)_{y_i}}{(aqx_i/b)_{y_i}(aqx_i/c)_{y_i}(ax_iq^{1+N})_{y_i}} \prod_{i=1}^{n} \frac{(ax_i)_{|\mathbf{y}|}}{(ax_iq/e_i)_{|\mathbf{y}|}}$$

$$\times \frac{(b)_{|\mathbf{y}|}(c)_{|\mathbf{y}|}(q^{-N})_{|\mathbf{y}|}}{(aq/d)_{|\mathbf{y}|}(aq/f)_{|\mathbf{y}|}(e_1\cdots e_nfq^{-N}/\lambda)_{|\mathbf{y}|}}q^{|\mathbf{y}|} \quad (6.2.11\text{a})$$

$$= \frac{(aq/e_1\cdots e_nf)_N(\lambda q/f)_N}{(\lambda q/e_1\cdots e_nf)_N(aq/f)_N} \prod_{i=1}^{n} \frac{(aqx_i)_N(\lambda qx_i/e_i)_N}{(\lambda qx_i)_N(aqx_i/e_i)_N} \quad (6.2.11\text{b})$$

$$\times \sum_{\substack{y_1,y_2,\cdots,y_n \geqslant 0 \\ 0 \leqslant |\mathbf{y}| \leqslant N}} \prod_{1 \leqslant r < s \leqslant n} \frac{x_rq^{y_r} - x_sq^{y_s}}{x_r - x_s} \prod_{i=1}^{n} \frac{1 - \lambda x_iq^{y_i+|\mathbf{y}|}}{1 - \lambda x_i} \prod_{r,s=1}^{n} \frac{(e_sx_r/x_s)_{y_r}}{(qx_r/x_s)_{y_r}}$$

$$\times \prod_{i=1}^{n} \frac{(\lambda dx_i/a)_{y_i}(fx_i)_{y_i}(\lambda ax_iq^{1+N}/e_1\cdots e_nf)_{y_i}}{(aqx_i/b)_{y_i}(aqx_i/c)_{y_i}(\lambda x_iq^{1+N})_{y_i}} \prod_{i=1}^{n} \frac{(\lambda x_i)_{|\boldsymbol{y}|}}{(\lambda x_iq/e_i)_{|\boldsymbol{y}|}}$$

$$\times \frac{(\lambda b/a)_{|\boldsymbol{y}|}(\lambda c/a)_{|\boldsymbol{y}|}(q^{-N})_{|\boldsymbol{y}|}}{(aq/d)_{|\boldsymbol{y}|}(\lambda q/f)_{|\boldsymbol{y}|}(e_1\cdots e_nfq^{-N}/a)_{|\boldsymbol{y}|}} q^{|\boldsymbol{y}|}, \tag{6.2.11c}$$

这里 $\lambda = qa^2/bcd$.

证明 类似定理 6.2.1 的证明, α, μ, ν 均为定理 6.2.1 中所设, 要求 $0 \leqslant y_1 + \cdots + y_n \leqslant N$, 再取

$$\delta(\boldsymbol{y}) = \prod_{i=1}^{n} \frac{1-\lambda x_iq^{y_i+|\boldsymbol{y}|}}{1-\lambda x_i} \prod_{1\leqslant r<s\leqslant n} \frac{x_rq^{y_r}-x_sq^{y_s}}{x_r-x_s} \prod_{i=1}^{n} \frac{(fx_i)_{y_i}(\lambda x_ia/e_1\cdots e_nf)_{y_i}}{(\lambda x_iq^{1+N})_{y_i}(\lambda x_iq/e_i)_{|\boldsymbol{y}|}}$$

$$\times \prod_{r,s=1}^{n} (e_sx_r/x_s)_{y_r} \frac{(q^{-N})_{|\boldsymbol{y}|}}{(\lambda q/f)_{|\boldsymbol{y}|}(e_1\cdots e_nfq^{-N}/a)_{|\boldsymbol{y}|}},$$

这里 $\lambda = qa^2/bcd$, 应用定理 6.2.2. 可得定理. $\qquad\square$

6.3 $U(n+1)_{10}\phi_9$ 变换公式的极限情形

经典的 Bailey $_{10}\phi_9$ 变换公式是由 Jackson $_8\phi_7$ 求和公式所得, 是单变量基本超几何级数理论和应用最富有内涵的结果之一. 在 $_{10}\phi_9$ 变换公式中, 取 $n \to \infty$, 则可得非终止型 $_8\phi_7$ 变换公式. 若继续取其中参数之一为 q^{-n}, 可得终止型 $_8\phi_7$ 变换公式, 再经过参数位置变化和应用 Watson 的终止型 $_8\phi_7$ 到 $_4\phi_3$ 变换, 则可得 Sears $_4\phi_3$ 变换公式, 再令 $n \to \infty$, 得到非终止型 $_3\phi_2$ 到 $_3\phi_2$ 变换公式. 由 $_8\phi_7$ 变换或求和公式, 亦可得到 $_6\phi_5$ 型求和公式等. 本节按照此思想讨论 $U(n+1)$ $_{10}\phi_9$ 变换公式的极限情形.

定理 6.3.1 [53, 定理 5.5] ($_8\phi_7 \to {}_8\phi_7$ 变换公式的第一个 $U(n+1)$ 拓广)

$$\sum_{y_1,y_2,\cdots,y_n\geqslant 0} \frac{(b)_{|\boldsymbol{y}|}(c)_{|\boldsymbol{y}|}}{(aq/d)_{|\boldsymbol{y}|}(aq/f)_{|\boldsymbol{y}|}} \left(\frac{a^2q}{bcde_1\cdots e_nf}\right)^{|\boldsymbol{y}|} q^{|\boldsymbol{y}|}$$

$$\times \prod_{1\leqslant r<s\leqslant n} \frac{x_rq^{y_r}-x_sq^{y_s}}{x_r-x_s} \prod_{i=1}^{n} \frac{1-ax_iq^{y_i+|\boldsymbol{y}|}}{1-ax_i}$$

$$\times \prod_{r,s=1}^{n} \frac{(e_sx_r/x_s)_{y_r}}{(qx_r/x_s)_{y_r}} \prod_{i=1}^{n} \frac{(dx_i)_{y_i}(fx_i)_{y_i}}{(aqx_i/b)_{y_i}(aqx_i/c)_{y_i}} \prod_{i=1}^{n} \frac{(ax_i)_{|\boldsymbol{y}|}}{(aqx_i/e_i)_{|\boldsymbol{y}|}}$$

$$= \frac{(aq/e_1\cdots e_nf)_\infty(\lambda q/f)_\infty}{(\lambda q/e_1\cdots e_nf)_\infty(aq/f)_\infty} \prod_{i=1}^{n} \frac{(aqx_i)_\infty(\lambda qx_i/e_i)_\infty}{(\lambda qx_i)_\infty(aqx_i/e_i)_\infty}$$

$$\times \sum_{y_1, y_2, \cdots, y_n \geqslant 0} \frac{(\lambda b/a)_{|\boldsymbol{y}|}(\lambda c/a)_{|\boldsymbol{y}|}}{(aq/d)_{|\boldsymbol{y}|}(\lambda q/f)_{|\boldsymbol{y}|}} \left(\frac{aq}{e_1 \cdots e_n f} \right)^{|\boldsymbol{y}|}$$

$$\times \prod_{1 \leqslant r < s \leqslant n} \frac{x_r q^{y_r} - x_s q^{y_s}}{x_r - x_s} \prod_{i=1}^{n} \frac{1 - \lambda x_i q^{y_i + |\boldsymbol{y}|}}{1 - \lambda x_i}$$

$$\times \prod_{r,s=1}^{n} \frac{(e_s x_r/x_s)_{y_r}}{(q x_r/x_s)_{y_r}} \prod_{i=1}^{n} \frac{(\lambda d x_i/a)_{y_i}(f x_i)_{y_i}}{(aq x_i/b)_{y_i}(aq x_i/c)_{y_i}} \prod_{i=1}^{n} \frac{(\lambda x_i)_{|\boldsymbol{y}|}}{(\lambda q x_i/e_i)_{|\boldsymbol{y}|}}, \tag{6.3.1}$$

这里 $\lambda = qa^2/bcd$ 和 $\max(|aq/e_1 \cdots e_n f|, |\lambda q/e_1 \cdots e_n f|) < 1$.

证明   在定理 6.2.3 ($U(n+1)$ $_{10}\phi_9$ 第三变换公式) 中, 令 $N \to \infty$, 可得结果. □

在上式中, 设 $f \to e$, $e_s \to f_s$, 然后令 $f_s = q^{-N_s}$, $s = 1, \cdots, n$, 则得下述两边均为终止型的变换公式:

定理 6.3.2 [53, (5.14)] ($_8\phi_7 \to {_8}\phi_7$ 变换公式的第二个 $U(n+1)$ 拓广)

$$\sum_{\substack{0 \leqslant y_i \leqslant N_i \\ i=1,2,\cdots,n}} \frac{(b)_{|\boldsymbol{y}|}(c)_{|\boldsymbol{y}|}}{(aq/d)_{|\boldsymbol{y}|}(aq/e)_{|\boldsymbol{y}|}} \left(\frac{a^2 q^{1+|\boldsymbol{N}|}}{bcde} \right)^{|\boldsymbol{y}|} q^{|\boldsymbol{y}|}$$

$$\times \prod_{1 \leqslant r < s \leqslant n} \frac{x_r q^{y_r} - x_s q^{y_s}}{x_r - x_s} \prod_{i=1}^{n} \frac{1 - a x_i q^{y_i + |\boldsymbol{y}|}}{1 - a x_i}$$

$$\times \prod_{r,s=1}^{n} \frac{(q^{-N_s} x_r/x_s)_{y_r}}{(q x_r/x_s)_{y_r}} \prod_{i=1}^{n} \frac{(d x_i)_{y_i}(e x_i)_{y_i}}{(aq x_i/b)_{y_i}(aq x_i/c)_{y_i}} \prod_{i=1}^{n} \frac{(a x_i)_{|\boldsymbol{y}|}}{(a x_i q^{1+N_i})_{|\boldsymbol{y}|}}$$

$$= \frac{(\lambda q/e)_\infty}{(aq/e)_\infty} \prod_{i=1}^{n} \frac{(aq x_i)_{N_i}}{(\lambda q x_i)_{N_i}} \sum_{\substack{0 \leqslant y_i \leqslant N_i \\ i=1,2,\cdots,n}} \frac{(\lambda b/a)_{|\boldsymbol{y}|}(\lambda c/a)_{|\boldsymbol{y}|}}{(aq/d)_{|\boldsymbol{y}|}(aq/e)_{|\boldsymbol{y}|}} \left(\frac{aq^{|\boldsymbol{N}|}}{e} \right)^{|\boldsymbol{y}|} q^{|\boldsymbol{y}|}$$

$$\times \prod_{1 \leqslant r < s \leqslant n} \frac{x_r q^{y_r} - x_s q^{y_s}}{x_r - x_s} \prod_{i=1}^{n} \frac{1 - \lambda x_i q^{y_i + |\boldsymbol{y}|}}{1 - \lambda x_i}$$

$$\times \prod_{r,s=1}^{n} \frac{(q^{-N_s} x_r/x_s)_{y_r}}{(q x_r/x_s)_{y_r}} \prod_{i=1}^{n} \frac{(\lambda d x_i/a)_{y_i}(e x_i)_{y_i}}{(aq x_i/b)_{y_i}(aq x_i/c)_{y_i}} \prod_{i=1}^{n} \frac{(\lambda x_i)_{|\boldsymbol{y}|}}{(\lambda x_i q^{1+N_i})_{|\boldsymbol{y}|}}, \tag{6.3.2}$$

这里 $\lambda = qa^2/bcd$.

定理 6.3.3 [53, 定理 5.1] (q-Whipple $_8\phi_7$ 变换公式的第三个 $U(n+1)$ 拓广)

$$\sum_{\substack{0 \leqslant y_i \leqslant N_i \\ i=1,2,\cdots,n}} \frac{(b)_{|\boldsymbol{y}|}(c)_{|\boldsymbol{y}|}}{(aq/d)_{|\boldsymbol{y}|}(aq/e)_{|\boldsymbol{y}|}} \left(\frac{a^2 q^{|\boldsymbol{N}|+1}}{bcde} \right)^{|\boldsymbol{y}|} q^{|\boldsymbol{y}|}$$

$$\times \prod_{1 \leqslant r < s \leqslant n} \frac{x_r q^{y_r} - x_s q^{y_s}}{x_r - x_s} \prod_{i=1}^{n} \frac{1 - ax_i q^{y_i + |\boldsymbol{y}|}}{1 - ax_i}$$

$$\times \prod_{r,s=1}^{n} \frac{(q^{-N_s} x_r/x_s)_{y_r}}{(qx_r/x_s)_{y_r}} \prod_{i=1}^{n} \frac{(ax_i)_{|\boldsymbol{y}|}}{(ax_i q^{1+N_i})_{|\boldsymbol{y}|}} \prod_{i=1}^{n} \frac{(dx_i)_{y_i}(ex_i)_{y_i}}{(aqx_i/b)_{y_i}(aqx_i/c)_{y_i}}$$

$$= \frac{1}{(aq/d)_{|\boldsymbol{N}|}(aq/e)_{|\boldsymbol{N}|}} \prod_{i=1}^{n} (aqx_i)_{N_i}(ax_i q^{1+|\boldsymbol{N}|-N_i}/de)_{N_i}$$

$$\times \sum_{\substack{0 \leqslant y_i \leqslant N_i \\ i=1,2,\cdots,n}} q^{|\boldsymbol{y}|} \prod_{1 \leqslant r < s \leqslant n} \frac{x_r q^{y_r} - x_s q^{y_s}}{x_r - x_s}$$

$$\times \prod_{r,s=1}^{n} \frac{(q^{-N_s} x_r/x_s)_{y_r}}{(qx_r/x_s)_{y_r}} \prod_{i=1}^{n} \frac{(dx_i)_{y_i}}{(aqx_i/b)_{y_i}} \prod_{i=1}^{n} \frac{(aqx_i/bc)_{y_i}(ex_i)_{y_i}}{(aqx_i/c)_{y_i}(dex_i q^{-|\boldsymbol{N}|}/a)_{y_i}}. \quad (6.3.3)$$

证明 在定理 6.2.2 ($U(n+1)_{10}\phi_9$ 第二变换公式) 中, 令 $d \to \infty$, 然后设 $f \to d$. □

定理 6.3.4 [53, 定理 A.5] (q-Jackson $_8\phi_7$ 求和公式的第三个 $U(n+1)$ 拓广)

$$\sum_{y_1,\cdots,y_n \geqslant 0} \frac{(c)_{|\boldsymbol{y}|}(q^{-|\boldsymbol{N}|})_{|\boldsymbol{y}|}}{(aq/b)_{|\boldsymbol{y}|}(aq/e)_{|\boldsymbol{y}|}} q^{|\boldsymbol{y}|} \prod_{1 \leqslant r < s \leqslant n} \frac{x_r q^{y_r} - x_s q^{y_s}}{x_r - x_s} \prod_{i=1}^{n} \frac{1 - ax_i q^{y_i + |\boldsymbol{y}|}}{1 - ax_i}$$

$$\times \prod_{r,s=1}^{n} \frac{(d_s x_r/x_s)_{y_r}}{(qx_r/x_s)_{y_r}} \prod_{i=1}^{n} \frac{(ax_i)_{|\boldsymbol{y}|}}{(aqx_i/d_i)_{|\boldsymbol{y}|}} \prod_{i=1}^{n} \frac{(bx_i)_{y_i}(ex_i)_{y_i}}{(aqx_i/c)_{y_i}(ax_i q^{1+|\boldsymbol{N}|})_{y_i}}$$

$$= \frac{(aq/ce)_{|\boldsymbol{N}|}(aq/d_1\cdots d_n e)_{|\boldsymbol{N}|}}{(aq/e)_{|\boldsymbol{N}|}(aq/cd_1\cdots d_n e)_{|\boldsymbol{N}|}} \prod_{i=1}^{n} \frac{(aqx_i)_{|\boldsymbol{N}|}(aqx_i/cd_i)_{|\boldsymbol{N}|}}{(aqx_i/c)_{|\boldsymbol{N}|}(aqx_i/d_i)_{|\boldsymbol{N}|}}, \quad (6.3.4)$$

这里 $a^2 q = q^{-|\boldsymbol{N}|} bcd_1 \cdots d_n e$.

证明 在引理 6.2.2 中, 令 $b \to q^{-N}$, $d \to b$ 以及设 $aq/b = ceq^{-N-|\boldsymbol{N}|}/a$. □

定理 6.3.5 [59, 命题 2.2] (q-Jackson $_8\phi_7$ 求和公式的第四个 $U(n+1)$ 拓广)

$$\sum_{\substack{y_1,\cdots,y_n \geqslant 0 \\ 0 \leqslant |\boldsymbol{y}| \leqslant |\boldsymbol{N}|}} \frac{(b)_{|\boldsymbol{y}|}(q^{-|\boldsymbol{N}|})_{|\boldsymbol{y}|}}{(aq/d)_{|\boldsymbol{y}|}(bCdq^{-|\boldsymbol{N}|})_{|\boldsymbol{y}|}} q^{|\boldsymbol{y}|} \prod_{1 \leqslant r < s \leqslant n} \frac{x_r q^{y_r} - x_s q^{y_s}}{x_r - x_s} \prod_{i=1}^{n} \frac{1 - ax_i q^{y_i + |\boldsymbol{y}|}}{1 - ax_i}$$

$$
\times \prod_{r,s=1}^{n} \frac{(c_s x_r/x_s)_{y_r}}{(qx_r/x_s)_{y_r}} \prod_{i=1}^{n} \frac{(ax_i)_{|\boldsymbol{y}|}}{(aqx_i/c_i)_{|\boldsymbol{y}|}} \prod_{i=1}^{n} \frac{(dx_i)_{y_i}(a^2 x_i q^{1+|\boldsymbol{N}|}/bCd)_{y_i}}{(aqx_i/b)_{y_i}(ax_i q^{1+|\boldsymbol{N}|})_{y_i}}
$$

$$
= \frac{(aq/bd)_{|\boldsymbol{N}|}(aq/Cd)_{|\boldsymbol{N}|}}{(aq/d)_{|\boldsymbol{N}|}(aq/bCd)_{|\boldsymbol{N}|}} \prod_{i=1}^{n} \frac{(aqx_i)_{|\boldsymbol{N}|}(aqx_i/bc_i)_{|\boldsymbol{N}|}}{(aqx_i/b)_{|\boldsymbol{N}|}(aqx_i/c_i)_{|\boldsymbol{N}|}}, \tag{6.3.5}
$$

这里 $C = c_1 \cdots c_n$.

定理 6.3.6 [59, 命题 2.3] (q-Jackson $_8\phi_7$ 求和公式的第五个 $U(n+1)$ 拓广)

$$
\sum_{\substack{y_1,\cdots,y_n \geqslant 0 \\ 0 \leqslant |\boldsymbol{y}| \leqslant |\boldsymbol{N}|}} \frac{1-aq^{2|\boldsymbol{y}|}}{1-a} \frac{(a)_{|\boldsymbol{y}|}(a^2 q^{1+|\boldsymbol{N}|}/bCd)_{|\boldsymbol{y}|}(q^{-|\boldsymbol{N}|})_{|\boldsymbol{y}|}}{(aq/C)_{|\boldsymbol{y}|}(bCdq^{-|\boldsymbol{N}|}/a)_{|\boldsymbol{y}|}(aq^{1+|\boldsymbol{N}|})_{|\boldsymbol{y}|}} q^{|\boldsymbol{y}|}
$$

$$
\times \prod_{1 \leqslant r < s \leqslant n} \frac{x_r q^{y_r} - x_s q^{y_s}}{x_r - x_s}
$$

$$
\times \prod_{r,s=1}^{n} \frac{(c_s x_r/x_s)_{y_r}}{(qx_r/x_s)_{y_r}} \prod_{i=1}^{n} \frac{(ax_i/Cx_i d)_{|\boldsymbol{y}|-y_i}(b/x_i)_{|\boldsymbol{y}|}(dx_i)_{y_i}}{(b/x_i)_{|\boldsymbol{y}|-y_i}(ac_i q/Cx_i d)_{|\boldsymbol{y}|}(ax_i q/b)_{y_i}}
$$

$$
= \frac{(aq)_{|\boldsymbol{N}|}(aq/bd)_{|\boldsymbol{N}|}}{(aq/C)_{|\boldsymbol{N}|}(aq/bCd)_{|\boldsymbol{N}|}} \prod_{i=1}^{n} \frac{(aq/Cx_i d)_{|\boldsymbol{N}|}(aqx_i/bc_i)_{|\boldsymbol{N}|}}{(aqx_i/b)_{|\boldsymbol{N}|}(aqc_i/Cx_i d)_{|\boldsymbol{N}|}}, \tag{6.3.6}
$$

这里 $C = c_1 \cdots c_n$.

定理 6.3.7 [49, 定理 6.3], [104, 定理 A.3] ($U(n+1)$ 非终止型 $_6\phi_5$ 求和公式的第一个拓广)　令

$$
\left| \frac{aq}{b_1 \cdots b_n cd} \right| < 1,
$$

则

$$
\frac{(aq/b_1 \cdots b_n d)_{\infty}(aq/cd)_{\infty}}{(aq/d)_{\infty}(aq/b_1 \cdots b_n cd)_{\infty}} \prod_{k=1}^{n} \frac{(aqx_k)_{\infty}(aqx_k/b_k c)_{\infty}}{(aqx_k/b_k)_{\infty}(aqx_k/c)_{\infty}}
$$

$$
= \sum_{y_1,\cdots,y_n \geqslant 0} \prod_{1 \leqslant r < s \leqslant n} \frac{x_r q^{y_r} - x_s q^{y_s}}{x_r - x_s} \prod_{i=1}^{n} \frac{1-ax_i q^{y_i+|\boldsymbol{y}|}}{1-ax_i}
$$

$$
\times \prod_{i=1}^{n} \frac{(ax_i)_{|\boldsymbol{y}|}}{(aqx_i/b_i)_{|\boldsymbol{y}|}} \prod_{r,s=1}^{n} \frac{(b_s x_r/x_s)_{y_r}}{(qx_r/x_s)_{y_r}}
$$

$$
\times \frac{(c)_{|\boldsymbol{y}|}}{(aq/d)_{|\boldsymbol{y}|}} \prod_{i=1}^{n} \frac{(dx_i)_{y_i}}{(aqx_i/c)_{y_i}} \left(\frac{aq}{b_1 \cdots b_n cd} \right)^{|\boldsymbol{y}|}. \tag{6.3.7}
$$

从定理 6.3.7, 可以得到

定理 6.3.8 [105, 定理 4.1], [66] 令 $n \geqslant 2$,

$$|q^{1-n}b_1 \cdots b_n/a_1 \cdots a_n| < 1,$$

则

$$\sum_{\substack{y_1+\cdots+y_n=0 \\ y_1,\cdots,y_n \in \mathbb{Z}}} \prod_{1 \leqslant r < s \leqslant n} \frac{x_r q^{y_r} - x_s q^{y_s}}{x_r - x_s} \prod_{r,s=1}^{n} \frac{(a_s x_r/x_s)_{y_r}}{(b_s x_r/x_s)_{y_r}}$$

$$= \frac{(q/a_1 \cdots a_n)_\infty (q^{1-n} b_1 \cdots b_n)_\infty}{(q^{1-n} b_1 \cdots b_n/a_1 \cdots a_n)_\infty (q)_\infty} \prod_{r,s=1}^{n} \frac{(b_s x_r/a_r x_s)_\infty (q x_s/x_r)_\infty}{(q x_s/a_s x_r)_\infty (b_s x_r/x_s)_\infty} \tag{6.3.8}$$

注 6.3.1 按照 (4.2.8) 到 (4.2.9) 以及 (4.2.10) 的思路, 应用 (4.2.8) 和定理 6.3.8, 则得 Ramanujan ${}_1\psi_1$ 求和定理的第三个 $U(n+1)$ 拓广 [105, 定理 4.5]:

$$\sum_{y_1,\cdots,y_n=-\infty}^{\infty} t^{|\boldsymbol{y}|} \prod_{1 \leqslant r < s \leqslant n} \frac{x_r q^{y_r} - x_s q^{y_s}}{x_r - x_s} \prod_{r,s=1}^{n} \frac{(a_s x_r/x_s)_{y_r}}{(b_s x_r/x_s)_{y_r}}$$

$$= \frac{(a_1 \cdots a_n t)_\infty (q/a_1 \cdots a_n t)_\infty}{(t)_\infty (q^{1-n} b_1 \cdots b_n/a_1 \cdots a_n t)_\infty} \prod_{r,s=1}^{n} \frac{(b_s x_r/a_r x_s)_\infty (q x_s/x_r)_\infty}{(q x_r/a_r x_s)_\infty (b_r x_s/x_r)_\infty}. \tag{6.3.9}$$

定理 6.3.9 [104, 定理 A.4] ($U(n+1)$ 非终止型 ${}_6\phi_5$ 求和公式的第二个拓广) 令

$$\left| \frac{aq}{x_i b e_1 \cdots e_n f} \right| < 1,$$

则

$$\frac{(aq/be_1 \cdots e_n)_\infty (aq/e_1 \cdots e_n f)_\infty}{(aq/b)_\infty (aq/f)_\infty} \prod_{k=1}^{n} \frac{(aqe_k/x_k be_1 \cdots e_n f)_\infty (aq x_k)_\infty}{(aq/x_k be_1 \cdots e_n f)_\infty (aq x_k/e_k)_\infty}$$

$$= \sum_{y_1,\cdots,y_n \geqslant 0} \prod_{1 \leqslant r < s \leqslant n} \frac{x_r q^{y_r} - x_s q^{y_s}}{x_r - x_s}$$

$$\times \prod_{i=1}^{n} \frac{1 - a x_i q^{y_i + |\boldsymbol{y}|}}{1 - a x_i} \frac{1}{(aq/b, aq/f)_{|\boldsymbol{y}|}} \prod_{i=1}^{n} [(bx_i)_{y_i} (fx_i)_{y_i}]$$

$$\times \prod_{i=1}^{n} \frac{(ax_i)_{|\boldsymbol{y}|}}{(aqx_i/e_i)_{|\boldsymbol{y}|}} \prod_{r,s=1}^{n} \frac{(e_s x_r/x_s)_{y_r}}{(q x_r/x_s)_{y_r}} \left(\frac{aq}{be_1 \cdots e_n f} \right)^{|\boldsymbol{y}|} q^{e_2(y_1,\cdots,y_n)} \prod_{i=1}^{n} x_i^{-y_i}. \tag{6.3.10}$$

定理 6.3.10 [53, 定理 5.2] (Sears $_4\phi_3$ 变换公式的第一个 $U(n+1)$ 拓广)

$$\sum_{\substack{0 \leqslant y_i \leqslant N_i \\ i=1,2,\cdots,n}} \frac{(b)_{|\boldsymbol{y}|}(c)_{|\boldsymbol{y}|}}{(e)_{|\boldsymbol{y}|}(f)_{|\boldsymbol{y}|}} q^{|\boldsymbol{y}|} \prod_{1 \leqslant r < s \leqslant n} \frac{x_r q^{y_r} - x_s q^{y_s}}{x_r - x_s} \prod_{r,s=1}^{n} \frac{(q^{-N_s} x_r/x_s)_{y_r}}{(qx_r/x_s)_{y_r}} \prod_{i=1}^{n} \frac{(ax_i)_{y_i}}{(dx_i)_{y_i}}$$

$$= \frac{1}{(e)_{|\boldsymbol{N}|}(f)_{|\boldsymbol{N}|}} a^{|\boldsymbol{N}|} q^{-e_2(N_1,\cdots,N_n)} \prod_{i=1}^{n} x_i^{N_i} \prod_{i=1}^{n} (ex_i q^{|\boldsymbol{N}|-N_i}/a)_{N_i} (fq^{|\boldsymbol{N}|-N_i}/ax_i)_{N_i}$$

$$\times \sum_{\substack{0 \leqslant y_i \leqslant N_i \\ i=1,2,\cdots,n}} q^{|\boldsymbol{y}|} \prod_{1 \leqslant r < s \leqslant n} \frac{x_r q^{y_r} - x_s q^{y_s}}{x_r - x_s} \prod_{r,s=1}^{n} \frac{(q^{-N_s} x_r/x_s)_{y_r}}{(qx_r/x_s)_{y_r}} \prod_{i=1}^{n} \frac{(ax_i)_{y_i}}{(ax_i q^{1-|\boldsymbol{N}|}/e)_{y_i}}$$

$$\times \prod_{i=1}^{n} \frac{(dx_i/b)_{y_i}(dx_i/c)_{y_i}}{(dx_i)_{y_i}(ax_i q^{1-|\boldsymbol{N}|}/f)_{y_i}}, \tag{6.3.11}$$

这里 $abc = defq^{|\boldsymbol{N}|-1}$.

证明　观察到引理 6.2.1 和定理 6.3.4 的左边相同, 我们在引理 6.2.1 的左边交换 c 与 e, 恒等引理 6.2.1 和定理 6.3.4 的右边, 按照

$$a \to abq^{-|\boldsymbol{N}|}/f, \quad b \to abq^{1-|\boldsymbol{N}|}/df, \quad c \to b, \quad d \to a, \quad e \to d/c$$

重新标号之后, 应用 (1.1.16) 和 (1.4.50), 利用关系 $abc = defq^{|\boldsymbol{N}|-1}$, 化简之后, 可得定理.　　　　　　　　　　　　　　　　　　　　　　　　　　□

注 6.3.2　此定理不同于 [49] 中的定理 6.9. 虽然左边相同, 但右边不同.

利用关系 $abc = defq^{|\boldsymbol{N}|-1}$ 去重写 (6.3.11), 也就是, 在 (6.3.11) 中, 代 f 为 $(abc/de)q^{1-|\boldsymbol{N}|}$, 化简, 得到

$$\sum_{\substack{0 \leqslant y_i \leqslant N_i \\ i=1,2,\cdots,n}} \frac{(b)_{|\boldsymbol{y}|}(c)_{|\boldsymbol{y}|}}{(e)_{|\boldsymbol{y}|}(abcq^{1-|\boldsymbol{N}|}/de)_{|\boldsymbol{y}|}} q^{|\boldsymbol{y}|} \prod_{1 \leqslant r < s \leqslant n} \frac{x_r q^{y_r} - x_s q^{y_s}}{x_r - x_s}$$

$$\times \prod_{r,s=1}^{n} \frac{(q^{-N_s} x_r/x_s)_{y_r}}{(qx_r/x_s)_{y_r}} \prod_{i=1}^{n} \frac{(ax_i)_{y_i}}{(dx_i)_{y_i}}$$

$$= \frac{1}{(e)_{|\boldsymbol{N}|}(de/abc)_{|\boldsymbol{N}|}} \prod_{i=1}^{n} (dex_i/bc)_{N_i}(ex_i q^{|\boldsymbol{N}|-N_i}/a)_{N_i}$$

$$\times \sum_{\substack{0 \leqslant y_i \leqslant N_i \\ i=1,2,\cdots,n}} q^{|\boldsymbol{y}|} \prod_{1 \leqslant r < s \leqslant n} \frac{x_r q^{y_r} - x_s q^{y_s}}{x_r - x_s}$$

$$\times \prod_{r,s=1}^{n} \frac{(q^{-N_s} x_r/x_s)_{y_r}}{(qx_r/x_s)_{y_r}} \prod_{i=1}^{n} \frac{(ax_i)_{y_i}}{(ax_i q^{1-|\boldsymbol{N}|}/e)_{y_i}} \prod_{i=1}^{n} \frac{(dx_i/b)_{y_i}(dx_i/c)_{y_i}}{(dx_i)_{y_i}(dex_i/bc)_{y_i}}. \tag{6.3.12}$$

在 (6.3.12) 中, 令 $c \to 0$, 则有 $U(n+1)$ $_3\phi_2$ 第一变换公式 ([53, 定理 5.3]):

$$
\sum_{\substack{0 \leqslant y_i \leqslant N_i \\ i=1,2,\cdots,n}} \frac{(b)_{|\boldsymbol{y}|}}{(e)_{|\boldsymbol{y}|}} q^{|\boldsymbol{y}|} \prod_{1 \leqslant r < s \leqslant n} \frac{x_r q^{y_r} - x_s q^{y_s}}{x_r - x_s} \prod_{r,s=1}^{n} \frac{(q^{-N_s} x_r/x_s)_{y_r}}{(qx_r/x_s)_{y_r}} \prod_{i=1}^{n} \frac{(ax_i)_{y_i}}{(dx_i)_{y_i}}
$$

$$
= \frac{1}{(e)_{|\boldsymbol{N}|}} \prod_{i=1}^{n} (ex_i q^{|\boldsymbol{N}|-N_i}/a)_{N_i} a^{|\boldsymbol{N}|} q^{-e_2(N_1,\cdots,N_n)}
$$

$$
\times \prod_{i=1}^{n} x_i^{N_i} \sum_{\substack{0 \leqslant y_i \leqslant N_i \\ i=1,2,\cdots,n}} q^{|\boldsymbol{y}|} \prod_{1 \leqslant r < s \leqslant n} \frac{x_r q^{y_r} - x_s q^{y_s}}{x_r - x_s}
$$

$$
\times \left(\frac{b}{e}\right)^{|\boldsymbol{y}|} q^{|\boldsymbol{y}|} \prod_{r,s=1}^{n} \frac{(q^{-N_s} x_r/x_s)_{y_r}}{(qx_r/x_s)_{y_r}} \prod_{i=1}^{n} \frac{(ax_i)_{y_i}(dx_i/b)_{y_i}}{(dx_i)_{y_i}(ax_i q^{1-|\boldsymbol{N}|}/e)_{y_i}}. \tag{6.3.13}
$$

在 (6.3.12) 中, 令 $a \to 0$, 则得到 $U(n+1)$ $_3\phi_2$ 第二变换公式 [53, 定理 5.4]:

$$
\sum_{\substack{0 \leqslant y_i \leqslant N_i \\ i=1,2,\cdots,n}} \frac{(b)_{|\boldsymbol{y}|}(c)_{|\boldsymbol{y}|}}{(e)_{|\boldsymbol{y}|}} q^{|\boldsymbol{y}|} \prod_{1 \leqslant r < s \leqslant n} \frac{x_r q^{y_r} - x_s q^{y_s}}{x_r - x_s} \prod_{r,s=1}^{n} \frac{(q^{-N_s} x_r/x_s)_{y_r}}{(qx_r/x_s)_{y_r}} \prod_{i=1}^{n} \frac{1}{(dx_i)_{y_i}}
$$

$$
= \frac{1}{(e)_{|\boldsymbol{N}|}} \prod_{i=1}^{n} (dex_i/bc)_{N_i} \left(\frac{bc}{d}\right)^{|\boldsymbol{N}|} q^{e_2(N_1,\cdots,N_n)} \prod_{i=1}^{n} x_i^{N_i}
$$

$$
\times \sum_{\substack{0 \leqslant y_i \leqslant N_i \\ i=1,2,\cdots,n}} q^{|\boldsymbol{y}|} \prod_{1 \leqslant r < s \leqslant n} \frac{x_r q^{y_r} - x_s q^{y_s}}{x_r - x_s} \prod_{r,s=1}^{n} \frac{(q^{-N_s} x_r/x_s)_{y_r}}{(qx_r/x_s)_{y_r}}
$$

$$
\times \prod_{i=1}^{n} \frac{(dx_i/b)_{y_i}(dx_i/c)_{y_i}}{(dx_i)_{y_i}(dex_i/bc)_{y_i}}. \tag{6.3.14}
$$

定理 6.3.11 [49, 定理 6.5] (Sears $_4\phi_3$ 变换公式的第二个 $U(n+1)$ 拓广)

$$
\sum_{\substack{0 \leqslant y_i \leqslant N_i \\ i=1,2,\cdots,n}} \frac{(a)_{|\boldsymbol{y}|}(b)_{|\boldsymbol{y}|}}{(d)_{|\boldsymbol{y}|}(f)_{|\boldsymbol{y}|}} q^{|\boldsymbol{y}|} \prod_{1 \leqslant r < s \leqslant n} \frac{x_r q^{y_r} - x_s q^{y_s}}{x_r - x_s} \prod_{r,s=1}^{n} \frac{(q^{-N_s} x_r/x_s)_{y_r}}{(qx_r/x_s)_{y_r}} \prod_{k=1}^{n} \frac{(cx_k)_{y_k}}{(ex_k)_{y_k}}
$$

$$
= \frac{(a)_{|\boldsymbol{N}|}(ef/ac)_{|\boldsymbol{N}|}}{(f)_{|\boldsymbol{N}|}(ef/abc)_{|\boldsymbol{N}|}} \prod_{k=1}^{n} (efx_k/ab)_{N_k}(ex_k)_{N_k} \sum_{\substack{0 \leqslant y_i \leqslant N_i \\ i=1,2,\cdots,n}} q^{|\boldsymbol{y}|} \prod_{1 \leqslant r < s \leqslant n} \frac{x_r q^{y_r} - x_s q^{y_s}}{x_r - x_s}
$$

$$
\times \prod_{r,s=1}^{n} \frac{(q^{-N_s} x_r/x_s)_{y_r}}{(qx_r/x_s)_{y_r}} \prod_{k=1}^{n} \frac{(ex_k/a)_{y_k}}{(efx_k/ab)_{y_k}} \frac{(f/a)_{|\boldsymbol{y}|}(ef/abc)_{|\boldsymbol{y}|}}{(ef/ac)_{|\boldsymbol{y}|}(q^{1-|\boldsymbol{N}|}/a)_{|\boldsymbol{y}|}}
$$

$$= a^{|\boldsymbol{N}|} \frac{(f/a)_{|\boldsymbol{N}|}}{(f)_{|\boldsymbol{N}|}} \prod_{k=1}^{n} \frac{(ex_k/a)_{N_k}}{(ex_k)_{N_k}} \sum_{\substack{0 \leqslant y_i \leqslant N_i \\ i=1,2,\cdots,n}} \frac{(a)_{|\boldsymbol{y}|}(d/b)_{|\boldsymbol{y}|}}{(d)_{|\boldsymbol{y}|}(aq^{1-|\boldsymbol{N}|}/f)_{|\boldsymbol{y}|}} q^{|\boldsymbol{y}|}$$

$$\times \prod_{1 \leqslant r < s \leqslant n} \frac{x_r q^{N_r+y_r} - x_s q^{N_s+y_s}}{x_r q^{N_r} - x_s q^{N_s}} \prod_{r,s=1}^{n} \frac{(q^{-N_r} x_s/x_r)_{y_r}}{(q^{1+N_s-N_r} x_s/x_r)_{y_r}}$$

$$\times \prod_{k=1}^{n} \frac{(dq^{|\boldsymbol{N}|-N_k}/cx_k)_{y_k}}{(aq^{1-N_k}/ex_k)_{y_k}}, \tag{6.3.15}$$

这里 $def = abcq^{1-|\boldsymbol{N}|}$.

6.4　$U(n+1)$ 非终止型 q-Whipple 变换与 q-Saalschütz 变换

定理 6.4.1 [104, 定理 4.1] ($U(n+1)$ 非终止型 q-Whipple 第一变换公式)　设 $0 < |q| < 1$ 和

$$\left| \frac{a^2 q^2}{bcde_1 \cdots e_n f} \right| < 1, \tag{6.4.1}$$

则有

$$\sum_{y_1,\cdots,y_n \geqslant 0} \frac{(b)_{|\boldsymbol{y}|}(c)_{\boldsymbol{y}}}{\left(\dfrac{aq}{d}\right)_{|\boldsymbol{y}|} \left(\dfrac{aq}{f}\right)_{|\boldsymbol{y}|}} \prod_{i=1}^{n} \frac{1-ax_i q^{y_i+|\boldsymbol{y}|}}{1-ax_i} \prod_{i=1}^{n} \frac{(dx_i)_{y_i}(fx_i)_{y_i}}{\left(\dfrac{aqx_i}{b}\right)_{y_i}\left(\dfrac{aqx_i}{c}\right)_{y_i}}$$

$$\times \prod_{i=1}^{n} \frac{(ax_i)_{|\boldsymbol{y}|}}{\left(\dfrac{aqx_i}{e_i}\right)_{|\boldsymbol{y}|}} \prod_{r,s=1}^{n} \frac{\left(\dfrac{x_r}{x_s}e_s\right)_{y_r}}{\left(q\dfrac{x_r}{x_s}\right)_{y_r}} \prod_{1 \leqslant r < s \leqslant n} \frac{x_r q^{y_r} - x_s q^{y_s}}{x_r - x_s}$$

$$\times \left(\frac{a^2 q}{bcde_1 \cdots e_n f}\right)^{|\boldsymbol{y}|} q^{|\boldsymbol{y}|} \tag{6.4.2a}$$

$$= \frac{\left(\dfrac{aq}{de_1 \cdots e_n}\right)_{\infty} \left(\dfrac{aq}{e_1 \cdots e_n f}\right)_{\infty}}{\left(\dfrac{aq}{d}\right)_{\infty} \left(\dfrac{aq}{f}\right)_{\infty}} \prod_{i=1}^{n} \frac{(ax_i q)_{\infty}\left(\dfrac{ae_i q}{dx_i e_1 \cdots e_n f}\right)_{\infty}}{\left(\dfrac{aq}{dx_i e_1 \cdots e_n f}\right)_{\infty}\left(\dfrac{aqx_i}{e_i}\right)_{\infty}} \tag{6.4.2b}$$

$$\times \sum_{y_1,\cdots,y_n \geqslant 0} \prod_{i=1}^{n} \frac{\left(\dfrac{aqx_i}{bc}\right)_{y_i}(dx_i)_{y_i}(fx_i)_{y_i}}{\left(\dfrac{aqx_i}{b}\right)_{y_i}\left(\dfrac{aqx_i}{c}\right)_{y_i}\left(\dfrac{dx_i e_1 \cdots e_n f}{a}\right)_{y_i}}$$

$$\times \prod_{r,s=1}^{n} \frac{\left(\dfrac{x_r}{x_s}e_s\right)_{y_r}}{\left(q\dfrac{x_r}{x_s}\right)_{y_r}} \prod_{1 \leqslant r < s \leqslant n} \frac{x_r q^{y_r} - x_s q^{y_s}}{x_r - x_s} q^{|\boldsymbol{y}|} \tag{6.4.2c}$$

$$+ \frac{\left(\dfrac{a^2 q^2}{bde_1 \cdots e_n f}\right)_{\infty} \left(\dfrac{a^2 q^2}{cde_1 \cdots e_n f}\right)_{\infty} (q)_{\infty}}{\left(\dfrac{a^2 q^2}{bcde_1 \cdots e_n f}\right)_{\infty} \left(\dfrac{aq}{d}\right)_{\infty} \left(\dfrac{aq}{f}\right)_{\infty}} \prod_{i=1}^{n} \frac{(ax_i q)_{\infty}}{\left(\dfrac{aqx_i}{e_i}\right)_{\infty} \left(1 - \dfrac{aq}{dx_i e_1 \cdots e_n f}\right)} \tag{6.4.2d}$$

$$\times \sum_{j=1}^{n} \frac{\left(\dfrac{aqx_j}{bc}\right)_{\infty} (dx_j)_{\infty} (fx_j)_{\infty}}{\left(\dfrac{aqx_j}{b}\right)_{\infty} \left(\dfrac{aqx_j}{c}\right)_{\infty} \left(\dfrac{dx_j e_1 \cdots e_n f}{a}\right)_{\infty}} \prod_{s=1}^{n} \frac{\left(\dfrac{x_j}{x_s}e_s\right)_{\infty}}{\left(q\dfrac{x_j}{x_s}\right)_{\infty}}$$

$$\times \sum_{\substack{y_1, \cdots, y_n \geqslant 0}} \prod_{\substack{1 \leqslant i \leqslant n \\ i \neq j}} \left[1 - \frac{aq}{dx_i e_1 \cdots e_n f} q^{y_j - y_i}\right]$$

$$\times \prod_{\substack{1 \leqslant i \leqslant n \\ i \neq j}} \frac{\left(\dfrac{aqx_i}{bc}\right)_{y_i} (dx_i)_{y_i} (fx_i)_{y_i}}{\left(\dfrac{aqx_i}{b}\right)_{y_i} \left(\dfrac{aqx_i}{c}\right)_{y_i} \left(\dfrac{dx_i e_1 \cdots e_n f}{a}\right)_{y_i}}$$

$$\times \frac{\left(\dfrac{a^2 q^2}{bcde_1 \cdots e_n f}\right)_{y_j} \left(\dfrac{uq}{de_1 \cdots e_n}\right)_{y_j} \left(\dfrac{aq}{e_1 \cdots e_n f}\right)_{y_j}}{\left(\dfrac{a^2 q^2}{bde_1 \cdots e_n f}\right)_{y_j} \left(\dfrac{a^2 q^2}{cde_1 \cdots e_n f}\right)_{y_j} (q)_{y_j}}$$

$$\times \prod_{i=1}^{n} \frac{\left(\dfrac{ae_i q}{dx_i e_1 \cdots e_n f}\right)_{y_j}}{\left(\dfrac{aq^2}{dx_i e_1 \cdots e_n f}\right)_{y_j}} \prod_{\substack{1 \leqslant r,s \leqslant n \\ r \neq j}} \frac{\left(\dfrac{x_r}{x_s}e_s\right)_{y_r}}{\left(q\dfrac{x_r}{x_s}\right)_{y_r}} \prod_{r=1}^{j-1} \frac{1}{1 - \dfrac{x_r}{x_j}}$$

$$\times \prod_{s=j+1}^{n} \frac{1}{1 - \dfrac{x_j}{x_s}} (-1)^j \left(\frac{aq}{de_1 \cdots e_n f}\right) \left(\frac{1}{x_j}\right) \prod_{\substack{1 \leqslant r < s \leqslant n \\ r,s \neq j}} \frac{1 - \dfrac{x_r}{x_s} q^{y_r - y_s}}{1 - \dfrac{x_r}{x_s}}$$

$$\times q^{y_1 + \cdots + y_j} q^{y_1 + 2y_2 + \cdots + (j-1)y_{j-1} + (j+1)y_{j+1} + \cdots + ny_n} \prod_{r=1}^{j-1} \frac{x_r}{x_j}. \tag{6.4.2e}$$

证明　在定理 6.2.3 中, 代换 λ 为 qa^2/bcd, 则求和 (6.2.11a) 变为

$$\sum_{\substack{y_1,\cdots,y_n\geqslant 0,\\ 0\leqslant|\boldsymbol{y}|\leqslant N}} \prod_{i=1}^{n} \frac{1-ax_i q^{y_i+|\boldsymbol{y}|}}{1-ax_i} \tag{6.4.3a}$$

$$\times \prod_{i=1}^{n} \frac{(dx_i)_{y_i}(fx_i)_{y_i}(a^3 x_i q^{2+N}/bcde_1\cdots e_n)_{y_i}}{(aqx_i/b)_{y_i}(aqx_i/c)_{y_i}(ax_i q^{1+N})_{y_i}} \tag{6.4.3b}$$

$$\times \frac{(b)_{|\boldsymbol{y}|}(c)_{|\boldsymbol{y}|}(q^{-N})_{|\boldsymbol{y}|}}{(aq/d)_{|\boldsymbol{y}|}(aq/f)_{|\boldsymbol{y}|}(bcde_1\cdots e_n fq^{-N}/qa^2)_{|\boldsymbol{y}|}} \tag{6.4.3c}$$

$$\times \prod_{i=1}^{n} \frac{(ax_i)_{|\boldsymbol{y}|}}{(ax_i q/e_i)_{|\boldsymbol{y}|}} \prod_{r,s=1}^{n} \frac{(e_s x_r/x_s)_{y_r}}{(qx_r/x_s)_{y_r}} \tag{6.4.3d}$$

$$\times \prod_{1\leqslant r<s\leqslant n} \frac{x_r q^{y_r}-x_s q^{y_s}}{x_r-x_s} q^{|\boldsymbol{y}|}. \tag{6.4.3e}$$

通过互换在 (6.4.3b) 和 (6.4.3c) 中的成对因子, 观察到替换

$$d \to \frac{a^3 q^{2+N}}{bcde_1\cdots e_n f}, \tag{6.4.4}$$

使求和 (6.4.3) (逐项) 保持不变, 当 $N\to\infty$ 时, (6.4.3) 变为 (6.4.2a), 其多重级数的收敛性, 见第 13 章.

由于最初 $\lambda=qa^2/bcd$, 故从 (6.4.4) 中得到

$$\lambda=qa^2/bcd \to \frac{de_1\cdots e_n f}{a} q^{-1-N}. \tag{6.4.5}$$

应用 (6.4.5), 然后应用 (1.1.17), 重写 (6.2.11b) 的原始乘积, 则得到

$$\frac{(q^{-N}de_1\cdots e_n/a)_N(aq/e_1\cdots e_n f)_N}{(q^{-N}d/a)_N(aq/f)_N} \prod_{i=1}^{n} \frac{(aqx_i)_N(q^{-N}de_1\cdots e_n fx_i/ae_i)_N}{(q^{-N}de_1\cdots e_n fx_i/a)_N(aqx_i/e_i)_N} \tag{6.4.6a}$$

$$= \frac{(aq/de_1\cdots e_n)_N(aq/e_1\cdots e_n f)_N}{(aq/d)_N(aq/f)_N} \prod_{i=1}^{n} \frac{(aqx_i)_N(aqe_i/de_1\cdots e_n fx_i)_N}{(aq/de_1\cdots e_n fx_i)_N(aqx_i/e_i)_N}. \tag{6.4.6b}$$

当 $N\to\infty$ 时, (6.4.6b) 的乘积明显变为 (6.4.2b) 里的乘积, 即

$$\frac{(aq/de_1\cdots e_n)_\infty(aq/e_1\cdots e_n f)_\infty}{(aq/d)_\infty(aq/f)_\infty} \prod_{i=1}^{n} \frac{(aqx_i)_\infty(aqe_i/de_1\cdots e_n fx_i)_\infty}{(aq/de_1\cdots e_n fx_i)_\infty(aqx_i/e_i)_\infty}. \tag{6.4.7}$$

为方便, 在 (6.2.11c) 里, 首先应用替换 (6.4.4), 然后再应用替换 (6.4.5), 则 (6.2.11c) 变为

$$\sum_{\substack{y_1,\cdots,y_n\geqslant 0,\\ 0\leqslant |\boldsymbol{y}|\leqslant N}}\prod_{i=1}^{n}\frac{1-\dfrac{de_1\cdots e_nfx_i}{a}q^{-1-N}q^{y_i+|\boldsymbol{y}|}}{1-\dfrac{de_1\cdots e_nfx_i}{a}q^{-1-N}}$$

$$\times\prod_{i=1}^{n}\frac{(aqx_i/bc)_{y_i}(dx_i)_{y_i}(fx_i)_{y_i}}{(aqx_i/b)_{y_i}(aqx_i/c)_{y_i}(de_1\cdots e_nfx_i/a)_{y_i}}\tag{6.4.8a}$$

$$\times\frac{(q^{-1-N}bde_1\cdots e_nf/a^2)_{|\boldsymbol{y}|}(q^{-1-N}cde_1\cdots e_nf/a^2)_{|\boldsymbol{y}|}}{(q^{-1-N}bcde_1\cdots e_nf/a^2)_{|\boldsymbol{y}|}(q^{-N}de_1\cdots e_n/a)_{|\boldsymbol{y}|}}\tag{6.4.8b}$$

$$\times\frac{(q^{-N})_{|\boldsymbol{y}|}}{(q^{-N}e_1\cdots e_nf/a)_{|\boldsymbol{y}|}}\prod_{r,s=1}^{n}\frac{(e_sx_r/x_s)_{y_r}}{(qx_r/x_s)_{y_r}}\tag{6.4.8c}$$

$$\times\prod_{i=1}^{n}\frac{(q^{-1-N}de_1\cdots e_nfx_i/a)_{|\boldsymbol{y}|}}{(q^{-N}de_1\cdots e_nfx_i/ae_i)_{|\boldsymbol{y}|}}$$

$$\times\prod_{1\leqslant r<s\leqslant n}\frac{x_rq^{y_r}-x_sq^{y_s}}{x_r-x_s}q^{|\boldsymbol{y}|}.\tag{6.4.8d}$$

接下来, 我们使用 (1.1.16) 来反转包含 q^{-N} 的所有乘积的顺序, 将 q^{-N} 从 (6.4.8a) 中分解出来, 并进行简化, 重写求和 (6.4.8), 得到下面每项仅涉及 q^N 的求和:

$$\sum_{\substack{y_1,\cdots,y_n\geqslant 0,\\ 0\leqslant |\boldsymbol{y}|\leqslant N}}\prod_{i=1}^{n}\frac{1-\dfrac{a}{de_1\cdots e_nfx_i}q^{1+N}q^{-(y_i+|\boldsymbol{y}|)}}{1-\dfrac{a}{de_1\cdots e_nfx_i}q^{1+N}}\tag{6.4.9a}$$

$$\times\prod_{i=1}^{n}\frac{(aqx_i/bc)_{y_i}(dx_i)_{y_i}(fx_i)_{y_i}}{(aqx_i/b)_{y_i}(aqx_i/c)_{y_i}(de_1\cdots e_nfx_i/a)_{y_i}}\tag{6.4.9b}$$

$$\times\frac{(q^{2+N-|\boldsymbol{y}|}a^2/bde_1\cdots e_nf)_{|\boldsymbol{y}|}}{(q^{2+N-|\boldsymbol{y}|}a^2/bcde_1\cdots e_nf)_{|\boldsymbol{y}|}}\tag{6.4.9c}$$

$$\times\frac{(q^{2+N-|\boldsymbol{y}|}a^2/cde_1\cdots e_nf)_{|\boldsymbol{y}|}}{(q^{1+N-|\boldsymbol{y}|}a/de_1\cdots e_n)_{|\boldsymbol{y}|}}\tag{6.4.9d}$$

$$\times\frac{(q^{1+N-|\boldsymbol{y}|})_{|\boldsymbol{y}|}}{(q^{1+N-|\boldsymbol{y}|}a/e_1\cdots e_nf)_{|\boldsymbol{y}|}}\tag{6.4.9e}$$

$$\times\prod_{i=1}^{n}\frac{(q^{2+N-|\boldsymbol{y}|}a/de_1\cdots e_nfx_i)_{|\boldsymbol{y}|}}{(q^{1+N-|\boldsymbol{y}|}ae_i/de_1\cdots e_nfx_i)_{|\boldsymbol{y}|}}\tag{6.4.9f}$$

$$\times \prod_{r,s=1}^{n} \frac{(e_s x_r/x_s)_{y_r}}{(q x_r/x_s)_{y_r}} \prod_{1\leqslant r<s\leqslant n} \frac{x_r q^{y_r} - x_s q^{y_s}}{x_r - x_s} \tag{6.4.9g}$$

$$\times q^{|\boldsymbol{y}|}. \tag{6.4.9h}$$

将 (6.4.9) 按照

$$\sum_{\substack{y_1,\cdots,y_n\geqslant 0,\\ 0\leqslant|\boldsymbol{y}|\leqslant N}} \lambda_{y_1,\cdots,y_n} \tag{6.4.10a}$$

$$= \sum_{\substack{0\leqslant y_1,\cdots,y_n\leqslant N/2,\\ 0\leqslant|\boldsymbol{y}|\leqslant N}} \lambda_{y_1,\cdots,y_n} \tag{6.4.10b}$$

$$+ \sum_{j=1}^{n} \sum_{\substack{y_1,\cdots,y_n\geqslant 0,\\ N/2\leqslant|\boldsymbol{y}|\leqslant N,\\ N/2<y_j\leqslant N}} \lambda_{y_1,\cdots,y_n} \tag{6.4.10c}$$

$$= \sum_{\substack{0\leqslant y_1,\cdots,y_n\leqslant N/2,\\ 0\leqslant|\boldsymbol{y}|\leqslant N}} \lambda_{y_1,\cdots,y_n} \tag{6.4.10d}$$

$$+ \sum_{j=1}^{n} \sum_{\substack{y_1,\cdots,y_n\geqslant 0,\\ 0\leqslant|\boldsymbol{y}|\leqslant N/2,\\ 0\leqslant y_j<N/2}} \lambda_{y_1,\cdots,y_{j-1},N-|\boldsymbol{y}|,y_{j+1},\cdots,y_n} \tag{6.4.10e}$$

分割为 $n+1$ 个求和. 现在代替在 (6.4.10a) 里的 $\lambda_{y_1,\cdots,y_n}$ 为在 (6.4.9) 中的和, 则在 (6.4.10d) 中的和变为

$$\sum_{\substack{0\leqslant y_1,\cdots,y_n\leqslant N/2,\\ 0\leqslant|\boldsymbol{y}|\leqslant N}} \prod_{i=1}^{n} \frac{1-\dfrac{a}{de_1\cdots e_n fx_i}q^{1+N}q^{-(y_i+|\boldsymbol{y}|)}}{1-\dfrac{a}{de_1\cdots e_n fx_i}q^{1+N}} \tag{6.4.11a}$$

$$\times \prod_{i=1}^{n} \frac{(aqx_i/bc)_{y_i}(dx_i)_{y_i}(fx_i)_{y_i}}{(aqx_i/b)_{y_i}(aqx_i/c)_{y_i}(de_1\cdots e_n fx_i/a)_{y_i}} \tag{6.4.11b}$$

$$\times \frac{(q^{2+N-|\boldsymbol{y}|}a^2/bde_1\cdots e_n f)_{|\boldsymbol{y}|}}{(q^{2+N-|\boldsymbol{y}|}a^2/bcde_1\cdots e_n f)_{|\boldsymbol{y}|}} \tag{6.4.11c}$$

$$\times \frac{(q^{2+N-|\boldsymbol{y}|}a^2/cde_1\cdots e_n f)_{|\boldsymbol{y}|}}{(q^{1+N-|\boldsymbol{y}|}a/de_1\cdots e_n)_{|\boldsymbol{y}|}} \tag{6.4.11d}$$

$$\times \frac{(q^{1+N-|\boldsymbol{y}|})_{|\boldsymbol{y}|}}{(q^{1+N-|\boldsymbol{y}|}a/e_1\cdots e_n f)_{|\boldsymbol{y}|}} \tag{6.4.11e}$$

$$\times \prod_{i=1}^{n} \frac{(q^{2+N-|\boldsymbol{y}|}a/de_1\cdots e_nfx_i)_{|\boldsymbol{y}|}}{(q^{1+N-|\boldsymbol{y}|}ae_i/de_1\cdots e_nfx_i)_{|\boldsymbol{y}|}} \tag{6.4.11f}$$

$$\times \prod_{r,s=1}^{n} \frac{(e_sx_r/x_s)_{y_r}}{(qx_r/x_s)_{y_r}} \prod_{1\leqslant r<s\leqslant n} \frac{x_rq^{y_r}-x_sq^{y_s}}{x_r-x_s} \tag{6.4.11g}$$

$$\times q^{|\boldsymbol{y}|}. \tag{6.4.11h}$$

当 $N \to \infty$ 时, (6.4.11) 变为 (6.4.2c), 具体收敛性讨论见 [104, Appendix B]. 下面研究在 (6.4.10e) 里的每一个内部和当 $N \to \infty$ 时的极限. 由于这些内部和类似, 仅需要去核查第 j 个内部和, 即

$$\sum_{\substack{y_1,\cdots,y_n\geqslant 0,\\ 0\leqslant y_j\leqslant N/2,\\ 0\leqslant |\boldsymbol{y}|\leqslant N/2}} \prod_{\substack{1\leqslant i\leqslant n,\\ i\neq j}} \frac{1-\dfrac{a}{de_1\cdots e_nfx_i}q^{1+y_j-y_i}}{1-\dfrac{a}{de_1\cdots e_nfx_i}q^{1+N}} \tag{6.4.12a}$$

$$\times \frac{1-\dfrac{a}{de_1\cdots e_nfx_j}q^{1-N+y_j+|\boldsymbol{y}|}}{1-\dfrac{aq}{de_1\cdots e_nfx_j}q^{N}} \tag{6.4.12b}$$

$$\times \prod_{\substack{1\leqslant i\leqslant n,\\ i\neq j}} \frac{(aqx_i/bc)_{y_i}(dx_i)_{y_i}(fx_i)_{y_i}}{(aqx_i/b)_{y_i}(aqx_i/c)_{y_i}(de_1\cdots e_nfx_i/a)_{y_i}} \tag{6.4.12c}$$

$$\times \frac{(aqx_j/bc)_{N-|\boldsymbol{y}|}(fx_j)_{N-|\boldsymbol{y}|}}{(aqx_j/b)_{N-|\boldsymbol{y}|}(aqx_j/c)_{N-|\boldsymbol{y}|}} \tag{6.4.12d}$$

$$\times \frac{(dx_j)_{N-|\boldsymbol{y}|}(q^{1+y_j})_{N-y_j}}{(de_1\cdots e_nfx_j/a)_{N-|\boldsymbol{y}|}(aq^{1+y_j}/e_1\cdots e_nf)_{N-y_j}} \tag{6.4.12e}$$

$$\times \frac{(q^{2+y_j}a^2/bde_1\cdots e_nf)_{N-y_j}(q^{2+y_j}a^2/cde_1\cdots e_nf)_{N-y_j}}{(q^{2+y_j}a^2/bcde_1\cdots e_nf)_{N-y_j}(q^{1+y_j}a/de_1\cdots e_n)_{N-y_j}} \tag{6.4.12f}$$

$$\times \prod_{i=1}^{n} \frac{(q^{2+y_j}a/de_1\cdots e_nfx_i)_{N-y_j}}{(q^{1+y_j}ae_i/de_1\cdots e_nfx_i)_{N-y_j}} \prod_{\substack{1\leqslant r,s\leqslant n,\\ r\neq j}} \frac{(e_sx_r/x_s)_{y_r}}{(qx_r/x_s)_{y_r}} \tag{6.4.12g}$$

$$\times \prod_{s=1}^{n} \frac{(e_sx_j/x_s)_{N-|\boldsymbol{y}|}}{(qx_j/x_s)_{N-|\boldsymbol{y}|}} \prod_{r=1}^{j-1} \frac{x_j-x_rq^{-N+y_r+|\boldsymbol{y}|}}{x_j-x_r} \tag{6.4.12h}$$

$$\times \prod_{s=j+1}^{n} \frac{x_s-x_jq^{N-(y_s+|\boldsymbol{y}|)}}{x_s-x_j} \prod_{1\leqslant r<s\leqslant n} \frac{x_rq^{y_r}-x_sq^{y_s}}{x_r-x_s} \tag{6.4.12i}$$

$$\times \, q^{|\boldsymbol{y}|+j(N-y_j-|\boldsymbol{y}|)}. \tag{6.4.12j}$$

通过应用 (1.1.7) 重写 (6.4.12) 去表示在 (6.4.12e), (6.4.12f), (6.4.12g) 里的形如 $(Aq^y)_{n-y}$ 的每个乘积作为乘积的比. 将 (6.4.12b) 的分母和 (6.4.12h) 里的第二个因子的因子 q^{-N} 分解出来, 化简, 给出下述和, 在其中每个项仅涉及 q^N.

$$\sum_{\substack{y_1,\cdots,y_n\geqslant 0, \\ 0\leqslant y_j\leqslant N/2, \\ 0\leqslant|\boldsymbol{y}|\leqslant N/2}} \prod_{\substack{1\leqslant i\leqslant n, \\ i\neq j}} \frac{1-\dfrac{a}{de_1\cdots e_nfx_i}q^{1+y_j-y_i}}{1-\dfrac{aq}{de_1\cdots e_nfx_j}q^N} \tag{6.4.13a}$$

$$\times \, \frac{1-\dfrac{de_1\cdots e_nfx_j}{aq}q^{N-y_j-|\boldsymbol{y}|}}{1-\dfrac{aq}{de_1\cdots e_nfx_j}q^N} \tag{6.4.13b}$$

$$\times \prod_{\substack{1\leqslant i\leqslant n, \\ i\neq j}} \frac{(aqx_i/bc)_{y_i}(dx_i)_{y_i}(fx_i)_{y_i}}{(aqx_i/b)_{y_i}(aqx_i/c)_{y_i}(de_1\cdots e_nfx_i/a)_{y_i}} \tag{6.4.13c}$$

$$\times \, \frac{(aqx_j/bc)_{N-|\boldsymbol{y}|}(dx_j)_{N-|\boldsymbol{y}|}(fx_j)_{N-|\boldsymbol{y}|}}{(aqx_j/b)_{N-|\boldsymbol{y}|}(aqx_j/c)_{N-|\boldsymbol{y}|}(de_1\cdots e_nfx_j/a)_{N-|\boldsymbol{y}|}} \tag{6.4.13d}$$

$$\times \, \frac{(a^2q^2/bde_1\cdots e_nf)_N(a^2q^2/cde_1\cdots e_nf)_N(q)_N}{(a^2q^2/bcde_1\cdots e_nf)_N(aq/de_1\cdots e_n)_N(aq/e_1\cdots e_nf)_N} \tag{6.4.13e}$$

$$\times \, \frac{(a^2q^2/bcde_1\cdots e_nf)_{y_j}(aq/de_1\cdots e_n)_{y_j}(aq/e_1\cdots e_nf)_{y_j}}{(a^2q^2/bde_1\cdots e_nf)_{y_j}(a^2q^2/cde_1\cdots e_nf)_{y_j}(q)_{y_j}} \tag{6.4.13f}$$

$$\times \prod_{i=1}^{n} \frac{(aq^2/de_1\cdots e_nfx_i)_N(aqe_i/de_1\cdots e_nfx_i)_{y_i}}{(aqe_i/de_1\cdots e_nfx_i)_N(aq^2/de_1\cdots e_nfx_i)_{y_i}} \tag{6.4.13g}$$

$$\times \prod_{\substack{1\leqslant r,s\leqslant n, \\ r\neq j}} \frac{(e_sx_r/x_s)_{y_r}}{(qx_r/x_s)_{y_r}} \prod_{s=1}^{n} \frac{(e_sx_j/x_s)_{N-|\boldsymbol{y}|}}{(qx_j/x_s)_{N-|\boldsymbol{y}|}} \tag{6.4.13h}$$

$$\times \prod_{r=1}^{j-1} \frac{x_r-x_jq^{N-y_r-|\boldsymbol{y}|}}{x_r-x_j} \prod_{s=j+1}^{n} \frac{x_s-x_jq^{N-(y_s+|\boldsymbol{y}|)}}{x_s-x_j} \tag{6.4.13i}$$

$$\times \prod_{\substack{1\leqslant r<s\leqslant n \\ r,s\neq j}} \frac{x_rq^{y_r}-x_sq^{y_s}}{x_r-x_s} \prod_{r=1}^{j-1}\left(\frac{x_r}{x_j}\right) \tag{6.4.13j}$$

$$\times \, (-1)^j\left(\frac{aq}{de_1\cdots e_nf}\right)\left(\frac{1}{x_j}\right) \tag{6.4.13k}$$

$$\times\, q^{y_1+\cdots+y_j+|\boldsymbol{y}|-jy_j}. \tag{6.4.13l}$$

令 $N \to \infty$, 具体收敛性讨论见 [104, Appendix B], 则 (6.4.13) 变为

$$\frac{(aqx_j/bc)_\infty(dx_j)_\infty(fx_j)_\infty}{(aqx_j/b)_\infty(aqx_j/c)_\infty(de_1\cdots e_nfx_j/a)_\infty}\prod_{i=1}^{n}\frac{(aq^2/de_1\cdots e_nfx_i)_\infty}{(aqe_i/de_1\cdots e_nfx_i)_\infty} \tag{6.4.14a}$$

$$\times\,\frac{(a^2q^2/bde_1\cdots e_nf)_\infty(a^2q^2/cde_1\cdots e_nf)_\infty(q)_\infty}{(a^2q^2/bcde_1\cdots e_nf)_\infty(aq/de_1\cdots e_n)_\infty(aq/e_1\cdots e_nf)_\infty}\prod_{s=1}^{n}\frac{(e_sx_j/x_s)_\infty}{(qx_j/x_s)_\infty} \tag{6.4.14b}$$

$$\times\,\sum_{y_1,\cdots,y_n\geqslant 0}\prod_{\substack{1\leqslant i\leqslant n,\\ i\neq j}}\left(1-\frac{aq}{de_1\cdots e_nfx_i}q^{y_j-y_i}\right) \tag{6.4.14c}$$

$$\times\,\prod_{\substack{1\leqslant i\leqslant n,\\ i\neq j}}\frac{(aqx_i/bc)_{y_i}(dx_i)_{y_i}(fx_i)_{y_i}}{(aqx_i/b)_{y_i}(aqx_i/c)_{y_i}(de_1\cdots e_nfx_i/a)_{y_i}} \tag{6.4.14d}$$

$$\times\,\frac{(a^2q^2/bcde_1\cdots e_nf)_{y_j}(aq/de_1\cdots e_n)_{y_j}(aq/e_1\cdots e_nf)_{y_j}}{(a^2q^2/bde_1\cdots e_nf)_{y_j}(a^2q^2/cde_1\cdots e_nf)_{y_j}(q)_{y_j}} \tag{6.4.14e}$$

$$\times\,\prod_{i=1}^{n}\frac{(aqe_i/de_1\cdots e_nfx_i)_{y_i}}{(aq^2/de_1\cdots e_nfx_i)_{y_i}}\prod_{\substack{1\leqslant r,s\leqslant n,\\ r\neq j}}\frac{(e_sx_r/x_s)_{y_r}}{(qx_r/x_s)_{y_r}} \tag{6.4.14f}$$

$$\times\,\prod_{r=1}^{j-1}\frac{1}{1-x_r/x_j}\prod_{s=j+1}^{n}\frac{1}{1-x_j/x_s} \tag{6.4.14g}$$

$$\times\,\prod_{\substack{1\leqslant r<s\leqslant n\\ r,s\neq j}}\frac{x_rq^{y_r}-x_sq^{y_s}}{x_r-x_s}\prod_{r=1}^{j-1}\left(\frac{x_r}{x_j}\right) \tag{6.4.14h}$$

$$\times\,(-1)^j\left(\frac{aq}{de_1\cdots e_nf}\right)\left(\frac{1}{x_j}\right) \tag{6.4.14i}$$

$$\times\,q^{y_1+\cdots+y_j+|\boldsymbol{y}|-jy_j}. \tag{6.4.14j}$$

取 (6.4.14) $(j=1,\cdots,n)$, 将其与 (6.4.2c) 相加, 然后将所有项乘以 (6.4.7), 得到 (6.4.2c)—(6.4.2e). $\qquad\square$

注 6.4.1   在 (6.4.9) 里, 所有出现在每个因子里的 q 的包括 N 的幂均非负, 除了 (6.4.9a) 中分母里的之外. q 的其他非负幂仅出现在 (6.4.9g) 中的 Vandermonde 乘积里. 现在, 逐项, 取 $N \to \infty$, 易得在 (6.4.9) 里包含 N 的其他因式

趋近一个非零常数. 除了 (6.4.9h) 里 q 的幂之外, 上面两个因子需要进一步分析. 它们是

$$\prod_{i=1}^{n}\left(1-\frac{a}{de_1\cdots e_n f x_i}q^{1+N}q^{-(y_i+|\boldsymbol{y}|)}\right)\times\prod_{1\leqslant r<s\leqslant n}\frac{x_r q^{y_r}-x_s q^{y_s}}{x_r-x_s}\times q^{|\boldsymbol{y}|}. \quad (6.4.15)$$

重写上式为

$$\prod_{i=1}^{n}\left(q^{y_i}-\frac{a}{de_1\cdots e_n f x_i}q^{1+N-|\boldsymbol{y}|}\right)\times\prod_{1\leqslant r<s\leqslant n}\frac{x_r q^{y_r}-x_s q^{y_s}}{x_r-x_s}. \quad (6.4.16)$$

设 $y_i=\alpha_i N$, 这里 α_i 为非负整数以及 $0\leqslant\alpha_1+\cdots+\alpha_n\leqslant 1$. 上式变为

$$\prod_{i=1}^{n}\left(q^{\alpha_i N}-\frac{a}{de_1\cdots e_n f x_i}q^{1+N(1-(\alpha_1+\cdots+\alpha_n))}\right) \quad (6.4.17\text{a})$$

$$\times\prod_{1\leqslant r<s\leqslant n}\frac{x_r q^{\alpha_r N}-x_s q^{\alpha_s N}}{x_r-x_s}. \quad (6.4.17\text{b})$$

为了研究上式当 $N\to\infty$ 时的行为, 主要有四种情况要考虑:

情形 1. 当 $\alpha_1+\cdots+\alpha_n=0$ 时. 在原点的这种情况通常会给出一个常数, 因为每个 α_i 都是 0.

情形 2. 存在一个 $\alpha_i=1$, 其他全部为零. 此时, 当 $N\to\infty$ 时, (6.4.17) 趋向一个常数. 这种情况对应含求和指标的 n 维四边形的 n 个顶点.

情形 3. 当 $0<\alpha_1+\cdots+\alpha_n<1$, 且至少有一个 $\alpha_i>0$ 时. 在这种情况下, (6.4.17a) 将趋近 0, (6.4.17b) 将趋近一个常数. 也就是, (6.4.17) 趋近 0.

情形 4. 当 $\alpha_1+\cdots+\alpha_n=1$, 且没有一个 $\alpha_i=1$ 时. 在这种情况下, 至少有两个 α_i 非零, 因此 (6.4.17b) 将趋近 0, (6.4.17a) 趋近一个常数. 也就是说, (6.4.17) 变为 0.

在上述情形 1—4 下, 当 $N\to\infty$ 时, 在 (6.4.17) 中的因式在 n 维四面体的 $n+1$ 个顶点上变为常数, 而在靠近原点的中心区域中变为 0. 这意味着 (6.4.9) 的行为类似于经典单变量情形 [6, 第 50 页]. 极限在 "正方形" 顶点上趋向常数, 而在内部发散. 这就是为什么上面的证明从定理 6.2.3 的 $U(n+1)$ ${}_{10}\phi_9$ 第三变换公式开始, 涉及 "三角形" 或 "n-单纯形" 上的和.

定理 6.4.2 [104, 定理 4.2] ($U(n+1)$ 非终止型 q-Whipple 第二变换公式) 令 $0<|q|<1$ 和

$$\left|\frac{1}{x_i}\frac{a^2 q^2}{bcde_1\cdots e_n f}\right|<1,\quad i=1,2,\cdots,n,$$

则有

$$\sum_{y_1,\cdots,y_n\geqslant 0}\frac{(b)_{|\boldsymbol{y}|}}{\left(\dfrac{aq}{c}\right)_{|\boldsymbol{y}|}\left(\dfrac{aq}{d}\right)_{|\boldsymbol{y}|}\left(\dfrac{aq}{f}\right)_{|\boldsymbol{y}|}}\prod_{i=1}^{n}\frac{1-ax_iq^{y_i+|\boldsymbol{y}|}}{1-ax_i}\prod_{i=1}^{n}\frac{(cx_i)_{y_i}(dx_i)_{y_i}(fx_i)_{y_i}}{(aqx_i/b)_{y_i}}$$

$$\times\prod_{i=1}^{n}\frac{(ax_i)_{|\boldsymbol{y}|}}{\left(\dfrac{aqx_i}{e_i}\right)_{|\boldsymbol{y}|}}\prod_{r,s=1}^{n}\frac{\left(\dfrac{x_r}{x_s}e_s\right)_{y_r}}{\left(q\dfrac{x_r}{x_s}\right)_{y_r}}\prod_{1\leqslant r<s\leqslant n}\frac{x_rq^{y_r}-x_sq^{y_s}}{x_r-x_s}$$

$$\times\left(\frac{a^2q}{bcde_1\cdots e_nf}\right)^{|\boldsymbol{y}|}q^{|\boldsymbol{y}|}q^{e_2(y_1,\cdots,y_n)}\prod_{i=1}^{n}\left(\frac{1}{x_i}\right)^{y_i}$$

$$=\frac{\left(\dfrac{aq}{de_1\cdots e_n}\right)_{\infty}\left(\dfrac{aq}{e_1\cdots e_nf}\right)_{\infty}}{\left(\dfrac{aq}{d}\right)_{\infty}\left(\dfrac{aq}{f}\right)_{\infty}}\prod_{i=1}^{n}\frac{(aqx_i)_{\infty}\left(\dfrac{ae_iq}{de_1\cdots e_nfx_i}\right)_{\infty}}{\left(\dfrac{aq}{de_1\cdots e_nfx_i}\right)_{\infty}\left(\dfrac{aqx_i}{e_i}\right)_{\infty}}$$

$$\times\sum_{y_1,\cdots,y_n\geqslant 0}\frac{\left(\dfrac{aq}{bc}\right)_{|\boldsymbol{y}|}}{\left(\dfrac{aq}{c}\right)_{|\boldsymbol{y}|}}\prod_{i=1}^{n}\frac{(dx_i)_{y_i}(fx_i)_{y_i}}{\left(\dfrac{aqx_i}{b}\right)_{y_i}\left(\dfrac{de_1\cdots e_nfx_i}{a}\right)_{y_i}}$$

$$\times\prod_{r,s=1}^{n}\frac{\left(\dfrac{x_r}{x_s}e_s\right)_{y_r}}{\left(q\dfrac{x_r}{x_s}\right)_{y_r}}\prod_{1\leqslant r<s\leqslant n}\frac{x_rq^{y_r}-x_sq^{y_s}}{x_r-x_s}q^{|\boldsymbol{y}|}$$

$$+\frac{\left(\dfrac{a^2q^2}{bde_1\cdots e_nf}\right)_{\infty}\left(\dfrac{aq}{bc}\right)_{\infty}(q)_{\infty}}{\left(\dfrac{aq}{c}\right)_{\infty}\left(\dfrac{aq}{d}\right)_{\infty}\left(\dfrac{aq}{f}\right)_{\infty}}\prod_{i=1}^{n}\frac{(aqx_i)_{\infty}}{\left(\dfrac{aqx_i}{e_i}\right)_{\infty}\left(1-\dfrac{aq}{de_1\cdots e_nfx_i}\right)}$$

$$\times\sum_{j=1}^{n}\frac{\left(\dfrac{a^2q^2}{cde_1\cdots e_nfx_j}\right)_{\infty}(dx_j)_{\infty}(fx_j)_{\infty}}{\left(\dfrac{aqx_j}{b}\right)_{\infty}\left(\dfrac{a^2q^2}{bcde_1\cdots e_nx_j}\right)_{\infty}\left(\dfrac{de_1\cdots e_nfx_j}{a}\right)_{\infty}}\prod_{s=1}^{n}\frac{\left(\dfrac{x_j}{x_s}e_s\right)_{\infty}}{\left(\dfrac{x_j}{x_s}q\right)_{\infty}}$$

$$\times\sum_{y_1,\cdots,y_n\geqslant 0}\prod_{\substack{1\leqslant i\leqslant n\\i\neq j}}\left[1-\frac{aq}{de_1\cdots e_nfx_i}q^{y_j-y_i}\right]\prod_{\substack{1\leqslant i\leqslant n\\i\neq j}}\frac{(dx_i)_{y_i}(fx_i)_{y_i}}{\left(\dfrac{aqx_i}{b}\right)_{y_i}\left(\dfrac{de_1\cdots e_nfx_i}{a}\right)_{y_i}}$$

$$
\times \frac{\left(\dfrac{a^2q^2}{bcde_1\cdots e_nfx_j}\right)_{|\boldsymbol{y}|}\left(\dfrac{aq}{de_1\cdots e_n}\right)_{y_j}\left(\dfrac{aq}{e_1\cdots e_nf}\right)_{y_j}}{\left(\dfrac{a^2q^2}{bde_1\cdots e_nf}\right)_{y_j}\left(\dfrac{a^2q^2}{cde_1\cdots e_nfx_j}\right)_{|\boldsymbol{y}|}(q)_{y_j}}
$$

$$
\times \prod_{i=1}^{n}\frac{\left(\dfrac{ae_iq}{de_1\cdots e_nfx_i}\right)_{y_j}}{\left(\dfrac{x_n}{x_i}\dfrac{aq^2}{de_1\cdots e_nf}\right)_{y_j}}\prod_{\substack{1\leqslant r,s\leqslant n\\ r\neq j}}\frac{\left(\dfrac{x_r}{x_s}e_s\right)_{y_r}}{\left(q\dfrac{x_r}{x_s}\right)_{y_r}}\prod_{r=1}^{j-1}\frac{1}{1-\dfrac{x_r}{x_j}}
$$

$$
\times \prod_{s=j+1}^{n}\frac{1}{1-\dfrac{x_j}{x_s}}(-1)^{j}\left(\dfrac{aq}{de_1\cdots e_nf}\right)\left(\dfrac{x_n}{x_j}\right)\prod_{\substack{1\leqslant r<s\leqslant n\\ r,s\neq j}}\frac{1-\dfrac{x_r}{x_s}q^{y_r-y_s}}{1-\dfrac{x_r}{x_s}}
$$

$$
\times q^{y_1+\cdots+y_j}q^{y_1+2y_2+\cdots+(j-1)y_{j-1}+(j+1)y_{j+1}+\cdots+ny_n}\prod_{r=1}^{j-1}\left(\dfrac{x_r}{x_j}\right),\tag{6.4.18}
$$

这里 $e_2(y_1,\cdots,y_n)$ 为关于 $\{y_1,\cdots,y_n\}$ 的二阶基本对称函数.

证明　证明类似于定理 6.4.1 的证明.　　　　　　　　　　　　　　　　$\square$

定理 6.4.3 [104, 定理 5.1] (非终止型 q-Saalschütz 变换的第一个 $U(n+1)$ 拓广)
$0<|q|<1$ 和 $a=\dfrac{ef}{bc_1\cdots c_nq}$, 则有

$$
\sum_{y_1,\cdots,y_n\geqslant 0}q^{|\boldsymbol{y}|}\prod_{i=1}^{n}\frac{(ax_i)_{y_i}(bx_i)_{y_i}}{(x_ie)_{y_i}(fx_i)_{y_i}}\prod_{r,s=1}^{n}\frac{\left(\dfrac{x_r}{x_s}c_s\right)_{y_r}}{\left(q\dfrac{x_r}{x_s}\right)_{y_r}}\prod_{1\leqslant r<s\leqslant n}\frac{x_rq^{y_r}-x_sq^{y_s}}{x_r-x_s}
$$

$$
=\frac{\left(\dfrac{f}{a}\right)_{\infty}\left(\dfrac{f}{b}\right)_{\infty}}{\left(\dfrac{aq}{e}\right)_{\infty}\left(\dfrac{bq}{e}\right)_{\infty}}\prod_{i=1}^{n}\frac{\left(\dfrac{fx_i}{c_i}\right)_{\infty}\left(\dfrac{q}{ex_i}\right)_{\infty}}{(fx_i)_{\infty}\left(\dfrac{qc_i}{ex_i}\right)_{\infty}}
$$

$$
-\frac{\left(\dfrac{fq}{e}\right)_{\infty}(q)_{\infty}}{\left(\dfrac{aq}{e}\right)_{\infty}\left(\dfrac{bq}{e}\right)_{\infty}}\prod_{i=1}^{n}\frac{\left(\dfrac{q}{ex_i}\right)_{\infty}}{\left(\dfrac{qc_i}{ex_i}\right)_{\infty}\left(1-\dfrac{q}{ex_i}\right)}
$$

$$\times \sum_{j=1}^{n} \frac{(ax_j)_\infty (bx_j)_\infty}{(ex_j)_\infty (fx_j)_\infty} \prod_{s=1}^{n} \frac{\left(\dfrac{x_j}{x_s}c_s\right)_\infty}{\left(\dfrac{x_j}{x_s}q\right)_\infty} \sum_{y_1,\cdots,y_n \geqslant 0} \prod_{\substack{1\leqslant i\leqslant n \\ i\neq j}} \left[1-\frac{1}{ex_i}q^{1+y_j-y_i}\right]$$

$$\times \prod_{\substack{1\leqslant i\leqslant n \\ i\neq j}} \frac{(ax_i)_{y_i} (bx_i)_{y_i}}{(ex_i)_{y_i} (fx_i)_{y_i}} \cdot \frac{\left(\dfrac{aq}{e}\right)_{y_j} \left(\dfrac{bq}{e}\right)_{y_j}}{\left(\dfrac{fq}{e}\right)_{y_j} (q)_{y_j}} \prod_{i=1}^{n} \frac{\left(\dfrac{qc_i}{ex_i}\right)_{y_j}}{\left(\dfrac{q^2}{ex_i}\right)_{y_j}} \prod_{\substack{1\leqslant r,s\leqslant n \\ r\neq j}} \frac{\left(\dfrac{x_r}{x_s}c_s\right)_{y_r}}{\left(q\dfrac{x_r}{x_s}\right)_{y_r}}$$

$$\times \prod_{r=1}^{j-1} \frac{1}{1-\dfrac{x_r}{x_j}} \prod_{s=j+1}^{n} \frac{1}{1-\dfrac{x_j}{x_s}} \prod_{\substack{1\leqslant r<s\leqslant n \\ r,s\neq j}} \frac{1-\dfrac{x_r}{x_s}q^{y_r-y_s}}{1-\dfrac{x_r}{x_s}} (-1)^j \left(\frac{q}{e}\right) \left(\frac{1}{x_j}\right) \prod_{r=1}^{j-1} \left(\frac{x_r}{x_j}\right)$$

$$\times q^{y_1+\cdots+y_j} q^{y_1+2y_2+\cdots+(j-1)y_{j-1}+(j+1)y_{j+1}+\cdots+ny_n}.$$

证明 在 (6.4.1) 中, 取 $aq/c = d$. 具体推导过程见 [104]. □

定理 6.4.4 [104, 定理 4.2] (非终止型 q-Saalschütz 变换的第二个 $U(n+1)$ 拓广)
设 $0 < |q| < 1$ 和 $a = \dfrac{ef}{bc_1\cdots c_n q}$, 则有

$$\sum_{y_1,\cdots,y_n\geqslant 0} q^{|\boldsymbol{y}|} \frac{(a)_{|\boldsymbol{y}|}}{(f)_{|\boldsymbol{y}|}} \prod_{i=1}^{n} \frac{(bx_i)_{y_i}}{(ex_i)_{y_i}} \prod_{r,s=1}^{n} \frac{\left(\dfrac{x_r}{x_s}c_s\right)_{y_r}}{\left(q\dfrac{x_r}{x_s}\right)_{y_r}} \prod_{1\leqslant r<s\leqslant n} \frac{x_r q^{y_r}-x_s q^{y_s}}{x_r-x_s}$$

$$= \frac{\left(\dfrac{f}{a}\right)_\infty \left(\dfrac{f}{c_1\cdots c_n}\right)_\infty}{(f)_\infty \left(\dfrac{bq}{e}\right)_\infty} \prod_{i=1}^{n} \frac{\left(\dfrac{fc_i}{bx_i c_1\cdots c_n}\right)_\infty \left(\dfrac{q}{ex_i}\right)_\infty}{\left(\dfrac{q}{ex_i}\right)_\infty \left(\dfrac{qc_i}{ex_i}\right)_\infty}$$

$$- \frac{(a)_\infty (q)_\infty}{(f)_\infty \left(\dfrac{bq}{e}\right)_\infty} \prod_{i=1}^{n} \frac{\left(\dfrac{q}{ex_i}\right)_\infty}{\left(\dfrac{qc_i}{ex_i}\right)_\infty \left(1-\dfrac{q}{ex_i}\right)}$$

$$\times \sum_{j=1}^{n} \frac{\left(\dfrac{fq}{ex_j}\right)_\infty (bx_j)_\infty}{(ex_j)_\infty \left(\dfrac{aq}{ex_j}\right)_\infty} \prod_{s=1}^{n} \frac{\left(\dfrac{x_j}{x_s}c_s\right)_\infty}{\left(\dfrac{x_j}{x_s}q\right)_\infty} \times \sum_{y_1,\cdots,y_n\geqslant 0} \prod_{\substack{1\leqslant i\leqslant n \\ i\neq j}} \left[1-\frac{1}{ex_i}q^{1+y_j-y_i}\right]$$

$$\times \prod_{\substack{1\leqslant i\leqslant n\\ i\neq j}} \frac{(bx_i)_{y_i}}{(ex_i)_{y_i}} \frac{\left(\dfrac{aq}{ex_j}\right)_{|\boldsymbol{y}|}\left(\dfrac{bq}{e}\right)_{y_j}}{\left(\dfrac{fq}{ex_j}\right)_{|\boldsymbol{y}|}(q)_{y_j}} \prod_{i=1}^{n} \frac{\left(\dfrac{qx_ic_i}{e}\right)_{y_j}}{\left(\dfrac{q^2}{ex_i}\right)_{y_j}} \prod_{\substack{1\leqslant r,s\leqslant n\\ r\neq j}} \frac{\left(\dfrac{x_r}{x_s}c_s\right)_{y_r}}{\left(q\dfrac{x_r}{x_s}\right)_{y_r}}$$

$$\times \prod_{r=1}^{j-1} \frac{1}{1-\dfrac{x_r}{x_j}} \prod_{s=j+1}^{n} \frac{1}{1-\dfrac{x_j}{x_s}} \prod_{\substack{1\leqslant r<s\leqslant n\\ r,s\neq j}} \frac{1-\dfrac{x_r}{x_s}q^{y_r-y_s}}{1-\dfrac{x_r}{x_s}} (-1)^j \left(\dfrac{q}{ex_j}\right) \prod_{r=1}^{j-1}\left(\dfrac{x_r}{x_j}\right)$$

$$\times q^{y_1+\cdots+y_j}q^{y_1+2y_2+\cdots+(j-1)y_{j-1}+(j+1)y_{j+1}+\cdots+ny_n}.$$

证明　在 (6.4.18) 中, 先交换 b 和 c, 然后令 $aq/c = d$. 具体推导过程见 [104]. □

6.5　D_n 基本超几何级数

定理 6.5.1 [61, 定理 6] (Watson 变换的 D_n 拓广)　设 $N_1, \cdots, N_n$ 为非负整数, 则

$$\sum_{\substack{0\leqslant y_i\leqslant N_i\\ i=1,2,\cdots,n}} \prod_{1\leqslant r<s\leqslant n} \frac{x_rq^{y_r}-x_sq^{y_s}}{x_r-x_s} \prod_{r,s=1}^{n} \frac{\left(\dfrac{x_r}{x_s}q^{-N_s}\right)_{y_r}}{\left(q\dfrac{x_r}{x_s}\right)_{y_r}} \prod_{i=1}^{n} \frac{(ax_i)_{|\boldsymbol{y}|}}{(ax_iq^{1+N_i})_{|\boldsymbol{y}|}}$$

$$\times \prod_{i=1}^{n} \frac{1-ax_iq^{y_i+|\boldsymbol{y}|}}{1-ax_i} \prod_{1\leqslant r<s\leqslant n}\left(\dfrac{aq}{b}x_rx_s\right)_{y_r+y_s} \prod_{r,s=1}^{n} \frac{1}{\left(\dfrac{aq}{b}x_rx_s\right)_{y_r}}$$

$$\times \prod_{i=1}^{n} (cx_i)_{y_i}(dx_i)_{y_i}(ex_i)_{y_i}\left(\dfrac{b}{x_i}q^{|\boldsymbol{y}|-y_i}\right)_{y_i} \left[\left(\dfrac{aq}{c}\right)_{|\boldsymbol{y}|}\left(\dfrac{aq}{d}\right)_{|\boldsymbol{y}|}\left(\dfrac{aq}{e}\right)_{|\boldsymbol{y}|}\right]^{-1}$$

$$\times \left(\dfrac{a^2q^{2+|\boldsymbol{N}|}}{bcde}\right)^{|\boldsymbol{y}|}$$

$$= \prod_{i=1}^{n} (aqx_i)_{N_i}\left(\dfrac{aq}{dex_i}q^{|\boldsymbol{N}|-N_i}\right)_{N_i} \left[\left(\dfrac{aq}{d}\right)_{|\boldsymbol{N}|}\left(\dfrac{aq}{e}\right)_{|\boldsymbol{N}|}\right]^{-1}$$

$$\times \sum_{\substack{0\leqslant y_i\leqslant N_i\\ i=1,2,\cdots,n}} \prod_{1\leqslant r<s\leqslant n} \frac{x_rq^{y_r}-x_sq^{y_s}}{x_r-x_s} \prod_{r,s=1}^{n} \frac{\left(\dfrac{x_r}{x_s}q^{-N_s}\right)_{y_r}}{\left(q\dfrac{x_r}{x_s}\right)_{y_r}} \prod_{1\leqslant r<s\leqslant n}\left(\dfrac{aq}{b}x_rx_s\right)_{y_r+y_s}$$

$$\times \prod_{r,s=1}^{n} \frac{1}{\left(\dfrac{aq}{b} x_r x_s\right)_{y_r}} \prod_{i=1}^{n} \frac{(dx_i)_{y_i} (ex_i)_{y_i} \left(\dfrac{aqx_i}{bc}\right)_{y_i}}{\left(\dfrac{dex_i}{a} q^{-|\boldsymbol{N}|}\right)_{y_i}} \left(\frac{aq}{c}\right)_{|\boldsymbol{y}|}^{-1} q^{|\boldsymbol{y}|}. \tag{6.5.1}$$

证明 取

$$\alpha(\boldsymbol{m}) = \prod_{i=1}^{n} \frac{1 - ax_i q^{m_i + |\boldsymbol{m}|}}{1 - ax_i} \prod_{i=1}^{n} (ax_i)_{|\boldsymbol{m}|} \left(\frac{b}{x_i} q^{|\boldsymbol{m}| - m_i}\right)_{m_i} (cx_i)_{m_i}$$

$$\times \prod_{1 \leqslant r < s \leqslant n} \left(\frac{aq}{b} x_r x_s\right)_{m_r + m_s} \prod_{r,s=1}^{n} \frac{1}{(aqx_r x_s / b)_{m_r}} \left(\frac{aq}{c}\right)_{|\boldsymbol{m}|}^{-1}$$

$$\times \prod_{r,s=1}^{n} \frac{1}{(qx_r / x_s)_{m_r}} \left(-\frac{aq}{c}\right)^{|\boldsymbol{m}|} \prod_{i=1}^{n} x_i^{m_i} q^{\binom{m_1}{2} + \cdots + \binom{m_n}{2}},$$

$$\delta(\boldsymbol{y}) = \prod_{1 \leqslant r < s \leqslant n} \frac{x_r q^{y_r} - x_s q^{y_s}}{x_r - x_s} \prod_{i=1}^{n} \frac{(dx_i)_{y_i}(ex_i)_{y_i}}{(dex_i q^{-|\boldsymbol{N}|}/a)_{y_i}} \prod_{r,s=1}^{n} \left(\frac{x_r}{x_s} q^{-N_s}\right)_{y_r} q^{|\boldsymbol{y}|},$$

$$\mu(\boldsymbol{m}, \boldsymbol{y}) = \prod_{r,s=1}^{n} \frac{1}{\left(q \dfrac{x_r}{x_s} q^{m_r - m_s}\right)_{y_r - m_r}}$$

$$= \prod_{1 \leqslant r < s \leqslant n} \frac{x_r q^{m_r} - x_s q^{m_s}}{x_r - x_s} \prod_{r,s=1}^{n} \frac{(x_r q^{-y_s}/x_s)_{m_r}}{(qx_r/x_s)_{y_r}} (-1)^{|\boldsymbol{m}|} q^{-\binom{|\boldsymbol{m}|}{2}} q^{|\boldsymbol{y}||\boldsymbol{m}|},$$

$$\nu(\boldsymbol{m}, \boldsymbol{y}) = \prod_{i=1}^{n} \frac{1}{(aqx_i)_{y_i + |\boldsymbol{m}|}}.$$

以下证明过程与定理 6.2.1 的证明过程类似. 由 (1.4.19) 可得 $\mu(\boldsymbol{m}, \boldsymbol{y})$ 的两个表示, 应用 Milne-Newcomb 多变量 Bailey 变换公式 (6.1.4), 在定理 6.5.1 的左边代替表示时使用 $\mu(\boldsymbol{m}, \boldsymbol{y})$ 的第一个表示, 在定理 6.5.1 的右边代替表示时使用 $\mu(\boldsymbol{m}, \boldsymbol{y})$ 的第二个表示. 在进行计算时, 右边应用定理 3.13.2, 左边使用定理 3.3.5, 经过化简可得结果. □

定理 6.5.2 [55, 定理 A.9], [61, 定理 7] (Bhatnagar, D_n q-Jackson 求和) 设 $N_1, \cdots, N_n$ 为非负整数, 则

$$\left[\left(\frac{aq}{b}\right)_{|\boldsymbol{N}|} \left(\frac{aq}{c}\right)_{|\boldsymbol{N}|} \left(\frac{aq}{bcd}\right)_{|\boldsymbol{N}|}\right]^{-1} \prod_{1 \leqslant r < s \leqslant n} \left(\frac{aq}{d} x_r x_s\right)_{N_r + N_s} \prod_{r,s=1}^{n} \left(\frac{aq}{d} x_r x_s\right)_{N_r}^{-1}$$

$$\times \prod_{i=1}^{n} \left[(aqx_i)_{N_i} \left(\frac{aqx_i}{cd}\right)_{N_i} \left(\frac{aqx_i}{bd}\right)_{N_i} \left(\frac{aq^{1+|\boldsymbol{N}| - N_i}}{bcx_i}\right)_{N_i}\right]$$

$$= \sum_{\substack{0 \leqslant y_i \leqslant N_i \\ i=1,2,\cdots,n}} \left[\left(\frac{aq}{b}\right)_{|\boldsymbol{y}|} \left(\frac{aq}{c}\right)_{|\boldsymbol{y}|} \left(\frac{aq}{e}\right)_{|\boldsymbol{y}|} \right]^{-1} q^{|\boldsymbol{y}|}$$

$$\times \prod_{1 \leqslant r < s \leqslant n} \frac{x_r q^{y_r} - x_s q^{y_s}}{x_r - x_s} \prod_{r,s=1}^{n} \frac{\left(\dfrac{x_r}{x_s} q^{-N_s}\right)_{y_r}}{\left(q\dfrac{x_r}{x_s}\right)_{y_r}}$$

$$\times \prod_{i=1}^{n} \frac{(ax_i)_{|\boldsymbol{y}|}}{(ax_i q^{1+N_i})_{|\boldsymbol{y}|}} \prod_{i=1}^{n} \frac{1 - ax_i q^{y_i+|\boldsymbol{y}|}}{1 - ax_i} \prod_{1 \leqslant r < s \leqslant n} \left(\frac{aq}{d} x_r x_s\right)_{y_r+y_s}$$

$$\times \prod_{r,s=1}^{n} \left(\frac{aq}{d} x_r x_s\right)_{y_r}^{-1} \prod_{i=1}^{n} (bx_i)_{y_i} (cx_i)_{y_i} (ex_i)_{y_i} \left(\frac{d}{x_i} q^{|\boldsymbol{y}|-y_i}\right)_{y_i}, \qquad (6.5.2)$$

这里 $a^2 q = bcdeq^{-|\boldsymbol{N}|}$.

证明　取 $aq/bc = deq^{-|\boldsymbol{N}|}/a$, 定理 6.5.1 的右边和导致定理 3.13.1 的一个特殊情形. 应用定理 3.12.6 中 $a \to d, b \to e, c \to aq/b$, 交换 b 和 d, c 和 e 重写导出的求和公式, 得到此定理.　　　□

定理 6.5.3 [55, 定理 A.12], [106, 定理 5.6] (Bhatnagar 和 Schlosser, D_n Jackson 求和)　对 $i = 1, 2, \cdots, n$, 令 N_i 为非负整数, 则

$$\sum_{\substack{0 \leqslant k_i \leqslant N_i \\ i=1,2,\cdots,n}} \prod_{i=1}^{n} \frac{1 - ax_i q^{k_i+|\boldsymbol{k}|}}{1 - ax_i} \prod_{1 \leqslant i < j \leqslant n} \frac{x_i q^{k_i} - x_j q^{k_j}}{x_i - x_j} \prod_{1 \leqslant i < j \leqslant n} (a^2 x_i x_j q/bcd)_{k_i+k_j}^{-1}$$

$$\times \prod_{i,j=1}^{n} (a^2 x_i x_j q^{1+N_j}/bcd)_{k_i} \prod_{i,j=1}^{n} \frac{(q^{-N_j} x_i/x_j)_{k_i}}{(qx_i/x_j)_{k_i}}$$

$$\times \prod_{i=1}^{n} \frac{(ax_i)_{|\boldsymbol{k}|} (bcd/ax_i)_{|\boldsymbol{k}|-k_i}}{(ax_i q^{1+N_i})_{|\boldsymbol{k}|} (bcdq^{-N_i}/ax_i)_{|\boldsymbol{k}|}}$$

$$\times (b)_{|\boldsymbol{k}|} (c)_{|\boldsymbol{k}|} (d)_{|\boldsymbol{k}|} q^{|\boldsymbol{k}|} \prod_{i=1}^{n} \frac{1}{(ax_i q/b)_{k_i} (ax_i q/c)_{k_i} (ax_i q/d)_{k_i}}$$

$$= \prod_{i=1}^{n} \frac{(ax_i q)_{N_i} (ax_i q/bc)_{N_i} (ax_i q/bd)_{N_i} (ax_i q/cd; q)_{N_i}}{(ax_i q/bcd)_{N_i} (ax_i q/d)_{N_i} (ax_i q/c)_{N_i} (ax_i q/b)_{N_i}}.$$

证明　翻转 (6.5.2) 中的和, 重新标参数, 可得此结果.　　　□

定理 6.5.4 [61, 定理 8] (D_n Sears 变换) 设 $N_1, \cdots, N_n$ 为非负整数, 则

$$\sum_{\substack{0 \leqslant y_i \leqslant N_i \\ i=1,2,\cdots,n}} (e)_{|\boldsymbol{y}|}^{-1} q^{|\boldsymbol{y}|} \prod_{1 \leqslant r < s \leqslant n} \frac{x_r q^{y_r} - x_s q^{y_s}}{x_r - x_s} \prod_{r,s=1}^{n} \frac{\left(\dfrac{x_r}{x_s} q^{-N_s}\right)_{y_r}}{\left(q\dfrac{x_r}{x_s}\right)_{y_r}} \prod_{1 \leqslant r < s \leqslant n} (dx_r x_s)_{y_r + y_s}$$

$$\times \prod_{r,s=1}^{n} \frac{1}{(dx_r x_s)_{y_r}} \prod_{i=1}^{n} \frac{(ax_i)_{y_i}(bx_i)_{y_i}(cx_i)_{y_i}}{(fx_i)_{y_i}}$$

$$= \frac{(f/a)_{|\boldsymbol{N}|}}{(e)_{|\boldsymbol{N}|}} \prod_{i=1}^{n} \frac{\left(\dfrac{e}{ax_i} q^{|\boldsymbol{N}| - N_i}\right)_{N_i}}{(fx_i)_{N_i}} a^{|\boldsymbol{N}|} \prod_{i=1}^{n} x_i^{N_i} q^{-e_2(\boldsymbol{N})}$$

$$\times \sum_{\substack{0 \leqslant y_i \leqslant N_i \\ i=1,2,\cdots,n}} \left(\frac{a}{f} q^{1-|\boldsymbol{N}|}\right)_{|\boldsymbol{y}|}^{-1} q^{|\boldsymbol{y}|} \prod_{1 \leqslant r < s \leqslant n} \frac{x_r q^{y_r} - x_s q^{y_s}}{x_r - x_s} \prod_{r,s=1}^{n} \frac{\left(\dfrac{x_r}{x_s} q^{-N_s}\right)_{y_r}}{\left(q\dfrac{x_r}{x_s}\right)_{y_r}}$$

$$\times \prod_{1 \leqslant r < s \leqslant n} (dx_r x_s)_{y_r + y_s} \prod_{r,s=1}^{n} \frac{1}{(dx_r x_s)_{y_r}} \prod_{i=1}^{n} \frac{(ax_i)_{y_i} \left(\dfrac{dx_i}{b}\right)_{y_i} \left(\dfrac{dx_i}{c}\right)_{y_i}}{\left(\dfrac{ax_i}{e} q^{1-|\boldsymbol{N}|}\right)_{y_i}},$$

这里 $abcq^{1-|\boldsymbol{N}|} = def$.

证明 注意到定理 6.5.1 的左边交换 c 和 e, 值不变, 右边相应改变, 比较两个右边, 通过设 $a \to abq^{-|\boldsymbol{N}|}/f$, $b \to abq^{1-|\boldsymbol{N}|}$, $c \to b$, $d \to a$, 重新标参数, 重写导出的变换, 并且取 $c = def/abq^{1-|\boldsymbol{N}|}$, 得到结果. $\square$

6.6 Rogers-Selberg 函数的多变量拓广

令 $0 < |q| < 1$, Rogers-Selberg 恒等式:

$$\frac{1}{(a)_\infty} \sum_{n=0}^{\infty} (-1)^n a^{2n} q^{2n^2 + \binom{n}{2}} (1 - aq^{2n}) \frac{(a)_n}{(q)_n} = \sum_{n=0}^{\infty} \frac{a^n q^{n^2}}{(q)_n}, \tag{6.6.1}$$

我们通过 Jacobi 三重积恒等式可以得到两类著名的 Rogers-Ramanujan 恒等式 [107, (8.10.10)], [7, 引理 3.2.1]. Rogers-Selberg 函数定义为

$$G_k(a) = \frac{1}{(a)_\infty} \sum_{n=0}^{\infty} (-1)^n a^{kn} q^{2n^2 + \binom{n}{2}} (1 - aq^{2n}) \frac{(a)_n}{(q)_n}. \tag{6.6.2}$$

Andrews 给出下述递归关系 [108]:

$$G_k(a) = \sum_{m=1}^{\infty} \frac{a^{(k-1)m}}{(q)_m} q^{(k-1)m^2} G_{k-1}(aq^{2m}),$$　　　　(6.6.3)

这里 $0 < |q| < 1$, $k \geqslant 2$. 下面给出 Rogers-Selberg 函数的多变量拓广.

定义 6.6.1 (Rogers-Selberg 函数的 $U(n+1)$ 拓广)

$$G_k(a; x_1, \cdots, x_n; U(n+1))$$

$$= \prod_{i=1}^{n} \frac{1}{(ax_i)_{\infty}} \sum_{\substack{y_i \geqslant 0 \\ i=1,\cdots,n}} (-1)^{n|\boldsymbol{y}|} a^{k|\boldsymbol{y}|} q^{k(|\boldsymbol{y}|^2 - e_2(\boldsymbol{y}))} \prod_{1 \leqslant r < s \leqslant n} \frac{x_r q^{y_r} - x_s q^{y_s}}{x_r - x_s} \prod_{i=1}^{n} (ax_i)_{|\boldsymbol{y}|}$$

$$\times \prod_{i=1}^{n} (1 - ax_i q^{|\boldsymbol{y}| + y_i}) \prod_{r,s=1}^{n} \frac{1}{(ax_r/x_s)_{y_r}} \prod_{i=1}^{n} \left(x_i^{ny_i - |\boldsymbol{y}|} q^{n \sum\limits_{i=1}^{n} \binom{y_i}{2}} \right) \prod_{i=1}^{n} x_i^{ky_i}, \quad (6.6.4)$$

这里 $0 < |q| < 1$.

定理 6.6.1 (Andrews 递归 (6.6.3) 的 $U(n+1)$ 拓广)　设 a 和 $x_1, \cdots, x_n$ 为变元, 令 $n \geqslant 1$, 和 $k \geqslant 2$. 则, 对 $0 < |q| < 1$, 有

$$G_k(a; x_1, \cdots, x_n; U(n+1))$$

$$= \sum_{\substack{m_i \geqslant 0 \\ i=1,\cdots,n}} \prod_{1 \leqslant r < s \leqslant n} \frac{x_r q^{m_r} - x_s q^{m_s}}{x_r - x_s} \prod_{r,s=1}^{n} \frac{1}{\left(q \dfrac{x_r}{x_s} \right)_{m_r}}$$

$$\times (-1)^{(n-1)|\boldsymbol{m}|} q^{n \sum\limits_{i=1}^{n} \binom{m_i}{2} - \binom{|\boldsymbol{m}|}{2}} \prod_{i=1}^{n} x_i^{nm_i - |\boldsymbol{m}|}$$

$$\times a^{(k-1)|\boldsymbol{m}|} q^{(k-1) \left[\binom{|\boldsymbol{m}|+1}{2} + \sum\limits_{i=1}^{n} \binom{m_i}{2} \right]} \prod_{i=1}^{n} x_i^{(k-1)m_i}$$

$$\times G_{k-1}(aq^{m_n + |\boldsymbol{m}|}; x_1 q^{m_1}, \cdots, x_n q^{m_n}; U(n+1)). \quad (6.6.5)$$

证明　将

$$a^{k|\boldsymbol{y}|} q^{k(|\boldsymbol{y}|^2 - e_2(\boldsymbol{y}))} \prod_{i=1}^{n} x_i^{ky_i},$$

分割为下面两个部分的乘积:

$$a^{|\boldsymbol{y}|} q^{|\boldsymbol{y}|^2 - e_2(\boldsymbol{y})} \prod_{i=1}^{n} x_i^{y_i} \times a^{(k-1)|\boldsymbol{y}|} q^{(k-1)(|\boldsymbol{y}|^2 - e_2(\boldsymbol{y}))} \prod_{i=1}^{n} x_i^{(k-1)y_i},$$

应用 (3.13.7) 的 $a \to aq^{|\boldsymbol{y}|}$ 情形下, 将 $G_k(a; x_1, \cdots, x_n; U(n+1))$ 写为一个双重和. 交换和序, 应用

$$\sum_{\substack{y_i \geqslant 0 \\ i=1,\cdots,n}} \sum_{\substack{0 \leqslant m_i \leqslant y_i \\ i=1,\cdots,n}} A(\boldsymbol{y}, \boldsymbol{m}) = \sum_{\substack{m_i \geqslant 0 \\ i=1,\cdots,n}} \sum_{\substack{y_i \leqslant 0 \\ i=1,\cdots,n}} A(\boldsymbol{y} + \boldsymbol{m}, \boldsymbol{m}), \tag{6.6.6}$$

移位求和指标, 经过一些基本运算, 得到

$$G_k(a; x_1, \cdots, x_n; U(n+1))$$

$$= \sum_{\substack{m_i \geqslant 0 \\ i=1,\cdots,n}} \prod_{1 \leqslant r < s \leqslant n} \frac{x_r q^{m_r} - x_s q^{m_s}}{x_r - x_s} \prod_{r,s=1}^{n} \frac{1}{\left(q \dfrac{x_r}{x_s}\right)_{m_r}}$$

$$\times (-1)^{(n-1)|\boldsymbol{m}|} q^{\binom{|\boldsymbol{m}|+1}{2}} \prod_{i=1}^{n} x_i^{nm_i - |\boldsymbol{m}|}$$

$$\times a^{(k-1)|\boldsymbol{m}|} q^{-|\boldsymbol{m}|^2} \prod_{i=1}^{n} x_i^{(k-1)m_i} \prod_{i=1}^{n} \frac{1}{(ax_i q^{m_i + |\boldsymbol{m}|})_\infty}$$

$$\times \sum_{\substack{y_i \geqslant 0 \\ i=1,\cdots,n}} \prod_{1 \leqslant r < s \leqslant n} \frac{x_r q^{m_r + y_r} - x_s q^{m_s + y_s}}{x_r q^{m_r} - x_s q^{m_s}} \prod_{r,s=1}^{n} \frac{1}{\left(q^{1+m_r - m_s} \dfrac{x_r}{x_s}\right)_{y_r}}$$

$$\times (-1)^{n|\boldsymbol{m}|} q^{n \sum\limits_{i=1}^{n} \binom{m_i + y_i}{2}} \prod_{i=1}^{n} x_i^{ny_i - |\boldsymbol{m}|} \prod_{i=1}^{n} (ax_i q^{m_i + |\boldsymbol{m}|})_{|\boldsymbol{y}|}$$

$$\times \prod_{i=1}^{n} (1 - ax_i q^{m_i + |\boldsymbol{m}| + y_i + |\boldsymbol{y}|})$$

$$\times a^{(k-1)|\boldsymbol{y}|} q^{(k-1)(|\boldsymbol{y}| + |\boldsymbol{m}|)^2 - e_2(\boldsymbol{y} + \boldsymbol{m})} q^{-|\boldsymbol{m}||\boldsymbol{y}|} \prod_{i=1}^{n} x_i^{(k-1)y_i}.$$

经过重新组织, 易得 (6.6.5) 的右边. 结论得证. □

完全类似, 引入 Rogers-Selberg 函数的 C_n 拓广及其递归如下:

定义 6.6.2 (Rogers-Selberg 函数的 C_n 拓广)

$$G_k(a; x_1, \cdots, x_n; C_n)$$

$$= \prod_{1 \leqslant r < s \leqslant n} \frac{1}{(ax_r a_s)_\infty} \sum_{\substack{y_i \geqslant 0 \\ i=1,\cdots,n}} (-1)^{n|\boldsymbol{y}|} a^{k|\boldsymbol{y}|} q^{k \sum\limits_{i=1}^{n} y_i^2 + n \sum\limits_{i=1}^{n} \binom{y_i}{2}} \prod_{1 \leqslant r < s \leqslant n} \frac{x_r q^{y_r} - x_s q^{y_s}}{x_r - x_s}$$

$$\times \prod_{i=1}^{n} (ax_i)_{|\boldsymbol{y}|} \prod_{1 \leqslant r < s \leqslant n}^{n} (1 - ax_r x_s q^{y_r+y_s}) \prod_{r,s=1}^{n} \frac{(ax_r x_s)_{y_r}}{(qx_r/x_s)_{y_r}} \prod_{i=1}^{n} x_i^{ny_i - |\boldsymbol{y}| + 2ky_i},$$

$$\tag{6.6.7}$$

这里 $0 < |q| < 1$.

定理 6.6.2 (Andrews 递归 (6.6.3) 的 C_n 拓广)　设 a 和 $x_1, \cdots, x_n$ 为变元, 令 $n \geqslant 1$ 和 $k \geqslant 2$. 则, 对 $0 < |q| < 1$, 有

$$G_k(a; x_1, \cdots, x_n; C_n)$$

$$= \sum_{\substack{m_i \geqslant 0 \\ i=1,\cdots,n}} \prod_{1 \leqslant r < s \leqslant n} \frac{x_r q^{m_r} - x_s q^{m_s}}{x_r - x_s} \prod_{r,s=1}^{n} \frac{1}{\left(q\dfrac{x_r}{x_s}\right)_{m_r}}$$

$$\times (-1)^{(n-1)|\boldsymbol{m}|} q^{n \sum\limits_{i=1}^{n} \binom{m_i}{2} - \binom{|\boldsymbol{m}|}{2}} \prod_{i=1}^{n} x_i^{nm_i - |\boldsymbol{m}|}$$

$$\times a^{(k-1)|\boldsymbol{m}|} q^{(k-1)\sum\limits_{i=1}^{n} m_i^2} \prod_{i=1}^{n} x_i^{2(k-1)m_i}$$

$$\times G_{k-1}(a; x_1 q^{m_1}, \cdots, x_n q^{m_n}; C_n).$$

注 6.6.1　由定理 6.6.1 和定理 6.6.2 的一个直接应用, 可以得到 Rogers-Selberg 恒等式 Milne [109,110] 的 $U(n+1)$ 和 C_n 拓广的新证明.

6.7　C_n, D_n 非常均衡 $_{10}\phi_9$ 变换公式

和序交换原则是求导 q-级数变换或求和公式的重要方法. 其主要思想方法为: 要计算和 $\sum\limits_{0 \leqslant m_i \leqslant N_i} A(\boldsymbol{m})B(\boldsymbol{m})$, 且 $B(\boldsymbol{m}) = \sum\limits_{0 \leqslant k_i \leqslant m_i} C(\boldsymbol{k}, \boldsymbol{m})$, 代入后, 改变求和顺序, 求出内部和, 可得变换公式, 若进一步可求和, 则可得到封闭的求和公式. 即

$$\sum_{0 \leqslant m_i \leqslant N_i} A(\boldsymbol{m})B(\boldsymbol{m}) = \sum_{0 \leqslant m_i \leqslant N_i} A(\boldsymbol{m}) \sum_{0 \leqslant k_i \leqslant m_i} C(\boldsymbol{k}, \boldsymbol{m})$$

$$= \sum_{0 \leqslant k_i \leqslant N_i} \sum_{k_i \leqslant m_i \leqslant N_i} A(\boldsymbol{m})C(\boldsymbol{k}, \boldsymbol{m})$$

$$= \sum_{0 \leqslant k_i \leqslant N_i} \sum_{0 \leqslant m_i \leqslant N_i - k_i} A(\boldsymbol{m} + \boldsymbol{k})C(\boldsymbol{k}, \boldsymbol{m} + \boldsymbol{k}). \tag{6.7.1}$$

本节将应用此思想方法求导若干 $_{10}\phi_9$ 变换公式.

定理 6.7.1 [55, 定理 2.1] (C_n $_{10}\phi_9$ 变换)   令 N_i 是非负整数, 对 $i = 1, 2, \cdots, n$, 则

$$
\sum_{\substack{0 \leqslant k_i \leqslant N_i \\ i=1,2,\cdots,n}} q^{|\boldsymbol{k}|} \prod_{i=1}^{n} \frac{1 - ax_i^2 q^{2k_i}}{1 - ax_i^2} \prod_{1 \leqslant i < j \leqslant n} \left(\frac{x_i q^{k_i} - x_j q^{k_j}}{x_i - x_j} \frac{1 - ax_i x_j q^{k_i + k_j}}{1 - ax_i x_j} \right)
$$

$$
\times \prod_{i,j=1}^{n} \frac{(q^{-N_j} x_i/x_j)_{k_i} (ax_i x_j)_{k_i}}{(qx_i/x_j)_{k_i} (ax_i x_j q^{1+N_j})_{k_i}} \prod_{i=1}^{n} \frac{(bx_i)_{k_i} (cx_i)_{k_i} (dx_i)_{k_i}}{(ax_i q/b)_{k_i} (ax_i q/c)_{k_i} (ax_i q/d)_{k_i}}
$$

$$
\times \prod_{i=1}^{n} \frac{(ex_i)_{k_i} (fx_i)_{k_i} (a\lambda x_i q^{1+|\boldsymbol{N}|}/ef)_{k_i}}{(ax_i q/e)_{k_i} (ax_i q/f)_{k_i} (ef x_i q^{-|\boldsymbol{N}|}/\lambda)_{k_i}}
$$

$$
= (\lambda q/e)_{|\boldsymbol{N}|} (\lambda q/f)_{|\boldsymbol{N}|} (aq/ef)_{|\boldsymbol{N}|} \prod_{1 \leqslant i < j \leqslant n} (ax_i x_j q)_{N_i + N_j}^{-1} \prod_{i,j=1}^{n} (ax_i x_j q)_{N_i}
$$

$$
\times \prod_{i=1}^{n} \frac{1}{(\lambda x_i q)_{N_i} (ax_i q/e)_{N_i} (ax_i q/f)_{N_i} (\lambda q^{1+|\boldsymbol{N}|-N_i}/ef x_i)_{N_i}}
$$

$$
\times \sum_{\substack{0 \leqslant k_i \leqslant N_i \\ i=1,2,\cdots,n}} q^{|\boldsymbol{k}|} \prod_{i=1}^{n} \frac{1 - \lambda x_i q^{k_i + |\boldsymbol{k}|}}{1 - \lambda x_i} \prod_{1 \leqslant i < j \leqslant n} \frac{x_i q^{k_i} - x_j q^{k_j}}{x_i - x_j}
$$

$$
\times \prod_{i,j=1}^{n} \frac{(q^{-N_j} x_i/x_j)_{k_i}}{(qx_i/x_j)_{k_i}} \prod_{i=1}^{n} \frac{(\lambda x_i)_{|\boldsymbol{k}|}}{(\lambda x_i q^{1+N_i})_{|\boldsymbol{k}|}}
$$

$$
\times \frac{(\lambda b/a)_{|\boldsymbol{k}|} (\lambda c/a)_{|\boldsymbol{k}|} (\lambda d/a)_{|\boldsymbol{k}|}}{(\lambda q/e)_{|\boldsymbol{k}|} (\lambda q/f)_{|\boldsymbol{k}|} (ef q^{-|\boldsymbol{N}|}/a)_{|\boldsymbol{k}|}} \prod_{i=1}^{n} \frac{(ex_i)_{k_i} (fx_i)_{k_i} (a\lambda x_i q^{1+|\boldsymbol{N}|}/ef)_{k_i}}{(ax_i q/b)_{k_i} (ax_i q/c)_{k_i} (ax_i q/d)_{k_i}},
$$

$$
(6.7.2)
$$

这里 $\lambda = qa^2/bcd$.

证明   (6.7.2) 的左边可以被记作

$$
\sum_{\substack{0 \leqslant m_i \leqslant N_i \\ i=1,2,\cdots,n}} A(\boldsymbol{m}) B(\boldsymbol{m}), \tag{6.7.3}
$$

这里

$$
A(\boldsymbol{m}) = \prod_{i=1}^{n} \left(\frac{1 - ax_i^2 q^{2m_i}}{1 - ax_i^2} \right) \prod_{1 \leqslant i < j \leqslant n} \frac{x_i q^{m_i} - x_j q^{m_j}}{x_i - x_j} \frac{1 - ax_i x_j q^{m_i + m_j}}{1 - ax_i x_j}
$$

$$
\times \prod_{i=1}^{n} \frac{(ex_i)_{m_i} (fx_i)_{m_i} (a\lambda x_i q^{1+|\boldsymbol{N}|}/ef)_{m_i} (ax_i/\lambda)_{m_i}}{(ax_i q/e)_{m_i} (ax_i q/f)_{m_i} (ef x_i q^{-|\boldsymbol{N}|}/\lambda; q)_{m_i} (\lambda x_i q)_{m_i}}
$$

$$\times \prod_{i,j=1}^{n} \frac{(q^{-N_j} x_i/x_j)_{m_i} (ax_i x_j)_{m_i}}{(qx_i/x_j)_{m_i} (ax_i x_j q^{1+N_j})_{m_i}} q^{|\boldsymbol{m}|}$$

和

$$B(\boldsymbol{m}) = \prod_{i=1}^{n} \frac{(bx_i)_{m_i} (cx_i)_{m_i} (dx_i)_{m_i} (\lambda x_i q)_{m_i}}{(ax_i q/b)_{m_i} (ax_i q/c)_{m_i} (ax_i q/d)_{m_i} (ax_i/\lambda; q)_{m_i}}.$$

代替在 (6.7.3) 里的 $B(\boldsymbol{m})$, 由定理 6.5.3, 则得到

$$\sum_{\substack{0 \leqslant k_i \leqslant m_i \\ i=1,2,\cdots,n}} \prod_{i=1}^{n} \frac{1 - \lambda x_i q^{k_i + |\boldsymbol{k}|}}{1 - \lambda x_i} \prod_{1 \leqslant i < j \leqslant n} \frac{x_i q^{k_i} - x_j q^{k_j}}{x_i - x_j}$$

$$\times \prod_{1 \leqslant i < j \leqslant n} (ax_i x_j)_{k_i + k_j}^{-1} \prod_{i,j=1}^{n} (ax_i x_j q^{m_j})_{k_i}$$

$$\times \prod_{i,j=1}^{n} \frac{(q^{-m_j} x_i/x_j)_{k_i}}{(qx_i/x_j)_{k_i}} \prod_{i=1}^{n} \frac{(\lambda x_i)_{|\boldsymbol{k}|} (\lambda q/ax_i)_{|\boldsymbol{k}| - k_i}}{(\lambda x_i q^{1+m_i})_{|\boldsymbol{k}|} (\lambda q^{1-m_i}/ax_i)_{|\boldsymbol{k}|}}$$

$$\times \prod_{i=1}^{n} \frac{1}{(ax_i q/b)_{k_i} (ax_i q/c)_{k_i} (ax_i q/d)_{k_i}}$$

$$\times (\lambda b/a)_{|\boldsymbol{k}|} (\lambda c/a)_{|\boldsymbol{k}|} (\lambda d/a)_{|\boldsymbol{k}|} q^{|\boldsymbol{k}|}. \tag{6.7.4}$$

将上式 (6.7.4) 里的求和项, 记作 $C(\boldsymbol{k}, \boldsymbol{m})$, 即 $B(\boldsymbol{m}) = \displaystyle\sum_{\substack{0 \leqslant k_i \leqslant m_i \\ i=1,2,\cdots,n}} C(\boldsymbol{k}, \boldsymbol{m})$. 则

(6.7.2) 的左边等于

$$\sum_{\substack{0 \leqslant m_i \leqslant N_i \\ i=1,\cdots,n}} \sum_{\substack{0 \leqslant k_i \leqslant m_i \\ i=1,\cdots,n}} A(\boldsymbol{m}) C(\boldsymbol{k}, \boldsymbol{m}).$$

应用和序交换法则 (6.7.1), 则 (6.7.2) 的左边等于

$$\sum_{\substack{0 \leqslant k_i \leqslant N_i \\ i=1,\cdots,n}} \sum_{\substack{0 \leqslant m_i \leqslant N_i - k_i \\ i=1,\cdots,n}} A(\boldsymbol{m} + \boldsymbol{k}) C(\boldsymbol{k}, \boldsymbol{m} + \boldsymbol{k})$$

$$= \sum_{\substack{0 \leqslant k_i \leqslant N_i \\ i=1,2,\cdots,n}} \prod_{i=1}^{n} \frac{1 - \lambda x_i q^{k_i + |\boldsymbol{k}|}}{1 - \lambda x_i} \prod_{1 \leqslant i < j \leqslant n} \frac{x_i q^{k_i} - x_j q^{k_j}}{x_i - x_j}$$

$$\times \prod_{1 \leqslant i < j \leqslant n} (ax_i x_j)_{k_i + k_j}^{-1} \prod_{i,j=1}^{n} (ax_i x_j q^{k_j})_{k_i}$$

$$\times \prod_{i,j=1}^{n} \frac{(q^{-k_j}x_i/x_j)_{k_i}}{(qx_i/x_j)_{k_i}} \prod_{i=1}^{n} \frac{(\lambda x_i)_{|\boldsymbol{k}|}(\lambda q/ax_i)_{|\boldsymbol{k}|-k_i}}{(\lambda x_i q^{1+k_i})_{|\boldsymbol{k}|}(\lambda q^{1-k_i}/ax_i)_{|\boldsymbol{k}|}}$$

$$\times (\lambda b/a)_{|\boldsymbol{k}|}(\lambda c/a)_{|\boldsymbol{k}|}(\lambda d/a;q)_{|\boldsymbol{k}|}q^{|\boldsymbol{k}|}\prod_{i=1}^{n}\frac{1}{(ax_iq/b)_{k_i}(ax_iq/c)_{k_i}(ax_iq/d)_{k_i}}$$

$$\times \prod_{i=1}^{n}\frac{1-ax_i^2q^{2k_i}}{1-ax_i^2}\prod_{1\leqslant i<j\leqslant n}\left(\frac{x_iq^{k_i}-x_jq^{k_j}}{x_i-x_j}\frac{1-ax_ix_jq^{k_i+k_j}}{1-ax_ix_j}\right)$$

$$\times \prod_{i=1}^{n}\frac{(ex_i)_{k_i}(fx_i)_{k_i}(a\lambda x_iq^{1+|\boldsymbol{N}|}/ef)_{k_i}(ax_i/\lambda)_{k_i}}{(ax_iq/e)_{k_i}(ax_iq/f)_{k_i}(efx_iq^{-|\boldsymbol{N}|}/\lambda)_{k_i}(\lambda x_iq)_{k_i}}$$

$$\times \prod_{i,j=1}^{n}\frac{(q^{-N_j}x_i/x_j)_{k_i}(ax_ix_j)_{k_i}}{(qx_i/x_j)_{k_i}(ax_ix_jq^{1+N_j})_{k_i}}q^{|\boldsymbol{k}|}$$

$$\times \sum_{\substack{0\leqslant m_i\leqslant N_i-k_i\\ i=1,2,\cdots,n}}\prod_{1\leqslant i<j\leqslant n}\left(\frac{x_iq^{m_i+k_i}-x_jq^{m_j+k_j}}{x_iq^{k_i}-x_jq^{k_j}}\frac{1-ax_ix_jq^{k_i+k_j+m_i+m_j}}{1-ax_ix_jq^{k_i+k_j}}\right)$$

$$\times \prod_{i=1}^{n}\frac{1-ax_i^2q^{2k_i+2m_i}}{1-ax_i^2q^{2k_i}}\prod_{i=1}^{n}\frac{(ex_iq^{k_i})_{m_i}(fx_iq^{k_i})_{m_i}}{(ax_iq^{1+k_i}/e)_{m_i}(ax_iq^{1+k_i}/f)_{m_i}}$$

$$\times \prod_{i=1}^{n}\frac{(a\lambda x_iq^{1+k_i+|\boldsymbol{N}|}/ef)_{m_i}(ax_iq^{k_i-|\boldsymbol{k}|}/\lambda)_{m_i}}{(efx_iq^{k_i-|\boldsymbol{N}|}/\lambda)_{m_i}(\lambda x_iq^{1+k_i+|\boldsymbol{k}|})_{m_i}}$$

$$\times \prod_{i,j=1}^{n}\frac{(q^{k_i-N_j}x_i/x_j)_{m_i}(ax_ix_jq^{k_i+k_j})_{m_i}}{(q^{1+k_i-k_j}x_i/x_j)_{m_i}(ax_ix_jq^{1+k_i+N_j})_{m_i}}q^{|\boldsymbol{m}|}.$$

上式内部和是定理 3.12.17 的下列情形:

$$b\mapsto e, \qquad c\mapsto f, \qquad d\mapsto aq^{-|\boldsymbol{k}|}/\lambda,$$
$$x_i\mapsto x_iq^{k_i}, \quad N_i\mapsto N_i-k_i, \quad 对 i=1,2,\cdots,n.$$

应用 (1.4.21) 化简, 经过基本运算, 可以得到 (6.7.2) 的右边. □

注 6.7.1 定理 6.7.1 等价于它的 $a=1$ 时的特殊情形. 此结果增加一个参数是为了密切联系 Gasper 和 Rahman 的工作[6]. 在 (6.7.2) 里, 当 $a=1$ 时, 很容易在结果的左侧找到 (2.5.1), 则称之为 C_n 求和, 然而, 在 (6.7.2) 的右边的求和是一个 A_n 求和.

注 6.7.2 称定理 6.7.1 为一个 C_n 求和, 是因为其极限情形产生 Milne 和 Lilly 的 Watson 变换的 C_n 拓广[49]. 注意到 (6.7.2) 为一个终止的平衡的非常均衡 C_n $_{10}\phi_9$ 到一个多变量的终止型的 A_n 级数的变换公式, 也可以认为是从 A_n

级数到 C_n 级数的变换公式.

定理 6.7.2 [55, 定理 3.1] ($_{10}\phi_9$ 变换的第一个 D_n 拓广)　对 $i = 1, 2, \cdots, n$, 令 N_i 为非负整数, 则

$$
\sum_{\substack{0 \leqslant k_i \leqslant N_i \\ i=1,2,\cdots,n}} \frac{(e)_{|\boldsymbol{k}|}(f)_{|\boldsymbol{k}|}}{(aq/b)_{|\boldsymbol{k}|}(aq/c)_{|\boldsymbol{k}|}} q^{|\boldsymbol{k}|} \prod_{i=1}^{n} \frac{1 - ax_i q^{k_i + |\boldsymbol{k}|}}{1 - ax_i} \prod_{1 \leqslant i < j \leqslant n} \frac{x_i q^{k_i} - x_j q^{k_j}}{x_i - x_j}
$$

$$
\times \prod_{1 \leqslant i < j \leqslant n} \frac{(ax_i x_j q/d)_{k_i + k_j}}{(\lambda ax_i x_j q/ef)_{k_i + k_j}} \prod_{i=1}^{n} \frac{(ef/\lambda x_i)_{|\boldsymbol{k}| - k_i}}{(d/x_i)_{|\boldsymbol{k}| - k_i}}
$$

$$
\times \prod_{i,j=1}^{n} \frac{(q^{-N_j} x_i/x_j)_{k_i}(\lambda ax_i x_j q^{1+N_j}/ef)_{k_i}}{(qx_i/x_j)_{k_i}(ax_i x_j q/d)_{k_i}}
$$

$$
\times \prod_{i=1}^{n} \frac{(ax_i)_{|\boldsymbol{k}|}(d/x_i)_{|\boldsymbol{k}|}}{(ax_i q^{1+N_i})_{|\boldsymbol{k}|}(efq^{-N_i}/\lambda x_i)_{|\boldsymbol{k}|}} \prod_{i=1}^{n} \frac{(bx_i)_{k_i}(cx_i)_{k_i}}{(ax_i q/e)_{k_i}(ax_i q/f)_{k_i}}
$$

$$
= \prod_{i=1}^{n} \frac{(ax_i q)_{N_i}(ax_i q/ef)_{N_i}(\lambda x_i q/e)_{N_i}(\lambda x_i q/f)_{N_i}}{(\lambda x_i q/ef)_{N_i}(\lambda x_i q)_{N_i}(ax_i q/f)_{N_i}(ax_i q/e)_{N_i}}
$$

$$
\times \sum_{\substack{0 \leqslant k_i \leqslant N_i \\ i=1,2,\cdots,n}} \frac{(e)_{|\boldsymbol{k}|}(f)_{|\boldsymbol{k}|}}{(aq/b)_{|\boldsymbol{k}|}(aq/c)_{|\boldsymbol{k}|}} q^{|\boldsymbol{k}|} \prod_{i=1}^{n} \frac{1 - \lambda x_i q^{k_i + |\boldsymbol{k}|}}{1 - \lambda x_i} \prod_{1 \leqslant i < j \leqslant n} \frac{x_i q^{k_i} - x_j q^{k_j}}{x_i - x_j}
$$

$$
\times \prod_{1 \leqslant i < j \leqslant n} \frac{(ax_i x_j q/d; q)_{k_i + k_j}}{(\lambda ax_i x_j q/ef)_{k_i + k_j}} \prod_{i=1}^{n} \frac{(ef/ax_i)_{|\boldsymbol{k}| - k_i}}{(\lambda d/ax_i)_{|\boldsymbol{k}| - k_i}}
$$

$$
\times \prod_{i,j=1}^{n} \frac{(q^{-N_j} x_i/x_j)_{k_i}(\lambda ax_i x_j q^{1+N_j}/ef)_{k_i}}{(qx_i/x_j)_{k_i}(ax_i x_j q/d)_{k_i}}
$$

$$
\times \prod_{i=1}^{n} \frac{(\lambda x_i)_{|\boldsymbol{k}|}(\lambda d/ax_i)_{|\boldsymbol{k}|}}{(\lambda x_i q^{1+N_i})_{|\boldsymbol{k}|}(efq^{-N_i}/ax_i)_{|\boldsymbol{k}|}} \prod_{i=1}^{n} \frac{(\lambda bx_i/a)_{k_i}(\lambda cx_i/a)_{k_i}}{(\lambda x_i q/e)_{k_i}(\lambda x_i q/f)_{k_i}}, \tag{6.7.5}
$$

这里 $\lambda = qa^2/bcd$.

证明　证明方法与定理 6.7.1 相同. 取

$$
A(\boldsymbol{m}) = \prod_{i=1}^{n} \frac{1 - ax_i q^{m_i + |\boldsymbol{m}|}}{1 - ax_i} \prod_{1 \leqslant i < j \leqslant n} \frac{x_i q^{m_i} - x_j q^{m_j}}{x_i - x_j} \prod_{1 \leqslant i < j \leqslant n} \frac{1}{(\lambda ax_i x_j q/ef)_{m_i + m_j}}
$$

$$
\times \prod_{i,j=1}^{n} (\lambda ax_i x_j q^{1+N_j}/ef)_{m_i} \prod_{i,j=1}^{n} \frac{(q^{-N_j} x_i/x_j)_{m_i}}{(qx_i/x_j)_{m_i}}
$$

$$\times \prod_{i=1}^{n} \frac{(ax_i)_{|\boldsymbol{m}|}(ef/\lambda x_i)_{|\boldsymbol{m}|-m_i}}{(ax_i q^{1+N_i})_{|\boldsymbol{m}|}(efq^{-N_i}/\lambda x_i)_{|\boldsymbol{m}|}}$$

$$\times (e)_{|\boldsymbol{m}|}(f)_{|\boldsymbol{m}|}(a/\lambda)_{|\boldsymbol{m}|}q^{|\boldsymbol{m}|} \prod_{i=1}^{n} \frac{1}{(ax_i q/e)_{m_i}(ax_i q/f)_{m_i}(\lambda x_i q)_{m_i}}$$

和

$$B(\boldsymbol{m}) = \prod_{1\leqslant i<j\leqslant n}(ax_i x_j q/d)_{m_i+m_j} \prod_{i,j=1}^{n} \frac{1}{(ax_i x_j q/d)_{m_i}}$$

$$\times \frac{1}{(aq/b)_{|\boldsymbol{m}|}(aq/c)_{|\boldsymbol{m}|}(a/\lambda)_{|\boldsymbol{m}|}}$$

$$\times \prod_{i=1}^{n}(bx_i)_{m_i}(cx_i)_{m_i}(dq^{|\boldsymbol{m}|-m_i}/x_i)_{m_i}(\lambda x_i q)_{m_i}.$$

代替在 (6.7.3) 里的 $B(\boldsymbol{m})$, 由定理 6.5.2, 则得到

$$\sum_{\substack{0\leqslant k_i\leqslant m_i \\ i=1,2,\cdots,n}} \prod_{i=1}^{n} \frac{1-\lambda x_i q^{k_i+|\boldsymbol{k}|}}{1-\lambda x_i} \prod_{1\leqslant i<j\leqslant n} \frac{x_i q^{k_i}-x_j q^{k_j}}{x_i-x_j}$$

$$\times \prod_{1\leqslant i<j\leqslant n}(ax_i x_j q/d)_{k_i+k_j} \prod_{i,j=1}^{n}(ax_i x_j q/d)_{k_i}^{-1}$$

$$\times \prod_{i,j=1}^{n} \frac{(q^{-m_j}x_i/x_j)_{k_i}}{(qx_i/x_j)_{k_i}} \prod_{i=1}^{n} \frac{(\lambda x_i)_{|\boldsymbol{k}|}(\lambda d/ax_i)_{|\boldsymbol{k}|}}{(\lambda x_i q^{1+m_i})_{|\boldsymbol{k}|}(\lambda d/ax_i)_{|\boldsymbol{k}|-k_i}}$$

$$\times \frac{1}{(aq/b)_{|\boldsymbol{k}|}(aq/c)_{|\boldsymbol{k}|}(\lambda q^{1-|\boldsymbol{m}|}/a)_{|\boldsymbol{k}|}}q^{|\boldsymbol{k}|} \prod_{i=1}^{n}(\lambda bx_i/a)_{k_i}(\lambda cx_i/a)_{k_i}(ax_i q^{|\boldsymbol{m}|})_{k_i},$$

$$(6.7.6)$$

将上式 (6.7.6) 的求和项, 记作 $C(\boldsymbol{k},\boldsymbol{m})$, 即 $B(\boldsymbol{m}) = \sum\limits_{\substack{0\leqslant k_i\leqslant m_i \\ i=1,2,\cdots,n}} C(\boldsymbol{k},\boldsymbol{m})$. 应用和序

交换法则 (6.7.1), 以及在内部和应用定理 6.5.3 的情形:

$$a \to aq^{|\boldsymbol{k}|}, \quad b \to eq^{|\boldsymbol{k}|}, \quad c \to fq^{|\boldsymbol{k}|}, \quad d \to a/\lambda,$$

$$x_i \to x_i q^{k_i}, \quad N_i \to N_i - k_i \quad (i=1,\cdots,n),$$

利用 (1.4.25) 化简, 以及进行一些基本操作, 可得结果. □

注 6.7.3　定理 6.7.2 等价于它的特殊情形 (令 $d \to aq/d$, 再取 $d = 1$). 此结果增加一个参数是为了密切联系 Gasper 和 Rahman 的工作 [6]. 在 (6.7.5) 的特殊情形里, 在导出的变换的两边易发现 (2.5.2), 则称之为 D_n 级数的变换公式, 这个评论适合本节所有的多变量恒等式.

注 6.7.4　此定理以及本节其他变换的极限情形可以产生许多 Watson 变换的推广.

通过多项式方法论证, 易得

定理 6.7.3 [55, 定理 3.7] ($_{10}\phi_9$ 变换的第二个 D_n 拓广)　令 N 为非负整数, 则

$$
\sum_{\substack{k_1,k_2,\cdots,k_n \geqslant 0 \\ 0 \leqslant |\boldsymbol{k}| \leqslant N}} \frac{(e)_{|\boldsymbol{k}|}(q^{-N})_{|\boldsymbol{k}|}}{(aq/b)_{|\boldsymbol{k}|}(aq/c)_{|\boldsymbol{k}|}} q^{|\boldsymbol{k}|} \prod_{i=1}^{n} \frac{1 - ax_i q^{k_i + |\boldsymbol{k}|}}{1 - ax_i} \prod_{1 \leqslant i < j \leqslant n} \frac{x_i q^{k_i} - x_j q^{k_j}}{x_i - x_j}
$$

$$
\times \prod_{1 \leqslant i < j \leqslant n} \frac{(ax_i x_j q/d)_{k_i + k_j}}{(\lambda a x_i x_j q^{1+N}/e)_{k_i + k_j}} \prod_{i=1}^{n} \frac{(eq^{-N}/\lambda x_i)_{|\boldsymbol{k}| - k_i}}{(d/x_i)_{|\boldsymbol{k}| - k_i}}
$$

$$
\times \prod_{i,j=1}^{n} \frac{(f_j x_i/x_j)_{k_i}(\lambda a x_i x_j q^{1+N}/ef_j)_{k_i}}{(q x_i/x_j)_{k_i}(ax_i x_j q/d)_{k_i}}
$$

$$
\times \prod_{i=1}^{n} \frac{(ax_i)_{|\boldsymbol{k}|}(d/x_i)_{|\boldsymbol{k}|}}{(ax_i q/f_i)_{|\boldsymbol{k}|}(ef_i q^{-N}/\lambda x_i)_{|\boldsymbol{k}|}} \prod_{i=1}^{n} \frac{(bx_i)_{k_i}(cx_i)_{k_i}}{(ax_i q/e)_{k_i}(ax_i q^{1+N})_{k_i}}
$$

$$
= \prod_{i=1}^{n} \frac{(ax_i q)_N (ax_i q/ef_i)_N (\lambda x_i q/e)_N (\lambda x_i q/f_i; q)_N}{(\lambda x_i q/ef_i)_N (\lambda x_i q)_N (ax_i q/f_i)_N (ax_i q/e)_N}
$$

$$
\times \sum_{\substack{k_1,k_2,\cdots,k_n \geqslant 0 \\ 0 \leqslant |\boldsymbol{k}| \leqslant \boldsymbol{N}}} \frac{(e)_{|\boldsymbol{k}|}(q^{-N})_{|\boldsymbol{k}|}}{(aq/b)_{|\boldsymbol{k}|}(aq/c)_{|\boldsymbol{k}|}} q^{|\boldsymbol{k}|} \prod_{i=1}^{n} \frac{1 - \lambda x_i q^{k_i + |\boldsymbol{k}|}}{1 - \lambda x_i} \prod_{1 \leqslant i < j \leqslant n} \frac{x_i q^{k_i} - x_j q^{k_j}}{x_i - x_j}
$$

$$
\times \prod_{1 \leqslant i < j \leqslant n} \frac{(ax_i x_j q/d)_{k_i + k_j}}{(\lambda a x_i x_j q^{1+N}/e)_{k_i + k_j}} \prod_{i=1}^{n} \frac{(eq^{-N}/ax_i)_{|\boldsymbol{k}| - k_i}}{(\lambda d/ax_i)_{|\boldsymbol{k}| - k_i}}
$$

$$
\times \prod_{i,j=1}^{n} \frac{(f_j x_i/x_j)_{k_i}(\lambda a x_i x_j q^{1+N}/ef_j)_{k_i}}{(q x_i/x_j)_{k_i}(ax_i x_j q/d)_{k_i}}
$$

$$
\times \prod_{i=1}^{n} \frac{(\lambda x_i)_{|\boldsymbol{k}|}(\lambda d/ax_i)_{|\boldsymbol{k}|}}{(\lambda x_i q/f_i)_{|\boldsymbol{k}|}(ef_i q^{-N}/ax_i)_{|\boldsymbol{k}|}} \prod_{i=1}^{n} \frac{(\lambda b x_i/a)_{k_i}(\lambda c x_i/a)_{k_i}}{(\lambda x_i q/e)_{k_i}(\lambda x_i q^{1+N})_{k_i}},
$$

这里 $\lambda = qa^2/bcd$.

证明　首先, 我们把定理 6.7.3 右边求和前面的乘积应用 (1.1.2) 写成无穷乘积的商, 然后通过定理 6.7.1 的 $f = q^{-N}$ 情形知, 定理 6.7.3 对于 $f_j = q^{-N_j}$

($j = 1, \cdots, n$) 成立. 通过清除定理 6.7.3 中式子的分母, 我们得到一个关于 f_1 的多项式等式, 它对 q^{-N_1} ($N_1 = 0, 1, \cdots$) 成立, 则得到一个关于 f_1 的恒等式, 也对 $f_2, f_3, \cdots, f_n$ 运行这个过程, 可得此定理. $\qquad\qquad\square$

定理 6.7.4 [55, 定理 3.9] (${}_{10}\phi_9$ 变换的第三个 D_n 拓广) 对 $i = 1, 2, \cdots, n$, 令 N_i 为非负整数, 则

$$
\sum_{\substack{0 \leqslant k_i \leqslant N_i \\ i=1,2,\cdots,n}} \prod_{i=1}^{n} \frac{1 - ax_i q^{k_i + |\boldsymbol{k}|}}{1 - ax_i} \prod_{1 \leqslant i < j \leqslant n} \frac{x_i q^{k_i} - x_j q^{k_j}}{x_i - x_j} \prod_{1 \leqslant i < j \leqslant n} (ax_i x_j q/d)_{k_i + k_j}
$$

$$
\times \prod_{i,j=1}^{n} (ax_i x_j q/d)_{k_i}^{-1} \prod_{i,j=1}^{n} \frac{(q^{-N_j} x_i/x_j)_{k_i}}{(qx_i/x_j)_{k_i}} \prod_{i=1}^{n} \frac{(ax_i)_{|\boldsymbol{k}|} (d/x_i)_{|\boldsymbol{k}|}}{(ax_i q^{1+N_i})_{|\boldsymbol{k}|} (d/x_i)_{|\boldsymbol{k}|-k_i}}
$$

$$
\times \frac{\prod_{i=1}^{n} [(bx_i)_{k_i} (cx_i)_{k_i} (ex_i)_{k_i} (\lambda ax_i q^{1+|\boldsymbol{N}|}/ef)_{k_i}]}{(aq/b)_{|\boldsymbol{k}|} (aq/c)_{|\boldsymbol{k}|} (aq/e)_{|\boldsymbol{k}|} (efq^{-|\boldsymbol{N}|}/\lambda)_{|\boldsymbol{k}|}} \frac{(f)_{|\boldsymbol{k}|}}{\prod_{i=1}^{n} (ax_i q/f)_{k_i}} q^{|\boldsymbol{k}|}
$$

$$
= \frac{(aq/ef)_{|\boldsymbol{N}|} (\lambda q/e)_{|\boldsymbol{N}|}}{(\lambda q/ef)_{|\boldsymbol{N}|} (aq/e; q)_{|\boldsymbol{N}|}} \prod_{i=1}^{n} \frac{(ax_i q)_{N_i} (\lambda x_i q/f)_{N_i}}{(\lambda x_i q)_{N_i} (ax_i q/f)_{N_i}}
$$

$$
\times \sum_{\substack{0 \leqslant k_i \leqslant N_i \\ i=1,2,\cdots,n}} \prod_{i=1}^{n} \frac{1 - \lambda x_i q^{k_i + |\boldsymbol{k}|}}{1 - \lambda x_i} \prod_{1 \leqslant i < j \leqslant n} \frac{x_i q^{k_i} - x_j q^{k_j}}{x_i - x_j} \prod_{1 \leqslant i < j \leqslant n} (ax_i x_j q/d)_{k_i + k_j}
$$

$$
\times \prod_{i,j=1}^{n} (ax_i x_j q/d)_{k_i}^{-1} \prod_{i,j=1}^{n} \frac{(q^{-N_j} x_i/x_j; q)_{k_i}}{(qx_i/x_j)_{k_i}} \prod_{i=1}^{n} \frac{(\lambda x_i)_{|\boldsymbol{k}|} (\lambda d/ax_i)_{|\boldsymbol{k}|}}{(\lambda x_i q^{1+N_i})_{|\boldsymbol{k}|} (\lambda d/ax_i)_{|\boldsymbol{k}|-k_i}}
$$

$$
\times \frac{\prod_{i=1}^{n} [(\lambda bx_i/a)_{k_i} (\lambda cx_i/a)_{k_i} (ex_i)_{k_i} (\lambda ax_i q^{1+|\boldsymbol{N}|}/ef)_{k_i}]}{(aq/b)_{|\boldsymbol{k}|} (aq/c)_{|\boldsymbol{k}|} (\lambda q/e)_{|\boldsymbol{k}|} (efq^{-|\boldsymbol{N}|}/a)_{|\boldsymbol{k}|}} \frac{(f)_{|\boldsymbol{k}|}}{\prod_{i=1}^{n} (\lambda x_i q/f)_{k_i}} q^{|\boldsymbol{k}|},
$$

$$\tag{6.7.7}$$

这里 $\lambda = qa^2/bcd$.

证明 证明方法与定理 6.7.1 相同. 取

$$
A(\boldsymbol{m}) = \prod_{i=1}^{n} \frac{1 - ax_i q^{m_i + |\boldsymbol{m}|}}{1 - ax_i} \prod_{1 \leqslant i < j \leqslant n} \frac{x_i q^{m_i} - x_j q^{m_j}}{x_i - x_j}
$$

$$
\times \prod_{i,j=1}^{n} \frac{(q^{-N_j} x_i/x_j)_{m_i}}{(qx_i/x_j)_{m_i}} \prod_{i=1}^{n} \frac{(ax_i)_{|\boldsymbol{m}|}}{(ax_i q^{1+N_i})_{|\boldsymbol{m}|}}
$$

$$\times \prod_{i=1}^{n} \frac{(ex_i)_{m_i}(\lambda ax_iq^{1+|\boldsymbol{N}|}/ef)_{m_i}}{(ax_iq/f)_{m_i}(\lambda x_iq)_{m_i}} \frac{(f)_{|\boldsymbol{m}|}(a/\lambda)_{|\boldsymbol{m}|}}{(aq/e)_{|\boldsymbol{m}|}(efq^{-|\boldsymbol{N}|}/\lambda)_{|\boldsymbol{m}|}} q^{|\boldsymbol{m}|}$$

和

$$B(\boldsymbol{m}) = \prod_{1 \leqslant i < j \leqslant n} (ax_ix_jq/d)_{m_i+m_j}$$

$$\times \prod_{i,j=1}^{n} \frac{1}{(ax_ix_jq/d)_{m_i}} \frac{\prod_{i=1}^{n}[(bx_i)_{m_i}(cx_i)_{m_i}(dq^{|\boldsymbol{m}|-m_i}/x_i)_{m_i}(\lambda x_iq)_{m_i}]}{(aq/b)_{|\boldsymbol{m}|}(aq/c)_{|\boldsymbol{m}|}(a/\lambda)_{|\boldsymbol{m}|}},$$

由定理 6.5.2, 在 (6.7.3) 中, 用 (6.7.6) 代替上式 $B(\boldsymbol{m})$, 将 (6.7.6) 的求和项记作 $C(\boldsymbol{k}, \boldsymbol{m})$, 即 $B(\boldsymbol{m}) = \sum\limits_{\substack{0 \leqslant k_i \leqslant m_i \\ i=1,2,\cdots,n}} C(\boldsymbol{k}, \boldsymbol{m})$, 则 (6.7.7) 的左边等于

$$R = \sum_{\substack{0 \leqslant k_i \leqslant N_i \\ i=1,\cdots,n}} \sum_{\substack{0 \leqslant m_i \leqslant N_i-k_i \\ i=1,\cdots,n}} A(\boldsymbol{m}+\boldsymbol{k})C(\boldsymbol{k}, \boldsymbol{m}+\boldsymbol{k}).$$

应用和序交换法则 (6.7.1), 则

$$\sum_{\substack{0 \leqslant k_i \leqslant N_i \\ i=1,2,\cdots,n}} \prod_{i=1}^{n} \frac{1-\lambda x_iq^{k_i+|\boldsymbol{k}|}}{1-\lambda x_i} \prod_{1 \leqslant i < j \leqslant n} \frac{x_iq^{k_i}-x_jq^{k_j}}{x_i-x_j} \prod_{1 \leqslant i < j \leqslant n} (ax_ix_jq/d)_{k_i+k_j}$$

$$\times \prod_{i,j=1}^{n} (ax_ix_jq/d)_{k_i}^{-1} \prod_{i,j=1}^{n} \frac{(q^{-k_j}x_i/x_j)_{k_i}}{(qx_i/x_j)_{k_i}} \prod_{i=1}^{n} \frac{(\lambda x_i)_{|\boldsymbol{k}|}(\lambda d/ax_i)_{|\boldsymbol{k}|}}{(\lambda x_iq^{1+k_i})_{|\boldsymbol{k}|}(\lambda d/ax_i)_{|\boldsymbol{k}|-k_i}}$$

$$\times \frac{\prod_{i=1}^{n}[(\lambda bx_i/a)_{k_i}(\lambda cx_i/a)_{k_i}(ax_iq^{|\boldsymbol{k}|})_{k_i}]}{(aq/b)_{|\boldsymbol{k}|}(aq/c)_{|\boldsymbol{k}|}(\lambda q^{1-|\boldsymbol{k}|}/a)_{|\boldsymbol{k}|}} q^{|\boldsymbol{k}|}$$

$$\times \prod_{i=1}^{n} \frac{1-ax_iq^{k_i+|\boldsymbol{k}|}}{1-ax_i} \prod_{1 \leqslant i < j \leqslant n} \frac{x_iq^{k_i}-x_jq^{k_j}}{x_i-x_j} \prod_{i,j=1}^{n} \frac{(q^{-N_j}x_i/x_j)_{k_i}}{(qx_i/x_j)_{k_i}} \prod_{i=1}^{n} \frac{(ax_i)_{|\boldsymbol{k}|}}{(ax_iq^{1+N_i})_{|\boldsymbol{k}|}}$$

$$\times \prod_{i=1}^{n} \frac{(ex_i)_{k_i}(\lambda ax_iq^{1+|\boldsymbol{N}|}/ef)_{k_i}}{(ax_iq/f)_{k_i}(\lambda x_iq)_{k_i}} \frac{(f)_{|\boldsymbol{k}|}(a/\lambda)_{|\boldsymbol{k}|}}{(aq/e)_{|\boldsymbol{k}|}(efq^{-|\boldsymbol{N}|}/\lambda)_{|\boldsymbol{k}|}} q^{|\boldsymbol{k}|}$$

$$\times \sum_{\substack{0 \leqslant m_i \leqslant N_i-k_i \\ i=1,2,\cdots,n}} \prod_{i=1}^{n} \frac{1-ax_iq^{k_i+|\boldsymbol{k}|+m_i+|\boldsymbol{m}|}}{1-ax_iq^{k_i+|\boldsymbol{k}|}} \prod_{1 \leqslant i < j \leqslant n} \frac{x_iq^{m_i+k_i}-x_jq^{m_j+k_j}}{x_iq^{k_i}-x_jq^{k_j}}$$

$$\times \prod_{i,j=1}^{n} \frac{(q^{k_i-N_j}x_i/x_j)_{m_i}}{(q^{1+k_i-k_j}x_i/x_j)_{m_i}} \prod_{i=1}^{n} \frac{(ax_iq^{k_i+|\boldsymbol{k}|})_{|\boldsymbol{m}|}}{(ax_iq^{1+|\boldsymbol{k}|+N_i})_{|\boldsymbol{m}|}}$$

$$\times \prod_{i=1}^{n} \frac{(ex_iq^{k_i})_{m_i}(\lambda ax_iq^{1+k_i+|\boldsymbol{N}|}/ef)_{m_i}}{(ax_iq^{1+k_i}/f)_{m_i}(\lambda x_iq^{1+k_i+|\boldsymbol{k}|})_{m_i}}$$

$$\times \frac{(fq^{|\boldsymbol{k}|})_{|\boldsymbol{m}|}(a/\lambda)_{|\boldsymbol{m}|}}{(aq^{1+|\boldsymbol{k}|}/e)_{|\boldsymbol{m}|}(efq^{|\boldsymbol{k}|-|\boldsymbol{N}|}/\lambda)_{|\boldsymbol{m}|}}q^{|\boldsymbol{m}|}. \tag{6.7.8}$$

在上式内部和应用定理 3.5.3 的情形:

$$a \to aq^{|\boldsymbol{k}|}, \quad b \to fq^{|\boldsymbol{k}|}, \quad c \to a/\lambda, \quad d \to e,$$

$$x_i \to x_iq^{k_i}, \quad N_i \to N_i - k_i \quad (i = 1, \cdots, n),$$

利用 (1.4.25) 化简, 以及进行一些基本操作, 可得 (6.7.7) 的右边. 命题得证.　　□

通过应用多项式论证, 得到

定理 6.7.5 [55, 定理 3.11] ($_{10}\phi_9$ 变换的第四个 D_n 拓广)　令 N 为非负整数, 则

$$\sum_{\substack{k_1,k_2,\cdots,k_n \geqslant 0 \\ 0 \leqslant |\boldsymbol{k}| \leqslant N}} \prod_{i=1}^{n} \frac{1-ax_iq^{k_i+|\boldsymbol{k}|}}{1-ax_i} \prod_{1 \leqslant i < j \leqslant n} \frac{x_iq^{k_i}-x_jq^{k_j}}{x_i-x_j} \prod_{1 \leqslant i < j \leqslant n} (ax_ix_jq/d)_{k_i+k_j}$$

$$\times \prod_{i,j=1}^{n} (ax_ix_jq/d)_{k_i}^{-1} \prod_{i,j=1}^{n} \frac{(f_jx_i/x_j)_{k_i}}{(qx_i/x_j;q)_{k_i}} \prod_{i=1}^{n} \frac{(ax_i)_{|\boldsymbol{k}|}(d/x_i)_{|\boldsymbol{k}|}}{(ax_iq/f_i)_{|\boldsymbol{k}|}(d/x_i)_{|\boldsymbol{k}|-k_i}}$$

$$\times \frac{\prod_{i=1}^{n}[(bx_i)_{k_i}(cx_i)_{k_i}(ex_i)_{k_i}(\lambda ax_iq^{1+N}/ef_1\cdots f_n)_{k_i}]}{(aq/b)_{|\boldsymbol{k}|}(aq/c)_{|\boldsymbol{k}|}(aq/e)_{|\boldsymbol{k}|}(ef_1\cdots f_nq^{-N}/\lambda)_{|\boldsymbol{k}|}} \frac{(q^{-N})_{|\boldsymbol{k}|}}{\prod_{i=1}^{n}(ax_iq^{1+N})_{k_i}}q^{|\boldsymbol{k}|}$$

$$= \frac{(aq/ef_1\cdots f_n)_N(\lambda q/e)_N}{(\lambda q/ef_1\cdots f_n)_N(aq/e)_N} \prod_{i=1}^{n} \frac{(ax_iq)_N(\lambda x_iq/f_i)_N}{(\lambda x_iq)_N(ax_iq/f_i)_N}$$

$$\times \sum_{\substack{k_1,k_2,\cdots,k_n \geqslant 0 \\ 0 \leqslant |\boldsymbol{k}| \leqslant N}} \prod_{i=1}^{n} \frac{1-\lambda x_iq^{k_i+|\boldsymbol{k}|}}{1-\lambda x_i} \prod_{1 \leqslant i < j \leqslant n} \frac{x_iq^{k_i}-x_jq^{k_j}}{x_i-x_j} \prod_{1 \leqslant i < j \leqslant n} (ax_ix_jq/d)_{k_i+k_j}$$

$$\times \prod_{i,j=1}^{n} (ax_ix_jq/d)_{k_i}^{-1} \prod_{i,j=1}^{n} \frac{(f_jx_i/x_j)_{k_i}}{(qx_i/x_j)_{k_i}} \prod_{i=1}^{n} \frac{(\lambda x_i)_{|\boldsymbol{k}|}(\lambda d/ax_i)_{|\boldsymbol{k}|}}{(\lambda x_iq/f_i)_{|\boldsymbol{k}|}(\lambda d/ax_i)_{|\boldsymbol{k}|-k_i}}$$

$$\times \frac{\prod_{i=1}^{n}[(\lambda bx_i/a)_{k_i}(\lambda cx_i/a)_{k_i}(ex_i)_{k_i}(\lambda ax_iq^{1+N}/ef_1\cdots f_n)_{k_i}]}{(aq/b)_{|\boldsymbol{k}|}(aq/c)_{|\boldsymbol{k}|}(\lambda q/e)_{|\boldsymbol{k}|}(ef_1\cdots f_nq^{-N}/a)_{|\boldsymbol{k}|}} \frac{(q^{-N})_{|\boldsymbol{k}|}}{\prod_{i=1}^{n}(\lambda x_iq^{1+N})_{k_i}}q^{|\boldsymbol{k}|},$$

这里 $\lambda = qa^2/bcd$.

证明　首先, 我们把定理 6.7.5 右边求和前面的乘积应用 (1.1.2) 写成无穷乘积的商, 然后通过定理 6.7.4 的 $f = q^{-N}$ 情形知, 定理 6.7.4 对于 $f_j = q^{-N_j}$ $(j = 1, \cdots, n)$ 成立. 通过清除定理 6.7.3 中式子的分母, 我们得到一个关于 f_1 的多项式等式, 它对 q^{-N_1} $(N_1 = 0, 1, \cdots)$ 成立, 则得到一个关于 f_1 的恒等式, 也对 $f_2, f_3, \cdots, f_n$ 运行这个过程, 我们得到此定理. □

通过对定理 6.7.4 翻转求和, 则有

定理 6.7.6 [55, 定理 3.13] ($_{10}\phi_9$ 变换的第五个 D_n 拓广)　对 $i = 1, 2, \cdots, n$, 令 N_i 为非负整数, 则

$$
\sum_{\substack{0 \leqslant k_i \leqslant N_i \\ i=1,2,\cdots,n}} \prod_{i=1}^{n} \frac{1 - ax_i q^{k_i + |\boldsymbol{k}|}}{1 - ax_i} \prod_{1 \leqslant i < j \leqslant n} \frac{x_i q^{k_i} - x_j q^{k_j}}{x_i - x_j} \prod_{1 \leqslant i < j \leqslant n} (\lambda a x_i x_j q / ef)^{-1}_{k_i + k_j}
$$

$$
\times \prod_{i,j=1}^{n} (\lambda a x_i x_j q^{1+N_j} / ef)_{k_i} \prod_{i,j=1}^{n} \frac{(q^{-N_j} x_i / x_j)_{k_i}}{(q x_i / x_j)_{k_i}} \prod_{i=1}^{n} \frac{(ax_i)_{|\boldsymbol{k}|} (ef / \lambda x_i)_{|\boldsymbol{k}| - k_i}}{(ax_i q^{1+N_i})_{|\boldsymbol{k}|} (ef q^{-N_i} / \lambda x_i)_{|\boldsymbol{k}|}}
$$

$$
\times \frac{(c)_{|\boldsymbol{k}|} (d)_{|\boldsymbol{k}|} (e)_{|\boldsymbol{k}|} (f)_{|\boldsymbol{k}|}}{\prod\limits_{i=1}^{n} [(ax_i q / c)_{k_i} (ax_i q / d)_{k_i} (ax_i q / e)_{k_i} (ax_i q / f)_{k_i}]} \frac{\prod\limits_{i=1}^{n} (bx_i)_{k_i}}{(aq/b)_{|\boldsymbol{k}|}} q^{|\boldsymbol{k}|}
$$

$$
= \prod_{i=1}^{n} \frac{(ax_i q)_{N_i} (ax_i q / ef)_{N_i} (\lambda x_i q / e)_{N_i} (\lambda x_i q / f)_{N_i}}{(\lambda x_i q / ef)_{N_i} (\lambda x_i q)_{N_i} (ax_i q / f)_{N_i} (ax_i q / e)_{N_i}}
$$

$$
\times \sum_{\substack{0 \leqslant k_i \leqslant N_i \\ i=1,2,\cdots,n}} \prod_{i=1}^{n} \frac{1 - \lambda x_i q^{k_i + |\boldsymbol{k}|}}{1 - \lambda x_i} \prod_{1 \leqslant i < j \leqslant n} \frac{x_i q^{k_i} - x_j q^{k_j}}{x_i - x_j} \prod_{1 \leqslant i < j \leqslant n} (\lambda a x_i x_j q / ef)^{-1}_{k_i + k_j}
$$

$$
\times \prod_{i,j=1}^{n} (\lambda a x_i x_j q^{1+N_j} / ef)_{k_i} \prod_{i,j=1}^{n} \frac{(q^{-N_j} x_i / x_j)_{k_i}}{(q x_i / x_j)_{k_i}} \prod_{i=1}^{n} \frac{(\lambda x_i)_{|\boldsymbol{k}|} (ef / ax_i)_{|\boldsymbol{k}| - k_i}}{(\lambda x_i q^{1+N_i})_{|\boldsymbol{k}|} (ef q^{-N_i} / ax_i)_{|\boldsymbol{k}|}}
$$

$$
\times \frac{(\lambda c / a)_{|\boldsymbol{k}|} (\lambda d / a)_{|\boldsymbol{k}|} (e)_{|\boldsymbol{k}|} (f)_{|\boldsymbol{k}|}}{\prod\limits_{i=1}^{n} [(ax_i q / c)_{k_i} (ax_i q / d)_{k_i} (\lambda x_i q / e)_{k_i} (\lambda x_i q / f)_{k_i}]} \frac{\prod\limits_{i=1}^{n} (\lambda b x_i / a)_{k_i}}{(aq/b)_{|\boldsymbol{k}|}} q^{|\boldsymbol{k}|},
$$

这里 $\lambda = qa^2 / bcd$.

证明　在定理 6.7.4 的两边, 代 k_i 为 $N_i - k_i$, $i = 1, 2, \cdots, n$, 利用 (1.4.21) 化简, 以及一些基本运算, 最后重新标号:

$$
a \to q^{-|\boldsymbol{N}|} / a, \quad b \to c/a, \quad c \to d/a, \quad d \to \lambda q^{1 - |\boldsymbol{N}|} / ef,
$$

$$e \to e/a, \quad f \to bq^{-|\boldsymbol{N}|}/a, \quad x_i \to q^{-N_i}/x_i, \quad i = 1, \cdots, n.$$

可得到所要结果. □

通过多项式论证, 可得

定理 6.7.7 [55, 定理 3.16] ($_{10}\phi_9$ 变换的第六个 D_n 拓广) 令 N 为非负整数, 则

$$\sum_{\substack{k_1, k_2, \cdots, k_n \geqslant 0 \\ 0 \leqslant |\boldsymbol{k}| \leqslant N}} \prod_{i=1}^{n} \frac{1 - ax_i q^{k_i + |\boldsymbol{k}|}}{1 - ax_i}$$

$$\times \prod_{1 \leqslant i < j \leqslant n} \frac{x_i q^{k_i} - x_j q^{k_j}}{x_i - x_j} \prod_{1 \leqslant i < j \leqslant n} (\lambda ax_i x_j q^{1+N}/e)_{k_i + k_j}^{-1}$$

$$\times \prod_{i,j=1}^{n} (\lambda ax_i x_j q^{1+N}/ef_j)_{k_i} \prod_{i,j=1}^{n} \frac{(f_j x_i/x_j)_{k_i}}{(qx_i/x_j)_{k_i}} \prod_{i=1}^{n} \frac{(ax_i)_{|\boldsymbol{k}|}(eq^{-N}/\lambda x_i)_{|\boldsymbol{k}|-k_i}}{(ax_i q/f_i)_{|\boldsymbol{k}|}(ef_i q^{-N}/\lambda x_i)_{|\boldsymbol{k}|}}$$

$$\times \frac{(c)_{|\boldsymbol{k}|}(d)_{|\boldsymbol{k}|}(e)_{|\boldsymbol{k}|}(q^{-N})_{|\boldsymbol{k}|}}{\prod_{i=1}^{n} [(ax_i q/c)_{k_i}(ax_i q/d)_{k_i}(ax_i q/e)_{k_i}(ax_i q^{1+N})_{k_i}]} \frac{\prod_{i=1}^{n}(bx_i)_{k_i}}{(aq/b)_{|\boldsymbol{k}|}} q^{|\boldsymbol{k}|}$$

$$= \prod_{i=1}^{n} \frac{(ax_i q)_N (ax_i q/ef_i)_N (\lambda x_i q/e)_N (\lambda x_i q/f_i)_N}{(\lambda x_i q/ef_i)_N (\lambda x_i q)_N (ax_i q/f_i)_N (ax_i q/e)_N}$$

$$\times \sum_{\substack{k_1, k_2, \cdots, k_n \geqslant 0 \\ 0 \leqslant |\boldsymbol{k}| \leqslant N}} \prod_{i=1}^{n} \frac{1 - \lambda x_i q^{k_i + |\boldsymbol{k}|}}{1 - \lambda x_i}$$

$$\times \prod_{1 \leqslant i < j \leqslant n} \frac{x_i q^{k_i} - x_j q^{k_j}}{x_i - x_j} \prod_{1 \leqslant i < j \leqslant n} (\lambda ax_i x_j q^{1+N}/e)_{k_i + k_j}^{-1}$$

$$\times \prod_{i,j=1}^{n} (\lambda ax_i x_j q^{1+N}/ef_j)_{k_i} \prod_{i,j=1}^{n} \frac{(f_j x_i/x_j)_{k_i}}{(qx_i/x_j)_{k_i}} \prod_{i=1}^{n} \frac{(\lambda x_i)_{|\boldsymbol{k}|}(eq^{-N}/ax_i)_{|\boldsymbol{k}|-k_i}}{(\lambda x_i q/f_i)_{|\boldsymbol{k}|}(ef_i q^{-N}/ax_i)_{|\boldsymbol{k}|}}$$

$$\times \prod_{i=1}^{n} \frac{(\lambda bx_i/a)_{k_i}}{(ax_i q/c)_{k_i}(ax_i q/d)_{k_i}(\lambda x_i q/e)_{k_i}(\lambda x_i q^{1+N})_{k_i}}$$

$$\times \frac{(\lambda c/a)_{|\boldsymbol{k}|}(\lambda d/a)_{|\boldsymbol{k}|}(e)_{|\boldsymbol{k}|}(q^{-N})_{|\boldsymbol{k}|}}{(aq/b)_{|\boldsymbol{k}|}} q^{|\boldsymbol{k}|},$$

这里 $\lambda = qa^2/bcd$.

证明 首先, 我们把定理 6.7.7 右边求和前面的乘积应用 (1.1.2) 写成无穷乘积的商, 然后通过定理 6.7.6 的 $f = q^{-N}$ 情形知, 定理 6.7.7 对于 $f_j = q^{-N_j}$

$(j = 1, \cdots, n)$ 成立. 通过清除定理 6.7.7 中式子的分母, 我们得到一个关于 f_1 的多项式等式, 它对 q^{-N_1} $(N_1 = 0, 1, \cdots)$ 成立, 则得到一个关于 f_1 的恒等式, 也对 $f_2, f_3, \cdots, f_n$ 运行这个过程, 我们得到此定理.　　　　　　　　　□

6.8　D_n Watson 变换

类似单变量基本超几何级数那样, 本节取上节中的 $_{10}\phi_9$ 变换的极限情形, 得到下述许多 Watson 变换的推广形式.

定理 6.8.1 [55, 定理 4.3] ($U(n+1)$ Watson 变换)　对 $i = 1, 2, \cdots, n$, 令 N_i 为非负整数, 则

$$
\sum_{\substack{0 \leqslant k_i \leqslant N_i \\ i=1,2,\cdots,n}} \prod_{i=1}^{n} \frac{1 - ax_i q^{k_i + |\boldsymbol{k}|}}{1 - ax_i}
$$

$$
\times \prod_{1 \leqslant i < j \leqslant n} \frac{x_i q^{k_i} - x_j q^{k_j}}{x_i - x_j} \prod_{i,j=1}^{n} \frac{(q^{-N_j} x_i / x_j)_{k_i}}{(q x_i / x_j)_{k_i}} \prod_{i=1}^{n} \frac{(ax_i)_{|\boldsymbol{k}|}}{(ax_i q^{1+N_i})_{|\boldsymbol{k}|}}
$$

$$
\times \prod_{i=1}^{n} \frac{(bx_i)_{k_i}(cx_i)_{k_i}}{(ax_i q/d)_{k_i}(ax_i q/e)_{k_i}} \frac{(d)_{|\boldsymbol{k}|}(e)_{|\boldsymbol{k}|}}{(aq/b)_{|\boldsymbol{k}|}(aq/c)_{|\boldsymbol{k}|}} \left(\frac{a^2 q^{1+|\boldsymbol{N}|}}{bcde} \right)^{|\boldsymbol{k}|} q^{|\boldsymbol{k}|}
$$

$$
= \prod_{i=1}^{n} \frac{(ax_i q)_{N_i}(ax_i q/de)_{N_i}}{(ax_i q/d)_{N_i}(ax_i q/e)_{N_i}} \sum_{\substack{0 \leqslant k_i \leqslant N_i \\ i=1,2,\cdots,n}} \prod_{1 \leqslant i < j \leqslant n} \frac{x_i q^{k_i} - x_j q^{k_j}}{x_i - x_j} \prod_{i,j=1}^{n} \frac{(q^{-N_j} x_i / x_j)_{k_i}}{(q x_i / x_j)_{k_i}}
$$

$$
\times \prod_{i=1}^{n} \left[\frac{(de/ax_i)_{|\boldsymbol{k}|-k_i}(aq/bcx_i)_{|\boldsymbol{k}|}}{(aq/bcx_i)_{|\boldsymbol{k}|-k_i}(deq^{-N_i}/ax_i)_{|\boldsymbol{k}|}} \right] \frac{(d)_{|\boldsymbol{k}|}(e)_{|\boldsymbol{k}|}}{(aq/b)_{|\boldsymbol{k}|}(aq/c)_{|\boldsymbol{k}|}} q^{|\boldsymbol{k}|}.
$$

证明　在定理 6.7.2 代 λ 为 qa^2/bcd, 使 $d \mapsto \infty$. 最后, 在导出的恒等式里, 重新标号 $f \mapsto d$, 得到结果.　　　　　　　　　□

定理 6.8.2 [55, 定理 4.7] (Watson 变换的第一个 D_n 拓广)　对 $i = 1, 2, \cdots, n$, 令 N_i 为非负整数, 则

$$
\sum_{\substack{0 \leqslant k_i \leqslant N_i \\ i=1,2,\cdots,n}} \prod_{i=1}^{n} \frac{1 - ax_i q^{k_i + |\boldsymbol{k}|}}{1 - ax_i} \prod_{1 \leqslant i < j \leqslant n} \frac{x_i q^{k_i} - x_j q^{k_j}}{x_i - x_j}
$$

$$
\times \prod_{1 \leqslant i < j \leqslant n} (ax_i x_j q/c)_{k_i + k_j} \prod_{i=1}^{n} \frac{1}{(c/x_i)_{|\boldsymbol{k}|-k_i}}
$$

$$\times \prod_{i,j=1}^{n} \frac{(q^{-N_j}x_i/x_j)_{k_i}}{(qx_i/x_j)_{k_i}(ax_ix_jq/c)_{k_i}} \prod_{i=1}^{n} \frac{(ax_i)_{|\boldsymbol{k}|}(c/x_i)_{|\boldsymbol{k}|}}{(ax_iq^{1+N_i})_{|\boldsymbol{k}|}} \prod_{i=1}^{n} \frac{(bx_i)_{k_i}}{(ax_iq/d)_{k_i}(ax_iq/e)_{k_i}}$$

$$\times \frac{(d)_{|\boldsymbol{k}|}(e)_{|\boldsymbol{k}|}}{(aq/b)_{|\boldsymbol{k}|}} \left(\frac{a^2q^{1+|\boldsymbol{N}|}}{bcde}\right)^{|\boldsymbol{k}|} q^{|\boldsymbol{k}|}q^{-2e_2(\boldsymbol{k})} \prod_{i=1}^{n} x_i^{2k_i}$$

$$= \prod_{i=1}^{n} \frac{(ax_iq)_{N_i}(ax_iq/de)_{N_i}}{(ax_iq/d)_{N_i}(ax_iq/e)_{N_i}} \sum_{\substack{0 \leqslant k_i \leqslant N_i \\ i=1,2,\cdots,n}} \prod_{1 \leqslant i<j \leqslant n} \frac{x_iq^{k_i}-x_jq^{k_j}}{x_i-x_j} \prod_{1 \leqslant i<j \leqslant n} (ax_ix_jq/c)_{k_i+k_j}$$

$$\times \prod_{i,j=1}^{n} \frac{(q^{-N_j}x_i/x_j)_{k_i}}{(qx_i/x_j)_{k_i}(ax_ix_jq/c)_{k_i}} \prod_{i=1}^{n} \left[\frac{(de/ax_i)_{|\boldsymbol{k}|-k_i}(ax_iq/bc)_{k_i}}{(deq^{-N_i}/ax_i)_{|\boldsymbol{k}|}}\right] \frac{(d)_{|\boldsymbol{k}|}(e)_{|\boldsymbol{k}|}}{(aq/b)_{|\boldsymbol{k}|}}q^{|\boldsymbol{k}|},$$

这里 $e_2(\boldsymbol{k})$ 为关于 $\boldsymbol{k}$ 的二阶基本对称函数.

证明 在定理 6.7.2 的式子里, 代 λ 为 qa^2/bcd, 使 $c \to \infty$. 最后, 在导出的恒等式里, 重新标号 $d \mapsto c$ 和 $f \mapsto d$, 得到结果. □

定理 6.8.3 [55, 定理 4.10] (Watson 变换的第二个 D_n 拓广) 对 $i = 1, 2, \cdots, n$, 令 N_i 为非负整数, 则

$$\sum_{\substack{0 \leqslant k_i \leqslant N_i \\ i=1,2,\cdots,n}} \prod_{i=1}^{n} \frac{1-ax_iq^{k_i+|\boldsymbol{k}|}}{1-ax_i} \prod_{1 \leqslant i<j \leqslant n} \frac{x_iq^{k_i}-x_jq^{k_j}}{x_i-x_j} \prod_{1 \leqslant i<j \leqslant n} \frac{(ax_ix_jq/c)_{k_i+k_j}}{(ex_ix_j)_{k_i+k_j}}$$

$$\times \prod_{i=1}^{n} \frac{(aq/ex_i)_{|\boldsymbol{k}|-k_i}}{(c/x_i)_{|\boldsymbol{k}|-k_i}} \prod_{i,j=1}^{n} \frac{(q^{-N_j}x_i/x_j)_{k_i}(ex_ix_jq^{N_j})_{k_i}}{(qx_i/x_j)_{k_i}(ax_ix_jq/c)_{k_i}}$$

$$\times \prod_{i=1}^{n} \frac{(ax_i)_{|\boldsymbol{k}|}(c/x_i)_{|\boldsymbol{k}|}}{(ax_iq^{1+N_i})_{|\boldsymbol{k}|}(aq^{1-N_i}/ex_i)_{|\boldsymbol{k}|}}$$

$$\times \prod_{i=1}^{n} \left[\frac{(bx_i)_{k_i}}{(ax_iq/d)_{k_i}}\right] \frac{(d)_{|\boldsymbol{k}|}}{(aq/b)_{|\boldsymbol{k}|}} \left(\frac{qa^2}{bcde}\right)^{|\boldsymbol{k}|} q^{|\boldsymbol{k}|}$$

$$= \prod_{i=1}^{n} \left[\frac{(ax_iq;q)_{N_i}(dex_i/a)_{N_i}}{(ex_i/a)_{N_i}(ax_iq/d)_{N_i}}\right] \left(\frac{1}{d}\right)^{|\boldsymbol{N}|} \sum_{\substack{0 \leqslant k_i \leqslant N_i \\ i=1,2,\cdots,n}} \frac{(d)_{|\boldsymbol{k}|}}{(aq/b)_{|\boldsymbol{k}|}}q^{|\boldsymbol{k}|} \prod_{1 \leqslant i<j \leqslant n} \frac{x_iq^{k_i}-x_jq^{k_j}}{x_i-x_j}$$

$$\times \prod_{1 \leqslant i<j \leqslant n} \frac{(ax_ix_jq/c)_{k_i+k_j}}{(ex_ix_j)_{k_i+k_j}} \prod_{i,j=1}^{n} \frac{(q^{-N_j}x_i/x_j)_{k_i}(ex_ix_jq^{N_j})_{k_i}}{(qx_i/x_j)_{k_i}(ax_ix_jq/c)_{k_i}} \prod_{i=1}^{n} \frac{(ax_iq/bc)_{k_i}}{(dex_i/a)_{k_i}}.$$

证明 在定理 6.7.2 的式子里, 代 e 为 $\lambda aq/ef$, 得到与定理 6.7.2 等价的一个公式, 代 λ 为 qa^2/bcd, 使 $c \to \infty$. 最后, 在导出的恒等式里, 重新标号 $f \to d$ 和 $d \to c$, 得到结果. □

定理 6.8.4 [55, 定理 4.13] (Watson 变换的第三个 D_n 拓广)　对 $i = 1, 2, \cdots, n$, 令 N_i 为非负整数, 则

$$
\sum_{\substack{0 \leqslant k_i \leqslant N_i \\ i=1,2,\cdots,n}} \prod_{i=1}^{n} \frac{1 - ax_i q^{k_i + |\boldsymbol{k}|}}{1 - ax_i} \prod_{1 \leqslant i < j \leqslant n} \frac{x_i q^{k_i} - x_j q^{k_j}}{x_i - x_j} \prod_{1 \leqslant i \leqslant j \leqslant n} \frac{1}{(ex_i x_j)_{k_i + k_j}}
$$

$$
\times \prod_{i=1}^{n} (aq/ex_i)_{|\boldsymbol{k}| - k_i} \prod_{i,j=1}^{n} \frac{(q^{-N_j} x_i/x_j)_{k_i} (ex_i x_j q^{N_j})_{k_i}}{(qx_i/x_j)_{k_i}}
$$

$$
\times \prod_{i=1}^{n} \frac{(ax_i)_{|\boldsymbol{k}|}}{(ax_i q^{1+N_i})_{|\boldsymbol{k}|} (aq^{1-N_i}/ex_i)_{|\boldsymbol{k}|}}
$$

$$
\times \prod_{i=1}^{n} \left[\frac{(bx_i)_{k_i} (cx_i)_{k_i}}{(ax_i q/d)_{k_i}} \right] \frac{(d)_{|\boldsymbol{k}|}}{(aq/b)_{|\boldsymbol{k}|} (aq/c)_{|\boldsymbol{k}|}} \left(\frac{qa^2}{bcde} \right)^{|\boldsymbol{k}|} q^{|\boldsymbol{k}|} q^{2e_2(\boldsymbol{k})} \prod_{i=1}^{n} x_i^{-2k_i}
$$

$$
= \prod_{i=1}^{n} \left[\frac{(ax_i q)_{N_i} (dex_i/a)_{N_i}}{(ex_i/a)_{N_i} (ax_i q/d)_{N_i}} \right] \left(\frac{1}{d} \right)^{|\boldsymbol{N}|} \sum_{\substack{0 \leqslant k_i \leqslant N_i \\ i=1,2,\cdots,n}}
$$

$$
\times \prod_{1 \leqslant i < j \leqslant n} \frac{x_i q^{k_i} - x_j q^{k_j}}{x_i - x_j} \prod_{1 \leqslant i \leqslant j \leqslant n} \frac{1}{(ex_i x_j)_{k_i + k_j}}
$$

$$
\times \frac{(d)_{|\boldsymbol{k}|}}{(aq/b)_{|\boldsymbol{k}|} (aq/c)_{|\boldsymbol{k}|}} q^{|\boldsymbol{k}|} \prod_{i,j=1}^{n} \frac{(q^{-N_j} x_i/x_j)_{k_i} (ex_i x_j q^{N_j})_{k_i}}{(qx_i/x_j)_{k_i}}
$$

$$
\times \prod_{i=1}^{n} \frac{(aq/bcx_i)_{|\boldsymbol{k}|}}{(aq/bcx_i)_{|\boldsymbol{k}| - k_i} (dex_i/a)_{k_i}},
$$

这里 $e_2(\boldsymbol{k})$ 为关于 $\boldsymbol{k}$ 的二阶基本对称函数.

证明　在定理 6.7.2 的式子里, 代 e 为 $\lambda aq/ef$, 得到与定理 6.7.2 等价的一个公式, 代 λ 为 qa^2/bcd, 使 $d \to \infty$. 最后, 在导出的恒等式里, 重新标号 $f \to d$, 得到结果.　　　　　　　　　　　　　　　　　　　　　　　　　□

定理 6.8.5 [55, 定理 4.16] (Watson 变换的第四个 D_n 拓广)　对 $i = 1, 2, \cdots, n$, 令 N_i 为非负整数, 则

$$
\sum_{\substack{0 \leqslant k_i \leqslant N_i \\ i=1,2,\cdots,n}} \prod_{i=1}^{n} \frac{1 - ax_i q^{k_i + |\boldsymbol{k}|}}{1 - ax_i} \prod_{1 \leqslant i < j \leqslant n} \frac{x_i q^{k_i} - x_j q^{k_j}}{x_i - x_j}
$$

$$
\times \prod_{1 \leqslant i < j \leqslant n} (ax_i x_j q/c)_{k_i + k_j} \prod_{i=1}^{n} \frac{1}{(c/x_i)_{|\boldsymbol{k}| - k_i}}
$$

$$\times \prod_{i,j=1}^{n} \frac{(q^{-N_j}x_i/x_j)_{k_i}}{(qx_i/x_j)_{k_i}(ax_ix_jq/c)_{k_i}} \prod_{i=1}^{n} \frac{(ax_i)_{|\boldsymbol{k}|}(c/x_i)_{|\boldsymbol{k}|}}{(ax_iq^{1+N_i})_{|\boldsymbol{k}|}} \prod_{i=1}^{n}(bx_i)_{k_i}(ex_i)_{k_i}$$

$$\times \frac{(d)_{|\boldsymbol{k}|}}{(aq/b)_{|\boldsymbol{k}|}(aq/e)_{|\boldsymbol{k}|}} \left(\frac{a^2q^{1+|\boldsymbol{N}|}}{bcde}\right)^{|\boldsymbol{k}|} q^{|\boldsymbol{k}|}q^{-e_2(\boldsymbol{k})} \prod_{i=1}^{n} x_i^{k_i} \prod_{i=1}^{n} \frac{1}{(ax_iq/d)_{k_i}}$$

$$= \prod_{i=1}^{n} \left[\frac{(ax_iq)_{N_i}}{(ax_iq/d)_{N_i}}\right] \frac{(aq/de)_{|\boldsymbol{N}|}}{(aq/e)_{|\boldsymbol{N}|}} \sum_{\substack{0 \leqslant k_i \leqslant N_i \\ i=1,2,\cdots,n}} \prod_{1 \leqslant i < j \leqslant n} \frac{x_iq^{k_i}-x_jq^{k_j}}{x_i-x_j}$$

$$\times \prod_{1 \leqslant i < j \leqslant n}(ax_ix_jq/c)_{k_i+k_j} \prod_{i,j=1}^{n} \frac{(q^{-N_j}x_i/x_j)_{k_i}}{(qx_i/x_j)_{k_i}(ax_ix_jq/c)_{k_i}} \prod_{i=1}^{n}(ax_iq/bc)_{k_i}(ex_i)_{k_i}$$

$$\times \frac{(d)_{|\boldsymbol{k}|}}{(aq/b)_{|\boldsymbol{k}|}(deq^{-|\boldsymbol{N}|}/a)_{|\boldsymbol{k}|}} q^{|\boldsymbol{k}|},$$

这里 $e_2(\boldsymbol{k})$ 为关于 $\boldsymbol{k}$ 的二阶基本对称函数.

证明 在定理 6.7.4 里, 代 λ 为 qa^2/bcd, 使 $c \to \infty$. 最后, 在导出的恒等式里, 重新标号 $d \to c$, $f \to d$, 得到结果. □

定理 6.8.6 [55, 定理 4.19] (Watson 变换的第五个 D_n 拓广) 对 $i=1,2,\cdots,n$, 令 N_i 为非负整数, 则

$$\sum_{\substack{0 \leqslant k_i \leqslant N_i \\ i=1,2,\cdots,n}} \left(\frac{qa^2}{bcde}\right)^{|\boldsymbol{k}|} q^{|\boldsymbol{k}|} \prod_{i=1}^{n} \frac{1-ax_iq^{k_i+|\boldsymbol{k}|}}{1-ax_i} \prod_{1 \leqslant i < j \leqslant n} \frac{x_iq^{k_i}-x_jq^{k_j}}{x_i-x_j}$$

$$\times \prod_{1 \leqslant i < j \leqslant n} \frac{1}{(ex_ix_j)_{k_i+k_j}} \prod_{i=1}^{n}(aq/ex_i)_{|\boldsymbol{k}|-k_i} \prod_{i,j=1}^{n} \frac{(q^{-N_j}x_i/x_j)_{k_i}(ex_ix_jq^{N_j})_{k_i}}{(qx_i/x_j)_{k_i}}$$

$$\times \prod_{i=1}^{n} \frac{(ax_i)_{|\boldsymbol{k}|}}{(ax_iq^{1+N_i})_{|\boldsymbol{k}|}(aq^{1-N_i}/ex_i)_{|\boldsymbol{k}|}} \frac{(b)_{|\boldsymbol{k}|}(c)_{|\boldsymbol{k}|}(d)_{|\boldsymbol{k}|}}{\prod_{i=1}^{n}[(ax_iq/b)_{k_i}(ax_iq/c)_{k_i}(ax_iq/d)_{k_i}]}$$

$$= \prod_{i=1}^{n} \frac{(ax_iq)_{N_i}(dex_i/a)_{N_i}}{(ex_i/a)_{N_i}(ax_iq/d)_{N_i}} \left(\frac{1}{d}\right)^{|\boldsymbol{N}|} \sum_{\substack{0 \leqslant k_i \leqslant N_i \\ i=1,2,\cdots,n}} (d)_{|\boldsymbol{k}|}q^{|\boldsymbol{k}|} \prod_{1 \leqslant i < j \leqslant n} \frac{x_iq^{k_i}-x_jq^{k_j}}{x_i-x_j}$$

$$\times \prod_{1 \leqslant i < j \leqslant n} \frac{1}{(ex_ix_j)_{k_i+k_j}} \prod_{i,j=1}^{n} \frac{(q^{-N_j}x_i/x_j)_{k_i}(ex_ix_jq^{N_j})_{k_i}}{(qx_i/x_j)_{k_i}}$$

$$\times \prod_{i=1}^{n} \frac{(ax_iq/bc)_{k_i}}{(ax_iq/b)_{k_i}(ax_iq/c)_{k_i}(dex_i/a)_{k_i}}.$$

证明　在定理 6.7.6 的式子里, 代 e 为 $\lambda aq/ef$, 得到与定理 6.7.2 等价的一个公式, 代 λ 为 qa^2/bcd, 使 $b \to \infty$. 最后, 在导出的恒等式里, 重新标号 $d \to b$, $f \to d$, 得到结果.　　　　　　　　　　　　　　　　　　　　　　　　　　□

定理 6.8.7[55, 定理 4.22] (Watson 变换的第六个 D_n 拓广)　对 $i = 1, 2, \cdots, n$, 令 N_i 为非负整数, 则

$$
\sum_{\substack{0 \leqslant k_i \leqslant N_i \\ i=1,2,\cdots,n}} \prod_{i=1}^{n} \frac{1 - ax_i q^{k_i+|\boldsymbol{k}|}}{1 - ax_i} \prod_{1 \leqslant i < j \leqslant n} \frac{x_i q^{k_i} - x_j q^{k_j}}{x_i - x_j}
$$

$$
\times \prod_{1 \leqslant i < j \leqslant n} \frac{1}{(ex_i x_j; q)_{k_i+k_j}} \prod_{i=1}^{n} (aq/ex_i)_{|\boldsymbol{k}|-k_i}
$$

$$
\times \prod_{i,j=1}^{n} \frac{(q^{-N_j} x_i/x_j)_{k_i} (ex_i x_j q^{N_j})_{k_i}}{(qx_i/x_j)_{k_i}} \prod_{i=1}^{n} \frac{(ax_i)_{|\boldsymbol{k}|}}{(ax_i q^{1+N_i})_{|\boldsymbol{k}|} (aq^{1-N_i}/ex_i)_{|\boldsymbol{k}|}}
$$

$$
\times \prod_{i=1}^{n} \left[\frac{(bx_i)_{k_i}}{(ax_i q/c)_{k_i} (ax_i q/d)_{k_i}} \right] \frac{(c)_{|\boldsymbol{k}|}(d)_{|\boldsymbol{k}|}}{(aq/b)_{|\boldsymbol{k}|}} \left(\frac{qa^2}{bcde} \right)^{|\boldsymbol{k}|} q^{|\boldsymbol{k}|} q^{e_2(\boldsymbol{k})} \prod_{i=1}^{n} x_i^{-k_i}
$$

$$
= \prod_{i=1}^{n} \left[\frac{(ax_i q)_{N_i} (dex_i/a)_{N_i}}{(ex_i/a)_{N_i} (ax_i q/d)_{N_i}} \right] \left(\frac{1}{d} \right)^{|\boldsymbol{N}|} \sum_{\substack{0 \leqslant k_i \leqslant N_i \\ i=1,2,\cdots,n}}
$$

$$
\times \prod_{1 \leqslant i < j \leqslant n} \frac{x_i q^{k_i} - x_j q^{k_j}}{x_i - x_j} \prod_{1 \leqslant i < j \leqslant n} \frac{1}{(ex_i x_j)_{k_i+k_j}}
$$

$$
\times \prod_{i,j=1}^{n} \frac{(q^{-N_j} x_i/x_j)_{k_i} (ex_i x_j q^{N_j})_{k_i}}{(qx_i/x_j)_{k_i}}
$$

$$
\times \prod_{i=1}^{n} \left[\frac{1}{(ax_i q/c)_{k_i} (dex_i/a)_{k_i}} \right] \frac{(aq/bc)_{|\boldsymbol{k}|}(d)_{|\boldsymbol{k}|}}{(aq/b)_{|\boldsymbol{k}|}} q^{|\boldsymbol{k}|},
$$

这里 $e_2(\boldsymbol{k})$ 为关于 $\boldsymbol{k}$ 的二阶基本对称函数.

证明　在定理 6.7.6 的式子里, 代 e 为 $\lambda aq/ef$, 得到与定理 6.7.2 等价的一个公式, 代 λ 为 qa^2/bcd, 使 $d \to \infty$. 最后, 在导出的恒等式里, 重新标号 $f \to d$, 得到结果.　　　　　　　　　　　　　　　　　　　　　　　　　　□

6.9　Sears $_4\phi_3$ 变换

类似单变量基本超几何级数那样, 本节从 $_{10}\phi_9$ 变换取特例, 去得到 Sears $_4\phi_3$ 变换 (1.3.18) 的多变量推广形式.

定理6.9.1 [55, 定理 5.3] (Sears $_4\phi_3$ 变换的第一个 $U(n+1)$ 拓广) 令 $N_1, \cdots, N_n$ 为非负整数, 则

$$\sum_{\substack{0 \leqslant k_i \leqslant N_i \\ i=1,2,\cdots,n}} \prod_{1 \leqslant i < j \leqslant n} \frac{x_i q^{k_i} - x_j q^{k_j}}{x_i - x_j} \prod_{i=1}^{n} \frac{(abcq/dex_i)_{|\boldsymbol{k}|-k_i}}{(b/x_i)_{|\boldsymbol{k}|-k_i}}$$

$$\times \prod_{i,j=1}^{n} \frac{(q^{-N_j} x_i/x_j)_{k_i}}{(qx_i/x_j)_{k_i}} \prod_{i=1}^{n} \frac{(b/x_i)_{|\boldsymbol{k}|}}{(abcq^{1-N_i}/dex_i)_{|\boldsymbol{k}|}} \prod_{i=1}^{n} \frac{(cx_i)_{k_i}}{(ex_i)_{k_i}} \cdot \frac{(a)_{|\boldsymbol{k}|}}{(d)_{|\boldsymbol{k}|}} q^{|\boldsymbol{k}|}$$

$$= \prod_{i=1}^{n} \frac{(ex_i/a)_{N_i}(dex_i/bc)_{N_i}}{(ex_i)_{N_i}(dex_iq/abc)_{N_i}} \sum_{\substack{0 \leqslant k_i \leqslant N_i \\ i=1,2,\cdots,n}} \frac{(a)_{|\boldsymbol{k}|}}{(d)_{|\boldsymbol{k}|}} q^{|\boldsymbol{k}|}$$

$$\times \prod_{1 \leqslant i < j \leqslant n} \frac{x_i q^{k_i} - x_j q^{k_j}}{x_i - x_j} \prod_{i=1}^{n} \frac{(aq/ex_i)_{|\boldsymbol{k}|-k_i}}{(d/cx_i)_{|\boldsymbol{k}|-k_i}}$$

$$\times \prod_{i,j=1}^{n} \frac{(q^{-N_j} x_i/x_j)_{k_i}}{(qx_i/x_j)_{k_i}} \prod_{i-1}^{n} \frac{(d/cx_i)_{|\boldsymbol{k}|}}{(aq^{1-N_i}/ex_i)_{|\boldsymbol{k}|}} \prod_{i=1}^{n} \frac{(dx_i/b)_{k_i}}{(dex_i/bc)_{k_i}}.$$

证明 在定理 6.7.2 的式子里, 使 $b \to aq/b, e \to aq/e$, 取极限 $\lim a \to 0$, 重新标号参数 $b \to d, d \to b, f \to a$. 得证. $\square$

定理 6.9.2 [55, 定理 5.6] (D_n Sears $_4\phi_3$ 变换) 令 $N_1, \cdots, N_n$ 为非负整数, 则

$$\sum_{\substack{0 \leqslant k_i \leqslant N_i \\ i=1,2,\cdots,n}} \prod_{1 \leqslant i < j \leqslant n} \frac{x_i q^{k_i} - x_j q^{k_j}}{x_i - x_j} \prod_{1 \leqslant i < j \leqslant n} (dx_ix_j)_{k_i+k_j} \prod_{i=1}^{n} \frac{(abcq/dex_i)_{|\boldsymbol{k}|-k_i}}{(abcq^{1-N_i}/dex_i)_{|\boldsymbol{k}|}}$$

$$\times \prod_{i,j=1}^{n} \frac{(q^{-N_j} x_i/x_j)_{k_i}}{(qx_i/x_j)_{k_i}(dx_ix_j)_{k_i}} \prod_{i=1}^{n} \frac{(bx_i)_{k_i}(cx_i)_{k_i}}{(ex_i)_{k_i}} \cdot (a)_{|\boldsymbol{k}|} q^{|\boldsymbol{k}|}$$

$$= \prod_{i=1}^{n} \frac{(ex_i/a)_{N_i}(dex_i/bc)_{N_i}}{(ex_i)_{N_i}(dex_iq/abc)_{N_i}} \sum_{\substack{0 \leqslant k_i \leqslant N_i \\ i=1,2,\cdots,n}} \prod_{1 \leqslant i < j \leqslant n} \frac{x_i q^{k_i} - x_j q^{k_j}}{x_i - x_j} \prod_{1 \leqslant i < j \leqslant n} (dx_ix_j)_{k_i+k_j}$$

$$\times \prod_{i=1}^{n} \frac{(aq/ex_i)_{|\boldsymbol{k}|-k_i}}{(aq^{1-N_i}/ex_i)_{|\boldsymbol{k}|}} \prod_{i,j=1}^{n} \frac{(q^{-N_j} x_i/x_j)_{k_i}}{(qx_i/x_j)_{k_i}(dx_ix_j)_{k_i}} \prod_{i=1}^{n} \frac{(dx_i/b)_{k_i}(dx_i/c)_{k_i}}{(dex_i/bc)_{k_i}} \cdot (a)_{|\boldsymbol{k}|} q^{|\boldsymbol{k}|}.$$

证明 在定理 6.7.2 的式子里, 使 $d \to aq/d, e \to aq/e$, 取极限 $\lim a \to 0$, 重新标号参数 $f \to a$. 得证. $\square$

定理 6.9.3 [55, 定理 5.9] (Sears $_4\phi_3$ 变换的第二个 $U(n+1)$ 拓广) 令 N 为非

负整数, 则

$$
\sum_{\substack{k_1,k_2,\cdots,k_n\geqslant 0 \\ 0\leqslant|\boldsymbol{k}|\leqslant N}} (c)_{|\boldsymbol{k}|}(q^{-N})_{|\boldsymbol{k}|}q^{|\boldsymbol{k}|} \prod_{1\leqslant i<j\leqslant n} \frac{x_iq^{k_i}-x_jq^{k_j}}{x_i-x_j} \prod_{i,j=1}^{n} \frac{(a_jx_i/x_j)_{k_i}}{(qx_i/x_j)_{k_i}}
$$

$$
\times \prod_{i=1}^{n} \frac{(bcq^{1-N}/dex_i)_{|\boldsymbol{k}|-k_i}}{(a_ibcq^{1-N}/dex_i)_{|\boldsymbol{k}|}} \prod_{i=1}^{n} \frac{(bx_i)_{k_i}}{(dx_i)_{k_i}(ex_i)_{k_i}}
$$

$$
= \prod_{i=1}^{n} \frac{(ex_i/a_i)_N(dex_i/bc)_N}{(dex_i/a_ibc)_N(ex_i)_N} \sum_{\substack{k_1,k_2,\cdots,k_n\geqslant 0 \\ 0\leqslant|\boldsymbol{k}|\leqslant N}} (d/b)_{|\boldsymbol{k}|}(q^{-N})_{|\boldsymbol{k}|}q^{|\boldsymbol{k}|} \prod_{1\leqslant i<j\leqslant n} \frac{x_iq^{k_i}-x_jq^{k_j}}{x_i-x_j}
$$

$$
\times \prod_{i,j=1}^{n} \frac{(a_jx_i/x_j)_{k_i}}{(qx_i/x_j)_{k_i}} \prod_{i=1}^{n} \frac{(q^{1-N}/ex_i)_{|\boldsymbol{k}|-k_i}}{(a_iq^{1-N}/ex_i)_{|\boldsymbol{k}|}} \prod_{i=1}^{n} \frac{(dx_i/c)_{k_i}}{(dx_i)_{k_i}(dex_i/bc)_{k_i}}.
$$

证明 在定理 6.7.7 的式子里, 使 $d \to aq/d$, $e \to aq/e$, 取极限 $\lim a \to 0$, 重新标号参数 $f_j \to a_j$. 得证. □

定理 6.9.4 [55, 定理 5.12] ($U(n+1)$ 非终止型 $_3\phi_2$ 变换) 对 $i=1,\cdots,n$, 设 $|z/x_i|<1$, $|bcz/dx_i|<1$, 则

$$
\sum_{\substack{k_i\geqslant 0 \\ i=1,\cdots,n}} (c)_{|\boldsymbol{k}|}z^{|\boldsymbol{k}|}q^{e_2(\boldsymbol{k})} \prod_{i=1}^{n} x_i^{-k_i} \prod_{1\leqslant i<j\leqslant n} \frac{x_iq^{k_i}-x_jq^{k_j}}{x_i-x_j} \prod_{i,j=1}^{n} \frac{(a_jx_i/x_j)_{k_i}}{(qx_i/x_j)_{k_i}}
$$

$$
\times \prod_{i=1}^{n} \frac{(bcz/dx_i)_{|\boldsymbol{k}|-k_i}(bx_i)_{k_i}}{(a_ibcz/dx_i;q)_{|\boldsymbol{k}|}(dx_i)_{k_i}}
$$

$$
= \prod_{i=1}^{n} \frac{(a_iz/x_i)_\infty(bcz/dx_i)_\infty}{(a_ibcz/dx_i)_\infty(z/x_i)_\infty} \sum_{\substack{k_i\geqslant 0 \\ i=1,\cdots,n}} (d/b)_{|\boldsymbol{k}|} \left(\frac{bcz}{d}\right)^{|\boldsymbol{k}|} q^{e_2(\boldsymbol{k})}
$$

$$
\times \prod_{i=1}^{n} x_i^{-k_i} \prod_{1\leqslant i<j\leqslant n} \frac{x_iq^{k_i}-x_jq^{k_j}}{x_i-x_j}
$$

$$
\times \prod_{i,j=1}^{n} \frac{(a_jx_i/x_j)_{k_i}}{(qx_i/x_j)_{k_i}} \prod_{i=1}^{n} \frac{(z/x_i)_{|\boldsymbol{k}|-k_i}(dx_i/c)_{k_i}}{(a_iz/x_i)_{|\boldsymbol{k}|}(dx_i)_{k_i}},
$$

这里 $e_2(\boldsymbol{k})$ 为关于 $\boldsymbol{k}$ 的二阶基本对称函数.

证明 在定理 6.9.3 的式子里, 使 $e \to eq^{-N}$, 然后使 $N \to \infty$. 在导出的结果里, 令 $e \to q/z$. 易得所证结果的项, 对于收敛条件, 请见第 12 章讨论. □

定理 6.9.5 [55, 定理 5.15] (Euler 变换的 $U(n+1)$ 拓广)　设对 $i = 1, \cdots, n$, $|z/x_i| < 1$ 和 $|abz/cx_i| < 1$, 则

$$\sum_{\substack{k_i \geqslant 0 \\ i=1,\cdots,n}} (a)_{|\boldsymbol{k}|} z^{|\boldsymbol{k}|} q^{e_2(\boldsymbol{k})} \prod_{i=1}^{n} x_i^{-k_i} \prod_{1 \leqslant i < j \leqslant n} \frac{x_i q^{k_i} - x_j q^{k_j}}{x_i - x_j}$$

$$\times \prod_{i,j=1}^{n} \frac{1}{(qx_i/x_j)_{k_i}} \prod_{i=1}^{n} \frac{(abz/cx_i)_{|\boldsymbol{k}|-k_i}(bx_i)_{k_i}}{(cx_i)_{k_i}}$$

$$= \prod_{i=1}^{n} \frac{(abz/cx_i)_\infty}{(z/x_i)_\infty} \sum_{\substack{k_i \geqslant 0 \\ i=1,\cdots,n}} (c/b)_{|\boldsymbol{k}|} \left(\frac{abz}{c}\right)^{|\boldsymbol{k}|}$$

$$\times \prod_{1 \leqslant i < j \leqslant n} \frac{1 - q^{k_i - k_j} x_i/x_j}{1 - x_i/x_j} \prod_{i,j=1}^{n} \frac{1}{(qx_i/x_j)_{k_i}}$$

$$\times \prod_{i=1}^{n} \frac{(z/x_i)_{|\boldsymbol{k}|-k_i}(cx_i/a)_{k_i}}{(cx_i)_{k_i}},$$

这里 $e_2(\boldsymbol{k})$ 为关于 $\boldsymbol{k}$ 的二阶基本对称函数.

证明　在定理 6.9.4 的式子里, 设 $a_i = 0$, $i = 1, \cdots, n$, 重新标号 $c \to a$, $d \to c$. □

定理 6.9.6 [55, 定理 5.17] (q-Gauss 求和公式的第六个 $U(n+1)$ 拓广)　设 $|c/a_1, \cdots, a_n bx_i| < 1$, 对 $i = 1, \cdots, n$, 则

$$\sum_{\substack{k_i \geqslant 0 \\ i=1,\cdots,n}} (b)_{|\boldsymbol{k}|} \left(\frac{c}{a_1 \cdots a_n b}\right)^{|\boldsymbol{k}|} q^{e_2(\boldsymbol{k})} \prod_{1 \leqslant i < j \leqslant n} \frac{x_i q^{k_i} - x_j q^{k_j}}{x_i - x_j} \prod_{i,j=1}^{n} \frac{(a_j x_i/x_j)_{k_i}}{(qx_i/x_j)_{k_i}}$$

$$\times \prod_{i=1}^{n} \frac{(c/a_1 \cdots a_n x_i)_{|\boldsymbol{k}|-k_i}}{(a_i c/a_1 \cdots a_n x_i)_{|\boldsymbol{k}|}} \prod_{i=1}^{n} x_i^{-k_i}$$

$$= \prod_{i=1}^{n} \frac{(a_i c/a_1 \cdots a_n bx_i)_\infty (c/a_1 \cdots a_n x_i)_\infty}{(a_i c/a_1 \cdots a_n x_i)_\infty (c/a_1 \cdots a_n bx_i)_\infty},$$

这里 $e_2(\boldsymbol{k})$ 为关于 $\boldsymbol{k}$ 的二阶基本对称函数.

证明　在定理 6.9.4 的式子里, 设 $d = b$, 令 $c \to b$, $z \to c/a_1 \cdots a_n b$. □

定理 6.9.7 [55, 定理 19] ($U(n+1)$ q-二项式定理)　设 $|z/x_i| < 1$, 对 $i = 1, \cdots, n$,

则

$$\sum_{\substack{k_i \geqslant 0 \\ i=1,2,\cdots,n}} (a)_{|\boldsymbol{k}|} z^{|\boldsymbol{k}|} \prod_{1 \leqslant i < j \leqslant n} \frac{x_i q^{k_i} - x_j q^{k_j}}{x_i - x_j}$$

$$\times \prod_{i,j=1}^{n} \frac{1}{(qx_i/x_j)_{k_i}} \prod_{i=1}^{n} (az/x_i)_{|\boldsymbol{k}|-k_i} q^{e_2(\boldsymbol{k})} \prod_{i=1}^{n} x_i^{-k_i}$$

$$= \prod_{i=1}^{n} \frac{(az/x_i)_{\infty}}{(z/x_i)_{\infty}},$$

这里 $e_2(\boldsymbol{k})$ 为关于 $\boldsymbol{k}$ 的二阶基本对称函数.

证明　在定理 6.9.5 的式子里, 取 $c = b$.　　　　　　　　　　□

第 7 章　多维矩阵反演

矩阵反演最重要的应用大概就是超几何级数恒等式的求导. 其标准技巧是通过对一个已知的恒等式应用矩阵反演, 去求导一个新的求和公式 [52, 111-113], 即应用下述反演思想: 若 $(f_{nk})_{n,k\in\mathbb{Z}^r}$ 和 $(g_{nk})_{n,k\in\mathbb{Z}^r}$ 为一对互逆的下三角矩阵, 则

$$\sum_{0\leqslant k\leqslant n} f_{nk}a_k = b_n \tag{7.0.1}$$

成立的充分必要条件是

$$\sum_{0\leqslant l\leqslant k} g_{kl}b_l = a_k. \tag{7.0.2}$$

例如, Andrews 矩阵反演公式:

$$F(n,k) = \frac{1}{(q)_{n-k}(aq)_{n+k}}, \quad G(n,k) = \frac{(1-aq^{2n})(a)_{n+k}}{(1-a)(q)_{n-k}}(-1)^{n-k}q^{\binom{n-k}{2}}.$$

Krattenthaler 矩阵反演公式 [114]:

$$f_{nk} = \frac{\prod\limits_{j=k}^{n-1}(a_j-c_k)}{\prod\limits_{j=k+1}^{n}(c_j-c_k)}, \quad g_{kl} = \frac{(a_l-c_l)\prod\limits_{j=l+1}^{k}(a_j-c_k)}{(a_k-c_k)\prod\limits_{j=l}^{k-1}(c_j-c_k)}.$$

多维矩阵反演被 Milne, Lilly 与 Bhatnagar 所引进, Milne 与 Lilly 首先给出了 Andrews 的 Bailey 变换矩阵的 $U(n+1)$ 和 C_n 的高维推广, 被用来求导大量经典基本超几何级数求和和变换公式的 $U(n+1)$ 和 C_n 拓广, Bhatnagar 和 Milne 甚至发现了 Gasper 和 Rahman 的双基超几何级数的 $U(n+1)$ 拓广, Cailitz 给出了一个多变量拓广去求导 Abel 型恒等式的高维推广, Schlosser 给出了 Krattenthaler 矩阵反演的高维推广. 其思想同样为: 若 $(f_{nk})_{n,k\in\mathbb{Z}^r}$ 和 $(g_{nk})_{n,k\in\mathbb{Z}^r}$ 为一对互逆的下三角矩阵, 则

$$\sum_{0\leqslant k\leqslant n} f_{nk}a_k = b_n \tag{7.0.3}$$

成立的充分必要条件是

$$\sum_{\mathbf{0} \leqslant \boldsymbol{l} \leqslant \boldsymbol{k}} g_{\boldsymbol{kl}} b_{\boldsymbol{l}} = a_{\boldsymbol{k}}, \tag{7.0.4}$$

这里 $\boldsymbol{n} = (n_1, \cdots, n_r)$, $\boldsymbol{k} = (k_1, \cdots, k_r)$, $\boldsymbol{l} = (l_1, \cdots, l_r)$.

　　本章主要展示高维矩阵反演是研究高维基本超几何级数理论的非常有效的工具之一, 但限于篇幅, 对于本章中几个反演的基本定理, 不再给出证明, 读者可以查看相应文献. 另外, 为了阅读文献方便, 本章除 7.1 节外, 其余各节统一用 A_r 来表示此类级数 ($U(n+1)$).

7.1 $U(n+1)$ Carlitz 反演及其应用

　　1973 年, Gould 和 Hsu [115] 构造了一对反演公式, Carlitz [51] 给出了其 q-模拟. 之后, 反演技巧成为研究基本超几何级数的重要工具, 它在序列变换、插值公式的构造以及组合恒等式的证明等方面具有广泛的用途. 比较重要的是许多重要的反演是 Carlitz 反演的特殊情形, 例如, Andrews [111] 公式化的 Bailey 变换 [12,116], Gessel 与 Stanton 的双基矩阵反演 [112,117]. Bressoud [118] 拓广了 Bailey 变换. Gasper [119] 发现了 Bressoud 反演的双基矩阵反演. Milne [30] 拓广了 Bressoud 反演到单位群 $U(n+1)$ 上的非常均衡的多变量级数. Bhatnagar 和 Milne [62] 简单地拓广了 Gasper 的反演, 给出了 Carlitz 反演的 $U(n+1)$ 拓广.

　　设 $\{a_i\}$ 和 $\{b_j\}$ 是两个任意选定的实数或复数序列, 对所有的 $x = 0, 1, 2, \cdots$, $n = 1, 2, \cdots$, 有

$$\phi(x, n) = \prod_{k=1}^{n} (a_k + x b_k) \neq 0 \tag{7.1.1}$$

且规定 $\phi(x, 0) \equiv 1$, Gould 与 Hsu [115] 给出了下述反演关系

$$\begin{cases} f(n) = \displaystyle\sum_{k=0}^{n} (-1)^k \binom{n}{k} \dfrac{a_{k+1} + k b_{k+1}}{\phi(n, k+1)} g(k), \\ g(n) = \displaystyle\sum_{k=0}^{n} (-1)^k \binom{n}{k} \phi(x, n) f(k). \end{cases}$$

紧接着, Carlitz [51] 得到了其 q-模拟形式, 即: 设 $\{a_i\}$ 和 $\{b_j\}$ 是两个任意选定的复数序列, 对所有的 $x = 0, 1, 2, \cdots$, $n = 1, 2, \cdots$, 有指数多项式序列

$$\phi(x, n) = \prod_{k=1}^{n} (a_k + q^x b_k) \neq 0 \tag{7.1.2}$$

且规定 $\phi(x,0) \equiv 1$, 则有下述反演关系

$$
\begin{cases}
f(n) = \displaystyle\sum_{k=0}^{n} (-1)^k \begin{bmatrix} n \\ k \end{bmatrix} \dfrac{a_{k+1} + q^k b_{k+1}}{\phi(n, k+1)} g(k), \\[4mm]
g(n) = \displaystyle\sum_{k=0}^{n} (-1)^k \begin{bmatrix} n \\ k \end{bmatrix} q^{\binom{n-k}{2}} \phi(x, n) f(k).
\end{cases}
\tag{7.1.3}
$$

在 Carlitz 反演公式 (7.1.3) 中, 取 $a_k \to 1$, $b_k \to -a_{k-1}$ ($k = 1, 2, \cdots$), 以及再作变换 $\dfrac{(-1)^n}{(q;q)_n} \prod_{j=0}^{n-1} (1 - a_j q^n) f(n) \to f(n)$, $(q;q)_n^{-1} g(n) \to g(n)$, 得到下述反演公式

$$
\begin{cases}
f(n) = \displaystyle\sum_{k=0}^{n} (-1)^{n-k} (q, q)_{n-k} \dfrac{1 - a_k q^k}{1 - a_n q^n} \prod_{j=k+1}^{n} (1 - a_j q^n) g(k), \\[4mm]
g(n) = \displaystyle\sum_{k=0}^{n} (q, q)_{n-k} q^{\binom{n-k}{2}} \prod_{j=k}^{n-1} (1 - a_j q^k) f(k).
\end{cases}
\tag{7.1.4}
$$

1997 年, Bhatnagar 和 Milne [62] 给出了上述反演公式 (7.1.4) 的 $U(n+1)$ 拓广, 即: 设 $\{a_j\}$ 是任意的复数序列, $x_1, \cdots, x_n$ 为变元, 并假设下列式子分母均不为零, 则有下述多变量基本超几何级数反演公式

$$
\begin{cases}
f(\boldsymbol{N}) = \displaystyle\sum_{\substack{0 \leqslant k_r \leqslant N_r, \\ r=1,2,\cdots,n}} g(\boldsymbol{k}) (-1)^{|\boldsymbol{N}| - |\boldsymbol{k}|} \prod_{r,s=1}^{n} \left(q \dfrac{x_r}{x_s} q^{k_r - k_s} \right)_{N_r - k_r}^{-1} \\[4mm]
\qquad \times \displaystyle\prod_{i=1}^{n} \prod_{j=|\boldsymbol{k}|+1}^{|\boldsymbol{N}|} \left[1 - x_i q^{N_i} a_j \right] \prod_{i=1}^{n} \dfrac{1 - x_i q^{k_i} a_{|\boldsymbol{k}|}}{1 - x_i q^{N_i} a_{|\boldsymbol{N}|}}, \\[4mm]
g(\boldsymbol{N}) = \displaystyle\sum_{\substack{0 \leqslant k_r \leqslant N_r, \\ r=1,2,\cdots,n}} f(\boldsymbol{k}) \prod_{r,s=1}^{n} \left(q \dfrac{x_r}{x_s} q^{k_r - k_s} \right)_{N_r - k_r}^{-1} q^{\binom{|\boldsymbol{N}| - |\boldsymbol{k}|}{2}} \\[4mm]
\qquad \times \displaystyle\prod_{i=1}^{n} \prod_{j=|\boldsymbol{k}|}^{|\boldsymbol{N}|-1} \left(1 - x_i q^{k_i} a_j \right).
\end{cases}
\tag{7.1.5}
$$

在文献 [120, 121] 中, 利用反演技巧与级数重排方法, 建立了若干基本超几何级数的变换公式, 这里考虑多变量基本超几何级数的情况. 考虑任意一组多变量

反演关系:

$$\begin{cases} f(\boldsymbol{N}) = \sum_{\substack{0 \leqslant k_r \leqslant N_r, \\ r=1,2,\cdots,n}} A(\boldsymbol{N}, \boldsymbol{k}) g(\boldsymbol{k}), \\ g(\boldsymbol{N}) = \sum_{\substack{0 \leqslant k_r \leqslant N_r, \\ r=1,2,\cdots,n}} B(\boldsymbol{N}, \boldsymbol{k}) f(\boldsymbol{k}). \end{cases} \tag{7.1.6}$$

考虑关联矩阵 $(C_{\boldsymbol{N},\boldsymbol{k}})$, 对序列 (f) 进行变换: $\sum\limits_{\substack{0 \leqslant k_r \leqslant N_r, \\ r=1,2,\cdots,n}} C_{\boldsymbol{N},\boldsymbol{k}} f(\boldsymbol{k})$, 则代入 $f(\boldsymbol{N})$ 的

表示式并交换求和次序, 得到等式

$$\sum_{\substack{0 \leqslant k_r \leqslant N_r, \\ r=1,2,\cdots,n}} C_{\boldsymbol{N},\boldsymbol{k}} f(\boldsymbol{k}) = \sum_{\substack{0 \leqslant y_r \leqslant N_r, \\ r=1,2,\cdots,n}} g(\boldsymbol{k}) \sum_{\substack{y_r \leqslant k_r \leqslant N_r, \\ r=1,2,\cdots,n}} C_{\boldsymbol{N},\boldsymbol{k}} A(\boldsymbol{k}, \boldsymbol{y}). \tag{7.1.7}$$

如果我们能得到 (7.1.7) 式右端的内和具有封闭形式, 那么就可以得到一个多变量级数变换公式, 进一步如果左端或右端封闭, 可得一个级数的求和公式.

在 (7.1.5) 中, 我们取 $a_j = aq^j$, 有

$$\begin{cases} f(\boldsymbol{N}) = \sum_{\substack{0 \leqslant k_r \leqslant N_r, \\ r=1,2,\cdots,n}} g(\boldsymbol{k}) q^{-|\boldsymbol{N}||\boldsymbol{k}|} \\ \qquad \times \prod_{r,s=1}^{n} \dfrac{1}{\left(q\dfrac{x_r}{x_s} q^{k_r-k_s}\right)_{N_r-k_r}} \prod_{r=1}^{n} \left(ax_r q^{k_r+|\boldsymbol{k}|}\right)_{|\boldsymbol{N}|-|\boldsymbol{k}|}, \\ g(\boldsymbol{N}) = \sum_{\substack{0 \leqslant k_r \leqslant N_r, \\ r=1,2,\cdots,n}} f(\boldsymbol{k}) (-1)^{|\boldsymbol{N}|-|\boldsymbol{k}|} q^{|\boldsymbol{N}||\boldsymbol{k}|} q^{\binom{|\boldsymbol{N}|-|\boldsymbol{k}|+1}{2}} \\ \qquad \times \prod_{r,s=1}^{n} \dfrac{1}{\left(q\dfrac{x_r}{x_s} q^{k_r-k_s}\right)_{N_r-k_r}} \prod_{r=1}^{n} \dfrac{1 - ax_r q^{k_r+|\boldsymbol{k}|}}{(ax_r q^{N_r+1})_{|\boldsymbol{k}|}} \prod_{r=1}^{n} \left(ax_r q^{N_r+1}\right)_{|\boldsymbol{N}|-1}. \end{cases} \tag{7.1.8}$$

重写 (7.1.8), 并作代换:

$$q^{-\binom{|\boldsymbol{k}|+1}{2}} (-1)^{|\boldsymbol{k}|} g(\boldsymbol{k}) \prod_{r,s=1}^{n} \left(q\dfrac{x_r}{x_s}\right)_{k_r} \prod_{r=1}^{n} \left(ax_r q^{k_r}\right)_{|\boldsymbol{k}|}^{-1} \to g(\boldsymbol{k}),$$

$$q^{\binom{|\boldsymbol{N}|}{2}} f(\boldsymbol{N}) \prod_{r,s=1}^{n} \left(q\dfrac{x_r}{x_s}\right)_{N_r} \to f(\boldsymbol{N}).$$

整理后, 我们得到

$$
\begin{cases}
f(\boldsymbol{N}) = \displaystyle\sum_{\substack{0\leqslant k_r\leqslant N_r,\\ r=1,2,\cdots,n}} (-1)^{|\boldsymbol{k}|} q^{\binom{|\boldsymbol{N}|-|\boldsymbol{k}|}{2}} g(\boldsymbol{k}) \\
\qquad \times \displaystyle\prod_{r,s=1}^{n} \frac{\left(q\dfrac{x_r}{x_s}\right)_{N_r}}{\left(q\dfrac{x_r}{x_s}\right)_{k_r}\left(q\dfrac{x_r}{x_s}q^{k_r-k_s}\right)_{N_r-k_r}} \prod_{r=1}^{n}\left(ax_rq^{k_r}\right)_{|\boldsymbol{N}|}, \\
g(\boldsymbol{N}) = \displaystyle\sum_{\substack{0\leqslant k_r\leqslant N_r,\\ r=1,2,\cdots,n}} (-1)^{|\boldsymbol{k}|} f(\boldsymbol{k}) \\
\qquad \times \displaystyle\prod_{r,s=1}^{n} \frac{\left(q\dfrac{x_r}{x_s}\right)_{N_r}}{\left(q\dfrac{x_r}{x_s}\right)_{k_r}\left(q\dfrac{x_r}{x_s}q^{k_r-k_s}\right)_{N_r-k_r}} \prod_{r=1}^{n}\frac{1-ax_rq^{k_r+|\boldsymbol{k}|}}{(ax_rq^{N_r})_{|\boldsymbol{k}|+1}}.
\end{cases}
\tag{7.1.9}
$$

当 $n=1$ 时, 则有

$$
\begin{cases}
f(n) = \displaystyle\sum_{k=0}^{n}(-1)^k \begin{bmatrix} n \\ k \end{bmatrix} \frac{1-aq^{2k}}{(aq^n;q)_{k+1}} g(k), \\
g(n) = \displaystyle\sum_{k=0}^{n}(-1)^k \begin{bmatrix} n \\ k \end{bmatrix} q^{\binom{n-k}{2}}(aq^k;q)_n f(k).
\end{cases}
\tag{7.1.10}
$$

类似于 (7.1.7), 我们考虑变换公式

$$
\sum_{\substack{0\leqslant k_r\leqslant N_r,\\ r=1,2,\cdots,n}} C(\boldsymbol{N},\boldsymbol{k})g(\boldsymbol{k})
$$

$$
= \sum_{\substack{0\leqslant k_r\leqslant N_r,\\ r=1,2,\cdots,n}} C(\boldsymbol{N},\boldsymbol{k}) \sum_{\substack{0\leqslant y_r\leqslant N_r,\\ r=1,2,\cdots,n}} (-1)^{|\boldsymbol{y}|} f(\boldsymbol{y})
$$

$$
\times \prod_{r,s=1}^{n} \frac{\left(q\dfrac{x_r}{x_s}\right)_{k_r}}{\left(q\dfrac{x_r}{x_s}\right)_{y_r}\left(q\dfrac{x_r}{x_s}q^{y_r-y_s}\right)_{k_r-y_r}} \prod_{r=1}^{n}\frac{1-ax_rq^{y_r+|\boldsymbol{y}|}}{(ax_rq^{y_r})_{|\boldsymbol{y}|+1}}
$$

$$
= \sum_{\substack{0\leqslant y_r\leqslant N_r,\\ r=1,2,\cdots,n}} f(\boldsymbol{k})(-1)^{\boldsymbol{y}} \prod_{r=1}^{n}\left(1-ax_rq^{y_r+|\boldsymbol{y}|}\right) \sum_{\substack{y_r\leqslant k_r\leqslant N_r,\\ r=1,2,\cdots,n}} \left(ax_rq^{k_r}\right)_{|\boldsymbol{y}|+1}^{-1} C(\boldsymbol{N},\boldsymbol{k})
$$

$$\times \prod_{r,s=1}^{n} \frac{\left(q\dfrac{x_r}{x_s}\right)_{k_r}}{\left(q\dfrac{x_r}{x_s}\right)_{y_r}\left(q\dfrac{x_r}{x_s}q^{y_r-y_s}\right)_{k_r-y_r}}, \tag{7.1.11}$$

这里 $f(\boldsymbol{N})$ 与 $g(\boldsymbol{N})$ 满足反演关系 (7.1.9), 只要我们选择适合的 $C(\boldsymbol{N},\boldsymbol{k})$, 使得 (7.1.11) 右端的内和具有封闭形式, 就可以得到新的结果.

定理 7.1.1 [122]　设 N_i 是非负整数, 对于满足反演关系 (7.1.9) 的序列 $f(\boldsymbol{k})$ 和 $g(\boldsymbol{k})$, 则有如下变换公式

$$\sum_{\substack{0\leqslant k_r\leqslant N_r,\\r=1,2,\cdots,n}} (-1)^{|\boldsymbol{k}|}q^{\binom{|\boldsymbol{k}|+1}{2}}\left(\frac{a}{b}\right)^{|\boldsymbol{k}|}g(\boldsymbol{k})$$

$$\times \prod_{r,s=1}^{n} \frac{\left(q\dfrac{x_r}{x_s}\right)_{N_r}}{\left(q\dfrac{x_r}{x_s}\right)_{k_r}\left(q\dfrac{x_r}{x_s}q^{k_r-k_s}\right)_{N_r-k_r}} \prod_{r=1}^{n}\frac{(bx_r)_{k_r}}{(ax_r)_{k_r}}$$

$$= \left(\frac{aq}{b}\right)_{|\boldsymbol{N}|}\sum_{\substack{0\leqslant y_r\leqslant N_r,\\r=1,2,\cdots,n}} \left(\frac{aq}{b}\right)_{|\boldsymbol{k}|}^{-1}q^{\binom{|\boldsymbol{k}|+1}{2}}\cdot\left(\frac{a}{b}\right)^{|\boldsymbol{k}|}f(\boldsymbol{k})$$

$$\times \prod_{r,s=1}^{n} \frac{\left(q\dfrac{x_r}{x_s}\right)_{N_r}}{\left(q\dfrac{x_r}{x_s}\right)_{y_r}\left(q\dfrac{x_r}{x_s}q^{y_r-y_s}\right)_{N_r-y_r}}$$

$$\times \prod_{r=1}^{n}\frac{(bx_r)_{y_r}}{(ax_r)_{N_r+|\boldsymbol{k}|+1}} \prod_{r=1}^{n}\left(1-ax_rq^{y_r+|\boldsymbol{k}|}\right). \tag{7.1.12}$$

证明　在 (7.1.11) 中, 我们取

$$C(\boldsymbol{N},\boldsymbol{k}) = (-1)^{|\boldsymbol{k}|}q^{\binom{|\boldsymbol{k}|+1}{2}}\left(\frac{a}{b}\right)^{|\boldsymbol{k}|}\prod_{r,s=1}^{n}\frac{\left(q\dfrac{x_r}{x_s}\right)_{N_r}}{\left(q\dfrac{x_r}{x_s}\right)_{K_r}\left(q\dfrac{x_r}{x_s}q^{k_r-k_s}\right)_{N_r-k_r}}\prod_{r=1}^{n}\frac{(bx_r)_{k_r}}{(ax_r)_{k_r}},$$

$$\tag{7.1.13}$$

将 $C(\boldsymbol{N}, \boldsymbol{k})$ 代入到 (7.1.11) 的内和, 则有

$$
\sum_{\substack{y_r \leqslant k_r \leqslant N_r, \\ r=1,2,\cdots,n}} C(\boldsymbol{N}, \boldsymbol{k}) \prod_{r,s=1}^{n} \frac{\left(q\dfrac{x_r}{x_s}\right)_{k_r}}{\left(q\dfrac{x_r}{x_s}\right)_{y_r}\left(q\dfrac{x_r}{x_s}q^{y_r-y_s}\right)_{k_r-y_r}} \prod_{r=1}^{n}\left(ax_r q^{k_r}\right)_{|\boldsymbol{y}|+1}^{-1}
$$

$$
= \sum_{\substack{y_r \leqslant k_r \leqslant N_r, \\ r=1,2,\cdots,n}} (-1)^{|\boldsymbol{k}|} q^{\binom{|\boldsymbol{k}|+1}{2}}\left(\frac{a}{b}\right)^{|\boldsymbol{k}|} \prod_{r,s=1}^{n} \frac{\left(q\dfrac{x_r}{x_s}\right)_{k_r}}{\left(q\dfrac{x_r}{x_s}\right)_{y_r}\left(q\dfrac{x_r}{x_s}q^{y_r-y_s}\right)_{k_r-y_r}}
$$

$$
\times \prod_{r,s=1}^{n} \frac{\left(q\dfrac{x_r}{x_s}\right)_{N_r}}{\left(q\dfrac{x_r}{x_s}\right)_{k_r}\left(q\dfrac{x_r}{x_s}q^{k_r-k_s}\right)_{N_r-k_r}} \prod_{r=1}^{n} \frac{(bx_r)_{k_r}}{(ax_r)_{k_r}} \prod_{r=1}^{n}\left(ax_r q^{k_r}\right)_{|\boldsymbol{y}|+1}^{-1}
$$

$$
= \sum_{\substack{0 \leqslant k_r \leqslant N-y_r, \\ r=1,2,\cdots,n}} (-1)^{|\boldsymbol{k}|+|\boldsymbol{y}|} q^{\binom{|\boldsymbol{k}|+|\boldsymbol{y}|+1}{2}}\left(\frac{a}{b}\right)^{|\boldsymbol{k}|+|\boldsymbol{y}|} \prod_{r,s=1}^{n} \frac{\left(q\dfrac{x_r}{x_s}\right)_{k_r+y_r}}{\left(q\dfrac{x_r}{x_s}\right)_{y_r}\left(q\dfrac{x_r}{x_s}q^{y_r-y_s}\right)_{k_r}}
$$

$$
\times \prod_{r,s=1}^{n} \frac{\left(q\dfrac{x_r}{x_s}\right)_{N_r}}{\left(q\dfrac{x_r}{x_s}\right)_{k_r+y_r}\left(q\dfrac{x_r}{x_s}q^{k_r-k_s}\right)_{N_r-k_r-y_r}} \prod_{r=1}^{n} \frac{(bx_r)_{k_r+y_r}}{(ax_r)_{k_r+y_r+|\boldsymbol{y}|+1}}
$$

$$
= \sum_{\substack{0 \leqslant k_r \leqslant N_r-y_r, \\ r=1,2,\cdots,n}} (-1)^{|\boldsymbol{y}|} q^{|\boldsymbol{N}||\boldsymbol{k}|+|\boldsymbol{k}|+\binom{|\boldsymbol{y}|+1}{2}}\left(\frac{a}{b}\right)^{|\boldsymbol{k}|+|\boldsymbol{y}|} \prod_{r,s=1}^{n} \frac{\left(q\dfrac{x_r}{x_s}\right)_{N_r}}{\left(q\dfrac{x_r}{x_s}\right)_{y_r}\left(q\dfrac{x_r}{x_s}q^{y_r-y_s}\right)_{k_r}}
$$

$$
\times \prod_{r,s=1}^{n} \left(q\dfrac{x_r}{x_s}q^{y_r-y_s}\right)_{N_r-y_r}^{-1} \prod_{1 \leqslant r < s \leqslant n} \frac{x_r q^{k_r+y_r}-x_s q^{k_s+y_s}}{x_r q^{y_r}-x_s q^{y_s}} \prod_{r,s=1}^{n}\left(\dfrac{x_r}{x_s}q^{y_r-N_s}\right)_{k_r}
$$

$$
\times \prod_{r=1}^{n} \frac{(bx_r)_{k_r+y_r}}{(ax_r)_{k_r+y_r+|\boldsymbol{y}|+1}} \prod_{r=1}^{n} \frac{(bx_r)_{k_r+y_r}}{(ax_r)_{k_r+y_r+|\boldsymbol{y}|+1}}
$$

$$
= \frac{\left(q\dfrac{x_r}{x_s}\right)_{N_r}}{\left(q\dfrac{x_r}{x_s}\right)_{y_r}\left(q\dfrac{x_r}{x_s}q^{y_r-y_s}\right)_{N_r-y_r}} \prod_{r=1}^{n} \left[\frac{(bx_r)_{y_r}}{(ax_r)_{y_r+|\boldsymbol{y}|+1}}\right] (-1)^{|\boldsymbol{y}|}\left(\frac{a}{b}\right)^{|\boldsymbol{y}|} q^{\binom{|\boldsymbol{y}|+1}{2}}
$$

$$
\times \sum_{\substack{0 \leqslant k_r \leqslant N_r - y_r, \\ r=1,2,\cdots,n}} \left(\frac{aq^{|\boldsymbol{N}|+1}}{b} \right)^{|\boldsymbol{k}|} \prod_{1 \leqslant r < s \leqslant n} \frac{x_r q^{k_r + y_r} - x_s q^{k_s + y_s}}{x_r q^{y_r} - x_s q^{y_s}} \prod_{r,s=1}^{n} \left(\frac{x_r}{x_s} q^{y_r - N_s} \right)_{k_r}
$$

$$
\times \prod_{r,s=1}^{n} \left(\frac{x_r}{x_s} q^{y_r - y_s} \right)_{k_r}^{-1} \prod_{r=1}^{n} \frac{(bx_r q^{y_r})_{k_r}}{(ax_r q^{y_r + |\boldsymbol{y}|+1})_{k_r}}. \tag{7.1.14}
$$

由引理 3.8.4, 可知

$$
\sum_{\substack{0 \leqslant k_r \leqslant N_r - y_r, \\ r=1,2,\cdots,n}} \left(\frac{aq^{|\boldsymbol{N}|+1}}{b} \right)^{|\boldsymbol{k}|} \prod_{1 \leqslant r < s \leqslant n} \frac{x_r q^{k_r + y_r} - x_s q^{k_s + y_s}}{x_r q^{y_r} - x_s q^{y_s}} \prod_{r,s=1}^{n} \left(\frac{x_r}{x_s} q^{y_r - N_s} \right)_{k_r}
$$

$$
\times \prod_{r,s=1}^{n} \left(\frac{x_r}{x_s} q^{y_r - y_s} \right)_{k_r}^{-1} \prod_{r=1}^{n} \frac{(bx_r q^{y_r})_{k_r}}{(ax_r q^{y_r + |\boldsymbol{y}|+1})_{k_r}}
$$

$$
= \left(\frac{aq^{|\boldsymbol{y}|+1}}{b} \right)_{|\boldsymbol{N}|-|\boldsymbol{y}|} \prod_{r=1}^{n} \left(\frac{x_r}{x_n} aq^{y_r + |\boldsymbol{y}|+1} \right)_{N_r - y_r}^{-1}. \tag{7.1.15}
$$

代入 (7.1.11) 式中, 整理, 得到定理 7.1.1.　　　　　　　　　　　　　　□

当 $n = 1$ 时, 则得

推论 7.1.1 [121]　对于具有反演关系 (7.1.10) 的 $\{f(n)\}$ 和 $\{g(n)\}$, 则有下述和式变换

$$
\sum_{k=0}^{n} \begin{bmatrix} n \\ k \end{bmatrix} (-1)^k q^{\binom{k+1}{2}} (a/b)^k \frac{(b)_k}{(a)_k} g(k)
$$

$$
= (qa/b)_n \sum_{i=0}^{n} \begin{bmatrix} n \\ i \end{bmatrix} \frac{(1 - aq^{2i})(b)_i}{(qa/b;q)_i (a)_{n+i+1}} q^{\binom{i+1}{2}} (a/b)^i f(i). \tag{7.1.16}
$$

推论 7.1.2　设 $N_i \ (i = 1, 2, \cdots, n)$ 是非负整数, 则有

$$
\sum_{\substack{0 \leqslant y_r \leqslant N_r, \\ r=1,2,\cdots,n}} \prod_{r,s=1}^{n} \frac{\left(q \dfrac{x_r}{x_s} \right)_{k_r}}{\left(q \dfrac{x_r}{x_s} \right)_{y_r} \left(q \dfrac{x_r}{x_s} q^{y_r - y_s} \right)_{k_r - y_r}} \prod_{r=1}^{n} \frac{1 - ax_r q^{y_r + |\boldsymbol{y}|}}{(ax_r q^{|\boldsymbol{y}|})_{N_r + 1}} = \prod_{r=1}^{n} \delta_{N_i, 0}. \tag{7.1.17}
$$

证明　在定理 7.1.1 中我们取

$$
g(\boldsymbol{k}) = \left(\frac{b}{aq} \right)^{|\boldsymbol{k}|} \prod_{r=1}^{n} \frac{(ax_r)_{k_r}}{(bx_r)_{k_r}}. \tag{7.1.18}
$$

利用 (7.1.9) 和引理 3.8.4, 可得到

$$f(\boldsymbol{N}) = (-1)^{|\boldsymbol{N}|} \left(\frac{aq}{b}\right)_{|\boldsymbol{N}|} \left(\frac{b}{aq}\right)^{|\boldsymbol{N}|} \prod_{r=1}^{n} \frac{(ax_r)_{|\boldsymbol{N}|}}{(bx_r)_{N_r}}. \tag{7.1.19}$$

将 $g(\boldsymbol{k}), f(\boldsymbol{N})$ 代入定理 7.1.1, 则等式 (7.1.1) 右边为

$$\left(\frac{aq}{b}\right)_{|\boldsymbol{N}|} \sum_{\substack{0 \leqslant y_r \leqslant N_r, \\ r=1,2,\cdots,n}} \prod_{r,s=1}^{n} \frac{\left(q\dfrac{x_r}{x_s}\right)_{k_r}}{\left(q\dfrac{x_r}{x_s}\right)_{y_r} \left(q\dfrac{x_r}{x_s}q^{y_r-y_s}\right)_{k_r-y_r}} \prod_{r=1}^{n} \frac{1-ax_r q^{y_r+|\boldsymbol{y}|}}{(ax_r q^{|\boldsymbol{y}|})_{N_r+1}}.$$

在 (3.9.4) 中, 取 $z \to q^{|\boldsymbol{N}|}$, 则等式 (7.1.1) 左边为

$$\sum_{\substack{0 \leqslant k_r \leqslant N_r, \\ r=1,2,\cdots,n}} (-1)^{|\boldsymbol{k}|} q^{\binom{|\boldsymbol{k}|}{2}} \prod_{r,s=1}^{n} \frac{\left(q\dfrac{x_r}{x_s}\right)_{N_r}}{\left(q\dfrac{x_r}{x_s}\right)_{k_r} \left(q\dfrac{x_r}{x_s}q^{k_r-k_s}\right)_{N_r-k_r}}$$

$$= \sum_{\substack{0 \leqslant k_r \leqslant N_r, \\ r=1,2,\cdots,n}} q^{|\boldsymbol{N}||\boldsymbol{k}|} \prod_{1 \leqslant r < s \leqslant n} \frac{x_r q^{k_r} - x_s q^{k_s}}{x_r - x_s} \prod_{r,s=1}^{n} \frac{\left(\dfrac{x_r}{x_s}q^{-N_s}\right)_{k_r}}{\left(\dfrac{x_r}{x_s}q\right)_{k_r}}$$

$$= \prod_{r=1}^{n} \delta_{N_i,0}.$$

整理, 可得定理. $\qquad\qquad\square$

当 $n = 1$ 时, 此推论变为下述结果:

$$\sum_{i=0}^{n} \begin{bmatrix} n \\ i \end{bmatrix} \frac{(1-aq^{2i})}{(aq^i)_n + 1} q^{ni} = \delta_{n,0}. \tag{7.1.20}$$

定理 7.1.2 设 N_i 是非负整数, $i = 1, 2, \cdots, n$, 对于满足反演关系 (7.1.9) 的序列 $f(\boldsymbol{k})$ 和 $g(\boldsymbol{k})$, 有如下变换公式

$$\sum_{\substack{0 \leqslant k_r \leqslant N_r, \\ r=1,2,\cdots,n}} \frac{(-1)^{|\boldsymbol{k}|}(b)_{|\boldsymbol{k}|}}{\left(\dfrac{bc}{a}q^{-|\boldsymbol{N}|}\right)_{|\boldsymbol{k}|}} q^{\binom{|\boldsymbol{k}|+1}{2}-|\boldsymbol{N}||\boldsymbol{k}|} g(\boldsymbol{k})$$

$$\times \prod_{r,s=1}^{n} \frac{\left(q\dfrac{x_r}{x_s}\right)_{N_r}}{\left(q\dfrac{x_r}{x_s}\right)_{k_r}\left(q\dfrac{x_r}{x_s}q^{k_r-k_s}\right)_{N_r-k_r}} \prod_{r=1}^{n} \frac{(cx_r)_{k_r}}{(ax_r)_{k_r}}$$

$$= \frac{\left(\dfrac{aq}{c}\right)_{|\boldsymbol{N}|}}{\left(\dfrac{aq}{bc}\right)_{|\boldsymbol{N}|}} \prod_{r=1}^{n}\left(\frac{ax_r q}{b}\right)_{k_r} \sum_{\substack{0\leqslant y_r\leqslant N_r,\\ r=1,2,\cdots,n}} f(\boldsymbol{y})$$

$$\times \prod_{r,s=1}^{n} \frac{\left(q\dfrac{x_r}{x_s}\right)_{N_r}}{\left(q\dfrac{x_r}{x_s}\right)_{y_r}\left(q\dfrac{x_r}{x_s}q^{y_r-y_s}\right)_{N_r-y_r}} \prod_{r=1}^{n} \frac{(1-ax_r q^{y_r+y})(cx_r)_{y_r}}{(ax_r)_{N_r+|\boldsymbol{y}|+1}\left(\dfrac{ax_r q}{b}\right)_{y_r}}. \qquad (7.1.21)$$

证明　在和式变换公式 (7.1.11) 中取

$$C(\boldsymbol{N},\boldsymbol{k}) = \frac{(b)_{|\boldsymbol{k}|}}{\left(\dfrac{bc}{a}q^{-|\boldsymbol{k}|}\right)_{|\boldsymbol{k}|}}(-1)^{|\boldsymbol{k}|}q^{\binom{|\boldsymbol{k}|+1}{2}-|\boldsymbol{N}||\boldsymbol{k}|}$$

$$\times \prod_{r,s=1}^{n} \frac{\left(q\dfrac{x_r}{x_s}\right)_{N_r}}{\left(q\dfrac{x_r}{x_s}\right)_{k_r}\left(q\dfrac{x_r}{x_s}q^{k_r-k_s}\right)_{N_r-k_r}} \prod_{r=1}^{n} \frac{(cx_r)_{k_r}}{(ax_r)_{k_r}}, \qquad (7.1.22)$$

代入 (7.1.11) 中, 其中内和化简为

$$(-1)^{|\boldsymbol{y}|}\frac{(b)_{|\boldsymbol{y}|}}{(bcq^{-|\boldsymbol{N}|}/a)_{|\boldsymbol{y}|}}q^{\binom{|\boldsymbol{y}|+1}{2}-|\boldsymbol{N}||\boldsymbol{k}|}$$

$$\times \prod_{r,s=1}^{n} \frac{\left(q\dfrac{x_r}{x_s}\right)_{N_r}}{\left(q\dfrac{x_r}{x_s}\right)_{y_r}\left(q\dfrac{x_r}{x_s}q^{y_r-y_s}\right)_{N_r-y_r}} \prod_{r=1}^{n} \frac{(cx_r)_{y_r}}{(ax_r)_{y_r+|\boldsymbol{k}|+1}}$$

$$\times \sum_{\substack{0\leqslant k_r\leqslant N_r-y_r,\\ r=1,2,\cdots,n}} \frac{(bq^{|\boldsymbol{y}|})_{y_r}}{(bcq^{|\boldsymbol{y}|-|\boldsymbol{N}|}/a)_{|\boldsymbol{y}|}} \prod_{1\leqslant r<s\leqslant n} \frac{x_r q^{k_r+y_r}-x_s q^{k_s+y_s}}{x_r q^{y_r}-x_s q^{y_s}}$$

$$\times \prod_{r,s=1}^{n}\left(\frac{x_r}{x_s}q^{y_r-y_s}\right)_{y_r}^{-1}\prod_{r,s=1}^{n}\left(\frac{x_r}{x_s}q^{y_r-N_s}\right)_{y_r}\prod_{r=1}^{n}\frac{(cx_r q^{y_r})_{y_r}}{(ax_r q^{y_r+|\boldsymbol{y}|+1})_{|\boldsymbol{y}|}}. \qquad (7.1.23)$$

应用定理 3.3.3 的情形: $x_r \to x_r q^{k_r}, N_r \to N_r - y_r, a \to cq^{y_n}, b \to bq^{|\boldsymbol{y}|}, c \to aq^{y_n+|\boldsymbol{y}|+1}$, 则内和化简为

$$(-1)^{|\boldsymbol{y}|} \frac{(b)_{|\boldsymbol{y}|}}{(bcq^{-|\boldsymbol{N}|}/a)_{|\boldsymbol{y}|}} q^{\binom{|\boldsymbol{y}|+1}{2}-|\boldsymbol{N}||\boldsymbol{y}|} \frac{(aq^{|\boldsymbol{y}|+1}/c)_{|\boldsymbol{N}|-|\boldsymbol{y}|}}{(aq/bc)_{|\boldsymbol{N}|-|\boldsymbol{y}|}}$$

$$\times \prod_{r,s=1}^{n} \frac{\left(q\dfrac{x_r}{x_s}\right)_{N_r}}{\left(q\dfrac{x_r}{x_s}\right)_{y_r} \left(q\dfrac{x_r}{x_s}q^{y_r-y_s}\right)_{N_r-y_r}}$$

$$\times \prod_{r=1}^{n} \frac{(cx_r)_{y_r}}{(ax_r)_{y_r+|\boldsymbol{y}|+1}} \prod_{r=1}^{n} \left[\frac{\left(\dfrac{ax_r q}{b}q^{y_r}\right)_{N_r-y_r}}{(ax_r q^{y_r+|\boldsymbol{y}|+1})_{N_r-y_r}} \right], \tag{7.1.24}$$

代入 (7.1.11) 中, 整理即得到定理.   □

当 $n = 1$, 则得

推论 7.1.3 [121, 定理 1.2]   对于具有反演关系 (7.1.10) 的 $\{f(n)\}$ 和 $\{g(n)\}$, 则有下述和式变换:

$$\sum_{k=0}^{n} \begin{bmatrix} n \\ k \end{bmatrix} \frac{(b,c)_k (-1)^k q^{\binom{k+1}{2}-nk}}{(a, q^{-n}bc/a)_k} g(k)$$

$$= \frac{(aq/b, aq/c)_n}{(aq/bc)_n} \sum_{i=0}^{n} \begin{bmatrix} n \\ i \end{bmatrix} \frac{(1-aq^{2i})(b,c)_i}{(qa/b, qa/c)_i(a)_{n+i+1}} \left(-\frac{qa}{bc}\right)^i f(i).$$

下面给出 Euler 求和公式的有限和形式:

$$(z)_n = \sum_{k=0}^{n} (-1) \begin{bmatrix} n \\ k \end{bmatrix} q^{\binom{k}{2}} z^k$$

的 $U(n+1)$ 拓广.

引理 7.1.1 (Euler 求和公式的有限和形式的 $U(n+1)$ 拓广)   设 N_i ($i = 1, \cdots, n$) 为非负整数, 则有

$$\prod_{r=1}^{n} (zx_r)_{N_r} = \sum_{\substack{0 \leqslant k_r \leqslant N_r, \\ r=1,2,\cdots,n}} \prod_{r,s=1}^{n} \frac{\left(q\dfrac{x_r}{x_s}\right)_{N_r}}{\left(q\dfrac{x_r}{x_s}\right)_{k_r} \left(q\dfrac{x_r}{x_s}q^{k_r-k_s}\right)_{N_r-k_r}}$$

$$\times (-1)^{|\boldsymbol{k}|} q^{\binom{|\boldsymbol{k}|}{2}} z^{|\boldsymbol{k}|} q^{-e_2(k_1,\cdots,k_n)} \prod_{r=1}^{n} (x_r)^{k_r}, \tag{7.1.25}$$

这里 $e_2(k_1, \cdots, k_n)$ 是关于 $\{k_1, \cdots, k_n\}$ 的二阶基本对称函数.

证明 在 (3.9.5) 中, 取 $z \to zq^{|\boldsymbol{N}|}$, 则有

$$\prod_{r=1}^{n}(zx_r)_{N_r} = \sum_{\substack{0 \leqslant k_r \leqslant N_r, \\ r=1,2,\cdots,n}} z^{|\boldsymbol{k}|}q^{|\boldsymbol{k}||\boldsymbol{N}|-e_2(k_1,k_2,\cdots,k_n)}$$

$$\times \prod_{1 \leqslant r < s \leqslant n} \frac{x_r q^{k_r} - x_s q^{k_s}}{x_r - x_s} \prod_{r,s=1}^{n} \frac{\left(\dfrac{x_r}{x_s}q^{-N_s}\right)_{k_r}}{\left(q\dfrac{x_r}{x_s}\right)_{k_r}} \prod_{r=1}^{n}(x_r)^{k_r}. \quad (7.1.26)$$

利用式子 (1.4.19), 可得

$$q^{\binom{|\boldsymbol{k}|}{2}} \prod_{r,s=1}^{n} \frac{\left(q\dfrac{x_r}{x_s}\right)_{N_r}}{\left(q\dfrac{x_r}{x_s}q^{k_r-k_s}\right)_{N_r-k_r}} (-1)^{|\boldsymbol{k}|}$$

$$= q^{|\boldsymbol{N}||\boldsymbol{k}|} \prod_{r,s=1}^{n} \left(\frac{x_r}{x_s}q^{-N_s}\right)_{k_r} \prod_{1 \leqslant r < s \leqslant n} \frac{x_r q^{k_r} - x_s q^{k_s}}{x_r - x_s}. \quad (7.1.27)$$

将 (7.1.27) 代入 (7.1.26), 整理, 可得此引理. □

在反演关系 (7.1.9) 中, 我们取 $a = 0$, 则有

$$\begin{cases} f(\boldsymbol{N}) = \displaystyle\sum_{\substack{0 \leqslant k_r \leqslant N_r, \\ r=1,2,\cdots,n}} (-1)^{|\boldsymbol{k}|} q^{\binom{|\boldsymbol{N}|-|\boldsymbol{k}|}{2}} g(\boldsymbol{k}) \prod_{r,s=1}^{n} \dfrac{\left(q\dfrac{x_r}{x_s}\right)_{N_r}}{\left(q\dfrac{x_r}{x_s}\right)_{k_r}\left(q\dfrac{x_r}{x_s}q^{k_r-k_s}\right)_{N_r-k_r}}, \\[4mm] g(\boldsymbol{N}) = \displaystyle\sum_{\substack{0 \leqslant k_r \leqslant N_r, \\ r=1,2,\cdots,n}} (-1)^{|\boldsymbol{k}|} f(\boldsymbol{k}) \prod_{r,s=1}^{n} \dfrac{\left(q\dfrac{x_r}{x_s}\right)_{N_r}}{\left(q\dfrac{x_r}{x_s}\right)_{k_r}\left(q\dfrac{x_r}{x_s}q^{k_r-k_s}\right)_{N_r-k_r}}. \end{cases}$$
$$(7.1.28)$$

将 Euler 求和公式的有限和形式的 $U(n+1)$ 拓广式 (7.1.25) 嵌入 (7.1.28) 式中第二式, 则有

$$g(\boldsymbol{N}) = \prod_{r=1}^{n}(zx_r)_{N_r},$$

$$f(\boldsymbol{N}) = q^{\binom{|\boldsymbol{N}|}{2}} z^{|\boldsymbol{N}|} q^{-e_2(N_1,\cdots,N_n)} \prod_{r=1}^{n} (x_r)^{N_r}.$$

将 $f(\boldsymbol{N})$ 与 $g(\boldsymbol{N})$ 代入 (7.1.28) 的第一式, 整理, 则得到

$$q^{\binom{|\boldsymbol{N}|}{2}} z^{|\boldsymbol{N}|} q^{-e_2(N_1,\cdots,N_n)} \prod_{r=1}^{n} (x_r)^{N_r}$$

$$= \sum_{\substack{0 \leqslant k_r \leqslant N_r, \\ r=1,2,\cdots,n}} (-1)^{|\boldsymbol{k}|} q^{\binom{|\boldsymbol{N}|-|\boldsymbol{k}|}{2}} \prod_{r,s=1}^{n} \frac{\left(q\dfrac{x_r}{x_s}\right)_{N_r}}{\left(q\dfrac{x_r}{x_s}\right)_{k_r} \left(q\dfrac{x_r}{x_s} q^{k_r-k_s}\right)_{N_r-k_r}} \prod_{r=1}^{n} (zx_r)_{k_r}.$$

$$\tag{7.1.29}$$

此式是下列式子的 $U(n+1)$ 拓广形式.

$$q^{\binom{n}{2}} x^n = \sum_{k=0}^{n} (-1)^k \begin{bmatrix} n \\ k \end{bmatrix} q^{\binom{n-k}{2}} (x)_k.$$

定理 7.1.3 设 N_i $(i=1,2,\cdots,n)$ 是非负整数, 则有

$$\sum_{\substack{0 \leqslant k_r \leqslant N_r, \\ r=1,2,\cdots,n}} (b)_{|\boldsymbol{k}|} \left(\frac{bc}{a} q^{-|\boldsymbol{N}|}\right)_{|\boldsymbol{k}|} (-1)^{|\boldsymbol{k}|} q^{\binom{|\boldsymbol{k}|+1}{2}-|\boldsymbol{N}||\boldsymbol{k}|}$$

$$\times \prod_{r,s=1}^{n} \frac{\left(q\dfrac{x_r}{x_s}\right)_{N_r}}{\left(q\dfrac{x_r}{x_s}\right)_{k_r} \left(q\dfrac{x_r}{x_s} q^{k_r-k_s}\right)_{N_r-k_r}} \prod_{r=1}^{n} (cx_r)_{k_r}$$

$$= \frac{\left(\dfrac{aq}{c}\right)_{|\boldsymbol{N}|}}{\left(\dfrac{aq}{bc}\right)_{|\boldsymbol{N}|}} \prod_{r=1}^{n} \left(\frac{ax_r q}{b}\right)_{N_r} \sum_{\substack{0 \leqslant y_r \leqslant N_r, \\ r=1,2,\cdots,n}} \prod_{r,s=1}^{n} \frac{\left(q\dfrac{x_r}{x_s}\right)_{N_r}}{\left(q\dfrac{x_r}{x_s}\right)_{y_r} \left(q\dfrac{x_r}{x_s} q^{y_r-y_s}\right)_{N_r-y_r}}$$

$$\times (b)_{|\boldsymbol{y}|} \left(\frac{aq}{c}\right)_{|\boldsymbol{y}|}^{-1} \left(-\frac{a^2}{bc}\right)^{|\boldsymbol{y}|} q^{|\boldsymbol{y}|^2 + \binom{|\boldsymbol{y}|+1}{2}} q^{-e_2(y_1,\cdots,y_n)}$$

$$\times \prod_{r=1}^{n} \frac{(1-ax_r q^{y_r+y})(cx_r)_{y_r}}{(ax_r q^{|\boldsymbol{y}|})_{N_r+1} \left(\dfrac{ax_r q}{b}\right)_{y_r}} \prod_{r=1}^{n} (x_r)^{y_r},$$

$$\tag{7.1.30}$$

这里 $e_2(y_1,\cdots,y_n)$ 是关于 $\{y_1,\cdots,y_n\}$ 的二阶基本对称函数.

证明　在定理 7.1.2 中取 $g(\boldsymbol{k}) = \prod_{r=1}^{n} \left(\dfrac{x_r}{x_n} a \right)_{k_r}$，再由 (7.1.9) 和 (7.1.29) 式

可知

$$f(\boldsymbol{k}) = a^{|\boldsymbol{N}|} q^{|\boldsymbol{N}|^2 + \binom{|\boldsymbol{N}|}{2}} q^{-e_2(N_1, \cdots, N_n)} \prod_{r=1}^{n} (ax_r)_{\boldsymbol{N}} \prod_{r=1}^{n} (x_r)^{N_r}. \tag{7.1.31}$$

将 $f(\boldsymbol{k}), g(\boldsymbol{N})$ 代入定理 7.1.2, 化简即得到定理.　　　　　　　　　□

当 $n = 1$ 时, 得到

推论 7.1.4 [121, (3.4)]

$$\sum_{k=0}^{n} \begin{bmatrix} n \\ k \end{bmatrix} (-1)^k q^{\binom{k+1}{2} - nk} \frac{(b,c)_k}{(q^{-n} bc/a)_k}$$

$$= \frac{(aq/b, aq/c)_n}{(aq/bc)_n} \sum_{i=0}^{n} \begin{bmatrix} n \\ i \end{bmatrix} \frac{(-1)^i (1 - aq^{2i})(b,c)_i}{(qa/b, qa/c)_i (aq^i)_{n+1}} \left(\frac{a^2}{bc} \right)^i q^{i^2 + \binom{i+1}{2}}. \tag{7.1.32}$$

定理 7.1.4　设 $N_i \ (i = 1, 2, \cdots, n)$ 是非负整数, 则有

$$\sum_{\substack{0 \leqslant k_r \leqslant \infty, \\ r = 1, 2, \cdots, n}} (b)_{|\boldsymbol{k}|} \left(\frac{aq}{bc} \right)^{|\boldsymbol{k}|} \prod_{r,s=1}^{n} \frac{1}{\left(q \dfrac{x_r}{x_s} q^{k_r - k_s} \right)_{k_s}} \prod_{r=1}^{n} (cx_r)_{k_r}$$

$$= \frac{\left(\dfrac{aq}{c} \right)_\infty}{\left(\dfrac{aq}{bc} \right)_\infty} \prod_{r=1}^{n} \frac{\left(\dfrac{ax_r q}{b} \right)_\infty}{(ax_r q)_\infty} \sum_{\substack{0 \leqslant y_r \leqslant \infty, \\ r = 1, 2, \cdots, n}} (b)_{|\boldsymbol{y}|} \left(\frac{aq}{c} \right)_{|\boldsymbol{y}|}^{-1} \left(-\frac{a^2}{bc} \right)^{|\boldsymbol{y}|} q^{|\boldsymbol{y}|^2 + \binom{|\boldsymbol{y}|+1}{2}} q^{-e_2(y_1, \cdots, y_n)}$$

$$\times \prod_{r,s=1}^{n} \frac{1}{\left(q \dfrac{x_r}{x_s} q^{y_r - y_s} \right)_{y_s}} \prod_{r=1}^{n} \frac{(1 - ax_r q^{y_r + |\boldsymbol{y}|}) (cx_r)_{y_r} (ax_r q)_{|\boldsymbol{y}|}}{(1 - ax_r q^{|\boldsymbol{y}|}) \left(\dfrac{ax_r q}{b} \right)_{y_r}} \prod_{r=1}^{n} (x_r)^{y_r}, \tag{7.1.33}$$

这里 $e_2(y_1, \cdots, y_n)$ 是关于 $\{y_1, \cdots, y_n\}$ 的二阶基本对称函数.

证明　在定理 7.1.3 中取 $N_r \to \infty \ (r = 1, 2, \cdots, n)$, 则 $N \to \infty$.　　　□

当 $n = 1$ 时, 得到

推论 7.1.5 [121, (3.5)]

$$\sum_{k=0}^{\infty} \frac{(b,c)_k}{(q)_k} \left(\frac{aq}{bc} \right)^k$$

$$= \frac{(aq/b, aq/c)_\infty}{(aq, aq/bc)_\infty} \sum_{i=0}^{\infty} \frac{1 - aq^{2i}}{1 - aq^i} \left(\frac{-a^2}{bc} \right)^i \frac{(aq, b, c)_i}{(q, qa/b, qa/c)_i} q^{i^2 + \binom{i+1}{2}}. \tag{7.1.34}$$

7.2 A_r Krattenthaler 矩阵反演

命题 7.2.1 [123, 命题 3.1] (A_r Krattenthaler 矩阵反演)

$$f_{n,k} = \frac{\prod_{t=|k|}^{|n|-1} \left((1 - a_t c_1(k_1) \cdots c_r(k_r)) \prod_{j=1}^{r} (a_t - c_j(k_j)) \right)}{\prod_{i=1}^{r} \prod_{t=k_i+1}^{n_i} \left((1 - c_i(t) c_1(k_1) \cdots c_r(k_r)) \prod_{j=1}^{r} (c_i(t) - c_j(k_j)) \right)} \tag{7.2.1}$$

和

$$g_{k,l} = \prod_{1 \leqslant i < j \leqslant r} \frac{c_i(l_i) - c_j(l_j)}{c_i(k_i) - c_j(k_j)} \cdot \frac{(1 - a_{|l|} c_1(l_1) \cdots c_r(l_r))}{(1 - a_{|k|} c_1(k_1) \cdots c_r(k_r))} \prod_{j=1}^{r} \frac{(a_{|l|} - c_j(l_j))}{(a_{|k|} - c_j(k_j))}$$

$$\times \frac{\prod_{t=|l|+1}^{|k|} \left((1 - a_t c_1(k_1) \cdots c_r(k_r)) \prod_{j=1}^{r} (a_t - c_j(k_j)) \right)}{\prod_{i=1}^{r} \prod_{t=l_i}^{k_i-1} \left((1 - c_i(t) c_1(k_1) \cdots c_r(k_r)) \prod_{j=1}^{r} (c_i(t) - c_j(k_j)) \right)} \tag{7.2.2}$$

互逆.

证明 见 [123]. $\qquad\qquad\square$

注 7.2.1 此互反关系的椭圆拓广见 [124]. 其特殊情形包括 Bhatnagar 和 Milne 的 A_r 矩阵逆 [62, 定理 3.48] (取 $c_i(t) \to x_i q^t$, 对 $i = 1, \cdots, r$), Schlosser 的 D_r 矩阵逆 [106, 定理 5.11] (取 $a_t = 0$, $c_i(t) \to x_i q^t + q^{-t}/x_i$, 对 $i = 1, \cdots, r$), 以及其他一些矩阵逆考虑在 [56, App. A] 中.

推论 7.2.1 (一个 A_r 矩阵逆)

$$f_{n,k} = \frac{(abq^{2|k|})_{|n|-|k|} \prod_{i=1}^{r} (aq^{|k|-k_i}/x_i)_{|n|-|k|}}{\prod_{i=1}^{r} (bx_i q^{1+k_i+|k|})_{n_i-k_i} \prod_{i,j=1}^{r} (q^{1+k_i-k_j} x_i/x_j)_{n_i-k_i}} \tag{7.2.3}$$

和

$$g_{k,l} = (-1)^{|k|-|l|} q^{\binom{|k|-|l|}{2}} \frac{1 - abq^{2|l|}}{1 - abq^{2|k|}} \prod_{i=1}^{r} \frac{1 - aq^{|l|-l_i}/x_i}{1 - aq^{|k|-k_i}/x_i}$$

$$\times \frac{(abq^{1+|\boldsymbol{l}|+|\boldsymbol{k}|})_{|\boldsymbol{k}|-|\boldsymbol{l}|} \prod_{i=1}^{r} (aq^{1+|\boldsymbol{l}|-k_i}/x_i)_{|\boldsymbol{k}|-|\boldsymbol{l}|}}{\prod_{i=1}^{r} (bx_i q^{l_i+|\boldsymbol{k}|})_{k_i-l_i} \prod_{i,j=1}^{r} (q^{1+l_i-l_j} x_i/x_j)_{k_i-l_i}} \tag{7.2.4}$$

互逆.

证明   在 (7.2.1) 中, 对所有 $i=1,\cdots,r$, 令 $a_t \to (b/x_1\cdots x_r)^{\frac{1}{r+1}} aq^t$, $c_i(t) \to (b/x_1\cdots x_r)^{\frac{1}{r+1}} x_i q^t$, 经过简化:

$$\prod_{1\leqslant i<j\leqslant r} \frac{x_i q^{k_i} - x_j q^{k_j}}{x_i q^{l_i} - x_j q^{l_j}} \prod_{i,j=1}^{r} = (-1)^{|\boldsymbol{k}|-|\boldsymbol{l}|} q^{\binom{|\boldsymbol{k}|-|\boldsymbol{l}|}{2} - \sum_{i=1}^{r} i(k_i-l_i)},$$

则可得结果.   □

注 7.2.2   Bressoud 矩阵反演可从终止型非常均衡 $_6\phi_5$ 求和直接得出, 在 WP-Bailey 引理[20] 框架下, Bressoud 矩阵逆是求导恒等式巨大工具的经典的 Bailey 引理[111] 的一个推广.

注 7.2.3   此互反关系是 Bressoud 矩阵反演[118] 的一个多变量拓广. 其他 Bressoud 矩阵反演的多变量拓广有: 类型 A (Milne [30, 定理 3.41]), 类型 C (Lilly 和 Milne [125, 定理 2.11 之后的评论]), 类型 D (Schlosser [106, 定理 5.11]), Carlitz 类型 (Krattenthaler 和 Schlosser [126, (6.4)/(6.5)]), 联系 A_{n-1} Macdonald 多项式 (Lassalle 和 Schlosser [127, (6.4)/(6.5) 定理 2.7]), 联系 BC_n KoornwinderMacdonald 多项式的一个 椭圆拓广 (Rains [128, 推论 4.3] 和 Coskun 和 Gustafson [129, (4.16)]).

例 7.2.1   Milne [105] 给出了下述 A_r 可终止型非常均衡良好 $_8\phi_7$ 求和公式:

$$\sum_{\substack{0\leqslant k_i\leqslant n_i \\ i=1,2,\cdots,r}} \prod_{i=1}^{r} \frac{1-ax_i q^{k_i+|\boldsymbol{k}|}}{1-ax_i} \prod_{1\leqslant i<j\leqslant r} \frac{x_i q^{k_i} - x_j q^{k_j}}{x_i - x_j}$$

$$\times \prod_{i,j=1}^{r} \frac{(q^{-n_j} x_i/x_j)_{k_i}}{(qx_i/x_j)_{k_i}} \prod_{i=1}^{r} \frac{(ax_i)_{|\boldsymbol{k}|}}{(ax_i q^{1+|\boldsymbol{n}|})_{|\boldsymbol{k}|}}$$

$$\times \prod_{i=1}^{r} \frac{(dx_i, a^2 x_i q^{1+|\boldsymbol{n}|}/bcd)_{k_i}}{(ax_i q/b, ax_i q/c)_{k_i}} \cdot \frac{(b,c)_{|\boldsymbol{k}|}}{(aq/d, bcdq^{-|\boldsymbol{n}|}/a)_{|\boldsymbol{k}|}} q^{|\boldsymbol{k}|}$$

$$= \frac{(aq/bd, aq/cd)_{|\boldsymbol{n}|}}{(aq/d, aq/bcd)_{|\boldsymbol{n}|}} \prod_{i=1}^{r} \frac{(ax_i q, ax_i q/bc)_{n_i}}{(ax_i q/db, ax_i q/c)_{n_i}}. \tag{7.2.5}$$

此式的椭圆拓广见 [130]. 在 (7.2.5) 中, 作变换

$$(a,b,c) \to (b,c,abq^{|\boldsymbol{n}|}),$$

则可得 (7.0.3), 这里

$$a_{\boldsymbol{k}} = \frac{(ab)_{2|\boldsymbol{k}|}(c)_{|\boldsymbol{k}|}}{(acd, bq/d)_{|\boldsymbol{k}|}} \prod_{i=1}^{r} \frac{(bx_i)_{|\boldsymbol{k}|}(a/x_i)_{|\boldsymbol{k}|-k_i}(dx_iq/acd)_{k_i}}{(bx_i)_{k_i+|\boldsymbol{k}|}(bx_iq/c)_{k_i}}$$

$$\times\, q^{\binom{|\boldsymbol{k}|}{2}-\sum\limits_{i=1}^{r}\binom{k_i}{2}} a^{|\boldsymbol{k}|} \prod_{i=1}^{r} x_i^{-k_i} \prod_{i,j=1}^{r} \frac{1}{(qx_i/x_j)_{k_i}}$$

和

$$b_{\boldsymbol{n}} = \frac{(ab, ad, bq/cd)_{|\boldsymbol{n}|}}{(acd, bq/d)_{|\boldsymbol{n}|}} \prod_{i=1}^{r} \frac{(ac/x_i)_{|\boldsymbol{n}|}(a/x_i)_{|\boldsymbol{n}|-n_i}}{(bx_iq/c)_{n_i}(ac/x_i)_{|\boldsymbol{n}|-n_i}} \prod_{i,j=1}^{r} \frac{1}{(qx_i/x_j)_{n_i}},$$

以及 $f_{\boldsymbol{n},\boldsymbol{k}}$ 在 (7.2.3) 给出, 因此利用推论 7.2.1 反演, 得到 (7.2.4), 经过代换

$$(a, c, d, x_i, k_i, l_i) \to (a/b, aq/bc, b^2/a, a^2qx_i/b^2cd, n_i, k_i),$$

则得一个 A_r 可终止型非常均衡 $_8\phi_7$ 求和公式 [123, 定理 4.1]:

$$\sum_{\substack{0\leqslant k_i\leqslant n_i \\ i=1,2,\cdots,r}} \prod_{1\leqslant i<j\leqslant r} \frac{x_iq^{k_i}-x_jq^{k_j}}{x_i-x_j} \prod_{i,j=1}^{r} \frac{(q^{-n_j}x_i/x_j)_{k_i}}{(qx_i/x_j)_{k_i}}$$

$$\times \prod_{i-1}^{r} \frac{(bcd/ax_i)_{|\boldsymbol{k}|-k_i}(d/x_i)_{|\boldsymbol{k}|}(a^2x_iq^{1+|\boldsymbol{n}|/bcd})_{k_i}}{(d/x_i)_{|\boldsymbol{k}|-k_i}(bcdq^{-n_i}/ax_i)_{|\boldsymbol{k}|}(ax_iq/d)_{k_i}}$$

$$\times \frac{1-aq^{2|\boldsymbol{k}|}}{1-a} \cdot \frac{(a,b,c)_{|\boldsymbol{k}|}}{(aq^{1+|\boldsymbol{n}|}, aq/b, aq/c)_{|\boldsymbol{k}|}} q^{|\boldsymbol{k}|}$$

$$= \frac{(aq, aq/bc)_{|\boldsymbol{n}|}}{(aq/b, aq/c)_{|\boldsymbol{n}|}} \prod_{i=1}^{r} \frac{(ax_iq/bd, ax_iq/cd)_{n_i}}{(ax_iq/d, ax_iq/bcd)_{n_i}}. \tag{7.2.6}$$

再由多项式论证方法, 可得 A_r 可终止型非常均衡 $_8\phi_7$ 求和公式的一个等价形式 [123, 推论 4.2]:

$$\sum_{\substack{k_1,\cdots,k_r\geqslant 0 \\ 0\leqslant|\boldsymbol{k}|\leqslant N}} \prod_{1\leqslant i<j\leqslant r} \frac{x_iq^{k_i}-x_jq^{k_j}}{x_i-x_j} \prod_{i,j=1}^{r} \frac{(c_jx_i/x_j)_{k_i}}{(qx_i/x_j)_{k_i}}$$

$$\times \prod_{i=1}^{r} \frac{(bdq^{-N}/ax_i)_{|\boldsymbol{k}|-k_i}(d/x_i)_{|\boldsymbol{k}|}(a^2x_iq^{1+N/bCd})_{k_i}}{(d/x_i)_{|\boldsymbol{k}|-k_i}(bc_idq^{-N}/ax_i)_{|\boldsymbol{k}|}(ax_iq/d)_{k_i}}$$

$$\times \frac{1-aq^{2|\boldsymbol{k}|}}{1-a} \cdot \frac{(a,b,q^{-N})_{|\boldsymbol{k}|}}{(aq^{1+N}, aq/b, aq/C)_{|\boldsymbol{k}|}} q^{|\boldsymbol{k}|}$$

$$= \frac{(aq, aq/bC)_N}{(aq/b, aq/C)_N} \prod_{i=1}^{r} \frac{(ax_iq/bd, ax_iq/c_id)_N}{(ax_iq/d, ax_iq/bc_id)_N}, \tag{7.2.7}$$

这里 $C = c_1 \cdots c_r$.

注 7.2.4　多项式方法论证 (7.2.7) 过程为: 首先, 利用 (1.1.2), 将 (7.2.7) 的右边写成无穷乘积的商, 然后通过 (7.2.6) 中的情形 $c = q^{-N}$, 得出恒等式 (7.2.7) 适用于 $c_j = q^{-n_j}$, $j = 1, \cdots, r$. 通过清除 (7.2.7) 中的分母, 则得到一个关于 c_1 的多项式等式, 它对 q^{n_1} ($n_1 = 0, 1, \cdots$) 成立. 因此, 得到一个关于 c_1 的恒等式. 通过对 $c_2, c_3, \cdots, c_r$ 执行此过程, 得到 (7.2.7).

注 7.2.5　在上面两个式子 (7.2.6) 和 (7.2.7) 中, 令 $b \to \infty$, 则分别得到 [50] 中的定理 3.6 和定理 3.7 (定理 3.6 为定理 3.2.6).

注 7.2.6　在 (7.2.7) 中, 令 $b \to a^2q^{1+N}/bCd$, 将得到一个特别有用的结果:

$$\sum_{\substack{k_1, \cdots, k_r \geqslant 0 \\ 0 \leqslant |\boldsymbol{k}| \leqslant N}} \prod_{1 \leqslant i < j \leqslant r} \frac{x_iq^{k_i} - x_jq^{k_j}}{x_i - x_j} \prod_{i,j=1}^{r} \frac{(c_jx_i/x_j)_{k_i}}{(qx_i/x_j)_{k_i}}$$

$$\times \prod_{i=1}^{r} \frac{(aq/bCx_i)_{|\boldsymbol{k}|-k_i}(d/x_i)_{|\boldsymbol{k}|}(bx_i)_{k_i}}{(d/x_i)_{|\boldsymbol{k}|-k_i}(ac_iq/bCx_i)_{|\boldsymbol{k}|}(ax_iq/d)_{k_i}}$$

$$\times \frac{1 - aq^{2|\boldsymbol{k}|}}{1 - a} \cdot \frac{(a, a^2q^{1+N}/bCd, q^{-N})_{|\boldsymbol{k}|}}{(aq/C, bCdq^{-N}/a, aq^{1+N})_{|\boldsymbol{k}|}} q^{|\boldsymbol{k}|}$$

$$= \frac{(aq, aq/bd)_N}{(aq/C, aq/bCd)_N} \prod_{i=1}^{r} \frac{(aq/bCx_i, ax_iq/c_id)_N}{(ax_iq/d, ac_iq/bCx_i)_N}, \tag{7.2.8}$$

这里 $C = c_1 \cdots c_r$.

在 (7.2.8) 中, 令 $N \to \infty$, 以及应用 Tannery 定理 [131], 则

定理 7.2.1 (A_r 非终止型非常均衡 $_6\phi_5$ 求和)

$$\sum_{k_1, \cdots, k_r \geqslant 0} \prod_{1 \leqslant i < j \leqslant r} \frac{x_iq^{k_i} - x_jq^{k_j}}{x_i - x_j} \prod_{i,j=1}^{r} \frac{(c_jx_i/x_j)_{k_i}}{(qx_i/x_j)_{k_i}}$$

$$\times \prod_{i=1}^{r} \frac{(aq/bCx_i)_{|\boldsymbol{k}|-k_i}(d/x_i)_{|\boldsymbol{k}|}(bx_i)_{k_i}}{(d/x_i)_{|\boldsymbol{k}|-k_i}(ac_iq/bCx_i)_{|\boldsymbol{k}|}(ax_iq/d)_{k_i}}$$

$$\times \frac{1 - aq^{2|\boldsymbol{k}|}}{1 - a} \cdot \frac{(a)_{|\boldsymbol{k}|}}{(aq/C)_{|\boldsymbol{k}|}} q^{|\boldsymbol{k}|} \left(\frac{aq}{bCd}\right)^{|\boldsymbol{k}|}$$

$$= \frac{(aq, aq/bd)_\infty}{(aq/C, aq/bCd)_\infty} \prod_{i=1}^{r} \frac{(aq/bCx_i, ax_iq/c_id)_\infty}{(ax_iq/d, ac_iq/bCx_i)_\infty}, \tag{7.2.9}$$

这里 $|aq/bCd| < 1$, $C = c_1 \cdots c_r$.

在上面定理中, 取 $c_i = q^{-n_i}$, $i = 1, \cdots, r$ 和 $d \to c$, 则有

定理 7.2.2 (A_r 终止型非常均衡 $_6\phi_5$ 求和)

$$\sum_{k_1, \cdots, k_r \geqslant 0} \prod_{1 \leqslant i < j \leqslant r} \frac{x_i q^{k_i} - x_j q^{k_j}}{x_i - x_j} \prod_{i,j=1}^{r} \frac{(q^{-n_j} x_i / x_j)_{k_i}}{(q x_i / x_j)_{k_i}}$$

$$\times \prod_{i=1}^{r} \frac{(aq^{1+|\boldsymbol{n}|}/bx_i)_{|\boldsymbol{k}|-k_i}(c/x_i)_{|\boldsymbol{k}|}(bx_i)_{k_i}}{(c/x_i)_{|\boldsymbol{k}|-k_i}(aq^{1+|\boldsymbol{n}|-n_i}/bx_i)_{|\boldsymbol{k}|}(ax_i q/c)_{k_i}}$$

$$\times \frac{1 - aq^{2|\boldsymbol{k}|}}{1 - a} \cdot \frac{(a)_{|\boldsymbol{k}|}}{(aq^{1+|\boldsymbol{n}|})_{|\boldsymbol{k}|}} \left(\frac{aq^{1+|\boldsymbol{n}|}}{bc} \right)^{|\boldsymbol{k}|}$$

$$= (aq, aq/bc)_{|\boldsymbol{n}|} \prod_{i=1}^{r} \frac{(aq/bx_i)_{|\boldsymbol{n}|-n_i}}{(aq/bx_i)_{|\boldsymbol{n}|}(ax_i q/c)_{n_i}}, \tag{7.2.10}$$

这里 $C = c_1 \cdots c_r$.

7.3 A_r 矩阵反演定理

定理 7.3.1 [106, 定理 3.1] 设 $(a_t)_{t \in \mathbb{Z}}$, $(c_i(t_i))_{t_i \in \mathbb{Z}}$, $i = 1, \cdots, r$ 为任意序列, 则多维矩阵 $(f_{\boldsymbol{n},\boldsymbol{k}})_{\boldsymbol{n},\boldsymbol{k} \in \mathbb{Z}^r}$ 和 $(g_{\boldsymbol{k},\boldsymbol{l}})_{\boldsymbol{k},\boldsymbol{l} \in \mathbb{Z}^r}$ 互逆, 这里

$$f_{\boldsymbol{n},\boldsymbol{k}} = \frac{\displaystyle\prod_{t=|\boldsymbol{k}|}^{|\boldsymbol{n}|-1} \left(a_t - \frac{d}{c_1(k_1) \cdots c_r(k_r)} \right)}{\displaystyle\prod_{i=1}^{r} \prod_{t_i=k_i+1}^{n_i} \left(c_i(t_i) - \frac{d}{c_1(k_1) \cdots c_r(k_r)} \right)} \frac{\displaystyle\prod_{i=1}^{r} \prod_{t=|\boldsymbol{k}|}^{|\boldsymbol{n}|-1} (a_t - c_i(k_i))}{\displaystyle\prod_{i,j=1}^{r} \prod_{t_i=k_i+1}^{n_i} (c_i(t_i) - c_j(k_j))}$$

$$\tag{7.3.1}$$

和

$$g_{\boldsymbol{k},\boldsymbol{l}} = \prod_{1 \leqslant i < j \leqslant r} \left[\frac{(c_i(l_i) - c_j(l_j))}{(c_i(k_i) - c_j(k_j))} \right] \frac{d - a_{|\boldsymbol{l}|} c_1(l_1) \cdots c_r(l_r)}{d - a_{|\boldsymbol{k}|} c_1(k_1) \cdots c_r(k_r)} \prod_{j=1}^{r} \frac{a_{|\boldsymbol{l}|} - c_j(l_j)}{a_{|\boldsymbol{k}|} - c_j(k_j)}$$

$$\times \frac{\displaystyle\prod_{t=|\boldsymbol{l}|+1}^{|\boldsymbol{k}|} \left(a_t - \frac{d}{c_1(k_1) \cdots c_r(k_r)} \right)}{\displaystyle\prod_{i=1}^{r} \prod_{t_i=l_i}^{k_i-1} \left(c_i(t_i) - \frac{d}{c_1(k_1) \cdots c_r(k_r)} \right)} \frac{\displaystyle\prod_{i=1}^{r} \prod_{t=|\boldsymbol{l}|+1}^{|\boldsymbol{k}|} (a_t - c_i(k_i))}{\displaystyle\prod_{i,j=1}^{r} \prod_{t_i=l_i}^{k_i-1} (c_i(t_i) - c_j(k_j))}. \tag{7.3.2}$$

注 7.3.1 (1) 若取 $a_t = 0$, $c_j(k_j) = x_j^{-1} q^{k_j}$, 此反演等价于 Milne 和 Lilly 的 A_r Bailey 变换 [30, 49, 60].

(2) 若取 $a_t = 0$, $c_j(k_j) = x_j^{-1}q^{-k_j} + x_jq^{k_j}$, $d = 0$, 此反演等价于 C_r Bailey 变换[49,60,125,132].

(3) 若取 $a_t = baq^{-t}$, $c_j(k_j) = x_j^{-1}q^{-k_j}$, 然后令 $d = 0$, 此反演等价于 Milne 的第二 A_r Bailey 变换[30, 定理 8.26].

(4) 特殊化 $c_j(k_j) = x_j^{-1}q^{-k_j}$, 此反演等价于 Bhatnagar 和 Milne 的 A_r 矩阵逆[50, 定理 5.7], [62, 定理 3.48].

(5) 当 $r = 1$ 时, 此反演为 Krattenthaler 反演.

(6) 此反演覆盖了作者知道的所有的 A_r 矩阵反演, 因此称这个反演为 A_r 矩阵反演定理.

推论 7.3.1 [56, 命题 A.4, (A.5), (A.6)]

$$f_{n,k} = (-1)^{|n|-|k|}q^{\binom{|n|-|k|}{2}}\prod_{i=1}^{r}(a + bx_iq^{k_i})^{|n|-|k|}\prod_{i,j=1}^{r}\frac{1}{\left(q\dfrac{x_i}{x_j}q^{k_i-k_j}\right)_{n_i-k_i}}, \quad (7.3.3)$$

$$g_{k,l} = \prod_{i=1}^{r}(a + bx_iq^{l_i})(a + bx_iq^{k_i})^{|k|-|l|-1}\prod_{i,j=1}^{r}\frac{1}{\left(q\dfrac{x_i}{x_j}q^{l_i-l_j}\right)_{k_i-l_i}}. \quad (7.3.4)$$

证明　在定理 7.3.1 中, 取 $a_t \to -a$, $c_i(t_i) \to bx_iq^{t_i}$, $i = 1, \cdots, r$, 以及令 $d \to 0$, 将这些取值代入命题 7.3.1 中, 则

$$f'_{n,k}$$

$$= \frac{(-1)^{|n|-|k|}a^{|n|-|k|}}{b^{|n|-|k|}x_1^{n_1-k_1}\cdots x_r^{n_r-k_r}q^{\sum\limits_{i=1}^{r}[\binom{n_i}{2}-\binom{k_i}{2}]+|n|-|k|}}$$

$$\times \frac{(-1)^{r(|n|-|k|)}\prod\limits_{i=1}^{r}(a + bx_iq^{k_i})^{|n|-|k|}}{(-1)^{r(|n|-|k|)}b^{r(|n|-|k|)}x_1^{|n|-|k|}\cdots x_r^{|n|-|k|}q^{|n||k|-|k||k|}\prod\limits_{i,j=1}^{r}\left(q\dfrac{x_i}{x_j}q^{k_i-k_j}\right)_{n_i-k_i}},$$

$$(7.3.5)$$

$$g'_{k,l}$$

$$= \prod_{1\leqslant i<j\leqslant r}\frac{x_iq^{l_i} - x_jq^{l_j}}{x_iq^{k_i} - x_jq^{k_j}} \cdot \frac{q^{|l|}}{q^{|k|}}$$

$$\times \prod_{j=1}^{r} \frac{(a+bx_j q^{l_j})}{(a+bx_j q^{k_j})} \cdot \frac{(-1)^{|\boldsymbol{k}|-|\boldsymbol{l}|} a^{|\boldsymbol{k}|-|\boldsymbol{l}|}}{b^{|\boldsymbol{k}|-|\boldsymbol{l}|} x_1^{k_1-l_1} \cdots x_r^{k_r-l_r} q^{\sum\limits_{i=1}^{r}[\binom{k_i}{2}-\binom{l_i}{2}]}}$$

$$\times \frac{(-1)^{r(|\boldsymbol{k}|-|\boldsymbol{l}|)} \prod\limits_{i=1}^{r}(a+bx_i q^{k_i})^{|\boldsymbol{k}|-|\boldsymbol{l}|}}{(-1)^{r(|\boldsymbol{k}|-|\boldsymbol{l}|)} b^{r(|\boldsymbol{k}|-|\boldsymbol{l}|)} x_1^{|\boldsymbol{k}|-|\boldsymbol{l}|} \cdots x_r^{|\boldsymbol{k}|-|\boldsymbol{l}|} q^{|\boldsymbol{k}||\boldsymbol{k}|-|\boldsymbol{k}||\boldsymbol{l}|} \prod\limits_{i,j=1}^{r}\left(\dfrac{x_i}{x_j}q^{l_i-k_j}\right)_{k_i-l_i}}.$$

$$(7.3.6)$$

由于 $\sum\limits_{\boldsymbol{l}\leqslant \boldsymbol{k}\leqslant \boldsymbol{n}} f'_{\boldsymbol{n},\boldsymbol{k}} g'_{\boldsymbol{k},\boldsymbol{l}}=\delta_{\boldsymbol{n},\boldsymbol{l}}$, 在此式子中, 关于 $|\boldsymbol{n}|-|\boldsymbol{l}|$ 和 n_i-l_i 的函数不影响式子的成立, 可以舍去, 并且应用 (1.4.22), 有

$$\prod_{1\leqslant i<j\leqslant r} \frac{x_i q^{l_i}-x_j q^{l_j}}{x_i q^{k_i}-x_j q^{k_j}} \prod_{i,j=1}^{r} \frac{1}{(q^{l_i-k_j}x_i/x_j;q)_{k_i-l_i}}$$

$$=(-1)^{|\boldsymbol{k}|-|\boldsymbol{l}|} q^{\binom{|\boldsymbol{k}|-|\boldsymbol{l}|+1}{2}} \prod_{i,j=1}^{n} \frac{1}{(q^{1+l_i-l_j}x_i/x_j;q)_{k_i-l_i}},$$

以及

$$(-1)^{|\boldsymbol{l}|-|\boldsymbol{k}|}=(-1)^{|\boldsymbol{n}|-|\boldsymbol{k}|}(-1)^{|\boldsymbol{l}|-|\boldsymbol{n}|}$$

和

$$q^{\binom{|\boldsymbol{k}|-|\boldsymbol{l}|+1}{2}} q^{-|\boldsymbol{n}||\boldsymbol{k}|} q^{|\boldsymbol{k}||\boldsymbol{l}|}=q^{\binom{|\boldsymbol{n}|-|\boldsymbol{k}|}{2}} q^{\binom{|\boldsymbol{l}|}{2}-\binom{|\boldsymbol{n}|}{2}}.$$

经过上述基本运算, $\sum\limits_{\boldsymbol{l}\leqslant \boldsymbol{k}\leqslant \boldsymbol{n}} f'_{\boldsymbol{n},\boldsymbol{k}} g'_{\boldsymbol{k},\boldsymbol{l}}=\delta_{\boldsymbol{n},\boldsymbol{l}}$ 被化简为 $\sum\limits_{\boldsymbol{l}\leqslant \boldsymbol{k}\leqslant \boldsymbol{n}} f_{\boldsymbol{n},\boldsymbol{k}} g_{\boldsymbol{k},\boldsymbol{l}}=\delta_{\boldsymbol{n},\boldsymbol{l}}$, 故结论成立.   □

在推论 7.3.1 中, 如果我们交换 a 和 b, 并从一个矩阵中转移一些因子到另一个矩阵中, 我们得到下面等价命题.

推论 7.3.2 [56, 命题 A.7, (A.8), (A.9)]

$$f_{\boldsymbol{n},\boldsymbol{k}}=(-1)^{|\boldsymbol{k}|} q^{\binom{|\boldsymbol{n}|-|\boldsymbol{k}|}{2}} \prod_{i=1}^{r}(ax_i q^{n_i}+b)(ax_i q^{k_i}+b)^{|\boldsymbol{n}|-1}$$

$$\times \prod_{i,j=1}^{r} \frac{(qx_i/x_j)_{n_i}}{(qx_i/x_j)_{k_i}\left(q\dfrac{x_i}{x_j}q^{k_i-k_j}\right)_{n_i-k_i}},$$ $$(7.3.7)$$

$$g_{\boldsymbol{k},\boldsymbol{l}}=(-1)^{|\boldsymbol{l}|} \prod_{i=1}^{r}(ax_i q^{k_i}+b)^{-|\boldsymbol{l}|} \prod_{i,j=1}^{r} \frac{(qx_i/x_j)_{k_i}}{(qx_i/x_j)_{l_i}\left(q\dfrac{x_i}{x_j}q^{l_i-l_j}\right)_{k_i-l_i}}.$$ $$(7.3.8)$$

推论 7.3.3 [56, 命题 A.10, (A.11), (A.12)]

$$f_{n,k} = (-1)^{|n|-|k|} q^{\binom{|n|-|k|}{2}} (a + bq^{|k|})^{|n|-|k|} \prod_{i,j=1}^{r} \frac{1}{\left(q\dfrac{x_i}{x_j} q^{k_i-k_j} \right)_{n_i-k_i}}, \qquad (7.3.9)$$

$$g_{k,l} = (a + bq^{|l|})(a + bq^{|k|})^{|k|-|l|-1} \prod_{i,j=1}^{r} \frac{1}{\left(q\dfrac{x_i}{x_j} q^{l_i-l_j} \right)_{k_i-l_i}}. \qquad (7.3.10)$$

证明　在定理 7.3.1 中, 取 $a_t \to -d/ax_1 \cdots x_r$, $c_i(t_i) \to b^{1/r} x_i q^{t_i}$, $i = 1, \cdots, r$, 将这些取值代入命题 7.3.1 中, 则

$$f_{n,k}''$$

$$= \frac{\displaystyle\prod_{t=|k|}^{|n|-1} \left(-\frac{d}{ax_1 \cdots x_r} - \frac{d}{bx_1 \cdots x_r q^{|k|}} \right) \displaystyle\prod_{i=1}^{r} \prod_{t=|k|}^{|n|-1} \left(-\frac{d}{ax_1 \cdots x_r} - b^{1/r} x_i q^{k_i} \right)}{\displaystyle\prod_{i=1}^{r} \prod_{t_i=k_i+1}^{n_i} \left(b^{1/r} x_i q^{t_i} - \frac{d}{b^{1/r} x_1 \cdots x_r q^{|k|}} \right) \displaystyle\prod_{i,j=1}^{r} \prod_{t_i=k_i+1}^{n_i} (b^{1/r} x_i q^{t_i} - b^{1/r} x_j q^{k_j})},$$

$$g_{k,l}''$$

$$= \prod_{1 \leqslant i < j \leqslant r} \frac{x_i q^{l_i} - x_j q^{l_j}}{x_i q^{k_i} - x_j q^{k_j}} \frac{d + \dfrac{dbq^{|l|}}{a}}{d + \dfrac{dbq^{|k|}}{a}} \prod_{j=1}^{r} \frac{-\dfrac{d}{ax_1 \cdots x_r} - b^{1/r} x_j q^{l_j}}{-\dfrac{d}{ax_1 \cdots x_r} - b^{1/r} x_j q^{k_j}}$$

$$\times \frac{\displaystyle\prod_{t=|l|+1}^{|k|} \left(-\frac{d}{ax_1 \cdots x_r} - \frac{d}{bx_1 \cdots x_r q^{|k|}} \right) \displaystyle\prod_{i=1}^{r} \prod_{t=|l|+1}^{|k|} \left(-\frac{d}{ax_1 \cdots x_r} - b^{1/r} x_i q^{k_i} \right)}{\displaystyle\prod_{i=1}^{r} \prod_{t_i=l_i}^{k_i-1} \left(b^{1/r} x_i q^{t_i} - \frac{d}{bx_1 \cdots x_r q^{|k|}} \right) \displaystyle\prod_{i,j=1}^{r} \prod_{t_i=l_i}^{k_i-1} (b^{1/r} x_i q^{t_i} - b^{1/r} x_j q^{k_j})}.$$

考虑 $d \to 0$, 删去不起作用的项, 则有

$$f_{n,k}'$$

$$= \frac{(-1)^{|n|-|k|} d^{|n|-|k|} (a + bq^{|k|})^{|n|-|k|}}{(x_1 \cdots x_r)^{|n|-|k|} (ab)^{|n|-|k|} q^{|k|(|n|-|k|)} b^{\frac{1}{r}(|n|-|k|)} x_1^{n_1-k_1} \cdots x_r^{n_r-k_r} q^{\sum\limits_{i=1}^{r} \binom{n_i}{2} - \binom{k_i}{2} + n_i - k_i}}$$

$$\times \frac{(-1)^{r(|\boldsymbol{n}|-|\boldsymbol{k}|)} b^{|\boldsymbol{n}|-|\boldsymbol{k}|} (x_1 \cdots x_r)^{|\boldsymbol{n}|-|\boldsymbol{k}|} q^{|\boldsymbol{k}|(|\boldsymbol{n}|-|\boldsymbol{k}|)}}{(-1)^{r(|\boldsymbol{n}|-|\boldsymbol{k}|)} b^{|\boldsymbol{n}|-|\boldsymbol{k}|} (x_1 \cdots x_r)^{|\boldsymbol{n}|-|\boldsymbol{k}|} q^{|\boldsymbol{k}|(|\boldsymbol{n}|-|\boldsymbol{k}|)} \prod\limits_{i,j=1}^{r} (x_i q^{1+k_i-k_j}/x_j)_{n_i-k_i}},$$

$$g'_{\boldsymbol{k},\boldsymbol{l}} = \prod_{1 \leqslant i < j \leqslant r} \frac{x_i q^{l_i} - x_j q^{l_j}}{x_i q^{k_i} - x_j q^{k_j}}$$

$$\times \frac{a+bq^{|\boldsymbol{l}|}}{a+bq^{|\boldsymbol{k}|}} \frac{q^{|\boldsymbol{l}|}}{q^{|\boldsymbol{k}|}} \frac{(-1)^{|\boldsymbol{k}|-|\boldsymbol{l}|} d^{|\boldsymbol{k}|-|\boldsymbol{l}|} (a+bq^{|\boldsymbol{k}|})^{|\boldsymbol{k}|-|\boldsymbol{l}|}}{(x_1 \cdots x_r)^{|\boldsymbol{k}|-|\boldsymbol{l}|} b^{\frac{1}{r}(|\boldsymbol{k}|-|\boldsymbol{l}|)} (ab)^{|\boldsymbol{k}|-|\boldsymbol{l}|} q^{|\boldsymbol{k}|(|\boldsymbol{k}|-|\boldsymbol{l}|)}}$$

$$\times \frac{(-1)^{r(|\boldsymbol{k}|-|\boldsymbol{l}|)} b^{|\boldsymbol{k}|-|\boldsymbol{l}|} (x_1 \cdots x_r)^{|\boldsymbol{k}|-|\boldsymbol{l}|} q^{|\boldsymbol{k}|(|\boldsymbol{k}|-|\boldsymbol{l}|)}}{x_1^{k_1-l_1} \cdots x_r^{k_r-l_r} q^{\sum\limits_{i=1}^{r} \binom{n_i}{2} - \binom{k_i}{2}} (-1)^{r(|\boldsymbol{k}|-|\boldsymbol{l}|)} b^{|\boldsymbol{k}|-|\boldsymbol{l}|}} \rightarrow$$

$$\times (x_1 \cdots x_r)^{|\boldsymbol{k}|-|\boldsymbol{l}|} q^{|\boldsymbol{k}|^2 - |\boldsymbol{k}||\boldsymbol{l}|} \prod_{i,j=1}^{r} (x_i q^{l_i-k_j}/x_j)_{k_i-l_i}.$$

由于 $\sum\limits_{\boldsymbol{l} \leqslant \boldsymbol{k} \leqslant \boldsymbol{n}} f'_{\boldsymbol{n},\boldsymbol{k}} g'_{\boldsymbol{k},\boldsymbol{l}} = \delta_{\boldsymbol{n},\boldsymbol{l}}$, 在此式子中, 关于 $|\boldsymbol{n}|-|\boldsymbol{l}|$ 和 n_i-l_i 的函数不影响式子的成立, 可以舍去, 并且应用 (1.4.22), 有

$$\prod_{1 \leqslant i < j \leqslant r} \frac{x_i q^{l_i} - x_j q^{l_j}}{x_i q^{k_i} - x_j q^{k_j}} \prod_{i,j=1}^{r} \frac{1}{(q^{l_i-k_j} x_i/x_j; q)_{k_i-l_i}}$$

$$= (-1)^{|\boldsymbol{k}|-|\boldsymbol{l}|} q^{\binom{|\boldsymbol{k}|-|\boldsymbol{l}|+1}{2}} \prod_{i,j=1}^{n} \frac{1}{(q^{1+l_i-l_j} x_i/x_j; q)_{k_i-l_i}},$$

以及

$$q^{|\boldsymbol{l}|-|\boldsymbol{k}|} = q^{|\boldsymbol{n}|-|\boldsymbol{k}|} q^{|\boldsymbol{l}|-|\boldsymbol{n}|}$$

和

$$q^{\binom{|\boldsymbol{k}|-|\boldsymbol{l}|+1}{2}} q^{-|\boldsymbol{n}||\boldsymbol{k}|} q^{|\boldsymbol{k}||\boldsymbol{l}|} = q^{\binom{|\boldsymbol{n}|-|\boldsymbol{k}|}{2}} q^{\binom{|\boldsymbol{l}|}{2} - \binom{|\boldsymbol{n}|}{2}}.$$

经过上述基本运算, $\sum\limits_{\boldsymbol{l} \leqslant \boldsymbol{k} \leqslant \boldsymbol{n}} f'_{\boldsymbol{n},\boldsymbol{k}} g'_{\boldsymbol{k},\boldsymbol{l}} = \delta_{\boldsymbol{n},\boldsymbol{l}}$ 被化简为 $\sum\limits_{\boldsymbol{l} \leqslant \boldsymbol{k} \leqslant \boldsymbol{n}} f_{\boldsymbol{n},\boldsymbol{k}} g_{\boldsymbol{k},\boldsymbol{l}} = \delta_{\boldsymbol{n},\boldsymbol{l}}$, 故结论成立. □

在推论 7.3.3 中, 如果我们交换 a 和 b, 并从一个矩阵中转移一些因子到另一个矩阵中, 我们得到下面等价命题.

推论 7.3.4 [56, 命题 A.13, (A.14), (A.15)]

$$f_{\boldsymbol{n},\boldsymbol{k}} = (-1)^{|\boldsymbol{k}|} q^{\binom{|\boldsymbol{n}|-|\boldsymbol{k}|}{2}} (aq^{|\boldsymbol{n}|} + b)(aq^{|\boldsymbol{k}|} + b)^{|\boldsymbol{n}|-1}$$

$$\times \prod_{i,j=1}^{r} \frac{(qx_i/x_j)_{n_i}}{(qx_i/x_j)_{k_i}\left(q\dfrac{x_i}{x_j}q^{k_i-k_j}\right)_{n_i-k_i}}, \tag{7.3.11}$$

$$g_{\boldsymbol{k},\boldsymbol{l}} = (-1)^{|\boldsymbol{l}|}(aq^{|\boldsymbol{k}|}+b)^{-|\boldsymbol{l}|}\prod_{i,j=1}^{r} \frac{(qx_i/x_j)_{k_i}}{(qx_i/x_j)_{l_i}\left(q\dfrac{x_i}{x_j}q^{l_i-l_j}\right)_{k_i-l_i}}. \tag{7.3.12}$$

推论 7.3.5 [56, 命题 A.16, (A.17), (A.18)]

$$f_{\boldsymbol{n},\boldsymbol{k}} = (-1)^{|\boldsymbol{n}|-|\boldsymbol{k}|}q^{\binom{|\boldsymbol{n}|-|\boldsymbol{k}|}{2}}(a+bq^{|\boldsymbol{k}|})^{|\boldsymbol{n}|-|\boldsymbol{k}|}\left(\frac{q^{|\boldsymbol{k}|}}{(a+bq^{|\boldsymbol{k}|})}\right)_{|\boldsymbol{n}|-|\boldsymbol{k}|}$$

$$\times \prod_{i,j=1}^{r} \frac{1}{\left(q\dfrac{x_i}{x_j}q^{k_i-k_j}\right)_{n_i-k_i}}, \tag{7.3.13}$$

$$g_{\boldsymbol{k},\boldsymbol{l}} = (-1)^{|\boldsymbol{k}|-|\boldsymbol{l}|}q^{\binom{|\boldsymbol{k}|+\boldsymbol{l}}{2}-\binom{|\boldsymbol{n}|+1}{2}}\frac{(a+bq^{|\boldsymbol{l}|}-q^{|\boldsymbol{l}|})}{(a+bq^{|\boldsymbol{k}|}-q^{|\boldsymbol{k}|})}(aq^{-|\boldsymbol{k}|}+b)_{|\boldsymbol{k}|-|\boldsymbol{l}|}$$

$$\times \prod_{i,j=1}^{r} \frac{1}{\left(q\dfrac{x_i}{x_j}q^{l_i-l_j}\right)_{k_i-l_i}}. \tag{7.3.14}$$

证明   应用与推论 7.3.3 的证明完全类似的方法, 在定理 7.3.1 中, 取 $a_t \to -d/(q^t-a)x_1\cdots x_r$, $c_i(t_i) \to b^{1/r}x_iq^{t_i}$, $i=1,\cdots,r$, 经过一些基本操作 (如将某些因子从一个矩阵转移到另一个矩阵), 包括运用 (1.4.23) 之后, 令 $d \to 0$, 得到结论.   □

在推论 7.3.5 中, 如果我们交换 a 和 b, 并从一个矩阵中转移一些因子到另一个矩阵中, 我们得到下面等价命题.

推论 7.3.6 [56, 命题 A.19, (A.20), (A.21)]

$$f_{\boldsymbol{n},\boldsymbol{k}} = (-1)^{|\boldsymbol{k}|}q^{\binom{|\boldsymbol{n}|-|\boldsymbol{k}|}{2}}\frac{(b+aq^{|\boldsymbol{n}|}-q^{|\boldsymbol{n}|})}{(b+aq^{|\boldsymbol{k}|}-q^{|\boldsymbol{n}|})}\left(\frac{q}{(aq^{|\boldsymbol{k}|}+b)}\right)_{|\boldsymbol{n}|}(aq^{|\boldsymbol{k}|}+b)^{|\boldsymbol{n}|}$$

$$\times \prod_{i,j=1}^{r} \frac{(qx_i/x_j)_{n_i}}{(qx_i/x_j)_{k_i}\left(q\dfrac{x_i}{x_j}q^{k_i-k_j}\right)_{n_i-k_i}}, \tag{7.3.15}$$

$$g_{\boldsymbol{k},\boldsymbol{l}} = (-1)^{|\boldsymbol{l}|} \frac{(aq^{|\boldsymbol{k}|}+b)^{-|\boldsymbol{l}|}}{(q/(aq^{|\boldsymbol{k}|}+b))_{|\boldsymbol{l}|}} \prod_{i,j=1}^{r} \frac{(qx_i/x_j)_{k_i}}{(qx_i/x_j)_{l_i} \left(q\dfrac{x_i}{x_j}q^{l_i-l_j}\right)_{k_i-l_i}}. \tag{7.3.16}$$

7.4 A_r Abel 类型展开与求和

注意到反演公式 (7.0.3) 和 (7.0.4) 为可终止型结果, 为了求导非终止型求和, 可以将反演公式 (7.0.3) 和 (7.0.4) 作 "旋转反演", 即, 若 $(f_{\boldsymbol{n},\boldsymbol{k}})_{\boldsymbol{n},\boldsymbol{k}\in\mathbb{Z}^r}$ 和 $(g_{\boldsymbol{n},\boldsymbol{k}})_{\boldsymbol{n},\boldsymbol{k}\in\mathbb{Z}^r}$ 为一对互逆的下三角矩阵, 则

$$\sum_{\boldsymbol{n}\geqslant\boldsymbol{k}} f_{\boldsymbol{n},\boldsymbol{k}}a_{\boldsymbol{n}} - b_{\boldsymbol{k}} \tag{7.4.1}$$

成立的充分必要条件是

$$\sum_{\boldsymbol{k}\geqslant\boldsymbol{l}} g_{\boldsymbol{k},\boldsymbol{l}}b_{\boldsymbol{k}} = a_{\boldsymbol{l}}. \tag{7.4.2}$$

在合适的收敛条件下, 如果 (7.4.1) 和 (7.4.2) 之一成立, 则利用另一个, 可能产生一个新的恒等式. 本节就是这种思想方法的体现和应用, 研究 Abel 类型展开与求和.

Euler 展开公式 [113, Sec. 4.5] [50, 第 354 页]

$$e^{AZ} = \sum_{k=0}^{\infty} \frac{A(A+Bk)^{k-1}}{k!} Z^k e^{-BZk}, \quad |BZe^{1-BZ}| < 1 \tag{7.4.3}$$

的 q-模拟为 [126, (7.3)]

$$1 = \sum_{k=0}^{\infty} \frac{(a+b)(a+bq^k)^{k-1}}{(q)_k} (z(a+bq^k))_{\infty} z^k, \quad |az| < 1. \tag{7.4.4}$$

展开公式 (7.4.3) 的一个等价形式为 [113, Sec. 4.5]:

$$\frac{e^{AZ}}{1-BZ} = \sum_{k=0}^{\infty} \frac{(A+Bk)^k}{k!} Z^k e^{-BZk}, \quad |BZe^{1-BZ}| < 1, \tag{7.4.5}$$

它的 q-模拟是 [56, (3.4)]

$$\frac{1}{1-az} = \sum_{k=0}^{\infty} \frac{(a+bk)^k}{(q)_k} (zq(a+bq^k))_{\infty} z^k, \quad |az| < 1. \tag{7.4.6}$$

Carlitz[133] 应用 MacMahon 主定理给出了 (7.4.3) 和 (7.4.5) 的多维拓广. 本节考虑给出 (7.4.4) 和 (7.4.6) 的伴随根系统 A_r 的多变量拓广. 具体收敛性见第 12 章讨论.

定理7.4.1[56, 定理 3.5] (Abel 展开的第一个 A_r 拓广)　设 $|a^r z| < \left| q^{\frac{r-1}{2}} x_j^{-r} \prod\limits_{i=1}^{r} x_i \right|$, 对 $j = 1, \cdots, r$, 则

$$
1 = \sum_{k_1, \cdots, k_r = 0}^{\infty} \prod_{1 \leqslant i < j \leqslant r} \left(\frac{x_i q^{k_i} - x_j q^{k_j}}{x_i - x_j} \right) \prod_{i,j=1}^{r} \left(\frac{x_i}{x_j} q; q \right)_{k_i}^{-1}
$$

$$
\times \prod_{i=1}^{r} (a + bx_i)(a + bx_i q^{k_i})^{|\boldsymbol{k}|-1} x_i^{rk_i - |\boldsymbol{k}|}
$$

$$
\times (-1)^{(r-1)|\boldsymbol{k}|} q^{-\binom{|\boldsymbol{k}|}{2} + r \sum\limits_{i=1}^{r} \binom{k_i}{2}} z^{|\boldsymbol{k}|} \left(z \prod_{i=1}^{r} (a + bx_i q^{k_i}); q \right)_{\infty}.
$$

证明　在 A_r $_0\phi_0$-求和公式 (3.9.15) 中, 代 $a \to z \prod\limits_{i=1}^{r} (a + bx_i)$, 则

$$
\left(z \prod_{i=1}^{r} (a + bx_i) \right)_{\infty}
$$

$$
= \sum_{n_1, \cdots, n_r = 0}^{\infty} \prod_{1 \leqslant i < j \leqslant r} \frac{x_i q^{n_i} - x_j q^{n_j}}{x_i - x_j} \prod_{i,j=1}^{r} \frac{1}{(qx_i/x_j)_{n_i}}
$$

$$
\times (-1)^{r|\boldsymbol{n}|} z^{|\boldsymbol{n}|} \prod_{i=1}^{r} (a + bx_i)^{|\boldsymbol{n}|} q^{r \sum\limits_{i=1}^{r} \binom{n_i}{2}} \prod_{i=1}^{r} x_i^{rn_i - |\boldsymbol{n}|}. \tag{7.4.7}
$$

将求和指标 $n_i \geqslant 0$ 变为 $n_i \geqslant k_i$, 则

$$
\left(z \prod_{i=1}^{r} (a + bx_i) \right)_{\infty}
$$

$$
= \sum_{n_1 \geqslant k_1, \cdots, n_r \geqslant k_r} \prod_{1 \leqslant i < j \leqslant r} \frac{x_i q^{n_i - k_i} - x_j q^{n_j - k_j}}{x_i - x_j} \prod_{i,j=1}^{r} \frac{1}{(qx_i/x_j)_{n_i - k_i}}
$$

$$
\times (-1)^{r(|\boldsymbol{n}| - |\boldsymbol{k}|)} z^{|\boldsymbol{n}| - |\boldsymbol{k}|} \prod_{i=1}^{r} (a + bx_i)^{|\boldsymbol{n}| - |\boldsymbol{k}|} q^{r \sum\limits_{i=1}^{r} \binom{n_i - k_i}{2}} \prod_{i=1}^{r} x_i^{rn_i - rk_i - |\boldsymbol{n}| + |\boldsymbol{k}|}.
$$

$$
\tag{7.4.8}
$$

令 $x_i \to x_i q^{k_i}$, 则上式化为

$$\left(z \prod_{i=1}^{r}(a + bx_i q^{k_i}) \right)_{\infty}$$

$$= \sum_{n_1 \geqslant k_1, \cdots, n_r \geqslant k_r} \prod_{1 \leqslant i < j \leqslant r} \frac{x_i q^{n_i} - x_j q^{n_j}}{x_i q^{k_i} - x_j q^{k_j}} \prod_{i,j=1}^{r} \frac{1}{(q^{1+k_i-k_j} x_i/x_j)_{n_i - k_i}}$$

$$\times (-1)^{r(|\boldsymbol{n}|-|\boldsymbol{k}|)} z^{|\boldsymbol{n}|-|\boldsymbol{k}|} \prod_{i=1}^{r}(a + bx_i q^{k_i})^{|\boldsymbol{n}|-|\boldsymbol{k}|} q^{r \sum_{i=1}^{r} \binom{n_i - k_i}{2}}$$

$$\times \prod_{i=1}^{r} \left(x_i q^{k_i} \right)^{rn_i - rk_i - |\boldsymbol{n}| + |\boldsymbol{k}|}. \tag{7.4.9}$$

故有

$$(-1)^{(r-1)|\boldsymbol{k}|} q^{-\binom{|\boldsymbol{k}|}{2} + r \sum_{i=1}^{r} \binom{k_i}{2}} z^{|\boldsymbol{k}|} \prod_{i=1}^{r} x_i^{rk_i - |\boldsymbol{k}|} \left(z \prod_{i-1}^{r}(a + bx_i q^{k_i}) \right)_{\infty}$$

$$\times \prod_{1 \leqslant i < j \leqslant r} \left(x_i q^{k_i} - x_j q^{k_j} \right)$$

$$= \sum_{n_1 \geqslant k_1, \cdots, n_r \geqslant k_r} (-1)^{|\boldsymbol{n}|-|\boldsymbol{k}|} q^{|\boldsymbol{n}|-|\boldsymbol{k}|} \prod_{i=1}^{r}(a + bx_i q^{k_i})^{|\boldsymbol{n}|-|\boldsymbol{k}|} \prod_{i,j=1}^{r} \frac{1}{(q^{1+k_i-k_j} x_i/x_j)_{n_i-k_i}}$$

$$\times (-1)^{(r-1)|\boldsymbol{n}|} q^{-\binom{|\boldsymbol{n}|}{2} + r \sum_{i=1}^{r} \binom{n_i}{2}} z^{|\boldsymbol{n}|} \prod_{i=1}^{r} x_i^{rn_i - |\boldsymbol{n}|} \prod_{1 \leqslant i < j \leqslant r} \left(x_i q^{n_i} - x_j q^{n_j} \right), \tag{7.4.10}$$

即

$$\sum_{\boldsymbol{n} \geqslant \boldsymbol{k}} f_{\boldsymbol{n},\boldsymbol{k}} a_{\boldsymbol{n}} = b_{\boldsymbol{k}}, \tag{7.4.11}$$

这里

$$f_{\boldsymbol{n},\boldsymbol{k}} = (-1)^{|\boldsymbol{n}|-|\boldsymbol{k}|} q^{\binom{|\boldsymbol{n}|-|\boldsymbol{k}|}{2}} \prod_{i=1}^{r}(a + bx_i q^{k_i})^{|\boldsymbol{n}|-|\boldsymbol{k}|} \prod_{i,j=1}^{r} \frac{1}{\left(q\dfrac{x_i}{x_j} q^{k_i-k_j} \right)_{n_i-k_i}},$$

$$a_{\boldsymbol{n}} = (-1)^{(r-1)|\boldsymbol{n}|} q^{-\binom{|\boldsymbol{n}|}{2} + r \sum_{i=1}^{r} \binom{n_i}{2}} z^{|\boldsymbol{n}|} \prod_{i=1}^{r} x_i^{rn_i - |\boldsymbol{n}|} \prod_{1 \leqslant i < j \leqslant r} \left(x_i q^{n_i} - x_j q^{n_j} \right),$$

$$b_{\boldsymbol{k}} = (-1)^{(r-1)|\boldsymbol{k}|} q^{-\binom{|\boldsymbol{k}|}{2}+r\sum\limits_{i=1}^{r}\binom{k_i}{2}} z^{|\boldsymbol{k}|} \prod_{i=1}^{r} x_i^{rk_i-|\boldsymbol{k}|} \left(z\prod_{i=1}^{r}(a+bx_iq^{k_i}) \right)_{\infty}$$

$$\times \prod_{1\leqslant i<j\leqslant r} \left(x_iq^{k_i}-x_jq^{k_j} \right).$$

由推论 7.3.1 知, 上式蕴含着 (7.4.2) 成立, 即

$$\sum_{\boldsymbol{k}\geqslant\boldsymbol{l}} g_{\boldsymbol{k},\boldsymbol{l}}b_{\boldsymbol{k}} = a_{\boldsymbol{l}}, \tag{7.4.12}$$

这里 $g_{\boldsymbol{k},\boldsymbol{l}} = \prod\limits_{i=1}^{r}(a+bx_iq^{l_i})(a+bx_iq^{k_i})^{|\boldsymbol{k}|-|\boldsymbol{l}|-1} \prod\limits_{i,j=1}^{r} \dfrac{1}{\left(q\dfrac{x_i}{x_j}q^{l_i-l_j} \right)_{k_i-l_i}}$. 也就是

$$\sum_{\boldsymbol{k}\geqslant\boldsymbol{l}} \prod_{i=1}^{r}(a+bx_iq^{l_i})(a+bx_iq^{k_i})^{|\boldsymbol{k}|-|\boldsymbol{l}|-1} \prod_{i,j=1}^{r} \frac{1}{\left(q\dfrac{x_i}{x_j}q^{l_i-l_j} \right)_{k_i-l_i}}$$

$$\times (-1)^{(r-1)|\boldsymbol{k}|} q^{-\binom{|\boldsymbol{k}|}{2}+r\sum\limits_{i=1}^{r}\binom{k_i}{2}} z^{|\boldsymbol{k}|} \prod_{i=1}^{r} x_i^{rk_i-|\boldsymbol{k}|} \left(z\prod_{i=1}^{r}(a+bx_iq^{k_i}) \right)_{\infty}$$

$$\times \prod_{1\leqslant i<j\leqslant r} \left(x_iq^{k_i}-x_jq^{k_j} \right)$$

$$= (-1)^{(r-1)|\boldsymbol{l}|} q^{-\binom{|\boldsymbol{l}|}{2}+r\sum\limits_{i=1}^{r}\binom{l_i}{2}} z^{|\boldsymbol{l}|} \prod_{i=1}^{r} x_i^{rl_i-|\boldsymbol{l}|} \prod_{1\leqslant i<j\leqslant r} \left(x_iq^{l_i}-x_jq^{l_j} \right). \tag{7.4.13}$$

变求和指标 $k_i \to k_i + l_i$, $i = 1,\cdots,r$ 之后, 作替换 $x_i \to x_iq^{-l_i}$, $i = 1,\cdots,r$, 得到定理. □

定理 7.4.2 [56, 定理 3.7] (Abel 展开的第二个 A_r 拓广)　对 $j = 1,\cdots,r$, 令 $|az| < \left| q^{\frac{r-1}{2}} x_j^{-r} \prod\limits_{i=1}^{r} x_i \right|$, 则

$$1 = \sum_{k_1,\cdots,k_r=0}^{\infty} \prod_{1\leqslant i<j\leqslant r} \frac{x_iq^{k_i}-x_jq^{k_j}}{x_i-x_j} \prod_{i,j=1}^{r} \left(\frac{x_i}{x_j}q;q \right)_{k_i}^{-1}$$

$$\times (a+b)(a+bq^{|\boldsymbol{k}|})^{|\boldsymbol{k}|-1}(-1)^{(r-1)|\boldsymbol{k}|} q^{-\binom{|\boldsymbol{k}|}{2}+r\sum\limits_{i=1}^{r}\binom{k_i}{2}}$$

$$\times \prod_{i=1}^{r} x_i^{rk_i-|\boldsymbol{k}|} \cdot z^{|\boldsymbol{k}|}(z(a+bq^{|\boldsymbol{k}|});q)_{\infty}. \tag{7.4.14}$$

证明 在 A_r $_0\phi_0$-求和公式 (3.9.15) 中, 代 $a \to z \prod\limits_{i=1}^{r}(a + bx_i)$, 通过与定理 7.4.1 相同的处理过程, 利用反演关系 (推论 7.3.3) 反演, 得到所要结果. 注意反演序列为

$$a_{\boldsymbol{n}} = (-1)^{(r-1)|\boldsymbol{n}|} q^{-\binom{|\boldsymbol{n}|}{2} + r \sum\limits_{i=1}^{r}\binom{n_i}{2}} z^{|\boldsymbol{n}|} \prod_{i=1}^{r} x_i^{rn_i - |\boldsymbol{n}|} \prod_{1 \leqslant i < j \leqslant r} (x_i q^{n_i} - x_j q^{n_j}),$$

$$b_{\boldsymbol{k}} = (-1)^{(r-1)|\boldsymbol{k}|} q^{-\binom{|\boldsymbol{k}|}{2} + r \sum\limits_{i=1}^{r}\binom{k_i}{2}} z^{|\boldsymbol{k}|} \prod_{i=1}^{r} x_i^{rk_i - |\boldsymbol{k}|} \left(z(a + bq^{|\boldsymbol{k}|}) \right)_{\infty}$$

$$\times \prod_{1 \leqslant i < j \leqslant r} (x_i q^{k_i} - x_j q^{k_j}). \qquad \Box$$

定理 7.4.3 [56, 定理 3.9] (Abel 展开的第三个 A_r 拓广) 设 $|a^r z| < \left| q^{\frac{r-1}{2}} x_j^{-r} \prod\limits_{i=1}^{r} x_i \right|$, 对 $j = 1, \cdots, r$, 则

$$\frac{1}{1 - a^r z} = \sum_{k_1, \cdots, k_r = 0}^{\infty} \prod_{1 \leqslant i < j \leqslant r} \left(\frac{x_i q^{k_i} - x_j q^{k_j}}{x_i - x_j} \right) \prod_{i,j=1}^{r} \left(\frac{x_i}{x_j} q; q \right)_{k_i}^{-1}$$

$$\times q^{-\binom{|\boldsymbol{k}|}{2} + r \sum\limits_{i=1}^{r}\binom{k_i}{2}} \prod_{i=1}^{r} (a + bx_i q^{k_i})^{|\boldsymbol{k}|} x_i^{rk_i - |\boldsymbol{k}|}$$

$$\times (-1)^{(r-1)|\boldsymbol{k}|} z^{|\boldsymbol{k}|} \left(zq \prod_{i=1}^{r} (a + bx_i q^{k_i}); q \right)_{\infty}.$$

证明 在 Milne 基本恒等式, 即引理 2.1.1 中, 取 $t \to -b/a$, $x_i \to x_i q^{k_i}$ 和 $y_i \to q^{n_i - k_i}$, $i = 1, \cdots, r$, 则得

$$\prod_{i=1}^{r} \frac{a + bx_i q^{n_i}}{a + bx_i q^{k_i}} = q^{|\boldsymbol{n}| - |\boldsymbol{k}|} + \sum_{j=1}^{r} \frac{a \prod\limits_{i=1}^{r} (1 - q^{n_i - k_j} x_i / x_j)}{(a + bx_j q^{k_j}) \prod\limits_{i=1, i \neq j}^{r} (1 - q^{k_i - k_j} x_i / x_j)}. \qquad (7.4.15)$$

在 A_r $_0\phi_0$-求和公式 (3.9.15) 中, 变换求和指标 $n_i \to n_i - k_i$ ($i = 1, \cdots, r$), 然后再取 $x_i \to x_i q^{k_i}$ ($i = 1, \cdots, r$), 则

$$(z)_{\infty} = \sum_{n_1 \geqslant k_1, \cdots, n_r \geqslant k_r} \prod_{1 \leqslant i < j \leqslant r} \frac{x_i q^{n_i} - x_j q^{n_j}}{x_i q^{k_i} - x_j q^{k_j}} \prod_{i,j=1}^{r} \frac{1}{(q^{1 + k_i - k_j} x_i / x_j)_{n_i - k_i}}$$

$$\times (-1)^{r(|\boldsymbol{n}|-|\boldsymbol{k}|)} z^{|\boldsymbol{n}|-|\boldsymbol{k}|} q^{r\sum\limits_{i=1}^{r}\left[\binom{n_i}{2}-\binom{k_i}{2}\right]-|\boldsymbol{k}|(|\boldsymbol{n}|-|\boldsymbol{k}|)} \prod_{i=1}^{r} x_i^{rn_i-rk_i-|\boldsymbol{n}|+|\boldsymbol{k}|}.$$

$$(7.4.16)$$

下面计算

$$R = \sum_{n_1 \geqslant k_1,\cdots,n_r \geqslant k_r} \prod_{1 \leqslant i<j \leqslant r} \frac{x_i q^{n_i} - x_j q^{n_j}}{x_i q^{k_i} - x_j q^{k_j}} \prod_{i,j=1}^{r} \frac{1}{(q^{1+k_i-k_j} x_i/x_j)_{n_i-k_i}}$$

$$\times (-1)^{r(|\boldsymbol{n}|-|\boldsymbol{k}|)} z^{|\boldsymbol{n}|-|\boldsymbol{k}|} q^{r\sum\limits_{i=1}^{r}\left[\binom{n_i}{2}-\binom{k_i}{2}\right]-|\boldsymbol{k}|(|\boldsymbol{n}|-|\boldsymbol{k}|)}$$

$$\times \prod_{i=1}^{r} x_i^{rn_i-rk_i-|\boldsymbol{n}|+|\boldsymbol{k}|} \prod_{i=1}^{r} \frac{a+bx_i q_i^n}{a+bx_i q^{k_i}}$$

$$= \sum_{n_1 \geqslant k_1,\cdots,n_r \geqslant k_r} \prod_{1 \leqslant i<j \leqslant r} \frac{x_i q^{n_i} - x_j q^{n_j}}{x_i q^{k_i} - x_j q^{k_j}} \prod_{i,j=1}^{r} \frac{1}{(q^{1+k_i-k_j} x_i/x_j)_{n_i-k_i}}$$

$$\times (-1)^{r(|\boldsymbol{n}|-|\boldsymbol{k}|)} z^{|\boldsymbol{n}|-|\boldsymbol{k}|} q^{r\sum\limits_{i=1}^{r}\left[\binom{n_i}{2}-\binom{k_i}{2}\right]-|\boldsymbol{k}|(|\boldsymbol{n}|-|\boldsymbol{k}|)} \prod_{i=1}^{r} x_i^{rn_i-rk_i-|\boldsymbol{n}|+|\boldsymbol{k}|}$$

$$\times \left\{ q^{|\boldsymbol{n}|-|\boldsymbol{k}|} + \sum_{s=1}^{r} \frac{a \prod\limits_{i=1}^{r}(1-q^{n_i-k_s} x_i/x_s)}{(a+bx_s q^{k_s}) \prod\limits_{i=1,i\neq s}^{r}(1-q^{k_i-k_s} x_i/x_s)} \right\}$$

$$= (zq)_\infty + \sum_{s=1}^{r} \frac{a}{(a+bx_s q^{k_s}) \prod\limits_{i=1,i\neq s}^{r}(1-q^{k_i-k_s} x_i/x_s)}$$

$$\times \sum_{n_1 \geqslant k_1,\cdots,n_r \geqslant k_r} \prod_{1 \leqslant i<j \leqslant r} \frac{x_i q^{n_i} - x_j q^{n_j}}{x_i q^{k_i} - x_j q^{k_j}} \prod_{i,j=1}^{r} \frac{1}{(q^{1+k_i-k_j} x_i/x_j)_{n_i-k_i}}$$

$$\times (-1)^{r(|\boldsymbol{n}|-|\boldsymbol{k}|)} z^{|\boldsymbol{n}|-|\boldsymbol{k}|} q^{r\sum\limits_{i=1}^{r}\left[\binom{n_i}{2}-\binom{k_i}{2}\right]-|\boldsymbol{k}|(|\boldsymbol{n}|-|\boldsymbol{k}|)}$$

$$\times \prod_{i=1}^{r} x_i^{rn_i-rk_i-|\boldsymbol{n}|+|\boldsymbol{k}|} \prod_{i=1}^{r}(1-q^{n_i-k_s} x_i/x_s). \qquad (7.4.17)$$

在上式第二个和里, 当 $n_s = k_s$ 时, 上式为零, 故取 $n_s \geqslant k_s+1$, 因此

$$R = (zq)_\infty + \sum_{s=1}^{r} \frac{a}{(a+bx_s q^{k_s}) \prod\limits_{i=1,i\neq s}^{r}(1-q^{k_i-k_s} x_i/x_s)}$$

$$\times \sum_{n_i \geqslant k_i, i \neq s, n_s \geqslant k_s+1} \prod_{1 \leqslant i < j \leqslant r} \frac{x_i q^{n_i} - x_j q^{n_j}}{x_i q^{k_i} - x_j q^{k_j}} \prod_{i,j=1}^{r} \frac{1}{(q^{1+k_i-k_j} x_i/x_j)_{n_i-k_i}}$$

$$\times (-1)^{r(|\boldsymbol{n}|-|\boldsymbol{k}|)} z^{|\boldsymbol{n}|-|\boldsymbol{k}|} q^{\sum\limits_{i=1}^{r}\left[\binom{n_i}{2}-\binom{k_i}{2}\right]-|\boldsymbol{k}|(|\boldsymbol{n}|-|\boldsymbol{k}|)}$$

$$\times \prod_{i=1}^{r} x_i^{rn_i-rk_i-|\boldsymbol{n}|+|\boldsymbol{k}|} \prod_{i=1}^{r} (1 - q^{n_i-k_s} x_i/x_s). \tag{7.4.18}$$

由于

$$\prod_{1 \leqslant i < j \leqslant r} \frac{x_i q^{n_i} - x_j q^{n_j}}{x_i q^{k_i} - x_j q^{k_j}}$$

$$= \prod_{1 \leqslant i < j \leqslant r, i,j \neq s} \frac{x_i q^{n_i} - x_j q^{n_j}}{x_i q^{k_i} - x_j q^{k_j}} \prod_{1 \leqslant i < s} \frac{x_i q^{n_i} - x_s q^{n_s}}{x_i q^{k_i} - x_s q^{k_s}} \prod_{s < j \leqslant r} \frac{x_s q^{n_s} - x_j q^{n_j}}{x_s q^{k_s} - x_j q^{k_j}}$$

和

$$\prod_{i,j=1}^{r} \frac{1}{\left(q\dfrac{x_i}{x_j} q^{k_i-k_j}\right)_{n_i-k_i}}$$

$$= \frac{1}{(q)_{n_s-k_o}} \prod_{i,j=1, i,j \neq s}^{r} \frac{1}{\left(q\dfrac{x_i}{x_j} q^{k_i-k_j}\right)_{n_i-k_i}} \prod_{i=1, i \neq s}^{r} \frac{1}{\left(q\dfrac{x_i}{x_s} q^{k_i-k_s}\right)_{n_i-k_i}}$$

$$\times \prod_{j=1, j \neq s}^{r} \frac{1}{\left(q\dfrac{x_s}{x_j} q^{k_s-k_j}\right)_{n_s-k_s}},$$

则在 (7.4.18) 里, 令 $n_s \to n_s + 1$, 有

$$H = \sum_{n_i \geqslant k_i (i=1,\cdots,r)} \prod_{1 \leqslant i < j \leqslant r, i,j \neq s} \frac{x_i q^{n_i} - x_j q^{n_j}}{x_i q^{k_i} - x_j q^{k_j}}$$

$$\times \prod_{1 \leqslant i < s} \frac{x_i q^{n_i} - x_s q^{n_s+1}}{x_i q^{k_i} - x_s q^{k_s}} \prod_{s < j \leqslant r} \frac{x_s q^{n_s+1} - x_j q^{n_j}}{x_s q^{k_s} - x_j q^{k_j}}$$

$$\times \frac{1}{(q)_{n_s+1-k_s}} \prod_{i,j=1, i,j \neq s}^{r} \frac{1}{\left(q\dfrac{x_i}{x_j} q^{k_i-k_j}\right)_{n_i-k_i}}$$

$$\times \prod_{i=1,i\neq s}^{r} \frac{1}{\left(q\dfrac{x_i}{x_s}q^{k_i-k_s}\right)_{n_i-k_i}} \prod_{j=1,j\neq s}^{r} \frac{1}{\left(q\dfrac{x_s}{x_j}q^{k_s-k_j}\right)_{n_s+1-k_s}}$$

$$\times (-1)^{r(|\boldsymbol{n}|-|\boldsymbol{k}|+1)} z^{|\boldsymbol{n}|-|\boldsymbol{k}|+1} q^{r\sum\limits_{i=1,i\neq s}^{r}\left[\binom{n_i}{2}-\binom{k_i}{2}\right]-|\boldsymbol{k}|(|\boldsymbol{n}|-|\boldsymbol{k}|+1)}$$

$$\times q^{r\left[\binom{n_s+1}{2}-\binom{k_s}{2}\right]-|\boldsymbol{k}|(|\boldsymbol{n}|-|\boldsymbol{k}|+1)}$$

$$\times x_s^{rn_s+r-rk_s-|\boldsymbol{n}|-1+|\boldsymbol{k}|} \prod_{i=1,i\neq s}^{r} x_i^{rn_i-rk_i-|\boldsymbol{n}|-1+|\boldsymbol{k}|}(1-q^{n_s+1-k_s})$$

$$\times \prod_{i=1}^{r}(1-q^{n_i-k_s}x_i/x_s)$$

$$= \sum_{n_i\geqslant k_i(i=1,\cdots,r)} \prod_{1\leqslant i<j\leqslant r,i,j\neq s} \frac{x_iq^{n_i}-x_jq^{n_j}}{x_iq^{k_i}-x_jq^{k_j}}$$

$$\times \prod_{1\leqslant i<s} \frac{x_iq^{n_i}-x_sq^{n_s+1}}{x_iq^{k_i}-x_sq^{k_s}} \prod_{s<j\leqslant r} \frac{x_sq^{n_s+1}-x_jq^{n_j}}{x_sq^{k_s}-x_jq^{k_j}}$$

$$\times \frac{1}{(q)_{n_s-k_s}} \prod_{i,j=1,i,j\neq s}^{r} \frac{1}{\left(q\dfrac{x_i}{x_j}q^{k_i-k_j}\right)_{n_i-k_i}}$$

$$\times \prod_{i=1,i\neq s}^{r} \frac{1}{\left(q\dfrac{x_i}{x_s}q^{k_i-k_s}\right)_{n_i-k_i-1}} \prod_{j=1,j\neq s}^{r} \frac{1}{\left(q\dfrac{x_s}{x_j}q^{k_s-k_j}\right)_{n_s+1-k_s}}$$

$$\times (-1)^{r(|\boldsymbol{n}|-|\boldsymbol{k}|+1)} z^{|\boldsymbol{n}|-|\boldsymbol{k}|+1} q^{r\sum\limits_{i=1,i\neq s}^{r}\left[\binom{n_i}{2}-\binom{k_i}{2}\right]-|\boldsymbol{k}|(|\boldsymbol{k}|-|\boldsymbol{k}|+1)}$$

$$\times q^{r\left[\binom{n_s+1}{2}-\binom{k_s}{2}\right]-|\boldsymbol{k}|(|\boldsymbol{n}|-|\boldsymbol{k}|+1)}$$

$$\times x_s^{rn_s+r-rk_s-|\boldsymbol{n}|-1+|\boldsymbol{k}|} \prod_{i=1,i\neq s}^{r} x_i^{rn_i-rk_i-|\boldsymbol{n}|-1+|\boldsymbol{k}|}$$

$$= \prod_{1\leqslant i<s} \frac{x_iq^{k_i}-x_sq^{k_s+1}}{x_iq^{k_i}-x_sq^{k_s}} \prod_{s<j\leqslant r} \frac{x_sq^{k_s+1}-x_jq^{n_j}}{x_sq^{k_s}-x_jq^{k_j}}$$

$$\times \prod_{i=1,i\neq s}^{r} \left(1-\frac{x_i}{x_s}q^{k_i-k_s}\right) \prod_{j=1,j\neq s}^{r} \frac{1}{1-q\dfrac{x_s}{x_j}q^{k_s-k_j}}$$

$$\times \ (-1)^r z q^{r k_s - |\boldsymbol{k}|} x_s^r \prod_{i=1}^r \frac{1}{x_i}$$

$$\times \ \sum_{n_i \geqslant k_i (i=1,\cdots,r)} \prod_{1 \leqslant i < j \leqslant r, i,j \neq s} \frac{x_i q^{n_i} - x_j q^{n_j}}{x_i q^{k_i} - x_j q^{k_j}}$$

$$\times \ \prod_{1 \leqslant i < s} \frac{x_i q^{n_i} - q x_s q^{n_s}}{x_i q^{k_i} - q x_s q^{k_s}} \prod_{s < j \leqslant r} \frac{q x_s q^{n_s} - x_j q^{n_j}}{q x_s q^{k_s} - x_j q^{k_j}}$$

$$\times \ \frac{1}{(q)_{n_s - k_s}} \prod_{i,j=1, i \neq j \neq s}^r \frac{1}{\left(q \dfrac{x_i}{x_j} q^{k_i - k_j} \right)_{n_i - k_i}}$$

$$\times \ \prod_{i=1, i \neq s}^r \frac{1}{\left(q \dfrac{x_i}{q x_s} q^{k_i - k_s} \right)_{n_i - k_i}} \prod_{j=1, j \neq s}^r \frac{1}{\left(q \dfrac{q x_s}{x_j} q^{k_s - k_j} \right)_{n_s - k_s}}$$

$$\times \ (-1)^{r(|\boldsymbol{n}| - |\boldsymbol{k}|)} z^{|\boldsymbol{n}| - |\boldsymbol{k}|} q^{|\boldsymbol{n}| - |\boldsymbol{k}|} q^{r \sum\limits_{i=1}^r \left[\binom{n_i}{2} - \binom{k_i}{2} \right] - |\boldsymbol{k}|(|\boldsymbol{n}| - |\boldsymbol{k}|)} (q x_s)^{r n_s - r k_s - |\boldsymbol{n}| + |\boldsymbol{k}|}$$

$$\times \ \prod_{i=1, i \neq s}^r x_i^{r n_i - r k_i - |\boldsymbol{n}| + |\boldsymbol{k}|}.$$

由于

$$\prod_{1 \leqslant i < s} \frac{x_i q^{k_i} - x_s q^{k_s + 1}}{x_i q^{k_i} - x_s q^{k_s}} \prod_{s < j \leqslant r} \frac{x_s q^{k_s + 1} - x_j q^{n_j}}{x_s q^{k_s} - x_j q^{k_j}}$$

$$\times \ \prod_{i=1, i \neq s}^r \left(1 - \frac{x_i}{x_s} q^{k_i - k_s} \right) \prod_{j=1, j \neq s}^r \frac{1}{1 - q \dfrac{x_s}{x_j} q^{k_s - k_j}}$$

$$= (-1)^r \frac{1}{x_s^{r-1} q^{(r-1) k_s}} \prod_{j=1, j \neq s}^r x_j q^{k_j},$$

以及利用 (7.4.16) $(x_i \to x_i q^{k_i}, i = 1, \cdots, r)$, 则

$$H = z(zq)_\infty.$$

因此

$$R = (zq)_\infty + z(zq)_\infty \sum_{s=1}^r \frac{a}{(a + b x_s q^{k_s}) \prod\limits_{i=1, i \neq s}^r (1 - q^{k_i - k_s} x_i / x_s)}.$$

上式中, 取 $z \to z \prod\limits_{i=1}^{r}(a + bx_i q^{k_i})$, 再一次利用 Milne 基本恒等式, 即引理 2.1.1, 取 $t \to -b/a$, $x_i \to x_i q^{k_i}$, $y_i = 0$, $i = 1, \cdots, r$,

$$\prod_{i=1}^{r}(a + bx_i q^{k_i}) \sum_{s=1}^{r} \frac{a}{(a + bx_s q^{k_s}) \prod\limits_{i=1, i\neq s}^{r}(1 - q^{k_i-k_s} x_i/x_s)} = a^r.$$

则得

$$R = \sum_{n_1 \geqslant k_1, \cdots, n_r \geqslant k_r} \prod_{1 \leqslant i < j \leqslant r} \frac{x_i q^{n_i} - x_j q^{n_j}}{x_i q^{k_i} - x_j q^{k_j}}$$

$$\times \prod_{i,j=1}^{r} \frac{1}{(q^{1+k_i-k_j} x_i/x_j)_{n_i-k_i}} \prod_{i=1}^{r}(a + bx_i q^{k_i})^{|\boldsymbol{n}|-|\boldsymbol{k}|}$$

$$\times (-1)^{r(|\boldsymbol{n}|-|\boldsymbol{k}|)} z^{|\boldsymbol{n}|-|\boldsymbol{k}|} q^{\sum\limits_{i=1}^{r}\left[\binom{n_i}{2}-\binom{k_i}{2}\right]-|\boldsymbol{k}|(|\boldsymbol{n}|-|\boldsymbol{k}|)}$$

$$\times \prod_{i=1}^{r} x_i^{rn_i-rk_i-|\boldsymbol{n}|+|\boldsymbol{k}|} \prod_{i=1}^{r} \frac{a + bx_i q_i^{n}}{a + bx_i q^{k_i}}$$

$$= (1 - a^r z)\left(zq \prod_{i=1}^{r}(a + bx_i q^{k_i})\right)_{\infty}, \qquad (7.4.19)$$

即

$$R = \sum_{n_1 \geqslant k_1, \cdots, n_r \geqslant k_r} (-1)^{|\boldsymbol{n}|-|\boldsymbol{k}|} q^{\binom{|\boldsymbol{n}|-|\boldsymbol{k}|}{2}}$$

$$\times \prod_{i=1}^{r}(a + bx_i q^{k_i})^{|\boldsymbol{n}|-|\boldsymbol{k}|} \prod_{i,j=1}^{r} \frac{1}{(q^{1+k_i-k_j} x_i/x_j)_{n_i-k_i}}$$

$$\times (-1)^{(r-1)(|\boldsymbol{n}|)} q^{-\binom{|\boldsymbol{n}|}{2}+r\sum\limits_{i=1}^{r}\left[\binom{n_i}{2}\right]} z^{|\boldsymbol{n}|}$$

$$\times \prod_{1 \leqslant i < j \leqslant r}(x_i q^{n_i} - x_j q^{n_j}) \prod_{i=1}^{r} x_i^{rn_i-|\boldsymbol{n}|} \prod_{i=1}^{r}(a + bx_i q_i^{n})$$

$$= (-1)^{(r-1)(|\boldsymbol{k}|)} q^{-\binom{|\boldsymbol{k}|}{2}+r\sum\limits_{i=1}^{r}\left[\binom{k_i}{2}\right]} z^{|\boldsymbol{k}|}$$

$$\times \prod_{1 \leqslant i < j \leqslant r}(x_i q^{k_i} - x_j q^{k_j})(1 - a^r z)\left(zq \prod_{i=1}^{r}(a + bx_i q^{k_i})\right)_{\infty}$$

$$\times \prod_{i=1}^{r} x_i^{rk_i-|\boldsymbol{k}|} \prod_{i=1}^{r}(a+bx_iq_i^k). \tag{7.4.20}$$

也就是

$$\sum_{\boldsymbol{n}\geqslant\boldsymbol{k}} f_{\boldsymbol{n},\boldsymbol{k}}a_{\boldsymbol{n}} = b_{\boldsymbol{k}}, \tag{7.4.21}$$

这里

$$f_{\boldsymbol{n},\boldsymbol{k}} = (-1)^{|\boldsymbol{n}|-|\boldsymbol{k}|}q^{\binom{|\boldsymbol{n}|-|\boldsymbol{k}|}{2}}\prod_{i=1}^{r}(a+bx_iq^{k_i})^{|\boldsymbol{n}|-|\boldsymbol{k}|}\prod_{i,j=1}^{r}\frac{1}{(q^{1+k_i-k_j}x_i/x_j)_{n_i-k_i}},$$

$$a_{\boldsymbol{n}} = (-1)^{(r-1)(|\boldsymbol{n}|)}q^{-\binom{|\boldsymbol{n}|}{2}+r\sum_{i=1}^{r}\left[\binom{n_i}{2}\right]}z^{|\boldsymbol{n}|}$$

$$\times \prod_{1\leqslant i<j\leqslant r}(x_iq^{n_i}-x_jq^{n_j})\prod_{i=1}^{r}x_i^{rn_i-|\boldsymbol{n}|}\prod_{i=1}^{r}(a+bx_iq_i^n),$$

$$b_{\boldsymbol{k}} = (-1)^{(r-1)(|\boldsymbol{k}|)}q^{-\binom{|\boldsymbol{k}|}{2}+r\sum_{i=1}^{r}\left[\binom{k_i}{2}\right]}z^{|\boldsymbol{k}|}$$

$$\times \prod_{1\leqslant i<j\leqslant r}(x_iq^{k_i}-x_jq^{k_j})(1-a^rz)\left(zq\prod_{i=1}^{r}(a+bx_iq^{k_i})\right)_{\infty}$$

$$\times \prod_{i=1}^{r}x_i^{rk_i-|\boldsymbol{k}|}\prod_{i=1}^{r}(a+bx_iq_i^k).$$

由推论 7.3.1 知, 上式蕴含着 (7.4.2) 成立, 即

$$\sum_{\boldsymbol{k}\geqslant\boldsymbol{l}} g_{\boldsymbol{k},\boldsymbol{l}}b_{\boldsymbol{k}} = a_{\boldsymbol{l}}, \tag{7.4.22}$$

这里 $g_{\boldsymbol{k},\boldsymbol{l}} = \prod_{i=1}^{r}(a+bx_iq^{l_i})(a+bx_iq^{k_i})^{|\boldsymbol{k}|-|\boldsymbol{l}|-1}\prod_{i,j=1}^{r}\dfrac{1}{\left(q\dfrac{x_i}{x_j}q^{l_i-l_j}\right)_{k_i-l_i}}$. 也就是

$$\sum_{\boldsymbol{k}\geqslant\boldsymbol{l}}\prod_{i=1}^{r}(a+bx_iq^{l_i})(a+bx_iq^{k_i})^{|\boldsymbol{k}|-|\boldsymbol{l}|-1}$$

$$\times \prod_{i,j=1}^{r}\frac{1}{\left(q\dfrac{x_i}{x_j}q^{l_i-l_j}\right)_{k_i-l_i}}(-1)^{(r-1)(|\boldsymbol{k}|)}q^{-\binom{|\boldsymbol{k}|}{2}+r\sum_{i=1}^{r}\left[\binom{k_i}{2}\right]}z^{|\boldsymbol{k}|}$$

$$\times \prod_{1\leqslant i<j\leqslant r}(x_iq^{k_i}-x_jq^{k_j})(1-a^rz)\left(zq\prod_{i=1}^{r}(a+bx_iq^{k_i})\right)_{\infty}$$

$$\times \prod_{i=1}^{r}x_i^{rk_i-|\boldsymbol{k}|}\prod_{i=1}^{r}(a+bx_iq_i^k)$$

$$=(-1)^{(r-1)(|\boldsymbol{l}|)}q^{-\binom{|\boldsymbol{l}|}{2}+r\sum\limits_{i=1}^{r}[\binom{l_i}{2}]}z^{|\boldsymbol{l}|}\prod_{1\leqslant i<j\leqslant r}(x_iq^{l_i}-x_jq^{ln_j})\prod_{i=1}^{r}x_i^{rl_i-|l|}\prod_{i=1}^{r}(a+bx_iq_i^l).$$

$$\text{(7.4.23)}$$

整理作变换, 可得结果.   □

同理, 可以得到

定理 7.4.4 [56, 定理 3.11] (Abel 展开的第四个 A_r 拓广)   设 $|az|<\left|q^{\frac{r-1}{2}}x_j^{-r}\prod\limits_{i=1}^{r}x_i\right|$,
对 $j=1,\cdots,r$, 则

$$\frac{1}{1-az}=\sum_{k_1,\cdots,k_r=0}^{\infty}\prod_{1\leqslant i<j\leqslant r}\left(\frac{x_iq^{k_i}-x_jq^{k_j}}{x_i-x_j}\right)\prod_{i,j=1}^{r}\left(\frac{x_i}{x_j}q;q\right)_{k_i}^{-1}$$

$$\times(a+bq^{|\boldsymbol{k}|})^{|\boldsymbol{k}|}q^{-\binom{|\boldsymbol{k}|}{2}+r\sum\limits_{i=1}^{r}\binom{k_i}{2}}$$

$$\times(-1)^{(r-1)|\boldsymbol{k}|}\prod_{i=1}^{r}x_i^{rk_i-|\boldsymbol{k}|}\cdot z^{|\boldsymbol{k}|}(zq(a+bq^{|\boldsymbol{k}|});q)_{\infty}.$$

Abel 求和定理 [113, Sec. 1.5]

$$(A+C)^n=\sum_{k=0}^{n}\binom{n}{k}A(A+Bk)^{k-1}(C-Bk)_{n-k}\qquad\text{(7.4.24)}$$

的 q-模拟为 [134], [126, (8.1)]

$$1=\sum_{k=0}^{n}\begin{bmatrix}n\\k\end{bmatrix}(a+b)(a+bq^k)^{k-1}c^k c(a+bq^k)_{n-k}.\qquad\text{(7.4.25)}$$

另一个 Abel 求和定理的 q-模拟为

$$1=\sum_{k=0}^{n}\begin{bmatrix}n\\k\end{bmatrix}\frac{1-c(a+b)}{1-c(a+bq^{-k})}c(a+bq^{-k})_k(a+bq^{-k})^{n-k}c^{n-k}.\qquad\text{(7.4.26)}$$

定理 7.4.5 [56, 定理 4.4] (Abel 求和的第一个 A_r 拓广) 设 $n_1,\cdots,n_r$ 为非负整数, 则

$$1 = \sum_{\substack{0 \leqslant k_i \leqslant n_i \\ i=1,\cdots,r}} \prod_{i,j=1}^r \left[\frac{\left(\dfrac{x_i}{x_j}q;q\right)_{n_i}}{\left(\dfrac{x_i}{x_j}q;q\right)_{k_i}\left(\dfrac{x_i}{x_j}q^{1+k_i-k_j};q\right)_{n_i-k_i}} \right] c^{|\boldsymbol{k}|}$$

$$\times \left(c\prod_{i=1}^r (a+bx_iq^{k_i});q \right)_{|\boldsymbol{n}|-|\boldsymbol{k}|} \prod_{i=1}^r (a+bx_i)(a+bx_iq^{k_i})^{|\boldsymbol{k}|-1}.$$

证明 设多维反演矩阵 $f_{\boldsymbol{n},\boldsymbol{k}}$, $g_{\boldsymbol{k},\boldsymbol{l}}$ 分别定义在 (7.3.7) 和 (7.3.8) 中. 令

$$a_{\boldsymbol{k}} = \left(\frac{q}{c\prod\limits_{i=1}^r (ax_iq^{k_i}+b)} \right)_{|\boldsymbol{k}|}$$

和

$$b_{\boldsymbol{l}} = q^{\binom{|\boldsymbol{l}|+1}{2}}c^{-|\boldsymbol{l}|}.$$

由 (3.10.1) 可知, (7.0.4) 成立, 它蕴含着 (7.0.3). 在导出的恒等式中, 改变求和次序 $(k_i \to n_i - k_i,\ i = 1,\cdots,r)$, 执行代换 $x_i \to q^{-n_i}/x_i,\ i = 1,\cdots,r$ 和 $c \to cq^{|\boldsymbol{n}|}\prod\limits_{j=1}^r x_j$ 之后, 可得结果. $\qquad\square$

按照同样的方法, 可以得到下列定理 7.4.6—定理 7.4.10:

定理 7.4.6 [56, 定理 4.8] (Abel 求和的第二个 A_r 拓广) 设 $n_1,\cdots,n_r$ 为非负整数, 则

$$1 = \sum_{\substack{0 \leqslant k_i \leqslant n_i \\ i=1,\cdots,r}} \prod_{i,j=1}^r \left[\frac{\left(\dfrac{x_i}{x_j}q;q\right)_{n_i}}{\left(\dfrac{x_i}{x_j}q;q\right)_{k_i}\left(\dfrac{x_i}{x_j}q^{1+k_i-k_j};q\right)_{n_i-k_i}} \right] q^{-e_2(\boldsymbol{k})}c^{|\boldsymbol{k}|}$$

$$\times \prod_{i=1}^r (a+bx_i)(a+bx_iq^{k_i})^{|\boldsymbol{k}|-1}x_i^{k_i}$$

$$\times \prod_{i=1}^r \left(cx_iq^{k_i-|\boldsymbol{k}|}\prod_{j=1}^r (a+bx_jq^{k_j});q \right)_{n_i-k_i},$$

这里 $e_2(\boldsymbol{k})$ 是关于 $\{k_1,\cdots,k_r\}$ 的二阶基本对称函数.

定理 7.4.7 [56, 定理 4.10] (Abel 求和的第三个 A_r 拓广)　设 $n_1, \cdots, n_r$ 为非负整数, 则

$$
1 = \sum_{\substack{0 \leqslant k_i \leqslant n_i \\ i=1, \cdots, r}} \prod_{i,j=1}^{r} \left[\frac{\left(\dfrac{x_i}{x_j} q; q\right)_{n_i}}{\left(\dfrac{x_i}{x_j} q; q\right)_{k_i} \left(\dfrac{x_i}{x_j} q^{1+k_i-k_j}; q\right)_{n_i-k_i}} \right] q^{e_2(\boldsymbol{k})} c^{|\boldsymbol{k}|} \prod_{i=1}^{r} (a + bx_i)
$$

$$
\times \prod_{i=1}^{r} (a + bx_i q^{k_i})^{|\boldsymbol{k}|-1} x_i^{-k_i} \left(\frac{c}{x_i} q^{|\boldsymbol{n}|-n_i} \prod_{j=1}^{r} (a + bx_j q^{k_j}); q\right)_{n_i-k_i},
$$

这里 $e_2(\boldsymbol{k})$ 是关于 $\{k_1, \cdots, k_r\}$ 的二阶基本对称函数.

定理 7.4.8 [56, 定理 4.12] (Abel 求和的第四个 A_r 拓广)　设 $n_1, \cdots, n_r$ 为非负整数, 则

$$
1 = \sum_{\substack{0 \leqslant k_i \leqslant n_i \\ i=1, \cdots, r}} \prod_{i,j=1}^{r} \left[\frac{\left(\dfrac{x_i}{x_j} q; q\right)_{n_i}}{\left(\dfrac{x_i}{x_j} q; q\right)_{k_i} \left(\dfrac{x_i}{x_j} q^{1+k_i-k_j}; q\right)_{n_i-k_i}} \right]
$$

$$
\times (a + b)(a + bq^{|\boldsymbol{k}|})^{|\boldsymbol{k}|-1} c^{|\boldsymbol{k}|} (c(a + bq^{|\boldsymbol{k}|}); q)_{|\boldsymbol{n}|-|\boldsymbol{k}|}.
$$

定理 7.4.9 [56, 定理 4.14] (Abel 求和的第五个 A_r 拓广)　设 $n_1, \cdots, n_r$ 为非负整数, 则

$$
1 = \sum_{\substack{0 \leqslant k_i \leqslant n_i \\ i=1, \cdots, r}} \prod_{i,j=1}^{r} \left[\frac{\left(\dfrac{x_i}{x_j} q; q\right)_{n_i}}{\left(\dfrac{x_i}{x_j} q; q\right)_{k_i} \left(\dfrac{x_i}{x_j} q^{1+k_i-k_j}; q\right)_{n_i-k_i}} \right] q^{-e_2(\boldsymbol{k})} c^{|\boldsymbol{k}|}
$$

$$
\times (a + b)(a + bq^{|\boldsymbol{k}|})^{|\boldsymbol{k}|-1} \prod_{i=1}^{r} x_i^{k_i} (cx_i q^{k_i} (aq^{-|\boldsymbol{k}|} + b); q)_{n_i-k_i},
$$

这里 $e_2(\boldsymbol{k})$ 是关于 $\{k_1, \cdots, k_r\}$ 的二阶基本对称函数.

定理 7.4.10 [56, 定理 4.16] (Abel 求和的第六个 A_r 拓广)　设 $n_1, \cdots, n_r$ 为非负整数, 则

$$
1 = \sum_{\substack{0 \leqslant k_i \leqslant n_i \\ i=1, \cdots, r}} \prod_{i,j=1}^{r} \left[\frac{\left(\dfrac{x_i}{x_j} q; q\right)_{n_i}}{\left(\dfrac{x_i}{x_j} q; q\right)_{k_i} \left(\dfrac{x_i}{x_j} q^{1+k_i-k_j}; q\right)_{n_i-k_i}} \right] q^{e_2(\boldsymbol{k})} c^{|\boldsymbol{k}|}
$$

$$\times (a+b)(a+bq^{|\boldsymbol{k}|})^{|\boldsymbol{k}|-1} \prod_{i=1}^{r} x_i^{-k_i} \left(\frac{c}{x_i} q^{|\boldsymbol{n}|-n_i}(a+bq^{|\boldsymbol{k}|}); q \right)_{n_i-k_i},$$

这里 $e_2(\boldsymbol{k})$ 是关于 $\{k_1, \cdots, k_r\}$ 的二阶基本对称函数.

我们再增加下面两个结果, 分别为定理 7.4.5 和定理 7.4.8 的共轭恒等式, 具体证明见 [56].

定理 7.4.11 [56, 定理 4.18] 设 $n_1, \cdots, n_r$ 为非负整数, 则

$$1 = \sum_{\substack{0 \leqslant k_i \leqslant n_i \\ i=1,\cdots,r}} \prod_{i,j=1}^{r} \left[\frac{\left(\dfrac{x_i}{x_j} q; q \right)_{n_i}}{\left(\dfrac{x_i}{x_j} q; q \right)_{k_i} \left(\dfrac{x_i}{x_j} q^{1+k_i-k_j}; q \right)_{n_i-k_i}} \right] \frac{1 - c \displaystyle\prod_{i=1}^{r}(ax_i+b)}{1 - c \displaystyle\prod_{i=1}^{r}(ax_i+bq^{-k_i})}$$

$$\times \left(c \prod_{i=1}^{r}(ax_i+bq^{-k_i}); q \right)_{|\boldsymbol{k}|} c^{|\boldsymbol{n}|-|\boldsymbol{k}|} \prod_{i=1}^{r}(ax_i+bq^{-k_i})^{|\boldsymbol{n}|-|\boldsymbol{k}|}.$$

定理 7.4.12 [56, 定理 4.20] 设 $n_1, \cdots, n_r$ 为非负整数, 则

$$1 = \sum_{\substack{0 \leqslant k_i \leqslant n_i \\ i=1,\cdots,r}} \prod_{i,j=1}^{r} \left[\frac{\left(\dfrac{x_i}{x_j} q; q \right)_{n_i}}{\left(\dfrac{x_i}{x_j} q; q \right)_{k_i} \left(\dfrac{x_i}{x_j} q^{1+k_i-k_j}; q \right)_{n_i-k_i}} \right] c^{|\boldsymbol{n}|-|\boldsymbol{k}|}$$

$$\times \frac{(1-c(a+b))}{(1-c(a+bq^{-|\boldsymbol{k}|}))} (c(a+bq^{-|\boldsymbol{k}|}); q)_{|\boldsymbol{k}|} (a+bq^{-|\boldsymbol{k}|})^{|\boldsymbol{n}|-|\boldsymbol{k}|}.$$

7.5 A_r Rothe 类型展开与求和

Rothe 恒等式 (称为 Rothe 求和定理):

$$\binom{A+C}{n} = \sum_{k=0}^{n} \frac{A}{A+Bk} \binom{A+Bk}{k} \binom{C-Bk}{n-k}$$

的 q-模拟为

$$(c)_n = \sum_{k=0}^{n} \begin{bmatrix} n \\ k \end{bmatrix} \frac{1-(a+b)}{1-(aq^{-k}+b)} (aq^{-k}+b)_k (c(a+bq^k))_{n-k}(-1)^k q^{\binom{k}{2}} c^k.$$

起源于 Euler 的另一个恒等式为

$$(1+Z)^A = \sum_{k=0}^{\infty} \frac{A}{A+Bk} \binom{A+Bk}{k} Z^k (1+Z)^{-Bk}, \quad \left| \frac{(B-1)Z}{(1+Z)^B} \right| < 1. \quad (7.5.1)$$

它的 q-模拟为

$$(z;q)_\infty = \prod_{k=0}^\infty \frac{1-(a+b)}{1-(aq^{-k}+b)} \frac{(aq^{-k}+b;q)_k}{(q;q)_k}$$

$$\times (-1)^k q^{\binom{k}{2}} (z(a+bq^k);q)_\infty z^k, \quad |az|<1,$$

以及恒等式 [56, (5.3)]

$$\frac{(1+Z)^A}{1-\frac{BZ}{1+Z}} = \sum_{k=0}^\infty \binom{A+Bk}{k} Z^k (1+Z)^{-Bk}, \quad \left|\frac{(B-1)Z}{(1+Z)^B}\right|<1 \qquad (7.5.2)$$

的 q-模拟为

$$\frac{(zq)_\infty}{1-az} = \sum_{k=0}^\infty \frac{(aq^{-k}+b)_k}{(q)_k}(-1)^k q^{\binom{k}{2}}(zq(a+bq^k))_\infty q^k z^k, \quad |az|<1.$$

我们称 (7.5.1) 和 (7.5.2) 为 Rothe 展开. 利用前面同样的方法, 可以得到下面 q-Rothe 型展开以及求和公式.

定理 7.5.1 [56, 定理 5.5] (q-Rothe 型展开的第一个 A_r 拓广)　设 $|az| < \left|q^{\frac{r-1}{2}} \right.$ $\left. \times x_j^{-r}\prod_{i=1}^r x_i\right|$, 对 $j=1,\cdots,r$, 则

$$(z;q)_\infty = \sum_{k_1,\cdots,k_r=0}^\infty \prod_{1\leqslant i<j\leqslant r} \frac{x_i q^{k_i}-x_j q^{k_j}}{x_i-x_j}$$

$$\times \prod_{i,j=1}^r \left(\frac{x_i}{x_j}q;q\right)_{k_i}^{-1} \frac{(1-(a+b))}{(1-(aq^{-|\boldsymbol{k}|}+b))}(aq^{-|\boldsymbol{k}|}+b;q)_{|\boldsymbol{k}|}z^{|\boldsymbol{k}|}$$

$$\times \prod_{i=1}^r x_i^{rk_i-|\boldsymbol{k}|}(-1)^{r|\boldsymbol{k}|}q^{r\sum\limits_{i=1}^r \binom{k_i}{2}}(z(a+bq^{|\boldsymbol{k}|});q)_\infty.$$

定理 7.5.2 [56, 定理 5.7] (q-Rothe 型展开的第二个 A_r 拓广)　设 $|az|<1$, 则

$$(z;q)_\infty = \sum_{k_1,\cdots,k_r=0}^\infty \prod_{1\leqslant i<j\leqslant r} \frac{x_i q^{k_i}-x_j q^{k_j}}{x_i-x_j}\prod_{i,j=1}^r \left(\frac{x_i}{x_j}q;q\right)_{k_i}^{-1}$$

$$\times \frac{1-(a+b)}{1-(aq^{-|\boldsymbol{k}|}+b)}(aq^{-|\boldsymbol{k}|}+b;q)_{|\boldsymbol{k}|}z^{|\boldsymbol{k}|}(-1)^{|\boldsymbol{k}|}q^{\binom{|\boldsymbol{k}|}{2}}(z(a+bq^{|\boldsymbol{k}|});q)_\infty.$$

定理 7.5.3 [56, 定理 5.9] (q-Rothe 型展开的第三个 A_r 拓广)　设 $|az| < \left| q^{\frac{r-1}{2}} \right.$

$\left. \times x_j^{-r} \prod\limits_{i=1}^{r} x_i \right|$, 对 $j = 1, \cdots, r$, 则

$$
\frac{(zq;q)_\infty}{1-az} = \sum_{k_1,\cdots,k_r=0}^{\infty} \prod_{1\leqslant i<j\leqslant r} \frac{x_i q^{k_i} - x_j q^{k_j}}{x_i - x_j}
$$

$$
\times (aq^{-|\boldsymbol{k}|} + b; q)_{|\boldsymbol{k}|}(-1)^{r|\boldsymbol{k}|} z^{|\boldsymbol{k}|} \prod_{i,j=1}^{r} \left(\frac{x_i}{x_j} q; q \right)_{k_i}^{-1}
$$

$$
\times q^{|\boldsymbol{k}|+r\sum\limits_{i=1}^{r} \binom{k_i}{2}} (zq(a+bq^{|\boldsymbol{k}|}); q)_\infty \prod_{i=1}^{r} x_i^{rk_i - |\boldsymbol{k}|}.
$$

定理 7.5.4 [56, 定理 5.12] (q-Rothe 型展开的第四个 A_r 拓广)　设 $|az| < 1$, 则

$$
\frac{(zq;q)_\infty}{1-az} = \sum_{k_1,\cdots,k_r=0}^{\infty} \prod_{1\leqslant i<j\leqslant r} \frac{x_i q^{k_i} - x_j q^{k_j}}{x_i - x_j}
$$

$$
\times (aq^{-|\boldsymbol{k}|} + b; q)_{|\boldsymbol{k}|}(-1)^{|\boldsymbol{k}|} \prod_{i,j=1}^{r} \left(\frac{x_i}{x_j} q; q \right)_{k_i}^{-1}
$$

$$
\times z^{|\boldsymbol{k}|} q^{|\boldsymbol{k}|+\binom{|\boldsymbol{k}|}{2}} (zq(a+bq^{|\boldsymbol{k}|}); q)_\infty.
$$

定理 7.5.5 [56, 定理 6.7] (q-Rothe 型求和的第一个 A_r 拓广)　设 $n_1, \cdots, n_r$ 为非负整数, 则

$$
\prod_{i=1}^{r} (cx_i; q)_{n_i}
$$

$$
= \sum_{\substack{0\leqslant k_i\leqslant n_i \\ i=1,\cdots,r}} \prod_{i,j=1}^{r} \left[\frac{\left(\dfrac{x_i}{x_j} q; q \right)_{n_i}}{\left(\dfrac{x_i}{x_j} q; q \right)_{k_i} \left(\dfrac{x_i}{x_j} q^{1+k_i-k_j}; q \right)_{n_i-k_i}} \right] \frac{1-(a+b)}{1-(aq^{-|\boldsymbol{k}|}+b)}
$$

$$
\times (aq^{-|\boldsymbol{k}|} + b; q)_{|\boldsymbol{k}|} c^{|\boldsymbol{k}|}(-1)^{|\boldsymbol{k}|} q^{\sum\limits_{i=1}^{r} \binom{k_i}{2}} \prod_{i=1}^{r} x_i^{k_i} (cx_i q^{k_i}(aq^{-|\boldsymbol{k}|}+b); q)_{n_i-k_i}.
$$

定理 7.5.6 [56, 定理 6.9] (q-Rothe 型求和的第二个 A_r 拓广)　设 $n_1, \cdots, n_r$ 为非负整数, 则

$$
\prod_{i=1}^{r} \left(b\frac{c}{x_i} q^{|\boldsymbol{n}|-n_i}; q \right)_{n_i}
$$

$$
= \sum_{\substack{0 \leqslant k_i \leqslant n_i \\ i=1,\cdots,r}} \prod_{i,j=1}^{r} \frac{\left(\dfrac{x_i}{x_j}q; q\right)_{n_i}}{\left(\dfrac{x_i}{x_j}q; q\right)_{k_i} \left(\dfrac{x_i}{x_j}q^{1+k_i-k_j}; q\right)_{n_i-k_i}}
$$

$$
\times \prod_{i=1}^{r} x_i^{-k_i} \left(\dfrac{c}{x_i}q^{|\boldsymbol{n}|-n_i}(a+bq^{|\boldsymbol{k}|}); q\right)_{n_i-k_i}
$$

$$
\times \frac{1-(a+b)}{1-(aq^{-|\boldsymbol{k}|}+b)}(aq^{-|\boldsymbol{k}|}+b; q)_{|\boldsymbol{k}|}c^{|\boldsymbol{k}|}(-1)^{|\boldsymbol{k}|}q^{e_2(\boldsymbol{k})+\binom{|\boldsymbol{k}|}{2}},
$$

这里 $e_2(\boldsymbol{k})$ 是关于 $\{k_1, \cdots, k_r\}$ 的二阶基本对称函数.

定理 7.5.7 [56, 定理 6.11], [135, 定理 5.1] (q-Rothe 型求和的第三个 A_r 拓广) 设 $n_1, \cdots, n_r$ 为非负整数, 则

$$
(c; q)_{|\boldsymbol{n}|} = \sum_{\substack{0 \leqslant k_i \leqslant n_i \\ i=1,\cdots,r}} \prod_{i,j=1}^{r} \left[\frac{\left(\dfrac{x_i}{x_j}q; q\right)_{n_i}}{\left(\dfrac{x_i}{x_j}q; q\right)_{k_i} \left(\dfrac{x_i}{x_j}q^{1+k_i-k_j}; q\right)_{n_i-k_i}} \right] (-1)^{|\boldsymbol{k}|}q^{\binom{|\boldsymbol{k}|}{2}}
$$

$$
\times \frac{1-(a+b)}{1-(aq^{-|\boldsymbol{k}|}+b)}(aq^{-|\boldsymbol{k}|}+b; q)_{|\boldsymbol{k}|}(c(a+bq^{|\boldsymbol{k}|}); q)_{|\boldsymbol{n}|-|\boldsymbol{k}|}c^{|\boldsymbol{k}|}. \quad (7.5.3)
$$

定理 7.5.8 [56, 定理 6.13] (q-Rothe 型求和的第四个 A_r 拓广) 设 $N_1, \cdots, N_r$ 为非负整数, 令 $|\boldsymbol{k}_j| = \sum\limits_{i=1}^{r} k_{ij}$, 则

$$
(c; q)_{|\boldsymbol{N}|}
$$

$$
= \sum_{\substack{k_{ij} \geqslant 0, i=1,\cdots,r, j=1,\cdots,s \\ 0 \leqslant \sum\limits_{j=1}^{s} k_{ij} \leqslant N_i, i=1,\cdots,r}} (-1)^{\sum\limits_{j=1}^{s}|\boldsymbol{k}_j|} q^{\sum\limits_{j=1}^{s}\binom{|\boldsymbol{k}_j|}{2}}
$$

$$
\times \prod_{j=1}^{s} \frac{1-(a_j+b_j)}{1-(a_jq^{-|\boldsymbol{k}_j|}+b_j)}(a_jq^{-|\boldsymbol{k}_j|}+b_j; q)_{|\boldsymbol{k}_j|}
$$

$$
\times \prod_{t,u=1}^{r} \left[\frac{\left(\dfrac{x_t}{x_u}q; q\right)_{N_t}}{\left(\dfrac{x_t}{x_u}q^{1+\sum\limits_{j=1}^{s}k_{tj}-\sum\limits_{j=1}^{s}k_{uj}}; q\right)_{N_t-\sum\limits_{j=1}^{s}k_{tj}} \prod\limits_{j=1}^{s}\left(\dfrac{x_t}{x_u}q^{1+\sum\limits_{i=1}^{j-1}k_{ti}-\sum\limits_{i=1}^{j-1}k_{ui}}; q\right)_{k_{tj}}} \right]
$$

$$\times \left(c \prod_{j=1}^{s}(a_j + b_j q^{|\boldsymbol{k}_j|}); q \right)_{|\boldsymbol{N}|-\sum\limits_{j=1}^{s}|\boldsymbol{k}_j|} c^{\sum\limits_{j=1}^{s}|\boldsymbol{k}_j|} \prod_{j=1}^{s}(a_j + b_j q^{|\boldsymbol{k}_j|})^{\sum\limits_{i=j+1}^{s}|\boldsymbol{k}_i|}.$$

本节最后列出两个其他类型的展开公式, 对于更复杂的同类结果见 [56].

定理 7.5.9 [56, 定理 7.44] 设 a, b 和 $x_1, \cdots, x_r$ 为变元, 则

$$(aq; q)_\infty = \sum_{k_1, \cdots, k_r = 0}^{\infty} \left(\prod_{1 \leqslant i < j \leqslant r} \frac{1 - \dfrac{x_i}{x_j} q^{k_i - k_j}}{1 - \dfrac{x_i}{x_j}} \right)$$

$$\times \prod_{1 \leqslant i < j \leqslant r} \frac{1 - \left(b x_j q^{k_j} - \dfrac{x_j}{x_i} q^{k_j - k_i} \right)}{1 - \left(b x_j - \dfrac{x_j}{x_i} \right)}$$

$$\times \prod_{i=1}^{r} \frac{b x_i - 1}{b x_i q^{k_i} - 1} \prod_{i=1}^{r} \frac{1 - a(b x_i q^{k_i} - 1) \prod\limits_{j=1}^{r}(b x_j q^{k_j} - 1)}{1 + a \prod\limits_{j=1}^{r}(b x_j q^{k_j} - 1)}$$

$$\times \prod_{i,j=1}^{r} \frac{1 - \left(b x_i - \dfrac{x_i}{x_j} \right)}{1 - \left(b x_i - \dfrac{x_i}{x_j} q^{-k_j} \right)} \prod_{i,j=1}^{r} \frac{\left(b x_i - \dfrac{x_i}{x_j} q^{-k_j}; q \right)_{k_i}}{\left(\dfrac{x_i}{x_j} q; q \right)_{k_i}}$$

$$\times \prod_{i=1}^{r} \frac{\left(\dfrac{b x_i q}{1 + a \prod\limits_{j=1}^{r}(b x_j q^{k_j} - 1)}; q \right)_{k_i} \left(\dfrac{a b x_i q^{1+k_i}}{1 + a \prod\limits_{j=1}^{r}(b x_j q^{k_j} - 1)}; q \right)_\infty}{\left(\dfrac{a b x_i \prod\limits_{j=1}^{r}(b x_j q^{k_j} - 1)}{1 + a \prod\limits_{j=1}^{r}(b x_j q^{k_j} - 1)}; q \right)_\infty}$$

$$\times \left(aq \prod_{i=1}^{r}(b x_i q^{k_i} - 1); q \right)_\infty (-1)^{|\boldsymbol{k}|} q^{\binom{|\boldsymbol{k}|}{2} + |\boldsymbol{k}|} a^{|\boldsymbol{k}|},$$

这里 $|aq| < 1$.

定理 7.5.10 [56, 定理 7.46]　设 z, b 和 $x_1, \cdots, x_r$ 为变元, 则

$$
(z; q)_\infty = \sum_{k_1, \cdots, k_r = 0}^\infty \prod_{1 \leqslant i < j \leqslant r} \frac{1 - \dfrac{x_i}{x_j} q^{k_i - k_j}}{1 - \dfrac{x_i}{x_j}}
$$

$$
\times \prod_{1 \leqslant i < j \leqslant r} \frac{1 - \left(b x_j q^{k_j} - \dfrac{x_j}{x_i} q^{k_j - k_i} \right)}{1 - \left(b x_j - \dfrac{x_j}{x_i} \right)} \prod_{i=1}^r \frac{b x_i - 1}{b x_i q^{k_i} - 1}
$$

$$
\times \prod_{i,j=1}^r \frac{1 - \left(b x_i - \dfrac{x_i}{x_j} \right)}{1 - \left(b x_i - \dfrac{x_i}{x_j} q^{-k_j} \right)} \prod_{i,j=1}^r \frac{\left(b x_i - \dfrac{x_i}{x_j} q^{-k_j}; q \right)_{k_i}}{\left(\dfrac{x_i}{x_j} q; q \right)_{k_i}}
$$

$$
\times \left(z \prod_{i=1}^r (b x_i q^{k_i} - 1); q \right)_\infty (-1)^{|\boldsymbol{k}|} q^{\binom{|\boldsymbol{k}|}{2}} z^{|\boldsymbol{k}|}, \tag{7.5.4}
$$

这里 $|z| < 1$.

7.6　$U(n+1)$ Jacobi 三重积恒等式及其拓广

定理 7.6.1 [45, 定理 1.2] (Jacobi 三重积恒等式的 $U(n+1)$ 拓广)

$$
\sum_{\substack{-\infty < y_i < \infty \\ i=1,2,\cdots,n}} (-1)^{(n-1)|\boldsymbol{y}|} q^{n \sum\limits_{i=1}^n \binom{y_i}{2} + |\boldsymbol{y}| - e_2(y_1, \cdots, y_n)} t^{|\boldsymbol{y}|}
$$

$$
\times \prod_{1 \leqslant r < s \leqslant n} \frac{x_r q^{y_r} - x_s q^{y_s}}{x_r - x_s} \prod_{i=1}^n x_i^{(n+1)y_i - |\boldsymbol{y}|}
$$

$$
= \prod_{1 \leqslant r < s \leqslant n} (q x_r / x_s)_\infty (q x_s / x_r)_\infty \prod_{i=1}^n \left[(-t q x_i)_\infty \left(-\frac{1}{t x_i} \right)_\infty (q)_\infty \right]. \tag{7.6.1}
$$

证明　在推论 3.8.1 中, 取 $N_i \to 2N$, $t \to -t q^{1+(2n-1)N}$, 则

$$
\prod_{i=1}^n \left(-x_i t q^{1-N} \right)_{2N}
$$

$$
= \sum_{\substack{0 \leqslant y_i \leqslant 2N \\ i=1,2,\cdots,n}} \prod_{1 \leqslant r < s \leqslant n} \frac{x_r q^{y_r} - x_s q^{y_s}}{x_r - x_s}
$$

$$\times \prod_{r,s=1}^{n} \frac{\left(\dfrac{x_r}{x_s}q^{-2N}\right)_{y_r}}{\left(q\dfrac{x_r}{x_s}\right)_{y_r}} q^{-e_2(y_1,y_2,\cdots,y_n)}(-tq^{1+(2n-1)N})^{|\boldsymbol{y}|} \prod_{i=1}^{n} x_i^{y_i}.$$

注意到 (3.8.3) 的求和一边的第二个乘积的分子, 导致求和是终止的. 改变求和指标为 $-N \leqslant y_i \leqslant N$ $(i = 1, 2, \cdots, n)$, 则每个 y_i 被代替为 $y_i + N$, 化简后, 下面多重和恒等式成立:

$$\sum_{\substack{-N \leqslant y_i \leqslant N \\ i=1,2,\cdots,n}} \prod_{1 \leqslant r < s \leqslant n} \frac{x_r q^{y_r} - x_s q^{y_s}}{x_r - x_s} \prod_{r,s=1}^{n} \frac{(q^{-2N}x_r/x_s)_{N+y_r}}{(qx_r/x_s)_{N+y_r}} \prod_{i=1}^{n}(x_i q^{1+nN})^{y_i}$$

$$\times q^{-e_2(y_1,y_2,\cdots,y_n)}(-1)^{|\boldsymbol{y}|} t^{|\boldsymbol{y}|}$$

$$= \prod_{i=1}^{n}(-tq^{1-N}x_i)_{2N} \frac{1}{(-1)^{nN}t^{nN}q^{N\binom{n+1}{2}}q^{N^2(3n^2-n)/2}} \prod_{i=1}^{n} x_i^{-N}. \qquad (7.6.2)$$

应用关系

$$\prod_{i=1}^{n}(-tq^{1-N}x_i)_{2N} = q^{-n\binom{N}{2}}t^{nN}\prod_{i=1}^{n}x_i^N \prod_{i=1}^{n}\left[(-tqx_i)_N\left(-\frac{1}{tx_i}\right)_N\right],$$

$$\prod_{1 \leqslant r < s \leqslant n} \frac{1}{1-\dfrac{x_r}{x_s}} \prod_{r,s=1}^{n} \frac{1}{(qx_r/x_s)_{N+y_r}}$$

$$= \prod_{i=1}^{n} \frac{1}{(q)_{N+y_i}} \prod_{1 \leqslant r < s \leqslant n} \frac{1}{(x_r/x_s)_{1+N+y_r}(qx_s/x_r)_{N+y_i}},$$

$$(x_r q^{-2N}/x_s)_{N+y_r} = \frac{(qx_s/x_r)_{2N}}{(qx_s/x_r)_{N-y_r}}(-1)^{N+y_r}\left(\frac{x_r}{x_s}\right)^{N+y_r} q^{-N(3N+1)/2}q^{-Ny_r}q^{\binom{y_r}{2}},$$

$$\prod_{r,s=1}^{n}\left[(-1)^{N+y_r}\left(\frac{x_r}{x_s}\right)^{N+y_r} q^{-Ny_r+\binom{y_r}{2}}q^{-N(3N+1)/2}\right]$$

$$= \prod_{i=1}^{n}\left[x_i^{ny_i-|\boldsymbol{y}|}(-1)^{n|\boldsymbol{y}|}(-1)^{n^2 N}q^{n\sum_{i=1}^{n}\binom{y_i}{2}}q^{-nN|\boldsymbol{y}|}q^{-n^2 N(3N+1)/2}\right],$$

化简, 则得

$$\sum_{\substack{-N \leqslant y_i \leqslant N \\ i=1,2,\cdots,n}} \prod_{1 \leqslant r < s \leqslant n} \frac{x_r q^{y_r} - x_s q^{y_s}}{x_r - x_s} \prod_{i=1}^{n} \frac{1}{(q)_{N+y_i}} \prod_{1 \leqslant r < s \leqslant n} \frac{1}{(qx_r/x_s)_{N+y_r}(qx_s/x_r)_{N+y_s}}$$

$$\times \prod_{r,s=1}^{n} \frac{(qx_s/x_r)_{2N}}{(qx_s/x_r)_{N-y_r}} \prod_{i=1}^{n} x_i^{(n+1)y_i-|\boldsymbol{y}|}$$

$$\times (-1)^{(n-1)|\boldsymbol{y}|} t^{|\boldsymbol{y}|} q^{-e_2(y_1,y_2,\cdots,y_n)} q^{n \sum\limits_{i=1}^{n} \binom{y_i}{2} + |\boldsymbol{y}|}$$

$$= \prod_{i=1}^{n} \left[(-tx_i q)_N \left(-\frac{1}{tx_i} \right)_N \right]. \tag{7.6.3}$$

最后, 令 $N \to \infty$, 可得结果. $\qquad\qquad\qquad\qquad\qquad\qquad\qquad\qquad\qquad\square$

注 7.6.1 上述证明的收敛性证明, 见 [45].

定理 7.6.2 [135, 定理 5.2]

$$\frac{(z,q/z)_\infty}{1-b} \prod_{i,j=1}^{r} (qx_r/x_s)_\infty$$

$$= \sum_{k_1,\cdots,k_r=-\infty}^{\infty} \prod_{1 \leqslant i<j \leqslant r} \frac{x_i q^{k_i} - x_j q^{k_j}}{x_i - x_j}$$

$$\times (aq^{1-|\boldsymbol{k}|} + bq)_\infty (z(a+bq^{|\boldsymbol{k}|}))_\infty (-1)^{r|\boldsymbol{k}|} q^{r \sum\limits_{i=1}^{r} \binom{k_i}{2}} z^{|\boldsymbol{k}|} \prod_{i=1}^{r} x_i^{rk_i-|\boldsymbol{k}|}, \tag{7.6.4}$$

这里 $\max\{|az|, |b|\} < 1$.

证明 在 (7.5.3) 中, 令 $n_i \to 2n_i$ $(i = 1, 2, \cdots, r)$, 然后变所有求和指标 $k_i \to k_i + n_i$, 则得到

$$(c; q)_{2|\boldsymbol{n}|}$$

$$= \sum_{\substack{-n_i \leqslant k_i \leqslant n_i \\ i=1,\cdots,r}} \prod_{i,j=1}^{r} \left[\frac{\left(\frac{x_i}{x_j} q; q \right)_{n_i}}{\left(\frac{x_i}{x_j} q; q \right)_{n_i+k_i} \left(\frac{x_i}{x_j} q^{1+n_i-n_j+k_i-k_j}; q \right)_{n_i-k_i}} \right] (-1)^{|\boldsymbol{n}|+|\boldsymbol{k}|} q^{\binom{|\boldsymbol{n}|+|\boldsymbol{k}|}{2}}$$

$$\times (1-(a+b))(aq^{1-|\boldsymbol{n}|-|\boldsymbol{k}|} + bq; q)_{|\boldsymbol{n}|+|\boldsymbol{k}|-1} (c(a+bq^{|\boldsymbol{n}|+|\boldsymbol{k}|}); q)_{|\boldsymbol{n}|-|\boldsymbol{k}|} c^{|\boldsymbol{n}|+|\boldsymbol{k}|}. \tag{7.6.5}$$

作替换 $a \to aq^{|\boldsymbol{n}|}$, $c \to cq^{-|\boldsymbol{n}|}$, $x_i \to x_i q^{-n_i}$ $(i = 1, 2, \cdots, r)$, 经过基本运算得到

$$\frac{(c, q/c; q)_{|\boldsymbol{n}|}}{1 - aq^{|\boldsymbol{n}|} - b}$$

$$= \sum_{\substack{-n_i \leqslant k_i \leqslant n_i \\ i=1,2,\cdots,r}} \prod_{i,j=1}^{r} \left[\frac{\left(\dfrac{x_i}{x_j}q;q\right)_{n_i+n_j}}{\left(\dfrac{x_i}{x_j}q;q\right)_{n_j+k_i} \left(\dfrac{x_i}{x_j}q^{1+k_i-k_j};q\right)_{n_i-k_i}} \right] (-1)^{|\boldsymbol{k}|}q^{\binom{|\boldsymbol{k}|}{2}}$$

$$\times (aq^{1-|\boldsymbol{k}|} + bq;q)_{|\boldsymbol{n}|+|\boldsymbol{k}|-1}(c(a+bq^{|\boldsymbol{k}|});q)_{|\boldsymbol{n}|-|\boldsymbol{k}|}c^{|\boldsymbol{k}|}. \tag{7.6.6}$$

现在, 使 $c \to z$, 令 $n_i \to \infty$ $(1,2,\cdots,r)$ (假定 $|az| < 1$ 和 $|b| < 1$), 同时应用 Tannery 定理, 再应用 (1.4.2), 得到结果. □

注 7.6.2 此结果的收敛性证明在第 12 章中给出.

注 7.6.3 当 $n = 1$ 时, 此结果变为 Jacobi 三重积恒等式的 Abel-Rothe 类型推广形式 [135, 定理 4.1]:

$$\frac{(q,z,q/z)_\infty}{1-b} = \sum_{k=-\infty}^{\infty} (aq^{1-k}+bq)_\infty (z(a+bq^k))_\infty (-1)^k q^{\binom{k}{2}} z^k, \tag{7.6.7}$$

这里 $\max(|az|,|b|) < 1$. 注意当 $a = b = 0$ 时, 退化为 Jacobi 三重积恒等式.

定理 7.6.3 [135, 定理 5.3]

$$\frac{(zq,1/z)_\infty}{(1-az)} \prod_{i,j=1}^{r} (qx_r/x_s)_\infty$$

$$= \sum_{k_1,\cdots,k_r=-\infty}^{\infty} \prod_{1\leqslant i<j\leqslant r} \frac{x_i q^{k_i} - x_j q^{k_j}}{x_i - x_j}$$

$$\times (aq^{-|\boldsymbol{k}|}+b)_\infty (zq(a+bq^{|\boldsymbol{k}|}))_\infty (-1)^{r|\boldsymbol{k}|} q^{|\boldsymbol{k}|+r\sum_{i=1}^{r}\binom{k_i}{2}} z^{|\boldsymbol{k}|} \prod_{i=1}^{r} x_i^{rk_i-|\boldsymbol{k}|}, \tag{7.6.8}$$

这里 $\max\{|az|,|b|\} < 1$.

证明 在 (7.6.4) 中, 令 $k_i \to -k_i$ $(i=1,2,\cdots,r)$, 然后代换 $a \to bz$, $b \to az$, $z \to 1/z$, $x_i \to 1/x_i$ $(i=1,2,\cdots,r)$, 可得结果. □

注 7.6.4 当 $n = 1$ 时, 此结果变为 [135, 推论 4.2]

$$\frac{(q,zq,1/z)_\infty}{1-az} = \sum_{k=-\infty}^{\infty} (aq^{-k}+b)_\infty (zq(a+bq^k))_\infty (-1)^k q^{\binom{k+1}{2}} z^k, \tag{7.6.9}$$

这里 $\max(|az|,|b|) < 1$. 注意当 $a = b = 0$ 时, 退化为 Jacobi 三重积恒等式.

7.7 两个 A_r 二次求和公式

定理 7.7.1 [106, 定理 5.4] (A_r 二次求和的第一个公式)

$$\sum_{\substack{0\leqslant k_i\leqslant n_i\\i=1,2,\cdots,r}}\prod_{i=1}^{r}\frac{1-ax_iq^{2k_i+|\boldsymbol{k}|}}{1-ax_i}\prod_{1\leqslant i<j\leqslant r}\frac{1-q^{2k_i-2k_j}x_i/x_j}{1-x_i/x_j}\prod_{i,j=1}^{r}\frac{(q^{-2n_j}x_i/x_j;q^2)_{k_i}}{(q^2x_i/x_j;q^2)_{k_i}}$$

$$\times\prod_{i=1}^{r}\frac{(dx_i;q^2)_{k_i}(a^2x_iq^{1+2|\boldsymbol{n}|}/d;q^2)_{k_i}}{(ax_iq^2/b;q^2)_{k_i}(abx_iq;q^2)_{k_i}}\prod_{i=1}^{r}\frac{(ax_i;q)_{|\boldsymbol{k}|}}{(aq^{1+2n_i}x_i;q)_{|\boldsymbol{k}|}}$$

$$\times\frac{(b;q)_{|\boldsymbol{k}|}(q/b;q)_{|\boldsymbol{k}|}}{(aq/d;q)_{|\boldsymbol{k}|}(dq^{-2|\boldsymbol{n}|}/a;q)_{|\boldsymbol{k}|}}q^{-|\boldsymbol{k}|+2\sum\limits_{i=1}^{r}ik_i}$$

$$=\frac{(aq^2/bd;q^2;q^2)_{|\boldsymbol{n}|}(abq/d;q^2)_{|\boldsymbol{n}|}}{(aq/d;q)_{2|\boldsymbol{n}|}}\prod_{i=1}^{r}\frac{(ax_iq;q)_{2n_i}}{(ax_iq^2/b;q^2)_{n_i}(abx_iq;q^2)_{n_i}}.\tag{7.7.1}$$

证明　在命题 7.3.1 中, 取 $c_i(t_i)\rightarrow q^{-2t_i}/x_i$, $i=1,\cdots,r$, $a_t\rightarrow aq^t$ 和 $b\rightarrow a^2/dx_1\cdots x_n$, 由于

$$\prod_{t=|\boldsymbol{k}|}^{|\boldsymbol{n}|-1}\left(a_t-\frac{b}{c_1(k_1)\cdots c_r(k_r)}\right)=\prod_{t=|\boldsymbol{k}|}^{|\boldsymbol{n}|-1}\left(aq^t-\frac{a^2}{d}q^{2|\boldsymbol{k}|}\right)$$

$$=\left(aq^{|\boldsymbol{k}|}-\frac{a^2}{d}q^{2|\boldsymbol{k}|}\right)\left(aq^{|\boldsymbol{k}|+1}-\frac{a^2}{d}q^{2|\boldsymbol{k}|}\right)\cdots\left(aq^{|\boldsymbol{n}|-1}-\frac{a^2}{d}q^{2|\boldsymbol{k}|}\right)$$

$$=a^{|\boldsymbol{n}|-|\boldsymbol{k}|}q^{\binom{|\boldsymbol{n}|}{2}-\binom{|\boldsymbol{k}|}{2}}(aq^{2|\boldsymbol{k}|-|\boldsymbol{n}|+1}/d)_{|\boldsymbol{n}|-|\boldsymbol{k}|}$$

$$=a^{|\boldsymbol{n}|-|\boldsymbol{k}|}q^{\binom{|\boldsymbol{n}|}{2}-\binom{|\boldsymbol{k}|}{2}}\frac{(aq^{-|\boldsymbol{n}|+1}/d)_{|\boldsymbol{n}|}(aq/d)_{|\boldsymbol{k}|}}{(aq^{-|\boldsymbol{n}|+1}/d)_{2|\boldsymbol{k}|}},$$

$$\prod_{i=1}^{r}\prod_{t_i=k_i+1}^{n_i}\left(c_i(t_i)-\frac{b}{c_1(k_1)\cdots c_r(k_r)}\right)=\prod_{i=1}^{r}\prod_{t_i=k_i+1}^{n_i}\left(\frac{q^{-2t_i}}{x_i}-\frac{a^2q^{2|\boldsymbol{k}|}}{d}\right)$$

$$=\prod_{i=1}^{r}\left(\frac{q^{-2k_i-2}}{x_i}-\frac{a^2q^{2|\boldsymbol{k}|}}{d}\right)\left(\frac{q^{-2k_i-4}}{x_i}-\frac{a^2q^{2|\boldsymbol{k}|}}{d}\right)\cdots\left(\frac{q^{-2n_i}}{x_i}-\frac{a^2q^{2|\boldsymbol{k}|}}{d}\right)$$

$$=\frac{q^{2\sum\limits_{i=1}^{r}(\binom{k_i}{2}-\binom{n_i}{2})+2|\boldsymbol{k}|-2|\boldsymbol{n}|}}{x_1^{n_1-k_1}\cdots x_r^{n_r-k_r}}\prod_{i=1}^{r}(a^2x_iq^{2|\boldsymbol{k}|+2k_i+2}/d;q^2)_{n_i-k_i}$$

$$=\frac{q^{2\sum\limits_{i=1}^{r}(\binom{k_i}{2}-\binom{n_i}{2})+2|\boldsymbol{k}|-2|\boldsymbol{n}|}}{x_1^{n_1-k_1}\cdots x_r^{n_r-k_r}}\prod_{i=1}^{r}\frac{(a^2x_iq^2/d;q^2)_{n_i+|\boldsymbol{k}|}}{(a^2x_iq^2/d;q^2)_{|\boldsymbol{k}|+k_i}}$$

和

$$\prod_{i=1}^{r}\prod_{t=|\boldsymbol{k}|}^{|\boldsymbol{n}|-1}(a_t-c_i(k_i))=\prod_{i=1}^{r}\prod_{t=|\boldsymbol{k}|}^{|\boldsymbol{n}|-1}\left(aq^t-\frac{q^{-2k_i}}{x_i}\right)$$

$$= \prod_{i=1}^{r} \left(aq^{|\boldsymbol{k}|} - \frac{q^{-2k_i}}{x_i} \right) \left(aq^{|\boldsymbol{k}|+1} - \frac{q^{-2k_i}}{x_i} \right) \cdots \left(aq^{|\boldsymbol{n}|-1} - \frac{q^{-2k_i}}{x_i} \right)$$

$$= (-1)^{r(|\boldsymbol{n}|-|\boldsymbol{k}|)} \frac{q^{-2|\boldsymbol{k}|(|\boldsymbol{n}|-|\boldsymbol{k}|)}}{x_1^{|\boldsymbol{n}|-|\boldsymbol{k}|} \cdots x_r^{|\boldsymbol{n}|-|\boldsymbol{k}|}} \prod_{i=1}^{r} (ax_i q^{|\boldsymbol{k}|+2k_i})_{|\boldsymbol{n}|-|\boldsymbol{k}|}$$

$$= (-1)^{r(|\boldsymbol{n}|-|\boldsymbol{k}|)} \frac{q^{-2|\boldsymbol{k}|(|\boldsymbol{n}|-|\boldsymbol{k}|)}}{x_1^{|\boldsymbol{n}|-|\boldsymbol{k}|} \cdots x_r^{|\boldsymbol{n}|-|\boldsymbol{k}|}} \prod_{i=1}^{r} \frac{(ax_i)_{|\boldsymbol{n}|+2k_i}}{(ax_i)_{|\boldsymbol{k}|+2k_i}},$$

以及

$$\prod_{i,j=1}^{r} \prod_{t_i=k_i+1}^{n_i} (c_i(t_i) - c_j(k_j)) = \prod_{i,j=1}^{r} \prod_{t_i=k_i+1}^{n_i} \left(\frac{q^{-2t_i}}{x_i} - \frac{q^{-2k_j}}{x_j} \right)$$

$$= \prod_{i,j=1}^{r} \left(\frac{q^{-2k_i-2}}{x_i} - \frac{q^{-2k_j}}{x_j} \right) \left(\frac{q^{-2k_i-4}}{x_i} - \frac{q^{-2k_j}}{x_j} \right) \cdots \left(\frac{q^{-2n_i}}{x_i} - \frac{q^{-2k_j}}{x_j} \right)$$

$$= \prod_{i,j=1}^{r} \frac{q^{-n_i^2-n_i+k_i^2+k_i}}{x_i^{n_i-k_i}} \left(q^2 \frac{x_i}{x_j} q^{2k_i-2k_j}; q^2 \right)_{n_i-k_i}$$

$$= \frac{q^{2r \sum\limits_{i=1}^{r} \left(\binom{k_i}{2} - \binom{n_i}{2} \right) + 2|\boldsymbol{k}| - |\boldsymbol{n}|}}{x_1^{r(n_1-k_1)} \cdots x_r^{r(n_r-k_r)}} \prod_{i,j=1}^{r} \left(q^2 \frac{x_i}{x_j} q^{2k_i-2k_j}; q^2 \right)_{n_i-k_i},$$

则

$$f''_{\boldsymbol{n},\boldsymbol{k}} = \frac{a^{|\boldsymbol{n}|-|\boldsymbol{k}|} q^{\binom{|\boldsymbol{n}|}{2} - \binom{|\boldsymbol{k}|}{2}} \dfrac{(aq^{-|\boldsymbol{n}|+1}/d)_{|\boldsymbol{n}|} (aq/d)_{|\boldsymbol{k}|}}{(aq^{-|\boldsymbol{n}|+1}/d)_{2|\boldsymbol{k}|}}}{\dfrac{q^{2 \sum\limits_{i=1}^{r} \left(\binom{k_i}{2} - \binom{n_i}{2} \right) + 2|\boldsymbol{k}| - 2|\boldsymbol{n}|}}{x_1^{n_1-k_1} \cdots x_r^{n_r-k_r}} \prod_{i=1}^{r} \dfrac{(a^2 x_i q^2/d; q^2)_{n_i+|\boldsymbol{k}|}}{(a^2 x_i q^2/d; q^2)_{|\boldsymbol{k}|+k_i}}}$$

$$\times \frac{(-1)^{r(|\boldsymbol{n}|-|\boldsymbol{k}|)} \dfrac{q^{-2|\boldsymbol{k}|(|\boldsymbol{n}|-|\boldsymbol{k}|)}}{x_1^{|\boldsymbol{n}|-|\boldsymbol{k}|} \cdots x_r^{|\boldsymbol{n}|-|\boldsymbol{k}|}} \prod_{i=1}^{r} \dfrac{(ax_i)_{|\boldsymbol{n}|+2k_i}}{(ax_i)_{|\boldsymbol{k}|+2k_i}}}{\dfrac{q^{2r \sum\limits_{i=1}^{r} \left(\binom{k_i}{2} - \binom{n_i}{2} \right) + 2|\boldsymbol{k}| - 2|\boldsymbol{n}|}}{x_1^{r(n_1-k_1)} \cdots x_r^{r(n_r-k_r)}} \prod_{i,j=1}^{r} \left(q^2 \dfrac{x_i}{x_j} q^{2k_i-2k_j}; q^2 \right)_{n_i-k_i}}.$$

又由于

$$\prod_{1 \leqslant i < j \leqslant r} \frac{(c_i(l_i) - c_j(l_j))}{(c_i(k_i) - c_j(k_j))} \frac{d - a_{|\boldsymbol{l}|} c_1(l_1) \cdots c_r(l_r)}{d - a_{|\boldsymbol{k}|} c_1(k_1) \cdots c_r(k_r)} \prod_{j=1}^{r} \frac{a_{|\boldsymbol{l}|} - c_j(l_j)}{a_{|\boldsymbol{k}|} - c_j(k_j)}$$

$$
= \prod_{1 \leqslant i < j \leqslant r} \frac{\dfrac{q^{-2l_i}}{x_i} - \dfrac{q^{-2l_j}}{x_j}}{\dfrac{q^{-2k_i}}{x_i} - \dfrac{q^{-2k_j}}{x_j}} \cdot \frac{\dfrac{a^2}{dx_1 \cdots x_r} - aq^{|\boldsymbol{l}|} \dfrac{q^{-2|\boldsymbol{l}|}}{x_1 \cdots x_r}}{\dfrac{a^2}{dx_1 \cdots x_r} - aq^{|\boldsymbol{k}|} \dfrac{q^{-2|\boldsymbol{k}|}}{x_1 \cdots x_r}} \prod_{j=1}^{r} \frac{aq^{|\boldsymbol{l}|} - \dfrac{q^{-2l_j}}{x_j}}{aq^{|\boldsymbol{k}|} - \dfrac{q^{-2k_j}}{x_j}}
$$

$$
= \prod_{1 \leqslant i < j \leqslant r} \left[q^{2k_i - 2l_i} \frac{1 - \dfrac{q^{2l_i - 2l_j} x_i}{x_j}}{1 - \dfrac{q^{2k_i - 2k_j} x_i}{x_j}} \right] \frac{a - dq^{-|\boldsymbol{l}|}}{a - dq^{-|\boldsymbol{k}|}} \prod_{j=1}^{r} q^{2k_j - 2l_j} \frac{1 - ax_j q^{|\boldsymbol{l}| + 2l_j}}{1 - ax_j q^{|\boldsymbol{k}| + 2k_j}}
$$

$$
= q^{2[k_2 + 2k_2 + \cdots + (r-1) \cdot k_r - (l_2 + 2l_2 + \cdots + (r-1) \cdot l_r)]}
$$

$$
\times \prod_{1 \leqslant i < j \leqslant r} \frac{1 - \dfrac{q^{2l_i - 2l_j} x_i}{x_j}}{1 - \dfrac{q^{2k_i - 2k_j} x_i}{x_j}} \frac{a - dq^{-|\boldsymbol{l}|}}{a - dq^{-|\boldsymbol{k}|}} q^{2|\boldsymbol{k}| - 2|\boldsymbol{l}|} \prod_{j=1}^{r} \frac{1 - ax_j q^{|\boldsymbol{l}| + 2l_j}}{1 - ax_j q^{|\boldsymbol{k}| + 2k_j}}
$$

和

$$
\prod_{t=|\boldsymbol{l}|+1}^{|\boldsymbol{k}|} \left(a_t - \frac{d}{c_1(k_1) \cdots c_r(k_r)} \right) \prod_{i=1}^{r} \prod_{t=|\boldsymbol{l}|+1}^{|\boldsymbol{k}|} (a_t - c_i(k_i))
$$

$$
= \prod_{t=|\boldsymbol{l}|+1}^{|\boldsymbol{k}|} \left(aq^t - \frac{a^2 x_1 \cdots x_r q^{2|\boldsymbol{k}|}}{dx_1 \cdots x_r} \right) \prod_{i=1}^{r} \prod_{t=|\boldsymbol{l}|+1}^{|\boldsymbol{k}|} \left(aq^t - \frac{q^{-2k_i}}{x_i} \right)
$$

$$
= a^{|\boldsymbol{k}| - |\boldsymbol{l}|} q^{\binom{|\boldsymbol{k}|}{2} + |\boldsymbol{k}| - \binom{|\boldsymbol{l}|}{2} - |\boldsymbol{l}|} (aq^{-|\boldsymbol{k}|} / d)_{|\boldsymbol{k}| - |\boldsymbol{l}|} (-1)^{r(|\boldsymbol{k}| - |\boldsymbol{l}|)} \frac{q^{-2|\boldsymbol{k}|(|\boldsymbol{k}| - |\boldsymbol{l}|)}}{x_1^{|\boldsymbol{k}| - |\boldsymbol{l}|} \cdots x_r^{|\boldsymbol{k}| - |\boldsymbol{l}|}}
$$

$$
\times \prod_{i=1}^{r} (ax_i q^{|\boldsymbol{l}| + 2k_i})_{|\boldsymbol{k}| - |\boldsymbol{l}|},
$$

以及

$$
\prod_{i=1}^{r} \prod_{t_i = l_i}^{k_i - 1} \left(c_i(t_i) - \frac{d}{c_1(k_1) \cdots c_r(k_r)} \right) \prod_{i,j=1}^{r} \prod_{t_i = l_i}^{k_i - 1} (c_i(t_i) - c_j(k_j))
$$

$$
= \prod_{i=1}^{r} \prod_{t_i = l_i}^{k_i - 1} \left(\frac{q^{-2t_i}}{x_i} - \frac{a^2 x_1 \cdots x_r q^{2|\boldsymbol{k}|}}{dx_1 \cdots x_r} \right) \prod_{i,j=1}^{r} \prod_{t_i = l_i}^{k_i - 1} \left(\frac{q^{-2t_i}}{x_i} - \frac{q^{-2k_j}}{x_j} \right)
$$

$$
= \frac{q^{2 \left(\sum\limits_{i=1}^{r} \binom{l_i}{2} - \binom{k_i}{2} \right)}}{x_1^{k_1 - l_1} \cdots x_r^{k_r - l_r}} \prod_{i=1}^{r} (a^2 x_i q^{2l_i + 2|\boldsymbol{k}|} / d; q^2)_{k_i - l_i} \frac{q^{2r \left(\sum\limits_{i=1}^{r} \binom{l_i}{2} - \binom{k_i}{2} \right)}}{x_1^{r(k_1 - l_1)} \cdots x_r^{r(k_r - l_r)}}
$$

$$\times \prod_{i,j=1}^{r} (1 - q^{2l_i - 2k_j} x_i/x_j; q^2)_{k_i - l_i},$$

则

$$g''_{n,k} = \prod_{1 \leqslant i < j \leqslant r} \frac{1 - \dfrac{q^{2l_i - 2l_j} x_i}{x_j}}{1 - \dfrac{q^{2k_i - 2k_j} x_i}{x_j}} \frac{a - dq^{-|l|}}{a - dq^{-|k|}} q^{2|k| - 2|l|} \prod_{j=1}^{r} \frac{1 - ax_j q^{|l| + 2l_j}}{1 - ax_j q^{|k| + 2k_j}}$$

$$a^{|k| - |l|} q^{\binom{|k|}{2} + |k| - \binom{|l|}{2} - |l|} (aq^{-|k|}/d)_{|k| - |l|} (-1)^{r(|k| - |l|)} \rightarrow$$

$$\times \frac{\dfrac{q^{-2|k|(|k| - |l|)}}{x_1^{|k| - |l|} \cdots x_r^{|k| - |l|}} \prod_{i=1}^{r} (ax_i q^{|l| + 2k_i})_{|k| - |l|}}{\dfrac{q^{2\left(\sum\limits_{i=1}^{r} \binom{l_i}{2} - \binom{k_i}{2}\right)}}{x_1^{k_1 - l_1} \cdots x_r^{k_r - l_r}} \prod_{i=1}^{r} (a^2 x_i q^{2l_i + 2|k|}/d; q^2)_{k_i - l_i} \rightarrow}$$

$$\times \frac{q^{2r\left(\sum\limits_{i=1}^{r} \binom{l_i}{2} - \binom{k_i}{2}\right)}}{x_1^{r(k_1 - l_1)} \cdots x_r^{r(k_r - l_r)}} \prod_{i,j=1}^{r} (1 - q^{2l_i - 2k_j} x_i/x_j; q^2)_{k_i - l_i}$$

由于 $\sum\limits_{l \leqslant k \leqslant n} f''_{n,k} g''_{k,l} = \delta_{n,l}$, 在此式子中, 关于 $|n| - |l|$ 和 $n_i - l_i$ 的函数不影响式子的成立, 可以舍去, 并且应用 (1.4.22), 有

$$\prod_{1 \leqslant i < j \leqslant r} \frac{1 - \dfrac{q^{2l_i - 2l_j} x_i}{x_j}}{1 - \dfrac{q^{2k_i - 2k_j} x_i}{x_j}} \prod_{i,j=1}^{r} \frac{1}{(1 - q^{2l_i - 2k_j} x_i/x_j; q^2)_{k_i - l_i}}$$

$$= (-1)^{|k| - |l|} q^{2\binom{|k| - |l| + 1}{2}} \prod_{i,j=1}^{n} \frac{1}{(q^{2 + 2l_i - 2l_j} x_i/x_j; q^2)_{k_i - l_i}},$$

以及

$$q^{|l| - |k|} = q^{|n| - |k|} q^{|l| - |n|}$$

和

$$q^{\binom{|k| - |l| + 1}{2}} q^{-|n||k|} q^{|k||l|} = q^{\binom{|n| - |k|}{2}} q^{\binom{|l|}{2} - \binom{|n|}{2}}.$$

经过上述基本运算, $\sum\limits_{l \leqslant k \leqslant n} f''_{n,k} g''_{k,l} = \delta_{n,l}$ 化简为 $\sum\limits_{l \leqslant k \leqslant n} f'_{n,k} g'_{k,l} = \delta_{n,l}$, 这里

$$f'_{n,k} = \prod_{i=1}^{r} \frac{1-q^{1+2k_i+2|k|}a^2 x_i/d}{1-qa^2 x_i/d} \prod_{1 \leqslant i < j \leqslant r} \frac{1-q^{2k_i-2k_j}x_i/x_j}{1-x_i/x_j}$$

$$\times \prod_{i,j=1}^{r} \frac{(q^{-2n_j}x_i/x_j; q^2)_{k_i}}{(q^2 x_i/x_j; q^2)_{k_i}} \prod_{i=1}^{r} \frac{(ax_i q^{|n|}; q)_{2k_i}}{(a^2 x_i q^{3+2n_i}/d; q^2)_{|k|}} \cdot \frac{q^{2\sum\limits_{i=1}^{r} ik_i}}{(aq^{2-|n|}/d; q)_{2|k|}}$$

和

$$g'_{k,l} = \prod_{i=1}^{r} \frac{1-q^{2l_i+|l|}ax_i}{1-ax_i} \prod_{1 \leqslant i < j \leqslant r} \frac{1-q^{2l_i-2l_j}x_i/x_j}{1-x_i/x_j} \prod_{i,j=1}^{r} \frac{(q^{-2k_j}x_i/x_j; q^2)_{l_i}}{(q^2 x_i/x_j; q^2)_{l_i}}$$

$$\times \prod_{i=1}^{r} \frac{(ax_i; q)_{|l|}}{(ax_i q^{1+2k_i}; q)_{|l|}} \prod_{i=1}^{r} \frac{(a^2 x_i q^{1+2|k|}/d; ^2)_{l_i}}{(a^2 x_i q^3/d; q^2)_{l_i}} \prod_{i=1}^{r} \frac{(a^2 x_i q/d; q^2)_{|k|}}{(ax_i q; q)_{2k_i}}$$

$$\times \frac{1-q^{1+|l|}a/d}{1-qa/d} \frac{(d/aq; q)_{|l|}(qa/d; q)_{2|k|}}{(q^{2-2|k|}a/d; q)_{|l|}} q^{-|l|+2\sum\limits_{i=1}^{r} il_i}.$$

应用 Jackson $_8\phi_7$ 求和的 A_r 拓广 [136, 定理 6.14], [53, 定理 A12] 可得, 若

$$a_k = (baq/d; q^2)_{|k|}(aq^2/bd; q^2)_{|k|} \prod_{i=1}^{r} \frac{(a^2 x_i q/d; q^2)_{|k|}}{(ax_i q^2/b; q^2)_{k_i}(abx_i q; q)_{k_i}}$$

和

$$b_n = \frac{(q^{2-|n|}/b; q^2)_{|n|}(bq^{1-|n|}; q^2)_{|n|}}{(aq^{3-|n|}/d; q^2)_{|n|}(dq^{-|n|}/a; q^2)_{|n|}} \prod_{i=1}^{r} \frac{(a^2 x_i q^3/d; q^2)_{n_i}(dx_i/a; q^2)_{n_i}}{(ax_i q^2/b; q^2)_{n_i}(abx_i q; q)_{n_i}},$$

则 (7.0.3) 成立. 反演此式, 可得结果. □

注 7.7.1 定理 7.7.1 是下列公式的 A_r 拓广:

$$\sum_{k=0}^{n} \frac{1-aq^{2k}}{1-a} \frac{(a;q)_k(b;q)_k(q/b;q)_k(d;q^2)_k(a^2 q^{1+2n}/d; q^2)_k(q^{-2n}; q^2)_k}{(q^2; q^2)_k(aq^2/b; q^2)_k(abq; q^2)_k(aq/d; q)_k(dq^{-2n}/a; q)_k(aq^{2n+1}; q)_k} q^k$$

$$= \frac{(aq; q)_{2n}}{(aq/d; q)_{2n}} \frac{(abq/d; q^2)_n(aq^2/bd; q^2)_n}{(aq^2/b; q^2)_n(abq; q^2)_n}. \tag{7.7.2}$$

这个恒等式由 Gessal 和 Stanton [112] 给出 ((1.4), $q \to q^2$). 有许多包含 q 的不同幂的类似于 (7.7.2) 的恒等式, 见 [6, 107, 119, 137].

定理 7.7.2 [106, 定理 5.8] (A_r 二次求和的第二个公式) 设 N 为非负整数, 则

$$\sum_{\substack{k_1,\cdots,k_r\geqslant 0 \\ 0\leqslant |\boldsymbol{k}|\leqslant N}} \prod_{i=1}^r \frac{1-ax_iq^{2k_i+|\boldsymbol{k}|}}{1-ax_i} \prod_{1\leqslant i\leqslant j\leqslant r} \frac{1-q^{2k_i-2k_j}x_i/x_j}{1-x_ix_j}$$

$$\times \prod_{i,j=1}^r \frac{(c_jx_i/x_j;q^2)_{k_i}}{(q^2x_i/x_j;q^2)_{k_i}} \prod_{i=1}^r \frac{(dx_i;q^2)_{k_i}\left(a^2x_iq/d\prod_{j=1}^r c_j;q^2\right)_{k_i}}{(ax_iq^{2+N};q^2)_{k_i}(ax_iq^{1-N};q^2)_{k_i}}$$

$$\times \prod_{i=1}^r \frac{(ax_i;q)_{|\boldsymbol{k}|}}{(ax_iq/c_i;q)_{|\boldsymbol{k}|}} \frac{(q^{-N};q)_{|\boldsymbol{k}|}(q^{1+N};q)_{|\boldsymbol{k}|}}{(aq/d;q)_{|\boldsymbol{k}|}\left(d\prod_{j=1}^r c_j/a;q\right)_{|\boldsymbol{k}|}} q^{-|\boldsymbol{k}|+2\prod_{i=1}^r ik_i}$$

$$= \begin{cases} \dfrac{(dq/a;q^2)_M\left(aq^2/d\prod_{j=1}^r c_j;q^2\right)_M}{(aq^2/d;q^2)_M\left(dq\prod_{j=1}^r c_j/a;q^2\right)_M} \\ \quad\times\prod_{i=1}^r \dfrac{(ax_iq^2;q^2)_M(c_iq/ax_i;q^2)_M}{(q/ax_i;q^2)_M(ax_iq^2/c_i;q^2)_M}, \quad N=2M, \\[4mm] \dfrac{(dq/a;q^2)_M\left(aq/d\prod_{j=1}^r c_j;q^2\right)_M}{(aq/d;q^2)_M\left(d\prod_{j=1}^r c_j/a;q^2\right)_M} \\ \quad\times\prod_{i=1}^r \dfrac{(ax_iq;q^2)_M(c_i/ax_i;q^2)_M}{(1/ax_i;q^2)_M(ax_iq/c_i;q^2)_M}, \quad N=2M-1. \end{cases} \quad (7.7.3)$$

证明 首先, 应用 (1.1.2) 将 (7.7.3) 的右边写成无限乘积的商, 然后在定理 7.7.1 中取 $b=q^{-N}$, 可得 (7.7.3) 对 $c_j=q^{-2n_j}$, $j=1,\cdots,r$ 成立. 通过清除 (7.7.3) 的分母, 我们得到一个关于 c_1 的多项式等式, 它对 q^{-2n_1}, $n_1=0,1,\cdots$ 为 真. 因此, 我们得到一个关于 c_1 的一个恒等式. 对 $c_2,c_3,\cdots,c_r$ 也执行此过程, 我 们得证此定理.   □

7.8 C_r 矩阵反演定理

命题 7.8.1 [106, 定理 4.1]   设 $(c_i(t_i))_{t_i\in\mathbb{Z}}$, $i=1,\cdots,r$ 为任意序列, 则多维矩阵 $(f_{\boldsymbol{n},\boldsymbol{k}})_{\boldsymbol{n},\boldsymbol{k}\in\mathbb{Z}^r}$ 和 $(g_{\boldsymbol{k},\boldsymbol{l}})_{\boldsymbol{k},\boldsymbol{l}\in\mathbb{Z}^r}$ 互逆, 这里

$$f_{\boldsymbol{n},\boldsymbol{k}} = \prod_{i=1}^{r} \frac{\displaystyle\prod_{t_i=k_i}^{n_i-1}\left(1 - \frac{bc_i(t_i)}{c_1(k_1)\cdots c_r(k_r)}\right)}{\displaystyle\prod_{t_i=k_i+1}^{n_i}\left(c_i(t_i) - \frac{b}{c_1(k_1)\cdots c_r(k_r)}\right)} \prod_{i,j=1}^{r} \frac{\displaystyle\prod_{t_i=k_i}^{n_i-1}(1 - c_i(t_i)c_j(k_j))}{\displaystyle\prod_{t_i=k_i+1}^{n_i}(c_i(t_i) - c_j(k_j))}$$

$$(7.8.1)$$

和

$$g_{\boldsymbol{k},\boldsymbol{l}} = \prod_{1\leqslant i<j\leqslant r}\left[\frac{(c_i(l_i)-c_j(l_j))}{(c_i(k_i)-c_j(k_j))}\frac{(1-c_i(l_i)c_j(l_j))}{(1-c_i(k_i)c_j(k_j))}\right]\prod_{i=1}^{r}\frac{1-c_i(l_i)^2}{1-c_i(k_i)^2}\prod_{i=1}^{r}\frac{c_i(l_i)}{c_i(k_i)}$$

$$\times \prod_{i=1}^{r}\frac{\displaystyle\prod_{t_i=l_i+1}^{k_i}\left(1-\frac{bc_i(t_i)}{c_1(k_1)\cdots c_r(k_r)}\right)}{\displaystyle\prod_{t_i=l_i}^{k_i-1}\left(c_i(t_i)-\frac{b}{c_1(k_1)\cdots c_r(k_r)}\right)}\prod_{i,j=1}^{r}\frac{\displaystyle\prod_{t_i=l_i+1}^{k_i}(1-c_i(t_i)c_j(k_j))}{\displaystyle\prod_{t_i=l_i}^{k_i-1}(c_i(t_i)-c_j(k_j))}$$

$$(7.8.2)$$

互逆.

注 7.8.1 (1) 若取 $c_j(k_j) = x_j^{-1}q^{-k_j}$, 此反演等价于 Bressoud 的矩阵反演公式的 C_r 拓广 [118].

(2) 若设 $b = 0$, 此反演等价于 C_r Bailey 变换, 它等价于 [125] 中的一个结果.

(3) 称这个反演为 C_r 矩阵反演定理.

推论 7.8.1 [56, 命题 A.26]

$$f_{\boldsymbol{n},\boldsymbol{k}} = q^{\sum\limits_{i=1}^{r}(i-1)(n_i-k_i)}\prod_{i=1}^{r}\frac{\left(\dfrac{bx_iq^{k_i}}{1+a\displaystyle\prod_{j=1}^{r}(bx_jq^{k_j}-1)}\right)_{n_i-k_i}}{\left(\dfrac{abx_iq^{1+k_i}\displaystyle\prod_{j=1}^{r}(bx_jq^{k_j}-1)}{1+a\displaystyle\prod_{j=1}^{r}(bx_jq^{k_j}-1)}\right)_{n_i-k_i}}$$

$$\times \prod_{i,j=1}^{r}\frac{(bx_iq^{k_i}-x_iq^{k_i-k_j}/x_j)_{n_i-k_i}}{(qx_iq^{k_i-k_j}/x_j)_{n_i-k_i}},$$

$$(7.8.3)$$

$$g_{\boldsymbol{k},\boldsymbol{l}} = (-1)^{|\boldsymbol{k}|-|\boldsymbol{l}|}q^{\binom{|\boldsymbol{k}|-|\boldsymbol{l}|}{2}}\prod_{1\leqslant i\leqslant j\leqslant r}\frac{1-(bx_iq^{l_i}-x_iq^{l_i-l_j}/x_j)}{1-(bx_iq^{k_i}-x_iq^{k_i-k_j}/x_j)}\prod_{i=1}^{r}\frac{bx_iq^{l_i}-1}{bx_iq^{k_i}-1}$$

$$\times \prod_{i=1}^{r} \frac{\left(\dfrac{bx_i q^{1+l_i}}{1 + a \prod\limits_{j=1}^{r} (bx_j q^{k_j} - 1)} \right)_{k_i - l_i}}{\left(\dfrac{abx_i q^{l_i} \prod\limits_{j=1}^{r} (bx_j q^{k_j} - 1)}{1 + a \prod\limits_{j=1}^{r} (bx_j q^{k_j} - 1)} \right)_{k_i - l_i}} \prod_{i,j=1}^{r} \frac{(bx_i q^{1+l_i} - x_i q^{1+l_i-k_j}/x_j)_{k_i - l_i}}{(qx_i q^{l_i-l_j}/x_j)_{k_i - l_i}}.$$

$$(7.8.4)$$

证明 在定理 7.8.1 中, 取 $b \to 1/a$, $c_i(t_i) \to bx_i q^{t_i} - 1$, $i = 1, \cdots, r$, 经过一些基本操作 (如将某些因子从一个矩阵转移到另一个矩阵), 包括运用 (1.4.23) 之后, 令 $b \to 0$, 得到结论. $\qquad\square$

推论 7.8.2 [56, 命题 A.29]

$$f_{\boldsymbol{n},\boldsymbol{k}} = q^{\sum\limits_{i=1}^{r} (i-1)(n_i - k_i)} \prod_{i,j=1}^{r} \frac{(bx_i q^{k_i} - x_i q^{k_i - k_j}/x_j)_{n_i - k_i}}{(qx_i q^{k_i - k_j}/x_j)_{n_i - k_i}}, \qquad (7.8.5)$$

$$g_{\boldsymbol{k},\boldsymbol{l}} = (-1)^{|\boldsymbol{k}|-|\boldsymbol{l}|} q^{\binom{|\boldsymbol{k}|-|\boldsymbol{l}|}{2}} \prod_{1 \leqslant i \leqslant j \leqslant r} \frac{1 - (bx_i q^{l_i} - x_i q^{l_i - l_j}/x_j)}{1 - (bx_i q^{k_i} - x_i q^{k_i - k_j}/x_j)}$$

$$\times \prod_{i,j=1}^{r} \frac{(bx_i q^{1+l_i} - x_i q^{1+l_i - k_j}/x_j)_{k_i - l_i}}{(qx_i q^{l_i - l_j}/x_j)_{k_i - l_i}}. \qquad (7.8.6)$$

证明 在推论 7.8.1 中, 取 $a = 0$, 经过一些基本操作 (如将某些因子从一个矩阵转移到另一个矩阵), 得到结论. $\qquad\square$

7.9 D_r 矩阵反演定理

通过对命题 7.8.1 的另一个特殊化, 我们得到一个有趣的双基基本超几何级数反演. 利用这个反演, 可以去求导 D_r 基本超几何求和公式. 为什么是 D_r, 解释可以见 [61]

命题 7.9.1 [106, 定理 5.10] 若

$$f_{\boldsymbol{n},\boldsymbol{k}} = \frac{\prod\limits_{i=1}^{r} [(ap^{|\boldsymbol{k}|} q^{k_i} x_i; p)_{|\boldsymbol{n}|-|\boldsymbol{k}|} (ap^{|\boldsymbol{k}|} q^{-k_i}/x_i; p)_{|\boldsymbol{n}|-|\boldsymbol{k}|}]}{\prod\limits_{i,j=1}^{r} [(q^{1+k_i-k_j} x_i/x_j; q)_{n_i - k_i} (q^{1+k_i-k_j} x_i x_j; q)_{n_i - k_i}]}$$

和

$$g_{\boldsymbol{k},\boldsymbol{l}} = (-1)^{|\boldsymbol{k}|-|\boldsymbol{l}|} q^{\binom{|\boldsymbol{k}|-|\boldsymbol{l}|}{2}} \prod_{1\leqslant i\leqslant j\leqslant r} \frac{1 - x_i x_j q^{l_i+l_i}}{1 - x_i x_j q^{k_i+k_i}}$$

$$\times \prod_{i=1}^{r} \frac{(1 - ap^{|\boldsymbol{l}|}q^{l_i}x_i)(1 - ap^{|\boldsymbol{l}|}q^{-l_i}/x_i)}{(1 - ap^{|\boldsymbol{k}|}q^{k_i}x_i)(1 - ap^{|\boldsymbol{k}|}q^{-k_i}/x_i)}$$

$$\times \frac{\prod_{i=1}^{r}[(ap^{1+|\boldsymbol{l}|}q^{k_i}x_i;p)_{|\boldsymbol{k}|-|\boldsymbol{l}|}(ap^{1+|\boldsymbol{l}|}q^{-k_i}/x_i;p)_{|\boldsymbol{k}|-|\boldsymbol{l}|}]}{\prod_{i,j=1}^{r}[(q^{1+l_i-l_j}x_i/x_j;q)_{k_i-l_i}(q^{l_i+k_j}x_ix_j;q)_{k_i-l_j}]},$$

则 $(f_{\boldsymbol{n},\boldsymbol{k}})_{\boldsymbol{n},\boldsymbol{k}\in\mathbb{Z}^r}$ 和 $(f_{\boldsymbol{k},\boldsymbol{l}})_{\boldsymbol{k},\boldsymbol{l}\in\mathbb{Z}^r}$ 为互逆的无限 r 维下三角矩阵.

证明 在命题 7.8.1 中, 取 $b = 0, a_t = ap^t + p^{-t}/a$ 和 $c_i(t_i) = x_ip^{t_i} + p^{-t_i}/x_i$, 对 $i = 1,\cdots,r$. 经过若干基本的运算, 我们得到此命题. □

注 7.9.1 命题 7.9.1 是 Gasper 和 Rahman 的双基矩阵反演的 D_r 拓广 [6, (3.6.19), (3.6.20)].

定理 7.9.1 [106, 定理 5.14] (D_r Jackson 求和的第一个公式) 设 $n_1,\cdots,n_r$ 为非负整数, 则

$$\sum_{\substack{0\leqslant k_i\leqslant n_i\\i=1,\cdots,r}} \left(\prod_{i=1}^{r} \frac{1 - ax_i q^{k_i+|\boldsymbol{k}|}}{1 - ax_i} \prod_{1\leqslant i<j\leqslant r} \frac{1 - q^{k_i-k_j}x_i/x_j}{1 - x_i/x_j} \right.$$

$$\times \prod_{1\leqslant i<j\leqslant r} (x_ix_j;q)_{k_i+k_j}^{-1} \prod_{i,j=1}^{r} \frac{(q^{-n_j}x_i/x_j;q)_{k_i}(x_ix_jq^{n_j};q)_{k_i}}{(qx_i/x_j)_{k_i}}$$

$$\times \prod_{i=1}^{r} \frac{(ax_i;q)_{|\boldsymbol{k}|}(aq/x_i;q)_{|\boldsymbol{k}|-k_i}}{(aq^{1+n_i}x_i;q)_{\boldsymbol{k}}(aq^{1-n_i}/x_i;q)_{|\boldsymbol{k}|}}$$

$$\left.\times \frac{(b;q)_{|\boldsymbol{k}|}(c;q)_{|\boldsymbol{k}|}(a^2q/bc;q)_{|\boldsymbol{k}|}}{\prod_{i=1}^{r}[(ax_iq/b;q)_{k_i}(ax_iq/c;q)_{k_i}(bcx_i/a;q)_{k_i}]} q^{\sum_{i=1}^{r} ik_i} \right)$$

$$= \prod_{i=1}^{r} \frac{(ax_iq;q)_{n_i}(ax_iq/bc;q)_{n_i}(bx_i/a;q)_{n_i}(cx_i/a;q)_{n_i}}{(x_i/a;q)_{n_i}(bcx_i/a;q)_{n_i}(ax_iq/b;q)_{n_i}(ax_iq/c;q)_{n_i}}. \tag{7.9.1}$$

证明 在定理 7.9.1 中, 令 $p = q$ (即这里考虑 Bressoud 的矩阵逆的 D_r 拓广 [118]), 我们得到下述一对互逆的矩阵:

$$f_{\boldsymbol{n},\boldsymbol{k}} = \prod_{1 \leqslant i < j \leqslant r} \frac{(1 - q^{k_i - k_j} x_i/x_j)(1 - x_i x_j q^{k_i + k_j})}{(1 - x_i/x_j)(1 - x_i x_j)} \prod_{i=1}^{r} \frac{1 - x_i^2 q^{2k_i}}{1 - x_i^2}$$

$$\times \prod_{i,j=1}^{r} \frac{(q^{-n_j} x_i/x_j; q)_{k_i}(x_i x_j; q)_{k_i}}{(q x_i/x_j; q)_{k_i}(x_i x_j q^{1+n_j}; q)_{k_i}} \prod_{i=1}^{r} \frac{(ax_i q^{|\boldsymbol{n}|}; q)_{k_i}}{(x_i q^{1-|\boldsymbol{n}|}/a; q)_{k_i}} \cdot q^{\sum\limits_{i=1}^{r} i k_i}$$

和

$$g_{\boldsymbol{k},\boldsymbol{l}} = \prod_{1 \leqslant i < j \leqslant r} \frac{(1 - q^{l_i - l_j} x_i/x_j)(1 - x_i x_j q^{l_i + l_j})}{(1 - x_i/x_j)(1 - x_i x_j)} \prod_{i,j=1}^{r} \frac{(q^{-k_j} x_i/x_j; q)_{l_i}(x_i x_j q^{k_j}; q)_{l_i}}{(q x_i/x_j; q)_{l_i}(x_i x_j q; q)_{l_i}}$$

$$\times \prod_{i=1}^{r} \frac{(1 - aq^{|\boldsymbol{l}| + l_i} x_i)(1 - aq^{|\boldsymbol{l}| - l_i}/x_i)}{(1 - ax_i)(1 - a/x_i)} \prod_{i-1}^{r} \frac{(x_i/a; q)_{k_i}}{(ax_i q; q)_{k_i}}$$

$$\times \prod_{i=1}^{r} \frac{(ax_i; q)_{|\boldsymbol{l}|}(a/x_i; q)_{|\boldsymbol{l}|}}{(aq^{1+k_i} x_i q; q)_{|\boldsymbol{l}|}(aq^{1-k_i}/x_i q; q)_{|\boldsymbol{l}|}} q^{\sum\limits_{i=1}^{r} i l_i}.$$

通过应用 Milne 和 Lilly 的 C_r ${}_8\phi_7$ 求和 [49, 定理 6.13] 可得, 若

$$a_{\boldsymbol{k}} = \prod_{i=1}^{r} \frac{(bx_i/a; q)_{k_i}(cx_i/a; q)_{k_i}(ax_i q/bc; q)_{k_i}}{(ax_i q/b; q)_{k_i}(ax_i q/c; q)_{k_i}(bcx_i/a; q)_{k_i}}$$

和

$$b_{\boldsymbol{n}} = \prod_{i=1}^{r} \frac{(x_i^2; q)_{n_i}}{(bcx_i/a; q)_{n_i}(x_i q^{1-|\boldsymbol{n}|}/a; q)_{n_i}} \prod_{1 \leqslant i < j \leqslant r} \frac{(x_i x_j q; q)_{n_i}}{(x_i x_j q^{1+n_j}; q)_{n_i}}$$

$$\times \frac{(bq^{-|\boldsymbol{n}|}/a^2; q)_{|\boldsymbol{n}|}(q^{1-|\boldsymbol{n}|}/b; q)_{|\boldsymbol{n}|}(c; q)_{|\boldsymbol{n}|}}{\prod\limits_{i=1}^{r} \left[(ax_i q/b; q)_{n_i}(cq^{-n_i}/ax_i; q)_{n_i}\right]},$$

则 (7.0.3) 成立. 反演此式, 可得结果.   □

注 7.9.2   若 $r = 1$, 此定理为 Jackson 的非常均衡的 ${}_8\phi_7$ 求和公式.

通过应用多项式方法论证, 我们得到 [106, 定理 5.17]

定理 7.9.2 [59, 命题 2.5], [106, 定理 5.17]   (D_r Jackson 求和的第二个公式)   设 N
为非负整数, 则

$$\sum_{\substack{k_1, \cdots, k_r \geqslant 0 \\ 0 \leqslant |\boldsymbol{k}| \leqslant N}} \prod_{i=1}^{r} \frac{1 - ax_i q^{k_i + |\boldsymbol{k}|}}{1 - ax_i} \prod_{1 \leqslant i < j \leqslant r} \frac{1 - q^{k_i - k_j} x_i/x_j}{1 - x_i/x_j} \prod_{1 \leqslant i < j \leqslant r} (x_i x_j; q)_{k_i + k_j}^{-1}$$

$$\times \prod_{i,j=1}^{r} \frac{(c_j x_i/x_j; q)_{k_i}(x_i x_j/c_j; q)_{k_i}}{(q x_i/x_j; q)_{k_i}} \prod_{i=1}^{r} \frac{(ax_i; q)_{|\boldsymbol{k}|}(aq/x_i; q)_{|\boldsymbol{k}|-k_i}}{(ax_i q/c_i; q)_{|\boldsymbol{k}|}(ac_i q/x_i; q)_{|\boldsymbol{k}|}}$$

$$\times \frac{(b; q)_{|\boldsymbol{k}|}(a^2 q^{1+N}; q)_{|\boldsymbol{k}|}(q^{-N}; q)_{|\boldsymbol{k}|}}{\prod_{i=1}^{r}[(ax_i q/b; q)_{k_i}(bx_i q^{-N}/a; q)_{k_i}(ax_i q^{1+N}/bc_i; q)_{k_i}]} q^{\sum\limits_{i=1}^{r} i k_i}$$

$$= \prod_{i=1}^{r} \frac{(ax_i q; q)_N (aq/x_i; q)_N (ax_i q/bc_i; q)_N (ac_i q/bx_i; q)_N}{(aq/bx_i; q)_N (ax_i q/b; q)_N (ac_i q/b; q)_N (ax_i q/c_i; q)_N}. \tag{7.9.2}$$

证明　首先, 应用 (1.1.2) 将 (7.9.2) 的右边写成无限乘积的商, 然后在定理 7.9.1 中取 $c = q^{-N}$, 可得 (7.9.2) 对 $c_j = q^{-n_j}$, $j = 1, \cdots, r$ 成立. 通过清除 (7.9.2) 的分母, 我们得到一个关于 c_1 的多项式等式, 它对 q^{-2n_1}, $n_1 = 0, 1, \cdots$ 为真. 因此, 我们得到关于 c_1 的一个恒等式. 对 $c_2, c_3, \cdots, c_r$ 也执行此过程, 我们得证此定理.　　　　　　　　　　　　　　　　　　　　　　　　　　　　　$\square$

定理 7.9.1 或定理 7.9.2 的极限情形包括各种各样的 D_r 求和公式. 通过翻转定理 7.9.1, 我们得到另一个 D_r Jackson 求和公式, 它由 Bhatnagar 应用差分方法独立地得到 [61]. 很多经典的基本超几何级数求和定理的 D_r 被得到 [61]. 进而, 新的 D_r $_8\phi_7$ 求和定理的推论, 比如 Bailey 的非常均衡的 $_{10}\phi_9$ 变换公式的 C_r 和 D_r 拓广在 [55] 中给出.

注 7.9.3　(7.9.1) 和 (7.9.2) 能被写为更加复杂的形式 ($a = 1/x_{r+1}$ 和 $k_{r+1} := -|\boldsymbol{k}|$):

$$\sum_{k_1+\cdots+k_{r+1}=0} \prod_{1 \leqslant i < j \leqslant r} \frac{1 - q^{k_i-k_j} x_i/x_j}{1 - x_i/x_j} \prod_{1 \leqslant i < j \leqslant r} (x_i x_j; q)_{k_i+k_j}^{-1}$$

$$\times \prod_{i=1}^{r+1} \prod_{j=1}^{r} \frac{(c_j x_i/x_j; q)_{k_i}(x_i x_j/c_j; q)_{k_i}}{(q x_i/x_j)_{k_i}}$$

$$\times \prod_{i=1}^{r+1}[(x_i q/bx_{r+1}; q)_{k_i}(x_i q/cx_{r+1}; q)_{k_i}(bcx_i x_{r+1}; q)_{k_i}]^{-1} \times \prod_{i=1}^{r+1} x_i^{k_i} \cdot q^{\sum\limits_{i=1}^{r+1}\left[\binom{k_i}{2}+i k_i\right]}$$

$$= \prod_{i=1}^{r} \frac{(x_i q/x_{r+1}; q)_\infty (q/x_i x_{r+1}; q)_\infty (x_i q/bc x_{r+1}; q)_\infty (c_i q/bx_i x_{r+1}; q)_\infty}{(q/bx_i x_{r+1}; q)_\infty (x_i q/bx_{r+1}; q)_\infty (c_i q/x_{r+1}; q)_\infty (x_i q/c_i x_{r+1}; q)_\infty}$$

$$\times \prod_{i=1}^{r} \frac{(q/bc x_i x_{r+1}; q)_\infty (x_i q/bc x_{r+1}; q)_\infty (c_i q/cx_{r+1}; q)_\infty (x_i q/cc_i x_{r+1}; q)_\infty}{(x_i q/cx_{r+1}; q)_\infty (q/cx_i x_{r+1}; q)_\infty (x_i q/bcc_i x_{r+1}; q)_\infty (c_i q/bcx_i x_{r+1}; q)_\infty}. \tag{7.9.3}$$

要求级数终止型. 然而, 由于在 (7.9.3) 里求和指标的相关性被去除 (在求和里确实隐藏了求和), 因此认为形式 (7.9.1) 和 (7.9.2) 较合适.

定理 7.9.3 [106, 定理 5.21] (D_r 二次求和的第一个公式)　设 $n_1, \cdots, n_r$ 为非负整数, 则

$$
\sum_{\substack{0 \leqslant k_i \leqslant n_i \\ i=1,\cdots,r}} \prod_{i=1}^{n} \frac{1 - ax_i q^{2k_i + |\boldsymbol{k}|}}{1 - ax_i} \prod_{1 \leqslant i < j \leqslant r} \frac{1 - q^{2k_i - 2k_j} x_i/x_j}{1 - x_i/x_j} \prod_{1 \leqslant i < j \leqslant r} (x_i x_j; q^2)_{k_i + k_j}^{-1}
$$

$$
\times \prod_{i,j=1}^{r} \frac{(q^{-2n_j} x_i/x_j; q^2)_{k_i} (x_i x_j q^{2n_j}; q^2)_{k_i}}{(q^2 x_i/x_j; q^2)_{k_i}} \prod_{i=1}^{r} \frac{(ax_i; q)_{|\boldsymbol{k}|} (aq/x_i; q)_{|\boldsymbol{k}| - 2k_i}}{(ax_i q^{1+2n_i}; q)_{|\boldsymbol{k}|} (aq^{1-2n_i}/x_i; q)_{|\boldsymbol{k}|}}
$$

$$
\times \frac{(a^2 q; q^2)_{|\boldsymbol{k}|} (b; q)_{|\boldsymbol{k}|} (q/b; q)_{|\boldsymbol{k}|}}{\prod\limits_{i=1}^{r} (abx_i q; q^2)_{k_i} (ax_i q^2/b; q^2)_{k_i}} (-a)^{|\boldsymbol{k}|} \prod_{i=1}^{r} x_i^{-k_i} \cdot q^{2e_2(\boldsymbol{k}) - \binom{|\boldsymbol{k}|+1}{2} + 2\sum\limits_{i=1}^{r} ik_i}
$$

$$
= \prod_{i=1}^{r} \frac{(ax_i q; q)_{2n_i} (x_i q/ab; q^2)_{n_i} (bx_i/a; q^2)_{n_i}}{(x_i/a; q)_{2n_i} (abx_i q; q^2)_{n_i} (ax_i q^2/b; q^2)_{n_i}}, \tag{7.9.4}
$$

这里 $e_2(\boldsymbol{k})$ 是关于 $\{k_1, \cdots, k_r\}$ 的二阶基本对称函数.

证明　在定理 7.9.1 中, 作代换 $q \to q^2$, $p \to q$, 我们可以得到一对下述互逆矩阵:

$$
f_{\boldsymbol{n},\boldsymbol{k}} = \prod_{1 \leqslant i < j \leqslant r} \frac{(1 - q^{2k_i - 2k_j} x_i/x_j)(1 - x_i x_j q^{2k_i + 2k_j})}{(1 - x_i/x_j)(1 - x_i x_j)} \prod_{i=1}^{r} \frac{1 - x_i^2 q^{4k_i}}{1 - x_i^2}
$$

$$
\times \prod_{i,j=1}^{r} \frac{(q^{-2n_j} x_i/x_j; q^2)_{k_i} (x_i x_j; q^2)_{k_i}}{(q^2 x_i/x_j; q^2)_{k_i} (x_i x_j q^{2+2n_j}; q^2)_{k_i}} \prod_{i=1}^{r} \frac{(ax_i q^{|\boldsymbol{n}|}; q)_{2k_i}}{(x_i q^{1-|\boldsymbol{n}|}/a; q)_{2k_i}} \cdot q^{2\sum\limits_{i=1}^{r} ik_i}
$$

和

$$
g_{\boldsymbol{k},\boldsymbol{l}} = \prod_{1 \leqslant i < j \leqslant r} \frac{(1 - q^{2l_i - 2l_j} x_i/x_j)(1 - x_i x_j q^{2l_i + 2l_j})}{(1 - x_i/x_j)(1 - x_i x_j)}
$$

$$
\times \prod_{i,j=1}^{r} \frac{(q^{-2k_j} x_i/x_j; q^2)_{l_i} (x_i x_j q^{2k_j}; q^2)_{l_i}}{(q^2 x_i/x_j; q^2)_{l_i} (x_i x_j q^2; q^2)_{l_i}} \prod_{i=1}^{r} \frac{(1 - aq^{|\boldsymbol{l}| + 2l_i} x_i)(1 - aq^{|\boldsymbol{l}| - 2l_i}/x_i)}{(1 - ax_i)(1 - a/x_i)}
$$

$$
\times \prod_{i=1}^{r} \frac{(x_i/a; q)_{2k_i}}{(ax_i q; q)_{2k_i}} \prod_{i=1}^{r} \frac{(ax_i; q)_{|\boldsymbol{l}|} (a/x_i; q)_{|\boldsymbol{l}|}}{(aq^{1+2k_i} x_i; q)_{|\boldsymbol{l}|} (aq^{1-2k_i}/x_i; q)_{|\boldsymbol{l}|}} \cdot q^{2\sum\limits_{i=1}^{r} il_i}.
$$

通过应用 Milne 和 Lilly 的 $C_r \, {}_8\phi_7$ 求和 [49, 定理 6.13] 可得, 若

$$
a_{\boldsymbol{k}} = \prod_{i=1}^{r} \frac{(x_i q/ab; q^2)_{k_i} (bx_i/a; q^2)_{k_i}}{(abx_i q; q^2)_{k_i} (ax_i q^2/b; q^2)_{k_i}}
$$

和

$$b_{\boldsymbol{n}} = \prod_{i=1}^{r} \frac{(x_i^2 q^2; q^2)_{n_i}}{(abx_i q; q^2)_{n_i}(x_i q^{2-|\boldsymbol{n}|}/a; q^2)_{n_i}} \prod_{1 \leqslant i < j \leqslant r} \frac{(x_i x_j q^2; q^2)_{n_i}}{(x_i x_j q^{2+2n_j}; q^2)_{n_i}}$$

$$\times \frac{(bq^{1-|\boldsymbol{n}|}; q^2)_{|\boldsymbol{n}|}(q^{2-|\boldsymbol{n}|}/b; q^2)_{|\boldsymbol{n}|}(a^2 q; q^2)_{|\boldsymbol{n}|}}{\prod\limits_{i=1}^{r} \left[(ax_i q^2/b; q^2)_{n_i}(aq^{1+|\boldsymbol{n}|-2n_i}/x_i; q^2)_{n_i}\right]},$$

则 (7.0.3) 成立. 反演此式, 可得结果. □

注 7.9.4 这个二次求和公式是 Gessel 和 Stanton 求和定理的 A_r 拓广 (7.7.2). 通过翻转 (7.9.4) 中的多重和, 我们可以得到另一个看起来不同的 Gessel 和 Stanton 二次求和公式的拓广.

在定理 7.7.2 和定理 7.9.2 的证明里, 应用同样的技巧, 我们从定理 7.9.3 可以得到下面两个二次求和定理.

定理 7.9.4 [106, 定理 5.25] (D_r 二次求和的第二个公式) 设 N 为非负整数, 则

$$\sum_{\substack{k_1,\cdots,k_r \geqslant 0 \\ 0 \leqslant |\boldsymbol{k}| \leqslant N}} \left(\prod_{i=1}^{r} \frac{1-ax_i q^{2k_i+|\boldsymbol{k}|}}{1-ax_i} \prod_{1 \leqslant i < j \leqslant r} \frac{1-q^{2k_i-2k_j}x_i/x_j}{1-x_i/x_j} \right.$$

$$\times \prod_{1 \leqslant i < j \leqslant r} (x_i x_j; q^2)_{k_i+k_j}^{-1} \prod_{i,j=1}^{r} \frac{(c_j x_i/x_j; q^2)_{k_i}(x_i x_j/c_j; q^2)_{k_i}}{(q^2 x_i/x_j; q^2)_{k_i}}$$

$$\times \prod_{i=1}^{r} \frac{(ax_i; q)_{|\boldsymbol{k}|}(aq/x_i; q)_{|\boldsymbol{k}|-2k_i}}{(ax_i q/c_i; q)_{|\boldsymbol{k}|}(ac_i q/x_i; q)_{|\boldsymbol{k}|}} \cdot \frac{(a^2 q; q^2)_{|\boldsymbol{k}|}(q^{1+N}; q)_{|\boldsymbol{k}|}(q^{-N}; q)_{|\boldsymbol{k}|}}{\prod\limits_{i=1}^{r}\left[(ax_i q^{2+N}; q^2)_{k_i}(ax_i q^{1-N}; q^2)_{k_i}\right]}$$

$$\left. \times (-a)^{|\boldsymbol{k}|} \prod_{i=1}^{r} x_i^{-k_i} \cdot q^{2e_2(\boldsymbol{k}) - \binom{|\boldsymbol{k}|+1}{2} + 2\sum\limits_{i=1}^{r} ik_i} \right)$$

$$= \begin{cases} \prod\limits_{i=1}^{r} \dfrac{(ax_i q^2; q^2)_M (aq^2/x_i; q^2)_M (c_i q/ax_i; q^2)_M (x_i q/ac_i; q^2)_M}{(q/ax_i; q^2)_M (aq/x_i; q^2)_M (ax_i q^2/c_i; q^2)_M (ac_i q^2/x_i; q^2)_M}, & N = 2M, \\[4mm] \prod\limits_{i=1}^{r} \dfrac{(ax_i q; q^2)_M (aq/x_i; q^2)_M (c_i/ax_i; q^2)_M (x_i/ac_i; q^2)_M}{(1/ax_i; q^2)_M (x_i/a; q^2)_M (ax_i q/c_i; q^2)_M (ac_i q/x_i; q^2)_M}, & N = 2M-1, \end{cases}$$

这里 $e_2(\boldsymbol{k})$ 为关于 $\{k_1,\cdots,k_r\}$ 的二阶基本对称函数.

定理 7.9.5 [106, 定理 5.27] (D_r 二次求和的第三个公式) 设 N 为非负整数, 则

$$\sum_{\substack{k_1,\cdots,k_r \geqslant 0 \\ 0 \leqslant |\boldsymbol{k}| \leqslant N}} \prod_{i=1}^{r} \left(\frac{1-x_i q^{2k_i+|\boldsymbol{k}|}}{1-x_i} \prod_{1 \leqslant i < j \leqslant r} \frac{1-q^{2k_i-2k_j}x_i/x_j}{1-x_i/x_j} \right.$$

$$\times \prod_{1 \leqslant i < j \leqslant r} (x_i x_j q^{1+2N}; q^2)_{k_i+k_j}^{-1}$$

$$\times \prod_{i,j=1}^{r} \frac{(c_j x_i/x_j; q^2)_{k_i} (x_i x_j q^{1+2N}/c_j; q^2)_{k_i}}{(q^2 x_i/x_j; q^2)_{k_i}} \prod_{i=1}^{r} \frac{(x_i; q)_{|\boldsymbol{k}|} (q^{-2N}/x_i; q)_{|\boldsymbol{k}|-2k_i}}{(x_i q/c_i; q)_{|\boldsymbol{k}|} (c_i q^{-2N}/x_i; q)_{|\boldsymbol{k}|}}$$

$$\times \frac{(b; q)_{|\boldsymbol{k}|} (q/b; q)_{|\boldsymbol{k}|} (q^{-2N}; q^2)_{|\boldsymbol{k}|}}{\prod_{i=1}^{r} [(bx_i q; q^2)_{k_i} (x_i q^2/b; q^2)_{k_i}]} \prod_{i=1}^{r} (-x_i)^{-k_i} \cdot q^{2e_2(k) - \binom{|\boldsymbol{k}|}{2} + 2\sum_{i=1}^{r}(i-1)k_i} \Bigg)$$

$$= \prod_{i=1}^{r} \frac{(x_i q; q)_{2N} (bx_i q/c_i; q^2)_N (x_i q^2/bc_i; q^2)_N}{(x_i q/c_i; q)_{2N} (x_i q^2/b; q^2)_N (bx_i q; q^2)_N},$$

这里 $e_2(\boldsymbol{k})$ 是关于 $\{k_1, \cdots, k_r\}$ 的二阶基本对称函数.

现在, 我们求导几个立方求和公式.

定理 7.9.6 [106, 定理 5.27] (D_r 立方和的第一个公式) 设 $n_1, \cdots, n_r$ 为非负整数, 则

$$\sum_{\substack{0 \leqslant k_i \leqslant n_i \\ i=1,\cdots,r}} \prod_{i=1}^{r} \frac{1 - ax_i q^{3k_i + |\boldsymbol{k}|}}{1 - ax_i} \prod_{1 \leqslant i < j \leqslant r} \frac{1 - q^{3k_i - 3k_j} x_i/x_j}{1 - x_i/x_j} \prod_{1 \leqslant i < j \leqslant r} (x_i x_j; q^3)_{k_i+k_j}^{-1}$$

$$\times \prod_{i,j=1}^{r} \frac{(q^{-3n_j} x_i/x_j; q^3)_{k_i} (x_i x_j q^{3n_j}; q^3)_{k_i}}{(q^3 x_i/x_j; q^3)_{k_i}} \prod_{i=1}^{r} \frac{(ax_i; q)_{|\boldsymbol{k}|} (aq/x_i; q)_{|\boldsymbol{k}|-3k_i}}{(ax_i q^{1+3n_I}; q)_{|\boldsymbol{k}|} (aq^{1-3n_I}/x_i; q)_{|\boldsymbol{k}|}}$$

$$\times \frac{(1/a^2; q)_{|\boldsymbol{k}|} (a^2 q; q)_{2|\boldsymbol{k}|}}{\prod_{i=1}^{r} (a^3 x_i q^3; q^3)_{k_i}} a^{2|\boldsymbol{k}|} \prod_{i=1}^{r} x_i^{-2k_i} \cdot q^{6e_2(\boldsymbol{k}) - \binom{2|\boldsymbol{k}|+1}{2} + 3\sum_{i=1}^{r} ik_i}$$

$$= \prod_{i=1}^{r} \frac{(ax_i q; q)_{3n_i} (x_i/a^3; q^3)_{n_i}}{(x_i/a; q)_{3n_i} (a^3 x_i q^3; q^3)_{n_i}}, \tag{7.9.5}$$

这里 $e_2(\boldsymbol{k})$ 是关于 $\{k_1, \cdots, k_r\}$ 的二阶基本对称函数.

证明 在定理 7.9.1 中, 作代换 $q \to q^3$, $p \to q$, 我们可以得到一对下述互逆矩阵:

$$f_{\boldsymbol{n},\boldsymbol{k}} = \prod_{1 \leqslant i < j \leqslant r} \frac{(1 - q^{3k_i - 3k_j} x_i/x_j)(1 - x_i x_j q^{3k_i + 3k_j})}{(1 - x_i/x_j)(1 - x_i x_j)} \prod_{i=1}^{r} \frac{1 - x_i^2 q^{6k_i}}{1 - x_i^2}$$

$$\times \prod_{i,j=1}^{r} \frac{(q^{-3n_j} x_i/x_j; q^3)_{k_i} (x_i x_j; q^3)_{k_i}}{(q^3 x_i/x_j; q^3)_{k_i} (x_i x_j q^{3+3n_j}; q^3)_{k_i}} \prod_{i=1}^{r} \frac{(ax_i q^{|\boldsymbol{n}|}; q)_{3k_i}}{(x_i q^{1-|\boldsymbol{n}|}/a; q)_{3k_i}} \cdot q^{3\sum_{i=1}^{r} ik_i}$$

和

$$
g_{k,l} = \prod_{1 \leqslant i < j \leqslant r} \frac{(1 - q^{3l_i - 3l_j} x_i/x_j)(1 - x_i x_j q^{3l_i + 3l_j})}{(1 - x_i/x_j)(1 - x_i x_j)}
$$

$$
\times \prod_{i,j=1}^{r} \frac{(q^{-3k_j} x_i/x_j; q^3)_{l_i} (x_i x_j q^{3k_j}; q^3)_{l_i}}{(q^2 x_i/x_j; q^2)_{l_i} (x_i x_j q^2; q^2)_{l_i}} \prod_{i=1}^{r} \frac{(1 - aq^{|l|+3l_i} x_i)(1 - aq^{|l|-3l_i}/x_i)}{(1 - ax_i)(1 - a/x_i)}
$$

$$
\times \prod_{i=1}^{r} \frac{(x_i/a; q)_{3k_i}}{(ax_i q; q)_{3k_i}} \prod_{i=1}^{r} \frac{(ax_i; q)_{|l|} (a/x_i; q)_{|l|}}{(aq^{1+3k_i} x_i; q)_{|l|} (aq^{1-3k_i}/x_i; q)_{|l|}} \cdot q^{3 \sum_{i=1}^{r} il_i}.
$$

通过应用 Milne 和 Lilly 的 C_r $_8\phi_7$ 求和 [49, 定理 6.13] 可得, 若

$$
a_{\boldsymbol{k}} = \prod_{i=1}^{r} \frac{(x_i/a^3; q^3)_{k_i}}{(a^3 x_i q^3; q^3)_{k_i}},
$$

和

$$
b_{\boldsymbol{n}} = \prod_{i=1}^{r} \frac{(x_i^2 q^3; q^3)_{n_i}}{(x_i q^{1-|\boldsymbol{n}|}/a; q^3)_{n_i} (x_i q^{3-|\boldsymbol{n}|}/a; q^3)_{n_i}} \prod_{1 \leqslant i < j \leqslant r} \frac{(x_i x_j q^3; q^3)_{n_i}}{(x_i x_j q^{3+3n_j}; q^3)_{n_i}}
$$

$$
\times \frac{(q^{1-2|\boldsymbol{n}|}/a^2; q^2)_{|\boldsymbol{n}|} (a^2 q^{3-|\boldsymbol{n}|}/b; q^3)_{|\boldsymbol{n}|} (a^2 q^{1-|\boldsymbol{n}|}; q^3)_{|\boldsymbol{n}|}}{\prod_{i=1}^{r} [(a^3 x_i q^3; q^3)_{n_i} (aq^{1+|\boldsymbol{n}|-3n_i}/x_i; q^3)_{n_i}]},
$$

则 (7.0.3) 成立. 反演此式, 可得结果.　　　　　　　　　　　　　　　　　□

注 7.9.5　此立方求和公式是由 Gasper 和 Rahman [107, (4.1)] 给出的下述公式的一个 D_r 拓广:

$$
\sum_{k=0}^{m} \frac{1 - aq^{4k}}{1 - a} \frac{(a; q)_k (b; q)_k (q/b; q)_{2k} (a^2 b q^{3n}; q^3)_k (q^{-3n}; q^3)_k}{(a^3; q^3)_k (aq^3/b; q^3)_k (ab; q)_{2k} (q^{1-3n}/ab; q)_k (aq^{3n+1}; q)_k} q^k
$$

$$
= \frac{(aq; q)_{3n} (ab^2; q^3)_n}{(ab; q)_{3n} (ab^3; q^3)_n},
$$

翻转 (7.9.5), 可以得到与上面 Gasper 和 Rahman 给出的恒等式看起来不同的另一个 D_r 拓广.

对定理 7.9.6 应用同样的多项式论证, 可以求出更多的 D_r 立方求和定理. 为了简洁起见, 我们写成如下简洁的形式:

定理 7.9.7 [106, 定理 5.29]　(D_r 立方和的第二个公式)　我们有

$$
\sum_{\substack{k_i \geqslant 0 \\ i=1, \cdots, r}} \prod_{i=1}^{r} \frac{1 - ax_i q^{3k_i + |\boldsymbol{k}|}}{1 - ax_i} \prod_{1 \leqslant i < j \leqslant r} \frac{1 - q^{3k_i - 3k_j} x_i/x_j}{1 - x_i/x_j}
$$

$$\times \prod_{1\leqslant i<j\leqslant r}(x_ix_j;q^3)_{k_i+k_j}^{-1}\prod_{i,j=1}^{r}\frac{(c_jx_i/x_j;q^3)_{k_i}(x_ix_j/c_j;q^3)_{k_i}}{(q^3x_i/x_j;q^3)_{k_i}}$$

$$\times \prod_{i=1}^{r}\frac{(ax_i;q)_{|\boldsymbol{k}|}(aq/x_i;q)_{|\boldsymbol{k}|-3k_i}}{(ax_iq/c_i;q)_{|\boldsymbol{k}|}(ac_iq/x_i;q)_{|\boldsymbol{k}|}}$$

$$\times \frac{(1/a^2;q)_{|\boldsymbol{k}|}(a^2q;q)_{2|\boldsymbol{k}|}}{\prod_{i=1}^{r}(a^3x_iq^3;q^3)_{k_i}}a^{2|\boldsymbol{k}|}\prod_{i=1}^{r}x_i^{-2k_i}\cdot q^{6e_2(\boldsymbol{k})-\binom{2|\boldsymbol{k}|+1}{2}+3\sum_{i=1}^{r}ik_i}$$

$$= \prod_{i=1}^{r}\frac{(ax_iq;q)_\infty(x_i/ac_i;q)_\infty(x_i/a^3;q^3)_\infty(a^3x_iq^3/c_i;q^3)_\infty}{(ax_iq/c_i;q)_\infty(x_i/a;q)_\infty(x_i/a^3c_i;q^3)_\infty(a^3x_iq^3;q^3)_\infty},$$

要求级数有限以及这里 $e_2(\boldsymbol{k})$ 是关于 $\{k_1,\cdots,k_r\}$ 的二阶基本对称函数.

7.10 A_r 双边求和公式

下面列出几个多变量双边求和公式, 具体证明见所标文献.

(1) [66, 定理 1.15], [59, 命题 2.6] (非常均衡 $_6\psi_6$ 求和公式的第一个 A_r 拓广)

$$\sum_{-\infty<y_k<+\infty}\prod_{1\leqslant r<s\leqslant n}\frac{x_rq^{y_r}-x_sq^{y_s}}{x_r-x_s}\prod_{i=1}^{n}\frac{1-ax_iq^{y_i+|\boldsymbol{y}|}}{1-ax_i}\prod_{i=1}^{n}\frac{(e_ix_i)_{|\boldsymbol{y}|}(dx_i)_{y_i}}{(aqx_i/c_i)_{|\boldsymbol{y}|}(aqx_i/b)_{y_i}}$$

$$\times \prod_{r,s=1}^{n}\frac{(c_sx_r/x_s)_{y_r}}{(aqx_r/e_sx_s)_{y_r}}\times\frac{(b)_{|\boldsymbol{y}|}}{(aq/d)_{|\boldsymbol{y}|}}\left(\frac{a^{n+1}q}{bCdE}\right)^{|\boldsymbol{y}|}$$

$$= \frac{(aq/bd,a^nq/bE,aq/Cd)_\infty}{(a^{n+1}q/bCdE,aq/d,q/b)_\infty}\prod_{r,s=1}^{n}\frac{(ax_rq/c_ie_sx_s,qx_r/x_s)_\infty}{(qx_r/c_rx_s,aqx_r/e_sx_s)_\infty}$$

$$\times \prod_{i=1}^{n}\frac{(ax_iq/bc_i,aq/de_ix_i,aqx_i,q/ax_i)_\infty}{(aqx_i/b,aqx_i/c_i,q/dx_i,q/e_ix_i)_\infty}, \tag{7.10.1}$$

这里 $C=c_1\cdots c_n$, $E=e_1\cdots e_n$.

(2) [59, 命题 2.7] (非常均衡 $_6\psi_6$ 求和公式的第二个 A_r 拓广)

$$\sum_{-\infty<y_k<+\infty}\frac{1-aq^{2|\boldsymbol{y}|}}{1-a}\prod_{1\leqslant r<s\leqslant n}\frac{x_rq^{y_r}-x_sq^{y_s}}{x_r-x_s}$$

$$\times \prod_{i=1}^{n}\frac{(aq/Cdx_i)_{|\boldsymbol{y}|-y_i}(bE/d^{n-1}e_ix_i)_{|\boldsymbol{y}|}(dx_i)_{y_i}}{(bE/a^nx_i)_{|\boldsymbol{y}|-y_i}(ac_iq/Cdx_i)_{|\boldsymbol{y}|}(ax_iq/b)_{y_i}}$$

$$\times \prod_{r,s=1}^{n} \frac{(c_s x_r/x_s)_{y_r}}{(aqx_r/e_s x_s)_{y_r}} \frac{(E/a^{n-1})_{|\boldsymbol{y}|}}{(aq/C)_{|\boldsymbol{y}|}} \left(\frac{a^{n+1}q}{bCdE}\right)^{|\boldsymbol{y}|}\right)$$

$$= \frac{(aq, q/a, aq/bd)_{\infty}}{(aq/C, a^{n+1}q/bCdE, a^{n-1}q/E)_{\infty}} \prod_{r,s=1}^{n} \frac{(qx_r/x_s, ax_r q/c_r e_s x_s)_{\infty}}{(qx_r/c_r x_s, ax_r q/e_s x_s)_{\infty}}$$

$$\times \prod_{i=1}^{n} \frac{(a^n x_i q/bE, aq/e_i dx_i, aq/Cdx_i, ax_i q/bc_i)_{\infty}}{(a^{n-1}e_i x_i q/bE, q/dx_i, aqx_i/b, aqc_i/Cdx_i)_{\infty}}, \tag{7.10.2}$$

这里 $C = c_1 \cdots c_n$ 和 $E = e_1 \cdots e_n$.

(3) [59, 定理 4.1] (非常均衡 $_8\psi_8$ 求和公式的第一个 A_r 拓广)

$$\sum_{-\infty < y_k < +\infty} \prod_{1 \leqslant r < s \leqslant n} \frac{x_r q^{y_r} - x_s q^{y_s}}{x_r - x_s} \prod_{i=1}^{n} \frac{1 - ax_i q^{y_i + |\boldsymbol{y}|}}{1 - ax_i} \prod_{r,s=1}^{n} \frac{(c_s x_r/x_s)_{y_r}}{(q^{1+y_r} c_s x_r/x_s)_{y_r}}$$

$$\times \prod_{i=1}^{n} \frac{(ax_i q^{-k_i}/c_i)_{|\boldsymbol{y}|}(bx_i, ax_i q^{-M}/d)_{y_i}}{(aqx_i/c_i)_{|\boldsymbol{y}|}(bx_i q^{-M}, ax_i q^{1-|\boldsymbol{k}|}/d)_{y_i}} \times \frac{(dq^{|\boldsymbol{k}|}, aq^{i+M}/b)_{|\boldsymbol{y}|}}{(dq^{1+M}, aq/b)_{|\boldsymbol{y}|}} q^{|\boldsymbol{y}|}$$

$$= \prod_{i,j=1}^{n} \frac{(qc_j x_i/c_i x_j, qx_i/x_j)_{\infty}}{(qc_j x_i/x_j, qx_i/c_i x_j)_{\infty}} \prod_{i=1}^{n} \frac{(aqx_I, q/ax_i, aqx_i/c_i d, c_i dq/ax_i)_{\infty}}{(aqx_i/c_i, qc_i/ax_i, aqx_i/d, dq/ax_i)_{\infty}}$$

$$\times \frac{(dq/C, Cq/d)_{\infty}}{(dq, q/d)_{\infty}} \frac{(dq, aq/bC)_M}{(aq/b, dq/C)_M} \prod_{i=1}^{n} \frac{(qc_i/bx_i, dq/ax_i)_M}{(c_i dq/ax_i, q/bx_i)_M} \prod_{i,j=1}^{n} \frac{(qc_j x_i/x_j)_{k_i}}{(qc_j x_i/c_i x_j)_{k_i}}$$

$$\times \frac{(bd/a, q^{-M})_{|\boldsymbol{k}|}}{(d, bCq^{-M}/a)_{|\boldsymbol{k}|}} \prod_{i=1}^{n} \frac{(c_i d/ax_i)_{|\boldsymbol{k}|}(c_i q/ax_i, c_i dq^{1+M}/bCx_i)_{k_i}}{(d/ax_i)_{|\boldsymbol{k}|}(c_i q/bx_i, c_i dq^{1+M}/ax_i)_{k_i}}, \tag{7.10.3}$$

这里 $C = c_1 \cdots c_n$.

(4) [59, 定理 4.3] (非常均衡 $_8\psi_8$ 求和公式的第二个 A_r 拓广)

$$\sum_{-\infty < y_k < +\infty} \frac{1 - aq^{2|\boldsymbol{y}|}}{1 - a} \frac{(b, aq^{1+M}/b, aq^{-|\boldsymbol{k}|}/C)_{|\boldsymbol{y}|}}{(bq^{-M}, aq/b, aq/C)_{|\boldsymbol{y}|}} q^{|\boldsymbol{y}|} \prod_{1 \leqslant r < s \leqslant n} \frac{x_r q^{y_r} - x_s q^{y_s}}{x_r - x_s}$$

$$\times \prod_{i,j=1}^{n} \frac{(c_j x_i/x_j)_{y_i}}{(q^{1+k_j} c_j x_i/x_j)_{y_i}} \prod_{i=1}^{n} \frac{(dq^{1+M}/Cx_i)_{|\boldsymbol{y}|-y_i}(c_i dq^{k_i}/Cx_i)_{|\boldsymbol{y}|}(ax_i q^{-M}/d)_{y_i}}{(dq/Cx_i)_{|\boldsymbol{y}|-y_i}(c_i dq^{1+M}/Cx_i)_{|\boldsymbol{y}|}(ax_i q^{1-|\boldsymbol{k}|}/d)_{y_i}}$$

$$= \prod_{i,j=1}^{n} \frac{(qc_j x_i/c_i x_j, qx_i/x_j)_{\infty}}{(qc_j x_i/x_j, qx_i/c_i x_j)_{\infty}} \prod_{i=1}^{n} \frac{(aqx_i/c_i d, c_i dq/ax_i, Cx_i q/d, dq/Cx_i)_{\infty}}{(aqx_i/d, dq/ax_i, c_i dq/Cx_i, Cx_i q/c_i d)_{\infty}}$$

$$\times \frac{(aq, q/a)_{\infty}}{(aq/C, Cq/a)_{\infty}} \frac{(Cq/b, aq/bC)_M}{(aq/b, q/b)_M}$$

$$\times \prod_{i=1}^{n} \frac{(c_i dq/Cx_i, dq/ax_i)_M}{(c_i dq/ax_i, dq/Cx_i)_M} \prod_{i,j=1}^{n} \frac{(qc_j x_i/x_j)_{k_i}}{(qc_j x_i/c_i x_j)_{k_i}}$$

$$\times \frac{(Cq/a, q^{-M})_{|\boldsymbol{k}|}}{(Cq/b, bCq^{-M}/a)_{|\boldsymbol{k}|}} \prod_{i=1}^{n} \frac{(c_i d/ax_i)_{|\boldsymbol{k}|}(bc_i d/aCx_i, c_i dq^{1+M}/bCx_i)_{k_i}}{(d/ax_i)_{|\boldsymbol{k}|}(c_i d/Cx_i, c_i dq^{1+M}/ax_i)_{k_i}}, \quad (7.10.4)$$

这里 $C = c_1 \cdots c_n$.

第 8 章　多变量基本超几何级数求和与变换的行列式计算法

q-积分概念是一般积分概念的推广, 是求导 q-级数恒等式的重要工具, 由 Thomae[138,139], Jackson[140-142] 引入. 本章从 q-多重积分入手, 借助行列式运算, 建立 Bailey 非终止型 $_{10}\phi_9$ 变换公式 q-积分表示的 C_r 拓广, 从而导出多个 Bailey 非终止型与终止型 $_{10}\phi_9$ 变换公式. 最后讨论其各种特殊情形. 关于其他混合型的结果可以参看 [143-146] 等.

8.1　q-积分变换

研究非终止型基本超几何级数经常利用 Jackson[141]q-积分符号, 定义为

$$\int_a^b f(t)d_qt = \int_0^b f(t)d_qt - \int_0^a f(t)d_qt, \tag{8.1.1}$$

这里

$$\int_0^a f(t)d_qt = a(1-q)\sum_{k=0}^\infty f(aq^k)q^k. \tag{8.1.2}$$

若 f 在 $[0,a]$ 上连续, 则易知

$$\lim_{q\to 1^-}\int_0^a f(t)d_qt = \int_0^a f(t)dt.$$

见 [107].

利用上面 q-积分符号, 非终止型非常均衡 Bailey $_{10}\phi_9$ 四项变换公式 (1.3.27) 能被表示为

$$\int_a^b \frac{(1-t^2/a)(qt/a,qt/b,qt/c,qt/d,qt/e,qt/f,qt/g,qt/h)_\infty}{(t,bt/a,ct/a,dt/a,et/a,ft/a,gt/a,ht/a)_\infty}d_qt$$

$$= \frac{a}{\lambda}\frac{(b/a,aq/b,\lambda c/a,\lambda d/a,\lambda e/a,bf/\lambda,bg/\lambda,bh/\lambda)_\infty}{(b/\lambda,\lambda q/b,c,d,e,bf/a,bg/a,bh/a)_\infty}$$

$$\times \int_\lambda^b \frac{(1-t^2/\lambda)(qt/\lambda,qt/b,aqt/c\lambda,aqt/d\lambda,aqt/e\lambda,qt/f,qt/g,qt/h)_\infty}{(t,bt/\lambda,ct/a,dt/a,et/a,ft/\lambda,gt/\lambda,ht/\lambda)_\infty}d_qt,$$

$$\tag{8.1.3}$$

这里 $\lambda = a^2q/cde$ 和 $a^3q^2 = bcdefgh$ [107, (2.12.10)].

通过迭代, 可以直接将 (8.1.2) 拓广到多重 q-积分:

定义 8.1.1

$$\int_0^{a_1} \cdots \int_0^{a_r} f(t_1, \cdots, t_r) d_q t_r \cdots d_q t_1$$

$$= a_1 \cdots a_r (1-q)^r \sum_{k_1, \cdots, k_r = 0}^{\infty} f(a_1 q^{k_1}, \cdots, a_r q^{k_r}) q^{k_1 + \cdots + k_r}.$$

类似地, 直接将 (8.1.1) 拓广为

$$\int_{a_1}^{b_1} \cdots \int_{a_r}^{b_r} f(t_1, \cdots, t_r) d_q t_r \cdots d_q t_1$$

$$= \sum_{S \subseteq \{1, 2, \cdots, r\}} \left(\prod_{i \in S} (-a_i) \right) \left(\prod_{i \notin S} b_i \right) (1-q)^r$$

$$\times \sum_{k_1, \cdots, k_r = 0}^{\infty} f(c_1(S) q^{k_1}, \cdots, c_r(S) q^{k_r}) q^{k_1 + \cdots + k_r}, \tag{8.1.4}$$

这里外部求和是在 $\{1, 2, \cdots, r\}$ 的所有 2^r 个子集 S 上运行, 且其中对 $i = 1, \cdots, r$, 若 $i \in S$, 则 $c_i(S) = a_i$; 若 $i \notin S$, 则 $c_i(S) = b_i$.

引理 8.1.1 [147, 引理 A.1], [148, 引理 34]   设 $X_1, \cdots, X_r$, A, B 和 C 为变元, 则有

$$\det_{1 \leqslant i, j \leqslant r} \left(\frac{(AX_i, AC/X_i)_{r-j}}{(BX_i, BC/X_i)_{r-j}} \right) = \prod_{1 \leqslant i < j \leqslant r} (X_j - X_i)(1 - C/X_i X_j) A^{\binom{r}{2}} q^{\binom{r}{3}}$$

$$\times \prod_{i=1}^{r} \frac{(B/A, ABCq^{2r-2i})_{i-1}}{(BX_i, BC/X_i)_{r-1}}.$$

注 8.1.1   此行列式被 Warnaar 推广到椭圆情形 [149, 推论 5.4], 用来建立椭圆超几何级数结果.

8.2   多重 q-积分变换公式

定理 8.2.1 [150, 定理 3.1] ((8.1.3) 的 C_r 的一个拓广)   对 $i = 1, \cdots, r$, 令 $a^3 q^{3-r} = bc_i d_i e_i x_i fgh$ 和 $\lambda = a^2 q / c_i d_i e_i x_i$, 则有

$$\int_{ax_1}^{b} \cdots \int_{ax_r}^{b} \prod_{1 \leqslant i < j \leqslant r} (t_i - t_j)(1 - t_i t_j / a) \prod_{i=1}^{r} (1 - t_i^2 / a) \frac{(qt_i / ax_i, qt_i / b)_{\infty}}{(t_i x_i, bt_i / a)_{\infty}}$$

$$\times \prod_{i=1}^{r} \frac{(qt_i/c_i, qt_i/d_i, qt_i/e_i, qt_i/f, qt_i/g, qt_i/h)_\infty}{(c_i t_i/a, d_i t_i/a, e_i t_i/a, f t_i/a, g t_i/a, h t_i/a)_\infty} d_q t_r \cdots d_q t_1$$

$$= \left(\frac{a}{\lambda}\right)^{\binom{r+1}{2}} \prod_{i=1}^{r} \frac{(b/ax_i, ax_i q/b, \lambda c_i x_i/a, \lambda d_i x_i/a, \lambda e_i x_i/a)_\infty}{(b/\lambda x_i, \lambda x_i q/b, c_i x_i, d_i x_i, e_i x_i)_\infty}$$

$$\times \prod_{i=1}^{r} \frac{(b f q^{i-1}/\lambda, b g q^{i-1}/\lambda, b h q^{i-1}/\lambda)_\infty}{(b f q^{i-1}/a, b g q^{i-1}/a, b h q^{i-1}/a)_\infty}$$

$$\times \int_{\lambda x_1}^{b} \cdots \int_{\lambda x_r}^{b} \prod_{1 \leqslant i < j \leqslant r} (t_i - t_j)(1 - t_i t_j/\lambda) \prod_{i=1}^{r} (1 - t_i^2/\lambda) \frac{(qt_i/\lambda x_i, qt_i/b)_\infty}{(t_i x_i, b t_i/\lambda)_\infty}$$

$$\times \prod_{i=1}^{r} \frac{(aq t_i/c_i\lambda, aq t_i/d_i\lambda, aq t_i/e_i\lambda, qt_i/f, qt_i/g, qt_i/h)_\infty}{(c_i t_i/a, d_i t_i/a, e_i t_i/a, f t_i/\lambda, g t_i/\lambda, h t_i/\lambda)_\infty} d_q t_r \cdots d_q t_1. \quad (8.2.1)$$

证明　在引理 8.1.1 中, 取 $X_i \mapsto t_i$, $A \mapsto f/a$, $B \mapsto q^{2-r}/g$ 和 $C \mapsto a$, 则有

$$\prod_{1 \leqslant i < j \leqslant r} (t_i - t_j)(1 - t_i t_j/a) = \prod_{i=1}^{r} \frac{(q^{2-r} t_i/g, aq^{2-r}/g t_i)_{r-1}}{(aq^{2-r}/fg, f q^{2+r-2i}/g)_{i-1}} t_i^{r-1}$$

$$\times f^{-\binom{r}{2}} q^{-\binom{r}{3}} \det_{1 \leqslant i,j \leqslant r} \left(\frac{(f t_i/a, f/t_i)_{r-j}}{(q^{2-r} t_i/g, aq^{2-r}/g t_i)_{r-j}} \right).$$

因此, 经过运算, (8.2.1) 的左边可以写为

$$\left(\frac{a}{g}\right)^{\binom{r}{2}} q^{-\binom{r}{3}} \prod_{i=1}^{r} (aq^{2-r}/fg, f q^{2+r-2i}/g)_{i-1}^{-1}$$

$$\times \det_{1 \leqslant i,j \leqslant r} \left(\int_{ax_i}^{b} \frac{(1 - t_i^2/a)(t_i q/ax_i, t_i q/b)_\infty}{(t_i x_i, b t_i/a)_\infty} \right.$$

$$\left. \times \frac{(t_i q/c_i, t_i q/d_i, t_i q/e_i, t_i q^{1-r+j}/f, t_i q^{2-j}/g, t_i q/h)_\infty}{(c_i t_i/a, d_i t_i/a, e_i t_i/a, f t_i q^{r-j}/a, g t_i q^{j-1}/a, h t_i/a)_\infty} d_q t_i \right).$$

对行列式内部的积分, 应用 q-积分变换 (8.1.3) ($t \mapsto t_i x_i$, $a \mapsto ax_i^2$, $b \mapsto bx_i$, $c \mapsto c_i x_i$, $d \mapsto d_i x_i$, $e \mapsto e_i x_i$, $f \mapsto f q^{r-j} x_i$, $g \mapsto g q^{j-1} x_i$ 和 $h \mapsto hx_i$), 则得

$$\left(\frac{a}{g}\right)^{\binom{r}{2}} q^{-\binom{r}{3}} \prod_{i=1}^{r} (aq^{2-r}/fg, f q^{2+r-2i}/g)_{i-1}^{-1}$$

$$\times \det_{1 \leqslant i,j \leqslant r} \left(\frac{a}{\lambda} \frac{(b/ax_i, ax_i q/b, \lambda c_i x_i/a, \lambda d_i x_i/a, \lambda e_i x_i/a)_\infty}{(b/\lambda x_i, \lambda x_i q/b, c_i x_i, d_i x_i, e_i x_i)_\infty} \right.$$

$$\times \frac{(bfq^{r-j}/\lambda, bgq^{j-1}/\lambda, bh/\lambda)_\infty}{(bfq^{r-j}/a, bgq^{j-1}/a, bh/a)_\infty} d_q t_i \int_{\lambda x_i}^b \frac{(1-t_i^2/a)(t_i q/\lambda x_i, t_i q/b)_\infty}{(t_i x_i, bt_i/\lambda)_\infty}$$

$$\times \left. \frac{(at_i q/c_i\lambda, at_i q/d_i\lambda, at_i q/e_i\lambda, t_i q^{1-r+j}/f, t_i q^{2-j}/g, t_i q/h)_\infty}{(c_i t_i/a, d_i t_i/a, e_i t_i/a, ft_i q^{r-j}/\lambda, gt_i q^{j-1}/\lambda, ht_i/\lambda)_\infty} d_q t_i \right).$$

通过应用行列式行和列的线性性质, 从行列式里提取一些因子出去, 则得到

$$\left(\frac{a}{f\lambda}\right)^{\binom{r}{2}} q^{-\binom{r}{3}} \left(\frac{a}{\lambda}\right)^r \prod_{i=1}^r (aq^{2-r}/fg, fq^{2+r-2i}/g)_{i-1}$$

$$\times \prod_{i=1}^r \frac{(b/ax_i, ax_i q/b, \lambda c_i x_i/a, \lambda d_i x_i/a, \lambda e_i x_i/a, bfq^{i-1}/\lambda, bgq^{i-1}/\lambda, bh/\lambda)_\infty}{(b/\lambda x_i, \lambda x_i q/b, c_i x_i, d_i x_i, e_i x_i, bfq^{i-1}/a, bgq^{i-1}/a, bh/a)_\infty}$$

$$\times \int_{\lambda x_1}^b \cdots \int_{\lambda x_r}^b \prod_{i=1}^r (1-t_i^2/\lambda) \frac{(qt_i/\lambda x_i, qt_i/b)_\infty}{(t_i x_i, bt_i/\lambda)_\infty}$$

$$\times \prod_{i=1}^r \frac{(aqt_i/c_i\lambda, aqt_i/d_i\lambda, aqt_i/e_i\lambda, qt_i/f, qt_i/g, qt_i/h)_\infty t_i^{r-1}}{(c_i t_i/a, d_i t_i/a, e_i t_i/a, ft_i/\lambda, gt_i/\lambda, ht_i/\lambda)_\infty (t_i q^{1+r-j}/f, \lambda q^{2-r}/gt_i)_{r-1}}$$

$$\times \det_{1\leqslant i,j\leqslant r} \left(\frac{(ft_i/\lambda, f/t_i)_{r-j}}{(q^{2-r}t_i/g, \lambda q^{2-r}/gt_i)_{r-j}} \right) d_q t_t \cdots d_q t_1. \tag{8.2.2}$$

通过引理 8.1.1 ($X_i \mapsto t_i$, $A \mapsto f/\lambda$, $B \mapsto q^{2-r}/g$ 和 $C \mapsto \lambda$), 上述行列式能被计算. 特别是

$$\det_{1\leqslant i,j\leqslant r} \left(\frac{(ft_i/\lambda, f/t_i)_{r-j}}{(q^{2-r}t_i/g, \lambda q^{2-r}/gt_i)_{r-j}} \right)$$

$$= f^{\binom{r}{2}} q^{\binom{r}{3}} \prod_{1\leqslant i<j\leqslant r} (t_i-t_j)(1-t_i t_j/\lambda) \prod_{i=1}^r \frac{(\lambda q^{2-r}/fg, fq^{2+r-2i}/g)_{i-1}}{(q^{2-r}t_i/g, \lambda q^{2-r}/gt_i)_{r-1}} t_i^{1-r}.$$

注意到 $bh/\lambda = aq^{2-r}/fg$ 和 $bh/a = \lambda q^{2-r}/fg$, 故

$$\prod_{i=1}^r \frac{(bh/\lambda)_\infty (\lambda q^{2-r}/fg)_{i-1}}{(bh/a)_\infty (aq^{2-r}/fg)_{i-1}} = \prod_{i=1}^r \frac{(bhq^{i-1}/\lambda)_\infty}{(bhq^{i-1}/a)_\infty}.$$

代这些到 (8.2.2), 我们得到 (8.2.1) 的右边. $\qquad\qquad\qquad\qquad\square$

注 8.2.1 在 (8.2.1) 中, 多重 q-积分绝对收敛, 这是因为, 正如在上面的证明中一样, 当把左边和右边写为单 q-积分的行列式时, 各自行列式的每个值绝对收敛.

下面我们迭代定理 8.2.1. 首先, 令 $c_i = c$, $d_i = d$, $e_i = e/x_i$, $i = 1, \cdots, r$, 为方便起见, 进一步交换 e 和 g, 给出下列变换:

$$
\int_{ax_1}^{b} \cdots \int_{ax_r}^{b} \prod_{1 \leqslant i < j \leqslant r} (t_i - t_j)(1 - t_i t_j/a) \prod_{i=1}^{r} (1 - t_i^2/a) \frac{(qt_i/ax_i, qt_i/b)_\infty}{(t_i x_i, bt_i/a)_\infty}
$$

$$
\times \prod_{i=1}^{r} \frac{(qt_i/c, qt_i/d, qt_i/e, qt_i/f, qt_i x_i/g, qt_i/h)_\infty}{(ct_i/a, dt_i/a, et_i/a, ft_i/a, gt_i/ax_i, ht_i/a)_\infty} d_q t_r \cdots d_q t_1 \tag{8.2.3}
$$

$$
= \left(\frac{a}{\lambda}\right)^{\binom{r+1}{2}}
$$

$$
\times \prod_{i=1}^{r} \frac{(b/ax_i, ax_i q/b, \lambda c x_i/a, \lambda d x_i/a, \lambda g/a, bcq^{i-1}/\lambda, bfq^{i-1}/\lambda, bhq^{i-1}/\lambda)_\infty}{(b/\lambda x_i, \lambda x_i q/b, c x_i, d x_i, g, beq^{i-1}/a, bfq^{i-1}/a, bhq^{i-1}/a)_\infty}
$$

$$
\times \int_{\lambda x_1}^{b} \cdots \int_{\lambda x_r}^{b} \prod_{1 \leqslant i < j \leqslant r} (t_i - t_j)(1 - t_i t_j/\lambda) \prod_{i=1}^{r} (1 - t_i^2/\lambda) \frac{(qt_i/\lambda x_i, qt_i/b)_\infty}{(t_i x_i, bt_i/\lambda)_\infty}
$$

$$
\times \prod_{i=1}^{r} \frac{(aqt_i/c\lambda, aqt_i/d\lambda, aqt_i/g\lambda, qt_i/e, qt_i/f, qt_i/h)_\infty}{(ct_i/a, dt_i/a, gt_i/ax_i, et_i/\lambda, ft_i/\lambda, ht_i/\lambda)_\infty} d_q t_r \cdots d_q t_1, \tag{8.2.4}
$$

这里 $a^3 q^{3-r} = bcdefgh$ 和 $\lambda = a^2 q/cdg$. 现在迭代 (8.2.3) ($a \to\to a^2 q/cdg$, $c \to e$, $d \to f$, $e \to aq/dg$, $f \to aq/cg$ 和 $g \to aq/cd$), 则得下列不同的变换公式:

推论 8.2.1　设 $a^3 q^{3-r} = bcdefgh$, 则有

$$
\int_{ax_1}^{b} \cdots \int_{ax_r}^{b} \prod_{1 \leqslant i < j \leqslant r} (t_i - t_j)(1 - t_i t_j/a) \prod_{i=1}^{r} (1 - t_i^2/a) \frac{(qt_i/ax_i, qt_i/b)_\infty}{(t_i x_i, bt_i/a)_\infty}
$$

$$
\times \prod_{i=1}^{r} \frac{(qt_i/c, qt_i/d, qt_i/e, qt_i/f, qt_i x_i/g, qt_i/h)_\infty}{(ct_i/a, dt_i/a, et_i/a, ft_i/a, gt_i/ax_i, ht_i/a)_\infty} d_q t_r \cdots d_q t_1
$$

$$
= \prod_{i=1}^{r} \frac{(b/ax_i, ax_i q/b, ax_i q/cg, ax_i q/dg, ax_i q/eg, ax_i q/fg, bhq^{r-1}/a)_\infty}{(c x_i, d x_i, e x_i, f x_i, g, gq^{1-r}/h x_i, hq^r x_i/g)_\infty}
$$

$$
\times \prod_{i=1}^{r} \frac{(gq^{1-i}, aq^{2-i}/ch, aq^{2-i}/dh, aq^{2-i}/eh, aq^{2-i}/fh)_\infty}{(bcq^{i-1}/a, bdq^{i-1}/a, beq^{i-1}/a, bfq^{i-1}/a, bhq^{i-1}/a)_\infty} \cdot \left(\frac{agq^{1-r}}{bh}\right)^{\binom{r+1}{2}}
$$

$$
\times \int_{bhq^{r-1}x_1/g}^{b} \cdots \int_{bhq^{r-1}x_r/g}^{b} \prod_{1 \leqslant i < j \leqslant r} (t_i - t_j)(1 - gq^{1-r} t_i t_j/bh)
$$

$$
\times \prod_{i=1}^{r} (1 - gq^{1-r} t_i^2/bh) \frac{(gq^{2-r} t_i/bh x_i, qt_i/b, cgt_i/a, dgt_i/a)_\infty}{(t_i x_i, gq^{1-r} t_i/h, at_i q^{2-r}/bch, at_i q^{2-r}/bdh)_\infty}
$$

$$\times \prod_{i=1}^{r} \frac{(egt_i/a, fgt_i/a, aq^{2-r}t_ix_i/bh, qt_i/h)_\infty}{(at_iq^{2-r}/beh, at_iq^{2-r}/bfh, gt_i/ax_i, gq^{1-r}t_i/b)_\infty} d_q t_r \cdots d_q t_1.$$

8.3 两个多重非终止型 $_{10}\phi_9$ 变换公式

定理 8.3.1 [150, 推论 4.1] (非终止型 $_{10}\phi_9$ 变换的第一个 C_r 拓广) 设

$$a^3q^{3-r} = bc_id_ie_ix_ifgh$$

和 $\lambda = a^2q/c_id_ie_ix_i$, $i = 1, 2, \cdots, r$, 则

$$\sum_{S \subseteq \{1,2,\cdots,r\}} \left(\frac{b}{a}\right)^{\binom{r-|S|}{2}} \prod_{i \notin S} \frac{(ax_i^2q, c_ix_i, d_ix_i, e_ix_i)_\infty}{(ax_i/b, ax_iq/c_i, ax_iq/d_i, ax_iq/e_i)_\infty}$$

$$\times \prod_{i \notin S} \frac{(fx_i, gx_i, hx_i, b/ax_i, bq/c_i, bq/d_i, bq/e_i, bq/f, bq/g, bq/h)_\infty}{(ax_iq/f, ax_iq/g, ax_iq/h, b^2q/a, bc_i/a, bd_i/a, be_i/a, bf/a, bg/a, bh/a)_\infty}$$

$$\times \sum_{k_1,\cdots,k_r=0}^{\infty} \prod_{\substack{1 \leqslant i < j \leqslant r \\ i,j \in S}} \frac{(x_iq^{k_i} - x_jq^{k_j})(1 - ax_ix_jq^{k_i+k_j})}{(x_i - x_j)(1 - ax_ix_j)} \prod_{i \in S} \frac{1 - ax_i^2q^{2k_i}}{1 - ax_i^2}$$

$$\times \prod_{\substack{1 \leqslant i < j \leqslant r \\ i,j \notin S}} \frac{(q^{k_i} - q^{k_j})(1 - b^2q^{k_i+k_j}/a)}{(x_i - x_j)(1 - ax_ix_j)} \prod_{i \notin S} \frac{1 - b^2q^{2k_i}/a}{1 - b^2/a}$$

$$\times \prod_{i \in S, j \notin S} \frac{(x_iq^{k_i} - bq^{k_j}/a)(1 - bx_iq^{k_i+k_j})}{(x_i - x_j)(1 - ax_ix_j)}$$

$$\times \prod_{i \in S} \frac{(ax_i^2, bx_i, c_ix_i, d_ix_i, e_ix_i, fx_i, gx_i, hx_i)_{k_i}}{(q, ax_iq/b, ax_iq/c_i, ax_iq/d_i, ax_iq/e_i, ax_iq/f, ax_iq/g, ax_iq/h)_{k_i}}$$

$$\times \prod_{i \notin S} \frac{(b^2/a, bx_i, bc_i/a, bd_i/a, be_i/a, bf/a, bg/a, bh/a)_{k_i}}{(q, bq/ax_i, bq/c_i, bq/d_i, bq/e_i, bq/f, bq/g, bq/h)_{k_i}} \cdot q^{\sum_{i=1}^{r} k_i}$$

$$= \prod_{i=1}^{r} \frac{(ax_i^2q, b/ax_i, \lambda x_iq/f, \lambda x_iq/g, \lambda x_iq/h, bfq^{i-1}/\lambda, bgq^{i-1}/\lambda, bhq^{i-1}/\lambda)_\infty}{(\lambda x_i^2q, b/\lambda x_i, ax_iq/f, ax_iq/g, ax_iq/h, bfq^{i-1}/a, bgq^{i-1}/a, bhq^{i-1}/a)_\infty}$$

$$\times \prod_{1 \leqslant i < j \leqslant r} \frac{1 - \lambda x_ix_j}{1 - ax_ix_j} \sum_{S \subseteq \{1,2,\cdots,r\}} \left(\frac{b}{\lambda}\right)^{\binom{r-|S|}{2}}$$

$$\times \prod_{i \notin S} \frac{(\lambda x_i^2q, \lambda c_ix_i/a, \lambda d_ix_i/a, \lambda e_ix_i/a, fx_i, gx_i, hx_i)_\infty}{(\lambda x_i/b, ax_iq/c_i, ax_iq/d_i, ax_iq/e_i, \lambda x_iq/f, \lambda x_iq/g, \lambda x_iq/h)_\infty}$$

$$\times \prod_{i\notin S} \frac{(b/\lambda x_i, abq/c_i\lambda, abq/d_i\lambda, abq/e_i\lambda, bq/f, bq/g, bq/h)_\infty}{(b^2q/\lambda, bc_i/a, bd_i/a, be_i/a, bf/\lambda, bg/\lambda, bh/\lambda)_\infty}$$

$$\times \sum_{k_1,\cdots,k_r=0}^{\infty} \prod_{\substack{1\leqslant i<j\leqslant r \\ i,j\in S}} \frac{(x_iq^{k_i}-x_jq^{k_j})(1-\lambda x_ix_jq^{k_i+k_j})}{(x_i-x_j)(1-\lambda x_ix_j)} \prod_{i\in S} \frac{1-\lambda x_i^2q^{2k_i}}{1-\lambda x_i^2}$$

$$\times \prod_{\substack{1\leqslant i<j\leqslant r \\ i,j\notin S}} \frac{(q^{k_i}-bq^{k_j}/\lambda)(1-b^2q^{k_i+k_j}/\lambda)}{(x_i-x_j)(1-\lambda x_ix_j)} \prod_{i\notin S} \frac{1-b^2q^{2k_i}/\lambda}{1-b^2/\lambda}$$

$$\times \prod_{i\in S, j\notin S} \frac{(x_iq^{k_i}-bq^{k_j}/\lambda)(1-bx_iq^{k_i+k_j})}{(x_i-x_j)(1-\lambda x_ix_j)}$$

$$\times \prod_{i\in S} \frac{(\lambda x_i^2, bx_i, \lambda c_ix_i/a, \lambda d_ix_i/a, \lambda e_ix_i/a, fx_i, gx_i, hx_i)_{k_i}}{(q, \lambda x_iq/b, ax_iq/c_i, ax_iq/d_i, ax_iq/e_i, \lambda x_iq/f, \lambda x_iq/g, \lambda x_iq/h)_{k_i}}$$

$$\times \prod_{i\notin S} \frac{(b^2/\lambda, bx_i, bc_i/a, bd_i/a, be_i/a, bf/\lambda, bg/\lambda, bh/\lambda)_{k_i}}{(q, bq/\lambda x_i, abq/c_i\lambda, abq/d_i\lambda, abq/e_i\lambda, bq/f, bq/g, bq/h)_{k_i}} \cdot q^{\sum\limits_{i=1}^{r}k_i}. \quad (8.3.1)$$

证明　对 (8.2.1) 的左边的积分, 应用 (8.1.4), 可得

$$\int_{ax_1}^{b}\cdots\int_{ax_r}^{b} \prod_{1\leqslant i<j\leqslant r}(t_i-t_j)(1-t_it_j/a)\prod_{i=1}^{r}(1-t_i^2/a)\frac{(qt_i/ax_i, qt_i/b)_\infty}{(t_ix_i, bt_i/a)_\infty}$$

$$\times \prod_{i=1}^{r} \frac{(qt_i/c_i, qt_i/d_i, qt_i/e_i, qt_i/f, qt_i/g, qt_i/h)_\infty}{(c_it_i/a, d_it_i/a, e_it_i/a, ft_i/a, gt_i/a, ht_i/a)_\infty} d_qt_r\cdots d_qt_1$$

$$= \sum_{S\subseteq\{1,2,\cdots,r\}} (-1)^{|S|}a^{|S|}b^{r-|S|}(1-q)^r a^{\binom{|S|}{2}}b^{\binom{r-|S|}{2}}\prod_{i\in S}x_i$$

$$\times \sum_{k_1\geqslant0,\cdots,k_r\geqslant0} \prod_{\substack{1\leqslant i<j\leqslant r \\ i,j\in S}} (x_iq^{k_i}-x_jq^{k_j})(1-ax_ix_jq^{k_i+k_j})\prod_{i\in S}(1-ax_i^2q^{2k_i})$$

$$\times \prod_{\substack{1\leqslant i<j\leqslant r \\ i,j\notin S}} (q^{k_i}-q^{k_j})(1-b^2q^{k_i+k_j}/a)\prod_{i\notin S}(1-b^2q^{2k_i}/a)$$

$$\times \prod_{i\in S, j\notin S} (ax_iq^{k_i}-bq^{k_j})(1-bx_iq^{k_i+k_j})(-1)^{\chi(i>j)}$$

$$\times \prod_{i\in S} \frac{(q^{1+k_i}, ax_iq^{1+k_i}, ax_iq^{1+k_i}/c_i, ax_iq^{1+k_i}/d_i, ax_iq^{1+k_i}/e_i)_\infty}{(ax_i^2q^{k_i}, bx_iq^{k_i}, c_ix_iq^{k_i}, d_ix_iq^{k_i}, e_ix_iq^{k_i})_\infty}$$

$$\times \prod_{i\in S} \frac{(ax_iq1+k_i/f, ax_iq1+k_i/g, ax_iq1+k_i/h)_\infty}{(fx_iq^{k_i}, gx_iq^{k_i}, hx_iq^{k_i})_\infty} \prod_{i\notin S} \frac{(bq^{1+k_i}/ax_i, q^{1+k_i})_\infty}{(bx_iq^{k_i}, b^2q^{k_i}/a)_\infty}$$

$$\times \prod_{i\notin S} \frac{(bq^{1+k_i}/c_i, bq^{1+k_i}/d_i, bq^{1+k_i}/e_i, bq^{1+k_i}/f_i, bq^{1+k_i}/g_i, bq^{1+k_i}/h_i)_\infty}{(bc_iq^{k_i}/a, bd_iq^{k_i}/a, be_iq^{k_i}/a, bf_iq^{k_i}/a, bg_iq^{k_i}/a, bh_iq^{k_i}/a)_\infty},$$

这里 $|S|$ 表示 S 元素的个数, χ 表示真值函数 (若真为 1, 若不真为零). 对 (8.2.1) 的右边的一个类似表示被得到. 若两边除以

$$(-1)^r a^{\binom{r+1}{2}} x_1 \cdots x_r (1-q)^r \prod_{1\leqslant i<j\leqslant r}(x_i-x_j)(1-ax_ix_j)$$

$$\times \prod_{i=1}^r \frac{(q, ax_iq/b, ax_iq/c_i, ax_iq/d_i, ax_iq/e_i, ax_iq/f, ax_iq/g, ax_iq/h)_\infty}{(ax_i^2q, bx_i, c_ix_i, d_ix_i, e_ix_i, fx_i, gx_i, hx_i)_\infty},$$

化简, 则可得到所证结果. □

类似地, 从推论 8.2.1 可以导出下面变换:

定理 8.3.2 [150, 推论 4.2] (非终止型 $_{10}\phi_9$ 变换的第二个 C_r 拓广)　设 $a^3q^{3-r}=bcdefgh$, 则有

$$\sum_{S\subseteq\{1,2,\cdots,r\}} \left(\frac{b}{a}\right)^{\binom{r-|S|}{2}} \prod_{i\notin S} \frac{(ax_i^2q, cx_i, dx_i, ex_i, fx_i)_\infty}{(ax_i/b, ax_iq/c, ax_iq/d, ax_iq/e, ax_iq/f)_\infty}$$

$$\times \prod_{i\notin S} \frac{(g, hx_i, b/ax_i, bq/c, bq/d, bq/e, bq/f, bx_iq/g, bq/h)_\infty}{(ax_i^2q/g, ax_iq/h, b^2q/a, bc/a, bd/a, be/a, bf/a, bg/ax_i, bh/a)_\infty}$$

$$\times \sum_{k_1,\cdots,k_r=0}^\infty \prod_{\substack{1\leqslant i<j\leqslant r \\ i,j\in S}} \frac{(x_iq^{k_i}-x_jq^{k_j})(1-ax_ix_jq^{k_i+k_j})}{(x_i-x_j)(1-ax_ix_j)} \prod_{i\in S} \frac{1-ax_i^2q^{2k_i}}{1-ax_i^2}$$

$$\times \prod_{\substack{1\leqslant i<j\leqslant r \\ i,j\notin S}} \frac{(q^{k_i}-q^{k_j})(1-b^2q^{k_i+k_j}/a)}{(x_i-x_j)(1-ax_ix_j)} \prod_{i\notin S} \frac{1-b^2q^{2k_i}/a}{1-b^2/a}$$

$$\times \prod_{i\in S,j\notin S} \frac{(x_iq^{k_i}-bq^{k_j}/a)(1-bx_iq^{k_i+k_j})}{(x_i-x_j)(1-ax_ix_j)}$$

$$\times \prod_{i\in S} \frac{(ax_i^2, bx_i, cx_i, dx_i, ex_i, fx_i, g, hx_i)_{k_i}}{(q, ax_iq/b, ax_iq/c, ax_iq/d, ax_iq/e, ax_iq/f, ax_i^2q/g, ax_iq/h)_{k_i}}$$

$$\times \prod_{i\notin S} \frac{(b^2/a, bx_i, bc/a, bd/a, be/a, bf/a, bg/ax_i, bh/a)_{k_i}}{(q, bq/ax_i, bq/c, bq/d, bq/e, bq/f, bx_iq/g, bq/h)_{k_i}} \cdot q^{\sum\limits_{i=1}^r k_i}$$

$$= \prod_{i=1}^r \frac{(ax_i^2q, b/ax_i, bx_iq^r/g, bchq^{r-1}x_i/a, bdhq^{r-1}x_i/a, behq^{r-1}x_i/a)_\infty}{(bhx_i^2q^r/g, gq^{1-r}/hx_i, ax_iq/c, ax_iq/d, ax_iq/e, ax_iq/f)_\infty}$$

$$\times \prod_{i=1}^{r} \frac{(bfhq^{r-1}x_i/a, gq^{1-i}, aq^{2-i}/ch, aq^{2-i}/dh, aq^{2-i}/eh, aq^{2-i}/fh)_{\infty}}{(ax_iq/h, bcq^{i-1}/a, bdq^{i-1}/a, beq^{i-1}/a, bfq^{i-1}/a, bhq^{i-1}/a)_{\infty}}$$

$$\times \prod_{1 \leqslant i < j \leqslant r} \frac{1 - bhq^{r-1}x_ix_j/g}{1 - ax_ix_j} \sum_{S \subseteq \{1,2,\cdots,r\}} \left(\frac{gq^{1-r}}{h} \right)^{\binom{r-|S|}{2}}$$

$$\times \prod_{i \notin S} \frac{(bhx_i^2 q^r/g, ax_iq/cg, ax_iq/dg)_{\infty}}{(hx_iq^{r-1}/g, bchq^{r-1}x_i/a, bdhq^{r-1}x_i/a)_{\infty}}$$

$$\times \prod_{i \notin S} \frac{(ax_iq/eg, ax_iq/fg, bhq^{r-1}/a, hx_i, gq^{1-r}/hx_i)_{\infty}}{(behq^{r-1}x_i/a, bfhq^{r-1}x_i/a, ax_i^2q/g, bx_iq^r/g, bgq^{2-r}/h)_{\infty}}$$

$$\times \prod_{i \notin S} \frac{(bcg/a, bdg/a, beg/a, bfg/a, ax_iq^{2-r}/h, bq/h)_{\infty}}{(aq^{2-r}/ch, aq^{2-r}/dh, aq^{2-r}/eh, aq^{2-r}/fh, bg/ax_i, gq^{1-r})_{\infty}}$$

$$\times \sum_{k_1,\cdots,k_r=0}^{\infty} \prod_{\substack{1 \leqslant i < j \leqslant r \\ i,j \in S}} \frac{(x_iq^{k_i} - x_jq^{k_j})(1 - bhx_ix_jq^{r-1+k_i+k_j}/g)}{(x_i - x_j)(1 - bhx_ix_jq^{r-1}/g)}$$

$$\times \prod_{\substack{1 \leqslant i < j \leqslant r \\ i,j \notin S}} \frac{(q^{k_i} - q^{k_j})(1 - bgq^{1+r+k_i+k_j}/h)}{(x_i - x_j)(1 - bhx_ix_jq^{r-1}/g)} \prod_{i \notin S} \frac{1 - bgq^{1-r+2k_i}/h}{1 - bgq^{1-r}/h}$$

$$\times \prod_{i \in S, j \notin S} \frac{(x_iq^{k_i} - gq^{1-r+k_j}/h)(1 - bx_iq^{k_i+k_j})}{(x_i - x_j)(1 - bhx_ix_jq^{1-r}/g)} \prod_{i \in S} \frac{1 - bhx_i^2q^{r-1+2k_i}/g}{1 - bhx_i^2q^{r-1}/g}$$

$$\times \prod_{i \in S} \frac{(bhx_i^2q^{r-1}/g, bx_i, ax_iq/cg, ax_iq/dg, ax_iq/eg, ax_iq/fg)_{k_i}}{(q, hx_iq^r/b, bchq^{r-1}x_i/a, bdhq^{r-1}x_i/a, behq^{r-1}x_i/a, bfhq^{r-1}x_i/a)_{k_i}}$$

$$\times \prod_{i \in S} \frac{(bhq^{r-1}/a, hx_i)_{k_i}}{(ax_i^2q/g, bx_iq^r/g)_{k_i}} \prod_{i \notin S} \frac{(bgq^{1-r}/h, bx_i)_{k_i}}{(q, gq^{2-r}/hx_i)_{k_i}}$$

$$\times \prod_{i \notin S} \frac{(aq^{2-r}/ch, aq^{2-r}/dh, aq^{2-r}/eh, aq^{2-r}/fh, bg/ax_i, gq^{1-r})_{k_i}}{(bcg/a, bdg/a, beg/a, bfg/a, ax_iq^{2-r}/h, bq/h)_{k_i}} \cdot q^{\sum\limits_{i=1}^{r} k_i}.$$

8.4　三个 C_r 终止型 $_{10}\phi_9$ 变换公式

在 (8.3.1) 的两边乘以 $\prod\limits_{i=1}^{r}(bd_i/a)_{\infty}$, 然后令 $bd_i/a = q^{-n_i}$, 则只有 $S = \varnothing$ 对应的项不等于零, 变量变化之后给出下列变换:

定理 8.4.1 [150, 推论 5.1] (终止型 $_{10}\phi_9$ 变换的第一个 C_r 拓广)　对 $i = 1, \cdots, r$, 令 $a^3q^{3-r+n_i} = bcde_if_ig_i$, 以及 $\lambda = a^2q^{2-r}/bcd$, 则有

$$\sum_{\substack{0 \leqslant k_i \leqslant n_i \\ i=1,\cdots,r}} \prod_{1 \leqslant i < j \leqslant r} \left(q^{k_i} - q^{k_j}\right)\left(1 - aq^{k_i + k_j}\right)$$

$$\times \prod_{i=1}^{r} \frac{\left(1 - aq^{2k_i}\right)\left(a, b, c, d, e_i, f_i, g_i, q^{-n_i}\right)_{k_i}}{(1-a)\left(q, aq/b, aq/c, aq/d, aq/e_i, aq/f_i, aq/g_i, aq^{1+n_i}\right)_{k_i}} q^{k_i}$$

$$= \left(\frac{\lambda}{a}\right)^{\binom{r}{2}} \prod_{i=1}^{r-1} \frac{(b, c, d)_i}{(b\lambda/a, c\lambda/a, d\lambda/a)_i} \prod_{i=1}^{r} \frac{(aq, \lambda q/e_i, \lambda q/f_i, aq/e_i f_i)_{n_i}}{(\lambda q, aq/e_i, aq/f_i, \lambda q/e_i f_i)_{n_i}}$$

$$\times \sum_{\substack{0 \leqslant k_i \leqslant n_i \\ i=1,\cdots,r}} \prod_{1 \leqslant i < j \leqslant r} (q^{k_i} - q^{k_j})(1 - \lambda q^{k_i + k_j})$$

$$\times \prod_{i=1}^{r} \frac{\left(1 - \lambda q^{2k_i}\right)(\lambda, \lambda b/a, \lambda c/a, \lambda d/a, e_i, f_i, g_i, q^{-n_i})_{k_i}}{(1-\lambda)\left(q, aq/b, aq/c, aq/d, \lambda q/e_i, \lambda q/f_i, \lambda q/g_i, \lambda q^{1+n_i}\right)_{k_i}} q^{k_i}. \quad (8.4.1)$$

类似于定理 8.3.2 从定理 8.3.1 得到的那样, 通过迭代, 从定理 8.4.1 (首先, $f_i = f, g_i = g, i = 1,\cdots,r$ 和 $e_i = eq^{n_i}$, 然后迭代 $a \mapsto a^2 q^{2-r}/bcd$, $b \mapsto aq^{2-r}/cd$, $c \mapsto g$, $d \mapsto f$, $f \mapsto aq^{2-r}/bc$ 和 $g \mapsto aq^{2-r}/bd$, 最后 e 代替为 eq^n), 得则到另一变换:

定理 8.4.2 [150, 推论 5.2] (终止型 $_{10}\phi_9$ 变换的第二个 C_r 拓广) 设 $bcdefg = a^3 q^{3-r}$, 则有

$$\sum_{\substack{0 \leqslant k_i \leqslant n_i \\ i=1,\cdots,r}} \prod_{1 \leqslant i < j \leqslant r} (q^{k_i} - q^{k_j})(1 - aq^{k_i + k_j})$$

$$\times \prod_{i=1}^{r} \frac{\left(1 - aq^{2k_i}\right)\left(a, b, c, d, eq^{n_i}, f, g, q^{-n_i}\right)_{k_i}}{(1-a)\left(q, aq/b, aq/c, aq/d, aq^{1-n_i}/e, aq/f, aq/g, aq^{1+n_i}\right)_{k_i}} q^{\sum\limits_{i=1}^{r} k_i}$$

$$= \left(\frac{a^2 q^{4-2r}}{b^2 cdfg}\right)^{\binom{r}{2}} \prod_{i=1}^{r-1} \frac{(b, c, d, f, g)_i}{(aq^{2-r}/bc, aq^{2-r}/bd, aq^{2-r}/bf, aq^{2-r}/bg, a^2 q^{4-2r}/bcdfg)_i}$$

$$\times \prod_{i=1}^{r} \frac{(aq, aq^{1-n_i}/ce, aq^{1-n_i}/de, aq^{1-n_i}/ef, aq^{1-n_i}/eg, bq^{r-1})_{n_i}}{(aq/c, aq/d, aq^{1-n_i}/e, aq/f, aq/g, bq^{r-1-n_i}/e)_{n_i}} (eq^{n_i})^{n_i}$$

$$\times \sum_{\substack{0 \leqslant k_i \leqslant n_i \\ i=1,\cdots,r}} \prod_{1 \leqslant i < j \leqslant r} (q^{k_i} - q^{k_j})(1 - eq^{1-r+k_i+k_j}/b)$$

$$\times \prod_{i=1}^{r} \frac{\left(1 - eq^{1-r+2k_i}/b\right)\left(eq^{1-r}/b, eq^{1-r}/a, aq^{2-r}/bf, aq^{2-r}/bg\right)_{k_i}}{\left(1 - eq^{1-r}/b\right)(q, aq/b, ef/a, eg/a)_{k_i}}$$

$$\times \prod_{i=1}^{r} \frac{(eq^{n_i}, aq^{2-r}/bc, aq^{2-r}/bd, q^{-n_i})_{k_i}}{(q^{2-r-n_i}/b, ec/a, ed/a, eq^{2-r+n_i}/b)_{k_i}} q^{\sum\limits_{i=1}^{r} k_i}.$$

在定理 8.3.2, 令 $g = q^{-N}$, 然后代替 $b \mapsto e$, $e \mapsto g$ 和 $h \mapsto b$, 则有第三个变换公式:

定理 8.4.3 [150, 推论 5.3] (终止型 $_{10}\phi_9$ 变换的第三个 C_r 拓广)　设 $a^3 q^{3-r+N} = bcdefg$, 则有

$$\sum_{k_1,\cdots,k_r=0}^{N} \prod_{1 \leqslant i < j \leqslant r} \frac{\left(x_i q^{k_i} - x_j q^{k_j}\right)\left(1 - a x_i x_j q^{k_i + k_j}\right)}{(x_i - x_j)(1 - a x_i x_j)} \prod_{i=1}^{r} \frac{1 - a x_i^2 q^{2k_i}}{1 - a x_i^2} q^{k_i}$$

$$\times \prod_{i=1}^{r} \frac{(ax_i^2, bx_i, cx_i, dx_i, ex_i, fx_i, gx_i, q^{-N})_{k_i}}{(q, ax_i q/b, ax_i q/c, ax_i q/d, ax_i q/e, ax_i q/e, ax_i q/f, ax_i q/g, ax_i^2 q^{1+N})_{k_i}}$$

$$= q^{\binom{r}{3}} \left(\frac{q^{N+1}}{b}\right)^{\binom{r}{2}} \frac{1}{(b/e)_{N+r-1}^r} \prod_{1 \leqslant i < j \leqslant r} \frac{1}{(x_i - x_j)(1 - a x_i x_j)}$$

$$\times \prod_{i=1}^{r} \frac{(bx_i)^N (ax_i^2 q)_N (bx_i)_{N+r-1} (q^{2-r} ax_i/b)_{r-1}}{(q^{N+r+1-i}, aq^{2-r}/be, aq^{2-r}/bc, aq^{2-r}/bd, aq^{2-r}/bf, aq^{2-r}/bg)_{i-1}}$$

$$\times \prod_{i=1}^{r} \frac{(q^{2-i} a/ce, q^{2-i} a/de, q^{2-i} a/ef, q^{2-i} a/eg)_{N+i-1}}{(ax_i q/c, ax_i q/d, ax_i q/e, ax_i q/f, ax_i q/g)_N}$$

$$\times \sum_{k_1,\cdots,k_r=0}^{N+r-1} \prod_{1 \leqslant i < j \leqslant r} (q^{k_i} - q^{k_j})(1 - eq^{1-r-N+k_i+k_j}/b)$$

$$\times \prod_{i=1}^{r} \frac{\left(1 - eq^{1-r-N+2k_i}/b\right) \left(eq^{1-r-N}/b, ex_i, eq^{-N}/ax_i, q^{1-r-N}\right)_{k_i}}{(1 - eq^{1-r-N}/b)(q, q^{2-r-N}/bx_i, ax_i q^{2-r}/b, eq/b)_{k_i}}$$

$$\times \prod_{i=1}^{r} \frac{(aq^{2-r}/bc, aq^{2-r}/bd, aq^{2-r}/bf, aq^{2-r}/bg)_{k_i}}{(ceq^{-N}/a, deq^{-N}/a, efq^{-N}/a, egq^{-N}/a)_{k_i}} q^{k_i}.$$

命题 8.4.1 [150, 命题 6.1] ($A_{r-1}\psi_1$ 求和)　我们有

$$\sum_{k_1,\cdots,k_r=-\infty}^{\infty} \prod_{1 \leqslant i < j \leqslant r} (q^{k_i} - q^{k_j}) \prod_{i=1}^{r} \frac{(a_i)_{k_i}}{(b_i)_{k_i}} z_i^{k_i}$$

$$= q^{\binom{r}{2}} \det_{1 \leqslant i,j \leqslant r} \left(b_i^{j-r} \frac{(z_i)_{r-j}}{(a_i z_i q/b_i)_{r-j}}\right) \prod_{i=1}^{r} \frac{(q, a_i z_i, q/a_i z_i, b_i/a_i)_{\infty}}{(b_i, z_i, b_i/a_i z_i, q/a_i)_{\infty}},$$

这里对 $i = 1, \cdots, r$, $|b_i q^{1-r}/a_i| < |z_i| < 1$.

证明 应用经典的 Vandermonde 行列式:

$$\prod_{1\leqslant i<j\leqslant r}(q^{k_i}-q^{k_j})=\det_{1\leqslant i,j\leqslant r}((q^{k_i})^{i-j}),$$

(8.4.1) 的左边可以写作

$$\det_{1\leqslant i,j\leqslant r}\left(\sum_{k_i=-\infty}^{\infty}\frac{(a_i)_{k_i}}{(b_i)_{k_i}}(z_iq^{r-j})^{k_i}\right).$$

对行列式的内部求和应用 Ramanujan $_1\psi_1$ 求和公式 (1.3.28) $(a\to a_i,\ b\to b_i,\ z\to z_iq^{r-j})$, 则得

$$\det_{1\leqslant i,j\leqslant r}\left(\frac{(q,a_iz_iq^{r-j},q^{1+j-r}/a_iz_i,b_i/a_i)_\infty}{(b_i,z_iq^{r-j},b_iq^{j-r}/a_iz_i,q/a_i)_\infty}\right).$$

再应用行列式行的线性性, 提取一些因式, 可得到 (8.4.1) 的右边. □

在命题 8.4.1 里, 选取不同的参数 a_i, b_i, z_i, 利用引理 8.1.1, 可得一些结果.

例 8.4.1 在命题 8.4.1 里, 取 $a_i\to ax_i$, $b_i\to bx_i$, $z_i\to z$ $(i=1,\cdots,r)$, 则得一个 $A_{r-1}\,_1\psi_1$ 求和公式:

$$\sum_{k_1,\cdots,k_r=-\infty}^{\infty}\prod_{1\leqslant i<j\leqslant r}(q^{k_i}-q^{k_j})\prod_{i=1}^{r}\frac{(ax_i)_{k_i}}{(bx_i)_{k_i}}z^{k_i}$$

$$=(az)^{-\binom{r}{2}}q^{-\binom{r}{3}}\prod_{1\leqslant i<j\leqslant r}(1/x_j-1/x_i)\prod_{i=1}^{r}\frac{(q,azx_i,q/azx_i,b/a)_\infty}{(bx_i,zq^{i-1},bq^{1-i}/az,q/ax_i)_\infty},$$

这里 $|bq^{1-r}/a|<|z|<1$. 在命题 8.4.1 里, 取 $a_i\to a/x_i$, $b_i\to bx_i$, $z_i\to zx_i$ $(i=1,\cdots,r)$, 则得另一个 $A_{r-1}\,_1\psi_1$ 求和公式:

$$\sum_{k_1,\cdots,k_r=-\infty}^{\infty}\prod_{1\leqslant i<j\leqslant r}(q^{k_i}-q^{k_j})\prod_{i=1}^{r}\frac{(a/x_i)_{k_i}}{(bx_i)_{k_i}}(zx_i)^{k_i}$$

$$=a^{-\binom{r}{2}}\prod_{1\leqslant i<j\leqslant r}(x_i-x_j)\prod_{i=1}^{r}\left(bq^{1-2r+i}/az^2\right)_{i-1}\frac{(q,az,q/az,bx_i^2/a)_\infty}{(bx_i,zx_i,bx_iq^{2-r}/az,x_iq/a)_\infty},$$

这里对 $i=1,\cdots,r$, $|bx_i^2q^{1-r}/a|<|zx_i|<1$.

8.5 C_r 终止型 $_{10}\phi_9$ 变换公式产生的特殊情形

本节给出 8.4 节里三个终止型 $C_r\,_{10}\phi_9$ 变换公式产生的特殊情形, 仅列出结果, 不列出证明, 也不再编号, 供阅者查阅所用.

定理 8.5.1 (多变量 Watson 变换)

$$\sum_{\substack{0\leqslant k_i\leqslant n_i \\ i=1,\cdots,r}} \prod_{1\leqslant i<j\leqslant r} (q^{k_i}-q^{k_j})(1-aq^{k_i+k_j})$$

$$\times \prod_{i=1}^{r} \frac{\left(1-aq^{2k_i}\right)(a,b,c,d_i,e_i,q^{-n_i})_{k_i}}{(1-a)\,(q,aq/b,aq/c,aq/d_i,aq/e_i,aq^{1+n_i})_{k_i}} \left(\frac{a^2q^{3-r+n_i}}{bcd_ie_i}\right)^{k_i}$$

$$= \left(-\frac{a}{bc}\right)^{\binom{r}{2}} q^{-2\binom{r}{3}} \prod_{i=1}^{r-1} \frac{(b,c)_i}{(aq^{2-r}/bc)_i} \prod_{i=1}^{r} \frac{(aq,aq/d_ie_i)_{n_i}}{(aq/d_i,aq/e_i)_{n_i}}$$

$$\times \sum_{\substack{0\leqslant k_i\leqslant n_i \\ i=1,\cdots,r}} \prod_{1\leqslant i<j\leqslant r} (q^{k_i}-q^{k_j}) \prod_{i=1}^{r} \frac{(aq^{2-r}/bc,d_i,e_i,q^{-n_i})_{k_i}}{(q,aq/b,aq/c,d_ie_iq^{-n_i}/a)_{k_i}} q^{k_i}.$$

定理 8.5.2 (A_{r-1} Sears 变换)

$$\sum_{\substack{0\leqslant k_i\leqslant n_i \\ i=1,\cdots,r}} \prod_{1\leqslant i<j\leqslant r} (q^{k_i}-q^{k_j}) \prod_{i=1}^{r} \frac{(a_i,b,c,q^{-n_i})_{k_i}}{(q,d,e_i,a_ibcq^{r-n_i}/de_i)_{k_i}} q^{k_i}$$

$$= \left(\frac{dq^{1-r}}{bc}\right)^{\binom{r}{2}} \prod_{i=1}^{r-1} \frac{(b,c)_i}{(dq^{1-r}/b,dq^{1-r}/c)_i} \prod_{i=1}^{r} \frac{(de_iq^{-r}/bc,e_i/a_i)_{n_i}}{(e_i,de_iq^{-r}/a_ibc)_{n_i}}$$

$$\times \sum_{\substack{0\leqslant k_i\leqslant n_i \\ i=1,\cdots,r}} \prod_{1\leqslant i<j\leqslant r} (q^{k_i}-q^{k_j}) \prod_{i=1}^{r} \frac{(a_i,dq^{1-r}/b,dq^{1-r}/c,q^{-n_i})_{k_i}}{(q,d,de_iq^{-r}/bc,a_iq^{1-n_i}/e_i)_{k_i}} q^{k_i}.$$

定理 8.5.3 (C_r Jackson 求和)　对 $i=1,\cdots,r$, 令 $bc_id_ie_i=a^2q^{2-r+n_i}$, 则

$$\sum_{\substack{0\leqslant k_i\leqslant n_i \\ i=1,\cdots,r}} \prod_{1\leqslant i<j\leqslant r} (q^{k_i}-q^{k_j})(1-aq^{k_i+k_j})$$

$$\times \prod_{i=1}^{r} \frac{\left(1-aq^{2k_i}\right)(a,b,c_i,d_i,e_i,q^{-n_i})_{k_i}}{(1-a)\,(q,aq/b,aq/c_i,aq/d_i,aq/e_i,aq^{1+n_i})_{k_i}} q^{k_i}$$

$$= (-b)^{-\binom{r}{2}} q^{-2\binom{r}{3}} \prod_{i=1}^{r} \frac{(aq^{2-r}/b)_{r-1}\,(b)_{i-1}}{(aq^{2+r-2i}/b)_{i-1}} \frac{(aq,aq/c_id_i,aq/c_ie_i,aq/d_ie_i)_{n_i}}{(aq/c_i,aq/d_i,aq/e_i,aq/c_id_ie_i)_{n_i}}$$

$$\times \det_{1\leqslant i,j\leqslant r} \left(\frac{(c_i,d_i,e_i,q^{-n_i})_{r-j}}{(aq^{2-r}/bc_i,aq^{2-r}/bd_i,aq^{2-r}/be_i,aq^{2-r+n_i}/b)_{r-j}}\right).$$

定理 8.5.4 (C_r Jackson 求和) 设 $bcde = a^2q^{2-r}$, 则

$$\sum_{\substack{0\leqslant k_i\leqslant n_i \\ i=1,\cdots,r}} \prod_{1\leqslant i<j\leqslant r} (q^{k_i} - q^{k_j})(1 - aq^{k_i+k_j})$$

$$\times \prod_{i=1}^r \frac{\left(1 - aq^{2k_i}\right)(a,b,c,d,eq^{n_i},q^{-n_i})_{k_i}}{(1-a)\left(q,aq/b,aq/c,aq/d,aq^{1-n_i}/e,aq^{1+n_i}\right)_{k_i}} q^{k_i}$$

$$= q^{-\binom{r}{3}} \left(\frac{e}{a}\right)^{\binom{r}{2}} \prod_{i=1}^{r-1} \frac{(b,c,d)_i}{(aq^{2-r}/bc,aq^{2-r}/bd,aq^{2-r}/cd)_i}$$

$$\times \prod_{1\leqslant i<j\leqslant r} (q^{n_i} - q^{n_j})\left(1 - eq^{n_i+n_j}\right) \prod_{i=1}^r \frac{(aq,aq^{2-r}/bc,aq^{2-r}/bd,aq^{2-r}/cd)_{n_i}}{(aq/b,aq/c,aq/d,aq^{2-r}/bcd)_{n_i}}.$$

定理 8.5.5 (C_r Jackson 求和) 设 $bcde = a^2q^{2-r+N}$, 则

$$\sum_{\substack{0\leqslant k_i\leqslant n_i \\ i=1,\cdots,r}} \prod_{1\leqslant i<j\leqslant r} (q^{k_i} - q^{k_j})(1 - aq^{k_i+k_j})$$

$$\times \prod_{i=1}^r \frac{\left(1 - aq^{2k_i}\right)(a,b,c,dx_i,e/x_i,q^{-N})_{k_i}}{(1-a)\left(q,aq/b,aq/c,aq/dx_i,aqx_i/e,aq^{1+N}\right)_{k_i}} q^{k_i}$$

$$= \left(\frac{e^2}{ad}\right)^{\binom{r}{2}} \prod_{1\leqslant i<j\leqslant r} (x_i - x_j)(1 - dx_ix_j/e) \prod_{i=1}^{r-1} \frac{(b,c,q^{-N})_i}{(aq^{2-r}/bc)_i}$$

$$\times \prod_{i=1}^r \frac{(aq,aq^{2-r}/bc)_N (aq^{2-r}/bdx_i,aq^{2-r}/cdx_i)_{N+1-r}}{x_i^{2(r-1)} (aq^{2-i}/b,aq^{2-i}/c)_{N+1-i} (aq/dx_i,aq^{2-r}/bcdx_i)_N}.$$

定理 8.5.6 (C_r Jackson 求和) 令 $bc_id_ie = a^2q^{2-r+n_i}$, 则

$$\sum_{\substack{0\leqslant k_i\leqslant n_i \\ i=1,\cdots,r}} \prod_{1\leqslant i<j\leqslant r} \frac{\left(x_iq^{k_i} - x_jq^{k_j}\right)\left(1 - ax_ix_jq^{k_i+k_j}\right)}{(x_i - x_j)(1 - ax_ix_j)} \prod_{i=1}^r \frac{\left(1 - ax_i^2q^{2k_i}\right)}{(1 - ax_i^2)}$$

$$\times \prod_{i=1}^r \frac{(ax_i^2,bx_i,c_ix_i,d_ix_i,ex_i,q^{-n_i})_{k_i}}{(q,ax_iq/b,ax_iq/c_i,ax_iq/d_i,ax_iq/e,ax_i^2q^{1+n_i})_{k_i}} q^{k_i}$$

$$= (-1)^{\binom{r}{2}} b^{-\binom{r}{2}} q^{-2\binom{r}{3}} \prod_{1\leqslant i<j\leqslant r} \frac{1}{(x_i - x_j)(1 - ax_ix_j)}$$

$$\times \prod_{i=1}^r \frac{(aqx_i^2,aq^{2-r}/bc_i,aq^{2-r}/bd_i)_{n_i} (aq/c_id_i)_{n_i+i-r} (bx_i)_{r-1}}{(aqx_i/c_i,aqx_i/d_i,aq^{2-r}/bc_id_ix_i)_{n_i} (aqx_i/b)_{n_i+1-r} (eq^{2+r-2i}/b)_{i-1}}$$

$$\times \det_{1\leqslant i,j\leqslant r}\left(\frac{(ex_i, ec_i/a, ed_i/a, eq^{-n_i}/ax_i)_{r-j}}{(q^{2-r}/bx_i, q^{-n_i}ed_i/a, q^{-n_i}ec_i/a, aq^{2-r+n_i}x_i/b)_{r-j}}\right).$$

定理 8.5.7 (C_r 非终止型 $_6\phi_5$ 求和)

$$\sum_{k_1,\cdots,k_r=0}^{\infty}\prod_{1\leqslant i<j\leqslant r}(q^{k_i}-q^{k_j})(1-aq^{k_i+k_j})$$

$$\times\prod_{i=1}^{r}\frac{\left(1-aq^{2k_i}\right)(a,b_i,c_i,d_i)_{k_i}}{(1-a)(q,aq/b_i,aq/c_i,aq/d_i)_{k_i}}\left(\frac{a^2q^{2-r}}{b_ic_id_i}\right)^{k_i}$$

$$=q^{-\binom{r}{3}}\det_{1\leqslant i,j\leqslant r}\left(\frac{(b_i,c_i,d_i)_{r-j}}{(b_ic_id_i/a)_{r-j}}\right)\prod_{i=1}^{r}\frac{(aq,aq/b_ic_i,aq/b_id_i,aq/c_id_i)_{\infty}}{(aq/b_i,aq/c_i,aq/d_i,aq/b_ic_id_i)_{\infty}},$$

要求 $|aq^{2-r}/b_ic_id_i|<1$, $i=1,\cdots,r$.

定理 8.5.8 (C_r 非终止型 $_6\phi_5$ 求和)

$$\sum_{k_1,\cdots,k_r=0}^{\infty}\prod_{1\leqslant i<j\leqslant r}(q^{k_i}-q^{k_j})(1-aq^{k_i+k_j})$$

$$\times\prod_{i=1}^{r}\frac{\left(1-aq^{2k_i}\right)(a,b,c,d_i)_{k_i}}{(1-a)(q,aq/b,aq/c,aq/d_i)_{k_i}}\left(\frac{a^2q^{2-r}}{bcd_i}\right)^{k_i}$$

$$=\prod_{1\leqslant i<j\leqslant r}(d_j-d_i)\prod_{i=1}^{r}\frac{(b,c,bc/a)_{i-1}}{(bcd_i/a)_{r-1}}\frac{(aq,aq/bc,aq/bd_i,aq/cd_i)_{\infty}}{(aq/b,aq/c,aq/d_i,aq/bcd_i)_{\infty}},$$

要求 $|aq^{2-r}/bcd_i|<1$, $i=1,\cdots,r$.

定理 8.5.9 (C_r 非终止型 $_6\phi_5$ 求和)

$$\sum_{k_1,\cdots,k_r=0}^{\infty}\prod_{1\leqslant i<j\leqslant r}(q^{k_i}-q^{k_j})(1-aq^{k_i+k_j})$$

$$\times\prod_{i=1}^{r}\frac{\left(1-aq^{2k_i}\right)(a,b,cx_i,d/x_i)_{k_i}}{(1-a)(q,aq/b,aq/cx_i,ax_iq/d)_{k_i}}\left(\frac{a^2q^{2-r}}{bcd}\right)^{k_i}$$

$$=c^{\binom{r}{2}}\prod_{1\leqslant i<j\leqslant r}(x_j-x_i)(1-d/cx_ix_j)$$

$$\times\prod_{i=1}^{r}\frac{(b)_{i-1}}{(bcd/a)_{i-1}}\frac{(aq,aq/bcx_i,ax_iq/bd,aq/cd)_{\infty}}{(aq/b,aq/cx_i,ax_iq/d,aq/bcd)_{\infty}},$$

这里 $|aq^{2-r}/bcd|<1$, 对 $i=1,\cdots,r$.

定理 8.5.10 (C_r 终止型 $_6\phi_5$ 求和)

$$
\sum_{\substack{0\leqslant k_i\leqslant n_i \\ i=1,\cdots,r}} \prod_{1\leqslant i<j\leqslant r} (q^{k_i}-q^{k_j})(1-aq^{k_i+k_j})
$$

$$
\times \prod_{i=1}^{r} \frac{\left(1-aq^{2k_i}\right)(a,b_i,c_i,q^{-n_i})_{k_i}}{(1-a)\left(q,aq/b_i,aq/c_i,aq^{1+n_i}\right)_{k_i}} \left(\frac{a^2 q^{2-r+n_i}}{b_i c_i}\right)^{k_i}
$$

$$
= q^{-\binom{r}{3}} \det_{1\leqslant i,j\leqslant r} \left(\frac{(b_i,c_i,q^{-n_i})_{r-j}}{(b_i c_i q^{-n_i}/a)_{r-j}}\right) \prod_{i=1}^{r} \frac{(aq,aq/b_i c_i)_{n_i}}{(aq/b_i,aq/c_i)_{n_i}}.
$$

定理 8.5.11 (C_r 终止型 $_6\phi_5$ 求和)

$$
\sum_{\substack{0\leqslant k_i\leqslant n_i \\ i=1,\cdots,r}} \prod_{1\leqslant i<j\leqslant r} (q^{k_i}-q^{k_j})(1-aq^{k_i+k_j})
$$

$$
\times \prod_{i=1}^{r} \frac{\left(1-aq^{2k_i}\right)(a,b,c,q^{-n_i})_{k_i}}{(1-a)\left(q,aq/b,aq/c,aq^{1+n_i}\right)_{k_i}} \left(\frac{a^2 q^{2-r+n_i}}{bc}\right)^{k_i}
$$

$$
= \prod_{1\leqslant i<j\leqslant r} (q^{n_i}-q^{n_j}) \prod_{i=1}^{r} \frac{(b,c,bc/a)_{i-1}}{(bc/a)_{r-1}} \frac{(aq,aq^{2-r}/bc)_{n_i}}{(aq/b,aq/c)_{n_i}}.
$$

定理 8.5.12 (C_r 终止型 $_6\phi_5$ 求和)

$$
\sum_{\substack{0\leqslant k_i\leqslant N \\ i=1,\cdots,r}} \prod_{1\leqslant i<j\leqslant r} (q^{k_i}-q^{k_j})(1-aq^{k_i+k_j})
$$

$$
\times \prod_{i=1}^{r} \frac{\left(1-aq^{2k_i}\right)(a,b,c_i,q^{-N})_{k_i}}{(1-a)\left(q,aq/b,aq/c_i,aq^{1+N}\right)_{k_i}} \left(\frac{a^2 q^{2-r+N}}{bc_i}\right)^{k_i}
$$

$$
= \prod_{1\leqslant i<j\leqslant r} (c_j-c_i) \prod_{i=1}^{r} \frac{(b,q^{-N},bq^{-N}/a)_{i-1}}{(bc_i q^{-N}/a)_{r-1}} \frac{(aq,aq/bc_i)_N}{(aq/b,aq/c_i)_N}.
$$

定理 8.5.13 (C_r 终止型 $_6\phi_5$ 求和)

$$
\sum_{\substack{0\leqslant k_i\leqslant N \\ i=1,\cdots,r}} \prod_{1\leqslant i<j\leqslant r} (q^{k_i}-q^{k_j})(1-aq^{k_i+k_j})
$$

$$
\times \prod_{i=1}^{r} \frac{\left(1-aq^{2k_i}\right)(a,bx_i,c/x_i,q^{-N})_{k_i}}{(1-a)\left(q,aq/bx_i,ax_i q/c,aq^{1+N}\right)_{k_i}} \left(\frac{a^2 q^{2-r+N}}{bc}\right)^{k_i}
$$

$$
= b^{\binom{r}{2}} \prod_{1\leqslant i<j\leqslant r} (x_j-x_i)(1-c/bx_i x_j) \prod_{i=1}^{r} \frac{(q^{-N})_{i-1}}{(bcq^{-N}/a)_{i-1}} \frac{(aq,aq/bc)_N}{(aq/bx_i,ax_i q/c)_N}.
$$

定理 8.5.14 (C_r 终止型 $_6\phi_5$ 求和)

$$\sum_{\substack{0 \leqslant k_i \leqslant n_i \\ i=1,\cdots,r}} \prod_{1 \leqslant i < j \leqslant r} (q^{k_i} - q^{k_j})(1 - aq^{k_i+k_j})$$

$$\times \prod_{i=1}^{r} \frac{\left(1 - aq^{2k_i}\right)(a, b, cq^{n_i}, q^{-n_i})_{k_i}}{(1 - a)(q, aq/b, aq^{1-n_i}/c, aq^{1+n_i})_{k_i}} \left(\frac{a^2 q^{2-r}}{bc}\right)^{k_i}$$

$$= \prod_{1 \leqslant i < j \leqslant r} \left(q^{-n_j} - q^{-n_i}\right)\left(1 - cq^{n_i+n_j}\right) \prod_{i=1}^{r} \frac{(b)_{i-1}}{(bc/a)_{i-1}} \frac{(aq, aq^{1-n_i}/bc)_{n_i}}{(aq/b, aq^{1-n_i}/c)_{n_i}}.$$

定理 8.5.15 (A_{r-1} 终止型 $_3\phi_2$ 求和)

$$\sum_{\substack{0 \leqslant k_i \leqslant n_i \\ i=1,\cdots,r}} \prod_{1 \leqslant i < j \leqslant r} (q^{k_i} - q^{k_j}) \prod_{i=1}^{r} \frac{(a_i, b_i, q^{-n_i})_{k_i}}{(q, cq^{r-1}, a_i b_i q^{1-n_i}/c)_{k_i}} q^{k_i}$$

$$= c^{\binom{r}{2}} \prod_{i=1}^{r} \frac{(c)_{r-1}}{(cq^{2r-2i})_{i-1}} \frac{(c/a_i, c/b_i)_{n_i}}{(c, c/a_i b_i)_{n_i}} \det_{1 \leqslant i,j \leqslant r} \left(\left(a_i b_i q^{-n_i}\right)^{j-r} \frac{(a_i, b_i, q^{-n_i})_{r-j}}{(c/a_i, c/b_i, cq^{n_i})_{r-j}} \right).$$

定理 8.5.16 (A_{r-1} 终止型 $_3\phi_2$ 求和)

$$\sum_{\substack{0 \leqslant k_i \leqslant n_i \\ i=1,\cdots,r}} \prod_{1 \leqslant i < j \leqslant r} (q^{k_i} - q^{k_j}) \prod_{i=1}^{r} \frac{(a, b, q^{-n_i})_{k_i}}{(q, cq^{r-1}, abq^{1-n_i}/c)_{k_i}} q^{k_i}$$

$$= \left(\frac{c}{ab}\right)^{\binom{r}{2}} \prod_{1 \leqslant i < j \leqslant r} (q^{n_i} - q^{n_j}) \prod_{i=1}^{r} \frac{(a, b)_{i-1}}{(c/a, c/b)_{i-1}} \frac{(c/a, c/b)_{n_i}}{(cq^{r-1}, c/ab)_{n_i}}.$$

定理 8.5.17 (A_{r-1} 终止型 $_3\phi_2$ 求和)

$$\sum_{\substack{0 \leqslant k_i \leqslant N \\ i=1,\cdots,r}} \prod_{1 \leqslant i < j \leqslant r} (q^{k_i} - q^{k_j}) \prod_{i=1}^{r} \frac{(a, b_i, q^{-N})_{k_i}}{(q, cq^{r-1}, ab_i q^{1-N}/c)_{k_i}} q^{k_i}$$

$$= \left(\frac{cq^N}{a}\right)^{\binom{r}{2}} \prod_{1 \leqslant i < j \leqslant r} (1/b_i - 1/b_j) \prod_{i=1}^{r} \frac{(c)_{r-1} \left(a, q^{-N}\right)_{i-1}}{(c/b_i)_{r-1} (c/a, cq^N)_{i-1}} \frac{(c/a, c/b_i)_N}{(c, c/ab_i)_N}.$$

定理 8.5.18 (A_{r-1} 终止型 $_3\phi_2$ 求和)

$$\sum_{\substack{0 \leqslant k_i \leqslant n_i \\ i=1,\cdots,r}} \prod_{1 \leqslant i < j \leqslant r} (q^{k_i} - q^{k_j}) \prod_{i=1}^{r} \frac{(a, bq^{n_i}, q^{-n_i})_{k_i}}{(q, cq^{r-1}, abq/c)_{k_i}} q^{k_i}$$

$$= q^{-\binom{r}{3}} a^{-\binom{r}{2}} \prod_{1 \leqslant i < j \leqslant r} \left(q^{-n_i} - q^{-n_j} \right) \left(1 - b q^{n_i + n_j} \right)$$

$$\times \prod_{i=1}^{r} \frac{(a)_{i-1}}{(c/a, bq^{2-r}/c)_{i-1}} \frac{(c/a, cq^{r-1-n_i}/b)_{n_i}}{(cq^{r-1}, cq^{-n_i}/ab)_{n_i}}.$$

定理 8.5.19 (A_{r-1} 终止型 $_3\phi_2$ 求和)

$$\sum_{\substack{0 \leqslant k_i \leqslant N \\ i=1,\cdots,r}} \prod_{1 \leqslant i < j \leqslant r} (q^{k_i} - q^{k_j}) \prod_{i=1}^{r} \frac{(ax_i, b/x_i, q^{-N})_{k_i}}{(q, cq^{r-1}, abq^{1-N}/c)_{k_i}} q^{k_i}$$

$$= q^{\binom{r}{3}} \left(\frac{cq^N}{b} \right)^{\binom{r}{2}} \prod_{1 \leqslant i < j \leqslant r} (x_j - x_i)(1 - b/ax_i x_j)$$

$$\times \prod_{i=1}^{r} \frac{(c)_{r-1}(c/ab, q^{-N})_{i-1}}{(cq^N)_{i-1} (c/ax_i, cx_i/b)_{r-1}} \frac{(c/ax_i, cx_i/b)_N}{(c, c/ab)_N}.$$

定理 8.5.20 (A_{r-1} q-Gauss 求和)

$$\sum_{k_1, \cdots, k_r = 0}^{\infty} \prod_{1 \leqslant i < j \leqslant r} (q^{k_i} - q^{k_j}) \prod_{i=1}^{r} \frac{(a_i, b_i)_{k_i}}{(q, cq^{r-1})_{k_i}} \left(\frac{c}{a_i b_i} \right)^{k_i}$$

$$= (-c)^{\binom{r}{2}} q^{\binom{r}{3}} \prod_{i=1}^{r} \frac{(c)_{r-1}}{(cq^{2r-2i})_{i-1}} \frac{(c/a_i, c/b_i)_{\infty}}{(c, c/a_i b_i)_{\infty}} \det_{1 \leqslant i,j \leqslant r} \left((a_i b_i)^{j-r} \frac{(a_i, b_i)_{r-j}}{(c/a_i, c/b_i)_{r-j}} \right),$$

这里 $|c/a_i b_i| < 1$, 对 $i = 1, \cdots, r$.

定理 8.5.21 (A_{r-1} q-Gauss 求和)

$$\sum_{k_1, \cdots, k_r = 0}^{\infty} \prod_{1 \leqslant i < j \leqslant r} (q^{k_i} - q^{k_j}) \prod_{i=1}^{r} \frac{(ax_i, b/x_i)_{k_i}}{(q, c)_{k_i}} \left(\frac{cq^{1-r}}{ab} \right)^{k_i}$$

$$= \left(\frac{c}{bq} \right)^{\binom{r}{2}} q^{-\binom{r}{3}} \prod_{1 \leqslant i < j \leqslant r} (x_i - x_j)(1 - b/ax_i x_j) \prod_{i=1}^{r} \frac{(c/ax_i, cx_i/b)_{\infty}}{(c, cq^{1-i}/ab)_{\infty}},$$

这里 $|cq^{1-r}| < 1$.

定理 8.5.22 (A_{r-1} q-Gauss 求和)

$$\sum_{k_1, \cdots, k_r = 0}^{\infty} \prod_{1 \leqslant i < j \leqslant r} (q^{k_i} - q^{k_j}) \prod_{i=1}^{r} \frac{(a, b_i)_{k_i}}{(q, c)_{k_i}} \left(\frac{cq^{1-r}}{ab_i} \right)^{k_i}$$

$$= \left(\frac{c}{aq}\right)^{\binom{r}{2}} q^{-2\binom{r}{3}} \prod_{1 \leqslant i < j \leqslant r} (1/b_i - 1/b_j) \prod_{i=1}^{r} (a)_{i-1} \frac{(cq^{i-1}/a, c/b_i)_\infty}{(c, cq^{1-r}/ab_i)_\infty},$$

这里 $|cq^{1-r}/ab_i| < 1$, 对 $i = 1, \cdots, r$.

定理 8.5.23 (A_{r-1} q-二项式定理)

$$\sum_{k_1, \cdots, k_r = 0}^{\infty} \prod_{1 \leqslant i < j \leqslant r} (q^{k_i} - q^{k_j}) \prod_{i=1}^{r} \frac{(a_i)_{k_i}}{(q)_{k_i}} z_i^{k_i}$$

$$= (-1)^{\binom{r}{2}} q^{\binom{r}{3}} \det_{1 \leqslant i, j \leqslant r} \left(z_i^{r-j} \frac{(a_i)_{r-j}}{(a_i z_i)_{r-j}} \right) \prod_{i=1}^{r} \frac{(a_i z_i)_\infty}{(z_i)_\infty},$$

这里 $|z_i| < 1$, 对 $i = 1, \cdots, r$.

定理 8.5.24 (A_{r-1} q-二项式定理)

$$\sum_{k_1, \cdots, k_r = 0}^{\infty} \prod_{1 \leqslant i < j \leqslant r} (q^{k_i} - q^{k_j}) = q^{\binom{r}{3}} \prod_{1 \leqslant i < j \leqslant r} (z_j - z_i) \prod_{i=1}^{r} (a)_{i-1} \frac{(az_i q^{r-1})_\infty}{(z_i)_\infty},$$

这里 $|z_i| < 1$, 对 $i = 1, \cdots, r$.

定理 8.5.25 (A_{r-1} q-二项式定理)

$$\sum_{k_1, \cdots, k_r = 0}^{\infty} \prod_{1 \leqslant i < j \leqslant r} (q^{k_i} - q^{k_j}) \prod_{i=1}^{r} \frac{(a/x_i)_{k_i}}{(q)_{k_i}} (zx_i)^{k_i}$$

$$= z^{\binom{r}{2}} q^{\binom{r}{3}} \prod_{1 \leqslant i < j \leqslant r} (x_j - x_i) \prod_{i=1}^{r} \frac{(azq^{i-1})_\infty}{(zx_i)_\infty},$$

这里 $|zx_i| < 1$, 对 $i = 1, \cdots, r$.

定理 8.5.26 (A_{r-1} q-二项式定理)

$$\sum_{k_1, \cdots, k_r = 0}^{\infty} \prod_{1 \leqslant i < j \leqslant r} (q^{k_i} - q^{k_j}) \prod_{i=1}^{r} \frac{(a_i)_{k_i}}{(q)_{k_i}} z^{k_i}$$

$$= z^{\binom{r}{2}} q^{2\binom{r}{3}} \prod_{1 \leqslant i < j \leqslant r} (a_i - a_j) \prod_{i=1}^{r} \frac{(a_i z q^{r-1})_\infty}{(zq^{i-1})_\infty},$$

这里 $|z| < 1$.

8.6 Kajihara 的 $U(n+1)$ 与 $U(m+1)$ 之间的多变量基本超几何级数变换及其应用

令 t 为非零实数和 $\mathbb{K} = \mathbb{Q}(q,t)$ 是关于 (q,t) 的有理函数域, 以及 $\mathbb{K}[\boldsymbol{x}]^{\mathfrak{S}_n} = \mathbb{K}[x_1, \cdots, x_n]^{\mathfrak{S}_n}$ 为域 $\mathbb{K}$ 上关于次数为 n 的对称群 $\mathfrak{S}_n$ 自然作用下所有不变多项式的子环. Macdonald 对称多项式 $P_\lambda(\boldsymbol{x}; q, t)$ (相伴类型 A_{n-1} 的根系统) 是通过分拆 $\boldsymbol{\lambda} = (\lambda_1, \cdots, \lambda_n)$ 和 $l(\boldsymbol{\lambda}) \leqslant n$ 参数化的一个齐次多项式族, 这里 $l(\boldsymbol{\lambda})$ 表示 λ 的分部的个数. Macdonald q-差分算子 $D_{\boldsymbol{x}}(u; q, t)$ 定义为

$$D_{\boldsymbol{x}}(u; q, t) = \sum_{K \subset \{1, 2, \cdots, n\}} (-u)^{|K|} t^{\binom{|K|}{2}} \prod_{i \in K, j \notin K} \frac{1 - t x_i / x_j}{1 - x_i / x_j} \prod_{i \in K} T_{q, x_i}, \qquad (8.6.1)$$

这里 T_{q, x_i} 为关于 x_i 的 q-移位算子, 定义为

$$T_{q, x_i} f(x_1, \cdots, x_i, \cdots, x_n) = f(x_1, \cdots, q x_i, \cdots, x_n). \qquad (8.6.2)$$

Macdonald q-差分算子是 q-差分算子 D_r $(r = 0, 1, \cdots, n)$ 的交换族的生成函数, 即

$$D_{\boldsymbol{x}}(u; q, t) = \sum_{r=0}^{n} (-u)^r D_r(\boldsymbol{x}). \qquad (8.6.3)$$

Macdonald 对称多项式 $P_\lambda(x; q, t)$ 被刻画为在 $\mathbb{K}[\boldsymbol{x}]^{\mathfrak{S}_n}$ 上的 D_r 联合特征函数, 即, 每个 $P_\lambda(x; q, t)$ 满足下述 q-差分等式:

$$D_{\boldsymbol{x}}(u; q, t) P_\lambda(\boldsymbol{x}; q, t) = P_\lambda(\boldsymbol{x}; q, t) \prod_{i=1}^{n} (1 - u t^{n-i} q^{\lambda_i}). \qquad (8.6.4)$$

Macdonald 对称多项式具有下述再生核

$$\prod_{1 \leqslant i \leqslant n, 1 \leqslant k \leqslant m} \frac{(t x_i y_k)_\infty}{(x_i y_k)_\infty} = \sum_{l(\boldsymbol{\lambda}) \leqslant \min\{n, m\}} b_\lambda(q, t) P_\lambda(\boldsymbol{x}; q, t) P_\lambda(\boldsymbol{y}; q, t), \qquad (8.6.5)$$

这里 $\boldsymbol{x} := (x_1, \cdots, x_n)$ 和 $\boldsymbol{y} := (y_1, \cdots, y_n)$, 系数 $b_\lambda(q, t)$ 被确定为

$$b_\lambda(q, t) = \prod_{s \in \lambda} \frac{1 - t^{l(s)+1} q^{a(s)}}{1 - t^{l(s)} q^{a(s)+1}}.$$

由 (8.6.4) 和 (8.6.5) 可得下述命题.

命题 8.6.1 [151] 　设 $n \geqslant m$, 则

$$D_{\boldsymbol{x}}(u; q, t) \prod_{1 \leqslant i \leqslant n, 1 \leqslant k \leqslant m} \frac{(tx_i y_k)_{\infty}}{(x_i y_k)_{\infty}}$$

$$= (u; t)_{n-m} D_{\boldsymbol{y}}(ut^{n-m}; q, t) \prod_{1 \leqslant i \leqslant n, 1 \leqslant k \leqslant m} \frac{(tx_i y_k)_{\infty}}{(x_i y_k)_{\infty}}. \qquad (8.6.6)$$

考虑有理函数

$$F(u|\boldsymbol{z}; \boldsymbol{w}) = \prod_{1 \leqslant i \leqslant n, 1 \leqslant k \leqslant m} \frac{(z_i w_k)_{\infty}}{(tz_i w_k)_{\infty}} D_z(u; q, t) \prod_{1 \leqslant i \leqslant n, 1 \leqslant k \leqslant m} \frac{(tz_i w_k)_{\infty}}{(z_i w_k)_{\infty}},$$

这里 $\boldsymbol{z} = (z_1, \cdots, z_n)$ 和 $\boldsymbol{w} = (w_1, \cdots, w_n)$. 应用 (8.6.1), 有理函数 $F(u|\boldsymbol{z}; \boldsymbol{w})$ 的形式可以写为

$$F(u|\boldsymbol{z}; \boldsymbol{w}) = \sum_{K \subset \{1, \cdots, r\}} (-1)^{|K|} t^{\binom{|K|}{2}}$$

$$\times \prod_{i \in K, j \notin K} \frac{1 - tz_i/z_j}{1 - z_i/z_j} \prod_{i \in K, 1 \leqslant k \leqslant p} \frac{1 - z_i w_k}{1 - tz_i w_k}. \qquad (8.6.7)$$

现在假定 $r \geqslant p$, 利用 (8.6.6), 有理函数 $F(u|\boldsymbol{z}; \boldsymbol{w})$ 有下述 (自对偶) 性质:

$$F(u|\boldsymbol{z}; \boldsymbol{w}) = (u; t)_{r-p} F(ut^{r-p}|\boldsymbol{w}; \boldsymbol{z}). \qquad (8.6.8)$$

为后面讨论方便计, 将 t 代换为 q, 对每个多重指标 $\boldsymbol{\alpha} \in \mathbb{N}^n$, 且 $|\boldsymbol{\alpha}| = r$, 我们将 $\boldsymbol{y} = (y_1, \cdots, y_n)$ 到点 $p_{\boldsymbol{\alpha}}(v; \boldsymbol{x})$ 的多重主特殊化定义为

$$\boldsymbol{y} = (y_1, \cdots, y_n)$$

$$\to p_{\boldsymbol{\alpha}}(v; \boldsymbol{x}) = \left(-\frac{v}{x_1}, -\frac{v}{x_1 q}, \cdots, -\frac{v}{x_1 q^{\alpha_1 - 1}}, \cdots, -\frac{v}{x_n}, -\frac{v}{x_n q}, \cdots, -\frac{v}{x_n q^{\alpha_n - 1}} \right).$$

此时, 指标集 $\{1, \cdots, r\}$ 被分割为基分别为 $\alpha_1, \cdots, \alpha_n$ 的 n 个块. K 为由此 n 个块中元素所组成, 并且注意到, 只有 K 的每个块里的元素的左边元素均在 K 里时,

$$\prod_{i \in K, j \notin K} \frac{qz_i - z_j}{z_i - z_j} \bigg|_{\boldsymbol{z} = p_{\boldsymbol{\alpha}}(v; \boldsymbol{x})}$$

才不为零. 对如此的一个配置 K, 我们表示处在第 i 个块里的 K 的点的个数为 γ_i $(i = 1, \cdots, n)$, 以及设 $\boldsymbol{\gamma} = (\gamma_1, \cdots, \gamma_n)$. 则对任何 v 有

$$\prod_{i \in K, j \notin K} \frac{qz_i - z_j}{z_i - z_j} \bigg|_{\boldsymbol{z} = p_{\boldsymbol{\alpha}}(v; \boldsymbol{x})} = \prod_{i \in K, j \notin K} \frac{qz_i - z_j}{z_i - z_j} \bigg|_{\boldsymbol{z} = p_{\boldsymbol{\alpha}}(1; \boldsymbol{x})}$$

$$= (-q^{|\boldsymbol{\alpha}|})^{|\boldsymbol{\gamma}|} q^{-\binom{|\boldsymbol{\gamma}|}{2}} \frac{\Delta(\boldsymbol{x}q^{\boldsymbol{\gamma}})}{\Delta(\boldsymbol{x})} \times \prod_{1\leqslant i,j\leqslant n} \frac{(q^{-\alpha_j} x_i/x_j)_{\gamma_i}}{(qx_i/x_j)_{\gamma_i}}, \tag{8.6.9}$$

以及

$$\prod_{i\in K} \prod_{k=1}^{m} \frac{1-z_i w_k}{1-qz_i w_k} \bigg|_{\boldsymbol{z}=p_{\boldsymbol{\alpha}}(1;\boldsymbol{x}),\, w=p_{\boldsymbol{\beta}}(q^{-1};\boldsymbol{y})} = q^{-|\boldsymbol{\beta}||\boldsymbol{\gamma}|} \frac{(q^{\beta_j} x_i y_i)_{\gamma_i}}{(x_i y_i)_{\gamma_i}}. \tag{8.6.10}$$

在 (8.6.8)里, 代 t 为 q, 然后分别特殊化 $\boldsymbol{z}=p_{\boldsymbol{\alpha}}(1;\boldsymbol{x})$, $\boldsymbol{w}=p_{\boldsymbol{\beta}}(q^{-1};\boldsymbol{y})$, 这里 $\boldsymbol{x}=(x_1,\cdots,x_n)$, $\boldsymbol{y}=(y_1,\cdots,y_n)$ 以及 $\boldsymbol{\alpha}\in\mathbb{N}^n$, $\boldsymbol{\beta}\in\mathbb{N}^m$ 分别为 $|\boldsymbol{\alpha}|=r$, $|\boldsymbol{\beta}|=p$ 的多重指标. 因此由 (8.6.8) 我们得到

$$\sum_{\boldsymbol{\gamma}\in\mathbb{N}^n,\,\boldsymbol{\gamma}\leqslant\boldsymbol{\alpha}} (q^{|\boldsymbol{\alpha}|-|\boldsymbol{\beta}|}u)^{|\boldsymbol{\gamma}|} \frac{\Delta(\boldsymbol{x}q^{\boldsymbol{\gamma}})}{\Delta(\boldsymbol{x})} \prod_{1\leqslant i,j\leqslant n} \frac{(q^{-\alpha_j} x_i/x_j)_{\gamma_i}}{(qx_i/x_j)_{\gamma_i}} \prod_{1\leqslant i\leqslant n, 1\leqslant k\leqslant m} \frac{(q^{\beta_k} x_i y_k)_{\gamma_i}}{(x_i y_k)_{\gamma_i}}$$

$$= (u)_{|\boldsymbol{\alpha}|-|\boldsymbol{\beta}|} \sum_{\boldsymbol{\delta}\in\mathbb{N}^m,\,\boldsymbol{\delta}\leqslant\boldsymbol{\beta}} u^{|\boldsymbol{\delta}|} \frac{\Delta(\boldsymbol{y}q^{\boldsymbol{\delta}})}{\Delta(\boldsymbol{y})} \prod_{1\leqslant k,l\leqslant m} \frac{(q^{-\beta_j} y_k/y_l)_{\delta_k}}{(qy_k/y_l)_{\delta_k}}$$

$$\times \prod_{1\leqslant i\leqslant n, 1\leqslant k\leqslant m} \frac{(q^{\alpha_i} x_i y_k)_{\delta_k}}{(x_i y_k)_{\delta_k}}. \tag{8.6.11}$$

令 $u\to uq^{|\boldsymbol{\beta}|-|\boldsymbol{\alpha}|}$, $y_k\to cy_k$ $(1\leqslant k\leqslant m)$, 则我们得到下述结果:

$$\sum_{\boldsymbol{\gamma}\in\mathbb{N}^n} u^{|\boldsymbol{\gamma}|} \frac{\Delta(\boldsymbol{x}q^{\boldsymbol{\gamma}})}{\Delta(\boldsymbol{x})} \prod_{1\leqslant i,j\leqslant n} \frac{(q^{-\alpha_j} x_i/x_j)_{\gamma_i}}{(qx_i/x_j)_{\gamma_i}} \prod_{1\leqslant i\leqslant n, 1\leqslant k\leqslant m} \frac{(cq^{\beta_k} x_i y_k)_{\gamma_i}}{(cx_i y_k)_{\gamma_i}}$$

$$= \frac{(uq^{|\boldsymbol{\beta}|-|\boldsymbol{\alpha}|})_\infty}{(u)_\infty} \sum_{\boldsymbol{\delta}\in\mathbb{N}^m} (uq^{|\boldsymbol{\beta}|-|\boldsymbol{\alpha}|})^{|\boldsymbol{\delta}|} \frac{\Delta(\boldsymbol{y}q^{\boldsymbol{\delta}})}{\Delta(\boldsymbol{x})}$$

$$\times \prod_{1\leqslant k,l\leqslant m} \frac{(q^{-\beta_j} y_k/y_l)_{\delta_k}}{(qy_k/y_l)_{\delta_k}} \prod_{1\leqslant i\leqslant n, 1\leqslant k\leqslant m} \frac{(cq^{\alpha_i} x_i y_k)_{\delta_k}}{(cx_i y_k)_{\delta_k}}. \tag{8.6.12}$$

在 (8.6.11) 里, 令 $u\to uq^{|\boldsymbol{\beta}|}$, 则有

$$(uq^{|\boldsymbol{\alpha}|})_\infty \sum_{\boldsymbol{\gamma}\in\mathbb{N}^n} (-u)^{|\boldsymbol{\gamma}|} q^{\binom{|\boldsymbol{\gamma}|}{2}} \prod_{1\leqslant i,j\leqslant n} \frac{(q^{\alpha_i-\gamma_j+1} x_i/x_j)_{\gamma_j}}{(q^{\gamma_i-\gamma_j+1} x_i/x_j)_{\gamma_j}} \prod_{1\leqslant i\leqslant n, 1\leqslant k\leqslant m} \frac{(q^{\beta_k} x_i y_k)_{\gamma_i}}{(x_i y_k)_{\gamma_i}}$$

$$= (uq^{|\boldsymbol{\beta}|})_\infty \sum_{\boldsymbol{\delta}\in\mathbb{N}^m} (-u)^{|\boldsymbol{\delta}|} q^{\binom{|\boldsymbol{\delta}|}{2}} \prod_{1\leqslant k,l\leqslant m} \frac{(q^{\beta_k-\delta_l+1} y_k/y_l)_{\delta_l}}{(q^{\delta_k-\delta_l+1} y_k/y_l)_{\delta_l}}$$

$$\times \prod_{1\leqslant i\leqslant n, 1\leqslant k\leqslant m} \frac{(q^{\alpha_k} x_i y_k)_{\delta_i}}{(x_i y_k)_{\delta_i}}. \tag{8.6.13}$$

在 (8.6.13) 里, 取 u^s 的系数, 得到

$$\sum_{\boldsymbol{\gamma}\in\mathbb{N}^n,|\boldsymbol{\gamma}|\leqslant s}(-1)^{|\boldsymbol{\gamma}|}q^{\binom{|\boldsymbol{\gamma}|}{2}}\prod_{1\leqslant i,j\leqslant n}\frac{(q^{\alpha_i-\gamma_j+1}x_i/x_j)_{\gamma_j}}{(q^{\gamma_i-\gamma_j+1}x_i/x_j)_{\gamma_j}}$$

$$\times\prod_{1\leqslant i\leqslant n,1\leqslant k\leqslant n}\frac{(q^{\beta_k}x_iy_k)_{\gamma_i}}{(x_iy_k)_{\gamma_i}}(-q^{|\boldsymbol{\alpha}|})^{s-|\boldsymbol{\gamma}|}q^{\binom{s-|\boldsymbol{\gamma}|}{2}}$$

$$=\sum_{\boldsymbol{\delta}\in\mathbb{N}^m,|\boldsymbol{\delta}|\leqslant s}(-1)^{|\boldsymbol{\delta}|}q^{\binom{|\boldsymbol{\delta}|}{2}}\prod_{1\leqslant k,l\leqslant m}\frac{(q^{\beta_k-\delta_l+1}y_k/y_l)_{\delta_l}}{(q^{\delta_k-\delta_l+1}y_k/y_l)_{\delta_l}}$$

$$\times\prod_{1\leqslant i\leqslant n,1\leqslant k\leqslant m}\frac{(q^{\alpha_i}x_iy_k)_{\delta_k}}{(x_iy_k)_{\delta_k}}(-q^{|\boldsymbol{\beta}|})^{s-|\boldsymbol{\delta}|}q^{\binom{s-|\boldsymbol{\delta}|}{2}}. \tag{8.6.14}$$

注意到这是一个关于 q^{α_i}, $1\leqslant i\leqslant n$ 与 q^{β_k}, $1\leqslant k\leqslant m$ 的多项式恒等式, 因此, 取 u 的形式幂级数以及对所有 a_i^{-1} ($1\leqslant i\leqslant n$) 和 b_k/c ($1\leqslant k\leqslant m$) $\in\mathbb{C}$, 得到下述结果:

定理 8.6.1 [151] (Euler 变换的 q-模拟的 $U(n+1)\leftrightarrow U(m+1)$ 变换的第二个拓广)

$$\sum_{\gamma_1,\cdots,\gamma_n\geqslant 0}u^{|\boldsymbol{\gamma}|}\prod_{1\leqslant i<j\leqslant n}\frac{x_iq^{\gamma_i}-x_jq^{\gamma_j}}{x_i-x_j}\prod_{1\leqslant i,j\leqslant n}\frac{(a_jx_i/x_j)_{\gamma_i}}{(qx_i/x_j)_{\gamma_i}}\prod_{1\leqslant i\leqslant n,1\leqslant k\leqslant m}\frac{(b_kx_iy_k)_{\gamma_i}}{(cx_iy_k)_{\gamma_i}}$$

$$=\frac{(a_1\cdots a_nb_1\cdots b_mu/c^m)_\infty}{(u)_\infty}\sum_{\delta_1,\cdots,\delta_m\geqslant 0}(a_1\cdots a_nb_1\cdots b_mu/c^m)^{|\boldsymbol{\delta}|}$$

$$\times\prod_{1\leqslant i<j\leqslant m}\frac{y_iq^{\delta_i}-y_jq^{\delta_j}}{y_i-y_j}\prod_{1\leqslant k,l\leqslant m}\frac{(cy_k/b_ly_l)_{\delta_k}}{(qy_k/y_l)_{\delta_k}}$$

$$\times\prod_{1\leqslant i\leqslant n,1\leqslant k\leqslant m}\frac{(cx_iy_k/a_i)_{\delta_k}}{(cx_iy_k)_{\delta_k}}, \tag{8.6.15}$$

这里 $a_1^{-1},\cdots,a_n^{-1},b_1/c,\cdots,b_m/c\in\mathbb{C}$.

例 8.6.1 在 (8.6.15) 中, 若 $m=1$, 则为

$$\sum_{\gamma_1,\cdots,\gamma_n\geqslant 0}u^{|\boldsymbol{\gamma}|}\prod_{1\leqslant i<j\leqslant n}\frac{x_iq^{\gamma_i}-x_jq^{\gamma_j}}{x_i-x_j}\prod_{1\leqslant i,j\leqslant n}\frac{(a_jx_i/x_j)_{\gamma_i}}{(qx_i/x_j)_{\gamma_i}}\prod_{1\leqslant i\leqslant n}\frac{(bx_i)_{\gamma_i}}{(cx_i)_{\gamma_i}}$$

$$=\frac{(a_1\cdots a_nbu/c)_\infty}{(u)_\infty}$$

$$\times {}_{n+1}\phi_n\left[\begin{array}{ccccc}c/b, & cx_1/a_1, & \cdots, & cx_{n-1}/a_{n-1}, & c/a_n\\ & cx_1, & \cdots, & cx_{n-1}, & c\end{array};q;a_1\cdots a_nbu/c\right]. \tag{8.6.16}$$

进一步, 应用定理 3.16.1, 此式可以用 Lauricella 型基本超几何级数表示出来:

$$\sum_{\gamma_1,\cdots,\gamma_n\geqslant 0} u^{|\gamma|} \prod_{1\leqslant i<j\leqslant n} \frac{x_i q^{\gamma_i} - x_j q^{\gamma_j}}{x_i - x_j} \prod_{1\leqslant i,j\leqslant n} \frac{(a_j x_i/x_j)_{\gamma_i}}{(q x_i/x_j)_{\gamma_i}} \prod_{1\leqslant i\leqslant n} \frac{(b x_i)_{\gamma_i}}{(c x_i)_{\gamma_i}}$$

$$= \frac{(a_1\cdots a_n bu)_\infty}{(u)_\infty} \prod_{1\leqslant i\leqslant n} \frac{(c x_i/a_i)_\infty}{(c x_i)_\infty}$$

$$\times \phi_D^{(n)} \left[\begin{array}{c} \dfrac{a_1\cdots a_n bu}{c}; \quad a_1, \quad \cdots, \quad a_n \\[2mm] a_1\cdots a_n u \end{array} ; q; \dfrac{c x_1}{a_1}, \quad \cdots, \quad \dfrac{c x_{n-1}}{a_{n-1}}, \quad \dfrac{c}{a_n} \right].$$

此式当 $n = 1$ 时, 变为 Heine 第二变换公式. 若在 (8.6.15) 中, 令 $m = n$ 和 $y_k = x_k^{-1}$, 则得

$$\sum_{\gamma_1,\cdots,\gamma_n\geqslant 0} u^{|\gamma|} \prod_{1\leqslant i<j\leqslant n} \frac{x_i q^{\gamma_i} - x_j q^{\gamma_j}}{x_i - x_j} \prod_{1\leqslant i,j\leqslant n} \frac{(a_j x_i/x_j)_{\gamma_i}}{(q x_i/x_j)_{\gamma_i}} \frac{(b_j x_i/x_j)_{\gamma_i}}{(c x_i/x_j)_{\gamma_i}}$$

$$= \frac{(a_1\cdots a_n b_1\cdots b_n u/c^n)_\infty}{(u)_\infty} \sum_{\delta_1,\cdots,\delta_n\geqslant 0} (a_1\cdots a_n b_1\cdots b_n u/c^n)^{|\delta|}$$

$$\times \prod_{1\leqslant i<j\leqslant n} \frac{x_i^{-1} q^{\delta_i} - x_j^{-1} q^{\delta_j}}{x_i^{-1} - x_j^{-1}} \prod_{1\leqslant i,j\leqslant n} \frac{(c x_j/b_i x_i)_{\delta_i}}{(q x_j/x_i)_{\delta_i}} \frac{(c x_i/a_i x_j)_{\delta_i}}{(c x_i/x_j)_{\delta_i}}. \tag{8.6.17}$$

重写 (8.6.16), 比较两边 u^N 的系数, 化简, 可得 Pfaff-Saalschütz $U(n+1)$ 求和公式:

$$\sum_{\gamma_1,\cdots,\gamma_n\geqslant 0} q^{|\gamma|} \prod_{1\leqslant i<j\leqslant n} \frac{x_i q^{\gamma_i} - x_j q^{\gamma_j}}{x_i - x_j} \prod_{1\leqslant i,j\leqslant n} \frac{(a_j x_i/x_j)_{\gamma_i}}{(q x_i/x_j)_{\gamma_i}}$$

$$\times \prod_{1\leqslant i\leqslant n} \frac{(b x_i)_{\gamma_i}}{(c x_i)_{\gamma_i}} \frac{(q^{-N})_{|\gamma|}}{(a_1\cdots a_n b q^{1-N}/c)_{|\gamma|}}$$

$$= \frac{(c/b)_N}{(c/a_1\cdots a_n b)_N} \prod_{1\leqslant i\leqslant n} \frac{(c x_i/a_i)_N}{(c x_i)_N}. \tag{8.6.18}$$

在上式中, 取 $N \to \infty$, 则得 $U(n+1)$ Gauss 求和公式:

$$\sum_{\gamma_1,\cdots,\gamma_n\geqslant 0} (c/a_1\cdots a_n b)^{|\gamma|} \prod_{1\leqslant i<j\leqslant n} \frac{x_i q^{\gamma_i} - x_j q^{\gamma_j}}{x_i - x_j} \prod_{1\leqslant i,j\leqslant n} \frac{(a_j x_i/x_j)_{\gamma_i}}{(q x_i/x_j)_{\gamma_i}} \prod_{1\leqslant i\leqslant n} \frac{(b x_i)_{\gamma_i}}{(c x_i)_{\gamma_i}}$$

$$= \frac{(c/b)_\infty}{(c/a_1\cdots a_n b)_\infty} \prod_{1\leqslant i\leqslant n} \frac{(c x_i/a_i)_\infty}{(c x_i)_\infty}. \tag{8.6.19}$$

例 8.6.2　在

$$\frac{(c^{m+1}u/a_1\cdots a_n b_1\cdots b_m b_{m+1})_\infty}{(u)_\infty} \sum_{\gamma_1,\cdots,\gamma_n \geqslant 0} (c^{m+1}u/a_1\cdots a_n b_1\cdots b_m b_{m+1})^{|\gamma|}$$

$$\times \prod_{1\leqslant i<j\leqslant n} \frac{x_i q^{\gamma_i} - x_j q^{\gamma_j}}{x_i - x_j} \prod_{1\leqslant i,j\leqslant n} \frac{(a_j x_i/x_j)_{\gamma_i}}{(qx_i/x_j)_{\gamma_i}} \prod_{1\leqslant i\leqslant n, 1\leqslant k\leqslant m+1} \frac{(b_k x_i y_k)_{\gamma_i}}{(cx_i y_k)_{\gamma_i}}$$

$$= \sum_{\delta_1,\cdots,\delta_{m+1}\geqslant 0} u^{|\delta|} \prod_{1\leqslant i<j\leqslant m+1} \frac{y_i q^{\delta_i} - y_j q^{\delta_j}}{y_i - y_j} \prod_{1\leqslant k,l\leqslant m+1} \frac{((c/b_l)y_k/y_l)_{\delta_k}}{(qy_k/y_l)_{\delta_k}}$$

$$\times \prod_{1\leqslant i\leqslant n, 1\leqslant k\leqslant m+1} \frac{((c/a_i)x_i y_k)_{\delta_k}}{(cx_i y_k)_{\delta_k}} \tag{8.6.20}$$

中, 取 u^N 的系数, 则

$$\frac{(c^{m+1}/a_1\cdots a_n b_1\cdots b_m b_{m+1})_N}{(c/b_{m+1})_N} \prod_{1\leqslant k\leqslant m} \frac{(1/y_k)_N}{(c/b_k y_k)_N} \prod_{1\leqslant i\leqslant n} \frac{(cx_i)_N}{(cx_i/a_i)_N}$$

$$\times \sum_{\substack{\gamma_1,\cdots,\gamma_n\geqslant 0 \\ |\gamma|\leqslant N}} q^{|\gamma|} \prod_{1\leqslant i<j\leqslant n} \frac{x_i q^{\gamma_i} - x_j q^{\gamma_j}}{x_i - x_j} \prod_{1\leqslant i,j\leqslant n} \frac{(a_j x_i/x_j)_{\gamma_i}}{(qx_i/x_j)_{\gamma_i}} \prod_{1\leqslant i\leqslant n, 1\leqslant k\leqslant m} \frac{(b_k x_i y_k)_{\gamma_i}}{(cx_i y_k)_{\gamma_i}}$$

$$\times \prod_{1\leqslant i\leqslant n} \frac{(b_{m+1} x_i)_{\gamma_i}}{(cx_i)_{\gamma_i}} \frac{(q^{-N})_{|\gamma|}}{(q^{1-N}a_1\cdots a_n b_1\cdots b_m b_{m+1}/c^{m+1})_{|\gamma|}}$$

$$= \sum_{\delta_1,\cdots,\delta_m\geqslant 0} (a_1\cdots a_n b_1\cdots b_m b_{m+1}q/c^{m+1})^{|\delta|} \prod_{1\leqslant i<j\leqslant m} \frac{y_i q^{\delta_i} - y_j q^{\delta_j}}{y_i - y_j}$$

$$\times \prod_{1\leqslant k\leqslant m} \frac{1 - q^{-N+|\delta|+\delta_k}y_k}{1 - q^{-N}y_k} \prod_{1\leqslant k,l\leqslant m} \frac{(cy_k/b_l y_l)_{\delta_k}}{(qy_k/y_l)_{\delta_k}} \prod_{1\leqslant k\leqslant m} \frac{(cy_k/b_{m+1})_{\delta_k}}{(qy_k)_{\delta_k}}$$

$$\times \prod_{1\leqslant i\leqslant n, 1\leqslant k\leqslant m} \frac{(cx_i y_k/a_i)_{\delta_k}}{(cx_i y_k)_{\delta_k}} \frac{(q^{-N})_{|\delta|}}{(q^{1-N}a_i/cx_i)_{|\delta|}} \prod_{1\leqslant k\leqslant m} \frac{(q^{-N}y_k)_{|\delta|}}{(q^{1-N}b_k y_k/c)_{|\delta|}}$$

$$\times \prod_{1\leqslant i\leqslant n} \frac{(q^{1-N}/cx_i)_{|\delta|}}{(q^{1-N}b_{m+1}/c)_{|\delta|}}. \tag{8.6.21}$$

改变一些变量, 则有

$$\frac{(a^{n+1}q^{n+1}/b_1\cdots b_m cd_1\cdots d_n e^n)_N}{(aq/c)_N} \prod_{1\leqslant k\leqslant m} \frac{(aqy_k)_N}{(aqy_k/b_k)_N} \prod_{1\leqslant i\leqslant n} \frac{(e/x_i)_N}{(aq/d_i x_i)_N}$$

$$\times \sum_{\substack{\gamma_1,\cdots,\gamma_n \geqslant 0 \\ |\gamma| \leqslant N}} q^{|\gamma|} \prod_{1 \leqslant i < j \leqslant n} \frac{x_i q^{\gamma_i} - x_j q^{\gamma_j}}{x_i - x_j} \prod_{1 \leqslant i,j \leqslant n} \frac{(aqx_i/d_j e x_j)_{\gamma_i}}{(qx_i/x_j)_{\gamma_i}}$$

$$\times \prod_{1 \leqslant i \leqslant n, 1 \leqslant k \leqslant m} \frac{(aqx_i y_k/b_k e)_{\gamma_i}}{(aqx_i y_k/e)_{\gamma_i}} \prod_{1 \leqslant i \leqslant n} \frac{(aqx_i/ce)_{\gamma_i}}{(q^{1-N}e^{-1}x_i)_{\gamma_i}}$$

$$\times \frac{(q^{-N})_{|\gamma|}}{(a^{n+1}q^{n+1}/b_1 \cdots b_m c d_1 \cdots d_n e^n)_{|\gamma|}}$$

$$= \sum_{\delta_1,\cdots,\delta_m \geqslant 0} \left(\frac{a^{n+1}q^{N+n+1}}{b_1 \cdots b_m c d_1 \cdots d_n e^n} \right)^{|\delta|} \prod_{1 \leqslant i < j \leqslant m} \frac{y_i q^{\delta_i} - y_j q^{\delta_j}}{y_i - y_j} \prod_{1 \leqslant k \leqslant m} \frac{1 - aq^{|\delta|+\delta_k}y_k}{1 - ay_k}$$

$$\times \prod_{1 \leqslant k,l \leqslant m} \frac{(b_l y_k/y_l)_{\delta_k}}{(qy_k/y_l)_{\delta_k}} \prod_{1 \leqslant k \leqslant m} \frac{(cy_k)_{\delta_k}}{(aq^N y_k)_{\delta_k}} \prod_{1 \leqslant i \leqslant n, 1 \leqslant k \leqslant m} \frac{(d_i x_i y_k)_{\delta_k}}{(aqx_i y_k/e)_{\delta_k}}$$

$$\times \frac{(q^{-N})_{|\delta|}}{(aq/c)_{|\delta|}} \prod_{1 \leqslant k \leqslant m} \frac{(ay_k)_{|\delta|}}{(aqy_k/b_k)_{|\delta|}} \prod_{1 \leqslant i \leqslant n} \frac{(e/x_i)_{|\delta|}}{(aq/d_i x_i)_{|\delta|}}. \tag{8.6.22}$$

若在 (8.6.22) 中, 令 $m = 1$, 则

$$\frac{(a^{n+1}q^{n+1}/bcd_1 \cdots d_n e^n)_N}{(aq/c)_N} \frac{(aq)_N}{(aq/b)_N} \prod_{1 \leqslant i \leqslant n} \frac{(e/x_i)_N}{(aq/d_i x_i)_N}$$

$$\times \sum_{\substack{\gamma_1,\cdots,\gamma_n \geqslant 0 \\ |\gamma| \leqslant N}} q^{|\gamma|} \prod_{1 \leqslant i < j \leqslant n} \frac{x_i q^{\gamma_i} - x_j q^{\gamma_j}}{x_i - x_j} \prod_{1 \leqslant i,j \leqslant n} \frac{((aq/d_j e)x_i/x_j)_{\gamma_i}}{(qx_i/x_j)_{\gamma_i}}$$

$$\times \prod_{1 \leqslant i \leqslant n} \left[\frac{(aqx_i/be)_{\gamma_i}(aqx_i/ce)_{\gamma_i}}{(aqx_i/e)_{\gamma_i}(q^{1-N}e^{-1}x_i)_{\gamma_i}} \right] \frac{(q^{-N})_{|\gamma|}}{(a^{n+1}q^{n+1}/bcd_1 \cdots d_n e^n)_{|\gamma|}}$$

$$= {}_{2n+6}W_{2n+5} \left[a; b, c, d_1 x_1, \cdots, d_{n-1}x_{n-1}, d_n, \frac{e}{x_1}, \cdots, \right.$$

$$\times \left. \frac{e}{x_{n-1}}, e, q^{-N}; q; \frac{a^{n+1}q^{N+n+1}}{bcd_1}, \cdots d_n e^n \right].$$

若在 (8.6.22) 中, 令 $n = 1$, 则

$$\frac{(a^2 q^2/b_1 \cdots b_m cde)_N}{(aq/c)_N} \frac{(ex)_N}{(aq/d)_N} \prod_{1 \leqslant k \leqslant m} \frac{(aqy_k)_N}{(aqy_k/b_k)_N} {}_{m+3}\phi_{m+2}$$

$$\times \left[\begin{array}{cccccccc} q^{-N}, & \dfrac{aqy_1}{b_1 e}, & \cdots, & \dfrac{aqy_{m-1}}{b_{m-1} e}, & \dfrac{aq}{b_m e}, & \dfrac{aq}{ce}, & \dfrac{aq}{de} \\[4mm] \dfrac{a^2 q^2}{b_1 \cdots b_m cde}, & \dfrac{aqy_1}{e}, & \cdots, & \dfrac{aqy_{m-1}}{e}, & \dfrac{aq}{e}, & \dfrac{q^{1-N}}{e} \end{array}; q, q\right]$$

$$= \sum_{\delta_1,\cdots,\delta_m \geqslant 0} (a^2 q^{N+2}/b_1 \cdots b_m cde)^{|\boldsymbol{\delta}|}$$

$$\times \prod_{1 \leqslant i < j \leqslant m} \frac{y_i q^{\delta_i} - y_j q^{\delta_j}}{y_i - y_j} \prod_{1 \leqslant k \leqslant m} \frac{1 - aq^{|\boldsymbol{\delta}|+\delta_k} y_k}{1 - ay_k} \prod_{1 \leqslant k,l \leqslant m} \frac{(b_l y_k/y_l)_{\delta_k}}{(qy_k/y_l)_{\delta_k}}$$

$$\times \prod_{1 \leqslant k \leqslant m} \frac{(cy_k)_{\delta_k}(dy_k)_{\delta_k}}{(aq^N y_k)_{\delta_k}((aq/e)y_k)_{\delta_k}} \frac{(q^{-N})_{|\boldsymbol{\delta}|}(e)_{|\boldsymbol{\delta}|}}{(aq/c)_{|\boldsymbol{\delta}|}(aq/d)_{|\boldsymbol{\delta}|}} \prod_{1 \leqslant k \leqslant m} \frac{(ay_k)_{|\boldsymbol{\delta}|}}{((aq/b_k)y_k)_{|\boldsymbol{\delta}|}}.$$

例 8.6.3 若在 (8.6.15) 中, 令 $a_1 \cdots a_n b_1 \cdots b_m = c^m$, 则有

$$\sum_{\gamma_1,\cdots,\gamma_n \geqslant 0} u^{|\boldsymbol{\gamma}|} \prod_{1 \leqslant i < j \leqslant n} \frac{x_i q^{\gamma_i} - x_j q^{\gamma_j}}{x_i - x_j} \prod_{1 \leqslant i,j \leqslant n} \frac{(a_j x_i/x_j)_{\gamma_i}}{(qx_i/x_j)_{\gamma_i}} \prod_{1 \leqslant i \leqslant n, 1 \leqslant k \leqslant m} \frac{(b_k x_i y_k)_{\gamma_i}}{(cx_i y_k)_{\gamma_i}}$$

$$= \sum_{\delta_1,\cdots,\delta_m \geqslant 0} u^{|\boldsymbol{\delta}|} \prod_{1 \leqslant i < j \leqslant m} \frac{y_i q^{\delta_i} - y_j q^{\delta_j}}{y_i - y_j} \prod_{1 \leqslant k,l \leqslant m} \frac{((c/b_l)y_k/y_l)_{\delta_k}}{(qy_k/y_l)_{\delta_k}}$$

$$\times \prod_{1 \leqslant i \leqslant n, 1 \leqslant k \leqslant m} \frac{((c/a_i)x_i y_k)_{\delta_k}}{(cx_i y_k)_{\delta_k}}. \tag{8.6.23}$$

比较上式两边 u^N 的系数, 则得

$$\sum_{\substack{\gamma_1,\cdots,\gamma_n \geqslant 0 \\ |\boldsymbol{\gamma}|=N}} \prod_{1 \leqslant i < j \leqslant n} \frac{x_i q^{\gamma_i} - x_j q^{\gamma_j}}{x_i - x_j} \prod_{1 \leqslant i,j \leqslant n} \frac{(a_j x_i/x_j)_{\gamma_i}}{(qx_i/x_j)_{\gamma_i}} \prod_{1 \leqslant i \leqslant n, 1 \leqslant k \leqslant m} \frac{(b_k x_i y_k)_{\gamma_i}}{(cx_i y_k)_{\gamma_i}}$$

$$= \sum_{\substack{\delta_1,\cdots,\delta_m \geqslant 0 \\ |\boldsymbol{\delta}|=N}} \prod_{1 \leqslant i < j \leqslant m} \frac{y_i q^{\delta_i} - y_j q^{\delta_j}}{y_i - y_j} \prod_{1 \leqslant k,l \leqslant m} \frac{(cy_k//b_l y_l)_{\delta_k}}{(qy_k/y_l)_{\delta_k}}$$

$$\times \prod_{1 \leqslant i \leqslant n, 1 \leqslant k \leqslant m} \frac{(cx_i/a_i y_k)_{\delta_k}}{(cx_i y_k)_{\delta_k}}, \tag{8.6.24}$$

这里 $a_1 \cdots a_n b_1 \cdots b_m = c^m$. 在上式令 $n \to n+1$, $m \to m+1$, 在条件 $a_1 \cdots a_{n+1} b_1 \cdots b_{m+1} = c^{m=1}$ 下, 经过大量运算, 得到

$$\frac{(a_{n+1})_N (b_{m+1})_N}{(c/a_{n-1})_N (c/b_{m+1})_N} \prod_{1 \leqslant k \leqslant m} \frac{(1/y_k)_N (b_k y_k)_N}{(c/b_k y_k)_N (cy_k)_N} \prod_{1 \leqslant i \leqslant n} \frac{(cx_i)_N (a_i/x_i)_N}{(cx_i/a_i)_N (1/x_i)_N}$$

$$\times \sum_{\gamma_1,\cdots,\gamma_n \geqslant 0} q^{|\gamma|} \prod_{1\leqslant i<j\leqslant n} \frac{x_i q^{\gamma_i} - x_j q^{\gamma_j}}{x_i - x_j} \prod_{1\leqslant i\leqslant n} \frac{1 - q^{-N+|\gamma|+\gamma_i} x_i}{1 - q^{-N} x_i}$$

$$\times \prod_{1\leqslant i,j\leqslant n} \frac{(a_j x_i/x_j)_{\gamma_i}}{(qx_i/x_j)_{\gamma_i}} \prod_{1\leqslant i\leqslant n} \frac{(a_{n+1} x_i)_{\gamma_i}}{(qx_i)_{\gamma_i}} \prod_{1\leqslant i\leqslant n, 1\leqslant k\leqslant m} \frac{(b_k x_i y_k)_{\gamma_i}}{(cx_i y_k)_{\gamma_i}} \prod_{1\leqslant i\leqslant n} \frac{(b_{m+1} x_i)_{\gamma_i}}{(cx_i)_{\gamma_i}}$$

$$\times \frac{(q^{-N})_{|\gamma|}}{(q^{1-N}/a_{n+1})_{|\gamma|}} \prod_{1\leqslant i\leqslant n} \frac{(q^{-N} x_i)_{|\gamma|}}{(q^{1-N} x_i/a_i)_{|\gamma|}} \prod_{1\leqslant k\leqslant m} \frac{(q^{1-N}/cy_k, q^{1-N}/c)_{|\gamma|}}{(q^{1-N}/b_k y_k, q^{1-N}/b_{m+1})_{|\gamma|}}$$

$$= \sum_{\delta_1,\cdots,\delta_m \geqslant 0, |\delta|\leqslant N} q^{|\delta|} \prod_{1\leqslant i<j\leqslant m} \frac{y_i q^{\delta_i} - y_j q^{\delta_j}}{y_i - y_j} \prod_{1\leqslant k\leqslant m} \frac{1 - q^{-N+|\delta|+\delta_k} y_k}{1 - q^{-N} y_k}$$

$$\times \prod_{1\leqslant k,l\leqslant m} \frac{(cy_k/b_l y_l)_{\delta_k}}{(qy_k/y_l)_{\delta_k}} \prod_{1\leqslant k\leqslant m-1} \frac{(cy_k/b_{m+1})_{\delta_k}}{(qy_k)_{\delta_k}} \prod_{1\leqslant i\leqslant n, 1\leqslant k\leqslant m} \frac{(cx_i y_k/a_i)_{\delta_k}}{(cx_i y_k)_{\delta_k}}$$

$$\times \prod_{1\leqslant k\leqslant m} \frac{(cy_k/a_{n+1})_{\delta_k}}{(cy_k)_{\delta_k}} \frac{(q^{-N})_{|\delta|}}{(q^{1-N} b_{m+1}/c)_{|\delta|}} \prod_{1\leqslant k\leqslant m} \frac{(q^{-N} y_k)_{|\delta|}}{(q^{1-N} b_k y_k/c)_{|\delta|}}$$

$$\times \prod_{1\leqslant i\leqslant n} \frac{(q^{1-N}/cx_i, q^{1-N}/c)_{|\delta|}}{(q^{1-N} a_i/cx_i, q^{1-N} a_{n+1}/c)_{|\delta|}}. \tag{8.6.25}$$

选择合适的参数, 则得

$$\frac{(aq/d)_N (aq/e)_N}{(\mu df/a)_N (\mu ef/a)_N} \prod_{1\leqslant k\leqslant m} \frac{(\mu qy_k)_N (aq/c_k/y_k)_N}{(\mu c_k f y_k/a)_N (f/y_k)_N} \prod_{1\leqslant i\leqslant n} \frac{(aqx_i/b_i)_N (\mu f/ax_i)_N}{(aqx_i)_N (\mu b_i f/ax_i)_N}$$

$$\times \sum_{\gamma_1,\cdots,\gamma_n \geqslant 0} q^{|\gamma|} \prod_{1\leqslant i<j\leqslant n} \frac{x_i q^{\gamma_i} - x_j q^{\gamma_j}}{x_i - x_j} \prod_{1\leqslant i\leqslant n} \frac{1 - aq^{|\gamma|+\gamma_i} x_i}{1 - ax_i} \prod_{1\leqslant i,j\leqslant n} \frac{(b_j x_i/x_j)_{\gamma_i}}{(qx_i/x_j)_{\gamma_i}}$$

$$\times \prod_{1\leqslant i\leqslant n} \frac{(dx_i)_{\gamma_i}}{(aq^{N+1} x_i)_{\gamma_i}} \prod_{1\leqslant i\leqslant n, 1\leqslant k\leqslant m} \frac{(c_k x_i y_k)_{\gamma_i}}{(aqx_i y_k/f)_{\gamma_i}} \prod_{1\leqslant i\leqslant n} \frac{(ex_i)_{\gamma_i}}{(aq^{1-N} x_i/\mu f)_{\gamma_i}}$$

$$\times \frac{(q^{-N})_{|\gamma|}}{(aq/d)_{|\gamma|}} \prod_{1\leqslant i\leqslant n} \frac{(ax_i)_{|\gamma|}}{(aqx_i/b_i)_{|\gamma|}} \frac{(\mu f q^N)_{|\gamma|}}{(aq/e)_{|\gamma|}} \prod_{1\leqslant k\leqslant m} \frac{(f/y_k)_{|\gamma|}}{(aq/c_k y_k)_{|\gamma|}}$$

$$= \sum_{\delta_1,\cdots,\delta_m \geqslant 0} q^{|\delta|} \prod_{1\leqslant i<j\leqslant m} \frac{y_i q^{\delta_i} - y_j q^{\delta_j}}{y_i - y_j} \prod_{1\leqslant k\leqslant m-1} \frac{1 - \mu q^{|\delta|+\delta_k} y_k}{1 - \mu y_k}$$

$$\times \prod_{1\leqslant k,l\leqslant m} \frac{(aqy_k/c_l f y_l)_{\delta_k}}{(qy_k/y_l)_{\delta_k}} \prod_{1\leqslant k\leqslant m} \frac{(aqy_k/ef)_{\delta_k}}{(\mu q^{N+1} y_k)_{\delta_k}} \prod_{1\leqslant i\leqslant n, 1\leqslant k\leqslant m} \frac{(aqx_i y_k/b_i f)_{\delta_k}}{(aqx_i y_k/f)_{\delta_k}}$$

$$\times \prod_{1\leqslant k\leqslant m} \frac{(aqy_k/df)_{\delta_k}}{(q^{1-N} y_k/f)_{\delta_k}} \frac{(q^{-N})_{|\delta|}}{(\mu ef/a)_{|\delta|}} \frac{(\mu f q^N)_{|\delta|}}{(\mu df/a)_{|\delta|}} \prod_{1\leqslant k\leqslant m} \frac{(\mu y_k)_{|\delta|}}{(\mu c_k f y_k/a)_{|\delta|}}$$

$$\times \prod_{1\leqslant i\leqslant n} \frac{(\mu f/ax_i)_{|\delta|}}{(\mu b_i f/ax_i)_{|\delta|}}, \tag{8.6.26}$$

这里 $u = a^{m+2}q^{m+1}/b_1\cdots b_n c_1\cdots c_m def^{m+1}$. 若 $m=1$, 此式为

$$\frac{(\mu q)_N (aq/c)_N (aq/d)_N (aq/e)_N}{(f)_N (\mu cf/a)_N (\mu df/a)_N (\mu ef/a)_N} \prod_{1\leqslant i\leqslant n} \frac{(aqx_i/b_i)_N (\mu f/ax_i)_N}{(aqx_i)_N (\mu b_i f/ax_i)_N}$$

$$\times \sum_{\gamma_1,\cdots,\gamma_n\geqslant 0} q^{|\gamma|} \prod_{1\leqslant i<j\leqslant n} \frac{x_i q^{\gamma_i} - x_j q^{\gamma_j}}{x_i - x_j} \prod_{1\leqslant i\leqslant n} \frac{1 - aq^{|\gamma|+\gamma_i}x_i}{1 - ax_i} \prod_{1\leqslant i,j\leqslant n} \frac{(b_j x_i/x_j)_{\gamma_i}}{(qx_i/x_j)_{\gamma_i}}$$

$$\times \prod_{1\leqslant i\leqslant n} \frac{(cx_i)_{\gamma_i}(dx_i)_{\gamma_i}(ex_i)_{\gamma_i}}{(aqx_i/f)_{\gamma_i}(aq^{N+1}x_i)_{\gamma_i}(aq^{1-N}x_i/\mu f)_{\gamma_i}}$$

$$\times \frac{(f)_{|\gamma|}(\mu fq^N)_{|\gamma|}(q^{-N})_{|\gamma|}}{(aq/c)_{|\gamma|}(aq/d)_{|\gamma|}(aq/e)_{|\gamma|}} \prod_{1\leqslant i\leqslant n} \frac{(ax_i)_{|\gamma|}}{(aqx_i/b_i)_{|\gamma|}}$$

$$= {}_{2n+8}W_{2n+7}[\mu; aqx_1/b_1 f, \cdots, aqx_{n+1}/b_{n+1}f, aq/b_n f, aq/cf,$$

$$aq/df, aq/ef, \mu f/ax_1, \cdots, \mu f/ax_{n-1}, \mu f/a, \mu fq^N, q^{-N}; q; q],$$

这里 $\mu = a^3 q^2/b_1\cdots b_n cdef^2$. 在 (8.6.24) 中, 取 $m=1$, 得到 Jackson 求和的多变量拓广:

$$\sum_{\gamma_1,\cdots,\gamma_n\geqslant 0} \frac{(q^{-N})_{|\gamma|}}{(aq/c)_{|\gamma|}} \frac{(d)_{|\gamma|}}{(aq/e)_{|\gamma|}} q^{|\gamma|} \prod_{1\leqslant i<j\leqslant n} \frac{x_i q^{\gamma_i} - x_j q^{\gamma_j}}{x_i - x_j} \prod_{1\leqslant i\leqslant n} \frac{1 - aq^{|\gamma|+\gamma_i}x_i}{1 - ax_i}$$

$$\times \prod_{1\leqslant i,j\leqslant n} \frac{(b_j x_i/x_j)_{\gamma_i}}{(qx_i/x_j)_{\gamma_i}} \prod_{1\leqslant i\leqslant n} \left[\frac{(cx_i)_{\gamma_i}(ex_i)_{\gamma_i}}{(aq^{N+1}x_i)_{\gamma_i}(aqx_i/d)_{\gamma_i}}\right] \prod_{1\leqslant i\leqslant n} \frac{(ax_i)_{|\gamma|}}{(aqx_i/b_i)_{|\gamma|}}$$

$$= \frac{(aq/b_1\cdots b_n c)_N (aq/cd)_N}{(aq/b_1\cdots b_n cd)_N (aq/c)_N} \prod_{1\leqslant i\leqslant n} \frac{(aqx_i/b_i d)_N (aqx_i)_N}{(aqx_i/b_i)_N (aqx_i/d)_N},$$

这里 $a^2 q^{N+1} = b_1\cdots b_n cde$.

例 8.6.4(多变量 Sears 变换) 考虑 (8.6.15) Heine 第二变换公式 (1.3.7) 的乘积, 则有

$$\sum_{\gamma_1,\cdots,\gamma_n\geqslant 0} u^{|\gamma|} \prod_{1\leqslant i<j\leqslant n} \frac{x_i q^{\gamma_i} - x_j q^{\gamma_j}}{x_i - x_j} \prod_{1\leqslant i,j\leqslant n} \frac{(A_j x_i/x_j)_{\gamma_i}}{(qx_i/x_j)_{\gamma_i}} \prod_{1\leqslant i\leqslant n, 1\leqslant k\leqslant m} \frac{(B_k x_i y_k)_{\gamma_i}}{(Cx_i y_k)_{\gamma_i}}$$

$$\times \frac{(DEu/F)_\infty}{(u)_\infty} {}_2\phi_1 \left[\begin{array}{cc} F/D, & F/E \\ & F \end{array}; q; DEu/F\right]$$

$$= \frac{(A_1\cdots A_n B_1\cdots B_m u/C^m)_\infty}{(u)_\infty} \sum_{\delta_1,\cdots,\delta_m \geqslant 0} (A_1\cdots A_n B_1\cdots B_m u/C^m)^{|\boldsymbol{\delta}|}$$

$$\times \prod_{1\leqslant i<j\leqslant m} \frac{y_i q^{\delta_i} - y_j q^{\delta_j}}{y_i - y_j} \prod_{1\leqslant k,l\leqslant m} \frac{(Cy_k/B_l y_l)_{\delta_k}}{(qy_k/y_l)_{\delta_k}}$$

$$\times \prod_{1\leqslant i\leqslant n,1\leqslant k\leqslant m} \frac{(Cx_i y_k/A_i)_{\delta_k}}{(Cx_i y_k)_{\delta_k}} \, {}_2\phi_1\left[\begin{array}{cc} D, & E \\ & F \end{array}; q; u\right].$$

上式中, 令 $a_1\cdots a_n b_1\cdots b_m/c^m = DE/F$, 取式子两边 u^N 系数, 则

$$\sum_{\gamma_1,\cdots,\gamma_n\geqslant 0} q^{|\boldsymbol{\gamma}|} \prod_{1\leqslant i<j\leqslant n} \frac{x_i q^{\gamma_i} - x_j q^{\gamma_j}}{x_i - x_j} \prod_{1\leqslant i,j\leqslant n} \frac{(A_j x_i/x_j)_{\gamma_i}}{(qx_i/x_j)_{\gamma_i}}$$

$$\times \frac{(q^{-N})_{|\boldsymbol{\gamma}|}(q^{1-N}/f)_{|\boldsymbol{\gamma}|}}{(q^{1-N}D/F)_{|\boldsymbol{\gamma}|}(q^{1-N}E/F)_{|\boldsymbol{\gamma}|}} \prod_{1\leqslant i\leqslant n,1\leqslant k\leqslant m} \frac{(B_k x_i y_k)_{\gamma_i}}{(Cx_i y_k)_{\gamma_i}}$$

$$= \frac{(D)_N(E)_N}{(F/D)_N(F/E)_N}\left(\frac{DE}{F}\right)^N \sum_{\delta_1,\cdots,\delta_m\geqslant 0} q^{|\boldsymbol{\delta}|} \prod_{1\leqslant i<j\leqslant m} \frac{y_i q^{\delta_i} - y_j q^{\delta_j}}{y_i - y_j}$$

$$\times \prod_{1\leqslant k,l\leqslant m} \frac{(Cy_k/B_l y_l)_{\delta_k}}{(qy_k/y_l)_{\delta_k}} \frac{(q^{-N})_{|\boldsymbol{\delta}|}(q^{1-N}/F)_{|\boldsymbol{\delta}|}}{(q^{1-N}/D)_{|\boldsymbol{\delta}|}(q^{1-N}/E)_{|\boldsymbol{\delta}|}} \prod_{1\leqslant i\leqslant n,1\leqslant k\leqslant m} \frac{(Cx_i y_k/A_i)_{\delta_k}}{(Cx_i y_k)_{\delta_k}}.$$

作参数合适的变化, 则得一个多变量 Sears 变换:

$$\sum_{\gamma_1,\cdots,\gamma_n\geqslant 0} q^{|\boldsymbol{\gamma}|} \prod_{1\leqslant i<j\leqslant n} \frac{x_i q^{\gamma_i} - x_j q^{\gamma_j}}{x_i - x_j} \prod_{1\leqslant i,j\leqslant n} \frac{(b_j x_i/x_j)_{\gamma_i}}{(qx_i/x_j)_{\gamma_i}} \prod_{1\leqslant i\leqslant n,1\leqslant k\leqslant m} \frac{(c_k x_i y_k)_{\gamma_i}}{(dx_i y_k)_{\gamma_i}}$$

$$\times \frac{(q^{-N})_{|\boldsymbol{\gamma}|}(a)_{|\boldsymbol{\gamma}|}}{(e)_{|\boldsymbol{\gamma}|}(f)_{|\boldsymbol{\gamma}|}} \prod_{1\leqslant i\leqslant n,1\leqslant k\leqslant m} \frac{(c_k x_i y_k)_{\gamma_i}}{(dx_i y_k)_{\gamma_i}}$$

$$= \frac{(e/a)_N(f/a)_N}{(e)_N(f)_N} a^N \sum_{\delta_1,\cdots,\delta_m\geqslant 0} q^{|\boldsymbol{\delta}|} \prod_{1\leqslant i<j\leqslant m} \frac{y_i q^{\delta_i} - y_j q^{\delta_j}}{y_i - y_j} \prod_{1\leqslant k,l\leqslant m} \frac{((d/c_l)y_k/y_l)_{\delta_k}}{(qy_k/y_l)_{\delta_k}}$$

$$\times \frac{(q^{-N})_{|\boldsymbol{\delta}|}(a)_{|\boldsymbol{\delta}|}}{(q^{1-N}a/e)_{|\boldsymbol{\delta}|}(q^{1-N}a/f)_{|\boldsymbol{\delta}|}} \prod_{1\leqslant i\leqslant n,1\leqslant k\leqslant m} \frac{(dx_i y_k/b_i)_{\delta_k}}{(dx_i y_k)_{\delta_k}},$$

这里 $ab_1\cdots b_n c_1\cdots c_m q^{1-N} = d^m ef$. 若在上式, 令 $m=1$, 则

$$\sum_{\gamma_1,\cdots,\gamma_n\geqslant 0} q^{|\boldsymbol{\gamma}|} \prod_{1\leqslant i<j\leqslant n} \frac{x_i q^{\gamma_i} - x_j q^{\gamma_j}}{x_i - x_j}$$

$$
\times \prod_{1 \leqslant i,j \leqslant n} \frac{(b_j x_i/x_j)_{\gamma_i}}{(qx_i/x_j)_{\gamma_i}} \frac{(q^{-N})_{|\gamma|}(a)_{|\gamma|}}{(e)_{|\gamma|}(f)_{|\gamma|}} \prod_{1 \leqslant i \leqslant n} \frac{(cx_i)_{\gamma_i}}{(dx_i)_{\gamma_i}}
$$

$$
= \frac{(e/a)_N (f/a)_N}{(e)_N (f)_N} a^N
$$

$$
\times {}_{n+3}\phi_{n+2} \begin{bmatrix} q^{-N}, & a, & \dfrac{dx_1}{b_1}, & \cdots, & \dfrac{dx_{n-1}}{b_{n-1}}, & \dfrac{d}{b_n}, & \dfrac{d}{c} \\[2mm] & dx_1, & \cdots, & dx_{n-1}, & d, & \dfrac{1-N}{q}ae, & \dfrac{q^{1-N}a}{f} \end{bmatrix} ; q; q \end{bmatrix}.
$$

例 8.6.5　考虑两个 (8.6.16) 类型式子的乘积

$$
\sum_{\gamma_1,\cdots,\gamma_n \geqslant 0} u^{|\gamma|} \prod_{1 \leqslant i < j \leqslant n} \frac{x_i q^{\gamma_i} - x_j q^{\gamma_j}}{x_i - x_j} \prod_{1 \leqslant i,j \leqslant n} \frac{(A_j x_i/x_j)_{\gamma_i}}{(qx_i/x_j)_{\gamma_i}} \prod_{1 \leqslant i \leqslant n, 1 \leqslant k \leqslant m} \frac{(Bx_i)_{\gamma_i}}{(Cx_i)_{\gamma_i}}
$$

$$
\times \frac{(D_1 \cdots D_m Eu/F)_\infty}{(u)_\infty}
$$

$$
\times {}_{m+1}\phi_m \begin{bmatrix} \dfrac{F}{E}, & \dfrac{Fy_1}{D_1}, & \cdots, & \dfrac{Fy_{m-1}}{D_{m-1}}, & \dfrac{F}{D_m} \\[2mm] & Fy_1, & \cdots, & Fy_{m-1}, & F \end{bmatrix} ; q; \dfrac{D_1 \cdots D_m Eu}{F} \end{bmatrix}
$$

$$
= \frac{(A_1 \cdots A_n Bu/C)_\infty}{(u)_\infty} \sum_{\delta_1,\cdots,\delta_m \geqslant 0} u^{|\delta|} \prod_{1 \leqslant i < j \leqslant m} \frac{y_i q^{\delta_i} - y_j q^{\delta_j}}{y_i - y_j} \prod_{1 \leqslant k,l \leqslant m} \frac{(D_l y_k/y_l)_{\delta_k}}{(qy_k/y_l)_{\delta_k}}
$$

$$
\times \prod_{1 \leqslant k \leqslant m} \frac{(Ey_k)_{\delta_k}}{(Fy_k)_{\delta_k}} {}_{n+1}\phi_n \begin{bmatrix} \dfrac{C}{B}, & \dfrac{Cx_l}{A_1}, & \cdots, & \dfrac{Cx_{n-1}}{A_{n-1}}, & \dfrac{C}{A} \\[2mm] & Cx_1, & \cdots, & Cx_{n-1}, & C \end{bmatrix} ; q; \dfrac{A_1 \cdots A_n Bu}{C} \end{bmatrix}.
$$

设 $A_1 \cdots A_n B/C = D_1 \cdots D_m E/F$, 取上式两边 u^N 的系数, 则有

$$
\sum_{\gamma_1,\cdots,\gamma_n \geqslant 0} q^{|\gamma|} \prod_{1 \leqslant i < j \leqslant n} \frac{x_i q^{\gamma_i} - x_j q^{\gamma_j}}{x_i - x_j} \prod_{1 \leqslant i,j \leqslant n} \frac{(A_j x_i/x_j)_{\gamma_i}}{(qx_i/x_j)_{\gamma_i}} \prod_{1 \leqslant i \leqslant n} \frac{(Bx_i)_{\gamma_i}}{(Cx_i)_{\gamma_i}}
$$

$$
\times \frac{(q^{-N})_{|\gamma|}}{(q^{1-N}E/F)_{|\gamma|}} \prod_{1 \leqslant k \leqslant m} \frac{(q^{1-N}/Fy_k)_{|\gamma|}}{(q^{1-N}D_k/Fy_k)_{|\gamma|}}
$$

$$
= \frac{(C/B)_N}{(F/E)_N} \prod_{1 \leqslant i \leqslant n} \frac{(Cx_i/A_i)_N}{(Cx_i)_N} \prod_{1 \leqslant k \leqslant m} \frac{(Fy_k)_N}{(Fy_k/D_k)_N}
$$

$$
\times \sum_{\delta_1,\cdots,\delta_m \geqslant 0} q^{|\delta|} \prod_{1 \leqslant i < j \leqslant m} \frac{y_i q^{\delta_i} - y_j q^{\delta_j}}{y_i - y_j} \prod_{1 \leqslant k,l \leqslant m} \frac{(D_l y_k/y_l)_{\delta_k}}{(qy_k/y_l)_{\delta_k}} \prod_{1 \leqslant k \leqslant m} \frac{(Ey_k)_{\delta_k}}{(Fy_k)_{\delta_k}}
$$

$$\times \frac{(q^{-N})_{|\delta|}}{(q^{1-N}B/C)_{|\delta|}} \prod_{1 \leqslant i \leqslant n} \frac{(q^{1-N}/Cx_i)_{|\delta|}}{(q^{1-N}A_i/Cx_i)_{|\delta|}}.$$

合适调整参数, 则得另一个多变量 Sears 变换:

$$\sum_{\gamma_1,\cdots,\gamma_n \geqslant 0} \frac{(q^{-N})_{|\gamma|}}{(f)_{|\gamma|}} q^{|\gamma|} \prod_{1 \leqslant i < j \leqslant n} \frac{x_i q^{\gamma_i} - x_j q^{\gamma_j}}{x_i - x_j} \prod_{1 \leqslant i,j \leqslant n} \frac{(b_j x_i/x_j)_{\gamma_i}}{(qx_i/x_j)_{\gamma_i}}$$

$$\times \prod_{1 \leqslant i \leqslant n} \frac{(cx_i)_{\gamma_i}}{(dx_i)_{\gamma_i}} \prod_{1 \leqslant k \leqslant m} \frac{(a/y_k)_{|\gamma|}}{(e_k/y_k)_{|\gamma|}}$$

$$= \frac{(d/c)_N}{(de_1 \cdots e_m/a^m b_1 \cdots b_n c)_N} \prod_{1 \leqslant i \leqslant n} \frac{((d/b_i)x_i)_N}{(dx_i)_N} \prod_{1 \leqslant k \leqslant m} \frac{(a/y_k)_N}{(e_k/y_k)_N} \left(\frac{e_1 \cdots e_m}{a^m}\right)^N$$

$$\times \sum_{\delta_1,\cdots,\delta_m \geqslant 0} q^{|\delta|} \prod_{1 \leqslant i < j \leqslant m} \frac{y_i q^{\delta_i} - y_j q^{\delta_j}}{y_i - y_j} \prod_{1 \leqslant k,l \leqslant m} \frac{((e_l/a)y_k/y_l)_{\delta_k}}{(qy_k/y_l)_{\delta_k}}$$

$$\times \prod_{1 \leqslant k \leqslant m} \frac{((f/a)y_k)_{\delta_k}}{(q^{1-N}a^{-1}y_k)_{\delta_k}} \frac{(q^{-N})_{|\delta|}}{(q^{1-N}c/d)_{|\delta|}} \prod_{1 \leqslant i \leqslant n} \frac{(q^{1-N}d^{-1}/x_i)_{|\delta|}}{(q^{1-N}(b_i/d)/x_i)_{|\delta|}},$$

这里 $a^m b_1 \cdots b_m c q^{1-N} = d e_1 \cdots e_m f$. 若在上式, 令 $m = 1$, 则

$$\sum_{\gamma_1,\cdots,\gamma_n \geqslant 0} q^{|\gamma|} \prod_{1 \leqslant i < j \leqslant n} \frac{x_i q^{\gamma_i} - x_j q^{\gamma_j}}{x_i - x_j}$$

$$\times \prod_{1 \leqslant i,j \leqslant n} \frac{(b_j x_i/x_j)_{\gamma_i}}{(qx_i/x_j)_{\gamma_i}} \prod_{1 \leqslant i \leqslant n} \frac{(cx_i)_{\gamma_i}}{(dx_i)_{\gamma_i}} \times \frac{(q^{-N}, a)_{|\gamma|}}{(e, f)_{|\gamma|}}$$

$$= \frac{(d/c)_N}{(de_1 \cdots e_m/a^m b_1 \cdots b_n c)_N} \prod_{1 \leqslant i \leqslant n} \frac{(dx_i/b_i)_N}{(dx_i)_N} \times \frac{(a)_N}{(e)_N} \left(\frac{e}{a}\right)^N$$

$$\times {}_{n+3}\phi_{n+2} \left[\begin{matrix} q^{-N}, & \dfrac{e}{a}, & \dfrac{f}{a}, & \dfrac{q^{1-N}}{dx_1}, & \cdots, & \dfrac{q^{1-N}}{dx_{n-1}}, & \dfrac{q^{1-N}}{d} \\[3mm] & \dfrac{q^{1-N}}{a}, & \dfrac{q^{1-N}c}{d}, & \dfrac{q^{1-N}b_1}{dx_1}, & \cdots, & \dfrac{q^{1-N}b_{n-1}}{dx_{n-1}}, & \dfrac{q^{1-N}b_n}{d} \end{matrix}; q; q\right].$$

例 8.6.6　考虑 (8.6.15) 的乘积和多变量 q-二项式定理, 有

$$\sum_{\gamma_1,\cdots,\gamma_n \geqslant 0} u^{|\gamma|} \prod_{1 \leqslant i < j \leqslant n} \frac{x_i q^{\gamma_i} - x_j q^{\gamma_j}}{x_i - x_j}$$

$$\times \prod_{1 \leqslant i,j \leqslant n} \frac{(a_j x_i/x_j)_{\gamma_i}}{(qx_i/x_j)_{\gamma_i}} \prod_{1 \leqslant i \leqslant n} \frac{(bx_i)_{\gamma_i}}{(cx_i)_{\gamma_i}} \times \frac{(d_1 \cdots d_m u)_\infty}{(a_1 \cdots a_n bu/c)_\infty}$$

$$
= \sum_{\delta_1,\cdots,\delta_m \geqslant 0} u^{|\delta|} \prod_{1 \leqslant i < j \leqslant m} \frac{y_i q^{\delta_i} - y_j q^{\delta_j}}{y_i - y_j} \prod_{1 \leqslant k,l \leqslant m} \frac{(d_l y_k/y_l)_{\delta_k}}{(qy_k/y_l)_{\delta_k}}
$$

$$
\times {}_{n+1}\phi_n \left[\begin{array}{ccccc} c/b, & cx_1/a_1, & \cdots, & cx_{n-1}/a_{n-1}, & c/a_n \\ cx_1, & \cdots, & & cx_{n-1}, & c \end{array} ; q; a_1 \cdots a_n bu/c \right].
$$

在上式两边取 u^N 的系数, 化简, 可得

$$
\sum_{\gamma_1,\cdots,\gamma_n \geqslant 0} (q/d_1 \cdots d_m)^{|\gamma|} \prod_{1 \leqslant i < j \leqslant n} \frac{x_i q^{\gamma_i} - x_j q^{\gamma_j}}{x_i - x_j} \prod_{1 \leqslant i,j \leqslant n} \frac{(a_j x_i/x_j)_{\gamma_i}}{(qx_i/x_j)_{\gamma_i}}
$$

$$
\times \frac{(q^{-N})_{|\gamma|}}{(q^{1-N}cd_1 \cdots d_m/a_1 \cdots a_n b)_{|\gamma|}} \prod_{1 \leqslant i \leqslant n} \frac{(bx_i)_{\gamma_i}}{(cx_i)_{\gamma_i}}
$$

$$
= \frac{(c/b)_N}{(cd_1 \cdots d_m/a_1 \cdots a_n b)_N} \prod_{1 \leqslant i \leqslant n} \frac{((c/a_i) x_i)_N}{(cx_i)_N} \sum_{\delta_1,\cdots,\delta_m \geqslant 0} q^{|\delta|} \prod_{1 \leqslant i < j \leqslant m} \frac{y_i q^{\delta_i} - y_j q^{\delta_j}}{y_i - y_j}
$$

$$
\times \prod_{1 \leqslant k,l \leqslant m} \frac{(d_l y_k/y_l)_{\delta_k}}{(qy_k/y_l)_{\delta_k}} \frac{(q^{-N})_{|\delta|}}{(q^{1-N}b/c)_{|\delta|}} \prod_{1 \leqslant i \leqslant n} \frac{(q^{1-N}c^{-1}/x_i)_{|\delta|}}{(q^{1-N} (a_i/c) /x_i)_{|\delta|}}.
$$

若在上式取 $m = 1$, 则

$$
\sum_{\gamma_1,\cdots,\gamma_n \geqslant 0} (q/d)^{|\gamma|} \prod_{1 \leqslant i < j \leqslant n} \frac{x_i q^{\gamma_i} - x_j q^{\gamma_j}}{x_i - x_j} \prod_{1 \leqslant i,j \leqslant n} \frac{(a_j x_i/x_j)_{\gamma_i}}{(qx_i/x_j)_{\gamma_i}}
$$

$$
\times \prod_{1 \leqslant i \leqslant n} \left[\frac{(bx_i)_{\gamma_i}}{(cx_i)_{\gamma_i}} \right] \frac{(q^{-N})_{|\gamma|}}{(q^{1-N}cd/a_1 \cdots a_n b)_{|\gamma|}}
$$

$$
= \frac{\left(\frac{c}{b}\right)_N}{\left(\frac{cd}{a_1 \cdots a_n b}\right)_N} \prod_{1 \leqslant i \leqslant n} \frac{\left(\frac{cx_i}{a_i}\right)_N}{(cx_i)_N}
$$

$$
\times {}_{n+2}\phi_{n+1} \left[\begin{array}{cccccc} q^{-N}, & d, & \frac{q^{1-N}}{cx_1}, & \cdots, & \frac{q^{1-N}}{cx_{n-1}}, & \frac{q^{1-N}}{c} \\ & \frac{q^{1-N}b}{c}, & \frac{q^{1-N}a_1}{cx_1}, & \cdots, & \frac{q^{1-N}a_{n-1}}{cx_{n-1}}, & \frac{q^{1-N}a_n}{c} \end{array} ; q; q \right].
$$

例 8.6.7　在 (8.6.15) 两边乘以 $(u)_\infty/(u/d)_\infty$ 和取 u^N 的系数, 得到

$$
\sum_{\gamma_1,\cdots,\gamma_n \geqslant 0} q^{|\gamma|} \prod_{1 \leqslant i < j \leqslant n} \frac{x_i q^{\gamma_i} - x_j q^{\gamma_j}}{x_i - x_j} \prod_{1 \leqslant i,j \leqslant n} \frac{(a_j x_i/x_j)_{\gamma_i}}{(qx_i/x_j)_{\gamma_i}}
$$

$$\times \prod_{1 \leqslant i \leqslant n, 1 \leqslant k \leqslant m} \frac{(b_k x_i y_k)_{\gamma_i}}{(cx_i y_k)_{\gamma_i}} \frac{\left(q^{-N}\right)_{|\gamma|}}{\left(q^{1-N} d^{-1}\right)_{|\gamma|}}$$

$$= \frac{(a_1 \cdots a_n b_1 \cdots b_m / c^m d)_N}{(d)_N} \sum_{\delta_1, \cdots, \delta_m \geqslant 0} q^{|\delta|}$$

$$\times \prod_{1 \leqslant i < j \leqslant m} \frac{y_i q^{\delta_i} - y_j q^{\delta_j}}{y_i - y_j} \prod_{1 \leqslant k, l \leqslant m} \frac{((c/b_l) y_k / y_l)_{\delta_k}}{(q y_k / y_l)_{\delta_k}}$$

$$\times \frac{\left(q^{-N}\right)_{|\delta|}}{\left(q^{1-N} c^m / a_1 \cdots a_n b_1 \cdots b_m d\right)_{|\delta|}} \prod_{1 \leqslant i \leqslant n, 1 \leqslant k \leqslant m} \frac{((c/a_i) x_i y_k)_{\delta_k}}{(cx_i y_k)_{\delta_k}}.$$

若在上式取 $m = 1$, 则

$$\sum_{\gamma_1, \cdots, \gamma_n \geqslant 0} q^{|\gamma|} \prod_{1 \leqslant i < j \leqslant n} \frac{x_i q^{\gamma_i} - x_j q^{\gamma_j}}{x_i - x_j}$$

$$\times \prod_{1 \leqslant i, j \leqslant n} \frac{(a_j x_i / x_j)_{\gamma_i}}{(q x_i / x_j)_{\gamma_i}} \prod_{1 \leqslant i \leqslant n} \frac{(bx_i)_{\gamma_i}}{(cx_i)_{\gamma_i}} \frac{\left(q^{-N}\right)_{|\gamma|}}{\left(q^{1-N} d^{-1}\right)_{|\gamma|}}$$

$$= \frac{(a_1 \cdots a_n bd / c)_N}{(d)_N}$$

$$\times {}_{n+2}\phi_{n+1} \left[\begin{matrix} q^{-N}, & \dfrac{c}{b}, & \dfrac{cx_1}{a_1}, & \cdots, & \dfrac{cx_{n-1}}{a_{n-1}}, & \dfrac{c}{a_n} \\[2mm] & \dfrac{q^{1-N} c}{a_1 \cdots a_n bd}, & cx_1, & \cdots, & cx_{n-1}, & c \end{matrix} ; q; q \right].$$

第 9 章 $U(n+1)$ AAB Bailey 格

由 Bailey 对的概念产生的 Bailey 引理在基本超几何级数理论中起着十分重要的作用, 许多重要的基本超几何级数恒等式能够应用 Bailey 引理而得到 [23,87,152-167]. 在 3.6 节讨论了 $U(n+1)$ Bailey 对与 $U(n+1)$ Bailey 引理及其应用.

命题 9.0.1 [168] (AAB Bailey 格) 设 (α, β) 是关于 a 的 Bailey 对 (见定义 1.2.1). 若定义 $\alpha' = \{\alpha'_n\}$ 为

$$\alpha'_0 = \alpha_0, \tag{9.0.1}$$

$$\alpha'_n = (1-a)\left(\frac{a}{\rho\sigma}\right)^n \frac{(\sigma)_n(\rho)_n}{(a/\rho)_n(a/\sigma)_n}\left[\frac{\alpha_n}{1-aq^{2n}} - \frac{aq^{2n-2}\alpha_{n-1}}{1-aq^{2n-2}}\right], \tag{9.0.2}$$

对所有 $n \geqslant 1$, 以及 $\beta' = \{\beta'_n\}$, 定义为

$$\beta'_n = \sum_{k=0}^n \frac{(\sigma)_k(\rho)_k\left(\dfrac{a}{\rho\sigma}\right)_{n-k}}{(q)_{n-k}(a/\rho)_n(a/\sigma)_n}\left(\frac{a}{\rho\sigma}\right)^k \beta_k, \tag{9.0.3}$$

则 (α', β') 形成关于 aq^{-1} 的新 Bailey 对.

若一对序列 $(\alpha_n(k), \beta_n(k))$ 形成一个 WP-Bailey 对 (WP-Bailey 对定义见定义 1.2.2), 则可知 (Warnaar [23]):

$$\alpha_n(k) = \frac{1-aq^{2n}}{1-a}\sum_{r=0}^n \frac{1-kq^{2r}}{1-k}\frac{(a/k)_{n-r}(a)_{n+r}}{(q)_{n-r}(kq)_{n+r}}\left(\frac{k}{a}\right)^{n-r} \beta_r(k). \tag{9.0.4}$$

本章主要通过给出 AAB Bailey 格的 $U(n+1)$ 的拓广以及引入 $U(n+1)$ WP-Bailey 对与 $U(n+1)$ WP-Bailey 引理, 展示其在多变量基本超几何级数理论上的应用.

9.1 AAB Bailey 格的 $U(n+1)$ 拓广

为建立关于 AAB Bailey 格的命题 9.0.1 的 $U(n+1)$ 拓广, 在定理 3.3.1 中, 取 $x_i \to x_i/a$ $(i=1,2,\cdots,n)$, 则令

$$F_{\boldsymbol{x}}(\boldsymbol{N}, \boldsymbol{y}) := \prod_{r,s=1}^n \frac{1}{(qx_r/x_s)_{N_r-y_s}} \prod_{r=1}^n \frac{1}{(qx_r)_{N_r+|\boldsymbol{y}|}} \tag{9.1.1}$$

和

$$G_{\boldsymbol{x}}(\boldsymbol{N}, \boldsymbol{y}) := (-1)^{|\boldsymbol{N}|-|\boldsymbol{y}|} q^{\binom{|\boldsymbol{N}|-|\boldsymbol{y}|}{2}} \prod_{r=1}^{n} (1 - x_r q^{N_r + |\boldsymbol{N}|})(qx_r)_{y_r + |\boldsymbol{N}| - 1}$$

$$\times \prod_{r,s=1}^{n} \frac{1}{(q^{1+y_r-y_s} x_r / x_s)_{N_r - y_r}}. \tag{9.1.2}$$

故在定理 3.3.1 中, 取 $x_i \to x_i/a$ $(i = 1, 2, \cdots, n)$, 则得到下列结果:

定理 9.1.1 [30,169] (Milne) 设 $F_{\boldsymbol{x}}$ 和 $G_{\boldsymbol{x}}$ 定义如上 (9.1.1) 和 (9.1.2), 则

$$\sum_{\boldsymbol{M} \leqslant \boldsymbol{y} \leqslant \boldsymbol{N}} F_{\boldsymbol{x}}(\boldsymbol{N}, \boldsymbol{y}) G_{\boldsymbol{x}}(\boldsymbol{y}, \boldsymbol{M}) = \sum_{\boldsymbol{M} \leqslant \boldsymbol{y} \leqslant \boldsymbol{N}} G_{\boldsymbol{x}}(\boldsymbol{N}, \boldsymbol{y}) F_{\boldsymbol{x}}(\boldsymbol{y}, \boldsymbol{M})$$

$$= \delta_{\boldsymbol{N}, \boldsymbol{M}} = \prod_{i=1}^{n} \delta_{N_i, M_i}. \tag{9.1.3}$$

定义 9.1.1 (相对于 $\boldsymbol{x}$ 的 $U(n+1)$ Bailey 对) 一对序列 (A, B) 形成一对相对于 $\boldsymbol{x} = (x_1, \cdots, x_n)$ 的 $U(n+1)$ Bailey 对, 如果

$$B_{\boldsymbol{N}} = \sum_{0 \leqslant \boldsymbol{y} \leqslant \boldsymbol{N}} F_{\boldsymbol{x}}(\boldsymbol{N}, \boldsymbol{y}) A_{\boldsymbol{y}}. \tag{9.1.4}$$

引理 9.1.1 [169, 定理 6.1] (相对于 $\boldsymbol{x}$ 的 $U(n+1)$ Bailey 对反演公式) 相对于 $\boldsymbol{x}$ 的 $U(n+1)$ Bailey 对的定义 9.1.1 中的 (9.1.4) 等价于

$$A_{\boldsymbol{N}} = \sum_{0 \leqslant \boldsymbol{y} \leqslant \boldsymbol{N}} G_{\boldsymbol{x}}(\boldsymbol{N}, \boldsymbol{y}) B_{\boldsymbol{y}}. \tag{9.1.5}$$

在定理 3.6.1 中, 取 $x_i \to x_i/a$ $(i = 1, 2, \cdots, n)$ 和 $\sigma \to a\sigma$, 则得

引理 9.1.2 [169, 定理 7.1] (相对于 $\boldsymbol{x}$ 的 $U(n+1)$ Bailey 引理) 若 (A, B) 是一对相对于 $\boldsymbol{x}$ 的 $U(n+1)$ Bailey 对, 则下式给出的新对 (A', B') 也是相对于 $\boldsymbol{x}$ 的 $U(n+1)$ Bailey 对, 这里

$$A'_{\boldsymbol{N}} = A_{\boldsymbol{N}} \frac{(\rho)_{|\boldsymbol{N}|}}{(q/\sigma)_{|\boldsymbol{N}|}} \left(\frac{q}{\rho\sigma}\right)^{|\boldsymbol{N}|} \prod_{r=1}^{n} \frac{(\sigma x_r)_{N_r}}{(qx_r/\rho)_{N_r}}, \tag{9.1.6}$$

$B' = \{B'_{\boldsymbol{N}}\}$, 且

$$B'_{\boldsymbol{N}} = \sum_{0 \leqslant \boldsymbol{y} \leqslant \boldsymbol{N}} B_{\boldsymbol{y}} \frac{(q/\rho\sigma)_{|\boldsymbol{N}|-|\boldsymbol{y}|} (\rho)_{|\boldsymbol{y}|}}{(q/\sigma)_{|\boldsymbol{N}|}} \left(\frac{q}{\rho\sigma}\right)^{|\boldsymbol{y}|}$$

$$\times \prod_{r=1}^{n} \frac{(\sigma x_r)_{y_r}}{(q x_r/\rho)_{N_r}} \prod_{r,s=1}^{n} \frac{1}{(q^{y_r-y_s+1} x_r/x_s)_{N_r-y_r}}. \tag{9.1.7}$$

引理 9.1.3 [30, 定理 4.1] ($U(n+1)$ q-Pfaff-Saalschütz 求和公式)

$$\sum_{\substack{0 \leqslant y_k \leqslant N_k \\ k=1,2,\cdots,n}} \frac{(b)_{|\boldsymbol{y}|}}{(q^{1-|\boldsymbol{N}|} ab/c)_{|\boldsymbol{y}|}} q^{|\boldsymbol{y}|} \prod_{1 \leqslant r < s \leqslant n} \frac{x_r q^{y_r} - x_s q^{y_s}}{x_r - x_s} \prod_{r=1}^{n} \frac{(a x_r)_{y_r}}{(c x_r)_{y_r}} \prod_{r,s=1}^{n} \frac{(q^{-N_s} x_r/x_s)_{y_r}}{(q x_r/x_s)_{y_r}}$$

$$= \frac{(c/a)_{|\boldsymbol{N}|}}{(c/ab)_{|\boldsymbol{N}|}} \prod_{r=1}^{n} \frac{(c x_r/b)_{N_r}}{(c x_r)_{N_r}}. \tag{9.1.8}$$

引理 9.1.4 [30, 定理 5.14] ($U(n+1)$ q-Chu-Vandermonde 求和公式)

$$\sum_{\substack{0 \leqslant y_k \leqslant N_k \\ k=1,2,\cdots,n}} q^{|\boldsymbol{y}|} \prod_{1 \leqslant r < s \leqslant n} \frac{x_r q^{y_r} - x_s q^{y_s}}{x_r - x_s} \prod_{r=1}^{n} \frac{(a x_r)_{y_r}}{(c x_r)_{y_r}} \prod_{r,s=1}^{n} \frac{(q^{-N_s} x_r/x_s)_{y_r}}{(q x_r/x_s)_{y_r}}$$

$$= q^{\binom{N_1}{2}+\cdots+\binom{N_n}{2}-\binom{|\boldsymbol{N}|}{2}} \left(\frac{c}{a}\right)_{|\boldsymbol{N}|} \prod_{r=1}^{n} \frac{(a x_r)^{N_r}}{(c x_r)_{N_r}}. \tag{9.1.9}$$

现在给出 $U(n+1)$ AAB Bailey 格的结果:

定理 9.1.2 [170, 定理 2.7] (Zhang 和 Wu, 相对于 $\boldsymbol{x}$ 的 $U(n+1)$ AAB Bailey 格) 设 (A, B) 为一对相对于 $\boldsymbol{x}$ 的 $U(n+1)$ Bailey 对. 我们定义 $A' = \{A'_{\boldsymbol{N}}\}$ 为

$$A'_{\boldsymbol{N}} = \frac{(\rho)_{|\boldsymbol{N}|}}{\left(\dfrac{1}{\sigma}\right)_{|\boldsymbol{N}|}} \left(\frac{1}{\rho\sigma}\right)^{|\boldsymbol{N}|} \prod_{r=1}^{n} \left[\frac{(1-x_r)(x_r\sigma)_{N_r}}{\left(\dfrac{x_r}{\rho}\right)_{N_r}}\right] \left\{ A_{\boldsymbol{N}} \prod_{r=1}^{n} \frac{1}{(1-x_r q^{N_r+|\boldsymbol{N}|})} \right.$$

$$\left. - \sum_{p=1}^{n} \frac{x_1 \cdots x_n q^{2|\boldsymbol{N}|-2}}{1-x_p q^{N_p+|\boldsymbol{N}|-2}} A_{\boldsymbol{N}(p)} \prod_{\substack{r=1 \\ r \neq p}}^{n} \frac{1}{x_r q^{N_r} - x_p q^{N_p}} \right\}, \tag{9.1.10}$$

这里 $\boldsymbol{N}(p) := (N_1, N_2, \cdots, N_{p-1}, N_p-1, N_{p+1}, \cdots, N_n)$, $2 \leqslant p \leqslant n$, $B' = \{B'_{\boldsymbol{N}}\}$, 且

$$B'_{\boldsymbol{N}} = \sum_{\substack{0 \leqslant k_r \leqslant N_r \\ r=1,2,\cdots,n}} B_{\boldsymbol{k}} \frac{\left(\dfrac{1}{\rho\sigma}\right)_{|\boldsymbol{N}|-|\boldsymbol{k}|} (\rho)_{|\boldsymbol{k}|}}{\left(\dfrac{1}{\sigma}\right)_{|\boldsymbol{N}|}} \left(\frac{1}{\rho\sigma}\right)^{|\boldsymbol{k}|}$$

$$\times \prod_{r=1}^{n} \frac{(x_r \sigma)_{k_r}}{\left(\dfrac{x_r}{\rho}\right)_{N_r}} \prod_{r,s=1}^{n} \frac{1}{\left(\dfrac{x_r}{x_s} q^{k_r-k_s+1}\right)_{N_r-k_r}}, \tag{9.1.11}$$

则 (A', B') 是一对相对于 $\boldsymbol{x/q} = (x_1/q, x_2/q, \cdots, x_n/q)$ 的 $U(n+1)$ Bailey 对.

证明　由于 (A, B) 为一个相对于 $\boldsymbol{x} = (x_1, \cdots, x_n)$ 的 $U(n+1)$ Bailey 对, 则 (A, B) 满足 (9.1.4) 和 (9.1.5). 令

$$d(\boldsymbol{N}, \boldsymbol{y}) = \frac{\left(\dfrac{1}{\rho\sigma}\right)_{|\boldsymbol{N}|-|\boldsymbol{y}|} (\rho)_{|\boldsymbol{y}|}}{\left(\dfrac{1}{\sigma}\right)_{|\boldsymbol{N}|}} \left(\dfrac{1}{\rho\sigma}\right)^{|\boldsymbol{y}|}$$

$$\times \prod_{r=1}^{n} \frac{(x_r \sigma)_{y_r}}{\left(\dfrac{x_r}{\rho}\right)_{N_r}} \prod_{r,s=1}^{n} \frac{1}{\left(\dfrac{x_r}{x_s} q^{y_r-y_s+1}\right)_{N_r-y_r}}. \tag{9.1.12}$$

则 (9.1.11) 能被重写为

$$B'_{\boldsymbol{N}} = \sum_{\substack{0 \leqslant y_r \leqslant N_r, \\ r=1,2,\cdots,n}} d(\boldsymbol{N}, \boldsymbol{y}) B_{\boldsymbol{y}}. \tag{9.1.13}$$

现在需要证明

$$B'_{\boldsymbol{N}} = \sum_{\substack{0 \leqslant y_r \leqslant N_r, \\ r=1,2,\cdots,n}} F_{\boldsymbol{x}/q}(\boldsymbol{N}, \boldsymbol{y}) A'_{\boldsymbol{y}}. \tag{9.1.14}$$

从引理 9.1.1, 我们只需证明下述关系:

$$A'_{\boldsymbol{N}} = \sum_{\substack{0 \leqslant y_r \leqslant N_r, \\ r=1,2,\cdots,n}} G_{\boldsymbol{x}/q}(\boldsymbol{N}, \boldsymbol{y}) B'_{\boldsymbol{y}}. \tag{9.1.15}$$

应用 (9.1.4), (9.1.13) 以及改变求和次序, 则

$$\sum_{\substack{0 \leqslant y_r \leqslant N_r \\ r=1,2,\cdots,n}} G_{\boldsymbol{x}/q}(\boldsymbol{N}, \boldsymbol{y}) B'_{\boldsymbol{y}}$$

$$= \sum_{\substack{0 \leqslant y_r \leqslant N_r \\ r=1,2,\cdots,n}} G_{\boldsymbol{x}/q}(\boldsymbol{N}, \boldsymbol{y}) \sum_{\substack{0 \leqslant k_r \leqslant y_r \\ r=1,2,\cdots,n}} d(\boldsymbol{y}, \boldsymbol{k}) B_{\boldsymbol{k}}$$

$$= \sum_{\substack{0 \leqslant y_r \leqslant N_r \\ r=1,2,\cdots,n}} G_{x/q}(\boldsymbol{N}, \boldsymbol{y}) \sum_{\substack{0 \leqslant k_r \leqslant y_r \\ r=1,2,\cdots,n}} d(\boldsymbol{y}, \boldsymbol{k}) \sum_{\substack{0 \leqslant j_r \leqslant k_r \\ r=1,2,\cdots,n}} F_{\boldsymbol{x}}(\boldsymbol{k}, \boldsymbol{j}) A_{\boldsymbol{j}}$$

$$= \sum_{\substack{0 \leqslant j_r \leqslant N_r \\ r=1,2,\cdots,n}} A_{\boldsymbol{j}} \sum_{\substack{j_r \leqslant k_r \leqslant N_r \\ r=1,2,\cdots,n}} F_{\boldsymbol{x}}(\boldsymbol{k}, \boldsymbol{j}) \sum_{\substack{k_r \leqslant y_r \leqslant N_r \\ r=1,2,\cdots,n}} G_{x/q}(\boldsymbol{N}, \boldsymbol{y}) d(\boldsymbol{y}, \boldsymbol{k}).$$

令

$$f(\boldsymbol{N}; \boldsymbol{j}) = \sum_{\substack{j_r \leqslant k_r \leqslant N_r \\ r=1,2,\cdots,n}} F_{\boldsymbol{x}}(\boldsymbol{k}, \boldsymbol{j}) \sum_{\substack{k_r \leqslant y_r \leqslant N_r \\ r=1,2,\cdots,n}} G_{x/q}(\boldsymbol{N}, \boldsymbol{y}) d(\boldsymbol{y}; \boldsymbol{k}), \tag{9.1.16}$$

代等式 (9.1.1), (9.1.2) 和 (9.1.12) 到 $f(\boldsymbol{N}; \boldsymbol{j})$, 然后变换求和指标 $y_r \to y_r + k_r$, 之后再变换求和指标 $k_r \to k_r + j_r$, 则得到

$$f(\boldsymbol{N}; \boldsymbol{j}) = \prod_{r=1}^{n} \left(1 - x_r q^{N_r + |\boldsymbol{N}| - 1}\right)$$

$$\times \sum_{\substack{0 \leqslant k_r \leqslant N_r - j_r \\ r=1,2,\cdots,n}} \prod_{r,s=1}^{n} \frac{1}{\left(\dfrac{x_r}{x_s} q^{j_r - j_s + 1}\right)_{k_r}} \prod_{r=1}^{n} \frac{1}{(x_r q)_{k_r + j_r + |\boldsymbol{j}|}}$$

$$\times \sum_{\substack{0 \leqslant y_r \leqslant N_r - k_r - j_r \\ r=1,2,\cdots,n}} \prod_{r,s=1}^{n} \frac{1}{\left(\dfrac{x_r}{x_s} q^{y_r - y_s + 1 + k_r - k_s + j_r - j_s}\right)_{N_r - y_r - k_r - j_r}}$$

$$\times \prod_{r=1}^{n} (x_r)_{y_r + k_r + j_r + |\boldsymbol{N}| - 1} \prod_{r=1}^{n} \frac{(x_r \sigma)_{k_r + j_r}}{\left(\dfrac{x_r}{\rho}\right)_{y_r + k_r + j_r}}$$

$$\times \prod_{r,s=1}^{n} \frac{1}{\left(\dfrac{x_r}{x_s} q^{k_r - k_s + 1 + j_r - j_s}\right)_{y_r}} \frac{\left(\dfrac{1}{\rho\sigma}\right)_{|\boldsymbol{y}|} (\rho)_{|\boldsymbol{k}| + |\boldsymbol{j}|}}{\left(\dfrac{1}{\sigma}\right)_{|\boldsymbol{y}| + |\boldsymbol{k}| + |\boldsymbol{j}|}} \left(\dfrac{1}{\rho\sigma}\right)^{|\boldsymbol{k}| + |\boldsymbol{j}|}$$

$$\times (-1)^{|\boldsymbol{N}| - |\boldsymbol{k}| - |\boldsymbol{k}| - |\boldsymbol{j}|} q^{\binom{|\boldsymbol{N}| - |\boldsymbol{y}| - |\boldsymbol{k}| - |\boldsymbol{j}|}{2}}. \tag{9.1.17}$$

应用关系 (1.4.19) (在其中取 $x_r \to x_r q^{k_r + j_r}$, $N_r \to N_r - k_r - j_r$), 有

$$\prod_{r,s=1}^{n} \frac{1}{\left(\dfrac{x_r}{x_s} q^{k_r - k_r + j_r - j_s + y_r - y_s + 1}\right)_{N_r - k_r - j_r - y_r}}$$

$$= (-1)^{|\boldsymbol{y}|} q^{(|\boldsymbol{N}|-|\boldsymbol{j}|-|\boldsymbol{k}|)|\boldsymbol{y}|-\binom{|\boldsymbol{y}|}{2}} \prod_{r,s=1}^{n} \frac{\left(\dfrac{x_r}{x_s} q^{j_r+k_r-N_s}\right)_{y_r}}{\left(\dfrac{x_r}{x_s} q^{k_r-k_s+j_r-j_s+1}\right)_{N_r-k_r-j_r}}$$

$$\times \prod_{1 \leqslant r < s \leqslant n} \frac{x_r q^{k_r+j_r+y_r} - x_s q^{k_s+j_s+y_s}}{x_r q^{k_r+j_r} - x_s q^{k_s+j_s}}. \tag{9.1.18}$$

继续利用关系 (1.4.19) (在其中取 $x_r \to x_r q^{j_r}$, $N_r \to N_r - j_r$), 有

$$\prod_{r,s=1}^{n} \frac{1}{\left(\dfrac{x_r}{x_s} q^{k_r-k_s+j_r-j_s+1}\right)_{N_r-k_r-j_r}}$$

$$= (-1)^{|\boldsymbol{k}|} q^{(|\boldsymbol{N}|-|\boldsymbol{j}|)|\boldsymbol{k}|-\binom{|\boldsymbol{k}|}{2}} \prod_{r,s=1}^{n} \frac{\left(\dfrac{x_r}{x_s} q^{j_r-N_s}\right)_{k_r}}{\left(\dfrac{x_r}{x_s} q^{j_r-j_s+1}\right)_{N_r-j_r}}$$

$$\times \prod_{1 \leqslant r < s \leqslant n} \frac{x_r q^{j_r+k_r} - x_s q^{j_s+k_s}}{x_r q^{j_r} - x_s q^{j_s}}, \tag{9.1.19}$$

化简 (9.1.17), 则

$$f(\boldsymbol{N}; \boldsymbol{j}) = \prod_{r=1}^{n} \left(1 - x_r q^{N_r+|\boldsymbol{N}|-1}\right)$$

$$\times \sum_{\substack{0 \leqslant k_r \leqslant N_r-j_r \\ r=1,2,\cdots,n}} \frac{(\rho)_{|\boldsymbol{k}|+|\boldsymbol{j}|}}{\left(\dfrac{1}{\sigma}\right)_{|\boldsymbol{k}|+|\boldsymbol{j}|}} \left(\frac{1}{\rho\sigma}\right)^{|\boldsymbol{k}|+|\boldsymbol{j}|} (-1)^{|\boldsymbol{N}|-|\boldsymbol{k}|-|\boldsymbol{j}|} q^{\binom{|\boldsymbol{N}|-|\boldsymbol{k}|-|\boldsymbol{j}|}{2}}$$

$$\times \prod_{r,s=1}^{n} \frac{1}{\left(\dfrac{x_r}{x_s} q^{j_r-j_s+1}\right)_{k_r} \left(q\dfrac{x_r}{x_s} q^{k_r-k_s+j_r-j_s}\right)_{N_r-k_r-j_r}}$$

$$\times \prod_{r=1}^{n} \frac{(x_r)_{k_r+j_r+|\boldsymbol{N}|-1} (x_r\sigma)_{k_r+j_r}}{(x_r q)_{k_r+j_r+|\boldsymbol{j}|} \left(\dfrac{x_r}{\rho}\right)_{k_r+j_r}}$$

$$\times \sum_{\substack{0 \leqslant y_r \leqslant N_r-k_r-j_r \\ r=1,2,\cdots,n}} \frac{(1/\rho\sigma)_{|\boldsymbol{y}|}}{(q^{|\boldsymbol{k}|+|\boldsymbol{j}|}/\sigma)_{|\boldsymbol{y}|}} q^{|\boldsymbol{y}|} \prod_{1 \leqslant r < s \leqslant n} \frac{x_r q^{k_r+j_r+y_r} - x_s q^{k_s+j_s+y_s}}{x_r q^{k_r+j_r} - x_s q^{k_s+j_s}}$$

$$\times \prod_{r,s=1}^{n} \frac{\left(\dfrac{x_r}{x_s}q^{j_r+k_r-N_s}\right)_{y_r}}{\left(\dfrac{x_r}{x_s}q^{k_r-k_s+1+j_r-j_s}\right)_{y_r}} \prod_{r=1}^{n} \frac{\left(x_r q^{k_r+j_r+|\boldsymbol{N}|-1}\right)_{y_r}}{\left(\dfrac{x_r}{\rho}q^{k_r+j_r}\right)_{y_r}}.$$

应用 $U(n+1)$ q-Pfaff-Saalschütz 求和公式 (引理 9.1.3) 中, 取

$$N_r \to N_r - k_r - j_r,$$

$$x_r \to x_r q^{k_r+j_r},$$

$$a \to q^{|\boldsymbol{N}|-1},$$

$$b \to 1/\rho\sigma,$$

$$c \to 1/\rho$$

的情形, 化简得到

$$f(\boldsymbol{N};\boldsymbol{j}) = \frac{(\rho)_{|\boldsymbol{N}|}}{(1/\sigma)_{|\boldsymbol{N}|}}\left(\frac{1}{\rho\sigma}\right)^{|\boldsymbol{N}|}(-1)^{|\boldsymbol{N}|-|\boldsymbol{j}|}q^{\binom{|\boldsymbol{N}|-|\boldsymbol{j}|}{2}}$$

$$\times \prod_{r=1}^{n} \frac{\left(1-x_r q^{N_r+|\boldsymbol{N}|-1}\right)(x_r)_{j_r+|\boldsymbol{N}|-1}(\sigma x_r)_{N_r}}{(qx_r)_{j_r+|\boldsymbol{j}|}(x_r/\rho)_{N_r}}$$

$$\times \prod_{r,s=1}^{n} \frac{1}{\left(\dfrac{x_r}{x_s}q^{1+j_r-j_s}\right)_{N_r-j_r}} \sum_{\substack{0\leqslant k_r\leqslant N_r-j_r \\ r=1,2,\cdots,n}} q^{|\boldsymbol{k}|} \prod_{1\leqslant r<s\leqslant n} \frac{x_r q^{k_r+j_r}-x_s q^{k_s+j_s}}{x_r q^{j_r}-x_s q^{j_s}}$$

$$\times \prod_{r,s=1}^{n} \frac{\left(\dfrac{x_r}{x_s}q^{j_r-N_s}\right)_{k_r}}{\left(\dfrac{x_r}{x_s}q^{1+j_r-j_s}\right)_{k_r}} \prod_{r=1}^{n} \frac{\left(q^{j_r+|\boldsymbol{N}|-1}x_r\right)_{k_r}}{\left(q^{j_r+|\boldsymbol{j}|+1}x_r\right)_{k_r}},$$

应用 $U(n+1)$ q-Chu-Vandermonde 求和公式 (引理 9.1.4) 的下列情形:

$$N_r \to N_r - j_r,$$

$$x_r \to x_r q^{j_r},$$

$$a \to q^{|\boldsymbol{N}|-1},$$

$$c \to q^{|\boldsymbol{j}|+1}$$

化简, 则得

$$f(\boldsymbol{N};\boldsymbol{j}) = \frac{(\rho)_{|\boldsymbol{N}|}}{(1/\sigma)_{|\boldsymbol{N}|}} \left(\frac{1}{\rho\sigma}\right)^{|\boldsymbol{N}|} (-1)^{|\boldsymbol{N}|-|\boldsymbol{j}|} q^{\binom{|\boldsymbol{N}|-|\boldsymbol{j}|}{2}}$$

$$\times \prod_{r=1}^{n} \frac{\left(1 - x_r q^{N_r+|\boldsymbol{N}|-1}\right)(x_r)_{j_r+|\boldsymbol{N}|-1}(\sigma x_r)_{N_r}}{(qx_r)_{j_r+|\boldsymbol{j}|}(x_r/\rho)_{N_r}}$$

$$\times \prod_{r,s=1}^{n} \frac{1}{\left(\dfrac{x_r}{x_s}q^{1+j_r-j_s}\right)_{N_r-j_r}} (q^{|\boldsymbol{j}|-|\boldsymbol{N}|+2})_{|\boldsymbol{N}|-|\boldsymbol{j}|} q^{(|\boldsymbol{N}|-1)(|\boldsymbol{N}|-|\boldsymbol{j}|)-\binom{|\boldsymbol{N}|-|\boldsymbol{j}|}{2}}$$

$$\times \prod_{r=1}^{n} \frac{x_r q^{j_r(N_r-j_r)+\binom{N_r-j_r}{2}}}{(q^{1+j_r+j_s}x_r)_{N_r-j_r}}.$$

进一步简化, 得到

$$f(\boldsymbol{N};\boldsymbol{j}) = \frac{(\rho)_{|\boldsymbol{N}|}}{(1/\sigma)_{|\boldsymbol{N}|}} \left(\frac{1}{\rho\sigma}\right)^{|\boldsymbol{N}|} (-1)^{|\boldsymbol{N}|-|\boldsymbol{j}|} (q^{|\boldsymbol{j}|-|\boldsymbol{N}|+2})_{|\boldsymbol{N}|-|\boldsymbol{j}|} q^{(|\boldsymbol{N}|-1)(|\boldsymbol{N}|-|\boldsymbol{j}|)}$$

$$\times \prod_{r=1}^{n} \frac{\left(1 - x_r q^{N_r+|\boldsymbol{N}|-1}\right)(x_r)_{j_r+|\boldsymbol{N}|-1}(\sigma x_r)_{N_r} x_r q^{j_r(N_r-j_r)+\binom{N_r-j_r}{2}}}{(qx_r)_{j_r+|\boldsymbol{j}|}(x_r/\rho)_{N_r}(q^{j_r+|\boldsymbol{j}|+1})_{N_r-j_r}}$$

$$\times \prod_{r,s=1}^{n} \frac{1}{\left(\dfrac{x_r}{x_s}q^{1+j_r-j_s}\right)_{N_r-j_r}}.$$

在上面表达式的双重积 $\prod_{r,s=1}^{n}$ 中, 若 $r=s$, 则为 $\prod_{r=1}^{n} \dfrac{1}{(q)_{N_r-j_r}}$, 故只有当 $\boldsymbol{j} \leqslant \boldsymbol{N}$ 时, $f(\boldsymbol{N};\boldsymbol{j})$ 不为零; 而表达式中的 $(q^{|\boldsymbol{j}|-|\boldsymbol{N}|+2})_{|\boldsymbol{N}|-|\boldsymbol{j}|}$, 由于 $(q^{|\boldsymbol{j}|-|\boldsymbol{N}|+2})_{|\boldsymbol{N}|-|\boldsymbol{j}|} = \dfrac{(q)_1}{(q)_{|\boldsymbol{j}|-|\boldsymbol{N}|+1}}$, 故只有当 $|\boldsymbol{j}| \geqslant |\boldsymbol{N}|-1$ 时, $f(\boldsymbol{N};\boldsymbol{j})$ 不为零. 因此, 综合知, 仅有 $\boldsymbol{j}=\boldsymbol{N}$ 与 $\boldsymbol{j}=\boldsymbol{N}(p)$ $(1 \leqslant p \leqslant n)$ 这两种情形, $f(\boldsymbol{N};\boldsymbol{j})$ 不为零. 简化这两种情形的值分别为

$$f(\boldsymbol{N},\boldsymbol{N}) = \frac{(\rho)_{|\boldsymbol{N}|}}{\left(\dfrac{1}{\sigma}\right)_{|\boldsymbol{N}|}} \left(\frac{1}{\rho\sigma}\right)^{|\boldsymbol{N}|} \prod_{r=1}^{n} \frac{(1-x_r)(x_r\sigma)_{N_r}}{(1-x_r q^{N_r+|\boldsymbol{N}|})\left(\dfrac{x_r}{\rho}\right)_{N_r}} \tag{9.1.20}$$

和

$$f(\boldsymbol{N}, \boldsymbol{N}(p)) = -\frac{(\rho)_{|\boldsymbol{N}|}}{\left(\dfrac{1}{\sigma}\right)_{|\boldsymbol{N}|}} \left(\frac{1}{\rho\sigma}\right)^{|\boldsymbol{N}|} \sum_{p=1}^{n} \frac{x_1 \cdots x_n q^{2|\boldsymbol{N}|-2}}{1 - x_p q^{N_p+|\boldsymbol{N}|-2}}$$

$$\times \prod_{r=1}^{n} \frac{(1-x_r)(x_r\sigma)_{N_r}}{\left(\dfrac{x_r}{\rho}\right)_{N_r}} \prod_{\substack{r=1 \\ r \neq p}}^{n} \frac{1}{1 - \dfrac{x_p}{x_r} q^{N_p-N_r}}. \tag{9.1.21}$$

因此

$$\sum_{\substack{0 \leqslant y_r \leqslant N_r \\ r=1,2,\cdots,n}} G_{\boldsymbol{x}/q}(\boldsymbol{N}, \boldsymbol{y}) B'_{\boldsymbol{y}}$$

$$= \sum_{\substack{0 \leqslant j_r \leqslant N_r \\ r=1,2,\cdots,n}} A_{\boldsymbol{j}} f(\boldsymbol{N}; \boldsymbol{j})$$

$$= \frac{(\rho)_{|\boldsymbol{N}|} \left(\dfrac{1}{\rho\sigma}\right)^{|\boldsymbol{N}|}}{\left(\dfrac{1}{\sigma}\right)_{|\boldsymbol{N}|}} \prod_{r=1}^{n} \frac{(1-x_r)(x_r\sigma)_{N_r}}{\left(\dfrac{x_r}{\rho}\right)_{N_r}} \left\{ A_{\boldsymbol{N}} \prod_{r=1}^{n} \frac{1}{(1 - x_r q^{N_r+|\boldsymbol{N}|})} \right.$$

$$\left. - \sum_{p=1}^{n} \frac{x_1 \cdots x_n q^{2|\boldsymbol{N}|-2}}{1 - x_p q^{N_p+|\boldsymbol{N}|-2}} A_{\boldsymbol{N}(p)} \prod_{\substack{r=1 \\ r \neq p}}^{n} \frac{1}{x_r q^{N_r} - x_p q^{N_p}} \right\}$$

$$= A'_{\boldsymbol{N}}.$$

从而定理 9.1.2 得证. □

9.2　$U(n+1)$ Bailey 对的链结构

由 $U(n+1)$ Bailey 引理知, 如果我们从一个相对于 $\boldsymbol{x}$ 的 $U(n+1)$ Bailey 对 (A, B) 出发, 可以通过迭代 $U(n+1)$ Bailey 引理 (引理 9.1.2) t 次, 建立一个长度为 $t+1$ 相对于 $\boldsymbol{x}$ 的 $U(n+1)$ Bailey 对的链:

$$(A, B) \to (A^{(1)}, B^{(1)}) \to (A^{(2)}, B^{(2)}) \to \cdots \to (A^{(t)}, B^{(t)}) \to \cdots.$$

故得到

定理 9.2.1　若 (A, B) 是一个相对于 $\boldsymbol{x}$ 的 $U(n+1)$ Bailey 对, 则迭代 $U(n+1)$

Bailey 引理 (引理 9.1.2) t 次, 给出新对 $(A^{(t)}, B^{(t)})$ $(t = 1, 2, \cdots,)$:

$$A_{\boldsymbol{N}}^{(t)} = \prod_{i=1}^{t} \left[\frac{(\rho_i)_{|\boldsymbol{N}|}}{(q/\sigma_i)_{|\boldsymbol{N}|}} \left(\frac{q}{\rho_i \sigma_i} \right)^{|\boldsymbol{N}|} \prod_{r=1}^{n} \frac{(\sigma_i x_r)_{N_r}}{(q x_r/\rho_i)_{N_r}} \right] A_{\boldsymbol{N}} \tag{9.2.1}$$

和

$$B_{\boldsymbol{N}}^{(t)} = \sum_{0 \leqslant \boldsymbol{y}^{(t)} \leqslant \cdots \leqslant \boldsymbol{y}^{(1)} \leqslant \boldsymbol{N}} B_{\boldsymbol{y}} \prod_{j=1}^{t} \left[\frac{(\rho_j)_{|\boldsymbol{y}^{(j)}|} (q/\rho_j \sigma_j)_{|\boldsymbol{y}^{(j-1)}| - |\boldsymbol{y}^{(j)}|}}{(q/\sigma_j)_{|\boldsymbol{y}^{(j-1)}|}} \left(\frac{q}{\rho_j \sigma_j} \right)^{|\boldsymbol{y}^{(j)}|} \right.$$

$$\left. \times \prod_{r=1}^{n} \frac{(\sigma_j x_r)_{y_r^{(j)}}}{(q x_r/\rho_j)_{y_r^{(j-1)}}} \prod_{r,s=1}^{n} \frac{1}{(q^{1 + y_r^{(j)} - y_s^{(j)}} x_r/x_s)_{y_r^{(j-1)} - y_r^{(j)}}} \right], \tag{9.2.2}$$

这里 $\boldsymbol{y}^{(i)} = \left(y_1^{(i)}, y_2^{(i)}, \cdots, y_n^{(i)} \right)$ $(i = 0, 1, \cdots, t)$, 且 $\boldsymbol{y}^{(0)} = \boldsymbol{y}$, 则新对 $(A^{(t)}, B^{(t)})$ 还是相对于 $\boldsymbol{x}$ 的 $U(n+1)$ Bailey 对.

如果从一个相对于 $\boldsymbol{x}$ 的 $U(n+1)$ Bailey 对 (A, B) 开始, 建立一个长为 k 的 $U(n+1)$ Bailey 格的链. 首先, 通过迭代 $U(n+1)$ Bailey 引理 (引理 9.1.2) $k - i$ 次, 再应用定理 9.1.2 得到一个相对于 $\boldsymbol{x}/q$ 的 $U(n+1)$ Bailey 对, 然后再迭代 $U(n+1)$ Bailey 引理 (引理 9.1.2) ($\boldsymbol{x}$ 被代替为 $\boldsymbol{x}/q$) $i - 1$ 次, 最后得到一个相对于 $\boldsymbol{x}/q$ 的 $U(n+1)$ Bailey 对 (A', B'), 此过程体现在下述结果.

定理 9.2.2 [170, 定理 2.8] (Zhang 和 Wu) 设 k 是一个非负整数, $A = \{A_{\boldsymbol{N}}^{(k)}\}$, $B = \{B_{\boldsymbol{N}}^{(k)}\}$ 为满足 (9.1.4) 的一对相对于 $\boldsymbol{x}$ 的 $U(n+1)$ Bailey 对的序列以及令 $0 \leqslant i \leqslant k$. 则

$$\sum_{0 \leqslant \boldsymbol{y}^{(k)} \leqslant \boldsymbol{y}^{(k-1)} \leqslant \cdots \leqslant \boldsymbol{y}^{(1)} \leqslant \boldsymbol{N}} B_{\boldsymbol{y}^{(k)}}^{(k)}$$

$$\times \prod_{j=1}^{k} \left[\frac{(\rho_j)_{\boldsymbol{y}^{(j)}} (q^{\chi(j > i)}/\rho_j \sigma_j)_{|\boldsymbol{y}^{(j-1)}| - |\boldsymbol{y}^{(j)}|}}{(q^{\chi(j > i)}/\sigma_j)_{|\boldsymbol{y}^{(j-1)}|}} \left(\frac{q^{\chi(j > i)}}{\rho_j \sigma_j} \right)^{|\boldsymbol{y}^{(j)}|} \right]$$

$$\times \prod_{j=1}^{k} \left[\prod_{r=1}^{n} \frac{(\sigma_j x_r)_{y_r^{(j)}}}{(q^{\chi(j > i)}/\rho_j)_{y_r^{(j-1)}}} \prod_{r,s=1}^{n} \frac{1}{(q^{y_r^{(j)} - y_s^{(j)} + 1} x_r/x_s)_{y_r^{(j-1)} - y_r^{(j)}}} \right]$$

$$= A_0^{(k)} \prod_{r,s=1}^{n} \frac{1}{\left(q \dfrac{x_r}{x_s} \right)_{N_r}} \prod_{r=1}^{n} \frac{1}{(x_r)_{N_r}} + \sum_{\substack{0 \leqslant \boldsymbol{y} \leqslant \boldsymbol{N} \\ |\boldsymbol{k}| \geqslant 1}} \prod_{r,s=1}^{n} \frac{1}{\left(q^{1 + y_r - y_s} \dfrac{x_r}{x_s} \right)_{N_r - y_r}}$$

$$\times \prod_{j=1}^{k} \frac{(\rho_j)_{|\boldsymbol{y}|}}{(q^{\chi(j > i)}/\sigma_j)_{|\boldsymbol{y}|}} \left(\frac{q^{\chi(j > i)}}{\rho_j \sigma_j} \right)^{|\boldsymbol{y}|} \prod_{r=1}^{n} \left[\frac{1}{(q x_r)_{N_r + |\boldsymbol{y}| - 1}} \prod_{j=1}^{k} \frac{(\sigma_j x_r)_{y_r}}{(q^{\chi(j > i)} x_r/\rho_j)_{y_r}} \right]$$

$$\times \left\{ A_{\boldsymbol{y}}^{(k)} \prod_{r=1}^{n} \frac{1}{1-x_r q^{y_r+|\boldsymbol{y}|}} - \prod_{j=i+1}^{k} \frac{\rho_j \sigma_j (1-q^{|\boldsymbol{y}|}/\sigma_j)}{1-\rho_j q^{|\boldsymbol{y}|-1}} \right.$$

$$\times \sum_{p=1}^{n} A_{\boldsymbol{y}(p)}^{(k)} \frac{x_1 \cdots x_n q^{2|\boldsymbol{y}|-k+i-2}}{1-x_p q^{y_p+|\boldsymbol{y}|-2}}$$

$$\left. \times \prod_{\substack{r=1 \\ r \neq p}}^{n} \frac{1}{x_r q^{y_r}-x_s q^{y_s}} \prod_{j=i+1}^{k} \frac{1-x_p q^{y_r}/\rho_j}{1-\sigma_j x_p q^{y_p-1}} \right\}, \tag{9.2.3}$$

这里 $\boldsymbol{y}(p) := (y_1, y_2, \cdots, y_{p-1}, y_p-1, y_{p+1}, \cdots, y_n)$ $(1 \leqslant p \leqslant n)$, $\boldsymbol{y}^{(t)} = \left(y_1^{(t)}, y_2^{(t)}, \cdots, y_n^{(t)} \right)$ 以及指标函数定义为

$$\chi(x) = \begin{cases} 1, & \text{若 } x \text{ 为真}, \\ 0, & \text{若 } x \text{ 为不真}. \end{cases}$$

证明　设 $U(n+1)$ Bailey 链表示为

$$(A^{(k)}, B^{(k)}) \to (A^{(k-1)}, B^{(k-1)}) \to \cdots \to (A^{(i)}, B^{(i)}) \to (A^{(i-1)}, B^{(i-1)})$$

$$\to \cdots \to (A^{(0)}, B^{(0)}),$$

这里 $A^{(j)} = \{A_{\boldsymbol{N}}^{(j)}\}$, $B^{(j)} = \{B_{\boldsymbol{N}}^{(j)}\}$ $(j = 0, 1, \cdots, k)$. 应用 $U(n+1)$ Bailey 引理 (引理 9.1.2) 的迭代, 且代替 $\boldsymbol{x}$ 为 $\boldsymbol{x}/q$, 我们从 $A^{(i-1)}$ 和 $B^{(i-1)}$ 分别得到 $A^{(0)}$ 与 $B^{(0)}$, 即

$$A_{\boldsymbol{N}}^{(0)} = A_{\boldsymbol{N}}^{(i-1)} \prod_{j=1}^{i-1} \left[\frac{(\rho_j)_{|\boldsymbol{N}|}}{(q/\sigma_j)_{|\boldsymbol{N}|}} \left(\frac{q}{\rho_j \sigma_j} \right)^{|\boldsymbol{N}|} \prod_{r=1}^{n} \frac{(\sigma_j x_r/q)_{N_r}}{(x_r/\rho_j)_{N_r}} \right] \tag{9.2.4}$$

和

$$B_{\boldsymbol{N}}^{(0)} = \sum_{\boldsymbol{0} \leqslant \boldsymbol{y}^{(i-1)} \leqslant \cdots \leqslant \boldsymbol{y}^{(1)} \leqslant \boldsymbol{N}} B_{\boldsymbol{y}^{(i-1)}}^{(i-1)} \prod_{j=1}^{i-1} \left[\frac{(\rho_j)_{|\boldsymbol{y}^{(j)}|} (q/\rho_j \sigma_j)_{|\boldsymbol{y}^{(j-1)}|-|\boldsymbol{y}^{(j)}|}}{(q/\sigma_j)_{|\boldsymbol{y}^{(j-1)}|}} \left(\frac{q}{\rho_j \sigma_j} \right)^{|\boldsymbol{y}^{(j)}|} \right.$$

$$\left. \times \prod_{r=1}^{n} \frac{(\sigma_j x_r/q)_{y_r^{(j)}}}{(x_r/\rho_j)_{y_r^{(j-1)}}} \right], \tag{9.2.5}$$

这里 $\boldsymbol{y}^{(i)} = (y_1^{(i)}, y_2^{(i)}, \cdots, y_n^{(i)})$ $(i = 1, 2, \cdots, n)$.

通过定理 9.1.2, 则有

$$A_{\boldsymbol{N}}^{(i-1)} = \frac{(\rho_i)_{|\boldsymbol{N}|}}{(1/\sigma_i)_{|\boldsymbol{N}|}} \left(\frac{1}{\rho_i\sigma_i}\right)^{|\boldsymbol{N}|} \prod_{r=1}^{n} \frac{(1-x_r)(x_r\sigma_i)_{N_r}}{(x_r/\rho_i)_{N_r}} \left\{ A_{\boldsymbol{N}}^{(i)} \prod_{r=1}^{n} \frac{1}{1-x_r q^{N_r+|\boldsymbol{N}|}} \right.$$

$$\left. - \sum_{p=1}^{n} A_{\boldsymbol{N}(p)}^{(i)} \frac{x_1 \cdots x_n q^{2|\boldsymbol{N}|-2}}{1-x_p q^{N_r+|\boldsymbol{N}|-2}} \prod_{\substack{r=1 \\ r\neq p}}^{n} \frac{1}{x_r q^{N_r} - x_p q^{N_p}} \right\} \tag{9.2.6}$$

和

$$B_{\boldsymbol{y}^{(i-1)}}^{(i-1)} = \sum_{0 \leqslant \boldsymbol{y}^{(i-1)} \leqslant \boldsymbol{y}^{(i-1)}} B_{\boldsymbol{y}^{(i)}}^{(i)} \frac{(1/\rho_i\sigma_i)_{|\boldsymbol{y}^{(i-1)}|-|\boldsymbol{y}^{(i)}|}(\rho_i)_{|\boldsymbol{y}^{(i)}|}}{(1/\sigma_i)_{|\boldsymbol{y}^{(i-1)}|}} \left(\frac{1}{\rho_i\sigma_i}\right)^{|\boldsymbol{y}^{(i)}|}$$

$$\times \prod_{r=1}^{n} \frac{(x_r\sigma_i)_{y_r^{(i)}}}{(x_r/\rho_i)_{y_r^{(i-1)}}} \prod_{r,s=1}^{n} \frac{1}{(q^{1+y_r^{(i)}-y_s^{(i)}} x_r/x_s)_{y_r^{(i-1)}-y_r^{(i)}}}. \tag{9.2.7}$$

再一次迭代 $U(n+1)$ Bailey 引理 (引理 9.1.2) $k-i$ 次, 则得

$$A_{\boldsymbol{N}}^{(i)} = A_{\boldsymbol{N}}^{(k)} \prod_{j=i+1}^{k} \left[\frac{(\rho_j)_{|\boldsymbol{N}|}}{(q/\sigma_j)_{|\boldsymbol{N}|}} \left(\frac{q}{\rho_j\sigma_j}\right)^{|\boldsymbol{N}|} \prod_{r=1}^{n} \frac{(\sigma_j x_r)_{N_r}}{(qx_r/\rho_j)_{N_r}} \right] \tag{9.2.8}$$

和

$$B_{\boldsymbol{y}^{(i)}}^{(i)} = \sum_{0 \leqslant \boldsymbol{y}^{(k)} \leqslant \cdots \leqslant \boldsymbol{y}^{(i+1)} \leqslant \boldsymbol{y}^{(i)}} B_{\boldsymbol{y}^{(k)}}^{(k)} \prod_{j=i+1}^{k} \left[\frac{(\rho_j)_{|\boldsymbol{y}^{(j)}|}(q/\rho_j\sigma_j)_{|\boldsymbol{y}^{(j-1)}|-|\boldsymbol{y}^{(j)}|}}{(q/\sigma_j)_{|\boldsymbol{y}^{(j-1)}|}} \left(\frac{q}{\rho_j\sigma_j}\right)^{|\boldsymbol{y}^{(j)}|} \right.$$

$$\left. \times \prod_{r=1}^{n} \frac{(\sigma_j x_r)_{y_r^{(j)}}}{(qx_r/\rho_j)_{y_r^{(j-1)}}} \prod_{r,s=1}^{n} \frac{1}{(q^{1+y_r^{(j)}-y_s^{(j)}} x_r/x_s)_{y_r^{(j-1)}-y_r^{(j)}}} \right]. \tag{9.2.9}$$

联合 (9.2.4)—(9.2.9) 代入 (9.1.4)(在其中变换 $x_r \to x_r/q$, $\sigma_t \to q\sigma_t$, $t = 1, 2, \cdots$, $i-1$), 则得证定理. $\qquad\square$

当 $n = 1$, 此定理变为

推论 9.2.1 [168, 定理 3.1]　设 A, B 为一对 Bailey 对, 令 $0 \leqslant i \leqslant l$, 则

$$\sum_{n \geqslant m_t \geqslant m_{t-1} \geqslant \cdots \geqslant m_1 \geqslant m_0 \geqslant 0} \frac{(\rho_1)_{m_0}(\rho_2)_{m_1} \cdots (\rho_t)_{m_{t-1}}(\rho_{t+1})_{m_t}}{\left(\dfrac{1}{\sigma_1}\right)_{m_1} \left(\dfrac{1}{\sigma_2}\right)_{m_2} \cdots \left(\dfrac{1}{\sigma_t}\right)_{m_t} \left(\dfrac{1}{\sigma_{t+1}}\right)_{n}}$$

$$\times \left(\frac{1}{\rho_1\sigma_1}\right)_{m_1-m_0} \left(\frac{1}{\rho_2\sigma_2}\right)_{m_2-m_1} \cdots \left(\frac{1}{\rho_t\sigma_t}\right)_{m_t-m_{t-1}} \left(\frac{1}{\rho_{t+1}\sigma_{t+1}}\right)_{n-m_t}$$

$$\times \left(\frac{1}{\rho_1\sigma_1}\right)^{m_0} \left(\frac{1}{\rho_2\sigma_2}\right)^{m_1} \cdots \left(\frac{1}{\rho_t\sigma_t}\right)^{m_{t-1}} \left(\frac{1}{\rho_{t+1}\sigma_{t+1}}\right)^{m_t}$$

$$\times \frac{(x\sigma_1)_{m_0}(x\sigma_2)_{m_1}\cdots(x\sigma_t)_{m_{t-1}}(x\sigma_{t+1})_{m_t}}{\left(\dfrac{x}{\rho_1}\right)_{m_1} \left(\dfrac{x}{\rho_2}\right)_{m_2} \cdots \left(\dfrac{x}{\rho_t}\right)_{m_t} \left(\dfrac{x}{\rho_{t+1}}\right)_n}$$

$$\times \frac{B_{m_0}}{(q)_{m_1-m_0}(q)_{m_2-m_1}\cdots(q)_{m_t-m_{t-1}}(q)_{n-m_t}}$$

$$= \frac{A_0}{(q)_n(qx)_n} + \sum_{k=1}^{n} \frac{(1-x)(\rho_1)_k(\rho_2)_k\cdots(\rho_{t+1})_k}{(q)_{n-k}(qx)_{n+k}\left(\dfrac{1}{\sigma_1}\right)_k \left(\dfrac{1}{\sigma_2}\right)_k \cdots \left(\dfrac{1}{\sigma_{t+1}}\right)_k}$$

$$\times \left(\frac{1}{\rho_1\sigma_1}\right)^k \cdots \left(\frac{1}{\rho_{t+1}\sigma_{t+1}}\right)^k \frac{(x\sigma_1)_k(x\sigma_2)_k\cdots(x\sigma_{t+1})_k}{\left(\dfrac{x}{\rho_1}\right)_k \left(\dfrac{x}{\rho_2}\right)_k \cdots \left(\dfrac{x}{\rho_{t+1}}\right)_k}$$

$$\times \left\{ \frac{A_k}{1-xq^{2k}} - \frac{xq^{2k-2}\left(1-\dfrac{1}{\sigma_1}q^{k-1}\right)\left(1-\dfrac{1}{\sigma_2}q^{k-1}\right)\cdots\left(1-\dfrac{1}{\sigma_t}q^{k-1}\right)}{(1-xq^{2k-2})(1-\rho_1q^{k-1})(1-\rho_2q^{k-1})\cdots(1-\rho_tq^{k-1})} \right.$$

$$\left. \times \frac{\rho_1\sigma_1\rho_2\sigma_2\cdots\rho_t\sigma_t\left(1-\dfrac{x}{\rho_1}q^{k-1}\right)\cdots\left(1-\dfrac{x}{\rho_t}q^{k-1}\right)}{(1-x\sigma_1q^{k-1})\cdots(1-x\sigma_tq^{k-1})}A_{k-1} \right\}. \tag{9.2.10}$$

下面考虑定理 9.2.2 的极限情形, 在定理 9.2.2 中, 取所有 ρ_i 和 σ_i 趋于无穷, 然后通过主收敛对所有的 r, 取极限 $N_r \to \infty$, 则得到下述结果.

推论 9.2.2 [170, 推论 2.10] (Zhang 和 Wu) 设 k 是非负整数, 且 $0 \leqslant i \leqslant k$ 和 $A = \{A_N^{(k)}\}$, $B = \{B_N^{(k)}\}$, 令 (A, B) 为相对于 $\boldsymbol{x}$ 的 $U(n+1)$ Bailey 对, 则有

$$\prod_{r=1}^{n}(x_r)_\infty \sum_{\boldsymbol{y}^{(1)}\geqslant\boldsymbol{y}^{(2)}\geqslant\cdots\boldsymbol{y}^{(k)}\geqslant 0} B_{\boldsymbol{y}^{(k)}}^{(k)} q^{\sum\limits_{j=i+1}^{k}|\boldsymbol{y}^{(j)}|+\sum\limits_{j=1}^{k}\binom{\boldsymbol{y}^{(j)}}{2}+\sum\limits_{r=1}^{n}\sum\limits_{j=1}^{k}\binom{y_r^{(j)}}{2}} \prod_{r=1}^{n}\prod_{j=1}^{k}x_r^{y_r^{(j)}}$$

$$\times \prod_{r,s=1}^{n}\left[(qx_r/x_s)_{y_r^{(1)}-y_s^{(1)}}\prod_{j=2}^{k}\frac{1}{(q^{1+y_r^{(j)}-y_s^{(j)}}x_r/x_s)_{y_r^{(j-1)}-y_r^{(j)}}}\right]$$

$$= A_{\boldsymbol{0}}^{(k)} + \sum_{\substack{\boldsymbol{y}\geqslant\boldsymbol{0}\\|\boldsymbol{y}|\geqslant 1}} q^{k\binom{|\boldsymbol{y}|}{2}+k\sum\limits_{j=1}^{n}\binom{y_j}{2}+(k-i)|\boldsymbol{y}|} \prod_{r,s=1}^{n}(qx_r/x_s)_{y_r-y_s}\prod_{r=1}^{n}\left[(1-x_r)x_r^{ky_r}\right]$$

$$
\times \left\{ A_{\boldsymbol{y}}^{(k)} \prod_{r=1}^{n} \frac{1}{1-x_r q^{y_r+|\boldsymbol{y}|}} - \sum_{p=1}^{n} A_{\boldsymbol{y}(p)}^{(k)} \frac{x_1 \cdots x_n x_p^{-k+i} q^{|\boldsymbol{y}|+(-k+i)y_p-1}}{1-x_p q^{y_r+|\boldsymbol{y}|-2}} \right.
$$

$$
\left. \times \prod_{\substack{r=1 \\ r\neq p}}^{n} \frac{1}{x_r q^{y_r} - x_p q^{y_p}} \right\}, \tag{9.2.11}
$$

这里对 $1 \leqslant p \leqslant n$, $\boldsymbol{y}(p) = (y_1, \cdots, y_{p-1}, y_p - 1, y_{p+1}, \cdots, y_n)$, 以及对 $1 \leqslant t \leqslant k$, $\boldsymbol{y}^{(t)} = (y_1^{(t)}, \cdots, y_n^{(t)})$.

若取 $n = 1$, 推论 9.2.2 变为

$$
(x)_\infty = \sum_{y_1 \geqslant \cdots \geqslant y_k \geqslant 0} \frac{x^{y_1+\cdots+y_k} q^{y_1^2+\cdots+y_k^2-y_1-\cdots-y_i}}{(q)_{y_1-y_2} \cdots (q)_{y_{k-1}-y_k}} \beta_{y_k}
$$

$$
= \alpha_0 + (1-x) \sum_{y=1}^{\infty} \left[\frac{x^{ky} q^{ky^2-iy}}{1-xq^{2y}} \alpha_y - \frac{x^{ky-k+i+1} q^{(y-1)(ky-k+i+2)}}{1-xq^{2y-2}} \right], \tag{9.2.12}
$$

这里 (α, β) 为相对于 x 的普通 Bailey 对.

9.3 AAB Bailey 格的应用

若我们取

$$
B_{\boldsymbol{N}} = \delta_{\boldsymbol{N},\boldsymbol{0}} = \delta_{|\boldsymbol{N}|,0} = \prod_{k=1}^{n} \delta_{N_k,0}, \tag{9.3.1}
$$

则可得到

$$
A_{\boldsymbol{N}} = (-1)^{|\boldsymbol{N}|} q^{\binom{|\boldsymbol{N}|}{2}} \prod_{r=1}^{n} \frac{\left(1-x_r q^{N_r+|\boldsymbol{N}|}\right)(x_r)_{|\boldsymbol{N}|}}{1-x_r} \prod_{r,s=1}^{n} \frac{\left(q\dfrac{x_r}{x_s}\right)_{N_r-N_s}}{\left(q\dfrac{x_r}{x_s}\right)_{N_r}}. \tag{9.3.2}
$$

这是一个 $U(n+1)$ 单位 Bailey 对. 当 $n=1$ 时, 就是普通的单位 Bailey 对:

$$
B_n = \delta_{n,0} = \left\{ \begin{array}{ll} 0, & n \neq 0, \\ 1, & n = 0, \end{array} \right.
$$

$$
A_n = \frac{(1-xq^{2n})(x)_n}{(1-x)(q)_n}(-1)^n q^{\binom{n}{2}}.
$$

在定理 9.2.2 中, 取 $U(n+1)$ 单位 Bailey 对 (9.3.1) 和 (9.3.2) 给出下述结果:

定理 9.3.1　设 $k \geqslant 1$ 和 $0 \leqslant i \leqslant k$, 则

$$
\sum_{0 \leqslant \boldsymbol{y}^{(k-1)} \leqslant \cdots \leqslant \boldsymbol{y}^{(1)} \leqslant \boldsymbol{N}} \frac{(q/\rho_k \sigma_k)_{|\boldsymbol{y}^{(k-1)}|}}{(1/\sigma_1)_{|\boldsymbol{N}|}}
$$

$$
\times \prod_{j=1}^{k-1} \left\{ \frac{(\rho_j)_{\boldsymbol{y}^{(j)}} (q^{\chi(j>i)}/\rho_j \sigma_j)_{|\boldsymbol{y}^{(j-1)}|-|\boldsymbol{y}^{(j)}|}}{(q^{\chi(j>i)}/\sigma_j)_{|\boldsymbol{y}^{(j-1)}|}} \left(\frac{q^{\chi(j>i)}}{\rho_j \sigma_j} \right)^{|\boldsymbol{y}^{(j)}|} \right.
$$

$$
\left. \times \prod_{r=1}^{n} \frac{(\sigma_j x_r)_{y_r^{(j)}}}{(q^{\chi(j>i)}/\rho_j)_{y_r^{(j-1)}}} \prod_{r,s=1}^{n} \frac{1}{(q^{y_r^{(j)}-y_s^{(j)}+1} x_r/x_s)_{y_r^{(j-1)}-y_r^{(j)}}} \right\}
$$

$$
\times \prod_{r=1}^{n} \frac{1}{(qx_r/\rho_k)_{y_r^{(k-1)}}} \prod_{r,s=1}^{n} \frac{1}{(qx_r/x_s)_{y_r^{(k-1)}}}
$$

$$
= \prod_{r,s=1}^{n} \frac{1}{\left(q\dfrac{x_r}{x_s}\right)_{N_r}} \prod_{r=1}^{n} \frac{1}{(x_r)_{N_r}} + \sum_{\substack{0 \leqslant \boldsymbol{y} \leqslant \boldsymbol{N} \\ |\boldsymbol{k}| \geqslant 1}} (-1)^{|\boldsymbol{y}|} \prod_{r,s=1}^{n} \frac{1}{\left(q^{1+y_r-y_s}\dfrac{x_r}{x_s}\right)_{N_r-y_r}}
$$

$$
\times \prod_{r=1}^{n} \frac{1}{(qx_r)_{N_r+|\boldsymbol{y}|-1}} \prod_{j=1}^{k} \left[\frac{(\rho_j)_{|\boldsymbol{y}|}}{(q^{\chi(j>i)}/\sigma_j)_{|\boldsymbol{y}|}} \left(\frac{q^{\chi(j>i)}}{\rho_j \sigma_j} \right)^{|\boldsymbol{y}|} \prod_{j=1}^{k} \frac{(\sigma_j x_r)_{y_r}}{(q^{\chi(j>i)} x_r/\rho_j)_{y_r}} \right]
$$

$$
\times \left\{ q^{\binom{|\boldsymbol{y}|}{2}} \prod_{r=1}^{n} (qx_r)_{|\boldsymbol{y}|-1} \prod_{r,s=1}^{n} \frac{1}{(qx_r/x_s)_{y_r}} + q^{2|\boldsymbol{y}|-2-k+i+\binom{|\boldsymbol{y}|-1}{2}} \right.
$$

$$
\times \prod_{j=i+1}^{k} \frac{\rho_j \sigma_j (1-q^{|\boldsymbol{y}|}/\sigma_j)}{1-\rho_j q^{|\boldsymbol{y}|-1}} \prod_{r=1}^{n} \frac{x_r (x_r)_{|\boldsymbol{y}|-1}}{1-x_r} \sum_{p=1}^{n} \prod_{\substack{r=1 \\ r \neq p}}^{n} \frac{1-x_r q^{y_r+|\boldsymbol{y}|-1}}{x_r q^{y_r}-x_p q^{y_p}}
$$

$$
\left. \times \prod_{r=1}^{n} \frac{1}{(qx_p/x_r)_{y_p-1}} \prod_{j=i+1}^{k} \frac{1-q^{y_p} x_p/\rho_j}{1-q^{y_p-1} x_p \sigma_j} \prod_{\substack{r,s=1 \\ r,s \neq p}}^{n} \frac{1}{(qx_r/x_s)_{y_r}} \right\}, \tag{9.3.3}
$$

这里 $\boldsymbol{y}^{(0)} = \boldsymbol{N}$.

此定理在 $n = 1$ 时, 应用 (1.1.3) 和 (1.1.4), 得到下列结果:

推论 9.3.1　设 $k \geqslant 1$ 和 $0 \leqslant i \leqslant k$, 则

$$
\sum_{N \geqslant y_1 \geqslant y_2 \geqslant \cdots \geqslant y_{k-1} \geqslant 0} \prod_{r=1}^{k} \frac{(\rho_r)_{y_r} (x\sigma_r)_{y_r}}{(q)_{y_{r-1}-y_r}} \prod_{r=1}^{i} \frac{(1/\rho_r \sigma_r)_{y_{r-1}-y_r} (1/\rho_r \sigma_r)^{y_r}}{(1/\sigma_r)_{y_{r-1}} (x/\rho_r)_{y_{r-1}}}
$$

$$\times \prod_{r=i+1}^{k} \frac{(q/\rho_r\sigma_r)_{y_{r-1}-y_r}(q/\rho_r\sigma_r)^{y_r}}{(q/\sigma_r)_{y_{r-1}}(qx/\rho_r)_{y_{r-1}}}$$

$$= \frac{1}{(q)_N(x)_N}$$

$$\times {}_{2k+2}\phi_{2k+1}\left[\begin{array}{c} x, \quad \rho_1, \quad \cdots, \quad \rho_i, \quad \rho_{i+1}, \quad \cdots, \quad \rho_k, \quad \sigma_1 x, \quad \cdots, \\ \dfrac{x}{\rho_1}, \quad \cdots, \quad \dfrac{x}{\rho_i}, \quad \dfrac{qx}{\rho_{i+1}}, \quad \cdots, \quad \dfrac{qx}{\rho_k}, \quad \dfrac{1}{\sigma_1}, \quad \cdots, \\ \sigma_i x, \quad \sigma_{i+1}x, \quad \cdots, \quad \sigma_k x, \quad q^{-N} \\ \dfrac{1}{\sigma_i}, \quad \dfrac{q}{\sigma_{i+1}}, \quad \cdots, \quad \dfrac{q}{\sigma_k}, \quad xq^N \end{array}\; q, \;\; \dfrac{q^{N+k-i}}{\rho_1\sigma_1\cdots\rho_k\sigma_k}\right]$$

$$- \frac{x}{(q)_{N-1}(x)_{N+1}}\prod_{r=1}^{i}\frac{(1-\rho_r)(1-\sigma_r x)}{(x-\rho_r)(1-\sigma_r)}$$

$$\times {}_{2k+2}\phi_{2k+1}\left[\begin{array}{c} x, \quad q\rho_1, \quad \cdots, \quad q\rho_i, \quad \rho_{i+1}, \quad \cdots, \quad \rho_k, \quad q\sigma_1 x, \quad \cdots, \\ \dfrac{qx}{\rho_1}, \quad \cdots, \quad \dfrac{qx}{\rho_i}, \quad \dfrac{qx}{\rho_{i+1}}, \quad \cdots, \quad \dfrac{qx}{\rho_k}, \quad \dfrac{q}{\sigma_1}, \quad \cdots, \\ q\sigma_i x, \quad \sigma_{i+1}x, \quad \cdots, \quad \sigma_k x, \quad q^{-N+1} \\ \dfrac{q}{\sigma_i}, \quad \dfrac{q}{\sigma_{i+1}}, \quad \cdots, \quad \dfrac{q}{\sigma_k}, \quad xq^{N+1} \end{array}\; q, \;\; \dfrac{q^{N+k-i+1}}{\rho_1\sigma_1\cdots\rho_k\sigma_k}\right], \quad (9.3.4)$$

这里 $y_0 = N$, $y_k = 0$.

在定理 9.3.1 中, 取 $k = 2$, $i = 1$, 则得到下面 $U(n+1)$ q-Whipple 变换的双侧模拟.

推论 9.3.2

$$\sum_{0\leqslant \boldsymbol{y}\leqslant \boldsymbol{N}}\frac{(\rho_1)_{|\boldsymbol{y}|}(1/\rho_1\sigma_1)_{|\boldsymbol{N}|-|\boldsymbol{y}|}(q/\rho_2\sigma_2)_{|\boldsymbol{y}|}}{(1/\sigma_1)_{|\boldsymbol{N}|}(q/\sigma_2)_{|\boldsymbol{y}|}}\left(\frac{1}{\rho_1\sigma_1}\right)^{|\boldsymbol{y}|}\prod_{r=1}^{n}\frac{(x_r\sigma_1)_{y_r}}{(x_r/\rho_1)_{N_r}(qx_r/\rho_2)_{y_r}}$$

$$\times \prod_{r,s=1}^{n}\frac{1}{(q^{y_r-y_s+1}x_r/x_s)_{N_r-y_r}(qx_r/x_s)_{y_r}}$$

$$= \prod_{r,s=1}^{n}\frac{1}{(qx_r/x_s)_{N_r}}\prod_{r=1}^{n}\frac{1}{(x_r)_{N_r}} + \sum_{\substack{0\leqslant \boldsymbol{y}\leqslant \boldsymbol{N}\\|\boldsymbol{y}|\geqslant 1}}(-1)^{|\boldsymbol{y}|}\frac{(\rho_1)_{|\boldsymbol{y}|}(\rho_2)_{|\boldsymbol{y}|}}{(1/\sigma_1)_{|\boldsymbol{y}|}(q/\sigma_2)_{|\boldsymbol{y}|}}\left(\frac{q}{\rho_1\sigma_1\rho_2\sigma_2}\right)^{|\boldsymbol{y}|}$$

$$\times \prod_{r,s=1}^{n}\frac{1}{(q^{y_r-y_s+1}x_r/x_s)_{N_r-y_r}}\prod_{r=1}^{n}\frac{(1-x_r)(\sigma_1 x_r)_{y_r}(\sigma_2 x_r)_{y_r}}{(x_r/\rho_1)_{y_r}(qx_r/\rho_2)_{y_r}(x_r)_{N_r+|\boldsymbol{y}|}}$$

$$\times \left\{ q^{\binom{|\boldsymbol{y}|}{2}} \prod_{r=1}^{n} (qx_r)_{|\boldsymbol{y}|-1} \prod_{r,s=1}^{n} \frac{1}{(qx_r/x_s)_{y_r}} + \frac{\rho_2\sigma_2(1-q^{|\boldsymbol{y}|}/\sigma_2)}{(1-\rho_2 q^{|\boldsymbol{y}|-1})} q^{\binom{|\boldsymbol{y}|-1}{2}+2|\boldsymbol{y}|-3} \right.$$

$$\times \prod_{r=1}^{n} \frac{x_r(x_r)_{|\boldsymbol{y}|-1}}{1-x_r} \sum_{p=1}^{n} \frac{1-q^{y_p}x_p/\rho_2}{1-\sigma_2 x_p q^{y_p-1}} \prod_{r=1}^{n} \frac{1}{(qx_p/x_r)_{y_r-1}}$$

$$\left. \times \prod_{\substack{r=1 \\ r \neq p}}^{n} \frac{1-x_r q^{y_r+|\boldsymbol{y}|-1}}{(x_r q^{y_r}-x_p q^{y_p})(qx_r/x_s)_{y_r}} \prod_{\substack{r,s=1 \\ r,s \neq p}}^{n} \frac{1}{(qx_r/x_s)_{y_r}} \right\}. \tag{9.3.5}$$

若 $n=1$, 则推论 9.3.4 导致 Whipple 变换 [21, equation A5] 的双侧模拟, 即

$$\frac{\left(\frac{1}{\rho_1\sigma_1}\right)_n (x)_n}{\left(\frac{1}{\sigma_1}\right)_n \left(\frac{x}{\rho_1}\right)_n} {}_4\phi_3 \left[\begin{array}{cccc} \rho_1, & x\sigma_1, & \frac{q}{\rho_2\sigma_2}, & q^{-n} \\ & \frac{q}{\sigma_2}, & \frac{qx}{\rho_2}, & \rho_1\sigma_1 q^{1-n} \end{array} ; q,\ q \right]$$

$$= {}_6\phi_5 \left[\begin{array}{cccccc} x, & \rho_1, & \rho_2, & x\sigma_1, & x\sigma_2, & q^{-n} \\ & \frac{1}{\sigma_1}, & \frac{1}{\sigma_2}, & \frac{x}{\rho_1}, & \frac{qx}{\rho_2}, & xq^n \end{array} ; q,\ \frac{q^{n+1}}{\rho_1\rho_2\sigma_1\sigma_2} \right]$$

$$- \frac{(1-q^n)(1-\rho_1)(1-\sigma_1 x)x}{(1-xq^n)(1-1/\sigma_1)(1-x/\rho_1)\rho_1\sigma_1}$$

$$\times {}_6\phi_5 \left[\begin{array}{cccccc} x, & \rho_1, & \rho_2, & x\sigma_1, & x\sigma_2, & q^{-n+1} \\ & \frac{q}{\sigma_1}, & \frac{q}{\sigma_2}, & \frac{qx}{\rho_1}, & \frac{xq}{\rho_2}, & xq^{n+1} \end{array} ; q,\ \frac{q^{3+n}}{\rho_1\rho_2\sigma_1\sigma_2} \right]. \tag{9.3.6}$$

在定理 9.3.1 中, 取 $k=2$, $i=0$, 则得到下面 $U(n+1)$ Whipple 变换的双侧
模拟的另一结果.

推论 9.3.3

$$\sum_{0 \leqslant \boldsymbol{y} \leqslant \boldsymbol{N}} \frac{(\rho_1)_{|\boldsymbol{y}|}(q/\rho_1\sigma_1)_{|\boldsymbol{N}|-|\boldsymbol{y}|}(q/\rho_2\sigma_2)_{|\boldsymbol{y}|}}{(q/\sigma_1)_{|\boldsymbol{N}|}(q/\sigma_2)_{|\boldsymbol{y}|}} \left(\frac{q}{\rho_1\sigma_1} \right)^{|\boldsymbol{y}|} \prod_{r=1}^{n} \frac{(x_r\sigma_1)_{y_r}}{(qx_r/\rho_1)_{N_r}(qx_r/\rho_2)_{y_r}}$$

$$\times \prod_{r,s=1}^{n} \frac{1}{(q^{y_r-y_s+1}x_r/x_s)_{N_r-y_r}(qx_r/x_s)_{y_r}}$$

$$= \prod_{r,s=1}^{n} \frac{1}{(qx_r/x_s)_{N_r}} \prod_{r=1}^{n} \frac{1}{(x_r)_{N_r}} + \sum_{\substack{0 \leqslant \boldsymbol{y} \leqslant \boldsymbol{N} \\ |\boldsymbol{y}| \geqslant 1}} (-1)^{|\boldsymbol{y}|} \frac{(\rho_1)_{|\boldsymbol{y}|}(\rho_2)_{|\boldsymbol{y}|}}{(q/\sigma_1)_{|\boldsymbol{y}|}(q/\sigma_2)_{|\boldsymbol{y}|}} \left(\frac{q^2}{\rho_1\sigma_1\rho_2\sigma_2} \right)^{|\boldsymbol{y}|}$$

$$\times \prod_{r,s=1}^{n} \frac{1}{(q^{y_r-y_s+1}x_r/x_s)_{N_r-y_r}} \prod_{r=1}^{n} \frac{(1-x_r)(\sigma_1 x_r)_{y_r}(\sigma_2 x_r)_{y_r}}{(qx_r/\rho_1)_{y_r}(qx_r/\rho_2)_{y_r}(x_r)_{N_r+|\boldsymbol{y}|}}$$

$$\times \left\{ q^{\binom{|\boldsymbol{y}|}{2}} \prod_{r=1}^{n} (qx_r)_{|\boldsymbol{y}|-1} \prod_{r,s=1}^{n} \frac{1}{(qx_r/x_s)_{y_r}} \right.$$

$$+ \frac{\rho_1 \sigma_2 \rho_2 \sigma_2 (1-q^{|\boldsymbol{y}|}/\sigma_1)(1-q^{|\boldsymbol{y}|}/\sigma_2)}{(1-\rho_1 q^{|\boldsymbol{y}|-1})(1-\rho_2 q^{|\boldsymbol{y}|-1})} q^{\binom{|\boldsymbol{y}|-1}{2}+2|\boldsymbol{y}|-4}$$

$$\times \prod_{r=1}^{n} \frac{x_r(x_r)_{|\boldsymbol{y}|-1}}{1-x_r} \sum_{p=1}^{n} \frac{(1-q^{y_p}x_p/\rho_1)(1-q^{y_p}x_p/\rho_2)}{(1-\sigma_1 x_p q^{y_p-1})(1-\sigma_2 x_p q^{y_p-1})} \prod_{r=1}^{n} \frac{1}{(qx_p/x_r)_{y_p-1}}$$

$$\left. \times \prod_{\substack{r=1 \\ r\neq p}}^{n} \frac{1-x_r q^{y_r+|\boldsymbol{y}|-1}}{(x_r q^{y_r}-x_p q^{y_p})(qx_r/x_s)_{y_r}} \prod_{\substack{r,s=1 \\ r,s\neq p}}^{n} \frac{1}{(qx_r/x_s)_{y_r}} \right\}. \tag{9.3.7}$$

若 $n=1$, 则推论 9.3.4 导致 Whipple 变换 [21, equation A5] 的双侧模拟, 即

$$\frac{\left(\frac{q}{\rho_1\sigma_1}\right)_n (x)_n}{\left(\frac{q}{\sigma_1}\right)_n \left(\frac{qx}{\rho_1}\right)_n} \ {}_4\phi_3 \left[\begin{array}{cccc} \rho_1, & x\sigma_1, & \frac{q}{\rho_2\sigma_2}, & q^{-n} \\[2mm] & \frac{q}{\sigma_2}, & \frac{qx}{\rho_2}, & \rho_1\sigma_1 q^{-n} \end{array} ; q,\ q \right]$$

$$= {}_6\phi_5 \left[\begin{array}{cccccc} x, & \rho_1, & \rho_2, & x\sigma_1, & x\sigma_2, & q^{-n} \\[2mm] & \frac{q}{\sigma_1}, & \frac{q}{\sigma_2}, & \frac{qx}{\rho_1}, & \frac{qx}{\rho_2}, & xq^n \end{array} ; q,\ \frac{q^{n+2}}{\rho_1\rho_2\sigma_1\sigma_2} \right] - \frac{(1-q^n)x}{1-xq^n}$$

$$\times {}_6\phi_5 \left[\begin{array}{cccccc} x, & \rho_1, & \rho_2, & x\sigma_1, & x\sigma_2, & q^{-n+1} \\[2mm] & \frac{q}{\sigma_1}, & \frac{q}{\sigma_2}, & \frac{qx}{\rho_1}, & \frac{xq}{\rho_2}, & xq^{n+1} \end{array} ; q,\ \frac{q^{3+n}}{\rho_1\rho_2\sigma_1\sigma_2} \right]. \tag{9.3.8}$$

在定理 9.3.1 中, 取 $k=2, i=2$, 则得到下面 $U(n+1)$ Whipple 变换的双侧模拟的第三个结果.

推论 9.3.4

$$\sum_{0\leqslant y\leqslant N} \frac{(\rho_1)_{|\boldsymbol{y}|}(1/\rho_1\sigma_1)_{|\boldsymbol{N}|-|\boldsymbol{y}|}(1/\rho_2\sigma_2)_{|\boldsymbol{y}|}}{(1/\sigma_1)_{|\boldsymbol{N}|}(1/\sigma_2)_{|\boldsymbol{y}|}} \left(\frac{1}{\rho_1\sigma_1} \right)^{|\boldsymbol{y}|} \prod_{r=1}^{n} \frac{(x_r\sigma_1)_{y_r}}{(x_r/\rho_1)_{N_r}(x_r/\rho_2)_{y_r}}$$

$$\times \prod_{r,s=1}^{n} \frac{1}{(q^{y_r-y_s+1}x_r/x_s)_{N_r-y_r}(qx_r/x_s)_{y_r}}$$

$$= \prod_{r,s=1}^{n} \frac{1}{(qx_r/x_s)_{N_r}} \prod_{r=1}^{n} \frac{1}{(x_r)_{N_r}} + \sum_{\substack{0 \leqslant \boldsymbol{y} \leqslant \boldsymbol{N} \\ |\boldsymbol{y}| \geqslant 1}} (-1)^{|\boldsymbol{y}|} \frac{(\rho_1)_{|\boldsymbol{y}|}(\rho_2)_{|\boldsymbol{y}|}}{(1/\sigma_1)_{|\boldsymbol{y}|}(1/\sigma_2)_{|\boldsymbol{y}|}} \left(\frac{1}{\rho_1\sigma_1\rho_2\sigma_2}\right)^{|\boldsymbol{y}|}$$

$$\times \prod_{r,s=1}^{n} \frac{1}{(q^{y_r-y_s+1}x_r/x_s)_{N_r-y_r}} \prod_{r=1}^{n} \frac{(\sigma_1 x_r)_{y_r}(\sigma_2 x_r)_{y_r}}{(x_r/\rho_1)_{y_r}(x_r/\rho_2)_{y_r}(qx_r)_{N_r+|\boldsymbol{y}|}}$$

$$\times \left\{ q^{\binom{|\boldsymbol{y}|}{2}} \prod_{r=1}^{n} (qx_r)_{|\boldsymbol{y}|-1} \prod_{r,s=1}^{n} \frac{1}{(qx_r/x_s)_{y_r}} + q^{\binom{|\boldsymbol{y}|-1}{2}+2|\boldsymbol{y}|-2} \prod_{r=1}^{n} \frac{x_r(x_r)_{|\boldsymbol{y}|-1}}{1-x_r} \right.$$

$$\times \sum_{p=1}^{n} \prod_{r=1}^{n} \frac{1}{(qx_p/x_r)_{y_r-1}} \prod_{\substack{r=1 \\ r \neq p}}^{n} \frac{1-x_r q^{y_r+|\boldsymbol{y}|-1}}{(x_r q^{y_r}-x_p q^{y_p})(qx_r/x_s)_{y_r}}$$

$$\left. \times \prod_{\substack{r,s=1 \\ r,s \neq p}}^{n} \frac{1}{(qx_r/x_s)_{y_r}} \right\}. \tag{9.3.9}$$

若 $n=1$, 则推论 9.3.4 导致 Whipple 变换 [21, equation A5] 的双侧模拟, 即

$$\frac{\left(\dfrac{1}{\rho_1\sigma_1}\right)_n (x)_n}{\left(\dfrac{1}{\sigma_1}\right)_n \left(\dfrac{x}{\rho_1}\right)_n}\ {}_4\phi_3 \left[\begin{array}{cccc} \rho_1, & x\sigma_1, & \dfrac{1}{\rho_2\sigma_2}, & q^{-n} \\ \dfrac{1}{\sigma_2}, & \dfrac{x}{\rho_2}, & \rho_1\sigma_1 q^{1-n} & \end{array} ; q,\ q \right]$$

$$= {}_6\phi_5 \left[\begin{array}{cccccc} x, & \rho_1, & \rho_2, & x\sigma_1, & x\sigma_2, & q^{-n} \\ \dfrac{1}{\sigma_1}, & \dfrac{1}{\sigma_2}, & \dfrac{x}{\rho_1}, & \dfrac{x}{\rho_2}, & xq^n & \end{array} ; q,\ \dfrac{q^n}{\rho_1\rho_2\sigma_1\sigma_2} \right]$$

$$- \frac{(1-q^N)(1-\rho_1)(1-\rho_2)(1-\sigma_1 x)(1-\sigma_2 x)x}{(1-xq^N)(1-1/\sigma_1)(1-1/\sigma_2)(1-x/\rho_1)(1-x/\rho_2)\rho_1\sigma_1\rho_2\sigma_2}$$

$$\times {}_6\phi_5 \left[\begin{array}{cccccc} x, & q\rho_1, & q\rho_2, & qx\sigma_1, & qx\sigma_2, & q^{-n+1} \\ \dfrac{q}{\sigma_1}, & \dfrac{q}{\sigma_2}, & \dfrac{qx}{\rho_1}, & \dfrac{qx}{\rho_2}, & xq^{n+1} & \end{array} ; q,\ \dfrac{q^{1+n}}{\rho_1\rho_2\sigma_1\sigma_2} \right]. \tag{9.3.10}$$

作为定理 9.2.2 的第二个推论, 考虑所有 ρ_i 和 σ_i 的极限以及在 $N_r \to \infty$ $(r=1,2,\cdots,n)$ 下的结果:

定理 9.3.2

$$\prod_{r=1}^{n} (x_r)_{\infty} \sum_{\boldsymbol{y}^{(1)} \geqslant \boldsymbol{y}^{(2)} \geqslant \cdots \geqslant \boldsymbol{y}^{(k-1)} \geqslant 0} q^{\sum_{j=i+1}^{k-1} |\boldsymbol{y}^{(j)}| + \sum_{j=1}^{k-1} \binom{|\boldsymbol{y}^{(j)}|}{2} + \sum_{r=1}^{n} \sum_{j=1}^{k-1} \binom{y_r^{(j)}}{2}} \prod_{r=1}^{n} \prod_{j=1}^{k-1} x_r^{y_r^{(j)}}$$

$$\times \prod_{r,s=1}^{n}\left[\frac{(qx_r/x_s)_{y_r^{(1)}-y_s^{(1)}}}{(qx_r/x_s)_{y_r^{(k-1)}}}\prod_{j=1}^{k-1}\frac{1}{(q^{y_r^{(j)}-y_s^{(j)}+1}x_r/x_s)_{y_r^{(j-1)}-y_r^{(j)}}}\right]$$

$$=1+\sum_{\substack{\boldsymbol{y}\geqslant 0 \\ |\boldsymbol{y}|\geqslant 1}}(-1)^{|\boldsymbol{y}|}q^{k\binom{|\boldsymbol{y}|}{2}+(k-i)|\boldsymbol{y}|+k\sum_{r=1}^{n}\binom{y_r}{2}}\prod_{r,s=1}^{n}(qx_r/x_s)_{y_r-y_s}\prod_{r=1}^{n}(1-x_r)x_r^{ky_r}$$

$$\times\left\{q^{\binom{|\boldsymbol{y}|}{2}}\prod_{r=1}^{n}(qx_r)_{|\boldsymbol{y}|-1}\prod_{r,s=1}^{n}\frac{1}{(qx_r/x_s)_{y_r}}+q^{\binom{|\boldsymbol{y}|-1}{2}-(k-i)|\boldsymbol{y}|+2|\boldsymbol{y}|+k-i-2}\right.$$

$$\times\prod_{r=1}^{n}\frac{x_r(x_r)_{|\boldsymbol{y}|-1}}{1-x_r}\sum_{p=1}^{n}x_p^{-k+i}q^{(-k+i)y_p}\prod_{r=1}^{n}\frac{1}{(qx_p/x_r)_{y_p-1}}$$

$$\times\left.\prod_{\substack{r=1 \\ r\neq p}}^{n}\frac{1-x_rq^{y_r+|\boldsymbol{y}|-1}}{x_rq^{y_r}-x_pq^{y_p}(qx_r/x_p)_{y_r}}\prod_{\substack{r,s=1 \\ r,s\neq p}}^{n}\frac{1}{(qx_r/x_s)_{y_r}}\right\}. \tag{9.3.11}$$

若 $n=1$, 此情形得到下述结果 [168, 推论 4.2]:

$$(x)_\infty\sum_{y_1\geqslant\cdots\geqslant y_{k-1}\geqslant 0}\frac{x^{y_1+\cdots+y_{k-1}}q^{y_1^2+\cdots+y_{k-1}^2-y_1-\cdots-y_i}}{(q)_{y_1-y_2}\cdots(q)_{y_{k-2}-y_{k-1}}(q)_{y_{k-1}}}$$

$$=1+\sum_{y\geqslant 1}(-1)^y\left[\frac{x^{ky}q^{ky^2-iy+\binom{y}{2}}(x)_y}{(q)_y}+\frac{x^{ky-k+i+1}q^{(y-1)(ky-k+i+2)+\binom{y-1}{2}}(x)_{y-1}}{(q)_{y-1}}\right]. \tag{9.3.12}$$

进一步, 若取 $x=q$, 则

$$(q)_\infty\sum_{y_1\geqslant\cdots\geqslant y_{k-1}\geqslant 0}\frac{q^{y_1^2+\cdots+y_{k-1}^2+y_{i+1}+\cdots+y_{k-1}}}{(q)_{y_1-y_2}\cdots(q)_{y_{k-2}-y_{k-1}}(q)_{y_{k-1}}}$$

$$=1+\sum_{y\geqslant 1}(-1)^y\left[q^{ky^2+ky-iy+\binom{y}{2}}+q^{y(ky-k+i)+\binom{y+1}{2}}\right]. \tag{9.3.13}$$

注 9.3.1 (9.3.13) 是著名的两类 Rogers-Ramanujan 恒等式的共同推广. 当 $k=2$ 和 $i=0,1$ 时, 通过 Jacobi 三重积恒等式, 可以得到两类 Rogers-Ramanujan 恒等式:

$$\sum_{y=0}^{\infty}\frac{q^{y^2+y}}{(q)_y}=\frac{1}{(q)_\infty}\sum_{y=-\infty}^{\infty}(-1)^yq^{\frac{5}{2}y^2+\frac{3}{2}y}=\frac{(q,q^4,q^5;q^5)_\infty}{(q)_\infty};$$

$$\sum_{y=0}^{\infty} \frac{q^{y^2}}{(q)_y} = \frac{1}{(q)_\infty} \sum_{y=-\infty}^{\infty} (-1)^y q^{\frac{5}{2}y^2 + \frac{1}{2}y} = \frac{(q^2, q^3, q^5; q^5)_\infty}{(q)_\infty}.$$

若在定理 9.3.2 中, 取 $k = 2, i = 0$, 则得下面结果:

定理 9.3.3

$$\prod_{r=1}^{n} (x_r)_\infty \sum_{\boldsymbol{y} \geqslant 0} q^{\binom{|\boldsymbol{y}|+1}{2}} \prod_{r=1}^{n} q^{\binom{y_r}{2}} x_r^{y_r} \prod_{r,s=1}^{n} \frac{(qx_r/x_s)_{y_r - y_s}}{(qx_r/x_s)_{y_r}}$$

$$= 1 + \sum_{\substack{\boldsymbol{y} \geqslant 0 \\ |\boldsymbol{y}| \geqslant 1}} (-1)^{|\boldsymbol{y}|} q^{3\binom{|\boldsymbol{y}|}{2} + 2|\boldsymbol{y}|} \prod_{r=1}^{n} x_r^{2y_r} q^{2\binom{y_r}{2}} (x_r)_{|\boldsymbol{y}|} \prod_{r,s=1}^{n} \frac{(qx_r/x_s)_{y_r - y_s}}{(qx_r/x_s)_{y_r}}$$

$$+ \sum_{\substack{\boldsymbol{y} \geqslant 0 \\ |\boldsymbol{y}| \geqslant 1}} (-1)^{|\boldsymbol{y}|} q^{3\binom{|\boldsymbol{y}|}{2} + |\boldsymbol{y}| + 1} \prod_{r=1}^{n} x_r^{2y_r + 1} q^{2\binom{y_r}{2}} (x_r)_{|\boldsymbol{y}| - 1} \prod_{r,s=1}^{n} (qx_r/x_s)_{y_r - y_s}$$

$$\times \sum_{p=1}^{n} \frac{1}{x_p^2 q^{2y_p}} \prod_{r=1}^{n} \frac{1}{(qx_p/x_r)_{y_p - 1}}$$

$$\times \prod_{\substack{r=1 \\ r \neq p}}^{n} \frac{1 - x_r q^{y_r + |\boldsymbol{y}| - 1}}{(x_r q^{y_r} - x_p q^{y_p})(qx_r/x_p)_{y_r}} \prod_{\substack{r,s=1 \\ r,s \neq p}}^{n} \frac{1}{(qx_r/x_s)_{y_r}}. \tag{9.3.14}$$

当 $n = 1$ 时, 此定理变为

推论 9.3.5

$$(x)_\infty \sum_{y=0}^{\infty} q^{y^2} \frac{x^y}{(q)_y} = 1 + \sum_{y=1}^{\infty} (-1)^y x^{2y} q^{\frac{5}{2}y^2 - \frac{1}{2}y} \frac{(x)_y}{(q)_y}$$

$$+ \sum_{y=1}^{\infty} (-1)^y x^{2y-1} q^{\frac{5}{2}y^2 - \frac{7}{2}y + 1} \frac{(x)_{y-1}}{(q)_{y-1}}.$$

若在定理 9.3.2 中, 取 $k = 2, i = 1$, 则得下面 $U(n + 1)$ Rogers-Selberg 恒等式.

定理 9.3.4

$$\prod_{r=1}^{n} (x_r)_\infty \sum_{\boldsymbol{y} \geqslant 0} q^{\binom{|\boldsymbol{y}|}{2}} \prod_{r=1}^{n} q^{\binom{y_r}{2}} x_r^{y_r} \prod_{r,s=1}^{n} \frac{(qx_r/x_s)_{y_r - y_s}}{(qx_r/x_s)_{y_r}}$$

$$= 1 + \sum_{\substack{\boldsymbol{y} \geqslant 0 \\ |\boldsymbol{y}| \geqslant 1}} (-1)^{|\boldsymbol{y}|} q^{3\binom{|\boldsymbol{y}|}{2} + |\boldsymbol{y}|} \prod_{r=1}^{n} x_r^{2y_r} q^{\binom{y_r}{2}} (x_r)_{|\boldsymbol{y}|} \prod_{r,s=1}^{n} \frac{(qx_r/x_s)_{y_r - y_s}}{(qx_r/x_s)_{y_r}}$$

$$+ \sum_{\substack{\boldsymbol{y} \geqslant \boldsymbol{0} \\ |\boldsymbol{y}| \geqslant 1}} (-1)^{|\boldsymbol{y}|} q^{3\binom{|\boldsymbol{y}|}{2}+|\boldsymbol{y}|} \prod_{r=1}^{n} x_r^{2y_r+1} q^{2\binom{y_r}{2}} (x_r)_{|\boldsymbol{y}|-1} \prod_{r,s=1}^{n} (qx_r/x_s)_{y_r-y_s}$$

$$\times \sum_{p=1}^{n} \frac{1}{x_p q^{y_p}} \prod_{r=1}^{n} \frac{1}{(qx_p/x_r)_{y_p-1}} \prod_{\substack{r=1 \\ r \neq p}}^{n} \frac{1 - x_r q^{y_r+|\boldsymbol{y}|-1}}{(x_r q^{y_r} - x_p q^{y_p})(qx_r/x_p)_{y_r}}$$

$$\times \prod_{\substack{r,s=1 \\ r,s \neq p}}^{n} \frac{1}{(qx_r/x_s)_{y_r}}. \tag{9.3.15}$$

当 $n = 1$ 时, 令 $x \to xq$, 化简, 此定理变为 Rogers-Selberg 恒等式.

推论 9.3.6 [109] (Rogers-Selberg 恒等式)

$$(qx)_\infty \sum_{y=0}^{\infty} q^{y^2} \frac{x^y}{(q)_y} = 1 + \sum_{y=1}^{\infty} (-1)^y x^{2y} q^{\frac{5}{2}y^2 - \frac{1}{2}y} \frac{(xq)_{y-1}(1 - xq^{2y})}{(q)_y}.$$

注 9.3.2 由于

$$\frac{1}{(x)_\infty} \left\{ 1 + \sum_{y=1}^{\infty} (-1)^y x^{2y} q^{\frac{5}{2}y^2 - \frac{1}{2}y} \frac{(x)_y}{(q)_y} + \sum_{y=1}^{\infty} (-1)^y x^{2y-1} q^{\frac{5}{2}y^2 - \frac{7}{2}y+1} \frac{(x)_{y-1}}{(q)_{y-1}} \right\}$$

$$= \frac{1}{(x)_\infty} + \frac{1}{(qx)_\infty} \sum_{y=1}^{\infty} (-1)^y x^{2y} q^{\frac{5}{2}y^2 - \frac{1}{2}y} \frac{(qx)_{y-1}}{(q)_y} - \frac{x}{(x)_\infty}$$

$$+ \frac{1}{(qx)_\infty} \sum_{y=2}^{\infty} (-1)^y x^{2y-1} q^{\frac{5}{2}y^2 - \frac{7}{2}y+1} \frac{(qx)_{y-2}}{(q)_{y-1}}$$

$$= \frac{1-x}{(x)_\infty} + \frac{1}{(qx)_\infty} \sum_{y=1}^{\infty} (-1)^y x^{2y} q^{\frac{5}{2}y^2 - \frac{1}{2}y} \frac{(qx)_{y-1}}{(q)_y}$$

$$- \frac{1}{(qx)_\infty} \sum_{y=1}^{\infty} (-1)^y x^{2y+1} q^{\frac{5}{2}y^2 + \frac{3}{2}y} \frac{(qx)_{y-1}}{(q)_y}$$

$$= \frac{1}{(qx)_\infty} \left\{ 1 + \sum_{y=1}^{\infty} (-1)^y x^{2y} q^{\frac{5}{2}y^2 - \frac{1}{2}y} \frac{(xq)_{y-1}(1 - xq^{2y})}{(q)_y} \right\},$$

故推论 9.3.5 等价于 Rogers-Selberg 恒等式 (推论 9.3.6).

第 10 章　多变量 WP-Bailey 对及其应用

本章主要讨论 WP-Bailey 对的多变量形式及其部分应用.

10.1　$U(n+1)$ WP-Bailey 对

在定理 3.5.3 中, 取 $x_i \to x_i/a$ 和 $d \to da$ (或 [49, 定理 6.2, 第 337 页, 取 $\ell = n$, $a \to x_n$, $d \to x_n d$, $e \to x_n e$]), 则得到

$$
\sum_{0 \leqslant \boldsymbol{y} \leqslant \boldsymbol{N}} \frac{(b,c)_{|\boldsymbol{y}|}}{(q/d, q/e)_{|\boldsymbol{y}|}} q^{|\boldsymbol{y}|} \prod_{r=1}^{n} \frac{1 - x_r q^{y_r + |\boldsymbol{y}|}}{1 - x_r} \prod_{r,s=1}^{n} \frac{(q^{-N_s} x_r/x_s)_{y_r}}{(q x_r/x_s)_{y_r}} \prod_{r=1}^{n} \frac{(x_r)_{|\boldsymbol{y}|}}{(q^{1+N_r} x_r)_{|\boldsymbol{y}|}}
$$

$$
\times \prod_{r=1}^{n} \frac{(dx_r, ex_r)_{y_r}}{(q x_r/b, q x_r/c)_{y_r}} \prod_{1 \leqslant r < s \leqslant n} \frac{x_s q^{y_s} - q^{y_r} x_r}{x_s - x_r}
$$

$$
= \frac{(q/bd, q/cd)_{|\boldsymbol{N}|}}{(q/d, q/bcd)_{|\boldsymbol{N}|}} \prod_{r=1}^{n} \frac{(q x_r, q x_r/bc)_{N_r}}{(q x_r/b, q x_r/c)_{N_r}}, \tag{10.1.1}
$$

这里 $q = bcdeq^{-|\boldsymbol{N}|}$. 若再取 $b \to k$ 和 $d \to q^{|\boldsymbol{N}|}/k$, 则条件 $q = bcdeq^{-|\boldsymbol{N}|}$ 变为 $ce = q$ 和 $(q/bd)_{|\boldsymbol{N}|} = (q^{1-|\boldsymbol{N}|})_{|\boldsymbol{N}|} = \delta_{\boldsymbol{N},\boldsymbol{0}}$. 因此 (10.1.1) 产生

$$
\sum_{0 \leqslant \boldsymbol{y} \leqslant \boldsymbol{N}} \frac{(k)_{|\boldsymbol{y}|}}{(kq^{1-|\boldsymbol{N}|})_{|\boldsymbol{y}|}} q^{|\boldsymbol{y}|} \prod_{r=1}^{n} \frac{1 - x_r q^{y_r + |\boldsymbol{y}|}}{1 - x_r} \prod_{r,s=1}^{n} \frac{(q^{-N_s} x_r/x_s)_{y_r}}{(q x_r/x_s)_{y_r}} \prod_{r=1}^{n} \frac{(x_r)_{|\boldsymbol{y}|}}{(q^{1+N_r} x_r)_{|\boldsymbol{y}|}}
$$

$$
\times \prod_{r=1}^{n} \frac{(q^{|\boldsymbol{N}|} x_r/k)_{y_r}}{(q x_r/k)_{y_r}} \prod_{1 \leqslant r < s \leqslant n} \frac{x_s q^{y_s} - q^{y_r} x_r}{x_s - x_r}
$$

$$
= \delta_{\boldsymbol{N},\boldsymbol{0}}
$$

$$
= \prod_{i=1}^{n} \delta_{N_i,0}. \tag{10.1.2}
$$

注 10.1.1　当 $n = 1$ 时, (10.1.2) 变为

$$
{}_6\phi_5 \left[\begin{matrix} x, & q\sqrt{x}, & -q\sqrt{x}, & k, & q^n x/k, & q^{-n} \\ & \sqrt{x}, & -\sqrt{x}, & qx/k, & kq^{1-n}, & q^{1+n} x \end{matrix} ; q,\ q \right] = \delta_{n,0}.
$$

令 $k, x_1, \cdots, x_n$ 为变元以及 $\boldsymbol{x} = (x_1, \cdots, x_n)$. 设

$$F_{\boldsymbol{x}}(\boldsymbol{N}, \boldsymbol{y}|k) := (k)_{|\boldsymbol{N}|-|\boldsymbol{y}|} \prod_{r,s=1}^{n} \frac{1}{(q^{y_r-y_s+1}x_r/x_s)_{N_r-y_r}} \prod_{r=1}^{n} \frac{(kx_r)_{|\boldsymbol{N}|+y_r}}{(qx_r)_{N_r+|\boldsymbol{y}|}} \quad (10.1.3)$$

和

$$\begin{aligned}
G_{\boldsymbol{x}}(\boldsymbol{N}, \boldsymbol{y}|k) := {} & k^{|\boldsymbol{N}|-|\boldsymbol{y}|}(1/k)_{|\boldsymbol{N}|-|\boldsymbol{y}|} \\
& \times \prod_{r=1}^{n} \frac{(1-kx_r q^{|\boldsymbol{y}|+y_r})(1-x_r q^{N_r+|\boldsymbol{N}|})(qx_r)_{y_r+|\boldsymbol{N}|-1}}{(1-kx_r)(qkx_r)_{|\boldsymbol{y}|+N_r}} \\
& \times \prod_{r,s=1}^{n} \frac{1}{(q^{y_r-y_s+1}x_r/x_s)_{N_r-y_r}}.
\end{aligned} \quad (10.1.4)$$

定理 10.1.1 [171, 定理 2.2], [30, 定理 3.41], [62, 定理 3.48], [56, 定理 3.1] 设 F 和 G 定义在 (10.1.3) 和 (10.1.4) 上, 则有

$$\sum_{\boldsymbol{M} \leqslant \boldsymbol{y} \leqslant \boldsymbol{N}} F_{\boldsymbol{x}}(\boldsymbol{N}, \boldsymbol{y}|k) G_{\boldsymbol{x}}(\boldsymbol{y}, \boldsymbol{M}|k)$$

$$= \sum_{\boldsymbol{M} \leqslant \boldsymbol{y} \leqslant \boldsymbol{N}} G_{\boldsymbol{x}}(\boldsymbol{N}, \boldsymbol{y}|k) F_{\boldsymbol{x}}(\boldsymbol{y}, \boldsymbol{M}|k) = \delta_{\boldsymbol{N},\boldsymbol{M}} := \prod_{i=1}^{n} \delta_{N_i, M_i}. \quad (10.1.5)$$

证明 由 $F_{\boldsymbol{x}}(\boldsymbol{N}, \boldsymbol{y}|k)$ 和 $G_{\boldsymbol{x}}(\boldsymbol{N}, \boldsymbol{y}|k)$ 的定义, 有

$$\sum_{\boldsymbol{M} \leqslant \boldsymbol{y} \leqslant \boldsymbol{N}} G_{\boldsymbol{x}}(\boldsymbol{N}, \boldsymbol{y}|k) F_{\boldsymbol{x}}(\boldsymbol{y}, \boldsymbol{M}|k)$$

$$\begin{aligned}
= {} & \sum_{\boldsymbol{M} \leqslant \boldsymbol{y} \leqslant \boldsymbol{N}} k^{|\boldsymbol{N}|-|\boldsymbol{y}|}(1/k)_{|\boldsymbol{N}|-|\boldsymbol{y}|} \prod_{r=1}^{n} \frac{(1-kx_r q^{|\boldsymbol{y}|+y_r})(1-x_r q^{N_r+|\boldsymbol{N}|})(qx_r)_{y_r+|\boldsymbol{N}|-1}}{(1-kx_r)(qkx_r)_{|\boldsymbol{y}|+N_r}} \\
& \times \prod_{r,s=1}^{n} \left[\frac{1}{(q^{y_r-y_s+1}x_r/x_s)_{N_r-y_r}} \right] (k)_{|\boldsymbol{y}|-|\boldsymbol{M}|} \\
& \times \prod_{r,s=1}^{n} \frac{1}{(q^{M_r-M_s+1}x_r/x_s)_{y_r-M_r}} \prod_{r=1}^{n} \frac{(kx_r)_{|\boldsymbol{y}|+M_r}}{(qx_r)_{y_r+|\boldsymbol{M}|}}.
\end{aligned}$$

若 $\boldsymbol{N} = \boldsymbol{M}$, 易知定理 10.1.1 为真. 对 $\boldsymbol{N} > \boldsymbol{M}$, 应用 (1.1.3), (1.1.4) 和关系 (1.4.19), 化简得到

$$\sum_{\boldsymbol{M} \leqslant \boldsymbol{y} \leqslant \boldsymbol{N}} G_{\boldsymbol{x}}(\boldsymbol{N}, \boldsymbol{y}|k) F_{\boldsymbol{x}}(\boldsymbol{y}, \boldsymbol{M}|k)$$

$$= k^{|\boldsymbol{N}|}(1/k)_{|\boldsymbol{N}|} \prod_{r=1}^{n} \frac{1 - x_r q^{N_r + |\boldsymbol{N}|}}{1 - kx_r} \prod_{r,s=1}^{n} \frac{1}{(qx_r/x_s)_{N_r}} \sum_{\boldsymbol{M} \leqslant \boldsymbol{y} \leqslant \boldsymbol{N}} \frac{(k)_{|\boldsymbol{y}| - |\boldsymbol{M}|}}{(kq^{1-|\boldsymbol{N}|})_{|\boldsymbol{y}|}} q^{|\boldsymbol{y}|}$$

$$\times \prod_{r=1}^{n} \frac{(1 - kx_r q^{|\boldsymbol{y}| + y_r})(qx_r)_{y_r + |\boldsymbol{N}| - 1}}{(qkx_r)_{|\boldsymbol{y}| + N_r}} \prod_{1 \leqslant r < s \leqslant n} \frac{x_s q^{y_s} - x_r q^{y_r}}{x_s - x_r}$$

$$\times \prod_{r,s=1}^{n} \frac{(q^{-N_s} x_r/x_s)_{y_r}}{(q^{M_r - M_s + 1} x_r/x_s)_{y_r - M_r}} \prod_{r=1}^{n} \frac{(kx_r)_{|\boldsymbol{y}| + M_r}}{(qx_r)_{y_r + |\boldsymbol{M}|}}$$

$$= k^{|\boldsymbol{N}|}(1/k)_{|\boldsymbol{N}|} \prod_{r=1}^{n} \frac{1 - x_r q^{N_r + |\boldsymbol{N}|}}{1 - kx_r} \prod_{r,s=1}^{n} \frac{1}{(qx_r/x_s)_{N_r}} \sum_{\boldsymbol{0} \leqslant \boldsymbol{y} \leqslant \boldsymbol{N} - \boldsymbol{M}} \frac{(k)_{|\boldsymbol{y}|}}{(kq^{1-|\boldsymbol{N}|})_{|\boldsymbol{y}| + |\boldsymbol{M}|}}$$

$$\times q^{|\boldsymbol{y}| + |\boldsymbol{M}|} \prod_{r=1}^{n} \frac{(1 - kx_r q^{|\boldsymbol{y}| + |\boldsymbol{M}| + y_r + M_r})(qx_r)_{y_r + M_r + |\boldsymbol{N}| - 1}}{(qkx_r)_{|\boldsymbol{y}| + |\boldsymbol{M}| + N_r}}$$

$$\times \prod_{1 \leqslant r < s \leqslant n} \frac{x_s q^{y_s + M_s} - x_r q^{y_r + M_r}}{x_s - x_r} \prod_{r,s=1}^{n} \frac{(q^{-N_s} x_r/x_s)_{y_r + M_r}}{(q^{M_r - M_s + 1} x_r/x_s)_{y_r}} \prod_{r=1}^{n} \frac{(kx_r)_{|\boldsymbol{y}| + |\boldsymbol{M}| + M_r}}{(qx_r)_{y_r + M_r + |\boldsymbol{M}|}}$$

$$= k^{|\boldsymbol{N}|} q^{|\boldsymbol{M}|} \frac{(1/k)_{|\boldsymbol{N}|}}{(kq^{1-|\boldsymbol{N}|})_{|\boldsymbol{M}|}} \prod_{r=1}^{n} \frac{(1 - x_r q^{N_r + |\boldsymbol{N}|})(qx_r)_{M_r + |\boldsymbol{N}| - 1}}{(1 - kx_r)(qkx_r)_{|\boldsymbol{M}| + N_r}} \prod_{r,s=1}^{n} \frac{(q^{-N_s} x_r/x_s)_{M_r}}{(qx_r/x_s)_{N_r}}$$

$$\times \prod_{r=1}^{n} \frac{(kx_r)_{|\boldsymbol{M}| + M_r}}{(qx_r)_{M_r + |\boldsymbol{M}|}} \sum_{\boldsymbol{0} \leqslant \boldsymbol{y} \leqslant \boldsymbol{N} - \boldsymbol{M}} \frac{(k)_{|\boldsymbol{y}|}}{(kq^{1-|\boldsymbol{N}| + |\boldsymbol{M}|})_{|\boldsymbol{y}|}} q^{|\boldsymbol{y}|}$$

$$\times \prod_{r=1}^{n} \frac{(1 - kx_r q^{|\boldsymbol{y}| + |\boldsymbol{M}| + y_r + M_r})(q^{M_r + |\boldsymbol{N}|} x_r)_{y_r}}{(q^{1 + |\boldsymbol{M}| + N_r} kx_r)_{|\boldsymbol{y}|}}$$

$$\times \prod_{1 \leqslant r < s \leqslant n} \frac{x_s q^{y_s + M_s} - x_r q^{y_r + M_r}}{x_s - x_r} \prod_{r,s=1}^{n} \frac{(q^{-N_s + M_r} x_r/x_s)_{y_r}}{(q^{M_r - M_s + 1} x_r/x_s)_{y_r}} \prod_{r=1}^{n} \frac{(q^{|\boldsymbol{M}| + M_r} kx_r)_{|\boldsymbol{y}|}}{(q^{1 + M_r + |\boldsymbol{M}|} x_r)_{y_r}}$$

$$= k^{|\boldsymbol{N}|} q^{|\boldsymbol{M}|} \frac{(1/k)_{|\boldsymbol{N}|}}{(kq^{1-|\boldsymbol{N}|})_{|\boldsymbol{M}|}} \prod_{r=1}^{n} \frac{(1 - x_r q^{N_r + |\boldsymbol{N}|})(qx_r)_{M_r + |\boldsymbol{N}| - 1}}{(1 - kx_r)(qkx_r)_{|\boldsymbol{M}| + N_r}} \prod_{r,s=1}^{n} \frac{(q^{-N_s} x_r/x_s)_{M_r}}{(qx_r/x_s)_{N_r}}$$

$$\times \prod_{r=1}^{n} \frac{(kx_r)_{|\boldsymbol{M}| + M_r}}{(qx_r)_{M_r + |\boldsymbol{M}|}} \prod_{1 \leqslant r < s \leqslant n} \frac{x_s q^{M_s} - x_r q^{M_r}}{x_s - x_r} \prod_{r=1}^{n} (1 - kx_r q^{M_r + |\boldsymbol{M}|})$$

$$\times \sum_{\boldsymbol{0} \leqslant \boldsymbol{y} \leqslant \boldsymbol{N} - \boldsymbol{M}} \frac{(k)_{|\boldsymbol{y}|}}{(kq^{1-|\boldsymbol{N}| + |\boldsymbol{M}|})_{|\boldsymbol{y}|}} q^{|\boldsymbol{y}|} \prod_{r=1}^{n} \frac{1 - kx_r q^{|\boldsymbol{y}| + |\boldsymbol{M}| + y_r + M_r}}{1 - kx_r q^{M_r + |\boldsymbol{M}|}}$$

$$\times \prod_{r,s=1}^{n} \frac{(q^{-N_s + M_r} x_r/x_s)_{y_r}}{(q^{M_r - M_s + 1} x_r/x_s)_{y_r}} \prod_{r=1}^{n} \frac{(q^{|\boldsymbol{M}| + M_r} kx_r)_{|\boldsymbol{y}|}}{(q^{1 + |\boldsymbol{M}| + N_r} kx_r)_{|\boldsymbol{y}|}}$$

$$\times \prod_{r=1}^{n} \frac{(q^{M_r+|\boldsymbol{N}|}x_r)_{y_r}}{(q^{1+M_r+|\boldsymbol{M}|}x_r)_{y_r}} \prod_{1\leqslant r<s\leqslant n} \frac{x_s q^{y_s+M_s}-x_r q^{y_r+M_r}}{x_s-x_r}.$$

应用 (10.1.2) (在其中取 $N_r \mapsto N_r - M_r$ 和 $x_r \mapsto kx_r q^{|\boldsymbol{M}|+M_r}$), 则得到

$$\sum_{\boldsymbol{M}\leqslant \boldsymbol{y}\leqslant \boldsymbol{N}} G_{\boldsymbol{x}}(\boldsymbol{N},\boldsymbol{y}|k) F_{\boldsymbol{x}}(\boldsymbol{y},\boldsymbol{M}|k) = \delta_{\boldsymbol{N},\boldsymbol{M}}. \qquad \square$$

现在我们给出 $U(n+1)$ WP-Bailey 对的概念.

定义 10.1.1 ($U(n+1)$ WP-Bailey 对)   一对序列 $(A(\boldsymbol{x};k), B(\boldsymbol{x};k))$ 形成一个关于 $\boldsymbol{x}=(x_1,\cdots,x_n)$ 的 $U(n+1)$ WP-Bailey 对, 如果满足

$$B_{\boldsymbol{N}}(\boldsymbol{x};k) = \sum_{0\leqslant \boldsymbol{y}\leqslant \boldsymbol{N}} F_{\boldsymbol{x}}(\boldsymbol{N};\boldsymbol{y}|k) A_{\boldsymbol{y}}(\boldsymbol{x};k). \qquad (10.1.6)$$

注 10.1.2   当 $n=1$ 时, $U(n+1)$ WP-Bailey 对退化为普通的 WP-Bailey 对 (定义 1.2.2).

定理 10.1.1 和定义 10.1.1 直接给出

引理 10.1.1 ($U(n+1)$ WP-Bailey 对反演) $U(n+1)$ WP-Bailey 对定义 (10.1.6) 等价于

$$A_{\boldsymbol{N}}(\boldsymbol{x};k) = \sum_{0\leqslant \boldsymbol{y}\leqslant \boldsymbol{N}} G_{\boldsymbol{x}}(\boldsymbol{N},\boldsymbol{y}|k) B_{\boldsymbol{y}}(\boldsymbol{x};k). \qquad (10.1.7)$$

定理 10.1.2   如果 $(A(\boldsymbol{x};k), B(\boldsymbol{x};k))$ 是一个 $U(n+1)$ WP-Bailey 对, 则新对 $(A'(\boldsymbol{x};k), B'(\boldsymbol{x};k))$ 也是一个 $U(n+1)$ WP-Bailey 对, 这里

$$A'_{\boldsymbol{N}}(\boldsymbol{x};k) = k^{|\boldsymbol{N}|} \prod_{r=1}^{n} \left[\frac{1-x_r q^{|\boldsymbol{N}|+N_r}}{1-x_r}\right] B_{\boldsymbol{N}}(k\boldsymbol{x};1/k) \qquad (10.1.8)$$

和

$$B'_{\boldsymbol{N}}(\boldsymbol{x};k) = k^{|\boldsymbol{N}|} \prod_{r=1}^{n} \left[\frac{1-kx_r}{1-kx_r q^{|\boldsymbol{N}|+N_r}}\right] A_{\boldsymbol{N}}(k\boldsymbol{x};1/k), \qquad (10.1.9)$$

这里 $k\boldsymbol{x} := (kx_1,\cdots,kx_n)$.

证明   在 (10.1.7) 里, 取 $\boldsymbol{x}\to k\boldsymbol{x}$ 和 $k\to 1/k$, 化简, 则有

$$A_{\boldsymbol{N}}(k\boldsymbol{x};1/k)k^{|\boldsymbol{N}|} \prod_{r=1}^{n} \frac{1-kx_r q^{N_r+|\boldsymbol{N}|}}{1-kx_r}$$

$$= \sum_{0 \leqslant \boldsymbol{y} \leqslant \boldsymbol{N}} (k)_{|\boldsymbol{N}|-|\boldsymbol{y}|} \prod_{r,s=1}^{n} \frac{1}{(q^{y_r-y_s+1}x_r/x_s)_{N_r-y_r}} \prod_{r=1}^{n} \frac{(kx_r)_{|\boldsymbol{N}|+y_r}}{(qx_r)_{N_r+|\boldsymbol{y}|}}$$

$$\times k^{|\boldsymbol{y}|} \prod_{r=1}^{n} \left[\frac{1-kx_r}{1-kx_r q^{|\boldsymbol{y}|+y_r}} \right] A_{\boldsymbol{y}}(k\boldsymbol{x}; 1/k).$$

比较上式与定义 10.1.1, 定理能被得到. □

定理 10.1.3 [171, 定理 2.6] (Zhang 和 Liu) 如果 $(A(\boldsymbol{x}; k), B(\boldsymbol{x}; k))$ 是一个 $U(n+1)$ WP-Bailey 对, 则新对 $(A'(\boldsymbol{x}; k), B'(\boldsymbol{x}; k))$ 也是一对 $U(n+1)$ WP-Bailey 对, 这里

$$A'_{\boldsymbol{N}}(\boldsymbol{x}; k) = \frac{(\rho_2)_{|\boldsymbol{N}|}}{(q/\rho_1)_{|\boldsymbol{N}|}} \left(\frac{q}{\rho_1\rho_2} \right)^{|\boldsymbol{N}|} \prod_{r=1}^{n} \left[\frac{(x_r\rho_1)_{N_r}}{(qx_r/\rho_2)_{N_r}} \right] A_{\boldsymbol{N}}(\boldsymbol{x}; k\rho_1\rho_2/q) \quad (10.1.10)$$

和

$$B'_{\boldsymbol{N}}(\boldsymbol{x}; k) = \frac{(k\rho_2)_{|\boldsymbol{N}|}}{(q/\rho_1)_{|\boldsymbol{N}|}} \prod_{r=1}^{n} \frac{(kx_r\rho_1)_{N_r}}{(qx_r/\rho_2)_{N_r}} \sum_{0 \leqslant \boldsymbol{y} \leqslant \boldsymbol{N}} \prod_{r=1}^{n} \frac{1-kx_r\rho_1\rho_2 q^{|\boldsymbol{y}|+y_r-1}}{1-kx_r\rho_1\rho_2/q}$$

$$\times \prod_{r=1}^{n} \left[\frac{(x_r\rho_1)_{y_r}}{(kx_r\rho_1)_{y_r}} \right] \frac{(\rho_2)_{|\boldsymbol{y}|}(q/\rho_1\rho_2)_{|\boldsymbol{N}|-|\boldsymbol{y}|}}{(k\rho_2)_{|\boldsymbol{y}|}} \prod_{r,s=1}^{n} \frac{1}{(q^{y_r-y_s+1}x_r/x_s)_{N_r-y_r}}$$

$$\times \prod_{r=1}^{n} \left[\frac{(kx_r)_{|\boldsymbol{N}|+y_r}}{(kx_r\rho_1\rho_2)_{|\boldsymbol{y}|+N_r}} \right] \left(\frac{q}{\rho_1\rho_2} \right)^{|\boldsymbol{y}|} B_{\boldsymbol{y}}(\boldsymbol{x}; k\rho_1\rho_2/q). \quad (10.1.11)$$

证明 我们必须显示由式 (10.1.10) 和 (10.1.11) 分别给出的 $A'_{\boldsymbol{N}}(\boldsymbol{x}; k)$ 和 $B'_{\boldsymbol{N}}(\boldsymbol{x}; k)$ 满足 (10.1.6). 通过 (10.1.6), 则有

$$B_{\boldsymbol{N}}(\boldsymbol{x}; k\rho_1\rho_2/q) = \sum_{0 \leqslant \boldsymbol{y} \leqslant \boldsymbol{N}} (k\rho_1\rho_2/q)_{|\boldsymbol{N}|-|\boldsymbol{y}|} \prod_{r,s=1}^{n} \left[\frac{1}{(q^{y_r-y_s+1}x_r/x_s)_{N_r-y_r}} \right]$$

$$\times \prod_{r=1}^{n} \left[\frac{(kx_r\rho_1\rho_2/q)_{|\boldsymbol{N}|+y_r}}{(qx_r)_{N_r+|\boldsymbol{y}|}} \right] A_{\boldsymbol{y}}(\boldsymbol{x}; k\rho_1\rho_2/q). \quad (10.1.12)$$

由 (10.1.11) 和应用 (10.1.12), 得到

$$B'_{\boldsymbol{N}}(\boldsymbol{x}; k) = \frac{(k\rho_2)_{|\boldsymbol{N}|}}{(q/\rho_1)_{|\boldsymbol{N}|}} \prod_{r=1}^{n} \frac{(kx_r\rho_1)_{N_r}}{(qx_r/\rho_2)_{N_r}} \sum_{0 \leqslant \boldsymbol{j} \leqslant \boldsymbol{N}} \prod_{r=1}^{n} \frac{1-kx_r\rho_1\rho_2 q^{|\boldsymbol{j}|+j_r-1}}{1-kx_r\rho_1\rho_2/q}$$

$$\times \prod_{r=1}^{n} \left[\frac{(x_r\rho_1)_{j_r}}{(kx_r\rho_1)_{j_r}} \right] \frac{(\rho_2)_{|\boldsymbol{j}|}(q/\rho_1\rho_2)_{|\boldsymbol{N}|-|\boldsymbol{j}|}}{(k\rho_2)_{|\boldsymbol{j}|}} \prod_{r,s=1}^{n} \frac{1}{(q^{j_r-j_s+1}x_r/x_s)_{N_r-j_r}}$$

$$\times \prod_{r=1}^{n} \left[\frac{(kx_r)_{|\boldsymbol{N}|+j_r}}{(kx_r\rho_1\rho_2)_{|\boldsymbol{j}|+N_r}} \right] \left(\frac{q}{\rho_1\rho_2} \right)^{|\boldsymbol{j}|+|\boldsymbol{y}|} \sum_{0 \leqslant \boldsymbol{y} \leqslant \boldsymbol{j}} (k\rho_1\rho_2/q)_{|\boldsymbol{j}|-|\boldsymbol{y}|}$$

$$\times \prod_{r,s=1}^{n} \frac{1}{(q^{y_r-y_s+1}x_r/x_s)_{j_r-y_r}} \prod_{r=1}^{n} \left[\frac{(kx_r\rho_1\rho_2/q)_{|\boldsymbol{j}|+y_r}}{(qx_r)_{j_r+|\boldsymbol{y}|}} \right] A_{\boldsymbol{y}}(\boldsymbol{x}; k\rho_1\rho_2/q).$$

改变求和次序, 移动 $j_r \to y_r + j_r$, 则有

$$B'_{\boldsymbol{N}}(\boldsymbol{x}; k) = \frac{(k\rho_2)_{|\boldsymbol{N}|}}{(q/\rho_1)_{|\boldsymbol{N}|}} \prod_{r=1}^{n} \frac{(kx_r\rho_1)_{N_r}}{(qx_r/\rho_2)_{N_r}} \sum_{0 \leqslant \boldsymbol{y} \leqslant \boldsymbol{N}} \sum_{0 \leqslant \boldsymbol{j} \leqslant \boldsymbol{N}-\boldsymbol{y}}$$

$$\times \prod_{r=1}^{n} \frac{1 - kx_r\rho_1\rho_2 q^{|\boldsymbol{j}|+j_r+|\boldsymbol{y}|+y_r-1}}{1 - kx_r\rho_1\rho_2/q}$$

$$\times \prod_{r=1}^{n} \left[\frac{(x_r\rho_1)_{j_r+y_r}}{(kx_r\rho_1)_{j_r+y_r}} \right] \frac{(\rho_2)_{|\boldsymbol{j}|+|\boldsymbol{y}|}(q/\rho_1\rho_2)_{|\boldsymbol{N}|-|\boldsymbol{j}|-|\boldsymbol{y}|}(k\rho_1\rho_2/q)_{|\boldsymbol{j}|}}{(k\rho_2)_{|\boldsymbol{j}|+|\boldsymbol{y}|}}$$

$$\times \left(\frac{q}{\rho_1\rho_2} \right)^{|\boldsymbol{j}|} \prod_{r,s=1}^{n} \frac{1}{(q^{j_r-j_s+y_r-y_s+1}x_r/x_s)_{N_r-j_r-y_r}}$$

$$\times \prod_{r=1}^{n} \frac{(kx_r)_{|\boldsymbol{N}|+j_r+y_r}}{(kx_r\rho_1\rho_2)_{|\boldsymbol{j}|+|\boldsymbol{y}|+N_r}} \prod_{r,s=1}^{n} \frac{1}{(q^{y_r-y_s+1}x_r/x_s)_{j_r}}$$

$$\times \prod_{r=1}^{n} \left[\frac{(kx_r\rho_1\rho_2/q)_{|\boldsymbol{j}|+|\boldsymbol{y}|+y_r}}{(qx_r)_{j_r+y_r+|\boldsymbol{y}|}} \right] A_{\boldsymbol{y}}(\boldsymbol{x}; k\rho_1\rho_2/q).$$

应用 (1.1.3), (1.1.4) 和 (1.4.11):

$$\prod_{r,s=1}^{n} \frac{1}{(q^{j_r-j_s+y_r-y_s+1}x_r/x_s)_{N_r-j_r-y_r}}$$

$$= \prod_{r,s=1}^{n} \frac{1}{(q^{y_r-y_s+1}x_r/x_s)_{N_r-y_r}} \prod_{1 \leqslant r < s \leqslant n} \frac{x_s q^{j_s+y_s} - x_r q^{j_r+y_r}}{x_s q^{y_s} - x_r q^{y_r}}$$

$$\times \prod_{r,s=1}^{n} \left[(q^{y_r-N_s}x_r/x_s)_{j_r} \right] (-1)^{|\boldsymbol{j}|} q^{(|\boldsymbol{N}|-|\boldsymbol{y}|)|\boldsymbol{j}|-\binom{|\boldsymbol{j}|}{2}},$$

化简, 则得

$$B'_{\boldsymbol{N}}(\boldsymbol{x}; k) = \frac{(k\rho_2)_{|\boldsymbol{N}|}}{(q/\rho_1)_{|\boldsymbol{N}|}} \prod_{r=1}^{n} \frac{(kx_r\rho_1)_{N_r}}{(qx_r/\rho_2)_{N_r}}$$

$$\times \sum_{0 \leqslant \boldsymbol{y} \leqslant \boldsymbol{N}} \prod_{r=1}^{n} \frac{1 - kx_r \rho_1 \rho_2 q^{|\boldsymbol{y}|+y_r-1}}{1 - kx_r \rho_1 \rho_2/q} \prod_{r=1}^{n} \frac{(x_r \rho_1)_{y_r}}{(kx_r \rho_1)_{y_r}}$$

$$\times \frac{(\rho_2)_{|\boldsymbol{y}|}(q/\rho_1\rho_2)_{|\boldsymbol{N}|-|\boldsymbol{y}|}}{(k\rho_2)_{|\boldsymbol{y}|}} \left(\frac{q}{\rho_1\rho_2}\right)^{|\boldsymbol{y}|} \prod_{r,s=1}^{n} \frac{1}{(q^{y_r-y_s+1}x_r/x_s)_{N_r-y_r}}$$

$$\times \prod_{r=1}^{n} \frac{(kx_r)_{|\boldsymbol{N}|+y_r}}{(kx_r\rho_1\rho_2)_{|\boldsymbol{y}|+N_r}} \prod_{r=1}^{n} \left[\frac{(kx_r\rho_1\rho_2/q)_{|\boldsymbol{y}|+y_r}}{(qx_r)_{y_r+|\boldsymbol{y}|}}\right] A_{\boldsymbol{y}}(\boldsymbol{x}; k\rho_1\rho_2/q)$$

$$\times \sum_{0 \leqslant \boldsymbol{j} \leqslant \boldsymbol{N}-\boldsymbol{y}} \prod_{r=1}^{n} \frac{1 - kx_r\rho_1\rho_2 q^{|\boldsymbol{j}|+j_r+|\boldsymbol{y}|+y_r-1}}{1 - kx_r\rho_1\rho_2 q^{|\boldsymbol{y}|+y_r-1}} \prod_{r=1}^{n} \frac{(x_r\rho_1 q^{y_r})_{j_r}}{(kx_r\rho_1 q^{y_r})_{j_r}}$$

$$\times \frac{(\rho_2 q^{|\boldsymbol{y}|}, k\rho_1\rho_2/q)_{|\boldsymbol{j}|}}{(k\rho_2 q^{|\boldsymbol{y}|}, q^{|\boldsymbol{y}|-|\boldsymbol{N}|}\rho_1\rho_2)_{|\boldsymbol{j}|}} q^{|\boldsymbol{j}|} \prod_{r=1}^{n} \frac{(kx_r q^{|\boldsymbol{N}|+y_r})_{j_r}}{(x_r q^{1+|\boldsymbol{y}|} + y_r)_{j_r}}$$

$$\times \prod_{r=1}^{n} \frac{(kx_r\rho_1\rho_2 q^{|\boldsymbol{y}|+y_r-1})_{|\boldsymbol{j}|}}{(kx_r\rho_1\rho_2 q^{|\boldsymbol{y}|+N_r})_{|\boldsymbol{j}|}} \prod_{r,s=1}^{n} \frac{(q^{y_r-N_s}x_r/x_s)_{j_r}}{(q^{y_r-y_s+1}x_r/x_s)_{j_r}}$$

$$\times \prod_{1 \leqslant r < s \leqslant n} \frac{x_s q^{j_s+y_s} - x_r q^{j_r+y_r}}{x_s q^{y_s} - x_r q^{y_r}}.$$

应用 (10.1.1) 的下列情形

$$N_r \to N_r - y_r,$$

$$x_r \to kx_r \rho_1 \rho_2 q^{|\boldsymbol{y}|+y_r-1},$$

$$b \to \rho_2 q^{|\boldsymbol{y}|},$$

$$c \to k\rho_1 \rho_2/q,$$

$$d \to q^{1-|\boldsymbol{y}|}/k\rho_2,$$

$$e \to q^{1+|\boldsymbol{N}|-|\boldsymbol{y}|}/\rho_1\rho_2,$$

可得

$$B'_{\boldsymbol{N}}(\boldsymbol{x}; k) = \frac{(k\rho_2)_{|\boldsymbol{N}|}}{(q/\rho_1)_{|\boldsymbol{N}|}} \prod_{r=1}^{n} \frac{(kx_r\rho_1)_{N_r}}{(qx_r/\rho_2)_{N_r}}$$

$$\times \sum_{0 \leqslant \boldsymbol{y} \leqslant \boldsymbol{N}} \prod_{r=1}^{n} \frac{1 - kx_r\rho_1\rho_2 q^{|\boldsymbol{y}|+y_r-1}}{1 - kx_r\rho_1\rho_2/q} \prod_{r=1}^{n} \frac{(x_r\rho_1)_{y_r}}{(kx_r\rho_1)_{y_r}}$$

$$\times \frac{(\rho_2)_{|\boldsymbol{y}|}(q/\rho_1\rho_2)_{|\boldsymbol{N}|-|\boldsymbol{y}|}}{(k\rho_2)_{|\boldsymbol{y}|}} \left(\frac{q}{\rho_1\rho_2}\right)^{|\boldsymbol{y}|} \prod_{r,s=1}^{n} \frac{1}{(q^{y_r-y_s+1}x_r/x_s)_{N_r-y_r}}$$

$$\times \prod_{r=1}^{n} \frac{(kx_r)_{|\boldsymbol{N}|+y_r}}{(kx_r\rho_1\rho_2)_{|\boldsymbol{y}|+N_r}} \prod_{r=1}^{n} \left[\frac{(kx_r\rho_1\rho_2/q)_{|\boldsymbol{y}|+y_r}}{(qx_r)_{y_r+|\boldsymbol{y}|}}\right] A_{\boldsymbol{y}}(\boldsymbol{x}; k\rho_1\rho_2/q)$$

$$\times \frac{(k, q^{1+|\boldsymbol{y}|}/\rho_1)_{|\boldsymbol{N}|-|\boldsymbol{y}|}}{(k\rho_2 q^{|\boldsymbol{y}|}, q/\rho_1\rho_2)_{|\boldsymbol{N}|-|\boldsymbol{y}|}} \prod_{r=1}^{n} \frac{(kx_r\rho_1\rho_2 q^{y_r+|\boldsymbol{y}|}, x_r q^{1+y_r}/\rho_2)_{N_r-y_r}}{(kx_r\rho_1 q^{y_r}, x_r q^{1+|\boldsymbol{y}|+y_r})_{N_r-y_r}}.$$

由于

$$\frac{(k\rho_2)_{|\boldsymbol{N}|}}{(k\rho_2)_{|\boldsymbol{y}|}(k\rho_2 q^{|\boldsymbol{y}|})_{|\boldsymbol{N}|-|\boldsymbol{y}|}} = 1,$$

$$\prod_{r=1}^{n} \frac{(1-kx_r\rho_1\rho_2 q^{1+y_r+|\boldsymbol{y}|})(kx_r\rho_1\rho_2)_{y_r+|\boldsymbol{y}|}(kx_r\rho_1\rho_2 q^{y_r+|\boldsymbol{y}|})_{N_r-y_r}}{(1-kx_r\rho_1\rho_2)(kx_r\rho_1\rho_2)_{N_r+|\boldsymbol{y}|}} = 1,$$

$$\prod_{r=1}^{n} (qx_r)_{y_r+|\boldsymbol{y}|}(x_r q^{1+y_r+|\boldsymbol{y}|})_{N_r-y_r} = \prod_{r+1}^{n} (qx_r)_{N_r+|\boldsymbol{y}|},$$

$$\frac{(q^{1+|\boldsymbol{y}|}/\rho_1)_{|\boldsymbol{N}|-|\boldsymbol{y}|}}{(q/\rho_1)_{|\boldsymbol{N}|}} = \frac{1}{(q/\rho_1)_{|\boldsymbol{y}|}},$$

$$\prod_{r=1}^{n} \frac{(x_r q^{1+y_r}/\rho_2)_{N_r-y_r}}{(qx_r/\rho_2)_{N_r}} = \prod_{r=1}^{n} \frac{1}{(qx_r/\rho_2)_{y_r}},$$

$$\prod_{r=1}^{n} \frac{(kx_r\rho_1)_{N_r}}{(kx_r\rho_1)_{y_r}(kx_r\rho_1 q^{y_r})_{N_r-y_r}} = 1,$$

我们有

$$B'_{\boldsymbol{N}}(\boldsymbol{x}; k) = \sum_{0 \leqslant \boldsymbol{y} \leqslant \boldsymbol{N}} (k)_{|\boldsymbol{N}|-|\boldsymbol{y}|} \prod_{r,s=1}^{n} \frac{1}{(q^{y_r-y_s+1}x_r/x_s)_{N_r-y_r}} \prod_{r=1}^{n} \frac{(kx_r)_{|\boldsymbol{N}|+y_r}}{(qx_r)_{N_r+|\boldsymbol{y}|}}$$

$$\times \frac{(\rho_2)_{|\boldsymbol{y}|}}{(q/\rho_1)_{|\boldsymbol{y}|}} \left(\frac{q}{\rho_1\rho_2}\right)^{|\boldsymbol{y}|} \prod_{r=1}^{n} \left[\frac{(x_r\rho_1)_{y_r}}{(qx_r/\rho_2)_{y_r}}\right] A_{\boldsymbol{y}}(\boldsymbol{x}; k\rho_1\rho_2/q)$$

$$= \sum_{0 \leqslant \boldsymbol{y} \leqslant \boldsymbol{N}} (k)_{|\boldsymbol{N}|-|\boldsymbol{y}|} \prod_{r,s=1}^{n} \frac{1}{(q^{y_r-y_s+1}x_r/x_s)_{N_r-y_r}}$$

$$\times \prod_{r=1}^{n} \left[\frac{(kx_r)_{|\boldsymbol{N}|+y_r}}{(qx_r)_{N_r+|\boldsymbol{y}|}}\right] A'_{\boldsymbol{y}}(\boldsymbol{x}; k).$$

定理得证.　　　　　　　　　　　　　　　　　　　　　　　　　　□

当 $n = 1$ 时, 定理 10.1.3 退化为

推论 10.1.1 [20, 定理 7] 如果 $A_n(x, k)$ 和 $B_n(a, k)$ 形成一个 WP-Bailey 对, 也就是, $A_n(a, k)$ 和 $B_n(x, k)$ 满足 (10.1.6), 则 $A'_n(x, k)$ 和 $B'_n(x, k)$ 也满足, 这里

$$A'_n(x, k) = \frac{(x\rho_1, \rho_2)_n}{(q/\rho_1, qx/\rho_2)_n} \left(\frac{q}{\rho_1 \rho_2} \right)^n A_n(x, k\rho_1\rho_2/q)$$

和

$$B'_n(x, k) = \frac{(kx\rho_1, k\rho_2)_n}{(q/\rho_1, qx/\rho_2)_n} \sum_{j=0}^{n} \frac{(x\rho_1, \rho_2)_j (1 - kx\rho_1\rho_2 q^{2j-1})}{(kx\rho_1, k\rho_2)_j (1 - kx\rho_1\rho_2/q)}$$

$$\times \frac{(q/\rho_1\rho_2)_{n-j}(kx)_{n+j}}{(q)_{n-j}(kx\rho_1\rho_2)_{n+j}} \left(\frac{q}{\rho_1\rho_2} \right)^j B_j(x, k\rho_1\rho_2/q).$$

正像普通的 Bailey 链一样, 这个结构在数论、分析、物理等领域具有广泛的应用 [20,154]. 由在定理 10.1.3 的一个 $U(n+1)$ WP-Bailey 对 $(A_{\boldsymbol{N}}(\boldsymbol{x}; k), B_{\boldsymbol{N}}(\boldsymbol{x}; k))$, 可以构造新的 $U(n+1)$ WP-Bailey 对. 通过 $U(n+1)$ WP-Bailey 对的迭代, 得到一个 $U(n+1)$ WP-Bailey 链:

$$(A_{\boldsymbol{N}}(\boldsymbol{x}; k), B_{\boldsymbol{N}}(\boldsymbol{x}; k)) \to (A'_{\boldsymbol{N}}(\boldsymbol{x}; k), B'_{\boldsymbol{N}}(\boldsymbol{x}; k)) \to (A''_{\boldsymbol{N}}(\boldsymbol{x}; k), B''_{\boldsymbol{N}}(\boldsymbol{x}; k)) \to \cdots.$$

因此, 给定一个简单的 $U(n+1)$ WP-Bailey 对, 人们可以直接得到一个 $U(n+1)$ WP-Bailey 对构成的无限序列, 这个序列称为 $U(n+1)$ WP-Bailey 树.

如果取

$$B_{\boldsymbol{N}}(\boldsymbol{x}; k) = \delta_{\boldsymbol{N},\boldsymbol{0}} = \prod_{i=1}^{n} \delta_{N_i,0}, \tag{10.1.13}$$

则从 (10.1.7)可以发现

$$A_{\boldsymbol{N}}(\boldsymbol{x}; k) = k^{|\boldsymbol{N}|}(1/k)_{|\boldsymbol{N}|} \prod_{r=1}^{n} \frac{1 - x_r q^{N_r + |\boldsymbol{N}|}}{1 - x_r}$$

$$\times \prod_{r,s=1}^{n} \frac{1}{(qx_r/x_s)_{N_r}} \prod_{r=1}^{n} \frac{(x_r)_{|\boldsymbol{N}|}}{(qkx_r)_{N_r}}. \tag{10.1.14}$$

代上面 $U(n+1)$ 单位 WP-Bailey 对 $A_{\boldsymbol{N}}(\boldsymbol{x}; k)$ 和 $B_{\boldsymbol{N}}(\boldsymbol{x}; k)$ 到 (10.1.10) 和 (10.1.11), 我们得到新 $U(n+1)$ WP-Bailey 对 $A'_{\boldsymbol{N}}(\boldsymbol{x}; k)$ 和 $B'_{\boldsymbol{N}}(\boldsymbol{x}; k)$ 且

$$A'_{\boldsymbol{N}}(\boldsymbol{x}; k) = \frac{(\rho_2)_{|\boldsymbol{N}|}}{(q/\rho_1)_{|\boldsymbol{N}|}} \left(\frac{q}{k\rho_1\rho_2} \right)_{|\boldsymbol{N}|} k^{|\boldsymbol{N}|} \prod_{r=1}^{n} \left[\frac{(x_r\rho_1)_{N_r}}{(x_r q/\rho_2)_{N_r}} \right] \prod_{r=1}^{n} \left[\frac{(x_r)_{|\boldsymbol{N}|}}{(kx_r\rho_1\rho_2)_{N_r}} \right]$$

$$\times \prod_{r,s=1}^{n} \left[\frac{1}{(qx_r/x_s)_{N_r}} \right] \prod_{r=1}^{n} \left[\frac{1 - x_r q^{|\boldsymbol{N}|+N_r}}{1 - x_r} \right] \tag{10.1.15}$$

和

$$B'_{\boldsymbol{N}}(\boldsymbol{x}; k) = \frac{(k\rho_2)_{|\boldsymbol{N}|}(q/\rho_1\rho_2)_{|\boldsymbol{N}|}}{(q/\rho_1)_{|\boldsymbol{N}|}} \prod_{r=1}^{n} \frac{(kx_r\rho_1)_{N_r}}{(qx_r/\rho_2)_{N_r}}$$

$$\times \prod_{r,s=1}^{n} \frac{1}{(qx_r/x_s)_{N_r}} \prod_{r=1}^{n} \frac{(kx_r)_{|\boldsymbol{N}|}}{(kx_r\rho_1\rho_2)_{N_r}}. \tag{10.1.16}$$

注 10.1.3 当 $n = 1$ 时, 此 $U(n+1)$ WP-Bailey 对 $(A'_{\boldsymbol{N}}(\boldsymbol{x}; k), B'_{\boldsymbol{N}}(\boldsymbol{x}; k))$ 退化为 WP-Bailey 对 $(A'_n(x; k), B'_n(x; k))$ 且

$$A'_n(x, k) = \frac{(x, q\sqrt{x}, -q\sqrt{x}, x\rho_1, \rho_2, q/k\rho_1\rho_2)_n}{(q, \sqrt{x}, -\sqrt{x}, q/\rho_1, qx/\rho_2, kx\rho_1\rho_2)_n} k^n,$$

$$B'_n(x; k) = \frac{(kx\rho_1, k\rho_2, kx, q/\rho_1\rho_2)_n}{(q/\rho_1, qx/\rho_2, q, kx\rho_1\rho_2)_n}.$$

上面 WP-Bailey 对在 Singh [14] 的工作中首先发现.

代 (10.1.15) 与 (10.1.16) 到 (10.1.7) 产生 $U(n+1)$ q-Dougall ${}_8\phi_7$ 求和定理 [49, 定理 6.2, 第 337 页], 即, (10.1.1). 又, 代新 $U(n+1)$ WP-Bailey 对 $A'_{\boldsymbol{N}}(\boldsymbol{x}; k)$ 和 $B'_{\boldsymbol{N}}(\boldsymbol{x}; k)$ 到 (10.1.10) 和 (9.2.2), 得到下一个新的 $U(n+1)$ WP-Bailey 对 $A''_{\boldsymbol{N}}(\boldsymbol{x}; k)$ 和 $B''_{\boldsymbol{N}}(\boldsymbol{x}; k)$ 且

$$A''_{\boldsymbol{N}}(\boldsymbol{x}; k) = \frac{(\rho_2, \rho_4)_{|\boldsymbol{N}|}(q^2/k\rho_1\rho_2\rho_3\rho_4)_{|\boldsymbol{N}|}}{(q/\rho_1, q/\rho_3)_{|\boldsymbol{N}|}}$$

$$\times \prod_{r=1}^{n} \frac{(x_r\rho_1, x_r\rho_3)_{N_r}}{(qx_r/\rho_2, qx_r/\rho_4)_{N_r}} \prod_{r=1}^{n} \frac{(x_r)_{|\boldsymbol{N}|}}{(kx_r\rho_1\rho_2\rho_3\rho_4/q)_{N_r}}$$

$$\times \prod_{r,s=1}^{n} \frac{1}{\left(q\dfrac{x_r}{x_s} \right)_{N_r}} \prod_{r=1}^{n} \left[\frac{1 - x_r q^{|\boldsymbol{N}|+N_r}}{1 - x_r} \right] k^{|\boldsymbol{N}|} \tag{10.1.17}$$

和

$$B''_{\boldsymbol{N}}(\boldsymbol{x}; k) = \prod_{r=1}^{n} \left[\frac{(kx_r\rho_1)_{N_r}}{(qx_r/\rho_2)_{N_r}} \right] \frac{(k\rho_2)_{|\boldsymbol{N}|}}{(q/\rho_1)_{|\boldsymbol{N}|}}$$

$$\times \sum_{\boldsymbol{0} \leqslant \boldsymbol{y} \leqslant \boldsymbol{N}} \prod_{r=1}^{n} \frac{1 - kx_r\rho_1\rho_2 q^{y_r+|\boldsymbol{y}|-1}}{1 - kx_r\rho_1\rho_2/q} \prod_{r=1}^{n} \frac{(x_r\rho_1, kx_r\rho_1\rho_2\rho_3/q)_{y_r}}{(kx_r\rho_1, qx_r/\rho_4)_{y_r}}$$

$$\times \prod_{r=1}^{n} \frac{(kx_r\rho_1\rho_2/q)_{|\boldsymbol{y}|}}{(kx_r\rho_1\rho_2\rho_3\rho_4/q)_{y_r}} \prod_{r=1}^{n} \frac{(kx_r)_{|\boldsymbol{N}|+y_r}}{(kx_r\rho_1\rho_2)_{N_r+|\boldsymbol{y}|}}$$

$$\times (q/\rho_1\rho_2)_{|\boldsymbol{N}|-|\boldsymbol{y}|} \prod_{r,s=1}^{n} \left[\frac{1}{(q^{1+y_r-y_s}x_r/x_s)_{N_r-y_r}} \right]$$

$$\times \frac{(\rho_2, k\rho_1\rho_2\rho_4/q)_{|\boldsymbol{y}|}(q/\rho_3\rho_4)_{|\boldsymbol{y}|}}{(q/\rho_3, k\rho_2)_{|\boldsymbol{y}|}} \prod_{r,s=1}^{n} \left[\frac{1}{(qx_r/x_s)_{y_r}} \right] \left(\frac{q}{\rho_1\rho_2} \right)^{|\boldsymbol{y}|}.$$

$$(10.1.18)$$

注 10.1.4 当 $n=1$ 时, $U(n+1)$ WP-Bailey 对 $(A''_{\boldsymbol{N}}(\boldsymbol{x};k), B''_{\boldsymbol{N}}(\boldsymbol{x};k))$ 退化为普通的 WP-Bailey 对 $(A''_n(x;k), B''_n(x;k))$ 且

$$A''_n(x,k) = \frac{(x, q\sqrt{x}, -q\sqrt{x}, x\rho_1, \rho_2, x\rho_3, \rho_4, q^2/k\rho_1\rho_2\rho_3\rho_4)_n}{(q, \sqrt{x}, -\sqrt{x}, q/\rho_1, qx/\rho_2, q/\rho_3, qx/\rho_4, kx\rho_1\rho_2\rho_3\rho_4/q)_n}k^n,$$

$$B''_n(x;k) = \frac{(kx\rho_1, k\rho_2)_n}{(qx/\rho_2, q/\rho_1)_n} \sum_{y=0}^{n} \frac{1-kx\rho_1\rho_2q^{2y-1}}{1-kx\rho_1\rho_2/q} \cdot \frac{(kx)_{n+y}(q/\rho_1\rho_2)_{n-y}}{(kx\rho_1\rho_2)_{n+y}(q)_{n-y}}$$

$$\times \frac{(x\rho_1, kx\rho_1\rho_2\rho_3/q, kx\rho_1\rho_2/q, \rho_2, k\rho_1\rho_2\rho_4/q, q/\rho_3\rho_4)_y}{(q, kx\rho_1, qx/\rho_4, kx\rho_1\rho_2\rho_3\rho_4/q, q/\rho_3, k\rho_2)_y} \left(\frac{q}{\rho_1\rho_2} \right)^y.$$

上面的 WP-Bailey 对由 Andrews 和 Berkovic 在 [155] 里给出.

代 (10.1.17) 和 (10.1.18) 到 (10.1.1) 发现 (符号稍微不同) Milne 和 Newcomb [53] 给出的 $U(n+1)$ ${}_{10}\phi_9$ 变换公式之一, 特别是, 我们得到文献 [53] 中的定理 3.1, 需要改变记号: $a \to x_n$, $b \to (q^2)/(k\rho_1\rho_2\rho_3\rho_4)$, $c \to \rho_4$, $d \to x_n\rho_3$, $e \to x_n\rho_1$, $f \to \rho_2$, 求和指标 $\boldsymbol{y}$ 代替为 $\boldsymbol{i}$. 注意到 $\lambda = (qa^2)/(bcd) \to (x_nk\rho_1\rho_2)/q$, 得到

$$\sum_{\boldsymbol{0}\leqslant\boldsymbol{i}\leqslant\boldsymbol{N}} \prod_{r=1}^{n} \frac{1-x_rq^{i_r+|\boldsymbol{i}|}}{1-x_r} \prod_{r=1}^{n} \frac{(x_r\rho_1, x_r\rho_3, kx_rq^{|\boldsymbol{N}|})_{i_r}}{(qx_r/\rho_2, qx_r/\rho_4, kx_r\rho_1\rho_2\rho_3\rho_4/q)_{i_r}}$$

$$\times \frac{(\rho_2, \rho_4, q^2/k\rho_1\rho_2\rho_3\rho_4)_{|\boldsymbol{i}|}}{(q/\rho_1, q/\rho_3, q^{1-|\boldsymbol{N}|}/k)_{|\boldsymbol{i}|}} \prod_{r=1}^{n} \frac{(x_r)_{|\boldsymbol{i}|}}{(x_rq^{1+N_r})_{|\boldsymbol{i}|}}$$

$$\times \prod_{r,s=1}^{n} \frac{(q^{-N_s}x_r/x_s)_{i_r}}{(qx_r/x_s)_{i_r}} \prod_{1\leqslant r<s\leqslant n} \left[\frac{x_sq^{i_s}-x_rq^{i_r}}{x_s-x_r} \right] q^{|\boldsymbol{i}|}$$

$$= \frac{(k\rho_2, q/\rho_1\rho_2)_{|\boldsymbol{N}|}}{(q/\rho_1, k)_{|\boldsymbol{N}|}} \prod_{r=1}^{n} \frac{(kx_r\rho_1, qx_r)_{N_r}}{(qx_r/\rho_2, kx_r\rho_1\rho_2)_{N_r}} \sum_{\boldsymbol{0}\leqslant\boldsymbol{j}\leqslant\boldsymbol{N}} \prod_{r=1}^{n} \frac{1-kx_r\rho_1\rho_2q^{j_r+|\boldsymbol{j}|-1}}{1-kx_r\rho_1\rho_2/q}$$

$$\times \prod_{r=1}^{n} \left[\frac{(x_r\rho_1, kx_r\rho_1\rho_2\rho_3/q, kx_r q^{|\boldsymbol{N}|})_{j_r}}{(kx_r\rho_1, qx_r/\rho_4, kx_r\rho_1\rho_2\rho_3\rho_4/q)_{j_r}} \right] \frac{(\rho_2, q/\rho_3\rho_4, k\rho_1\rho_2\rho_4/q)_{|j|}}{(k\rho_2, q/\rho_3, \rho_1\rho_2 q^{-|\boldsymbol{N}|})_{|j|}}$$

$$\times \prod_{r=1}^{n} \frac{(kx_r\rho_1\rho_2/q)_{|j|}}{(kx_r\rho_1\rho_2 q^{N_r})_{|j|}} \prod_{r,s=1}^{n} \frac{(q^{-N_s}x_r/x_s)_{j_r}}{(qx_r/x_s)_{j_r}}$$

$$\times \prod_{1 \leqslant r < s \leqslant n} \left[\frac{x_s q^{j_s} - x_r q^{j_r}}{x_s - x_r} \right] q^{|j|}. \tag{10.1.19}$$

注 10.1.5 当 $n = 1$ 时, (10.1.19) 退化为 Bailey $_{10}\phi_9$ 变换公式 [6, (2.9.1), p47]:

$$_{10}\phi_9 \left[\begin{array}{cccccccc} x, & q\sqrt{x}, & -q\sqrt{x}, & x\rho_1, & x\rho_3, & kxq^n, & \rho_2, & \rho_4, \\ & \sqrt{x}, & -\sqrt{x}, & q/\rho_1, & q/\rho_3, & q^{1-n}/k, & qx/\rho_2, & qx/\rho_4, \end{array} \right.$$
$$\left. \begin{array}{cc} q^2/k\rho_1\rho_2\rho_3\rho_4, & q^{-n} \\ kx\rho_1\rho_2\rho_3\rho_4/q, & xq^{1+n} \end{array} ; q, q \right]$$

$$= \frac{(k\rho_2, q/\rho_1\rho_2, kx\rho_1, qx)_n}{(q/\rho_1, k, qx/\rho_2, kx\rho_1\rho_2)_n} {}_{10}\phi_9 \left[\begin{array}{ccc} kx\rho_1\rho_2/q, & q\sqrt{kx\rho_1\rho_2/q}, & -q\sqrt{kx\rho_1\rho_2/q}, \\ & \sqrt{kx\rho_1\rho_2/q}, & -\sqrt{kx\rho_1\rho_2/q}, \end{array} \right.$$

$$\begin{array}{cccccc} x\rho_1, & kx\rho_1\rho_2\rho_3/q, & kxq^n, & \rho_2, & q/\rho_3\rho_4, & k\rho_1\rho_2\rho_4/q, \\ k\rho_2, & q/\rho_3, & \rho_1\rho_2 q^{-n}, & kx\rho_1, & kx\rho_1\rho_2\rho_3\rho_4/q, & qx/\rho_4, \end{array}$$

$$\left. \begin{array}{c} q^{-n} \\ kx\rho_1\rho_2 q^n \end{array} ; q, q \right].$$

10.2 一个 $U(n+1)$ WP-Bailey 格

WP-Bailey 对被许多专家所研究, 产生了大量的结果 [155, 163, 172-176]. 特别是, 在 [176] 中, 类似于 AAB Bailey 格 (当 $k = 0$ 时, 这个结果不同于 AAB Bailey 格) 的一个结果被给出, 即

定理 10.2.1 令 $(\alpha_n(k), \beta_n(k))$ 为一个关于 a 的 WP-Bailey 对. 若定义 $\{\alpha'_n(k), \beta'_n(k)\}$ 为

$$\alpha'_{-1}(k) = 0,$$

$$\alpha'_n(k) = (1-a) \frac{(\rho)_n(\sigma)_n}{(a/\rho)_n(a/\sigma)_n} \left(\frac{a}{\rho\sigma} \right)^n \left\{ \frac{q^n \alpha_n(c)}{1 - aq^{2n}} - \frac{q^{n-1}\alpha_{n-1}(c)}{1 - aq^{2n-2}} \right\}, \tag{10.2.1}$$

对所有 $n \geqslant 0$ 和

$$\beta_n'(k) = \frac{(kq\rho/a)_n(kq\sigma/a)_n}{(a/\rho)_n(a/\sigma)_n} \sum_{j=0}^{n} \frac{1-cq^{2j}}{1-c}$$

$$\times \frac{(\rho)_j(\sigma)_j(k/c)_{n-j}(k)_{n+j}}{(kq\rho/a)_j(kq\sigma/a)_j(q)_{n-j}(cq)_{n+j}} \left(\frac{aq}{\rho\sigma}\right)^j \beta_j(c), \tag{10.2.2}$$

这里 $c = kp\sigma/a$, 则 $(\alpha_n'(k), \beta_n'(k))$ 是一个关于 aq^{-1} 的 WP-Bailey 对.

现在给出定理 10.2.1 的 $U(n+1)$ 拓广.

定理 10.2.2 [177]　　设 (A, B) 是相对于 $\boldsymbol{x}$ 的 $U(n+1)$ WP-Bailey 对, 则 (A', B') 定义为

$$A_{\boldsymbol{N}}'(\boldsymbol{x}, k) = \frac{(\sigma)_{|\boldsymbol{N}|}}{(1/\rho)_{|\boldsymbol{N}|}} \left(\frac{q}{\rho\sigma}\right)^{|\boldsymbol{N}|} \prod_{r=1}^{n} \frac{(1-x_r)(\rho x_r)_{N_r}}{(x_r/\sigma)_{N_r}}$$

$$\times \left\{ A_{\boldsymbol{N}}(\boldsymbol{x}, c) \prod_{r=1}^{n} \frac{1}{1-x_r q^{|\boldsymbol{N}|+N_r}} - \sum_{p=1}^{n} \frac{x_1 \cdots x_n q^{|\boldsymbol{N}|-N_p-1}}{x_p(1-x_p q^{|\boldsymbol{N}|+N_p-2})} \right.$$

$$\left. \times A_{\boldsymbol{N}(p)}(\boldsymbol{x}, c) \prod_{\substack{r=1 \\ r\neq p}}^{n} \frac{1}{x_r q^{N_r} - x_p q^{N_p}} \right\}, \tag{10.2.3}$$

这里 $\boldsymbol{N}(p) = (N_1, \cdots, N_{p-1}, N_p-1, N_{p+1}, \cdots, N_n)$ 和

$$B_{\boldsymbol{N}}'(\boldsymbol{x}, k) = \frac{(qk\sigma)_{|\boldsymbol{N}|}}{(1/\rho)_{|\boldsymbol{N}|}} \prod_{r=1}^{n} \frac{(qx_r k\rho)_{N_r}}{(x_r/\sigma)_{N_r}}$$

$$\times \sum_{0 \leqslant \boldsymbol{y} \leqslant \boldsymbol{N}} B_{\boldsymbol{y}}(\boldsymbol{x}, c) \frac{(\sigma)_{|\boldsymbol{y}|}(1/\rho\sigma)_{|\boldsymbol{N}|-|\boldsymbol{y}|}}{(qk\sigma)_{|\boldsymbol{y}|}}$$

$$\times \left(\frac{q}{\rho\sigma}\right)^{|\boldsymbol{y}|} \prod_{r,s=1}^{n} \frac{1}{(q^{y_r-y_s+1}x_r/x_s)_{N_r-y_r}}$$

$$\times \prod_{r=1}^{n} \frac{(1-x_r cq^{|\boldsymbol{y}|+y_r})(x_r\rho)_{y_r}(x_r k)_{|\boldsymbol{N}|+y_r}}{(1-x_r c)(qx_r k\rho)_{y_r}(qx_r c)_{N_r+|\boldsymbol{y}|}}, \tag{10.2.4}$$

这里 $c = kp\sigma$, 形成一个相对于 $\boldsymbol{x}/q$ 的 $U(n+1)$ WP-Bailey 对.

证明　令

$$P_{\boldsymbol{N}, \boldsymbol{y}} = \frac{(qk\sigma)_{|\boldsymbol{N}|}}{(1/\rho)_{|\boldsymbol{N}|}} \prod_{r=1}^{n} \frac{(qx_r k\rho)_{N_r}}{(x_r/\sigma)_{N_r}} \frac{(\sigma)_{|\boldsymbol{y}|}(1/\rho\sigma)_{|\boldsymbol{N}|-|\boldsymbol{y}|}}{(qk\sigma)_{|\boldsymbol{y}|}} \left(\frac{q}{\rho\sigma}\right)^{|\boldsymbol{y}|}$$

$$\times \prod_{r,s=1}^{n} \frac{1}{(q^{y_r-y_s+1}x_r/x_s)_{N_r-y_r}} \prod_{r=1}^{n} \frac{(1-x_r c q^{|\boldsymbol{y}|+y_r})(x_r\rho)_{y_r}(x_r k)_{|\boldsymbol{N}|+y_r}}{(1-x_r c)(q x_r k\rho)_{y_r}(q x_r c)_{N_r+|\boldsymbol{y}|}},$$

重写 (10.2.4) 为形式

$$B'_{\boldsymbol{N}}(\boldsymbol{x}, k) = \sum_{0 \leqslant \boldsymbol{y} \leqslant \boldsymbol{N}} P_{\boldsymbol{N}, \boldsymbol{y}} B_{\boldsymbol{y}}(\boldsymbol{x}, c). \qquad (10.2.5)$$

现在只需证明下式

$$B'_{\boldsymbol{N}}(\boldsymbol{x}, k) = \sum_{0 \leqslant \boldsymbol{y} \leqslant \boldsymbol{N}} F_{\boldsymbol{N}, \boldsymbol{y}}(\boldsymbol{x} q^{-1}, k) A'_{\boldsymbol{y}}(\boldsymbol{x}, k). \qquad (10.2.6)$$

应用反演 (10.1.7), 仅需要证明它的等价形式:

$$A'_{\boldsymbol{N}}(\boldsymbol{x}, k) = \sum_{0 \leqslant \boldsymbol{y} \leqslant \boldsymbol{N}} G_{\boldsymbol{N}, \boldsymbol{y}}(\boldsymbol{x} q^{-1}, k) B'_{\boldsymbol{y}}(\boldsymbol{x}, k). \qquad (10.2.7)$$

由于 $(A(\boldsymbol{x}, k), B(\boldsymbol{x}, k))$ 形成一个关于 $(\boldsymbol{x}, k)$ 的 $U(n+1)$ WP-Bailey 对, 它满足 (1.2.9) 和 (10.1.7). 代 (1.2.9) 和 (10.2.5) 到 (10.2.7) 的左边, 改变求和次序, 则有

$$\sum_{0 \leqslant \boldsymbol{y} \leqslant \boldsymbol{N}} G_{\boldsymbol{N}, \boldsymbol{y}}(\boldsymbol{x} q^{-1}, k) B'_{\boldsymbol{y}}(\boldsymbol{x}, k)$$

$$= \sum_{0 \leqslant \boldsymbol{j} \leqslant \boldsymbol{N}} A_{\boldsymbol{j}}(\boldsymbol{x}, c) \sum_{\boldsymbol{j} \leqslant \boldsymbol{m} \leqslant \boldsymbol{N}} F_{\boldsymbol{m}, \boldsymbol{j}}(\boldsymbol{x}, c) \sum_{\boldsymbol{m} \leqslant \boldsymbol{y} \leqslant \boldsymbol{N}} G_{\boldsymbol{N}, \boldsymbol{y}}(\boldsymbol{x} q^{-1}, k) P_{\boldsymbol{y}, \boldsymbol{m}}.$$

假设

$$f_{\boldsymbol{N}, \boldsymbol{j}} = \sum_{\boldsymbol{j} \leqslant \boldsymbol{m} \leqslant \boldsymbol{N}} F_{\boldsymbol{m}, \boldsymbol{j}}(\boldsymbol{x}, c) \sum_{\boldsymbol{m} \leqslant \boldsymbol{y} \leqslant \boldsymbol{N}} G_{\boldsymbol{N}, \boldsymbol{y}}(\boldsymbol{x} q^{-1}, k) P_{\boldsymbol{y}, \boldsymbol{m}}, \qquad (10.2.8)$$

代 $F_{\boldsymbol{m}, \boldsymbol{j}}(\boldsymbol{x}, c)$, $G_{\boldsymbol{N}, \boldsymbol{y}}(\boldsymbol{x} q^{-1}, k)$ 和 $P_{\boldsymbol{y}, \boldsymbol{m}}$ 到 $f_{\boldsymbol{N}, \boldsymbol{j}}$, 则移指标为 $y_r \to y_r + m_r$, $m_r \to m_r + j_r$, 化简, 则得

$$f_{\boldsymbol{N}, \boldsymbol{j}} = \prod_{r=1}^{n} (1 - x_r q^{|\boldsymbol{N}|+N_r-1})$$

$$\times \sum_{0 \leqslant \boldsymbol{m} \leqslant \boldsymbol{N}-\boldsymbol{j}} \frac{(c)_{|\boldsymbol{m}|}(\sigma)_{|\boldsymbol{m}|+|\boldsymbol{j}|}(1/qk)_{|\boldsymbol{N}|-|\boldsymbol{m}|-|\boldsymbol{j}|}}{(1/\rho)_{|\boldsymbol{m}|+|\boldsymbol{j}|}} \left(\frac{q}{\rho\sigma} \right)^{|\boldsymbol{m}|+|\boldsymbol{j}|}$$

$$\times (qk)^{|\boldsymbol{N}|-|\boldsymbol{m}|-|\boldsymbol{j}|} \prod_{r,s=1}^{n} \frac{1}{(q^{j_r-j_s+1}x_r/x_s)_{m_r}(q^{m_r-m_s+j_r-j_s+1}x_r/x_s)_{N_r-m_r-j_r}}$$

$$\times \prod_{r=1}^{n} \frac{(1 - cx_r q^{|\boldsymbol{m}|+m_r+|\boldsymbol{j}|+j_r})(cx_r)_{|\boldsymbol{m}|+|\boldsymbol{j}|+j_r}(\rho x_r)_{m_r+j_r}}{(1 - cx_r)(qx_r)_{m_r+j_r+|\boldsymbol{j}|}(x_r/\sigma)_{m_r+j_r}}$$

$$\times \prod_{r=1}^{n} \frac{(qkx_r)_{|\boldsymbol{m}|+m_r+|\boldsymbol{j}|+j_r}(x_r)_{|\boldsymbol{N}|+m_r+j_r-1}}{(qcx_r)_{|\boldsymbol{m}|+m_r+|\boldsymbol{j}|+j_r}(qkx_r)_{N_r+|\boldsymbol{m}|+|\boldsymbol{j}|}}$$

$$\times \sum_{0 \leqslant \boldsymbol{y} \leqslant \boldsymbol{N}-\boldsymbol{m}-\boldsymbol{j}} \frac{(1/\rho\sigma, k\sigma q^{|\boldsymbol{m}|+|\boldsymbol{j}|+1})_{|\boldsymbol{y}|}}{(q^{|\boldsymbol{m}|+|\boldsymbol{j}|}/\rho, kq^{2+|\boldsymbol{m}|+|\boldsymbol{j}|-|\boldsymbol{N}|})_{|\boldsymbol{y}|}} q^{|\boldsymbol{y}|}$$

$$\times \prod_{1 \leqslant r < s \leqslant n} \frac{x_r q^{m_r+j_r+y_r} - x_s q^{m_s+j_s+y_s}}{x_r q^{m_r+j_r} - x_s q^{m_s+j_s}}$$

$$\times \prod_{r,s=1}^{n} \frac{(q^{m_r+j_r-N_s}x_r/x_s)_{y_r}}{(q^{1+m_r-m_s+j_r-j_s}x_r/x_s)_{y_r}} \prod_{r=1}^{n} \frac{1 - kx_r q^{|\boldsymbol{y}|+y_r+|\boldsymbol{m}|+m_r+|\boldsymbol{j}|+j_r}}{1 - kx_r q^{|\boldsymbol{m}|+m_r+|\boldsymbol{j}|+j_r}}$$

$$\times \prod_{r=1}^{n} \frac{(kx_r q^{|\boldsymbol{m}|+m_r+|\boldsymbol{j}|+j_r})_{|\boldsymbol{y}|}(k\rho x_r q^{m_r+j_r+1}, x_r q^{|\boldsymbol{N}|+m_r+j_r})_{y_r}}{(kx_r q^{|\boldsymbol{m}|+|\boldsymbol{j}|+N_r+1})_{|\boldsymbol{y}|}(x_r q^{m_r+j_r}/\sigma, cx_r q^{1+m_r+j_r+|\boldsymbol{m}|+|\boldsymbol{j}|})_{y_r}}.$$

$$\tag{10.2.9}$$

应用 (10.1.1) 的下列情形:

$$\begin{cases} N_r \mapsto N_r - m_r - j_r, \\ x_r \mapsto kx_r q^{|\boldsymbol{m}|+|\boldsymbol{j}|+m_r+j_r}, \\ b \mapsto 1/\rho\sigma, \\ c \mapsto k\sigma q^{|\boldsymbol{m}|+|\boldsymbol{j}|+1}, \\ d \mapsto \rho q^{1-|\boldsymbol{m}|-|\boldsymbol{j}|}, \\ e \mapsto q^{|\boldsymbol{N}|-|\boldsymbol{m}|-|\boldsymbol{j}|}/k, \end{cases}$$

化简, 则得

$$f_{\boldsymbol{N},\boldsymbol{j}} = \prod_{r=1}^{n} (1 - x_r q^{|\boldsymbol{N}|+N_r-1})$$

$$\times \sum_{0 \leqslant \boldsymbol{m} \leqslant \boldsymbol{N}-\boldsymbol{j}} \frac{(c)_{|\boldsymbol{m}|}(\sigma)_{|\boldsymbol{m}|+|\boldsymbol{j}|}(1/qk)_{|\boldsymbol{N}|-|\boldsymbol{m}|-|\boldsymbol{j}|}}{(a/\rho)_{|\boldsymbol{m}|+|\boldsymbol{j}|}} \left(\frac{q}{\rho\sigma}\right)^{|\boldsymbol{m}|+|\boldsymbol{j}|}$$

$$\times (qk)^{|\boldsymbol{N}|-|\boldsymbol{m}|-|\boldsymbol{j}|} \prod_{r,s=1}^{n} \frac{1}{(q^{j_r-j_s+1}x_r/x_s)_{m_r}(q^{m_r-m_s+j_r-j_s+1}x_r/x_s)_{N_r-m_r-j_r}}$$

$$\times \prod_{r=1}^{n} \frac{(1 - cx_r q^{|\boldsymbol{m}|+m_r+|\boldsymbol{j}|+j_r})(cx_r)_{|\boldsymbol{m}|+|\boldsymbol{j}|+j_r}(\rho x_r)_{m_r+j_r}}{(1 - cx_r)(qx_r)_{m_r+j_r+|\boldsymbol{j}|}(x_r/\sigma)_{m_r+j_r}}$$

$$\times \prod_{r=1}^{n} \frac{(qkx_r)_{|\boldsymbol{m}|+m_r+|\boldsymbol{j}|+j_r}(x_r)_{|\boldsymbol{N}|+m_r+j_r-1}}{(qcx_r)_{|\boldsymbol{m}|+m_r+|\boldsymbol{j}|+j_r}(qkx_r)_{N_r+|\boldsymbol{m}|+|\boldsymbol{j}|}}$$

$$\times \frac{(\sigma q^{|\boldsymbol{m}|+|\boldsymbol{j}|}, 1/cq)_{|\boldsymbol{N}|-|\boldsymbol{m}|-|\boldsymbol{j}|}}{(q^{|\boldsymbol{m}|+|\boldsymbol{j}|}/\rho, 1/qk)_{|\boldsymbol{N}|-|\boldsymbol{m}|-|\boldsymbol{j}|}}$$

$$\times \prod_{r=1}^{n} \frac{(kx_r q^{|\boldsymbol{m}|+m_r+|\boldsymbol{j}|+j_r+1}, \rho x_r q^{m_r+j_r})_{N_r-m_r-j_r}}{(cx_r q^{1+|\boldsymbol{m}|+m_r+|\boldsymbol{j}|+j_r}, x_r q^{m_r+j_r}/\sigma)_{N_r-m_r-j_r}}$$

$$= \frac{(\sigma)_{|\boldsymbol{N}|}(1/cq)_{|\boldsymbol{N}|-|\boldsymbol{j}|}}{(1/\rho)_{|\boldsymbol{N}|}} \left(\frac{q}{\rho\sigma}\right)^{|\boldsymbol{j}|} (qk)^{|\boldsymbol{N}|-|\boldsymbol{j}|}$$

$$\times \prod_{r,s=1}^{n} \frac{1}{(q^{1+j_r-j_s}x_r/x_s)_{N_r-j_r}} \prod_{r=1}^{n}(1-x_r q^{|\boldsymbol{N}|+N_r-1})$$

$$\times \prod_{r=1}^{n} \frac{(\rho x_r)_{N_r}(qcx_r)_{|\boldsymbol{j}|+j_r}(x_r)_{|\boldsymbol{N}|+j_r-1}}{(x_r/\sigma)_{N_r}(qx_r)_{|\boldsymbol{j}|+j_r}(qcx_r)_{N_r+|\boldsymbol{j}|}}$$

$$\times \sum_{0\leqslant \boldsymbol{m}\leqslant \boldsymbol{N}-\boldsymbol{j}} \frac{(c)_{|\boldsymbol{m}|}}{(cq^{2+|\boldsymbol{j}|-|\boldsymbol{N}|})_{|\boldsymbol{m}|}}q^{2|\boldsymbol{m}|} \prod_{1\leqslant r<s\leqslant n} \frac{x_r q^{m_r+j_r}-x_s q^{m_s+j_s}}{x_r q^{j_r}-x_s q^{j_s}}$$

$$\times \prod_{r,s=1}^{n} \frac{(q^{j_r-N_s}x_r/x_s)_{m_r}}{(q^{1+j_r-j_s}x_r/x_s)_{m_r}} \prod_{r=1}^{n} \frac{1-cx_r q^{|\boldsymbol{j}|+j_r+|\boldsymbol{m}|+m_r}}{1-cx_r q^{|\boldsymbol{j}|+j_r}}$$

$$\times \prod_{r=1}^{n} \frac{(cx_r q^{|\boldsymbol{j}|+j_r})_{|\boldsymbol{m}|}(x_r q^{|\boldsymbol{N}|+j_r-1})_{m_r}}{(cx_r q^{1+|\boldsymbol{j}|+N_r})_{|\boldsymbol{m}|}(x_r q^{1+j_r+|\boldsymbol{j}|})_{m_r}}.$$

应用定理 3.2.2 的下列情形:

$$\begin{cases} N_r \mapsto N_r - j_r, \\ x_r \mapsto cx_r q^{|\boldsymbol{j}|+j_r}, \\ b \mapsto q^{|\boldsymbol{N}|-|\boldsymbol{j}|-1}/c \end{cases}$$

到上面的多重和, 得到

$$f_{\boldsymbol{N},\boldsymbol{j}} = \frac{(\sigma)_{|\boldsymbol{N}|}(1/cq)_{|\boldsymbol{N}|-|\boldsymbol{j}|}}{(1/\rho)_{|\boldsymbol{N}|}} \left(\frac{q}{\rho\sigma}\right)^{|\boldsymbol{j}|} (qk)^{|\boldsymbol{N}|-|\boldsymbol{j}|}$$

$$\times \prod_{r,s=1}^{n} \frac{1}{(q^{1+j_r-j_s}x_r/x_s)_{N_r-j_r}} \prod_{r=1}^{n}(1-x_r q^{|\boldsymbol{N}|+N_r-1})$$

$$\times \prod_{r=1}^{n} \left[\frac{(\rho x_r)_{N_r}(qcx_r)_{|\boldsymbol{j}|+j_r}(x_r)_{|\boldsymbol{N}|+j_r-1}}{(x_r/\sigma)_{N_r}(qx_r)_{|\boldsymbol{j}|+j_r}(qcx_r)_{N_r+|\boldsymbol{j}|}}\right] \frac{(q^{2+|\boldsymbol{j}|-|\boldsymbol{N}|})_{|\boldsymbol{N}|-|\boldsymbol{j}|}}{(cq^{2+|\boldsymbol{j}|-|\boldsymbol{N}|})_{|\boldsymbol{N}|-|\boldsymbol{j}|}}$$

$$\times \prod_{r=1}^{n} \frac{(cx_r q^{1+|j|+j_r})_{N_r-j_r}}{(x_r q^{1+|j|+j_r})_{N_r-j_r}}.$$

由于因子 $(q^{2+|j|-|N|})_{|N|-|j|}$, 等于零除非 $|j| \geqslant |N| - 1$. 则上面项不为零仅仅有下面两种情形: (i) $j = N$ 或 (ii) $j = N(p)$ 对 $1 \leqslant p \leqslant n$. 对这两个非零项化简, 得到

$$f_{N,N} = \frac{(\sigma)_{|N|}}{(1/\rho)_{|N|}} \left(\frac{q}{\rho\sigma}\right)^{|N|} \prod_{r=1}^{n} \frac{(1-x_r)(\rho x_r)_{N_r}}{(1-x_r q^{|N|+N_r})(x_r/\sigma)_{N_r}}$$

和

$$f_{N,N(p)} = -\frac{(\sigma)_{|N|}}{(1/\rho)_{|N|}} \left(\frac{q}{\rho\sigma}\right)^{|N|} \sum_{p=1}^{n} \frac{x_1 \cdots x_n q^{|N|-N_p-1}}{x_p(1-x_r q^{|N|+N_p-2})}$$

$$\times \prod_{r=1}^{n} \frac{(1-x_r)(\rho x_r)_{N_r}}{(x_r/\sigma)_{N_r}} \prod_{\substack{r=1 \\ r \neq p}}^{n} \frac{1}{x_r q^{N_r} - x_p q^{N_p}}.$$

因此

$$\sum_{0 \leqslant y \leqslant N} G_{N,y}(xq^{-1}, k) B'_y(x, k) = \sum_{0 \leqslant j \leqslant N} f_{N,j} A_j(x, c)$$

$$= \frac{(\sigma)_{|N|}}{(1/\rho)_{|N|}} \left(\frac{q}{\rho\sigma}\right)^{|N|} \prod_{r=1}^{n} \frac{(1-x_r)(\rho x_r)_{N_r}}{(x_r/\sigma)_{N_r}} \left\{ A_N(x, c) \prod_{r=1}^{n} \frac{1}{1 - x_r q^{|N|+N_r}} \right.$$

$$\left. - \sum_{p=1}^{n} \frac{x_1 \cdots x_n q^{|N|-N_p-1}}{x_p(1-x_p q^{|N|+N_p-2})} A_{N(p)}(x, c) \prod_{\substack{r=1 \\ r \neq p}}^{n} \frac{1}{x_r q^{N_r} - x_p q^{N_p}} \right\}$$

$$= A'_N(x, k). \qquad \Box$$

注 10.2.1　由定理 10.2.2 知, 从一个关于 (x, k) 的 $U(n+1)$ WP-Bailey 对 (A, B) 出发, 通过定理 10.1.3 迭代, 构造一个关于 $(x/q, k)$ 的新 $U(n+1)$ WP-Bailey 对, 再继续通过定理 10.1.3 迭代, 得到下一个关于 $(x/q^2, k)$ 的新 $U(n+1)$ WP-Bailey 对, 这样持续下去, 得到一个链状 $U(n+1)$ WP-Bailey 对的结构, 由 x 进行分次, 故称为 $U(n+1)$ WP-Bailey 格.

类似于定理 9.2.2 的证明, 如果从一个关于 (x, k) 的 $U(n+1)$ WP-Bailey 对 (A, B) 出发, 我们能通过定理 10.1.3 迭代 $m-i$ 次, 构造一个长度为 m 的 $U(n+1)$

WP-Bailey 格. 然后迭代定理 10.2.2, 得到一个关于 $(\boldsymbol{x}q^{-1}, k)$ 的 $U(n+1)$ WP-Bailey 对, 再通过定理 10.1.3 迭代 $i-1$ 次且 a 被代替为 $(\boldsymbol{x}q^{-1}, k)$, 这个过程表现为下列结果:

定理 10.2.3 [177] 设 m 为非负整数. 假定 $A = \{A_{\boldsymbol{N}}^{(m)}(\boldsymbol{x}, k)\}$ 和 $B = \{B_{\boldsymbol{N}}^{(m)}(\boldsymbol{x}, k)\}$, (A, B) 形成一个关于 $(\boldsymbol{x}, k)$ 的 $U(n+1)$ WP-Bailey 对, 以及令 $0 \leqslant i \leqslant m$. 则

$$
\sum_{\boldsymbol{N} \geqslant \boldsymbol{y}^{(1)} \geqslant \cdots \geqslant \boldsymbol{y}^{(m)} \geqslant \boldsymbol{0}} B_{\boldsymbol{y}^{(m)}}^{(m)}(\boldsymbol{x}, c_m)
$$

$$
\times \prod_{j=1}^{m} \left\{ \frac{(q^{\chi(j \leqslant i)} c_{j-1} \sigma_j)_{|\boldsymbol{y}^{(j-1)}|} (\sigma_j)_{|\boldsymbol{y}^{(j)}|} \left(\dfrac{q^{\chi(j>i)}}{\rho_j \sigma_j} \right)_{|\boldsymbol{y}^{(j-1)}| - |\boldsymbol{y}^{(j)}|}}{(q^{\chi(j>i)}/\rho_j)_{|\boldsymbol{y}^{(j-1)}|} (q^{\chi(j \leqslant i)} c_{j-1} \sigma_j)_{|\boldsymbol{y}^{(j)}|}} \right.
$$

$$
\times \left(\frac{1}{\rho_j \sigma_j} \right)^{|\boldsymbol{y}^{(j)}|} \prod_{r=1}^{n} \frac{1 - x_r c_j q^{|\boldsymbol{y}^{(j)}| + y_r^{(j)}}}{1 - x_r c_j} \prod_{r,s=1}^{n} \frac{1}{(q^{1+y_r^{(j)} - y_s^{(j)}} x_r/x_s)_{y_r^{(j-1)} - y_r^{(j)}}}
$$

$$
\times \prod_{r=1}^{n} \frac{(q^{\chi(j \leqslant i)} x_r c_{j-1} \rho_j)_{y_r^{(j-1)}} (x_r \rho_j)_{y_r^{(j)}} (x_r c_{j-1})_{|\boldsymbol{y}^{(j-1)}| + y_r^{(j)}}}{(q^{\chi(j>i)} x_r/\sigma_j)_{y_r^{(j-1)}} (q^{\chi(j \leqslant i)} x_r c_{j-1} \rho_j)_{y_r^{(j)}} (q x_r c_j)_{y_r^{(j-1)} + |\boldsymbol{y}^{(j)}|}} \right\}
$$

$$
\times q^{|\boldsymbol{y}^{(i)}| + \cdots + |\boldsymbol{y}^{(m)}|}
$$

$$
= A_{\boldsymbol{0}}^{(m)}(\boldsymbol{x}, c_m)(qk)_{|\boldsymbol{N}|} \prod_{r,s=1}^{n} \frac{1}{(q x_r/x_s)_{N_r}} \prod_{r=1}^{n} \frac{(k x_r)_{|\boldsymbol{N}|}}{(x_r)_{N_r}}
$$

$$
+ \prod_{r=1}^{n} (1 - x_r) \sum_{\substack{\boldsymbol{0} \leqslant \boldsymbol{y} \leqslant \boldsymbol{N} \\ |\boldsymbol{y}| \geqslant 1}} q^{|\boldsymbol{y}|} (qk)_{|\boldsymbol{N}| - |\boldsymbol{y}|}
$$

$$
\times \prod_{r,s=1}^{n} \frac{1}{(q^{y_r - y_s + 1} x_r/x_s)_{N_r - y_r}} \prod_{r=1}^{n} \frac{(x_r k)_{|\boldsymbol{N}| + y_r}}{(x_r)_{N_r + |\boldsymbol{y}|}}
$$

$$
\times \prod_{j=1}^{i} \left[\frac{(\sigma_j)_{|\boldsymbol{y}|}}{(1/\rho_j)_{|\boldsymbol{y}|}} \left(\frac{1}{\rho_j \sigma_j} \right)^{|\boldsymbol{y}|} \prod_{r=1}^{n} \frac{(x_r \rho_j)_{y_r}}{(x_r/\sigma_j)_{y_r}} \right]
$$

$$
\times \left\{ A_{\boldsymbol{y}}^{(m)}(\boldsymbol{x}, c_m) \prod_{r=1}^{n} \frac{1}{1 - x_r q^{|\boldsymbol{y}| + y_r}} \prod_{j=i+1}^{m} \left[\frac{(\sigma_j)_{|\boldsymbol{y}|}}{(q/\rho_j)_{|\boldsymbol{y}|}} \left(\frac{q}{\rho_j \sigma_j} \right)^{|\boldsymbol{y}|} \prod_{r=1}^{n} \frac{(x_r \rho_j)_{y_r}}{(q x_r/\sigma_j)_{y_r}} \right] \right.
$$

$$
\left. - \frac{1}{q} \sum_{p=1}^{n} \frac{A_{\boldsymbol{y}(p)}^{(m)}(\boldsymbol{x}, c_m)}{1 - x_p q^{|\boldsymbol{y}| + y_p - 2}} \prod_{\substack{r=1 \\ r \neq p}}^{n} \frac{x_r q^{y_r}}{x_r q^{y_r} - x_p q^{y_p}} \right.
$$

$$\times \prod_{j=i+1}^{m}\left[\frac{(\sigma_j)_{|\boldsymbol{y}|-1}(x_p\rho_j)_{y_p-1}}{(q/\rho_j)_{|\boldsymbol{y}|-1}(qx_p/\sigma_j)_{y_p-1}}\left(\frac{q}{\rho_j\sigma_j}\right)^{|\boldsymbol{y}|-1}\prod_{\substack{r=1\\r\neq p}}^{n}\frac{(x_r\rho_j)_{y_r}}{(qx_r/\sigma_j)_{y_r}}\right]\Bigg\},$$

这里 $c_0 = k$ 以及对 $t \geqslant 1$, $c_t = \begin{cases} k\rho_1\sigma_1\cdots\rho_t\sigma_t, & 1 \leqslant t \leqslant i, \\ k\rho_1\sigma_1\cdots\rho_t\sigma_t/q^{t-i}, & i+1 \leqslant t \leqslant m; \end{cases}$ 对 $1 \leqslant$
$p \leqslant n$, $\boldsymbol{y}(p) = (y_1,\cdots,y_{p-1},y_p-1,y_{p+1},\cdots,y_n)$, 以及 $\boldsymbol{y}^{(0)} = \boldsymbol{N}$; 对 $i=1,\cdots,m$,
$\boldsymbol{y}^{(i)} = (y_1^{(i)},\cdots,y_n^{(i)})$; 指标函数 $\chi(x) = \begin{cases} 1, & x \text{ 为真}, \\ 0, & x \text{ 为假}. \end{cases}$

对所有 r, 令 $N_r \to \infty$, 从定理 10.2.3 直接得到

定理 10.2.4[177]　设 m 为非负整数. 假定 $A = \{A_{\boldsymbol{N}}^{(m)}(\boldsymbol{x},k)\}$ 和 $B = \{B_{\boldsymbol{N}}^{(m)}(\boldsymbol{x},k)\}$, (A,B) 为关于 $(\boldsymbol{x},k)$ 的 $U(n+1)$ WP-Bailey 对, 以及 $0 \leqslant i \leqslant m$. 则

$$\frac{(q^{\chi(1\leqslant i)}k\sigma_1, q^{\chi(1>i)}/\rho_1\sigma_1)_\infty}{(q^{\chi(1>i)}/\rho_1)_\infty}\prod_{r=1}^{n}\frac{(q^{\chi(1\leqslant i)}k\rho_1x_r, kx_r)_\infty}{(q^{\chi(1>i)}x_r/\sigma_1, qx_rc_1)_\infty}$$

$$\times \sum_{+\infty > \boldsymbol{y}^{(1)} \geqslant \cdots \geqslant \boldsymbol{y}^{(m)} \geqslant 0} B_{\boldsymbol{y}^{(m)}}^{(m)}(\boldsymbol{x},c_m)$$

$$\times \prod_{j=2}^{m}\Bigg\{\frac{(q^{\chi(j\leqslant i)}c_{j-1}\sigma_j)_{|\boldsymbol{y}^{(j-1)}|}(\sigma_j)_{|\boldsymbol{y}^{(j)}|}\left(\dfrac{q^{\chi(j>i)}}{\rho_j\sigma_j}\right)_{|\boldsymbol{y}^{(j-1)}|-|\boldsymbol{y}^{(j)}|}}{(q^{\chi(j>i)}/\rho_j)_{|\boldsymbol{y}^{(j-1)}|}(q^{\chi(j\leqslant i)}c_{j-1}\sigma_j)_{|\boldsymbol{y}^{(j)}|}}$$

$$\times \left(\frac{1}{\rho_j\sigma_j}\right)^{|\boldsymbol{y}^{(j)}|}\prod_{r=1}^{n}\frac{1-x_rc_jq^{|\boldsymbol{y}^{(j)}|+y_r^{(j)}}}{1-x_rc_j}\prod_{r,s=1}^{n}\frac{1}{(q^{1+y_r^{(j)}-y_s^{(j)}}x_r/x_s)_{y_r^{(j-1)}-y_r^{(j)}}}$$

$$\times \prod_{r=1}^{n}\frac{(q^{\chi(j\leqslant i)}x_rc_{j-1}\rho_j)_{y_r^{(j-1)}}(x_r\rho_j)_{y_r^{(j)}}(x_rc_{j-1})_{|\boldsymbol{y}^{(j-1)}|+y_r^{(j)}}}{(q^{\chi(j>i)}x_r/\sigma_j)_{y_r^{(j-1)}}(q^{\chi(j\leqslant i)}x_rc_{j-1}\rho_j)_{y_r^{(j)}}(qx_rc_j)_{y_r^{(j-1)}+|\boldsymbol{y}^{(j)}|}}\Bigg\}$$

$$\times q^{|\boldsymbol{y}^{(i)}|+\cdots+|\boldsymbol{y}^{(m)}|}\frac{(\sigma_1)_{|\boldsymbol{y}^{(1)}|}}{(q^{\chi(1\leqslant i)}k\sigma_1)_{|\boldsymbol{y}^{(1)}|}}\left(\frac{1}{\rho_1\sigma_1}\right)^{|\boldsymbol{y}^{(1)}|}$$

$$\times \prod_{r,s=1}^{n}\frac{1}{(q^{1+y_r^{(1)}-y_s^{(1)}}x_r/x_s)_\infty}\prod_{r=1}^{n}\frac{(1-x_rc_1q^{|\boldsymbol{y}^{(1)}|+y_r^{(1)}})(x_r\rho_1)_{y_r^{(1)}}}{(1-x_rc_1)(q^{\chi(1\leqslant i)}k\rho_1x_r)_{y_r^{(1)}}}$$

$$= A_{\boldsymbol{0}}^{(m)}(\boldsymbol{x},c_m)(qk)_\infty\prod_{r=1}^{n}\frac{(kx_r)_\infty}{(x_r)_\infty}$$

$$\times \prod_{r,s=1}^{n} \frac{1}{(qx_r/x_s)_\infty} + (qk)_\infty \prod_{r=1}^{n} \frac{(1-x_r)(kx_r)_\infty}{(x_r)_\infty} \sum_{\substack{0 \leqslant \boldsymbol{y} < +\infty \\ |\boldsymbol{y}| \geqslant 1}} q^{|\boldsymbol{y}|}$$

$$\times \prod_{r,s=1}^{n} \frac{1}{(q^{y_r-y_s+1}x_r/x_s)_\infty} \prod_{j=1}^{i} \left[\frac{(\sigma_j)_{|\boldsymbol{y}|}}{(1/\rho_j)_{|\boldsymbol{y}|}} \left(\frac{1}{\rho_j\sigma_j} \right)^{|\boldsymbol{y}|} \prod_{r=1}^{n} \frac{(x_r\rho_j)_{y_r}}{(x_r/\sigma_j)_{y_r}} \right]$$

$$\times \left\{ A_{\boldsymbol{y}}^{(m)}(\boldsymbol{x},c_m) \prod_{r=1}^{n} \frac{1}{1-x_r q^{|\boldsymbol{y}|+y_r}} \prod_{j=i+1}^{m} \left[\frac{(\sigma_j)_{|\boldsymbol{y}|}}{(q/\rho_j)_{|\boldsymbol{y}|}} \left(\frac{q}{\rho_j\sigma_j} \right)^{|\boldsymbol{y}|} \prod_{r=1}^{n} \frac{(x_r\rho_j)_{y_r}}{(qx_r/\sigma_j)_{y_r}} \right] \right.$$

$$- \frac{1}{q} \sum_{p=1}^{n} \frac{A_{\boldsymbol{y}(p)}^{(m)}(\boldsymbol{x},c_m)}{1-x_p q^{|\boldsymbol{y}|+y_p-2}} \prod_{\substack{r=1 \\ r \neq p}}^{n} \frac{x_r q^{y_r}}{x_r q^{y_r} - x_p q^{y_p}}$$

$$\times \prod_{j=i+1}^{m} \left[\frac{(\sigma_j)_{|\boldsymbol{y}|-1}(x_p\rho_j)_{y_p-1}}{(q/\rho_j)_{|\boldsymbol{y}|-1}(qx_p/\sigma_j)_{y_p-1}} \left(\frac{q}{\rho_j\sigma_j} \right)^{|\boldsymbol{y}|-1} \prod_{\substack{r=1 \\ r \neq p}}^{n} \frac{(x_r\rho_j)_{y_r}}{(qx_r/\sigma_j)_{y_r}} \right] \right\},$$

这里 $c_0 = k$, $c_t = \begin{cases} k\rho_1\sigma_1 \cdots \rho_t\sigma_t, & 1 \leqslant t \leqslant i, \\ k\rho_1\sigma_1 \cdots \rho_t\sigma_t/q^{t-i}, & i+1 \leqslant t \leqslant m, \end{cases}$ 以及对 $1 \leqslant p \leqslant n$,

$\boldsymbol{y}(p) = (y_1, \cdots, y_{p-1}, y_p - 1, y_{p+1}, \cdots, y_n)$, 指标函数 $\chi(x) = \begin{cases} 1, & x \text{ 为真}, \\ 0, & x \text{ 为假}. \end{cases}$

10.3 $U(n+1)$ WP-Bailey 格的应用

在 (10.1.7) 中, 取

$$B_{\boldsymbol{N}}(a,k) = \delta_{|\boldsymbol{N}|,0}, \tag{10.3.1}$$

这里 $\delta_{n,0} = \begin{cases} 1, & n = 0, \\ 0, & n \neq 0, \end{cases}$ 发现

$$A_{\boldsymbol{N}}(a,k) = (a/k)_{|\boldsymbol{N}|}(k/a)^{|\boldsymbol{N}|} \prod_{r=1}^{n} \frac{(1-ax_r q^{|\boldsymbol{N}|+N_r})(ax_r)_{|\boldsymbol{N}|}}{(1-ax_r)(qkx_r)_{N_r}}$$

$$\times \prod_{r,s=1}^{n} \frac{1}{(qx_r/x_s)_{N_r}}. \tag{10.3.2}$$

称之为 $U(n+1)$ 单位 WP-Bailey 对. 当 $k = 0$ 时为 $U(n+1)$ 单位 Bailey 对:

$$B_{\boldsymbol{N}}(\boldsymbol{x}) = \delta_{|\boldsymbol{N}|,0}, \tag{10.3.3}$$

$$A_{\boldsymbol{N}}(\boldsymbol{x}) = (-1)^{|\boldsymbol{N}|} q^{\binom{|\boldsymbol{N}|}{2}} \prod_{r=1}^{n} \frac{(1 - ax_r q^{|\boldsymbol{N}|+N_r})(ax_r)_{|\boldsymbol{N}|}}{1 - ax_r} \prod_{r,s=1}^{n} \frac{1}{(qx_r/x_s)_{N_r}}. \quad (10.3.4)$$

插 $U(n+1)$ WP-Bailey 对 (10.3.1)和 (10.3.2) 到定理 10.2.3, 则有

定理 10.3.1 [177]　设 $0 \leqslant i \leqslant m$, 则

$$\sum_{\boldsymbol{N} \geqslant \boldsymbol{y}^{(1)} \geqslant \cdots \geqslant \boldsymbol{y}^{(m-1)} \geqslant \boldsymbol{0}} \prod_{j=1}^{m-1} \left\{ \frac{(q^{\chi(j \leqslant i)} c_{j-1} \sigma_j)_{|\boldsymbol{y}^{(j-1)}|} (\sigma_j)_{|\boldsymbol{y}^{(j)}|} \left(\dfrac{q^{\chi(j > i)}}{\rho_j \sigma_j} \right)_{|\boldsymbol{y}^{(j-1)}| - |\boldsymbol{y}^{(j)}|}}{(q^{\chi(j>i)}/\rho_j)_{|\boldsymbol{y}^{(j-1)}|} (q^{\chi(j \leqslant i)} c_{j-1} \sigma_j)_{|\boldsymbol{y}^{(j)}|}} \right.$$

$$\times \left(\frac{1}{\rho_j \sigma_j} \right)^{|\boldsymbol{y}^{(j)}|} \prod_{r=1}^{n} \frac{1 - x_r c_j q^{|\boldsymbol{y}^{(j)}| + y_r^{(j)}}}{1 - x_r c_j} \prod_{r,s=1}^{n} \frac{1}{(q^{1+y_r^{(j)}-y_s^{(j)}} x_r/x_s)_{y_r^{(j-1)} - y_r^{(j)}}}$$

$$\times \prod_{r=1}^{n} \frac{(q^{\chi(j \leqslant i)} x_r c_{j-1} \rho_j)_{y_r^{(j-1)}} (x_r \rho_j)_{y_r^{(j)}} (x_r c_{j-1})_{|\boldsymbol{y}^{(j-1)}| + y_r^{(j)}}}{(q^{\chi(j>i)} x_r/\sigma_j)_{y_r^{(j-1)}} (q^{\chi(j \leqslant i)} x_r c_{j-1} \rho_j)_{y_r^{(j)}} (qx_r c_j)_{y_r^{(j-1)} + |\boldsymbol{y}^{(j)}|}} \right\}$$

$$\times q^{|\boldsymbol{y}^{(i)}| + \cdots + |\boldsymbol{y}^{(m-1)}|} \frac{(q^{\chi(m \leqslant i)} c_{m-1} \sigma_m)_{|\boldsymbol{y}^{(m-1)}|} \left(\dfrac{q^{\chi(m>i)}}{\rho_m \sigma_m} \right)_{|\boldsymbol{y}^{(m-1)}|}}{(q^{\chi(m>i)}/\rho_m)_{|\boldsymbol{y}^{(m-1)}|}}$$

$$\times \prod_{r,s=1}^{n} \frac{1}{(qx_r/x_s)_{y_r^{(m-1)}}} \prod_{r=1}^{n} \frac{(q^{\chi(m \leqslant i)} x_r c_{m-1} \rho_m)_{y_r^{(m-1)}} (x_r c_{m-1})_{|\boldsymbol{y}^{(m-1)}|}}{(q^{\chi(m>i)} x_r/\sigma_m)_{y_r^{(m-1)}} (qx_r c_m)_{y_r^{(m-1)}}}$$

$$= (qk)_{|\boldsymbol{N}|} \prod_{r,s=1}^{n} \frac{1}{(qx_r/x_s)_{N_r}} \prod_{r=1}^{n} \frac{(kx_r)_{|\boldsymbol{N}|}}{(x_r)_{N_r}} + \sum_{\substack{\boldsymbol{0} \leqslant \boldsymbol{y} \leqslant \boldsymbol{N} \\ |\boldsymbol{y}| \geqslant 1}} q^{|\boldsymbol{y}|} (qk)_{|\boldsymbol{N}| - |\boldsymbol{y}|}$$

$$\times \prod_{r,s=1}^{n} \frac{1}{(q^{y_r - y_s + 1} x_r/x_s)_{N_r - y_r}} \prod_{r=1}^{n} \frac{(x_r k)_{|\boldsymbol{N}| + y_r}}{(x_r)_{N_r + |\boldsymbol{y}|}} \prod_{j=1}^{i}$$

$$\times \left[\frac{(\sigma_j)_{|\boldsymbol{y}|}}{(1/\rho_j)_{|\boldsymbol{y}|}} \left(\frac{1}{\rho_j \sigma_j} \right)^{|\boldsymbol{y}|} \prod_{r=1}^{n} \frac{(x_r \rho_j)_{y_r}}{(x_r/\sigma_j)_{y_r}} \right]$$

$$\times \left\{ (1/c_m)_{|\boldsymbol{y}|} (c_m)^{|\boldsymbol{y}|} \prod_{r=1}^{n} \frac{(x_r)_{|\boldsymbol{y}|}}{(qc_m x_r)_{y_r}} \prod_{r,s=1}^{n} \frac{1}{(qx_r/x_s)_{y_r}} \right.$$

$$\times \prod_{j=i+1}^{m} \left[\frac{(\sigma_j)_{|\boldsymbol{y}|}}{(q/\rho_j)_{|\boldsymbol{y}|}} \left(\frac{q}{\rho_j \sigma_j} \right)^{|\boldsymbol{y}|} \prod_{r=1}^{n} \frac{(x_r \rho_j)_{y_r}}{(qx_r/\sigma_j)_{y_r}} \right]$$

$$- \frac{1}{q} \sum_{p=1}^{n} (1/c_m)_{|\boldsymbol{y}|-1} (c_m)^{|\boldsymbol{y}|-1} \frac{(x_p)_{|\boldsymbol{y}|-1}}{(qc_m x_p)_{y_p-1}} \prod_{\substack{r=1 \\ r \neq p}}^{n} \frac{(1 - x_r q^{|\boldsymbol{y}|+y_r-1})(x_r)_{|\boldsymbol{y}|-1}}{(qc_m x_r)_{y_r}}$$

$$\times \prod_{\substack{r,s=1 \\ r \neq p}}^{n} \frac{1}{(qx_r/x_s)_{y_r}} \prod_{s=1}^{n} \frac{1}{(qx_p/x_s)_{y_p-1}} \prod_{\substack{r=1 \\ r \neq p}}^{n} \frac{x_r q^{y_r}}{x_r q^{y_r} - x_p q^{y_p}}$$

$$\times \prod_{j=i+1}^{m} \left[\frac{(\sigma_j)_{|\boldsymbol{y}|-1}(x_p \rho_j)_{y_p-1}}{(q/\rho_j)_{|\boldsymbol{y}|-1}(qx_p/\sigma_j)_{y_p-1}} \left(\frac{q}{\rho_j \sigma_j} \right)^{|\boldsymbol{y}|-1} \prod_{\substack{r=1 \\ r \neq p}}^{n} \frac{(x_r \rho_j)_{y_r}}{(qx_r/\sigma_j)_{y_r}} \right] \Bigg\},$$

这里 $c_0 = k$, $c_t = \begin{cases} k\rho_1 \sigma_1 \cdots \rho_t \sigma_t, & 1 \leqslant t \leqslant i, \\ k\rho_1 \sigma_1 \cdots \rho_t \sigma_t/q^{t-i}, & i+1 \leqslant t \leqslant m, \end{cases}$ $\boldsymbol{y}^0 = \boldsymbol{N}$, 以及指标函

数 $\chi(x) = \begin{cases} 1, & x \text{ 为真}, \\ 0, & x \text{ 为假}. \end{cases}$

当 $n = 1$ 时, 定理 10.3.1 退化为

推论 10.3.1 [177] 设 $0 \leqslant i \leqslant m$, 则

$$\sum_{N \geqslant y_1 \geqslant \cdots \geqslant y_{m-1} \geqslant 0} \prod_{j=1}^{m-1} \Bigg\{ \frac{(q^{\chi(j \leqslant i)} c_{j-1} \sigma_j)_{y_{j-1}} (\sigma_j)_{y_j} \left(\dfrac{q^{\chi(j > i)}}{\rho_j \sigma_j} \right)_{y_{j-1}-y_j} \left(\dfrac{1}{\rho_j \sigma_j} \right)^{y_j}}{(q^{\chi(j > i)}/\rho_j)_{y_{j-1}} (q^{\chi(j \leqslant i)} c_{j-1} \sigma_j)_{y_j}}$$

$$\times \frac{(1 - xc_j q^{2y_j})(q^{\chi(j \leqslant i)} xc_{j-1} \rho_j)_{y_{j-1}} (x\rho_j)_{y_j} (xc_{j-1})_{y_{j-1}+y_j}}{(1 - xc_j)(q^{\chi(j > i)} x/\sigma_j)_{y_{j-1}} (xc_{j-1}\rho_j q^{\chi(j \leqslant i)})_{y_j} (qxc_j)_{y_{j-1}+y_j}}$$

$$\times \frac{1}{(q)_{y_{j-1}-y_j}} \Bigg\} q^{y_i + \cdots + y_{m-1}} \frac{(q^{\chi(m \leqslant i)} c_{m-1} \sigma_m)_{y_{m-1}} (q^{\chi(m > i)}/\rho_m \sigma_m)_{y_{m-1}}}{(q^{\chi(m > i)}/\rho_m)_{y_{m-1}}}$$

$$\times \frac{(q^{\chi(m \leqslant i)} c_{m-1} \rho_m x)_{y_{m-1}} (c_{m-1} x)_{y_{m-1}}}{(q^{\chi(m > i)} x/\sigma_m)_{y_{m-1}} (qc_m x)_{y_{m-1}}} \frac{1}{(q)_{y_{m-1}}}$$

$$= \frac{(qk)_N (kx)_N}{(x)_N (q)_N} + \sum_{1 \leqslant y \leqslant N} q^y \frac{(qk)_{N-y}(xk)_{N+y}}{(q)_{N-y}(x)_{N+y}} \prod_{j=1}^{i} \left[\frac{(\sigma_j)_y}{(1/\rho_j)_y} \left(\frac{1}{\rho_j \sigma_j} \right)^y \frac{(x\rho_j)_y}{(x/\sigma_j)_y} \right]$$

$$\times \left\{ (1/c_m)_y (c_m)^y \frac{(x)_y}{(qc_m x)_y (q)_y} \prod_{j=i+1}^{m} \left[\frac{(\sigma_j)_y}{(q/\rho_j)_y} \left(\frac{q}{\rho_j \sigma_j} \right)^y \frac{(x\rho_j)_y}{(qx/\sigma_j)_y} \right] \right.$$

$$- \frac{1}{q} (1/c_m)_{y-1} (c_m)^{y-1} \frac{(x)_{y-1}}{(qc_m x)_{y-1}(q)_{y-1}} \prod_{j=i+1}^{m}$$

$$\left. \times \left[\frac{(\sigma_j)_{y-1}}{(q/\rho_j)_{y-1}} \left(\frac{q}{\rho_j \sigma_j} \right)^{y-1} \frac{(x\rho_j)_{y-1}}{(qx/\sigma_j)_{y-1}} \right] \right\},$$

这里 $c_0 = k$, $c_t = \begin{cases} k\rho_1\sigma_1 \cdots \rho_t\sigma_t, & 1 \leqslant t \leqslant i, \\ k\rho_1\sigma_1 \cdots \rho_t\sigma_t/q^{t-i}, & i+1 \leqslant t \leqslant m, \end{cases}$ $y_0 = N$, 以及指标函数

$$\chi(x) = \begin{cases} 1, & x \text{ 为真}, \\ 0, & x \text{ 为假}. \end{cases}$$

令 $m = 2$ 和 $i = 0$, 定理 10.3.1 产生下列 $U(n+1)$ 变换:

推论 10.3.2 [177]　我们有

$$q^{|\boldsymbol{N}|} \frac{(k\sigma_1)_{|\boldsymbol{N}|}}{(q/\rho_1)_{|\boldsymbol{N}|}} \prod_{r=1}^{n} \frac{(k\rho_1 x_r)_{N_r}}{(qx_r/\sigma_1)_{N_r}}$$

$$\times \sum_{0 \leqslant \boldsymbol{y} \leqslant \boldsymbol{N}} q^{|\boldsymbol{y}|} \frac{(\sigma_1, k\rho_1\sigma_1\sigma_2/q, q/\rho_2\sigma_2)_{|\boldsymbol{y}|} (q/\rho_1\sigma_1)_{|\boldsymbol{N}|-|\boldsymbol{y}|}}{(k\sigma_1, q/\rho_2)_{|\boldsymbol{y}|}}$$

$$\times \left(\frac{1}{\rho_1\sigma_1} \right)^{|\boldsymbol{y}|} \prod_{r=1}^{n} \frac{(1 - k\rho_1\sigma_1 x_r q^{|\boldsymbol{y}|+y_r-1})(x_r\rho_1)_{y_r} (kx_r)_{|\boldsymbol{N}|+y_r}}{(1 - k\rho_1\sigma_1 x_r/q)(k\rho_1 x_r)_{y_r} (k\rho_1\sigma_1 x_r)_{N_r+|\boldsymbol{y}|}}$$

$$\times \prod_{r,s=1}^{n} \frac{1}{(q^{1+y_r-y_s} x_r/x_s)_{N_r-y_r} (qx_r/x_s)_{y_r}} \prod_{r=1}^{n} \frac{(k\rho_1\sigma_1\rho_2 x_r/q)_{y_r} (k\rho_1\sigma_1 x_r/q)_{|\boldsymbol{y}|}}{(qx_r/\sigma_2)_{y_r} (k\rho_1\sigma_1\rho_2\sigma_2 x_r/q)_{y_r}}$$

$$= (qk)_{|\boldsymbol{N}|} \prod_{r=1}^{n} \frac{(kx_r)_{|\boldsymbol{N}|}}{(x_r)_{N_r}} \prod_{r,s=1}^{n} \frac{1}{(qx_r/x_s)_{N_r}} + \sum_{\substack{0 \leqslant \boldsymbol{y} \leqslant \boldsymbol{N} \\ |\boldsymbol{y}| \geqslant 1}} q^{|\boldsymbol{y}|} (qk)_{|\boldsymbol{N}|-|\boldsymbol{y}|}$$

$$\times \prod_{r,s=1}^{n} \frac{1}{(q^{y_r-y_s+1} x_r/x_s)_{N_r-y_r}} \prod_{r=1}^{n} \frac{(kx_r)_{|\boldsymbol{N}|+y_r}}{(x_r)_{N_r+|\boldsymbol{y}|}}$$

$$\times \left\{ \left(\frac{q^2}{k\rho_1\sigma_1\rho_2\sigma_2} \right)_{|\boldsymbol{y}|} k^{|\boldsymbol{y}|} \frac{(\sigma_1, \sigma_2)_{|\boldsymbol{y}|}}{(q/\rho_1, q/\rho_2)_{|\boldsymbol{y}|}} \prod_{r,s=1}^{n} \frac{1}{(qx_r/x_s)_{y_r}} \right.$$

$$\left. \times \prod_{r=1}^{n} \frac{(x_r)_{|\boldsymbol{y}|} (x_r\rho_1, x_r\rho_2)_{y_r}}{(k\rho_1\sigma_1\rho_2\sigma_2 x_r/q, qx_r/\sigma_1, qx_r/\sigma_2)_{y_r}} - \frac{1}{q} \sum_{p=1}^{n} \left(\frac{q^2}{k\rho_1\sigma_1\rho_2\sigma_2} \right)_{|\boldsymbol{y}|-1} k^{|\boldsymbol{y}|-1} \right.$$

$$\times \frac{(\sigma_1,\sigma_2,x_p)_{|\boldsymbol{y}|-1}(x_p\rho_1,x_p\rho_2)_{y_p-1}}{(q/\rho_1,q/\rho_2)_{|\boldsymbol{y}|-1}(kx_p\rho_1\sigma_1\rho_2\sigma_2/q,qx_p/\sigma_1,qx_p/\sigma_2)_{y_p-1}}$$

$$\times \prod_{\substack{r,s=1\\r\neq p}}^{n}\frac{1}{(qx_r/x_s)_{y_r}}\prod_{s=1}^{n}\frac{1}{(qx_p/x_s)_{y_p-1}}$$

$$\times \prod_{\substack{r=1\\r\neq p}}^{n}\frac{(1-x_rq^{|\boldsymbol{y}|+y_r-1})(x_r)_{|\boldsymbol{y}|-1}(x_r\rho_1,x_r\rho_2)_{y_r}}{(k\rho_1\sigma_1\rho_2\sigma_2x_r/q,qx_r/\sigma_1,qx_r/\sigma_2)_{y_r}}\prod_{\substack{r=1\\r\neq p}}^{n}\frac{x_rq^{y_r}}{x_rq^{y_r}-x_pq^{y_p}}\Bigg\}.$$

当 $n=1$ 时, 此推论退化为下述变换:

$$q^N\frac{(k\sigma_1,k\rho_1x,q/\rho_1\sigma_1,x)_N}{(q/\rho_1,qx/\sigma_1,k\rho_1\sigma_1x,qk)_N}$$

$$\times {}_{10}\phi_9\left[\begin{array}{ccccc} k\rho_1\sigma_1x/q, & q\sqrt{k\rho_1\sigma_1x/q}, & -q\sqrt{k\rho_1\sigma_1x/q}, & \sigma_1, & k\rho_1\sigma_1\sigma_2/q, \\ & \sqrt{k\rho_1\sigma_1x/q}, & -\sqrt{k\rho_1\sigma_1x/q}, & kx\rho_1, & qx/\sigma_2, \end{array}\right.$$

$$\left.\begin{array}{ccccc} q/\rho_2\sigma_2, & x\rho_1, & kxq^N, & k\rho_1\sigma_1\rho_2x/q, & q^{-N} \\ kx\rho_1\sigma_1\rho_2\sigma_2/q, & k\sigma_1, & \rho_1\sigma_1q^{-N}, & q/\rho_2, & k\rho_1\sigma_1xq^N \end{array};q,q\right]$$

$$= {}_{8}\phi_7\left[\begin{array}{cccccccc} x, & \sigma_1, & \sigma_2, & x\rho_1, & x\rho_2, & q^2/k\rho_1\sigma_1\rho_2\sigma_2, & kxq^N, & q^{-N} \\ qx/\sigma_1, & qx/\sigma_2, & q/\rho_1, & q/\rho_2, & kx\rho_1\sigma_1\rho_2\sigma_2/q, & q^{-N}/k, & xq^N \end{array};q,q\right]$$

$$-\frac{(1-kxq^N)(1-q^N)}{(1-xq^N)(1-kq^N)}$$

$$\times {}_{8}\phi_7\left[\begin{array}{ccccccc} x, & \sigma_1, & \sigma_2, & x\rho_1, & x\rho_2, & q^2/k\rho_1\sigma_1\rho_2\sigma_2, & kxq^{N+1}, \\ qx/\sigma_1, & qx/\sigma_2, & q/\rho_1, & q/\rho_2, & kx\rho_2\sigma_2\rho_1\sigma_1/q, & q^{1-N}/k, \end{array}\right.$$

$$\left.\begin{array}{c} q^{1-N} \\ xq^{N+1} \end{array};q,q\right].$$

令 $m=2$ 和 $i=1$, 定理 10.3.1 产生下列 $U(n+1)$ 变换:

推论 10.3.3 [177]   我们有

$$\frac{(qk\sigma_1)_{|\boldsymbol{N}|}}{(1/\rho_1)_{|\boldsymbol{N}|}}\prod_{r=1}^{n}\frac{(qk\rho_1x_r)_{N_r}}{(x_r/\sigma_1)_{N_r}}$$

$$\times \sum_{0\leqslant \boldsymbol{y}\leqslant \boldsymbol{N}}\frac{(\sigma_1,k\rho_1\sigma_1\sigma_2,q/\rho_2\sigma_2)_{|\boldsymbol{y}|}(1/\rho_1\sigma_1)_{|\boldsymbol{N}|-|\boldsymbol{y}|}}{(qk\sigma_1,q/\rho_2)_{|\boldsymbol{y}|}}\left(\frac{q}{\rho_1\sigma_1}\right)^{|\boldsymbol{y}|}$$

$$\times \prod_{r=1}^{n} \frac{(1-k\rho_1\sigma_1 x_r q^{|\boldsymbol{y}|+y_r})(x_r\rho_1)_{y_r}(kx_r)_{|\boldsymbol{N}|+y_r}}{(1-k\rho_1\sigma_1 x_r)(qk\rho_1 x_r)_{y_r}(qk\rho_1\sigma_1 x_r)_{N_r+|\boldsymbol{y}|}}$$

$$\times \prod_{r,s=1}^{n} \frac{1}{(q^{1+y_r-y_s}x_r/x_s)_{N_r-y_r}(qx_r/x_s)_{y_r}} \prod_{r=1}^{n} \frac{(k\rho_1\sigma_1\rho_2 x_r)_{y_r}(k\rho_1\sigma_1 x_r)_{|\boldsymbol{y}|}}{(qx_r/\sigma_2)_{y_r}(qk\rho_1\sigma_1\rho_2\sigma_2 x_r)_{y_r}}$$

$$= (qk)_{|\boldsymbol{N}|} \prod_{r=1}^{n} \frac{(kx_r)_{|\boldsymbol{N}|}}{(x_r)_{N_r}} \prod_{r,s=1}^{n} \frac{1}{(qx_r/x_s)_{N_r}} + \sum_{\substack{0\leqslant \boldsymbol{y}\leqslant \boldsymbol{N} \\ |\boldsymbol{y}|\geqslant 1}} q^{|\boldsymbol{y}|}(qk)_{|\boldsymbol{N}|-|\boldsymbol{y}|} \frac{(\sigma_1)_{|\boldsymbol{y}|}}{(1/\rho_1)_{|\boldsymbol{y}|}}$$

$$\times \prod_{r,s=1}^{n} \frac{1}{(q^{y_r-y_s+1}x_r/x_s)_{N_r-y_r}} \prod_{r=1}^{n} \frac{(kx_r)_{|\boldsymbol{N}|+y_r}}{(x_r)_{N_r+|\boldsymbol{y}|}} \prod_{r=1}^{n} \frac{(x_r\rho_1)_{y_r}}{(x_r/\sigma_1)_{y_r}}$$

$$\times \left\{ \left(\frac{q}{k\rho_1\sigma_1\rho_2\sigma_2}\right)_{|\boldsymbol{y}|} k^{|\boldsymbol{y}|} \frac{(\sigma_2)_{|\boldsymbol{y}|}}{(q/\rho_2)_{|\boldsymbol{y}|}} \prod_{r,s=1}^{n} \frac{1}{(qx_r/x_s)_{y_r}} \prod_{r=1}^{n} \frac{(x_r)_{|\boldsymbol{y}|}(x_r\rho_2)_{y_r}}{(k\rho_1\sigma_1\rho_2\sigma_2 x_r, qx_r/\sigma_2)_{y_r}} \right.$$

$$- \frac{1}{q\rho_1\sigma_1} \sum_{p=1}^{n} \left(\frac{q}{k\rho_1\sigma_1\rho_2\sigma_2}\right)_{|\boldsymbol{y}|-1} k^{|\boldsymbol{y}|-1} \frac{(\sigma_2, x_p)_{|\boldsymbol{y}|-1}(x_p\rho_2)_{y_p-1}}{(q/\rho_2)_{|\boldsymbol{y}|-1}(kx_p\rho_1\sigma_1\rho_2\sigma_2, qx_p/\sigma_2)_{y_p-1}}$$

$$\times \prod_{\substack{r,s=1 \\ r\neq p}}^{n} \frac{1}{(qx_r/x_s)_{y_r}} \prod_{s=1}^{n} \frac{1}{(qx_p/x_s)_{y_p-1}} \prod_{\substack{r=1 \\ r\neq p}}^{n} \frac{(1-x_r q^{|\boldsymbol{y}|+y_r-1})(x_r)_{|\boldsymbol{y}|-1}(x_r\rho_2)_{y_r}}{(k\rho_1\sigma_1\rho_2\sigma_2 x_r, qx_r/\sigma_2)_{y_r}}$$

$$\left. \times \prod_{\substack{r=1 \\ r\neq p}}^{n} \frac{x_r q^{y_r}}{x_r q^{y_r} - x_p q^{y_p}} \right\}.$$

当 $n = 1$ 时, 此推论退化为

$$\frac{(qk\sigma_1, qk\rho_1 x, 1/\rho_1\sigma_1, x)_N}{(1/\rho_1, x/\sigma_1, qk\rho_1\sigma_1 x, qk)_N} {}_{10}\phi_9 \left[\begin{array}{cccc} k\rho_1\sigma_1 x, & q\sqrt{k\rho_1\sigma_1 x}, & -q\sqrt{k\rho_1\sigma_1 x}, & \sigma_1, \\ & \sqrt{k\rho_1\sigma_1 x}, & -\sqrt{k\rho_1\sigma_1 x}, & qkx\rho_1, \end{array} \right.$$
$$\left. \begin{array}{cccccc} k\rho_1\sigma_1\sigma_2, & q/\rho_2\sigma_2, & x\rho_1, & kxq^N, & k\rho_1\sigma_1\rho_2 x, & q^{-N} \\ qx/\sigma_2, & kx\rho_1\sigma_1\rho_2\sigma_2, & qk\sigma_1, & \rho_1\sigma_1 q^{1-N}, & q/\rho_2, & k\rho_1\sigma_1 xq^{1+N} \end{array} ; q, q^2 \right]$$

$$= {}_8\phi_7 \left[\begin{array}{cccccccc} x, & \sigma_1, & \sigma_2, & x\rho_1, & x\rho_2, & q/k\rho_1\sigma_1\rho_2\sigma_2, & kxq^N, & q^{-N} \\ x/\sigma_1, & qx/\sigma_2, & 1/\rho_1, & q/\rho_2, & kx\rho_1\sigma_1\rho_2\sigma_2, & q^{-N}/k, & xq^N \end{array} ; q, q \right]$$

$$- \frac{(1-kxq^N)(1-\sigma_1)(1-\rho_1 x)(1-q^N)}{(1-xq^N)(1-\rho_1)(x-\sigma_1)(1-kq^N)}$$

$$\times\ _8\phi_7\left[\begin{array}{c} x,\quad q\sigma_1,\quad \sigma_2,\quad qx\rho_1,\quad x\rho_2,\quad q/k\rho_1\sigma_1\rho_2\sigma_2,\quad kxq^{N+1}, \\ qx/\sigma_1,\quad qx/\sigma_2,\quad q/\rho_1,\quad q/\rho_2,\quad kx\rho_2\sigma_2\rho_1\sigma_1,\quad q^{1-N}/k, \\ q^{1-N} \\ xq^{N+1}\end{array}\ ;q,q\right].$$

令 $m=2$ 和 $i=2$, 定理 10.3.1 产生下列 $U(n+1)$ 变换:

推论 10.3.4   我们有

$$\frac{(qk\sigma_1)_{|\boldsymbol{N}|}}{(1/\rho_1)_{|\boldsymbol{N}|}}\prod_{r=1}^{n}\frac{(qk\rho_1 x_r)_{N_r}}{(x_r/\sigma_1)_{N_r}}\sum_{0\leqslant\boldsymbol{y}\leqslant\boldsymbol{N}}\frac{(\sigma_1,qk\rho_1\sigma_1\sigma_2,1/\rho_2\sigma_2)_{|\boldsymbol{y}|}(1/\rho_1\sigma_1)_{|\boldsymbol{N}|-|\boldsymbol{y}|}}{(qk\sigma_1,1/\rho_2)_{|\boldsymbol{y}|}}$$

$$\times\left(\frac{1}{\rho_1\sigma_1}\right)^{|\boldsymbol{y}|}\prod_{r=1}^{n}\frac{(1-k\rho_1\sigma_1 x_r q^{|\boldsymbol{y}|+y_r})(x_r\rho_1)_{y_r}(kx_r)_{|\boldsymbol{N}|+y_r}}{(1-k\rho_1\sigma_1 x_r)(qk\rho_1 x_r)_{y_r}(qk\rho_1\sigma_1 x_r)_{N_r+|\boldsymbol{y}|}}$$

$$\times\prod_{r,s=1}^{n}\frac{1}{(q^{1+y_r-y_s}x_r/x_s)_{N_r-y_r}(qx_r/x_s)_{y_r}}\prod_{r=1}^{n}\frac{(qk\rho_1\sigma_1\rho_2 x_r)_{y_r}(k\rho_1\sigma_1 x_r)_{|\boldsymbol{y}|}}{(x_r/\sigma_2)_{y_r}(qk\rho_1\sigma_1\rho_2\sigma_2 x_r)_{y_r}}$$

$$=(qk)_{|\boldsymbol{N}|}\prod_{r=1}^{n}\frac{(kx_r)_{|\boldsymbol{N}|}}{(x_r)_{N_r}}\prod_{r,s=1}^{n}\frac{1}{(qx_r/x_s)_{N_r}}+\sum_{\substack{0\leqslant\boldsymbol{y}\leqslant\boldsymbol{N}\\|\boldsymbol{y}|\geqslant1}}q^{|\boldsymbol{y}|}(qk)_{|\boldsymbol{N}|-|\boldsymbol{y}|}\frac{(\sigma_1,\sigma_2)_{|\boldsymbol{y}|}}{(1/\rho_1,1/\rho_2)_{|\boldsymbol{y}|}}$$

$$\times\prod_{r,s=1}^{n}\frac{1}{(q^{y_r-y_s+1}x_r/x_s)_{N_r-y_r}}\prod_{r=1}^{n}\frac{(kx_r)_{|\boldsymbol{N}|+y_r}}{(x_r)_{N_r+|\boldsymbol{y}|}}\prod_{r=1}^{n}\frac{(x_r\rho_1,x_r\rho_2)_{y_r}}{(x_r/\sigma_1,x_r/\sigma_2)_{y_r}}$$

$$\times\Bigg\{\left(\frac{1}{k\rho_1\sigma_1\rho_2\sigma_2}\right)_{|\boldsymbol{y}|}k^{|\boldsymbol{y}|}\prod_{r,s=1}^{n}\frac{1}{(qx_r/x_s)_{y_r}}\prod_{r=1}^{n}\frac{(x_r)_{|\boldsymbol{y}|}}{(qk\rho_1\sigma_1\rho_2\sigma_2 x_r)_{y_r}}$$

$$-\frac{1}{q\rho_1\sigma_1\rho_2\sigma_2}\sum_{p=1}^{n}\left(\frac{1}{k\rho_1\sigma_1\rho_2\sigma_2}\right)_{|\boldsymbol{y}|-1}k^{|\boldsymbol{y}|-1}\frac{(x_p)_{|\boldsymbol{y}|-1}}{(qkx_p\rho_1\sigma_1\rho_2\sigma_2)_{y_p-1}}$$

$$\times\prod_{\substack{r,s=1\\r\neq p}}^{n}\frac{1}{(qx_r/x_s)_{y_r}}\prod_{s=1}^{n}\frac{1}{(qx_p/x_s)_{y_p-1}}\prod_{\substack{r=1\\r\neq p}}^{n}\frac{(1-x_r q^{|\boldsymbol{y}|+y_r-1})(x_r)_{|\boldsymbol{y}|-1}}{(qk\rho_1\sigma_1\rho_2\sigma_2 x_r)_{y_r}}$$

$$\times\prod_{\substack{r=1\\r\neq p}}^{n}\frac{x_r q^{y_r}}{x_r q^{y_r}-x_p q^{y_p}}\Bigg\}.$$

当 $n=1$ 时, 此推论退化为

$$\frac{(qk\sigma_1,qk\rho_1 x,1/\rho_1\sigma_1,x)_N}{(1/\rho_1,x/\sigma_1,qk\rho_1\sigma_1 x,qk)_N}$$

$$\times \, {}_{10}\phi_9\left[\begin{array}{ccccc} k\rho_1\sigma_1 x, & q\sqrt{k\rho_1\sigma_1 x}, & -q\sqrt{k\rho_1\sigma_1 x}, & \sigma_1, & qk\rho_1\sigma_1\sigma_2, \\ & \sqrt{k\rho_1\sigma_1 x}, & -\sqrt{k\rho_1\sigma_1 x}, & qkx\rho_1, & x/\sigma_2, \end{array}\right.$$

$$\left.\begin{array}{ccccc} 1/\rho_2\sigma_2, & x\rho_1, & kxq^N, & qk\rho_1\sigma_1\rho_2 x, & q^{-N} \\ qkx\rho_1\sigma_1\rho_2\sigma_2, & qk\sigma_1, & \rho_1\sigma_1 q^{1-N}, & 1/\rho_2, & k\rho_1\sigma_1 xq^{1+N} \end{array};q,q\right]$$

$$= {}_8\phi_7\left[\begin{array}{cccccccc} x, & \sigma_1, & \sigma_2, & x\rho_1, & x\rho_2, & 1/k\rho_1\sigma_1\rho_2\sigma_2, & kxq^N, & q^{-N} \\ & x/\sigma_1, & x/\sigma_2, & 1/\rho_1, & 1/\rho_2, & qkx\rho_1\sigma_1\rho_2\sigma_2, & q^{-N}/k, & xq^N \end{array};q,q\right]$$

$$-\frac{(1-kxq^N)(1-\sigma_1)(1-\sigma_2)(1-\rho_1 x)(1-\rho_2 x)(1-q^N)}{(1-xq^N)(1-\rho_1)(1-\rho_2)(x-\sigma_1)(x-\sigma_2)(1-kq^N)}$$

$$\times {}_8\phi_7\left[\begin{array}{cccccc} x, & q\sigma_1, & q\sigma_2, & qx\rho_1, & qx\rho_2, & 1/k\rho_1\sigma_1\rho_2\sigma_2, & kxq^{N+1}, \\ & qx/\sigma_1, & qx/\sigma_2, & q/\rho_1, & q/\rho_2, & qkx\rho_2\sigma_2\rho_1\sigma_1, & q^{1-N}/k, \end{array}\right.$$

$$\left.\begin{array}{c} q^{1-N} \\ xq^{N+1} \end{array};q,q\right].$$

在定理 10.3.1 中取 $k=0$, 则

定理 10.3.2　令 $0 \leqslant i \leqslant m$, 则

$$\sum_{N\geqslant \boldsymbol{y}^{(1)}\geqslant\cdots\geqslant\boldsymbol{y}^{(m-1)}\geqslant\boldsymbol{0}} \prod_{j=1}^{m-1}\left\{\frac{(\sigma_j)_{|\boldsymbol{y}^{(j)}|}\left(\dfrac{q^{\chi(j>i)}}{\rho_j\sigma_j}\right)_{|\boldsymbol{y}^{(j-1)}|-|\boldsymbol{y}^{(j)}|}\left(\dfrac{1}{\rho_j\sigma_j}\right)^{|\boldsymbol{y}^{(j)}|}}{(q^{\chi(j>i)}/\rho_j)_{|\boldsymbol{y}^{(j-1)}|}}\right.$$

$$\left.\times \prod_{r,s=1}^{n}\frac{1}{(q^{1+y_r^{(j)}-y_s^{(j)}}x_r/x_s)_{y_r^{(j-1)}-y_r^{(j)}}}\prod_{r=1}^{n}\frac{(x_r\rho_j)_{y_r^{(j)}}}{(q^{\chi(j>i)}x_r/\sigma_j)_{y_r^{(j-1)}}}\right\}q^{|\boldsymbol{y}^{(i)}|+\cdots+|\boldsymbol{y}^{(m-1)}|}$$

$$\times \frac{\left(\dfrac{q^{\chi(m>i)}}{\rho_m\sigma_m}\right)_{|\boldsymbol{y}^{(m-1)}|}}{(q^{\chi(m>i)}/\rho_m)_{|\boldsymbol{y}^{(m-1)}|}}\prod_{r,s=1}^{n}\frac{1}{(qx_r/x_s)_{y_r^{(m-1)}}}\prod_{r=1}^{n}\frac{1}{(q^{\chi(m>i)}x_r/\sigma_m)_{y_r^{(m-1)}}}$$

$$= \prod_{r,s=1}^{n}\frac{1}{(qx_r/x_s)_{N_r}}\prod_{r=1}^{n}\frac{1}{(x_r)_{N_r}}+\sum_{\substack{0\leqslant\boldsymbol{y}\leqslant N\\|\boldsymbol{y}|\geqslant 1}}q^{|\boldsymbol{y}|}\prod_{r,s=1}^{n}\frac{1}{(q^{y_r-y_s+1}x_r/x_s)_{N_r-y_r}}$$

$$\times \prod_{r=1}^{n}\frac{1}{(x_r)_{N_r+|\boldsymbol{y}|}}\prod_{j=1}^{i}\left[\frac{(\sigma_j)_{|\boldsymbol{y}|}}{(1/\rho_j)_{|\boldsymbol{y}|}}\left(\frac{1}{\rho_j\sigma_j}\right)^{|\boldsymbol{y}|}\prod_{r=1}^{n}\frac{(x_r\rho_j)_{y_r}}{(x_r/\sigma_j)_{y_r}}\right]$$

$$\times \left\{ (-1)^{|\boldsymbol{y}|} q^{\binom{|\boldsymbol{y}|}{2}} \prod_{r=1}^{n} (x_r)_{|\boldsymbol{y}|} \prod_{r,s=1}^{n} \frac{1}{(qx_r/x_s)_{y_r}} \right.$$

$$\times \prod_{j=i+1}^{m} \left[\frac{(\sigma_j)_{|\boldsymbol{y}|}}{(q/\rho_j)_{|\boldsymbol{y}|}} \left(\frac{q}{\rho_j \sigma_j} \right)^{|\boldsymbol{y}|} \prod_{r=1}^{n} \frac{(x_r \rho_j)_{y_r}}{(qx_r/\sigma_j)_{y_r}} \right] - \frac{1}{q} \sum_{p=1}^{n} (-1)^{|\boldsymbol{y}|-1} q^{\binom{|\boldsymbol{y}|-1}{2}} (x_p)_{|\boldsymbol{y}|-1}$$

$$\times \prod_{\substack{r=1 \\ r \neq p}}^{n} (1 - x_r q^{|\boldsymbol{y}|+y_r-1})(x_r)_{|\boldsymbol{y}|-1} \prod_{\substack{r,s=1 \\ r \neq p}}^{n} \frac{1}{(qx_r/x_s)_{y_r}} \prod_{s=1}^{n} \frac{1}{(qx_p/x_s)_{y_p-1}}$$

$$\times \prod_{\substack{r=1 \\ r \neq p}}^{n} \frac{x_r q^{y_r}}{x_r q^{y_r} - x_p q^{y_p}} \prod_{j=i+1}^{m} \left[\frac{(\sigma_j)_{|\boldsymbol{y}|-1} (x_p \rho_j)_{y_p-1}}{(q/\rho_j)_{|\boldsymbol{y}|-1} (qx_p/\sigma_j)_{y_p-1}} \left(\frac{q}{\rho_j \sigma_j} \right)^{|\boldsymbol{y}|-1} \right.$$

$$\left. \left. \times \prod_{\substack{r=1 \\ r \neq p}}^{n} \frac{(x_r \rho_j)_{y_r}}{(qx_r/\sigma_j)_{y_r}} \right] \right\},$$

这里 $\boldsymbol{y}^0 = \boldsymbol{N}$, 指标函数 $\chi(x) = \begin{cases} 1, & x\text{ 为真}, \\ 0, & x\text{ 为假}. \end{cases}$

在定理 10.3.2 中, 对所有 i 和 r, 取 $\rho_i, \sigma_i \to \infty$, $N_r \to \infty$, 我们有 [177, 推论 4.6] 的 $U(n+1)$ 拓广.

定理 10.3.3 令 $1 \leqslant i \leqslant m$, 则

$$\sum_{+\infty \geqslant \boldsymbol{y}^{(1)} \geqslant \cdots \geqslant \boldsymbol{y}^{(m-1)} \geqslant 0} \prod_{j=2}^{m-1} \left\{ q^{\binom{|\boldsymbol{y}^{(j)}|}{2} + \binom{y_1^{(j)}}{2} + \cdots + \binom{y_n^{(j)}}{2}} \right.$$

$$\left. \times \prod_{r,s=1}^{n} \frac{1}{(q^{1+y_r^{(j)}-y_s^{(j)}} x_r/x_s)_{y_r^{(j-1)}-y_r^{(j)}}} \prod_{r=1}^{n} x_r^{y_r^{(j)}} \right\}$$

$$\times q^{\binom{|\boldsymbol{y}^{(1)}|}{2} + \binom{y_1^{(1)}}{2} + \cdots + \binom{y_n^{(1)}}{2} + |\boldsymbol{y}^{(i)}| + \cdots + |\boldsymbol{y}^{(m-1)}|}$$

$$\times \prod_{r,s=1}^{n} \frac{1}{(q^{1+y_r^{(1)}-y_s^{(1)}} x_r/x_s)_{\infty}} \prod_{r=1}^{n} x_r^{y_r^{(1)}} \prod_{r,s=1}^{n} \frac{1}{(qx_r/x_s)_{y_r^{(m-1)}}}$$

$$= \prod_{r=1}^{n} \frac{1}{(x_r)_{\infty}} \prod_{r,s=1}^{n} \frac{1}{(qx_r/x_s)_{\infty}} + \prod_{r=1}^{n} \frac{1}{(x_r)_{\infty}} \sum_{\substack{0 \leqslant \boldsymbol{y} \leqslant +\infty \\ |\boldsymbol{y}| \geqslant 1}} (-1)^{|\boldsymbol{y}|} q^{|\boldsymbol{y}|+i\left[\binom{|\boldsymbol{y}|}{2} + \binom{y_1}{2} + \cdots + \binom{y_n}{2}\right]}$$

$$\times \prod_{r=1}^{n} x_r^{iy_r} \prod_{r,s=1}^{n} \frac{1}{(q^{y_r-y_s+1} x_r/x_s)_\infty} \left\{ q^{\binom{|\boldsymbol{y}|}{2}+(m-i)\left[\binom{|\boldsymbol{y}|}{2}+|\boldsymbol{y}|+\binom{y_1}{2}+\cdots+\binom{y_n}{2}\right]} \right.$$

$$\times \prod_{r=1}^{n} (x_r)_{|\boldsymbol{y}|} \prod_{r,s=1}^{n} \frac{1}{(qx_r/x_s)_{y_r}} \prod_{r=1}^{n} x_r^{(m-i)y_r}$$

$$+ \frac{1}{q} \sum_{p=1}^{n} q^{\binom{|\boldsymbol{y}|-1}{2}+(m-i)\left[\binom{|\boldsymbol{y}|-1}{2}+|\boldsymbol{y}|-1+\binom{y_p-1}{2}\right]} (x_p)_{|\boldsymbol{y}|-1} x_p^{(m-i)(y_p-1)}$$

$$\times \prod_{\substack{r=1 \\ r\neq p}}^{n} (1 - x_r q^{|\boldsymbol{y}|+y_r-1})(x_r)_{|\boldsymbol{y}|-1} \prod_{\substack{r,s=1 \\ r\neq p}}^{n} \frac{1}{(qx_r/x_s)_{y_r}} \prod_{s=1}^{n} \frac{1}{(qx_p/x_s)_{y_p-1}}$$

$$\times \prod_{\substack{r=1 \\ r\neq p}}^{n} \frac{x_r q^{y_r}}{x_r q^{y_r} - x_p q^{y_p}} \prod_{\substack{r=1 \\ r\neq p}}^{n} x_r^{(m-i)y_r} q^{(m-i)\binom{y_r}{2}} \right\}.$$

令 $n=1$, 则

$$(x)_\infty \sum_{+\infty \geqslant y_1 \geqslant \cdots \geqslant y_{m-1} \geqslant 0} \frac{x^{y_1+\cdots+y_{m-1}} q^{y_1^2+\cdots+y_{m-1}^2 - y_1 - \cdots - y_{i-1}}}{(q)_{y_1-y_2}\cdots(q)_{y_{m-2}-y_{m-1}}(q)_{y_{m-1}}}$$

$$= 1 + \sum_{y=1}^{\infty} (-1)^y \left[\frac{(x)_y}{(q)_y} x^{my} q^{my^2+y-iy+\binom{y}{2}} \right.$$

$$\left. + \frac{(x)_{y-1}}{(q)_{y-1}} x^{my-m+i} q^{my^2+y-2my+m+iy-i+\binom{y-1}{2}-1} \right]. \tag{10.3.5}$$

当 $x=q$ 时, 应用 Jacobi 三重积恒等式 [6, (1.6.1)], (10.3.5) 退化为 Andrews-Gordon 恒等式 [108,178]:

$$\sum_{+\infty \geqslant y_1 \geqslant \cdots \geqslant y_{m-1} \geqslant 0} \frac{q^{y_1^2+\cdots+y_{m-1}^2+y_i+\cdots+y_{m-1}}}{(q)_{y_1-y_2}\cdots(q)_{y_{m-2}-y_{m-1}}(q)_{y_{m-1}}}$$

$$= \frac{1}{(q)_\infty} \left\{ 1 + \sum_{y=1}^{\infty} (-1)^y \left[q^{my^2+my+y-iy+\binom{y}{2}} + q^{my^2-my+y+iy+\binom{y-1}{2}-1} \right] \right\}$$

$$= \frac{1}{(q)_\infty} \sum_{y=-\infty}^{+\infty} (-1)^y q^{\frac{2m+1}{2}y^2 + \frac{2m-2i+1}{2}y}$$

$$= \frac{(q^{2m-i+1}, q^i, q^{2m+1}; q^{2m+1})_\infty}{(q)_\infty},$$

这里 $1 \leqslant i \leqslant m$ 和 $m \geqslant 2$. 它是两类 Rogers-Ramanujan 恒等式的一个共同推广.

10.4 C_n Bailey 链和 C_n WP-Bailey 链

在 [49,60] 中, Milne 和 Lilly 给出 Bailey 引理的一个 C_n 拓广. 他们建立了下面的 C_n Bailey 对的概念:

定义 10.4.1 设 $\boldsymbol{x} = (x_1, \cdots, x_n)$ 是一个 n 维向量, 对 $\boldsymbol{N}, \boldsymbol{y} \in \mathbb{N}^n$, 令

$$
\begin{aligned}
M_{\boldsymbol{N}, \boldsymbol{y}}(\boldsymbol{x}) &:= \prod_{r,s=1}^{n} \frac{1}{(q^{y_r - y_s + 1} x_r/x_s)_{N_r - y_r} (q^{y_r + y_s + 1} x_r x_s)_{N_r - y_r}} \\
&= \prod_{r,s=1}^{n} \frac{(q x_r/x_s)_{y_r - y_s} (q x_r x_s)_{y_r + y_s}}{(q x_r/x_s)_{N_r - y_s} (q x_r x_s)_{N_r + y_s}}.
\end{aligned}
$$

则 $A_{\boldsymbol{N}}(\boldsymbol{x})$ 和 $B_{\boldsymbol{N}}(\boldsymbol{x})$ 形成一个 C_n Bailey 对 $(A_{\boldsymbol{N}}(\boldsymbol{x}), B_{\boldsymbol{N}}(\boldsymbol{x}))$, 如果对所有 $\boldsymbol{N} \geqslant \boldsymbol{0}$,

$$
B_{\boldsymbol{N}}(\boldsymbol{x}) = \sum_{\boldsymbol{0} \leqslant \boldsymbol{y} \leqslant \boldsymbol{N}} M_{\boldsymbol{N}, \boldsymbol{y}}(\boldsymbol{x}) A_{\boldsymbol{y}}(\boldsymbol{x}), \tag{10.4.1}
$$

Lilly 与 Milne 还建立了 (10.4.1)的反演关系.

引理 10.4.1 [49, 定理 4.3] 设 $\boldsymbol{x} = (x_1, \cdots, x_n)$ 为 n 维向量, 以及, 对 $\boldsymbol{N}, \boldsymbol{y} \in \mathbb{N}^n$, 我们有

$$
A_{\boldsymbol{N}}(\boldsymbol{x}) = \sum_{\boldsymbol{0} \leqslant \boldsymbol{y} \leqslant \boldsymbol{N}} M^*_{\boldsymbol{N}, \boldsymbol{y}}(\boldsymbol{x}) B_{\boldsymbol{y}}(\boldsymbol{x}), \tag{10.4.2}
$$

这里

$$
\begin{aligned}
M^*_{\boldsymbol{N}, \boldsymbol{y}}(\boldsymbol{x}) &= (-1)^{|\boldsymbol{N}| - |\boldsymbol{y}|} q^{\binom{|\boldsymbol{N}| - |\boldsymbol{y}|}{2}} \prod_{1 \leqslant r < s \leqslant n} \frac{1 - x_r x_s q^{y_r + y_s}}{1 - x_r x_s q^{N_r + N_s}} \\
&\quad \times \prod_{r,s=1}^{n} \frac{1}{(q^{y_r - y_s + 1} x_r/x_s)_{N_r - y_r} (q^{y_r + N_s} x_r x_s)_{N_r - y_r}} \\
&= (-1)^{|\boldsymbol{N}| - |\boldsymbol{y}|} q^{\binom{|\boldsymbol{N}| - |\boldsymbol{y}|}{2}} \prod_{1 \leqslant r < s \leqslant n} \frac{1 - x_r x_s q^{y_r + y_s}}{1 - x_r x_s q^{N_r + N_s}} \\
&\quad \times \prod_{r,s=1}^{n} \frac{(q x_r/x_s)_{y_r - y_s} (x_r x_s)_{y_r + N_s}}{(q x_r/x_s)_{N_r - y_s} (x_r x_s)_{N_r + N_s}}. \tag{10.4.3}
\end{aligned}
$$

引理 10.4.2 [179, 引理 4.1] (C_n Bailey 引理)　若 $(A_N(\boldsymbol{x}), B_N(\boldsymbol{x}))$ 是 C_n Bailey 对, 则 $(A'_N(\boldsymbol{x}), B'_N(\boldsymbol{x}))$ 也是, 这里

$$A'_N(\boldsymbol{x}) = A_N(\boldsymbol{x}) \left(\frac{q}{\alpha\beta}\right)^{|\boldsymbol{N}|} \prod_{i=1}^{n} \frac{(\alpha x_i, \beta x_i)_{N_i}}{(qx_i/\alpha, qx_i/\beta)_{N_i}}, \tag{10.4.4}$$

$$B'_N(\boldsymbol{x}) = \sum_{0 \leqslant \boldsymbol{y} \leqslant \boldsymbol{N}} B_{\boldsymbol{y}}(\boldsymbol{x}) \left(\frac{q}{\alpha\beta}\right)_{|\boldsymbol{N}|-|\boldsymbol{y}|} \left(\frac{q}{\alpha\beta}\right)^{|\boldsymbol{y}|} \prod_{i=1}^{n} \frac{(\alpha x_i, \beta x_i)_{y_i}}{(qx_i/\alpha, qx_i/\beta)_{N_i}}$$

$$\times \prod_{1 \leqslant r < s \leqslant n} \frac{(qx_r x_s)_{y_r+y_s}}{(qx_r x_s)_{N_r+N_s}} \prod_{r,s=1}^{n} \frac{(qx_r/x_s)_{y_r-y_s}}{(qx_r/x_s)_{N_r-y_s}}. \tag{10.4.5}$$

下面介绍 C_n WP-Bailey 对的概念及其逆关系. 首先回顾 Milne 和 Lilly [49,60] 的一些结果.

引理 10.4.3 [49, 定理 6.7] (C_n q-Dougall 求和公式)　令 $abcd = q^{1+|\boldsymbol{N}|}$, 则

$$\sum_{0 \leqslant \boldsymbol{y} \leqslant \boldsymbol{N}} q^{|\boldsymbol{y}|} \prod_{1 \leqslant r < s \leqslant n} \frac{x_r q^{y_r} - x_s q^{y_s}}{x_r - x_s} \prod_{1 \leqslant r < s \leqslant n} \frac{1 - x_r x_s q^{y_r+y_s}}{1 - x_r x_s} \prod_{i=1}^{n} \frac{1 - x_i^2 q^{2y_i}}{1 - x_i^2}$$

$$\times \prod_{r=1}^{n} \frac{(ax_r, bx_r, cx_r, dx_r)_{y_r}}{(qx_r/a, qx_r/b, qx_r/c, qx_r/d)_{y_r}} \prod_{r,s=1}^{n} \frac{(q^{-N_s}x_r/x_s, x_r x_s)_{y_r}}{(qx_r/x_s, q^{1+N_s}x_r x_s)_{y_r}}$$

$$= (q/ab, q/ac, q/bc)_{|\boldsymbol{N}|} \prod_{1 \leqslant r < s \leqslant n} \frac{(qx_r x_s)_{N_r}}{(q^{1+N_s}x_r x_s)_{N_r}}$$

$$\times \prod_{r=1}^{n} \frac{(qx_r^2)_{N_r}}{(qx_r/a, qx_r/b, qx_r/c, q^{1+|\boldsymbol{N}|-N_r}/abcx_r)_{N_r}}. \tag{10.4.6}$$

易知 $cd = q$, 由 (10.4.6) 有

引理 10.4.4 [49, 定理 2.2] (C_n 终止型 $_6\phi_5$ 求和公式)　我们有

$$\sum_{0 \leqslant \boldsymbol{y} \leqslant \boldsymbol{N}} q^{|\boldsymbol{y}|} \prod_{1 \leqslant r < s \leqslant n} \frac{x_r q^{y_r} - x_s q^{y_s}}{x_r - x_s} \prod_{1 \leqslant r < s \leqslant n} \frac{1 - x_r x_s q^{y_r+y_s}}{1 - x_r x_s} \prod_{i=1}^{n} \frac{1 - x_i^2 q^{2y_i}}{1 - x_i^2}$$

$$\times \prod_{r=1}^{n} \frac{(ax_r, bx_r)_{y_r}}{(qx_r/a, qx_r/b)_{y_r}} \prod_{r,s=1}^{n} \frac{(q^{-N_s}x_r/x_s, x_r x_s)_{y_r}}{(qx_r/x_s, q^{1+N_s}x_r x_s)_{y_r}},$$

$$= \delta_{\boldsymbol{N},\boldsymbol{0}}, \tag{10.4.7}$$

这里 $ab = q^{|\boldsymbol{N}|}$.

设

$$M_{\boldsymbol{N},\boldsymbol{y}}(\boldsymbol{x}|k) = \prod_{r=1}^{n}(kx_r)_{|\boldsymbol{N}|+y_r}(k/x_r)_{|\boldsymbol{N}|-y_r}$$

$$\times \prod_{r,s=1}^{n} \frac{1}{(q^{y_r-y_s+1}x_r/x_s)_{N_r-y_r}(q^{y_r+y_s+1}x_rx_s)_{N_r-y_r}}$$

$$= \prod_{r=1}^{n}(kx_r)_{|\boldsymbol{N}|+y_r}(k/x_r)_{|\boldsymbol{N}|-y_r}$$

$$\times \prod_{r,s=1}^{n} \frac{(qx_r/x_s)_{y_r-y_s}(qx_rx_s)_{y_r+y_s}}{(qx_r/x_s)_{N_r-y_s}(qx_rx_s)_{N_r+y_s}} \tag{10.4.8}$$

和

$$M^*_{\boldsymbol{N},\boldsymbol{y}}(\boldsymbol{x}|k) = (-1)^{|\boldsymbol{N}|-|\boldsymbol{y}|}q^{\binom{|\boldsymbol{N}|-|\boldsymbol{y}|}{2}} \prod_{r,s=1}^{n} \frac{1}{(q^{y_r-y_s+1}x_r/x_s)_{N_r-y_r}(q^{y_r+N_s}x_rx_s)_{N_r-y_r}}$$

$$\times \prod_{1\leqslant r<s\leqslant n} \frac{1-x_rx_sq^{y_r+y_s}}{1-x_rx_sq^{N_r+N_s}} \prod_{r=1}^{n} \frac{(1-kx_rq^{|\boldsymbol{y}|+y_r})(1-kq^{|\boldsymbol{y}|-y_r}/x_r)}{(kx_r)_{|\boldsymbol{y}|+N_r+1}(k/x_r)_{|\boldsymbol{y}|-N_r+1}}$$

$$= (-1)^{|\boldsymbol{N}|-|\boldsymbol{y}|}q^{\binom{|\boldsymbol{N}|-|\boldsymbol{y}|}{2}} \prod_{r,s=1}^{n} \frac{(qx_r/x_s)_{y_r-y_s}(x_rx_s)_{N_s+y_r}}{(qx_r/x_s)_{N_r-y_s}(x_rx_s)_{N_r+N_s}}$$

$$\times \prod_{1\leqslant r<s\leqslant n} \frac{1-x_rx_sq^{y_r+y_s}}{1-x_rx_sq^{N_r+N_s}} \prod_{r=1}^{n} \frac{(1-kx_rq^{|\boldsymbol{y}|+y_r})(1-kq^{|\boldsymbol{y}|-y_r}/x_r)}{(kx_r)_{|\boldsymbol{y}|+N_r+1}(k/x_r)_{|\boldsymbol{y}|-N_r+1}}. \tag{10.4.9}$$

定理 10.4.1 [180] (C_n WP-Bailey 变换) 设 $M_{\boldsymbol{N},\boldsymbol{y}}(\boldsymbol{x}|k)$ 和 $M^*_{\boldsymbol{N},\boldsymbol{y}}(\boldsymbol{x}|k)$ 定义如 (10.4.8) 和 (10.4.9), 则

$$\sum_{\boldsymbol{M}\leqslant\boldsymbol{y}\leqslant\boldsymbol{N}} M_{\boldsymbol{N},\boldsymbol{y}}(\boldsymbol{x}|k)M^*_{\boldsymbol{y},\boldsymbol{M}}(\boldsymbol{x}|k) = \sum_{\boldsymbol{M}\leqslant\boldsymbol{y}\leqslant\boldsymbol{N}} M^*_{\boldsymbol{N},\boldsymbol{y}}(\boldsymbol{x}|k)M_{\boldsymbol{y},\boldsymbol{M}}(\boldsymbol{x}|k)$$

$$= \delta_{\boldsymbol{N},\boldsymbol{M}} := \prod_{r=1}^{n} \delta_{N_r,M_r}, \tag{10.4.10}$$

这里 $\delta_{i,j}$ 表示经典的 Kronecker 符号.

证明 由于

$$\sum_{\boldsymbol{M}\leqslant\boldsymbol{y}\leqslant\boldsymbol{N}} M_{\boldsymbol{N},\boldsymbol{y}}(\boldsymbol{x}|k)M^*_{\boldsymbol{y},\boldsymbol{M}}(\boldsymbol{x}|k)$$

$$= \sum_{0 \leqslant \boldsymbol{y} \leqslant \boldsymbol{N} - \boldsymbol{M}} M_{\boldsymbol{N}, \boldsymbol{y} + \boldsymbol{M}}(\boldsymbol{x}|k) M^*_{\boldsymbol{y} + \boldsymbol{M}, \boldsymbol{M}}(\boldsymbol{x}|k)$$

$$= \sum_{0 \leqslant \boldsymbol{y} \leqslant \boldsymbol{N} - \boldsymbol{M}} (-1)^{|\boldsymbol{y}|} q^{\binom{|\boldsymbol{y}|}{2}} \prod_{r=1}^{n} (kx_r)_{|\boldsymbol{N}| + y_r + M_r} (k/x_r)_{|\boldsymbol{N}| - y_r - M_r}$$

$$\times \prod_{r,s=1}^{n} \frac{(qx_r/x_s)_{y_r + M_r - y_s - M_s}(qx_r x_s)_{y_r + M_r + y_s + M_s}}{(qx_r/x_s)_{N_r - M_s - y_s}(qx_r x_s)_{N_r + M_s + y_s}}$$

$$\times \prod_{r,s=1}^{n} \frac{(qx_r/x_s)_{M_r - M_s}(x_r x_s)_{y_s + M_s + M_r}}{(qx_r/x_s)_{y_r + M_r - M_s}(x_r x_s)_{y_r + M_r + y_s + M_s}}$$

$$\times \prod_{1 \leqslant r < s \leqslant n} \frac{1 - x_r x_s q^{M_r + M_s}}{1 - x_r x_s q^{y_r + M_r + y_s + M_s}} \prod_{r=1}^{n} \frac{(1 - kx_r q^{|\boldsymbol{M}| + M_r})(1 - kq^{|\boldsymbol{M}| - M_r}/x_r)}{(kx_r)_{|\boldsymbol{M}| + y_r + M_r + 1}(k/x_r)_{|\boldsymbol{M}| - y_r - M_r + 1}}.$$

应用下列式子:

$$\prod_{r=1}^{n} \frac{(kx_r)_{|\boldsymbol{N}| + y_r + M_r}(k/x_r)_{|\boldsymbol{N}| - y_r - M_r}}{(kx_r)_{|\boldsymbol{M}| + y_r + M_r + 1}(k/x_r)_{|\boldsymbol{M}| - y_r - M_r + 1}}$$

$$= q^{(|\boldsymbol{M}| - |\boldsymbol{N}| + 1)|\boldsymbol{y}|} \prod_{r=1}^{n} \frac{(kx_r)_{|\boldsymbol{N}| + M_r}(k/x_r)_{|\boldsymbol{N}| - M_r}}{(kx_r)_{|\boldsymbol{M}| + M_r + 1}(k/x_r)_{|\boldsymbol{M}| - M_r + 1}}$$

$$\times \prod_{r=1}^{n} \frac{(kx_r q^{|\boldsymbol{N}| + M_r})_{y_r}(q^{-|\boldsymbol{M}| + M_r} x_r/k)_{y_r}}{(kx_r q^{|\boldsymbol{N}| + M_r + 1})_{y_r}(q^{1 - |\boldsymbol{N}| + M_r} x_r/k)_{y_r}}, \tag{10.4.11}$$

$$\prod_{r,s=1}^{n} \frac{(qx_r/x_s)_{y_r + M_r - y_s - M_s}}{(qx_r/x_s)_{N_r - y_s - M_s}}$$

$$= \prod_{r,s=1}^{n} \frac{1}{(q^{1 + M_r - M_s + y_r - y_s} x_r/x_s)_{N_r - M_r - y_r}}$$

$$= (-1)^{|\boldsymbol{y}|} q^{(|\boldsymbol{N}| - |\boldsymbol{M}|)|\boldsymbol{y}| - \binom{|\boldsymbol{y}|}{2}} \prod_{r,s=1}^{n} \frac{(qx_r/x_s)_{M_r - M_s}}{(qx_r/x_s)_{N_r - M_s}}$$

$$\times \prod_{1 \leqslant r < s \leqslant n} \frac{x_r q^{y_r + M_r} - x_s q^{y_s + M_s}}{x_r q^{M_r} - x_s q^{M_s}} \prod_{r,s=1}^{n} (q^{M_r - N_s} x_r/x_s)_{y_r} \tag{10.4.12}$$

(见 [30, (3.32)]),

$$\prod_{r,s=1}^{n} \frac{(qx_r/x_s)_{M_r - M_s}(x_r x_s)_{y_s + M_s + M_r}}{(qx_r/x_s)_{y_r + M_r - M_s}(x_r x_s)_{y_r + M_r + y_s + M_s}}$$

$$= \prod_{r,s=1}^{n} \frac{1}{(q^{M_r-M_s+1}x_r/x_s)_{y_r}(x_rx_sq^{M_r+M_s+y_s})_{y_r}} \qquad (10.4.13)$$

和

$$\prod_{r,s=1}^{n} \frac{(qx_rx_s)_{y_r+M_r+y_s+M_s}}{(qx_rx_s)_{N_r+M_s+y_s}}$$

$$= \prod_{r=1}^{n} \frac{1-x_r^2q^{2(y_r+M_r)}}{1-x_r^2q^{2M_r}} \prod_{1\leqslant r<s\leqslant n} \frac{(1-x_rx_sq^{y_r+y_s+M_r+M_s})^2}{(1-x_rx_sq^{M_r+M_s})^2}$$

$$\times \prod_{r,s=1}^{n} \frac{(x_rx_sq^{M_r+M_s})_{y_s}(x_rx_sq^{M_r+M_s+y_s})_{y_r}}{(x_rx_sq^{M_r+M_s+1})_{N_r-M_r}(x_rx_sq^{N_r+M_s+1})_{y_s}}, \qquad (10.4.14)$$

则

(10.4.10) 的左边

$$= \prod_{r=1}^{n} (kx_r)_{|\boldsymbol{N}|+M_r}(k/x_r)_{|\boldsymbol{N}|-M_r} \prod_{r,s=1}^{n} \frac{(qx_r/x_s)_{M_r-M_s}(qx_rx_s)_{M_r+M_s}}{(qx_r/x_s)_{N_r-M_s}(qx_rx_s)_{N_r+M_s}}$$

$$\times \prod_{r=1}^{n} \frac{(1-kx_rq^{|\boldsymbol{M}|+M_r})(1-kq^{|\boldsymbol{M}|-M_r}/x_r)}{(kx_r)_{|\boldsymbol{M}|+M_r+1}(k/x_r)_{|\boldsymbol{M}|-M_r+1}}$$

$$\times \sum_{0\leqslant \boldsymbol{y}\leqslant \boldsymbol{N}-\boldsymbol{M}} q^{|\boldsymbol{y}|} \prod_{r=1}^{n} \frac{1-x_r^2q^{2(M_r+y_r)}}{1-x_r^2q^{2M_r}} \prod_{r=1}^{n} \frac{(kx_rq^{|\boldsymbol{N}|+M_r})_{y_r}(q^{-|\boldsymbol{M}|+M_r}x_r/k)_{y_r}}{(q^{1-|\boldsymbol{N}|+M_r}x_r/k)_{y_r}(kx_rq^{|\boldsymbol{M}|+M_r+1})_{y_r}}$$

$$\times \prod_{r,s=1}^{n} \frac{(q^{M_r-N_r}x_r/x_s)_{y_r}(x_rx_sq^{M_r+M_s})_{y_r}}{(q^{M_r-M_s+1}x_r/x_s)_{y_r}(x_rx_sq^{M_r+N_s+1})_{y_r}} \prod_{1\leqslant r<s\leqslant n} \frac{x_rq^{M_r+y_r}-x_sq^{M_s+y_s}}{x_rq^{M_r}-x_sq^{M_s}}$$

$$\times \prod_{1\leqslant r<s\leqslant n} \frac{1-x_rx_sq^{M_r+M_s+y_r+y_s}}{1-x_rx_sq^{M_r+M_s}}$$

$$= \prod_{r=1}^{n} (kx_r)_{|\boldsymbol{N}|+M_r}(k/x_r)_{|\boldsymbol{N}|-M_r} \prod_{r,s=1}^{n} \frac{(qx_r/x_s)_{M_r-M_s}(qx_rx_s)_{M_r+M_s}}{(qx_r/x_s)_{N_r-M_s}(qx_rx_s)_{N_r+M_s}}$$

$$\times \prod_{r=1}^{n} \frac{(1-kx_rq^{|\boldsymbol{M}|+M_r})(1-kq^{|\boldsymbol{M}|-M_r}/x_r)}{(kx_r)_{|\boldsymbol{M}|+M_r+1}(k/x_r)_{|\boldsymbol{M}|-M_r+1}}$$

$$\times \sum_{0\leqslant \boldsymbol{y}\leqslant \boldsymbol{N}-\boldsymbol{M}} q^{|\boldsymbol{y}|} \frac{\Delta_C(\boldsymbol{x}q^{\boldsymbol{y}+\boldsymbol{M}})}{\Delta_C(\boldsymbol{x}q^{\boldsymbol{M}})} \prod_{r=1}^{n} \frac{(kx_rq^{|\boldsymbol{N}|+M_r}, q^{-|\boldsymbol{M}|+M_r}x_r/k)_{y_r}}{(q^{1-|\boldsymbol{N}|+M_r}x_r/k, kx_rq^{|\boldsymbol{M}|+M_r+1})_{y_r}}$$

$$\times \prod_{r,s=1}^{n} \frac{(q^{M_r-N_r}x_r/x_s, x_r x_s q^{M_r+M_s})_{y_r}}{(q^{M_r-M_s+1}x_r/x_s, x_r x_s q^{M_r+N_s+1})_{y_r}}.$$

通过 C_n 终止型 $_6\phi_5$ 求和公式 (10.4.7) 的情形:

$$(N_r, x_r, a, b) \to (N_r - M_r, x_r q^{M_r}, kq^{|\boldsymbol{N}|}, q^{-|\boldsymbol{M}|}/k),$$

则有

(10.4.10) 的左边

$$= \delta_{\boldsymbol{N},\boldsymbol{M}} \prod_{r=1}^{n} (kx_r)_{|\boldsymbol{N}|+M_r}(k/x_r)_{|\boldsymbol{N}|-M_r} \prod_{r,s=1}^{n} \frac{(qx_r/x_s)_{M_r-M_s}(qx_r x_s)_{M_r+M_s}}{(qx_r/x_s)_{N_r-M_s}(qx_r x_s)_{N_r+M_s}}$$

$$\times \prod_{r=1}^{n} \frac{1}{(kx_r)_{|\boldsymbol{M}|+M_r}(k/x_r)_{|\boldsymbol{M}|-M_r}}$$

$$= \delta_{\boldsymbol{N},\boldsymbol{M}} = (10.4.10) \text{ 的右边.} \qquad \square$$

对参数的一般序列, 定理 10.4.1 的一个拓广由 Schlosser 给出 [106, 定理 4.1].

等式 (10.4.8) 和 (10.4.9) 促使我们定义 C_n WP-Bailey 对.

定义 10.4.2　设 $\boldsymbol{x} = (x_1, \cdots, x_n)$ 为 n 维向量, 定义 $M_{\boldsymbol{N},\boldsymbol{y}}(\boldsymbol{x}|k)$ 在 (10.4.8) 上. 则 $A_{\boldsymbol{N}}(\boldsymbol{x}; k)$ 和 $B_{\boldsymbol{N}}(\boldsymbol{x}; k)$ 为一个 C_n WP-Bailey 对 $(A_{\boldsymbol{N}}(\boldsymbol{x}; k), B_{\boldsymbol{N}}(\boldsymbol{x}; k))$, 若对所有的 $\boldsymbol{N} \geqslant \boldsymbol{0}$,

$$B_{\boldsymbol{N}}(\boldsymbol{x}; k) = \sum_{\boldsymbol{0} \leqslant \boldsymbol{y} \leqslant \boldsymbol{N}} M_{\boldsymbol{N},\boldsymbol{y}}(\boldsymbol{x}|k) A_{\boldsymbol{y}}(\boldsymbol{x}; k). \qquad (10.4.15)$$

应用定理 10.4.1, 则有下述结果:

引理 10.4.5 (C_n WP-Bailey 对反演)　若 $A_{\boldsymbol{N}}(\boldsymbol{x}; k)$ 和 $B_{\boldsymbol{N}}(\boldsymbol{x}; k)$ 形成一个 C_n WP-Bailey 对 $(A_{\boldsymbol{N}}(\boldsymbol{x}; k), B_{\boldsymbol{N}}(\boldsymbol{x}; k))$, 则

$$A_{\boldsymbol{N}}(\boldsymbol{x}; k) = \sum_{\boldsymbol{0} \leqslant \boldsymbol{y} \leqslant \boldsymbol{N}} M^*_{\boldsymbol{N},\boldsymbol{y}}(\boldsymbol{x}|k) B_{\boldsymbol{y}}(\boldsymbol{x}; k). \qquad (10.4.16)$$

10.5　C_n WP-Bailey 链

作为 C_n WP-Bailey 对的应用, 我们建立下列 C_n WP-Bailey 链的概念.

定理 10.5.1 [180] (WP-Bailey 引理的 C_n 拓广)　设 $A(\boldsymbol{x}; k) = \{A_{\boldsymbol{N}}(\boldsymbol{x}; k)\}$ 和 $B(\boldsymbol{x}; k) = \{B_{\boldsymbol{N}}(\boldsymbol{x}; k)\}$ 形成 C_n WP-Bailey 对. 若定义

$$A'_{\boldsymbol{N}}(\boldsymbol{x}; k) = A_{\boldsymbol{N}}(\boldsymbol{x}; kab/q)\left(\frac{q}{ab}\right)^{|\boldsymbol{N}|} \prod_{r=1}^{n} \frac{(ax_r, bx_r)_{N_r}}{(qx_r/a, qx_r/b)_{N_r}} \qquad (10.5.1)$$

和

$$
B'_{\boldsymbol{N}}(\boldsymbol{x};k) = (ka,kb)_{|\boldsymbol{N}|} \sum_{0\leqslant \boldsymbol{y}\leqslant \boldsymbol{N}} B_{\boldsymbol{y}}(\boldsymbol{x};kab/q) \frac{(q/ab)_{|\boldsymbol{N}|-|\boldsymbol{y}|}}{(ka,kb)_{|\boldsymbol{y}|}} \left(\frac{q}{ab}\right)^{|\boldsymbol{y}|}
$$

$$
\times \prod_{r=1}^{n} \frac{(1-kabx_r q^{|\boldsymbol{y}|+y_r-1})(ax_r,bx_r)_{y_r}}{\left(1-\dfrac{kabx_r}{q}\right)(qx_r/a,qx_r/b)_{N_r}} \prod_{r,s=1}^{n} \frac{(qx_r/x_s)_{y_r-y_s}}{(qx_r/x_s)_{N_r-y_s}}
$$

$$
\times \prod_{1\leqslant r<s\leqslant n} \frac{(qx_rx_s)_{y_r+y_s}}{(qx_rx_s)_{N_r+N_s}} \prod_{r=1}^{n} \frac{(kx_r)_{|\boldsymbol{N}|+y_r}(k/x_r)_{|\boldsymbol{N}|-N_r}}{(kabx_r)_{N_r+|\boldsymbol{y}|}(kab/qx_r)_{|\boldsymbol{y}|-y_r}}, \quad (10.5.2)
$$

则 $A'(\boldsymbol{x};k) = \{A'_{\boldsymbol{N}}(\boldsymbol{x};k)\}$ 和 $B'(\boldsymbol{x};k) = \{B'_{\boldsymbol{N}}(\boldsymbol{x};k)\}$ 也形成 C_n WP-Bailey 对.

证明　应用 (10.4.8), (10.5.1) 和引理 10.4.5, 改变求和次序, 应用 (10.4.12), (10.4.14) 和 (1.1.3), (1.1.4), 化简, 可得

$$
\sum_{0\leqslant \boldsymbol{y}\leqslant \boldsymbol{N}} M_{\boldsymbol{N},\boldsymbol{y}}(\boldsymbol{x}|k)A'_{\boldsymbol{y}}(\boldsymbol{x};k)
$$

$$
= \sum_{0\leqslant \boldsymbol{m}\leqslant \boldsymbol{N}} B_{\boldsymbol{m}}(\boldsymbol{x};k\alpha\beta/q)\left(\frac{q}{ab}\right)^{|\boldsymbol{m}|} \prod_{r,s=1}^{n} \frac{(qx_r/x_s)_{m_r-m_s}(qx_rx_s)_{m_r+m_s}}{(qx_r/x_s)_{N_r-m_s}(qx_rx_s)_{N_r-m_s}}
$$

$$
\times \prod_{r=1}^{n} \frac{(ax_r,bx_r)_{m_r}(kx_r)_{|\boldsymbol{N}|+m_r}(k/x_r)_{|\boldsymbol{N}|-m_r}}{(qx_r/a,qx_r/b)_{m_r}(kabx_r/q)_{|\boldsymbol{m}|+m_r}(kab/qx_r)_{|\boldsymbol{m}|-m_r}}
$$

$$
\times \sum_{0\leqslant \boldsymbol{y}\leqslant \boldsymbol{N}-\boldsymbol{m}} \frac{\Delta_C(\boldsymbol{x}q^{\boldsymbol{m}+\boldsymbol{y}})}{\Delta_C(\boldsymbol{x}q^{\boldsymbol{m}})} q^{|\boldsymbol{y}|} \prod_{r,s=1}^{n} \frac{(q^{m_r-N_s}x_r/x_s, x_rx_s q^{m_r+m_s})_{y_s}}{(x_rx_s q^{1+m_s+N_r}, q^{1+m_r-m_s}x_r/x_s)_{y_r}}
$$

$$
\times \prod_{r=1}^{n} \frac{(kx_r q^{|\boldsymbol{N}|+m_r}, ax_r q^{m_r}, bx_r q^{m_r}, q^{1-|\boldsymbol{m}|+m_r}x_r/kab)_{y_r}}{(q^{1-|\boldsymbol{N}|+m_r}x_r/k, q^{1+m_r}x_r/a, q^{1+m_r}x_r/b, q^{|\boldsymbol{m}|+m_r}kabx_r)_{y_r}}.
$$

由 C_n q-Dougall 求和公式 (10.4.6) 的情形:

$$
(N_r,\ x_r,\ a,\ b,\ c,\ d) \mapsto (N_r-m_r,\ x_r q^{m_r},\ kq^{|\boldsymbol{N}|},\ q^{1-|\boldsymbol{m}|}/kab,\ b,\ a),
$$

得到

$$
\sum_{0\leqslant \boldsymbol{y}\leqslant \boldsymbol{N}} M_{\boldsymbol{x}}(\boldsymbol{N};\boldsymbol{y}|k;C_n)A'_{\boldsymbol{y}}(\boldsymbol{x};k)
$$

$$
= \sum_{0\leqslant \boldsymbol{m}\leqslant \boldsymbol{N}} B_{\boldsymbol{m}}(\boldsymbol{x};kab/q)\left(\frac{q}{ab}\right)^{|\boldsymbol{m}|} \prod_{r,s=1}^{n} \frac{(qx_r/x_s)_{m_r-m_s}(qx_rx_s)_{m_r+m_s}}{(qx_r/x_s)_{N_r-m_s}(qx_rx_s)_{N_r-m_s}}
$$

$$\times \prod_{r=1}^{n} \left[\frac{(ax_r, bx_r)_{m_r} (kx_r)_{|\boldsymbol{N}|+m_r} (k/x_r)_{|\boldsymbol{N}|-m_r}}{(qx_r/a, qx_r/b)_{m_r} (kabx_r/q)_{|\boldsymbol{m}|+m_r} (kab/qx_r)_{|\boldsymbol{m}|-m_r}} \right]$$

$$\times (q^{|\boldsymbol{m}|-|\boldsymbol{N}|}ab)_{|\boldsymbol{N}|-|\boldsymbol{m}|} (q^{1-|\boldsymbol{N}|}/kb)_{|\boldsymbol{N}|-|\boldsymbol{m}|} (q^{|\boldsymbol{m}|}ka)_{|\boldsymbol{N}|-|\boldsymbol{m}|}$$

$$\times \prod_{1 \leqslant r < s \leqslant n} \frac{(x_r x_s q^{1+m_r+m_s})_{N_r-m_r}}{(x_r x_s q^{1+m_r+N_s})_{N_r-m_r}}$$

$$\times \prod_{r=1}^{n} \frac{(x_r^2 q^{1+2m_r})_{N_r-m_r}}{(q^{1+m_r-|\boldsymbol{N}|}x_r/k, q^{|\boldsymbol{m}|+m_r}kx_r ab, q^{1+m_r}x_r/b, q^{-N_r}a/x_r)_{N_r-m_r}}$$

$$= (ka, kb)_{|\boldsymbol{N}|} \sum_{0 \leqslant \boldsymbol{m} \leqslant \boldsymbol{N}} B_{\boldsymbol{m}}(\boldsymbol{x}; kab/q) \frac{(q/ab)_{|\boldsymbol{N}|-|\boldsymbol{m}|}}{(ka, kb)_{|\boldsymbol{m}|}} \left(\frac{q}{ab} \right)^{|\boldsymbol{m}|}$$

$$\times \prod_{r=1}^{n} \frac{(1-kabx_r q^{|\boldsymbol{m}|+m_r-1})(ax_r, bx_r)_{m_r}}{(1-\frac{kabx_r}{q})(qx_r/a, qx_r/b)_{N_r}} \prod_{r,s=1}^{n} \frac{(qx_r/x_s)_{m_r-m_s}}{(qx_r/x_s)_{N_r-m_s}}$$

$$\times \prod_{1 \leqslant r < s \leqslant n} \frac{(qx_r x_s)_{m_r+m_s}}{(qx_r x_s)_{N_r+N_s}} \prod_{r=1}^{n} \frac{(kx_r)_{|\boldsymbol{N}|+m_r} (k/x_r)_{|\boldsymbol{N}|-N_r}}{(kabx_r)_{N_r+|\boldsymbol{m}|} (kab/qx_r)_{|\boldsymbol{m}|-m_r}}$$

$$= B'_{\boldsymbol{N}}(\boldsymbol{x}; k). \qquad \qquad \square$$

同样我们可以构造 C_n WP-Bailey 链:

$$(A_{\boldsymbol{N}}(\boldsymbol{x}; k), B_{\boldsymbol{N}}(\boldsymbol{x}; k)) \to (A'_{\boldsymbol{N}}(\boldsymbol{x}; k), B'_{\boldsymbol{N}}(\boldsymbol{x}; k)) \to (A''_{\boldsymbol{N}}(\boldsymbol{x}; k), B''_{\boldsymbol{N}}(\boldsymbol{x}; k)) \to \cdots.$$

例 10.5.1 取

$$B_{\boldsymbol{N}}(\boldsymbol{x}; k) = \delta_{|\boldsymbol{N}|,0}, \qquad \qquad (10.5.3)$$

引用 (10.4.16), 可得

$$A_{\boldsymbol{N}}(\boldsymbol{x}; k) = (-1)^{|\boldsymbol{N}|} q^{\binom{|\boldsymbol{N}|}{2}} \prod_{1 \leqslant r < s \leqslant n} \frac{1-x_r x_s}{1-x_r x_s q^{N_r+N_s}}$$

$$\times \prod_{r,s=1}^{n} \frac{1}{(qx_r/x_s)_{N_r}(x_r x_s q^{N_s})_{N_r}} \prod_{r=1}^{n} \frac{1}{(qkx_r)_{N_r}(qk/x_r)_{-N_r}}$$

$$= (-1)^{|\boldsymbol{N}|} q^{\binom{|\boldsymbol{N}|}{2}} \prod_{1 \leqslant r < s \leqslant n} \frac{1-x_r x_s}{1-x_r x_s q^{N_r+N_s}}$$

$$\times \prod_{r,s=1}^{n} \frac{1}{(qx_r/x_s)_{N_r}(x_r x_s q^{N_s})_{N_r}} \prod_{r=1}^{n} \frac{(q^{1-N_r}k/x_r)_{N_r}}{(qkx_r)_{N_r}}. \qquad (10.5.4)$$

此为 C_n 单位 WP-Bailey 对. 从这个出发, 我们将给出一个 C_n Bailey 变换. 迭代 C_n 单位 WP-Bailey 对 (10.5.3)—(10.5.4) 到 C_n WP-Bailey 引理 (10.5.1)—(10.5.2), 我们得到 C_n WP-Bailey 对

$$
A'_{\boldsymbol{N}}(\boldsymbol{x};k) = (-1)^{|\boldsymbol{N}|} q^{\binom{|\boldsymbol{N}|}{2}} \left(\frac{q}{ab}\right)^{|\boldsymbol{N}|} \prod_{r=1}^{n} \frac{(ax_r, bx_r)_{N_r}}{(qx_r/a, qx_r/b)_{N_r}} \prod_{1 \leqslant r < s \leqslant n} \frac{1 - x_r x_s}{1 - x_r x_s q^{N_r + N_s}}
$$

$$
\times \prod_{r,s=1}^{n} \frac{1}{(qx_r/x_s)_{N_r} (x_r x_s q^{N_s})_{N_r}} \prod_{r=1}^{n} \frac{(q^{-N_r} kab/x_r)_{N_r}}{(kabx_r)_{N_r}}, \tag{10.5.5}
$$

$$
B'_{\boldsymbol{N}}(\boldsymbol{x};k) = (ka, kb, q/ab)_{|\boldsymbol{N}|} \prod_{r=1}^{n} \frac{1}{(qx_r/a, qx_r/b)_{N_r}}
$$

$$
\times \prod_{r,s=1}^{n} \frac{1}{(qx_r/x_s)_{N_r}} \prod_{1 \leqslant r < s \leqslant n} \frac{1}{(qx_r x_s)_{N_s} (x_r x_s q^{1+N_s})_{N_r}}
$$

$$
\times \prod_{r=1}^{n} \frac{(kx_r, k/x_r)_{|\boldsymbol{N}|}}{(kabx_r, kq^{|\boldsymbol{N}|-N_r}/x_r)_{N_r}}. \tag{10.5.6}
$$

代 C_n WP-Bailey 对 (10.5.5)—(10.5.6) 到 C_n WP-Bailey 引理 (10.5.1)—(10.5.2), 化简之后, 得到 C_n WP-Bailey 对 $A''_{\boldsymbol{N}}$ 和 $B''_{\boldsymbol{N}}$,

$$
A''_{\boldsymbol{N}}(\boldsymbol{x};k) = (-1)^{|\boldsymbol{N}|} q^{\binom{|\boldsymbol{N}|}{2}} \left(\frac{q^2}{abcd}\right)^{|\boldsymbol{N}|} \prod_{r=1}^{n} \frac{(ax_r, bx_r, cx_r, dx_r)_{N_r}}{(qx_r/a, qx_r/b, qx_r/c, qx_r/d)_{N_r}}
$$

$$
\times \prod_{1 \leqslant r < s \leqslant n} \frac{1 - x_r x_s}{1 - x_r x_s q^{N_r + N_s}} \prod_{r,s=1}^{n} \frac{1}{(qx_r/x_s)_{N_r} (x_r x_s q^{N_s})_{N_r}}
$$

$$
\times \prod_{r=1}^{n} \frac{(q^{-1-N_r} kabcd/x_r)_{N_r}}{(kabcdx_r/q)_{N_r}}, \tag{10.5.7}
$$

和

$$
B''_{\boldsymbol{N}}(\boldsymbol{x};k)
$$

$$
= (kc, kd, q/cd)_{|\boldsymbol{N}|} \prod_{r=1}^{n} \frac{(kx_r, k/x_r)_{|\boldsymbol{N}|}}{(qx_r/c, qx_r/d, kcdx_r, kq^{|\boldsymbol{N}|-N_r}/x_r)_{N_r}} \prod_{r,s=1}^{n} \frac{1}{(qx_r/x_s)_{N_r}}
$$

$$
\times \prod_{1 \leqslant r < s \leqslant n} (qx_r x_s)_{N_r + N_s} \sum_{0 \leqslant \boldsymbol{y} \leqslant \boldsymbol{N}} \frac{(kacd/q, kbcd/q, q/ab)_{|\boldsymbol{y}|}}{(kc, kd, q^{-|\boldsymbol{N}|}cd)_{|\boldsymbol{y}|}} q^{|\boldsymbol{y}|}
$$

$$
\times \prod_{r=1}^{n} \frac{1 - q^{|\boldsymbol{y}|+y_r-1} kcdx_r}{1 - kcdx_r/q} \prod_{1 \leqslant r < s \leqslant n} \frac{x_r q^{y_r} - x_s q^{y_s}}{x_r - x_s} \prod_{r=1}^{n} \frac{(kcdx_r/q, kcd/qx_r)_{|\boldsymbol{y}|}}{(q^{N_r} kcdx_r, kcd/qx_r)_{|\boldsymbol{y}|}}
$$

$$\times \prod_{r=1}^{n} \frac{(cx_r, dx_r, q^{|\boldsymbol{N}|}kx_r)_{y_r}}{(qx_r/a, qx_r/b, kabcdx_r/q)_{y_r}} \prod_{r,s=1}^{n} \frac{(q^{-N_s}x_r/x_s)_{y_r}}{(qx_r/x_s)_{y_r}}. \tag{10.5.8}$$

继续代 WP-Bailey 对 $A_{\boldsymbol{N}}''$ 和 $B_{\boldsymbol{N}}''$ 到 (10.4.15),且代入 $k = q^2/abcde$ 和 $f = q^{|\boldsymbol{N}|+2}/abcde$ 得到 $C_n \ {}_{10}\phi_9$ 变换 [55, 定理 2.1]:

$$\sum_{0 \leqslant \boldsymbol{y} \leqslant \boldsymbol{N}} q^{|\boldsymbol{y}|} \prod_{1 \leqslant r < s \leqslant n} \frac{x_r q^{y_r} - x_s q^{y_s}}{x_r - x_s} \prod_{1 \leqslant r < s \leqslant n} \frac{1 - x_r x_s q^{y_r+y_s}}{1 - x_r x_s} \prod_{i=1}^{n} \frac{1 - x_i^2 q^{2y_i}}{1 - x_i^2}$$

$$\times \prod_{r=1}^{n} \frac{(ax_r, bx_r, cx_r, dx_r, ex_r, fx_r)_{y_r}}{(qx_r/a, qx_r/b, qx_r/c, qx_r/d, qx_r/e, qx_r/f)_{y_r}} \prod_{r,s=1}^{n} \frac{(q^{-N_s}x_r/x_s, x_r x_s)_{y_r}}{(q^{1+N_s}x_r x_s, qx_r/x_s)_{y_r}}$$

$$= (q^2/abde, q^2/abce, q/cd)_{|\boldsymbol{N}|} \prod_{1 \leqslant r < s \leqslant n} \frac{1}{(qx_r x_s)_{N_r+N_s}} \prod_{r,s=1}^{n} (qx_r x_s)_{N_r} \tag{10.5.9}$$

$$\times \prod_{r=1}^{n} \frac{1}{(q^2 x_r/abe, fq^{-N_r}/x_r, qx_r/c, qx_r/d)_{N_r}}$$

$$\times \sum_{0 \leqslant \boldsymbol{y} \leqslant \boldsymbol{N}} q^{|\boldsymbol{y}|} \frac{(q/ae, q/be, q/ab)_{|\boldsymbol{y}|}}{(q^2/abde, q^2/abce, q^2/abef)_{|\boldsymbol{y}|}}$$

$$\times \prod_{1 \leqslant r < s \leqslant n} \frac{x_r q^{y_r} - x_s q^{y_s}}{x_r - x_s} \prod_{r=1}^{n} \frac{abe - q^{|\boldsymbol{y}|+y_r+1}x_r}{abe - qx_r} \prod_{r,s=1}^{n} \frac{(q^{-N_s}x_r/x_s)_{y_r}}{(qx_r/x_s)_{y_r}}$$

$$\times \prod_{r=1}^{n} \frac{(cx_r, dx_r, fx_r)_{y_r}(qx_r/abe)_{|\boldsymbol{y}|}}{(qx_r/a, qx_r/b, qx_r/e)_{y_r}(q^{N_r+2}x_r/abe)_{|\boldsymbol{y}|}}, \tag{10.5.10}$$

这里 $abcdef = q^{|\boldsymbol{N}|+2}$.

当 $n = 1$ 时,上式退化为 Bailey 的终止型 ${}_{10}\phi_9$ 变换 [6, (2.9.1)]:

$${}_{10}\phi_9 \left[\begin{array}{cccccccccc} x^2, & qx, & -qx, & ax, & bx, & cx, & dx, & ex, & fx, & q^{-N} \\ & x, & -x, & \dfrac{qx}{a}, & \dfrac{qx}{b}, & \dfrac{qx}{c}, & \dfrac{qx}{d}, & \dfrac{qx}{e}, & \dfrac{qx}{f}, & q^{1+N}x^2 \end{array} ; q, q \right]$$

$$= \frac{(q^2/abde, q^2/abce, q/cd, qx^2)_N}{(q^2 x/abe, q^2/abcdex, qx/c, qx/d)_N}$$

$$\times {}_{10}\phi_9 \left[\begin{array}{ccccc} \dfrac{qx}{abe}, & q\sqrt{\dfrac{qx}{abe}}, & -q\sqrt{\dfrac{qx}{abe}}, & cx, & dx, \\ & \sqrt{\dfrac{qx}{abe}}, & -\sqrt{\dfrac{qx}{abe}}, & \dfrac{q^2}{abce}, & \dfrac{q^2}{abde}, \end{array} \right.$$

$$\begin{bmatrix} \dfrac{q}{be}, & \dfrac{q}{ae}, & \dfrac{q}{ab}, & fx, & q^{-N} \\[2mm] \dfrac{qx}{a}, & \dfrac{qx}{b}, & \dfrac{qx}{e}, & \dfrac{q^2}{abef}, & \dfrac{q^{N+2}}{abe} \end{bmatrix} ;q,q \Bigg], \tag{10.5.11}$$

这里 $abcdef = q^{N+2}$. 在 (10.5.9) 中, 取 $e \to \infty$ 和 $f \to 0$, 有 C_n $_8\phi_7$ 变换 [49, 定理 6.6]:

$$\sum_{0 \leqslant \boldsymbol{y} \leqslant \boldsymbol{N}} \left(\frac{q^{|\boldsymbol{N}|+2}}{abcd} \right)^{|\boldsymbol{y}|} \prod_{1 \leqslant r < s \leqslant n} \frac{x_r q^{y_r} - x_s q^{y_s}}{x_r - x_s} \prod_{1 \leqslant r < s \leqslant n} \frac{1 - x_r x_s q^{y_r + y_s}}{1 - x_r x_s}$$

$$\times \prod_{i=1}^{n} \frac{1 - x_i^2 q^{2y_i}}{1 - x_i^2} \prod_{r,s=1}^{n} \frac{(q^{-N_s} x_r/x_s, x_r x_s)_{y_r}}{(q^{1+N_s} x_r x_s, qx_r/x_s)_{y_r}} \prod_{r=1}^{n} \frac{(ax_r, bx_r, cx_r, dx_r)_{y_r}}{(qx_r/a, qx_r/b, qx_r/c, qx_r/d)_{y_r}}$$

$$= (q/cd)_{|\boldsymbol{N}|} \prod_{1 \leqslant r < s \leqslant n} \frac{1}{(qx_r x_s)_{N_r + N_s}} \prod_{r,s=1}^{n} (qx_r x_s)_{N_r} \prod_{r=1}^{n} \frac{1}{(qx_r/c, qx_r/d)_{N_r}}$$

$$\times \sum_{0 \leqslant \boldsymbol{y} \leqslant \boldsymbol{N}} q^{|\boldsymbol{y}|} \frac{(q/ab)_{|\boldsymbol{y}|}}{(q^{-|\boldsymbol{N}|} cd)_{|\boldsymbol{y}|}} \prod_{1 \leqslant r < s \leqslant n} \frac{x_r q^{y_r} - x_s q^{y_s}}{x_r - x_s} \prod_{r,s=1}^{n} \frac{(q^{-N_s} x_r/x_s)_{y_r}}{(qx_r/x_s)_{y_r}}$$

$$\times \prod_{r=1}^{n} \frac{(cx_r, dx_r)_{y_r}}{(qx_r/a, qx_r/b)_{y_r}}.$$

当 $n = 1$ 时, 化简之后, 得到 Watson 的终止型非常均衡的 $_8\phi_7$ 变换 [6, (2.5.1)]:

$$_8\phi_7 \begin{bmatrix} x^2, & xq, & -xq, & ax, & bx, & cx, & dx, & q^{-N} \\ & x, & -x, & \dfrac{qx}{a}, & \dfrac{qx}{b}, & \dfrac{qx}{c}, & \dfrac{qx}{d}, & q^{1+N}x^2 \end{bmatrix} ;q, \dfrac{q^{N+2}}{abcd} \Bigg]$$

$$= \frac{(q/cd, qx^2)_N}{(qx/c, qx/d)_N} \, _4\phi_3 \begin{bmatrix} cx, & dx, & \dfrac{q}{ab}, & q^{-N} \\[2mm] & \dfrac{qx}{a}, & \dfrac{qx}{b}, & q^{-N}cd \end{bmatrix} ;q, q \Bigg]. \tag{10.5.12}$$

第 11 章 椭圆超几何级数初步

在 [182] 中, Frenkel 和 Turaev 引入了椭圆超几何级数, 其动机来自统计力学, 即如此的级数可以用来表示由 Date 等 [183] 发现的 Yang-Baxter 方程的椭圆解-椭圆 $6j$-符号. 系列成果见 [157, 184-187].

多变量 (伴随根系统的) 椭圆超几何级数被 Warnaar, Rosengren, Spiridonov 等研究 [23, 130, 157, 180, 188]. 关于伴随根系统的椭圆 WP-Bailey 变换与引理的全面介绍可以看综述文章 [181]. 本章介绍几个相关结果, 进一步的研究可查阅相关文献.

11.1 椭圆 $U(n+1)$ 级数基本定理

令 $\theta(z; p)$ 表示仿 Jacobi theta 函数 (modified Jacobi theta function),

$$\theta(z; p) = \prod_{j=0}^{\infty} (1 - zp^j)(1 - p^{j+1}/z),$$

以及定义椭圆移位阶乘为

$$(a; q, p)_0 = 1, \quad (a; q, p)_n = \prod_{j=0}^{n-1} \theta(aq^j; p)$$

和

$$(a; q, p)_{-n} = \frac{1}{(aq^{-n}; q, p)_n},$$

这里 $n = 1, 2, \cdots$.

一般地, 采用简便记号:

$$(a_1, \cdots, a_k; q, p)_n = (a_1; q, p)_n \cdots (a_k; q, p)_n.$$

非常均衡的椭圆超几何级数定义为

$$_{r+1}V_r(a_1; a_6, \cdots, a_{r+1}; q, p) = \sum_{k=0}^{\infty} \frac{\theta(a_1 q^{2k}; p)}{\theta(a_1; p)} \frac{(a_1, a_6, \cdots, a_{r+1}; q, p)_k q^k}{(q, a_1 q/a_6, \cdots, a_1 q/a_{r+1}; q, p)_k}.$$

令椭圆 Vandermonde 行列式为

$$\Delta(z) = \prod_{1 \leqslant r < s \leqslant n} z_r \theta\left(\frac{z_s}{z_r}; p\right),$$

则

$$\Delta(zq^y) = \prod_{1 \leqslant r < s \leqslant n} z_r q^{y_r} \theta\left(q^{y_s - y_r}\frac{z_s}{z_r}; p\right),$$

于是

定理 11.1.1 [130, 定理 5.1] (Rosengren 椭圆 $U(n+1)$ 级数基本定理)

$$\sum_{\substack{y_1,\cdots,y_n \geqslant 0 \\ |\boldsymbol{y}|=m}} \frac{\Delta(zq^y)}{\Delta(z)} \prod_{s=1}^{n} \frac{\prod_{r=1}^{n+1}(a_r z_s; q, p)_{y_s}}{(bz_s; q, p)_{y_s} \prod_{r=1}^{n}\left(q\dfrac{z_s}{z_r}; q, p\right)_{y_s}}$$

$$= \frac{\left(\dfrac{b}{a_1}, \cdots, \dfrac{b}{a_{n+1}}; q, p\right)_m}{(q, bz_1, \cdots, bz_n; q, p)_m}, \tag{11.1.1}$$

这里 $b = a_1 \cdots a_{n+1} z_1 \cdots z_n$.

证明   对 m 采用归纳证明. 当 $m = 1$ 时, 即 $|\boldsymbol{y}| = 1$, 因为 $y_1, \cdots, y_n \geqslant 0$, 故存在一个 s, 使得 $y_s = 1$, $y_i = 0$ $(i \neq s)$. 令 $y_i = \delta_{is}$, 则 (11.1.1) 变为

$$\sum_{\substack{y_1,\cdots,y_n \geqslant 0 \\ |\boldsymbol{y}|=1}} \prod_{1 \leqslant r < s \leqslant n} \frac{\theta\left(q\dfrac{z_s}{z_r}\right)}{\theta\left(\dfrac{z_s}{z_r}\right)} \prod_{r=1}^{n} \frac{\prod_{s=1}^{n+1}\theta(a_s z_r)}{\theta(bz_r) \prod_{s=1}^{n}\theta\left(q\dfrac{z_r}{z_s}\right)} = \frac{\prod_{r=1}^{n+1}\theta\left(\dfrac{b}{a_r}\right)}{\theta(q) \prod_{r=1}^{n}\theta(bz_r)}. \tag{11.1.2}$$

化简 (11.1.2), 可得

$$\sum_{s=1}^{n} \frac{\prod_{r=1}^{n+1}\theta(a_r z_s)}{\theta(bz_s) \prod_{r \neq s}\theta\left(qd\dfrac{z_s}{z_r}\right)} = \frac{\prod_{r=1}^{n+1}\theta\left(\dfrac{b}{a_r}\right)}{\prod_{r=1}^{n}\theta(bz_r)}. \tag{11.1.3}$$

在 Rosengren [130, 第四节] 给出的椭圆部分分式分解公式:

$$\sum_{s=n}^{n} \frac{\prod_{r=1}^{n+1}\theta\left(\dfrac{a_s}{b_r}\right)}{\theta\left(\dfrac{a_s}{t}\right) \prod_{r \neq s}\theta\left(\dfrac{a_s}{t}\right)} = \frac{\prod_{r=1}^{n+1}\theta\left(\dfrac{b_r}{t}\right)}{\prod_{r=1}^{n}\theta\left(\dfrac{a_r}{t}\right)} \tag{11.1.4}$$

(这里 $b_1 \cdots b_{n+1} = a_1 \cdots a_n t$) 中, 取 $t \to \dfrac{1}{b}$, $a_r \to z_r$, $b_r \to \dfrac{1}{a_r}$, 即为 (11.1.3).

故当 $m = 1$ 时, 结论成立. 假设 (11.1.1) 对 m 成立, 当 $m+1$ 时, 若令 $R = \dfrac{\left(\dfrac{b}{a_1}, \cdots, \dfrac{b}{a_{n+1}}; q, p\right)_{m+1}}{(q, bz_1, \cdots, bz_n; q, p)_{m+1}}$, 则

$$
\begin{aligned}
R &= \frac{\prod\limits_{s=1}^{n+1} \theta\left(\dfrac{b}{a_s}q^m\right)}{\theta(q^{m+1}) \prod\limits_{s=1}^{n} \theta(bz_s q^m)} \frac{\left(\dfrac{b}{a_1}, \cdots, \dfrac{b}{a_{n+1}}; q, p\right)_m}{(q, bz_1, \cdots, bz_n; q, p)_m} \\
&= \frac{\prod\limits_{s=1}^{n+1} \theta\left(\dfrac{b}{a_s}q^m\right)}{\theta(q^{m+1}) \prod\limits_{s=1}^{n} \theta(bz_s q^m)} \sum_{\substack{y_1, \cdots, y_n \geqslant 0 \\ |\boldsymbol{y}|=m}} \frac{\Delta(zq^y)}{\Delta(z)} \\
&\quad \times \prod_{s=1}^{n} \frac{\prod\limits_{r=1}^{n+1} (a_r z_s; q, p)_{y_s}}{(bz_s; q, p)_{y_s} \prod\limits_{r=1}^{n} \left(q\dfrac{z_s}{z_r}; q, p\right)_{y_s}}.
\end{aligned} \tag{11.1.5}
$$

在 (11.1.1) 中, 取 $z_s \to z_s q^{y_s}$ $(s = 1, 2, \cdots, n)$, $b \to bq^m$, 可得

$$
\begin{aligned}
&\sum_{\substack{w_1, \cdots, w_n \geqslant 0 \\ |w|=1}} \frac{\Delta(zq^{y+w})}{\Delta(zq^y)} \prod_{s=1}^{n} \frac{\prod\limits_{r=1}^{n+1} (a_r z_s q^{y_s}; q, p)_{w_s}}{(bz_s q^{y_s+m}; q, p)_{w_s} \prod\limits_{r=1}^{n} \left(q^{1+y_s+y_r}\dfrac{z_s}{z_r}; q, p\right)_{w_s}} \\
&= \frac{\prod\limits_{s=1}^{n+1} \theta\left(\dfrac{b}{a_s}q^m\right)}{\theta(q) \prod\limits_{s=1}^{n} \theta(bz_s q^{m+y_s})}.
\end{aligned} \tag{11.1.6}
$$

将 (11.1.6) 代入 (11.1.5) 中, 化简可得

$$
R = \frac{\theta(q) \prod\limits_{s=1}^{n} \theta(bz_s q^{m+y_s})}{\theta(q^{m+1}) \prod\limits_{s=1}^{n} \theta(bz_s q^m)} \sum_{\substack{y_1, \cdots, y_n \geqslant 0 \\ |\boldsymbol{y}|=m}} \sum_{\substack{w_1, \cdots, w_n \geqslant 0 \\ |w|=1}} \frac{\Delta(zq^y)}{\Delta(z)} \frac{\Delta(zq^{y+w})}{\Delta(zq^y)}
$$

$$\times \prod_{s=1}^{n} \frac{\prod_{r=1}^{n+1}(a_r z_s; q, p)_{y_s}}{(bz_s; q, p)_{y_s} \prod_{r=1}^{n}\left(q\dfrac{z_s}{z_r}; q, p\right)_{y_s}}$$

$$\times \prod_{s=1}^{n} \frac{\prod_{r=1}^{n+1}(a_r z_s q^{y_s}; q, p)_{w_s}}{(bz_s q^{y_s+m}; q, p)_{w_s} \prod_{r=1}^{n}\left(q^{1+y_s+y_r}\dfrac{z_s}{z_r}; q, p\right)_{w_s}}. \tag{11.1.7}$$

取 $y \to y - w$, 运用 $w_i = \delta_{is}$, 以及 $\dfrac{1}{(bz_s)_{y_s-w_s}} = \dfrac{(q^{y_s-1}bz_s)_{w_s}}{(bz_s)_{y_s}}$, 由于

$$\prod_{r,s=1}^{n}\left(q^{1+y_s+y_r-w_s+w_r}\dfrac{z_s}{z_r}\right)_{w_s} = \theta(q)\prod_{r\neq s}(q^{y_s-y_r}\dfrac{z_s}{z_r})_{w_s} \tag{11.1.8}$$

代入 (11.1.7), 化简可得

$$R = \frac{\prod_{s=1}^{n}\theta(bz_s q^{m+y_s})}{\theta(q^{m+1})\prod_{s=1}^{n}\theta(bz_s q^m)} \sum_{\substack{y_1,\cdots,y_n \geqslant 0 \\ |\boldsymbol{y}|=m+1}} \sum_{\substack{w_1,\cdots,w_n \geqslant 0 \\ |w|=1}} \frac{\Delta(zq^{y+w})}{\Delta(z)}$$

$$\times \prod_{s=1}^{n} \frac{\prod_{r=1}^{n+1}(a_r z_s; q, p)_{y_s}}{(bz_s; q, p)_{y_s} \prod_{r=1}^{n}\left(q\dfrac{z_s}{z_r}; q, p\right)_{y_s}}$$

$$\times \prod_{s=1}^{n} \frac{(q^{y_s-1}bz_s; q, p)_{w_s} \prod_{r=1}^{n}\left(q^{y_s}\dfrac{z_s}{z_r}; q, p\right)_{w_s}}{(bz_s q^{y_s+m}; q, p)_{w_s} \prod_{r\neq s}\left(q^{y_s-y_r}\dfrac{z_s}{z_r}; q, p\right)_{w_s}}. \tag{11.1.9}$$

由 (11.1.4), 可得

$$\sum_{s=n}^{n} \frac{\theta(q^{y_s-1}bz_s)\prod_{r=1}^{n}\theta\left(q^{y_s}\dfrac{z_s}{z_r}\right)}{\theta(q^{y_s+m}bz_s)\prod_{r\neq s}\theta\left(q^{y_s-y_r}\dfrac{z_s}{z_r}\right)} = \frac{\theta(q^{m+1})\prod_{s=1}^{n}\theta(q^m bz_s)}{\prod_{s=1}^{n}\theta(q^{m+y_s}bz_s)}. \tag{11.1.10}$$

将 (11.1.10) 代入 (11.1.9), 可得

$$R = \sum_{\substack{y_1,\cdots,y_n \geqslant 0 \\ |\boldsymbol{y}|=m+1}} \frac{\Delta(zq^y)}{\Delta(z)} \prod_{s=1}^{n} \frac{\prod\limits_{r=1}^{n+1}(a_r z_s; q, p)_{y_s}}{(bz_s; q, p)_{y_s} \prod\limits_{r=1}^{n} \left(q\dfrac{z_s}{z_r}; q, p\right)_{y_s}}. \tag{11.1.11}$$

即为 (11.1.1), 故 $m+1$ 时, 结论成立. 综上, 故结论得证.   □

下面是定理 11.1.1 的等价形式, 具体说明见 [181].

定理 11.1.2 [181, (11.1)] (Bhatnagar 和 Schlosser)

$$\sum_{\substack{k_1,\cdots,k_n \geqslant 0 \\ |\boldsymbol{k}|=m}} q^{k_2+2k_3+\cdots+(n-1)k_n} \prod_{1 \leqslant r < s \leqslant n} \frac{\theta\left(q^{k_r-k_s}\dfrac{x_r}{x_s}; p\right)}{\theta\left(\dfrac{x_r}{x_s}; p\right)}$$

$$\times \prod_{r,s=1}^{n} \frac{\left(a_s \dfrac{x_r}{x_s}; q, p\right)_{k_r}}{\left(q\dfrac{x_r}{x_s}; q, p\right)_{k_r}} \prod_{r=1}^{n} \frac{\left(\dfrac{bx_r}{a_1 \cdots a_n}; q, p\right)_{k_r}}{(bx_r; q, p)_{k_r}}$$

$$= \frac{(a_1 \cdots a_n; q, p)_m}{(q; q, p)_m} \prod_{r=1}^{n} \frac{\left(\dfrac{bx_r}{a_r}; q, p\right)_m}{(bx_r; q, p)_m}. \tag{11.1.12}$$

定理 11.1.3 [130, 推论 5.3] ($_8\phi_7$ 求和公式的第一个 $U(n+1)$ 椭圆拓广)

$$\sum_{\substack{k_1,\cdots,k_n \geqslant 0 \\ |\boldsymbol{k}| \leqslant N}} \frac{(b,c; q, p)_{|\boldsymbol{k}|}}{\left(\dfrac{aq}{d}, \dfrac{bcdq^{-|\boldsymbol{N}|}}{a}; q, p\right)_{|\boldsymbol{k}|}} q^{k_1+2k_2+\cdots nk_n} \prod_{1 \leqslant i < j \leqslant n} \frac{\theta\left(q^{k_i-k_j}\dfrac{x_i}{x_j}; p\right)}{\theta\left(\dfrac{x_i}{x_j}; p\right)}$$

$$\times \prod_{i=1}^{n} \frac{\theta(ax_i q^{k_i+|\boldsymbol{k}|}; p)}{\theta(ax_i; p)} \prod_{i,j=1}^{n} \frac{\left(q^{-N_j}\dfrac{x_i}{x_j}; q, p\right)_{k_i}}{\left(q\dfrac{x_i}{x_j}; q, p\right)_{k_i}}$$

$$\times \prod_{i=1}^{n} \left[\frac{\left(dx_i, \dfrac{a^2 x_i q^{1+|\boldsymbol{N}|}}{bcd}; q, p\right)_{k_i}}{\left(\dfrac{aqx_i}{b}, \dfrac{aqx_i}{c}; q, p\right)_{k_i}} \frac{(ax_i; q, p)_{|\boldsymbol{k}|}}{(aq^{1+N_i}x_i; q, p)_{|\boldsymbol{k}|}} \right]$$

$$= \frac{\left(\dfrac{aq}{bd}, \dfrac{aq}{cd}; q, p\right)_{|\boldsymbol{N}|}}{\left(\dfrac{aq}{d}, \dfrac{aq}{bcd}; q, p\right)_{|\boldsymbol{N}|}} \prod_{i=1}^{n} \frac{\left(ax_iq, \dfrac{ax_rq}{bc}; q, p\right)_{N_i}}{\left(\dfrac{ax_iq}{b}, \dfrac{ax_iq}{c}; q, p\right)_{N_i}}. \tag{11.1.13}$$

定理 11.1.4 [181, 定理 11.1] (Bhatnagar-Schlosser 椭圆 $U(n+1)$ 级数基本定理)

$$\sum_{\substack{0 \leqslant |\boldsymbol{k}| \leqslant N \\ k_1, \cdots, k_n \geqslant 0}} q^{k_2 + 2k_3 + \cdots + (n-1)k_n} f_{|\boldsymbol{k}|} \prod_{1 \leqslant r < s \leqslant n} \frac{\theta\left(q^{k_r - k_s} \dfrac{x_r}{x_s}; p\right)}{\theta\left(\dfrac{x_r}{x_s}; p\right)} \tag{11.1.14}$$

$$\times \prod_{r,s=1}^{n} \frac{\left(a_s \dfrac{x_r}{x_s}; q, p\right)_{k_r}}{\left(q \dfrac{x_r}{x_s}; q, p\right)_{k_r}} \prod_{r=1}^{n} \left[\frac{\left(\dfrac{bx_r}{a_1 \cdots a_n}; q, p\right)_{k_r}}{(bx_r; q, p)_{k_r}} \frac{(bx_r; q, p)_{|\boldsymbol{k}|}}{\left(\dfrac{bx_r}{a_r}; q, p\right)_{|\boldsymbol{k}|}} \right] \tag{11.1.15}$$

$$= \sum_{\substack{0 \leqslant |\boldsymbol{k}| \leqslant N \\ k_1, \cdots, k_n \geqslant 0}} \frac{(a_1 \cdots a_n; q, p)_{|\boldsymbol{k}|}}{(q; q, p)_{|\boldsymbol{k}|}} f_{|\boldsymbol{k}|}. \tag{11.1.16}$$

定理 11.1.5 [181, 定理 11.2] ($_8\phi_7$ 求和公式的第二个 $U(n+1)$ 椭圆拓广)

$$\sum_{\substack{0 \leqslant |\boldsymbol{k}| \leqslant N \\ k_1, \cdots, k_n \geqslant 0}} q^{k_2 + 2k_3 + \cdots + (n-1)k_n} \frac{\theta(aq^{2|\boldsymbol{k}|}; p)}{\theta(a; p)}$$

$$\times \frac{\left(a, c, d, \dfrac{a^2 q^{1+N}}{b_1 \cdots b_n cd}, q^{-N}; q, p\right)_{|\boldsymbol{k}|}}{\left(\dfrac{aq}{b_1 \cdots b_n}, \dfrac{aq}{c}, \dfrac{aq}{d}, \dfrac{b_1 \cdots b_n cd q^{-N}}{a}, aq^{N+1}; q, p\right)_{|\boldsymbol{k}|}}$$

$$\times \prod_{1 \leqslant r < s \leqslant n} \frac{\theta\left(q^{k_r - k_s} \dfrac{x_r}{x_s}; p\right)}{\theta\left(\dfrac{x_r}{x_s}; p\right)} \prod_{r,s=1}^{n} \frac{\left(b_s \dfrac{x_r}{x_s}; q, p\right)_{k_r}}{\left(q \dfrac{x_r}{x_s}; q, p\right)_{k_r}}$$

$$\times \prod_{r=1}^{n} \left[\frac{\left(\dfrac{ex_r}{b_1 \cdots b_n}; q, p\right)_{k_r}}{(ex_r; q, p)_{k_r}} \frac{(ex_r; q, p)_{|\boldsymbol{k}|}}{\left(\dfrac{ex_r}{b_r}; q, p\right)_{|\boldsymbol{k}|}} \right]$$

$$
= \frac{\left(aq, \dfrac{aq}{b_1 \cdots b_n c}, \dfrac{aq}{b_1 \cdots b_n d}, \dfrac{aq}{cd}; q, p\right)_N}{\left(\dfrac{aq}{b_1 \cdots b_n}, \dfrac{aq}{c}, \dfrac{aq}{d}, \dfrac{aq}{b_1 \cdots b_n cd}; q, p\right)_N}. \tag{11.1.17}
$$

定理 11.1.6 [181, 定理 11.3] ($_8\phi_7$ 求和公式的第三个 $U(n+1)$ 椭圆拓广)

$$
\sum_{\substack{0 \leqslant k_r \leqslant N_r \\ k_1, \cdots, k_n \geqslant 0}} \frac{\theta(aq^{2|\boldsymbol{k}|}; p)}{\theta(a; p)} \frac{\left(a, b, c, d, \dfrac{a^2 q^{1+|\boldsymbol{N}|}}{bcd}; q, p\right)_{|\boldsymbol{k}|}}{\left(\dfrac{aq}{b}, \dfrac{aq}{c}, \dfrac{aq}{d}, \dfrac{bcdq^{-|\boldsymbol{N}|}}{a}, aq^{|\boldsymbol{N}|+1}; q, p\right)_{|\boldsymbol{k}|}}
$$

$$
\times \prod_{1 \leqslant r < s \leqslant n} \frac{\theta\left(q^{k_r - k_s} \dfrac{x_r}{x_s}; p\right)}{\theta\left(\dfrac{x_r}{x_s}; p\right)} \times q^{k_2 + 2k_3 + \cdots + (n-1)k_n}
$$

$$
\times \prod_{r,s=1}^{n} \frac{\left(q^{-N_s} \dfrac{x_r}{x_s}; q, p\right)_{k_r}}{\left(q \dfrac{x_r}{x_s}; q, p\right)_{k_r}} \prod_{r=1}^{n} \left[\frac{(ex_r q^{|\boldsymbol{N}|}; q, p)_{k_r}}{(ex_r; q, p)_{k_r}} \frac{(ex_r; q, p)_{|\boldsymbol{k}|}}{(ex_r q^{N_r}; q, p)_{|\boldsymbol{k}|}}\right]
$$

$$
= \frac{\left(aq, \dfrac{aq}{bc}, \dfrac{aq}{bd}, \dfrac{aq}{cd}; q, p\right)_{|\boldsymbol{N}|}}{\left(\dfrac{aq}{b}, \dfrac{aq}{c}, \dfrac{aq}{d}, \dfrac{aq}{bcd}; q, p\right)_{|\boldsymbol{N}|}}. \tag{11.1.18}
$$

11.2　椭圆 C_n WP-Bailey 对

在 [157] 中, Spiridonov 拓广 WP-Bailey 链到椭圆超几何级数上, 甚至给出 WP-Bailey 引理的一个积分模拟. 由于椭圆超几何级数包含非常均衡的基本超几何级数, 因此考虑非常均衡的基本超几何级数结果的椭圆扩展的有效性是很自然的. 对于 C_n 级数也是如此. 在本节中, 将基本超几何级数的结果推广到椭圆情形. 椭圆扩展包含一个固定参数 p, 且 $|p| < 1$.

Rosengren 建立椭圆 C_n Jackson 求和 [130, 定理 7.1]:

$$
\sum_{0 \leqslant \boldsymbol{y} \leqslant \boldsymbol{N}} q^{|\boldsymbol{y}|} \prod_{r=1}^{n} \frac{\theta(x_r^2 q^{2y_r}; p)}{\theta(x_r^2; p)} \prod_{1 \leqslant r < s \leqslant n} \frac{q^{y_s} \theta(q^{y_r - y_s} x_r / x_s; p) \theta(x_r x_s q^{y_r + y_s}; p)}{\theta(x_r / x_s; p) \theta(x_r x_s; p)}
$$

$$
\times \prod_{r,s=1}^{n} \frac{(q^{-N_s} x_r / x_s, x_r x_s; q, p)_{y_r}}{(qx_r / x_s, q^{1+N_s} x_r x_s; q, p)_{y_r}} \prod_{r=1}^{n} \frac{(bx_r, cx_r, dx_r, ex_r; q, p)_{y_r}}{(qx_r / b, qx_r / c, qx_r / d, qx_r / e; q, p)_{y_r}}
$$

$$= (q/bc, q/d, q/cd; q, p)_{|\mathbf{N}|} \prod_{r,s=1}^{n} (qx_r x_s; q, p)_{N_r} \prod_{1 \leqslant r < s \leqslant n} \frac{1}{(qx_r x_s; q, p)_{N_r+N_s}}$$

$$\times \prod_{r=1}^{n} \frac{1}{(qx_r/b, qx_r/c, qx_r/d, q^{-N_r}e/x_r; q, p)_{N_r}}, \tag{11.2.1}$$

这里 $q^{1+|\mathbf{N}|} = bcde$. 令 $de = q$, 则 $q^{|\mathbf{N}|} = bc$, 则得到

$$\sum_{0 \leqslant \mathbf{y} \leqslant \mathbf{N}} q^{|\mathbf{y}|} \prod_{r=1}^{n} \frac{\theta(x_r^2 q^{2y_r}; p)}{\theta(x_r^2; p)} \prod_{1 \leqslant r < s \leqslant n} \frac{q^{y_s}\theta(q^{y_r-y_s}x_r/x_s; p)\theta(x_r x_s q^{y_r+y_s}; p)}{\theta(x_r/x_s; p)\theta(x_r x_s; p)}$$

$$\times \prod_{r,s=1}^{n} \frac{(q^{-N_s}x_r/x_s, x_r x_s; q, p)_{y_r}}{(qx_r/x_s, q^{1+N_s}x_r x_s; q, p)_{y_r}} \prod_{r=1}^{n} \frac{(bx_r, cx_r; q, p)_{y_r}}{(qx_r/b, qx_r/c; q, p)_{y_r}}.$$

$$= \delta_{\mathbf{N},\mathbf{0}}. \tag{11.2.2}$$

设

$$M_{\mathbf{N},\mathbf{y}}(\mathbf{x}|k; q, p) = \prod_{r=1}^{n} (kx_r; q, p)_{|\mathbf{N}|+y_r}(k/x_r; q, p)_{|\mathbf{N}|-y_r}$$

$$\times \prod_{r,s=1}^{n} \frac{(qx_r/x_s; q, p)_{y_r-y_s}(qx_r x_s; q, p)_{y_r+y_s}}{(qx_r/x_s; q, p)_{N_r-y_s}(qx_r x_s; q, p)_{N_r+y_s}} \tag{11.2.3}$$

和

$$M^*_{\mathbf{N},\mathbf{y}}(\mathbf{x}|k; q, p) = (-1)^{|\mathbf{N}|-|\mathbf{y}|} q^{\binom{|\mathbf{N}|-|\mathbf{y}|}{2}} \prod_{r,s=1}^{n} \frac{(qx_r/x_s; q, p)_{y_r-y_s}(x_r x_s; q, p)_{N_s+y_r}}{(qx_r/x_s; q, p)_{N_r-y_s}(x_r x_s; q, p)_{N_r+N_s}}$$

$$\times \prod_{1 \leqslant r < s \leqslant n} \frac{\theta(x_r x_s q^{y_r+y_s}; p)}{\theta(x_r x_s q^{N_r+N_s}; p)}$$

$$\times \prod_{r=1}^{n} \frac{\theta(kx_r q^{|\mathbf{y}|+y_r}; p)\theta(kq^{|\mathbf{y}|-y_r}/x_r; p)}{(kx_r; q, p)_{|\mathbf{y}|+N_r+1}(k/x_r; q, p)_{|\mathbf{y}|-N_r+1}}. \tag{11.2.4}$$

类似于定理 10.4.1 的证明, 通过应用 (11.2.2) 可得

$$\sum_{\mathbf{M} \leqslant \mathbf{y} \leqslant \mathbf{N}} M_{\mathbf{N},\mathbf{y}}(\mathbf{x}|k; q, p)M^*_{\mathbf{y},\mathbf{M}}(\mathbf{x}|k; q, p)$$

$$= \sum_{\mathbf{M} \leqslant \mathbf{y} \leqslant \mathbf{N}} M^*_{\mathbf{N},\mathbf{y}}(\mathbf{x}|k; q, p)M_{\mathbf{y},\mathbf{M}}(\mathbf{x}|k; q, p)$$

$$= \delta_{\boldsymbol{N},\boldsymbol{M}}. \tag{11.2.5}$$

等式 (11.2.3) 和 (11.2.4) 形成下述椭圆 C_n WP-Bailey 对的定义.

定义 11.2.1 (椭圆 C_n WP-Bailey 对)　如果

$$B_{\boldsymbol{N}}(\boldsymbol{x}|k;q,p) = \sum_{0 \leqslant \boldsymbol{y} \leqslant \boldsymbol{N}} M_{\boldsymbol{N},\boldsymbol{y}}(\boldsymbol{x}|k;q,p) A_{\boldsymbol{y}}(\boldsymbol{x}|k;q,p), \tag{11.2.6}$$

则称 $A_{\boldsymbol{N}}(\boldsymbol{x}|k;q,p)$ 和 $B_{\boldsymbol{N}}(\boldsymbol{x}|k;q,p)$ 形成一个 WP-Bailey 对.

定义 11.2.1 和等式 (11.2.1) 直接产生

引理 11.2.1(椭圆 C_n WP-Bailey 对反演)　如果 $A_{\boldsymbol{N}}(\boldsymbol{x}|k;q,p)$ 和 $B_{\boldsymbol{N}}(\boldsymbol{x}|k;q,p)$ 形成一个椭圆 WP-Bailey 对, 则我们有

$$A_{\boldsymbol{N}}(\boldsymbol{x}|k;q,p) = \sum_{0 \leqslant \boldsymbol{y} \leqslant \boldsymbol{N}} M_{\boldsymbol{N},\boldsymbol{y}}^*(\boldsymbol{x}|k;q,p) B_{\boldsymbol{y}}(\boldsymbol{x}|k;q,p). \tag{11.2.7}$$

类似于定理 10.5.1 的产生证明, 通过应用 (11.2.1)则得

定理 11.2.1(椭圆 C_n WP-Bailey 引理)　设 $A(\boldsymbol{x}|k;q,p) = \{A_{\boldsymbol{N}}(\boldsymbol{x}|k;q,p)\}$ 和 $B(\boldsymbol{x}|k;q,p) = \{B_{\boldsymbol{N}}(\boldsymbol{x}|k;q,p)\}$ 形成一个椭圆 C_n WP-Bailey 对. 若定义

$$A_{\boldsymbol{N}}'(\boldsymbol{x}|k;q,p) = A_{\boldsymbol{N}}(\boldsymbol{x}|kab/q;q,p)\left(\frac{q}{ab}\right)^{|\boldsymbol{N}|} \prod_{r=1}^{n} \frac{(ax_r,bx_r;q,p)_{N_r}}{(qx_r/a,qx_r/b;q,p)_{N_r}},$$

$$B_{\boldsymbol{N}}'(\boldsymbol{x}|k;q,p) = (ka,kb;q,p)_{|\boldsymbol{N}|} \sum_{0 \leqslant \boldsymbol{y} \leqslant \boldsymbol{N}} B_{\boldsymbol{y}}(\boldsymbol{x}|kab/q;q,p)\frac{(q/ab;q,p)_{|\boldsymbol{N}|-|\boldsymbol{y}|}}{(ka,kb;q,p)_{|\boldsymbol{y}|}}\left(\frac{q}{ab}\right)^{|\boldsymbol{y}|}$$

$$\times \prod_{r=1}^{n} \frac{\theta(kabx_rq^{|\boldsymbol{y}|+y_r-1};p)(ax_r,bx_r;q,p)_{y_r}}{\theta\left(\dfrac{kabx_r}{q};p\right)(qx_r/a,qx_r/b;q,p)_{N_r}}$$

$$\times \prod_{r,s=1}^{n} \frac{(qx_r/x_s;q,p)_{y_r-y_s}}{(qx_r/x_s;q,p)_{N_r-y_s}} \prod_{1 \leqslant r < s \leqslant n} \frac{(qx_rx_s;q,p)_{y_r+y_s}}{(qx_rx_s;q,p)_{N_r+N_s}}$$

$$\times \prod_{r=1}^{n} \frac{(kx_r;q,p)_{|\boldsymbol{N}|+y_r}(k/x_r;q,p)_{|\boldsymbol{N}|}}{(kabx_r;q,p)_{N_r+|\boldsymbol{y}|}(kab/qx_r;q,p)_{|\boldsymbol{y}|-y_r}(kq^{|\boldsymbol{N}|-N_r}/x_r;q,p)_{N_r}},$$

则 $A'(\boldsymbol{x}|k;q,p) = \{A_{\boldsymbol{N}}'(\boldsymbol{x}|k;q,p)\}$ 和 $B'(\boldsymbol{x}|k;q,p) = \{B_{\boldsymbol{N}}'(\boldsymbol{x}|k;q,p)\}$ 也形成一个椭圆 C_n WP-Bailey 对.

取

$$B_{\boldsymbol{N}}(\boldsymbol{x}|k;q,p) = \delta_{|\boldsymbol{N}|,0}, \tag{11.2.8}$$

由 (11.2.7) 有

$$
A_{\boldsymbol{N}}(\boldsymbol{x}|k;q,p) = (-1)^{|\boldsymbol{N}|} q^{\binom{|\boldsymbol{N}|}{2}} \prod_{r,s=1}^{n} \frac{(x_r x_s; q, p)_{N_s}}{(q x_r/x_s; q, p)_{N_r} (x_r x_s; q, p)_{N_r+N_s}}
$$
$$
\times \prod_{1 \leqslant r < s \leqslant n} \frac{\theta(x_r x_s; p)}{\theta(x_r x_s q^{N_r+N_s}; p)}
$$
$$
\times \prod_{r=1}^{n} \frac{1}{(q k x_r; q, p)_{N_r} (q k/x_r; q, p)_{-N_r}}. \tag{11.2.9}
$$

代此 Bailey 对到定理 11.2.1 中的等式里, 则得椭圆 C_n WP-Bailey 对:

$$
A'_{\boldsymbol{N}}(\boldsymbol{x}|k;q,p) = (-1)^{|\boldsymbol{N}|} q^{\binom{|\boldsymbol{N}|}{2}} \left(\frac{q}{ab}\right)^{|\boldsymbol{N}|}
$$
$$
\times \prod_{r=1}^{n} \frac{(a x_r, b x_r; q, p)_{N_r}}{(q x_r/a, q x_r/b; q, p)_{N_r}} \prod_{1 \leqslant r < s \leqslant n} \frac{\theta(x_r x_s; p)}{\theta(x_r x_s q^{N_r+N_s}; p)}
$$
$$
\times \prod_{r,s=1}^{n} \frac{1}{(q x_r/x_s; q, p)_{N_r} (x_r x_s q^{N_s}; q, p)_{N_r}}
$$
$$
\times \prod_{r=1}^{n} \frac{(q^{-N_r} k a b/x_r; q, p)_{N_r}}{(k a b x_r; q, p)_{N_r}}, \tag{11.2.10}
$$

$$
B'_{\boldsymbol{N}}(\boldsymbol{x}|k;q,p) = (ka, kb, q/ab; q, p)_{|\boldsymbol{N}|} \prod_{r=1}^{n} \frac{1}{(q x_r/a, q x_r/b; q, p)_{N_r}}
$$
$$
\times \prod_{r,s=1}^{n} \frac{1}{(q x_r/x_s; q, p)_{N_r}} \prod_{1 \leqslant r < s \leqslant n} \frac{1}{(q x_r x_s; q, p)_{N_s} (x_r x_s q^{1+N_s}; q, p)_{N_r}}
$$
$$
\times \prod_{r=1}^{n} \frac{(k x_r, k/x_r; q, p)_{|\boldsymbol{N}|}}{(k a b x_r, k q^{|\boldsymbol{N}|-N_r}/x_r; q, p)_{N_r}}. \tag{11.2.11}
$$

代此椭圆 WP-Bailey 对到定理 11.2.1, 一些简单运算后, 得到下述椭圆 WP-Bailey 对 $A''_{\boldsymbol{N}}$ 和 $B''_{\boldsymbol{N}}$,

$$
A''_{\boldsymbol{N}}(\boldsymbol{x}|k;q,p)
$$
$$
= (-1)^{|\boldsymbol{N}|} q^{\binom{|\boldsymbol{N}|}{2}} \left(\frac{q^2}{abcd}\right)^{|\boldsymbol{N}|} \prod_{r=1}^{n} \frac{(a x_r, b x_r, c x_r, d x_r; q, p)_{N_r}}{(q x_r/a, q x_r/b, q x_r/c, q x_r/d; q, p)_{N_r}}
$$
$$
\times \prod_{1 \leqslant r < s \leqslant n} \frac{\theta(x_r x_s; p)}{\theta(x_r x_s q^{N_r+N_s}; p)} \prod_{r,s=1}^{n} \frac{1}{(q x_r/x_s; q, p)_{N_r} (x_r x_s q^{N_s}; q, p)_{N_r}}
$$

$$\times \prod_{r=1}^{n} \frac{(q^{-1-N_r}kabcd/x_r; q, p)_{N_r}}{(kabcdx_r/q; q, p)_{N_r}} \tag{11.2.12}$$

和

$$B''_{\boldsymbol{N}}(\boldsymbol{x}|k; q, p)$$

$$= (kc, kd, q/cd; q, p)_{|\boldsymbol{N}|} \prod_{r=1}^{n} \frac{(kx_r, k/x_r; q, p)_{|\boldsymbol{N}|}}{(qx_r/c, qx_r/d, kcdx_r, kq^{|\boldsymbol{N}|-N_r}/x_r; q, p)_{N_r}}$$

$$\times \prod_{r,s=1}^{n} \frac{1}{(qx_r/x_s; q, p)_{N_r}} \prod_{1 \leqslant r < s \leqslant n} (qx_r x_s; q, p)_{N_r+N_s}$$

$$\times \sum_{\boldsymbol{0} \leqslant \boldsymbol{y} \leqslant \boldsymbol{N}} \frac{(kacd/q, kbcd/q, q/ab; q, p)_{|\boldsymbol{y}|}}{(kc, kd, q^{-|\boldsymbol{N}|}cd; q, p)_{|\boldsymbol{y}|}} q^{|\boldsymbol{y}|} \prod_{r=1}^{n} \frac{\theta(q^{|\boldsymbol{y}|+y_r-1}kcdx_r; p)}{\theta(kcdx_r/q; p)}$$

$$\times \prod_{1 \leqslant r < s \leqslant n} \frac{q^{y_s}\theta(q^{y_r-y_s}x_r/x_s; p)}{\theta(x_r/x_s; p)} \prod_{r=1}^{n} \frac{(kcdx_r/q, kcd/qx_r; q, p)_{|\boldsymbol{y}|}}{(q^{N_r}kcdx_r, kcd/qx_r; q, p)_{|\boldsymbol{y}|}}$$

$$\times \prod_{r=1}^{n} \frac{(cx_r, dx_r, q^{|\boldsymbol{N}|}kx_r; q, p)_{y_r}}{(qx_r/a, qx_r/b, kabcdx_r/q; q, p)_{y_r}} \prod_{r,s=1}^{n} \frac{(q^{-N_s}x_r/x_s; q, p)_{y_r}}{(qx_r/x_s; q, p)_{y_r}}. \tag{11.2.13}$$

再代此椭圆 C_n WP-Bailey 对 $A''_{\boldsymbol{N}}$ 和 $B''_{\boldsymbol{N}}$ 到 (11.2.6), 设 $k = q^2/abcde$ 和 $f = q^{|\boldsymbol{N}|+2}/abcde$, 得到

定理 11.2.2 [130, 推论 8.3] (一个椭圆 $_{10}\phi_9$ 变换)　设 $a, b, c, d, e, f, x_1, \cdots, x_n$ 为变元, 则

$$\sum_{\boldsymbol{0} \leqslant \boldsymbol{y} \leqslant \boldsymbol{N}} q^{|\boldsymbol{y}|} \prod_{r=1}^{n} \frac{\theta(x_r^2 q^{2y_r}; p)}{\theta(x_r^2; p)} \prod_{1 \leqslant r < s \leqslant n} \frac{q^{y_s}\theta(q^{y_r-y_s}x_r/x_s; p)\theta(x_r x_s q^{y_r+y_s}; p)}{\theta(x_r/x_s; p)\theta(x_r x_s; p)}$$

$$\times \prod_{r,s=1}^{n} \frac{(q^{-N_s}x_r/x_s, x_r x_s; q, p)_{y_r}}{(q^{1+N_s}x_r x_s, qx_r/x_s; q, p)_{y_r}}$$

$$\times \prod_{r=1}^{n} \frac{(ax_r, bx_r, cx_r, dx_r, ex_r, fx_r; q, p)_{y_r}}{(qx_r/a, qx_r/b, qx_r/c, qx_r/d, qx_r/e, qx_r/f; q, p)_{y_r}}$$

$$= (q^2/abde, q^2/abce, q/cd; q, p)_{|\boldsymbol{N}|} \prod_{1 \leqslant r < s \leqslant n} \frac{1}{(qx_r x_s; q, p)_{N_r+N_s}} \prod_{r,s=1}^{n} (qx_r x_s; q, p)_{N_r}$$

$$\times \prod_{r=1}^{n} \frac{1}{(q^2 x_r/abe, q^{-N_r}f/x_r, qx_r/c, qx_r/d; q, p)_{N_r}}$$

$$\times \sum_{0 \leqslant \boldsymbol{y} \leqslant \boldsymbol{N}} q^{|\boldsymbol{y}|} \frac{(q/be, q/ae, q/ab; q, p)_{|\boldsymbol{y}|}}{(q^2/abde, q^2/abce, q^{-|\boldsymbol{N}|}cd; q, p)_{|\boldsymbol{y}|}}$$

$$\times \prod_{r=1}^{n} \frac{\theta(q^{|\boldsymbol{y}|+y_r+1}x_r/abe; p)}{\theta(qx_r/abe; p)} \prod_{1 \leqslant r < s \leqslant n} \frac{q^{y_s}\theta(q^{y_r-y_s}x_r/x_s; p)}{\theta(x_r/x_s; p)}$$

$$\times \prod_{r,s=1}^{n} \frac{(q^{-N_s}x_r/x_s; q, p)_{y_r}}{(qx_r/x_s; q, p)_{y_r}}$$

$$\times \prod_{r=1}^{n} \frac{(cx_r, dx_r, fx_r; q, p)_{y_r}(qx_r/abe; q, p)_{|\boldsymbol{y}|}}{(qx_r/a, qx_r/b, qx_r/e; q, p)_{y_r}(q^{N_r+2}x_r/abe; q, p)_{|\boldsymbol{y}|}},$$

这里 $abcdef = q^{|\boldsymbol{N}|+2}$.

当 $n = 1$ 时, 通过简化, 此定理导致 Bailey $_{10}\phi_9$ 变换的下述椭圆模拟:

推论 11.2.1 [6, (11.2.23)]

$$_{12}V_{11}(x^2; ax, bx, cx, dx, ex, fx, q^{-N}; q, p)$$

$$= \frac{(q^2/abde, q^2/abce, q/cd, qx^2; q, p)_N}{(q^2x/abe, q^2/abcdex, qx/x, qx/d; q, p)_N}$$

$$\times {}_{12}V_{11}(qx/abe; cx, dx, fx, q/be, q/ae, q/ab, q^{-N}; q, p), \tag{11.2.14}$$

这里 $abcdef = q^{N+2}$.

第 12 章　多重级数的收敛性

　　众所周知, 级数的收敛性是研究级数的根本问题, 多变量基本超几何级数顾名思义是含有多个变量的级数, 因此, 我们需要严格讨论其收敛问题. 对于有限型多变量基本超几何级数, 其收敛性不必讨论; 但对于非有限型多变量基本超几何级数, 其收敛性的讨论非常必要. 由于篇幅问题, 本书不能对每一个非有限型多变量基本超几何级数的收敛性进行讨论, 但本章给出其讨论多变量基本超几何级数收敛性的思路和方法, 并举例说明之.

12.1　多重幂级数收敛比率判别定理

　　定理 12.1.1 [1,91] (多重幂级数收敛比率判别定理)　给定多重级数

$$\sum_{y_1,\cdots,y_n\geqslant 0} f(y_1,\cdots,y_n). \tag{12.1.1}$$

设

$$g_k(y_1,\cdots,y_n) = \left| \frac{f(y_1,\cdots,y_{k-1},y_k+1,y_{k+1},\cdots,y_n)}{f(y_1,\cdots,y_n)} \right|,$$

对 $k=1,\cdots,n$. 则如果

$$\lim_{\varepsilon\to\infty} g_k(\varepsilon y_1,\cdots,\varepsilon y_n) < 1,$$

对 $k=1,\cdots,n$, 此多重级数 (12.1.1) 绝对收敛.

12.2　多重幂级数收敛比率判别定理的应用

　　定理 12.2.1 [1,91], [30, 定理 5.1] (q-Gauss 求和公式第一个 $U(n+1)$ 拓广)　设 $n\geqslant 1$ 和 $a_1,\cdots,a_n,b,c$ 以及 $x_1,\cdots,x_n$ 为变元, 假定下式分母不为零, 则

$$\frac{(c/b)_\infty}{(c/a_1\cdots a_nb)_\infty}\prod_{i=1}^n\frac{(cx_i/a_i)_\infty}{(cx_i)_\infty} = \sum_{y_1,\cdots,y_n\geqslant 0}\left(\frac{c}{a_1\cdots a_nb}\right)^{|\boldsymbol{y}|}\prod_{1\leqslant r<s\leqslant n}\frac{x_rq^{y_r}-x_sq^{y_s}}{x_r-x_s}$$

$$\times\prod_{r,s=1}^n\frac{(a_sx_r/x_s)_{y_r}}{(qx_r/x_s)_{y_r}}\prod_{i=1}^n\frac{(bx_i)_{y_i}}{(cx_i)_{y_i}}, \tag{12.2.1}$$

这里 $0 < |q| < 1$ 和 $|c| < |a_1 \cdots a_n b|$.

证明 利用 Vandermonde 行列式展开:

$$\prod_{1 \leqslant r < s \leqslant n} (x_r q^{k_r} - x_s q^{k_s}) = \sum_{\sigma \in S_n} \operatorname{sgn}(\sigma) \prod_{i=1}^{n} x_i^{n-\sigma(i)} q^{(n-\sigma(i))y_i}, \tag{12.2.2}$$

这里 S_n 表示阶为 n 的对称群. 则

$$\sum_{y_1, \cdots, y_n \geqslant 0} \left(\frac{c}{a_1 \cdots a_n b} \right)^{|\boldsymbol{y}|} \prod_{1 \leqslant r < s \leqslant n} \frac{x_r q^{y_r} - x_s q^{y_s}}{x_r - x_s} \prod_{r,s=1}^{n} \frac{(a_s x_r / x_s)_{y_r}}{(q x_r / x_s)_{y_r}} \prod_{i=1}^{n} \frac{(b x_i)_{y_i}}{(c x_i)_{y_i}}$$

$$= \prod_{1 \leqslant r < s \leqslant n} \frac{1}{x_r - x_s} \sum_{y_1, \cdots, y_n \geqslant 0} \left(\frac{c}{a_1 \cdots a_n b} \right)^{|\boldsymbol{y}|} \sum_{\sigma \in S_n} \operatorname{sgn}(\sigma) \prod_{i=1}^{n} x_i^{n-\sigma(i)} q^{(n-\sigma(i))y_i}$$

$$\times \prod_{r,s=1}^{n} \frac{(a_s x_r / x_s)_{y_r}}{(q x_r / x_s)_{y_r}} \prod_{i=1}^{n} \frac{(b x_i)_{y_i}}{(c x_i)_{y_i}}$$

$$= \prod_{1 \leqslant r < s \leqslant n} \frac{1}{x_r - x_s} \sum_{\sigma \in S_n} \operatorname{sgn}(\sigma) \prod_{i=1}^{n} x_i^{n-\sigma(i)} \sum_{y_1, \cdots, y_n \geqslant 0} \left(\frac{c}{a_1 \cdots a_n b} \right)^{|\boldsymbol{y}|} \prod_{i=1}^{n} q^{(n-\sigma(i))y_i}$$

$$\times \prod_{r,s=1}^{n} \frac{(a_s x_r / x_s)_{y_r}}{(q x_r / x_s)_{y_r}} \prod_{i=1}^{n} \frac{(b x_i)_{y_i}}{(c x_i)_{y_i}}. \tag{12.2.3}$$

上述互换求和得到 $n!$ 个多重和, 每一个多重和对应一个置换 $\sigma \in S_n$. 应用多重幂级数比率测试知, 对应于 $\sigma \in S_n$ 的每一个内部和绝对收敛的要求为: $0 < |q| < 1$ 和 $|c q^{n-\sigma(k)}| < |a_1 \cdots a_n b|$, 对 $k = 1, \cdots, n$. $\qquad \square$

定理 12.2.2 [30, 定理 5.6] (q-Gauss 求和公式第二个 $U(n+1)$ 拓广) 设 $n \geqslant 1$ 和 a, b, c 以及 $x_1, \cdots, x_n$ 为变元, 假定下式分母不为零, 则

$$\frac{(c/a)_\infty}{(c/ab)_\infty} \prod_{i=1}^{n} \frac{(c x_i / b)_\infty}{(c x_i)_\infty}$$

$$= \sum_{y_1, \cdots, y_n \geqslant 0} (b)_{|\boldsymbol{y}|} \left(\frac{c}{ab} \right)^{|\boldsymbol{y}|} \prod_{1 \leqslant r < s \leqslant n} \frac{x_r q^{y_r} - x_s q^{y_s}}{x_r - x_s} \prod_{r,s=1}^{n} \frac{1}{(q x_r / x_s)_{y_r}} \prod_{i=1}^{n} \frac{(a x_i)_{y_i}}{(c x_i)_{y_i}}$$

$$\times (-1)^{(n-1)|\boldsymbol{y}|} q^{(n-1)[\binom{y_1}{2} + \cdots + \binom{y_n}{2}]} q^{-e_2(y_1, \cdots, y_n)} \prod_{i=1}^{n} x_i^{n y_i - |\boldsymbol{y}|}, \tag{12.2.4}$$

这里 $0 < |q| < 1$ 和 $\left| \dfrac{c}{ab} \right| < |q|^{\frac{n-1}{2}} |x_k|^{-n} |x_1 \cdots x_n|$, 对 $k = 1, \cdots, n$.

收敛性的证明 利用 Vandermonde 行列式展开:

$$\prod_{1\leqslant r<s\leqslant n}(x_r q^{k_r}-x_s q^{k_s})=\sum_{\sigma\in S_n}\operatorname{sgn}(\sigma)\prod_{i=1}^n x_i^{n-\sigma(i)}q^{(n-\sigma(i))y_i}, \qquad (12.2.5)$$

这里 S_n 表示阶为 n 的对称群, 恒等式:

$$(n-1)\left[\binom{y_1}{2}+\cdots+\binom{y_n}{2}\right]-e_2(y_1,\cdots,y_n)$$

$$=-\frac{n-1}{2}(y_1+\cdots+y_n)+\frac{1}{2}\sum_{1\leqslant r<s\leqslant n}(y_r-y_s)^2, \qquad (12.2.6)$$

$$-\binom{|\boldsymbol{k}|}{2}+r\sum_{i=1}^r\binom{k_i}{2}=-\frac{r-1}{2}|\boldsymbol{k}|+\frac{1}{2}\sum_{1\leqslant i<j\leqslant r}(k_i-k_j)^2, \qquad (12.2.7)$$

则有

$$\sum_{y_1,\cdots,y_n\geqslant 0}(b)_{|\boldsymbol{y}|}\left(\frac{c}{ab}\right)^{|\boldsymbol{y}|}\prod_{1\leqslant r<s\leqslant n}\frac{x_r q^{y_r}-x_s q^{y_s}}{x_r-x_s}\prod_{r,s=1}^n\frac{1}{(qx_r/x_s)_{y_r}}\prod_{i=1}^n\frac{(ax_i)_{y_i}}{(cx_i)_{y_i}}$$

$$\times(-1)^{(n-1)|\boldsymbol{y}|}q^{(n-1)[\binom{y_1}{2}+\cdots+\binom{y_n}{2}]}q^{-e_2(y_1,\cdots,y_n)}\prod_{i=1}^n x_i^{ny_i-|\boldsymbol{y}|}$$

$$=\prod_{1\leqslant r<s\leqslant n}\frac{1}{x_r-x_s}\sum_{y_1,\cdots,y_n\geqslant 0}(b)_{|\boldsymbol{y}|}\left(\frac{c}{ab}\right)^{|\boldsymbol{y}|}\sum_{\sigma\in S_n}\operatorname{sgn}(\sigma)$$

$$\times\prod_{i=1}^n x_i^{n-\sigma(i)}q^{(n-\sigma(i))y_i}\prod_{r,s=1}^n\frac{1}{(qx_r/x_s)_{y_r}}\prod_{i=1}^n\frac{(ax_i)_{y_i}}{(cx_i)_{y_i}}$$

$$\times(-1)^{(n-1)|\boldsymbol{y}|}q^{-\frac{(n-1)}{2}(y_1+\cdots+y_n)+\frac{1}{2}\sum\limits_{1\leqslant r<s\leqslant n}(y_r-y_s)^2}\prod_{i=1}^n x_i^{ny_i-|\boldsymbol{y}|}$$

$$=\prod_{1\leqslant r<s\leqslant n}\frac{1}{x_r-x_s}\sum_{\sigma\in S_n}\operatorname{sgn}(\sigma)\prod_{i=1}^n x_i^{n-\sigma(i)}\sum_{y_1,\cdots,y_n\geqslant 0}(b)_{|\boldsymbol{y}|}\left(\frac{c}{ab}\right)^{|\boldsymbol{y}|}$$

$$\times\prod_{i=1}^n q^{(n-\sigma(i))y_i}\prod_{r,s=1}^n\frac{1}{(qx_r/x_s)_{y_r}}$$

$$\times\prod_{i=1}^n\frac{(ax_i)_{y_i}}{(cx_i)_{y_i}}(-1)^{(n-1)|\boldsymbol{y}|}q^{-\frac{(n-1)}{2}(y_1+\cdots+y_n)+\frac{1}{2}\sum\limits_{1\leqslant r<s\leqslant n}(y_r-y_s)^2}\prod_{i=1}^n x_i^{ny_i-|\boldsymbol{y}|}.$$

$$(12.2.8)$$

上述互换求和得到 $n!$ 个多重和, 每一个多重和对应一个置换 $\sigma \in S_n$. 应用多重幂级数比率测试知, 对应于 $\sigma \in S_n$ 的每一个内部和绝对收敛的要求为: $0 < |q| < 1$ 和 $\left| \dfrac{c}{ab} q^{n-\sigma(k)} q^{-\frac{n-1}{2}} x_k^n \prod\limits_{i=1}^{n} x_i^{-1} \right| < 1$, 对 $k = 1, \cdots, n$, 即 $\left| \dfrac{c}{ab} q^{n-\sigma(k)} \right| < |q|^{\frac{n-1}{2}} |x_k|^{-n} |x_1 \cdots x_n|$, 对 $k = 1, \cdots, n$. $\qquad\square$

定理 12.2.3 ($U(n+1)$ $_1\psi_1$ 求和公式) 令 $a, b_1, \cdots, b_n, x_1, \cdots, x_n$ 和 z 为变元, 设 $n \geqslant 1$, 以及假定下式分母不为零, 则有

$$\sum_{y_1, \cdots, y_n = -\infty}^{\infty} \prod_{1 \leqslant r < s \leqslant n} \frac{x_r q^{y_r} - x_s q^{y_s}}{x_r - x_s} \prod_{r,s=1}^{n} \left(\frac{x_r}{x_s} b_s \right)_{y_r}^{-1} \prod_{r=1}^{n} x_r^{n y_r - |\boldsymbol{y}|}$$

$$\times (a)_{|\boldsymbol{y}|} (-1)^{(n-1)|\boldsymbol{y}|} q^{-\binom{|\boldsymbol{y}|}{2} + n \sum\limits_{i=1}^{n} \binom{y_i}{2}} z^{|\boldsymbol{y}|}$$

$$= \frac{(az, q/az, b_1 \cdots b_n q^{1-n}/a)_\infty}{(z, b_1 \cdots b_n q^{1-n}/az, q/a)_\infty} \prod_{i,j=1}^{n} \frac{\left(\dfrac{x_i}{x_j} q \right)_\infty}{\left(\dfrac{x_i}{x_j} b_j \right)_\infty}, \tag{12.2.9}$$

这里 $|b_1 \cdots b_n q^{1-n}/a| < |z| < |q^{\frac{n-1}{2}} x_j^{-n} \prod\limits_{i=1}^{n} x_i|$, 对 $j = 1, \cdots, n$.

收敛性的证明 利用 Vandermonde 行列式展开:

$$\prod_{1 \leqslant r < s \leqslant n} (x_r q^{y_r} - x_s q^{y_s}) = \sum_{\sigma \in S_n} \mathrm{sgn}(\sigma) \prod_{i=1}^{n} x_i^{n - \sigma(i)} q^{(n-\sigma(i)) y_i}, \tag{12.2.10}$$

这里 S_n 表示阶为 n 的对称群, 恒等式:

$$-\binom{|\boldsymbol{y}|}{2} + n \sum_{i=1}^{n} \binom{y_i}{2} = -\frac{n-1}{2} |\boldsymbol{y}| + \frac{1}{2} \sum_{1 \leqslant r < s \leqslant n} (y_r - y_s)^2, \tag{12.2.11}$$

则有

$$\sum_{y_1, \cdots, y_n = -\infty}^{\infty} \prod_{1 \leqslant r < s \leqslant n} \frac{x_r q^{y_r} - x_s q^{y_s}}{x_r - x_s} \prod_{r,s=1}^{n} \left(\frac{x_r}{x_s} b_s \right)_{y_r}^{-1}$$

$$\times \prod_{r=1}^{n} x_r^{n y_r - |\boldsymbol{y}|} (a)_{|\boldsymbol{y}|} (-1)^{(n-1)|\boldsymbol{y}|} q^{-\binom{|\boldsymbol{y}|}{2} + n \sum\limits_{i=1}^{n} \binom{y_i}{2}} z^{|\boldsymbol{y}|}$$

$$= \prod_{1 \leqslant r < s \leqslant n} \frac{1}{x_r - x_s} \sum_{y_1, \cdots, y_n = -\infty}^{\infty} \sum_{\sigma \in S_n} \mathrm{sgn}(\sigma)$$

$$\times \prod_{i=1}^{n} x_i^{n-\sigma(i)} q^{(n-\sigma(i))y_i} \prod_{r,s=1}^{n} \left(\frac{x_r}{x_s} b_s\right)_{y_r}^{-1} \prod_{r=1}^{n} x_r^{ny_r-|\boldsymbol{y}|}$$

$$\times (a)_{|\boldsymbol{y}|}(-1)^{(n-1)|\boldsymbol{y}|} q^{-\frac{n-1}{2}|\boldsymbol{y}|+\frac{1}{2}\sum\limits_{1\leqslant r<s\leqslant n}(y_r-y_s)^2} z^{|\boldsymbol{y}|}$$

$$= \prod_{1\leqslant r<s\leqslant n}\frac{1}{x_r-x_s}\sum_{\sigma\in S_n}\mathrm{sgn}(\sigma)\prod_{i=1}^{n}x_i^{n-\sigma(i)}\sum_{y_1,\cdots,y_n=-\infty}^{\infty}\prod_{i=1}^{n}q^{(n-\sigma(i))y_i}$$

$$\times \prod_{r,s=1}^{n}\left(\frac{x_r}{x_s}b_s\right)_{y_r}^{-1}\prod_{r=1}^{n}x_r^{ny_r-|\boldsymbol{y}|}$$

$$\times (a)_{|\boldsymbol{y}|}(-1)^{(n-1)|\boldsymbol{y}|}q^{-\frac{n-1}{2}|\boldsymbol{y}|+\frac{1}{2}\sum\limits_{1\leqslant r<s\leqslant n}(y_r-y_s)^2}z^{|\boldsymbol{y}|}. \tag{12.2.12}$$

将上述多重级数的和分割成 $\sum\limits_{|\boldsymbol{y}|\geqslant 0}$ 和 $\sum\limits_{|\boldsymbol{y}|<0}$ 两部分讨论. 首先讨论和

$$\sum_{\substack{k_1,\cdots,k_r=-\infty\\|\boldsymbol{k}|\geqslant 0}}^{\infty}.$$

应用多重幂级数比率判定定理知, $|\boldsymbol{y}|\geqslant 0$ 时, 此多重幂级数收敛的条件为

$$\left| zq^{n-\sigma(j)}q^{-\frac{n-1}{2}}x_j^n\prod_{i=1}^{n}x_i^{-1}\right| < 1,$$

对 $j=1,\cdots,n$. 即

$$\left| zq^{n-\sigma(j)}\right| < \left| q^{\frac{n-1}{2}}x_j^{-n}\prod_{i=1}^{n}x_i\right|,$$

对 $j=1,\cdots,n$. 故

$$|z| < \left| q^{\frac{n-1}{2}}x_j^{-n}\prod_{i=1}^{n}x_i\right|,$$

对 $j=1,\cdots,n$. 现在, 讨论和

$$\sum_{\substack{k_1,\cdots,k_r=-\infty\\|\boldsymbol{k}|<0}}^{\infty}.$$

由于

$$\prod_{1\leqslant r<s\leqslant n}(x_rq^{-y_r}-x_sq^{-y_s}) = \sum_{\sigma\in S_n}\mathrm{sgn}(\sigma)\prod_{i=1}^{n}x_i^{n-\sigma(i)}q^{(\sigma(i)-n)y_i}, \tag{12.2.13}$$

$$\prod_{r,s=1}^{n}\left(\frac{x_r}{x_s}b_s\right)_{-y_r}^{-1} = \prod_{r,s=1}^{n}\frac{(x_rb_s/x_s)^{y_r}(qx_s/x_rb_s)_{y_r}}{(-1)^{y_r}q^{\binom{y_r}{2}+y_r}}$$

$$= \frac{(b_1\cdots b_n)^{|\boldsymbol{y}|}}{(-1)^{n|\boldsymbol{y}|}q^{n|\boldsymbol{y}|+n\left[\binom{y_1}{2}+\cdots+\binom{y_n}{2}\right]}}$$

$$\times \prod_{r=1}^{n}x_r^{ny_r-|\boldsymbol{y}|}\prod_{r,s=1}^{n}(qx_s/x_rb_s)_{y_r}, \tag{12.2.14}$$

$$(a)_{-|\boldsymbol{y}|} = (-1)^{|\boldsymbol{y}|}q^{\binom{|\boldsymbol{y}|}{2}+|\boldsymbol{y}|}\frac{1}{a^{|\boldsymbol{y}|}(q/a)_{|\boldsymbol{y}|}}, \tag{12.2.15}$$

$$q^{-\binom{-|\boldsymbol{y}|}{2}+n\sum_{r=1}^{n}\binom{-y_r}{2}} = q^{-\binom{|\boldsymbol{y}|}{2}+n\left[\binom{y_1}{2}+\cdots+\binom{y_n}{2}\right]}, \tag{12.2.16}$$

应用多重幂级数比率判定定理知, $|\boldsymbol{y}| < 0$ 时, 此多重幂级数收敛的条件为

$$\left|\frac{b_1\cdots b_n}{az}q^{\sigma(j)-n}\right| < 1,$$

对 $j = 1, \cdots, n$. 故 $|\boldsymbol{y}| < 0$ 时, 此多重幂级数收敛的条件为: $|b_1\cdots b_n q^{1-n}/a| < |z|$. 因此, 此多重幂级数收敛的条件为: $|b_1\cdots b_n q^{1-n}/a| < |z| < \left|q^{\frac{n-1}{2}}x_j^{-n}\prod_{i=1}^{n}x_i\right|$, 对 $j = 1, \cdots, n$. □

定理 12.2.4 [135, 定理 5.2] 设 a, b, c 和 $x_1, \cdots, x_n$ 为变元, 则

$$\frac{(z, q/z)_\infty}{1-b}\prod_{i,j=1}^{r}(qx_r/x_s)_\infty$$

$$= \sum_{k_1,\cdots,k_r=-\infty}^{\infty}\prod_{1\leqslant i<j\leqslant r}\frac{x_iq^{k_i}-x_jq^{k_j}}{x_i-x_j}$$

$$\times (aq^{1-|\boldsymbol{k}|}+bq)_\infty(z(a+bq^{|\boldsymbol{k}|}))_\infty(-1)^{r|\boldsymbol{k}|}q^{r\sum_{i=1}^{r}\binom{k_i}{2}}z^{|\boldsymbol{k}|}\prod_{i=1}^{r}x_i^{rk_i-|\boldsymbol{k}|}, \tag{12.2.17}$$

这里 $\max\{|az|, |b|\} < 1$.

收敛性的证明 将多重级数的和分割成 $\sum_{|\boldsymbol{k}|\geqslant 0}$ 和 $\sum_{|\boldsymbol{k}|<0}$ 两部分讨论. 首先讨论 和 $\sum_{|\boldsymbol{k}|>0}$, 我们知道, 在 (12.2.17) 的和里, 当 $\sum_{|\boldsymbol{k}|>0}$ 时, 级数绝对收敛的条件为

$$\sum_{\substack{k_1,\cdots,k_r=-\infty\\ |\boldsymbol{k}|\geqslant 0}}^{\infty}\left|(a+bq^{|\boldsymbol{k}|})^{|\boldsymbol{k}|}q^{-\binom{|\boldsymbol{k}|}{2}+r\sum\limits_{i=1}^{r}\binom{k_i}{2}}z^{|\boldsymbol{k}|}\prod_{i=1}^{r}x_i^{rk_i-|\boldsymbol{k}|}\prod_{1\leqslant i<j\leqslant r}(x_iq^{k_i}-x_jq^{k_j})\right|<\infty.$$

$$(12.2.18)$$

利用 Vandermonde 行列式展开:

$$\prod_{1\leqslant i<j\leqslant r}(x_iq^{k_i}-x_jq^{k_j})=\sum_{\sigma\in S_r}\mathrm{sgn}(\sigma)\prod_{i=1}^{r}x_i^{r-\sigma(i)}q^{(r-\sigma(i))k_i},\qquad(12.2.19)$$

这里 S_r 表示阶为 r 的对称群. 交换 (12.2.18) 的和, 得到 $r!$ 个多重和, 每一个对应一个置换 $\sigma\in S_r$. 则在 (12.2.17) 里当 $|\boldsymbol{k}|\geqslant 0$ 时, 收敛要求:

$$\sum_{\substack{k_1,\cdots,k_r=-\infty\\ |\boldsymbol{k}|\geqslant 0}}^{\infty}\left|(a+bq^{|\boldsymbol{k}|})^{|\boldsymbol{k}|}q^{-\binom{|\boldsymbol{k}|}{2}+r\sum\limits_{i=1}^{r}\binom{k_i}{2}}z^{|\boldsymbol{k}|}\prod_{i=1}^{r}x_i^{rk_i-|\boldsymbol{k}|}\prod_{i=1}^{r}q^{(r-\sigma(i))k_i}\right|<\infty,$$

$$(12.2.20)$$

对任何 $\sigma\in S_r$.

下一步是对根系统 A_{n-1} 上多维基本超几何级数理论上一类级数的关键和经典的应用. 在和 (12.2.20) 里, 我们有

$$-\binom{|\boldsymbol{k}|}{2}+r\sum_{i=1}^{r}\binom{k_i}{2}=-\frac{r-1}{2}|\boldsymbol{k}|+\frac{1}{2}\sum_{1\leqslant i<j\leqslant r}(k_i-k_j)^2\qquad(12.2.21)$$

出现在 q 的指数里. 由于 $|\boldsymbol{k}|\geqslant 0$, 不失一般性, 我们假定特别的 $k_r\geqslant 0$. (至少有一个和指标为非负, 选它是第 r 个, 若有必要, 可重新标号.)

为了考虑和里 q 的二次幂 (对收敛的贡献), 我们作替换

$$k_i\to\sum_{i\leqslant l\leqslant r}m_l=m_i+m_{i+1}+\cdots+m_r,\quad i=1,\cdots,r.$$

在此代换下, $|\boldsymbol{k}|$ 变为 $\sum\limits_{l=1}^{l}lm_l$, 同时 $i<j$, k_i-k_j 变为 $\sum\limits_{i\leqslant l<j}m_l$. 现在, 应用 (12.2.21) 和代换 $q^{-\binom{|\boldsymbol{k}|}{2}+r\sum\limits_{i=1}^{r}\binom{k_i}{2}}$ 为

$$q^{-\frac{r-1}{2}\sum\limits_{l=1}^{r}lm_l+\frac{1}{2}\sum\limits_{l=1}^{r-1}m_l^2}$$

(我们省去一些二次幂), 与主多重级数比较, 得到, 对 $|\boldsymbol{k}| \geqslant 0$ 和 $k_r \geqslant 0$, 级数 (12.2.17) 收敛要求:

$$\sum_{\substack{m_1,\cdots,m_r=-\infty \\ m_r,\sum\limits_{l=1}^{r} lm_l \geqslant 0}}^{\infty} \left| \left(a + bq^{\sum\limits_{l=1}^{r} lm_l} \right)^{\sum\limits_{l=1}^{r} lm_l} q^{-\frac{r-1}{2}\sum\limits_{l=1}^{r} lm_l + \frac{1}{2}\sum\limits_{l=1}^{r-1} m_l^2} z^{\sum\limits_{l=1}^{r} lm_l} \right.$$

$$\left. \times \prod_{i=1}^{r} x_i^{r\sum\limits_{i\leqslant l\leqslant r} m_l - \sum\limits_{1\leqslant l\leqslant r} lm_l} q^{(r-\sigma(i))\sum\limits_{i\leqslant l\leqslant r} m_l} \right| < \infty, \tag{12.2.22}$$

对任何 $\sigma \in S_r$. 若

$$\sum_{\substack{m_1,\cdots,m_r=-\infty \\ m_r,\sum\limits_{l=1}^{r} lm_l \geqslant 0}}^{\infty} \left| \left(azq^{-\frac{r-1}{2}}\prod_{i=1}^{r} x_i^{-1} \right)^{\sum\limits_{l=1}^{r} lm_l} q^{\frac{1}{2}\sum\limits_{l=1}^{r-1} m_l^2} \prod_{i=1}^{r} x_i^{r\sum\limits_{i\leqslant l\leqslant r} m_l} q^{(r-\sigma(i))\sum\limits_{i\leqslant l\leqslant r} m_l} \right| < \infty,$$

$$\tag{12.2.23}$$

上面的级数绝对收敛. 现在, 级数 (12.2.23) 被下式所主导:

$$\prod_{l=1}^{r-1} \sum_{m_l=-\infty}^{\infty} \left| \left(azq^{-\frac{r-1}{2}}\prod_{i=1}^{r} x_i^{-1} \right)^{lm_l} q^{\frac{1}{2}m_l^2} q^{(r-\sigma(i))m_l} \prod_{1\leqslant i\leqslant l} x_i^{rm_l} \right|$$

$$\times \sum_{m_r=0}^{\infty} \left| \left(azq^{-\frac{r-1}{2}}\prod_{i=1}^{r} x_i^{-1} \right)^{rm_r} q^{\sum\limits_{1\leqslant i\leqslant r}(r-\sigma(i))m_r} \prod_{1\leqslant i\leqslant r} x_i^{rm_r} \right|. \tag{12.2.24}$$

通过达朗贝尔比率检验, 我们推断出前面 $r-1$ 个级数, 由于 q 的二次幂而处处收敛 (因为 $|q| < 1$). 此外, 通过相同的测试, 第 r 个级数每当

$$\left| \left(azq^{-\frac{r-1}{2}}\prod_{i=1}^{r} x_i^{-1} \right)^{r} q^{\sum\limits_{1\leqslant i\leqslant r}(r-\sigma(i))} \prod_{1\leqslant i\leqslant r} x_i^{r} \right| = |az|^r < 1 \tag{12.2.25}$$

时收敛. 或者等价地, 在 $|az| < 1$ 时收敛.

求和 $\sum\limits_{|\boldsymbol{k}|<0}$ 的绝对收敛可以通过同样的方式建立. 在这种情形下, 在 (12.2.17)

里 $|\boldsymbol{k}| < 0$ 绝对收敛要求:

$$\sum_{\substack{k_1,\cdots,k_r=-\infty \\ |\boldsymbol{k}|<0}}^{\infty} \left| (aq^{-|\boldsymbol{k}|}+b)^{-|\boldsymbol{k}|}q^{-\binom{|\boldsymbol{k}|}{2}+r\sum_{i=1}^{r}\binom{k_i}{2}}\prod_{i=1}^{r}x_i^{rk_i-|\boldsymbol{k}|}\prod_{1\leqslant i<j\leqslant r}(x_iq^{k_i}-x_jq^{k_j}) \right| < \infty.$$

$$(12.2.26)$$

进一步分析如下: 利用 (12.2.19) 和 (12.2.21), 不失一般性, 对 $|\boldsymbol{k}| < 0$, 假定 $k_r < 0$. 对上面的式子, 用非常类似的分析, 易得绝对收敛的条件为 $|b| < 1$. □

参 考 文 献

[1] MATHAI A M, SAXENA R K. Generalized Hypergeometric Functions with Applications in Statistics and Physical Sciences[M]. New York: Springer, 1973.

[2] ANDREWS G E. Applications of basic hypergeometric series functions[J]. SIAM Rev., 1974, 16: 441–484.

[3] ANDREWS G E. Q-Series: Their Development and Application in Analysis, Number Theory, Combinatorics, Physics and Computer Algebra[M]. Providence: American Mathematical Society, 1986.

[4] ANDREWS G E. Ramanujan Revisited[M]. Cambridge: Academic Press, 1988.

[5] ANDREWS G E, ASKEY R, ROY R. Special Functions[M]. Cambridge: Cambredge University Press, 1999.

[6] GASPER G, RAHMAN M. Basic Hypergeometric Series[M]. Cambridge: Cambridge University Press, 1990.

[7] 张之正. q-级数理论及其应用 [M]. 北京: 科学出版社, 2021.

[8] SLATER L J. Generalized Hypergeometric Functions[M]. London, New York: Cambridge University Press, 1966.

[9] ASKEY R, ISMAIL M E H. The very well poised $_6\psi_6$[J]. Proc. Amer. Math. Soc., 1979, 77: 218–222.

[10] ISMAIL M E H. A simple proof of Ramanujan's $_1\psi_1$ sum[J]. Proc. Amer. Math. Soc., 1977, 63: 185–186.

[11] LANG L. Complex Analysis[M]. 4th ed. New York: Springer, 1999.

[12] BAILEY W N. Some identities in combinatory analysis[J]. Proc. London Math. Soc., 1947, 49(2): 421–435.

[13] BAILEY W N. Series of hypergeometric type which are infinite in both directions[J]. Quart. J. Math., 1936, 7: 105–115.

[14] SINGH U S. A note on a transformation of Bailey[J]. Quart. J. Math. Oxford Ser., 1994, 2: 111–116.

[15] ANDREWS G E. Multiple series Rogers-Ramanujan type identities[J]. Pacific J. Math., 1984, 114, 267–283.

[16] PAULE P. The concept of Bailey chains[J]. Sem. Lothar. Combin., 1987, B18f: 24pp.

[17] ANDREWS G E, SCHILLING A, WARNAAR S O. An A_2 Bailey lemma and Rogers-Ramanujan-type identities[J]. J. Amer. Math. Soc., 1999, 12(3): 677–702.

[18] SLATER L J. A new proof of Rogers's transformation of infinite series[J]. Proc. London Math. Soc., 1951, 53(2): 460–475.

[19] SLATER L J. Further identities of the Rogers-Ramanujan type[J]. Proc. London Math. Soc., 1952, 54(2): 147–167.

[20] ANDREWS G E. Bailey's transform, lemma, chains and tree[M]//Special functions 2000: Current Perspective and Future Directions. Dordrecht: Kluwer Acad. Publ., 2001: 1-22.

[21] BRESSOUD D M. Some identities for terminating q-series[J]. Math. Proc. Camb. Phill. Soc., 1981, 89: 211–223.

[22] LAUGHLIN J. Mc, ZIMMER P. Some identities between basic hypergeometric series deriving from a new Bailey-type transformation[J]. J. Math. Anal. Appl., 2008, 345: 670–677.

[23] Ole WARNAAR S. Extensions of the well-poised and elliptic well-poised Bailey lemma[J]. Indag. Math. (N.S.), 2003, 14(3-5): 571–588.

[24] KALNINS E G, MILLER W. q-series and orthogonal polynomials associated with Barnes' first lemma[J]. SIAM J. Math. Anal., 1988, 19: 1216–1231.

[25] CHEN W Y C, SAAD H L, SUN L H. The bivariate Rogers-Szego polynomials[J]. J. Phys. A: Math. Theor., 2007, 40: 6071–6084.

[26] LUBINSKY D, SAFF E B. Convergence of Pade approximants of partial theta functions and the Rogers-Szego polynomials[J]. Constr. Appro., 1987, 3: 331–361.

[27] BAILEY W N. On the basic bilateral basic hypergeometric series $_2\psi_2$[J]. Quart. J. Math., 1950, 7(2): 194–198.

[28] ANDREWS G E. The Theory of Partitions[M]. Encyclopedia Math. Appl., vol. 2. Reading: Addision-Wesley Publishing Co., 1976. reissued, Cambridge: Cambridge University. Press, 1985.

[29] 张之正, 杨继真, 王云鹏. 组合分析方法及应用 [M]. 北京: 科学出版社, 2023.

[30] MILNE S C. Balanced $_3\phi_2$ summation theorems for $U(n)$ basic hypergeometric series[J]. Adv. Math., 1997, 131: 93–187.

[31] HOLMAN W J. Summation theorems for hypergeometric series in $U(n)$[J]. SIAM J. Math. Anal., 1980, 11: 523–532.

[32] HOLMAN W J, BIEDENHARN L C, LOUCK J D. On hypergeometric series well-poised in $SU(n)$[J]. SIAM J. Math. Anal., 1976, 7: 529–541.

[33] MILNE S C. Basic hypergeometric series very well-poised in $U(n)$[J]. J. Math. Anal. Appl., 1987, 122: 223–256.

[34] MACDONALD I G. Symmetric Functions and Hall Polynomials[M]. Oxford: Oxford University Press, 1979.

[35] GUSTAFSON R A. The Macdonald identities for affine root systems of classical type and hypergeometric series very-well-poised on semi-simple Lie algebra[C]. Thakare N K, ed. Ramanujan International Symposium on Analysis. New Delhi: Macmillam of India, 1989: 187–224.

[36] GUSTAFSON R A. A summation theorem for hypergeometric series very-well-poised on G_2[J]. SIAM J. Math. Anal., 1990, 21: 510–522.

[37] BIEDENHARN L C, LOUCH J D. Angular Momentum in Quantum Physics: Theory and Applications[M]. Reading: Addison-Wesley, 1981.

[38] BIEDENHARN L C, LOUCK J D. The Racah-Wigner Algebra in Quantum Theory[M]. Cambridge: Cambridge University Press, 1984.

[39] MILNE S C. An elementary proof of the Macdonald identities for $A_l^{(1)}$[J]. Adv. Math., 1985, 57: 34–70.

[40] MILNE S C. A q-analog of the Gauss summation theorem for hypergeometric series in $U(n)$[J]. Adv. Math., 1988, 72: 59–131.

[41] MILNE S C. A q-analog of hypergeometric series well-poised in $SU(n)$ and invariant G-functions[J]. Adv. Math., 1985, 58: 1–60.

[42] MILNE S C. A q-analog of a Whipple's transformation for hypergeometric series in $U(n)$[J]. Adv. Math., 1994, 108: 1–76.

[43] MILNE S C. A q-analog of the $_5F_4(1)$ summation theorem for hypergeometric series well-poised in $SU(n)$[J]. Adv. Math., 1985, 57: 14–33.

[44] MILNE S C. A q-analog of the balanced $_3F_2$ summation theorem for hypergeometric series in $U(n)$[J]. Adv. Math., 1993, 99: 162–237.

[45] MILNE S C. A new $U(n)$ generalization of the Jacobi triple product identity[J]. Contemp. Math., 2000, 254: 351–370.

[46] MACDONALD I G. Affine root systems and Dedekind's η-function[J]. Invent. Math., 1972, 15: 91–143.

[47] STANTON D. An elementary approach to the Macdonald identities, in q-series and Partitions[C]. STANTON D, ed. vol. 18 of The IMA Volumes in Mathematics and its Applications. New York: Springer-Verlag, 1989: 139–150.

[48] SCHLOSSER M J. Hypergeometric and basic hypergeometric series and integrals associated with root systems[C]. KOORNWINDER T H, STOKMAN J, eds. Multivariable Special Functions. Cambridge: Cambridge University Press, 2020: 122–158.

[49] MILNE S C, LILLY G M. Consequences of the A_l and C_l Bailey transform and Bailey lemma[J]. Discrete Math., 1995, 139: 319–346.

[50] BHATNAGAR G. Inverse relations, generalized bibasic series, and their $U(n)$ extensions[D]. PhD. Thesis. Columbus: The Ohio State University, 1995.

[51] CARLITZ L. Some inverse relations[J]. Duke Mathe. J., 1973, 40: 803–901.

[52] MILNE S C, BHATNAGAR G. A characterization of inverse relations[J]. Discrete Math., 1998, 193: 235–245.

[53] MILNE S C, NEWCOMB J W. $U(n)$ very-well-poised $_{10}\phi_9$ transformations[J]. J. Comput. Appl. Math., 1996, 68: 239–285.

[54] ZHANG Z Z, LIU M X. Applications of operator identities to the multiple q-binomial theorem and q-Gauss summation theorem[J]. Discrete Math., 2006, 306: 1424–1437.

[55] BHATNAGAR G, SCHLOSSER M J. C_n and D_n very-well-poised $_{10}\phi_9$ transformations[J]. Constr. Approx., 1998, 14: 531–567.

[56] SCHLOSSER M J. Some new applications of matrix inversions in A_r[J]. The Ramanujan J., 1999, 3: 405–461.

[57] BHATNAGAR G. Heine's method and A_n to A_m transformation formulas[J]. The Ramanujan J., 2019, 48: 191–215.

[58] GUSTAFSON R A, KRATTENTHALER C. Heine transformations for a new kind of basic hypergeometric series in $U(n)$[J]. J. Compt. Appl. Math., 1996, 68: 151–158.

[59] SCHLOSSER M J. Multilateral inversion of A_r, C_r, and D_r basic hypergeometric series[J]. Annals of Comb., 2009, 13: 341–363.

[60] MILNE S C, LILLY G M. The A_l and C_l Bailey transform and lemma[J]. Bulletin Amer. Math. Soc., 1992, 26(2): 258–263.

[61] BHATNAGAR G. D_n basic hypergeometric series[J]. The Ramanujan J., 1999, 3: 175–203.

[62] BHATNAGAR G, MILNE S C. Generalized bibasic hypergeometric series and their $U(n)$ extensions[J]. Adv. Math., 1997, 131: 188–252.

[63] ANDREWS G E. Summation and transformation for basic Appell series[J]. J. London Math. Soc., 1972, 4(2): 618–622.

[64] ANDREWS G E. Problems and prospects for basic hypergeometric functions[C]. Theory and Application of Special Functions: Proc. Advanced Sem. Math. Res. Center. Madison: University of Wisconsin, WI: 1975: 191–224.

[65] MILNE S C. A $U(n)$ generalization of Ramanujan's $_1\psi_1$ summation[J]. J. Math. Anal. Appl., 1986, 118: 263–277.

[66] GUSTAFSON R A. Multilateral summation theorems for ordinary and basic hypergeometric series in $U(n)$[J]. SIAM J. Math. Anal., 1987, 18: 1576–1596.

[67] MILNE S C, SCHLOSSER M. A new A_n extension of Ramanujan's $_1\psi_1$ summation with applications to multilateral A_n series[J]. Rocky Mountain Journal of Mathematics, 2002, 32(2): 759–792.

[68] ZHANG Z Z, WANG J. Two operator identities and their applications to terminating basic hypergeometric series and q-integrals[J]. J. Math. Anal. Appl., 2005, 312(2): 653–665.

[69] ZHANG Z Z, YANG J Z. Several q-series identities from the Euler expansions of $(a;q)_\infty$ and $\dfrac{1}{(a;q)_\infty}$[J]. Archivum Math., 2009, 45: 45–56.

[70] 张之正, 杨继真. 双参数有限 q 指数算子及其应用 [J]. 数学学报, 2010, 53(5): 1007–1018.

[71] LIU Z G. Some operator identities and q-series transformation formulas[J]. Discrete Math., 2003, 265: 119–139.

[72] LIU Z G. A new proof of the Nassrallah-Rahman integral[J]. Acta Mathematica Sinica (In Chinese), 1998, 41(2): 405–410.

[73] ROGERS L J. On the expansion of some infinite products[J]. Proc. London Math. Soc., 1892, 24: 337–352.

[74] ROGERS L J. Second Memoir on the expansion of certain infinite products[J]. Proc. London Math. Soc., 1894, 25: 318–343.

[75] ROGERS L J. Third Memoir on the expansion of certain infinite products[J]. Proc. London Math. Soc., 1895, 26: 15–32.

[76] CHEN W Y C, Liu Z G. Parameter augmentation for basic hypergeometric series, II[J]. J. Comb. Theory, Ser. A, 1997, 80: 175–195.

[77] CHEN W Y C, Liu Z G. Parameter augmentation for basic hypergeometric series, I[C]. SAGAN B E, STANLEY R P, eds. Mathematical Essays in Honor of Gian-Carlo Rota. Basel: Birkhäuser, 1998: 111–129.

[78] SEARS D B. Transformations of basic hypergeometric functions of special type[J]. Proc. London Math. Soc., 1951, 52: 467–483.

[79] SEARS D B. On the transformation theory of basic hypergeometric functions[J]. Proc. London Math. Soc., 1951, 53: 158–180.

[80] SEARS D B. Transformations of basic hypergeometric functions of any order[J]. Proc. London Math. Soc., 1951, 53: 181–191.

[81] CHEN W Y C, Fu A M, Zhang B. The homogeneous q-difference operator[J]. Adv. Appl. Math., 2003, 31: 659–668.

[82] ZHANG Z Z. Operator identities and several $U(n+1)$ generalizations of the Kalnins-Miller transformations[J]. J. Math. Anal. Appl., 2006, 324: 1152–1167.

[83] ASKEY R, ISMAIL M E H. A generalization of ultraspherical polynomials[G]// ERDOS P, ed. Studies in Pure Mathematics. Boston: Birkhäuser, 1983: 55–78.

[84] ISMAIL M E H, STANTON D. On the Askey-Wilson and Roger polynomials[J]. Canad. J. Math., 1988, 40: 1025–1045.

[85] ISMAIL M E H, STANTON D, VIENNOT G. The combinatorics of q-Hermite polynomials and the Askey-Wilson integral[J]. Europ. J. Combin., 1987, 8: 379-392.

[86] ISMAIL M E H, STANTON D. On the Askey-Wilson and Rogers polynomials[J]. Canad. J. Math., 1988, 40: 1025–1045.

[87] BERKOVICH A, WARNAAR S O. Positivity preserving transformations for q-binomial coefficients[J]. Trans. Amer. Math. Soc., 2005, 357(6): 2291-2351.

[88] DRIVER K A, LUBINSKY D. Convergence of Pade approximants for a q-hypergeometric series[J]. Aequationes Math., 1991, 42: 85–106.

[89] FINE N J. Basic Hypergeometric Series and Application, Mathematical Surveys and Monographs[M]. Providence: American Mathematical Society, 1988.

[90] HOU Q H, LASCOUX A, MU Y P. Continued fractions for Rogers-Szego polynomials[J]. Numer. Algorithms, 2004, 35(1): 81–90.

[91] APPELL P, DE FÉRIET J K. Fonctions Hypergéométriques et Hypersphériques: Polynomes d'hermites[M]. Paris: Gauthier-Villars, 1926.

[92] STANTON D. Orthogonal polynomials and combinatorics[C]. BUSTOZ J, ISMAIL M E H, SUSLOV S K, eds. Special Functions 2000: Current Perspective and Future Directions. Dorchester: Kluwer, 2001: 389–409.

[93] KAJIHARA Y. Some remarks on multiple Sears transformations Contemp. Math., 2001, 291: 139–145.

[94] KARANDE B K , THAKARE N K. On certain q-orthogonal polynomials[J]. Indian J. Pure Appl. Math., 1976, 7: 728–736.

[95] ROGERS L J. On a three-fold symmetry in the elements of Heine's series[J]. Proc. London Math. Soc., 1893, 24: 171–179.

[96] ZHANG Z Z, WANG T Z. Operator identities involving the bivariate Rogers-Szegö polynomials and their applications to the multiple q-series identities[J]. J. Math. Anal. Appl., 2008, 343: 884–903.

[97] GOLDMAN J, ROTA G C. On the foundations of combinatorial theory IV: Finite functions[J]. Stud. Appl. Math., 1970, 49: 239–258.

[98] ASKEY R, RAHMAN M, SUSLOV S K. On a general q-Fourier transformation with nonsymmetric kernels[J]. J. Comput. Appl. Math., 1996, 68: 25–55.

[99] ASKEY R, WILSON J A. Some Basic hypergeometric orthogonal polynomials that generalize Jacobi polynomials[J]. Memoirs. Amer. Math. Soc., 1985, 54(319): vi+5599.

[100] WATSON G N. A new proof of the Rogers-Ramanujan identities[J]. J. London Math. Soc., 1929, 4: 4–9.

[101] JACKSON F H. Transformations of q-series[J]. Mess. Math., 1910, 39: 145–153.

[102] JACKSON F H. Summation of q-hypergeometric series[J]. Mess. Math., 1921, 50: 101–112.

[103] BAILEY W N. Generalized Hypergeometric Series[M]. Cambridge: Cambridge University Press, 1935; reprinted, New York: Stechert-Hafner, 1964.

[104] MILNE S C, NEWCOMBE J W. Nonterminating q-Whipple transformations for basic hypergeometric series in $U(n)$[J]. Partitions, q-series and modular forms, Dev. Math., 2012, 23: 181–224.

[105] MILNE S C. Multiple q-series and $U(n)$ generalizations of Ramanujan's $_1\psi_1$ sum[C]. ANDREWS G E, et al., eds. Ramanujan Revisited, New York: Academic Press, 1988: 473–524.

[106] SCHLOSSER M J. Multidimensional matrix inversions and A_r and D_r basic hypergeometric series[J]. The Ramanujan J., 1997, 1: 243–274.

[107] GASPER G, RAHMAN M. An indefinite bibasic summation formula and some quadratic, cubic and quartic summation and transformation formulae[J]. Canad. J. Math., 1990, 42: 1–27.

[108] ANDREWS G E. An analytic generalization of the Rogers–Ramanujan identities for odd moduli[J]. Proc. Natl. Acad. Sci. USA, 1974, 71: 4082–4085.

[109] MILNE S C. Classical partition functions and the $U(n+1)$ Rogers-Selberg identity[J]. Discrete Math., 1992, 99: 199–246.

[110] MILNE S C. The C_l Rogers-Selberg identity[J]. SIAM J. Math. Anal., 1994, 25: 571–595.

[111] ANDREWS G E. Connection coefficient problems and partitions[C]. RAY-CHAUDH-URI D K, ed. Relations Between Combinatorics and Other Parts of Mathematics. Proc. Symp. Pure Math., 1979, 34: 1–24.

[112] GESSAL I, STANTON D. Applications of q-Lagrange inversion to basic hypergeometric series[J]. Trans. Amer. Math. Soc., 1983, 277: 173–203.

[113] RIORDAN J. Combinatorial Identities[M]. New York: John Wiley & Sons, Inc., 1968.

[114] KRATTENTHALER C. A new matrix inverse[J]. Proc. Amer. Math. Soc., 1996, 124: 47–59.

[115] GOULD H W, HSU L C. Some new inverse series relations[J]. Duke Mathe. J., 1973, 40: 885–891.

[116] BAILEY W N. Identities of the Rogers-Ramanujan type[J]. Proc. London Math. Soc., 1949, 50(2): 1–10.

[117] GESSAL I, STANTON D. Another family of q-Lagrange inversion formulas[J]. Rocky Mountain J. Math., 1986, 16: 373–384.

[118] BRESSOUD D M. A matrix inverse[J]. Proc. Amer. Math. Soc., 1983, 88: 446–448.

[119] GASPER G. Summation, transformation and expansion formulas for bibasic series[J]. Trans. Amer. Soc., 1989, 312: 257–277.

[120] CHU W C. Gould-Hsu-Carlitz inversions and Rogers-Ramanujan identities (I)[J]. Acta Mathematica Sinica (In Chinese), 1990, 33(1): 7–12.

[121] ZHANG C H, ZHANG Z Z. Transformation formulae of basic hypergeometric series and Rogers-Ramanujan identities[J]. Acta Mathematica Sinica (In Chinese), 2010, 53(3): 579–584.

[122] 张之正, 吴云. 几个基本超几何级数变换公式的 $U(n+1)$ 拓广 [J]. 数学学报, 2013, 56(5): 787–798.

[123] SCHLOSSER M J. A new multivariable $_6\psi_6$ summation formula[J]. The Ramanujan J., 2008, 17(3): 305–319.

[124] ROSENGREN H, SCHLOSSER M. Multidimensional matrix inversions and elliptic hypergeometric series on root systems[J]. SIGMA, 2020, 16: #088, 21pp.

[125] LILLY G M, MILNE S C. The C_l Bailey transform and Bailey lemma[J]. Constr. Approx., 1993, 9: 473–500.

[126] KRATTENTHALER C, SCHLOSSER M. A new multidimensional matrix inverse with applications to multiple q-series[J]. Discrete Math., 1999, 204: 249–279.

[127] LASSALLE M, SCHLOSSER M. Inversion of the Pieri formula for Macdonald polynomials[J]. Adv. Math., 2006, 202: 289–325.

[128] RAINS E. BC_n-symmetric abelian functions[J]. Duke Math. J., 2006, 135: 99–180.

[129] COSKUN H, GUSTAFSON R A. The well-poised Macdonald functions W_λ and Jackson coefficients ω_λ on BC_n, Jack, Hall-Littlewood and Macdonald polynomials[J]. ICMS, AMS Contemporary, 2006, 417: 127–155.

[130] ROSENGREN H. Elliptic hypergeometric series on root systems[J]. Adv. Math., 2004, 181: 417–447.

[131] BROMWICH T J I'a. An introduction to the theory of infinite series[M]. 2nd ed. London: Macmillan, 1949.

[132] LILLY G M. The C_l generalization of Bailey's transform and Bailey's lemma[D]. PhD. Thesis. Lexington: University of Kentucky, 1991.

[133] CARLITZ L. Some expansions and convolution formulas related to MacMahon's master theorem[J]. SIAM J. Appl. Math., 1977, 8: 320–336.

[134] JACKSON F H. A q-generalization of Abel's series[J]. Rend. Circ. Math. Palermo, 1910, 29: 340–346.

[135] SCHLOSSER M J. Abel-Rothe type generalizations of Jacobi's triple product identity[C]. ISMAIL M E H, KOELINK E, eds. Theory and Applications of Special Functions. A Volume Dedicated to Mizan Rahman. Dev. Math., 2005, 13: 383–400.

[136] MILNE S C. The multidimensional $_1\psi_1$ sum and Macdonald identities for $A^{(i)l}$[C]. EHRENPREIS L, GUNNING R C, eds. Theta Functions Bowdoin 1987. volume 49 (Part 2) of Proc. Sympos. Pure Math. 1989: 323–359.

[137] RAHMAN M. Some cubic summation formulas for basic hypergeometric series[J]. Utilitas Math., 1989, 36: 161–172.

[138] TNOMAE J. Beiträige zur theorie der durch die Heinesche Reihe[J]. J. Reine Angew Math., 1869, 70: 258–281.

[139] TNOMAE J. Les series Heineennes superirures, ou les series de la forme[J]. Annali di Matematica Pura ed Applicata, 1870, 4: 105–138.

[140] JACKSON F H. Basic integration[J]. Quart. J. Math. (Oxford), 1951, 2(2): 1–16.

[141] JACKSON F H. On q-definite integrals[J]. Quart. J. Pure Appl. Math., 1910, 41: 193–203.

[142] JACKSON F H. On q-definite integrals[J]. Quart. J. Pure Appl. Math., 1910, 50: 101–112.

[143] COSKUN H. A BC_n Bailey lemma and generalizations of Rogers-Ramanujan identities[D]. PhD. thesis. College Station: Texas A & M University, 2003.

[144] COSKUN H. An elliptic BC_n Bailey lemma, multiple Rogers-Ramanujan identities and Euler's pentagonal number theorems[J]. Trans. Amer. Math. Soc., 2008, 360(10): 5397-5433.

[145] COSKUN H. A multilateral Bailey lemma and multiple Andrews-Gordon identities[J]. The Ramanujan J., 2011, 26(2): 229–250.

[146] COSKUN H. Multilateral basic hypergeometric summation identities and hyperoctahedral group symmetries[J]. Adv. Appl. Discrete Math., 2010, 5(2): 145–157.

[147] SCHLOSSER M J. Summation theorems for multidimensional basic hypergeometric series by determinant evaluations[J]. Discrete Math., 2000, 210: 151–169.

[148] KRATTENTHALER C. The major counting of nonintersecting lattice paths and generating functions for tableaux[J]. Mem. Amer. Math. Soc., 1995, 115(552): vi+109pp.

[149] WARNAAR S O. Summation and transformation formulas for elliptic hypergeometric series[J]. Constr. Appro., 2002, 18: 479–502.

[150] ROSENGREN H, SCHLOSSER M. Summations and transformations for multiple basic and elliptic hypergeometric series by determinant evaluations[J]. Indag. Math. (N.S.), 2003, 14: 483–513.

[151] KAJIHARA Y. Euler transformation formula for multiple basic hypergeometric series of type A and some applications[J]. Adv. Math., 2004, 187: 53–97.

[152] BRESSOUD D M. The Bailey lattice: An introduction[C]. Ramanujan Revisited (Urbana-Champaign, illionis., 1987), 57-67. Boston: Academic Press, 1988.

[153] SCHILLING A, WARNAAR S O. A higher level Bailey lemma: Proof and applications[J]. The Ramanujan J., 1998, 2: 327–349.

[154] WARNAAR S O. 50 years of Bailey's lemma[C]. Algebraic Combinatorics and Applications (weinstein, 1999), Berlin: Springer, 2001: 333–347.

[155] ANDREWS G E, BERKOVICH A. The WP-Bailey tree and its implications[J]. J. London Math. Soc., 2002, 66(2): 529–549.

[156] SPIRIDONOV V P. A Bailey tree for integrals[J]. Theor. Math. Phys., 2004, 139: 536–541.

[157] SPIRIDONOV V P. An elliptic incarnation of the Bailey chain[J]. Internat. Math. Res. Notices, 2002, 37: 1945–1977.

[158] ANDREWS G E, WARNAAR S O. The Bailey transform and false theta functions[J]. The Ramanujan J., 2007, 14(1): 173–188.

[159] BRESSOUD D M, ISMAIL M, STANTON D. Change of base in Bailey pairs[J]. The Ramanujan J., 2000, 4: 435–453.

[160] CHU W C, ZHANG W L. Bilateral Bailey lemma and false theta functions[J]. Int. J. Number Theory, 2010, 6(3): 515–577.

[161] CHU W C, ZHANG W L. Bilateral Bailey lemma and Rogers-Ramanujan identities[J]. Adv. Appl. Math., 2009, 42(3): 358–391.

[162] JOUHET F. Shifted versions of the Bailey and well-poised Bailey lemmas[J]. The Ramanujan J., 2010, 23: 315–333.

[163] LIU Q, MA X R. On a characteristic equation of well-poised Bailey chains[J]. The Ramanujan J., 2009, 18: 351–370.

[164] LOVEJOY J. A Bailey lattice[J]. Proc. Amer. Math. Soc., 2004, 132(5): 1507–1516.

[165] ROWELL M J. A new general conjugate Bailey pair[J]. Pacific J. Math., 2008, 238(2): 367–385.

[166] WARNAAR S O. Partial theta functions. I. Beyond the lost notebook[J]. Proc. London Math. Soc., 2003, 87(2): 363–395.

[167] ANDREWS G E. Umbral calculus, Bailey chains, and pentagonal number theorems[J]. J. Combin. Theory, Ser. A, 2000, 91(1-2): 464–475.

[168] AGARWAL A K, ANDREWS G E, BRESSOUD D. The Bailey lattice[J]. J. Indian Math. Soc., 1987, 51: 57–73.

[169] MILNE S C. Transformations of $U(n + 1)$ multiple basic hypergeometric series[C]. KIRILLOV A N, TSUCHIYA A, UMEMURA H, eds. Physics and Combinatorics: Proceedings of the Nagoya 1999 International Workshop (Nagoya University, Japan, August 23–27, 1999). Singapore: World Scientific, 2001: 201–243.

[170] ZHANG Z Z, WU Y. A $U(n + 1)$ Bailey lattice[J]. J. Math. Anal. Appl., 2015, 426: 747–764.

[171] ZHANG Z Z, LIU Q Y. $U(n + 1)$ WP-Bailey tree[J]. The Ramanujan J., 2016, 40: 447–462.

[172] Mc LAUGHLIN J, ZIMMER P. General WP-Bailey chains[J]. The Ramanujan J., 2010, 22(1): 11–31.

[173] Mc LAUGHLIN J, ZIMMER P. Some implications of the WP-Bailey tree[J]. Adv. Appl. Math., 2009, 43: 162–175.

[174] Mc LAUGHLIN J, ZIMMER P. A reciprocity relation for WP-Bailey pairs[J]. The Ramanujan J., 2012, 28: 155–173.

[175] Mc LAUGHLIN J, SILLS A V, ZIMMER P. Lifting Bailey pairs to WP-Bailey pairs[J]. Discrete Math., 2009, 309: 5077–5091.

[176] ZHANG Z Z, HUANG J L. A WP-Bailey lattice and its applications[J]. Intern. J. Number Theory, 2016, 12(1): 189–203.

[177] ZHANG Z Z, HUANG J L. A $U(n+1)$ WP-Bailey lattice and its applications[J]. The Ramanujan J., 2018, 46: 403–429.

[178] GORDON B. A combinatorial generalization of the Rogers-Ramanujan identities[J]. Amer. J. Math., 1961, 83: 393–399.

[179] BARTLETT N, WARNAAR S O. Hall-Littlewood polynomials and characters of affine Lie algebras[J]. Adv. Math., 2015, 285: 1066–1105.

[180] ZHANG Z Z, HUANG J L. The C_n WP-Bailey chain[J], Acta Math. Sci., 2018, 38B.6: 1789–1804.

[181] BHATNAGAR G, SCHLOSSER M J. Elliptic well-poised Bailey transforms and lemmas on root systems[J]. Symmetry, Integrability and Geometry: Methods and Applications (SIGMA), 2018, 14: #025, 44pp.

[182] FRENKEL I B, TURAEV V G. Elliptic solutions of the Yang-Baxter equation and modular hypergeometric functions[M]//ARNOLD V I, GELFAND I M, RETAKH V S, et al, eds. The Arnold-Gelfand Mathematical Seminars. Boston: Birkhauser, 1997: 171–204.

[183] DATE E, JIMBO M, KUNIBA A, MIWA T, OKADO M. Exactly solvable SOS models. II. Proof of the star-triangle relation and combinatorial identities[M]//JIMBO M, MIWA T, TSUCHIYA A, eds. Conformal Field Theory and Solvable Lattice Models. Boston: Academic Press, 1988. 17–122.

[184] VAN DIEJEN J F, SPIRIDONOV V P. An elliptic Macdonald-Morris conjecture and multiple modular hypergeometric sums[J]. Math. Res. Lett., 2000, 7: 729–746.

[185] VAN DIEJEN J F, SPIRIDONOV V P. Modular hypergeometric residue sums of elliptic Selberg integrals[J]. Lett. Math. Phys., 2002, 58: 223–238.

[186] ROSENGREN H. A proof of a multivariabel elliptic summation formula conjectured by Warnaar[J]. Contemp. Math., 2002, 291: 193–202.

[187] SPIRIDONOV V P. Essays on the theory of elliptic hypergeometric functions[J]. Uspekhi Russian Mathematical Surveys, 2008, 63: 405–472.

[188] ROSENGREN H. Gustafson-Rakha-type elliptic hypergeometric series[J]. Symmetry Integrability and Geometry: Methods and Applications(SIGMA), 2017, 13: #037, 11pp.

"现代数学基础丛书"已出版书目

(按出版时间排序)